S7-1200 PLC
编程与应用

朱文杰　编著

中国电力出版社
CHINA ELECTRIC POWER PRESS

内 容 提 要

本书分7章介绍西门子公司S7－1200型可编程控制器的编程及应用。第1章综述了PLC的基础知识、基本结构和工作原理，以及S7－1200 PLC的特点和安装；第2章细述了S7－1200 PLC及其硬件模块的特性；第3章介绍了编程软件STEP 7 Basic的安装、组态与使用；第4章详解了S7－1200 PLC的编程指令；第5章解说了S7－1200 PLC的编程语言和组态；第6章讲述了构建PROFINET通信网络的若干方式；第7章给出了S7－1200 PLC应用控制设计实例，尤其是水轮机组的PLC控制实例，供读者参考，举一反三。

本书遵循学习规律，循序渐进、结构合理，概念准确，便于消化吸收，从而应用于工程实践。本书可作为高等院校电气工程及自动化应用电子、机电一体化、工业自动化等本科及研究生自动化专业的课程教材和毕业设计指导教材，也可供相关工程技术人员、电气工程师自学参考。

图书在版编目（CIP）数据

S7－1200 PLC编程与应用/朱文杰编著. —北京：中国电力出版社，2015.1

ISBN 978－7－5123－5966－6

Ⅰ.①S… Ⅱ.①朱… Ⅲ.①plc技术-程序设计 Ⅳ.①TM571.6

中国版本图书馆CIP数据核字（2014）第116473号

中国电力出版社出版、发行

（北京市东城区北京站西街19号 100005 http：//www.cepp.sgcc.com.cn）

汇鑫印务有限公司印刷

各地新华书店经售

*

2015年1月第一版 2015年1月北京第一次印刷

787毫米×1092毫米 16开本 31.5印张 773千字

印数0001—3000册 定价**69.00**元

前 言

随着科学技术的进步和微电子技术的迅猛发展，可编程序控制器（PLC）技术已广泛应用于电力、水利、热网、汽车制造、矿产、钢铁、烟草、化工、饮料等行业的自动化领域，在现代工业企业的生产、加工与制造过程中起到十分重要的作用。PLC 功能不断提升，并以可靠性高、操作简便等特点，已成为一种工业趋势，特别是具有网络功能的 PLC 更具优势。

2009 年西门子中国公司推出 S7－1200 PLC，这是一款全新的小型的控制低端设备的极具竞争力的控制器，灵活而易于扩展，并集成有 PROFINET 接口，可进行高速计数、脉冲输出、运动控制，与编程软件 STEP 7 Basic V10.5、KTP 精简系列面板构成统一工程控制系统，为自动化领域小型紧凑、纷繁复杂的自动化任务提供整体解决方案。而 2013 年西门子推出的 S7－1500 和 TIA 博途是专为中高端设备和工厂自动化设计的第六代 PLC。

本书以西门子 S7－1200 PLC 为叙述对象，对其工作原理、结构硬件、编程软件、指令系统等进行了细致入微的解析，最后在作者多年教学与科研工作的基础上，设计了一些控制水轮发电机组的程序，供读者参考。本书中出现名为“甩负荷毁机”、“甩负荷毁厂”的新电力名词，并提出了防止类似萨彦—舒申斯克毁机惨案在我国重演的科学治理方案。

由于作者水平有限，本书难免存在不足与缺点，希望广大读者批评指正。

编 者

2014 年 10 月

目　录

第6章

第7章

PLC综述与S7-1200PLC概述

可编程控制器（PLC）以传统顺序控制器为基础，综合计算机技术、微电子技术、自动控制技术、数字技术和通信网络技术而形成一代新型通用工业自动控制装置，用以取代继电器，执行逻辑、定时、计数等顺序控制功能，建造柔性的程控系统，是现代工业控制的重要支柱。

1.1 PLC的产生与发展

PLC产生于20世纪60年代末，崛起于20世纪70年代，成熟于20世纪80年代，于20世纪90年代取得技术上的新突破，21世纪PLC技术将朝加强通信联网能力、开放性、小型化、高速化、软PLC、语言标准化及中国化方向发展。

1.1.1 PLC的产生、定义、功能、特点及分类

1. PLC的产生

1836年继电器问世，将其与开关器件用导线巧妙连接，构成各种用途的逻辑控制或顺序控制，是当时工业控制领域的主导。这种继电器控制系统有着明显的缺点：体积大、耗电多、可靠性差、寿命短、运行速度不高，尤其不能适应生产工艺的多变，造成时间和资金的浪费。

20世纪60年代末，美国通用汽车（GM）公司为使汽车改型或改变工艺流程时不改动原有继电器柜内的接线，以降低生产成本、缩短新产品开发周期，于1968年提出研制新型工业控制装置来替代继电器控制装置，曾拟定10项公开招标技术要求，实际上就是当今PLC最基本的功能，已具备了PLC的特点。

美国数字设备（DEG）公司根据通用汽车公司的要求，于1969年研制出世界上第一台型号为PDP-14的PLC，并在汽车生产线上试用获得成功，几乎同时美国莫迪康（Modicon）公司也研制出084控制器，此程序化手段用于电气控制，开创了工业控制的新纪元，从此这一新的控制技术迅速在工业发达国家发展。1971年日本推出DSC-80控制器，1973年德国、1974年法国都有突破，我国1973～1977年研制成功以MC14500一位微处理器为核心的PLC并开始在工业中应用。

2. PLC的定义

由于PLC不断发展，因而难以对它确切定义。最早的可编程控制器专用于替代传统继电器控制装置，功能上只有逻辑计算、计时、计数及顺序控制等，仅进行开关量控制，故名可编程逻辑控制器（Programmable Logic Controller，PLC）。后随电子科技发展及产业应用需要，功能远远超出逻辑控制的范畴，增加了模拟量、位置控制及网络通信等，1980年美

国电气制造商协会（National Electrical Manufacturers Association，NEMA）将这种新型控制装置正式命名为可编程控制器（Programmable Controller，PC），为与个人计算机（Personal Computer，PC）区别，仍名为PLC，并定义：PLC是一种数字式的自动化控制装置，带有指令存储器、数字的或模拟的输入/输出接口，以位运算为主，能完成逻辑、顺序控制、定时、计数和算术运算等功能，用于控制机器或生产过程。

之后国际电工委员会（International Electrotechnical Commission，IEC）、电气和电子工程师协会（Institute of Electrical and Electronics Engineers，IEEE）和中国科学院也定义了PLC。这些定义表明，PLC是一种能直接应用于工业环境的数字电子装置，是以微处理器为基础，结合计算机技术、自动控制技术和网络通信技术，用面向控制过程、面向用户的“自然语言”编程的一种简便可靠的新一代通用工业控制装置。

3. PLC的主要功能

(1) 开关逻辑和顺序控制。PLC应用最广泛、最基本的功能，是完成开关逻辑运算和进行顺序逻辑控制，从而实现各种控制要求。

(2) 模拟控制（A/D和D/A控制）。在工业生产过程中，需要控制一些连续变化的模拟量，如温度、压力、流量、液位等，现在大部分PLC产品能代替过去的仪表或分布式控制系统，来处理这类模拟量。

(3) 定时/计数控制。PLC提供足够的定时器与计数器，具有很强的定时、计数功能。定时间隔可以由用户设定；如需对高频信号进行计数，可选择高速计数器。

(4) 步进控制。PLC提供了一定数量的移位寄存器或者状态寄存器，可方便地完成步进控制功能。

(5) 运动控制。在机械加工行业中，PLC与计算机数控（CNC）集成在一起，以完成机床的运动控制。

(6) 数据处理。大部分PLC都具有不同程度的数据处理能力，不仅能进行算术运算、数据传送，还能进行数据比较、转换、显示及打印等操作，有些还可进行浮点运算和函数运算。

(7) 通信联网。PLC的通信联网功能，使PLC与PLC之间、PLC与上位计算机及其他智能设备之间能够交换信息，形成一个统一的整体，实现分散集中控制。

4. PLC的特点

PLC的突出特点、优越性能决定了它的迅速发展与广泛应用，它较好地解决了工业控制领域中普遍关心的可靠、安全、灵活、方便、经济等问题。

(1) 可靠性高、抗干扰能力强。PLC的可靠性以平均无故障工作时间（平均故障间隔时间）来衡量。由于对硬件采取冗余设计、光电隔离、线路滤波，对软件采取循环扫描、故障检测、诊断程序、封闭存储器等措施，因而具有很强的抗干扰能力。

(2) 控制能力强。足够多的编程元件，可实现非常复杂的控制功能；相对同等功能的继电器控制系统，具有很高的性价比；还可以通过联网，实现分散控制与集中管理。

(3) 用户维护工作量少。PLC产品已经标准化、系列化、模块化，配备有品种齐全的各种硬件装置供用户选用，便于系统配置、安装接线，组成不同功能、不同规模的系统，有较强的带负载能力，可直接驱动一般的电磁阀和交流接触器。通过修改用户程序，能快捷适应工艺条件的变化。

(4) 编程简单、使用方便。梯形图是 PLC 使用最多的编程语言，其电路符号、表达方式与继电器电路图相似，形象、直观、简单、易学。在熟悉工艺流程、熟练掌握 PLC 指令的情况下，语句编程也十分简单。

(5) 设计、安装、调试周期短。软件功能取代继电系统中大量的中间继电器、时间继电器、计数器等器件，实验室模拟调试、现场安装并修改，使控制柜的设计、安装、接线工作量减少，施工周期缩短。

(6) 易于实现机电一体化。PLC 体积小、重量轻、功耗低、抗振防潮和耐热能力强，使之易于安装在机器设备内部，制造出机电一体化产品。CNC 设备和机器人装置已成为典型 PLC 应用范例。

5. PLC 的分类

PLC 种类、型号、规格不一，了解其分类有助于选型与应用。PLC 可按控制规模的大小、性能的高低、结构的特点进行分类，还可从流派、产地、厂家来分类。

(1) 按控制规模、点数和功能分类。不同型号 PLC 能够处理的 I/O 信号数是不同的，一般将一路信号叫做一个点，将输入点数和输出点数的总和称为机器的点数，简称 I/O 点数。按 I/O 点数、内存容量的值域来分类是不断发展的，以下仅供参考。

1) 微型机：I/O 点数为 64 点以内，单 CPU，内存容量为 256～1000B，如我国台湾广成公司的 SPLC。

2) 小型机：I/O 点数为 64～256 点，单 CPU，内存容量为 1～3.6KB，如欧姆龙(OMRON) 公司 CQM1 (D192 点、A44 路、3.2～7.2KB、0.5～10ms/1K 步)，西门子公司 S7-200 (D248 点、A35 路、2KB、0.8～1.2ms/1K 步)、S7-1200，三菱电气 FX，无锡华光 SR-20/21 等。

3) 中型机：I/O 点数为 256～2048 点，双 CPU，内存容量为 3.6～13KB，如西门子 S7-300 (D1024 点、A128 路、32KB、0.8～1.2ms/1K 步)，欧姆龙公司 C200HG (D1184 点、15.2～31.2KB、0.15～0.6ms/1K 步、MPI)，无锡华光 SR-400，通用电气 (GE) 公司 GE-Ⅲ等。

4) 大型机：I/O 点数在 2048 点以上，多 CPU，内存容量为 13KB 以上，如西门子公司 S7-400 (12672 点、512KB、0.3ms/1K 步)、S5-155U，AEG 公司 A500 (5088 点、62KB/64KB、1.3ms /1K 步)，富士公司 F200 (3200 点、32KB、2.5ms/1K 步)，欧姆龙公司 CV2000 (2048 点、62KB、0.125ms/1K 步)，三菱电气 K3 等。

(2) 按控制性能分类。

1) 低档机。具有基本的控制功能和一般的运算能力，工作速度比较低，能拖带的 I/O 模块的数量比较少，如欧姆龙公司的 C60P。

2) 中档机。具有较强的控制功能和较强的运算能力，能完成一般逻辑运算，也能完成比较复杂的三角函数、指数和 PID 运算，工作速度比较快，能拖带的 I/O 模块数量、种类都比较多，如西门子公司的 S7-300。

3) 高档机。具有强大的控制功能和强大的运算能力，能完成逻辑、三角函数、指数和 PID 等运算，还能进行复杂的矩阵运算，工作速度很快，能拖带的 I/O 模块数量、种类多，可完成规模很大的控制任务，一般作为联网主站，如西门子公司的 S7-400。

(3) 按结构形式分类。

PLC 的硬件结构形式有整体式、模块式和叠装式。

1）整体式结构。小型及微型 PLC 多为整体式，把 CPU、RAM、ROM、I/O 接口及与编程器或 EPROM 写入器相连的接口、电源、指示灯等都装配在一起，成为一个整体，如通用电气公司的 GE-I/J 系列。

2）模块式结构。模块式结构又叫作积木式结构，是把 PLC 的每个工作单元都制成独立的模块，如 CPU 模块、输入模块、输出模块、电源模块、通信模块等，另外设备上还有一块带有插槽的母板，相当于计算机总线。按控制系统需要选取模块后，都插到母板上，就构成了一个完整的 PLC，如欧姆龙公司的 C200H、C1000H、C2000H，西门子公司的 S5-115U、S7-300、S7-400 系列等。

3）叠装式结构。叠装式结构是将整体式和模块式结合起来，除基本单元外，还有扩展模块和特殊功能模块，配置比较方便。S7-200、S7-1200 和 FX 系列均属于叠装式。

（4）按生产厂家分类。

世界上有 200 多家 PLC 厂商、400 多个 PLC 品种，点数、容量、功能各有差异，按地域有美国、欧洲、日本三个流派，美、欧长于大中型，日本精于中小型。

世界上比较有影响的厂家包括生产 C 系列的欧姆龙（Omron），生产 FX 系列的三菱（Mitsubishi），生产 FP1 系列的松下（Panasonic），生产 GE 系列的通用电气（GE），生产 PLC-5 系列的艾伦-布拉德利（A-B），生产 S5、S7 系列的西门子（Siemens），生产 A300、500 系列的 AEG，生产 TSX7-40 系列的 TE（Telemecanique）。

1.1.2 PLC 的发展概况和发展趋势

1. 国外 PLC 发展概况

PLC 自问世以来经历了 40 多年的发展，在美、德、日等工业发达国家已成为重要的产业之一，世界总销售额不断上升、生产厂家不断涌现、品种不断翻新，产量产值大幅度上升而价格则不断下降。

2. 技术发展动向

（1）产品规模向大、小两个方向发展。

PLC 向大型化方向发展，如西门子公司的 S7-400、S5-155U，体现在高功能、大容量、智能化、网络化，与计算机组成集成控制系统，对大规模、复杂系统进行综合的自动控制。I/O 点数达 14336 点、32 位微处理器、多个 CPU 并行工作、大容量存储器、扫描速度高速化（如有的 PLC 达 0.065μs/步）。

PLC 向小型化方向发展，如三菱 A、欧姆龙 CQM1，体积越来越小、功能越来越强、控制质量越来越高，小型模块化结构增加了配置的灵活性，降低了成本。我国台湾广成公司生产的超小型 PLC，外观尺寸（W×H×D）20mm×26mm×30mm，24 颗零件，9～36V 的工作电压，功能容于一颗芯片，将常用的计数器、延时器、闪烁器软件化，并用计算机配线方式取代传统电线配线，整合 16 种器件，命名为 SPLC。

（2）PLC 在闭环过程控制中应用日益广泛。基于反馈的自动控制技术，测量关心的变量并与期望值相比较，用误差纠正调节控制系统的响应，构成对温度、压力、流量等模拟量的闭环控制（过程控制）。简单而优秀的 PID 模块能编制各种控制算法程序，完成 PID 调节。PID 控制器输入 $e(t)$ 与输出 $u(t)$ 的关系为 $u(t)=K_p e(t)+K_i\int_0^t e(\tau)\mathrm{d}\tau+K_d\frac{\mathrm{d}e(t)}{\mathrm{d}t}$

它的传递函数为

$$G_0(s)=\frac{U(s)}{E(s)}=K_p+\frac{K_i}{s}+K_d s$$

使用PID模块只需根据过程的动态特性及时整定三个参数 K_p、K_i 和 K_d，在很多情况下，可只取包括比例单元在内的1～2个单元。虽然很多工业过程是非线性或时变的，但可简化成基本线性和动态特性不随时间变化的系统，这样就可进行PID控制了。

(3) 网络通信功能不断增强。网络化和强化通信能力是PLC的一个重要发展趋势。PLC具有计算机集散系统（DCS）的功能，构成的网络由多个PLC、多个I/O模块相连，并与工业计算机、以太网等构成整个工厂的自动控制系统。40余种现场总线及智能化仪表的控制系统（Fieldbus Control System，FCS）将逐步取代DCS。信息处理技术、网络通信技术和图形显示技术，使PLC系统的生产控制功能和信息管理功能融为一体，满足大生产的控制与管理的要求。

(4) 新器件和模块不断推出。除提高CPU处理速度外，还有带微处理器的EPROM或RAM的智能I/O、通信、位置控制、快速响应、闭环控制、模拟量I/O、高速计数、数控、计算、模糊控制、语言处理、远程I/O等专用化模块，使PLC在实时精度、分辨率、人机对话等方面进一步得到改善和提高。

可编程自动化控制器（PAC）用于描述结合了PLC和PC功能的新一代工业控制器，将成为未来的工业控制的方式。可编程计算机控制器（PCC）采用分时多任务操作系统和多样化的应用软件的设计，应用程序的运行周期与程序长短无关，而由操作系统的循环周期决定，因此将程序的扫描周期同外部的可调控制周期区别开来，满足了真正实时控制的要求。

(5) 编程工具及语言多样化、标准化。在结构不断发展的同时，PLC的编程语言也越来越丰富，各种简单或复杂的编程器及编程软件，采用梯形图、功能图、语句表等编程语言，对过程模拟仿真，还有面向顺序控制的步进编程语言、SFC标准化语言，面向过程控制的流程图语言，与计算机兼容的高级语言（BASIC、Pascal、C、FORTRAN等）等得到应用。在Windows界面下，用可视化的Visual C++、Visual Basic来编程比较复杂，而组态软件使编程简单化且工作量小。

(6) 容错技术等进一步发展。人们日益重视控制系统的可靠性，将自诊断技术、冗余技术、容错技术进行应用，推出高可靠性的冗余系统，并采用热备用或并行工作、多数表决的工作方式。例如，S7-400坚固、全密封的模板可在恶劣、不稳定的环境下正常工作，还可热插拔。

(7) 实现硬件、软件的标准化。针对硬、软件封闭而不开放，模块互不通用、语言差异大、PLC互不兼容，IEC下设TC65的SC65B，专设WG（工作组）制定PLC国际标准，成为一种方向或框架，如IEC 61131-1/2/3/4/5。标准化硬、软件不仅缩短系统开发周期，也使80%的PLC应用可利用20条的梯形逻辑指令集来解决，称为“80/20”法则。

3. 国内PLC发展及应用概况

我国PLC经历大致3个阶段：20世纪70年代顺序控制器阶段；20世纪80年代位处理器为主的工业控制器阶段；20世纪90年代以后8、16、32位微处理器为主的PLC阶段。

改革开放之后，我国出现了大量的PLC。一部分随成套设备引进，如宝钢一、二期工程就有500多套，还有咸阳显像管厂、平朔煤矿、秦皇岛煤码头等；一部分与外国合资生产，如中美及中德汽车厂、辽宁无线电二厂、无锡华光电子公司、厦门A-B公司等；也有我国独资生产的PLC，如上海东屋电气CF系列、杭州机床电器厂DKK及D系列、大连组合机床研究所S系列、苏州电子计算机厂YZ系列等。

PLC在国内外已广泛应用于钢铁、石油、化工、电力、建材、机械制造、汽车、轻纺、交通运输、环保及文化娱乐等各个行业。可以预期，随着引进而中国化的深入，PLC将拥有更广阔的天地，技术含量也将越来越高。例如，随着我国西部及广大地区水力发电的大规模开发、全面建设，基于PLC控制的分层分布式计算机监控系统的水力发电控制工程及其学科，就是一个老树新发、生机盎然的领域。

1.2 PLC的基本结构、工作原理与编程语言

1.2.1 PLC的基本结构

PLC是微机技术和继电器控制概念相结合的产物，结构与一般微型计算机系统基本相同，只不过它具有更强的与工业过程相连接的I/O接口，更适用于控制要求的编程语言，更适应于工业环境的抗干扰性能。它由硬件系统和软件系统两大部分组成，硬件系统又分为中央处理单元、存储器单元、电源单元、输入输出单元、接口单元、外部设备6个部分，如图1-1所示。

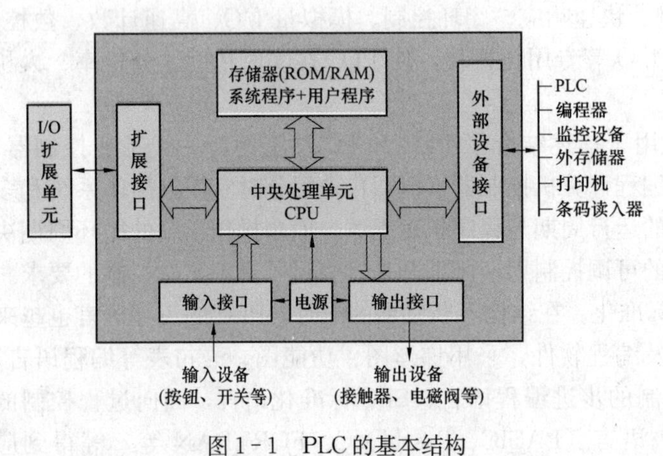

图1-1 PLC的基本结构

1. 中央处理单元

类似于工业控制中的通用微机，中央处理单元（Central Processing Unit，CPU）是PLC的核心部分、控制中枢，由微处理器和控制接口电路组成。

微处理器由大规模集成电路的微处理芯片构成，包括逻辑运算和控制单元，以及一些用于CPU处理数据过程中数据暂时保存的寄存器，共同完成运算和控制任务。

微处理器能实现逻辑运算，协调控制系统内部各部分的工作，分时、分渠道地执行数据的存取、传送、比较和变换，完成用户程序所设计的任务，并根据运算结果控制输出设备。

控制接口电路是微处理器与主机内部其他单元进行联系的部件，主要有数据缓冲、单元选择、信号匹配、中断管理等功能。微处理器通过它来实现与各个内部单元之间的可靠的信息交换和最佳的时序配合。

2. 存储器单元

举足轻重的内存一般采用半导体存储器单元（Memory Unit），有存储容量和存取时间等参数，按物理性能分为随机存储器（Random Assess Memory，RAM）和只读存储器（Read Only Memory，ROM）。

随机存储器器 RAM 最为重要，又称读/写存储器，要求存取速度快，主要用来存储I/O状态和计数器、定时器及系统组态的参数。它由一系列寄存器阵组成，每位寄存器可以代表一个二进制数，开始工作时的状态是随机的，置位后状态确定。为防止断电后数据丢失，由锂电池支持数据保护，一般 5 年，电池电压降低时由欠电压指示灯发光来提醒用户。

只读存储器 ROM 是一种只读取、不写入的记忆体，存放基本程序和永久数据。制造 ROM 时，信息（程序或数据）就被存入并永久保存（掉电不丢失）。只读存储器有两种：一是不可擦除 ROM，只能写入一次、不能改写；二是可擦除 ROM，以紫外线照射 EPROM 芯片上的透明窗口就能擦除芯片内的全部内容，并可重写，如 E^2PROM，也称为 EEP-ROM，可电擦除并再写入。这两种存储器的信息可保留 10 年左右。

相对于其他类型的半导体技术而言，铁电存储器具有一些独一无二的特性，它在 RAM 和 ROM 间搭起了一座跨越沟壑的桥梁，能兼容 RAM 的一切功能，并且和 ROM 技术一样具有非易失性，是一种非易失性的 RAM。

各种 PLC 的最大寻址空间是不同的，但 PLC 存储空间按用途都可分为三个区域。

（1）系统程序存储区。系统程序存储区中存放着 PLC 厂家编写的系统程序，包括监控程序、管理程序、命令解释程序、功能子程序、诊断子程序及各种系统参数等，固化在 EPROM 中。它相当于 PC 的操作系统，和硬件一起决定 PLC 的性能。

（2）系统 RAM 存储区。系统 RAM 存储区包括 I/O 映像区、参数区及系统各类软设备存储区。

1）I/O 映像区。由于 PLC 投入运行后，只是在输入采样阶段才依次读入各输入状态和数据，在输出刷新阶段才将输出的状态和数据送至相应的外部设备，因此需要一定数量的存储单元（RAM）以存放 I/O 的状态和数据，这些单元称作 I/O 映像区。一个开关量占一个位（bit），一个模拟量占一个字（16bit）。

2）参数区。存放 CPU 的组态数据，如输入输出 CPU 组态、设置输入滤波、脉冲捕捉、输出表配置、定义存储区保持范围、模拟电位器设置、高速计数器配置、高速脉冲输出配置、通信组态等，这些数据不断变化，无须长久保存，采用随机读写存储器 RAM。

3）系统软设备存储区。它是 PLC 内部各类软设备（如逻辑线圈、数据寄存器、定时器、计数器、变址寄存器、累加器等）的存储区，分为有、无失电保持的存储区域。前者在 PLC 断电时，由内部锂电池供电保持数据；后者当 PLC 断电时，数据被清零。

逻辑线圈与开关输出一样，每个逻辑线圈占用系统 RAM 存储区中的一个位，但不能直接驱动外设，只供用户在编程中使用。另外不同的 PLC 还提供数量不等的特殊逻辑线圈，具有不同的功能。

数据寄存器与模拟量 I/O 一样，每个数据寄存器占用系统 RAM 存储区中的一个字（16bit），不同的 PLC 还提供数量不等的特殊数据寄存器，具有不同的功能。

（3）用户程序存储区。用户程序存储区存放用户编写的应用程序，为调试、修改方便，先把用户程序存放在随机存储器 RAM 中，经运行考核、修改完善，达到设计要求后，再固化到 EPROM 中，替代 RAM。

3. 电源单元

电源单元（Supply Unit）是 PLC 的电源供给部分，它把外部供应的电源变换成系统内部各单元所需的电源。PLC 电源的交流输入端一般都设有脉冲 RC 吸收电路或二极管吸收电路，故允许工作交流输入电压范围比较宽，抗干扰能力比较强。一般交流电压波动在±10%～±15%的范围内，可以不采取其他措施，而将PLC直接连接交流电网。

除需要交流电源外，PLC还需要直流电源。一般直流5V供PLC内部使用，直流24V供I/O端和各种传感器使用，有的还向开关量输入单元连接的现场无源开关提供直流电源。应注意设计选择时保证直流不过载。

电源单元还包括掉电保护电路（配有大容量电容）和后备电池电源，以保持RAM在外部电源断电后存储的内容还可保持50h。PLC的电源一般采用开关电源。

4. 输入/输出单元

输入/输出单元（Input/Output Unit，I/O）由输入模块、输出模块和功能模块构成，是PLC与现场被控装置或其他外部设备之间的接口部件。I/O模块可与CPU放在一起，也可远程放置，通常I/O模块上还具有状态显示和I/O接线端子排。I/O模块及其接口的主要类型有数字量（开关量）输入、数字量（开关量）输出、模拟量输入、模拟量输出等。

输入模块将现场的输入信号，经滤波、光耦合隔离、电平转换、信号锁存电路等，变换为CPU能识别的低电压信号，送交CPU进行运算；锁存器的输出模块则将CPU输出的低电压信号变换，放大为能为控制器件接受的电压、电流信号，以驱动信号灯、电磁阀、电磁开关等。I/O电压一般为1.6～5V，低电压能解决耗电过大和发热过高的问题，是节能降耗的本质所在。

通常PLC输入模块有直流、交流、交直流三种；PLC输出模块有继电器（交直流）、晶体管（直流）、双向晶闸管（交流）三种。

此外，功能模块实际上是一些智能型I/O模块，如温度检测模块、位置检测/控制模块、PID控制模块、高速计数模块、运动控制模块、中断控制模块等，它们有自己独立的CPU、系统程序、存储器，通过总线由PLC协调管理。CPU与I/O模块的连接是由输入接口和输出接口完成的。

5. 接口单元

接口单元包括扩展接口、存储器接口、编程与通信接口。

扩展接口用于扩展I/O模块，使PLC的控制规模配置得更加灵活，实际上为总线形式。可配置开关量的I/O模块，也可配置模拟量、高速计数等特殊I/O模块及通信适配器等。

存储器接口用于扩展用户程序存储区和用户数据参数存储区，可以根据使用的需要扩展存储器，内部接到总线上。

编程接口用于连接编程器或PC，由于PLC本身不带编程器或编程软件，为实现编程及通信、监控，在PLC上专门设有编程接口。

通信接口使PLC与PLC、PLC与PC或其他智能设备之间可建立通信。外设I/O接口一般是RS232C或RS422A串行通信接口，进行串行/并行数据的转换、通信格式的识别、数据传输的出错检验、信号电平的转换等。

6. 外部设备

外部设备已发展成为PLC系统的不可缺少的部分。

(1) 编程设备。编程器或PC用来编辑、调试PLC用户程序，监控PLC及PLC控制系统的工作状况等。

简易编程器多为助记符编程，个别的可图形编程（如东芝公司EX型），稍复杂一点儿的可梯形图编程。目前多采用先进编程软件，如S7－1200型的STEP 7 Basic、FX型的GX Developer，在个人计算机上实现编程。编程器或PC除编程、调试外，还可设定系统的控制方式。

(2) 监控设备。小的监控设备有数据监视器，可监视数据；大的监控设备有图形监视器，可通过画面监视数据。除了不能改变PLC的用户程序，编程器能做的它都能做。

(3) 存储设备。它用于永久性地存储用户数据，使用户程序不丢失。这些设备有存储卡、存储磁带、软磁盘或只读存储器，实现存储相应有存卡器、磁带机、软驱或ROM写入器及其接口部件。

(4) 输入输出设备。输入设备有条码读入器、输入模拟量的电位器等；输出设备有打印机、文本显示器等。

7. PLC的软件系统

PLC除硬件系统外，还需软件系统的支持，它们相辅相成、缺一不可。PLC的软件系统包括系统程序（又称系统软件）和用户程序（又称应用软件）。

(1) 系统程序。系统程序由PLC厂家编制，固化于EPROM或EEPROM中，安装在PLC上。系统程序包括监控程序、管理程序、命令解释程序、功能子程序、诊断子程序、输入处理程序、编译程序、信息传送程序等。

(2) 用户程序。用户程序是根据生产过程控制的要求，由用户使用厂家提供的编程语言自行编制的应用程序，包括开关量逻辑控制程序、模拟量运算程序、闭环控制程序和操作站系统应用程序等。

1.2.2 PLC的工作原理

PLC是一种专用工业控制计算机，其工作原理与计算机控制系统的工作原理基本相同。PLC采用周期循环扫描的工作方式，CPU连续执行用户程序和任务的循环序列称为扫描。

1. PLC对继电器控制系统的仿真

开辟I/O映像区，用存储程序控制替代接线程序控制，是包括水力发电生产在内的所有工业控制领域的新纪元。

(1) 仿真或模拟继电器控制的编程方法。在一个电气电路控制整体方案中，根据任务与功能的不同可明显划分出主电路（完成主攻任务的那部分电路，表象是大电流）和辅助电路（完成控制、保护、信号等任务的那些电路，表象是小电流）。用PLC替代继电器控制系统一般是指替代辅助电路那部分，而主电路部分基本保持不变。主电路中如含有大型继电器仍可继续使用，PLC可以用其内部的“软继电器”（或称“虚拟继电器”）去控制外部的主电路开关继电器，PLC的出现不是要“消灭”继电器，而是用它替代辅助电路中的起控制、保护、信号作用的那些继电器，达到节能降耗这一目标，这一点请务必注意。

对于控制、保护、信号等辅助电路等构成的电气控制系统可以分解为如图1－2所示的三个组成部分：输入部分、逻辑控制部分和输出部分。

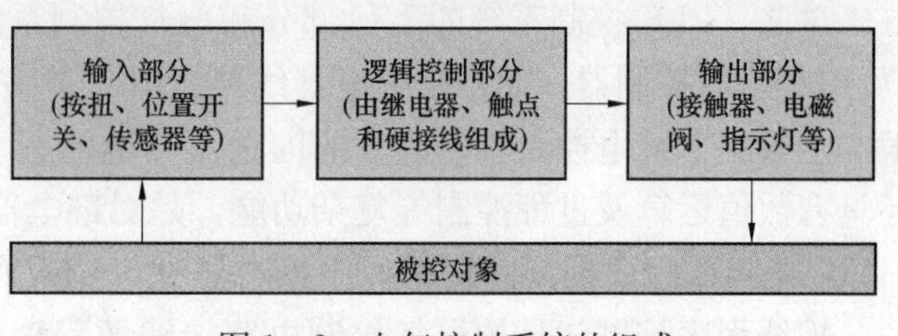

图1－2 电气控制系统的组成

输入部分由电路中各种输入设备（如控制按钮、操作开关、位置开关、传感器）和全部输入信号构成，这些输入信号来自被控对象上的各种开关量信息及人工指令。

逻辑控制部分是按照控制要求设计的，由各种如主令电器、继电器、接触器及其触点用导线连接成的具有一定逻辑功能的控制电路，各电器触点之间以固定的方式接线，控制逻辑就设置在硬接线中，这种固化的程序不能灵活变更且故障点多。PLC 的运用将克服这些缺点。

输出部分是由各种输出设备（如接触器、电磁阀、指示灯等执行元件）组成。

PLC 的基本组成也大致分为如图 1-3 所示的三部分：输入部分、逻辑部分和输出部分。这与继电器控制系统极为相似，其输入部分、输出部分与继电器控制系统大致相同，所不同的是 PLC 中输入、输出部分多了 I/O 模块，增加了光电耦合、电平转换、功率放大等功能。PLC 的逻辑部分是由微处理器、存储器组成的，由计算机软件替代继电器构成的控制、保护与信号电路，实现“软接线”或“虚拟接线”，可以灵活编程，这是 PLC 节能降耗之外的又一亮点。

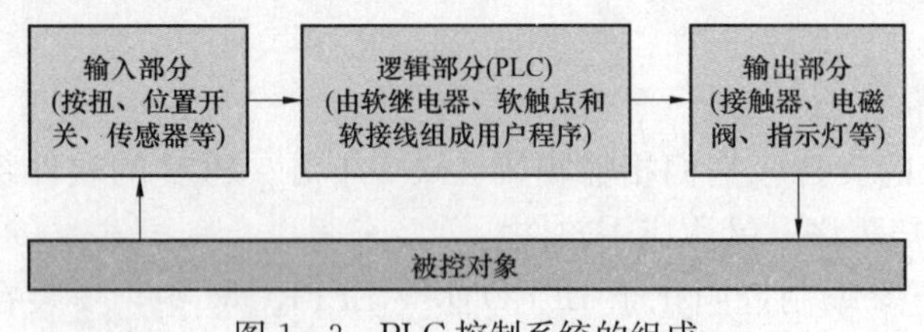

图 1-3　PLC 控制系统的组成

接下来从控制方式、控制速度、延时控制等三个方面综述一下可编程控制系统与继电器控制系统之间的差异。

1）控制方式。继电器控制系统采用硬件接线，是利用继电器机械触点的串联或并联及延时继电器的滞后动作等组合形成控制逻辑，只能完成既定的逻辑控制。而 PLC 控制系统采用存储逻辑，以程序方式存储在内存中，改变控制逻辑只需修改程序，即改变“软接线”或“虚拟接线”。

2）控制速度。继电器控制系统逻辑依靠触点的机械动作实现控制，工作频率低，为毫秒级，机械触点有抖动现象。而 PLC 控制系统是由程序指令控制半导体电路来实现控制的，速度快，为微秒级，很严格地同步，无触点抖动。

3）延时控制。继电器控制系统靠时间继电器的滞后动作实现延时控制，因而精度不高，受环境影响大，调整定时困难。而 PLC 控制系统用半导体集成电路作定时器，时钟脉冲由晶体振荡器产生，精度高，调整定时方便，不受环境影响。

尽管 PLC 与继电器控制系统的逻辑控制部分组成元器件不同，但在控制系统中所起的逻辑控制作用是一致的。因而可以把 PLC 内部看作有许多“软继电器”或“虚拟继电器”，如“输入继电器”“输出继电器”“中间继电器”……“时间继电器”等。这样就可以模拟继电器控制系统的编程方法，仍然按照设计继电器控制电路的形式来编制程序，这就是极为方便的梯形图编程方法。另外 PLC 的 I/O 部分与继电器控制系统大致相同，因而安装也完全可按常规的继电器控制设备那样进行。

总之，PLC 控制系统的 I/O 部分和电气控制系统的 I/O 部分基本相同，但控制部分是“可编程”的控制器，而不是继电器线路。PLC 能方便地变更程序以实现控制功能变化，从根本上解决了继电控制难于改变的问题及其他问题（如触点烧灼）。除逻辑运算控制，PLC 还具有数值运算及过程控制等复杂功能，是对继电器控制系统的崭新超越。

（2）接线程序控制、存储程序控制与建立 PLC 的 I/O 映像区。

接线程序控制就是按电气控制电路接线的程序反复不断地依次检查各个输入开关的状

态，根据接线的程序把结果赋值给输出。

1946年“计算机之父”美籍匈牙利数学家冯·诺伊曼（John Von Neumann）提出“存储程序控制”原理，奠定了现代电子计算机的基本结构和工作方式，开创了程序设计的新时代。

PLC的工作原理与接线程序控制十分相近，所不同的是PLC的控制由与计算机一样的“存储程序”来实现。PLC存储器内开辟有I/O映像区，其大小与控制的规模有关。系统的每一个I/O点都有I/O映像区的某一位与之对应，I/O点的编址号与I/O映像区的映像寄存器地址号相对应。

PLC工作时，将采集到的输入信号状态存放在输入映像区对应的位上，供用户程序执行时采用，不必直接与外部设备发生关系，而后将执行用户程序的运算结果存放到输出映像区对应的位上，以作为输出。这样不仅加速了程序执行，而且与外界的隔离提高了PLC控制的抗干扰能力。

2. PLC循环扫描的工作方式

PLC循环扫描工作方式有周期扫描方式、定时中断方式、输入中断方式、通信方式等，最主要的工作方式是周期扫描方式。PLC采用“顺序扫描，不断循环”的方式进行工作，每次扫描过程中，还需对输入信号采样及对输出状态刷新。

（1）PLC的工作过程。PLC上电后，在CPU系统程序监控下，周而复始地按一定的顺序对系统内部的各种任务进行查询、判断和执行，这个过程就是按顺序循环扫描。执行一个循环扫描过程所需的时间称为扫描周期，一般为0.1～100ms。PLC的工作过程如图1-4所示。

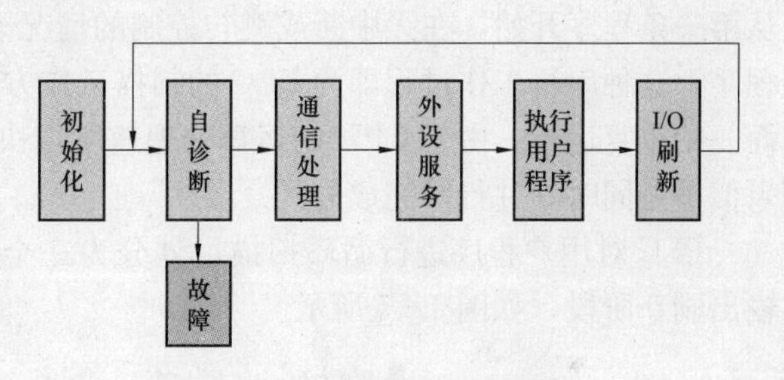

图1-4　PLC的工作过程

1）上电初始化。PLC上电后首先进行系统初始化处理，包括清除内部继电器区、复位定时器等，还对电源、PLC内部电路、用户程序的语法进行检查。设该过程占用时间T_0。

2）CPU自诊断。PLC在每个扫描周期都要进入CPU自诊断阶段，以确保系统可靠运行，包括检查用户程序存储器是否正常、扫描周期是否过长、I/O单元的连接、I/O总线是否正常，复位监控定时器（Watch Dog Timer，WDT）等。发现异常情况时，根据错误类别发出报警输出或者停止PLC运行。设该过程占用时间T_1。

3）通信信息处理。当PLC和PC构成通信网络或由PLC构成分散系统时，需要一个通信服务过程，进行PLC与微机间的或与其他PLC间的或与智能I/O模块间的信息交换。在多处理器系统中，CPU还要与数字处理器（DPU）交换信息。设该过程占用时间T_2。

4）外部设备服务。当PLC接有如终端设备、编程器、彩色图文显示器、打印机等外部设备时，每个扫描周期内要与外部设备交换信息。设该过程占用时间T_3。

5）用户程序执行。PLC在运行状态下，每一个扫描周期都要执行存储器中的用户程序，从输入映像寄存器和其他软元件的映像寄存器中读出有关元件的通/断状态，以扫描方式从程序000步开始按顺序运算，扫描一条执行一条，并把运算结果存入对应的输出映像寄存器中。设该过程占用时间T_4，它主要取决于PLC的运行速度、用户程序的长短、指令种类。

6）I/O刷新过程。PLC运行时，每个扫描周期都进行输入、输出信息处理，分为输入信号刷新和输出信号刷新。

输入处理过程将PLC全部输入端子的通/断状态，读进输入映像寄存器。在程序执行过程中即使输入状态变化，输入映像寄存器的内容也不会改变，直到下一扫描周期的输入处理阶段才读入这一变化。此外输入滤波器有一个响应延迟时间。

输出处理过程将输出映像寄存器的通/断状态向输出锁存寄存器传送，成为PLC的实际输出。PLC的对外输出触点相对输出元件的实际动作还有一个响应延迟时间。

设输入信号刷新和输出信号刷新过程占用时间为T_5，它主要取决于PLC所带的输入输出模块的种类和点数多少。

PLC周而复始地巡回扫描，执行上述整个过程，直至停机。可以看出，PLC的扫描周期$T=T_1+T_2+T_3+T_4+T_5$，约为0.1～100ms。T越长，要求输入信号的宽度越大。

(2) 用户程序的循环扫描过程。

PLC的工作过程，与CPU的操作方式（STOP与RUN）有关，下面讨论RUN方式下执行用户程序的过程。

当PLC运行时，通过执行反映控制要求的用户程序来完成控制任务。虽然有众多的操作，但CPU不是同时去执行（这里不讨论多CPU并行），只按分时操作（串行工作）方式，从第一条程序开始，在无中断或跳转控制的情况下，按程序存储顺序的先后，逐条执行用户程序，这种串行工作过程即为PLC的扫描工作方式。程序结束后又从头开始扫描执行，周而复始重复运行。由于CPU的运算处理速度很快，因而从宏观上来看，PLC外部出现的结果似乎是同时（并行）完成的。

PLC对用户程序进行循环扫描可划分为三个阶段，即输入采样阶段、程序执行阶段和输出刷新阶段，如图1-5所示。

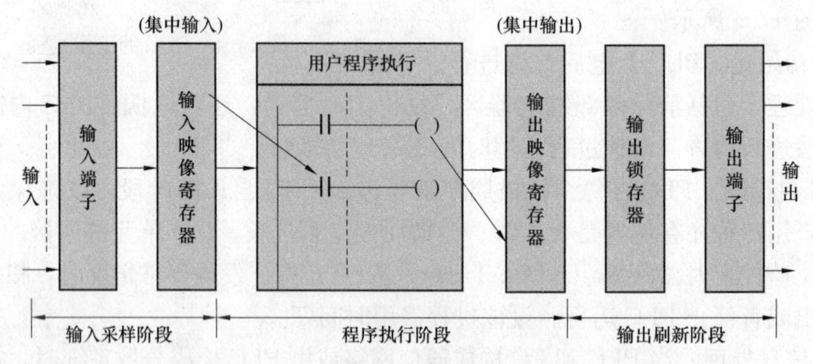

图1-5　PLC用户程序的工作过程

1) 输入采样阶段。这是第一个集中批处理过程，CPU按顺序逐个采集全部输入端子上的信号，不论是否接线，然后全部写到输入映像寄存器中。随即关闭输入端口，进入程序执行阶段，用到的输入信号的状态（ON或OFF）均从刚保存的输入映像寄存器中去读取，不管此时外部输入信号的状态是否变化，如果发生了变化，也要等到下一个扫描周期的输入采样扫描阶段才去读取。由于PLC的扫描速度很快，可以认为这些采集到的输入信息是同时的。

2) 程序执行阶段。这是第二个集中批处理过程，在执行用户程序阶段，CPU对用户程序按顺序进行扫描。如果程序用梯形图表示，则总是按先上后下、从左至右的顺序进行扫描。当遇到程序跳转指令时，则根据跳转条件是否满足来决定程序是否跳转。每扫描到一条指令，若其涉及输入信息的状态均从输入映像寄存器中去读取，而不是直接使用现场的立即输入信号（立即指令除外），对其他信息，则从元件映像寄存器中去读取。用户程序每一步运算的中间结果都立即写入元件映像寄存器中，对输出继电器的扫描结果，也不是马上去驱动外部负载，而是将其结果写入输出映像寄存器中（立即指令除外）。在此阶段，允许对数字量 I/O 指令和不设置数字滤波的模拟量 I/O 指令进行处理，在扫描周期的各个部分，均可对中断事件进行响应。

在这个阶段，除了输入映像寄存器外，各个元件映像寄存器的内容是随着程序的执行而不断变化的。

3）输出刷新阶段。这是第三个集中批处理过程，当 CPU 对全部用户程序扫描结束后，将元件映像寄存器中各输出继电器的状态同时送到输出锁存器中，再由输出锁存器通过一定的方式（继电器、晶体管或晶闸管）经输出端子去驱动外部负载。一个扫描周期内，只在输出刷新阶段才将输出状态从输出映像寄存器中集中输出，对输出接口进行刷新。用户程序执行过程中如果对输出结果多次赋值，则只有最后一次有效。在输出刷新阶段结束后，CPU 进入下一个扫描周期，重新执行输入集中采样，周而复始。

集中采样与集中输出的工作方式是 PLC 的又一特点，在采样期间，将所有输入信号（不论该信号当时是否要用）一起读入，此后在整个程序处理过程中 PLC 系统与外界隔离，直至输出控制信号。此时外界输入信号状态的变化要到下一个工作周期的采样阶段才能被读入，这从根本上提高了系统的抗干扰能力，提高了系统的可靠性。

在程序执行阶段，由于输出映像区的内容会随程序执行的进程而变化，因此，在程序执行过程中，所扫描到的功能经解算后，其结果马上就可被后面将要扫描到的逻辑的解算所利用，因而简化了程序设计。

(3) PLC 的 I/O 延迟响应问题。

1）I/O 延迟响应。由于 PLC 采用循环扫描的工作方式，即对信息的串行处理方式，导致 I/O 延迟响应。当 PLC 的输入端有一个输入信号发生变化到 PLC 输出端对该输入变化作出反应，需要一段时间，这种现象称为 I/O 延迟响应或滞后现象，这段时间就称为响应时间或滞后时间。

从 PLC 的工作原理可以看出，输入信号的变化是否能改变其对应输入映像区的状态，主要取决于两点：第一，输入信号的变化要经过输入模块的转换才能进入 PLC 内部，这个转换需要的时间叫输入延时；第二，进入了 PLC 的信号只有在 PLC 处于输入刷新阶段时才能把输入的状态读到 PLC 的 CPU 输入映像区，此延时最长可达一个扫描周期 T、最短接近于零。只有经过了上述两个延时，CPU 才有可能读入输入信号的状态。输入延时是 CPU 可能读到输入端子信号状态发生变化的最短时间，而输入端子信号的状态变化被 CPU 读到的最长时间可达“扫描周期 T＋信号转化输入延时”，故输入信号的脉冲宽度至少比一个扫描周期 T 稍长。

当 CPU 把输出映像区里的运算结果赋予输出端时也需要延时，也有两部分：第一个延时是发生在运算结果必须在输出刷新时，才能送入输出映像区对应的输出信号锁存器中，此延时最长可达一个扫描周期 T、最短接近于零；第二个延时是输出信号锁存器的状态要通过输出模块的转换才能成为输出端的信号，这个输出转换需要的时间叫输出延时。

因为 PLC 循环扫描工作方式等因素而产生 I/O 延迟响应，所以在编程中，语句的安排也会影响响应时间。对一般的工业控制，这种 PLC 的 I/O 响应滞后是完全允许的。但是对那些要求响应时间小于扫描周期的控制系统则不能满足，这时可以使用智能 I/O 单元（如快速响应 I/O 模块）或专门的指令（如立即 I/O 指令），通过与扫描周期脱离的方式来解决。

2）响应时间。响应时间或滞后时间是设计 PLC 应用控制系统时应注意把握的一个重要参数，它与以下因素有关：①输入延迟时间（由 RC 输入滤波电路的时间常数决定，改变时间常数可调整输入延迟时间）；②输出延迟时间（由输出电路的输出方式决定，继电器输出方式的延迟时间约 10ms，双向晶闸管输出方式在接通负载时延迟时间约为 1ms、切断负载时延迟时间小于 10ms，晶体管输出方式的延迟时间小于 1ms）；③PLC 循环扫描的工作方式；④PLC 对输入采样、输出刷新的集中处理方式；⑤用户程序中的语句能否合理安排。

这些因素中有的目前不能改变，有的可以通过恰当选型、合理编程得到改善。例如，选用晶闸管输出方式或晶体管输出方式，可以加快响应速度等。

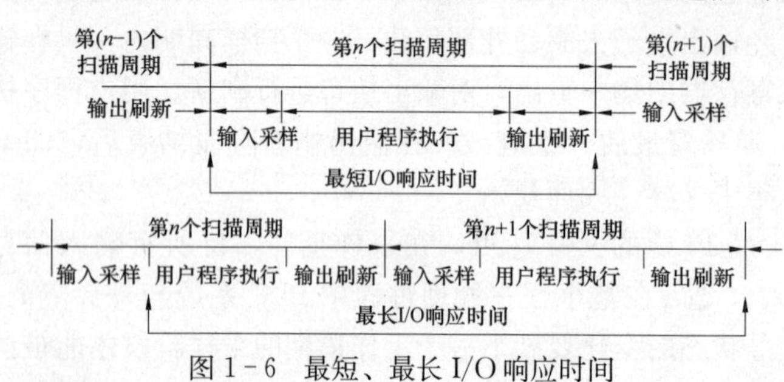

图 1-6　最短、最长 I/O 响应时间

如果 PLC 在一个扫描周期刚结束之前收到一个输入信号，在下一个扫描周期进入输入采样阶段，这个输入信号就被采样，使输入更新，这时响应时间最短（见图 1-6）。

最短响应时间＝输入延迟时间＋1 个扫描周期＋输出延迟时间

如果收到一个输入信号经输入延迟后，刚好错过 I/O 刷新时间，在该扫描周期内这个输入信号无效，要等到下一个扫描周期输入采样阶段才被读入，使输入更新，这时响应时间最长（见图 1-6）。

最长响应时间＝输入延迟时间＋2 个扫描周期＋输出延迟时间

输入信号如刚好错过 I/O 刷新时间，至少应持续一个扫描周期的时间，才能保证被系统捕捉到。对于持续时间小于一个扫描周期的窄脉冲，可以通过设置脉冲捕捉功能使系统捕捉到。设置脉冲捕捉功能后，输入端信号的状态变化被锁存并一直保持到下一个扫描周期输入刷新阶段。这样，可使一个持续时间很短的窄脉冲信号保持到 CPU 读到为止。

PLC 总的响应延迟时间一般不大，这对于一般的系统是无关紧要的，要求输入与输出信号之间的滞后时间尽量短的系统，可以选用扫描速度快的 PLC 或采取其他措施。

3）PLC 对 I/O 的处理规则。PLC 与继电器控制系统对信息处理方式是不同的：继电器控制系统是“并行”处理方式，只要电流形成通路，可以有几个电器同时动作；而 PLC 是以扫描的方式处理信息，它是顺序地、连续地、循环地逐条执行程序，在任何时刻它只能执行一条指令，即以“串行”处理方式工作。因而在考虑 PLC 的输入、输出之间的关系时，应充分注意它的周期扫描工作方式。在用户程序执行阶段，PLC 对 I/O 的处理必须遵守以下规则：输入映像寄存器的内容，由上一个扫描周期输入端子的状态决定；输出映像寄存器的状态，由程序执行期间输出指令的执行结果决定；输出锁存器的状态，由上一次输出刷新期间输出映像寄存器的状态决定；输出端子板上各输出端的状态，由输出锁存器来确定；执行程序时所用的 I/O 状态值，取用于 I/O 映像寄存器的状态。

尽管 PLC 采用周期性循环扫描的工作方式而产生 I/O 延迟响应的现象，但只要使其一个扫描周期足够短，采样频率足够高，足以保证输入变量条件不变，即如果在第一个扫描周期内对某一输入变量的状态没有捕捉到，那么保证在第二个扫描周期执行程序时使其存在。这样的工作状态，从宏观上讲，可以认为PLC恢复了系统对被控制变量控制的并行性。

扫描周期的长短和程序的长短有关，和每条指令执行时间长短有关。而后者又和指令的类型及PLC的主频（CPU内核工作的时钟频率CPU Clock Speed）有关。

(4) PLC的中断处理过程。

中断是对PLC外部事件或内部事件的一种响应和处理，包括中断事件、中断处理程序和中断控制指令三个部分。

1）响应问题。一般微机系统的CPU，在每一条指令执行结束时都要查询有无中断申请。而PLC对中断的响应则是在相关的程序块结束后查询有无中断申请，或者在执行用户程序时查询有无中断申请，如有中断申请，则转入执行中断服务程序。如果用户程序以块式结构组成，则在每块结束或执行块调用时处理中断。

2）中断源先后顺序及中断嵌套问题。在PLC中，中断源的信息是通过输入点而进入系统的，PLC扫描输入点是按输入点编号的先后顺序进行的，因此中断源的先后顺序只要按输入点编号的顺序排列即可。多中断源可以有优先顺序，但无嵌套关系。

1.2.3 PLC的编程语言

PLC专为工业控制而开发，主要使用者是包括水力发电厂在内的广大工业领域的电气技术工作人员，从其传统习惯出发，一般采用下列编程语言。

1. 梯形图编程

梯形图（Ladder Diagram，西门子简称为LAD）由原接触器、继电器构成的电气控制系统二次展开图演变而来，与电气控制系统的电路图相呼应，融逻辑操作、控制于一体，是面向对象的、实时的、图形化的编程语言，形象、直观和实用，为广大电气工程人员所熟知，特别适合于数字量逻辑控制，是使用得最多的PLC编程语言，但不适合于编写大型控制程序。

(1) 梯形图的格式。梯形图是PLC仿真或模拟继电器控制系统的编程方法，由触点、线圈或功能方框等基本编程元素构成。左、右垂线类似继电器控制图的电源线，称为左、右母线Bus Bar。左母线可看成能量提供者，触点闭合则能量流过，触点断开则能量阻断。这种能量流，称之“能流”。来自“能源”的“能流”通过一系列逻辑控制条件，根据运算结果决定逻辑输出。

触点：代表逻辑控制条件，有动合触点┤├和动断触点┤/├两种形式。

线圈：代表逻辑“输出”结果，“能流”流到，则该线圈被激励。

方框：代表某种特定功能的指令，“能流”通过方框，则执行其功能，如定时、计数、数据运算等。

每个梯形图网络由一个或多个梯级组成，每个输出元素（线圈或方框）可以构成一个梯级，每个梯级由一个或多个支路组成。通常每个支路可容纳的编程元素个数和每个网络最多允许的分支路数都有一定的限制，最右边的元素必须是输出元素，简单的编程元素只占用1条支路（例如，动合/动断触点、继电器线圈等），有些编程元素要占多条支路（例如，矩阵功能）。在梯形图编程时，只有在一个梯级编制完整后才能继续后面的程序编制，从上至下、从左至右，左侧总是安排输入触点，并且把并联触点多的支路靠近最左端，输入触点不论是外部的按钮、行程开关，还是继电器触点，在图形符号上只用动合触点⊣⊢和动断触点⊣/⊢两种表示方式，而不计及其物理属性，输出线圈用圆型或椭圆形表示。

在梯形图中每个编程元素应按一定的规则加标字母和数字串，不同的编程元素常用不同的字母符号和一定的数字串来表示。

(2) PLC梯形图编程的特点。梯形图与继电器控制电路图相呼应，但绝不是一一对应的，彼此间还存在着许多差异。

1）PLC采用梯形图编程是模拟继电器控制系统的表示方法，各种元件沿用继电器的叫法，但非物理继电器，称为“软继电器”或“虚拟继电器”。输入触点在存储器中相应位为“1”状态，表示继电器线圈通电，动合触点闭合或动断触点断开；输入触点在存储器中相应位为“0”状态，表示继电器线圈失电，动合触点断开或动断触点闭合。

2）梯形图中流过的“能流”不是物理电流，只能从左到右、自上而下，不允许倒流。“能流”到，线圈则接通；“能流”是用户程序解算中满足输出执行条件的形象表示方式；“能流”流向的规定顺应了PLC的扫描是自左向右、自上而下顺序地进行的，而继电器控制系统中的电流是不受方向限制的，导线连接到哪里，电流就可流到哪里。

3）梯形图中的动合、动断触点不是现场物理开关的触点，它们对应于I/O映像寄存器中相应位的状态，而不是现场物理开关的触点状态。PLC把动合触点当成是取位状态操作，动断触点是位状态取反操作。因此在梯形图中同一元件的一对动合、动断触点的切换没有时间的延迟，动合、动断触点只是互为相反状态，而继电器控制系统中的大多数电器是属于先断后合型的电器。

4）梯形图中的输出线圈不是物理线圈，不能用它直接驱动现场执行机构。输出线圈的状态对应输出映像寄存器相应位的状态而不是现场电磁开关的实际状态。

5）编制程序时，PLC内部继电器的触点原则上可无限次重复使用，因为存储单元中位状态可取用任意次。而继电器控制系统中的继电器点数是有限的，如一个中间继电器仅有6～8对触点。但要注意PLC内部的线圈通常只引用一次，应特别慎重对待重复使用同一地址编号的线圈。

6）梯形图中用户逻辑解算结果，马上可以为后面用户程序的解算所利用。

2. 语句表编程

语句表（Statement List）是一种类似于微机汇编语言的助记符编程表达式，一种文本编程语言，由多条语句组成一个程序段。不同厂家的PLC往往采用不同的语句表符号集。表1-1为西门子公司、三菱公司、通用电气公司和欧姆龙公司PLC的命令语句表程序举例。

表1-1　语句表程序举例

序号	西门子公司	三菱公司	通用电气公司	欧姆龙公司	参数	注释
000	A	LD	STR	LD	X0	梯级开始，输入动合触点X0
001	O	OR	OR	OR	Y1	并联自保持触点Y1
002	AN	ANI	AND NOT	AND NOT	X1	串联动断触点X1
003	=	OUT	OUT	OUT	Y1	输出Y1，本梯级结束
004	A	LD	STR	LD	X2	梯级开始，输入动合触点X2
005	=	OUT	OUT	OUT	Y2	输出Y2，本梯级结束

语句是用户程序的基础单元，每个控制功能由一条或多条语句组成的用户程序来完成，每条语句是规定 CPU 如何动作的指令，它的作用和微机的指令一样。PLC 的语句和微机指令类似，即操作码+操作数。

操作码用来指定要执行的功能，告诉 CPU 该进行什么操作；操作数内包含为执行该操作所必需的信息，告诉 CPU 用什么地方的数据来执行此操作。操作数应该给 CPU 指明为执行某一操作所需信息的所在地，分配原则是：

1）为了让 CPU 区别不同的编程元素，每个独立的元素应指定一个互不重复的地址。

2）所指定的地址必须在该型机器允许的范围之内，超出机器允许的操作参数，PLC 不予响应，并以出错处理。

语句表编程有键入方便、编程灵活的优点，在编程支路中元素的数量一般不受限制（没有显示屏幕的限制条件）。

3. 顺序功能流程图语言

顺序功能图（Sequential Function Chart，SFC）是位于其他编程语言之上的真正的图形化编程语言，又称为状态转移图，能满足如水力发电生产过程等顺序逻辑控制的编程。编写时，生产过程（或称工艺过程、生产流程、工艺流程）划分为若干个顺序出现的步和转换条件，每一步代表一个功能任务，用方框表示，每步中包括控制输出的动作，从一步到另一步的转换由转换条件来控制。这样程序结构清晰，易于阅读及维护，大大减轻了编程工作量，适于系统规模较大、程序关系较复杂的场合，特别适于生产、制造过程的顺控程序，但不适用于非顺控的控制。

SFC 主要由状态、转移、动作和有向线段等元素组成，用“流程”的方式来描述控制系统工作过程、功能和特性。以功能为主线，按照功能流程的顺序分配，条理清楚，便于对用户程序理解；同时大大缩短了用户程序扫描时间。

西门子 STEP 7 中的该编程语言是 S7 Graph。基于 GX Developer 可进行 FX 型 PLC 顺序功能图的开发。

4. 功能块图编程

功能块图（Function Block Diagram，FBD）是一种类似于数字逻辑电路结构的编程语言，一种使用布尔代数的图形逻辑符号来表示的控制逻辑，一些复杂的功能用指令框表示，适合有数字电路基础的编程人员使用，有基本功能模块和特殊功能模块两类。基本功能模块如 AND、OR、XOR 等，特殊功能模块如 ON 延时、脉冲输出、计数器等。FBD 在大中型 PLC 和分散控制系统中应用广泛。

5. 结构化文本

结构化文本（Structured Text，ST）是用结构化的文本来描述程序的一种专用的高级编程语言，编写的程序非常简洁和紧凑。采用计算机的方式来描述控制系统中各种变量之间的各种运算关系，实现复杂的数学运算，完成所需的功能或操作。

1.3 S7-1200 PLC 简介

自 1872 年以来，西门子产品一直伴随中国自动化的前进之路，但耳熟能详的 S7-

200/300/400 并非全是德国血统，细心的用户会发现，S7－300/400 的编程软件 STEP 7 与 S7－200 的编程软件 STEP 7 Micro/WIN 之间风格迥异。这是因为 S7－200 是西门子收购一家美国公司而开发的，从 S7－200 的编程模式和 SM 特殊寄存器设置都能找到一些美式 PLC 编程模式的痕迹。西门子寻找时机开发属于德国血统的低端 PLC 产品，于是 2009 年 S7－1200 应运而生。在致力实现“全集成自动化”（Totally Integrated Automation，TIA）的过程中，S7－1200 PLC 和 STEP 7 Basic 编程软件提供了创建自动化应用的工具。

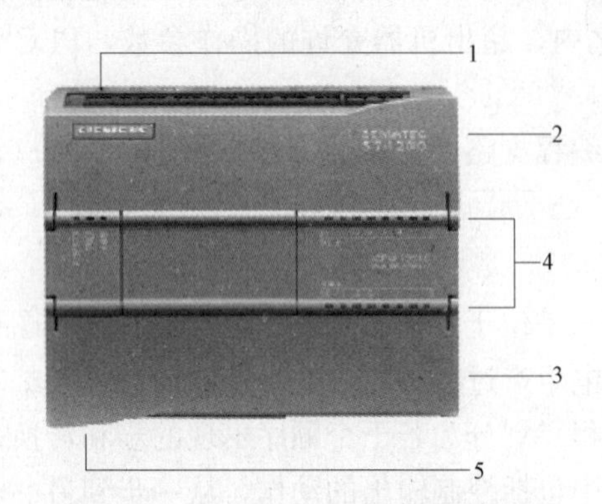

图 1－7　S7－1200 型可编程控制器
1—电源接口；2—可拆卸用户接线连接器（保护盖下面）；3—存储卡插槽（上部保护盖下面）；4—板载 I/O 的状态 LED；5—PROFINET 连接器（CPU 的底部）

如图 1－7 所示的 S7－1200 PLC 设计紧凑、组态灵活、成本低廉，具有功能强大的指令集，这些优势的组合使它成为控制各种小型应用的完美解决方案。

CPU 将微处理器、集成电源、输入和输出电路、内置 PROFINET、高速运动控制 I/O 及板载模拟量输入组合到一个设计紧凑的外壳中以形成功能强大的 PLC。CPU 内置 PROFINET 端口可与编程设备通信；借助 PROFINET 网络，CPU 可与 HMI 面板或其他 CPU 通信；还可使用通信模块通过 RS485 或 RS232 进行网络通信。

为了确保应用程序安全，每个 S7－1200 CPU 都提供密码保护功能，可组态对 CPU 功能的访问，还可使用“专有技术保护”隐藏特定块中的代码。

1.3.1　S7－1200 PLC 具有多种 CPU 型号

表 1－2 列出了不同的 CPU 型号及其提供的各种各样的特征和功能，这些特征和功能可帮助用户针对不同的应用创建有效的解决方案。

表 1－2　S7－1200 PLC 不同 CPU 型号的特征与功能

型号		CPU 1211C	CPU 1212C	CPU 1214C	CPU 1215C
物理尺寸（mm×mm×mm）		90×100×75	90×100×75	110×100×75	130×100×75
用户存储器	工作存储器	30KB（原为 25KB）	50KB（原为 25KB）	75KB（原为 50KB）	100KB
	装载存储器	1MB	1MB	4MB（原为 2MB）	4MB
	保持存储器	2KB	2KB	2KB	10KB
本地板载 I/O	数字量	6DI/4DQ	8DI/6DQ	14DI/10DQ	14DI/10DQ
	模拟量	2AI	2AI	2AI	2AI/2AQ
过程映像大小	输入	1024B	1024B	1024B	1024B
	输出	1024B	1024B	1024B	1024B
位存储器（M）		4096B	4096B	8192B	8192B
信号模块扩展		无	2	8	8

续表

型号	CPU 1211C	CPU 1212C	CPU 1214C	CPU 1215C
物理尺寸（mm×mm×mm）	90×100×75	90×100×75	110×100×75	130×100×75
信号板	1	1	1	1
通信模块	3	3	3	3
高速计数器	3 内置 I/O，SB 为 5	4 内置 I/O，SB 为 6	6	6
单相	3×100kHz SB：2×30kHz	3×100kHz 1×30kHz；2×SB	3×100kHz 3×30kHz	3×100kHz 3×30kHz
正交相位	3×80kHz SB：2×20kHz	3×80kHz 1×20kHz；2×SB	3×80kHz 3×20kHz	3×80kHz 3×20kHz
脉冲输出（仅 DC 输出型或非继电器型）	4（原 2）	4（原 2）	4（原 2）	4
存储卡（选件）	有	有	有	有
实时时钟保持时间	通常为 20 天（原 10 天），40 摄氏度时最少为 12 天（原 6 天）			
实数运算执行速度	2.3μs/指令（原为 18μs/指令）			2.3μs/指令
布尔运算执行速度	0.08μs/指令（原为 0.1μs/指令）			0.08μs/指令

1.3.2 扩展 CPU 的能力

S7－1200 拥有表 1－3 所示的各种信号模块和信号板，用于扩展 CPU 的能力，还可以安装附加的通信模块以支持其他通信协议。

表 1－3　S7－1200 PLC 的各种信号模块和信号板

模块		仅输入	仅输出	输入/输出组合
信号模块（SM）	数字量	8×24V DC 输入	8×24V DC 输出 8×继电器输出 8×继电器输出（切）	8×24V DC 输入/8×24V DC 输出 8×24V DC 输入/8×继电器输出 8×230VAC 输入/8×继电器输出
	模拟量	4×模拟量输入 8×模拟量输入 热电偶、RTD	2×模拟量输出 4×模拟量输出	4×模拟量输入/2×模拟量输出
信号板（SB）	数字量	4×24V DC 输入 4×5V DC 输入	4×24V DC 输出 4×5V DC 输出	2×24V DC 输入/2×24V DC 输出 2×5V DC 输入/2×5V DC 输出
	模拟量	1×12 位输入 1×16 位 RTD 1×16 位热电偶	1×模拟量输出	
通信 CM、CP、CB		RS－232、RS422/485、PROFIBUS、AS－i、调制解调器、RS485、TS 适配器		

S7－1200 PLC 的模块外形如图 1－8 所示。

1. 信号板

如图 1－9 所示，信号板（Signal Board，SB）连接在 CPU 的前端。通过信号板可以给 CPU 增加 I/O，可以添加一个具有数字量或模拟量 I/O 的信号板。

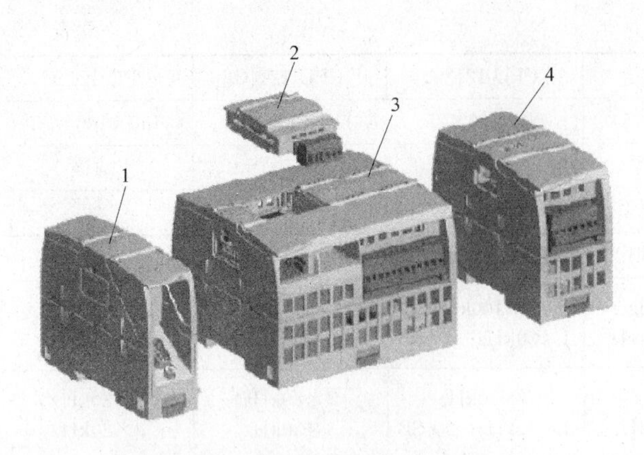

图 1-8　S7-1200 PLC 的模块外形

1—通信模块（CM）；2—CPU；3—信号板（SB）；4—信号模块（SM）

图 1-9　S7-1200 PLC 信号板

1—信号板上的状态 LED；2—可拆卸用户接线连接器

信号板的类型有：

(1) 具有 4 个数字量 I/O（2×DC 输入和 2×DC 输出）的信号板。

(2) 具有 1 路模拟量输出的信号板。

2. 信号模块

如图 1-10 所示，信号模块（Signal Module，SM）连接在 CPU 右侧，使用它可以给 CPU 增加附加功能。

3. 通信模块

如图 1-11 所示的通信模块（Communication Module，CM）能给系统增加通信功能，它包括 RS232 和 RS485 两种。

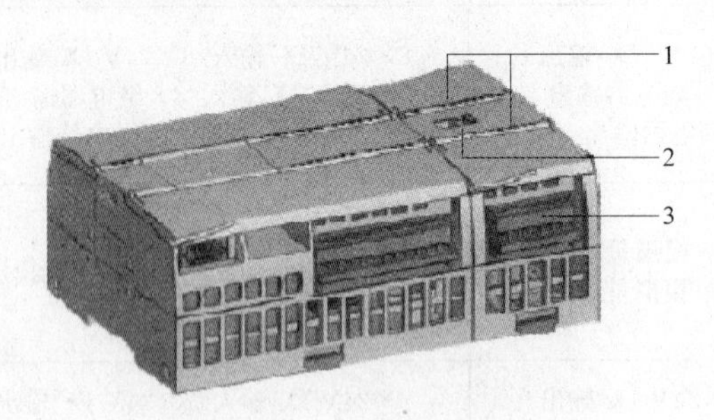

图 1-10　S7-1200 PLC 的信号模块

1—信号模块的 I/O 的状态 LED；2—总线连接器；3—可拆卸用户接线连接器

图 1-11　S7-1200 PLC 的通信模块

1—通信模块的状态 LED；2—通信连接器

(1) 一个 CPU 最多拖带 3 个通信模块。

(2) 各 CM 连接在 CPU 的左侧（或连接到另一 CM 的左侧）。

在 S7-1200 的新模块中，新的 CPU 1215C DC/DC/DC、CPU 1215C DC/DC/继电器和 CPU 1215C AC/DC/继电器提供了 100KB 的工作存储量、双以太网和模拟量输出；新的和改进的 CPU 1211C、CPU 1212C 和 CPU 1214C 具有更短的处理时间，可使用 4 个 PTO（1211C 需要信号板）、10KB 的保持性存储器及 20 天的时钟保持时间；新 I/O 信号模块 SM

1231 AI 4×16 位提供了更高的采样率并增加了位数；新的电池板 BB 1297 可提供长期的实时时钟备份，可插入 S7-1200 CPU（固件版本 3.0 及更高）的信号板插槽中。要使用新模块，必须使用 STEP 7 V11 SP2 Update 3 或更高版本。

1.3.3 HMI 显示面板

可视化已成为大多数机器设计的标准组件，西门子 HMI 基本型面板提供了用于执行基本操作员监控任务的触摸屏设备，如图 1-12（a）、（b）、（c）、（d）所示的分别是 4in、6in、10in、15in 的触摸屏，所有面板的保护等级均为 IP65 并通过 CE、UL、cULus 和 NEMA 4x 认证。

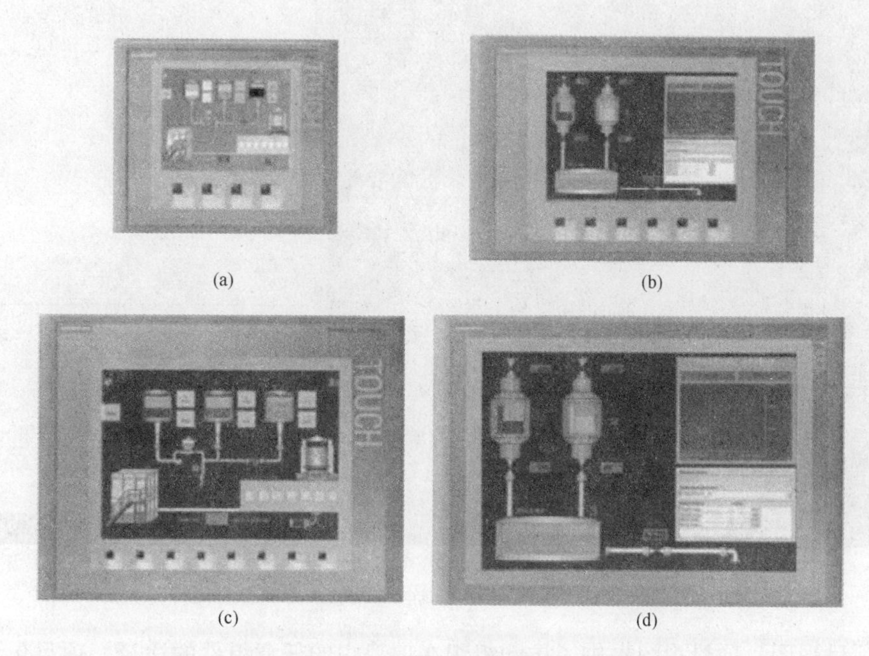

图 1-12 S7-1200 PLC 的触摸显示屏

（a）KTP400 Basic PN；（b）KTP600 Basic PN；（c）KTP1000 Basic PN；（d）TP1500 Basic PN

1.3.4 STEP 7 Basic 及其在线信息和帮助系统

安装 STEP 7 Basic 编程软件时可将 CD 插入计算机 CD-ROM 驱动器中，安装向导自动启动并在整个安装过程中给出提示。

STEP 7 Basic 提供了一个友好的环境及 LAD 和 FBD 两种编程语言，供用户开发、编辑、监视、控制受控设备所需的逻辑控制程序，管理、组态 PLC 和 HMI 并设置网络通信。STEP 7 Basic 为项目提供了创建和组态 HMI 设备的工具，还提供了帮助查找需要信息的内容丰富的在线帮助系统。

1. 两种视图

为了能够帮助工程提高生产效率，STEP 7 Basic 提供了两种不同的视图，即根据工具功能组织的面向任务的门户视图，以及项目中各元素组成的面向项目的项目视图。通过单击可以切换到使工作高效的视图。

（1）门户视图。门户视图是提供项目任务的功能视图，并根据要完成的任务来组织工具，用户可以很容易地确定如何继续及选择哪个任务。如图 1-13 所示，门户视图界面包括：①不同任务的门户；②所选门户的任务；③所选操作的选择面板；④切换到项目视图。

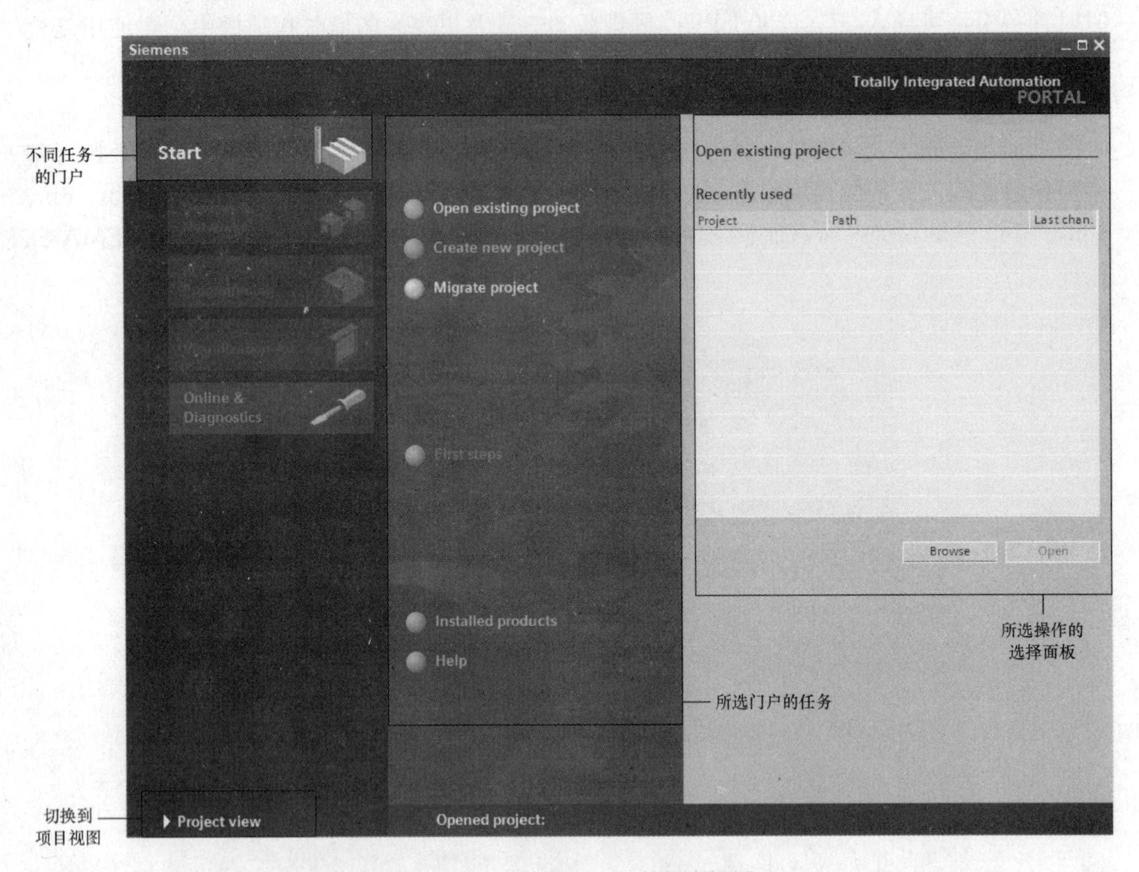

图 1-13　STEP 7 Basic 的门户视图

(2) 项目视图。项目视图提供了访问组织在项目中的任意组件的途径，项目包含已创建或已完成的所有元素。如图 1-14 所示，项目视图界面包括：①菜单栏和工具栏；②项目浏览器；③工作区；④任务卡；⑤巡视窗口；⑥切换到门户视图；⑦编辑器栏。

2. 在线信息和帮助系统

为帮助用户获得更多信息或快速高效地解决问题，STEP 7 Basic 设计了智能的需求点帮助。例如，界面中的某些工具（如指令工具）提示，并通过“层叠”提供更多信息，以旁边的黑色三角形进行表示。

如图 1-15 所示，STEP 7 Basic 提供的丰富而全面的在线信息和帮助系统，介绍了已安装的所有 SIMATIC TIA 产品，它可以在一个不会遮挡工作区域的窗口中打开。只要单击信息系统中的“显示/隐藏目录”（Show/hide contents）按钮就可显示目录和移除帮助窗口，还可以调整帮助窗口的大小。

如果 STEP 7 Basic 已最大化，则单击“显示/隐藏目录”按钮不会移除帮助窗口，此时单击 STEP 7 Basic 中的“向下还原”按钮▣即可移除帮助窗口，随后可以移动和调整帮助窗口的大小。

要从信息系统中打印，可单击帮助窗口中的“打印”（Print）按钮以显示“打印”（Print）对话框。通过该对话框可以选择要打印的主题，以确保面板显示了主题，然后可选

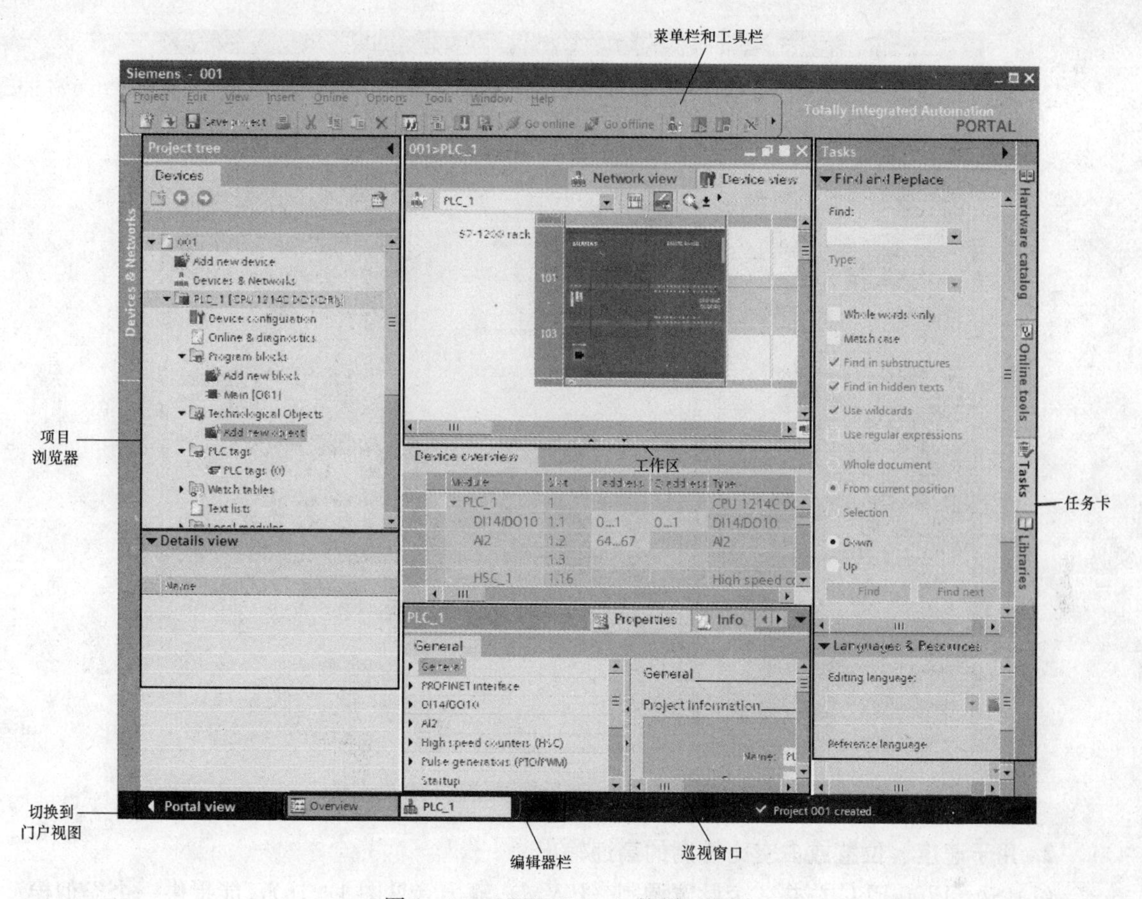

图1-14　STEP 7 Basic的项目视图

择任何其他需要打印的主题，单击对话框下边的“打印”（Print）按钮将所选主题发送到打印机。

1.3.5　改进硬件使S7-1200 PLC功能更强

S7-200本身具有卓越的灵活性和可扩展性，同时集成高级功能，如高速计数、脉冲输出、运动控制等。而今S7-1200又集成了PROFINET接口（其中1215C两个），使得编程、调试过程及控制器和人机界面的通信可以全面地使用PROFINET工业以太网技术。

以前对PLC编程调试时要使用PPI、MPI适配器等，而现在使用带网卡的计算机就可以了，降低了硬件费用，而且很容易集成到PROFINET，实现工厂的自动化和远程监控。

S7-1200 PLC集成的工艺功能包括用于计数和测量的高速输入，用于速度、定位或占空比控制的高速输出，PLCopen运动功能模块，驱动调试控制面板，用于闭环控制的PID功能，PID调试控制面板。除此之外，还具有一些实用功能：直接在线测试和诊断、简单地添加工艺对象，或高效重复使用全局库的数据；控制器编程；集成HMI工程组态。

1. 用于计数和测量的高速输入

S7-1200 PLC内含6个高速计数器，100kHz的和30kHz的各有3个。这些高速计数器包括增量式编码器，频率测量或者过程控制的高速计数等精确检测。

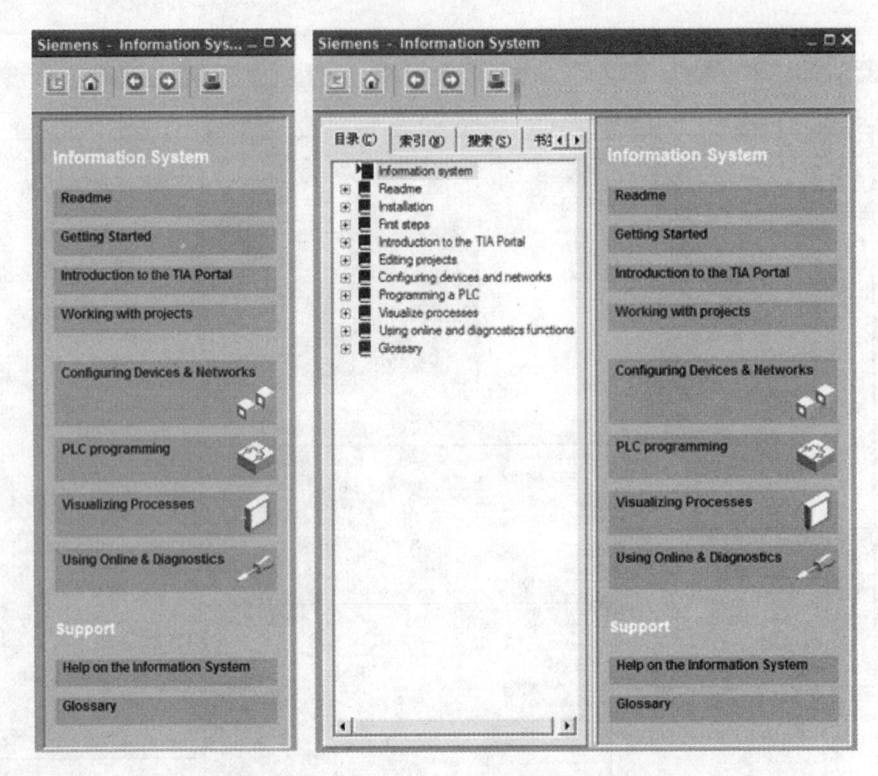

图 1-15　STEP 7 Basic 的在线信息和帮助系统

2. 用于速度、位置或占空比控制的高速输出

（1）S7-1200 PLC 总共 2 个脉宽调制（PWM）输出（见图 1-16），能提供一个类似模拟量的、可改变占空比的定周期输出，可应用于电机转速、阀门位置或者加热元件循环周期的控制。

（2）S7-1200 PLC 还有 2 个 100kHz 脉冲序列输出（PTO）（见图 1-17），为由步进或伺服电动机组成的控制速度和位移的开环系统提供一个 50%占空比的脉冲序列。HSC0 和 HSC1 还可以用于内部 PTO 反馈。

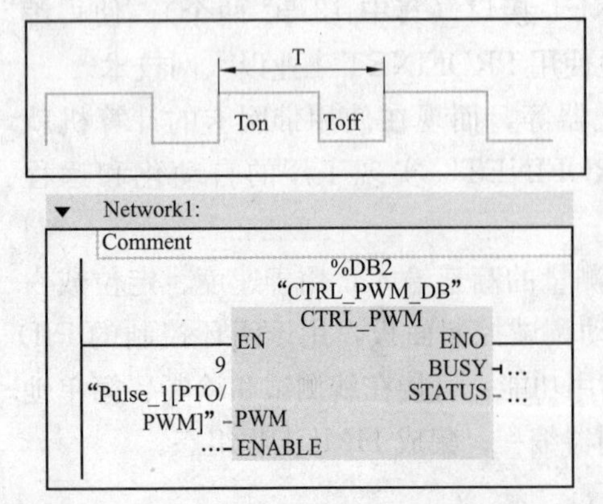

图 1-16　S7-1200 PLC 的脉宽调制（PWM）

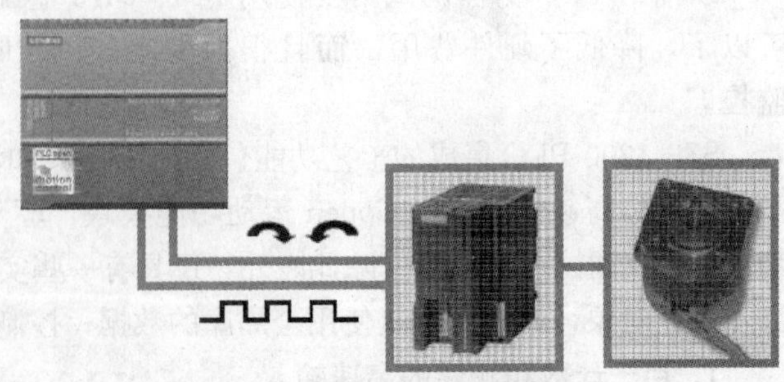

图 1-17　S7-1200 PLC 脉冲序列输出（PTO）

3. 用于速度和位置控制的 PLCopen 运动控制指令

PLCopen 国际运动控制标准函数块用于速度和位置控制，支持绝对、相对运动和速度在线改变的运动，支持找原点和点动控制。这些指令有：MC_Power、MC_Reset、MC_Home、MC_Halt、MC_MoveAbsolute、MC_MoveRelative、MC_MoveVelocity、MC_MoveJog（见图 1-18）。

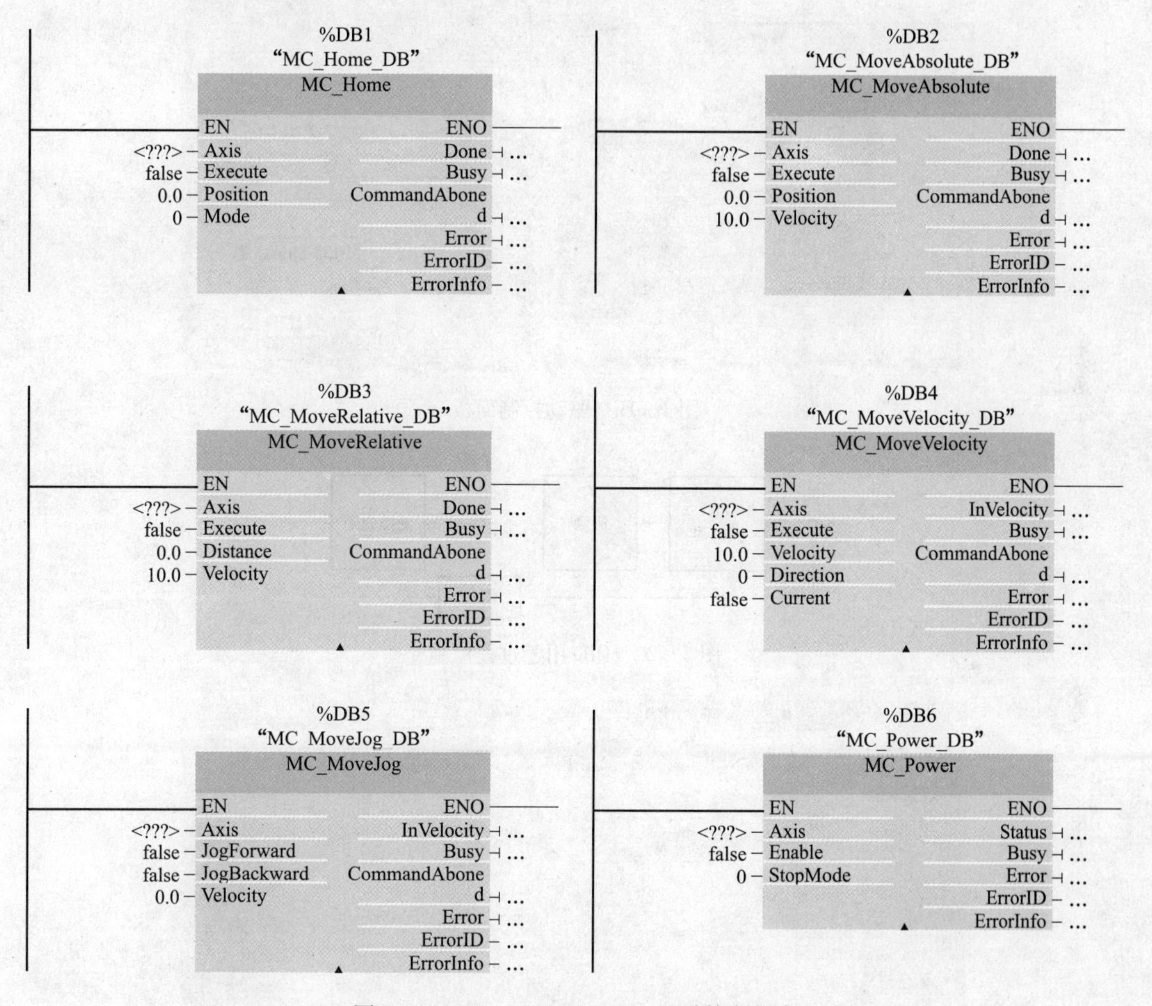

图 1-18 S7-1200 PLCopen 运动控制指令

4. 驱动控制面板

如图 1-19 所示的驱动控制面板，可用于步进或伺服电动机的简单启动和试运行，还能提供在线检测。

5. PID 控制

PID 控制可用于如图 1-20 所示的简单过程控制，S7-1200 PLC 拥有 16 个 PID 控制回路，可进行 PID 自动调节，还提供如图 1-21 所示的调节控制面板。

PID 自动调整能产生最佳的比例增益值、积分时间和微分时间，PID 调节控制面板能启动或终止自动调节程序，能以图形显示结果，能显示错误或报警，如图 1-22 所示。

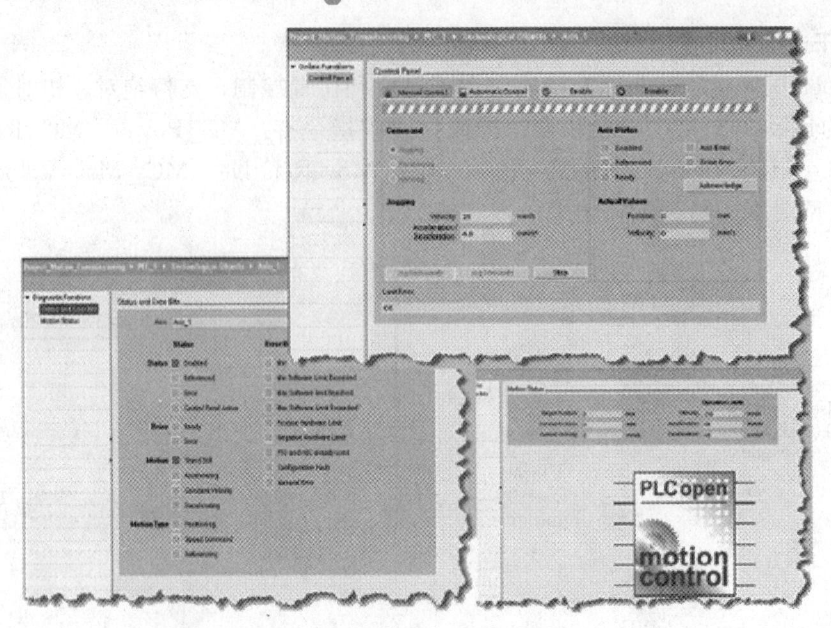

图 1-19　驱动控制面板

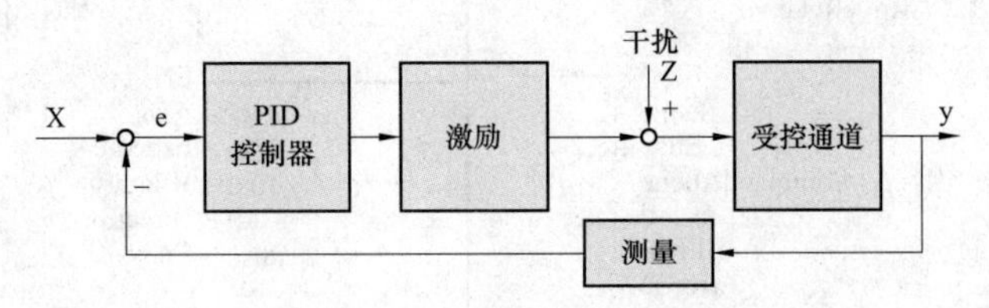

图 1-20　PID 用于过程控制

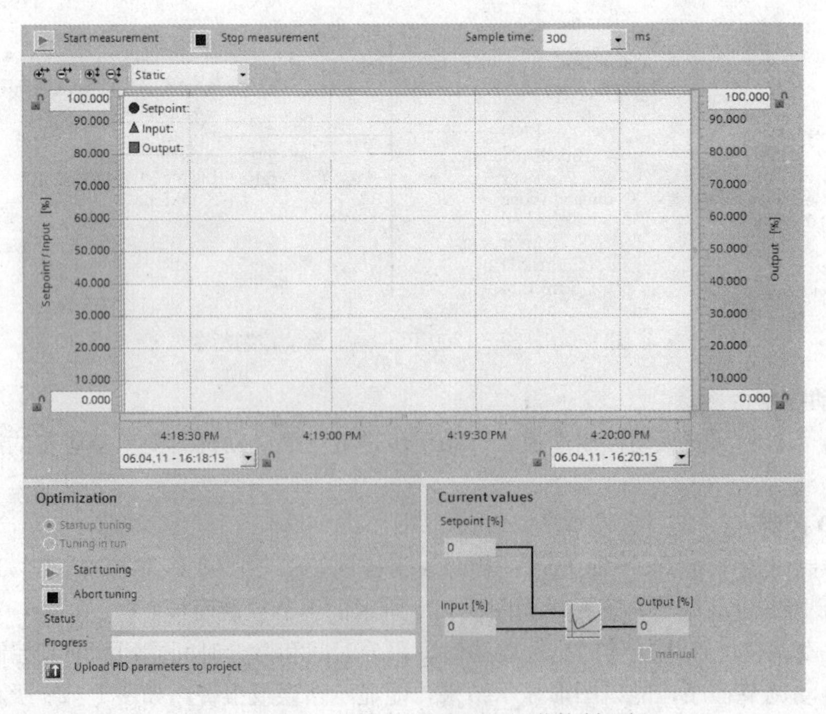

图 1-21　S7-1200 PLC 的 PID 调节控制面板

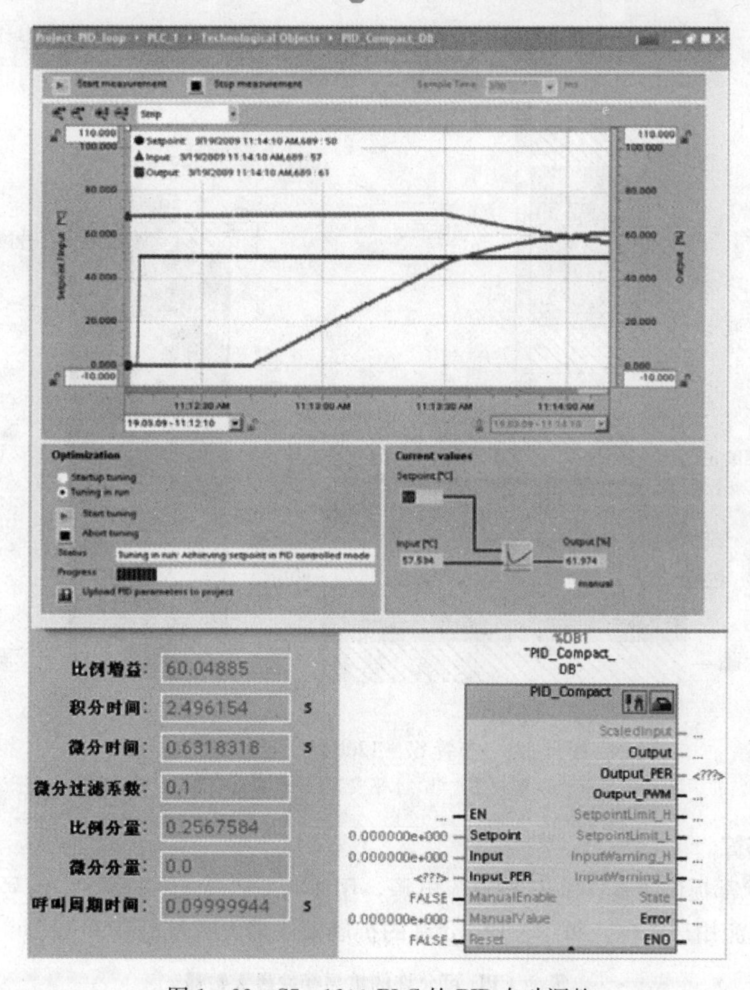

图1-22 S7-1200 PLC的PID自动调整

1.4 S7-1200 PLC的安装

S7-1200 PLC是敞开式控制器，既可水平又可垂直地安装在外壳、控制柜或电控室内的面板或标准导轨上，只允许获得授权的人员将其打开。

1.4.1 布置与布局

1. 将S7-1200设备与热辐射、高压和电噪声隔离开

作为布置系统中的基本规则，须将热辐射、高压和电噪声的设备与S7-1200等低压逻辑型设备隔离开。在面板上布置S7-1200时，应避开发热设备而布置于控制柜中较凉爽区域，以延长使用寿命。另外还应考虑面板中设备的布线，避免将低压信号线和通信电缆铺设在具有交流动力线和高能量快速开关直流线的槽中。

2. 留出足够的空隙以便冷却和接线

S7-1200被设计成通过自然对流冷却，为保证适当冷却，在设备上方和下方必须留出至少25mm的空隙，此外模块前端与机柜内壁间至少应留出25mm的深度，如图1-23所示。垂直安装S7-1200时，允许的最大环境温度将降低10℃，并让CPU的方位处于系统低端。规划 S7－1200 系统的布局时，应留出足够的空隙以方便接线和通信电缆连接。

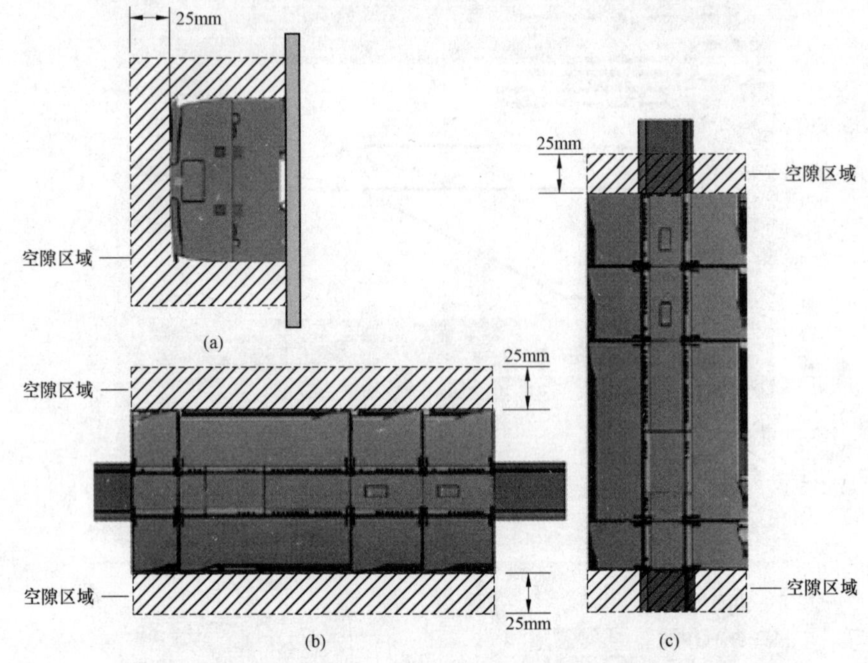

图 1－23　布置 S7－1200 留出足够的空隙

(a) 侧视图；(b) 水平安装；(c) 垂直安装

3. 功率预算

每个 CPU 都提供了 5V 和 24V 直流电源，用于为 CPU、信号模块、信号板、通信模块及其他 24V 直流用户供电。每个 CPU 允许的扩展模块最大数量见表 1－4。

表 1－4　　每个 CPU 可允许的扩展模块最大数量

扩展模块的类型		安装位置	允许数量
信号板（SB）		CPU 顶部	1
信号模块（SM）	对于 CPU 1211C	CPU 右侧	0
	对于 CPU 1212C		2
	对于 CPU 1214C 和 CPU 1215C		8
通信模块（CM）		CPU 左侧	3

连接了扩展模块时，由 CPU 提供它们的 5V 电源，如果功率要求超出 CPU 功率预算，则必须拆下一些扩展模块直到其功率要求在功率预算范围内。

每个 CPU 都有一个直流 24V 传感器电源，该电源可以为本地输入点或扩展模块上的继电器线圈提供 24V 的直流供电，如果 24V 直流电源的功率要求超出 CPU 的功率预算，则可增加外部 24V 直流电源进行补充。必须将 24V 直流电源手动连接到输入点或继电器线圈。

注意，如将外部 24V 直流电源与直流传感器电源并联，会导致这两个电源之间发生冲突，因为每个电源都试图建立自己首选的输出电压电平，该冲突可能使其中一个或两个电源的寿命缩短或立即出现故障。CPU 上的直流传感器电源和任何外部电源应分别给不同位置供电，为提高电噪声防护能力，允许将多个不同电源的公共端（M）连接到一个位置。

S7-1200 系统中的一些 24V DC 电源输入端口是互连的，并且通过一个公共逻辑电路连接多个 M 端子。所有非隔离的 M 端子务必都连接到同一个外部参考电位，若连接到不同参考电位将导致意外电流，使 PLC 和任何连接设备损坏或运行不确定。

1.4.2 安装和拆卸步骤

1. 安装尺寸

S7-1200 PLC 安装尺寸（mm）如图 1-24、表 1-5 所示。

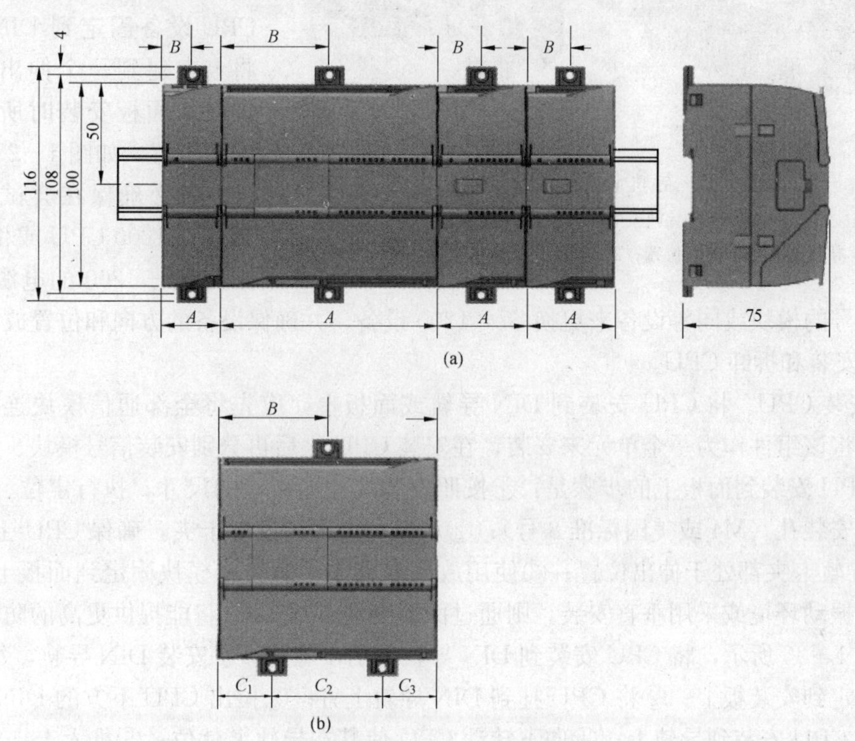

图 1-24 S7-1200 尺寸标识

(a) CPU 1211C、CPU 1212C 和 CPU 1214C；(b) CPU 1215C

表 1-5 S7-1200 安装尺寸

S7-1200 设备		宽度 A（mm）	宽度 B（mm）	宽度 C（mm）
CPU	CPU 1211C 和 CPU 1212C	90	45	
	CPU 1214C	110	55	
	CPU 1215C	130	65	C_1、C_3：32.5 C_2：65
信号模块（SM）	8 和 16 点 DC 和继电器型（8I、16I、8Q、16Q、8I/8Q） 模拟量（4AI、8AI、4AI/4AQ、2AQ、4AQ）	45	22.5	
	数字量 DQ8 × 继电器、模拟量 16 点、RTD8 点	70	35	
通信模块（CM）	CM 1241 RS232、CM 1241 RS485、CP 1242-7 GPRS	30	15	
	TS Adapter IE Basic	60	15	

CPU、SM、CM和CP都支持DIN导轨安装和面板安装，可使用模块上的DIN导轨卡夹（孔内径4.3mm）将设备固定到导轨上，这些卡夹还能掰到一个伸出位置以供将设备直接安装到面板上。

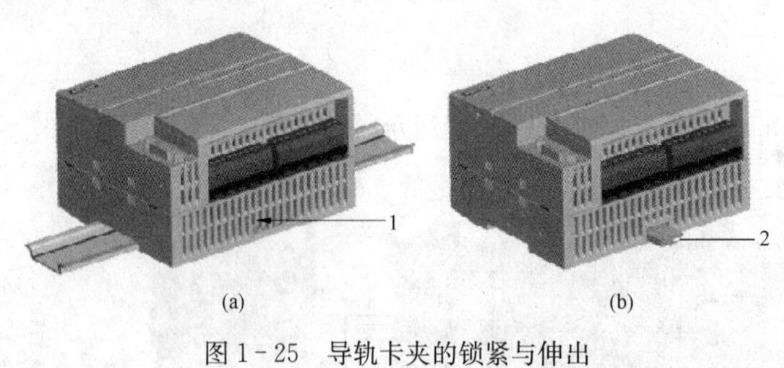

图1-25　导轨卡夹的锁紧与伸出
(a) DIN导轨安装；(b) 面板安装
1—DIN导轨卡夹处于锁紧位置；2—卡夹处于伸出位置用于面板安装

2. 安装和拆卸S7-1200设备

使用DIN导轨卡夹可将CPU设备固定到DIN导轨上，将卡夹掰到一个伸出位置以提供设备面板安装时所用的螺钉安装位置，如图1-25所示。

务必确保在尝试安装或拆卸S7-1200 CPU或相关设备前断开S7-1200的电源；务必使用相同型号的模块或同等设备来更换S7-1200设备，并确保设备的方向和位置放置正确。

(1) 安装和拆卸CPU。

1) 安装CPU。将CPU安装到DIN导轨或面板上，应先将全部通信模块连接到CPU上，然后将该组件作为一个单元来安装，在安装CPU之后再分别安装信号模块。

将CPU安装到面板上的步骤是：①按照安装尺寸图所示的尺寸，执行定位、钻孔和攻丝以准备安装孔（M4或美国标准8号）；②从模块上掰出安装卡夹，确保CPU上部和下部的DIN导轨卡夹都处于伸出位置；③使用放到卡夹中的螺钉将模块固定到面板上。如果系统处在多振动环境或采用垂直安装，则通过面板安装S7-1200将能提供更高的防护等级。

如图1-26所示，将CPU安装到DIN导轨上的步骤是：①安装DIN导轨，每隔75mm将导轨固定到安装板上；②将CPU挂到DIN导轨上方；③拉出CPU下方的DIN导轨卡夹以便能将CPU安装到导轨上；④向下转动CPU使其在导轨上就位；⑤推入卡夹将CPU锁定到导轨上。

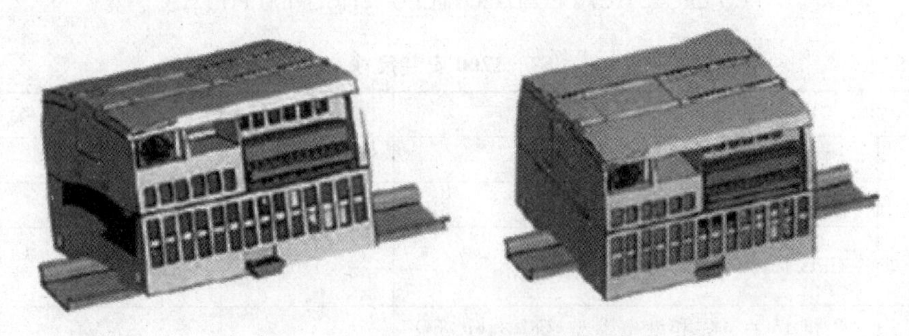

图1-26　将CPU安装到DIN导轨上

2) 拆卸CPU。若要准备拆卸CPU，先断开CPU的电源及其I/O连接器、接线或电缆。将CPU和所有相连的通信模块作为一个完整单元拆卸，所有信号模块均保持安装状态。

如果信号模块已连接到CPU，则需先缩回总线连接器，如图1-27所示：①将螺丝刀放到信号模块上方的小接头旁；②向下按，使连接器与CPU相分离；③将小接头完全滑到右侧。

图 1-27 信号模块的连接器与 CPU 分离

接着分两步卸下 CPU：①拉出 DIN 导轨卡夹从导轨上松开 CPU；②向上转动 CPU 使其脱离导轨，然后即可从系统中卸下 CPU。

(2) 安装和拆卸信号模块（SM）。

1）安装 SM。要在安装 CPU 之后再安装 SM。

第一阶段，卸下 CPU 右侧的连接器盖，如图 1-28 所示：①将螺丝刀插入盖上方的插槽中；② 将其上方的盖轻轻撬出并卸下，收好盖以备再次使用。

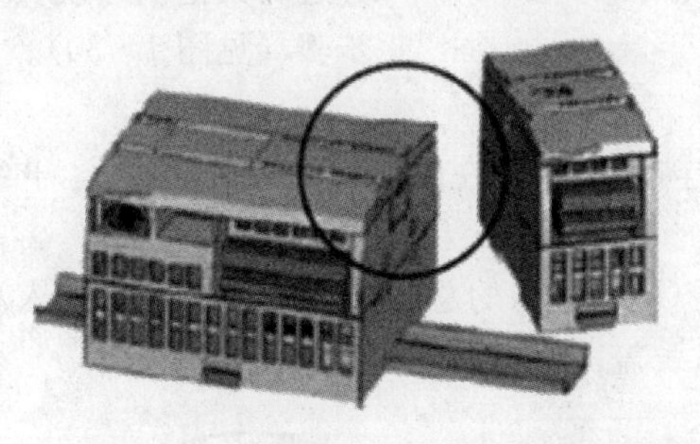
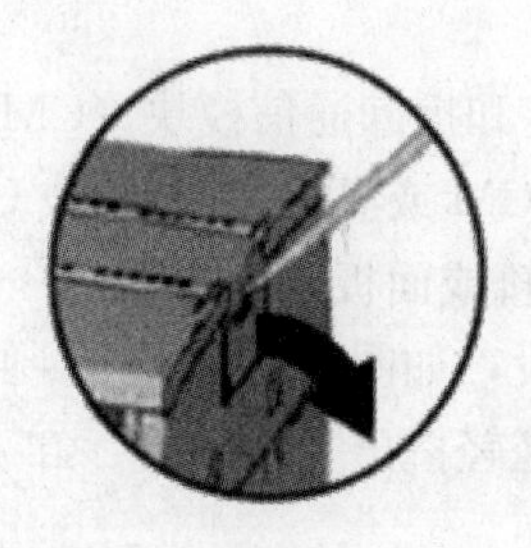

图 1-28 卸下 CPU 右侧的连接器盖

第二阶段，将 SM 装在 CPU 旁边，如图 1-29（a）所示：①将 SM 挂到 DIN 导轨上方；②拉出下方的 DIN 导轨卡夹以便将 SM 安装到导轨上；③向下转动 CPU 右侧的 SM 使其就位并推入下方的卡夹，将 SM 锁定到导轨上。

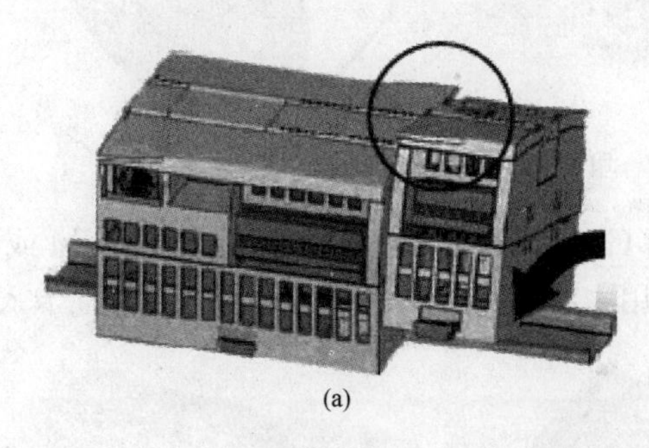
(a)

(b)

图 1-29 在 CPU 右侧安装信号模块 SM

(a) 将 SM 装在 CPU 旁边；(b) 为 SM 建立机械和电气连接

第三阶段，伸出总线连接器，为 SM 建立了机械和电气连接，如图 1-29（b）所示：①将螺丝刀放到 SM 上方的小接头旁；②将小接头滑到最左侧，使总线连接器伸到 CPU 中。如有多个 SM 需要安装，则依次在已安装 SM 右侧重复以上步骤。

2）拆卸 SM。可以在不卸下 CPU 或其他 SM 处于原位时卸下任何 SM，拆卸 SM 前应先断开 CPU 的电源并卸下 SM 的 I/O 连接器和接线。

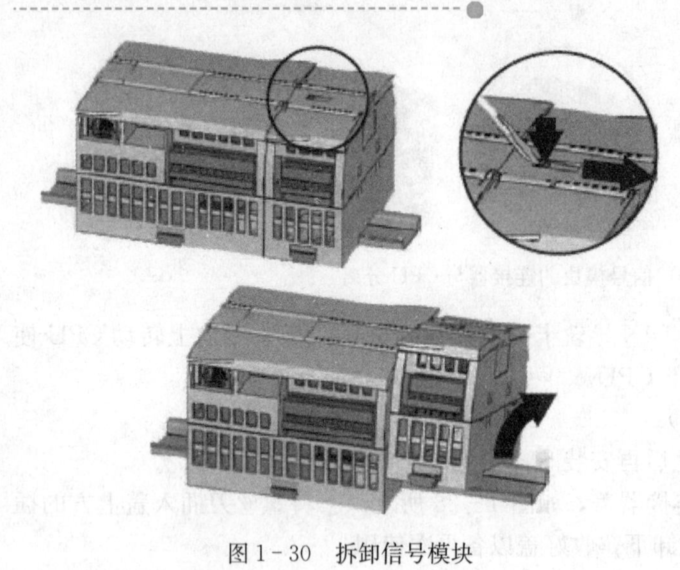

图 1-30　拆卸信号模块

拆 SM 主要是缩回总线连接器，其步骤是：①将螺丝刀放到 SM 上方的小接头旁；②向下按使连接器与 CPU 相分离；③将小接头完全滑到右侧。如果右侧还有 SM，则对该 SM 重复以上步骤。

卸 SM 的步骤是：①拉出下方的 DIN 导轨卡夹从导轨上松开 SM；②向上转动 SM 使其脱离导轨，从系统中卸下 SM；③如有避免污染的必要，用盖子盖上 CPU 的总线连接器。如要拆除信号模块旁边的其他信号模块，可重复上述步骤（见图 1-30）。

（3）安装和拆卸通信模块（CM）。

1）安装 CM 或 CP。将 CM 或 CP 连接到 CPU 左侧形成一个组合单元，再将整个组件安装到 DIN 导轨或面板上。

第一阶段，如图 1-31 所示，卸下 CPU 左侧的总线盖：①将螺丝刀插入总线盖上方的插槽中；②轻轻撬出上方的盖。卸下总线盖，收好盖以备再次使用。

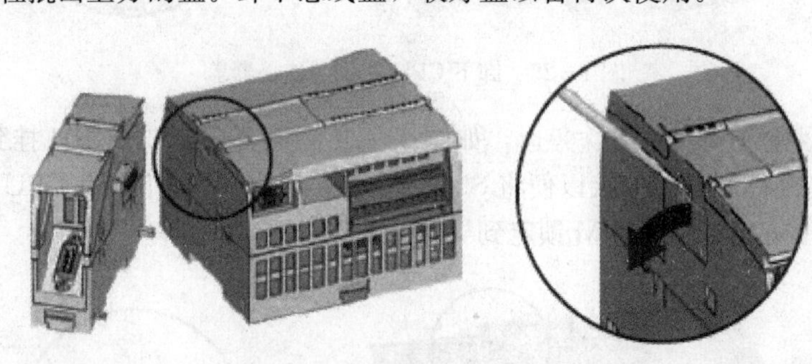

图 1-31　卸下 CPU 左侧的总线盖

第二阶段，如图 1-32 所示，进行 CM 或 CP 与 CPU 的连接：①使 CM 或 CP 的总线连接器和接线柱与 CPU 上的孔对齐；②用力将两个单元压在一起直到接线柱卡入到位。

图 1-32　CM 与 CPU 的左侧相连接

第三阶段，将CM或CP与CPU的组合体安装到DIN导轨或面板上，如前面“安装CPU”所述，此处不再重复。

2）拆卸CM或CP。

先将CPU和CM（CP）作为一个完整单元从DIN导轨或面板上卸下：①断开CPU的电源；②拆除CPU和CM（CP）上的I/O连接器和所有线缆；③对于DIN导轨安装，将CPU和CM（CP）上的下部DIN导轨卡夹掰到伸出位置；④从DIN导轨或面板上卸下CPU和CM（CP）。

然后从CM（CP）与CPU的组合体中卸下CM（CP），如图1-33所示：①用力抓住CPU和CM（CP）；②不使用工具将两个模块分离，以免损坏单元。

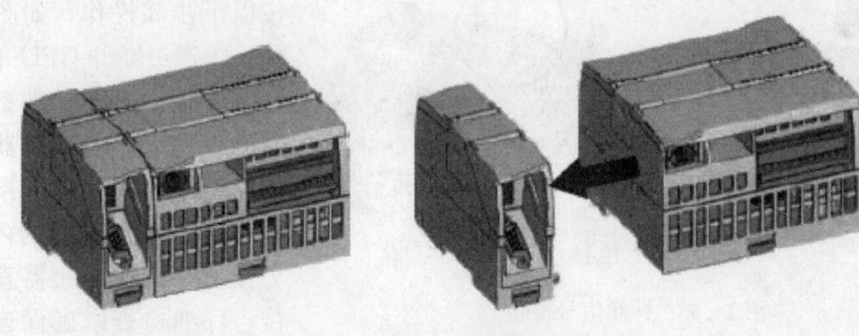

图1-33 不使用工具分离CM与CPU

（4）安装和拆卸信号板（CB）。

1）安装SB、CB或BB。断开CPU的电源并卸下CPU上部和下部的端子板盖子后，按以下步骤给CPU安装SB，如图1-34所示：①将螺丝刀插入CPU上部接线盒盖背面的槽中；②轻轻将盖撬起并从CPU上卸下；③将SB或CB或BB直接向下放入CPU上部的安装位置中；④用力将SB或CB或BB压入该位置直到卡入就位；⑤重新装上端子板盖子。安装BB 1297的电池CR1025应使正极朝上、负极靠近印制电路板。

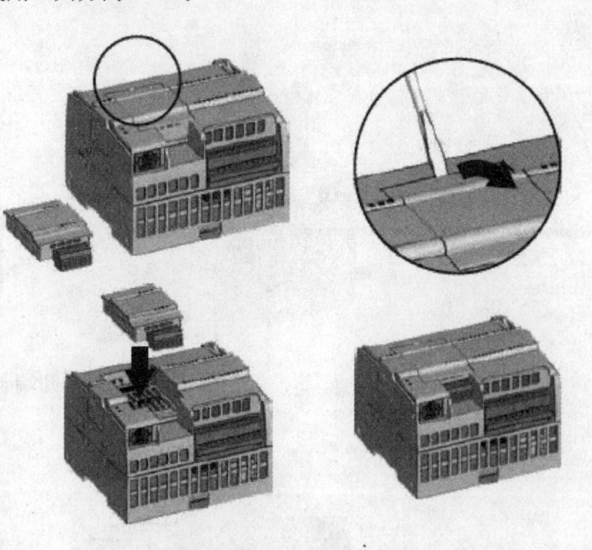

图1-34 安装信号板

2）拆卸SB、CB或BB。断开CPU的电源并卸下CPU上部和下部的端子板盖子，按以下步骤从CPU上卸下SB或CB或BB，如图1-35所示：①将螺丝刀插入SM或CB或BB上部的槽中；②轻轻将SB或CB或BB撬起使其与CPU分离；③将SB或CB或BB直接从CPU上部的安装位置中取出；④重新装上SB盖；⑤重新装上端子板盖子。

（5）拆卸和重新安装S7-1200端子板连接器。

CPU、SB和SM模块提供了方便接线的可拆卸连接器，要从系统中拆卸端子板连接器先做以下准备工作：①断开CPU的电源；②打开连接器上方的盖子。

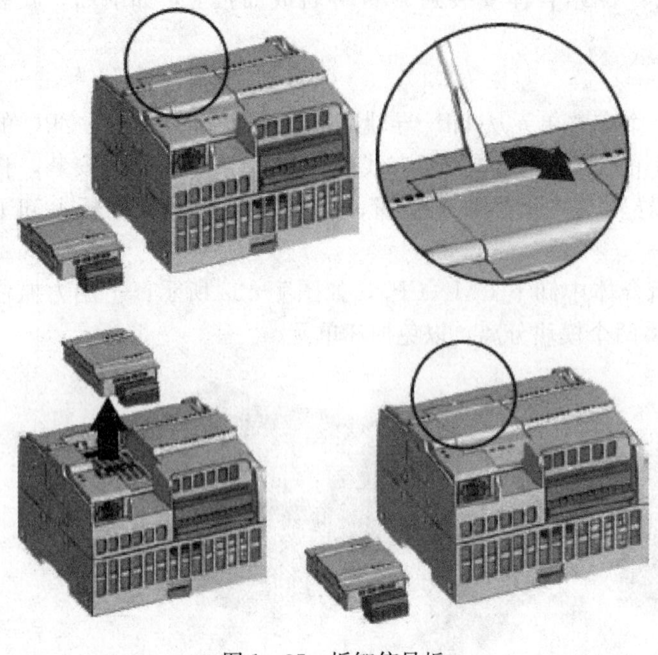

图 1－35　拆卸信号板

要卸下端子板连接器，按以下步骤操作，如图 1－36 所示：①查看连接器的顶部并找到可插入螺丝刀头的槽；②将螺丝刀插入槽中；③轻轻撬起连接器顶部使其与 CPU 分离，连接器从夹紧位置脱离；④抓住连接器并将其从 CPU 上卸下。

要重新安装端子板连接器，按以下步骤操作，如图 1－37 所示：①通过断开 CPU 的电源并打开端子板的盖子，准备端子板安装的组件；②使连接器与单元上的插针对齐；③将连接器的接线边对准连接器座沿的内侧；④用力按下并转动连接器直到卡入到位。仔细检查以确保连接器已正确对齐并完全啮合。

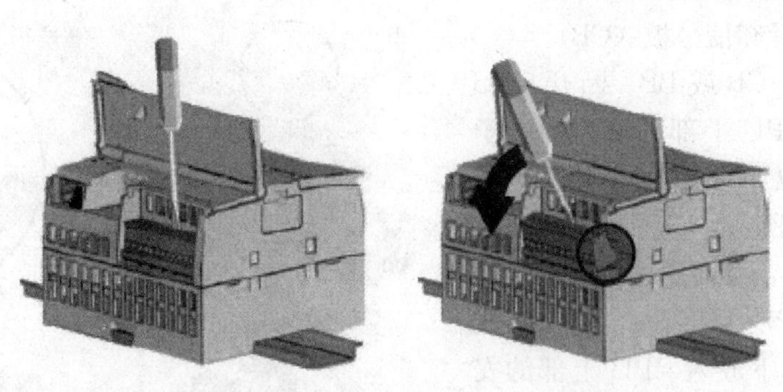

图 1－36　拆卸端子板连接器

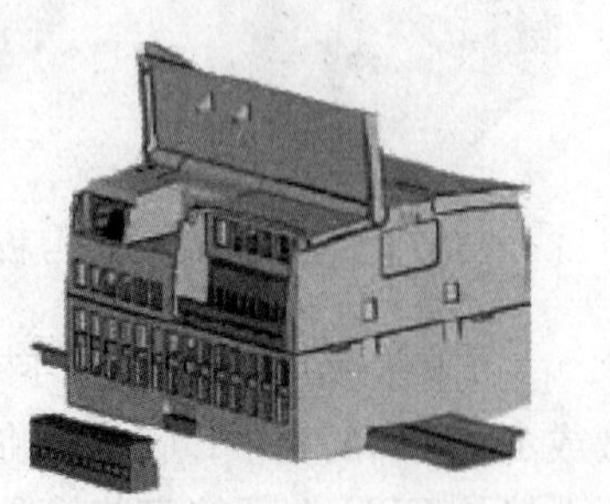

图 1－37　重新安装端子板连接器

1.4.3　接线准则

所有电气设备的正确接地和接线非常重要，因为这有助于确保实现最佳系统运行，以及为用户的应用和 S7－1200 提供更好的电噪声防护。

1. 先决条件

在对任何电气设备进行接地或者接线之前，应确保设备的电源已经断开，同时还要确保已关闭所有相关设备的电源。

确保在对 S7-1200 和相关设备接线时遵守所有适用的电气规程，根据所有适用的国家和地方标准来安装、操作所有设备。

如果在安装或拆卸或接线过程中没有断开 S7-1200 及相关设备的所有电源，则可能会由于电击或意外设备操作而导致死亡、人员重伤和/或财产损失，务必遵守适当的安全预防措施，确保在尝试安装或拆卸或接线过程中，S7-1200 及相关设备已经断开 S7-1200 的电源。

在规划 S7-1200 系统的接地和接线时，务必考虑安全问题。电子控制设备（如 S7-1200）可能会失灵和导致正在控制或监视的设备出现意外操作，因此应使用紧急停止功能、机电超控功能或其他独立于 S7-1200 的冗余安全功能，以防止可能的人员受伤或设备损坏。

2. 绝缘准则

S7-1200 交流电源和 I/O 与交流电路的边界经过设计，经验证可以在交流线路电压与低压电路之间实现安全隔离。根据各种适用的标准，这些边界包括双重或加强绝缘，或者基本绝缘加辅助绝缘。跨过这些边界的组件（例如，光耦合器、电容器、变压器和继电器）已通过安全隔离认证，满足这些要求的绝缘边界在 S7-1200 产品数据页中被标识为具有 1500 VAC 或更高的绝缘度，S7-1200 的安全隔离边界已通过高达 4242V DC 的典型试验。

根据 EN 61131-2，集成有交流电源的 S7-1200 的传感器电源输出、通信电路和内部逻辑电路属于 SELV（安全超低电压）电路。

要维持 S7-1200 低压电路的安全特性，到通信端口、模拟电路及所有 24V 额定电源和 I/O 电路的外部连接必须由合格的电源供电，该电源必须满足各种标准对 SELV、PELV、二类、限制电压或受限电源的要求。

若使用非隔离或单绝缘电源通过交流线路给低压电路供电，可能会导致本来应当可以安全触摸的电路上出现危险电压，如通信电路和低压传感器线路。这种意外的高压可能会引起电击而导致死亡、人员重伤和/或财产损失。只应当使用合格的高压转低压整流器作为可安全接触的限压电路的供电电源。

3. S7-1200 的接地准则

将应用设备接地的最佳方式是确保 S7-1200 和相关设备的所有公共端和接地连接在同一个点接地，该点直接连接到系统的大地接地。所有地线应尽可能短且粗，如 $2mm^2$（14AWG*）。确定接地点时，应考虑安全接地要求和保护性中断装置的正常运行。

4. S7-1200 的接线准则

规划 S7-1200 的接线时，应提供一个可同时切断 S7-1200 CPU 电源、所有输入电路和所有输出电路电力供应的隔离开关，应提供熔断器或断路器等过流保护以限制电源线中的故障电流，考虑在各输出电路中安装熔断器或其他电流限制器提供额外保护。

为所有可能遭雷电冲击的线路安装合适的浪涌抑制设备，避免将低压信号线和通信电缆铺设在具有交流线和高能量快速开关直流线的槽中。始终成对布线，中性线或公共线与相线或信号线成对。使用尽可能短的电线并确保线径适合承载所需电流，CPU 和 SM 连

---

* AWG（American wire gauge），即美国线规。

接器接受 0.3～$2mm^2$（14～22AWG）的线径，SB 连接器接受 0.3～1.$3mm^2$（16～22AWG）的线径。使用屏蔽线以便最好地防止电噪声，通常在 S7－1200 端将屏蔽层接地以获得最佳效果。

在给通过外部电源供电的输入电路接线时，应在电路中安装过流保护装置。由 S7－1200 的 24V DC 传感器电源供电的电路不需要外部保护，因为该传感器电源的电流已经受到限制。

所有 S7－1200 模块都有供用户接线的可拆卸连接器，为防止松动应确保连接器固定牢靠并且导线安装牢固，但小心不要将螺钉拧得过紧，CPU 和 SM 连接器螺钉的最大扭矩为 0.56N·m（5 英寸·磅），SB 连接器螺钉的最大扭矩为 0.33N·m（3 英寸·磅）。

为了有利于防止安装中出现意外的电流，S7－1200 在某些点提供绝缘边界，在规划系统的接线时，应考虑这些绝缘边界，小于 1500 VAC 的绝缘边界不是安全边界。

5. 感性负载的使用准则

应当为感性负载安装抑制电路，限制在关闭控制输出时的电压上升。抑制电路可保护输出，防止关闭感性负载时产生的高压导致其过早损坏。此外，抑制电路还能限制开关感性负载时产生的电噪声，布置一个外部抑制电路使其从电路上跨接在负载两端，并且在位置上接近负载，这样对降低电气噪声最有效。

给定的抑制电路是否有效取决于实际的应用，必须针对具体应用检验其有效性，务必确保抑制电路中使用的所有元件都适合具体应用。

（1）控制直流感性负载。S7－1200 的 DC 输出包括抑制电路，该电路足以抑制大多数应用的感性负载，由于继电器可用于直流或交流负载，所以未提供内部保护。如图 1－38 所示，是一个直流感性负载抑制电路的实例。

在大多数应用中，在感性负载两端增加一个二极管（VD）就可以了，但如果应用要求有更快的关闭时间，则建议再增加一个稳压二极管（VZ）。应确保正确选择稳压二极管，以适合输出电路中的电流量。

（2）控制交流负载的继电器输出。使用继电器输出开关 115V/230V 交流负载时，在交流负载两端并联一个电阻/电容网络，如图 1－39 所示，也可以使用压敏型金属氧化物变阻器（Metal－Oxide Varistor，MOV）限制尖峰电压，确保 MOV 的工作电压至少比额定线电压高出 20％。

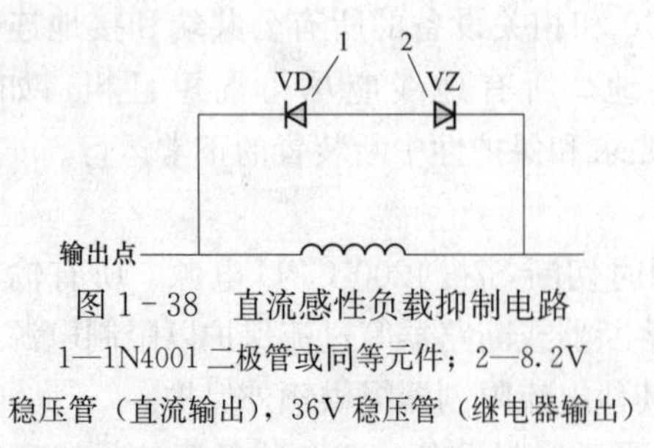

图 1－38 直流感性负载抑制电路
1—1N4001 二极管或同等元件；2—8.2V 稳压管（直流输出），36V 稳压管（继电器输出）

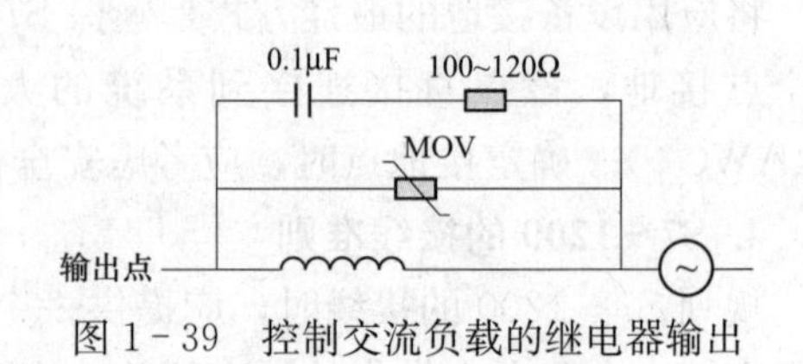

图 1－39 控制交流负载的继电器输出

6. 灯负载的使用准则

由于接通浪涌电流大，灯负载会损坏继电器触点，该浪涌电流通常是钨灯稳态电流的 10～15 倍。对于在应用期间将进行大量开关操作的灯负载，建议安装可更换的插入式继电器或浪涌限制器。

第2章

S7-1200 PLC的硬件

西门子可编程控制器家族是一个完整的产品组合，包括 LOGO、S7-200CN、S7-1200、S7-300、S7-400 等。S7-1200 PLC 充分满足了中小型自动化的系统需求，具有集成 PROFINET 接口、强大的集成工艺功能和灵活的可扩展性等特点，为各种工艺任务提供了简单的通信，尤其满足多种应用中完全不同的自动化需求。

所有 S7-1200 硬件都具有导轨卡夹，能方便安装在一个标准的 35mmDIN 导轨上，这些内置夹子可以伸出到某个位置，便于需要进行面板安装时提供安装孔。所有 S7-1200 硬件都设计紧凑，以节省控制面板中的空间。例如，CPU 1215C 的宽度为 130mm，CPU 1214C 的宽度为 110mm，CPU 1212C 和 CPU 1211C 的宽度仅为 90mm。所有 S7-1200 硬件都配备了可拆卸的端子板，不用重新接线，就能迅速地更换硬件。

2.1 S7-1200 CPU

S7-1200 系统的 CPU 有四种不同型号：1211C、1212C、1214C 和 1215C。每一种都可以根据机器的需要进行扩展，CPU 前面都可增加一块信号板，以扩展数字或模拟 I/O，而不改变控制器的体积；信号模块可以连接到 CPU 右侧，以进一步扩展数字或模拟 I/O，1212C 可连接 2 个信号模块，1214C、1215C 更可连接 8 个；所有 S7-1200 CPU 左侧都可配备最多 3 个通信模块，以进行点到点的串行通信。

2.1.1 S7-1200 CPU 规范

1. CPU 1211C

S7-1200 CPU 1211C 的技术规范见表 2-1。

表 2-1　CPU 1211C 的技术规范

型号		CPU 1211C DC/DC/DC	CPU 1211C AC/DC/继电器	CPU 1211C DC/DC/继电器
订货号（MLFB）		6ES7 211-1AE31-0XB0	6ES7 211-1BE31-0XB0	6ES7 211-1HE31-0XB0
常规	尺寸 $W\times H\times D$（mm×mm×mm）	90×100×75		
	质量（g）	370	420	380
	功耗（W）	8	10	8
	可用电流（CM 总线）	最大 750mA（5V DC）		
	可用电流（24V DC）	最大 300mA（传感器电源）		
	数字输入电流消耗（24V DC）	所用的每点输入 4mA		

续表

型号		CPU 1211C DC/DC/DC	CPU 1211C AC/DC/继电器	CPU 1211C DC/DC/继电器
CPU特征	用户存储器	工作 30KB/装载 1MB（可 SD 卡扩展）/保持性 10KB		
CPU特征	板载数字 I/O	6 点输入/4 点输出		
CPU特征	板载模拟 I/O	2 路输入		
CPU特征	过程映像大小	1024B 输入（I）/1024B 输出（Q）		
CPU特征	位存储器（M）	4096B		
CPU特征	信号模块扩展	无		
CPU特征	信号板扩展	最多 1 块信号板		
CPU特征	通信模块扩展	最多 3 个通信模块		
CPU特征	高速计数器	3 个内置 I/O，信号板为 5 个 单相：3×100kHz，SB：2×30kHz； 正交相位：3×80kHz，SB：2×20kHz		
CPU特征	脉冲输出	4		
CPU特征	脉冲捕捉输入	6		
CPU特征	延时中断/循环中断	共 4 个，精度为 1ms		
CPU特征	沿中断	6 个上升沿和 6 个下降沿（使用可选信号板时，各为 10 个）		
CPU特征	存储卡	SIMATIC 存储卡（选件）		
CPU特征	实时时钟精度	25℃时 +/−60s/月		
CPU特征	实时时钟保持时间	通常为 20 天，40℃ 时最少为 12 天（免维护超级电容）		
性能	布尔运算执行速度	0.08μs/指令		
性能	移动字执行速度	1.7μs/指令		
性能	实数数学运算执行速度	2.3μs/指令		
通信	端口数	1		
通信	类型	以太网		
通信	连接数	3 个 HMI、1 个编程设备；8 个开放式用户通信、 3 个服务器（CPU 间）S7 通信、8 个客户端（CPU 间）S7 通信		
通信	数据传输率	10/100Mbit/s		
通信	隔离（外部信号与 PLC 逻辑侧）	变压器隔离，1500V DC（仅针对短期事件安全）		
通信	电缆类型	CAT5e 屏蔽电缆		
电源	电压范围	20.4～28.8V DC	85～264V AC	20.4～28.8V DC
电源	线路频率	—	47～63Hz	—
传感器电源	电压范围	L+−4V DC(最小)	20.4～28.8V DC	L+−4V DC(最小)
传感器电源	额定输出电流（最大）	300mA（短路保护）		
传感器电源	最大波纹噪声（＜10MHz）	与输入线路相同	＜1V 峰峰值	与输入线路相同
传感器电源	隔离（CPU 逻辑侧与传感器电源）	未隔离		

续表

型号		CPU 1211C DC/DC/DC	CPU 1211C AC/DC/继电器	CPU 1211C DC/DC/继电器
数字量输入	输入路数	6		
	类型	漏型/源型（IEC 1类漏型）		
	额定电压	4mA时24V DC，额定值		
	允许的连续电压	最大30V DC		
	浪涌电压	35V DC，持续0.5s		
	逻辑1信号（最小）	2.5mA时15V DC		
	逻辑0信号（最大）	1mA时5V DC		
	隔离（现场侧与逻辑侧）	500V AC，持续1min		
	隔离组	1		
	滤波时间	0.2、0.4、0.8、1.6、3.2、6.4和12.8ms（可选，4个一组）		
	HSC时钟输入频率（最大）（逻辑1电平=15～26V DC）	单相：100kHz；正交相位：80kHz		
	同时接通的输入数	6		
	电缆长度（m）	500（屏蔽）；300（非屏蔽）；50（屏蔽，HSC输入）		
数字量输出	输出点数	4		
	类型	固态-MOSFET（源型）	继电器，干触点	
	电压范围	20.4～28.8V DC	5～30V DC或5～250V AC	
	最大电流时逻辑1信号	最小20V DC	—	
	10kΩ负载时逻辑0信号	最大0.1V DC	—	
	电流（最大）	2.0A	0.5A	
	灯负载	5W	30W DC/200W AC	
	通态电阻	最大0.6Ω	新设备最大为0.2Ω	
	每点的漏泄电流	最大10μA	—	
	浪涌电流	8A，最长持续100ms	触点闭合时为7A	
	过载保护	无		
	隔离（现场侧与逻辑侧）	500V AC，持续1min	1500V AC，持续1min（线圈与触点）	
	隔离电阻	—	新设备最小为100MΩ	
	断开触点间的绝缘	—	750V AC，持续1min	
	电感钳位电压	L+−4V DC，1W损耗	—	
	继电器最大开关频率	—	1Hz	
模拟量输入	输入路数	2		
	类型	电压（单侧）		
	满量程范围及其数据字	0～10V、0～27648		
	过冲范围及其数据字	10.001～11.759V、27 649～32 511		
	上溢范围及其数据字	11.760～11.852V、32 512～32 767		
	分辨率	10位		

续表

型号		CPU 1211C DC/DC/DC	CPU 1211C AC/DC/继电器	CPU 1211C DC/DC/继电器
模拟量输入	最大耐压	35V DC		
	平滑化	无、弱、中或强		
	噪声抑制	10、50 或 60Hz		
	阻抗	≥100kΩ		
	隔离（现场侧与逻辑侧）	无		
	精度（25℃/－20～＋60℃）	满量程的 3.0%/3.5%		
	电缆长度及类型	100m，屏蔽双绞线		

2. CPU 1212C

S7－1200 CPU 1212C 的技术规范见表 2－2。

表 2－2　CPU 1212C 的技术规范

型号		CPU 1212C AC/DC/继电器	CPU 1212C DC/DC/继电器	CPU 1212C DC/DC/DC
订货号（MLFB）		6ES7 212－1BE31－0XB0	6ES7 212－1HE31－0XB0	6ES7 212－1AE31－0XB0
常规	尺寸 *W*×*H*×*D* （mm×mm×mm）	90×100×75		
	质量（g）	425	385	370
	功耗（W）	11	9	
	可用电流（SM、CM 总线）	最大 1000mA（5V DC）		
	可用电流（24V DC）	最大 300mA（传感器电源）		
	数字输入电流消耗（24V DC）	所用的每点输入 4mA		
CPU 特征	用户存储器	工作 50KB/装载 1MB（可 SD 卡扩展）/保持性 10KB		
	板载数字 I/O	8 点输入/6 点输出		
	板载模拟 I/O	2 路输入		
	过程映像大小	1024B 输入（I）/1024B 输出（Q）		
	位存储器（M）	4096B		
	信号模块扩展	最多 2 个信号模块		
	SB、CB、BB 扩展	最多 1 块		
	通信模块扩展	最多 3 个通信模块		
	高速计数器	5 个内置 I/O，信号板为 6 个。 单相：3×100kHz＋1×30kHz 的时钟频率；SB：2×30kHz； 正交相位：3×80kHz＋1×20kH 的时钟频率；SB：2×20kHz		
	脉冲输出	4		
	脉冲捕捉输入	8		
	延时中断/循环中断	共 4 个，精度为 1ms		
	沿中断	8 个上升沿和 8 个下降沿（使用可选信号板时，各为 12 个）		
	存储卡	SIMATIC 存储卡（选件）		
	实时时钟精度	＋/－60s/月		
	实时时钟保持时间	通常为 20 天，40℃时最少为 12 天（免维护超级电容）		

续表

型号		CPU 1212C AC/DC/继电器	CPU 1212C DC/DC/继电器	CPU 1212C DC/DC/DC
性能	布尔运算执行速度	0.08μs/指令		
	移动字执行速度	1.7μs/指令		
	实数数学运算执行速度	2.3μs/指令		
通信	端口数	1		
	类型	以太网		
	连接数	3个HMI、1个编程设备；8个开放式用户通信、3个服务器（CPU间）S7通信、8个客户端（CPU间）S7通信		
	数据传输率	10/100 Mbit/s		
	隔离（外部信号与PLC逻辑侧）	变压器隔离，1500V DC（仅针对短期事件安全）		
	电缆类型	CAT5e屏蔽电缆		
电源	电压范围	85～264VAC	20.4～28.8V DC	
	线路频率	47～63Hz	—	
传感器电源	电压范围	20.4～28.8V DC	L+－4V DC（最小）	
	额定输出电流（最大）	300mA（短路保护）		
	最大波纹噪声（<10MHz）	<1V峰-峰值	与输入线路相同	
	隔离（CPU逻辑侧与传感器电源）	未隔离		
数字量输入	输入点数	8		
	类型	漏型/源型（IEC 1类漏型）		
	额定电压	4mA时24V DC，额定值		
	允许的连续电压	最大30V DC		
	浪涌电压	35V DC，持续0.5s		
	逻辑1信号（最小）	2.5mA时15V DC		
	逻辑0信号（最大）	1mA时5V DC		
	隔离（现场侧与逻辑侧）	500V AC，持续1min		
	隔离组	1		
	滤波时间	0.2、0.4、0.8、1.6、3.2、6.4和12.8 ms（可选，4个一组）		
	HSC时钟输入频率（最大）（逻辑1电平＝15～26V DC）	单相：100kHz（Ia.0～Ia.5）和30kHz（Ia.6～Ia.7） 正交相位：80kHz（Ia.0～Ia.5）和20kHz（Ia.6～Ia.7）		
	同时接通的输入	8，60℃（水平）或50℃（垂直）时		
	电缆长度（m）	500（屏蔽）；300（非屏蔽）；50（屏蔽，HSC输入）		
模拟量输入	输入路数	2		
	类型	电压（单侧）		
	满量程范围及其数据字	0～10V、0～27 648		
	过冲范围及其数据字	10.001～11.759V、27 649～32 511		

续表

型号		CPU 1212C AC/DC/继电器	CPU 1212C DC/DC/继电器	CPU 1212C DC/DC/DC
模拟量输入	上溢范围及其数据字	11.760～11.852V、32 512～32 767		
	精度	10 位		
	最大耐压	35V DC		
	平滑化	无、弱、中或强		
	噪声抑制	10、50 或 60Hz		
	阻抗	≥100kΩ		
	隔离（现场侧与逻辑侧）	无		
	精度（25℃/−20～+60℃）	满量程的 3.0%/3.5%		
	共模抑制	40dB，DC—60Hz		
	工作信号范围	信号加共模电压必须小于+12V 且大于−12V		
	电缆长度（m）	10m 屏蔽双绞线		
数字量输出	输出点数	6		
	类型	继电器，干触点		固态-MOSFET（源型）
	电压范围	5～30V DC 或 5～250VAC		20.4～28.8V DC
	最大电流时逻辑 1 信号	—		最小 20V DC
	10kΩ 负载时逻辑 0 信号	—		最大 0.1V DC
	电流（最大）	2.0A		0.5A
	灯负载	30W DC/200WAC		5W
	通态电阻	新设备最大为 0.2Ω		最大 0.6Ω
	每点的漏泄电流	—		最大 10μA
	浪涌电流	触点闭合时为 7A		8A，最长持续 100ms
	过载保护	无		
	隔离（现场侧与逻辑侧）	1500VAC，持续 1min（线圈与触点）；无（线圈与逻辑侧）		500VAC，持续 1min
	隔离电阻	新设备最小为 100MΩ		—
	断开触点间的绝缘	750VAC，持续 1min		—
	隔离组	2		1
	电感钳位电压	—		L+−4V DC，1W 损耗
	开关延迟（Qa.0-Qa.3）	最长 10ms		断到通最长 1.0μs 通到断最长 3.0μs
	开关延迟（Qa.4-Qa.5）	最长 10ms		断到通最长 50μs 通到断最长 200μs
	继电器最大开关频率	1kHz		—
	脉冲串输出频率（Qa.0 和 Qa.2）	不推荐		最大 100kHz，最小 2Hz

续表

型号		CPU 1212C AC/DC/继电器	CPU 1212C DC/DC/继电器	CPU 1212C DC/DC/DC
数字量输出	机械寿命（无负载）	10 000 000 个断开/闭合周期		—
	额定负载下的触点寿命	100 000 个断开/闭合周期		—
	RUN 到 STOP 时的行为	上一个值或替换值（默认值为 0）		
	同时接通的输出数	6，最高 60℃（水平）或 50℃（垂直）时		
	电缆长度（m）	500（屏蔽）；150（非屏蔽）		

3. CPU 1214C

S7－1200 CPU 1214C 的技术规范见表 2－3。

表 2－3　　CPU 1214C 的技术规范

型号		CPU 1214C AC/DC/继电器	CPU 1214C DC/DC/继电器	CPU 1214C DC/DC/DC
订货号（MLFB）		6ES7 214－1BG31－0XB0	6ES7 214－1HG31－0XB0	6ES7 214－1AG31－0XB0
常规	尺寸 W×H×D（mm×mm×mm）	110×100×75		
	质量（g）	475	435	415
	功耗（W）	14	12	
	可用电流（SM、CM 总线）	最大 1600mA（5V DC）		
	可用电流（24V DC）	最大 400mA（传感器电源）		
	数字输入电流消耗（24V DC）	所用的每点输入 4mA		
CPU 特征	用户存储器	工作 75KB/装载内置 4MB（可 SD 卡扩展）/保持性 10KB		
	板载数字 I/O	14 点输入/10 点输出		
	板载模拟 I/O	2 路输入		
	过程映像大小	1024B 输入（I）/1024B 输出（Q）		
	位存储器（M）	8192B		
	信号模块扩展	最多 8 个信号模块		
	SB、CB、BB 扩展	最多 1 块		
	通信模块扩展	最多 3 个通信模块		
	高速计数器	共 6 个。 单相：3×100kHz＋3×30kHz 的时钟频率； 正交相位：3×80kHz＋3×20kH 的时钟频率		
	脉冲输出	4		
	脉冲捕捉输入	14		
	延时中断/循环中断	共 4 个，精度为 1ms		
	沿中断	12 个上升沿和 12 个下降沿（使用可选信号板时，各为 14 个）		
	存储卡	SIMATIC 存储卡（选件）		
	实时时钟精度	＋/－60s/月		
	实时时钟保持时间	通常为 20 天，40℃时最少为 12 天（免维护超级电容）		

续表

型号		CPU 1214C AC/DC/继电器	CPU 1214C DC/DC/继电器	CPU 1214C DC/DC/DC
性能	布尔运算执行速度	0.08μs/指令		
	移动字执行速度	1.7μs/指令		
	实数数学运算执行速度	2.3μs/指令		
通信	端口数	1		
	类型	以太网		
	连接数	3个HMI、1个编程设备；8个开放式用户通信（主动或被动）、3个服务器（CPU间）S7通信、8个客户端（CPU间）S7通信		
	数据传输率	10/100Mbit/s		
	隔离（外部信号与PLC逻辑侧）	变压器隔离，1500V DC（仅针对短期事件安全）		
	电缆类型	CAT5e屏蔽电缆		
电源	电压范围	85～264VAC	20.4～28.8V DC	
	线路频率	47～63Hz	—	
传感器电源	电压范围	20.4～28.8V DC	L+－4V DC（最小）	
	额定输出电流（最大）	400mA（短路保护）		
	最大波纹噪声（＜10MHz）	＜1V峰-峰值	与输入线路相同	
	隔离（CPU逻辑侧与传感器电源）	未隔离		
数字量输入	输入点数	14		
	类型	漏型/源型（IEC 1类漏型）		
	额定电压	4mA时24V DC，额定值		
	允许的连续电压	最大30V DC		
	浪涌电压	35V DC，持续0.5s		
	逻辑1信号（最小）	2.5mA时15V DC		
	逻辑0信号（最大）	1mA时5V DC		
	隔离（现场侧与逻辑侧）	500VAC，持续1min		
	隔离组	1		
	滤波时间	0.2、0.4、0.8、1.6、3.2、6.4和12.8 ms（可选，4个一组）		
	HSC时钟输入频率（最大）（逻辑1电平＝15～26V DC）	单相：100kHz（Ia.0～Ia.5）和30kHz（Ia.6～Ib.5） 正交相位：80kHz（Ia.0～Ia.5）和20kHz（Ia.6～Ib.5）		
	同时接通的输入	7（无相邻点），60℃（水平）或50℃（垂直）时；14，55℃（水平）或45℃（垂直）时		
	电缆长度（m）	500（屏蔽）；300（非屏蔽）；50（屏蔽，HSC输入）		
模拟量输入	输入路数	2		
	类型	电压（单侧）		
	满量程范围及其数据字	0～10V、0～27 648		

续表

型号		CPU 1214C AC/DC/继电器	CPU 1214C DC/DC/继电器	CPU 1214C DC/DC/DC
模拟量输入	过冲范围及其数据字	10.001～11.759V、27 649～32 511		
	上溢范围及其数据字	11.760～11.852V、32 512～32 767		
	分辨率	10 位		
	最大耐压	35V DC		
	平滑化	无、弱、中或强		
	噪声抑制	10、50 或 60Hz		
	阻抗	≥100kΩ		
	隔离（现场侧与逻辑侧）	无		
	精度（25℃/－20～＋60℃）	满量程的 3.0%/3.5%		
	电缆长度及类型	100m，屏蔽双绞线		
数字量输出	输出点数	10		
	类型	继电器，干触点		固态-MOSFET（源型）
	电压范围	5～30V DC 或 5～250VAC		20.4～28.8V DC
	最大电流时逻辑 1 信号	—		最小 20V DC
	10kΩ 负载时逻辑 0 信号	—		最大 0.1V DC
	电流（最大）	2.0A		0.5A
	灯负载	30W DC/200WAC		5W
	通态电阻	新设备最大为 0.2Ω		最大 0.6Ω
	每点的漏泄电流	—		最大 10μA
	浪涌电流	触点闭合时为 7A		8A，最长持续 100ms
	过载保护	无		
	隔离（现场侧与逻辑侧）	1500VAC，持续 1min（线圈与触点）；无（线圈与逻辑侧）		500VAC，持续 1min
	隔离电阻	新设备最小为 100MΩ		—
	断开触点间的绝缘	750VAC，持续 1min		—
	隔离组	2		1
	电感钳位电压	—		L+－4V DC，1W 损耗
	开关延迟（Qa.0～Qa.3）	最长 10ms		断到通最长为 1.0μs 通到断最长为 3.0μs
	开关延迟（Qa.4～Qb.1）	最长 10ms		断到通最长为 50μs 通到断最长为 200μs
	脉冲串输出频率（Qa.0 和 Qa.2）	不推荐		最大 100kHz，最小 2Hz
	继电器最大开关频率	1kHz		—
	机械寿命（无负载）	10 000 000 个断开/闭合周期		—
	额定负载下的触点寿命	100 000 个断开/闭合周期		—

续表

型号		CPU 1214C AC/DC/继电器	CPU 1214C DC/DC/继电器	CPU 1214C DC/DC/DC
数字量输出	RUN到STOP时的行为	上一个值或替换值（默认值为0）		
	同时接通的输出数	5（无相邻点），60℃（水平）或50℃（垂直）时；10，55℃（水平）或45℃（垂直）时		
	电缆长度（m）	500（屏蔽）；150（非屏蔽）		

4. CPU 1215C

S7－1200 CPU 1215C的技术规范见表2－4。

表2－4　CPU 1215C的技术规范

型号		CPU 1215C AC/DC/继电器	CPU 1215C DC/DC/继电器	CPU 1215C DC/DC/DC
订货号（MLFB）		6ES7 215－1BG31－0XB0	6ES7 215－1HG31－0XB0	6ES7 215－1AG31－0XB0
常规	尺寸 $W\times H\times D$（mm×mm×mm）	130×100×75		
	质量（g）	550	585	520
	功耗（W）	14	12	
	可用电流（SM、CM总线）	最大1600mA（5V DC）		
	可用电流（24V DC）	最大400mA（传感器电源）		
	数字输入电流消耗（24V DC）	所用的每点输入4mA		
CPU特征	用户存储器	工作100KB/装载内置4MB（可SD卡扩展）/保持性10KB		
	板载数字I/O	14点输入/10点输出		
	板载模拟I/O	2路输入/2路输出		
	过程映像大小	1024B输入（I）/1024B输出（Q）		
	位存储器（M）	8192B		
	信号模块扩展	最多8个信号模块		
	SB、CB、BB扩展	最多1块		
	通信模块扩展	最多3个通信模块		
	高速计数器	共6个； 单相：3×100kHz＋3×30kHz的时钟频率； 正交相位：3×80kHz＋3×20kH的时钟频率		
	脉冲输出	4		
	脉冲捕捉输入	14		
	延时中断/循环中断	共4个，精度为1ms		
	沿中断	12个上升沿和12个下降沿（使用可选信号板时，各为14个）		
	存储卡	SIMATIC存储卡（选件）		
	实时时钟精度	＋/－60s/月		
	实时时钟保持时间	通常为20天，40℃时最少为12天（免维护超级电容）		

续表

型号		CPU 1214C AC/DC/继电器	CPU 1214C DC/DC/继电器	CPU 1214C DC/DC/DC
性能	布尔运算执行速度	0.08μs/指令		
	移动字执行速度	1.7μs/指令		
	实数数学运算执行速度	2.3μs/指令		
通信	端口数	2		
	类型	以太网		
	连接数	3个HMI、1个编程设备；8个开放式用户通信（主动或被动）、3个服务器（CPU间）S7通信、8个客户端（CPU间）S7通信		
	数据传输率	10/100Mbit/s		
	隔离（外部信号与PLC逻辑侧）	变压器隔离，1500V DC（仅针对短期事件安全）		
	电缆类型	CAT5e屏蔽电缆		
电源	电压范围	85~264VAC	20.4~28.8V DC	
	线路频率	47~63Hz	—	
传感器电源	电压范围	20.4~28.8V DC	L+−4V DC（最小）	
	额定输出电流（最大）	400mA（短路保护）		
	最大波纹噪声（<10MHz）	<1V峰-峰值	与输入线路相同	
	隔离（CPU逻辑侧与传感器电源）	未隔离		
数字量输入	输入点数	14		
	类型	漏型/源型（IEC 1类漏型）		
	额定电压	4mA时24V DC，额定值		
	允许的连续电压	最大30V DC		
	浪涌电压	35V DC，持续0.5s		
	逻辑1信号（最小）	2.5mA时15V DC		
	逻辑0信号（最大）	1mA时5V DC		
	隔离（现场侧与逻辑侧）	500VAC，持续1min		
	隔离组	1		
	滤波时间	0.2、0.4、0.8、1.6、3.2、6.4和12.8 ms（可选，4个一组）		
	HSC时钟输入频率（最大）（逻辑1电平=15~26V DC）	单相：100kHz（Ia.0~Ia.5）和30kHz（Ia.6~Ib.5） 正交相位：80kHz（Ia.0~Ia.5）和20kHz（Ia.6~Ib.5）		
	同时接通的输入	7（无相邻点），60℃（水平）或50℃（垂直）时；14，55℃（水平）或45℃（垂直）时		
	电缆长度（m）	500（屏蔽）；300（非屏蔽）；50（屏蔽，HSC输入）		
模拟量输入	输入路数	2		
	类型	电压（单侧）		
	满量程范围及其数据字	0~10V、0~27 648		

续表

型号		CPU 1214C AC/DC/继电器	CPU 1214C DC/DC/继电器	CPU 1214C DC/DC/DC
模拟量输入	过冲范围及其数据字	10.001～11.759V、27 649～32 511		
	上溢范围及其数据字	11.760～11.852V、32 512～32 767		
	分辨率	10位		
	最大耐压	35V DC		
	平滑化	无、弱、中或强		
	噪声抑制	10、50或60Hz		
	阻抗	≥100kΩ		
	隔离（现场侧与逻辑侧）	无		
	精度（25℃/－20～＋60℃）	满量程的3.0%/3.5%		
	电缆长度及类型	100m，屏蔽双绞线		
数字量输出	输出点数	10		
	类型	继电器，干触点		固态—MOSFET（源型）
	电压范围	5～30V DC或5～250VAC		20.4～28.8V DC
	最大电流时逻辑1信号	—		最小20V DC
	10kΩ负载时逻辑0信号	—		最大0.1V DC
	电流（最大）	2.0A		0.5A
	灯负载	30W DC/200WAC		5W
	通态电阻	新设备最大为0.2Ω		最大0.6Ω
	每点的漏泄电流	—		最大10μA
	浪涌电流	触点闭合时为7A		8A，最长持续100ms
	过载保护	无		
	隔离（现场侧与逻辑侧）	1500VAC，持续1min（线圈与触点）；无（线圈与逻辑侧）		500VAC，持续1min
	隔离电阻	新设备最小为100MΩ		—
	断开触点间的绝缘	750VAC，持续1min		—
	隔离组	2		1
	电感钳位电压	—		L+－4V DC，1W损耗
	开关延迟（Qa.0～Qa.3）	最长10ms		断到通最长为1.0μs；通到断最长为3.0μs
	开关延迟（Qa.4～Qb.1）	最长10ms		断到通最长为50μs；通到断最长为200μs
	脉冲串输出频率（Qa.0和Qa.2）	不推荐		最大100kHz，最小2Hz
	继电器最大开关频率	1kHz		—
	机械寿命（无负载）	10 000 000个断开/闭合周期		—

续表

型号		CPU 1214C AC/DC/继电器	CPU 1214C DC/DC/继电器	CPU 1214C DC/DC/DC
数字量输出	额定负载下的触点寿命	100 000个断开/闭合周期		—
	RUN到STOP时的行为	上一个值或替换值（默认值为0）		
	同时接通的输出数	5（无相邻点），60℃（水平）或50℃（垂直）时；10，55℃（水平）或45℃（垂直）时		
	电缆长度（m）	500（屏蔽）；150（非屏蔽）		
模拟量输出	输出点数	2		
	类型	电流		
	满量程范围及其数据字	0～20mA、0～27 648		
	过冲范围及其数据字	20.01～23.52mA、27 649～32 511		
	上溢范围	“对CPU STOP的响应”参数中：使用替换值或保持上一个值		
	上溢范围数据字	32 512～32 767		
	分辨率	10位		
	输出驱动阻抗	最大500Ω		
	隔离（现场侧与逻辑侧）	无		
	精度（25℃/－20～＋60℃）	满量程的3.0%/3.5%		
	稳定时间	2ms		
	电缆长度（m）	100m，屏蔽双绞线		

2.1.2 S7－1200 CPU的接线图

S7－1200 CPU已从2009年的三类发展为2012年的四类。

1. CPU 1211C AC/DC/继电器

CPU 1211C AC/DC/Relay（6ES7 211－1BE31－0XB0）的接线图如图2－1所示。

在图2－1～图2－12中，标注①为24V DC传感器电源输出，要获得更好的抗噪声效果，即使未使用传感器电源，也可将“M”连接到机壳接地。标注②表示对于漏型输入，将“－”连接到“M”；对于源型输入，将“＋”连接到“M”。注意X11连接器必须镀金。

2. CPU 1211C DC/DC/继电器

CPU 1211C DC/DC/Relay（6ES7 211－1HE31－0XB0）的接线图如图2－2所示。

3. CPU 1211C DC/DC/DC

CPU 1211C DC/DC/DC（6ES7 211－1AE31－0XB0）的接线图如图2－3所示。

4. CPU 1212C AC/DC/继电器

CPU 1212C AC/DC/Relay（6ES7 212－1BE31－0XB0）的接线图如图2－4所示。

5. CPU 1212C DC/DC/继电器

CPU 1212C DC/DC/Relay（6ES7 212－1HE31－0XB0）的接线图如图2－5所示。

6. CPU 1212C DC/DC/DC

CPU 1212C DC/DC/DC（6ES7 212－1AE31－0XB0）的接线图如图2－6所示。

7. CPU 1214C AC/DC/继电器

CPU 1214C AC/DC/Relay（6ES7 214－1BG31－0XB0）的接线图如图2－7所示。

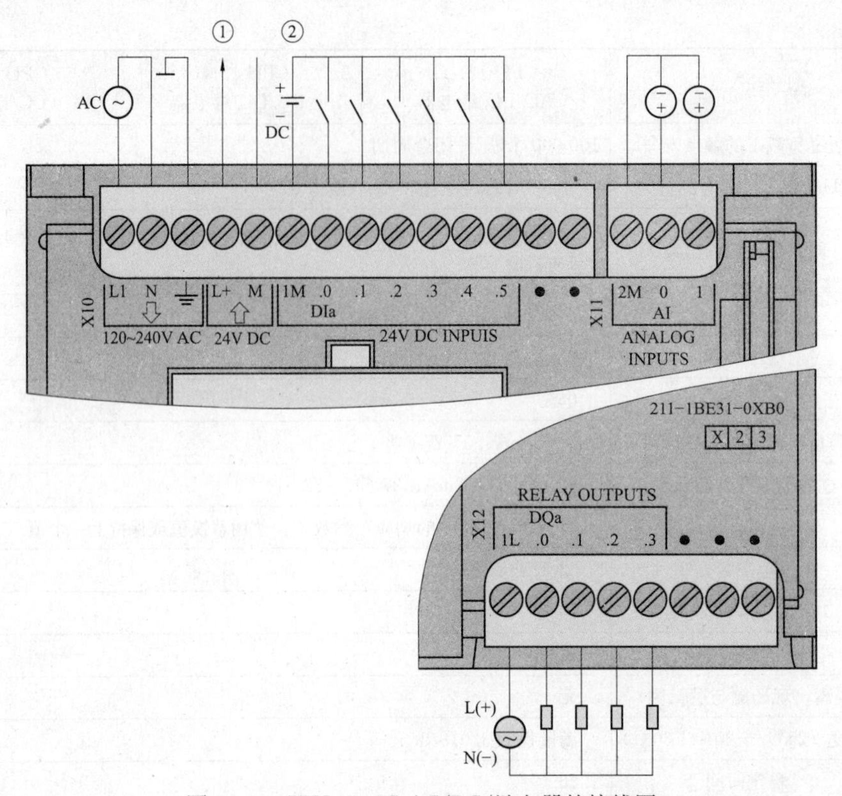

图 2-1 CPU 1211C AC/DC/继电器的接线图

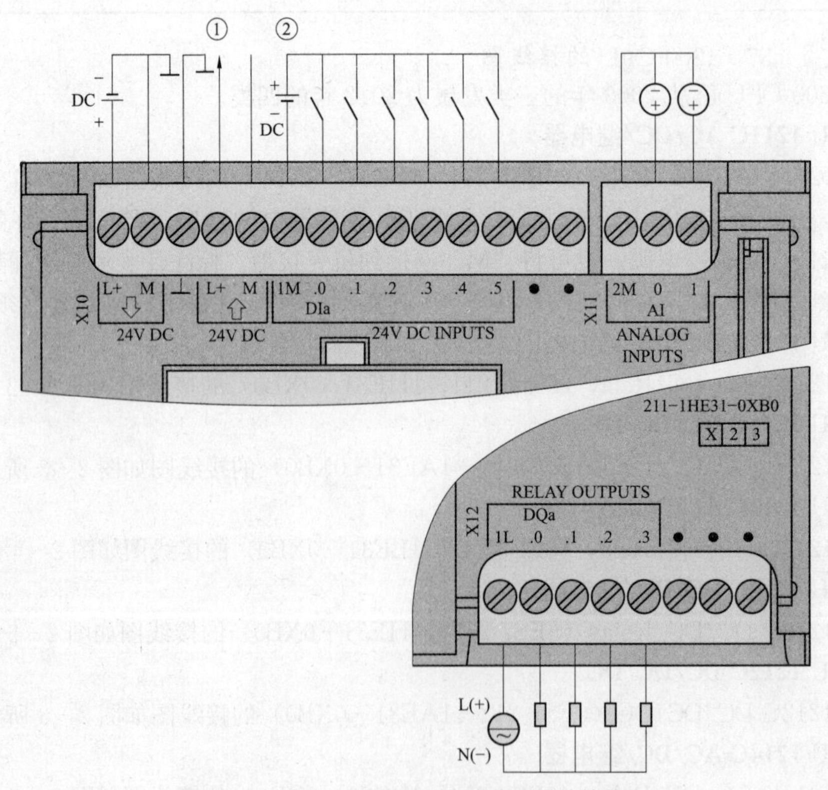

图 2-2 CPU 1211C DC/DC/继电器的接线图

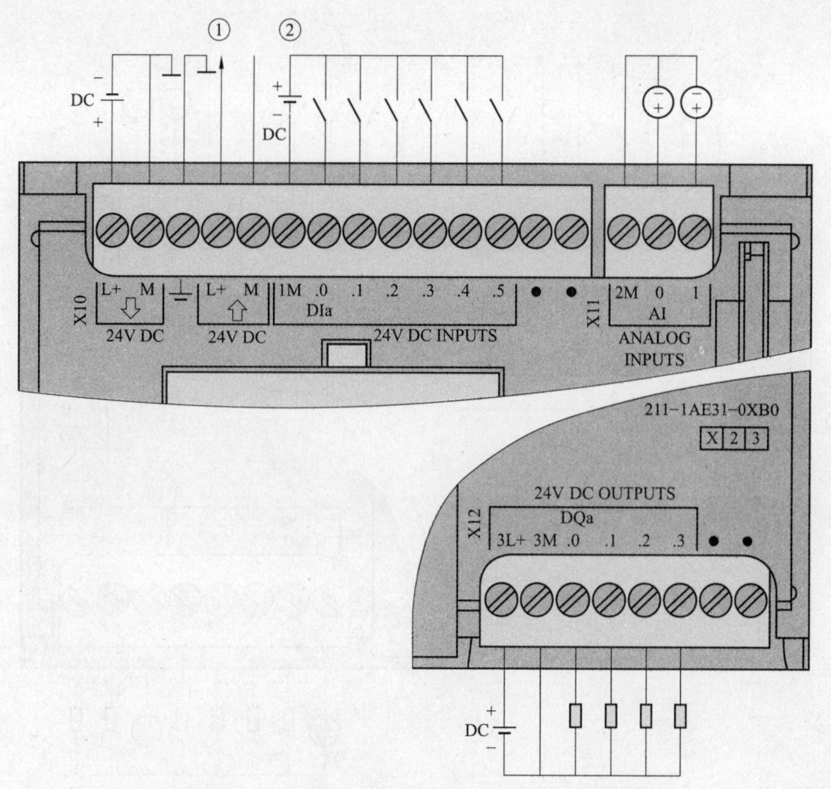

图 2-3 CPU 1211C DC/DC/DC 的接线图

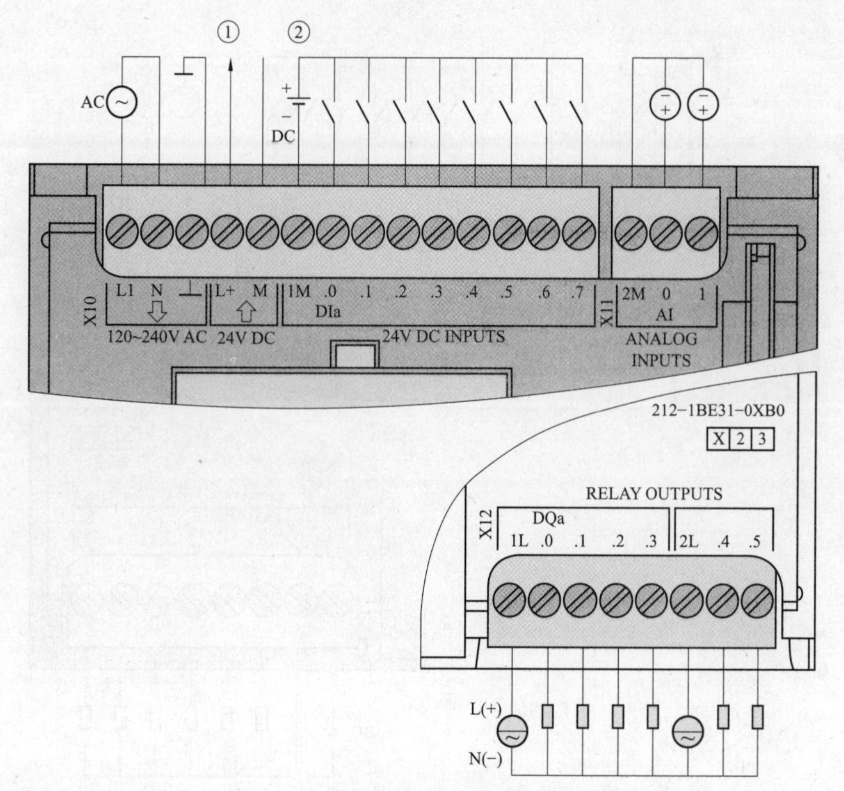

图 2-4 CPU AC/DC/继电器的接线图

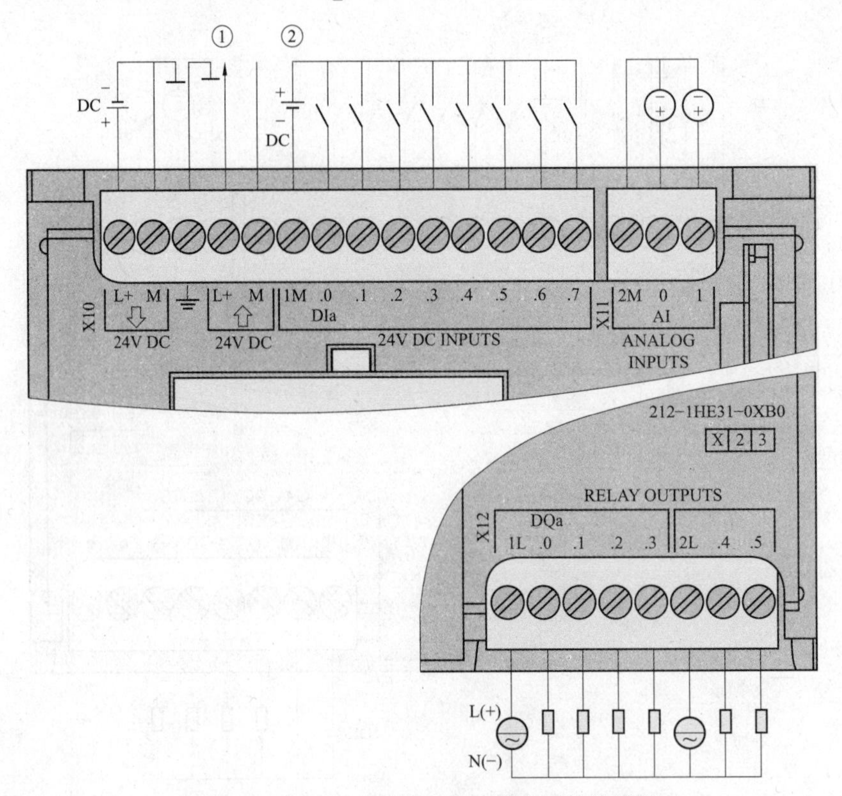

图 2-5　CPU 1212C DC/DC/继电器的接线图

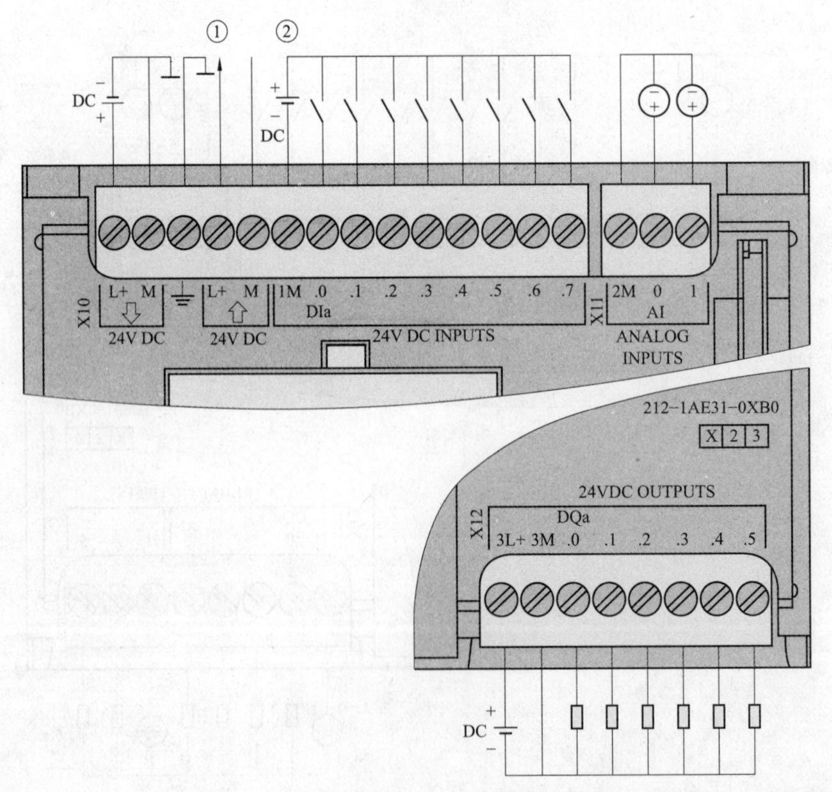

图 2-6　CPU 1212C DC/DC/DC 的接线图

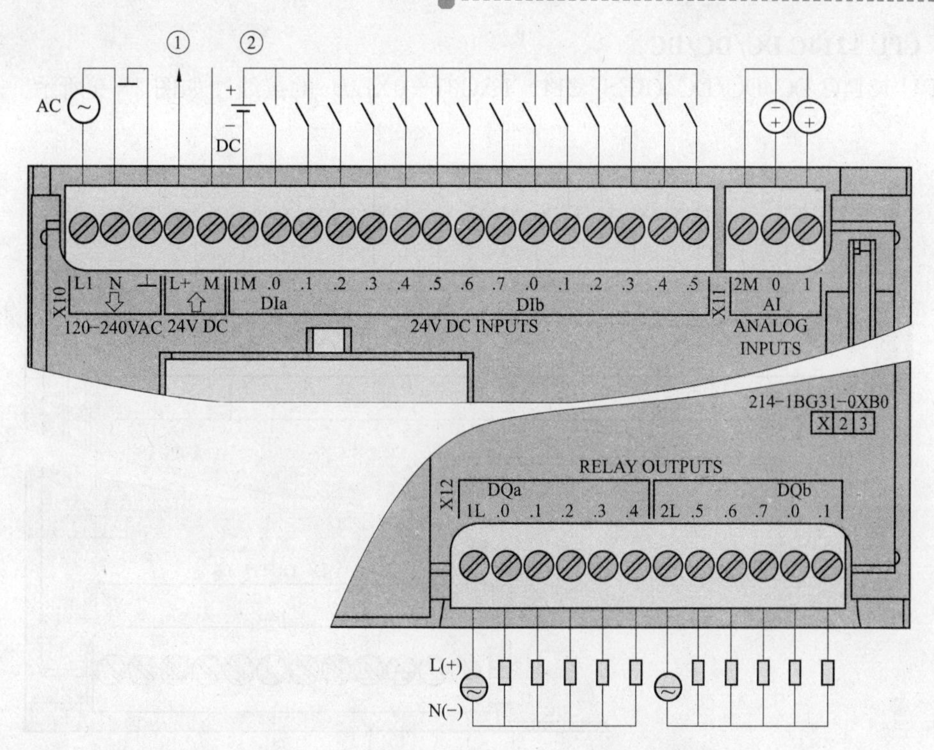

图 2-7　CPU 1214C AC/DC/继电器的接线图

8. CPU 1214C DC/DC/继电器

CPU 1214C DC/DC/Relay（6ES7 214-1HG31-0XB0）的接线图如图 2-8 所示。

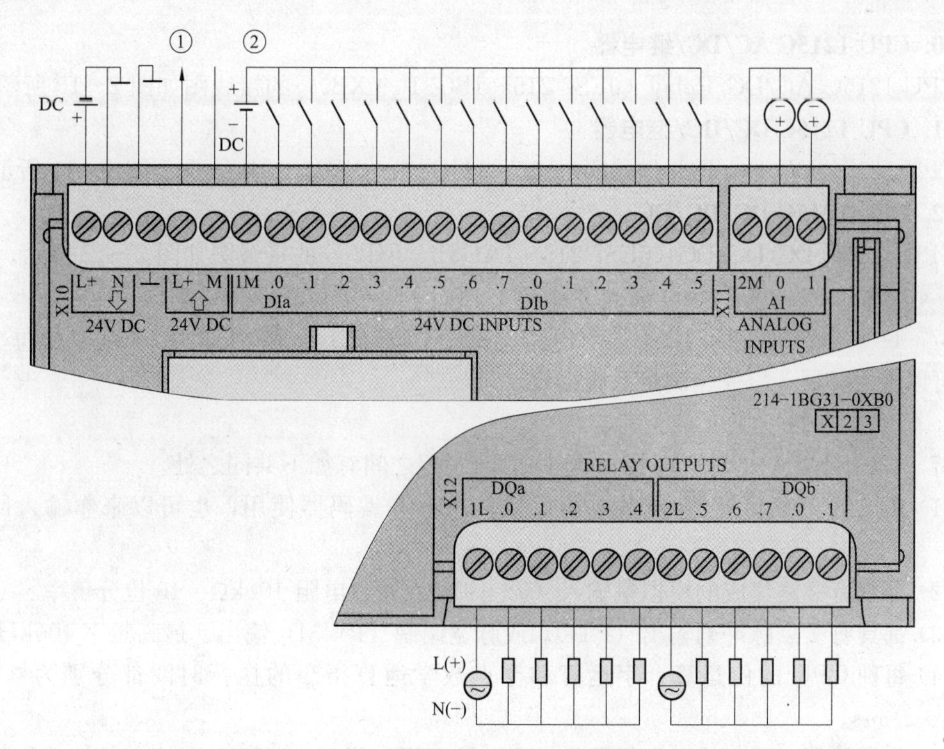

图 2-8　CPU 1214C DC/DC/继电器的接线图

9. CPU 1214C DC/DC/DC

CPU 1214C DC/DC/DC（6ES7 214 - 1AG31 - 0XB0）的接线图如图 2 - 9 所示。

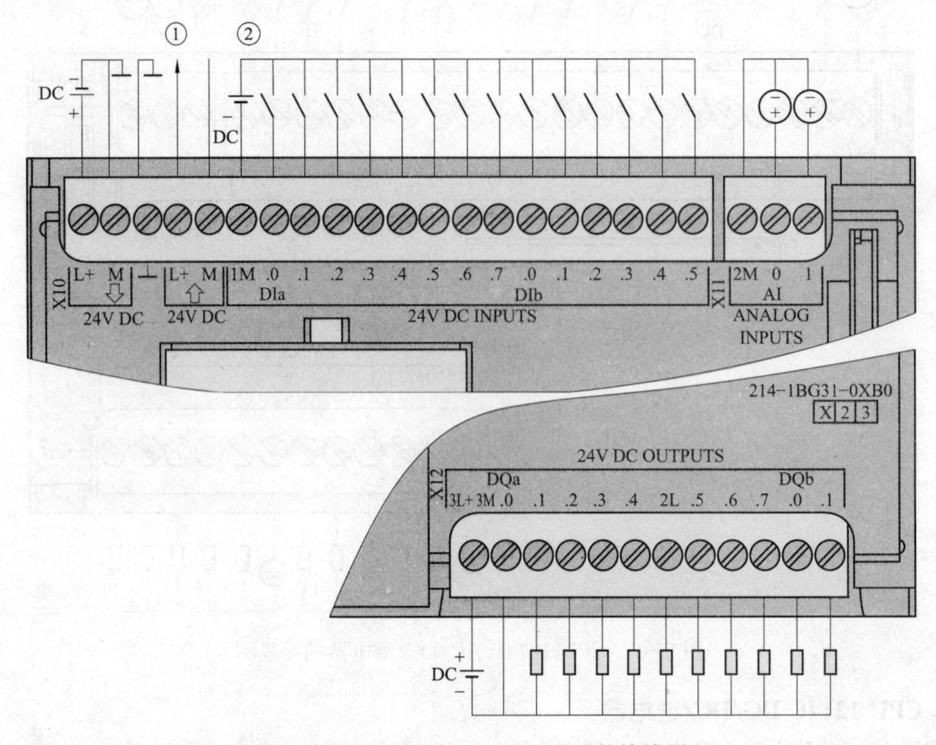

图 2 - 9　CPU 1214C DC/DC/DC 的接线图

10. CPU 1215C AC/DC/继电器

CPU 1215C AC/DC/Relay（6ES7 215 - 1BG31 - 0XB0）的接线图如图 2 - 10 所示。

11. CPU 1215C DC/DC/继电器

CPU 1215C DC/DC/Relay（6ES7 215 - 1HG31 - 0XB0）的接线图如图 2 - 11 所示。

12. CPU 1215C DC/DC/DC

CPU 1215C DC/DC/DC（6ES7 215 - 1AG31 - 0XB0）的接线图如图 2 - 12 所示。

2.1.3　S7 - 1200 CPU 的相互比较

S7 - 1200 系统的 CPU 1211C、CPU 1212C、CPU 1214C 和 CPU 1215C，其中每一种模块都可以进行扩展，以完全满足系统需要。

1. CPU 的共性

S7 - 1200 计有 4 种型号共 12 小类 CPU，它们之间有如下共同之处。

(1) 集成的 24V 传感器/负载电源可供传感器和编码器使用，也可以来作输入回路的电源。

(2) 都具有 2 路集成的模拟量输入（0～10V）、输入电阻 100kΩ、10 位分辨率。

(3) 都具有 2 点脉冲列输出（PTO）或脉宽调制（PWM）输出、最高频率 100kHz。

(4) 每种 CPU 的位运算、字运算和浮点数学运算指令的执行时间都分别为 0.08μs、1.7μs、2.3μs。

(5) 位存储器（M）的大小都是 8192B，最多可以设置 2048B，有掉电保持功能的数据

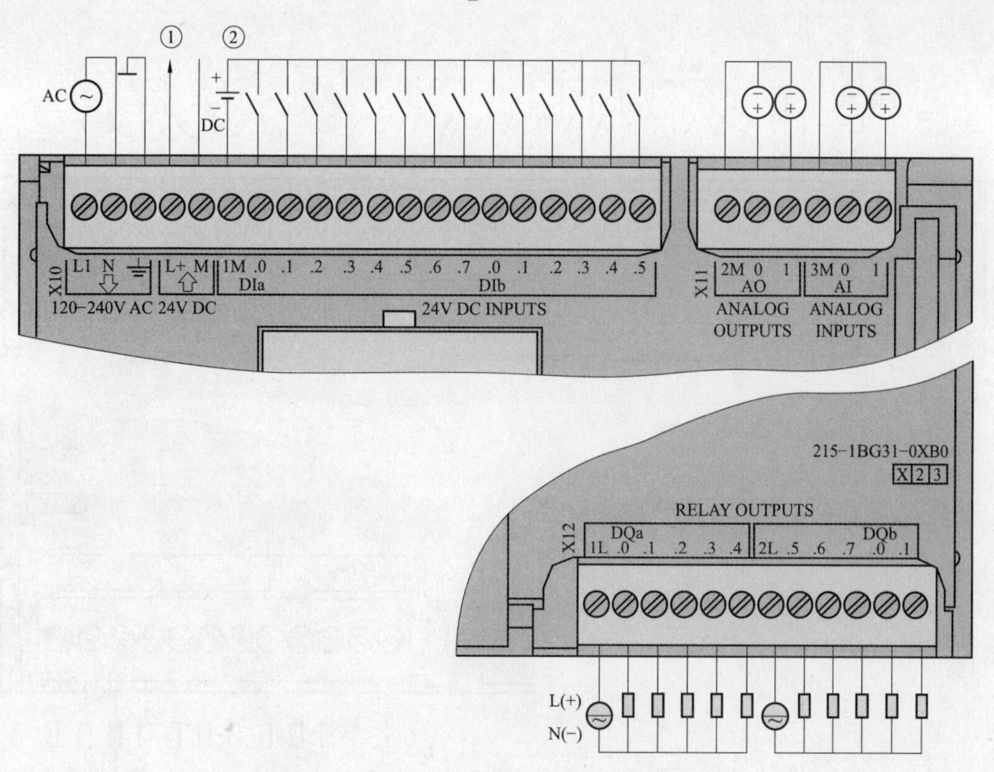

图 2－10 CPU 1215C AC/DC/继电器的接线图

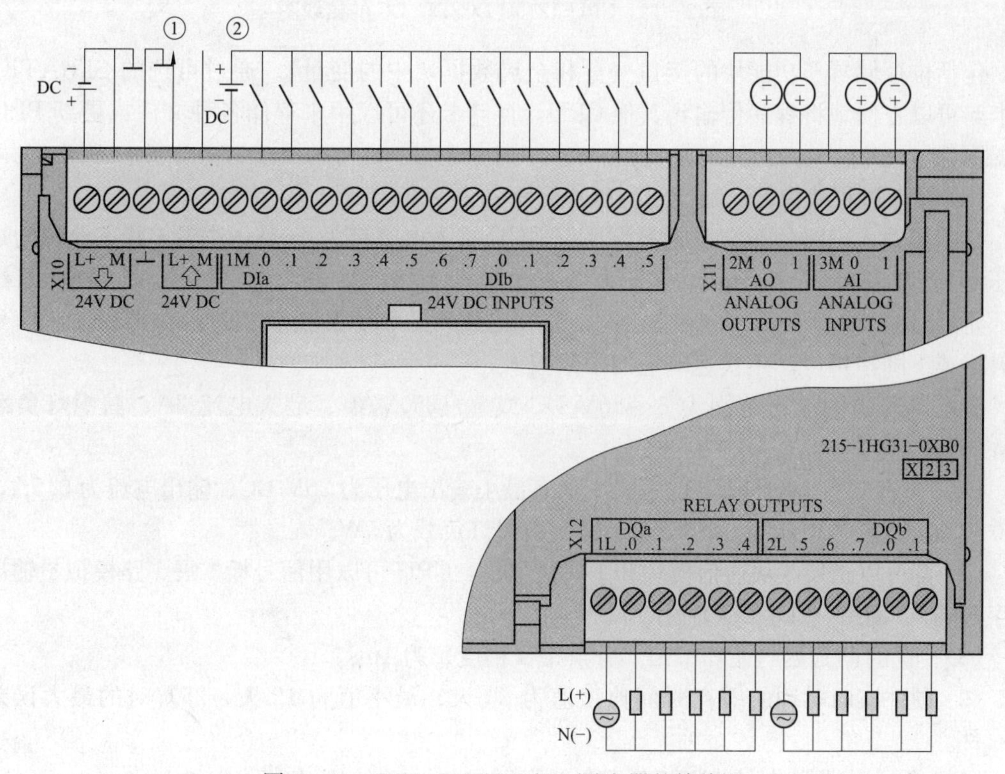

图 2－11 CPU 1215C DC/DC/继电器的接线图

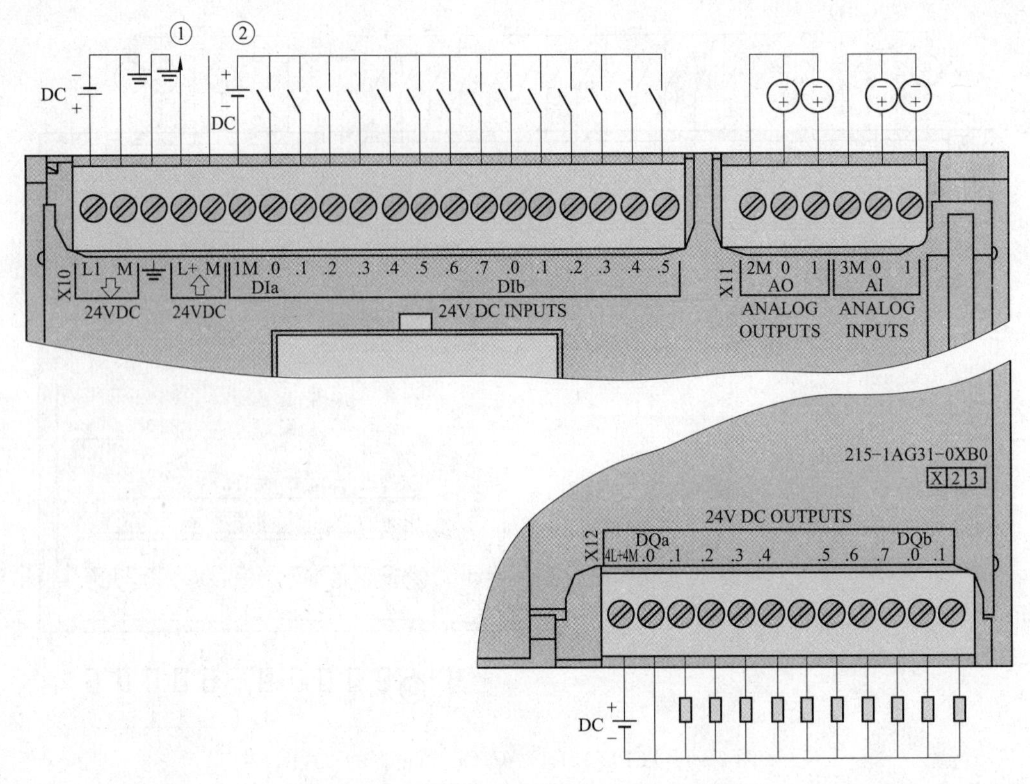

图 2-12　CPU 1215C DC/DC/DC 的接线图

区（包括位存储器、功能块的接口变量和全局数据块中的变量）。通过可选的 SIMATIC 存储卡，可以方便地将程序传输到其他 CPU，存储卡还可以用来存储各种文件或更新 PLC 系统的固件。

（6）输入过程映像区、输出过程映像区都各占 1024B。

数字量输入电路的额定电压都为 24V DC、输入电流都为 4mA。逻辑 1 状态允许的最小电压/电流为 15V DC/2.5mA，逻辑 0 状态允许的最大电压/电流为 5V DC/1.0mA。可组态输入延迟时间（0.2 到 12.8ms 公比为 2 的等比数列）和脉冲捕获功能。在过程输入信号的上升沿或下降沿可以产生快速响应的中断输入。

继电器输出的电压范围为 5～30V DC 或 5～250VAC、最大电流 2A、白炽灯负载为 30WDC 或 200WAC。

DC/DC/DC 型 MOSFET 的逻辑 1 状态最小输出电压为 20V DC、输出电流为 0.5A，逻辑 0 状态最大输出电压为 0.1V DC、最大白炽灯负载为 5W。

（7）都可以扩展 3 块通信模块和 1 块信号板，CPU 可以用信号板扩展 1 路模拟量输出或数字量输入/输出（2DI/2DO）。

（8）4 个时间延迟与循环中断、分辨率（精度）为 1ms。

（9）硬件实时时钟的缓存时间典型值为 20 天、最小值为 12 天，25℃时的最大误差为 60s/月。

（10）集成的带隔离的 PROFINET 以太网接口，可使用 TCP/IP 和 ISO-on-TCP 协议，支持 S7 通信，可以作服务器和客户机，传输速率为 10/100Mbit/s，可建立最多 16 个连接，能自动检测传输速率，RJ-45连接器有自协商和自动交叉网线（Auto-Cross-Over，用一条直通网线或者交叉网线都可以连接CPU和其他以太网设备或交换机）功能。

（11）都是使用梯形图和功能块图两种编程语言。

（12）都能使用SIMATIC存储卡扩展存储器。

（13）都有16个参数自整定的PID控制器。

（14）都有可选的仿真器（小开关板）为数字量输入点提供输入信号来测试用户程序。

（15）每种CPU都支持OB、FB、FC、DB，计64KB，多达1024块（OB＋FB＋FC＋DB），FB、FC和DB的地址范围为1～65535，可同时监视2个代码块的状态。从程序循环或启动OB开始时嵌套深度为16；从延时中断、日时钟中断、循环中断、硬件中断、时间错误中断或诊断错误中断OB开始时嵌套深度为4。

2. S7-1200与西门子其他PLC的概略比较

（1）S7-1200 CPU 1215C板载I/O（可选信号板）与S7-200 CPU 224XP的I/O间的比较如图2-13所示。

	S7-200 CPU 224XP	S7-1200 CPU 1215C
DI 数字量输入	14	14+SB上0或2或4
DO 数字量输出	10	10+SB上4或2或0
AI 模拟量输入	2	2+SB上1路
AO 模拟量输出	1	2+SB上1路
PWM/PTO 脉宽调制 脉冲串输出	2	4
HSC 高速计数器	6	6+SB上4
PID 闭环控制器	8	16

可在CPU前面插入1个可选SB

图2-13 S7-200与S7-1200间的I/O比较

（2）在系统可扩展性方面，S7-1200与S7-200的比较如图2-14所示。

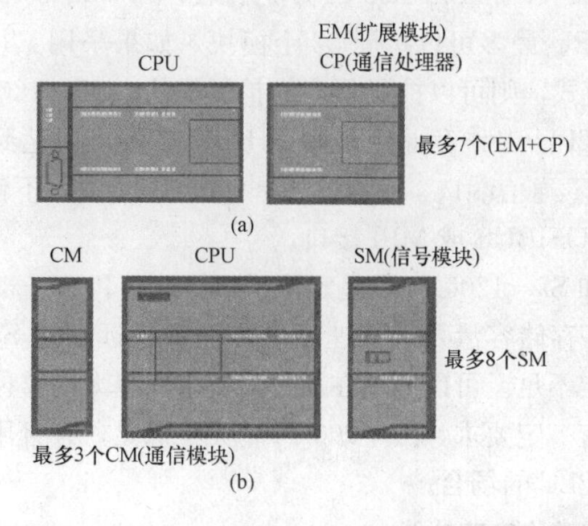

图2-14 S7-200与S7-1200间的可扩展性比较

（a）S7-200；（b）S7-1200

（3）S7－1200 CPU 1215C 与 S7－200 CPU 224XP 的比较见表 2－5。

表 2－5　CPU 1215C 与 CPU 224XP 的比较

特征		CPU 1215C	CPU 224XP
物理尺寸（mm×mm×mm）		130×100×75	140×80×62
用户存储区	工作存储区	100KB	程序存储器（在线编程）12KB；（非在线编程）16KB 数据存储器 10KB，两者合计最多 26KB
	装载存储区	4MB	
	保持性存储区	10KB	
本地板载 I/O	数字量	14 DI/10 DO	16 DI/10 DO
	模拟量	2 AI/2 AO	2 AI/1 AO
过程映像大小		1024B 输入（I）和 1024B 输出（O）	128 点输入和 128 点输出
信号模板扩展		8	7
信号板		1	0
高速计数器		6	6
单相		3 个 100kHz	4 个 30kHz
		3 个 30kHz	2 个 200kHz
正交相位		3 个 80kHz	3 个 20kHz
		3 个 20kHz	1 个 100kHz
脉冲输出		4	2 个 100kHz（仅限于 DC 输出）
存储卡		SIMATIC 存储卡（可选）4MB	SIMATIC 存储卡（选件）64KB/256KB
实时时钟保存时间		通常为 20 天/40℃时最少 12 天	100h/典型值（40℃时最少 70h）
通信端口		2 个以太网通信端口	2 个 RS485 通信端口
布尔运算执行速度		0.08 μs/指令	0.22 μs/指令

（4）S7－1200 CPU 1215C 和 S7－300 CPU 的比较。S7－1200 CPU 1215C 最多可以扩展 8 个模块，而 S7－300 CPU 最多可以扩展 32 个模块，如果采用 ET 200（PROFIBUS 现场总线远程分布式 I/O）模式，则可以扩展更多的扩展模块；S7－1200 CPU 1215C 工作存储区 100KB，而 S7－300 CPU 工作存储区最少 64KB，最大可以达到 8MB；S7－1200 CPU 1215C 有两个 PROFINET 通信端口，而有些 S7－300 CPU 模块不仅带一个 PROFINET 通信端口，而且可以带 PROFIBUS 或 MPI 接口。

通过以上比较，可知 S7－1200 PLC 是定位于 S7－200 和 S7－300 PLC 之间的一款小型 PLC，在通信能力、程序存储容量及运算速度等方面都远远超过 S7－200 PLC，但与 S7－300 PLC 相比还存在一定不足。可以应用在用户需要采用以太网监控，并且对通信能力、程序存储容量及运算速度有一定要求，S7－200 PLC 无法满足，并且用户对价格比较敏感，不愿意采用 S7－300 中型 PLC 的场合。

3. S7－1200 CPU 集成的工艺功能

S7－1200 CPU 集成了高速计数器与频率测量、高速脉冲输出、PWM 控制、运动控制和PID控制功能。

(1) 高速计数器。S7－1200 CPU有6个高速计数器，对来自增量式编码器（对前后两个采样值的差值/不是对绝对数值进行编码）和其他设备的频率信号进行计数，或对过程事件进行高速计数。有3个集成高速计数器的最高频率为100kHz（单相）或80kHz（互差90°的AB相信号），其余3个最高频率为30kHz（单相）或20kHz（互差90°的AB相信号）。

(2) 高速脉冲输出。S7－1200集成了两个100kHz的高速脉冲输出，组态为PTO时，能提供最高频率为100kHz的50％占空比的高速脉冲输出，可对步进电动机或伺服驱动器进行开环速度控制和定位控制，通过两个高速计数器对高速脉冲输出进行内部反馈。组态为PWM输出时，生成一个占空比可变、周期固定的脉宽调制信号，来控制电动机速度、阀门位置或加热元件的温度。

(3) PLCopen运动功能块。S7－1200支持使用步进电动机和伺服驱动器进行开环速度控制和位置控制，通过一个轴工艺对象和STEP 7 Basic中通用的PLCopen运动功能块，就可以实现对该功能的组态。除了返回原点（home）和点动（jog）功能以外，还支持绝对位置控制、相对位置控制和速度控制。

STEP 7 Basic中的驱动调试控制面板简化了步进电动机和伺服驱动器的启动和调试过程。它为单个运动轴提供了自动和手动控制，以及在线诊断信息。

(4) PID闭环控制功能。S7－1200支持多达16个用于闭环控制的PID控制回路，而S7-200只支持8个。这些控制回路可以通过一个PID控制器工艺对象和STEP 7 Basic中的编辑轻松地进行组态。另外，S7－1200还支持PID参数自调整功能，可以自动计算增益、积分时间和微分时间的最佳调节值。

STEP 7 Basic中的调试控制面板简化了控制回路的调节过程，可以快速精确地调节PID控制回路，除了提供自动调节和手动控制方式之外，还提供调节过程的趋势图。

2.2 S7-1200的信号板与信号模块

S7－1200 CPU可根据系统需要进行扩展，各种CPU正面都可增加一块信号板，信号模块连接到CPU的右侧，都是为了扩展数字量或模拟量I/O。1212C只能连接两个信号模块，CPU 1214C、1215C可以连接8个信号模块。

2.2.1 信号板

信号板是S7－1200的一大亮点，嵌入式安装并不增加安装空间，能扩展少量I/O点，从而提高控制系统的性价比。S7－1200有SB 1221、SB 1222、SB 1223和SB 1231、SB 1232等信号板，可与S7－1200的所有CPU一起使用。

1. SB 1221数字量输入信号板

SB 1221数字量输入信号板将过程中的外部数字信号电平转换为S7－1200的内部信号电平，有DI 4×5V DC与DI 4×24V DC之分，其技术规范见表2－6，它们的接线图如图2－15所示。PLC源型、漏型是对公共点而言的直流输入/输出方式，当公共点接入负电位时，就是源型接线；公共点接入正电位时，就是漏型接线。SB 1221数字量输入信号板仅支持源型输入。

表 2-6　　SB 1221 数字量输入信号板的技术规范

型号		SB 1221 DI 4×5V DC，200kHz	SB 1221 DI 4×24V DC，200kHz
订货号（MLFB）		6ES7 221-3AD30-0XB0	6ES7 221-3BD30-0XB0
常规	尺寸 *W*×*H*×*D*（mm×mm×mm）	38×62×21	
	重量	35g	
	功耗	1.0W	1.5W
	电流消耗（SM 总线）	40mA	
	电流消耗（24V DC）	15mA/输入+15mA	7mA/输入+20mA
数字量输入	输入点数	4	
	类型	源	
	额定电压	15mA 时 5V DC，额定值	7mA 时 24V DC，额定值
	允许的连续电压	6V DC	28.8V DC
	浪涌电压	6 V	35V DC，持续 0.5s
	逻辑 1 信号（最小）	5.1mA 时 L+　-2.0V DC	2.9mA 时 L+　-10V DC
	逻辑 0 信号（最大）	2.2mA 时 L+　-1.0V DC	1.4mA 时 L+　-5V DC
	HSC 时钟输入频率（最大）	单相：200kHz；正交相位：160kHz	
	隔离（现场侧与逻辑侧）	500 VAC，持续 1min	
	隔离组	1	
	滤波时间	0.2、0.4、0.8、1.6、3.2、6.4 和 12.8ms（可选，4 个一组）	
	同时接通的输入数	4	
	电缆长度（m）	50m 屏蔽双绞线	

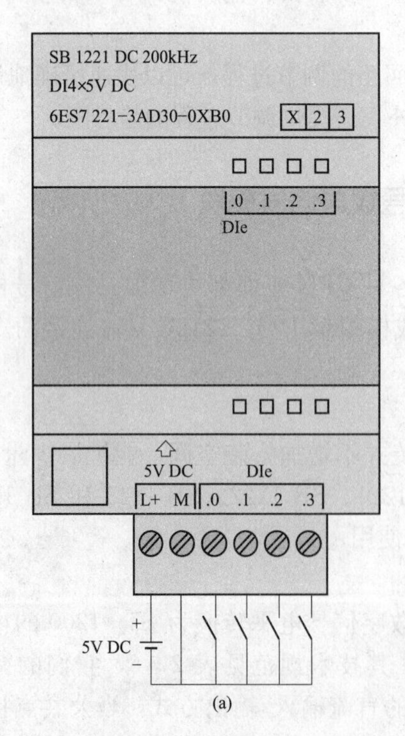

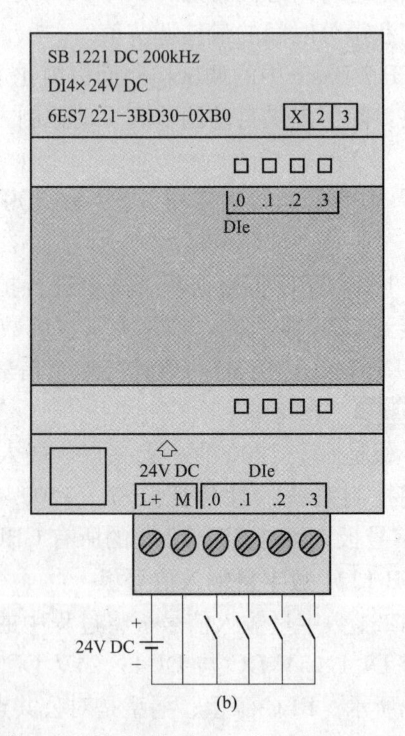

图 2-15　SB 1221 数字量输入信号板接线图

(a) SB 1221 DI 4×5V DC；(b) SB 1221 DI 4×24V DC

2. SB 1222 数字量输出信号板

SB 1222 数字量输出信号板将 S7－1200 的内部信号电平转换为过程所需的外部信号电平，有 DO 4×5V DC 与 DO 4×24V DC 之分，其技术规范见表 2－7。它们的接线图如图 2－16 所示，对于源型输出，将“负载”连接到“－”；对于漏型输出，将“负载”连接到“＋”。

表 2－7　　SB 1222 数字量输出信号板的技术规范

型号		SB 1222 DO 4×5V DC，200kHz	SB 1222 DO 4×24V DC，200kHz
订货号（MLFB）		6ES7 222－1AD30－0XB0	6ES7 222－1BD30－0XB0
常规	尺寸 $W \times H \times D$（mm×mm×mm）	38×62×21	
	质量（g）	35	35
	功耗（W）	0.5	0.5
	电流消耗（SM 总线）（mA）	35	35
	电流消耗（24V DC）（mA）	15	15
数字量输出	输出点数	4	
	输出类型	固态－MOSFET 源型和漏型	
	电压范围	4.25～6.0V DC	20.4～28.8V DC
	最大电流时的逻辑 1 信号	L＋　－0.7 V	L＋　－1.5 V
	最大电流时的逻辑 0 信号	最大 0.2V DC	最大 1.0V DC
	电流（最大）	0.1A	
	灯负载	—	
	通态触点电阻	最大 7Ω	最大 11Ω
	断态电阻	最大 0.2Ω	最大 6Ω
	每点的漏泄电流	—	
	脉冲串输出频率	最大 200kHz，最小 2Hz	
	浪涌电流	0.11A	0.11A
	过载保护	否	
	隔离（现场侧与逻辑侧）	500VAC，持续 1min	
	隔离组	1	
	每个公共端的电流	0.4A	0.4A
	电感钳位电压	无	
	开关延迟	上升沿 200ns＋300ns 下降沿 200ns＋300ns	上升沿 1.5μs＋300ns 下降沿 1.5μs＋300ns
	RUN 到 STOP 时的行为	上一个值或替换值（默认值为 0）	
	同时接通的输出数	4	
	电缆长度	50m 屏蔽双绞线	

3. SB 1223 数字量输入/输出信号板

SB 1223 数字量输入/输出信号板有 DI 2×24V DC/DO 2×24V DC 与 DI 2×5V DC/DO 2×5V DC 之分，其技术规范见表 2－8，它们的接线图如图 2－17 所示。SB 1223 数字量输入/输出信号板仅支持源型输入；对于源型输出，将“负载”连接到“－”，对于漏型输出，将“负载”连接到“＋”。

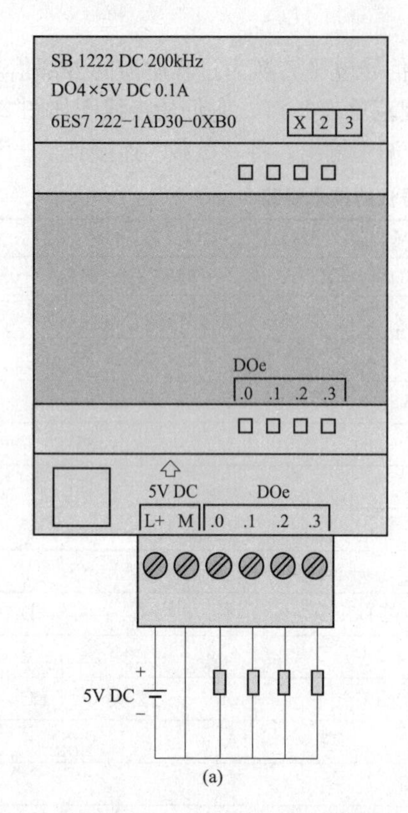

(a)

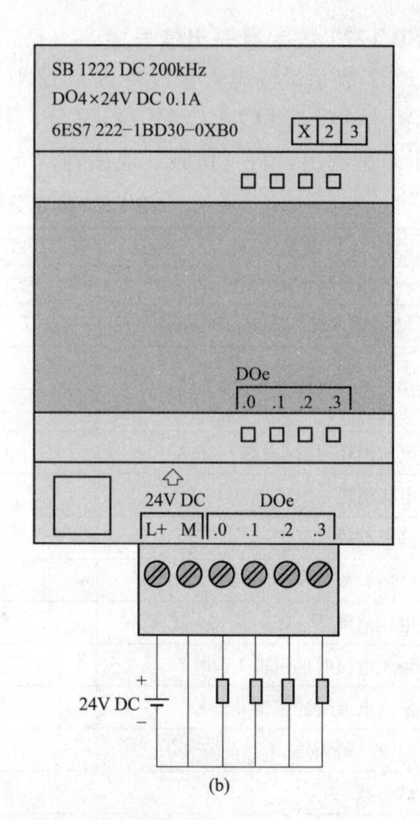

(b)

图 2-16　SB 1222 数字量输出信号板的接线图

(a) SB 1222 DO 4×5V DC；(b) SB 1222 DO 4×24V DC

表 2-8　　SB 1223 数字量输入/输出信号板的技术规范

型号		SB 1223 DI 2×5V DC/ DO 2×5V DC，200kHz	SB 1223 DI 2×24V DC/ DO 2×24V DC，200kHz
订货号（MLFB）		6ES7 223-3AD30-0XB0	6ES7 223-3BD30-0XB0
常规	尺寸 $W\times H\times D$（mm×mm×mm）	38×62×21	
	质量（g）	35	35
	功耗（W）	0.5	1.0
	电流消耗（SM 总线）（mA）	35	35
	电流消耗（24V DC）	15mA/输入+15mA	7mA/输入+30mA
数字输入	输入点数	2	
	类型	源	
	额定电压	15mA 时 5V DC，额定值	7mA 时 24V DC，额定值
	允许的连续电压	6V DC	28.8V DC
	浪涌电压	6 V	35V DC，持续 0.5s
	逻辑 1 信号（最小）	5.1mA 时 L+ −2.0V DC	2.9mA 时 L+ −10V DC
	逻辑 0 信号（最大）	2.2mA 时 L+ −1.0V DC	1.4mA 时 L+ −5V DC

续表

	型号	SB 1223 DI 2×5V DC/DO 2×5V DC，200kHz	SB 1223 DI 2×24V DC/DO 2×24V DC，200kHz
数字输入	HSC 时钟输入频率（最大）	单相：200kHz 正交相位：160kHz	
	隔离（现场侧与逻辑侧）	500V AC，持续 1min	
	隔离组	1（与输出无隔离）	
	滤波时间	0.2、0.4、0.8、1.6、3.2、6.4 和 12.8ms（可选，4 个一组）	
	同时接通的输入数	2	
	电缆长度	50m 屏蔽双绞线	
数字输出	输出点数	2	
	输出类型	固态- MOSFET 源型和漏型	
	电压范围	4.25～6.0V DC	20.4～28.8V DC
	额定值	5V DC	24V DC
	最大电流时逻辑 1 信号	L+　−0.7 V	L+　−1.5 V
	最大电流时逻辑 0 信号	最大 0.2V DC	最大 1.0V DC
	电流（最大）	0.1A	
	灯负载	—	
	通态触点电阻	最大 7Ω	最大 11Ω
	断态电阻	最大 0.2Ω	最大 6Ω
	每点的漏泄电流	最大 10μA	
	脉冲串输出频率	最大 200kHz，最小 2Hz	
	浪涌电流	0.11A	
	过载保护	无	
	隔离（现场侧与逻辑侧）	500V AC，持续 1min	
	隔离组	1（与输入无隔离）	
	每个公共端的电流	0.2A	0.2A
	电感钳位电压	无	
	开关延迟	上升沿 200ns+300ns 下降沿 200ns+300ns	上升沿 1.5μs+300ns 下降沿 1.5μs+300ns
	RUN 到 STOP 时的行为	上一个值或替换值（默认值为 0）	
	同时接通的输出数	2	
	电缆长度	50m 屏蔽双绞线	

4. SB 1231 模拟量输入信号板

SB 1231 模拟量输入信号板型号为 AI 1×12 位，其技术规范见表 2-9，它们的接线图如图 2-18 所示。

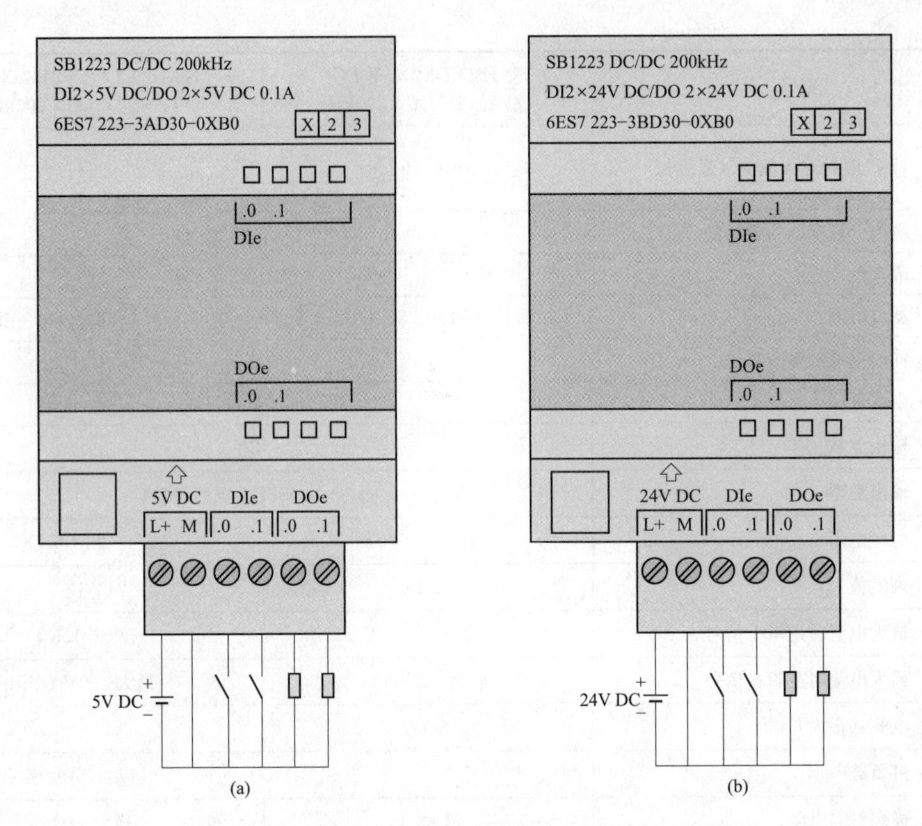

图 2-17　SB 1223 数字量输入/输出信号板接线图

(a) SB 1223 DI 2×5V DC/DO 2×5V DC；(b) SB 1223 DI 2×24V DC/DO 2×24V DC

表 2-9　　SB 1231 模拟量输入信号板的技术规范

型号		SB 1231 AI 1×12 位
订货号（MLFB）		6ES7 231-4HA30-0XB0
常规	尺寸 *W*×*H*×*D*（mm×mm×mm）	38×62×21
	质量（g）	35
	功耗（W）	0.4
	电流消耗（SM 总线）（mA）	55
	电流消耗（24V DC）	无
数字输入	输入路数	1
	类型	电压或电流（差动）
	范围	±10V，±5V，±2.5V 或者 0～20mA
	精度	11 位+符号位
	满量程范围（数据字）	-27 648～+27 648
	最大耐压/耐流	±35V/±40mA
	平滑	无、弱、中或强
	噪声抑制	400、60、50 或 10Hz
	精度（25℃/0～55℃）	满量程的±0.3%/±0.6%

续表

型号		SB 1231 AI 1×12 位
订货号（MLFB）		6ES7 231 - 4HA30 - 0XB0
数字输入	负载阻抗（差动）	电压：220kΩ；电流：250Ω
	共模	电压：55kΩ；电流：55Ω
	RUN 到 STOP 时的行为	上一个值或替换值（默认值为 0）
	测量原理	实际值转换
	共模抑制	400dB，DC 60Hz
	工作信号范围	信号加共模电压必须小于+35V 且大于-35V
	电缆长度	100m，双绞线

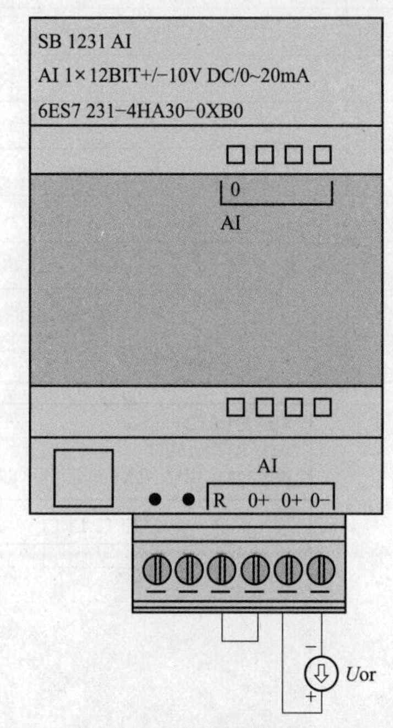

图 2 - 18　SB 1231 模拟量输入信号板接线图

5. SB 1231 热电偶和热电阻信号板

SB 1231 热电偶和热电阻模拟量输入信号板技术规范见表 2 - 10，它们的接线图如图 2 - 19 所示。

表 2 - 10　　SB 1231 热电偶和热电阻模拟量输入信号板的技术规范

型号		SB 1231 AI 1×16 位 热电偶	SB 1231 AI 1×16 位 热电阻
订货号（MLFB）		6ES7 231 - 5QA30 - 0XB0	6ES7 231 - 5PA30 - 0XB0
常规	尺寸 $W \times H \times D$（mm×mm×mm）	38×62×21	
	质量（g）	35	
	功耗（W）	0.5	0.7
	电流消耗（SM 总线）（mA）	5	
	电流消耗（24V DC）（mA）	20	25

续表

型号			SB 1231 AI 1×16 位 热电偶	SB 1231 AI 1×16 位 热电阻
订货号（MLFB）			6ES7 231－5QA30－0XB0	6ES7 231－5PA30－0XB0
模拟输入	输入路数		1	
	类型		悬浮型热电偶和毫伏信号	模块参考接地的 RTD 和电阻值
	范围		J，K，T，E，R，S，N，C，TXK/XK（L），电压范围：＋/－80mV	铂（Pt）、铜（Cu）、镍（Ni）、LG－Ni 或电阻
	精度	温度	0.1℃/0.1℉	
		电压	15 位＋符号位	
	最大承受电压		±35V	
	噪声抑制		85dB，10/50/60/400Hz 时	85dB（10、50、60 或 400Hz）
	共模抑制		120V AC 时 ＞120dB	＞120dB
	阻抗		≥10MΩ	
	重复性		±0.05% FS	
	测量原理		积分	
	冷端误差		±1.5℃	—
	隔离（现场侧与逻辑侧）		500V AC	
	电缆长度		到传感器的最大长度为 100m	
	电缆电阻		最大 100Ω	20Ω，2.7Ω

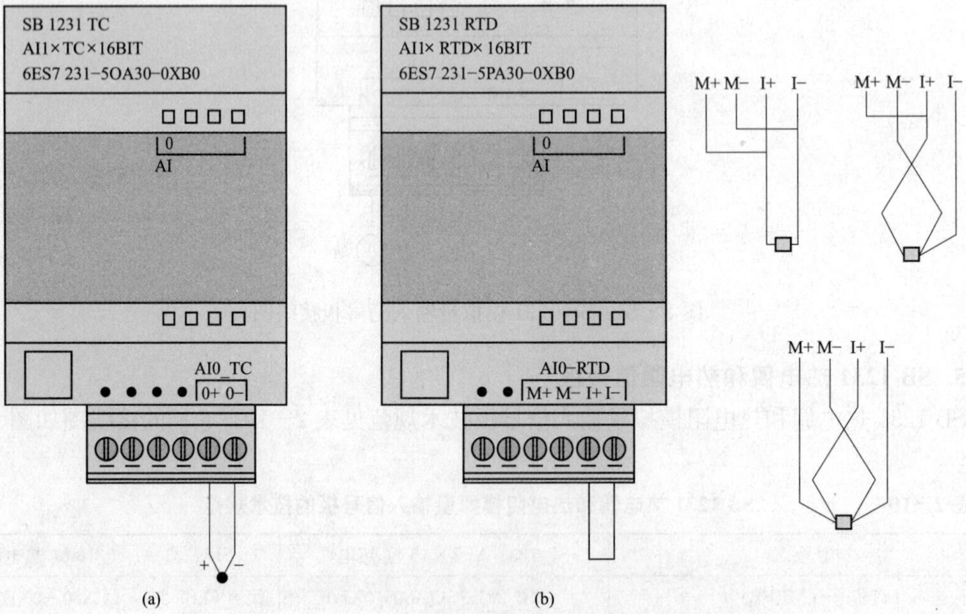

图 2－19 SB 1231 热电偶和热电阻信号板接线图

(a) SB 1231 AI 1×16 位热电偶；(b) SB 1231 AI 1×16 位热电阻

6. SB 1232 模拟量输出信号板

SB 1232 模拟量输出信号板的技术规范见表 2－11，具有 1 路模拟量输出，分辨率为 12 位的－10～＋10V 电压或 11 位的 0～20mA 电流，其接线图如图 2－20 所示。

表 2-11　　　SB 1232 模拟量输出信号板的技术规范

型号		SB 1223 AQ 1×12 位
订货号（MLFB）		6ES7 232-4HA30-0XB0
常规	尺寸 $W \times H \times D$（mm×mm×mm）	38×62×21
	质量（g）	40
	功耗（W）	1.5
	电流消耗（SM 总线）（mA）	15
	电流消耗（24V DC）（mA）	40（无负载）
模拟输出	输出路数	1
	类型	电压或电流
	范围	±10V 或 0～20mA
	精度	电压：12 位；电流：11 位
	满量程范围（数据字）	电压：−27 648～+27 648 电流：0～27 648
	精度（25℃/0～55℃）	满量程的 ±0.5%/±1.0%
	稳定时间（新值的 95%）	电压：300μs（R）、750μs（1μF）； 电流：600μs（1mH）、2ms（10mH）
	负载阻抗	电压：≥1000Ω；电流：≤600Ω
	从 RUN 状态到 STOP 状态的行为	上一个值或替换值（默认值为 0）
	隔离（现场侧与逻辑侧）	无
	电缆长度	100m，屏蔽双绞线
诊断	上溢/下溢	有
	对地短路（仅限电压模式）	有
	断路（仅限电流模式）	有

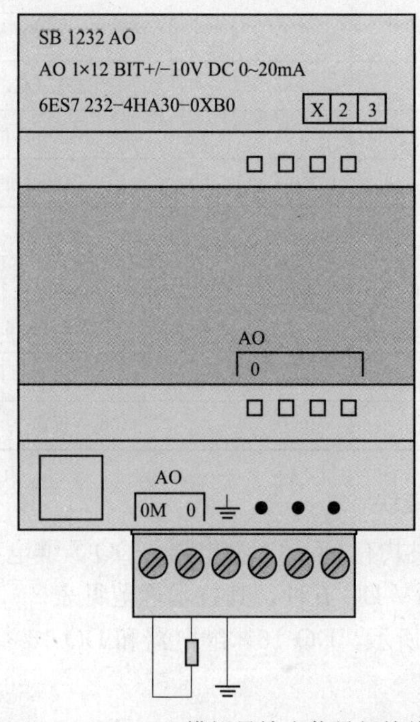

图 2-20　SB 1232 模拟量输出信号板接线图

2.2.2 信号模块

数字量I/O（DI/DO）模块和模拟量I/O（AI/AO）模块统称为信号模块，S7－1200里的DO、AO可分别表达为DQ、AQ。其数字量I/O模块包括SM 1221（2类）、SM 1222（5类）和SM 1223（4类），其模拟量I/O模块包括SM 1231（3＋4类）、SM 1232（2类）和SM 1234（1类）。这些模块在通道数目、电压和电流范围、隔离、诊断和报警功能等方面有所不同。

1. SM 1221 数字量输入模块

SM 1221数字量输入模块有DI 8×24V DC与DI 16×24V DC之分，前者8个输入点分成两组，后者16个输入点分成4组，都是4点一组，它们的技术规范见表2－12，其接线图如图2－21所示。

表2－12　　SM1221 数字量输入模块的技术规范

型号		SM 1221 DI 8×24V DC	SM 1221 DI 16×24V DC
订货号（MLFB）		6ES7 221－1BF30－0XB0	6ES7 221－1BH30－0XB0
常规	尺寸 $W \times H \times D$（mm×mm×mm）	45×100×75	
	质量（g）	170	210
	功耗（W）	1.5	2.5
	电流消耗（SM总线）（mA）	105	130
	电流消耗（24V DC）	所用的每点输入4mA	所用的每点输入4mA
数字输入	输入点数	8	16
	类型	漏型/源型（IEC 1类漏型）	
	额定电压	4mA时24V DC，额定值	
	允许的连续电压	最大30V DC	
	浪涌电压	35V DC，持续0.5s	
	逻辑1信号（最小）	2.5mA时15V DC	
	逻辑0信号（最大）	1mA时5V DC	
	隔离（现场侧与逻辑侧）	500V AC，持续 min	
	隔离组	2	4
	滤波时间	0.2、0.4、0.8、1.6、3.2、6.4和12.8ms（可选，4个一组）	
	同时接通的输入数	8	16
	电缆长度	500m（屏蔽）；300m（非屏蔽）	

2. SM 1222 数字量输出模块

SM 1222数字量输出模块共有DQ 8×继电器、DQ 8继电器（切换）、DQ 16×继电器、DQ 8×24V DC和DQ 16×24V DC五种，其技术规范见表2－13，DQ 8×继电器和DQ 8×24V DC的接线图如图2－22所示，DQ 16×继电器和DQ 16×24V DC的接线图如图2－23所示。

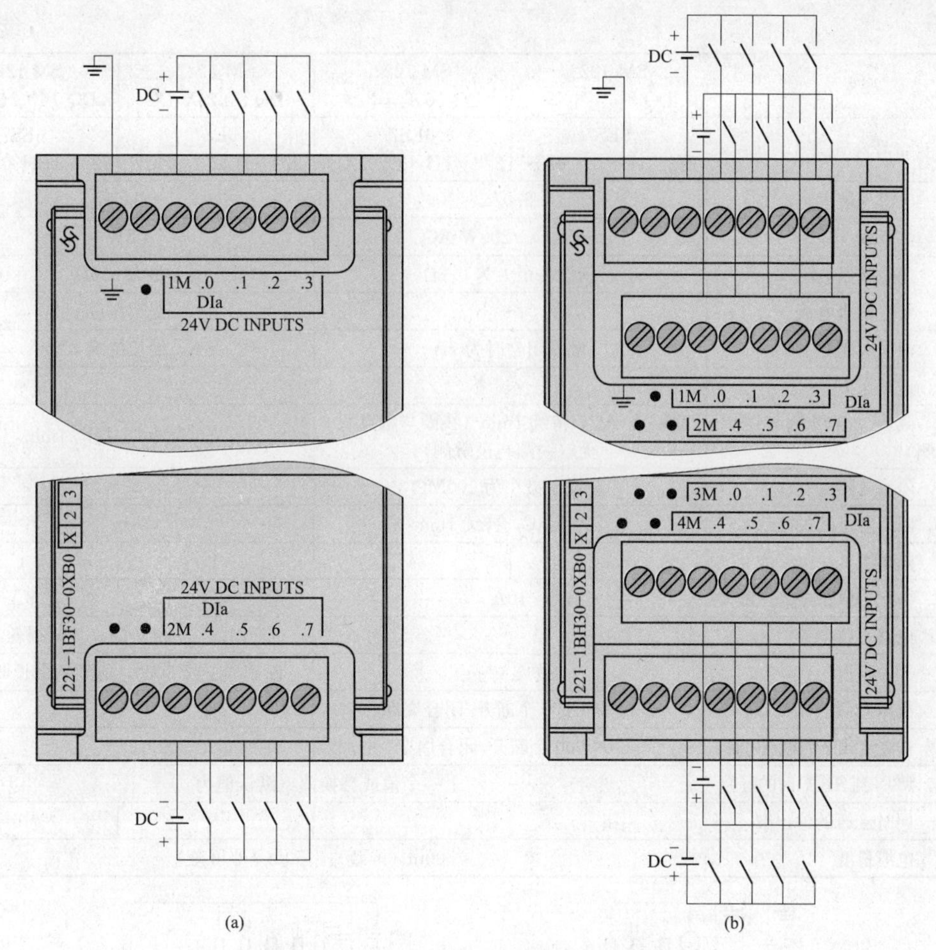

图 2-21 SM 1221 数字量输入模块接线图

(a) SM 1221 DI 8×24V DC；(b) SM 1221 DI 16×24V DC

表 2-13 SM 1222 数字量输出模块的技术规范

型号		SM 1222 DQ 8×继电器	SM 1222 DQ 16×继电器	SM 1222 DQ 8×24V DC	SM 1222 DQ 16×24V DC
订货号（MLFB）		6ES7 222-1HF30-0XB0	6ES7 222-1HH30-0XB0	6ES7 222-1BF30-0XB0	6ES7 222-1BH30-0XB0
常规	尺寸 $W\times H\times D$ (mm×mm×mm)	45×100×75			
	质量（g）	190	260	180	220
	功耗（W）	4.5	8.5	1.5	2.5
	电流消耗（SM 总线）	120mA	135mA	120mA	140mA
	电流消耗（24V DC）	所用的每个继电器线圈 11mA		—	
数字输出	输出点数	8	16	8	16
	类型	继电器，干触点		固态-MOSFET	
	电压范围	5～30V DC 或 5～250 VAC		20.4～28.8V DC	
	最大电流时逻辑 1 信号	—		最小 20V DC	
	10kΩ 负载时的逻辑 0 信号	—		最大 0.1V DC	

续表

型号		SM 1222 DQ 8×继电器	SM 1222 DQ 16×继电器	SM 1222 DQ 8×24V DC	SM 1222 DQ 16×24V DC
订货号（MLFB）		6ES7 222 - 1HF30 - 0XB0	6ES7 222 - 1HH30 - 0XB0	6ES7 222 - 1BF30 - 0XB0	6ES7 222 - 1BH30 - 0XB0
数字输出	电流（最大）	2.0A		0.5A	
	灯负载	30W DC/200W AC		5W	
	通态触点电阻	新设备最大为0.2Ω		最大0.6Ω	
	每点漏泄电流	—		最大10μA	
	浪涌电流	触点闭合时为7A		8A，最长持续100ms	
	过载保护	无			
	隔离（现场侧与逻辑侧）	1500V AC，持续1min（线圈与触点）；无（线圈与逻辑侧）		500V AC，持续1min	
	隔离电阻	新设备最小为100MΩ		—	
	断开触点间的绝缘	750V AC，持续1min		—	
	隔离组	2	4	1	1
	每个公共端的电流（最大）	10A		4A	8A
	电感钳位电位	—		L+ －4V DC，1W损耗	
	开关延迟	最长10ms		断到通最长50μs，通到断最长200μs	
	机械寿命（无负载）	10 000 000个断开/闭合周期		—	
	额定负载下的触点寿命	100 000个断开/闭合周期		—	
	RUN到STOP时的行为	上一个值或替换值（默认值为0）			
	同时接通的输出数	8	16	8	16
	电缆长度	500m（屏蔽）；150m（非屏蔽）			

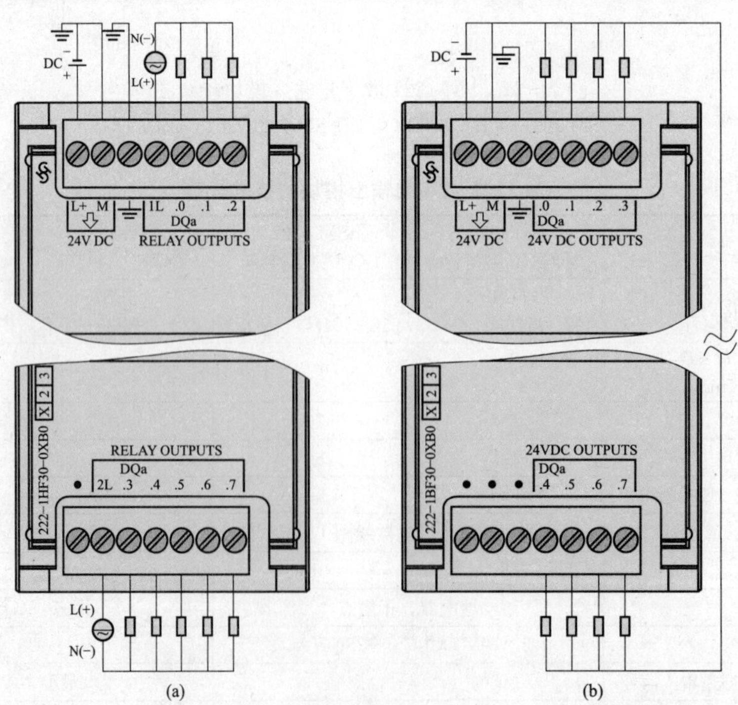

图2-22 SM 1222 DQ 8×继电器和DQ 8×24V DC的接线图

(a) SM 1222 DQ 8×继电器；(b) SM 1222 DQ 8×24V DC

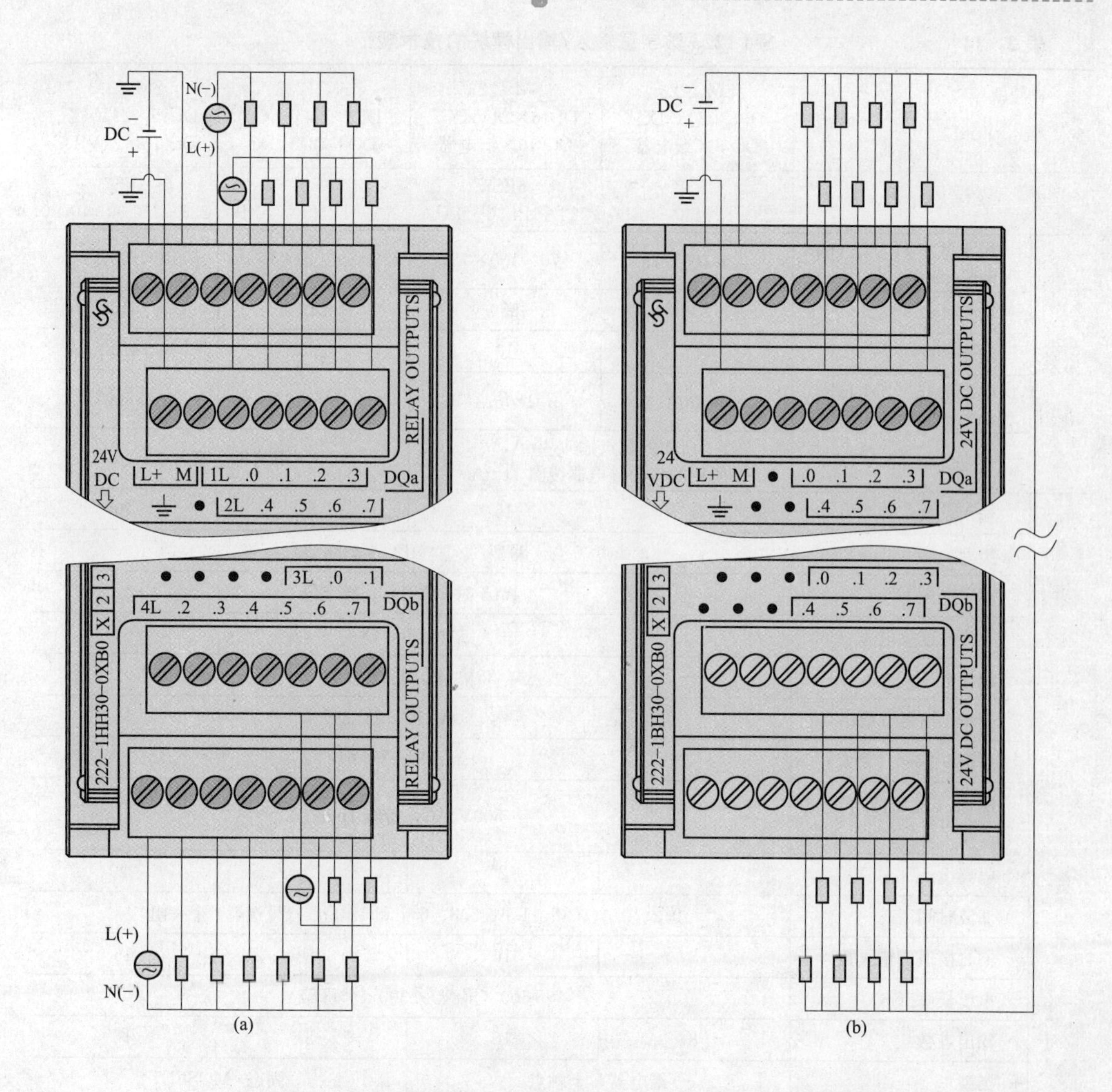

图 2-23 SM 1222 DQ 16×继电器和 DQ 16×24V DC 的接线图

(a) SM 1222 DQ 16×继电器；(b) SM 1222 DQ 16×24V DC

2012 年 SM 1222 DQ 8 继电器（切换）的订货号为 6ES7 222-1XF30-0XB0，尺寸（$W\times H\times D$）为 70mm×100mm×75mm，质量为 310g，功耗为 5W，SM 总线消耗电流为 140mA，所用每个继电器线圈消耗电流为（16.7mA）24V，隔离组 8，每个公共端最大电流 2A，其余与 DQ 8×继电器相同。

3. SM 1223 数字量输入/输出模块

SM 1223 数字量输入/输出模块包括 DI 8×24V DC/DQ 8×继电器、DI 16×24V DC/DQ 16×继电器、DI 8×24V DC/DQ 8×24V DC、DI 16×24V DC/DQ 16×24V DC 和 DI 8×120（230)V AC/DQ 8×继电器五种，其技术规范见表 2-14，DI 8×24V DC/DQ 8×继电器和 DI 16×24V DC/DQ 16×继电器的接线图如图 2-24 所示，DI 8×24V DC/DQ 8×24V DC 和 DI 16×24V DC/DQ 16×24V DC 的接线图如图 2-25 所示。

表 2-14　　SM 1223 数字量输入/输出模块的技术规范

	型号	SM 1223 DI 8×24V DC/DQ 8×继电器	SM 1223 DI 16×24V DC/DQ 16×继电器	SM 1223 DI 8×24V DC/DQ8×24V DC	SM 1223 DI 16×24V DC/DQ 16×24V DC
	订货号（MLFB）	6ES7 223-1PH30-0XB0	6ES7 223-1PL30-0XB0	6ES7 223-1BH30-0XB0	6ES7 223-1BL30-0XB0
常规	尺寸 $W\times H\times D$（mm×mm×mm）	45×100×75	70×100×75	45×100×75	70×100×75
	质量（g）	230	350	210	310
	功耗（W）	5.5	10	2.5	4.5
	电流消耗（SM 总线）（mA）	145mA	180mA	145mA	185mA
	电流消耗（24V DC）	所用的每点输入 4mA，所用的每个继电器线圈 11mA		所用的每点输入 4mA	
数字输入	输入点数	8	16	8	16
	类型	漏型/源型（IEC 1 类漏型）			
	额定电压	4mA 时 24V DC，额定值			
	允许的连续电压	最大 30V DC			
	浪涌电压	35V DC，持续 0.5s			
	逻辑 1 信号（最小）	2.5 mA 时 15V DC			
	逻辑 0 信号（最大）	1 mA 时 5V DC			
	隔离（现场侧与逻辑侧）	500V AC，持续 1min			
	隔离组	2	2	2	2
	滤波时间	0.2、0.4、0.8、1.6、3.2、6.4 和 12.8ms（可选，4 个一组）			
	同时接通的输入数	8	16	8	16
	电缆长度（m）	500（屏蔽）；300（非屏蔽）			
	输出点数	8	16	8	16
	类型	继电器，干触点		固态-MOSFET	
	电压范围	5～30V DC 或 5～250V AC		20.4～28.8V DC	
	最大电流时逻辑 1 信号	—		最小 20V DC	
	10kΩ 负载时逻辑 0 信号	—		最大 0.1V DC	
	电流（最大）	2.0A		0.5A	
	灯负载	30W DC/200W AC		5W	
	通态触点电阻	新设备最大为 0.2Ω		最大 0.6Ω	
	每点漏泄电流	—		最大 10μA	
	浪涌电流	触点闭合时为 7A		8A，最长持续 100ms	
	过载保护	无			
	隔离（现场侧与逻辑侧）	1500V AC，持续 1min（线圈与触点）；无（线圈与逻辑侧）		500V AC，持续 1min	

续表

型号		SM 1223 DI 8×24V DC/DQ 8×继电器	SM 1223 DI 16×24V DC/ DQ 16×继电器	SM 1223 DI 8×24V DC/DQ 8×24V DC	SM 1223 DI 16×24V DC/ DQ 16×24V DC
订货号（MLFB）		6ES7 223-1PH30-0XB0	6ES7 223-1PL30-0XB0	6ES7 223-1BH30-0XB0	6ES7 223-1BL30-0XB0
数字输入	隔离电阻	新设备最小为100MΩ		—	
	断开触点间的绝缘	750V AC，持续1min		—	
	隔离组	2	4	1	1
	每个公共端的电流（A）	10	8	4	8
	电感钳位电位	—		L+−4V DC，1W损耗	
	开关延迟	最长10ms		断到通最长50μs，通到断最长200μs	
	机械寿命（无负载）	10 000 000个断开/闭合周期		—	
	额定负载下触点寿命	100 000个断开/闭合周期		—	
	RUN到STOP时的行为	上一个值或替换值（默认值为0）			
	同时接通的输出数	8	16	8	16
	电缆长度	500m（屏蔽）；150m（非屏蔽）			

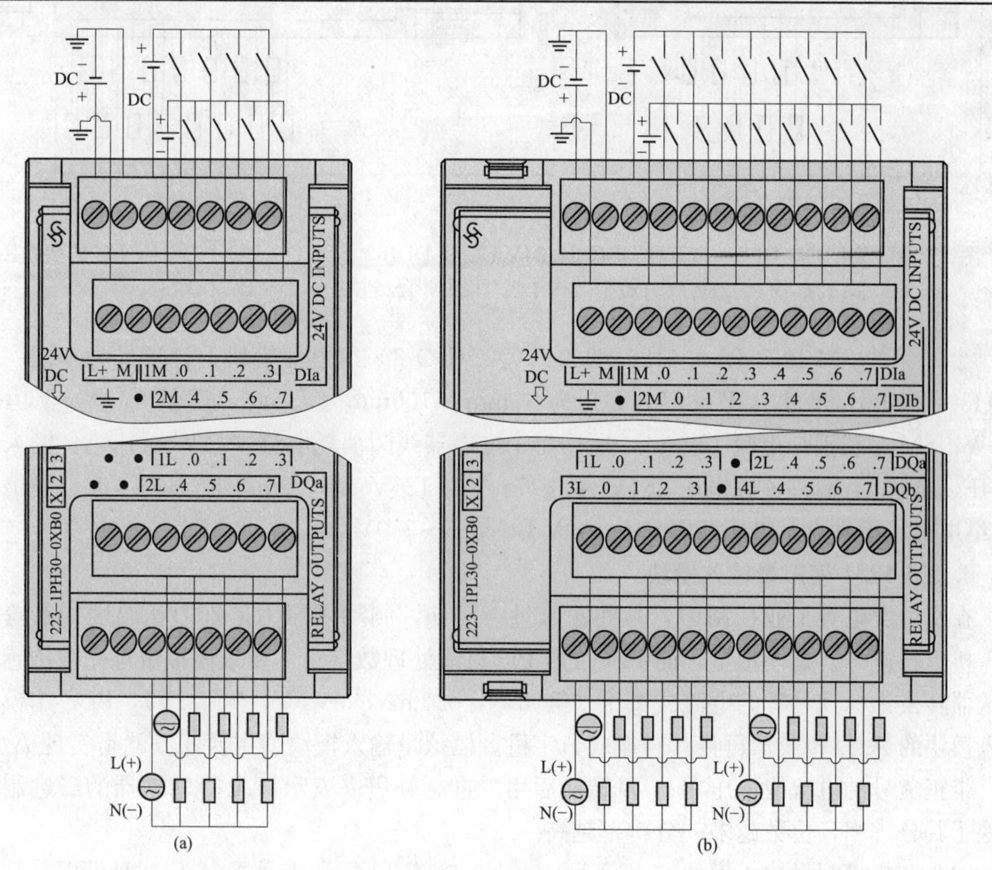

图2-24 SM1223 DI 8×24V DC/DQ 8×继电器和DI 16×24V DC/DQ 16×继电器的接线图

(a) SM 1223 DI 8×24V DC/DQ 8×继电器；(b) SM 1223 DI 16×24V DC/DQ 16×继电器

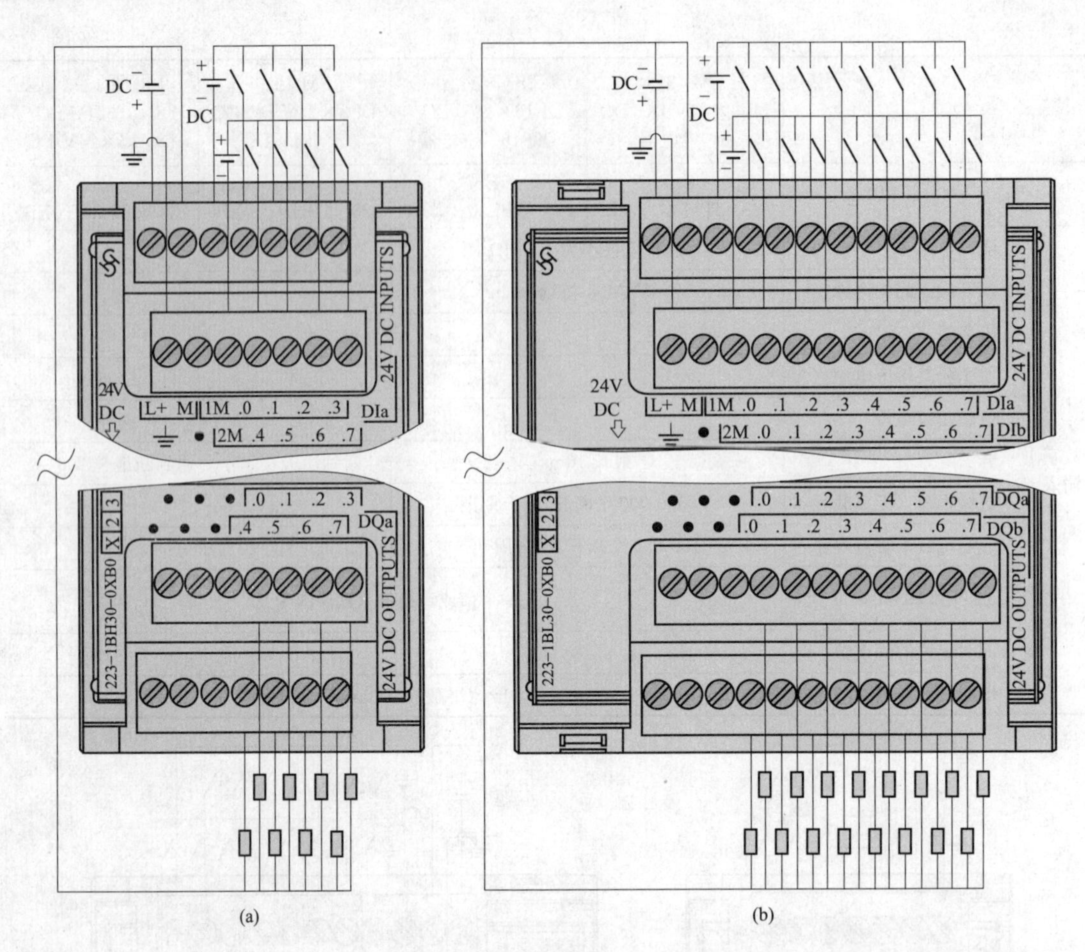

图 2-25　SM 1223 DI 8×24V DC/DQ 8×24V DC 和 DI 16×24V DC/DQ 16×24V DC 的接线图
(a) SM 1223 DI 8×24V DC/DQ 8×24V DC；(b) SM 1223 DI 16×24V DC/DQ 16×24V DC

2012 年的 SM 1223 DI 8×120（230）VAC/DQ 8×继电器模块，订货号为 6ES7 223-1QH30-0XB0，尺寸（$W\times H\times D$）为 45mm×100mm×75mm，质量为 190g，功耗为 7.5W，SM 总线消耗电流 120mA，所用每个继电器线圈消耗电流（24V）11mA。输入点数 8，IEC 类型 1，允许连续电压 264V AC，6mA 时 120V AC，9mA 时 230V AC。输出点数 8，继电器、干触点，电压范围是 5～30V DC 或 5～250V AC。

4. SM 1231 模拟量输入模块

在水力发电等工业控制中，某些输入量（例如，制动闸压力、推力瓦温度、水轮机流量、机组转速等）是模拟量，而 PLC 的 CPU 只能处理数字量，要求模拟量首先被传感器和变送器转换为标准量程的电流或电压（例如，4～20mA，1～5V，0～10V），PLC 用模拟量输入模块的 A/D 转换器再将其转换成数字量。模拟量输入模块的主要任务就是实现 A/D 转换，带正负号的电流或电压在 A/D 转换后用二进制补码来表示，A/D 转换器的二进制位数反映了其分辨率，位数越多、分辨率越高。

SM 1231 模拟量输入模块有 4 通道 13 位、8 通道 13 位和 4 通道 16 位三种情况，技术规范见表 2-15，其中 13 位的接线图如图 2-26 所示。

表 2-15　　SM 1231 模拟量输入模块的技术规范

型号		SM 1231 AI 4×13 位	SM 1231 AI 8×13 位	SM 1231 AI 4×16 位
订货号（MLFB）		6ES7 231-4HD30-0XB0	6ES7 231-4HF30-0XB0	6ES7 231-5ND30-0XB0
常规	尺寸 $W \times H \times D$（mm×mm×mm）	45×100×75		
	质量（g）	180		
	功耗（W）	2.2	2.3	2.0
	电流消耗（SM 总线）（mA）	80	90	80
	电流消耗（24V DC）（mA）	45	45	65
模拟输入	输入路数	4	8	4
	类型	电压或电流（差动）：可 2 个选为一组		电压或电流（差动）
	范围	±10V、±5V、±2.5V 或 0～20mA		±10、±5、±2.5、±1.25V、0～20mA 或 4～20mA
	满量程范围（数据字）	−27 648～+27 648		
	过冲/下冲范围（数据字）	电压：32 511～27 649/−27 649～−32 512 电流：32 511～27 649/0～−4864		电压：32 511～27 649/0～−4864 电流：32 511～27 649/−1～−4864
	上溢/下溢（数据字）	电压：32 767～32 512/−32 513～−32 768 电流：32 767～32 512/−4865～−32 768		
	精度	12 位+符号位		15 位+符号位
	最大耐压/耐流	±35V/±40mA		
	平滑	无、弱、中或强		
	噪声抑制	400、60、50 或 10Hz		
	阻抗	≥9MΩ（电压）/250Ω（电流）		≥1MΩ（电压）/<315Ω，>280Ω（电流）
	隔离（现场侧与逻辑侧）	无		
	精度（25℃/0～55℃）	满量程的±0.1%/±0.2%		满量程的±0.1%/±0.3%
	A/D 转换时间	625μs（400Hz 抑制）		
	共模抑制	40dB，DC 60Hz		
	工作信号范围	信号加共模电压必须小于+12V 且大于−12V		
	电缆长度	100m，屏蔽双绞线		
诊断	上溢/下溢	是（如果对输入端施加大于 +30V DC 或小于 −15V DC 的电压，则结果值将是未知的，因此相应的上溢或下溢可能不会激活）		
	对地短路（仅限电压模式）	不适用		
	断路（仅限电流模式）	不适用	不适用	仅限 4～20mA 范围
	24V DC 低压	有		

5. SM 1232 模拟量输出模块

在水力发电等工业控制中，某些执行器（例如，电动调节阀、电液伺服阀、移相触发器、变频器等）要求 PLC 输出模拟量信号，模拟量输出模块的 D/A 转换器将 PLC 中的数

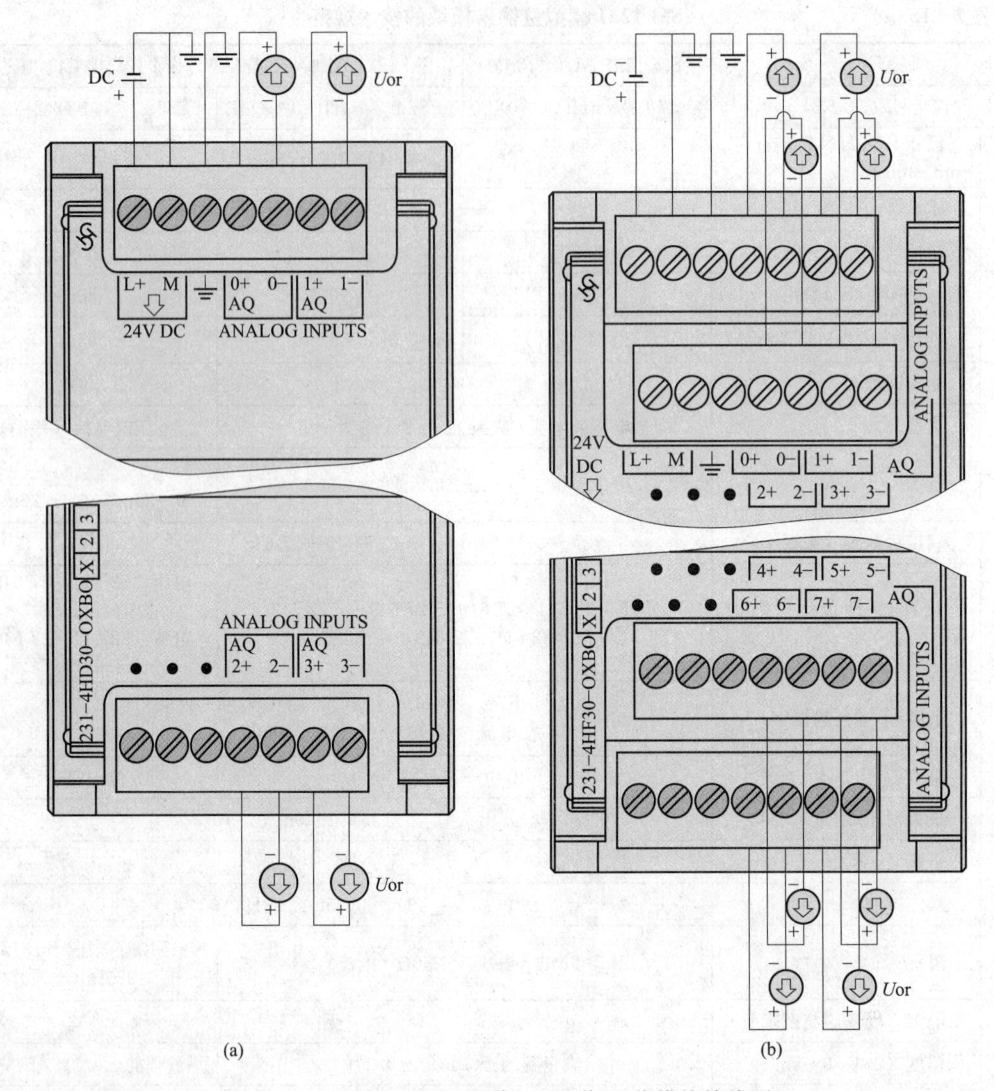

图 2-26　SM 1231 4 通道、8 通道 13 位模块接线图

(a) SM 1231 AI 4×13 位；(b) SM 1231 AI 8×13 位

字量转换成模拟量电压或电流，再去控制执行机构。模拟量输出模块的主要任务就是实现 D/A 转换，D/A 转换器的二进制位数反映了其分辨率，位数越多、分辨率越高，另一个重要指标是模数转换时间。

SM 1232 模拟量输出模块有 2 通道×14 位和 4 通道×14 位两种情况，技术规范见表 2-16。SM 1232 输出电压为－10～＋10V 时，分辨率 14 位，最小负载阻抗 1000Ω；输出电流为0～20mA 时，分辨率为 13 位，最大负载阻抗 600Ω。它有中断和诊断功能，可监视电源电压、短路和断线故障。该模块可把数字－27 648～27 648 转换为－10～＋10V 的电压；可把数字 0～27 648 转换为 0～20mA 的电流。该模块的数模转换时间会因负载的不同而不同：电压输出电阻负载时的转换时间为 300μs，1μF 电容负载时为 750μs；电流输出 1mH 电感负载时为 600μs，10mH 电感负载时为 750μs。SM 1232 模拟量输出模块接线图如图 2-27 所示。

表 2-16　　SM 1232 模拟量输出模块的技术规范

型号		SM 1232 AQ 2×14 位	SM 1232 AQ 4×14 位
订货号（MLFB）		6ES7 232-4HB30-0XB0	6ES7 232-4HD30-0XB0
常规	尺寸 $W \times H \times D$（mm×mm×mm）	45×100×75	
	质量（g）	180	
	功耗（W）	1.5	
	电流消耗（SM 总线）（mA）	80	
	电流消耗（24V DC）（mA）	45（无负载）	
模拟输出	输出路数	2	4
	类型	电压或电流	
	范围	±10V 或 0～20mA	
	精度	电压：14 位；电流：13 位	
	满量程范围（数据字）	电压：-27 648～27 648；电流：0～27 648	
	精度（25℃/0～55℃）	满量程的 ±0.3%/±0.6%	
	稳定时间（新值的 95%）	电压：300μs（R）、750μs（1μF）； 电流：600μs（1mH）、2ms（10mH）	
	负载阻抗	电压：≥1000Ω；电流：≤600Ω	
	从 RUN 状态到 STOP 状态的行为	上一个值或替换值（默认值为 0）	
	隔离（现场侧与逻辑侧）	无	
	电缆长度	100m，屏蔽双绞线	

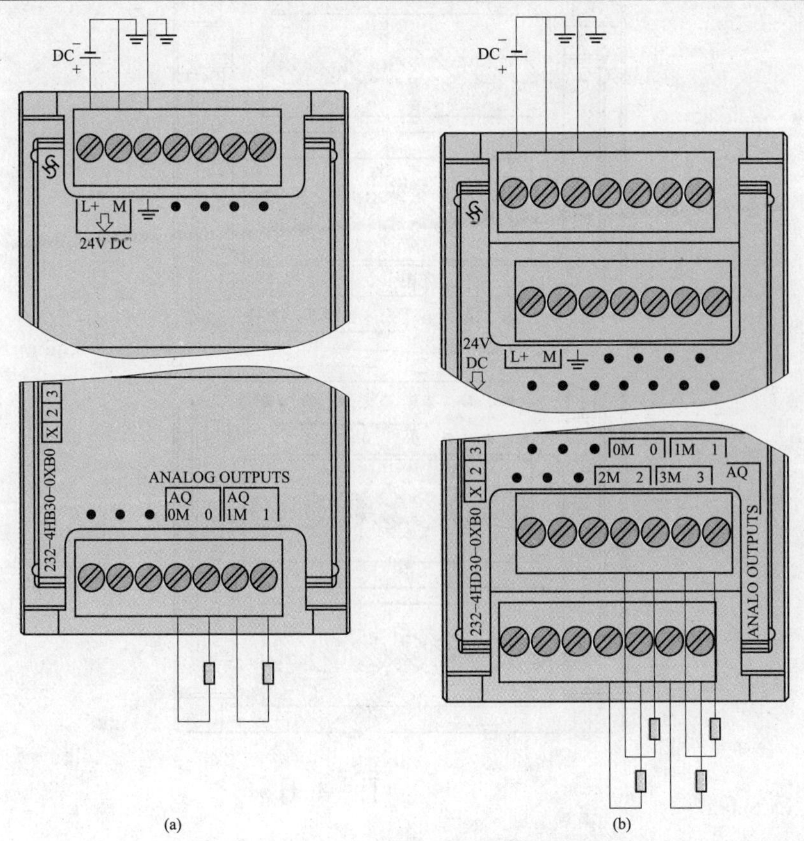

图 2-27　SM 1232 模拟量输出模块接线图

(a) SM 1232 AQ 2×14 位；(b) SM 1232 AQ 4×14 位

6. SM 1234 模拟量输入/输出模块

SM 1234 包含 4 通道×13 位的模拟量输入，以及 2 通道×14 位的模拟量输出，AI 和 AQ 通道性能指标分别与 SM 1231 AI 4×13 位和 SM 1232 AQ 2×14 位的性能指标相同，相当于这两种模块的结合，这里不予重复，但常规项略有不同，见表 2-17。SM 1234 模块的接线图如图 2-28 所示。

表 2-17　　　　SM 1234 模拟量输入/输出模块的技术规范常规项

型号		SM 1234 AI 4×13 位/AQ 2×14 位
订货号（MLFB）		6ES7 234-4HE30-0XB0
常规	尺寸 $W\times H\times D$（mm×mm×mm）	45×100×75
	质量（g）	220
	功耗（W）	2.0
	电流消耗（SM 总线）（mA）	80
	电流消耗（24V DC）（mA）	60（无负载）

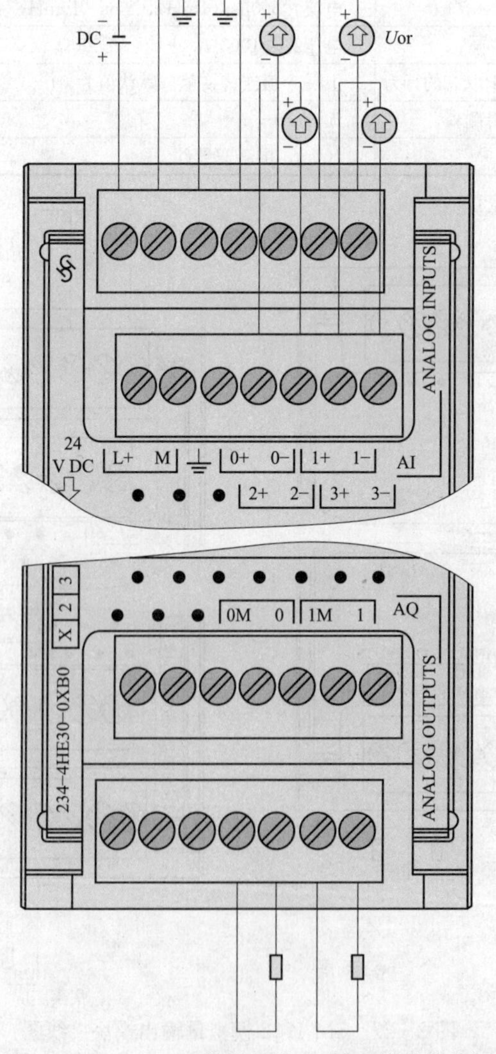

图 2-28　SM 1234 模拟量输入/输出模块接线图

7. SM 1231 热电偶和热电阻模拟量输入模块

2010 年 5 月底 S7－1200 发布了 SM 1231 热电偶和热电阻模拟量输入模块，其主要技术参数见表 2－18。AI 4×16 位热电偶和 AI 8×16 位热电偶的接线图如图 2－29 所示。其中，SM 1231 AI 8×16 位热电偶接线图中未显示 TC2、3、4 和 5 的连接，且连接器必须镀金。

表 2－18　SM 1231 热电偶和热电阻模拟量输入模块的技术规范

型号			SM 1231 AI 4×16 位热电偶	SM 1231 AI 8×16 位热电偶	SM 1231 AI 4×16 位热电阻	SM 1231 AI 8×16 位热电阻
订货号（MLFB）			6ES7 231－5QD30－0XB0	6ES7 221－5QF30－0XB0	6ES7 223－5PD30－0XB0	6ES7 223－5PF30－0XB0
常规	尺寸 $W\times H\times D$（mm×mm×mm）		45×100×75	45×100×75	45×100×75	70×100×75
	质量（g）		180	190	220	270
	功耗（W）		1.5	1.5	1.5	1.5
	电流消耗（SM 总线）（mA）		80	80	80	90
	电流消耗（24V DC）（mA）		40		40	
模拟输入	输入路数		4	8	4	8
	类型		热电偶		模块参考接地的热电阻	
	精度	温度	0.1℃/0.1℉			
		电阻	15 位＋符号位			
	最大耐压		±35V			
	阻抗（MΩ）		≥10			
	测量原理		积分			

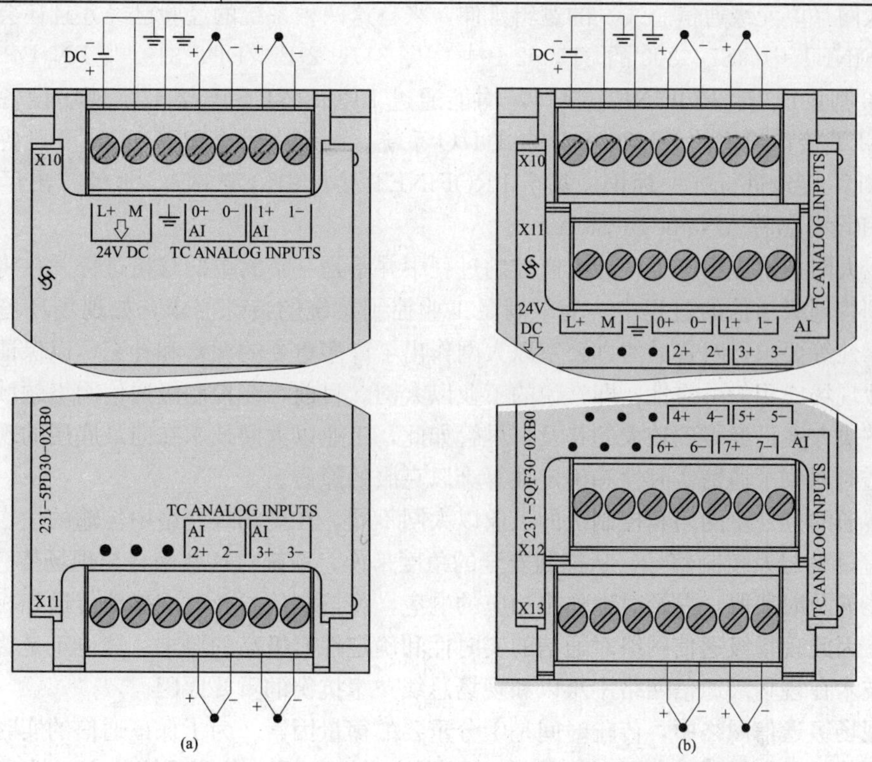

图 2－29　SM 1231 AI 4×16 位和 AI 8×16 位热电偶的接线图

(a) SM 1231 AI 4×16 位；(b) SM 1231 AI 8×16 位

2.3 S7-1200的集成通信口与通信扩展模块

S7-1200集成的PROFINET接口用于本机编程、与HMI或其他PLC通信，还通过开放的以太网协议与第三方设备通信。该接口带一个具有自动交叉网线功能的RJ-45连接器，数据传输速率为10/100Mbit/s，通过TCP/IP、ISO—on—TCP和S7通信协议支持15个以太网连接（3HMI、1PG、8指令、3S7）。

所有的S7-1200 PLC都可以在CPU左侧扩展最多3个通信模块，RS485和RS232为点对点的串行通信提供连接，该通信的组态和编程采用扩展指令或库功能、USS驱动协议、Modbus RTU主站和从站协议，均包含在STEP 7 Basic工程组态系统中。

2.3.1 PROFINET工业以太网

PROFINET是PROFIBUS国际组织推出的新一代基于工业以太网技术的符合TCP/IP和IT的工业自动化通信标准。PROFINET解决方案包含实时以太网、运动控制、分布式自动化、故障安全及网络安全等话题，完全兼容工业以太网，实现与现场总线系统的无缝集成，具有多层次的实时概念。简单的现场设备使用PROFINET IO集成到PROFINET，并用PROFIBUS DP中熟悉的IO来描述。这种集成的本质特征是使用分散式现场设备的输入和输出数据，然后由PLC用户程序进行处理。PROFINET技术的出现把整个工厂用一个网络连接在一起。

作为全集成自动化（TIA）的一部分，PROFINET是PROFIBUS DP（现场总线）和工业以太网（单元级通信总线）的逻辑延伸，来自这两种系统的经验已经并且还会继续集成到PROFINET中。S7-300的315-2 PN/DP、317-2 PN/DP、319-3 PN/DP及现在的S7-1200都集成有PROFINET接口，均能通过PROFINET连接I/O现场设备，如使用PROFINET接口模块的ET 200S分布式I/O系统。网络中每个PROFINET设备均通过其PROFINET接口进行唯一标识，每个PROFINET接口均给定MAC地址（出厂默认值）、IP地址和设备名称（Name of Station）。

将以太网技术应用于工厂的生产控制过程中并不是一个简单的移植过程。在将以太网技术引入到控制级通信的过程中，为了满足工业控制系统的特殊需求，如现场环境、拓扑结构、可靠性等要求，对普通的办公室以太网作出了许多重要的调整和补充，以保证以太网技术在工业现场应用的可靠性，即常说的工业以太网。目前，在控制级通信网络领域中，工业以太网解决方案已经得到较大的普及，尽管如此，工业以太网技术在向最底层的现场级控制系统渗透时遇到了通信实时性和确定性等难以克服的障碍。

与普通的办公室网络和控制级的工业以太网不同，在现场级网络中传输的往往都是工业现场的I/O信号及控制信号，从控制安全的角度来说，系统对这些来自与现场传感器的I/O信号要能够及时获取，并及时地作出相应的响应，将控制信号及时准确地传递到相应的动作单元中，因此现场级通信网络对通信的实时性和确定性有极高的要求。这也正是普通的工业以太网技术在现场级通信网络中难以和现场总线技术抗衡的重要原因。

在现场级通信网络中，传输时间是十分重要的衡量因素。为了保证通信的实时性，需要对信号的传输时间做精确的计算。当然，不同的现场应用对通信系统的实时性有不同的要求，在衡量系统实时性的时候，一般使用响应时间作为系统实时性的一个标尺。

根据响应时间的不同，PROFINET 支持下列三种通信方式。

1. TCP/IP 标准通信

PROFINET 基于工业以太网技术，使用 TCP/IP 协议作为通信基础。TCP/IP 是 IT 领域关于通信协议方面事实上的标准，尽管其响应时间大概在 100ms 的量级，不过，对于工厂控制级的应用来说，这个响应时间就足够了。

2. 实时（RT）通信

对于传感器和执行器设备之间的数据交换，系统对响应时间的要求更为严格，因此，PROFINET 提供了一个优化的、基于以太网第二层（Layer2）的实时通信通道，通过该实时通道，极大地减少了数据在通信栈中的处理时间，PROFINET 实时通信的典型响应时间是 5～10ms。

网络节点也包含在网络的同步过程之中，即交换机。同步的交换机在 PROFINET 概念中占有十分重要的位置。在传统的交换机中，要传递的信息必定在交换机中延迟一段时间，直到交换机翻译出信息的目的地址并转发该信息为止。这种基于地址的信息转发机制会对数据的传送时间产生不利的影响。为了解决这个问题，PROFINET 在实时通道中使用一种优化的机制来实现信息的转发。

3. 等时同步实时（IRT）通信

在现场级通信中，对通信实时性要求最高的是运动控制（Motion Control），PROFINET 的等时同步实时（Isochronous Real-Time，IRT）技术可以满足运动控制的高速通信需求，在 100 个节点下，其响应时间要小于 1ms，抖动误差要小于 1μs，以此来保证及时的、确定的响应。

对于 PROFINET 网络，为了保证高质量的等时通信，所有的网络节点必须很好地实现同步。这样才能保证数据在精确相等的时间间隔内被传输，网络上的所有站点必须通过精确的时钟同步以实现同步实时以太网。例如，通过规律的同步数据实现通信循环的同步，其精度可以达到微秒级。这个同步过程可以精确地记录其所控制的系统的所有时间参数，因此能够在每个循环的开始实现非常精确的时间同步。如此高的同步水平单纯靠软件是无法实现的，想要获得这种高精度的同步实时，必须依靠网络第二层中硬件的支持，即西门子 IRT 等时实时 ASIC 芯片。

如图 2-30 所示，每个通信周期被分成两个不同的部分，一个是循环的、确定的部分，称之为实时通道；另外一个是开放通道，标准的 TCP/IP 数据通过这个通道传输。

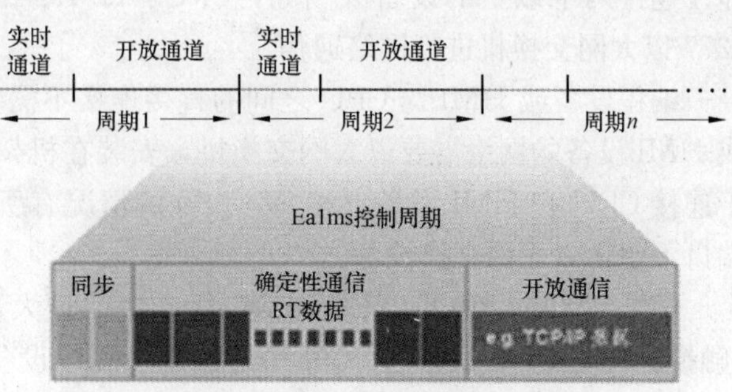

图 2-30　循环周期分为实时通道和开放通道

在实时通道中，为实时数据预留了固定循环间隔的时间窗，而实时数据总是按固定的次序插入，因此实时数据就在固定的间隔被传送，循环周期中剩余的时间用来传递标准的 TCP/IP 数据。两种不同类型的数据就可以同时在 PROFINET 上传递，而且不会互相干扰，实现了 PROFINET 技术对以太网技术的兼容。基于普通以太网技术的各种网络服务功能，如 SNMP、HTML 等，也同样可以在 PROFI-

NET 上运行。

由于实时数据在确定的时刻以确定的顺序发送，因此，在交换机中建立一个时间表格，通过该时间表格，交换机就可以知道在什么时间来传送实时信息，信息的转发几乎没有延时。如果有发生冲突的危险，标准的 TCP/IP 信息就暂时保存在交换机中，在下个开放通信周期再发送。通过使用这种机制，很好地保证了系统响应时间。例如，使用 PROFINET 构建的实时通信网络可以在 1ms 的时间周期内，实现对 100 多个轴的控制，其抖动误差小于 1μs，较好地满足了运动控制对通信实时性的要求。

作为国际标准 IEC 61158 的重要组成部分，PROFINET 是完全开放的协议，而且 PROFINET 和标准以太网完全兼容，集成 IRT 功能的交换机和一个普通交换机在平时工作起来是完全一样的，也就是说，IRT 交换机可以和普通交换机一样使用。即使在使用实时通道时，它同样可以在它的开放通道使用其他标准功能。所以根据环境的需求，自动化组件之间可以通过相同网络、相同的连接建立不同的通信链路，为用户的使用提供了极大的方便。

2.3.2 S7－1200 的 PROFINET 接口

如图 2－31 所示，S7－1200 CPU 本体上集成了一个 PROFINET 通信接口，支持传输控制协议（TCP）、ISO－on－TCP（RFC 1006）和 S7 通信服务，支持以太网和基于 TCP/IP 的通信标准。物理上 PROFINET 口是个数据传输速率为 10/100Mbit/s 的 RJ－45 连接器口，具有自动检测（Auto-sensing）和自动交叉网线（Auto-Cross-Over）功能，支持电缆交叉自适应，可用于标准的或是交叉的以太网，实现快速、简单、灵活的工业通信。

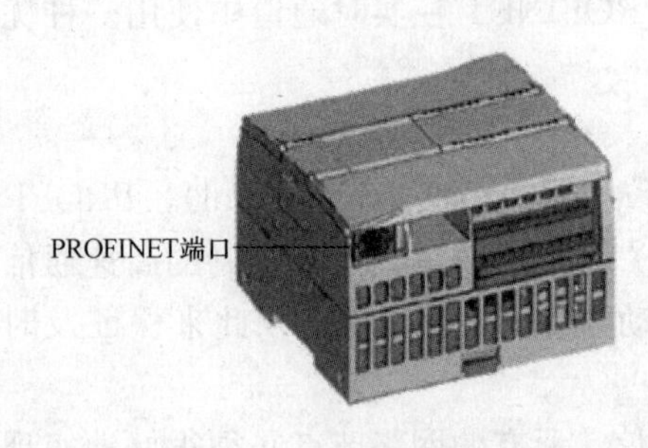

图 2－31 S7－1200 的 PROFINET 接口

S7－1200 CPU 可以使用 TCP 通信协议与其他 S7－1200 CPU、STEP 7 Basic 编程设备、HMI 设备和非西门子设备通信。有两种使用 PROFINET 通信的方法：①直接连接，即在使用连接到单个 CPU 的编程设备、HMI 或另一个 CPU 时采用直接通信；②网络连接，即在连接两个以上的设备（例如，CPU、HMI、编程设备和非西门子设备）时通过 CSM 1277 以太网交换机进行网络通信。

编程设备或 HMI 与 CPU 之间的直接连接不需要以太网交换机，含有两个以上的 CPU 或 HMI 设备的网络需要以太网交换机，安装在机架上的 CSM 1277 四端口以太网交换机用于连接 CPU 和 HMI 设备。和 S7－300 的情况有所不同，S7－1200 CPU 上的 PROFINET 端口不包含以太网交换设备。

S7－1200 的 PROFINET 通信口所支持的最大通信连接数包括：①3 个连接用于 HMI（触摸屏）与 CPU 的通信；②1 个连接用于编程设备（PG）与 CPU 的通信；③8 个连接用于 Open IE（TCP，ISO-on-TCP）的编程通信，使用 T－block 指令（TSEND_C、TRCV_C、TCON、TDISCON、TSEN、TRCV）来实现；④3 个连接用于被动 S7－1200 CPU 与主动 S7 CPU 的通信，可以实现与 S7－200、S7－300 及 S7－400 的以太网 S7 通信。S7－1200 CPU 可以同时支持以上 15 个通信连接，这些连接数是固定不变的，不能自定义。

主动 S7 CPU 使用 GET 和 PUT 指令（S7－300/S7－400）或 ETHx _ XFER 指令

(S7-200)；主动 S7-1200 通信连接只能使用传输块（T-block）指令。如果使用“TCON”指令设置并建立被动通信连接，则下列端口地址将受到限制，不应该使用：

1）ISO TSAP（被动）：01.00、01.01、02.00、02.01、03.00、03.01；

2）TCP 端口（被动）：5001、102、123、20、21、25、34962、34963、34964、80。

在安装 CPU 后将以太网电缆插入如图 2-31 所示的 PROFINET 端口中，再将以太网电缆连接到编程设备、HMI 或其他 CPU，如图 2-32 所示，PROFINET 接口可在装有 STEP 7 Basic 的编程设备、HMI 或 CPU 之间建立物理连接，由于 CPU 内置了自动跨接功能，所以对该接口既可以使用标准以太网电缆，又可以使用跨接以太网电缆，将编程设备、HMI或其他 CPU 直接连接到 S7-1200 时不需要以太网交换机。当由两个以上设备构成如图 2-33 所示的网络连接时，就需要增加以太网交换机 CSM 1277 了，该交换机尺寸为 45mm×100mm×75mm，24V DC时功耗 1.6W，电流消耗 70mA，采用MDI-X接法的 4×RJ-45 插孔，10/100Mbit/s（半/全双工）。

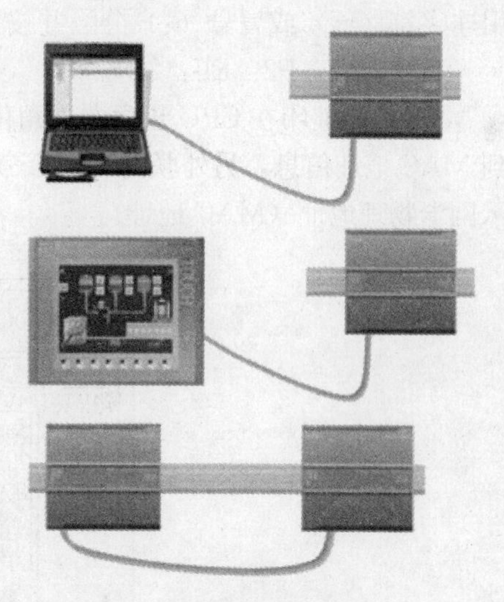

图 2-32 S7-1200 CPU 与编程设备、HMI或其他 CPU 通信

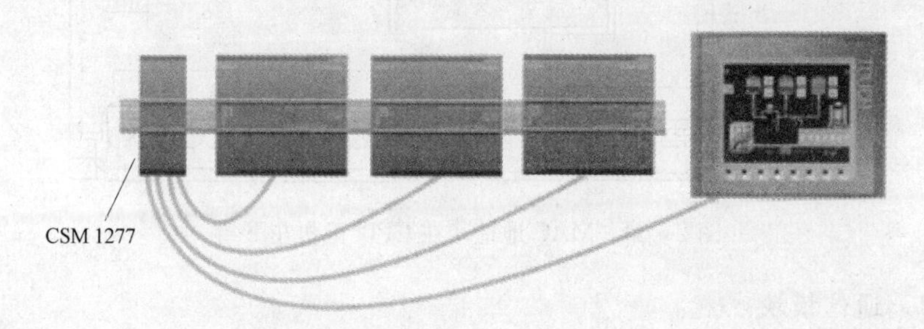

图 2-33 两个以上的设备通过 CSM 1277 构成网络连接

为了使布线最少并提供最大的组网灵活性，可以将四端口的紧凑型交换机 CSM 1277 和 S7-1200 一起使用，以便组建成一个具有线形、树形或星形拓扑结构的网络。用户可以通过 CSM 1277 将 S7-1200 连接到最多 3 个附加设备。除此之外，如果将 S7-1200 和 SIMATIC NET 工业无线局域网组件一起使用，还可以构建一个全新的网络。STEP 7 Basic 工程组态系统的网络视图使用户能够轻松地对网络进行可视化组态。

未来趋势会通过 PROFINET 接口将分布式现场设备连接到 S7-1200，或将 S7-1200 作为一个 PROFINET IO 设备，连接到作为 PROFINET IO 主控制器的 PLC。它将为 S7-1200 系统提供从现场级到控制机的统一通信，以满足当前工业自动化的通信需求。

S7-1200 可以通过成熟的 S7 通信协议连接到多个 S7 控制器和 HMI 设备，S7-1200 上的集成接口不仅可以与其他厂商的设备进行无缝集成，还可以通过开放式以太网协议 TCP/IP 和 ISO-on-TCP 与多个第三方设备进行连接和通信，STEP 7 Basic 为 S7-1200 提供了

TSEND/TRCV 指令来实现上述通信。

在 PROFINET 网络中，“介质访问控制”地址（MAC 地址）是指制造商为了标识适配器卡而分配的标识符，MAC 地址通常用制造商的注册标识号进行编码。外观良好、按标准（IEEE 802.3）格式印制的 MAC 地址由六组数字组成，每组两个十六进制数，这些数字组用连字符（—）或冒号（:）分隔并按传输顺序排列（例如，* *-16-17-F2-EF-2B 或 * *：16：17：F2：EF：2B）。

MAC 地址印在 CPU 正面左下角位置，如图 2-34 所示，必须提起下面的 TB 门才能看到 MAC 地址信息，另外联网时执行命令“运行”→“CMD”→“IPCONFIG/ALL”也将显示网卡物理地址（MAC 地址）。

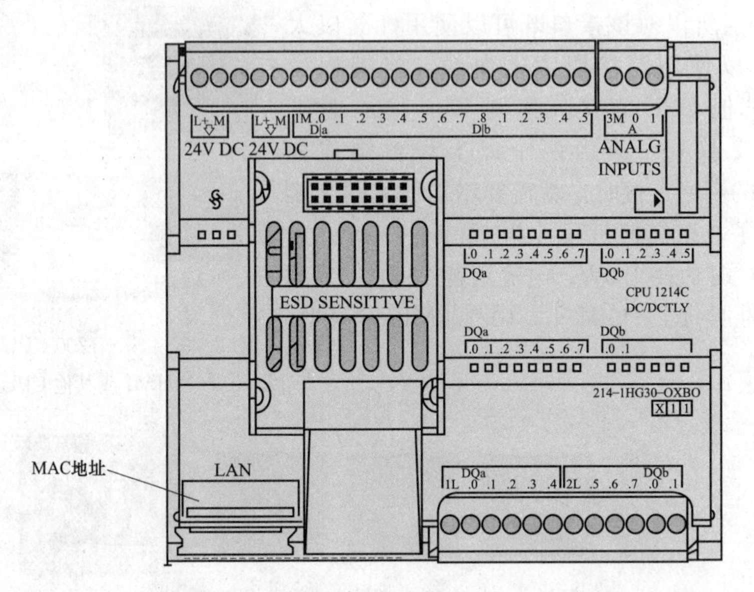

图 2-34　MAC 地址印在 CPU 正面左下角

2.3.3　通信模块

1. CB 1241 RS485

使用 CB 1241 RS485 进行通信，CPU 固件必须为 V2.0 或更高版本。CB 1241 RS485 的技术规范见表 2-19，接线图如图 2-35 所示。

表 2-19　　CB 1241 RS485 的技术规范

订货号（MLFB）		6ES7 241-1CH30-1XB0
尺寸 $W \times H \times D$（mm）		38×62×21
质量（g）		40
发送器和接收器	类型	RS485（2 线制半双工）
	共模电压范围	−7～+12V，1s，3Vrms 连续
	发送器差动输出电压	R_L=100Ω 时最小 2V， R_L=54Ω 时最小 1.5V
	终端和偏置	B 上 10kΩ 对+5V，RS485 针 3， A 上 10kΩ 对 GND，RS485 针 8

续表

订货号（MLFB）		6ES7 241-1CH30-1XB0
发送器和接收器	可选终端	短针 TB 对针 T/RB，有效终端阻抗为 127Ω，连接至 RS485 针 3；短针 TA 对针 T/RA，有效终端阻抗为 127Ω，连接至 RS485 针 4
	接收器输入阻抗	最小 5.4kΩ，包括终端
	接收器阈值/灵敏度	最低+/−0.2V，典型滞后 60mV
	隔离 RS485 信号与机壳接地 RS485 信号与 CPU 逻辑公共端	500V AC，1min
	电缆长度，屏蔽电缆	最长 1000m
	波特率	0.3、0.6、1.2、2.4、4.8、9.6（默认）、19.2、38.4、57.6、76.8、115.2kbit
	等待时间	0～65 535ms
电源规范	功率损失（损耗）	1.1W
	最大电流消耗	50mA（SM 总线）、80mA（24V DC）

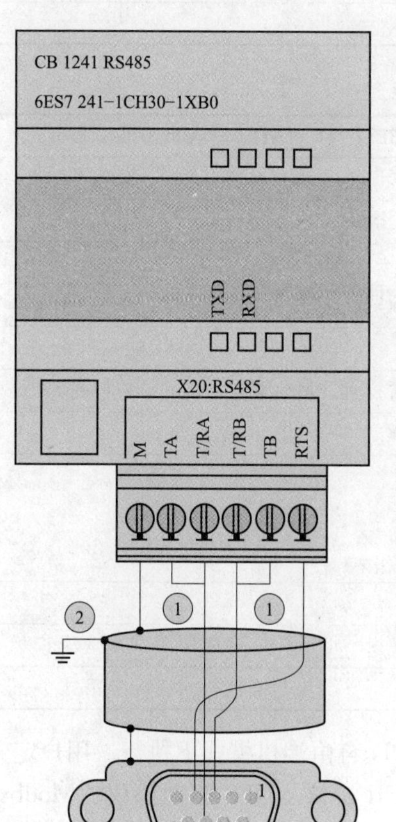

图 2-35 通信模块 CB 1241 RS485 的接线图

图 2-35 中，①表示连接 TA 和 TB 以终止网络，仅端接 RS485 网络上的终端设备；②表示使用屏蔽双绞线电缆，并将电缆屏蔽接地。只能端接 RS485 网络的两端，不会端接或偏置这两个终端设备之间的设备。

2. CM 1241 RS232 和 CM 1241 RS422/485

通信模块 CM 1241 RS232 和 CM 1241 RS422/485 能提供点对点通信接口，如图 2-36 所示，CM 安装在 CPU 或另一个 CM 的左侧，最多连接 3 个，但类型不限。RS232 和 RS485 通信模块有以下特征：①端口经过隔离；②支持点对点协议；③通过扩展指令和库功能进行组态和编程；④通过 LED 显示传送和接收活动；⑤显示诊断 LED；⑥由 CPU 供电，不必连接外部电源。CM 1241 RS422/485 和 CM 1241 RS232 的技术规范分别见表 2-20 和表 2-21。

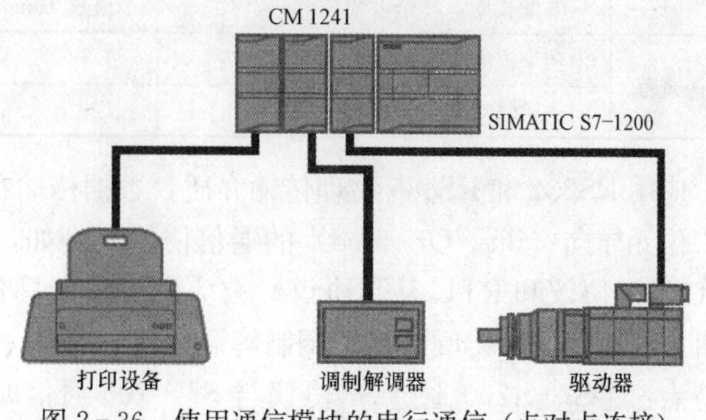

图 2-36 使用通信模块的串行通信（点对点连接）

表 2-20 CM 1241 RS422/485 的技术规范

订货号（MLFB）		6ES7 241-1CH30-0XB0
尺寸 $W\times H\times D$（mm）		30×100×75
质量（g）		155
发送器和接收器	共模电压范围	−7～+12V，1s，3Vrms 连续
	发送器差动输出电压	R_L=100Ω 时最小 2V， R_L=54Ω 时最小 1.5V
	终端和偏置	B 上 10kΩ 对+5V，PROFIBUS 针 3， A 上 10kΩ 对 GND，PROFIBUS 针 8
	接收器输入阻抗	最小 5.4kΩ，包括终端
	接收器阈值/灵敏度	最低+/−0.2V，典型滞后 60mV
	隔离 RS485 信号与外壳接地 RS485 信号与 CPU 逻辑公共端	500V AC，1min
	电缆长度，屏蔽电缆	最长 1000m（取决于波特率）
电源规范	功率损失（损耗）	1.2W
	+5V DC 电流	240mA

表 2-21 CM 1241 RS232 的技术规范

订货号（MLFB）		6ES7 241-1AH30-0XB0
尺寸 $W\times H\times D$（mm）		30×100×75
质量（g）		150
发送器和接收器	发送器输出电压	R_L=3kΩ 时最小+/−5V
	发送输出电压	最大+/−15V DC
	接收器输入阻抗	最小 3kΩ
	接收器阈值/灵敏度	最低 0.8V、最高 2.4V，典型滞后 0.5V
	接收器输入电压	最大+/−30V DC
	隔离 RS232 信号与外壳接地 RS232 信号与 CPU 逻辑公共端	500VAC，1min
	电缆长度，屏蔽电缆	最长 10m
电源规范	功率损失（损耗）（W）	1.1
	+5V DC 电流（mA）	220

应用 RS232 和 RS485 物理传输介质，数据传输在 CPU 自由端口模式下执行。用户定义的、位元导向（Bit−Oriented）的通信协议（例如，ASCII 协议、USS 驱动协议、Modbus RTU 主站协议和 RTU 从站协议）被应用。任何具备串行接口的设备（例如，驱动器、打印机、扫描仪、形码阅读器、调制解调器等）都能够被连接。S7-1200 自由口通信具有以下特点：①S7-1200 通过 S7 协议与 S7-200 通信时，S7 通信只支持绝对地址 DB 寻址通

信，且 S7－200 可同时最多与 8 个 S7 通信伙伴进行通信；②S7－1200 与第三方设备通信时，每个 S7－1200 CPU 最多可带 3 个通信模块（CM 1241 RS485/CM 1241 RS232），而每个 CM 1241 RS485 通信模块理论上最多支持 247 个 ModBus 子站；③S7－1200 通过 USS 协议与变频器等设备通信时，由于每个 S7－1200 CPU 最多可带 3 个通信模块，因此一个 S7－1200 CPU 中最多可建立 3 个 USS 网络，每个 CM 1241 RS485 通信模块最多支持 16 个变频器。

通过 STEP 7 Basic，通信模块 CM 1241 的参数设定友好且简单，通过集成在 STEP 7 Basic 中的参数设定环境，用户可以设定模块的特性。例如，执行正在使用的协议驱动和驱动指定的特性。

此外还有计划中的 PROFINET（控制器 I/O 设备）模块和 PROFIBUS（主站/从站）模块。

2.4 附　件

2.4.1 存储卡

如图 2－37 所示，S7－1200 CPU 使用的存储卡为 SD 卡、可选，容量有 2 MB、12MB 和 24 MB 之分，订货号分别为 6ES7 954－8LB01－0AA0、6ES7 954－8LE01－0AA0 和 6ES7 954－8LF01－0AA0。存储卡中可以存储用户项目文件，有如下三种功能：①作为 CPU 的装载存储区，用户项目文件可以仅存储在卡中，CPU 中没有项目文件，离开存储卡无法运行；②在有编程器的情况下，作为向多个 S7－1200 PLC 传送项目文件的介质；③忘记密码时，清除 CPU 内部的项目文件和密码。另外，如果是 MC 24MB 卡，还可用于更新 S7－1200 CPU 的固件版本。

安装存储卡的方法如图 2－38 所示，将 CPU 上档板向下掀开，可以看到右上角有一 MC 卡槽，将存储卡缺口向上插入即可。

图 2－37　S7－1200 使用的存储卡

图 2－38　插入存储卡

对于 S7－1200 CPU，存储卡并不是必需的；将存储卡插到一个处于运行状态的 CPU 上会造成 CPU 停机；S7－1200 CPU 仅支持由西门子制造商预先格式化过的存储卡，如果使用 Windows 格式化程序对 SIMATIC 存储卡重新进行格式化，CPU 将无法使用该重新格式化的存储卡；目前 S7－1200 还无法配合存储卡实现配方和数据归档之类的高级功能。

存储卡有两种工作模式：①程序卡模式，是作为 S7－1200 CPU 的装载存储区，所有的数据存储在卡中，CPU 内部集成的存储区中没有项目文件，设备运行中存储卡不能拔出；②传输卡模式，用于从存储卡向 CPU 传送项目，传送完成后须将存储卡拔出，这时 CPU 可离开存储卡独立运行。在 STEP 7 Basic 软件的项目视图下，单击左侧“Project View”→“SIMATIC Card Reader”，右击存储卡的盘符（比如 F:），选择“属性”，在打开窗口“Card type”处选择需要的工作模式，单击“OK”按钮完成设定。

使用程序卡模式的优点是更换 CPU 时不需要重新下载项目文件；使用传输卡模式的优点是在没有编程器的情况下，可以方便快捷地先从某个 S7－1200 PLC“拖曳”项目文件到 24MB 存储卡，然后再从存储卡向多个 S7－1200 PLC 复制项目文件。

如果忘记之前设定在 S7－1200 上的密码，通过“恢复出厂设置”无法清除程序和密码，唯一的清除方式是使用存储卡，详细步骤如下：①将 S7－1200 设备断电；②插入一张存储卡到 S7－1200 CPU 上，存储卡中的程序不能有密码保护；③将 S7－1200 设备上电。

S7－1200 CPU 上电后，会将存储卡中的程序复制到内部的 FLASH 寄存器中，即执行清除密码操作。也可以用相同的方法插入一张全新的或空白的存储卡到 S7－1200 CPU，设备上电后，S7－1200 CPU 会将内部存储区的程序转移到存储卡中，拔下存储卡后，S7－1200 CPU 内部将不再有用户程序，即实现了清除密码，存储卡中的内容可以使用读卡器清除。应注意不要格式化存储卡。

更新 CPU 的固件具体步骤如下：①使用计算机通过读卡器清除（不要格式化）24MB 存储卡中的内容；②进入西门子网站 http：//support. automation. siemens. com/ww/view/cn，下载最新版本的固件文件并解压缩，用户得到一个“S7_JOB. S7S”文件和“FWUOPDATE. S7S”文件夹；③将“S7_JOB. S7S”文件和“FWUOPDATE. S7S”文件夹复制到 24MB 存储卡中；④将 24MB 存储卡插到 CPU 1200 卡槽中，此时 CPU 停止，“MAIN”指示灯闪烁；⑤将 CPU 断电上电，CPU 的“RUN/STOP”指示灯红绿交替闪烁说明固件正在被更新中，“RUN/STOP”指示灯亮，“MAIN”指示灯闪烁说明固件更新已经结束；⑥拔出 24MB 存储卡；⑦再次将 CPU 断电上电。用户可以通过 STEP 7 Basic 软件中“Online & Diagnostics”下的“General”，在线查看 CPU 目前的固件版本。

如果使用 Windows 的格式化程序重新格式化了西门子存储卡，那么 S7－1200 CPU 将无法再使用该存储卡。要重复使用存储卡，必须在下载固件更新前删除“S7 _ JOB. S7S”文件及任何现有“数据日志”文件夹或任何文件夹（如“SIMATIC. S7S”或“FWUPDATE. S7S”）。但是，不得删除“ _ _ LOG _ _ ”和“CRDINFO. BIN”隐藏文件，如果删除了这些文件，将无法在 CPU 中使用该存储卡。

2.4.2 输入仿真器 SIM 1274

如图 2－39 所示的输入仿真器又称为模拟器，是在调试及实际运行期间用于测试程序的

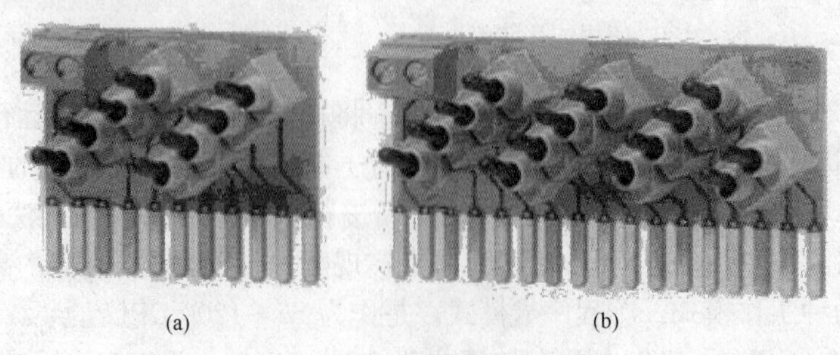

(a)　(b)

图 2－39　输入仿真器 SIM 1274

(a) 8 位仿真器；(b) 14 位仿真器

仿真模块，它的两种型号分别具有8或14个仿真输入，是一种输入状态选择开关，8个仿真输入的与CPU 1211C、CPU 1212C配套，14个仿真输入的与CPU 1214C配套，其技术规范见表2-22。

表2-22 输入仿真器SIM 1274的技术规范

型号	8位仿真器	14位仿真器
订货号（MLFB）	6ES7 274-1XF30-0XA0	6ES7 274-1XH30-0XA0
尺寸 $W\times H\times D$（mm×mm×mm）	43×35×23	67×35×23
质量（g）	20	30
点数	8	14
配套使用的CPU	CPU 1211C、CPU 1212C	CPU 1214C

注意这些输入仿真器未获准在Class I Division 2或Class I Zone 2危险场所使用，否则开关存在潜在的打火危险/爆炸危险。

仿真器的连接如图2-40所示。

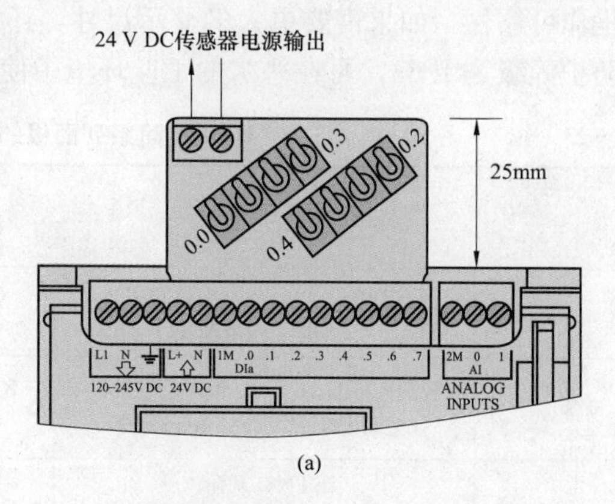

(a)

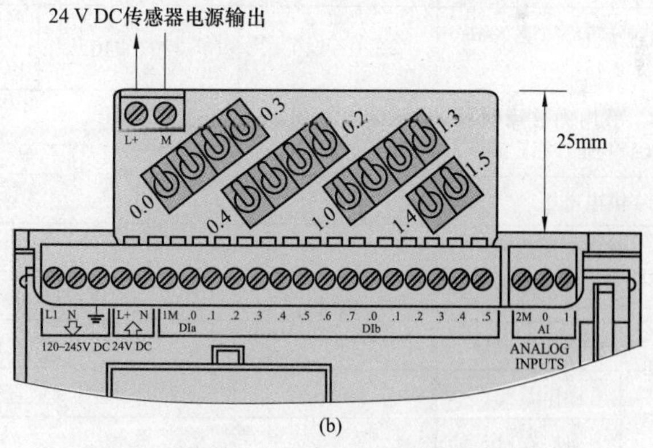

(b)

图2-40 仿真器的连接
(a) 8位仿真器（6ES7 274-1XF30-0XA0）；
(b) 14位仿真器（6ES7 274-1XH30-0XA0）

2.4.3 电源模块

1. PM 1207 电源

电源模块PM 1207（6EP1 332-1SH71）是为S7-1200提供稳定电源、可最优调节而设计的，该新型电源可最优集成到系统网络中，可作为不能通过内部CPU变送器电源供电的组件网络的输入和输出的外部电源。在更高的电源要求下，也可并行连接两个单元。输入电压范围具有自动范围切换功能，支持全球广泛使用的供电电压为120VAC和230VAC的设备，完全避免了由电压范围设置开关或导线跨线器引起的操作错误。它的输入电流/额定值为1.2/0.67A，频率额定值为50/60Hz，输入电压为120/230V AC，输出为24V DC（LED为绿色）/2.5A，偏差为±3%，残余波纹<150mV，尺寸（$W\times H\times D$）为70mm×100mm×75mm，近似质量为0.3kg，通过CE、cULus认证，符合EN 55022的高无线干扰抑制。

2. SIPLUS 电源模块

SIPLUS电源模块有6AG1 332-1SH71-7AA0和6AG1 332-1SH71-4AA0之分，输入120/230V AC，输出24V DC/2.5 A（降容：1.5 A，从60℃时），额定值时效率83%，外形尺寸（$W\times H\times D$）为70mm×100mm×75mm，近似重量为0.3kg，通过CE认证。

2.5 精简系列面板

S7－1200与HMI精简系列面板的完美整合，为小型自动化应用提供了一种简单的可视化和控制解决方案，控制器和HMI无缝集成的工程组态软件STEP 7 Basic和WinCC Basic使这个一流解决方案能够在最短时间内脱颖而出。

HMI精简系列面板配有一个标准触摸屏，操作直观，该显示屏带图形功能，表达清楚明了，开创了可视化操作的新篇章，矢量图、趋势图、文本、位图和I/O域等清晰地组织在一起，为操作提供了直观的显示，其技术规范见表2－23。除了可以在3.8in、5.7in或10.4in操作屏上进行触摸操作之外，该面板还带有具备触摸反馈的可编程按键，增强了可用性和操作可靠性，如果需要更大的显示尺寸，还可以选择15.1in触摸屏。HMI精简系列面板的防护等级为IP65，可在恶劣的工业环境中使用。

表2－23　　HMI精简系列面板的技术规范

	尺寸 技术规范	3.8in	5.7in		10.4in	15.1in
	订货号	6AV6647－0AA11－3AX0	6AV6647－0AB11－3AX0	6AV6647－0AD11－3AX0	6AV6647－0AF1－3AX0	6AV6647－0AG11－3AX0
	设备	KTP400Basic mono PN	KTP600Basic mono PN	KTP600Basic color PN	KTP1000Basic color PN	TP1500Basic color PN
	显示	STN，灰阶		TFT，256色		
	分辨率（宽×高，像素）	320×240	320×240	320×240	640×480	1024×768
	平均无故障时间（MTBF，25℃）	30 000h	50 000h			
	供电电压	24V DC				
	电压允许范围	19.2～28.8V DC				
	认证（可选）	CE，UL，cULus NEMA 4x，N117				
	防护等级	IP 65（前面），IP 20（背面）				
环境条件	操作温度	0～50℃（垂直安装），0～40℃（倾斜安装）				
	储存/运输温度	－20℃～＋60℃				
	最大相对湿度	90%				
	时钟	软件时钟				
	前面板尺寸W×H（mm）	140×116	214×158	214×158	335×275	400×310
	开孔尺寸W×H（mm）	123×99	197×141	197×141	310×248	367×289
	操作方式	触摸屏，4个按键	触摸屏，6个按键	触摸屏，6个按键	触摸屏，8个按键	触摸屏
	功能键（可编程）/系统按键	4个	6个	6个	6个	无

续表

技术规范 \ 尺寸		3.8in	5.7in		10.4in	15.1in
可用内存	用户内存/可选内存/配方内存	512KB/—/32KB（集成闪存）			1024KB/—/32KB（集成闪存）	
	报警缓冲	√	√	√	√	√
接口	串口/MPI/PROFIBUS DP	—	—	—	—	—
	PROFINET（以太网）	√	√	√	√	√
	USB	—	—	—	—	—
	CF/MMC/SD卡插槽	—	—	—	—	—
可连接的PLC	S7/ WinAC	√/—	√/—	√/—	√	√
	S5/ 505	—	—	—	—	—
	SINUMERIK/SIMOTION	—	—	—	—	—
	Allen-Bradley/MITSUBISHI	—	—	—	—	—
	Modicon/Omron/GE-Fanuc/LG Glofa GM	—	—	—	—	—
	组态软件	WinCC Fl exible 2008 SPI				

由于可视化平台已成为大多数机器设计的标准组件，所以 HMI 精简系列面板提供了用于执行基本操作员监控任务的触摸屏设备，如图 2-41 所示的所有面板均通过 CE、UL、

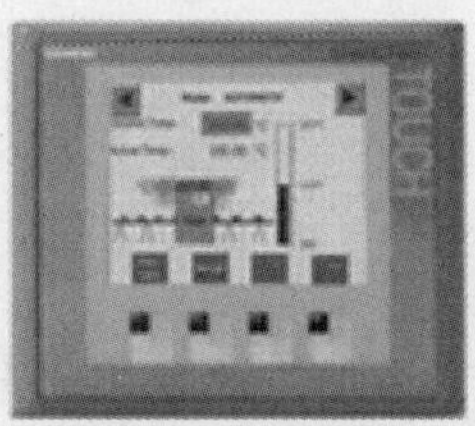

SIMATIC KTP400 Basic

SIMATIC KTP600 Basic

SIMATIC KTP600 Basic

SIMATIC KTP1000 Basic

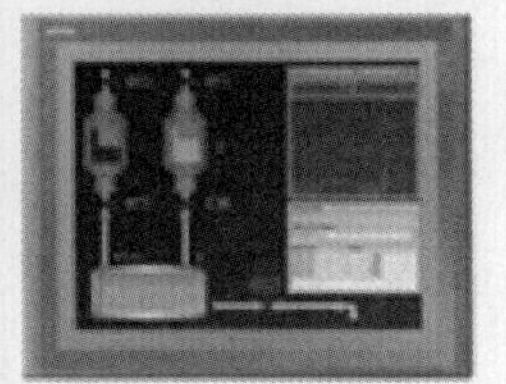

SIMATIC KTP1500 Basic

图 2-41　S7-1200 的 HMI 精简系列面板

cULus 和 NEMA 4x 认证，符合多个地区的标准和规范，组态数据多达 32 种语言，支持亚洲和西里尔语字体，因此可以在全球范围内使用。运行时可以使用多达 5 种语言，并且能够在线切换语言，图形也支持不同的语言。

HMI 精简系列面板具有一个集成的 PROFINET 接口，可以对机器和过程进行可视化，操作简单、界面直观，这是与 S7－1200 完美整合的一个关键因素。通过 PROFINET 接口可以与控制器进行通信，并且传输参数设置数据和组态数据。PROFINET 接口又集成在 S7－1200 控制器中，确保了控制器和 HMI 精简系列面板之间的协作简易性和可靠性。

HMI 精简系列面板都具备完整的相关功能，如报警日志系统、配方管理、趋势功能和矢量图形等。工程组态系统还提供了一个具有各种图形和对象的库，同时还包括根据不同行业要求设计的用户管理功能，如对用户 ID 和密码进行认证。

第3章

S7-1200的编程软件与设备配置

3.1 STEP 7 Basic 编程软件

3.1.1 STEP 7 Basic 综述

STEP 7 Basic 是西门子开发的自动化工程编程软件，并与面向任务的 HMI 智能组态软件 WinCC Basic 集成，构成全集成自动化软件 TIA Portal，其编辑器可对 S7－1200 和 HMI 精简系列面板进行编程、组态，还为硬件和网络配置、诊断等提供通用的项目组态框架，实现控制器与 HMI 之间的完美协作。包含 STEP 7 和 WinCC 的 TIA Portal 又称为“博途”，寓意全集成自动化的入口。

STEP 7 Basic 操作直观、使用简单，所具有的智能编辑器、拖放功能及“IntelliSense”工具，能高效地进行工程组态，对 S7－1200 控制器进行编程和调试。HMI 软件 WinCC Basic 则可对基于 PROFINET 的 HMI 精简系列面板进行高效组态：KTP400 Basic mono PN、KTP600 Basic mono PN 和 KTP600 Basic color PN、KTP1000 Basic color PN、TP1500 Basic color PN，另外 KTP400 和 KTP600 还能被组态于垂直安装。

STEP 7 Basic 能在自动化项目的各个阶段提供支持：①组态和参数化设备；②指定的通信；③运用 LAD（梯形图语言）和 FBD（功能块图语言）编程；④可视化组态；⑤测试、试运行和维护。

STEP 7 Basic V10.5 软件具有 7 大亮点：①库的应用使重复使用项目单元变得非常容易；②在集成的项目框架（PLC、HMI）中编辑器之间进行智能的拖拽；③共同数据存储和同一符号（单一的入口点）；④任务入口视图为初学者和维修人员提供快速入门；⑤设备和网络可在一个编辑器中进行清晰的图形化配置；⑥所有的视图和编辑器都有清晰、直观的友好界面；⑦高性能程序编辑器创造高效率工程。

用户可以在两种不同的视图中选择一种最适合的视图：

(1) 在门户视图中，可以概览自动化项目的所有任务。初学者可以借助面向任务的用户指南，以及最适合其自动化任务的编辑器来进行工程组态。

(2) 在项目视图中，整个项目（包括 PLC 和 HMI 设备）按多层结构显示在项目树中。

可以使用拖放功能为硬件分配图标、组态连接设备的通信网络，可以在同一个工程组态软件框架下同时使用 HMI 和 PLC 编辑器。

图形编辑器保证了对设备和网络快速直观地进行组态，使用线条连接单个设备就可以完成对通信连接的组态。在线模式可以提供故障诊断信息。

该软件采用了面向任务的理念，所有的编辑器都嵌入到一个通用框架中。用户可以同时打开多个编辑器，只需轻轻单击鼠标，便可以在编辑器之间切换。

该软件能自动保持数据的一致性，可确保项目的高质量，经修改的应用数据在整个项目中自动更新。交叉引用的设计保证了变量在项目的各个部分及各种设备中的一致性，因此可以统一进行更新。系统自动生成图标并分配给对应的I/O。数据只需输入一次，无须进行额外的地址和数据操作，从而降低了发生错误的风险。

通过本地库和全局库，用户可以保存各种工程组态的元素，如块、变量、报警、HMI的画面、各个模块和整个站，这些元素可以在同一个项目或者不同项目中重复使用。借助全局库，可以在单独组态的系统之间进行数据交换。

常用的命令可以保存在一个收藏夹列表中，所有的工程组态模块可以复制并添加到其他S7-1200项目。

3.1.2 安装STEP 7 Basic软件

1. 对计算机的软硬件要求

SIMATIC STEP 7 Basic和SIMATIC WinCC Basic是TIA Portal的组件，安装这一组件对计算机软硬件的最低要求见表3-1。

表3-1 安装STEP 7 Basic V10.5的软硬件要求

硬件/软件	需求
处理器类型	Pentium 4，1.7 GHz或相似
RAM	Windows XP为1 GB，Windows Vista为2 GB
硬件空间	2 GB
操作系统	Windows XP（Home SP3，Professional SP3） Windows Vista（Home Premium SP1，Business SP1，Ultimate SP1）
显卡	32 MB RAM，32-bit色深
显示分辨率	1024 × 768
网络	10Mbit/s以太网或更快，10/100Mbit/s以太网卡
光驱	DVD-ROM

2. 安装过程

安装时先关闭所有其他打开的软件，从“我的电脑”中打开文件夹“STEP 7 Basic V10.5”，双击文件夹中的“Start”图标，开始安装软件，如图3-1所示。

如果安装程序时发现计算机没有安装微软公司的软件“.NET Framework 2.0 SP2”，就会出现图3-1中的小对话框，需点击“是”以进行安装，点击“否”则取消安装。

安装开始后，有几分钟的时间会出现如图3-2所示的初始化操作，正如视窗下面提示的“Initialization，this can take several minutes…”，需要耐心等待几分钟。

如图3-3所示的窗口可选择安装语言，目前只有英语与德语两种选择，尚无汉语，默认的安装语言为英语，单选完成后，点击右下角的“Next”按钮进入下一窗口。

在接下来的窗口左边可选择软件使用的语言，默认的设置是仅仅只安装英语。点击窗口右边的“Yes，I would to read Product Information”按钮，可以阅读STEP 7 Basic的信息文件。

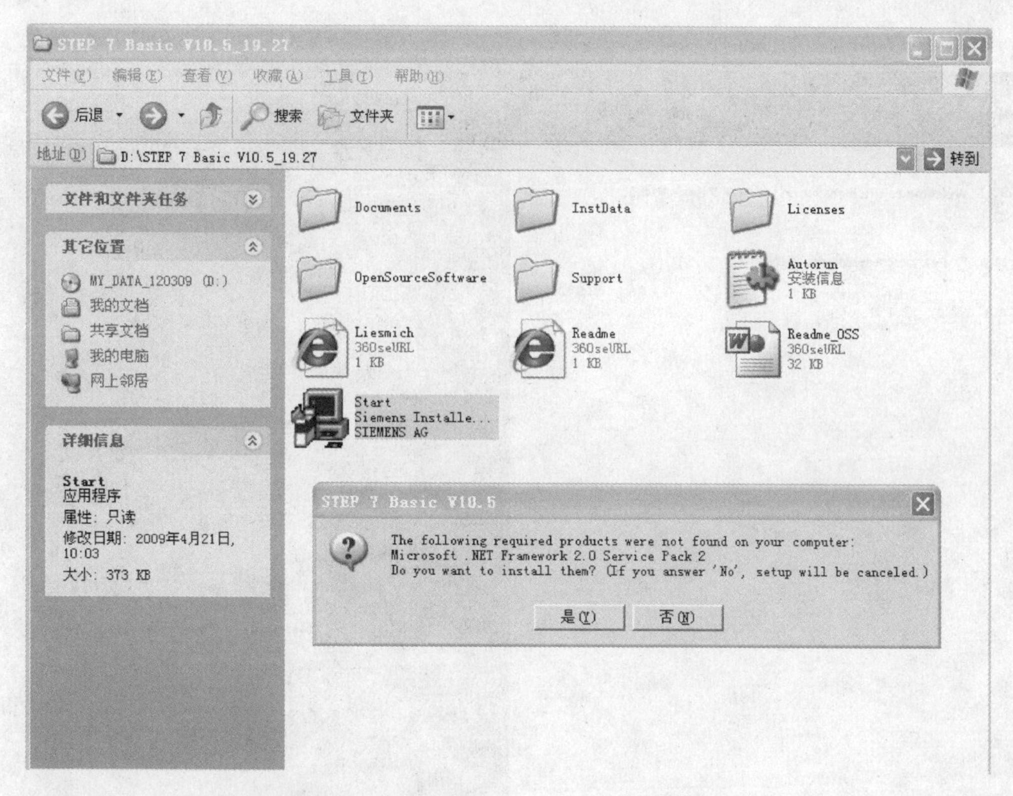

图3-1　安装STEP 7 Basic时的启动窗口

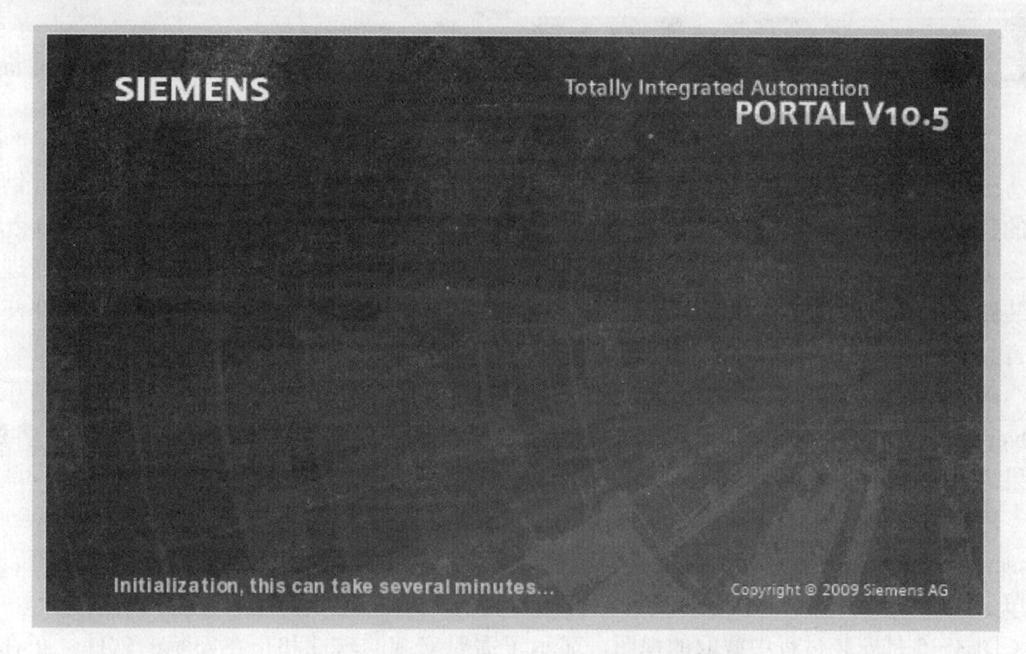

图3-2　安装STEP 7 Basic的初始化视窗

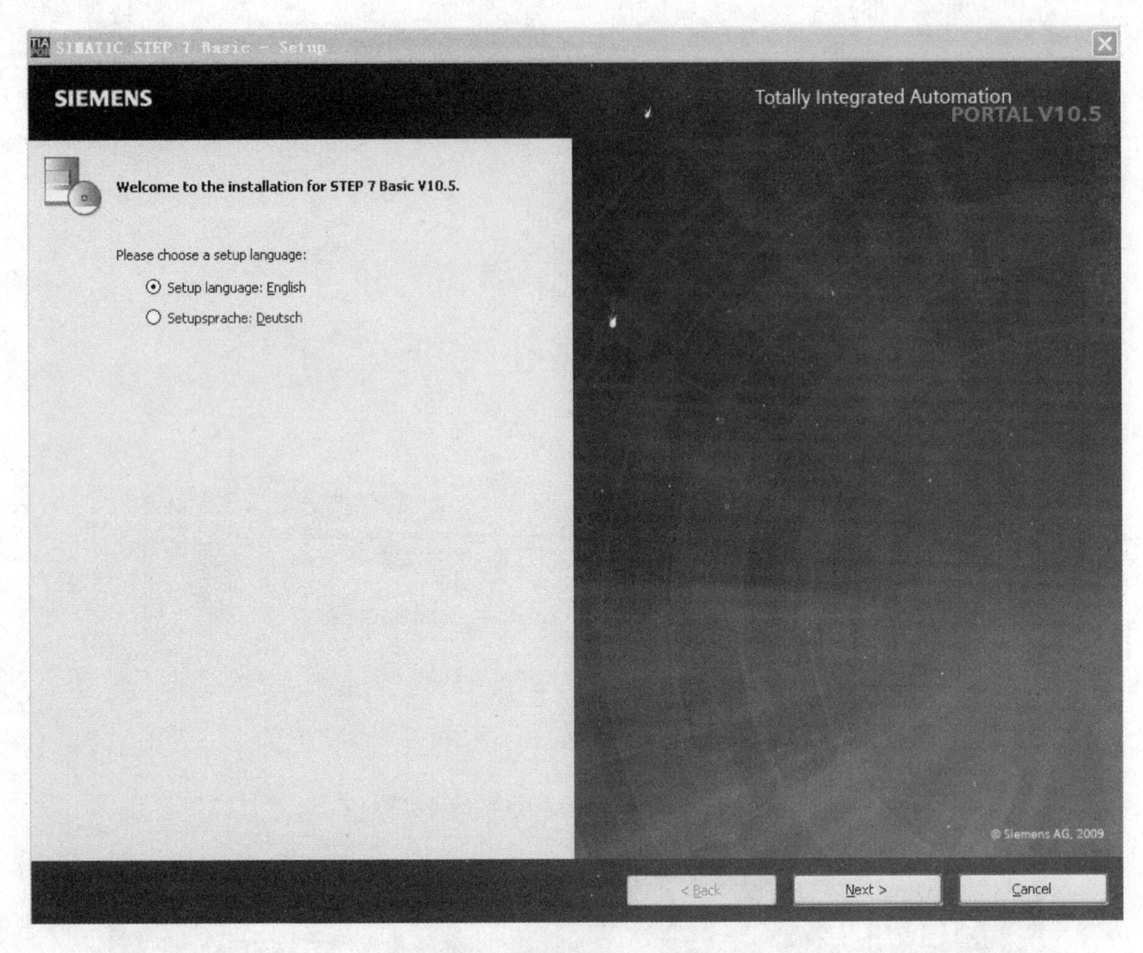

图 3-3　选择安装语言的窗口

图 3-4 显示是接着出现的窗口，右边中间显示了各硬盘分区总的存储空间和可供使用的存储空间。下面有一个文本输入框，其中自动显示了默认的安装路径 C:\Program Files\Siemens\Automation，如点击“Browse”（浏览）按钮，可以根据自己的计划进行安装路径的修改，点击“Back”（返回）按钮便回到上一个窗口，可以重新选择软件使用语言。

确认安装路径与文件夹后，点击图 3-4 中的“Next”按钮，随即出现如图 3-5 所示的“Overview”（总览）窗口，呈现了软件使用的语言、安装的路径、将要安装的软件名称。如果需要进行某项修改，可点击“Back”按钮返回上一个窗口，再重新选择。

注意到图 3-5 中右下面有个正方形复选框，“I accept the conditions of the displayed license agreement (s)”意为“我接受显示的许可证协议的条款”，用鼠标单击该复选框，而后单击“Install”（安装）按钮，便开始自动安装。

图 3-6 是安装过程中截取的视图，显示了需要安装的软件和正在安装的软件。正在安装的软件用字体加粗显示，右边有 5 个小圆图标闪烁。如果某个软件安装不成功，可以在该软件名称左侧圆图标处看到一把小红叉。

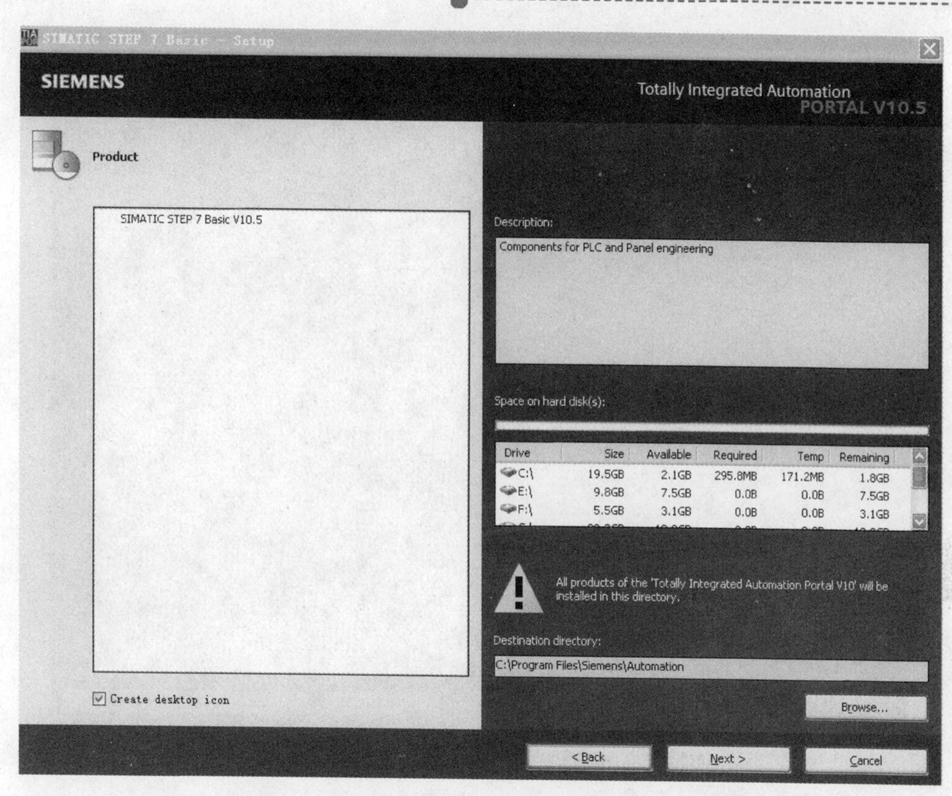

图 3-4 设置 STEP 7 Basic 的安装路径与文件夹

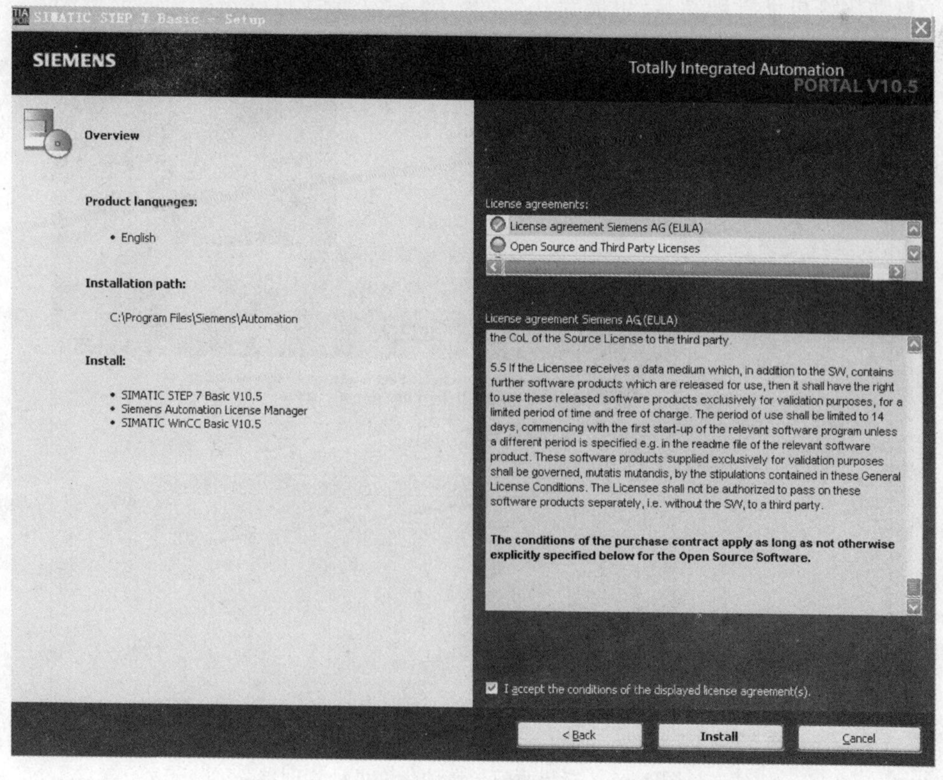

图 3-5 安装参数确认后的“Overview”窗口

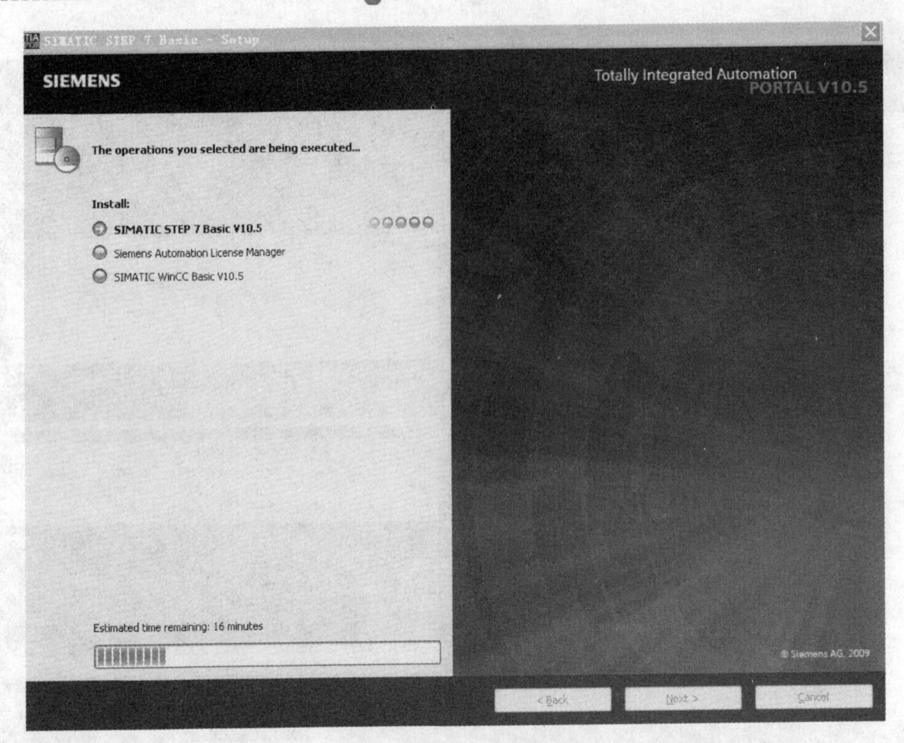

图 3-6　需要安装的软件和正在安装的软件

STEP 7 Basic V10.5 安装完毕后，自动安装“Siemens Automation License Manager”（西门子自动化许可证管理器），也需要几分钟，图 3-7 是该过程快结束时的截图。

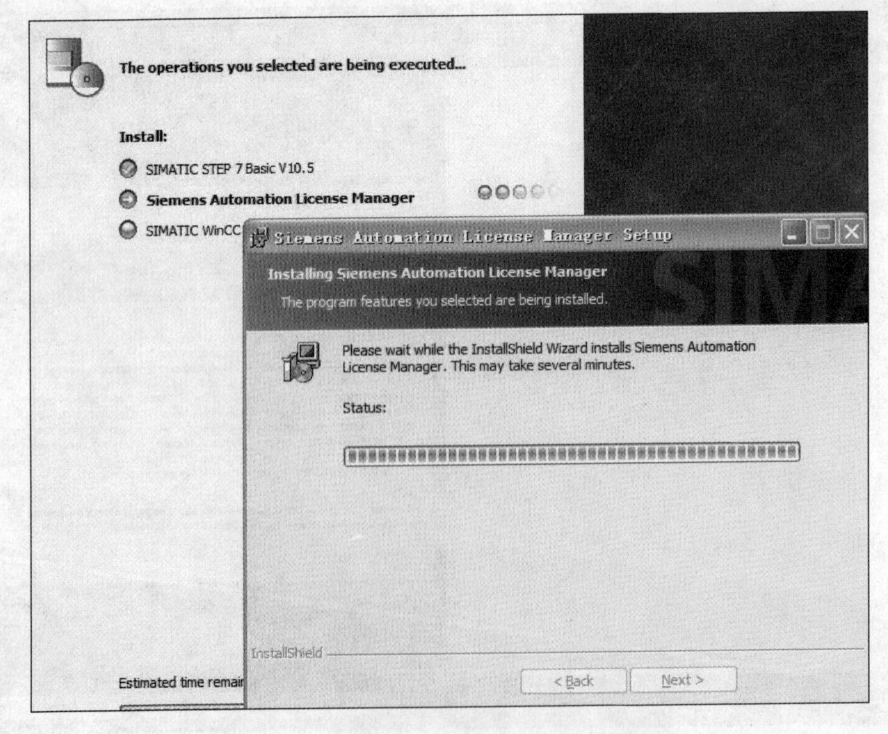

图 3-7　安装西门子自动化许可证管理器

微软公司的 SQL Server（Structured Query Language Server，结构化查询语言服务）是一个全面的数据库平台，SQL Server 数据库引擎为关系型数据和结构化数据提供了更安全可靠的存储功能，便于企业构建和管理用于业务的高可用、高性能的数据应用程序。SQL Server 数据引擎结合分析、报表、集成和通知功能，通过记分卡、Dashboard、Web services 和移动设备将数据应用推向业务的各个领域。图 3-8 显示的是安装 SQL 数据库服务器的先决条件。

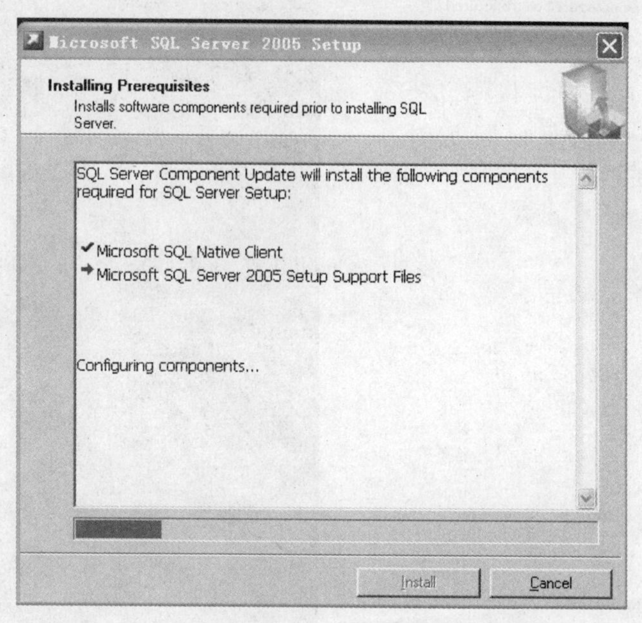

图 3-8　安装 SQL 数据库服务器的先决条件

图 3-9 显示了 MSXML6、SQL Setup Support Files、SQL Native Client、SQL VSS Writer 已经安装完成，SQL Server Database Services 正在安装。

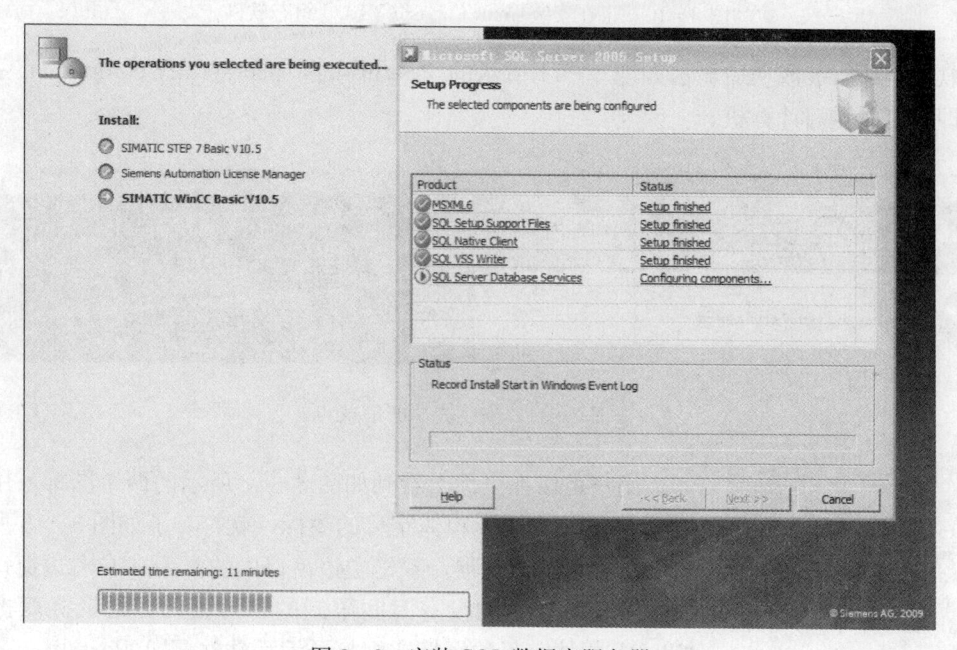

图 3-9　安装 SQL 数据库服务器

最后，安装 WinCC Basic 组态软件，如图 3 - 10 所示。

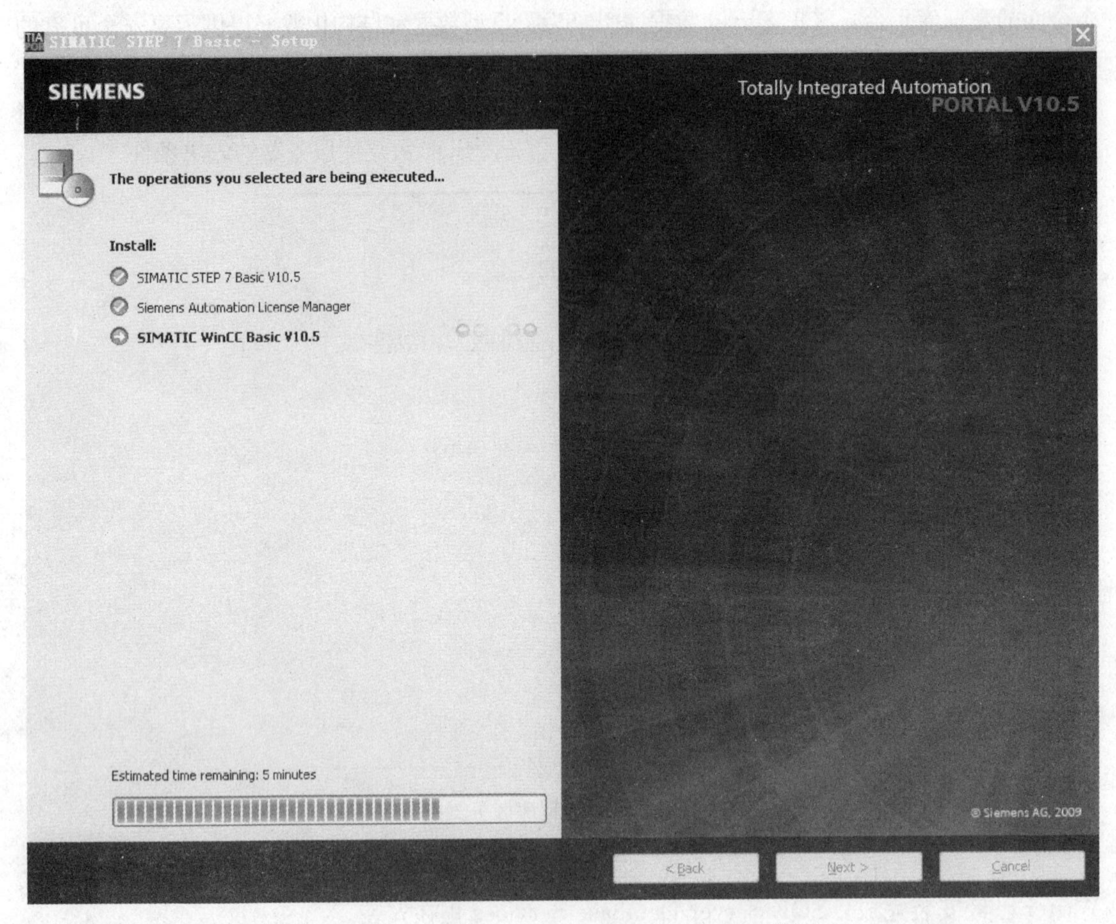

图 3 - 10　正在安装 WinCC Basic V10. 5 组态软件

软件全部安装成功后显示如图 3 - 11 所示的“Setup has successfully completed”信息，应立即或稍后重启计算机。

图 3 - 11　安装成功的信息

图 3 - 12　许可证及 STEP 7 Basic 的图标

用户可以在桌面上看到如图 3 - 12 所示的两个图标，用鼠标双击含有“LICE”粗体字母的图标，就打开了如图 3 - 13 所示的自动化许可证管理器，双击左边窗口中的 C 盘，在右边窗口中可以看到自动安装的没有时间限制的许可证；如果鼠标双击含有“TIA”粗体字母的图标，则打开编程软件 TIA Portal。

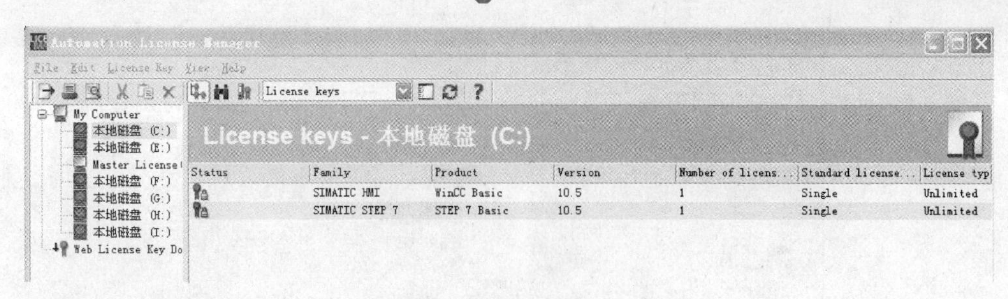

图 3-13　自动化许可证管理器

3. 易于使用的工具

(1) 向用户程序中插入指令。STEP 7 Basic 提供了包含各种程序指令的任务卡，这些指令按功能分组，要创建程序，可将指令从任务卡拖动到程序段中，如图 3-14 所示。

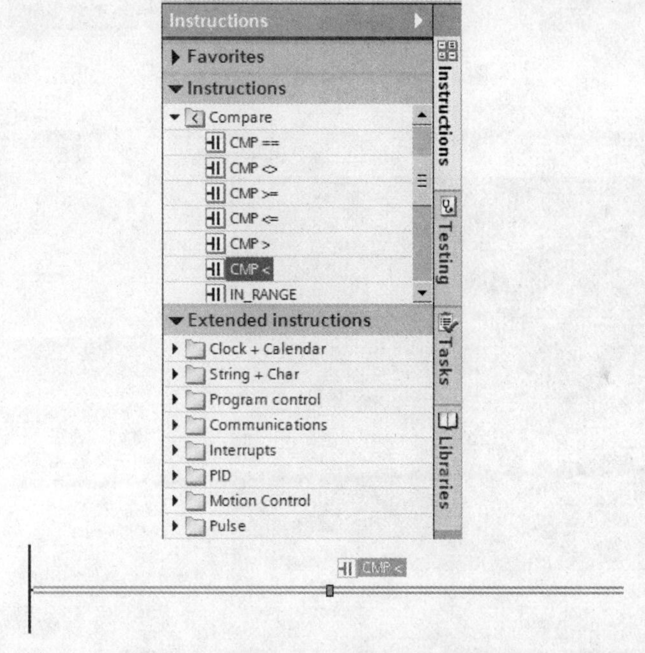

图 3-14　将指令从任务卡拖动到程序段中

(2) 从工具栏访问收藏的指令。STEP 7 Basic 提供了“Favorites”(收藏夹) 工具栏，用户可通过该工具栏快速访问常用的指令，如图 3-15 所示，只需单击指令的图标即可将其插入程序段，也可以通过添加新指令方便地自定义“Favorites”(收藏夹)，只需将指令拖放到“Favorites”，如图 3-16 所示。

图 3-15　“收藏夹”工具栏

(3) 在编辑器之间拖放指令。为快速、方便地执行任务，STEP 7 Basic 允许用户将元素从一个编辑器拖放到另一个编辑器中。如图 3-17 所示，可将 CPU 的输入拖动到用户程序中指令的地址上。注意至少必须放大 200%才能选中 CPU 的 I/O，变量名称不仅会在 PLC 变量表中显示，还会在 CPU 上显示。

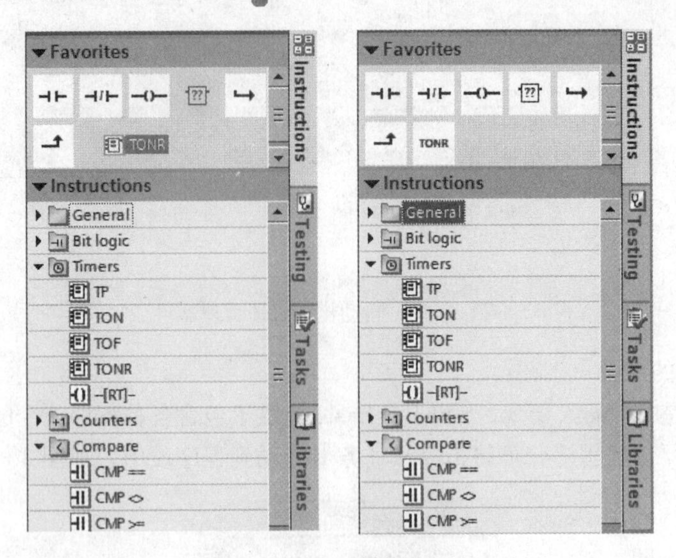

图 3-16 向“收藏夹”拖放指令

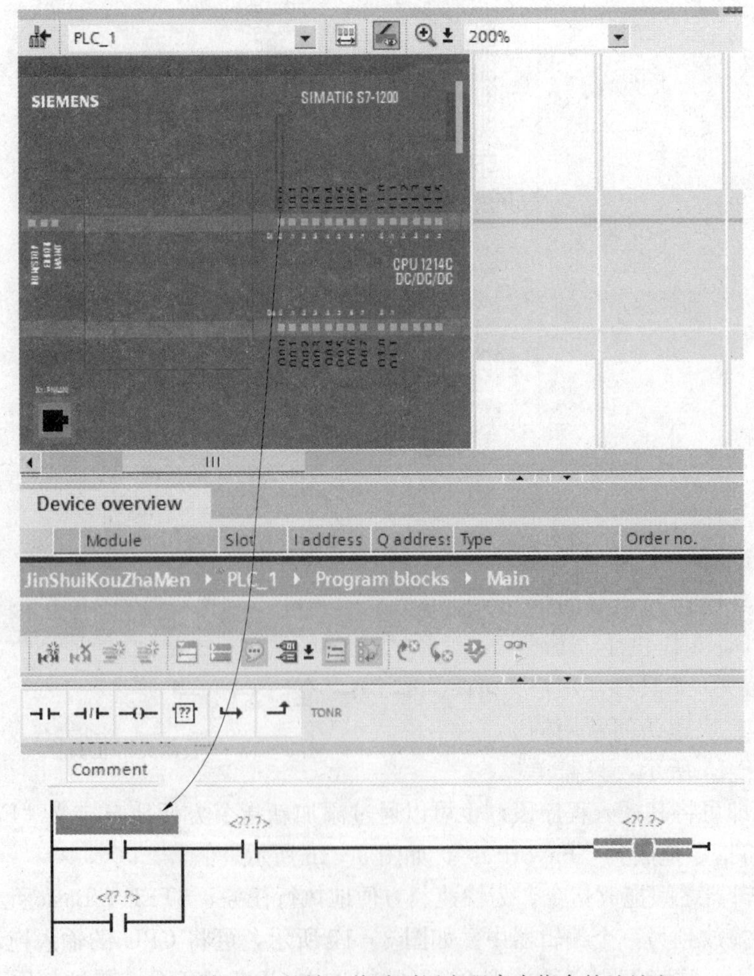

图 3-17 将 CPU 的输入拖动到用户程序中指令的地址上

为方便编辑器间的拖动，需一次显示两个编辑器，可使用如图 3-18 所示的“Split editor”（拆分编辑器）菜单命令或工具栏中的相应按钮，拆分的方式有垂直和水平两种。

要在已打开的编辑器之间切换，可单击如图 3-19 所示的位于窗口底部的编辑器栏中的图标。

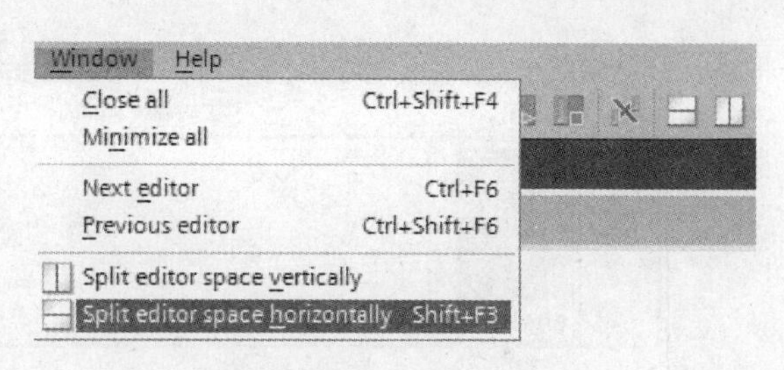

图 3-18 “拆分编辑器”菜单命令及相应工具栏按钮

图 3-19 位于窗口底部的编辑器栏

(4) 更改 CPU 工作模式。使用如图 3-20 所示的在线工具中的 CPU 操作员面板可更改 CPU 工作模式（STOP 或 RUN）及 STARTUP 模式。

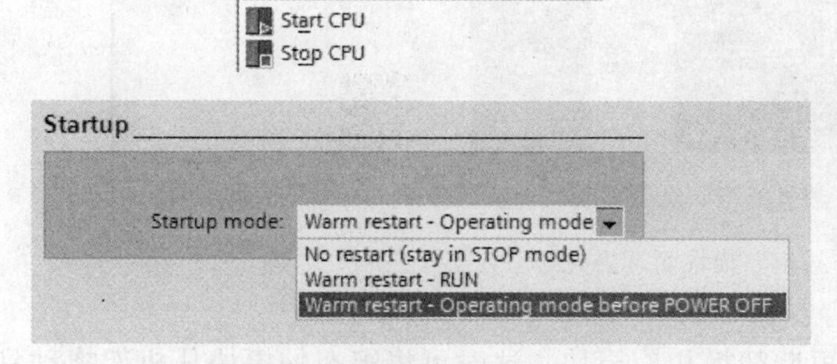

图 3-20 更改 CPU 工作模式

(5)“拔出”模块而不丢失组态数据。STEP 7 Basic 为“拔出的”模块提供了一个存储区域，如图 3-21 所示当用户从机架中拖出模块时可保存该模块的组态，这些拔出的模块会随项目一同保存，从而在将来不必重新组态参数而可再次插入相应模块，此功能的一种用途是临时维护。

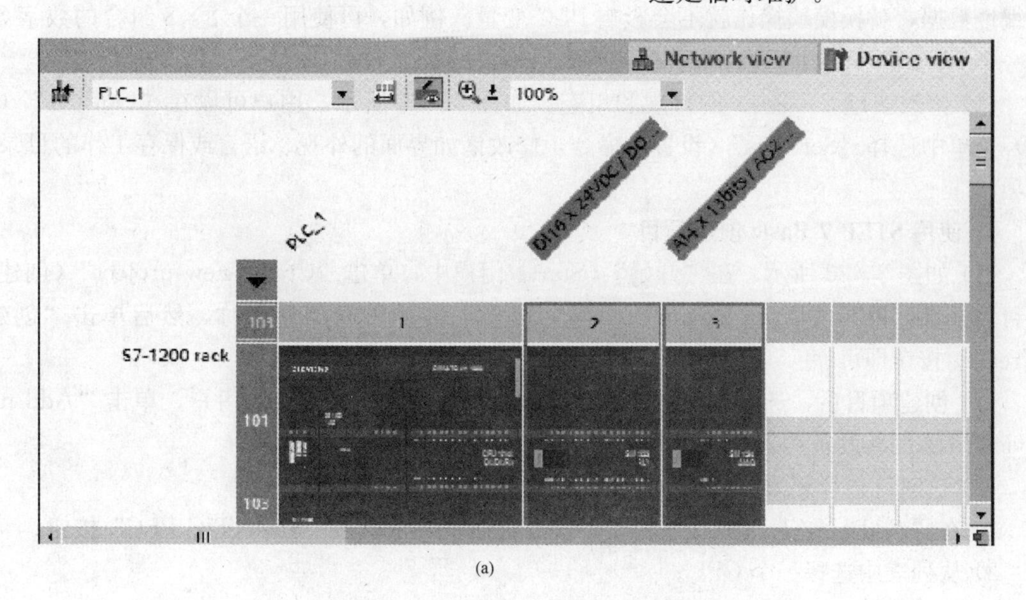

(a)

图 3-21 “拔出”模块而不丢失组态数据（一）

(a)“拔出”前

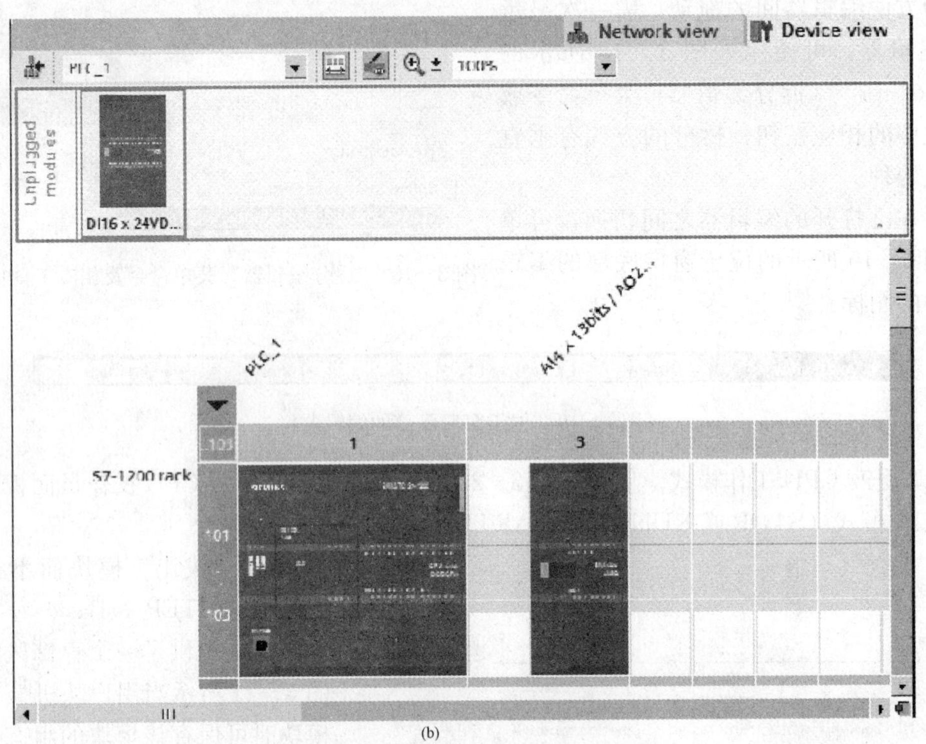

(b)

图 3-21 “拔出”模块而不丢失组态数据（二）

(b)“拔出”后

如果用户计划使用临时模块来短期替换相应模块，这时可将组态的模块从机架拖动到“Unplugged modules”（拔出的模块）区域，然后插入临时模块。只要该模块具有相同的基本编址数据，替换模块操作就不会影响 PLC 变量。例如，可使用一个 8×8 组合的数字 SM 或一个 16 点输入的数字 SM 来替换一个 8 点输入的数字 SM。

(6) 修改 STEP 7 Basic 的外观和组态。如图 3-22 所示，用户可以在“Options”（选项）菜单中选择“Settings”（设置）命令，修改诸如界面的外观、语言或保存工作的目录等选项。

4. 使用 STEP 7 Basic 创建项目

(1) 如图 3-23 所示，在“开始”(Start) 门户中，单击“Create new project”（创建新项目）条目，再在“Project name”（项目名称）右侧输入项目名称，然后单击“创建”(Create) 按钮即可。

(2) 创建项目后，选择“Devices & Networks”（设备和网络）门户，单击“Add new device”（添加新设备）条目，如图 3-24 所示。

(3) 这时可选择要添加到项目中的 CPU，如图 3-25 所示：

1) 在“Add new device”（添加新设备）对话框中，单击“SIMATIC PLC”按钮；

2) 从列表中选择一个 CPU；

3) 单击“添加”(Add) 按钮，将所选 CPU 添加到项目中。

注意“Open device view”（打开设备视图）选项已被选中的情况下单击“Add”（添加）按钮将打开项目视图的“Device configuration”（设备配置）。

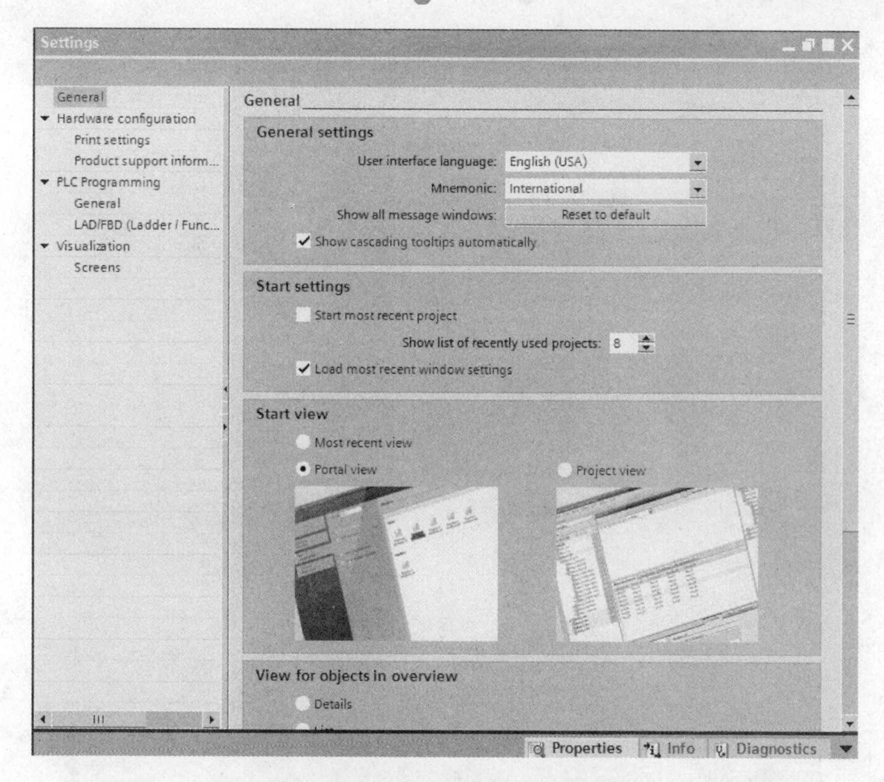

图 3-22　在“选项”(Options) 菜单中选择“设置”(Settings) 命令

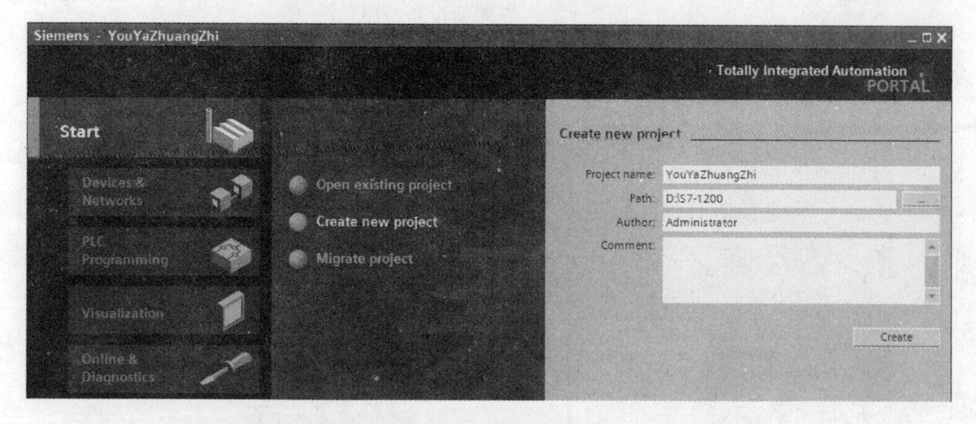

图 3-23　创建项目

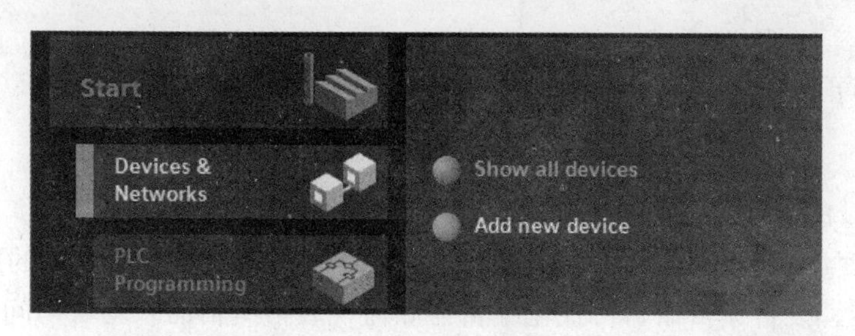

图 3-24　添加新设备

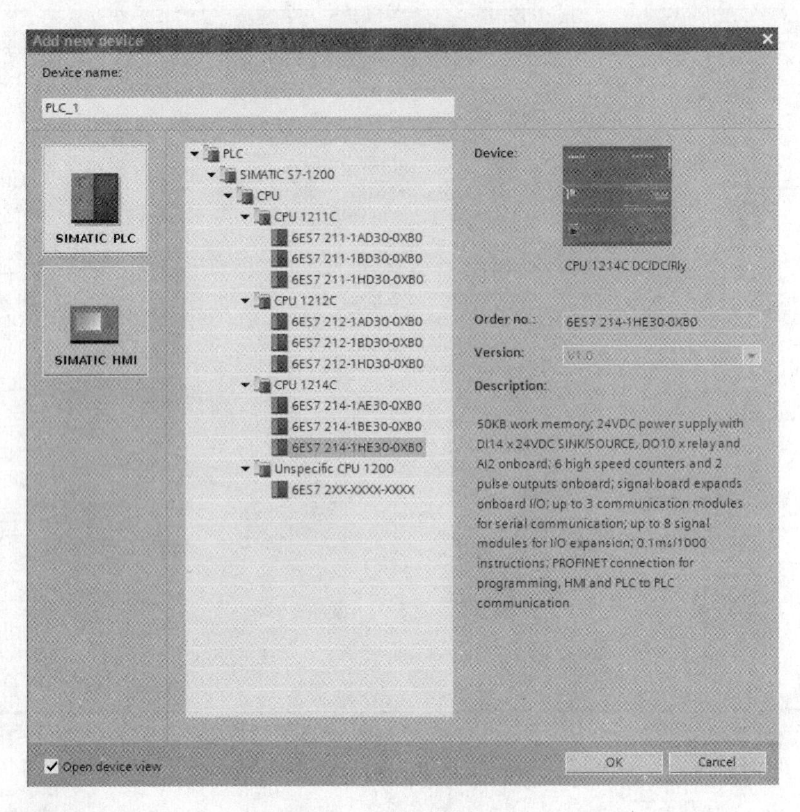

图 3-25　添加新设备 CPU

设备视图显示所添加的 CPU，如图 3-26 所示。

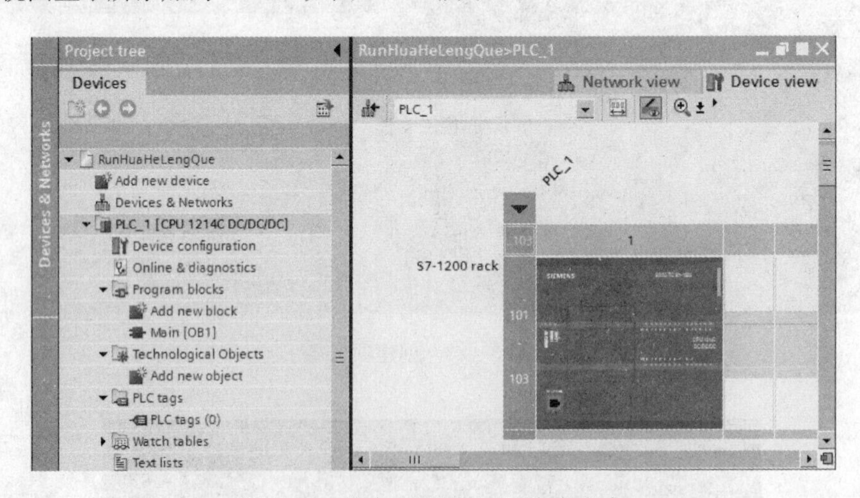

图 3-26　设备视图显示所添加的设备

(4) 为 CPU 的 I/O 创建变量。如图 3-27 所示的“PLC 变量”是 I/O 和地址的符号名称，创建 PLC 变量后，STEP 7 Basic 会将变量存储在变量表中。项目中的所有编辑器（例如，程序编辑器、设备编辑器、可视化编辑器和监视表格编辑器）均可访问该变量表。

若设备编辑器已打开，用户就可打开变量表，可在编辑器栏中看到已打开的编辑器。

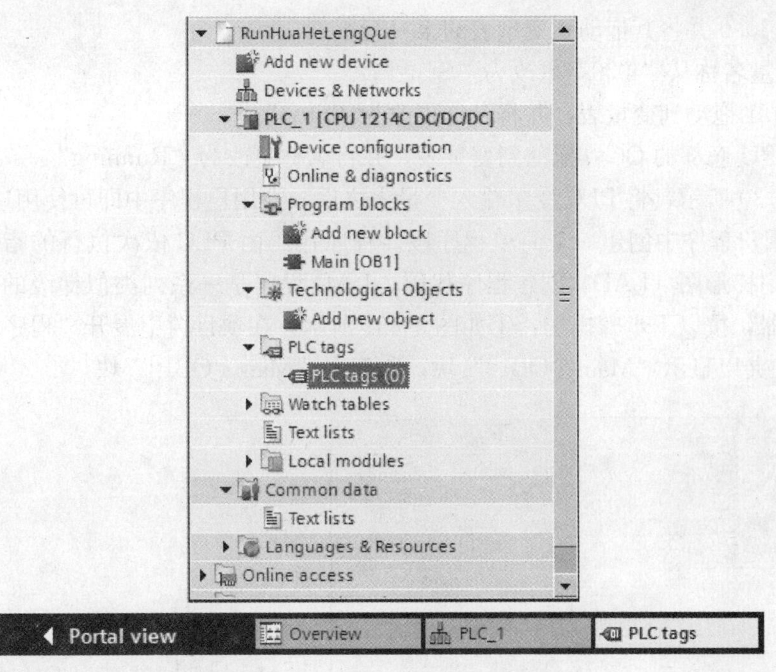

图 3-27　为 CPU 的 I/O 创建变量

找到工具栏中 ，单击“水平拆分编辑器空间”（Split editor space horizontally）按钮，STEP 7 Basic 即会将变量表和设备编辑器显示在一起，如图 3-28 所示。

再将设备配置放大 200%以上，以便能清楚地查看并选择 CPU 的 I/O 点，如图 3-29 所示。

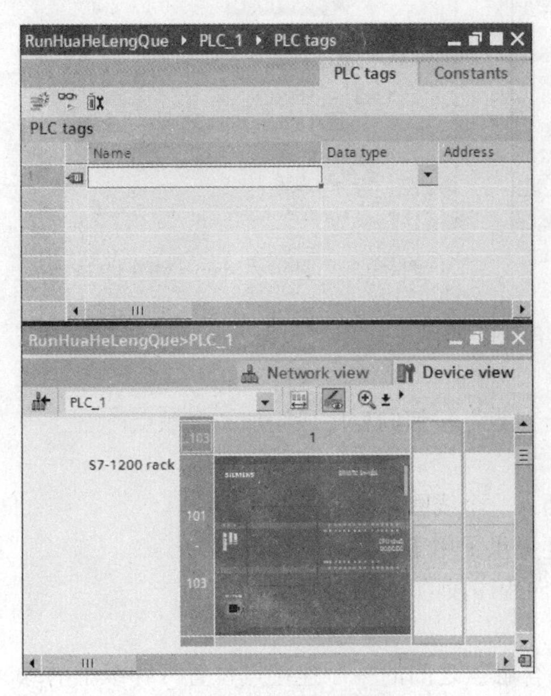

图 3-28　水平拆分编辑器空间

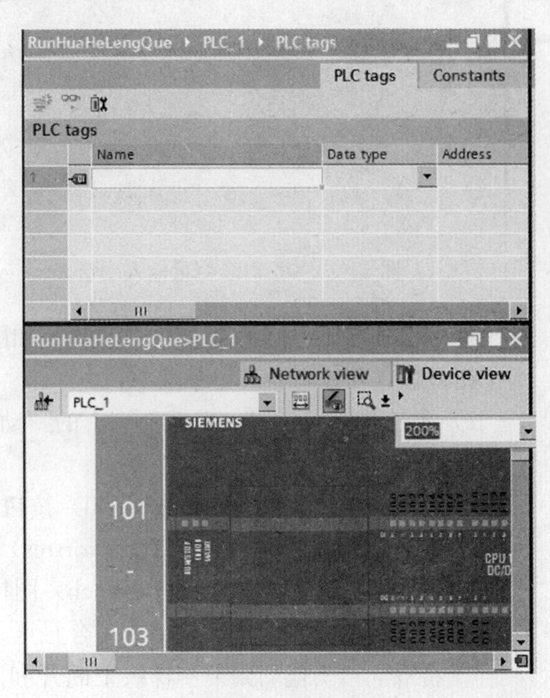

图 3-29　将设备配置放大 200%

1）选择 I0.0 并将其拖动到变量表的第一行；

2）将变量名称从“I0.0”更改为“Start”；

3）将 I0.1 拖动到变量表，并将名称更改为“Stop”；

4）将 CPU 底部的 Q0.0 拖动到变量表，并将名称更改为“Running”。

如图 3-30 所示，将 PLC 变量输入变量表之后，在用户程序中即可使用这些变量。

（5）在用户程序中创建一个简单程序段。程序代码由 PLC 依次执行的指令组成，在本实例中，使用梯形图（LAD）创建程序代码，LAD 程序是一系列类似梯级的程序段。要打开程序编辑器，按以下步骤操作：①如图 3-31 所示，在项目树中展开“程序块”（Program blocks）文件夹以显示“Main［OB1］”块；②双击“Main［OB1］”块。

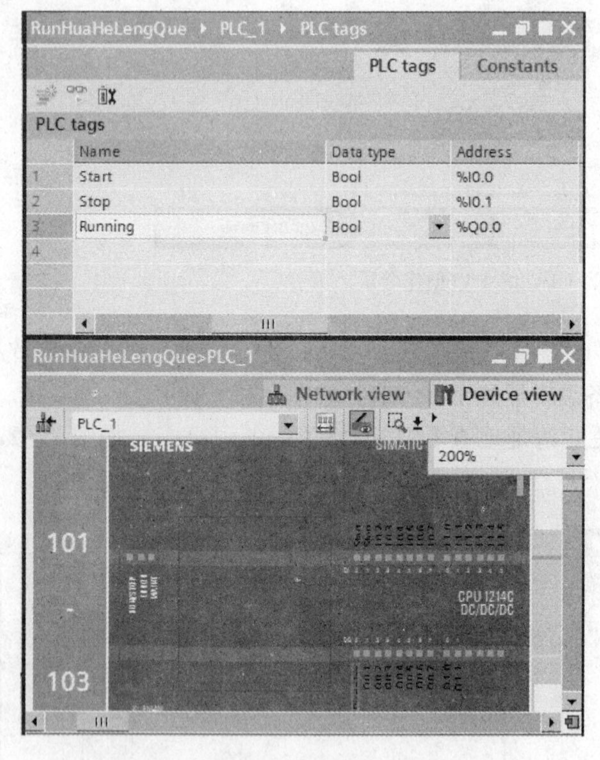

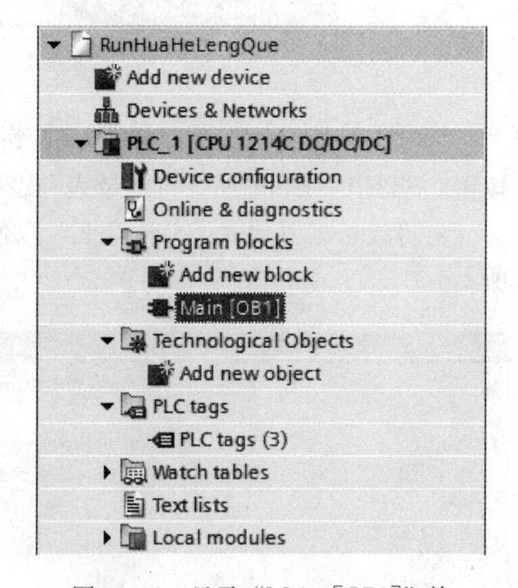

图 3-30　将 PLC 变量输入变量表

图 3-31　显示“Main［OB1］”块

程序编辑器即可打开程序块（OB1），如图 3-32 所示，使用“收藏夹”（Favorites）上的按钮将触点和线圈插入程序段中：

1）单击“Favorites”（收藏夹）上的“动合触点”按钮向程序段添加一个触点；

2）在本实例中，添加第二个触点；

3）单击“输出线圈”（Output coil）按钮插入一个线圈。

如图 3-33 所示，“收藏夹”（Favorites）还提供了用于创建分支的按钮：

1）单击“打开分支”（Open branch）图标向程序段的电源线添加分支；

2）在打开的分支中插入另一个动合触点；

3）将双向箭头拖动到第一梯级上断开和闭合触点之间的一个连接点位置（梯级上的绿色方块）。

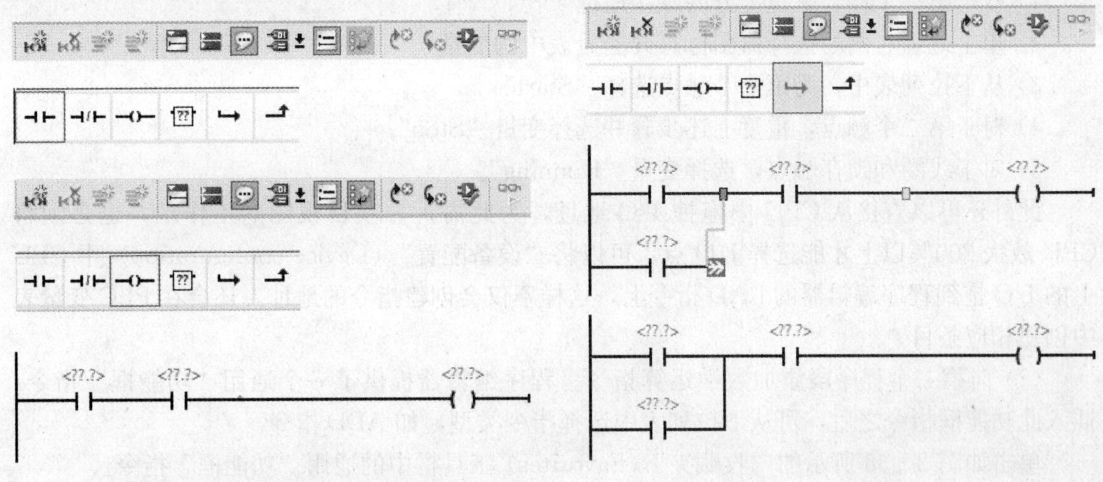

图 3-32 将触点和线圈插入程序段中　　　　图 3-33 创建分支

要保存项目，可击工具栏中的“保存项目”（Save project）按钮，而保存前不必完成对梯级进行的编辑。创建一个 LAD 指令的程序段后可将变量名称与这些指令进行关联。

（6）使用变量表中的 PLC 变量对指令进行寻址。如图 3-34 所示，使用变量表，用户可以快速输入对应触点和线圈地址的 PLC 变量。

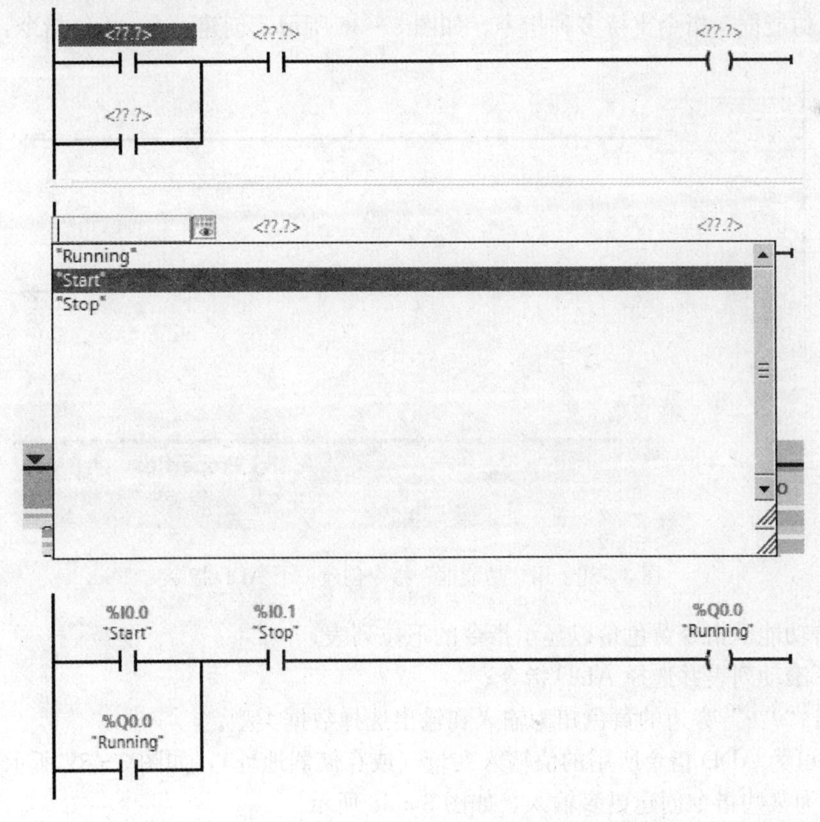

图 3-34 使用变量表中的 PLC 变量对指令进行寻址

1）双击第一个动合触点上方的默认地址＜??.?＞；

2）单击地址右侧的选择器图标打开变量表中的变量；

3）从下拉列表中，为第一个触点选择“Start”；

4）对于第二个触点，重复上述步骤并选择变量“Stop”；

5）对于线圈和锁存触点，选择变量“Running”。

此外还可以直接从 CPU 中拖拽 I/O 地址，为此需拆分项目视图的工作区，也必须将 CPU 放大 200％以上才能选择 I/O 点。可以将“设备配置”（Device configuration）中 CPU 上的 I/O 拖到程序编辑器的 LAD 指令上，这样不仅会创建指令的地址，还会在 PLC 变量表中创建相应条目。

（7）向第二个程序段添加数学运算指令。程序编辑器提供了一个通用“功能框”指令，插入此功能框指令之后，可从下拉列表中选择指令类型，如 ADD 指令。

单击如图 3－35 所示的“收藏夹”（Favorites）工具栏中的通用“功能框”指令。

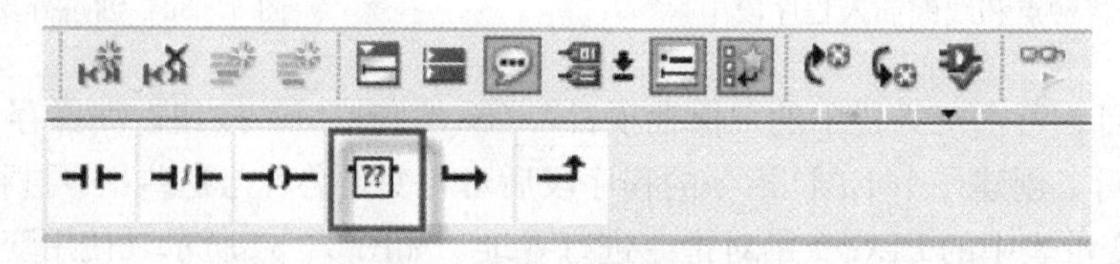

图 3－35　通用“功能框”指令

通用“功能框”指令支持多种指令，如图 3－36 所示，创建一个 ADD 指令：

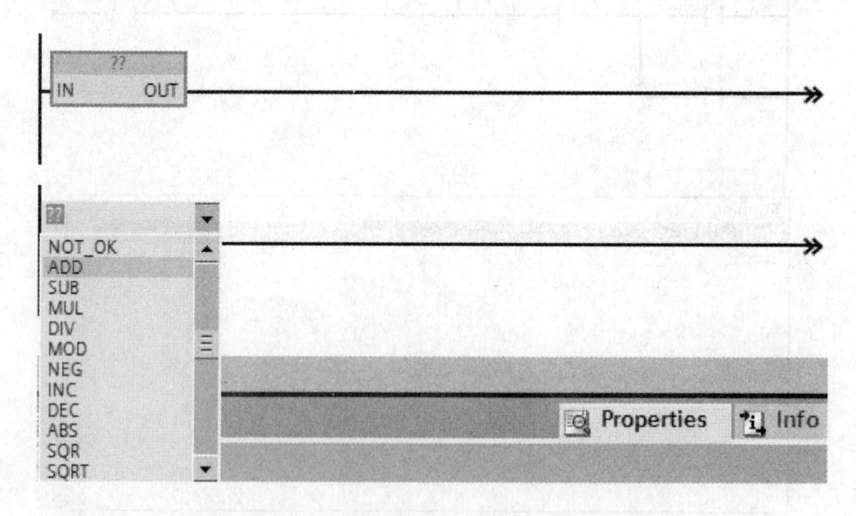

图 3－36　用“功能框”指令创建一个 ADD 指令

1）单击功能框指令黄色角以显示指令的下拉列表；

2）向下滚动列表并选择 ADD 指令；

3）单击“???”旁边的黄色角为输入和输出选择数据类型。

现在即可为 ADD 指令所用的值输入变量（或存储器地址），如图 3－37 所示。

还可以为某些指令创建更多输入，如图 3－38 所示。

1）单击一个输入；

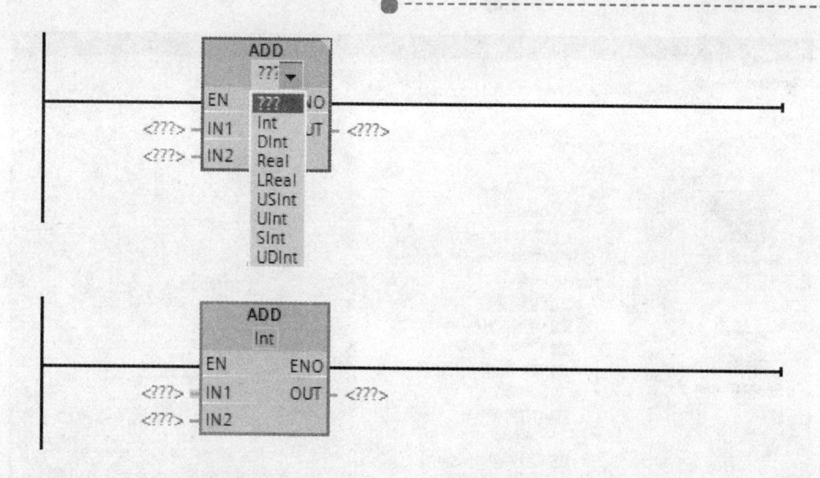

图 3-37 为 ADD 指令所用的值输入变量

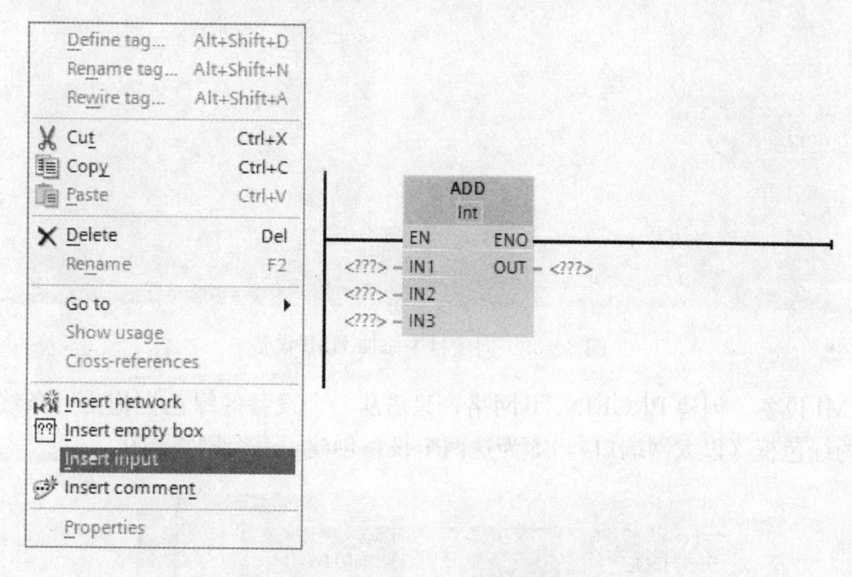

图 3-38 为 ADD 指令创建更多输入

2）单击鼠标右键以显示快捷菜单并选择“插入输入”（Insert input）命令。

完成这些操作后，ADD 指令的输入就由两个变成了三个。

（8）向项目中添加 HMI 设备。如图 3-39 所示，向项目中添加 HMI 设备也是非常容易的。

1）双击“添加新设备”（Add new device）图标；

2）在“添加新设备”（Add new device）对话框中单击“SIMATIC HMI”按钮；

3）从列表中选择特定的 HMI 设备，可以运行 HMI 向导来组态 HMI 设备的画面；

4）单击“确定”（OK）按钮将 HMI 设备添加到项目中。

在第三步中，STEP 7 Basic 提供了一个 HMI 向导，可以帮助用户组态 HMI 设备的所有画面和结构，如果未运行 HMI 向导，则 STEP 7 Basic 自动创建一个简单的默认 HMI 画面。

（9）在 CPU 和 HMI 设备之间创建网络连接。

如图 3-40 所示，转到“设备和网络”（Devices and Networks）并选择网络视图来显示

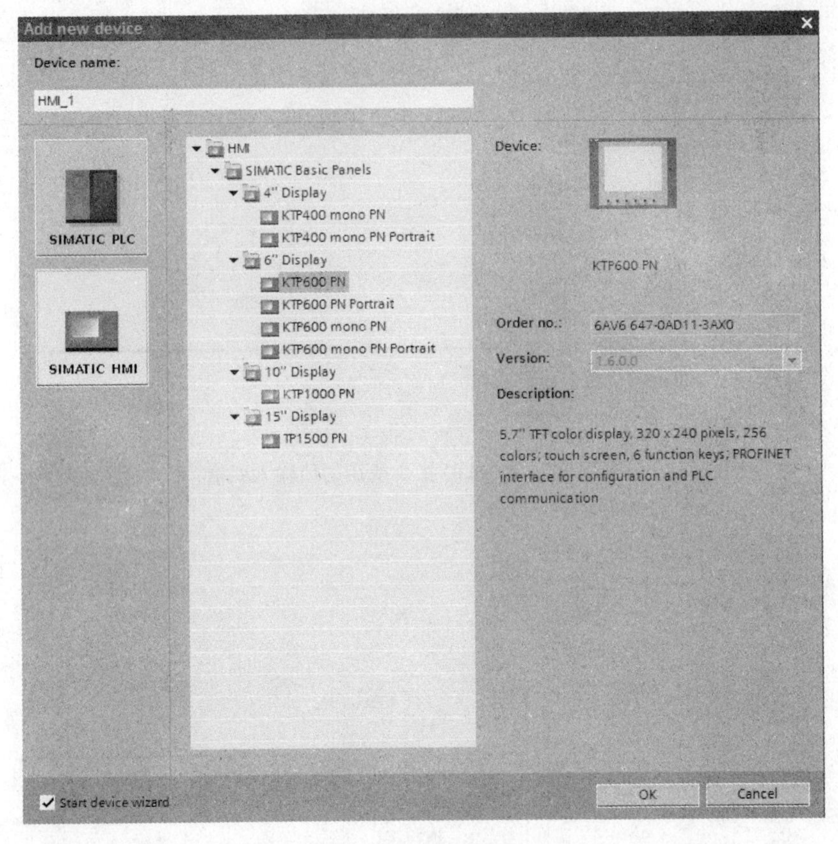

图 3-39　向项目中添加 HMI 设备

CPU 和 HMI 设备，创建 PROFINET 网络，只需从一个设备的绿色框拖出一条线连接到另一个设备的绿色框（以太网端口），即为这两个设备创建了一个网络连接。

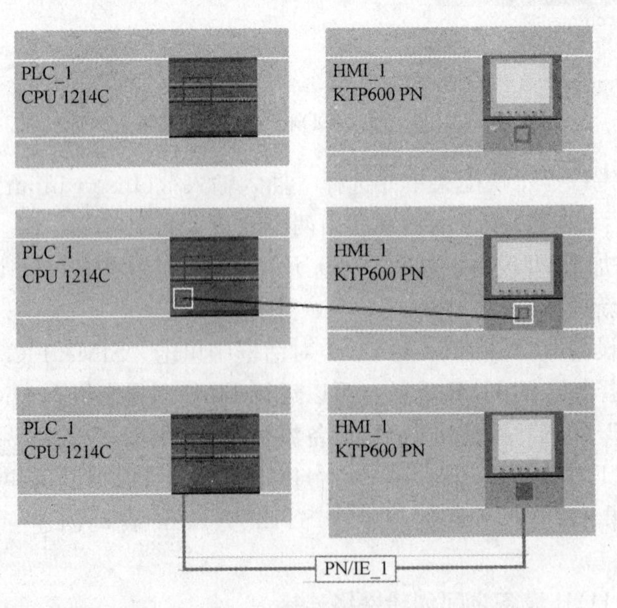

图 3-40　在 CPU 和 HMI 设备之间创建网络连接

（10）创建HMI连接以共享变量。通过在两个设备之间创建HMI连接，可以在两个设备之间共享变量，选择相应的网络连接，单击“HMI连接”（HMI connection）按钮，HMI连接会将相关的两个设备变为蓝色。如图3-41所示，选择CPU设备并拖出一条线连接到HMI设备，该HMI连接允许用户通过选择PLC变量列表对HMI变量进行组态。

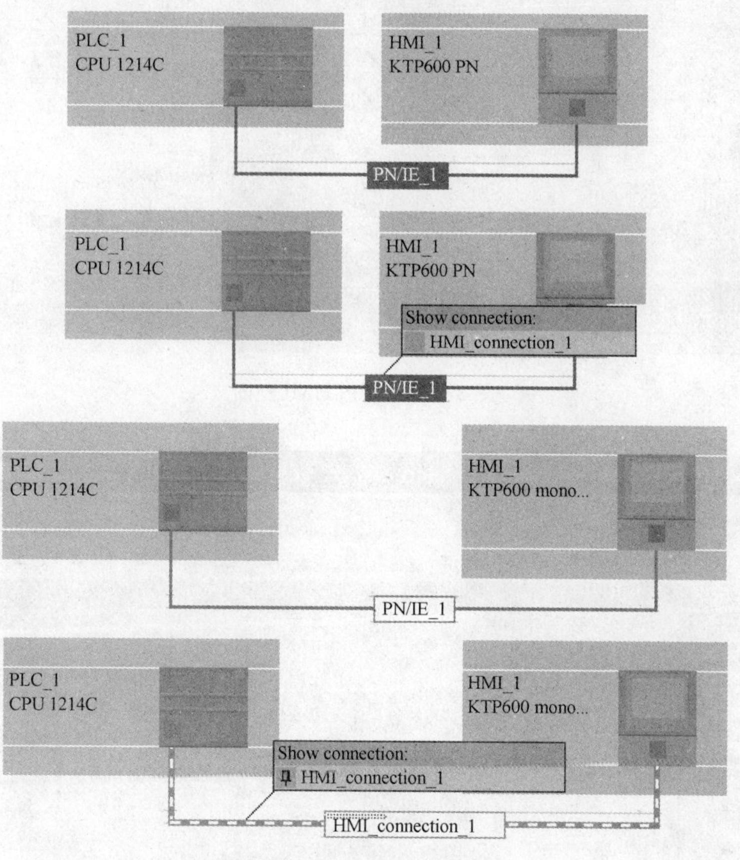

图3-41 创建HMI连接

用户还可以采用其他方法创建HMI连接：

1）通过从PLC变量表、程序编辑器或设备配置编辑器将PLC变量拖动HMI画面编辑器，自动创建HMI连接。

2）通过使用HMI向导浏览到相应PLC，自动创建HMI连接。

（11）创建HMI画面。用户不利用HMI向导也可以容易地组态HMI画面，如图3-42所示，STEP 7 Basic提供了一个标准库集合，用于插入基本形状、交互元素，甚至是标准图形。

如图3-43所示，要添加元素，只需将其中一个元素拖放到画面中，使用如图3-44所示的元素的属性（在巡视窗口中）组态该元素的外观和特性；还可以通过从项目树或程序编辑器将PLC变量拖放到HMI画面来创建画面上的元素，PLC变量即成为画面上的元素，然后可以使用属性来更改该元素的参数。

（12）为HMI元素选择PLC变量。在画面上创建元素后，使用所选元素的属性将PLC变量分配给该元素，单击“连接”（Connections）域中的按钮将显示CPU的PLC变量，如图3-45所示。

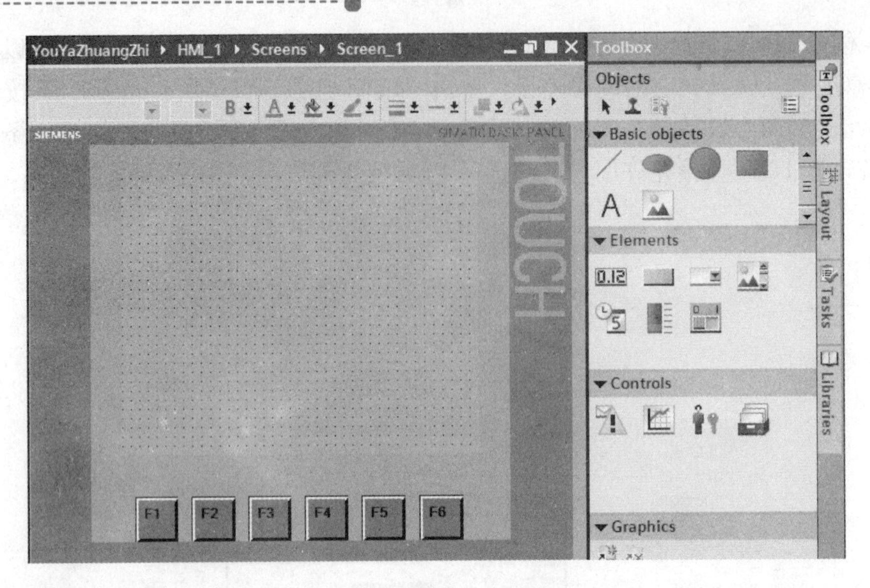

图 3-42　组态 HMI 画面

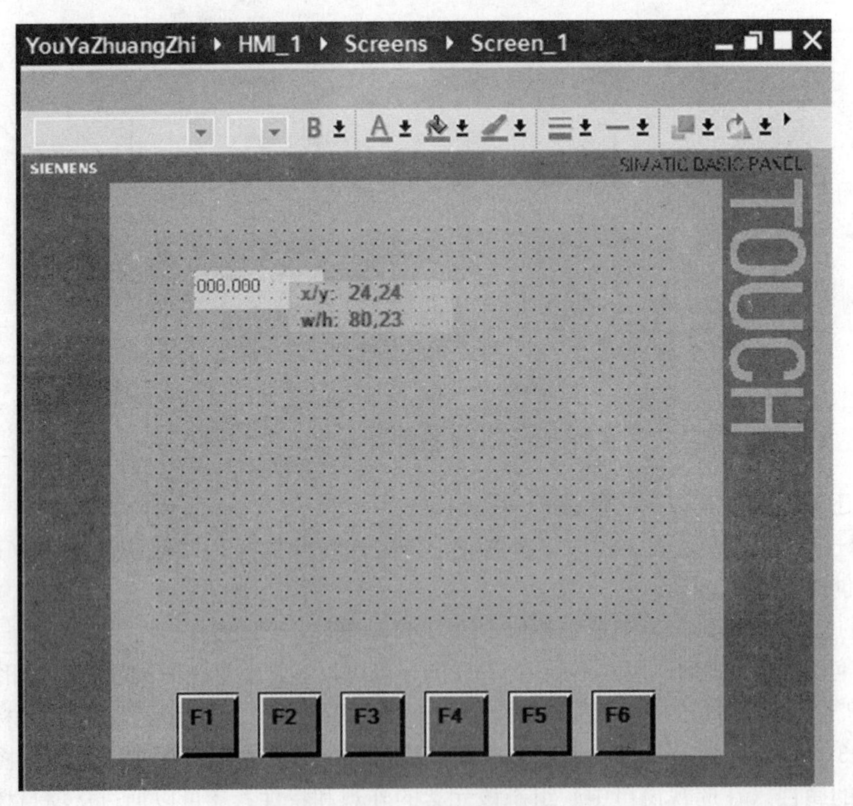

图 3-43　将元素拖放到画面中

也可以从项目树中将 PLC 变量拖放到 HMI 画面中，在项目树的“详细信息”视图中显示 PLC 变量，然后将其拖放到 HMI 画面中。

3.1.3 STEP 7 Basic 更上层楼

使用 S7-300/400 编程软件 STEP 7 V5. x 的用户感受到了 FC、FB、DB 等结构化编程

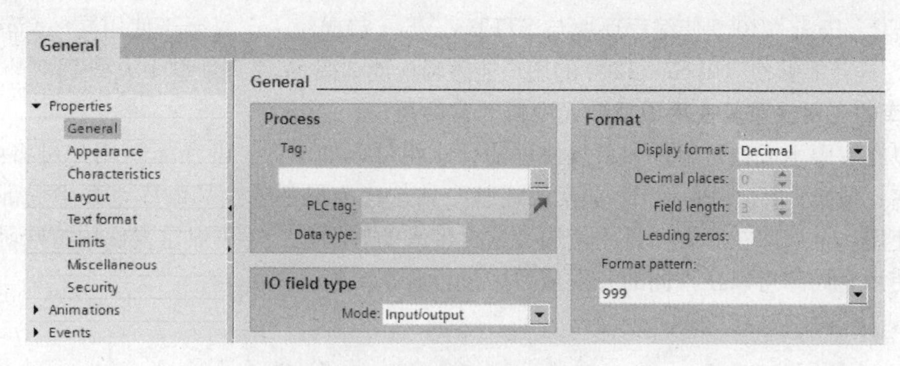

图3-44　组态元素的属性

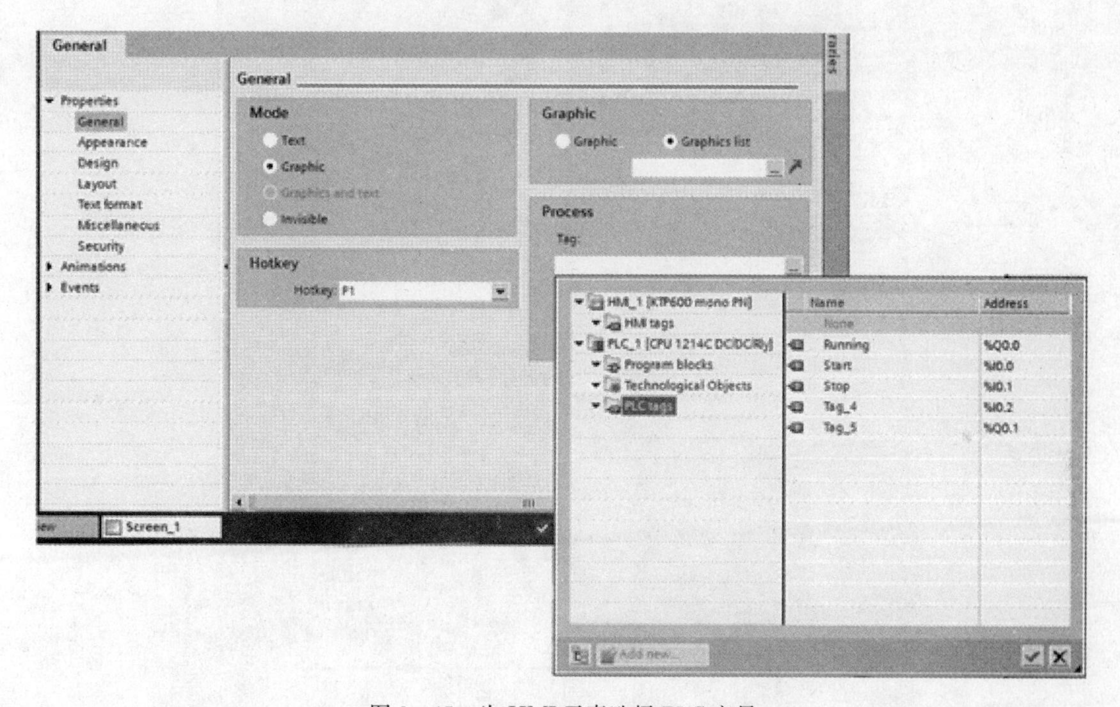

图3-45　为HMI元素选择PLC变量

的优势，编程效率高，而S7-200的编程软件STEP 7 Micro/WIN与STEP 7 V5.x相比不可同日而语，不过，如今S7-1200的编程软件STEP 7 Basic V10.5，已具备了STEP 7 V5.x的各种功能，编程效率无与伦比，程序的可移植性非常强大。

STEP 7 Basic V10.5与其完美整合的小型可编程控制器和KTP精简系列形成统一工程系统，为小型自动化领域紧凑、复杂的自动化任务提供了整体解决方案。S7-200与TD200的配置，在高档机器配置中不值一提，而今S7-1200与KTP系列触摸屏的融合虽有冲击，类似于将ProTool或WinCC Flexible软件集成到STEP7 V5.x中，然而这种集成的优势使西门子公司在研发S7-1200的过程中充分考虑了系统、控制器、人机界面和软件的无缝整合和高效协调的需求。

STEP 7 Basic V10.5采用了与STEP 7 V5.x一致的编程环境，这样在培养用户方面将产生延续性。以前使用S7-200的用户，在使用S7-300/400PLC时需要花费很长的再学习时间，而今 STEP 7 Basic V10.5 使编程环境与 STEP 7 V5.x 趋向统一，以至于使用同一套软件（如博途），这样就能够使应用 S7－1200 的用户能够轻松地掌握 S7 系列新型中大型 PLC。

1. 库的应用使重复使用项目单元变得非常容易

可以在库中生成项目组件和重复使用的任意组件，如图 3－46 所示，用户可将函数块、变量标签、报警、HMI 画面、个别模块或整个站创建为局部或全局的库，其中局部库在本项目中使用，全局库在所有项目中使用。这样带来的好处是：①可以重复使用特殊函数和设备；②使用全局库可以在不同的开发项目中进行数据交换。

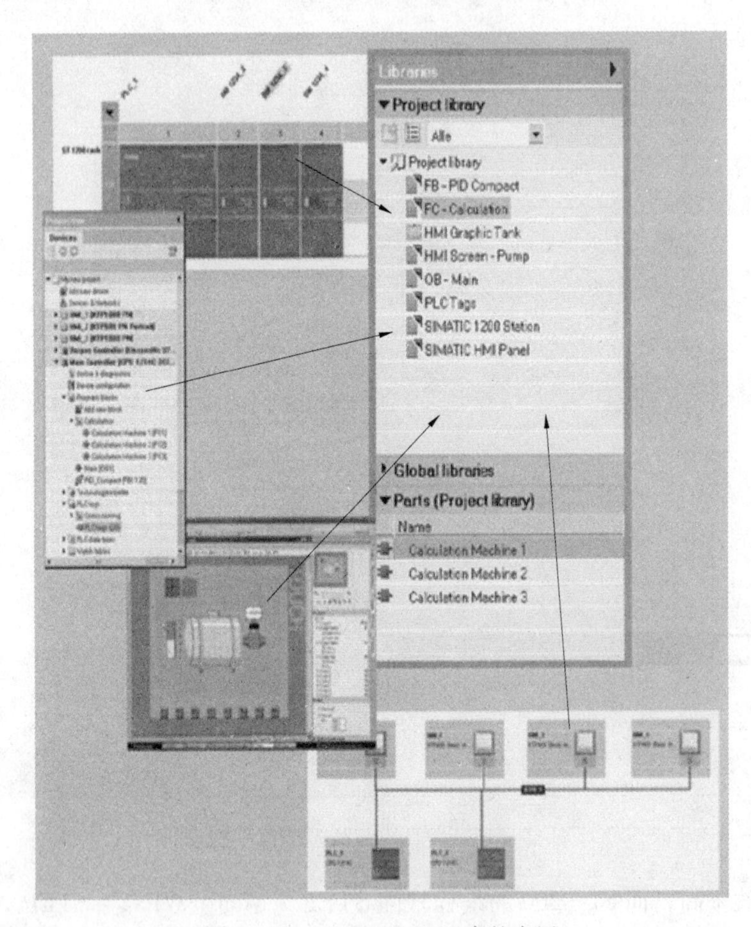

图 3－46　S7－1200 PLC 库的应用

2. 在集成的工程框架（PLC、HMI）中进行编辑器之间的智能拖曳

如图 3－47 所示，可以使用拖曳对硬件赋予符号，还可以从 PLC 的设备视图、变量标签表、用户程序等和 HMI 屏之间自动连接变量。这种智能拖曳的好处在于，允许用户在共享的编程环境中高效地使用 PLC 和 HMI 编辑器。

3. 共同数据存储和统一符号（单一的入口点）

如图 3－48 所示，用户一旦修改应用数据，便立即在整个项目中更新（即使生成了多个设备），并且符号可自动创建并且赋予输入输出。

这样带来的好处是：①自动数据的一致性保证了项目的高质量；②数据只需进入一次；③不需要额外处理地址和数据块；④不需要让编写程序的人员和 HMI 设计者协商。

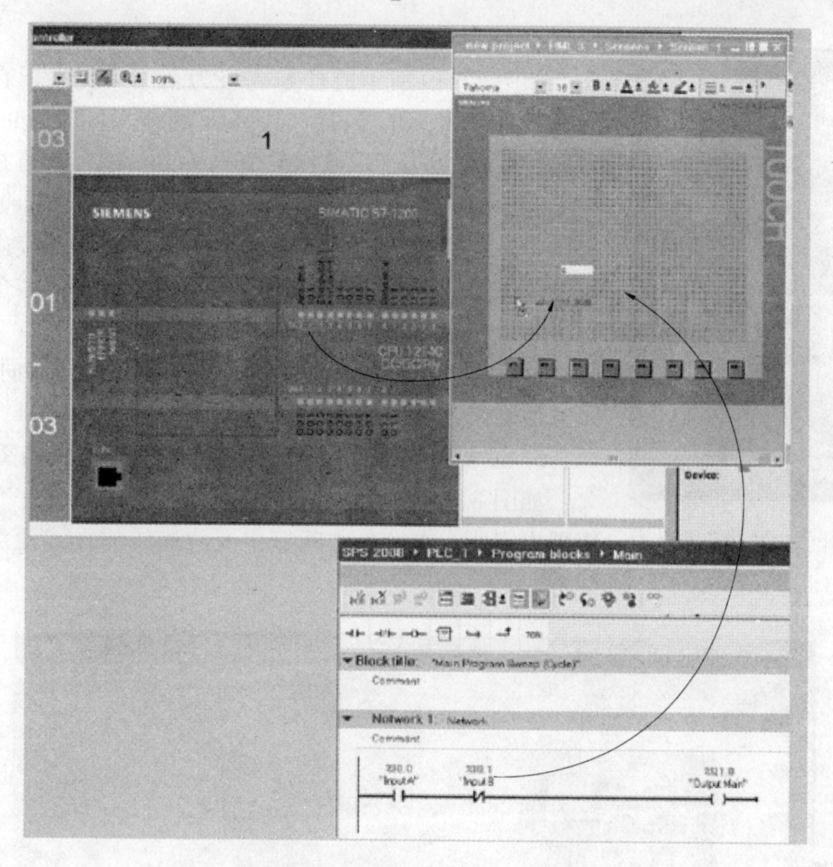

图 3-47 编辑器之间的智能拖拽

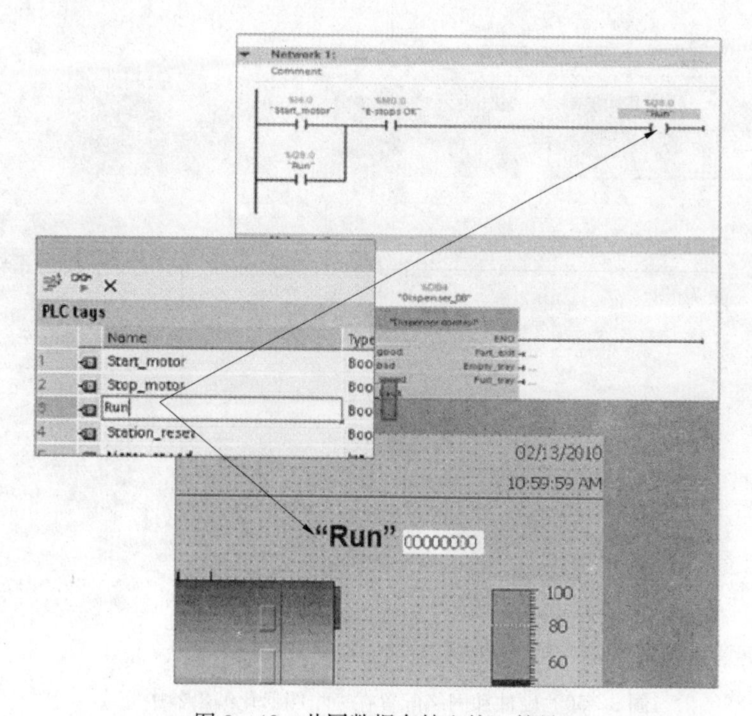

图 3-48 共同数据存储和统一符号

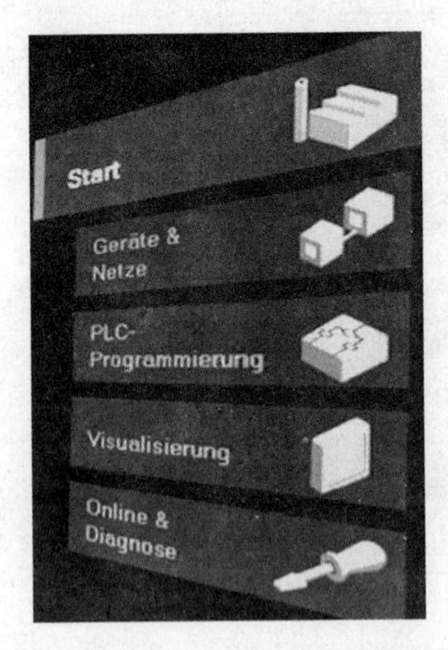

图 3-49　快速任务入口

4. 快速任务入口

如图 3-49 所示的任务入口为新用户提供了自动化任务的导航，任务入口包括“设备及网络”（Devices & Networks)、“PLC 编程”（PLC Programming)、“可视化”（Visualization)、“在线与诊断”（Online & Diagnose）等。这里提供了一个快速的、面向任务的开始。可以直接进行在线操作；可以为自动化任务找到正确的编辑器，只需单击鼠标便可轻易地切换不同编辑器。

这样带来的好处是：①能快速开始，并且面向任务导航；②方便维修人员快速进行在线诊断。

5. 设备和网络可在一个编辑器中进行清晰的图形化配置

如图 3-50 所示，硬件和网络配置可以在一个图形化编辑器中完成，在设备之间使用拖拉连线的方式便可进行网络配置。

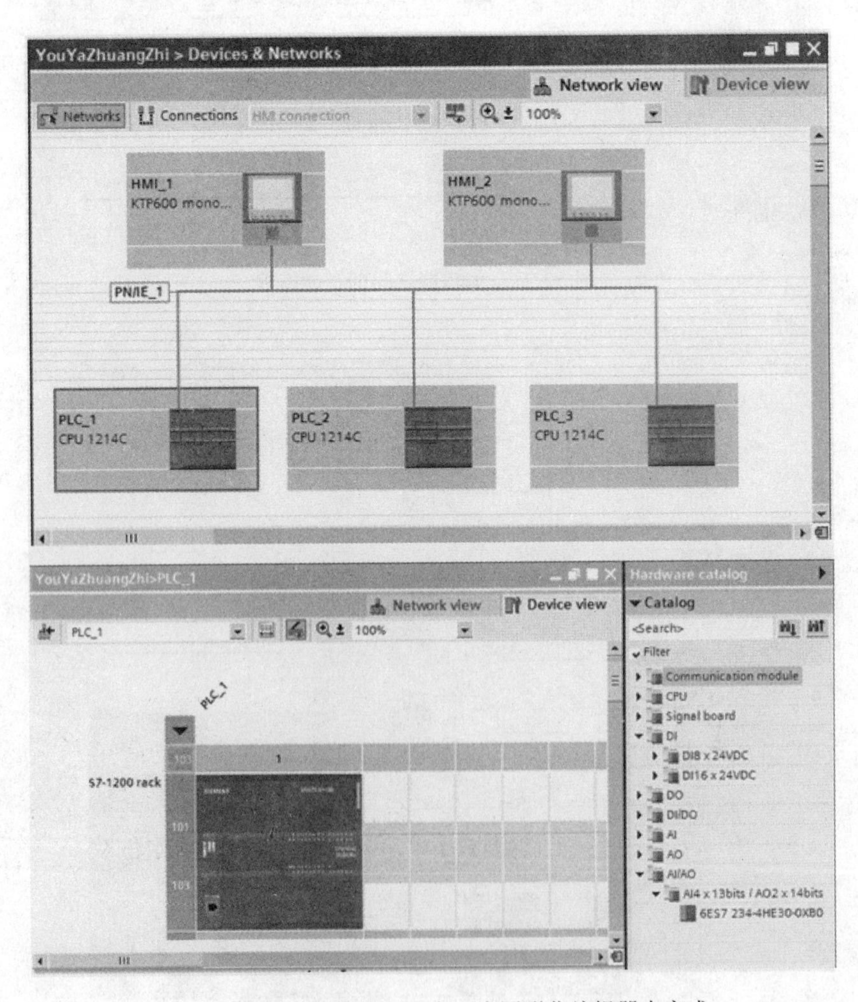

图 3-50　硬件和网络配置在一个图形化编辑器中完成

这样带来的好处是：①快速、直观地进行硬件和网络的设置；②在线模式中具有可视的图形化信息；③可对复杂的模块进行简单的处理；④即使是较大的网络架构，也有清楚的总览视图。

6. 所有视图和编辑器都清晰、直观

面向任务的操作概念，把所有编辑器嵌入到一个框架中（见图 3-51），为所有编辑器提供查找、替换和交叉参数等全局功能，在项目树中有着清晰直观的统一符号和术语。

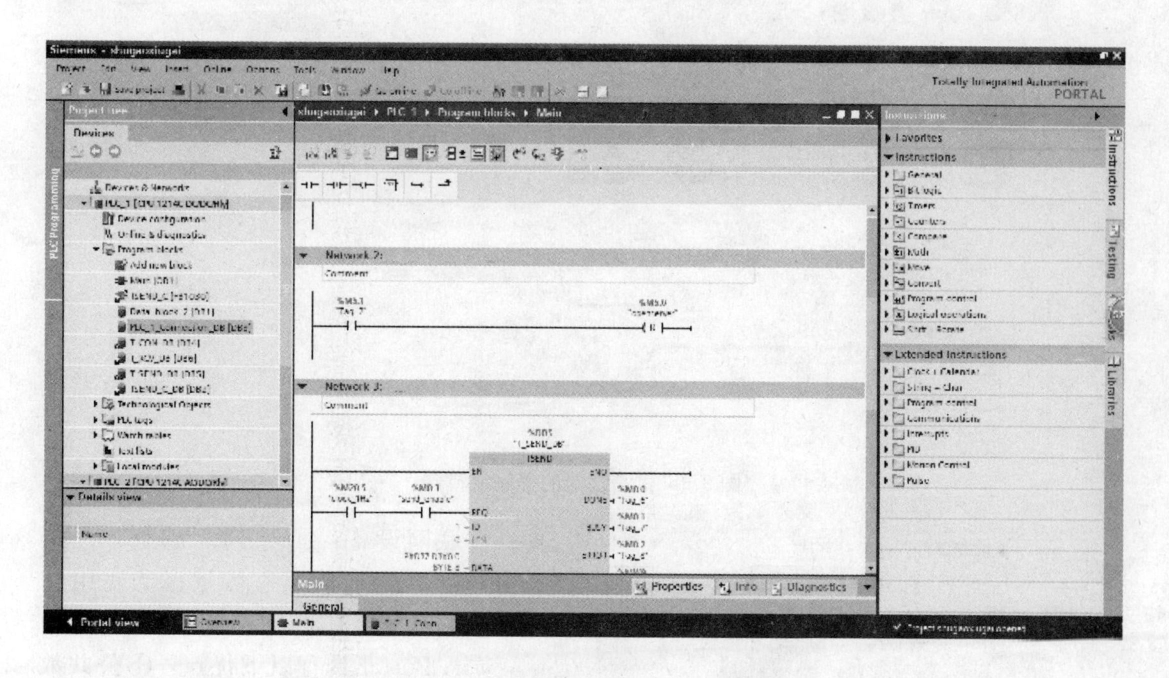

图 3-51　所有编辑器嵌入到一个框架中

这样带来的好处是：①能直观地使用所有编辑器；②能快速、高效地处理项目；③对象属性总是可直接进行访问、无嵌套窗口；④先进的窗口技术。

7. 高性能的程序编辑器

如前所述，编程时用户可以从库中拖曳相应部件并能重复使用。除此之外，智能感知、变量标签自动分配、未定义变量的多重添加、通过拖曳改变路径、指令栏的自由配置、程序段自由开闭、LAD 和 FBD 互切、兼容 IEC 指令、在错误状态下保存程序等，都给创造高效率工程注入了活力。这样，在每一个程序编辑器中高效工作，节省了时间（见图 3-52）。

3.1.4　尝试 TIA Portal 软件

TIA Portal 在一个软件应用程序中集成了各种 SIMATIC 产品，使用这一软件可以提高生产力和效率，TIA 产品在 TIA Portal 中协同工作，能够在创建自动化解决方案所需的各个方面强力提供支持，如图 3-53 所示，典型的自动化解决方案包括：①借助程序来控制过程的 PLC；②用来操作和可视化过程的 HMI 设备。

TIA Portal 用来创建自动化解决方案，关键的组态步骤为：①创建项目；②配置硬

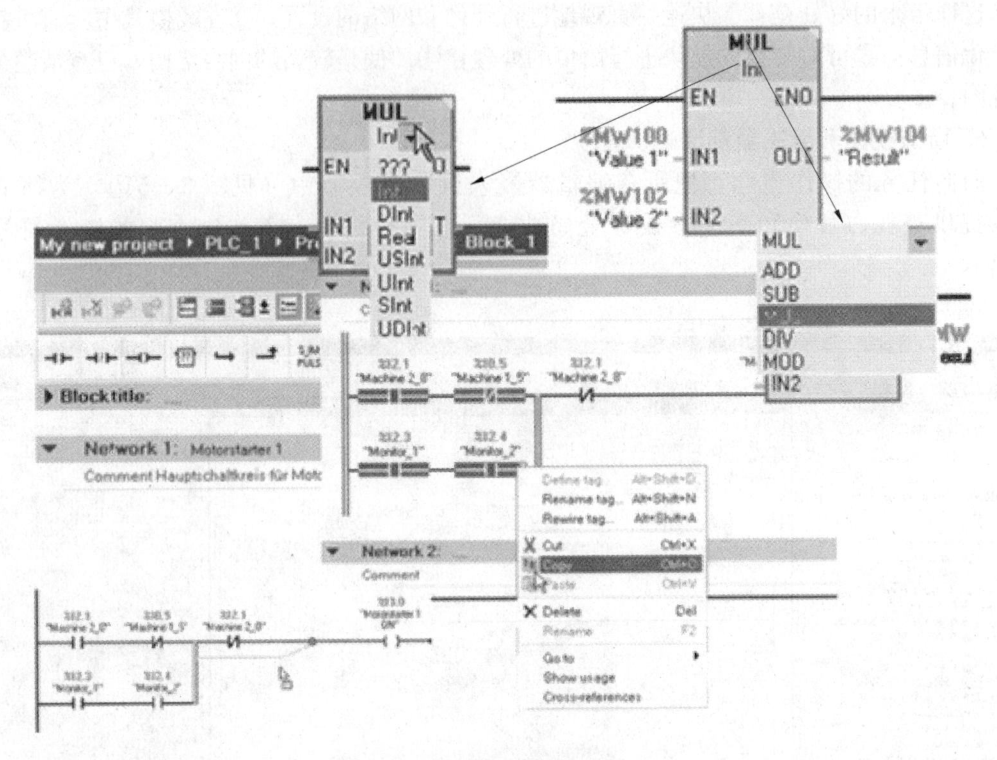

图 3-52　高性能的程序编辑器

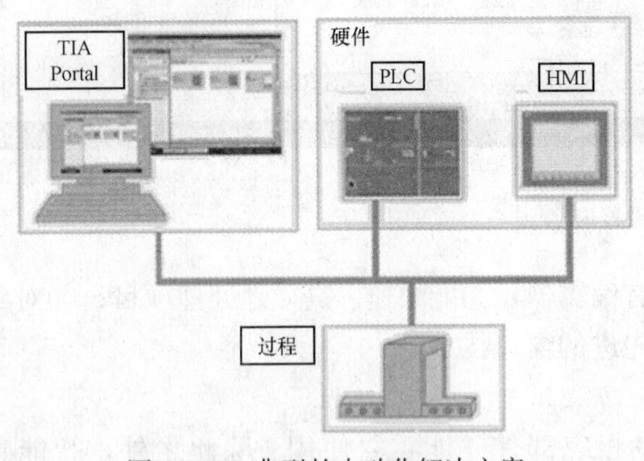

图 3-53　典型的自动化解决方案

件；③联网设备；④对 PLC 编程；⑤组态可视化；⑥加载组态数据；⑦使用在线和诊断功能。

TIA Portal 具有以下优点：①公共数据管理；②易于处理程序、组态数据和可视化数据；③可使用拖放操作轻松编辑；④易于将数据加载到设备；⑤易于操作；⑥支持图形组态和诊断。

双击桌面上含有“TIA”的图标，经过如图 3-54 所示的过程画面，便可打开如图 3-55 所示的 STEP 7 Basic 的启动窗口。

1. TIA Portal 中的视图

(1) TIA Portal 中的导航。对于自动化项目，TIA Portal 提供了两个不同的工作视图，通过它们可快速访问工具箱和各个项目组件：门户视图 Portal view 支持面向任务的组态；项目视图 Project view 可以访问项目中的所有组件，支持面向对象的组态。

可以随时使用用户界面左下角的链接在门户视图和项目视图之间切换。在组态期间，视图也会根据正在执行的任务类型自动切换。例如，如果要编辑门户视图中列出的对象，应用程序会自动切换到项目视图中的相应编辑器。编辑完对象后，可以切换回门户视图并继续操

图 3-54 TIA 软件启动过程中的画面

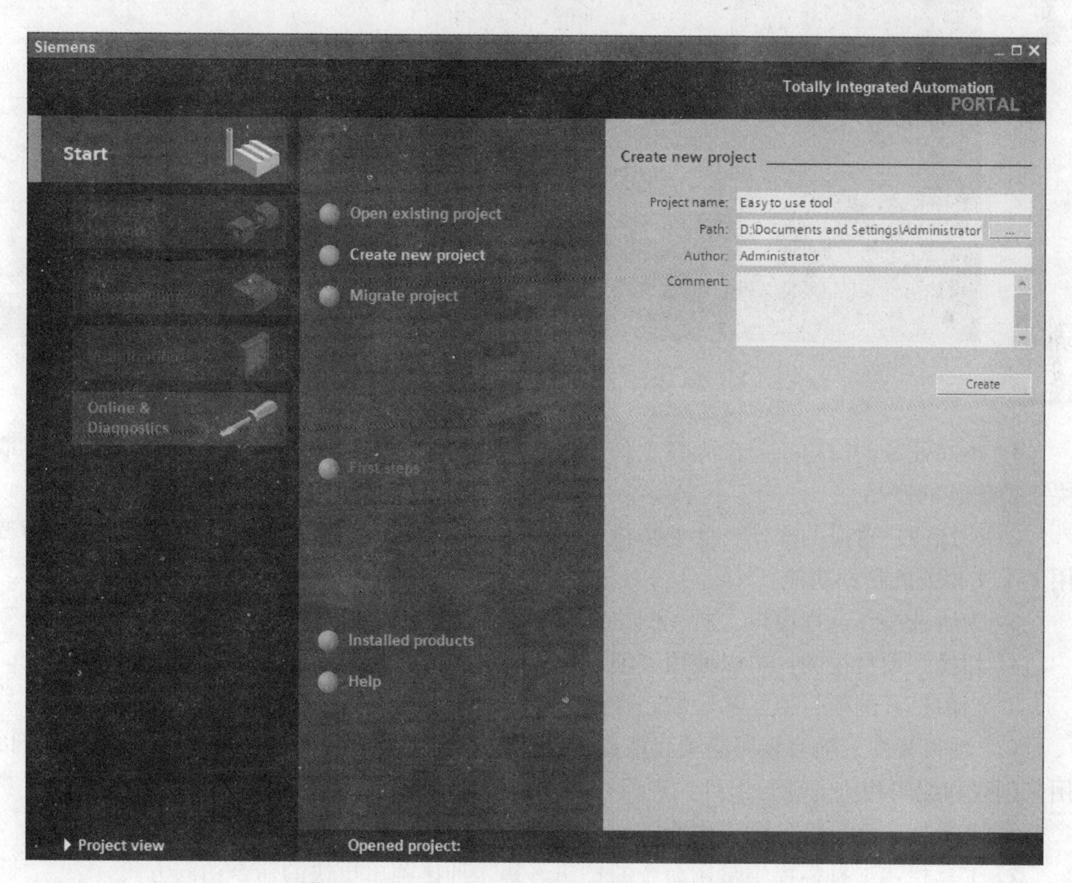

图 3-55 TIA 启动后显示的窗口（门户视图）

作下一个对象或进行下一项活动。

保存项目时，无论打开了哪个视图或编辑器，始终会保存整个项目。

(2) 门户视图。门户视图提供面向任务的工具箱视图，用于提供一种简单的方式来浏览项目任务和数据。这表明可通过各个门户来访问处理关键任务所需的应用程序功能，

图 3-56 显示的是门户视图的结构。

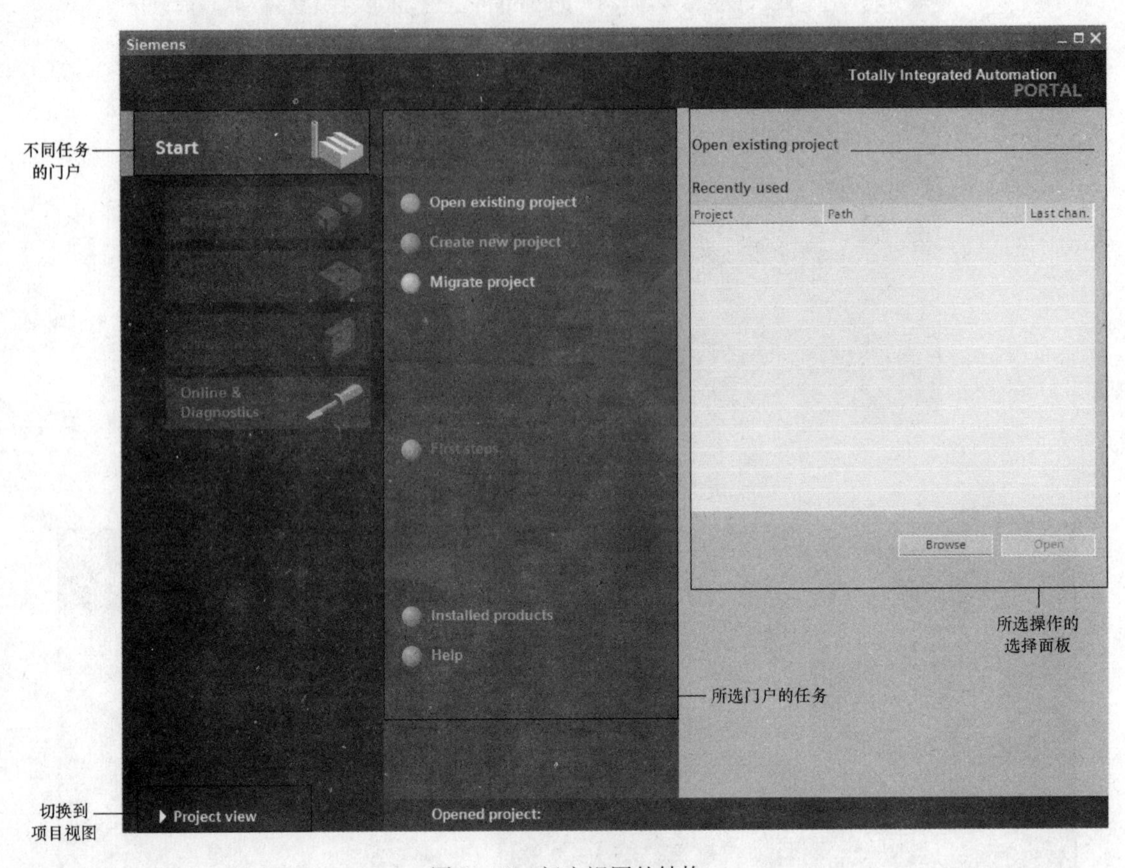

图 3-56 门户视图的结构

1）不同任务的门户：门户为各个任务区提供了基本功能，在门户视图中提供的门户取决于所安装的产品。

2）所选门户对应的操作：此处提供了在所选门户中可使用的操作。可在每个门户中调用上下文相关的帮助功能。

3）为所选操作选择窗口：所有门户都有选择窗口。该窗口的内容取决于当前的选择。

4）切换到项目视图：可以使用“项目视图”（Project view）链接切换到项目视图。

5）当前打开的项目的显示区域：在此处可了解当前打开的是哪个项目。

（3）项目视图。项目视图是项目所有组件的结构化视图，其中提供了各种编辑器，可以用来创建和编辑相应的项目组件，项目视图的结构如图 3-57 所示。

1）菜单栏：菜单栏包含工作所需的全部命令。

2）工具栏：工具栏提供常用命令的按钮，是一种比菜单更快的命令访问方式。

3）项目树：通过项目树可以访问所有组件和项目数据。例如，可在项目树中执行添加新组件、编辑现有组件、扫描和修改现有组件的属性等任务。

4）工作区：为进行编辑而打开的对象将显示在工作区内。

5）任务卡：可用的任务卡取决于所编辑或所选择的对象。在屏幕右侧的条形栏中可以找到可用的任务卡，并可随时折叠和重新打开。

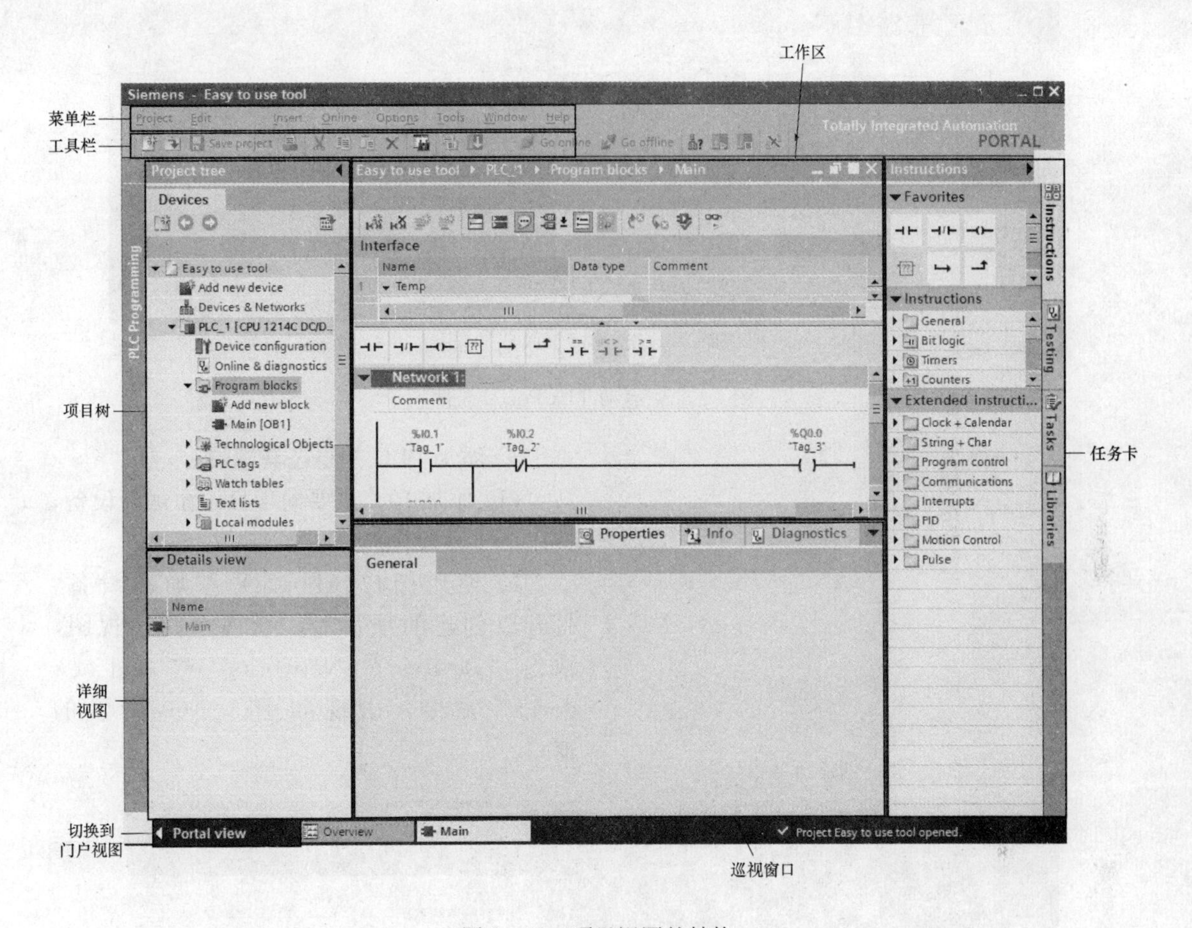

图 3-57 项目视图的结构

6）详细视图：在详细视图中显示所选对象的某些内容，可能包含文本列表或变量。

7）巡视窗口：在巡视窗口中显示有关所选对象或所执行动作的附加信息。

8）切换到门户视图：可以使用“门户视图”（Portal view）链接切换到 门户视图。

顺便指出，使用Ctrl键和数字键1～5的组合键可以打开和关闭项目视图的各个窗口。在TIA Portal的信息系统中，可以找到关于所有组合键的概述。在项目编辑器中执行菜单命令“Options”→“Settings”，选中工作区左边窗口的“General”，选中工作区右边窗口的“Project view”（项目视图）选项，以后每次打开软件都将显示项目视图。

2. 创建项目

（1）启动TIA Portal。可从桌面双击含有“TIA”的图标，也可如图3-58所示执行“开始”→“所有程序（P）”→“Siemens Automation”→“Totally Integrated Automation Portal V10”命令，启动TIA Portal软件。

（2）创建项目。进入项目视图后，执行菜单命令“Project”→“New”，生成如图3-59所示的新项目对话框，在“Project name”文本输入框设置项目名称，或使用系统指定名称，点击“Path”文本输入框右侧的“…”按钮，设置保存项目的路径。单击“Create”按钮，就创建了一个项目。

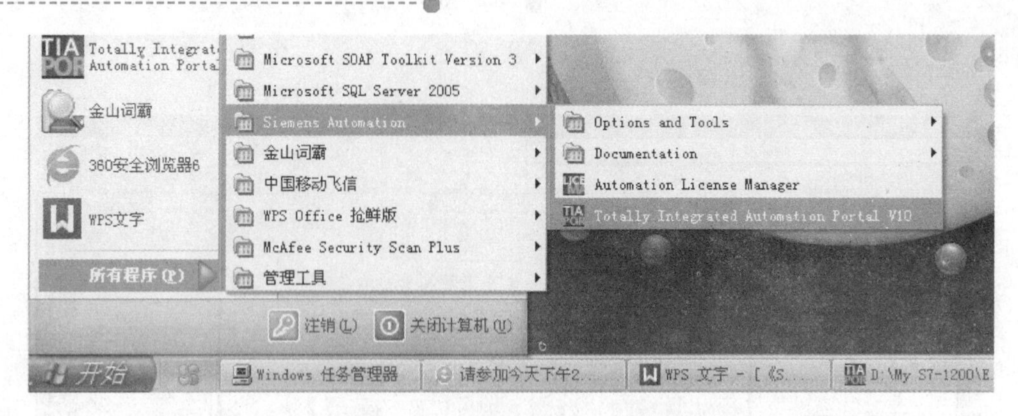

图 3-58　启动 TIA Portal 软件

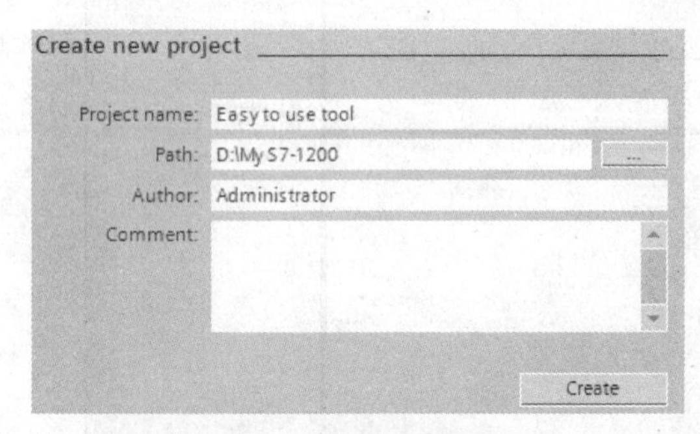

图 3-59　创建新项目

3. 添加 PLC 并组态其属性

(1) 添加 PLC。要向项目中添加新设备，按以下步骤操作。

1) 使用门户（Portal）添加新设备。打开以创建的项目后，切换至门户视图，执行“Devices & Networks”→“Add new device”命令，出现如图 3-60 所示的窗口。

图 3-60　使用门户添加新设备

2）选择所需的 PLC。

3）确保启用了“Open device view”（打开设备视图）选项。如果未启用该选项，就在选项内单击鼠标左键启用，如图 3－61 所示。

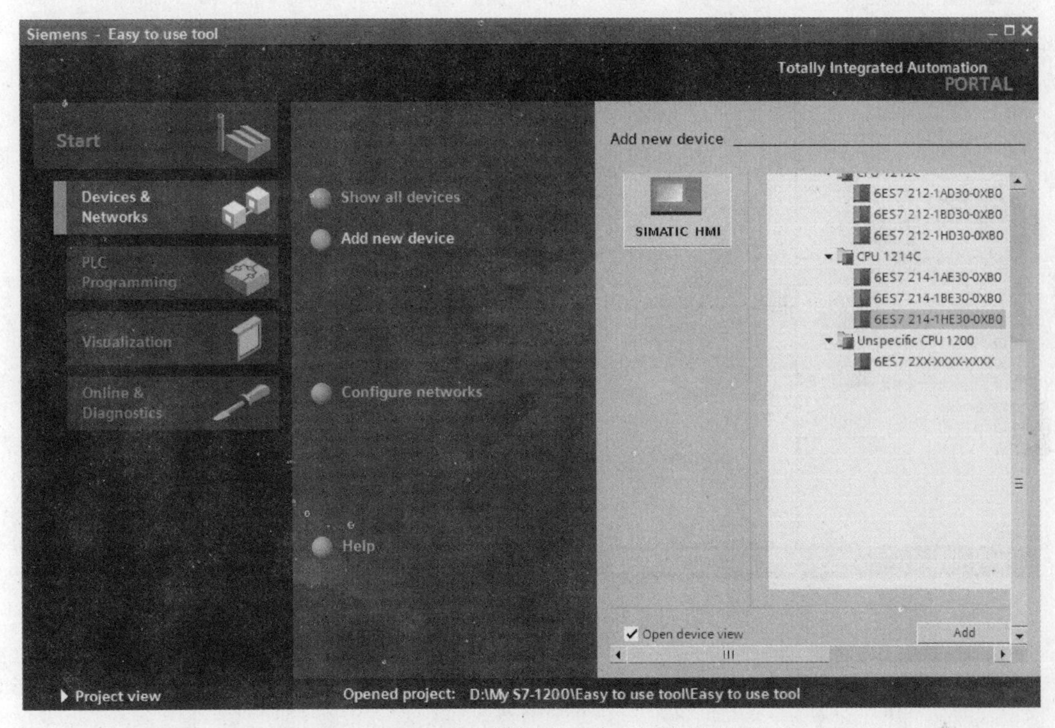

图 3－61　选择 PLC 并启用“打开设备视图”选项

4）单击“Add”（添加）按钮。这样就在项目中创建了一个新 PLC，并在设备和网络编辑器的设备视图中打开该 PLC，如图 3－62 所示。

另外，在网络视图中也可以添加新设备。执行菜单命令“Project”→“Open”打开创建的项目，双击左边窗口项目树中的“Device & Networks”（设备和网络）打开“网络视图”（Network view），找到最右侧的“Hardware Catalog”（硬件目录），依次展开“PLC \ SIMATIC S7－1200 \ CPU \ CPU 1214C”文件夹，将某个订货号的 CPU 拖到网络视图中，也可添加一个 PLC 设备。同样，依次展开“HMI \ SIMATIC Basic Panels \ X”Display”文件夹，可以把某个面板拖放到设备或网络视图中。

（2）设备和网络编辑器。在图 3－62 中单击“Network view”，或由门户视图里“Show all devices”双击设备或单击“Configure networks”，可以打开设备和网络编辑器，这是一个集成开发环境，用于对设备和模块进行配置、联网和参数分配的工具，由可切换的网络视图和设备视图组成。

1）网络视图。网络视图是设备和网络编辑器的工作区域，在该区域内可以执行以下任务：配置和分配设备参数和使设备相互连接。网络视图的结构如图 3－63 所示，其中：

① 用于在设备视图与网络视图之间切换的选项卡。

② 为工具栏，在各种设备之间切换及显示/隐藏某些信息，缩放功能以更改图形区域中的显示。

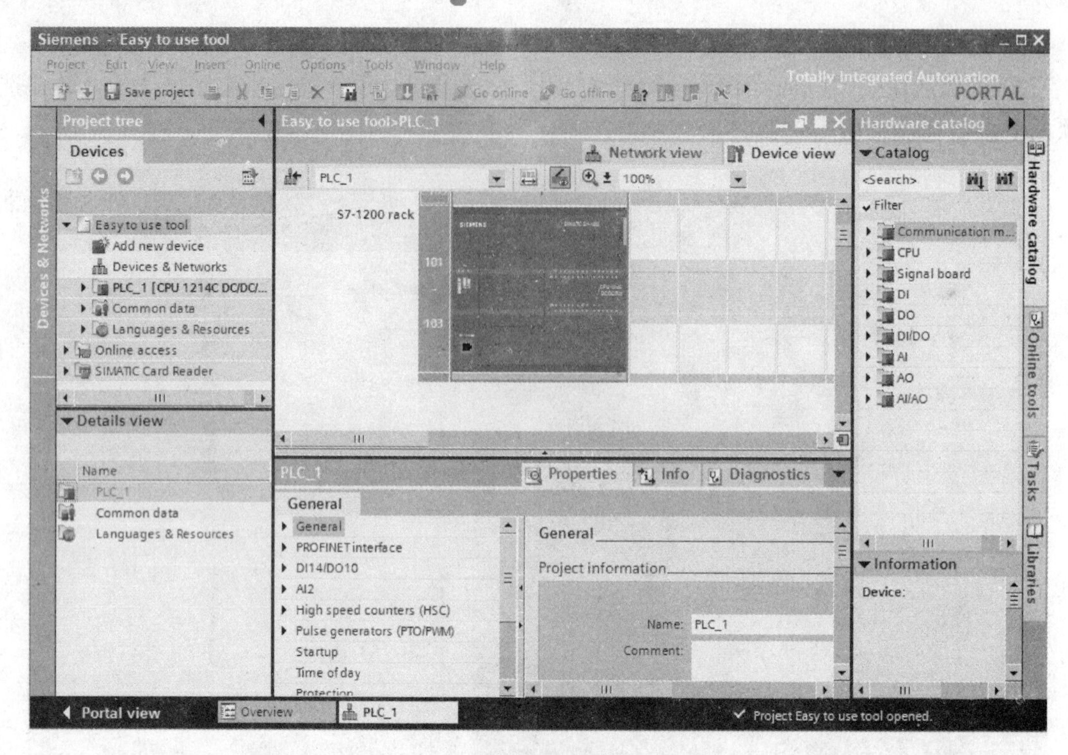

图 3-62　在设备和网络编辑器的设备视图中打开 PLC

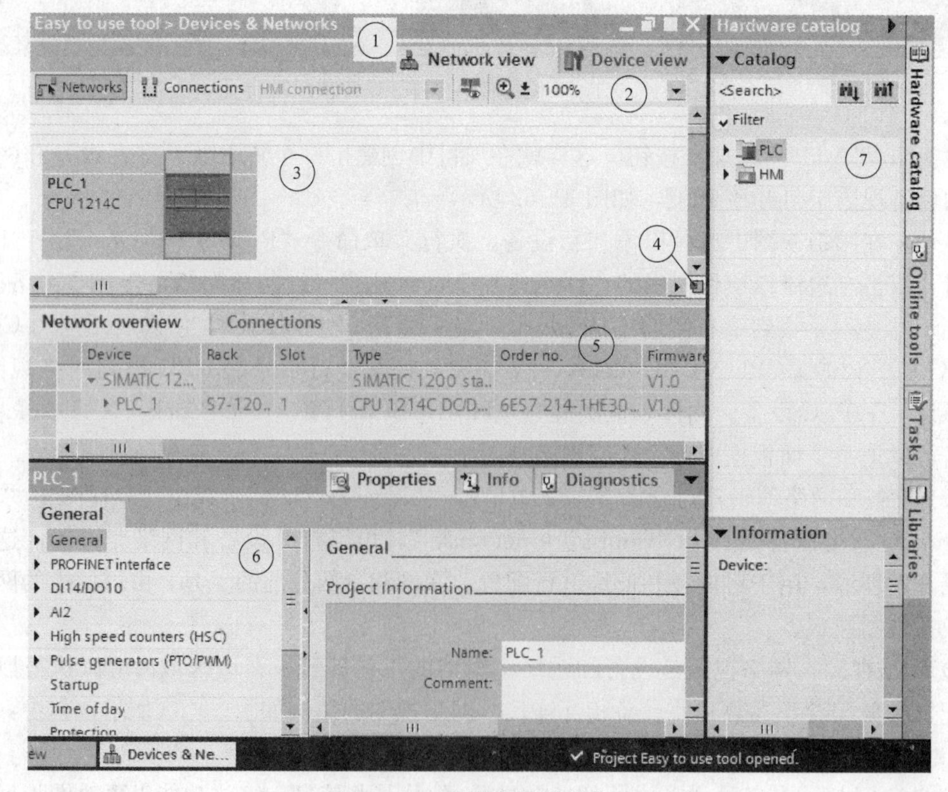

图 3-63　网络视图的结构

③ 为图形区域，显示设备与相关模块，它们彼此间通过一个或多个机架来分配给对方，在图形区域中，可以将其他硬件对象从硬件目录⑦中拖到机架的插槽中并对它们进行配置。

④ 为总览导航，提供图形区域中所创建对象的概览，按住鼠标左键，可以快速导航到所需的对象并在图形区域中显示它们。

⑤ 为表格区域，提供了所用模块及最重要的技术数据和组织数据的概览。

⑥ 为巡视窗口，显示当前所选对象的信息，可以在巡视窗口的“属性”（Properties）选项卡中编辑所选对象的设置。

⑦ 为“硬件目录”任务卡，使用该任务卡可以轻松访问各种硬件组件，将自动化任务所需的设备和模块从硬件目录拖到设备视图的图形区域。

2）设备视图。设备视图是设备和网络编辑器的工作区域，在该区域内可以执行以下任务：配置和分配设备参数和配置和分配模块参数。图 3 - 63 也描述了设备视图的结构，这称为“一种编辑器、两种视图”。

(3) 组态 PLC。英文单词“Configure”一般被译成“组态”，设备组态的任务就是在设备与组态编辑器中生成一个与实际的硬件系统完全相同的虚拟系统，包括系统中的设备（PLC 和 HMI），PLC 各模块的型号、订货号和版本，模块的安装位置和设备之间的通信连接，都应与实际的系统完全相同。此外还应设置模块的参数，即给参数赋值，称之为参数化。

组态（配置）PLC 就是设置 PROFINET 接口的属性，按以下步骤操作。

1）如图 3 - 64 所示，在网络视图或者设备视图中单击 PROFINET 接口，其属性随即显示在巡视窗口中。

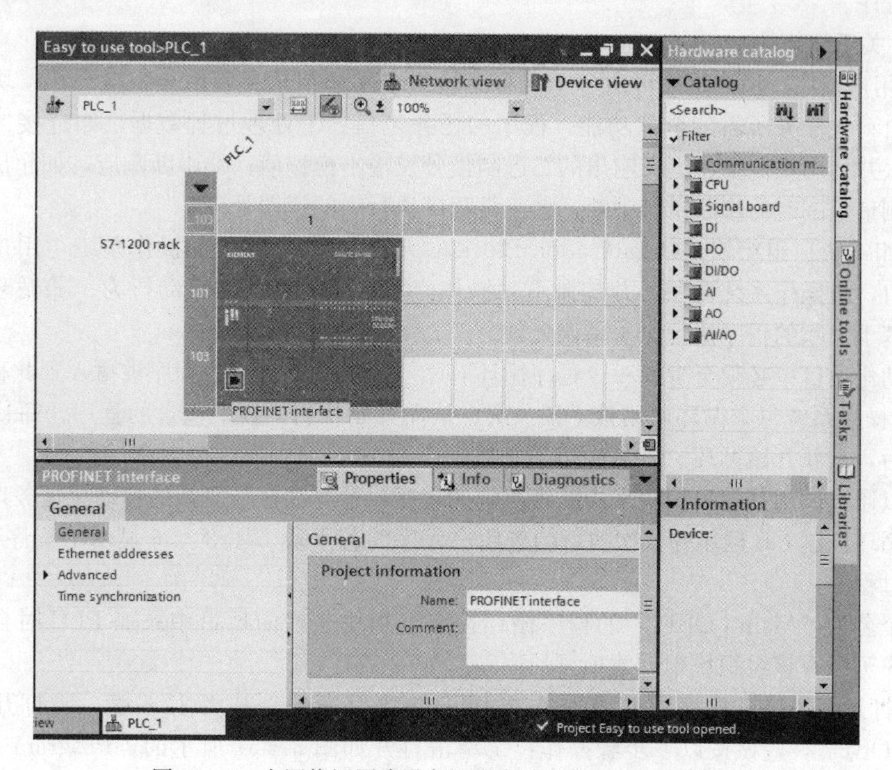

图 3 - 64 在网络视图或设备视图中单击 PROFINET 接口

2）在巡视窗口的“以太网地址”（Ethernet addresses）下面，输入PLC的IP地址，如图3-65所示。

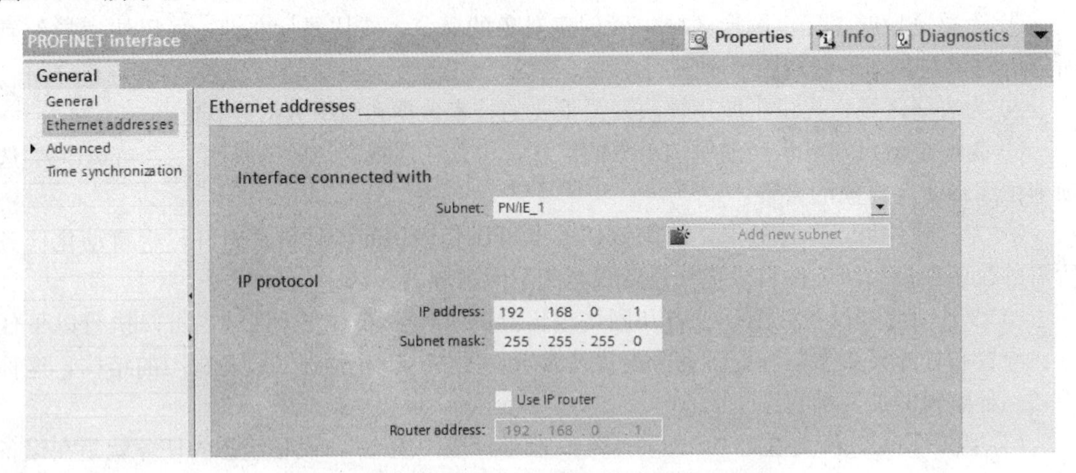

图3-65　在巡视窗口以太网地址栏输入IP地址

3）单击工具栏上的“保存项目”（Save project）图标保存项目。

4）关闭设备和网络编辑器。

4. 创建程序

添加PLC后，项目中会自动创建组织块“Main [OB1]”，之后就可以在该组织块中创建用户程序。

（1）关于组织块。

1）用户程序。用户程序可由一个或多个块组成，必须至少使用一个组织块。块包含处理特定自动化任务所需的全部功能。程序的任务包括：①处理过程数据，如链接二进制信号、读入并利用模拟量、定义输出的二进制信号及输出模拟值；②中断响应，如超出模拟扩展模块测量范围时的诊断错误中断；③正常程序执行中的错误处理。

2）组织块。组织块（Organization Block，OB）是构成PLC的操作系统与用户程序之间的接口，由操作系统调用，并控制下列操作：①自动化系统的启动行为；②循环程序执行；③基于中断的程序执行；④错误处理。

自动化项目中必须至少有一个程序循环OB，确定PLC行为的程序被写入到此程序循环OB中。操作系统每个循环调用该OB一次，从而开始执行OB中包含的程序。每次程序执行结束后，重新开始循环。

可以通过调用其他组织块来中断组织块的程序执行，在执行复杂的自动化任务期间，程序会被循环控制OB调用并依次执行构造用户程序的若干块。图3-66显示了程序循环OB的执行过程。

这个名为“Main [OB1]”的程序循环控制组织块是在向项目中添加PLC时自动创建的，用户可以在该组织块中创建项目的程序。

3）打开组织块。程序编辑器是一个用于创建程序的集成开发环境。要打开组织块“Main [OB1]”，应该按以下步骤操作：①单击打开如图3-67所示的“Program blocks”，在项目树中打开“程序块”文件夹；②双击打开组织块“Main [OB1]”，可以在此创建程序，如图3-67所示。

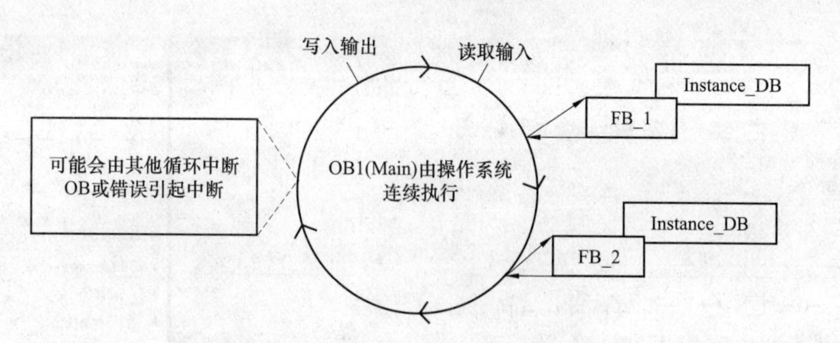

图 3-66 程序循环 OB 的执行过程

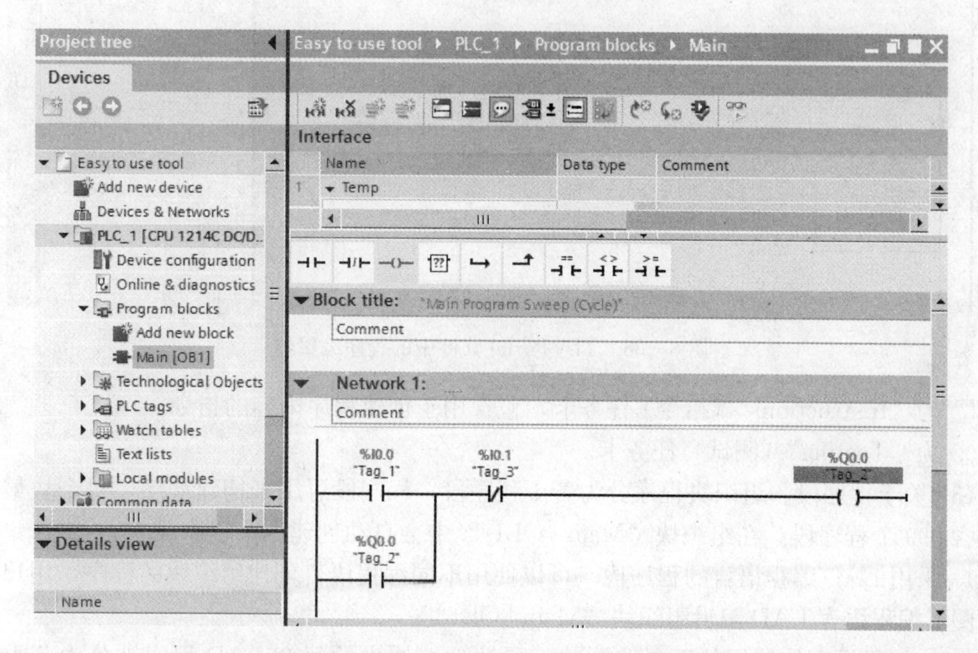

图 3-67 打开组织块“Main [OB1]”

4）调整工作区。可以移动、分离、水平或垂直拆分工作区中的窗口，详见 TIA Portal 的信息系统。

(2) 程序编辑器。程序编辑器具有创建包含块的程序的功能，它由若干区域组成，可根据不同功能对各种编程任务的执行提供支持，程序编辑器的结构如图 3-68 所示。

① 为工具栏，用它访问程序编辑器的主要功能，如插入、删除、打开和关闭程序段，显示/隐藏绝对操作数，显示/隐藏程序段注释，显示/隐藏收藏夹，显示/隐藏程序状态。

② 为块接口。通过块接口可以创建和管理局部变量。

③ 为“Instructions”（指令）任务卡中的“收藏夹”（Favorites）窗格和程序编辑器中的收藏夹，通过它可快速访问常用指令，可单独扩展“收藏夹”窗格以包含更多指令。

④ 为指令窗口。指令窗口是程序编辑器的工作区，可在其中执行程序段的创建与管理、输入块和程序段的标题与注释、指令插入并为其提供变量等任务。

⑤ 为“Instructions”（指令）任务卡中的“指令”窗格。

⑥ 为“Instructions”（指令）任务卡中的“扩展指令”（Extended Instructions）窗格。

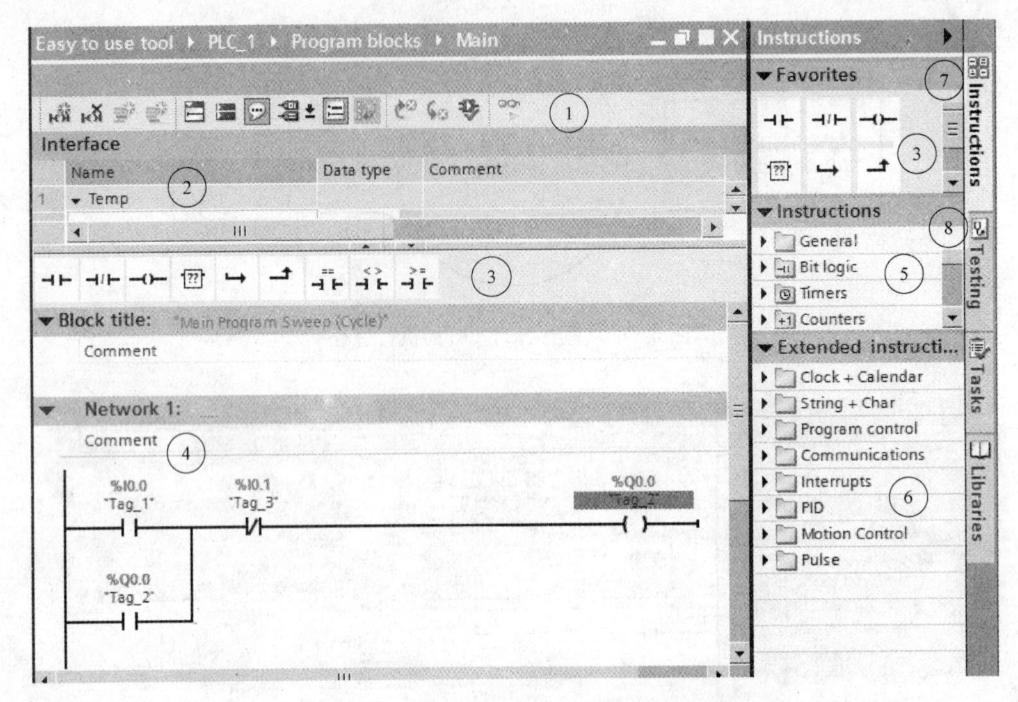

图 3-68　TIA Portal 软件中的程序编辑器

⑦ 为“Instructions”（指令）任务卡，包含用于创建程序内容的指令。

⑧ 为“Testing”（测试）任务卡。

(3) 关于程序段。组织块程序分为若干程序段，程序段可用来构建程序，每个块最多可以包含 999 个程序段。在组织块“Main [OB1]”中会自动创建一个程序段。

1) 采用 LAD 编程语言的程序段。可以使用不同编程语言创建组织块的程序，用户可以使用图形编程语言 LAD 编辑组织块“Main [OB1]”。

LAD 编程语言的使用基于电路图的表示法，即块中的每个 LAD 程序被分为若干程序段，每个程序段包含一根电源线和至少一个梯级。

通过添加其他梯级可扩展程序段，可以使用分支在特定梯级中创建并联结构。梯级和程序段按照从上到下、从左到右的顺序执行。

2) LAD 指令。可以使用用户界面的“指令”任务卡中提供的 LAD 指令创建实际程序内容，如第 1 章所述，有触点（创建或中断两个元素之间的载流连接）、线圈（根据逻辑运算结果的信号状态置位或复位二进制操作数）和功能框（具有复杂运算功能的 LAD 元素/空功能框只是占位符）三种不同类型的 LAD 指令。

(4) 编写程序。在创建项目、组态 PLC、打开 OB1 后便可编写程序，在 TIA Portal 程序编辑器上经过激活变量的符号表示形式、向程序段插入触点、打开“指令”(Instructions) 任务卡、在梯级末尾插入“输出线圈”指令、插入分支、在分支末尾插入“取反线圈”指令等操作，便得到如图 3-69 所示的 LAD 程序段示例。在“指令”任务卡中可以找到触点、线圈和功能框的各种变体，这些变体根据其功能被划分到不同文件夹中，必须给多数 LAD 指令提供变量。

(5) 将 LAD 指令与 PLC 变量互连。

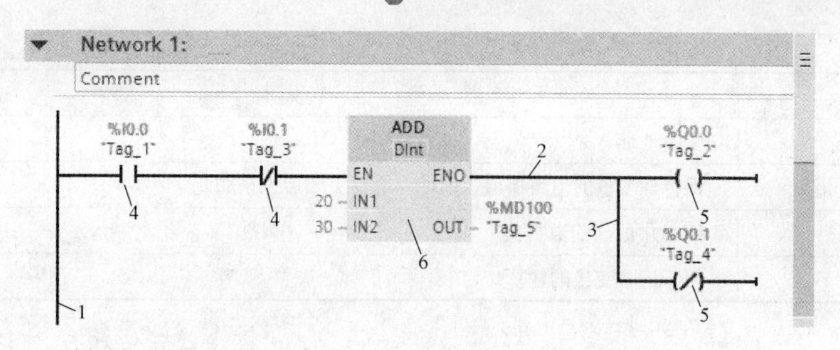

图 3-69　LAD程序段示例

1—电源线；2—梯级；3—分支；4—触点；5—线圈；6—功能框

1）变量与PLC变量。根据应用范围，变量分为局部变量（适用于定义这些变量的块）和PLC变量（或称全局变量，适用于整个PLC）。有不同值的变量用于程序，为程序中指令分配变量后，即会使用指定变量的值来执行该指令。

变量在TIA Portal中集中管理，在程序编辑器中创建PLC变量与在PLC变量表中创建PLC变量没什么区别。如果在程序或HMI画面的多个位置使用某个变量，则对该变量所作的更改会立即在所有编辑器中生效。

变量的优点在于可以集中更改程序中使用的寻址方式，若没有变量提供的符号寻址功能，则每次PLC输入和输出的组态发生变化时，在用户程序中反复使用的寻址方式必须在程序中的多个位置进行更改。

PLC变量由以下部分组成：①变量名称，如START_ ON，只对一个PLC有效，并且在整个程序和特定PLC中只能出现一次；②数据类型，如Bool，是定义值的表示形式和允许的值范围；③变量地址，如M3.1，是绝对地址，定义变量读值或写值的存储区。如图3-70所示，描述了PLC变量表、程序中变量、位存储区及PLC的输入和输出在理论上是如何互相链接的。

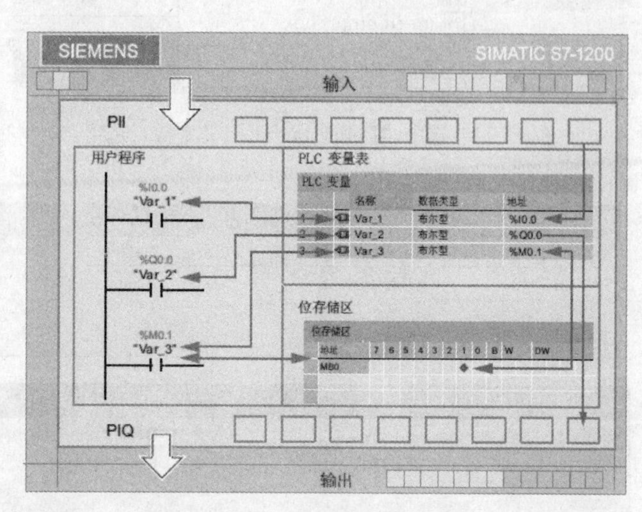

图 3-70　PLC变量表、程序变量、存储区及IO的链接

PLC变量表包含对于某个PLC有效的变量和常量的定义，系统会为项目中创建的每个PLC自动创建一个PLC变量表，表3-2给出了“变量”（Tags）选项卡中各表格列的含义。

表 3-2　“变量”（Tags）选项卡中各表格列的含义

列	说明
	可单击该符号，以便通过拖放操作将变量移动到程序段中以用作操作数
名称	为变量定义的且在整个PLC中唯一的名称
数据类型	为变量指定的数据类型

续表

列	说明
地址	变量地址
保持性	保持性变量的值将保留，即使在电源关闭后也是如此
监视值	PLC 中的当前数据值
注释	用于记录变量的注释

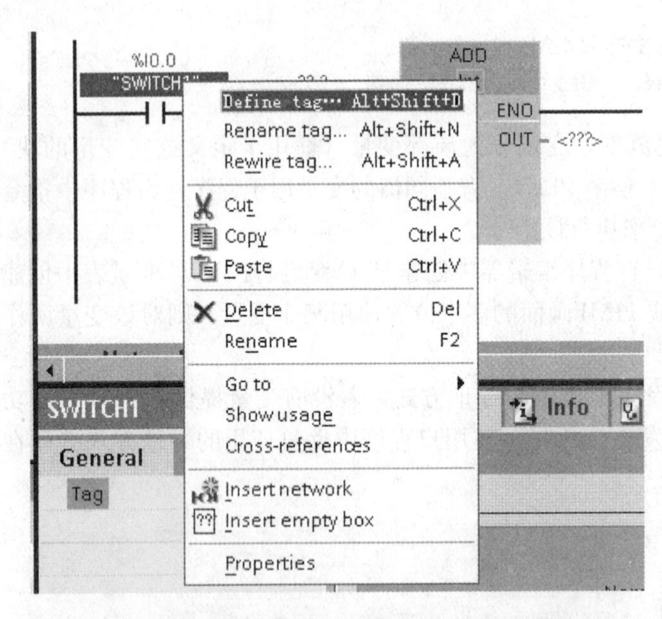

图 3-71　选中“Define tag”（定义变量）选项

2）定义和互连 PLC 变量。在 TIA Portal 中，可以在程序段中创建用户程序时直接创建变量，下面介绍如何定义 PLC 变量，以及将插入的 LAD 指令与 PLC 变量互连。LAD 指令根据变量值来执行，以此对被控对象进行控制。

分别点击图 3-71 中各〈?? .?〉处，视情况输入绝对地址和（或）符号地址，按回车键确定，右键单击它弹出如图 3-71 所示的菜单，选中“Define tag”（定义变量）或“Rename tag”（重命名变量）选项，打开如图 3-72 所示的对话框，进行设定后点击“Define”或“change”按钮。

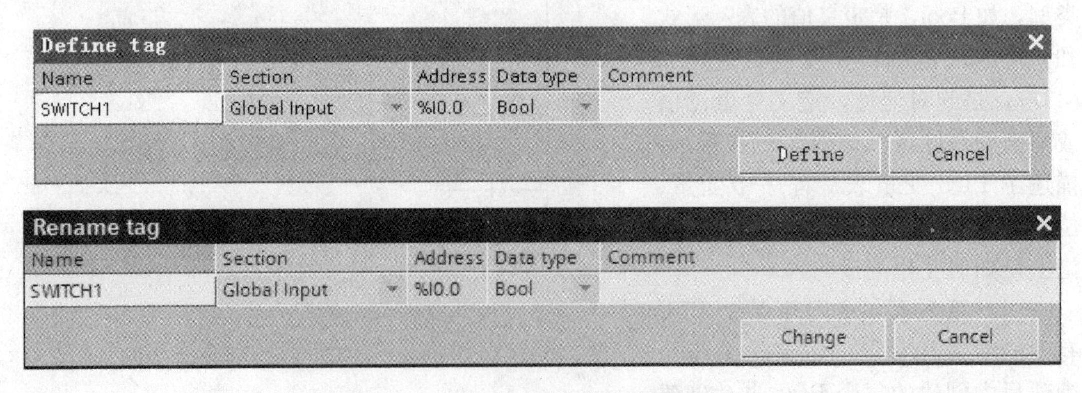

图 3-72　对选中变量进行定义或重命名

对各变量逐一重命名后，图 3-69 就变成了图 3-73 所示的情况了。

5. 测试程序

(1) 将程序加载到目标系统。

以下介绍将程序加载到 PLC 中，加载期间，在编程设备（PG）或编程计算机（PC）与 PLC 之间会建立在线连接。执行加载时，会将存储在编程设备（PG）或编程计算机（PC）硬盘中的程序写入到 PLC 的存储器中。期间还会对程序中包含的块进行编译，以便 PLC 能

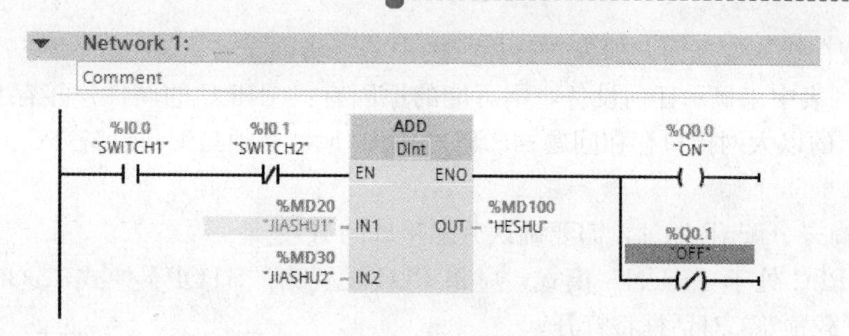

图 3-73 完成变量定义后的 LAD 程序段

够对其进行处理。编译并加载完程序后，PLC 即能对其进行处理。

在线/离线比较：PLC 不会记录加载过程完成后对编程设备/PC 上的程序所做的更改，可以使用 TIA Portal 对项目数据进行在线/离线比较以显示所有偏差。在在线模式下，可以借助项目树中的图标来确定编程设备/PC 上的“离线”程序组件与 PLC 上的“在线”编程元素是否完全相同。要刷新 PLC 中程序的状态，必须重新加载程序。

1）启动加载过程。已建立编程设备/PC 和 PLC 之间的连接后，在项目树中右击“PLC_1 [CPU 1214C DC/DC/Rly]”弹出菜单，执行菜单命令“Download to device”→“Software (all blocks)”。

2）选择用于连接设备的接口。上述操作弹出如图 3-74 所示的对话框后，激活“Show all accessible devices”（显示所有可访问设备）复选框，将在“Accessible devices in target subnet”（目标子网中的可访问设备）下显示所有可通过所选接口访问的设备，选择 PLC 并加载用户程序。

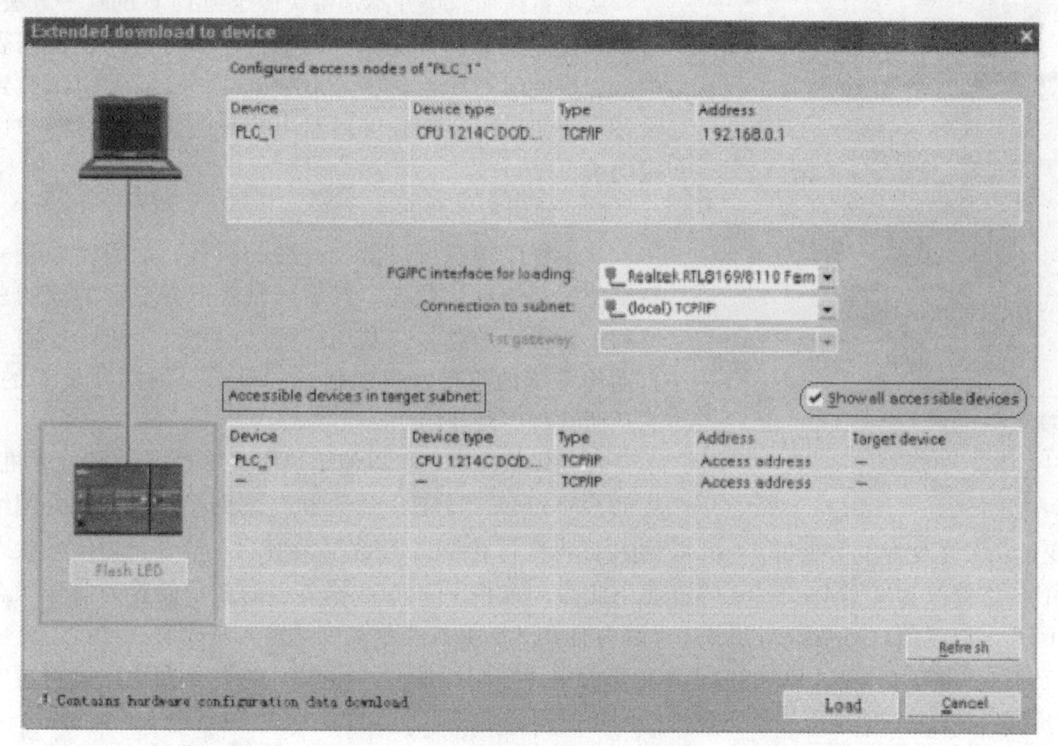

图 3-74 实施向 PLC 加载程序

关于检查在线连接方面，如果“目标子网中的可访问设备”（Accessible devices in target subnet）列表中未显示任何设备，则可能的原因有：①PLC的硬件连接存在问题；②编程设备/PC上的以太网接口存在问题；③PLC的IP地址必须与编程设备/PC的IP地址位于同一个子网。

3）如果尚未分配IP地址，需要确认分配正确的IP地址。

4）如果PLC处于“RUN”模式，应将PLC设置为“STOP”模式，这时“Download preview”（下载预览）对话框将打开。

5）如果已配置模块与目标模块之间存在差异，需要激活相应复选框接受差异，选中“Continue”（继续）复选框，单击“Load”（加载）按钮，随即会加载程序并显示加载过程中的操作，下载过程完成后，“Download results”（下载结果）对话框将打开。

6）在“Download results”（下载结果）对话框中选中“启动模块”右侧的“全部启动”选项，单击“Finishe”（完成）按钮即可。

7）激活在线连接。执行菜单命令“Online”→“Go online”，也可直接单击工具栏上“Go online”按钮，激活在线连接。

如果编译过程中检测到程序存在错误，可以在巡视窗口中的“信息>编译”（Info>Compile）下通过“Path”和“Description”显示这些错误和说明以进行更正。

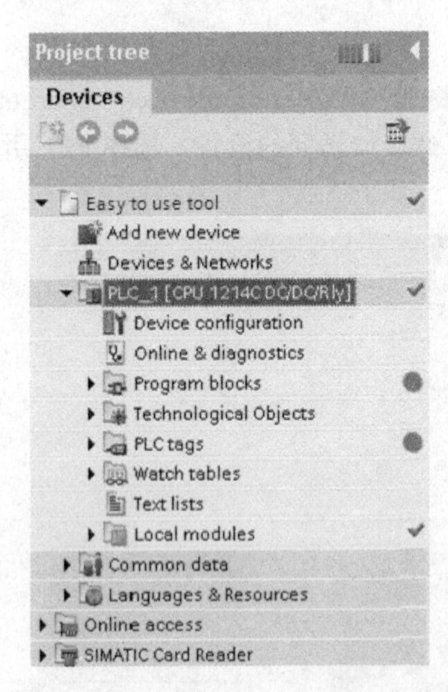

图3-75　程序组建的状态显示在项目树中

将程序加载到PLC后，程序组件的状态显示在项目树中，如图3-75所示，绿色图标表示“离线”和“在线”程序元素相同，在相应的工具提示中可以找到其他状态图标的含义。

从项目树加载块并不是将块传送到PLC的唯一方法，可以通过拖放操作将块保存到项目树的可访问设备列表中，如果使用工具栏中的“Download to device”（下载到设备）按钮，则会加载编辑器中打开的块或项目树中选定的块。

（2）使用程序状态测试程序。

显示程序状态可以监视程序的执行，从程序中某一特定位置开始启用状态，然后可以获得各变量的值的总览和逻辑运算的结果，利用它可以检查是否正确控制了自动化系统的组件，程序状态的显示是周期性更新的，它从所选程序段开始。

在程序状态中，可以使用快捷菜单“Online”（联机）中的“Modify”（修改）命令执行下列操作以将值分配给变量：①修改为1（Modify to 1）：使用此命令可将BOOL数据类型的变量设置为信号状态“1”；②修改为0（Modify to 0）：使用此命令可将BOOL数据类型的变量设置为信号状态“0”；③修改值（Modify value）：可以为非BOOL数据类型的变量输入修改值。

在已组态PLC、PLC的输入和输出无电压、组织块“Main [OB1]”已在程序编辑器中打开的情况下，使用程序状态测试已创建的程序，按以下步骤操作。

1）启用监视。单击如图3-76所示的程序编辑器中的“Monitoring on/off”，将显示程序状态。

图 3-76 在程序编辑器中启用程序状态监视

2）将变量“SWITCH1”“SWITCH2”都修改为“1”。如果变量“SWITCH1”“SWITCH2”都设置信号状态为“1”，则能流通过程序段末尾的线圈，变量“ON”置位，而“OFF”不再起作用。

3）将变量“SWITCH1”或“SWITCH2”修改为“0”。变量“SWITCH1”或“SWITCH2”复位为信号状态“0”，流向程序段末尾的能流中断，变量“OFF”置位而“ON”不再起作用。

4）禁用监视。再单击一次如图 3-76 所示的程序编辑器中的“Monitoring on/off”，就禁用监视了。

5）断开在线连接。

6. 创建 HMI 画面

(1) TIA Portal 中的可视化。

在可视化的浪潮中，人机界面 HMI 系统相当于用户和过程之间的接口，过程操作主要由 PLC 控制，用户使用 HMI 设备来监视过程或干预正在运行的过程，如图 3-77 所示。

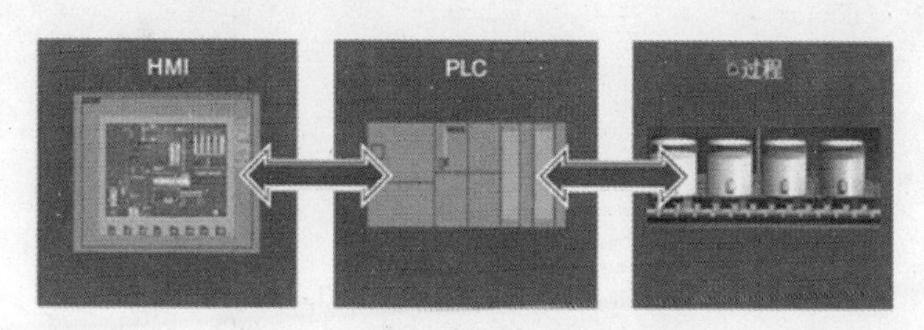

图 3-77 使用 HMI 设备来监视过程

运用 HMI，其显示过程、操作过程、输出报警、管理过程参数和配方等内容可用于操作和监视机器与工厂。

(2) 创建带 HMI 画面的 HMI 设备。在已创建程序、已打开项目视图的情况下，使用项目树添加 HMI 设备，双击项目树里的“Add new device”（添加新设备）。

在弹出的如图 3-78 所示的对话框中，指定名称（Easy to use tool）并选择一个 HMI 设备，选中“Start device wizard”（启动设备向导）复选框，单击“OK”按钮。

随后可以组态 PLC 的连接，在该对话框中组态连接，将自动建立连接，如图 3-79 所示并单击“Next”按钮。当然也可以在“Devices & Networks”（设备和网络）下组态 HMI 设备与 PLC 之间的连接。

接着选择模板的背景色和页眉的构成元素，如图 3-80 所示，选中“Date/time”（日期/时间）复选框并选择背景颜色为深蓝，而后单击“Next”按钮。

在如图 3-81 所示的窗口里可以禁用报警，把“Unacknowledged alarms”、“Active alarms”、“Active system events”前的对号都去掉，单击“Next”按钮。

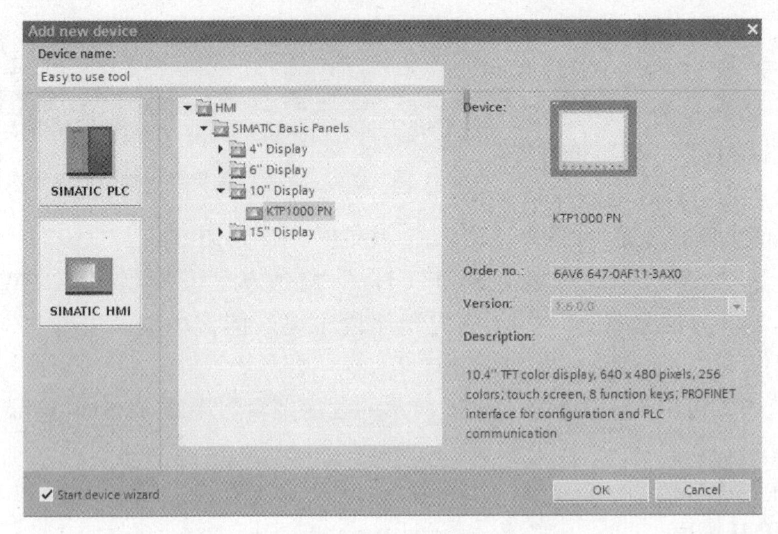

图 3-78　选择 HMI 面板并启动设备向导

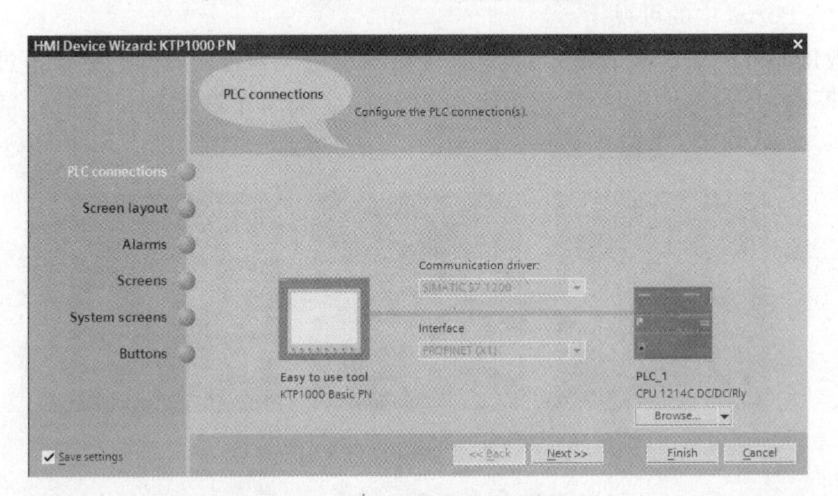

图 3-79　组态与 PLC 的连接

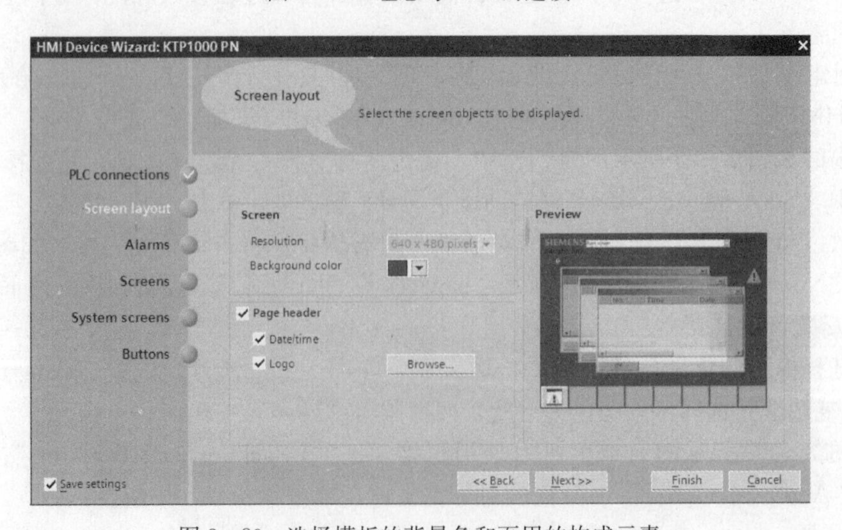

图 3-80　选择模板的背景色和页眉的构成元素

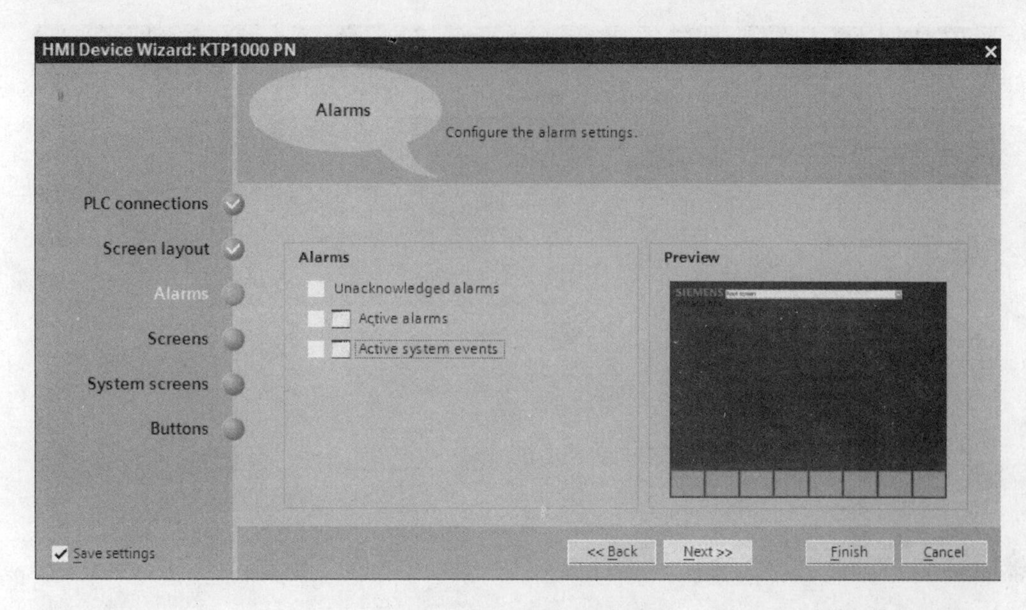

图 3-81 禁用报警

然后在如图 3-82 所示的对话框中将以后要在其中创建图形元素的画面重命名为“HMI”，单击“Next”按钮。

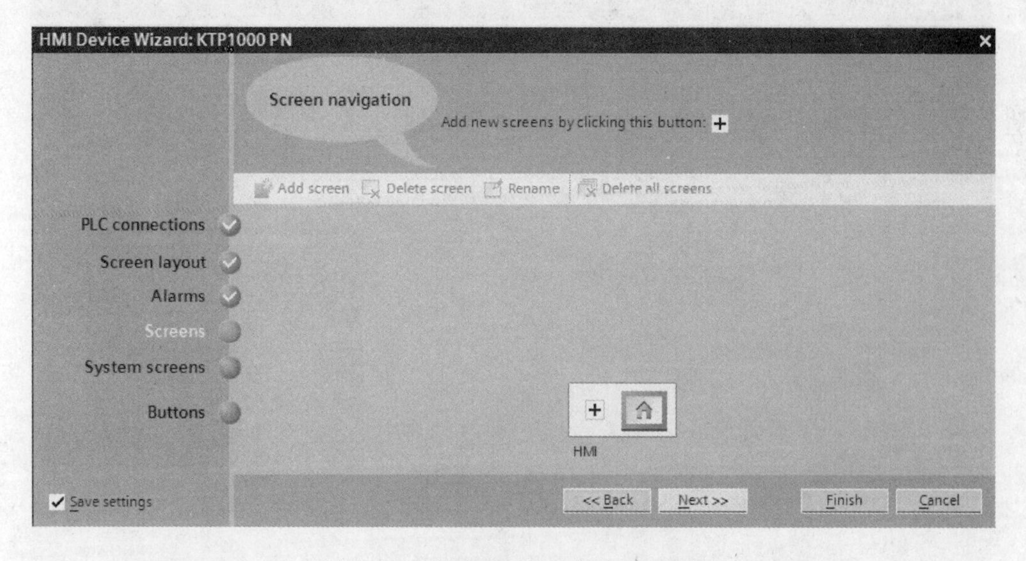

图 3-82 创建画面并重命名画面导航

系统画面可作为 HMI 画面使用以设置项目、系统和操作信息及用户管理，与画面导航一样，用于在主画面和系统画面之间导航的按钮也是自动创建的。一般项目无须使用系统画面，可以在如图 3-83 所示的对话框中把“Select all”前面的对号清除，这样就禁用系统画面了，然后单击“Next”按钮。

如图 3-84 所示，选中“Bottom”复选框启用底部的按钮区域并插入“Exit”（退出）按钮，用来终止系统运行。

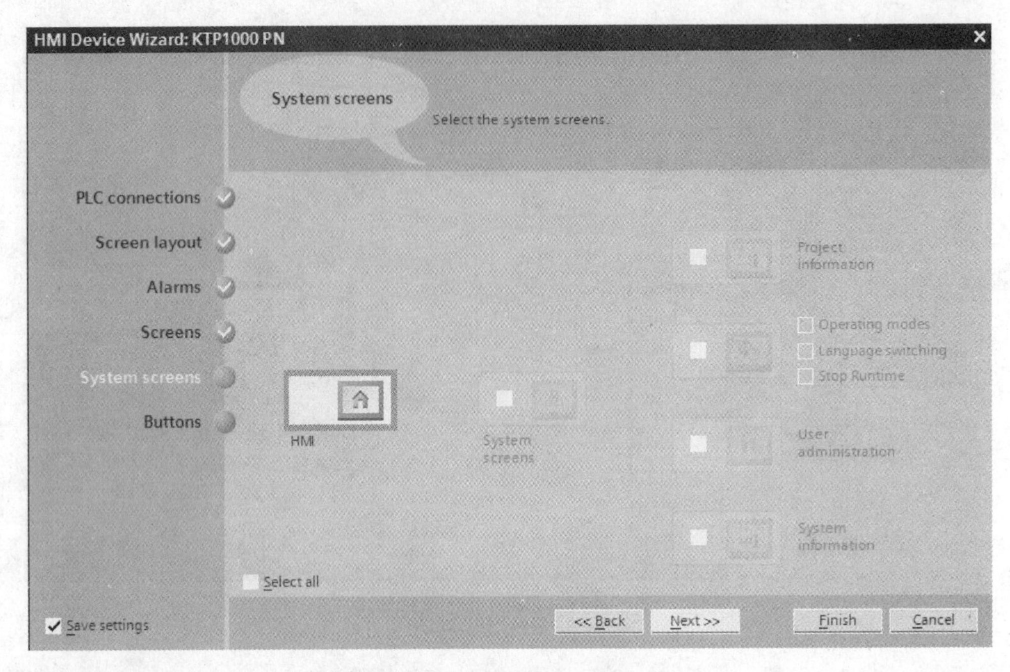

图 3-83　禁用系统画面

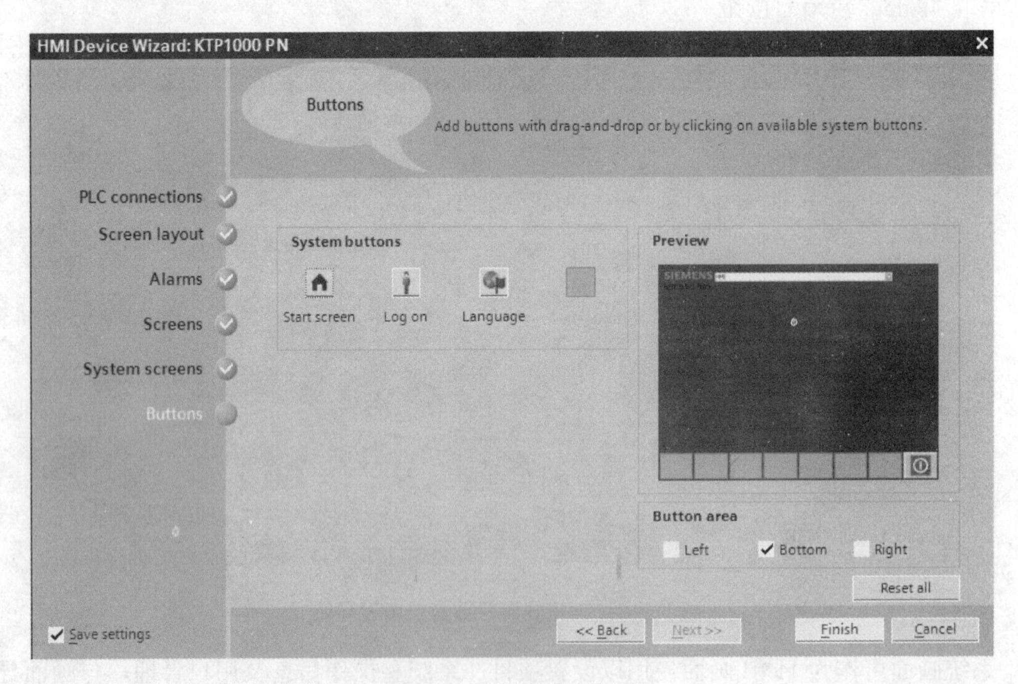

图 3-84　设置系统按钮

单击“Finish”（完成）按钮就出现如图 3-85 所示的效果了。

至此在项目中创建了一个 HMI 设备并为 HMI 画面创建了一个模板，在项目视图中，创建的 HMI 画面将显示在编辑器中，单击工具栏上的“Save Project”（保存项目）按钮以保存该项目。

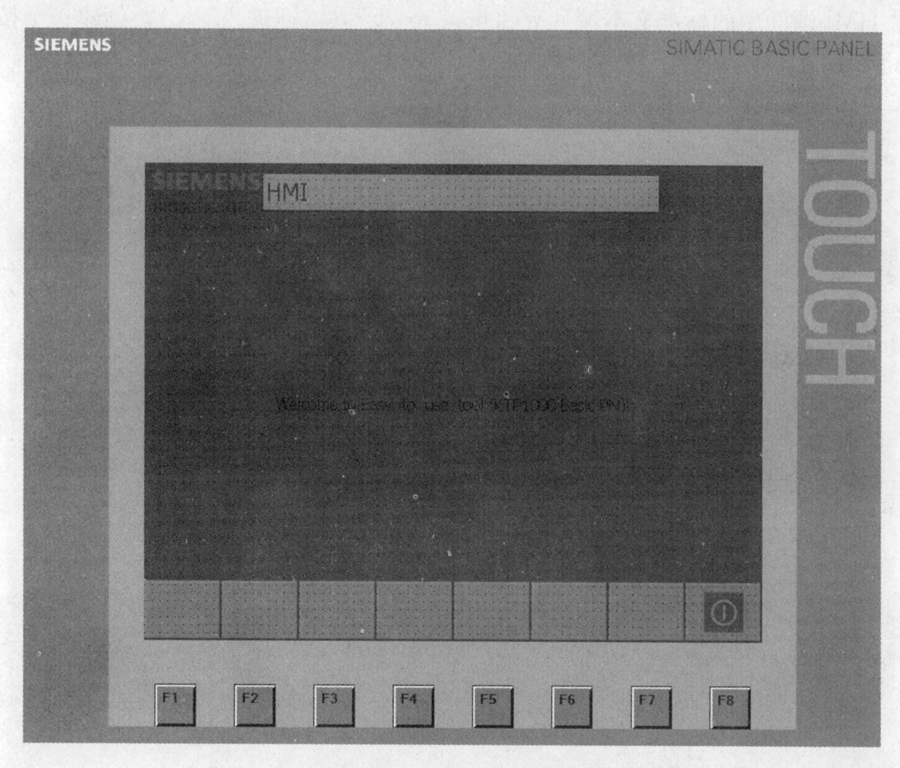

图 3-85 创建的 HMI 画面

(3) 创建和组态图形对象以使编程过程可视化。图形对象是所有可用于 HMI 中项目可视化的元素，这些对象包括：用于可视化机器部件的文本、按钮、图表或图形。可以使用 TIA Portal 创建用于操作和监视机器与工厂的画面，预定义的图形对象可协助人们创建这些画面；可以使用这些图形对象仿真机器、显示过程和定义过程值。HMI 设备的功能决定了 HMI 中的项目可视化和图形对象的功能范围。

图形对象可进行静态可视化或借助变量用作动态对象。运行系统中的静态对象不会发生改变。动态对象会根据过程改变，用户可通过以下变量来可视化当前过程值：PLC 存储器中的 PLC 变量，以字母数字、趋势图和棒图形式显示的 HMI 设备存储器中的内部变量。动态对象还包括 HMI 设备中的输入域，用以通过变量在 PLC 和 HMI 设备之间交换过程值和操作员输入值。

1)“设备开/关”按钮。下面介绍如何创建“设备开/关”(Machine ON/OFF) 按钮及如何通过外部 HMI 变量将其连接到 PLC 变量“SWITCH1”，可以使用此方法通过 HMI 画面修改 PLC 变量的过程值。

可使用外部 HMI 变量访问 PLC 地址。例如，这允许通过 HMI 设备输入过程值或通过按钮直接修改控制程序的过程值，可通过链接到 HMI 设备的 PLC 中的 PLC 变量表来进行寻址。PLC 变量通过符号名称链接到 HMI 变量，这意味着不必在更改 PLC 变量表中的地址时调整 HMI 设备。

在 HMI 画面处于打开状态的先决条件下，要将“Machine ON/OFF”(设备开/关) 按钮与 PLC 变量“SWITCH1”连接，请按以下步骤操作。

删除 HMI 画面中的标准文本域“Welcome to...”（欢迎进入...），创建一个按钮，如图 3-86 所示。

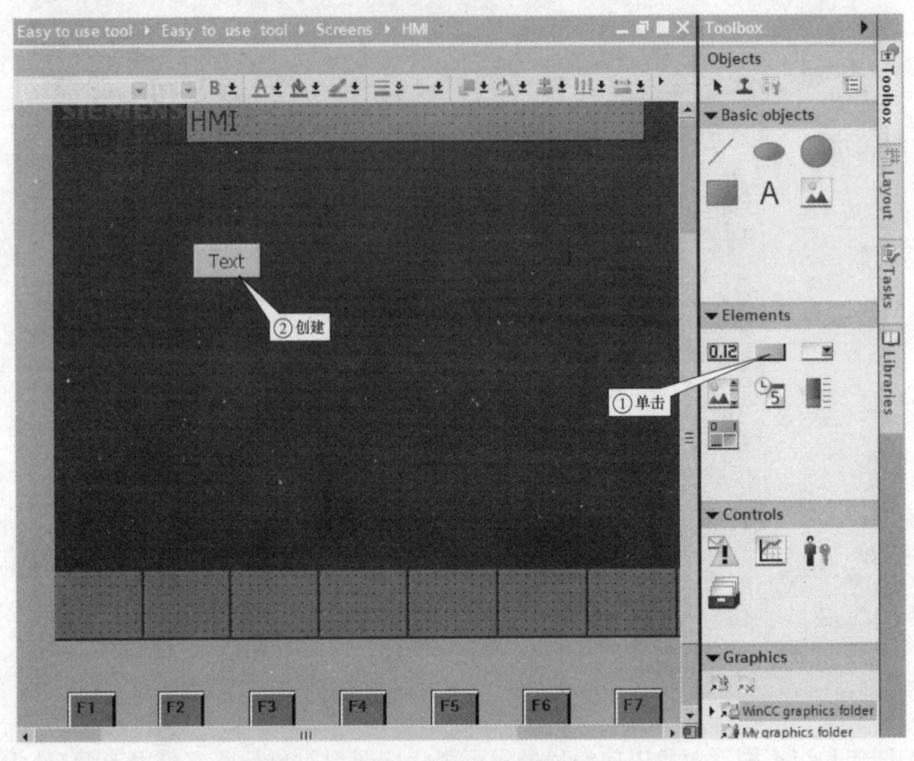

图 3-86　删除标准文本域后创建一个按钮

用鼠标右键单击“Text”按钮，在弹出的菜单中选中“Properties”（属性）选项，出现如图 3-87 所示的巡视窗口，单击“Layout”（布局），选中“Fit object to contents”（按内容调整对象大小）复选框，以根据文本长度自动调整按钮的大小。

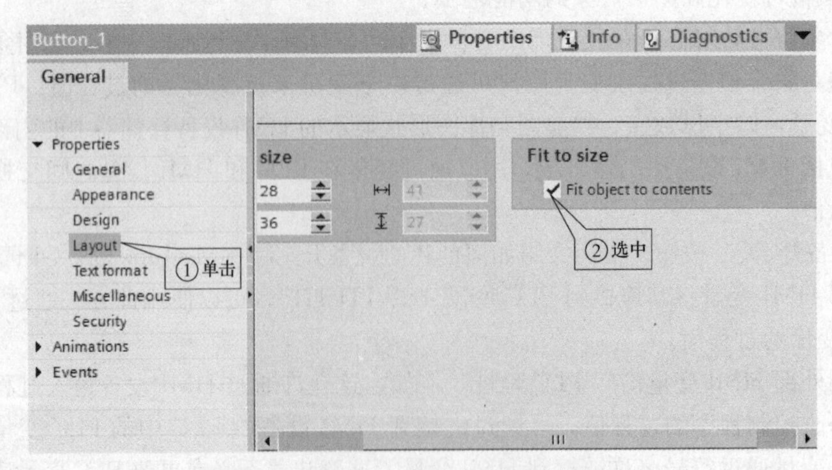

图 3-87　根据文本长度自动调整按钮大小

特别是以后在带有 HMI 画面语言选择的项目中工作时，可以使用该“按内容调整对象大小”功能。根据所选择的语言，翻译文本可能会短于或长于原始文本，使用这一功能以确保按钮标签不会被截断。当原始文本中的文本大小发生变化时，按钮的大小会自动调整。

如图 3-88 所示，使用文本“Machine ON/OFF”来标记该按钮。

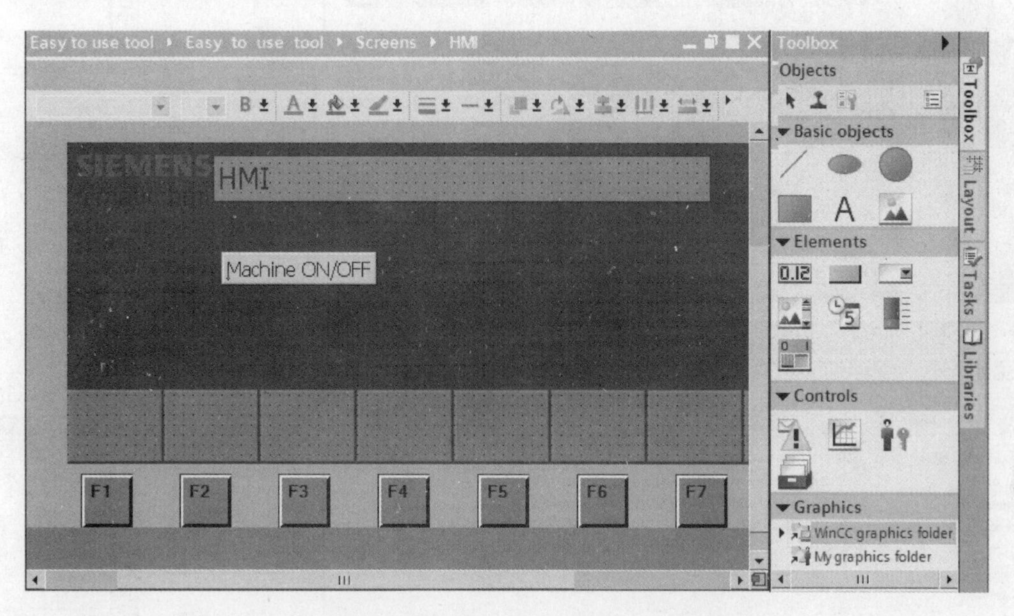

图 3-88 使用文本“Machine ON/OFF”标记按钮

将“InvertBit”（取反位）函数分配给该按钮的触发事件“Press”（按下），如图 3-89 所示。

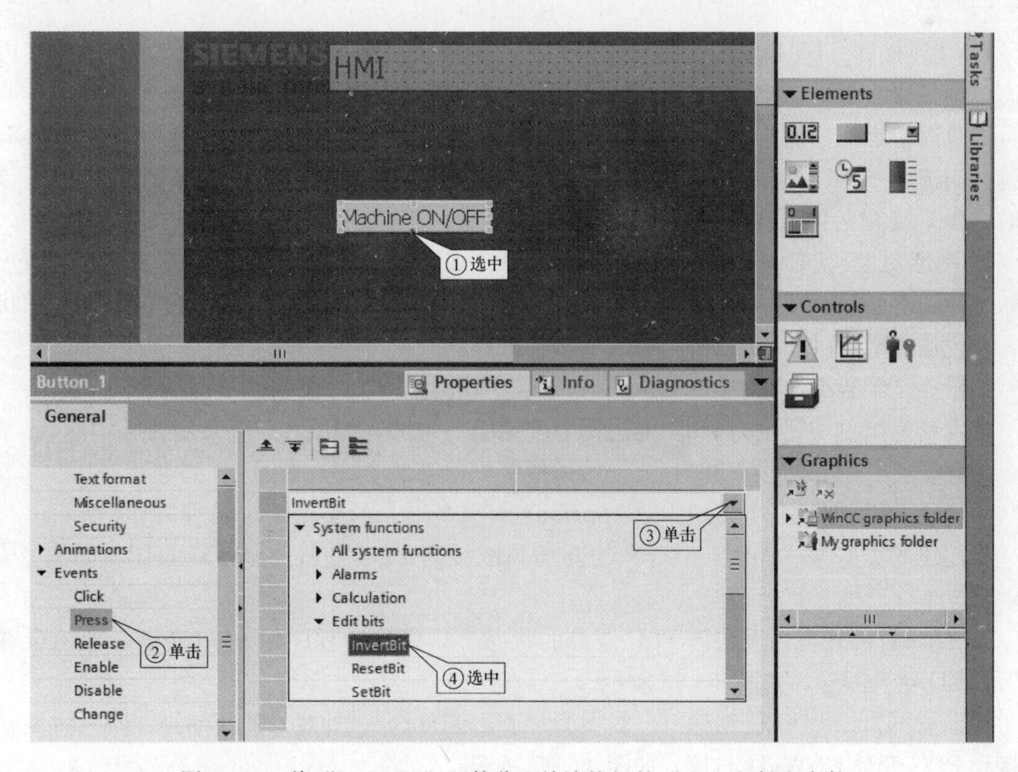

图 3-89 将“InvertBit”函数分配给该按钮的“Press”触发事件

将“InvertBit”（取反位）函数与 PLC 变量“SWITCH1”链接，如图 3-90 所示。

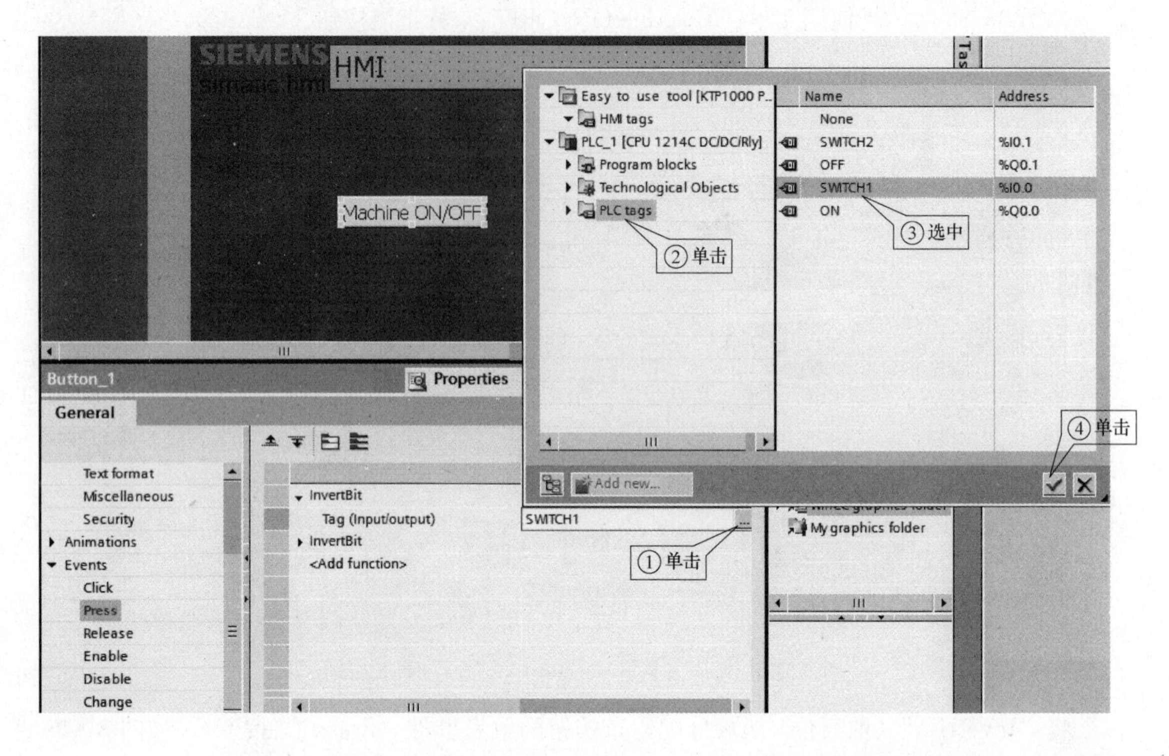

图 3-90　将“InvertBit”（取反）函数与 PLC 变量“SWITCH1”链接

HMI 连接在 TIA Portal 中是自动创建的，如果未对 HMI 设备和 PLC 之间的连接进行组态，则只要将 PLC 变量链接到 HMI 对象，就会自动建立连接。

通过以上操作，已将“Machine ON/OFF”（设备开/关）按钮与 PLC 变量“SEITCH1”连接，当按下 HMI 设备上的该按钮时，PLC 变量的位值将被设置为“1”，当再次按下该按钮时，PLC 变量的位值将被设置为“0”。

2）图形对象“LED”。以下介绍如何使用“圆”对象来设置两种状态 LED（红色/绿色），以及如何根据 PLC 变量“SWITCH1”的值使其动态化。在 HMI 画面处于打开状态时，要创建 LED 并使其动态化，按以下步骤操作。

如图 3-91 所示，在“Machine ON/OFF”（设备开/关）按钮的下面绘制两个圆。

将背景色绿色和宽度为“2”的边框分配给第一个圆，如图 3-92 所示。

将背景色红色和同样宽度为“2”的边框分配给第二个圆，如图 3-93 所示。

为绿色 LED 创建一个类型为“Appearance”（外观）的新动画，如图 3-94 所示。

将创建的类型为“Appearance”的新动画链接到 PLC 变量“SWITCH1”，如图 3-95 所示。

改变 LED 的外观以反映该 PLC 变量的状态，只要控制程序将 PLC 变量的位值设置为“1”，LED 就会闪烁，如图 3-96 所示。

接下来再为红色 LED 创建一个类型为“Appearance”（外观）的新动画，同时将该动画链接到 PLC 变量“SWITCH1”，如图 3-97 所示。

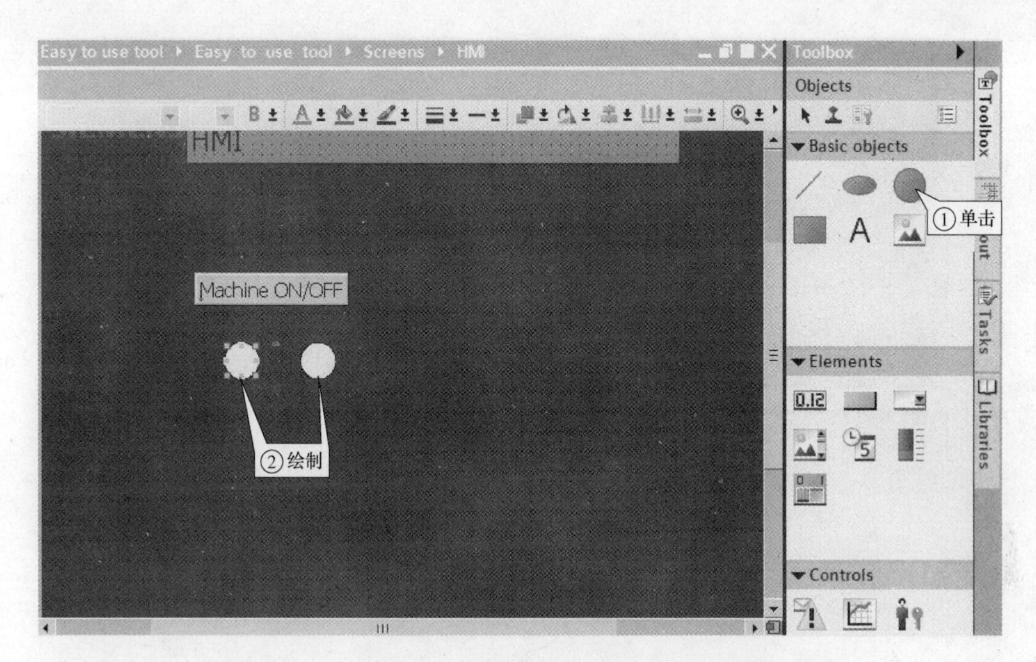

图3-91 在“Machine ON/OFF”按钮的下面绘制两个圆

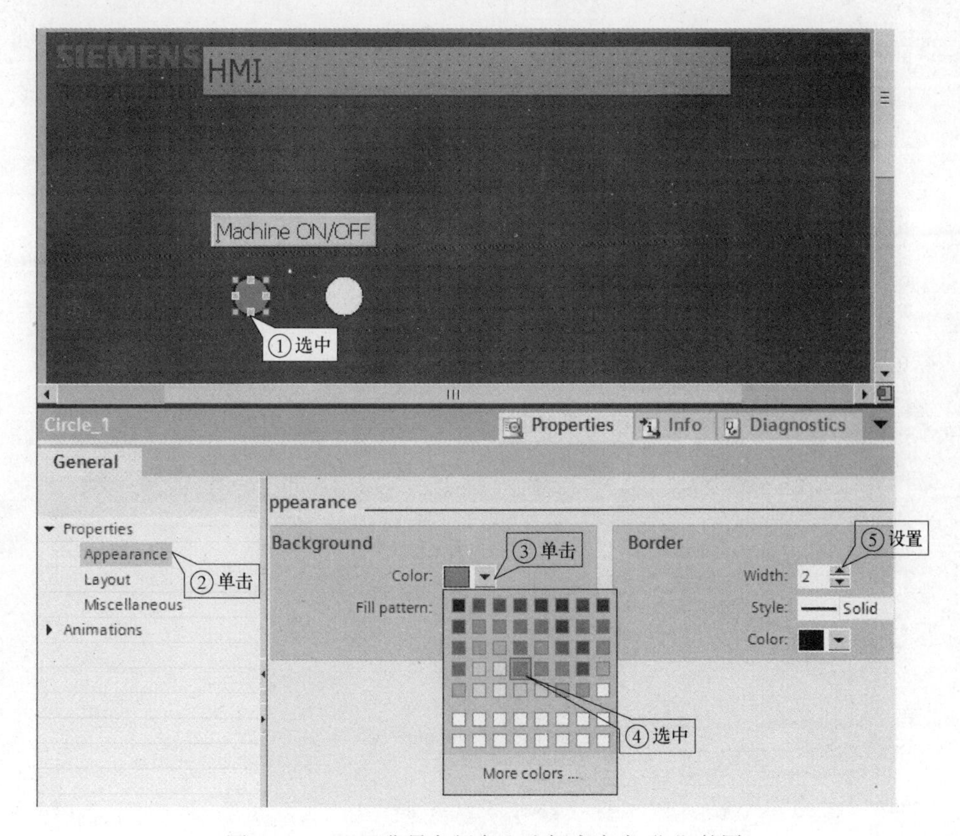

图3-92 配置背景色绿色和边框宽度为“2”的圆

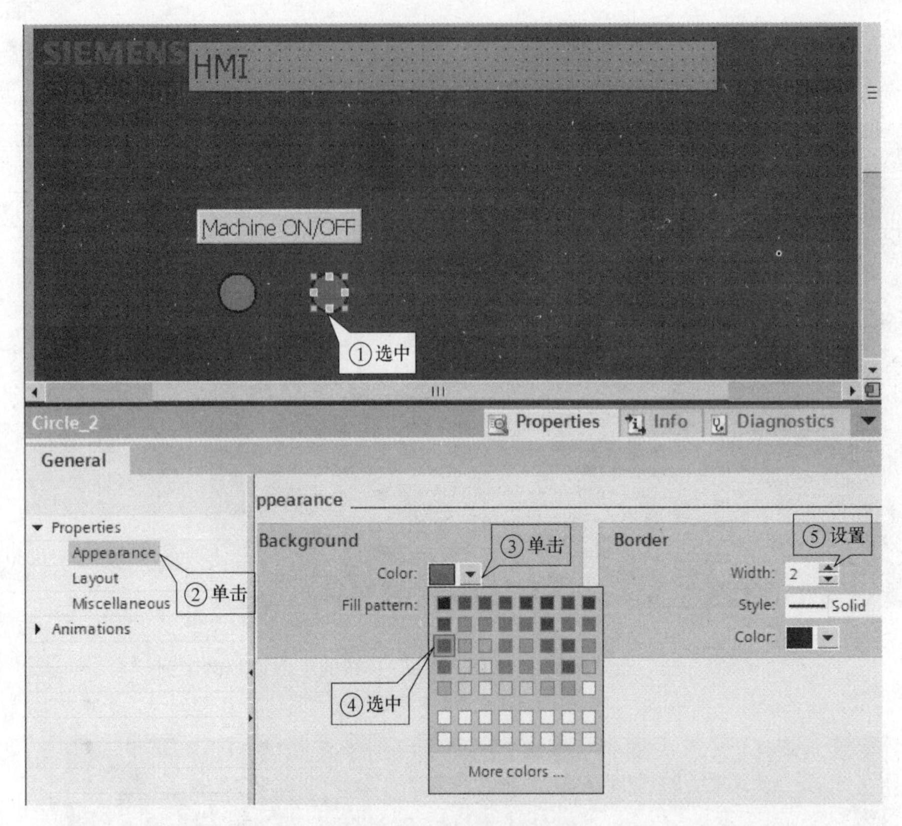

图 3-93 配置背景色红色和边框宽度为“2”的圆

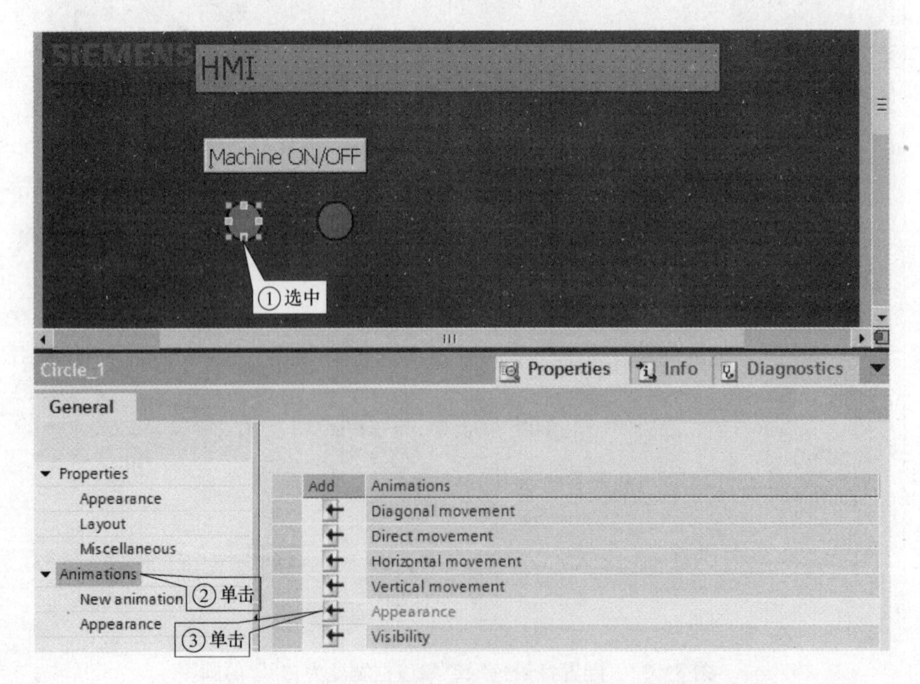

图 3-94 为绿色 LED 创建类型为“Appearance”的新动画

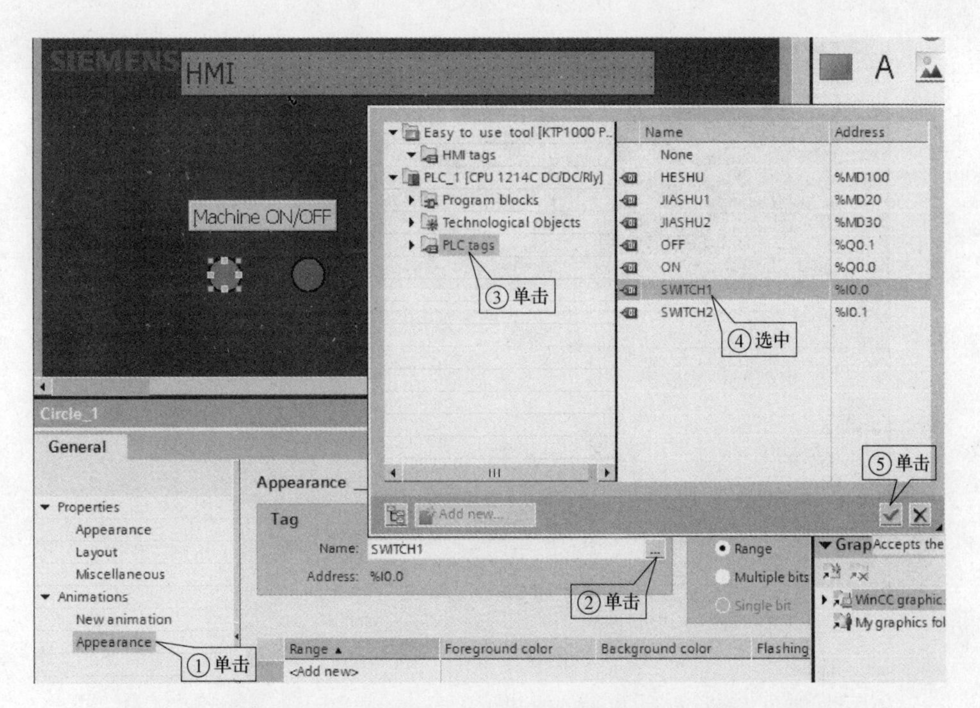

图 3-95　将类型为“Appearance”的新动画链接到 PLC 变量“SWITCH1”

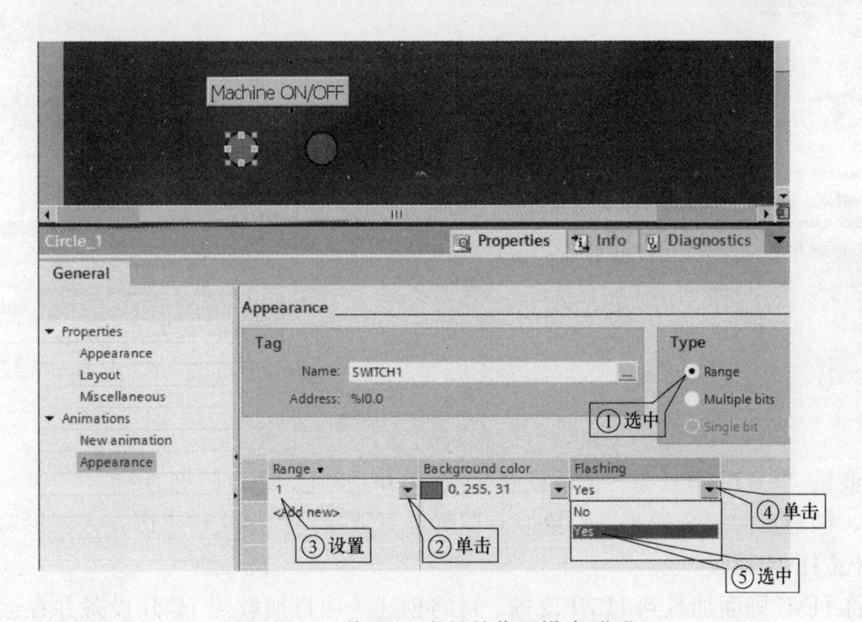

图 3-96　将 PLC 变量的位置设为“1”

改变 LED 的外观以反映该 PLC 变量的状态，只要控制程序将 PLC 变量的位值设置为“0”，LED 就会闪烁，如图 3-98 所示。

至此，使用图形对象“圆”创建了状态 LED 并使其动态化，在初始状态下，红色 LED 闪烁。如果单击“Machine ON/OFF”（设备开/关）按钮，则会将变量“SWITCH1”的位值设置为“1”并且绿色 LED 闪烁。当再次单击“Machine ON/OFF”按钮停止控制程序

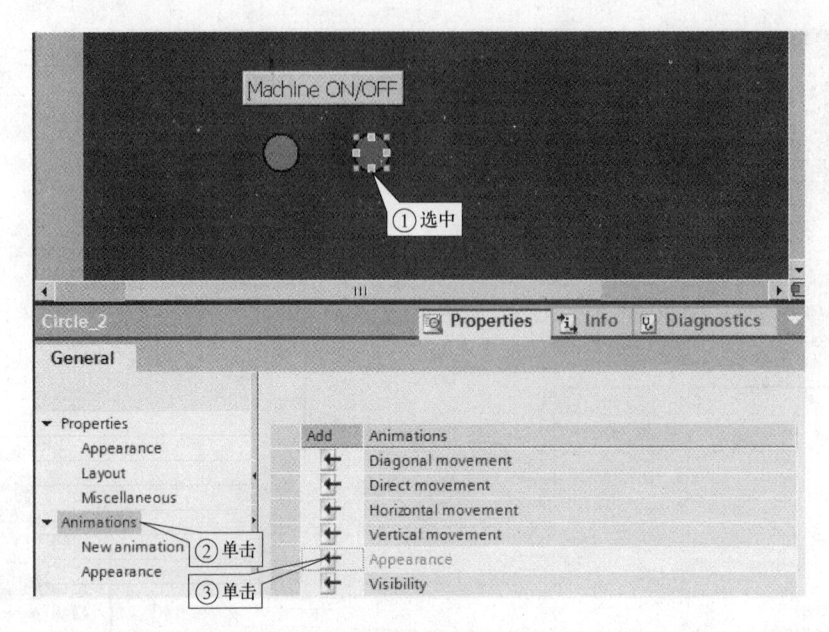

图 3-97　为红色 LED 创建类型为“Appearance”的新动画

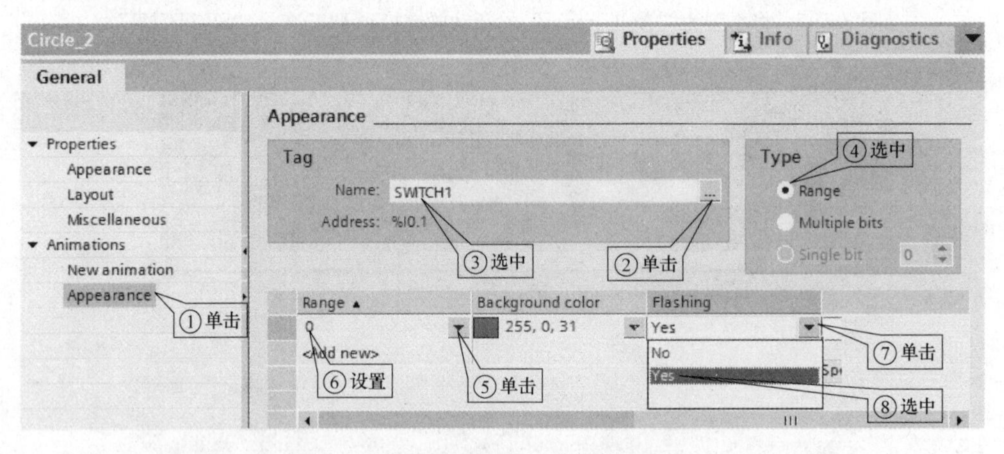

图 3-98　将 PLC 变量的位值设置为“0”

时，会将变量“SWITCH1”的位值设置为“0”并且红色 LED 闪烁。

另外，创建更为复杂的图形对象应有逻辑运算链接到图形文件夹以导入图形对象。

7. 测试 HMI 画面

(1) 将 HMI 画面加载到 HMI 设备。可将创建的项目加载到 HMI 设备并在运行系统中执行，为此，组态设备和 HMI 设备之间必须建立连接。如果没有使用 HMI 设备，则可以在 TIA Portal 中仿真运行系统。

HMI 设备用于在过程及生产自动化中操作和监视任务，在 HMI 设备已建立连接、已正确组态、处于传送模式的情况下可将 HMI 动画加载到 HMI 设备。

在项目树上右击“Easy to use tool [KTP 1000PN]”，执行菜单命令“Download to device”→“Software (all)”启动将软件加载到 HMI 设备的过程，项目在加载过程之前会自

动编译，可以选择覆盖之前加载到 HMI 设备中的软件（如果存在）。

有关 HMI 及如何组态 HMI 设备的更多信息，可参见 TIA Portal 的信息系统和 HMI 设备手册。

(2) 仿真运行系统。如果没有使用 HMI 设备，则可以使用运行系统仿真器仿真所有使用的 PLC 变量。如果在未使用变量仿真器的情况下启动仿真，按钮和控制元素将处于非活动状态。使用运行系统仿真器仿真独立于程序的已连接 PLC 变量的过程值，可使用运行系统仿真器表选择 PLC 变量并修改它们的值，尽管变量是由运行系统中的 PLC 程序进行设置的，HMI 画面中的对象仍会做出响应。要启动 HMI 画面的仿真，按以下步骤操作。

执行菜单命令“Online”→“Simulate runtime”→“With tag simulator”启动运行系统仿真，HMI 窗口必须处于活动状态。如果菜单未激活，则先单击 HMI 画面中的空闲区域。

启动仿真后，“运行系统仿真器”（RT Simulator）窗口中将显示 HMI 画面，同时红色 LED 灯闪烁。

如果运行系统仿真由于项目中的错误而无法启动，则相应的错误消息会显示在巡视窗口中的“Info”→“Compile”（信息→编译）下，双击错误消息时，会自动导航到未正确组态的 HMI 对象。

单击“Machine ON/OFF”（设备开/关）按钮同时绿色 LED（而不是红色 LED）闪烁，如果再次单击“设备开/关”（Machine ON/OFF）按钮，先前已创建的某个图形对象将不再可见，红色 LED（而不是绿色 LED）闪烁。要退出运行系统仿真，直接关闭窗口或单击“退出运行系统”（Exit runtime）按钮。

3.2 S7-1200 的设备配置

通过向项目中添加 CPU 和其他模块，可以为 PLC 创建设备配置。

如图 3-99 所示，S7-1200 设备配置包括：①通信模块（CM），最多 3 个，分别插在插槽 101、102 和 103 中；② CPU，插槽 1；③ CPU 的以太网端口；④ 信号板（SB），最多 1 个，插在 CPU 中；⑤ 数字或模拟 I/O 的信号模块（SM），最多 8 个，分别插在插槽 2 到 9 中（CPU 1214C 及 1215C 允许使用 8 个，CPU 1212C 允许使用 2 个，CPU 1211C 不允许使用任何信号模块）。

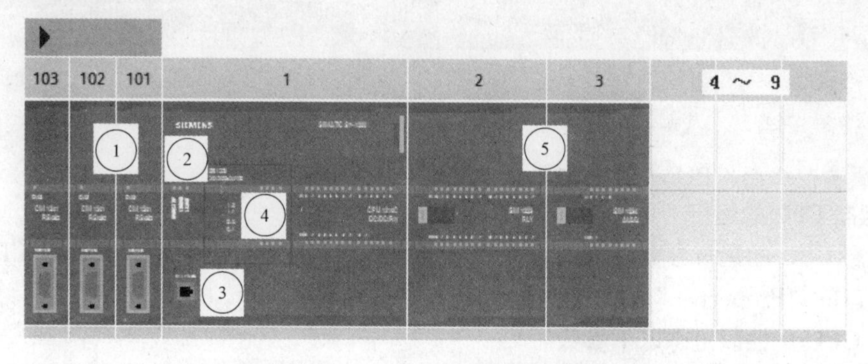

图 3-99 S7-1200 设备配置的布局

要创建设备配置，需向项目中添加设备。单击（在门户视图中）或双击（在项目视图中）“添加新设备”（Add new device），再选择适当的设备即可。

3.2.1 添加CPU与检测未指定CPU的组态

1. 添加CPU

通过将CPU添加到项目中，可创建设备配置。通过从“添加新设备”（Add a new device）对话框中选择CPU，可创建机架和CPU。“添加新设备”对话框、硬件配置的设备视图、通过在设备视图中选择CPU、巡视窗口中显示CPU属性等内容在前面已有介绍，此处不再赘述。

需要提及的是，CPU不具有预组态的IP地址，设备配置期间必须为CPU手动分配IP地址。如果CPU连接到网络上的路由器，则也应输入路由器的IP地址。

2. 检测未指定CPU的组态

检测未指定的CPU的组态、上传现有硬件配置是非常简单的，如果已连接到CPU，则可以将该CPU（包括所有模块）的组态上传到用户项目中。只需创建新项目并选择“未指定的CPU”而不是选择特定的CPU即可，也可通过从“First steps”（新手上路）中选择“Create a PLC program”（创建PLC程序）完全跳过设备配置，STEP 7 Basic即会自动创建一个未指定的CPU。

在程序编辑器中，执行菜单命令“Online”→“Hardware detection”，在设备配置编辑器中，选择用于检测所连设备组态的选项。

从在线对话框中选择CPU之后，STEP 7 Basic会上传CPU及所有模块（SM、SB或CM）的硬件配置，随后可以为CPU和模块组态参数，如图3-100所示。

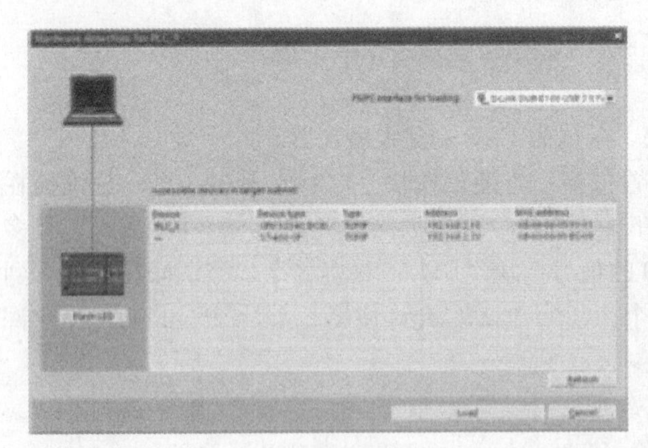
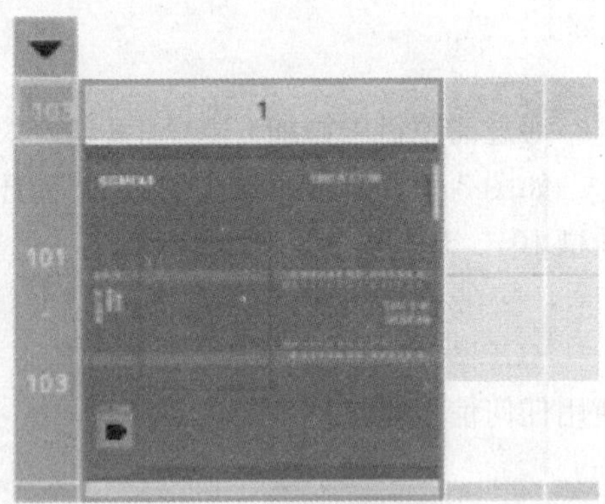

图3-100 上传CPU及模块的硬件配置

3.2.2 组态CPU及模块的运行

1. 组态CPU的运行

要组态CPU的运行参数，在设备视图（整个CPU周围的蓝色轮廓）选择CPU，并使用巡视窗口的“Properties”（属性）选项卡，如图3-101所示。

编辑CPU属性以组态以下参数。

(1) PROFINET接口：设置CPU的IP地址和时间同步。

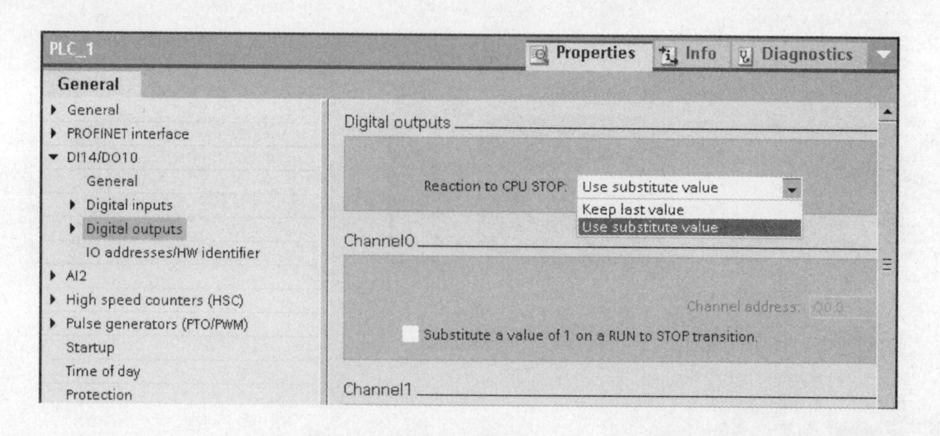

图 3-101 巡视窗口的“属性”(Properties)选项卡

(2) DI、DO 和 AI：组态本地（板载）数字和模拟 I/O 的特性。

(3) 高速计数器和脉冲发生器：启用并组态高速计数器（High-Speed Counter，HSC）及用于脉冲串运行（Pulse Train Operation，PTO）和脉冲宽度调制（Pulse Width Modulation，PWM）的脉冲发生器，将 CPU 或信号板的输出组态为脉冲发生器时（供 PWM 或基本运动控制指令使用），这会从 Q 存储器中移除相应的输出地址（Q0.0、Q0.1、Q4.0 和 Q4.1），并且这些地址在用户程序中不能用于其他用途，如果用户程序向用作脉冲发生器的输出写入值，则 CPU 不会将该值写入到物理输出。

(4) 启动：选择进行开关转换之后 CPU 的特性，如在 STOP 模式下启动或在暖启动后转到 RUN 模式。

(5) 日时钟：设置时间、时区和夏令时。

(6) 保护：设置用于访问 CPU 的读/写保护和密码。

(7) 系统和时钟存储器：启用 1 个字节用于“系统存储器”功能（用于“首次扫描”位、“始终打开”位和“始终关闭”位），并启用 1 个字节用于“时钟存储器”功能（其中每个位都按预定义频率打开和关闭）。

(8) 循环时间：定义最大循环时间或固定的最小循环时间。

(9) 通信负载：分配专门用于通信任务的 CPU 时间百分比。

2. 将模块添加到组态

硬件目录（Hardware catalog）含有三种类型的模块，使用它可将模块添加到 CPU。

(1) 信号模块（SM）提供附加的数字或模拟 I/O 点，这些模块连接在 CPU 右侧。

(2) 信号板（SB）仅为 CPU 提供几个附加的 I/O 点，安装在 CPU 的前端。

(3) 通信模块（CM）为 CPU 提供附加的通信端口（RS232 或 RS485），这些模块连接在 CPU 左侧。

要将模块添加到硬件配置中，可在硬件目录中选择模块，然后双击该模块或将其拖到高亮显示的插槽中，如图 3-102 所示。

3. 组态模块的参数

要组态模块的运行参数，应在设备视图中选择模块，并使用巡视窗口的“Properties”（属性）选项卡组态模块的参数。

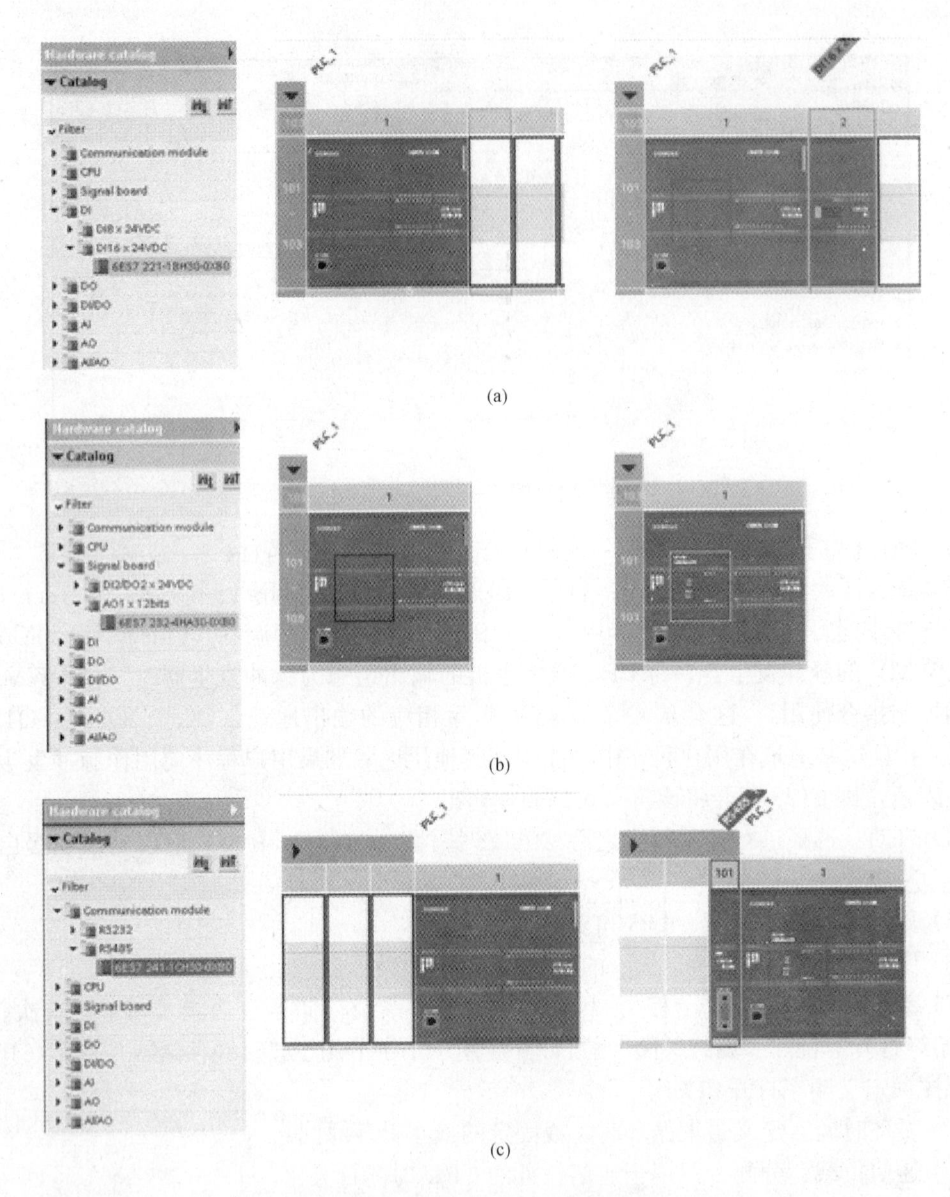

图 3-102　模块的选择、添加和结果

(a) 信号模块（SM）的选择、添加和结果；(b) 信号板（SB）的选择、添加和结果；
(c) 通信模块（CM）的选择、添加和结果

(1) 组态信号模块（SM）或信号板（SB）。

1) 数字量 I/O：如图 3-103 所示，可组态各个输入用于上升沿检测或下降沿检测（将每个检测分别与一个事件和硬件中断进行关联），并用于在输入过程映像的下一次更新期间进行“脉冲捕捉”（瞬时脉冲之后停留）输出可使用冻结值或替换值。

2) 模拟量 I/O：如图 3-104 所示，为各个输入组态参数，如测量类型（电压或电流）、范围和平滑化，也可启用下溢或上溢诊断。输出提供诸如输出类型（电压或电流）之类的参数，也可用于诊断，如短路（针对电压输出）或上/下限诊断。

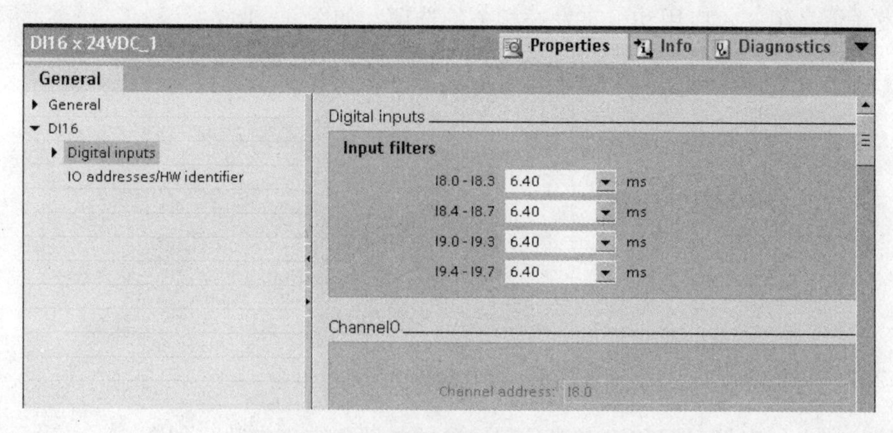

图 3-103　信号模块数字量 I/O 组态

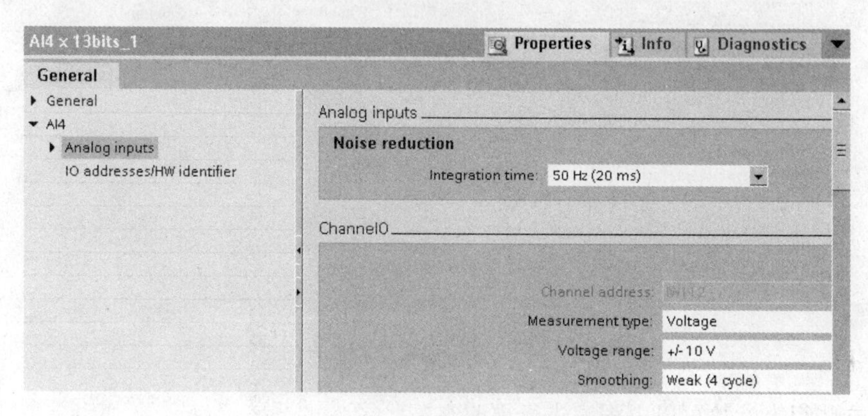

图 3-104　信号模块模拟量 I/O 组态

3）I/O 诊断地址：组态用于设置模块的输入和输出的起始地址。

（2）组态通信模块（CM）。

1）端口组态：组态通信参数，如波特率、奇偶校验、数据位、停止位、流控制、XON 和 XOFF 字符及等待时间，如图 3-105 所示。

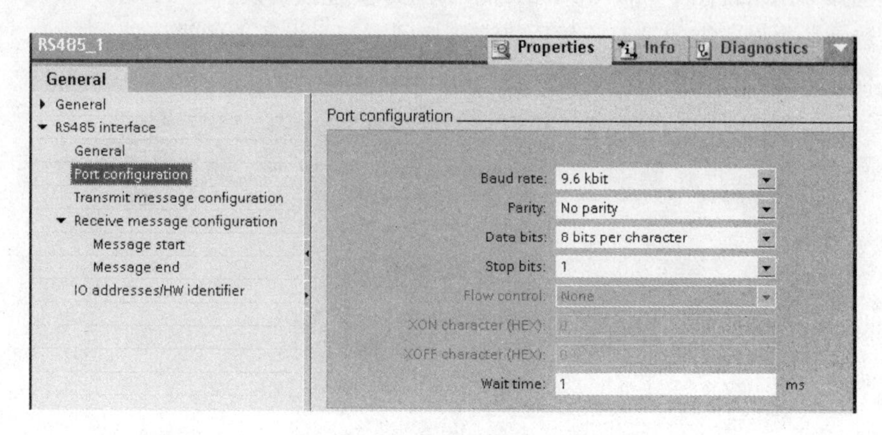

图 3-105　通信模块端口组态

2）发送消息组态：启用和组态发送相关的选项，如图 3-106 所示。

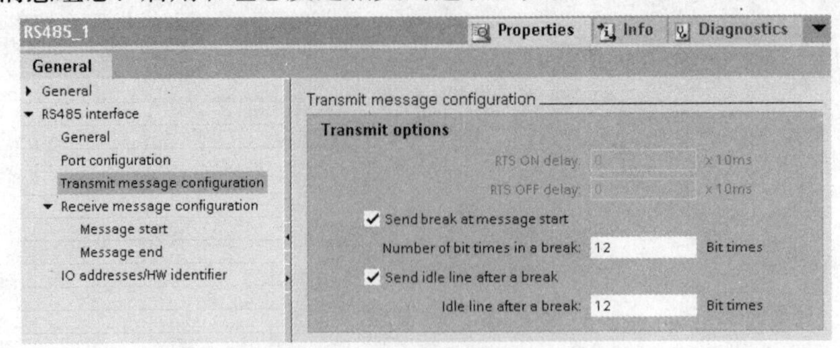

图 3-106　通信模块发送消息组态

3）接收消息组态：启用和组态消息起始参数与消息结束参数，如图 3-107 所示。

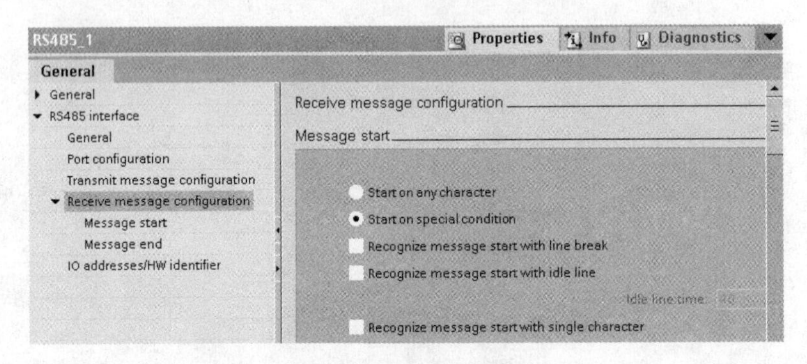

图 3-107　通信模块接收消息组态

以上这些组态参数可以由程序进行更改。

3.2.3　创建网络连接并组态 IP 地址

1. 创建网络连接

使用设备配置的“网络视图”（Network view）在项目中的各个设备之间创建网络连接。创建网络连接之后，使用巡视窗口的“Properties”（属性）选项卡组态网络的参数。

（1）选择“网络视图”（Network view）以显示要连接的设备。

（2）选择一个设备上的端口，然后将连接拖到第二个设备上的端口处。

（3）释放鼠标即可创建网络连接，如图 3-108 所示。

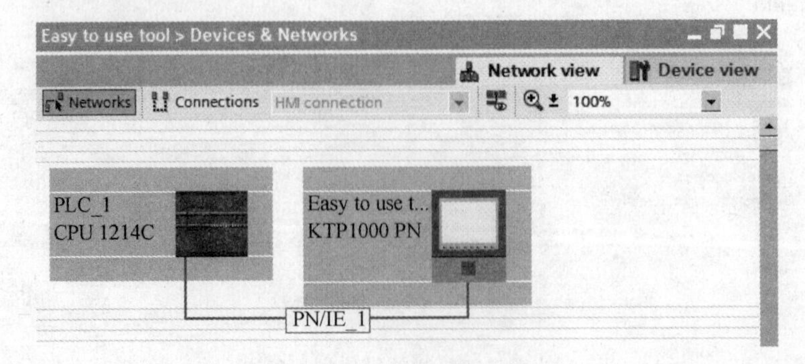

图 3-108　创建网络连接

2. 在项目中组态 IP 地址

(1) 组态 PROFINET 端口。使用 CPU 配置机架之后，可组态 PROFINET 接口的参数。为此单击 CPU 上的绿色 PROFINET 框以选择 PROFINET 端口。巡视窗口中的“Properties”(属性) 选项卡就会显示 PROFINET 端口有关参数，可以进行设置与修改，如图 3-109 所示。

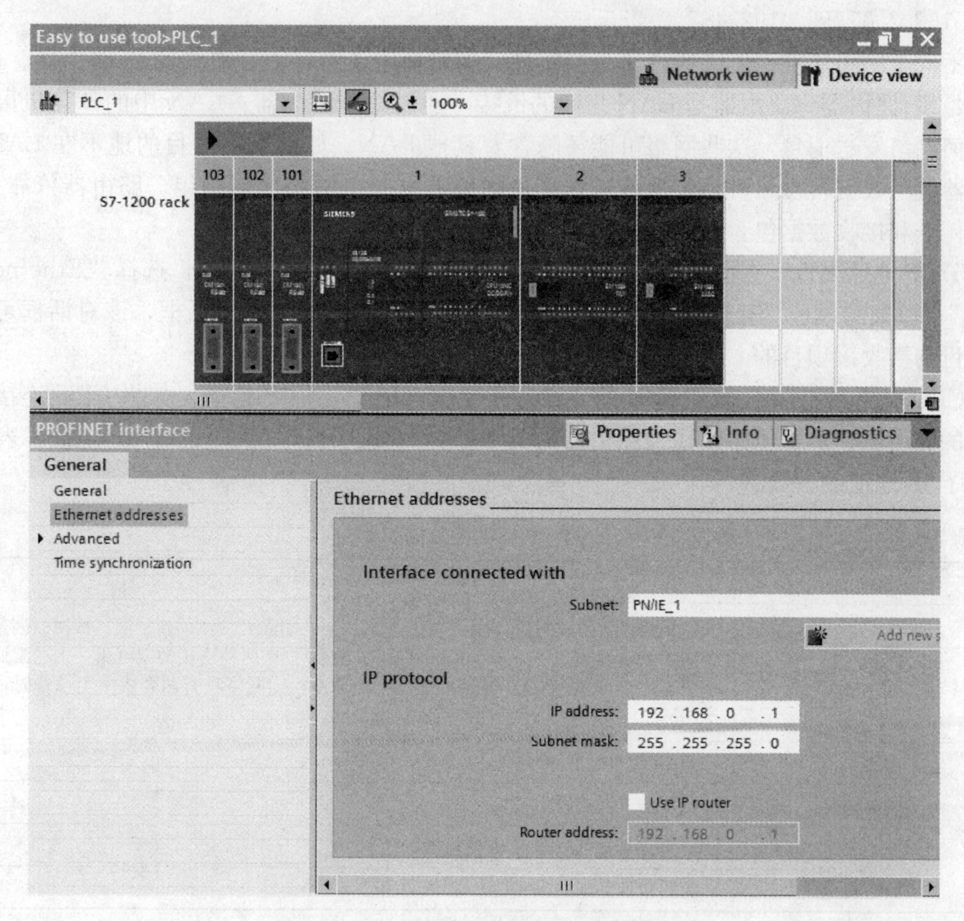

图 3-109 选择并组态 PROFINET 端口

(2) 组态 IP 地址。

1) 以太网 (MAC) 地址。在 PROFINET 网络中，制造商会为每个设备都分配一个“介质访问控制”地址 (MAC 地址) 以进行标识。MAC 地址由六组数字组成，每组两个十六进制数，这些数字用连字符 (一) 或冒号 (:) 分隔并按传输顺序排列。

2) IP 地址。每个设备也都必须具有一个 Internet 协议 (IP) 地址，该地址使设备可以在更加复杂的路由网络中传送数据。

每个 IP 地址分为四段，每段占 8 位，并以点分十进制格式表示 (例如，222.240.82.110)。IP 地址的第一部分用于表示网络 ID (位于什么网络中)，地址的第二部分表示主机 ID 对于网络中的每个设备都是唯一的。IP 地址“192.168.x.y”是一个标准的在互联网上没有路由的专用网络的 IP 地址。

3) 子网掩码。子网是已连接的网络设备的逻辑分组。在局域网 (Local Area Network,

LAN）中，子网中的节点往往彼此之间的物理位置相对接近，掩码（称为子网掩码或网络掩码）定义 IP 子网的边界。

子网掩码“255.255.255.0”通常适用于小型本地网络。这就意味着此网络中的所有 IP 地址的前 3 个八位位组应该是相同的，该网络中的各个设备由最后一个八位位组（8 位域）来标识。例如，在小型本地网络中，为设备分配子网掩码“255.255.255.0”和 IP 地址“192.168.2.0”到“192.168.2.255”。

不同子网间的唯一连接通过路由器实现，如果使用子网，则必须部署 IP 路由器。

4）IP 路由器。路由器是 LAN 之间的链接，通过使用路由器，LAN 中的计算机可向其他任何网络发送消息，这些网络可能还隐含着其他 LAN。如果数据的目的地不在 LAN 内，路由器会将数据转发给可将数据传送到其目的地的另一个网络或网络组。路由器依靠 IP 地址来传送和接收数据包。

5）IP 地址属性。在图 3-109 中“Properties”（属性）选项卡中，选择“Ethernet address”（以太网地址）组态条目。TIA 门户将显示以太网地址组态对话框，该对话框可将软件项目与接收该项目的 CPU 的 IP 地址相关联。

CPU 是不具有预组态 IP 地址的，必须手动为 CPU 分配 IP 地址。如果 CPU 连接到网络上的路由器，那么也必须输入路由器的 IP 地址，下载项目时会组态所有 IP 地址。表 3-3 定义了 IP 地址的参数。

表 3-3　　关于 IP 地址参数的说明

参数		说明
子网		连接到设备的子网的名称，单击“Add new subnet”（添加新子网）按钮以创建新的子网，默认设置为“Not connected”（未连接）。有两种连接类型可用：①在默认情况下“Not connected”（未连接）提供本地连接；②网络具有两个或多个设备时，需要子网
IP 协议	IP 地址	为 CPU 分配的 IP 地址
	子网掩码	分配的子网掩码
	使用 IP 路由器	单击该复选框以指示 IP 路由器的使用
	路由器地址	为路由器分配的 IP 地址（如果适用）

3.3　创建简单自保持电路并完成用户程序

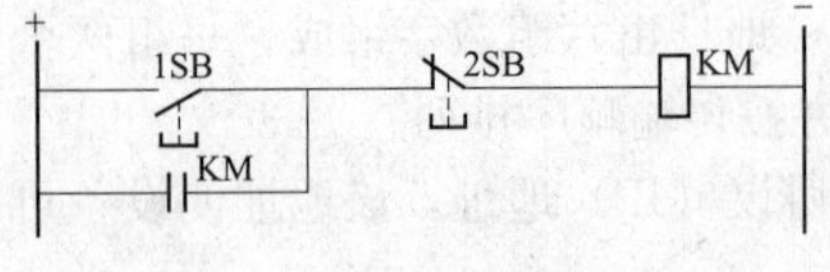

图 3-110　单向自保持控制电路

在水力发电等工业行业中，诸如油、水、气系统的异步电动机单向自保持控制，是依靠如图 3-110 所示的接触器自身辅助触点而使其线圈保持通电、实现连续工作的。使用 PLC 取代继电器控制，应熟悉这种标准的自保持功能。

3.3.1　创建简单自保持电路

本节将练习如何通过执行以下任务在 LAD 中创建实现图 3-110 功能的自保持电路：①创建项目；②插入 LAD 指令以创建小型用户程序；③将 LAD 指令与 CPU 的 I/O 相关联；④组态 CPU；⑤将用户程序下载到 CPU；⑥测试用户程序的运行。

1. 为用户程序创建项目

执行菜单命令“Project”→“New…”，弹出如图 3-111 所示的对话框，输入项目名称“Latch Circuit”并单击“Create”（创建）按钮。

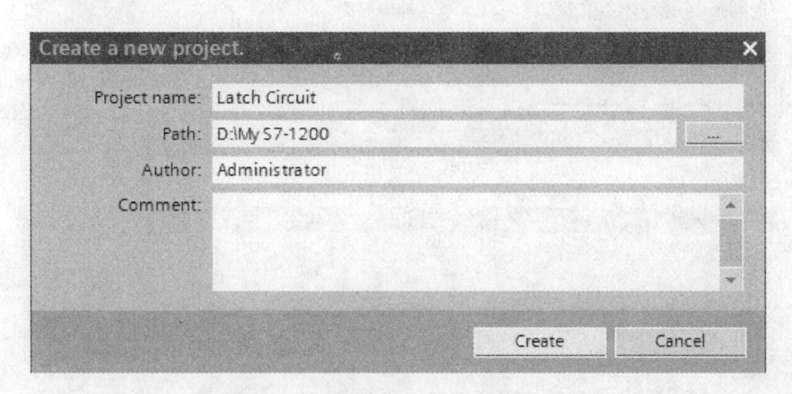

图 3-111 创建新项目“Latch Circuit”

在项目树中双击“Add new device”（添加新设备），弹出如图 3-112 所示的对话框，选择适当的 CPU 型号，确认无误后单击“OK”按钮。

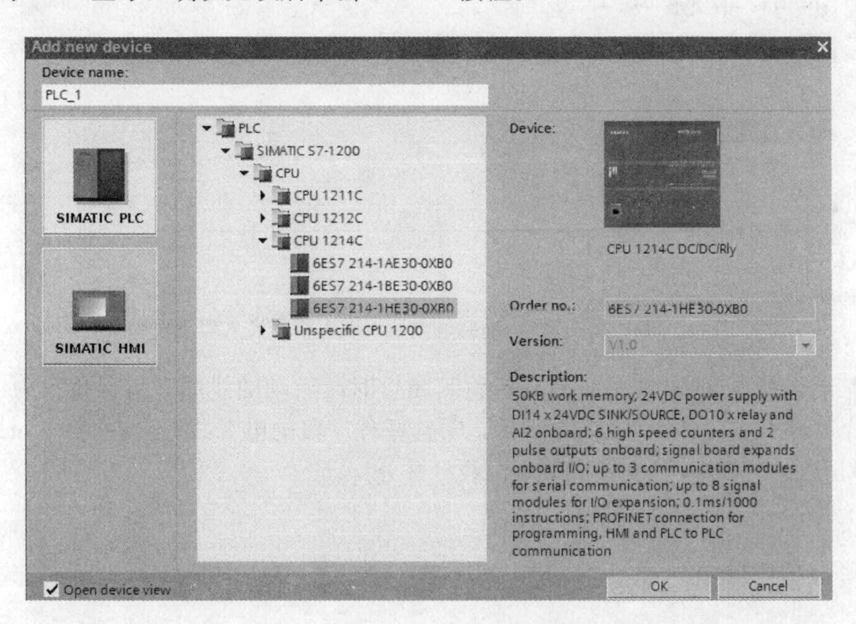

图 3-112 创建“Main”块并打开 PLC 编程

回到项目树中，单击展开“Program blocks”，双击“Main [OB1]”，打开程序编辑器，显示出“主”块的程序段，如图 3-113 所示。

2. 在用户程序中创建一个简单程序段

如图 3-114 所示，启用自保持电路可使用动合触点，在接通时提供信号流（电流），在“Favorites”（收藏夹）中单击动合触点以将触点插入程序段中；禁用自保持电路可使用触点，在开关接通前提供信号流（电流），激活动断触点将中断信号流，在“Favorites”中单击动断触点以将触点插入程序段中；信号流流过两个触点来为线圈通电，单击线圈将线圈插

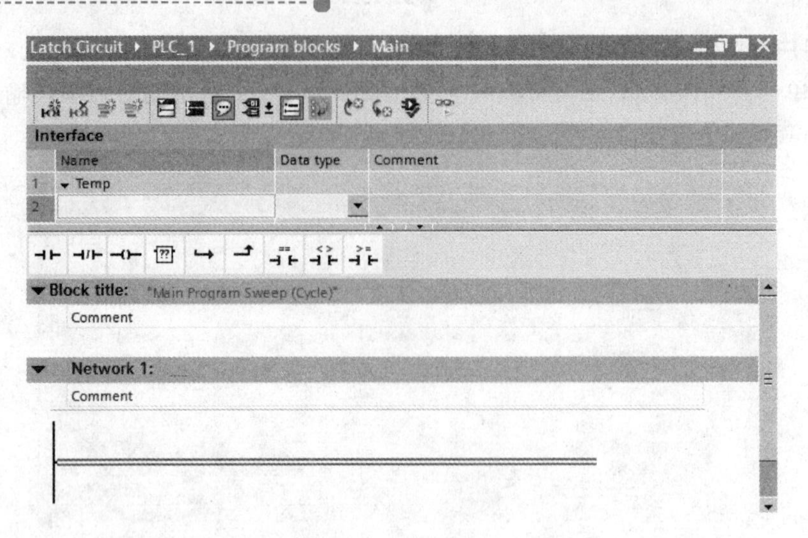

图 3-113　打开程序编辑器以显示“Main［OB1］”块程序段

入程序段中。

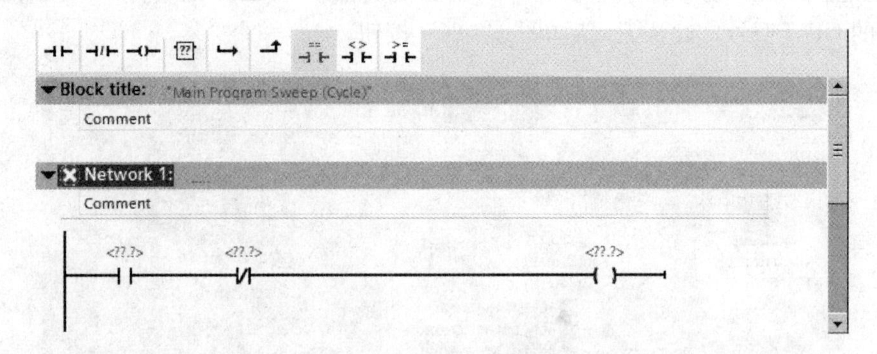

图 3-114　单击动合/动断触点及线圈以将其插入程序段中

要在某动合触点（On 开关）断开后将其闭合时已启动的线圈“自保持”为继续通电，可创建一个并联分支，如图 3-115 所示：①选择程序段的电源线；②在“Favorites”中单击“Open branch”（打开分支）以从电源线打开分支。

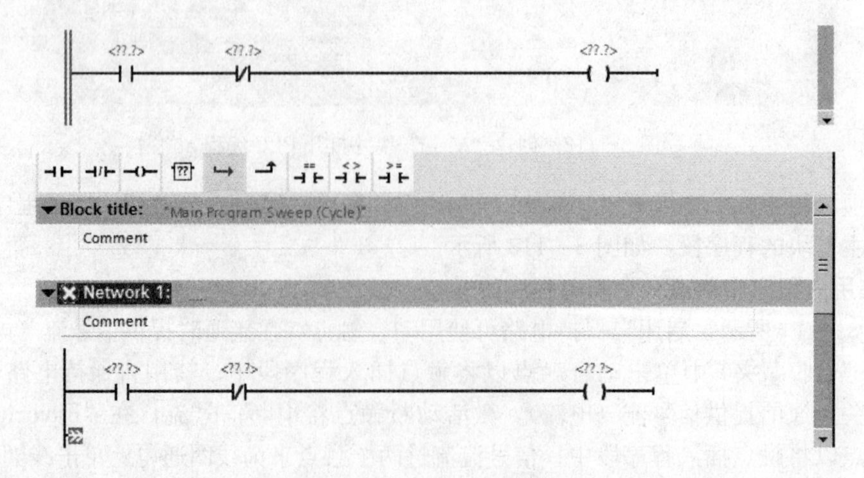

图 3-115　创建一个并联分支

在“Favorites”（收藏夹）中单击动合触点并将其插入分支中，通过将分支末端拖动到程序段来闭合分支，如图 3－116 所示。连接程序段中两个触点之间的分支可确保下列情况：①通过线圈的能流可在第一个动合触点（On 开关）释放后继续存在；②动断触点可断开电路并使线圈切断能流。

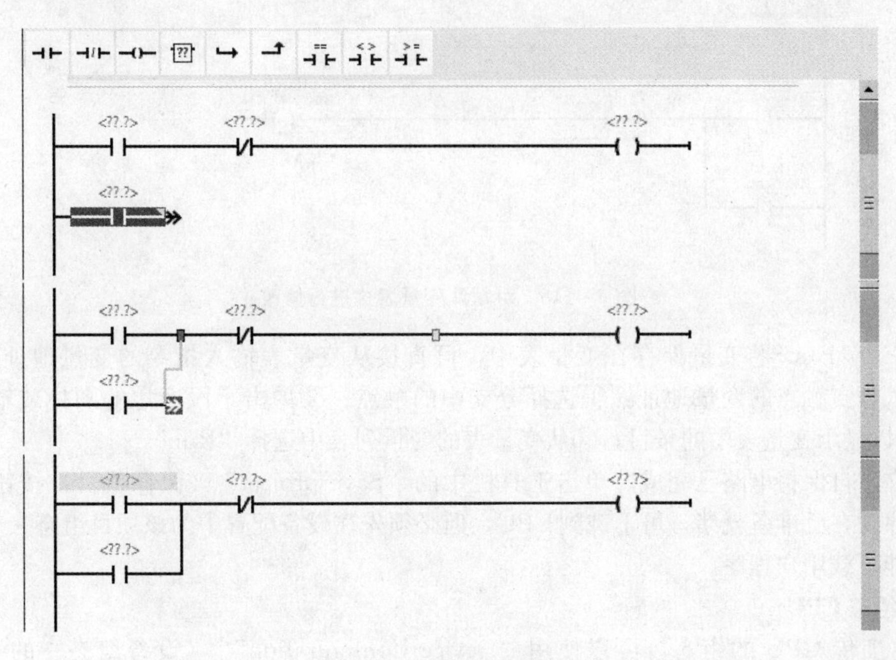

图 3－116 完成并联分支

单击工具栏中的“Save project”（保存项目）按钮来保存工作。接下来可以创建将用户程序指令与用户程序的输入和输出相关联的“变量”。

3. 为指令输入变量和地址

如图 3－117 所示，将触点和线圈与 CPU 的输入和输出关联，为这些地址创建“PLC 变量”。

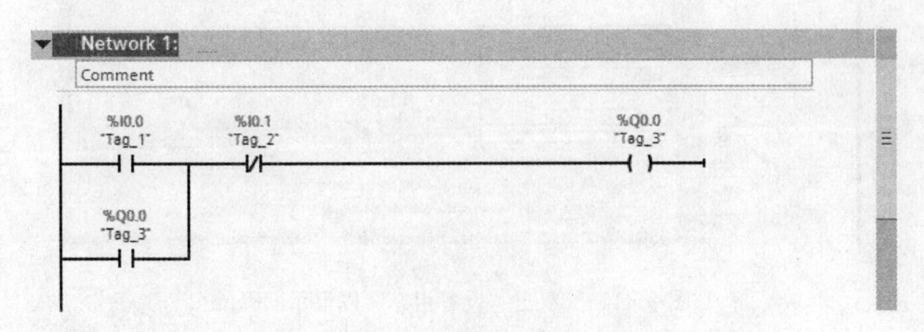

图 3－117 为触点和线圈输入操作数

1）选择第一个触点并双击操作数（“〈??.?〉”）。
2）输入地址“I0.0”为该输入创建默认变量（tag _ 1）。
3）选择动断触点并双击操作数，输入地址“I0.1”，创建默认变量（tag _ 2）。
4）为线圈输入一个输出地址“Q0.0”，创建默认变量（tag _ 3）。

可以重命名 STEP 7 Basic 创建的默认变量名称，只需右键单击指令（触点或线圈），然后从快捷菜单中选择“Rename tag”（重命名变量）命令。如图 3-118 所示，将“Tag_1”（I0.0）改为“On”，将“Tag_2”（I0.1）改为“Off”，将“Tag_3”（Q0.0）改为“Run”。

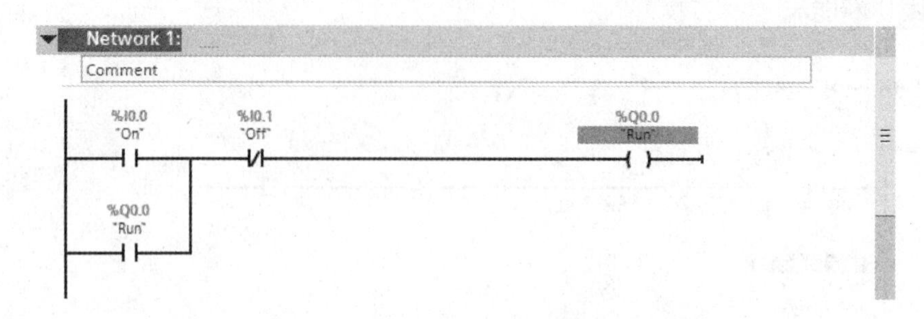

图 3-118 对默认变量名称进行修改

STEP 7 Basic 将变量保存在变量表中，可直接从变量表输入指令的变量地址。例如，直接输入分支触点的变量地址：①选择分支中的触点；②单击字段旁边的图标或输入“r”或“o”以显示变量表中的条目；③从变量表的变量列表中选择“Run”。

现在，自保持电路已完成。单击工具栏中的“Save project”（保存项目）按钮保存工作。程序现在已准备就绪，可下载到 CPU，但必须先在设备配置中为该项目组态一个 CPU，之后才能下载用户程序。

4. 组态 CPU

（1）上传 CPU 的组态。可以使用“Device Configuration”（设备组态）的“Detect CPU”（检测 CPU）功能上传 CPU 的硬件配置：①在项目树中展开“PLC”容器；②双击“Device configuration”（设备组态）以显示 CPU，如图 3-119 所示。

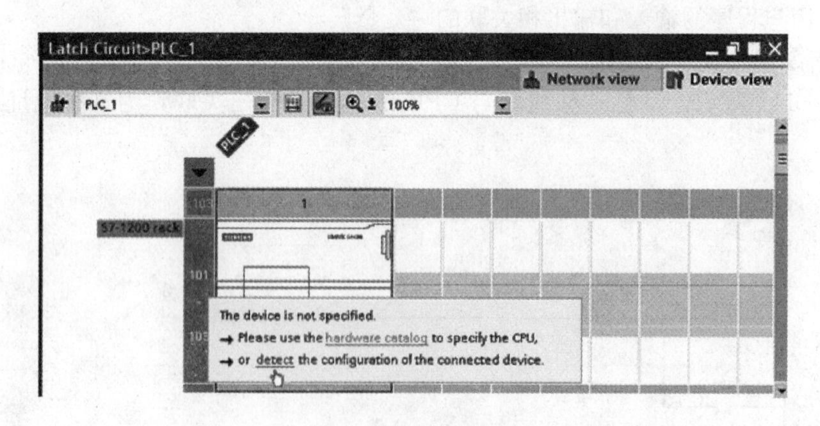

图 3-119 双击“设备组态”以显示 CPU

打开 LAD 编辑器时，STEP 7 Basic 已创建好“未指定的”CPU。现在，可以在未指定的 CPU 上单击“Detect”（检测）链接，以连接在线 CPU。

STEP 7 Basic 将“检测”与该计算机连接的所有 CPU。选择 CPU，然后单击“Load”（加载）按钮将 CPU 组态加载到项目。

（2）组态 CPU 的属性。可以通过属性来组态 CPU 的工作参数，如加电循环后的默认启动设置可使 CPU 切换到 STOP 模式。如图 3－120 所示，可以对 CPU 启动属性进行更改：①选择要在巡视窗口中显示其属性的 CPU；②在巡视窗口中，选择“Properties”（属性）选项卡，然后选择“Startup”（启动），以显示 CPU 启动模式的选项；③选择“Warm restart-RUN”（暖启动－RUN）。

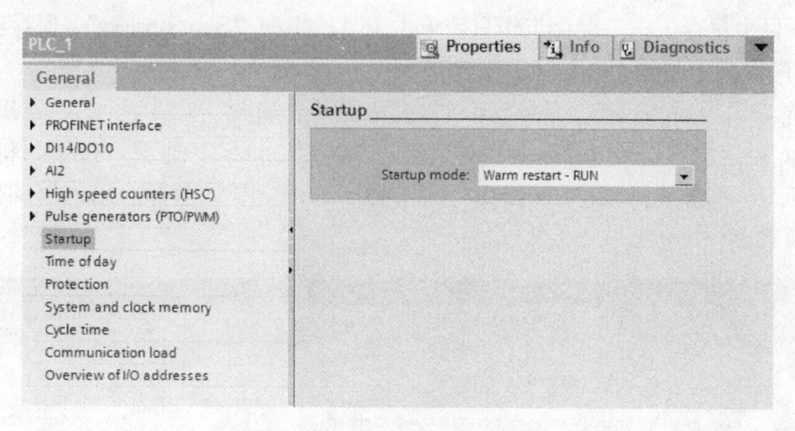

图 3－120 组态 CPU 的属性

此时已将 CPU 组态为加电循环后始终执行暖启动并切换为 RUN 模式。正如在上传 CPU 组态时所见，CPU 并没有预分配的 IP 地址，需要为每个 CPU 分配 IP 地址，如图 3－121 所示：①选择 CPU 上的 PROFINET 端口，那么仅显示 PROFINET 接口的属性，也可以在 CPU 的“General”（常规）属性中选择“PROFINET interface”（PROFINET 接口）；②在巡视窗口中，选择“Ethernet addresses”（以太网地址）。

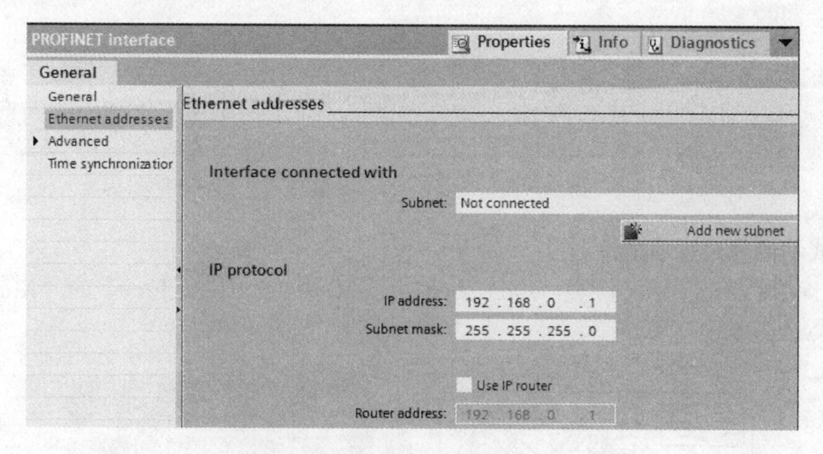

图 3－121 为 CPU 分配 IP 地址

在“IP protocol”（IP 协议）区域中会显示 STEP 7 Basic 创建的默认的 IP 地址，本例采用默认 IP 地址。根据应用及安装的要求，可能需要为 CPU 组态具体的网络地址，可参阅系统手册或咨询当地网络专家。

（3）将组态下载到 CPU。现在可以下载组态：①选择 CPU；②单击工具栏中的“Download”（下载）按钮。

连接到 CPU 后，STEP 7 Basic 会显示“Load preview”（加载预览）对话框，单击

“Load”（加载）按钮，将设备组态下载到 CPU 中。下载完成后，STEP 7 Basic 将显示“Load results”（加载结果）对话框，单击“完成”（Finish）按钮。

现在已将 CPU 组态为使用默认 IP 地址，并在加电循环后切换到 RUN 模式。此时可以下载用户程序。

(4) 在项目中保存工作。保存工作只需单击工具栏中的“Save project”（保存项目）按钮。

5. 将用户程序下载到 CPU

打开程序编辑器后，单击“Download”按钮即可。如图 3-122 所示，连接到 CPU 后，STEP 7 Basic 会显示“Load preview”对话框，单击“Load”（加载）按钮，将用户程序下载到 CPU 中。在单击“Finish”按钮前，先选择“Start all”（全部启动）以确保将 CPU 切换到 RUN 模式。

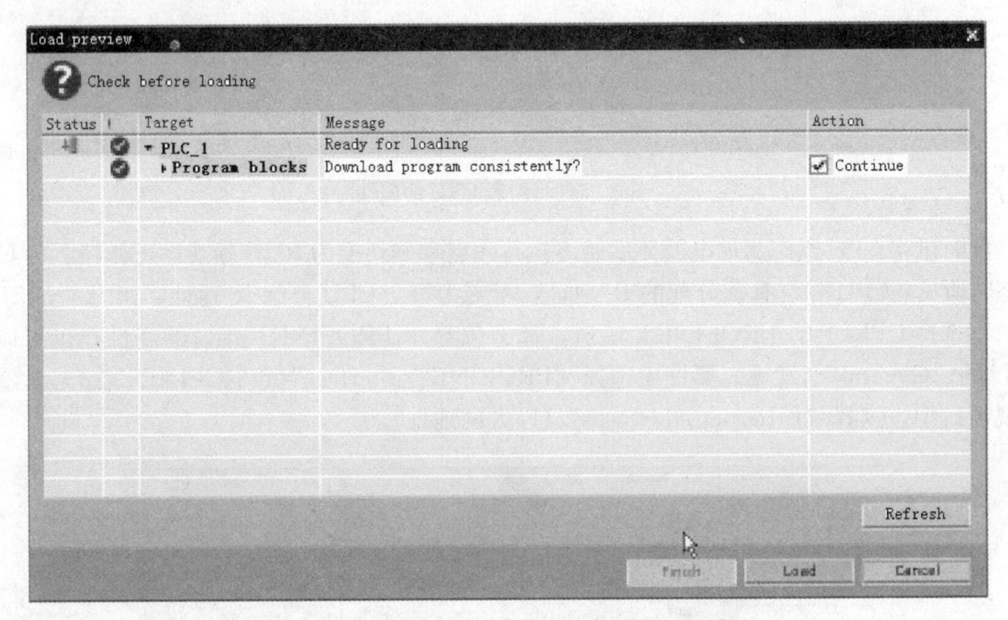

图 3-122 “Load preview”（加载预览）对话框

6. 测试示例用户程序的运行

(1) 如图 3-123 所示，接通“On”开关（I0.0），“Start”（I0.0）和“Run”（Q0.0）的状态 LED 将点亮。

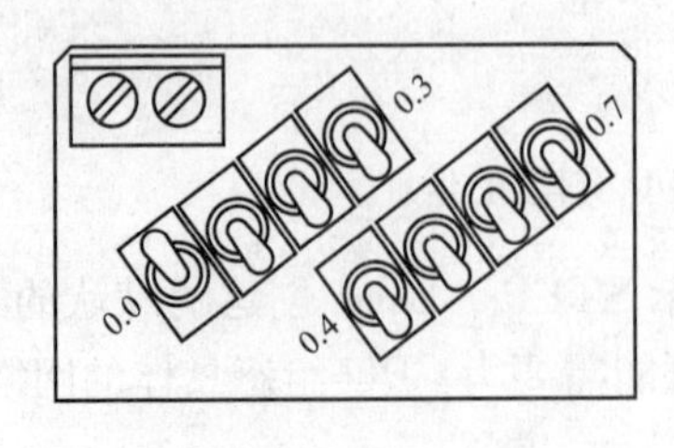

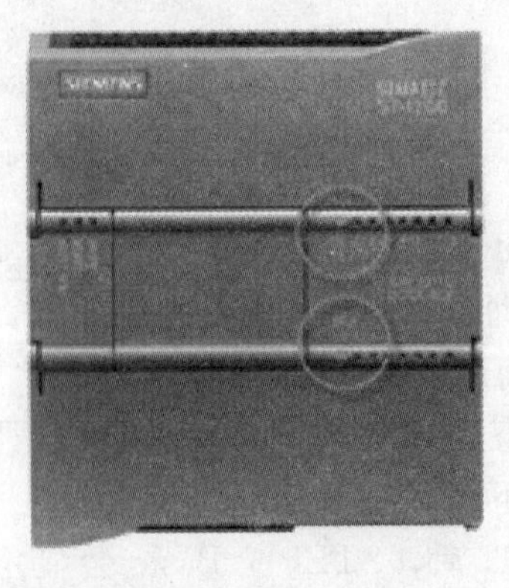

图 3-123 接通开关 I0.0

（2）如图 3-124 所示，断开“On”开关（I0.0），“On”（I0.0）的状态 LED 将熄灭，但“Run”（Q0.0）的状态 LED 仍保持点亮。

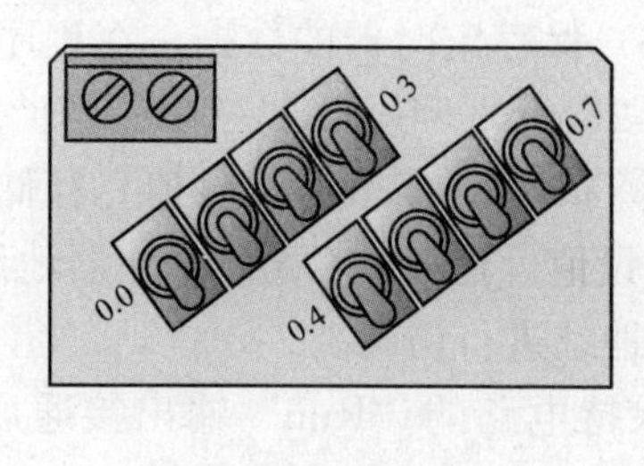

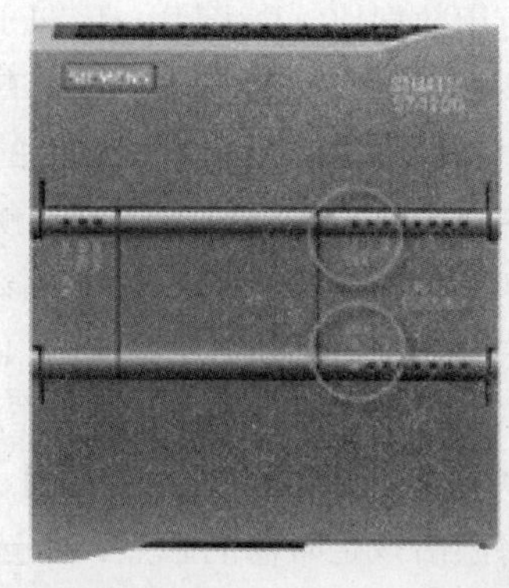

图 3-124　断开开关 I0.0

（3）如图 3-125 所示，接通“Off”开关（I0.1），“Off”（I0.1）的状态 LED 点亮，同时“Run”（Q0.0）的状态 LED 熄灭。

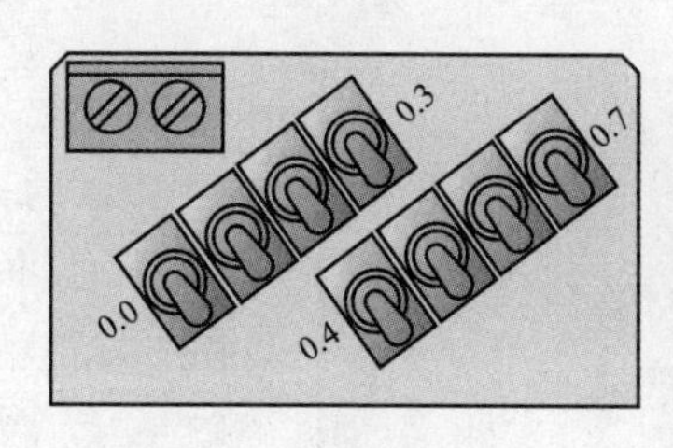

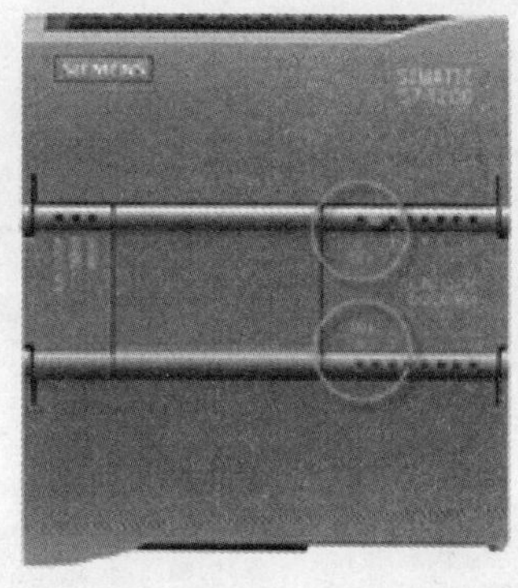

图 3-125　接通开关 I0.1

3.3.2　完成用户程序

接下来就水力发电站水冷式空气压缩机完成用户程序，以满足：在空压电动机组启动过程中，同时开启冷却水电磁阀直至空压机停止运行；延时 54s 后关闭空压机的“无载启动及排污电磁阀”；若空压机运行时间已满 25min，自动开启“无载启动及排污电磁阀”，延时 18s 后又关闭。

S7-1200 不会限制用户程序中定时器或计数器的数量，每个定时器的数据都存储在数据块中，因此用户程序的大小只受 CPU 装载存储器容量的限制。

1. 接通延迟定时器

如图 3-126 所示，TON 指令在预设延迟后接通输出（Q），定时器使用存储在数据块中的结构来保存定时器数据，在编辑器中设置定时器指令时即可分配该数据块。

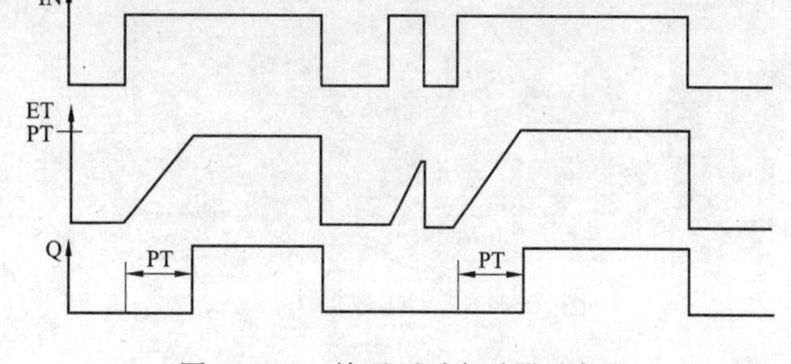

图 3-126　接通延时定时器时序图

定时器开启后（IN=1），接通延迟定时器会等待定时器中预设好的时间（PT）后，再接通其输出（Q=1）。只要输入保持为接通状态（IN=1），输出始终为接通状态（Q=1）。接通延迟定时器使用数据块（Data Block，DB）保存定时器的数据，在程序段中插入TON指令时即可分配该数据块，该示例预设时间有25min、54s、18s三种。

在用户应用中，也可输入存储了预设值的Time（4字节有符号值）存储器地址，这样，用户程序就可以在必要时根据操作条件更改预设值。还可在Time存储器地址中存储经过的时间（ET），用户程序中的其他元素也可对该地址进行访问。

在用户程序中使用TON指令，可在自保持电路的“Run”输出接通后开启25min和54s的两个延迟定时器，25min的定时器动作后开启18s的延时定时器。

2. 延时54s关闭无载启动及排污电磁阀

首先，输入将激活该定时器的触点：①选择用户程序中的第二个程序段；②同自保持电路执行的操作一样，在“Favorites”（收藏夹）中单击动合触点以插入指令；③对于指令地址，选择“Run”变量。

在“Instructions”（指令）任务卡中，展开“Timers”（定时器）文件夹，然后将TON定时器拖动到程序段中，如图3-127所示。

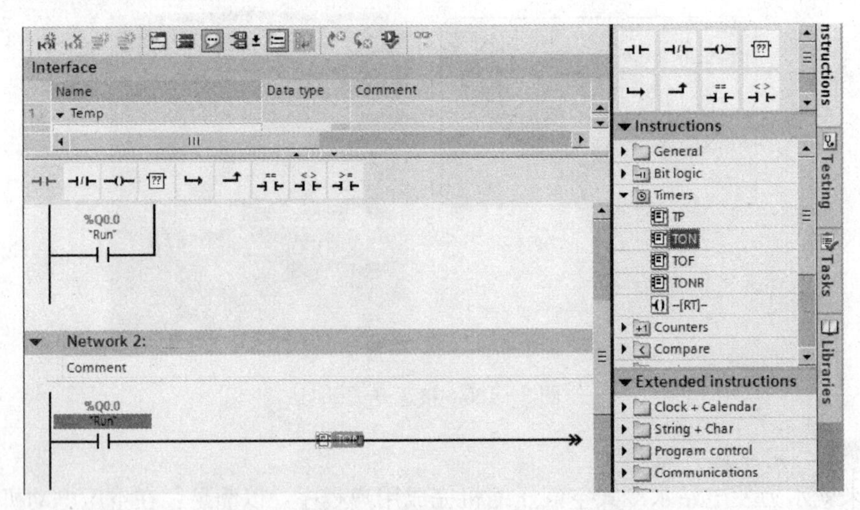

图3-127 将TON定时器拖动到程序段中

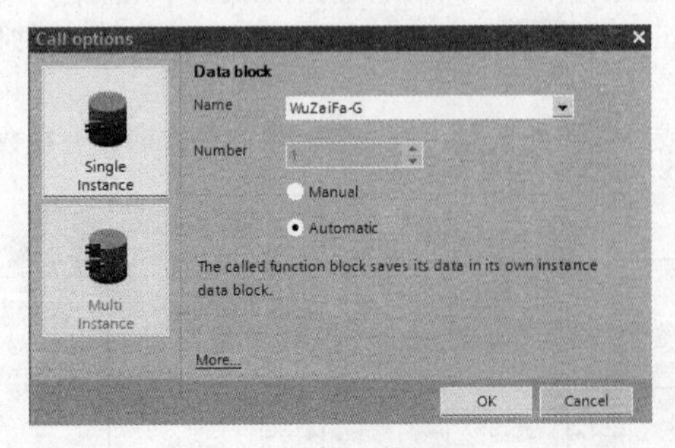

图3-128 创建数据块

将TON指令拖放到程序段后，将自动创建一个用于存储定时器数据的单个背景数据块，取名“WuZaiFa - G”，单击“OK”按钮创建DB，如图3-128所示。

创建一个54s延迟：①双击预设时间（Preset Time，PT）参数；②输入常数值“54000”（即54000ms或54s），也可以输入“54s”表示54秒（输入“54h”表示54小时，输入“5m”表示5分钟），可以看到STEP 7 Basic将该常量格式化为

"T＃54000ms"。

插入一个将于 54s（TON 指令的预设值）后接通的线圈，地址为"Q0.2"，将该变量重命名为"WuZaiPaiWu-Guan"，如图 3-129 所示。

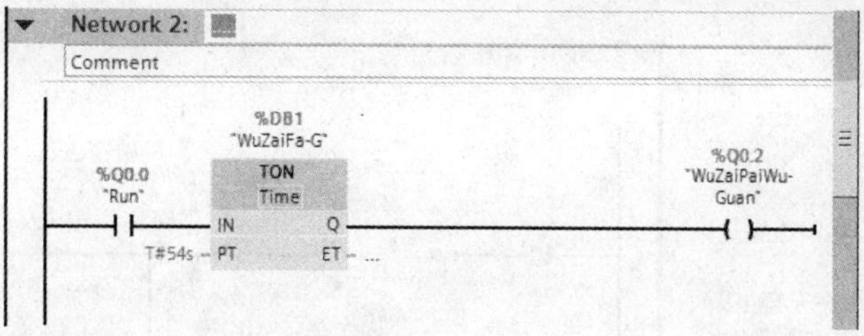

图 3-129　延迟 54s 后关闭无载启动及排污电磁阀

3. 运行过程中的排污控制

空压机组运行时间达到 25min 后，应自动打开"无载启动及排污电磁阀"，排污 18s 后又关闭此阀。

为此选择用户程序中的第三个程序段，单击"Favorites"中动合触点，指令地址选择"Run"变量。在"指令"（Instructions）任务卡中，展开"定时器"（Timers）文件夹，然后将 TON 定时器拖动到程序段中，背景数据块命名为"WuZaiFa-K"，预置时间设为 25min。接着插入地址为"Q0.3"的线圈并重命名为"WuZaiPaiWu-Kai"，如图 3-130 所示。

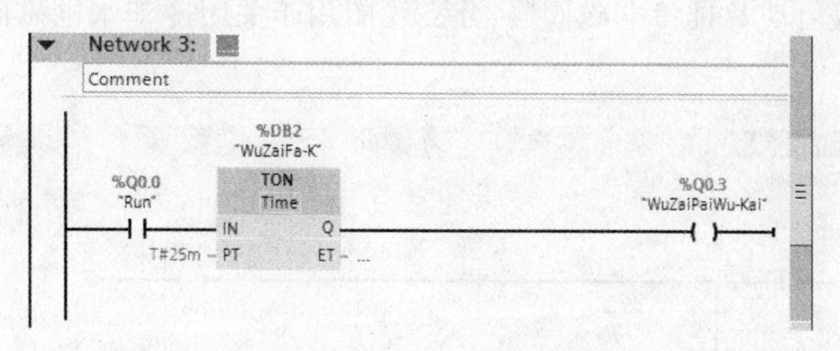

图 3-130　延迟 25min 后打开无载启动及排污电磁阀

选中 Network 3 中 TON 定时器与线圈之间的那条线段，点击"Favorites"中的"Open branch"（打开分支）。再次拖放一个 TON，背景数据块命名为"PaiWuKongZhi"，预置时间为 18s，紧接线圈地址为"M60.0"（PaiWu-Guan），如图 3-131 所示。

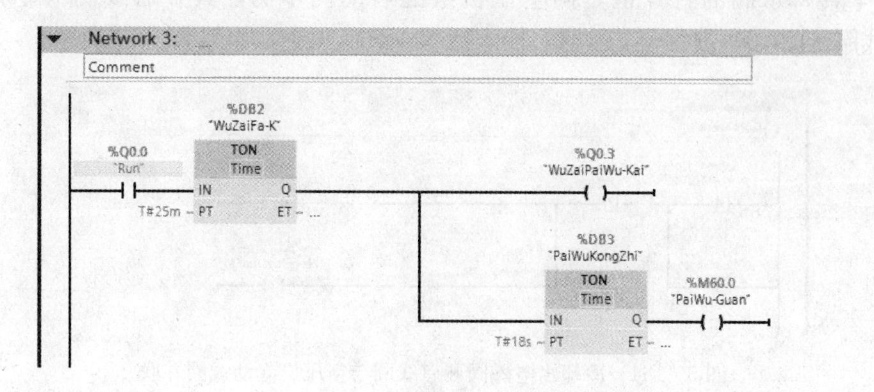

图 3-131　控制排污时间为 18s

这"M60.0"（PaiWu-Guan）置位后意味着该关闭"无载启动及排污电磁阀"了，所以把"M60.0"的触点并到 Network 2 中去实施自动操作，如图 3-132 所示。

4. 空压机组停运后的自动操作

空压机组停止运行后应该自动关闭冷却水电磁阀以节约资源，同时还应该开启"无载启

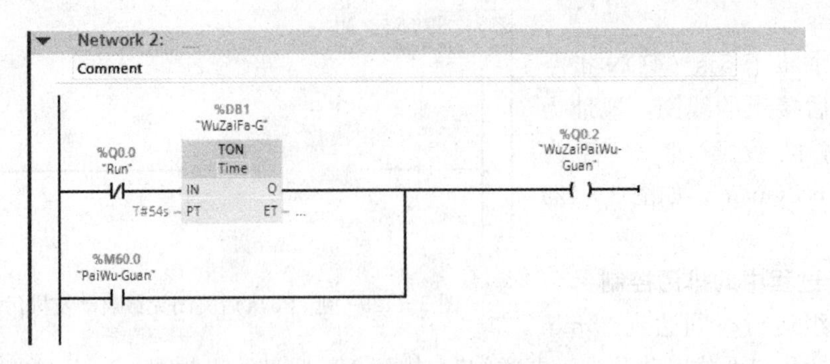

图 3-132　补充关闭“无载启动及排污电磁阀”控制电路

动及排污电磁阀”，这既是为了排除冷凝的污垢，也是为下一次空压机顺利启动而做的准备。

为此，选中 Network 4，点击“Favorites”中的动断触点插入到 Network 4 中，触点地址变量为“Run”（Q0.0），它在停运后闭合，后面的线圈“WuZaiPaiWu-Kai”（Q0.3）用于开启“无载启动及排污电磁阀”，分支线圈用于关闭冷却水电磁阀，如图 3-133 所示。

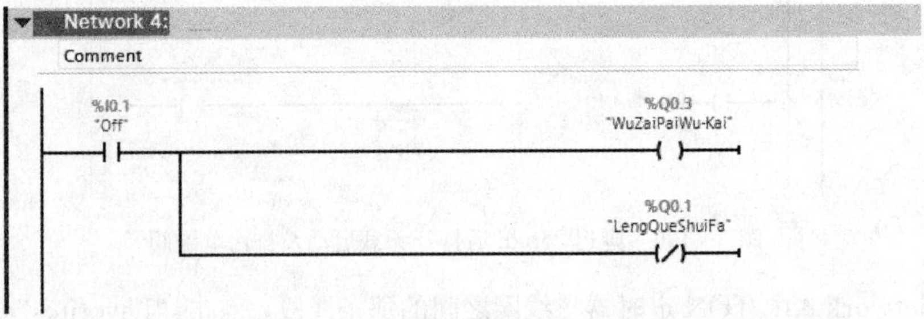

Network 4:
Comment
%I0.1
"Off"
%Q0.3
"WuZaiPaiWu-Kai"
%Q0.1
"LengQueShuiFa"

图 3-133　停运后开启“无载启动及排污电磁阀”并关闭冷却水阀

另外，冷却水阀的打开也是同空压机组的启动同步的，其开启线圈（Q0.1）可与“Run”线圈（Q0.0）进行分支并联，插入到 Network 1 中，如图 3-134 所示。

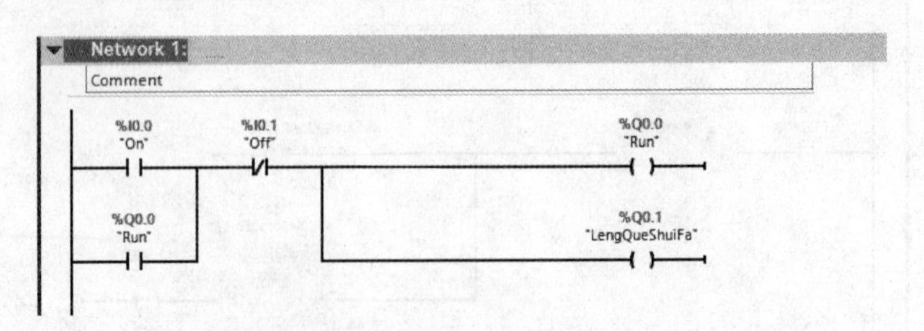

图 3-134　冷却水电磁阀开启线圈与空压机起动线圈并联

5. “On”“Off”也是可控的

上述“On”“Off”是工作空压机组控制系统的启动、停止按钮，按下“On”时，“Run”及“LengQueShuiFa”投入运行并自保持，直至按下“Off”时“Run”及“LengQueShuiFa”均退出。按同样的思路可以设计出同样程序结构的备用空压机的控制方案，只需增加备用投入报警回路，请读者参照以上介绍自行设计。

其实“On”“Off”可以设计成受控的触点，可以在压缩空气装置的储气罐上置压力传感器以监视器压力，通过 AI 接口送入 PLC。当储气罐压力下限（0.7MPa，若是备用投入为0.62MPa）时“On”的动合触点闭合，压力上限（0.8MPa）时“Off”的动断触点断开。另外储气罐压力0.82MPa时断开空压机启动回路，并进行压力过高报警，这些请读者自行设计。

最后单击工具栏中的“Save Project”（保存项目）保存所做的工作。

3.3.3 使用监视表格进行监视

测试自保持电路，使用仿真器上的物理开关，并监视 CPU 前面板上指示灯的亮灭情况，本节将使用 STEP 7 Basic 的在线功能监视用户程序的运行情况。

在 CPU 执行用户程序时，可通过监视表格监视或修改变量值。使用“Modify”（修改）功能可以更改变量的值，但对输入（I）或输出（Q）不起作用，这是因为 CPU 会更新 I/O，并在读取已修改的值之前覆盖所有的已修改值。监视表格提供了可用于修改 I/O 值的“Force”（强制）功能，用户可在接通自保持电路中强制输入。

1. 创建监视表格

如图 3-135 所示创建监视表格，首先在项目树中展开“Watch tables”（监视表格）容器，再双击“Add new watch table”（添加新监视表格）打开一个新的监视表格。

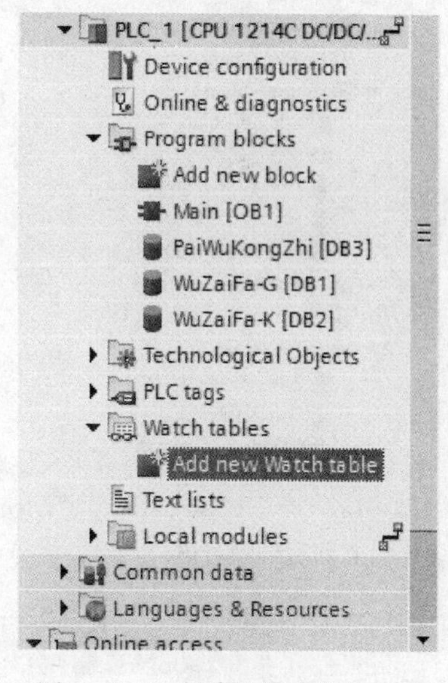

图 3-135 创建监视表格的入口

在“Name”（名称）字段中单击并输入变量，可以只键入一个字符，并从列表中选择变量，如图 3-136 所示。

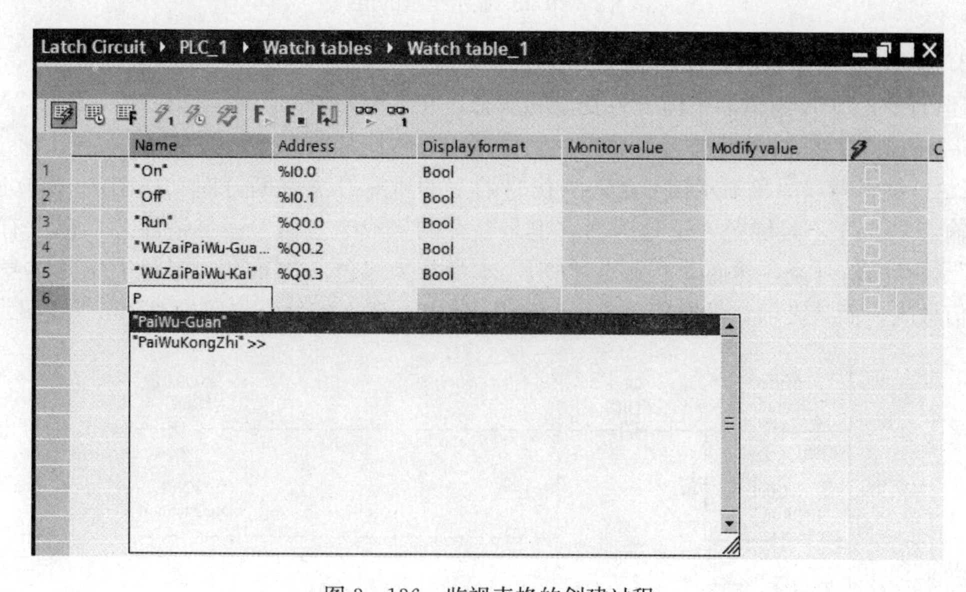

图 3-136 监视表格的创建过程

Go online
Project tree
Devices
LatchCircuit
Add new device
Devices & Networks
PLC_1 [CPU 1214C DC/D.
Device configuration
Online & diagnostics
Program blocks
Add new block
Main [OB1]
PaiWuKongZhi [DB3]
WuZaiFa-G [DB1]
WuZaiFa-K [DB2]
Technological Objects
PLC tags
Watch tables
Add new Watch table
Watch table_1
Text lists

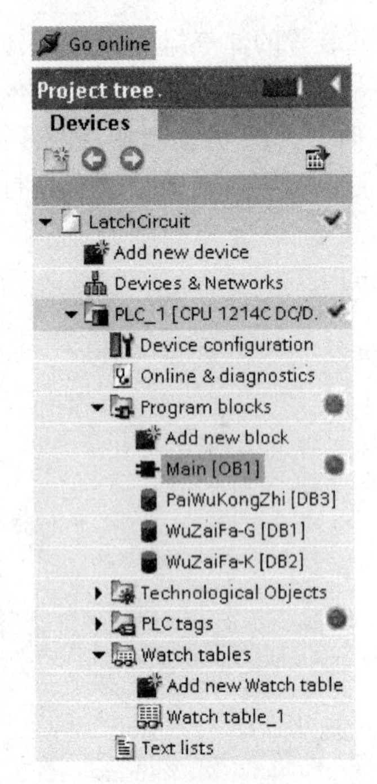

图 3-137　单击“Go online”按钮后的项目树

创建监视表格后，可以转到在线状态，以监视用户程序的执行。

2. 监视 CPU 中的数据值

要监视这些变量，必须在线连接到 CPU，只需单击工具栏中的“Go online”（转到在线）按钮。如图 3-137 所示连接到 CPU 后，STEP 7 Basic 将工作区的标题变为橙色。项目树显示离线项目和在线 CPU 的比较结果。绿色圆点表示 CPU 与项目同步，即二者都具有相同的组态和用户程序。

监视表格中将显示各变量，如图 3-138 所示。

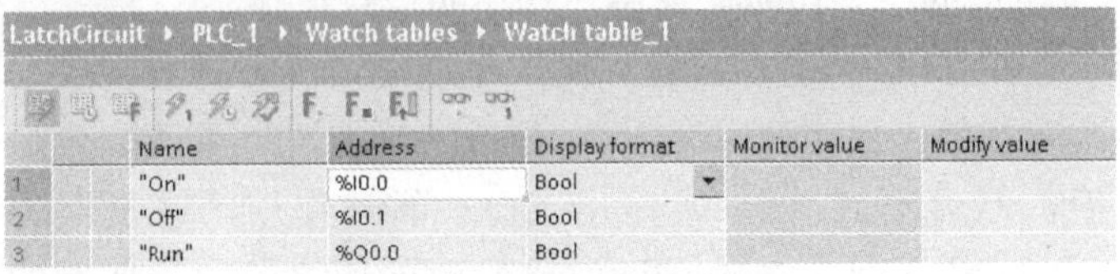

LatchCircuit ▸ PLC_1 ▸ Watch tables ▸ Watch table_1
Name
Address
Display format
Monitor value
Modify value
1 "On" %I0.0 Bool
2 "Off" %I0.1 Bool
3 "Run" %Q0.0 Bool

图 3-138　监视表格中显示的变量

要监视用户程序的执行并显示变量的值，单击工具栏中“Monitor all”（全部监视）按钮，“Monitor value”（监视值）字段中将显示每个变量的值，如图 3-139 所示。

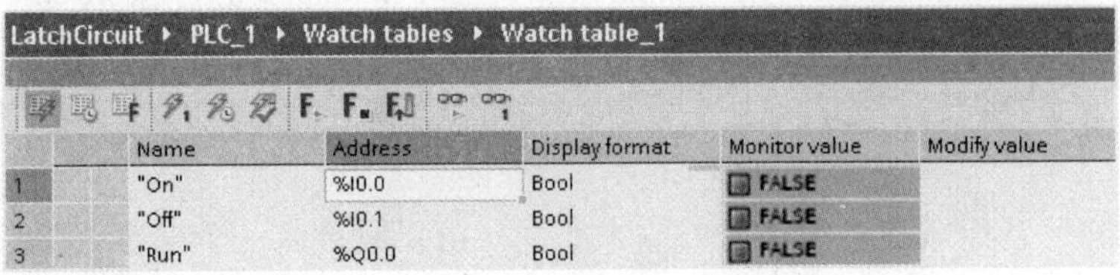

LatchCircuit ▸ PLC_1 ▸ Watch tables ▸ Watch table_1
Name
Address
Display format
Monitor value
Modify value
1 "On" %I0.0 Bool FALSE
2 "Off" %I0.1 Bool FALSE
3 "Run" %Q0.0 Bool FALSE

图 3-139　显示变量的值

3. 在 LAD 编辑器中监视状态

还可以在 LAD 编辑器中监视各变量的状态，在 LAD 编辑器的工具栏中，单击“Monitoring on/off”（接通/断开监视）按钮，以显示用户程序的状态。

LAD 编辑器以绿色显示信号流，当仿真器上的所有开关都断开时，如图 3-140 所示，注意输入“On”不是绿色，这是因为它也是断开的（或为“假”）；另请注意，也没有流向“Off”触点的信号流，然而动断触点“Off”本身却为绿色。“Off”为绿色表示其本身并不产生信号流，而是表示如果有信号流入“Off”触点，那么信号流将通过“Run”线圈。

%I0.0
"On"
%I0.1
"Off"
%Q0.0
"Run"
%Q0.0
"Run"
%Q0.1
"LengQueShuiFa"

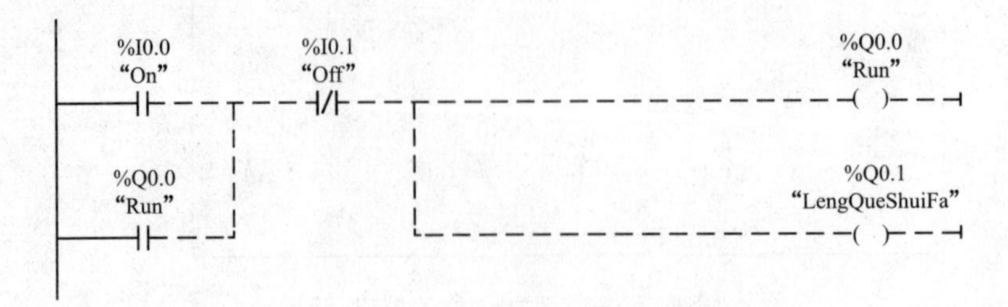

图 3-140　仿真开关都断开后的用户程序状态

用仿真器接通 I0.0 的开关，监视整个程序段中的信号流，断开 I0.0 并查看锁存电路的工作如图 3-141 所示。

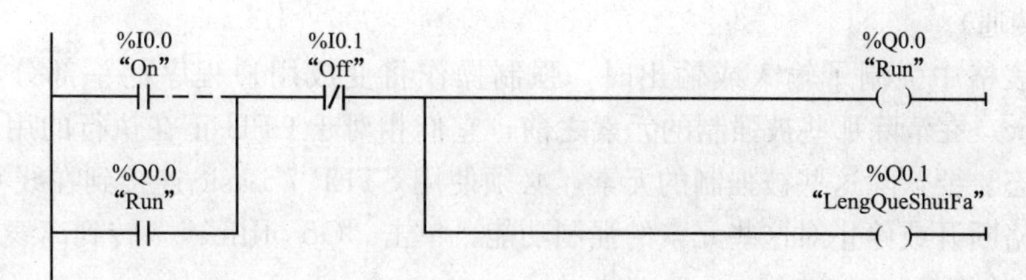

图 3-141　仿真开关 I0.0 接通又断开后的用户程序状态

若断开开关 I0.1，便可去除“Run”线圈（Q0.0）和“LengQueShuiFa”（Q0.1）中的信号流。

4. 将输入强制设置为特定值

监视表格提供了“强制”功能，能够将与外围设备输入或外围设备输出地址对应的输入或输出点的值改写成特定的值。CPU 在执行用户程序前将此强制值应用到输入过程映像，并在将输出写入到模块前将其应用到输出过程映像中。

由于无法强制输入（或“I”地址），因而必须更改输入“On”的地址以访问外围设备输入。在“On”的“Address”（地址）或“Name”（名称）单元格中，添加“：P”而变成“On:P”和“%I0.0:P”，如图 3-142 所示。

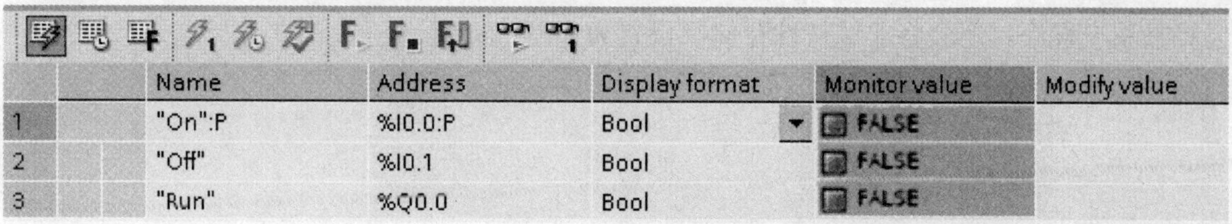

		Name	Address	Display format	Monitor value	Modify value
1		"On":P	%I0.0:P	Bool	FALSE	
2		"Off"	%I0.1	Bool	FALSE	
3		"Run"	%Q0.0	Bool	FALSE	

图 3-142　添加“：P”更改输入“I”地址

现在，单击“Show/hide force columns”（显示/隐藏强制列）按钮，显示“Force value”（强制值）列。

右键单击“Force value”（强制值）单元格以显示上下文菜单。然后选择“Force to 1”（强制为 1）命令，将“On:P”（I0.0）设置为 1 或“真”，如图 3-143 所示。

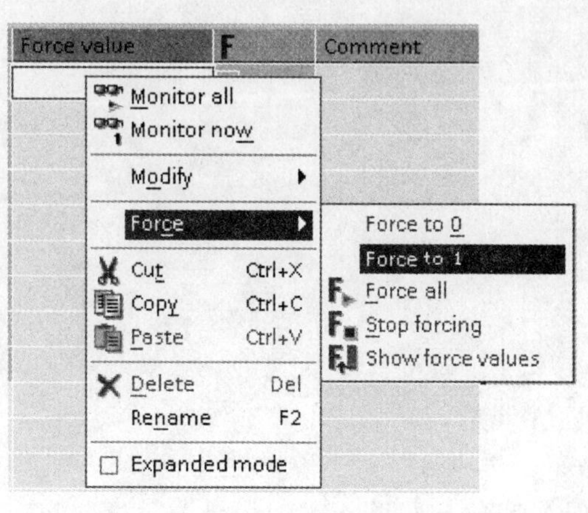

图 3-143　将“On:P”（I0.0）强制为 1

由于强制值存储在 CPU 中而不是监视表格中，因而 STEP 7 Basic 会要求确认是否将强制值设置为 1，单击“Yes”按钮进行确认。

使用“Start or replace forcing”（启动或替换强制）按钮将“On:P”输入的值强制设置为 1（或“真”）。单击“Stop forcing”（停止强制）按钮将“On:P”的值重置为 0

(或“假”)。

注意仿真器上的所有开关都断开时，即使“On:P”为0(“假”)，“Run”输出仍为“真”(1或接通)。

在监视表格中强制了输入或输出时，强制操作将变成用户程序的一部分，如果关闭STEP 7 Basic，在清除那些被强制的元素之前，它们相对于CPU正在执行的用户程序而言仍为激活状态。要清除这些被强制的元素，必须使用STEP 7 Basic连接到在线CPU，然后使用监视表格断开或停止对这些元素的强制功能。单击“Go offline”(转到离线)按钮可以断开与CPU的连接。

5. 转到在线

最后的这些信息与CPU操作面板有关，不过CPU并不提供从STOP模式切换到RUN模式的物理开关，需使用STEP 7 Basic更改CPU的“操作模式”。

首先，访问在线CPU：①展开“Online access”文件夹，然后展开连接到CPU的网络适配器；②双击“Update accessible devices”，以查找CPU；③STEP 7 Basic显示CPU后，展开该CPU；④双击“在线和诊断”，以显示在线工具。

“Online tools”(在线工具)任务卡中包含可用于监视CPU性能的大量工具，如诊断缓冲区、扫描时间和存储器使用情况的测量及CPU操作面板。

使用CPU操作面板可更改操作模式，单击“RUN”或“STOP”按钮即可更改CPU的操作模式。

请注意，单击“MRES”按钮将复位存储器并删除CPU的工作存储器，虽然该命令不会删除用户程序，但会将非保持性存储区设置为CPU的默认组态。

第4章

S7-1200 PLC的编程指令

本章4.1～4.6节详细介绍了S7-1200 PLC的基本指令部分；4.7～4.10节详细介绍了S7-1200 PLC的扩展指令部分，并简略介绍了S7-1200 PLC的全局库指令。

4.1 位逻辑指令

打开程序编辑器，“Instructions”（指令）任务卡里的 Bit logic文件夹下就是位逻辑指令，在LAD编辑窗口下归总，见表4-1。

表4-1 位逻辑指令

指令	描述	指令	描述
-‖-	动合触点	SR	复位优先锁存器
-/‖-	动断触点	RS	置位优先锁存器
-‖NOT‖-	取反触点	-‖P‖-	上升沿检测触点
-( )-	输出线圈	-‖N‖-	下降沿检测触点
-(/)-	取反输出线圈	-(P)-	上升沿检测线圈
-(R)-	复位	-(N)-	下降沿检测线圈
-(S)-	置位	P_TRIG	上升沿触发器
SET_BF	区域置位	N_TRIG	下降沿触发器
RESET_BF	区域复位	—	—

4.1.1 触点和线圈等基本元素指令

1. LAD触点

如图4-1所示，LAD触点有动合和动断两种，分配位参数“IN”数据类型为“Bool”，可将触点相互连接并创建用户自己的组合逻辑。位值赋1时，动合触点闭合（ON）；位值赋0时，动断触点闭合（ON）。触点串联为AND逻辑；触点并联为OR逻辑。

IN:Bool (a)　　IN:Bool (b)

图4-1 LAD触点
(a) 动合；(b) 动断

如果用户指定的输入位使用存储器标识符I（输入）或Q（输出），则从过程映像寄存器中读取位值。控制过程中的物理触点信号会连接到PLC上的I端子，CPU扫描已连接的输入信号并持续更新过程映像输入寄存器中的相应状态值。通过在I偏移量后加入“：P”，可指定立即读取物理输入（例如，“%I6.2：P”），对于立即读取，直接从物理输入读取位数据值，而非从过程映像中读取。立即读取不会更新过程映像。

2. FBD 编程中的 AND、OR 和 XOR 功能框

在 FBD 编程中，LAD 触点程序段变为如图 4-2 所示的与（&）、或（>=1）和异或（X）功能框程序段，“IN1”“IN2”的数据类型为“Bool”，可指定位值，功能框输入和输出可连接其他逻辑框创建新的逻辑组合。在程序段中放置功能框后，可从“收藏夹”（Favorites）工具栏或指令树中拖动“插入二进制输入”（Insert binary input）工具或者右键单击功能框输入连接器并选择“Insert input”（插入输入），给功能框添加更多输入。

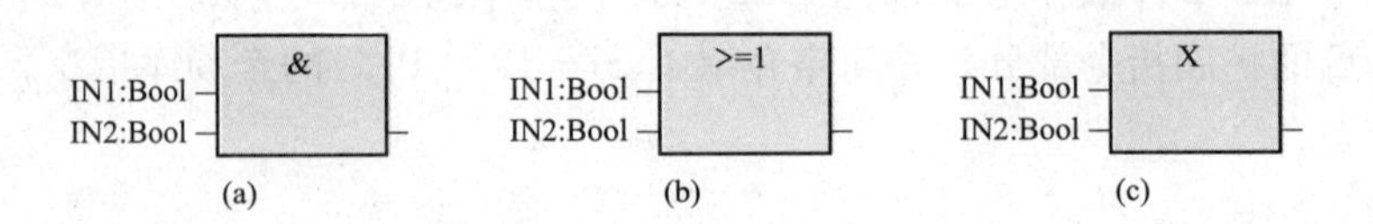

图 4-2　FBD 编程中的 AND、OR 和 XOR 功能框
(a) AND 逻辑；(b) OR 逻辑；(c) XOR 逻辑

AND 功能框的所有输入必须都为“1”，输出才为“1”；OR 功能框只要有一个输入为“1”，输出就为“1”；XOR 功能框必须有奇数个输入为“1”，输出才为“1”。

3. NOT 逻辑反相器

对于 FBD 编程，可从“Favorites”（收藏夹）工具栏或指令树中拖动“取反二进制数值”（Negate binary value）工具，放置在功能框输入或输出端形成逻辑反相器，如图 4-3 所示。

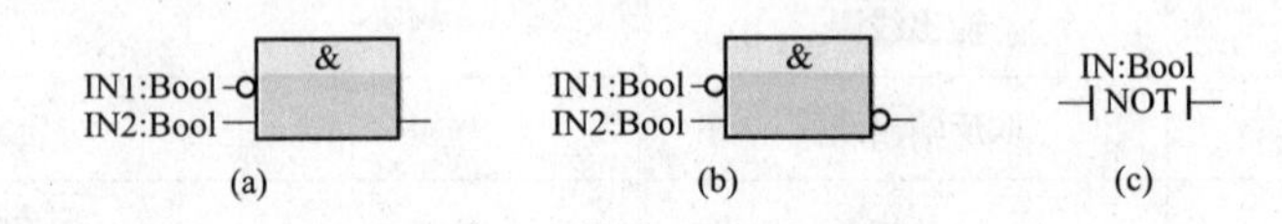

图 4-3　NOT 逻辑反相器
(a) FBD 中带一个反向逻辑输入的 AND 功能框；(b) FBD 中带反向逻辑输入和输出的 AND 功能框；(c) LAD 中的 NOT 触点反相器

LAD 中的 NOT 触点“Invert result of logic operation”能取反能流输入的逻辑状态。

4. LAD 输出线圈

线圈输出指令向输出位 Q 写入值（等于能流状态），连接 S7-1200 的 Q 端子，去控制执行器。在 Q 偏移量后加入“：P”，是指定立即写入物理输出（例如，“%Q6.2：P”），对于立即写入，将位数据值写入过程映像输出并直接写入物理输出。

OUT:Bool　—( )—　(a)　　OUT:Bool　—(/)—　(b)

图 4-4　LAD 输出线圈
(a) 输出线圈；(b) 反向输出线圈

如图 4-4 所示的分配位参数“OUT”的数据类型为“Bool”。如果有能流通过输出线圈，则输出位设置为 1；如果没有能流通过输出线圈，则输出位设置为 0。如果有能流通过反向输出线圈，则输出位设置为 0；如果没有能流通过反向输出线圈，则输出位设置为 1。

5. FBD 输出分配功能框

在 FBD 编程中，LAD 线圈变为分配 = “Assignment” 或者 /= “Negate assignment”）功能框，如图 4-5 所示。功能框的输入和输出可连接到其他功能框，也可输入位地址。

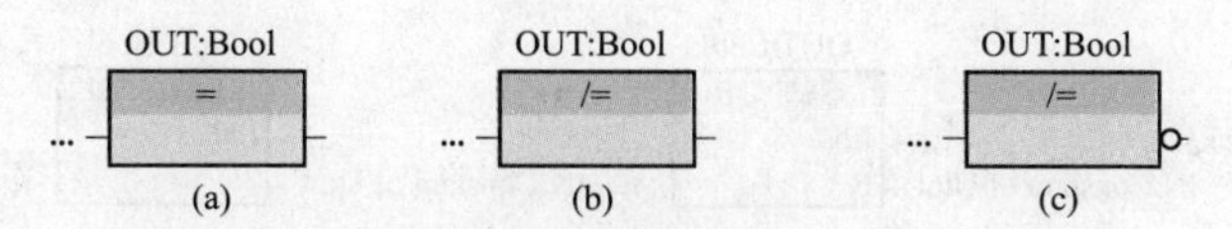

图 4-5 FBD 输出分配功能框

(a) 输出分配；(b) 反向输出分配；(c) 带反向输出的输出分配

图 4-5 中分配位参数“OUT”的数据类型为“Bool”。如果输出框输入为 1，则 OUT 位设置为 1；如果输出框输入为 0，则 OUT 位设置为 0。如果反向输出框输入为 1，则 OUT 位设置为 0；如果反向输出框输入为 0，则 OUT 位设置为 1。

4.1.2 置位和复位指令

1. S 和 R：置位和复位 1 位

在 LAD 编辑窗口下拖曳“Bit logic”（位逻辑）下的 -(S)- “Set output”（置位）和 -(R)- “Reset output”（复位），在 FBD 编辑窗口下拖曳 S “Set output”（置位）和 R “Reset output”（复位），至程序网络中，如图 4-6 所示。

图 4-6 置位和复位 1 位

(a) LAD：置位；(b) LAD：复位；(c) FBD：置位；(d) FBD：复位

S 和 R 指令的参数说明见表 4-2：①S（置位）激活时，OUT 地址处的数据值设置为 1；S 未激活时，OUT 不变；②R（复位）激活时，OUT 地址处的数据值设置为 0；R 未激活时，OUT 不变；③这些指令可放置在程序段的任何位置。

表 4-2　S 和 R 指令的参数说明

参数	数据类型	说明
IN（或连接到触点/门逻辑）	Bool	要监视的位址
OUT	Bool	要置位或复位的位址

2. SET _ BF 和 RESET _ BF：置位和复位位域

打开程序编辑器，在 LAD 窗口下或者 FBD 窗口下均可拖曳“Bit logic”下的 SET_BF “Set bit field”（置位位域）和 RESET_BF “Reset bit field”（复位位域），至程序网络中，即出现如图 4-7 所示的置位和复位位域指令。

置位和复位位域指令的参数说明见表 4-3。①SET _ BF 激活时，为从地址 OUT 处开始的“n”位分配数据值 1；SET _ BF 未激活时，OUT 不变。②RESET _ BF 激活时，为从地址 OUT 处开始的“n”位写入数据值 0；RESET _ BF 未激活时，OUT 不变。③SET _ BF 和 RESET _ BF 指令必须是分支中最右端的指令。

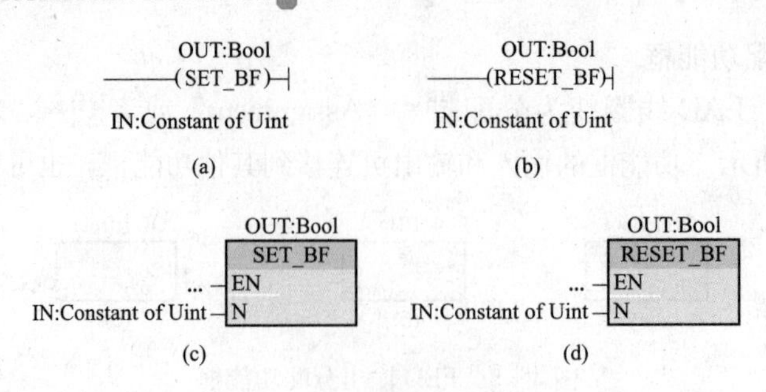

图 4－7　置位和复位位域指令

(a) LAD：SET_BF；(b) LAD：RESET_BF；(c) FBD：SET_BF；(d) FBD：RESET_BF

表 4－3　置位和复位位域指令的参数说明

参数	数据类型	说明
n	常数	要写入的位数
out	布尔数组的元素	要置位或复位的位域的起始元素，如#SunArray [5]

3. RS 和 SR：置位优先和复位优先位锁存

RS 是置位优先锁存，其中置位优先。如果置位（S1）和复位（R）信号都为真，则输出地址 OUT 将为 1。

SR 是复位优先锁存，其中复位优先。如果置位（S）和复位（R1）信号都为真，则输出地址 OUT 将为 0。

在 LAD 编辑窗口下或者 FBD 编辑窗口下分别拖曳“Bit logic”下的 RS “Reset/Reset flip-flop”和 SR “Set/reset flip-flop”，至程序网络中，即出现如图 4－8 所示的置位优先锁存和复位优先锁存指令框。

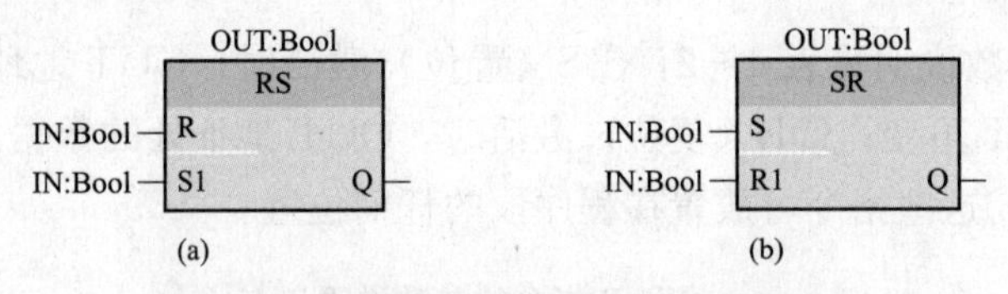

图 4－8　置位优先和复位优先位锁存

(a) 置位优先锁存；(b) 复位优先锁存

置位优先和复位优先位锁存指令的参数说明见表 4－4，OUT 参数指定置位或复位的位地址，可选 OUT 输出 Q 反映“OUT”地址的信号状态。

表 4－4　置位优先和复位优先位锁存指令的参数说明

参数	数据类型	说明
S、S1	Bool	置位输入；1 表示优先
R、R1	Bool	复位输入；1 表示优先
OUT	Bool	分配的位输出“OUT”
Q	Bool	遵循“OUT”位的状态

RS 和 SR 指令在各种输入情况下的输出位变化见表 4－5。

表 4-5　　**RS 和 SR 指令的输出位变化**

	输入 S1	输入 R	输出 OUT 位
指令 RS	0	0	先前状态
	0	1	0
	1	0	1
	1	1	1
	输入 S	输入 R1	输出 OUT 位
指令 SR	0	0	先前状态
	0	1	0
	1	0	1
	1	1	0

4. 上升沿和下降沿指令

上升沿和下降沿指令又可成为上升沿和下降沿跳变检测器，在 LAD 编辑窗口拖曳 “Bit logic” 下的 -|P|- “Scan positive signal edge at operand”、-|N|- “Scan negative signal edge at operand”、-(P)- “Set operand on positive signal edge”、-(N)- “Set operand on negative signal edge”、P_TRIG “Set output on positive signal edge”、N_TRIG “Set output on negative signal edge”，至程序网络中，即出现如图 4-9 所示的图形符号；在 FBD 编辑窗口拖曳 “Bit logic” 下的 -|P|-、-|N|-、-(P)-、-(N)-、P_TRIG、N_TRIG，至程序网络中，即出现如图 4-10 所示的图形符号；各参数的进一步说明见表 4-6。

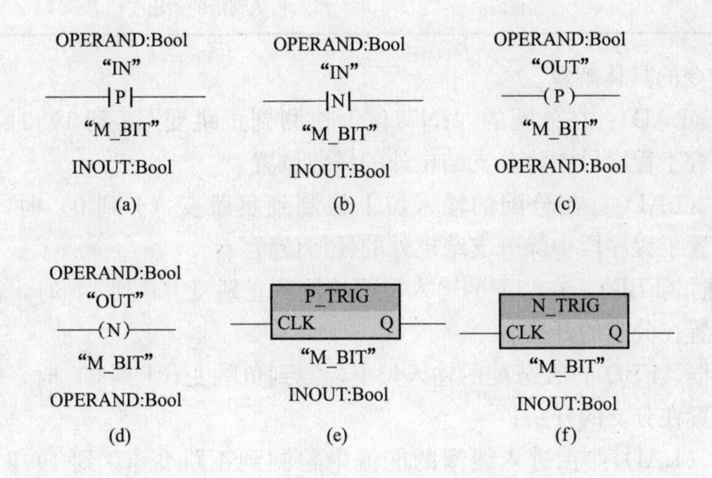

图 4-9　LAD 窗口下上升沿和下降沿指令

(a) LAD：P 触点；(b) LAD：N 触点；(c) LAD：P 线圈；(d) LAD：N 线圈；
(e) LAD\FBD：P_TRIG；(f) LAD\FBD：N_TRIG

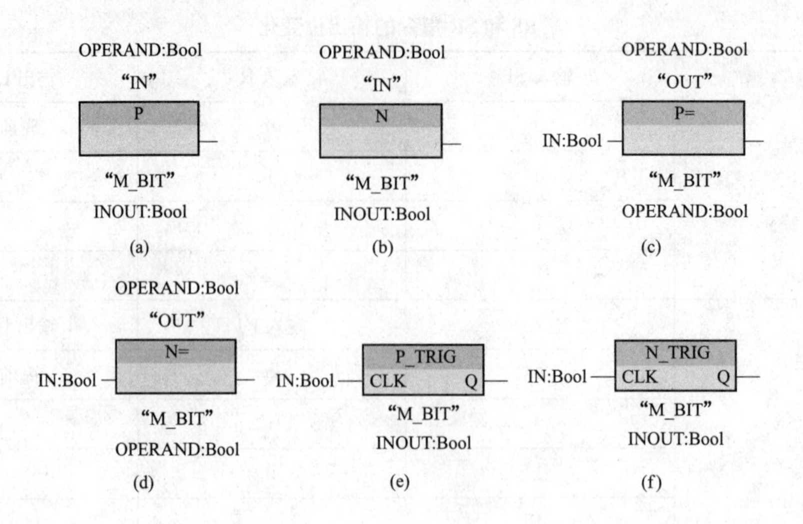

图 4－10 FBD窗口下上升沿和下降沿指令

(a) FBD：P功能框；(b) FBD：N功能框；(c) FBD：P＝功能框；
(d) FBD：N＝功能框；(e) FBD：P _ TRIG；(f) FBD：N _ TRIG

表 4－6 上升沿和下降沿指令各参数的说明

参数	数据类型	说明
M _ BIT	Bool	保存输入的前一个状态的存储器位
IN	Bool	要检测其跳变沿的输入位
OUT	Bool	指示检测到跳变沿的输出位
CLK	Bool	要检测其跳变沿的能流活输入位
Q	Bool	指示检测到沿的输出

以下是对指令的具体解释。

(1) P触点（LAD）：在分配的“IN”位上检测到正跳变（0到1）时，P触点状态为TRUE，可以放置于程序段中除分支结尾外的任何位置。

(2) N触点（LAD）：在分配的输入位上检测到负跳变（1到0）时，N触点状态为TRUE，也可放置于程序段中除分支结尾外的任何位置。

(3) P功能框（FBD）：在分配的输入位上检测到正跳变（0到1）时，输出逻辑状态为TRUE，只能放置在分支的开头。

(4) N功能框（FBD）：在分配的输入位上检测到负跳变（1到0）时，输出逻辑状态为TRUE，只能放置在分支的开头。

(5) P线圈（LAD）：在进入线圈的能流中检测到正跳变（0到1）时，“OUT”为TRUE，能流输入状态总是通过线圈后变为能流输出状态。P线圈可以放置在程序段中的任何位置。

(6) N线圈（LAD）：在进入线圈的能流中检测到负跳变（1到0）时，“OUT”为TRUE，能流输入状态总是通过线圈后变为能流输出状态。N线圈可以放置在程序段中的任何位置。

(7) P=功能框（FBD）：在功能框输入连接的逻辑状态中或输入位赋值中（如果该功能框位于分支开头）检测到正跳变（0 到 1）时，“OUT” 为 TRUE，可以放置于分支中的任何位置。

(8) N=功能框（FBD）：在功能框输入连接的逻辑状态中或输入位赋值中（如果该功能框位于分支开头）检测到负跳变（1 到 0）时，“OUT” 为 TRUE，可放置于分支中的任何位置。

(9) P _ TRIG（LAD/FBD）：在 CLK 输入状态（FBD）或 CLK 能流输入（LAD）中检测到正跳变（0 到 1）时，Q 输出能流或逻辑状态为 TRUE。在 LAD 中，P _ TRIG 指令不能放置在程序段的开头或结尾；在 FBD 中，P _ TRIG 指令可以放置在除分支结尾外的任何位置。

(10) N _ TRIG（LAD/FBD）：在 CLK 输入状态（FBD）或 CLK 能流输入（LAD）中检测到负跳变（1 到 0）时，Q 输出能流或逻辑状态为 TRUE。在 LAD 中，N _ TRIG 指令不能放置在程序段的开头或结尾；在 FBD 中，P _ TRIG 指令可以放置在除分支结尾外的任何位置。

所有沿指令均使用存储器位（M _ BIT）存储要监视的输入信号的前一个状态，通过将输入的状态与存储器位的状态进行比较来检测沿。如果状态指示在关注的方向上有输入变化，则会在输出写入 TRUE 来报告沿，否则输出会写入 FALSE。

沿指令每次执行时都会对输入和存储器位的值进行评估，包括第一次执行。在程序设计期间必须考虑输入和存储器位的初始状态，以允许或避免在第一次扫描时进行沿检测。由于存储器位必须从一次执行保留到下一次执行，所以应该对每个沿指令都使用唯一的位，并且不应在程序中的任何其他位置使用该位。还应避免使用临时存储器和可受其他系统功能（例如，I/O 更新）影响的存储器。

4.2 定时器与计数器指令

S7-1200 采用 IEC 标准的定时器和计数器指令。

4.2.1 定时器指令

使用定时器指令可创建编程的时间延迟：①TP，脉冲定时器可生成具有预设宽度时间的脉冲；②TON，接通延迟定时器输出 Q 在预设的延时过后设置为 ON；③TOF，关断延迟定时器输出 Q 在预设的延时过后重置为 OFF；④TONR，保持型接通延迟定时器输出在预设的延时过后设置为 ON，在使用 R 输入重置经过的时间之前，会跨越多个定时时段一直累加经过的时间；⑤RT，通过清除存储在指定定时器背景数据块中的时间数据来重置定时器。

每个定时器都使用一个存储在数据块中的结构来保存定时器数据，在编辑器中放置定时器指令时即可分配该数据块。在功能块中放置定时器指令后，可以选择多重背景数据块选项，各数据结构的定时器结构名称可以不同，但定时器数据包含在单个数据块中，从而无须每个定时器都使用一个单独的数据块，这样可减少处理定时器所需的时间和数据存储空间。在共享的多重背景数据块中的定时器数据结构之间不存在交互作用。

在LAD编辑窗口的“指令”（Instructions）任务卡里分别拖曳 Timers 文件夹下的 TP “Generate pulse”、TON “On delay”、TOF “Off delay”、TONR “Time accumulator”、-[RT]- “Reset IEC timer”至程序网络中，即可见到如图4-11所示的指令框。

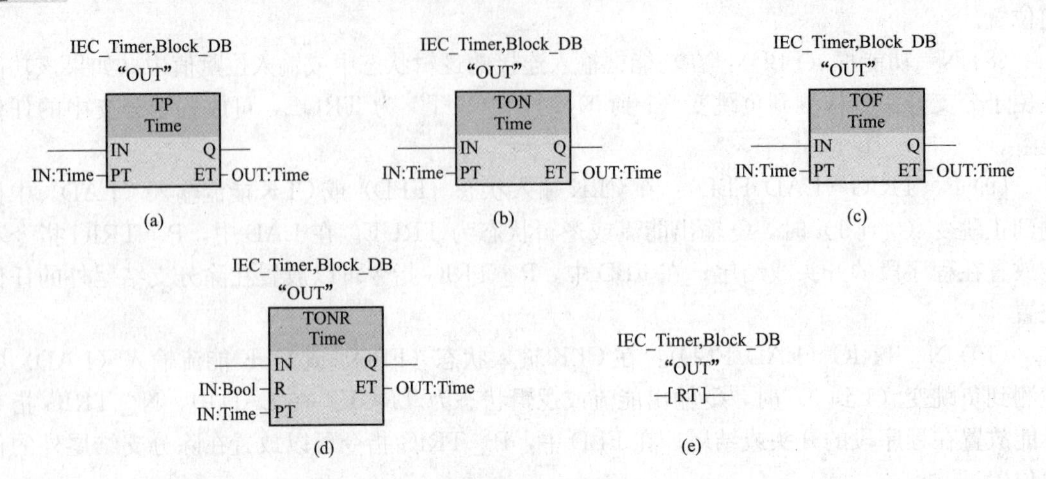

图4-11　LAD编辑窗口下的五种定时器指令

(a) LAD：TP；(b) LAD：TON；(c) LAD：TOF；(d) LAD：TONR；(e) LAD：RT

再切到FBD编辑窗口，在“指令”（Instructions）任务卡里分别拖曳 Timers 文件夹下的 TP、TON、TOF、TONR、-[RT]- 至程序网络中，即可见到如图4-12所示的指令框。

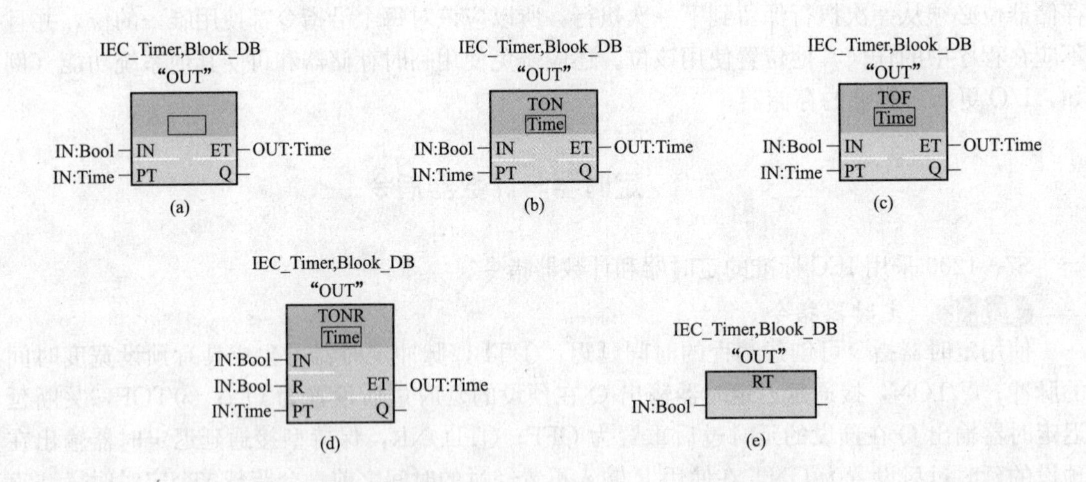

图4-12　FBD编辑窗口下的五种定时器指令

(a) FBD：TP；(b) FBD：TON；(c) FBD：TOF；(d) FBD：TONR；(e) FBD：RT

TP、TON和TOF定时器具有相同的输入和输出参数；TONR定时器具有附加的复位输入参数R，可创建自己的“定时器名称”来命名定时器数据块，还可以描述该定时器在过程中的用途；RT指令可重置指定定时器的定时器数据。各定时器指令的参数说明见表4-7。

表 4-7 定时器指令各参数的说明

参数	数据类型	说明
IN	Bool	启用定时器输入
R	Bool	将 TONR 经过的时间重置为零
PT	Bool	预设的时间输入
Q	Bool	定时器输出
ET	Time	经过的时间值输出
定时器数据块	DB	指定要使用 RT 指令复位的定时器

其中参数 IN 可启动和停止定时器：①参数 IN 从 0 跳变为 1 将启动定时器 TP、TON 和 TONR；②参数 IN 从 1 跳变为 0 将启动定时器 TOF。

表 4-8 列出了 PT 和 IN 参数值变化的影响。

表 4-8 定时器 PT 和 IN 参数值变化的影响

定时器	PT 和 IN 参数值变化
TP	定时器运行期间，更改 PT 和 IN 都没有任何影响
TON	定时器运行期间，更改 PT 没有任何影响，而将 IN 更改为 FALSE 会复位并停止定时器
TOF	定时器运行期间，更改 PT 没有任何影响，而将 IN 更改为 TRUE 会复位并停止定时器
TONR	定时器运行期间，更改 PT 没有任何影响，但对定时器中断后继续运行会有影响；定时器运行期间，将 IN 更改为 FALSE 会停止定时器但不会复位定时器，将 IN 改回 TRUE 将使定时器从累积的时间值开始定时

1. Time 值

PT（预设时间）和 ET（消逝时间）的值以表示毫秒时间的有符号双精度整数形式存储在存储器中。Time 数据使用 T＃标识符，以简单时间单元如“T＃100ms”或复合时间单元如“T＃4s_100ms”的形式输入。

在定时器指令中，无法使用表 4-9 中 TIME 数据类型的负数范围。负的 PT（预设时间）值在定时器指令执行时被设置为 0，ET（消逝时间）始终为正值。

表 4-9 Time 值

数据类型	大小	有效数值范围
Time	32 位存储形式	T＃-24d_20h_31m_23s_648ms～T＃24d_20h_31m_23s_647ms -2 147 483 648～+2 147 483 647ms

2. 脉冲定时器 TP 的时序图

脉冲定时器 TP 的时序图如图 4-13 所示。

3. 接通延迟定时器 TON 的时序图

接通延迟定时器 TON 的时序图如图 4-14 所示。

4. 关断延迟定时器 TOF 的时序图

关断延迟定时器 TOF 的时序图如图 4-15 所示。

5. 保持型接通延迟定时器 TONR 的时序图

保持型接通延迟定时器 TONR 的时序图如图 4-16 所示。

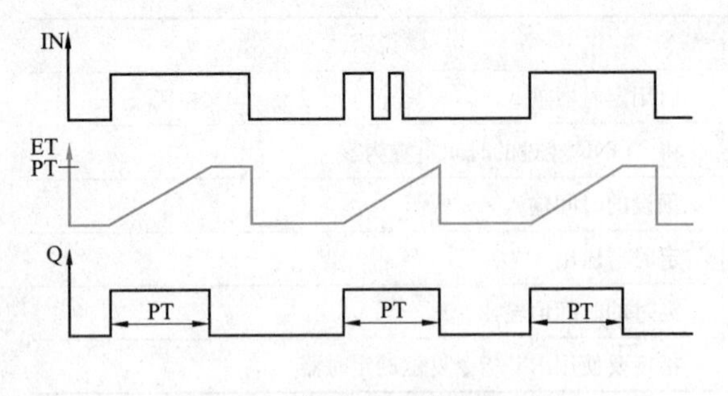

图 4-13　脉冲定时器的时序图

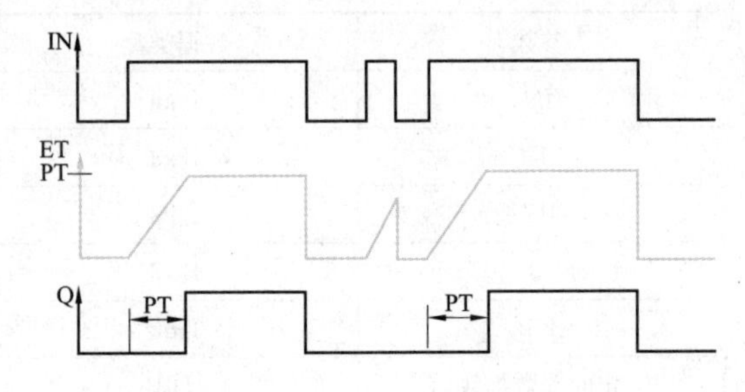

图 4-14　接通延时定时器的时序图

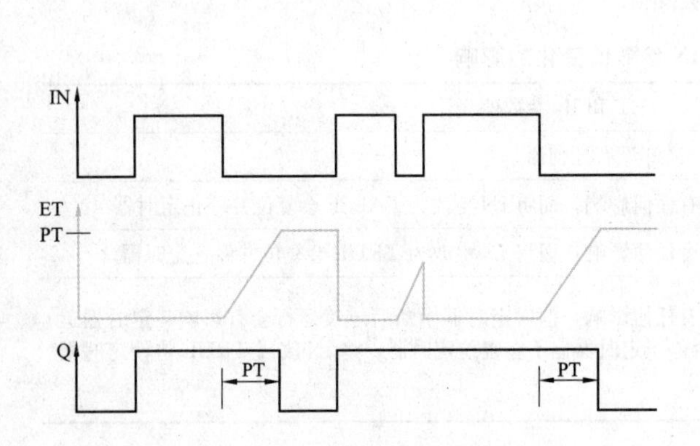

图 4-15　关断延时定时器的时序图

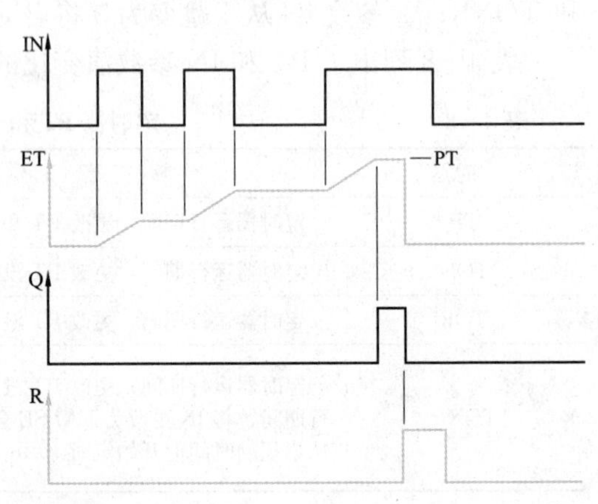

图 4-16　保持型接通延迟定时器的时序图

4.2.2　计数器指令

1. 一般计数器指令

计数器指令用作对内部程序事件和外部过程事件进行计数：①CTU 是加计数器；②CTD 是减计数器；③CTUD 是加减计数器。

每个计数器都使用数据块中存储的结构来保存计数器数据，用户在编辑器中放置计数器指令时分配相应的数据块。这些指令使用软件计数器，软件计数器的最大计数速率受其所在的 OB 的执行速率限制，指令所在的 OB 的执行频率必须足够高，以检测 CU 或 CD 输入的所有跳变。CTRL _ HSC 是更快的计数操作指令。

在功能块中放置计数器指令后，可以选择多重背景数据块选项，各数据结构的计数器结构名称可以不同，但计数器数据包含在单个数据块中，从而无须每个计数器都使用一个单独的数据块，这减少了计数器所需的处理时间和数据存储空间，在共享的多重背景数据块中的计数器数据结构之间不存在交互作用。

切至 LAD 编辑窗口，在“指令”（Instructions）任务卡里分别拖曳 Counters 文件夹下的 CTU “Count up”、CTD “Count down”、CTUD “Count up and down” 至程序网络中，即可见到如图 4-17 所示的指令框。

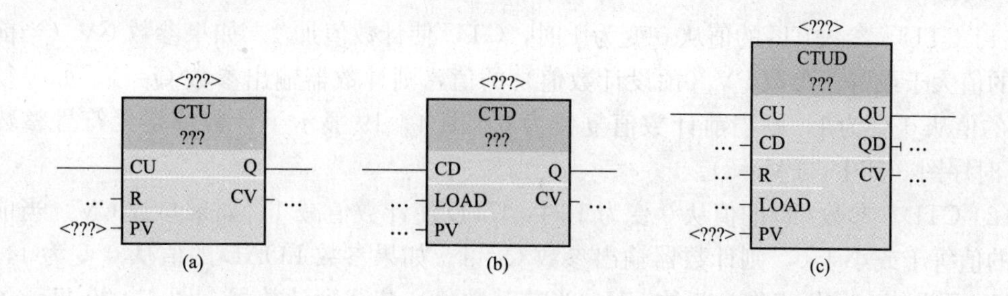

图 4-17 LAD 编辑窗口下计数器的指令框

(a) LAD：加计数器；(b) LAD：减计数器；(c) LAD：加减计数器

切至 FBD 编辑窗口，在“指令”（Instructions）任务卡里分别拖曳 +1 Counters 文件夹下的 CTU、CTD、CTUD 至程序网络中，即可见到如图 4-18 所示的指令框。

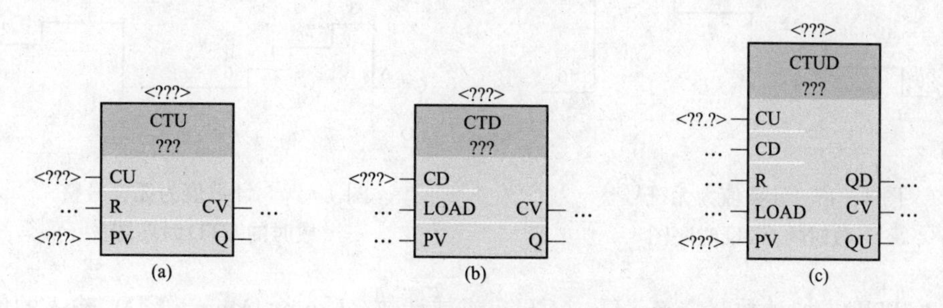

图 4-18 FBD 编辑窗口下计数器的指令框

(a) FBD：加计数器；(b) FBD：减计数器；(c) FBD：加减计数器

从功能框名称下的下拉列表中可选择计数值数据类型，包括 Int、SInt、DInt、USInt、UInt 和 UDInt。可在功能框顶上＜???＞处创建自己的“计数器名称”来命名计数器数据块，还可以描述该计数器在过程中的用途。黑色输入/输出端如 R、LOAD、CD、QD 等使用 Bool 数据类型，橙色输入/输出端如 PV、CV 保持与已选定的计数值数据类型一致，各参数及数据类型说明见表 4-10。

表 4-10　　计数器指令各参数的说明

参数	数据类型	说明
CU、CD	Bool	加计数或减计数，按加或减 1 计数
R（CTU、CTUD）	Bool	将计数值重置为 0
LOAD（CTD、CTUD）	Bool	预置值的装载控制
PV	Int、SInt、DInt、USInt、UInt、UDInt	预设计数值
Q、QU	Bool	CV≥PV 时为真
QD	Bool	CV≤0 时为真
CV	Int、SInt、DInt、USInt、UInt、UDInt	当前计数值

计数值的数值范围取决于所选的数据类型，如果计数值是无符号整型数，则可以减计数到零或加计数到范围限值。如果计数值是有符号整数，则可以减计数到负整数限值或加计数

到正整数限值。

(1) CTU。参数 CU 的值从 0 变为 1 时，CTU 使计数值加 1。如果参数 CV（当前计数值）的值大于或等于参数 PV（预设计数值）的值，则计数器输出参数 Q=1。如果复位参数 R 的值从 0 变为 1，则当前计数值复位为 0。图 4-19 显示了计数值是无符号整数时的 CTU 时序图（其中，PV=3）。

(2) CTD。参数 CD 的值从 0 变为 1 时，CTD 使计数值减 1。如果参数 CV（当前计数值）的值等于或小于 0，则计数器输出参数 Q=1。如果参数 LOAD 的值从 0 变为 1，则参数 PV（预设值）的值将作为新的 CV（当前计数值）装载到计数器。图 4-20 显示了计数值是无符号整数时的 CTD 时序图（其中，PV=3）。

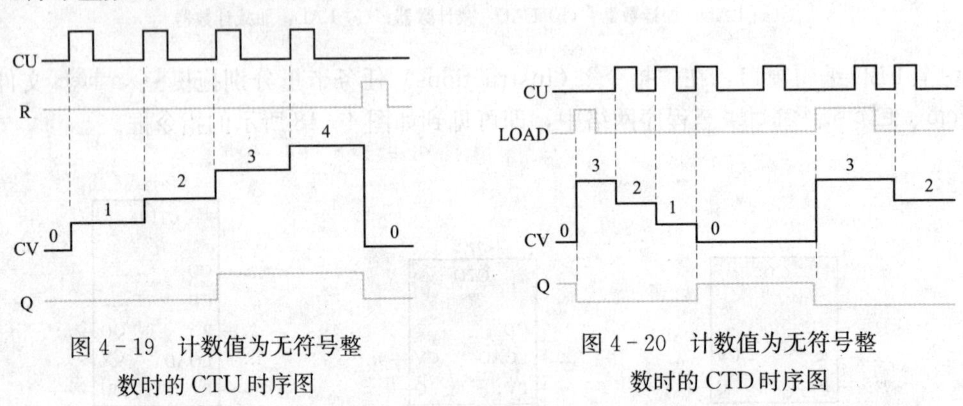

图 4-19　计数值为无符号整数时的 CTU 时序图

图 4-20　计数值为无符号整数时的 CTD 时序图

(3) CTUD。加计数（Count Up，CU）或减计数（Count Down，CD）输入的值从 0 跳变为 1 时，CTUD 会使计数值加 1 或减 1。如果参数 CV（当前计数值）的值大于或等于参数 PV（预设值）的值，则计数器输出参数 QU=1。如果参数 CV 的值小于或等于 0，则计数器输出参数 QD=1。如果参数 LOAD 的值从 0 变为 1，则参数 PV（预设值）的值将作为新的 CV（当前计数值）装载到计数器。如果复位参数 R 的值从 0 变为 1，则当前计数值复位为 0。图 4-21 显示了计数值是无符号整数时的 CTUD 时序图（其中，PV=4）。

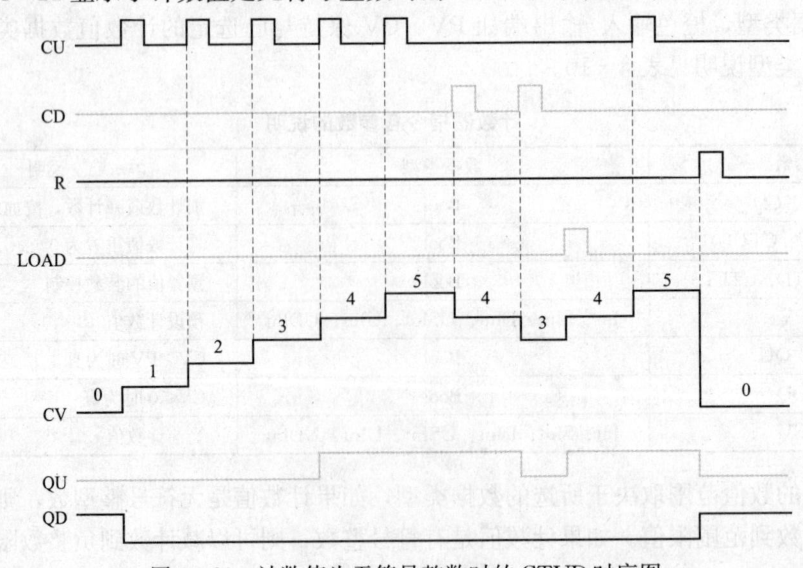

图 4-21　计数值为无符号整数时的 CTUD 时序图

2. 高速计数器指令 CTRL_HSC

CTRL_HSC 指令可控制高速计数器，这些高速计数器通常用来对发生速率比 OB 执行速率更快的事件进行计数。CTU、CTD 和 CTUD 计数器指令的计数速率受其所在的 OB 的执行速率限制。HSC 最大时钟输入频率，单相时 100kHz、正交相位时 80kHz。高速计数器的典型应用是对由运动控制轴编码器生成的脉冲进行计数。在 LAD 和 FBD 编辑窗口，在“指令”（Instructions）任务卡里拖曳 Counters 文件夹下的 CTRL_HSC “Control high-speed counter”至程序网络中，即得到如图 4－22 所示的指令框。

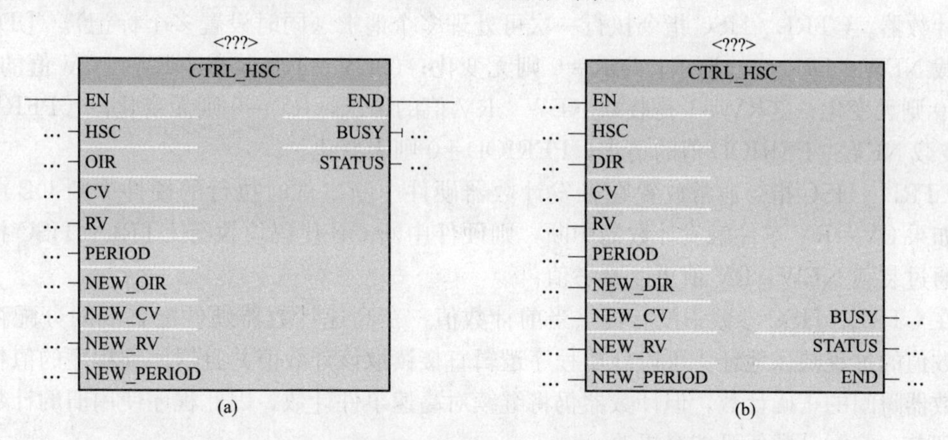

图 4－22　LAD 和 FBD 编辑窗口下的高速计数器指令

(a) LAD 编辑窗口下的 CTRL_HSC；(b) FBD 编辑窗口下的 CTRL_HSC

每个 CTRL_HSC 指令都使用数据块中存储的结构来保存数据，在编辑器中放置 CTRL_HSC 指令时即可分配该数据块。可在功能框顶上＜???＞处创建自己的“计数器名称”来命名计数器数据块，还可以描述该计数器在过程中的用途；功能框各参数的说明如表 4－11 所示。

表 4－11　CTRL_HSC 指令功能框各参数的说明

参数	参数类型	数据类型	说明
HSC	IN	HW_HSC	HSC 标识符
DIR	IN	Bool	1＝请求新方向
CV	IN	Bool	1＝请求设置新的计数器值
RV	IN	Bool	1＝请求设置新的参考值
FERIOD	IN	Bool	1＝请求设置新的周期值（仅限频率测量模式）
NEW_DIR	IN	Int	新方向：1＝向上，－1＝向下
NEW_CV	IN	DInt	新计数器值
NEW_RV	IN	DInt	新参考值
NEW_PERIOD	IN	Int	以秒为单位的新周期值：0.01、0.1 或 1（仅限频率测量模式）
BUSY	OUT	Bool	功能忙
STATUS	OUT	Word	执行条件代码

必须先在项目设置 PLC 设备配置中组态高速计数器，然后才能在程序中使用高速计数器。HSC 设备配置设置包括选择计数模式、I/O 连接、中断分配，以及是作为高速计数器

还是设备来测量脉冲频率。无论是否采用程序控制，均可操作高速计数器。

许多高速计数器组态参数只在项目设备配置中进行设置，有些高速计数器参数在项目设备配置中初始化，但以后可以通过程序控制进行修改。

CTRL_HSC指令参数提供了计数过程的程序控制：①将计数方向设置为NEW_DIR值；②将当前计数值设置为NEW_CV值；③将参考值设置为NEW_RV值；④将周期值（仅限频率测量模式）设置为NEW_PERIOD值。

如果执行CTRL_HSC指令后以下布尔标记值置位为1，则相应的NEW_xxx值将装载到计数器。CTRL_HSC指令执行一次可处理多个请求（同时设置多个标记）。①DIR＝1是装载NEW_DIR值的请求，DIR＝0则无变化；②CV＝1是装载NEW_CV值的请求，CV＝0则无变化；③RV＝1是装载NEW_RV值的请求，RV＝0则无变化；④PERIOD＝1是装载NEW_PERIOD值的请求，PERIOD＝0则无变化。

CTRL_HSC指令通常放置在触发计数器硬件中断事件时执行的硬件中断OB中。例如，如果CV＝RV事件触发计数器中断，则硬件中断OB代码块执行CTRL_HSC指令并且可通过装载NEW_RV值更改参考值。

在CTRL_HSC参数中没有提供当前计数值，在高速计数器硬件配置期间分配存储当前计数值的过程映像地址。可以使用程序逻辑直接读取该计数值并且返回到程序的值将是读取计数器瞬间的正确计数，但计数器仍将继续对高速事件计数。因此程序使用旧的计数值完成处理前，实际计数值可能会更改。

CTRL_HSC参数的详细信息：①如果不请求更新参数值，则会忽略相应的输入值；②仅当组态的计数方向设置为“用户程序（内部方向控制）”［User program (internal direction control)］时，DIR参数才有效，用户在HSC设备配置中确定如何使用该参数；③对于CPU或信号板上的S7－1200 HSC，BUSY参数的值始终为0。

条件代码：发生错误时，ENO设置为0，并且STATUS输出包含条件代码，见表4－12。

表4－12　STATUS输出包含条件代码的说明

STATUS值（W＃16＃...）	说明	STATUS值（W＃16＃...）	说明
0	无错误	80B2	NEW_CV的值非法
80A1	HSC标识符没有对HSC寻址	80B3	NEW_RV的值非法
80B1	NEW_DIR的值非法	80B4	NEW_PERIOD的值非法

3. 高速计数器的使用方法

高速计数器（High Speed Counter，HSC）可用作增量轴编码器的输入，该轴编码器每转提供指定数量的计数值及一个复位脉冲，来自轴编码器的时钟和复位脉冲将输入到HSC中。

先是将若干预设值中的第一个装载到HSC上，并且在当前计数值小于当前预设值的时段内计数器输出一直是激活的。在当前计数值等于预设时、发生复位时及方向改变时，HSC会提供一个中断。

每次出现“当前计数值等于预设值”中断事件时，将装载一个新的预设值，同时设置输出的下一状态。当出现复位中断事件时，将设置输出的第一个预设值和第一个输出状态，并重复该循环。

由于中断发生的频率远低于 HSC 的计数速率，因此能够在对 CPU 扫描周期影响相对较小的情况下实现对高速操作的精确控制。通过提供中断，可以在独立的中断例程中执行每次的新预设值装载操作以实现简单的状态控制，或者所有中断事件也可在单个中断例程中进行处理。

(1) 选择 HSC 的功能。所有 HSC 在同种计数器运行模式下的工作方式都相同，HSC 共有四种基本类型：①具有内部方向控制的单相计数器；②具有外部方向控制的单相计数器；③具有 2 个时钟输入的双相计数器；④A/B 相正交计数器。

用户可选择是否激活复位输入来使用各种 HSC 类型。如果激活复位输入（存在一些限制，见表 4－13），则它会清除当前值并在禁用复位输入之前保持清除状态。

表 4－13　　计数器模式和输入

说明			默认输入分配			功能
HSC	HSC1	内置 或信号板 或监视 PTO 0	I0.0 I4.0 PTO 0 方向	0.1 I4.1 PTO 0 方向	I0.3 I4.3 —	—
	HSC2	内置 或信号板 或监视 PTO 1	I0.2 I4.2 PTO 1 脉冲	I0.3 I4.3 PTO 1 方向	I0.1 I4.1 —	—
	HSC3	内置	I0.4	I0.5	I0.7	—
	HSC4	内置	I0.6	I0.7	I0.5	—
	HSC5	内置 或信号板	I1.0 I4.0	I1.1 I4.1	I1.2 I4.3	—
	HSC6	内置 或信号板	I1.3 I4.2	I1.4 I4.3	I1.5 I4.1	—
模式	具有内部方向控制的单相计数器		时钟	—	—	计数或频率
					复位	计数
	具有外部方向控制的单相计数器		时钟	方向	—	计数或频率
					复位	计数
	具有 2 个时钟输入的双相计数器		加时钟	减时钟	—	计数或频率
					复位	计数
	A/B 相正交计数器		A 相	B 相	—	计数或频率
					Z 相	计数
	监视脉冲串输出（PTO）		时钟	方向	—	计数

1) 频率功能。有些 HSC 模式允许 HSC 被组态（计数类型）为报告频率而非当前脉冲计数值。有三种可用的频率测量周期：0.01、0.1 或 1.0s，频率测量周期决定 HSC 计算并报告新频率值的频率，报告频率是通过上一测量周期内总计数值确定的平均值。如果该频率在快速变化，则报告值将是介于测量周期内出现的最高频率和最低频率之间的一个中间值。无论频率测量周期的设置如何，总是会以赫兹为单位来报告频率（每秒脉冲个数）。

2）计数器模式和输入。表4-13列出了用于与HSC相关的时钟、方向控制和复位功能的输入。同一输入不可用于两个不同的功能，但任何未被其HSC的当前模式使用的输入均可用于其他用途。例如，如果HSC1处于使用内置输入但不使用外部复位（I0.3）的模式，则I0.3可以用于沿中断或HSC2。

脉冲串输出监视功能始终使用时钟和方向，如果仅为脉冲组态了相应的PTO输出，则通常应将方向输出设置为正计数。对于仅支持6个内置输入的CPU 1211C，不能使用带复位输入的HSC3和HSC4。仅当安装信号板时，CPU 1211C和CPU 1212C才支持HSC5和HSC6。

（2）访问HSC的当前值。CPU将每个HSC的当前值存储在一个输入（I）地址中，表4-14列出了每个HSC的当前值分配的默认地址，可以通过在设备配置中修改CPU的属性来更改当前值的I地址。

表4-14　每个HSC的当前值分配的默认地址

高速计数器	数据类型	默认地址	高速计数器	数据类型	默认地址
HSC1	DInt	ID1000	HSC4	DInt	ID1012
HSC2	DInt	ID1004	HSC5	DInt	ID1016
HSC3	DInt	ID1008	HSC6	DInt	ID1020

（3）无法强制分配给HSC设备的数字量I/O点。在设备配置期间分配高速计数器设备使用的数字量I/O点，将数字I/O点分配给这些设备之后，无法通过监视表格强制功能修改所分配的I/O点的地址值。

4. 组态HSC

CPU允许用户组态最多6个高速计数器，如图4-23所示，可通过编辑CPU的“属性”（Properties）来组态各个HSC的参数。启用HSC之后组态其他参数，如计数器功能、初始值、复位选项和中断事件。组态HSC之后，在用户程序中使用CTRL_HSC指令控制HSC的运行。

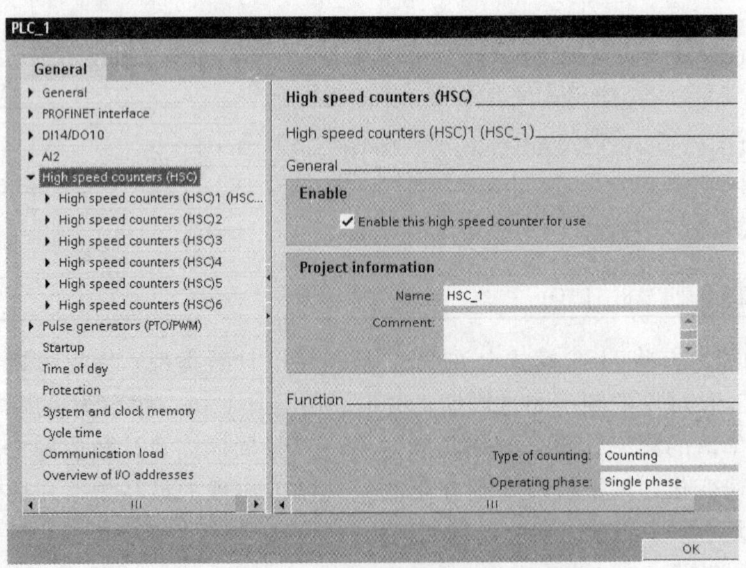

图4-23　选择编辑高速计数器的“属性”

在如图 4 - 24 所示的窗口里，即可根据需要完成 HSC 组态。

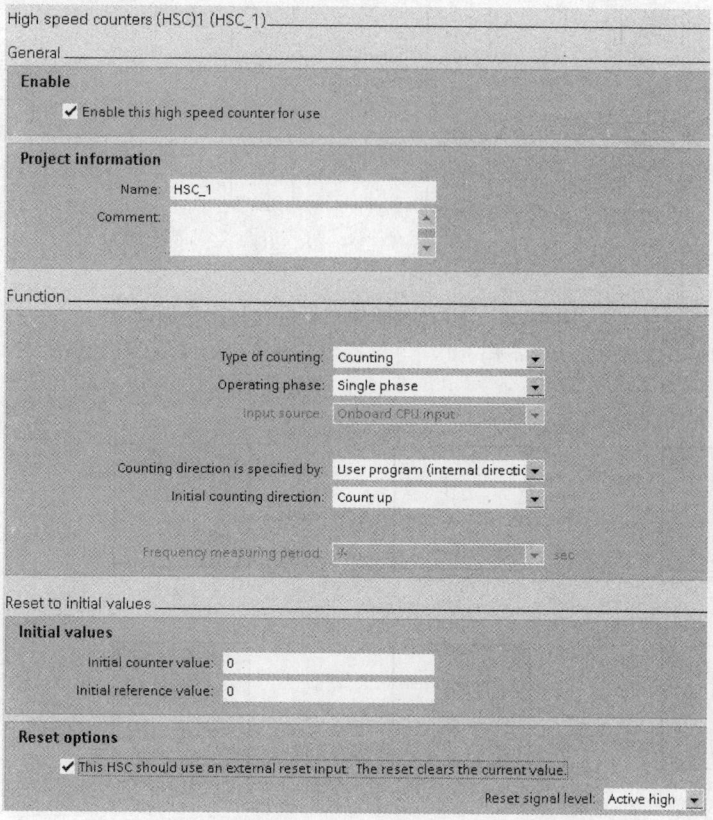

High speed counters (HSC)1 (HSC_1)
General
Enable
Enable this high speed counter for use
Project information
Name: HSC_1
Comment:
Function
Type of counting: Counting
Operating phase: Single phase
Input source: Onboard CPU input
Counting direction is specified by: User program (internal directic
Initial counting direction: Count up
Frequency measuring period: -/- sec
Reset to initial values
Initial values
Initial counter value: 0
Initial reference value: 0
Reset options
This HSC should use an external reset input. The reset clears the current value.
Reset signal level: Active high

图 4 - 24 组态 HSC

4.3 比 较 指 令

4.3.1 大小比较指令

大小比较指令用来比较数据类型相同的两个数 IN1 与 IN2 的大小，IN1 和 IN2 分别在触点的上面和下面。如果该 LAD 触点比较结果为 TRUE，则该触点会被激活；如果该 FBD 功能框比较结果为 TRUE，则功能框输出为 TRUE。

在 LAD 编辑窗口下，打开“指令”（Instructions）任务卡里的 Compare 文件夹，拖曳 CMP == “Equal”、 CMP <> “Not equal”、 CMP >= “Greater or equal”、 CMP <= “Less or equal”、 CMP > “Greater than”、 CMP < “Less than”至程序网络中，得到如图 4 - 25 所示的比较指令触点。

在 FBD 编辑窗口下，打开“指令”（Instructions）任务卡里的 Compare 文件夹，拖曳 CMP == 、 CMP <> 、 CMP >= 、 CMP <= 、 CMP > 、 CMP < 至程序网络中，得到如图 4 - 26 所示的比较指令功能框。

“IN1”和“IN2”是要比较的值，在红色＜???＞处输入，其数据类型要与黑色??? 处选定的数据类型（Int、DInt、Real、USInt、UInt、UDInt、SInt、String、Char、Time、

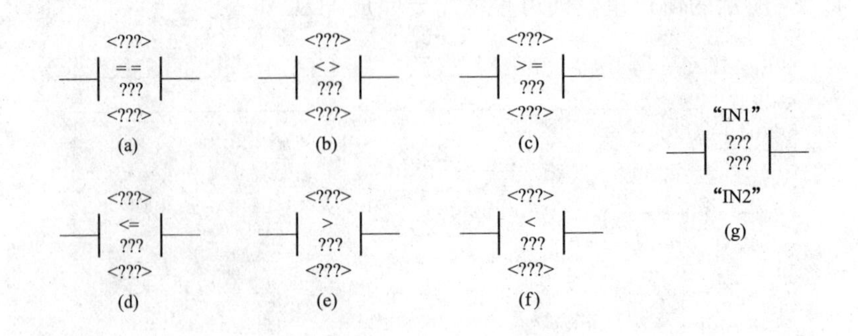

图 4-25　LAD 编辑窗口下的比较指令触点

(a) 等于；(b) 不等于；(c) 大于等于；(d) 小于等于；(e) 大于；(f) 小于；(g) LAD：比较触点的共性

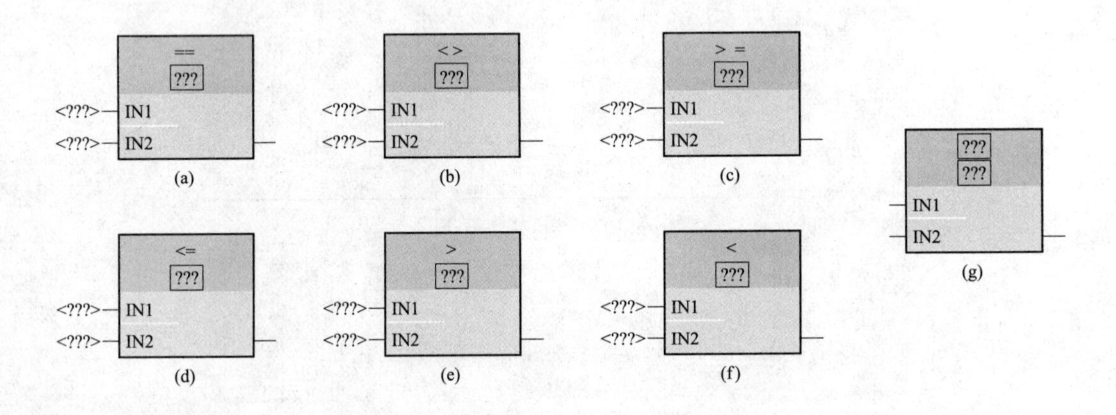

图 4-26　FBD 编辑窗口下的比较指令功能框

(a) 等于；(b) 不等于；(c) 大于等于；(d) 小于等于；(e) 大于；(f) 小于；(g) LAD：比较功能快的共性

DTL、LReal 共 12 种）一致；实际上比较符号也是可以修改的，双击比较符号，点击出现的▾按钮，可以用下拉式列表修改比较符号，关系类型共 6 种，其说明见表 4-15。

表 4-15　　要比较的值关系类型说明

关系类型	满足以下条件时比较结果为真	关系类型	满足以下条件时比较结果为真
==	IN1 等于 IN2	<=	IN1 小于或等于 IN2
<>	IN1 不等于 IN2	>	IN1 大于 IN2
>=	IN1 大于或等于 IN2	<	IN1 小于 IN2

显然，大小比较指令的类型共有 $C_{12}^{1} \times C_{6}^{1} = 72$ 种。

4.3.2　范围内和范围外指令

在 LAD 编辑窗口下，打开"指令"（Instructions）任务卡里的 Compare 文件夹，拖曳 IN_RANGE "Value within range"、OUT_RANGE "Value outside range" 至程序网络中；在 FBD 编辑窗口下作同样的操作。得到如图 4-27 所示的范围内和范围外指令框。

使用 IN _ RANGE 和 OUT _ RANGE 指令可测试输入值是在指定的值范围之内还是之外。如果比较结果为 TRUE，则功能框输出为 TRUE。输入参数 MIN、VAL 和 MAX 的数

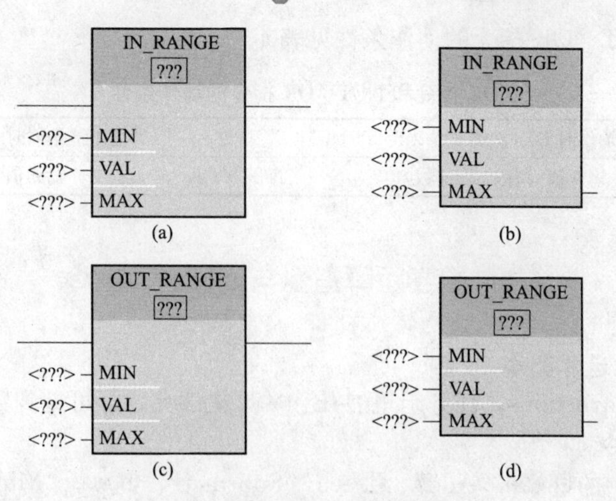

图 4-27　范围内和范围外指令

(a) LAD：范围内指令；(b) FBD：范围内指令；
(c) LAD：范围外指令；(d) FBD：范围外指令

据类型（SInt、Int、DInt、USInt、UInt、UDInt、Real 之一）必须相同。在程序编辑器中单击该指令黑色??? 处，可以从下拉菜单中选择与输入参数一致的数据类型。

范围内和范围外指令的动作条件见表 4-16。

表 4-16　　范围内和范围外指令的动作条件

关系类型	满足以下条件时比较结果为 TRUE	关系类型	满足以下条件时比较结果为 TRUE
IN _ RANGE	MIN ≤VAL ≤MAX	OUT _ RANGE	VAL ＜ MIN 或 VAL ＞ MAX

在水力发电生产过程中，油压装置储油罐油压控制、冷却水塔水位控制、压缩空气系统储气罐气压控制、推力轴承/导轴承的温度和油位控制、发电机冷却器温度控制等，都可以用到这类指令。

4.3.3　OK 和 Not_ OK 指令

在 LAD 和 FBD 编辑窗口下，打开“指令”（Instructions）任务卡里的 Compare 文件夹，分别依次拖曳 -|OK|- “Check validity”、 -|NOT_OK|- “Check invalidity”至程序网络中，得到如图 4-28 所示的指令触点和功能框。

使用 OK 和 NOT _ OK 指令可测试输入的参考数据是否为符合 IEEE 754 的有效实数，如果该 LAD 触点为 TRUE，则激活该触点并传递能流；如果该 FBD 功能框为 TRUE，则功能框输出为 TRUE。

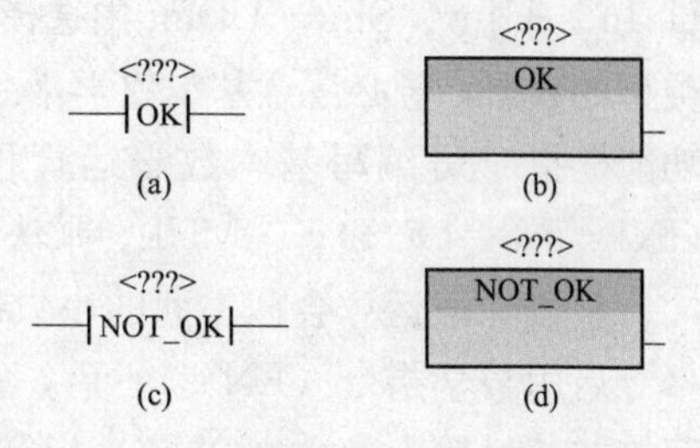

图 4-28　OK 和 NOT _ OK 指令

(a) LAD：OK 指令；(b) FBD：OK 指令；
(c) LAD：NOT _ OK 指令；(d) FBD：NOT _ OK 指令

从红色＜???＞处输入 Real 或 LReal 数据，即 IN：Real，LReal。如果 Real 或 LReal 类型的值为＋/－INF（无穷大）、NaN（不是数字）或者非标准化的值，则其无效。非标准化的值是非常接近于 0 的数字，CPU 在计算中用 0 替换非标准化的值。

OK 指令和 NOT _ OK 指令的动作条件见表 4 - 17。

表 4 - 17　OK 指令和 NOT _ OK 指令的动作条件

指令	满足以下条件时 Real 数测试结果为 TRUE	指令	满足以下条件时 Real 数测试结果为 TRUE
OK	输入值为有效 Real 数	NOT _ OK	输入值不是有效 Real 数

4.4　数学运算指令与逻辑运算指令

4.4.1　数学运算指令

在“指令”（Instructions）任务卡里展开 Math 文件夹，即可见到数学运算指令。

1. 四则运算指令

数学运算指令中的 ADD “Add”、 SUB “Subtract”、 MUL “Multiply” 和 DIV “Divide” 分别是加、减、乘、除，可以对它们进行拖放操作，得到如图 4 - 29 所示的指令框。

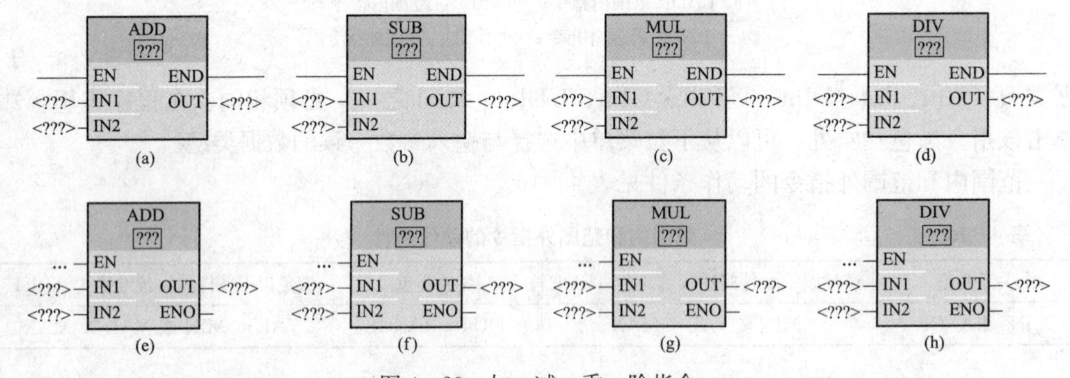

图 4 - 29　加、减、乘、除指令

(a) LAD：加；(b) LAD：减；(c) LAD：乘；(d) LAD：除；(e) FBD：加；
(f) FBD：减；(g) FBD：乘；(h) FBD：除

在功能框名称下方黑色“???”处单击，并从下拉菜单列表 Int、DInt、Real、LReal、USInt、UInt、SInt、UDInt 中选择数据类型。从红色＜???＞处输入与黑色??? 处一致数据类型的数据，务必注意基本数学指令参数 IN1、IN2 和 OUT 的数据类型必须相同。使用数学功能框指令可编写基本数学运算程序：①ADD，加法（IN1＋IN2＝OUT）；②SUB，减法（IN1－IN2＝OUT）；③MUL，乘法（IN1 * IN2＝OUT）；④DIV，除法（IN1/IN2＝OUT）。

整数除法运算会截去商的小数部分以生成整数输出。

启用数学指令（EN＝1）后，指令会对输入值（IN1 和 IN2）执行指定的运算并将结果存储在通过输出参数（OUT）指定的存储器地址中。ENO 的状态说明见表 4 - 18，运算成功完成后，指令会设置 ENO＝1。

表 4 - 18　ENO 的状态说明

ENO 状态	说明
1	无错误
0	数学运算结果值可能超出所选数据类型的有效数值范围。返回适合目标大小的结果的最低有效部分

续表

ENO 状态	说明
0	除数为 0（IN2=0）：结果未定义，返回 0
	Real/LReal：如果其中一个输入值为 NaN（不是数字），则返回 NaN
	ADD Real/LReal：如果两个 IN 值均为 INF，但符号不同，则这是非法运算并返回 NaN
	SUB Real/LReal：如果两个 IN 值均为 INF，且符号相同，则这是非法运算并返回 NaN
	MUL Real/LReal：如果一个 IN 值为零而另一个为 INF，则这是非法运算并返回 NaN
	DIV Real/LReal：如果两个 IN 值均为零或 INF，则这是非法运算并返回 NaN

2. 其他整数数学运算指令

(1) MOD 指令。除法指令只能得到商，余数被丢掉；可以用 MOD（求模）指令来求除法的余数。MOD 指令用于 IN1 以 IN2 为模的数学运算，运算 IN1 MOD IN2=IN1−(IN1/IN2)=参数 OUT，输出 OUT 中的运算结果为除法运算 IN1/IN2 的余数。

在"指令"（Instructions）任务卡里 Math 文件夹下找到 MOD "Return remainder of division"，拖放后得到如图 4-30 所示的指令框。

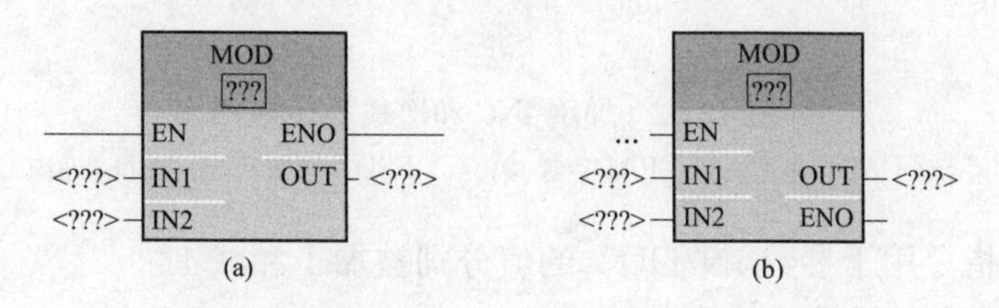

图 4-30 MOD 指令
(a) LAD：MOD 指令；(b) FBD：MOD 指令

IN1、IN2、OUT 处的参数说明见表 4-19。在功能框名称下方单击黑色??? 处，并从下拉菜单中选择与 IN1、IN2 和 OUT 保持一致的数据类型。

表 4-19 MOD 指令的参数说明

参数	数据类型	说明
IN1 和 IN2	Int、DInt、USInt、UInt、SInt、UDInt、Constant	求模输入
OUT	Int、DInt、USInt、UInt、SInt、UDInt	求模输出

ENO 的状态为 1 表示"无错误"，为 0 则表示"值 IN2=0，OUT 值为 0"。

(2) NEG 指令。使用 NEG（取反）指令可将参数 IN 的值的算术符号取反并将结果存储在参数 OUT 中。

在"指令"（Instructions）任务卡里 Math 文件夹下找到 NEG "Create twos complement"，拖放后得到如图 4-31 所示的指令框。

在功能框名称下方单击，并从下拉菜单中选择 Int、DInt、Real、SInt、LReal 之一的数据类型，与输入 IN/输出 OUT 的数据类型保持一致，此外输入 IN 还可以是常数。

ENO 的状态为 1 表示"无错误"；为 0 表示"结果值超出所选数据类型的有效数值范围"。以 SInt 为例，NEG（−128）的结果为+128，超出该数据类型的最大值。

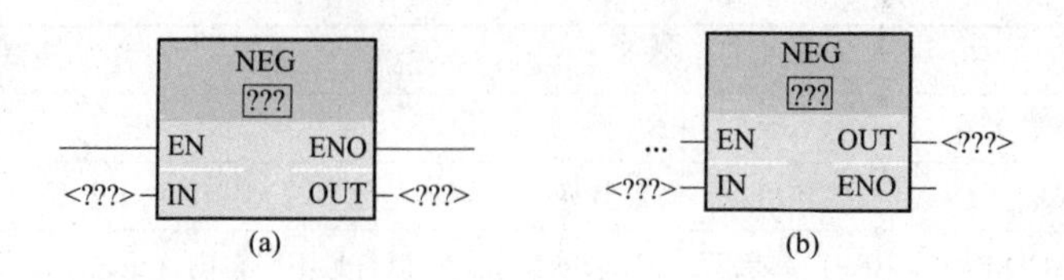

图 4-31　NEG 指令

(a) LAD：NEG 指令；(b) FBD：NEG 指令

(3) 递增 INC 和递减 DEC 指令。在“指令”（Instructions）任务卡里 Math 文件夹下找到 INC “Increment” 和 DEC “Decrement”，拖放至 LAD/FBD 编辑窗口，即得到如图 4-32 所示的指令框。

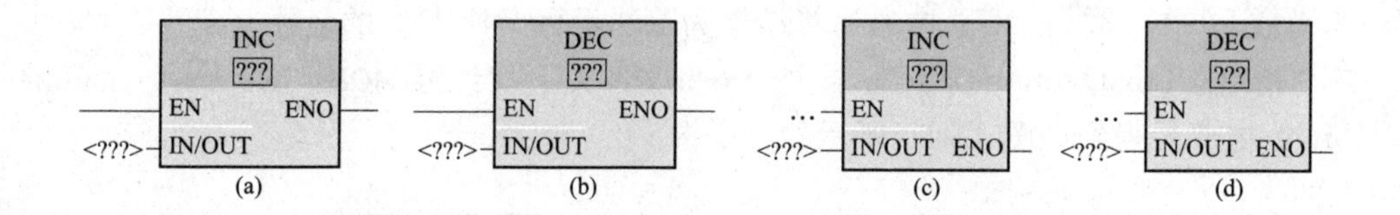

图 4-32　递增 INC 和递减 DEC 指令

(a) LAD：递增；(b) LAD：递减；(c) FBD：递增；(d) FBD：递减

INC 和 DEC 指令用于参数 IN/OUT 的值分别被加 1 和减 1。

1) 递增有符号或无符号整数值。

INC（递增）：参数 IN/OUT 值+1=参数 IN/OUT 值

2) 递减有符号或无符号整数值。

DEC（递减）：参数 IN/OUT 值-1=参数 IN/OUT 值

IN/OUT 的数据类型可从 SInt、Int、DInt、USInt、UInt、UDInt 中选择一种，在功能框名称下方单击黑色??? 处，并从下拉菜单中选择数据类型。

ENO 的状态为 1 表示“无错误”，为 0 表示“结果值超出所选数据类型的有效数值范围”。以 SInt 为例，INC（127）的结果为 128，超出该数据类型最大值。

(4) 绝对值指令 ABS。在“指令”（Instructions）任务卡里 Math 文件夹下找到 ABS “Form absolute value”，拖放后即得如图 4-33 所示的指令框。

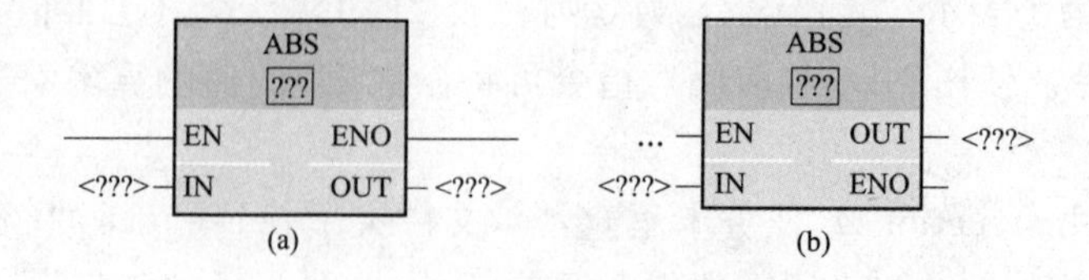

图 4-33　绝对值指令 ABS

(a) LAD：绝对值指令；(b) FBD：绝对值指令

使用 ABS 指令可以对参数 IN 的有符号整数（SInt、Int、DInt）或实数（Real、LReal）求绝对值并将结果存储在参数 OUT 中，IN 和 OUT 的数据类型应相同。在功能框名称下方单击黑色??? 处，并从下拉菜单中选择与参数相一致的数据类型。

ENO 的状态为 1 表示“无错误”，为 0 表示“数学运算结果值超出所选数据类型的有效数值范围”。以 SInt 为例：ABS（−128）的结果为+128，超出该数据类型最大值。

（5）MIN 与 MAX 指令。在“指令”（Instructions）任务卡里 Math 文件夹下找到 MIN “Get minimum” 和 MAX “Get maximum”，拖放后得到如图 4-34 所示的指令框。

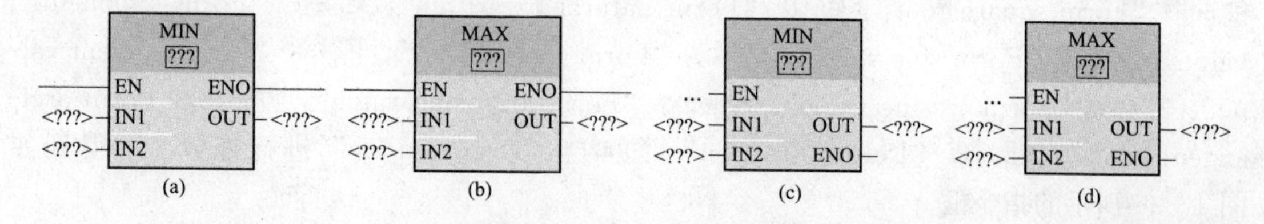

图 4-34　MIN 与 MAX 指令

(a) LAD：MIN 指令；(b) LAD：MAX 指令；(c) FBD：MIN 指令；(d) FBD：MAX 指令

按如下说明使用 MIN（最小值）和 MAX（最大值）指令：MIN 比较两个参数 IN1 和 IN2 的值并将最小（较小）值分配给参数 OUT；MAX 比较两个参数 IN1 和 IN2 的值并将最大（较大）值分配给参数 OUT。

IN1、IN2 和 OUT 参数的数据类型必须相同，必须在 SInt、Int、DInt、USInt、UInt、UDInt、Real 中选择一种，输入可以是常数。在功能框名称下方单击黑色??? 处，并从下拉菜单中选择与参数相一致的数据类型。

ENO 的状态为 1 表示“无错误”，为 0 仅适用于 Real 数据类型，表示“一个或两个输入不是 Real 数（NaN）”或“结果 OUT 为 +/−INF（无穷大）”。

（6）Limit 指令。在“指令”（Instructions）任务卡里 Math 文件夹下找到 LIMIT “Sct limit value”，拖放后得到如图 4-35 所示的指令框。

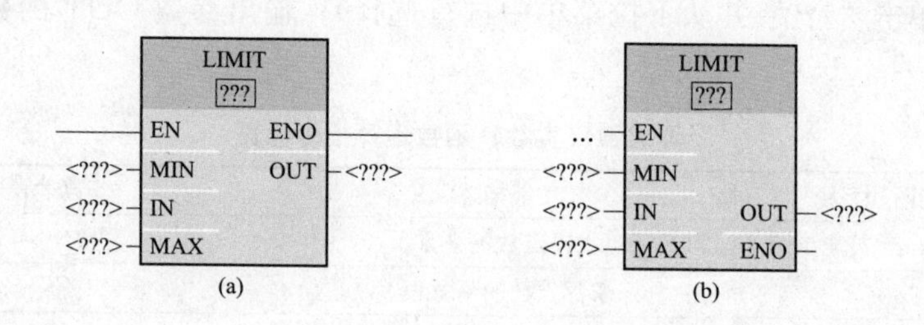

图 4-35　Limit 指令

(a) LAD：Limit 指令；(b) FBD：Limit 指令

使用 Limit 指令测试参数 IN 的值是否在参数 MIN 和 MAX 指定的值范围内，如果 IN 值超出该范围，OUT 值将固定为 MIN 或 MAX 值。

如果参数 IN 的值在指定的范围内，则 IN 的值将存储在参数 OUT 中。

如果参数 IN 的值超出指定的范围，则 OUT 值为参数 MIN 的值（如果 IN 值小于 MIN 值）或参数 MAX 的值（如果 IN 值大于 MAX 值）。

红色＜??? ＞处参数的数据类型为 SInt、Int、DInt、USInt、UInt、UDInt、Real 中的

某一种，其中 MIN、IN 和 MAX 可以为常数。在功能框名称下方单击黑色??? 处，并从下拉菜单中选择与参数相一致的数据类型。

ENO 的状态为 1 表示“无错误”，为 0 表示“Real：如果 MIN、IN 和 MAX 的一个或多个值是 NaN（不是数字），则返回 NaN”或“如果 MIN 大于 MAX，则将值 IN 分配给 OUT”。

3. 浮点型函数运算指令

在“指令”（Instructions）任务卡里 Math 文件夹下找到 SQR “Form square”、SQRT “Form square root”、LN “Form natural logarithm”、EXP “Form exponential value”、SIN “Form sine value”、COS “Form cosine value”、TAN “Form tangent value”、ASIN “Form arcsine value”、ACOS “Form arccosine value”、ATAN “Form arctangent value”、FRAC “Return fraction”、EXPT “Exponentiate” 进行拖放，可得到如图 4-36 所示的指令框。

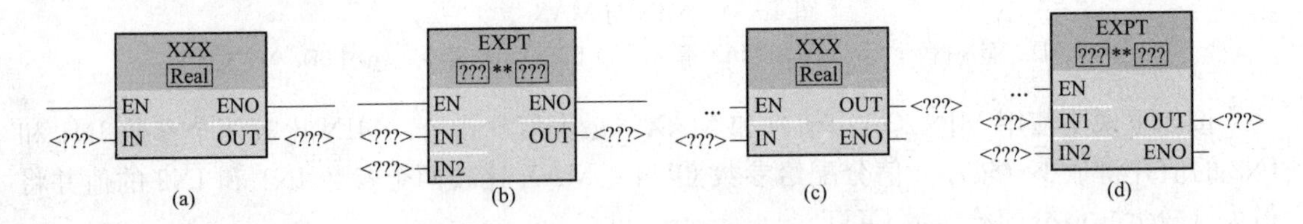

图 4-36 浮点数（实数）函数运算指令

(a) LAD：浮点数指令；(b) LAD：取幂指令；(c) FBD：浮点数指令；(d) FBD：取幂指令

图 4-36 中“XXX”可表示 SQR、SQRT、LN、EXP、SIN、COS、TAN、ASIN、ACOS、ATAN、FRAC 中的任意一种，浮点数（实数）函数运算指令见表 4-20，使用浮点数指令可编写操作数 IN 和 OUT 数据类型为 Real 或 LReal 的数学运算程序。输入参数 IN 和 IN1 的数据类型为 Real、LReal 及 Constant；EXPT 指数输入参数 IN2 的数据类型可以是 SInt、Int、Dint、USInt、UInt、UDInt、Real、LReal、Constant 中的任一种（在功能框名称 EXPT 下方单击“???”并从下拉菜单中进行选择）；输出参数 OUT 的数据类型只能是 Real 和 LReal。

表 4-20　　浮点数（实数）函数运算指令总览

梯形图（功能图）字释	功能描述	数学表达式
SQR	求浮点数的平方	IN^2=OUT
SQRT	求浮点数的平方根	$\sqrt{IN}$=OUT
LN	求浮点数的自然对数	ln(IN)=OUT
EXP	求浮点数的自然指数	e^{IN}=OUT
SIN	求浮点数的正弦函数	sin(IN)=OUT
COS	求浮点数的余弦函数	cos(IN)=OUT
TAN	求浮点数的正切函数	tan(IN)=OUT
ASIN	求浮点数的反正弦函数	arcsin(IN)=OUT
ACOS	求浮点数的反余弦函数	arccos(IN)=OUT
ATAN	求浮点数的反正切函数	arctan(IN)=OUT
FRAC	求浮点数的小数部分	浮点数 IN 的小数部分=OUT
EXPT	求浮点数的一般指数	$IN1^{IN2}$=OUT

浮点数自然指数指令 EXP 中的指数和自然对数指令 LN 中的对数的底数 e=2.718 28。浮点数开平方指令 SQRT 和 LN 指令的输入值不能小于 0，否则输出 OUT 返回一个无效的浮点数。

浮点数三角函数指令和反三角函数指令中的角度均为以弧度为单位的浮点数，如果输入值是以度（°）为单位的浮点数，应先将角度值乘以 π/180，转换为弧度值。

浮点数反正弦函数指令 ASIN 和浮点数反余弦函数指令 ACOS 的输入值的允许范围为 −1～+1；ASIN 和 ATAN 的运算结果的取值范围为 −π/2～+π/2 弧度；ACOS 的运算结果的取值范围为 0～π 弧度。

求以 10 为底的对数时，需要将自然对数值除以 2.302 585（10 的自然对数值）。例如，lg1000=ln1000/2.302 585=6.907 755/2.302 585=3。

表 4-21 列示了通过 ENO 状态给出不同指令在某些条件下的结果。

表 4-21　　ENO 状态下不同指令在某些条件下的结果

ENO 状态	指令	条件	结果（OUT）
1	全部	无错误	有效结果
0	SQR	结果超出有效 Real/LReal 范围	+INF
		IN 为+/−NaN（不是数字）	+NaN
	SQRT	IN 为负数	+NaN
		IN 为+/−INF（无穷大）或+/−NaN	+/−INF 或+/−NaN
	LN	IN 为 0.0、负数、−INF 或−NaN	−NaN
		IN 为+INF 或+NaN	+INF 或+NaN
	EXP	结果超出有效 Real/LReal 范围	+INF
		IN 为+/−NaN	+/−NaN
	SIN、COS、TAN	IN 为+/−INF 或+/−NaN	+/−INF 或+/−NaN
	ASIN、ACOS	IN 超出−1.0 到+1.0 的有效范围	+NaN
		IN 为+/−NaN	+/−NaN
	ATAN	IN 为+/−NaN	+/−NaN
	FRAC	IN 为+/−INF 或+/−NaN	+NaN
	EXPT	IN1 为+INF 且 IN2 不是−INF	+INF
		IN1 为负数或−INF	如果 IN2 为 Real/LReal，则为+NaN，否则为−INF
		IN1 或 IN2 为+/−NaN	+NaN
		IN1 为 0.0 且 IN2 为 Real/LReal（只能为 Real/LReal）	+NaN

4.4.2　逻辑运算指令

在“指令”（Instructions）任务卡里展开 Logical operations 文件夹，列表中排列着 AND、OR、XOR “EXCLUSIVE OR”、INVERT “Create ones complement”、DECO “Decode”、ENCO “Encode”、SEL “Select”、MUX “Multiplex” 等逻辑运算指令的入

口图标。

1. AND、OR 和 XOR 指令

在 LAD 和 FBD 编辑窗口下分别拖放 AND 、 OR 、 XOR，可得如图 4 - 37 所示的指令框。

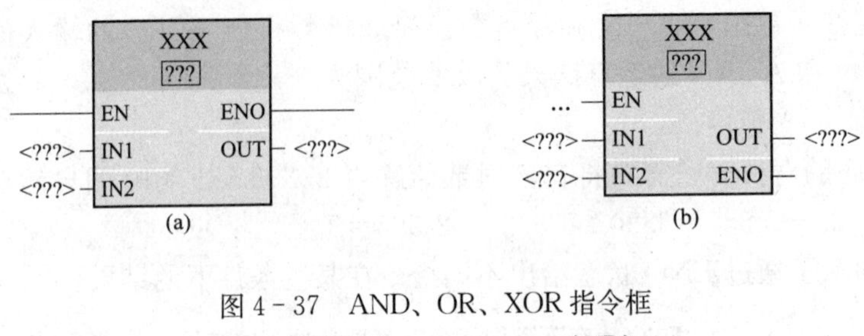

图 4 - 37　AND、OR、XOR 指令框

(a) LAD：AND/OR/XOR 指令；(b) FBD：AND/OR/XOR 指令

AND、OR、XOR 指令是对两个输入 IN1 和 IN2 逐位进行逻辑运算，结果存放在输出 OUT 指定的地址。在功能框名称下方单击黑色??? 处，并从下拉菜单中选择数据类型，所选 Byte、Word 或者 DWord 应与 IN1、IN2 和 OUT 所设置的数据类型相同。

(1) AND：Byte、Word 和 DWord 数据类型的逐位逻辑与运算，两个操作数的同一位均为 1，运算结果的对应位为 1，否则为 0。

(2) OR：Byte、Word 和 DWord 数据类型的逐位逻辑或运算，两个操作数的同一位均为 0，运算结果的对应位为 0，否则为 1。

(3) XOR：Byte、Word 和 DWord 数据类型的逐位逻辑异或运算，两个操作数的同一位如果不同，运算结果的对应位为 1，否则为 0。

三者共性地，IN1 和 IN2 的相应位值相互组合，在参数 OUT 中生成二进制逻辑结果。执行这些指令之后，ENO 总是为 TRUE。

2. 取反指令

分别在 LAD 和 FBD 编辑窗口下拖放 INVERT 可得到如图 4 - 38 所示的指令框。

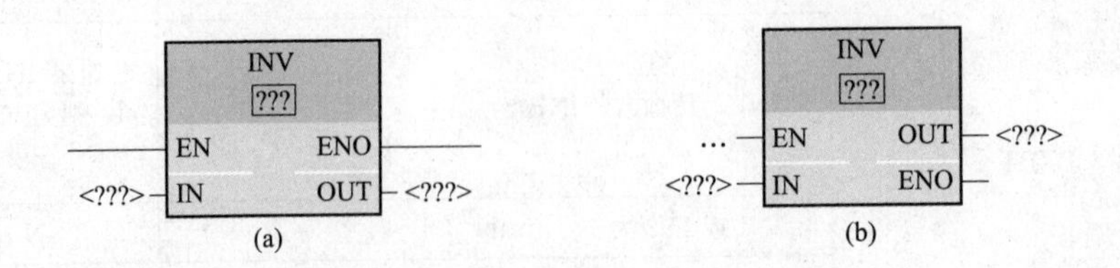

图 4 - 38　取反 INV 指令

(a) LAD：取反指令；(b) FBD：取反指令

INV 指令用于获得参数 IN 的二进制反码，通过对参数 IN 各位的值逐位取反来计算反码（将每个 0 变为 1、每个 1 变为 0）。在功能框名称下方单击黑色??? 处，并从下拉菜单中选择与参数相一致的数据类型，IN、OUT 参数说明见表 4 - 22。

表 4-22　　　　**INV 指令的参数说明**

参数	数据类型	说明
IN	SInt、Int、DInt、USInt、UInt、UDInt、Byte、Word、DWord	要取反的数据元素
OUT	SInt、Int、DInt、USInt、UInt、UDInt、Byte、Word、DWord	取反后的输出

执行该指令后，ENO 总是为 TRUE。

3. 编码和解码指令

分别在 LAD 和 FBD 编辑窗口下拖放 DECO、 ENCO 可得到如图 4-39 所示的指令框。

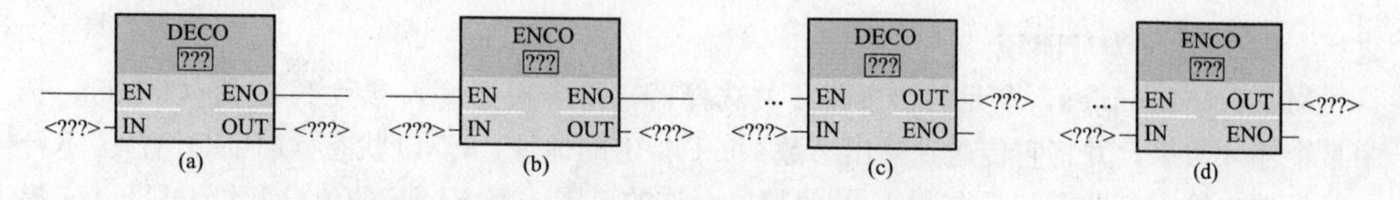

图 4-39　编码指令和解码指令

(a) LAD：编码指令；(b) LAD：解码指令；(c) FBD：编码指令；(d) FBD：解码指令

ENCO 将位序列编码成二进制数；DECO 将二进制数解码成位序列。在功能框名称下方单击黑色???，可从下拉菜单中选择表 4-23 中的与 IN/OUT 参数相一致的数据类型。

表 4-23　　　　**编码、解码指令的参数说明**

参数	数据类型	说明
IN	ENCO：Byte、Word、DWord	ENCO：要编码的位序列
	DECO：UInt	DECO：要解码的值
OUT	ENCO：Int	ENCO：编码后的值
	DECO：Byte、Word、DWord	DECO：解码后的位序列

假如输入参数 IN 的值为 n，解码（译码）指令 DECO（Decode）将输出参数 OUT 的第 n 位设 1，其余各位置 0，相当于数字电路中译码电路的功能。利用解码指令，可以用输入 IN 的值来控制 OUT 中某一位的状态。如果输入 IN 的值大于 31，执行求模运算，将 IN 的值除以 32 以后，用余数来进行解码操作。执行 DECO 指令之后，ENO 始终为 TRUE。

3 位二进制（值 0～7）IN 用于设置 8 位字节 OUT 中 1 的位位置。

4 位二进制（值 0～15）IN 用于设置 16 位字节 OUT 中 1 的位位置。

5 位二进制（值 0～31）IN 用于设置 32 位双字节 OUT 中 1 的位位置。

ENCO（Encode）指令与解码指令相反，将参数 IN 转换为与参数 IN 的最低有效设置位的位位置对应的二进制数，并将结果返回给参数 OUT。如果 IN 为 2#0101 0000，执行 ENCO 指令后，OUT 指定的地址中的编码结果为 4；如果参数 IN 为 0000 0001 或 0000 0000，则将值 0 返回给 OUT。如果参数 IN 的值为 0000 0000，则 ENO 被设置为 FALSE。

4. 选择 SEL 和多路复用 MUX 指令

分别在 LAD 和 FBD 编辑窗口下拖放 SEL、 MUX 可得到如图 4-40 所示的指令框。

SEL（Select）指令的 Bool 输入参数 G 为 0 时选中 IN0，G 为 1 时选中 IN1，并将其保存到输出参数 OUT 指定的地址。SEL 指令始终在两个 IN 值之间进行选择，执行 SEL 指令

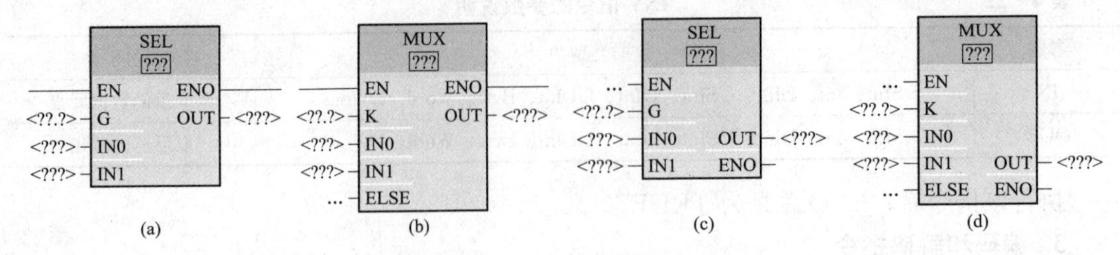

图 4-40　SEL 和 MUX 指令框

(a) LAD：SEL 指令；(b) LAD：MUX 指令；(c) FBD：SEL 指令；(d) FBD：MUX 指令

之后，ENO 始终为 TRUE。

MUX（Multiplex，多元的、多路开关选择器）指令根据输入参数 K 的值（UInt），选中某个输入数据，并将它传送到输出参数 OUT 指定的地址，ENO 状态（MUX）置 1。K=m 时，选中输入参数 INm；如果 K 的值超过允许的范围，将 ELSE 的值分配给 OUT（未提供 ELSE 时 OUT 不变），ENO 状态（MUX）置 0。

将 MUX 指令拖放到程序编辑器时，它只有 IN0、IN1 和 ELSE，用鼠标右键单击该指令，执行出现的快捷菜单中的指令“插入输入”（Insert input），可以增加一个输入。反复使用这一方法，可以增加多个输入。增添输入后，用右键单击某个输入 INm 从方框伸出的水平短线，执行出现的快捷菜单中的指令“删除”（Delete），可以删除选中的输入，删除后自动调整剩下的输入 INm 的编号。

SEL 和 MUX 指令输入变量和输出变量都必须为相同的数据类型，表 4-24 所示为 SEL 指令参数的说明，表 4-25 所示为 MUX 指令参数的说明。参数 K 的数据类型为 UInt；而 IN0～INn、ELSE 和 OUT 可以取 Byte、Char、Word、Int、DWord、DInt、Real、Time、USInt、UInt、UDInt、SInt 等 12 种数据类型。在功能框名称下方单击黑色???，可从下拉菜单中选择与输入/输出变量相一致的数据类型。

表 4-24　　SEL 指令参数的说明

SEL	数据类型	说明
G	Bool	选择器开关： FALSE 表示使用 IN0 的值； TRUE 表示使用 IN1 的值
IN0、IN1	SInt、Int、DInt、USInt、UInt、UDInt、Real、Byte、Word、DWord、Time、Char	输入
OUT	SInt、Int、DInt、USInt、UInt、UDInt、Real、Byte、Word、DWord、Time、Char	输出

表 4-25　　MUX 指令参数的说明

MUX	数据类型	说明
K	UInt	选择器的值： 0 表示使用 IN0 的值； 1 表示使用 IN1 的值； …

续表

MUX	数据类型	说明
IN0、IN1 等	SInt、Int、DInt、USInt、UInt、UDInt、Real、Byte、Word、DWord、Time、Char	输入
ELSE	SInt、Int、DInt、USInt、UInt、UDInt、Real、Byte、Word、DWord、Time、Char	输入替换值（可选）
OUT	SInt、Int、DInt、USInt、UInt、UDInt、Real、Byte、Word、DWord、Time、Char	输出

4.5 移动指令与转换指令

4.5.1 移动指令

在“指令”（Instructions）任务卡里展开 Move 文件夹，可见 MOVE “Move value”、MOVE_BLK “Move block”、UMOVE_BLK “Move block uninterruptible”、FILL_BLK “Fill block”、UFILL_BLK “Fill block uninterruptible”、SWAP “Swap” 等指令的入口图标。

1. 移动和块移动指令

在 LAD 和 FBD 编辑窗口下分别拖放 MOVE、MOVE_BLK、UMOVE_BLK 可得到如图 4-41所示的指令框。

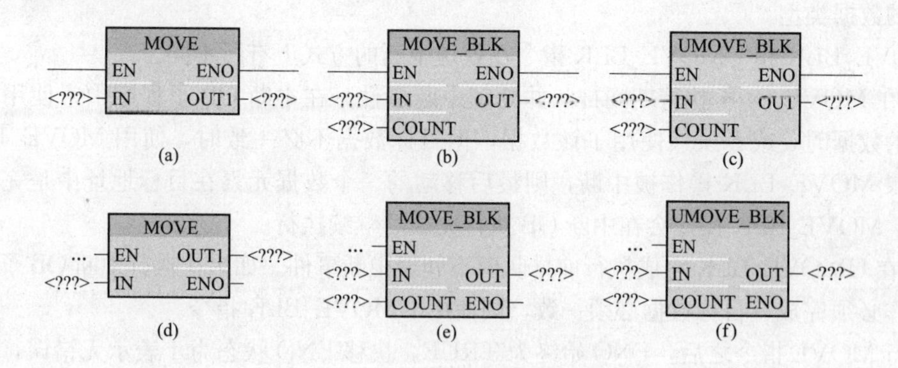

图 4-41 移动和块移动指令框

(a) LAD：MOVE；(b) LAD：MOVE _ BLE；(c) LAD：UMOVE _ BLK；
(d) FBD：MOVE；(e) FBD：MOOVE _ BLK；(f) FBD：UMOVE _ BLK

使用移动指令将数据元素复制到新的存储器地址并从一种数据类型转换为另一种数据类型，移动过程不会更改源数据。

(1) MOVE：将存储在指定地址的数据元素复制到新地址。

(2) MOVE _ BLK：将数据元素块复制到新地址的可中断移动。

(3) UMOVE _ BLK：将数据元素块复制到新地址的不中断移动。

MOVE、MOVE _ BLK、UMOVE _ BLK 指令各参数的说明见表 4-26。

表 4-26　　MOVE、MOVE_BLK、UMOVE_BLK 指令各参数的说明

参数	数据类型	说明
	MOVE	
IN	SInt、Int、DInt、USInt、UInt、UDInt、Real、LReal、Byte、Word、DWord、Char、Array、Struct、DTL、Time	源地址
OUT	SInt、Int、DInt、USInt、UInt、UDInt、Real、LReal、Byte、Word、DWord、Char、Array、Struct、DTL、Time	目标地址
	MOVE_BLK、UMOVE_BLK	
IN	SInt、Int、DInt、USInt、UInt、UDInt、Real、Byte、Word、DWord	源起始地址
COUNT	UInt	要复制的数据元素数
OUT	SInt、Int、DInt、USInt、UInt、UDInt、Real、Byte、Word、DWord	目标起始地址

数据复制遵循以下操作规则：①需复制 Bool 数据类型，则使用 SET_BF、RESET_BF、R、S 或输出线圈（LAD）；②需复制单个基本数据类型、需复制结构或需复制字符串中的单个字符，则使用 MOVE；③需复制基本数据类型数组，则使用 MOVE_BLK 或 UMOVE_BLK；④需复制字符串，则使用 S_CONV；⑤MOVE_BLK 和 UMOVE_BLK 指令不能用于将数组或结构复制到 I、Q 或 M 存储区。

MOVE 指令将单个数据元素从 IN 参数指定的源地址复制到 OUT 参数指定的目标地址。MOVE_BLK 和 UMOVE_BLK 指令具有附加的 COUNT 参数，COUNT 指定要复制的数据元素的个数。每个被复制元素的字节数取决于 PLC 变量表中分配给 IN 和 OUT 参数变量名称的数据类型。

MOVE_BLK 和 UMOVE_BLK 指令在处理中断的方式上有所不同。

1）在 MOVE_BLK 执行期间排队并处理中断事件。在中断 OB 子程序中未使用移动目标地址的数据时，或者虽然使用了该数据，但目标数据不必一致时，使用 MOVE_BLK 指令。如果 MOVE_BLK 操作被中断，则最后移动的一个数据元素在目标地址中是完整并且一致的。MOVE_BLK 操作会在中断 OB 执行完成后继续执行。

2）在 UMOVE_BLK 完成执行前排队但不处理中断事件。如果在执行中断 OB 子程序前移动操作必须完成且目标数据必须一致，则使用 UMOVE_BLK 指令。

执行 MOVE 指令之后，ENO 始终为 TRUE。块移 ENO 状态为 1 表示无错误，成功复制了全部的 COUNT 个元素；为 0 表示源（IN）范围或目标（OUT）范围超出可用存储区。

2. 填充指令

在 LAD 和 FBD 编辑窗口下分别拖放 FILL_BLK、UFILL_BLK 即可得到如图 4-42 所示的指令框。

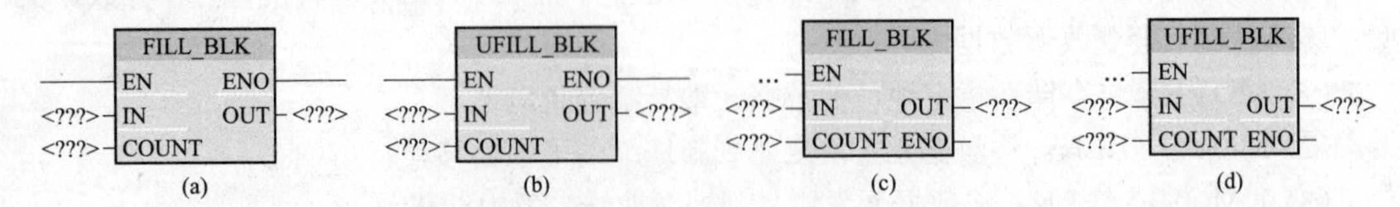

图 4-42　填充指令

(a) LAD：FILL_BLK；(b) LAD：UFILL_BLK；(c) FBD：FILL_BLK；(d) FBD：UFILL_BLK

(1) FILL_BLK：可中断填充指令使用指定数据元素的副本填充地址范围。

(2) UFILL_BLK：不中断填充指令使用指定数据元素的副本填充地址范围。

FILL_BLK和UFILL_BLK指令IN和OUT必须是D、L（数据块或局部数据区）中的数组元素，IN还可以是常数。COUNT为填充的数组元素的个数，数据类型为DInt或常数。FILL_BLK与UFILL_BLK指令各参数的说明见表4-27。

表4-27　FILL_BLK和UFILL_BLK指令各参数的说明

参数	数据类型	说明
IN	SInt、Int、DintT、USInt、UInt、UDInt、Real、Byte、Word、DWord	数据源地址
COUNT	USInt、UInt	要复制的数据元素数
OUT	SInt、Int、DintT、USInt、UInt、UDInt、Real、Byte、Word、DWord	数据目标地址

数据填充遵循以下操作规则：①需使用Bool数据类型填充，则使用SET_BF、RESET_BF、R、S或输出线圈（LAD）；②需使用单个基本数据类型填充或要在字符串中填充单个字符，则使用MOVE；③需使用基本数据类型填充数组，则使用FILL_BLK或UFILL_BLK；④FILL_BLK和UFILL_BLK指令不能用于将数组填充到I、Q或M存储区。

FILL_BLK和UFILL_BLK指令将源数据元素IN复制到通过参数OUT指定其初始地址的目标数据区中。复制过程不断重复并填充相邻地址块，直到副本数等于COUNT参数。

FILL_BLK和UFILL_BLK指令在处理中断的方式上有所不同。

1）在FILL_BLK执行期间排队并处理中断事件。中断OB子程序中未使用移动目标地址的数据时，或者虽然使用了该数据，但目标数据不必一致时，使用FILL_BLK指令。

2）在UFILL_BLK完成执行前排队但不处理中断事件。如果在执行中断OB子程序前移动操作必须完成且目标数据必须一致，则使用UFILL_BLK指令。

ENO状态为1表示指令执行“无错误”，IN元素成功复制到全部的COUNT个目标中；ENO状态为0表示“目标（OUT）范围超出可用存储区”，仅复制适当的元素。

3. 交换指令

在LAD和FBD编辑窗口下先后拖放 SWAP 即可得到如图4-43所示的指令框。

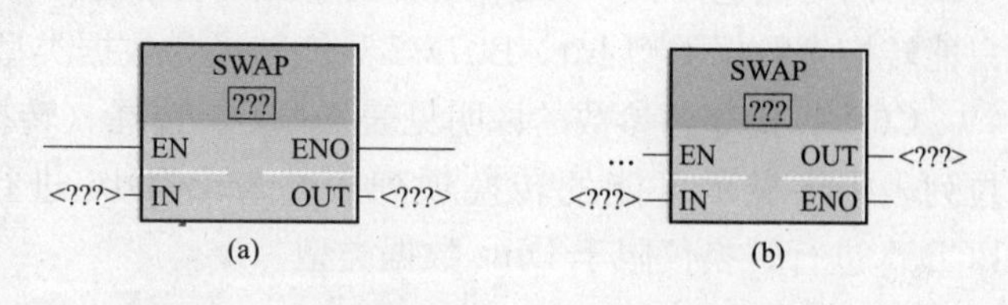

图4-43　交换指令

(a) LAD：交换指令；(b) FBD：交换指令

SWAP指令用于调换二字节和四字节数据元素的字节顺序，但不改变每个字节中的位顺序。执行SWAP指令之后，ENO始终为TRUE。

在功能框名称下方单击黑色“???”，可从下拉菜单中选择与指令参数相一致的数据类型，SWAP指令参数的说明见表4-28，示例见表4-29。

表4-28　SWAP指令参数的说明

参数	数据类型	说明
IN	Word、DWord	有序数据字节IN
OUT	Word、DWord	反转有序数据字节OUT

表 4-29　　　　SWAP 指令示例（参数 IN=MB20，参数 OUT=MB24）

参数	SWAP 指令执行前				SWAP 指令执行后			
地址	MB20		MB21		MB24		MB25	
W#16#4231	43		21		21		43	
Word	MSB		LSB		MSB		LSB	
地址	MB20	MB21	MB22	MB23	MB24	MB25	MB26	MB27
DW#16#87654321	87	65	43	21	21	43	65	87
DWord	MSB			LSB	MSB			LSB

4.5.2 转换指令

在“指令”（Instructions）任务卡里展开 Convert 文件夹，得见 CONVERT “Convert value”、ROUND “Round numerical value”、CEIL “Generate next higher from floating-point number”、FLOOR “Generate lower integer from floating-point number”、TRUNC “Truncate numerical value”、SCALE_X “Scale”、NORM_X “Normalize” 等指令的入口图标。

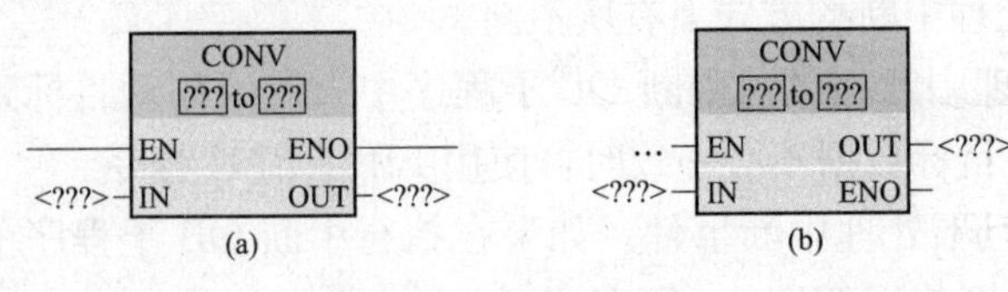

图 4-44　CONV 指令

(a) LAD：CONV 指令；(b) FBD：CONV 指令

1. CONV 指令

在 LAD 和 FBD 编辑窗口下先后拖放 CONVERT 即可得到如图 4-44 所示的指令框。

EN 输入端有能流流入时，CONV 指令将数据元素从一种数据类型转换为另一种数据类型。在功能框名称下方单击两处黑色“???”处，然后从下拉列表中选择 IN 数据类型和 OUT 数据类型。BCD16 只能转换为数据类型 Int，BCD32 只能转换为数据类型 DInt。

CONV 指令各参数的说明见表 4-30，选择（转换源）数据类型之后，（转换目标）下拉列表中将显示可能的转换项列表。与 BCD16 进行相互转换仅限于 Int 数据类型；与 BCD32 进行转换仅限于 DInt 数据类型。

表 4-30　　　　CONV 指令各参数的说明

参数	数据类型	说明
IN	SInt、Int、DInt、USInt、UInt、UDInt、Byte、Word、DWord、Real、LReal、BCD16、BCD32	IN 值
OUT	SInt、Int、DInt、USInt、UInt、UDInt、Byte、Word、DWord、Real、LReal、BCD16、BCD32	转换为新数据类型的 IN 值

执行 CONV 指令后，ENO 状态为 1 表示“无错误”，OUT 中为有效结果；ENO 状态为 0 表示“IN 为+/-INF 或+/-NaN，OUT 为+/-INF 或+/-NaN”，或者“结果超出 OUT 数据类型的有效范围，OUT 被设置为 IN 的最低有效字节”。

2. 取整和截取指令

在LAD和FBD编辑窗口下先后拖放 ROUND、 TRUNC 即可得到如图4-45所示的指令框。

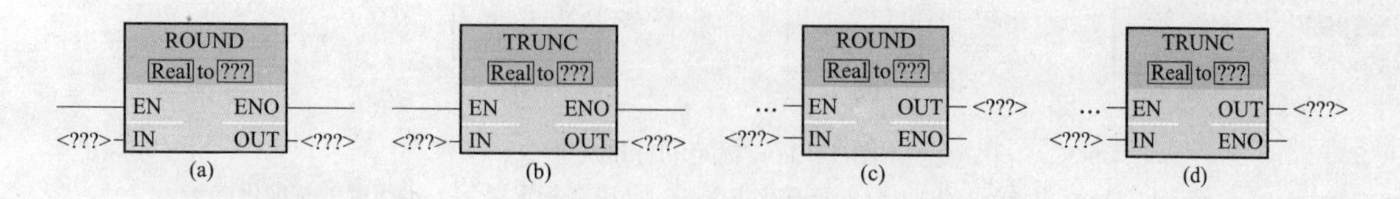

图4-45 取整和截取指令

(a) LAD取整指令；(b) LAD：截取指令；(c) FBD：取整指令；(d) FBD：截取指令

ROUND指令用于将实数转换为整数，实数的小数部分舍入为最接近的整数值（IEEE—舍入为最接近值）；如果Real数刚好是两个连续整数的一半（例如，10.5），则Real数舍入为偶数。例如，ROUND（10.5）=10、ROUND（11.5）=12。

TRUNC指令用于将实数转换为整数，实数的小数部分被截成零（IEEE—取整为零）。

ROUND和TRUNC指令的浮点型输入参数IN的数据类型为Real或LReal；取整或截取后的输出OUT的数据类型有SInt、Int、DInt、USInt、UInt、UDInt、Real、LReal等8种。

ROUND或TRUNC指令执行后，若ENO状态为1表示“无错误”，结果OUT有效；若ENO状态为0表示“输入IN为+/-INF或+/-NaN，结果OUT为+/-INF或+/-NaN”。

3. 上取整和下取整指令

在LAD和FBD编辑窗口下先后拖放 CEIL、 FLOOR 即可得到如图4-46所示的指令框。

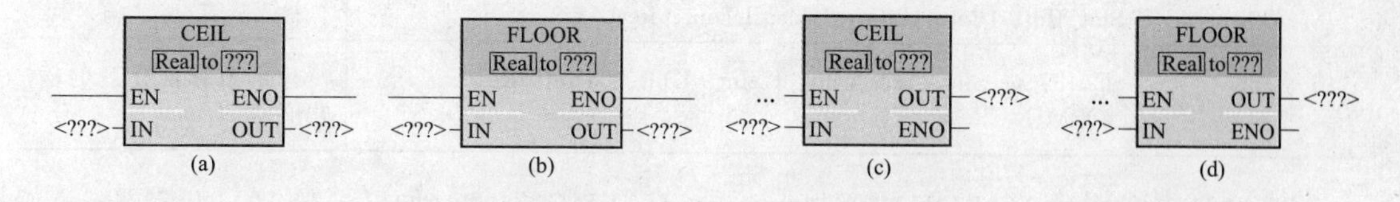

图4-46 上取整和下取整指令

(a) LAD：上取整指令；(b) LAD：下取整指令；(c) FBD：上取整指令；(d) FBD：下取整指令

CEIL指令用于将实数转换为大于或等于该实数的最小整数（IEEE—向正无穷取整）。

FLOOR指令用于将实数转换为小于或等于该实数的最大整数（IEEE—向负无穷取整）。

CEIL和FLOOR指令的浮点型输入参数IN的数据类型为Real或LReal，转换后的输出参数的数据类型有SInt、Int、DInt、USInt、UInt、UDInt、Real、LReal等8种。

CEIL或FLOOR指令执行后，若ENO状态为1表示“无错误”，结果OUT有效；若ENO状态为0表示“输入IN为+/-INF或+/-NaN，结果OUT为+/-INF或+/-NaN”。

4. 标定和标准化指令

在LAD和FBD编辑窗口下先后拖放 SCALE_X、 NORM_X 即可得到如图4-47所示的指令框。

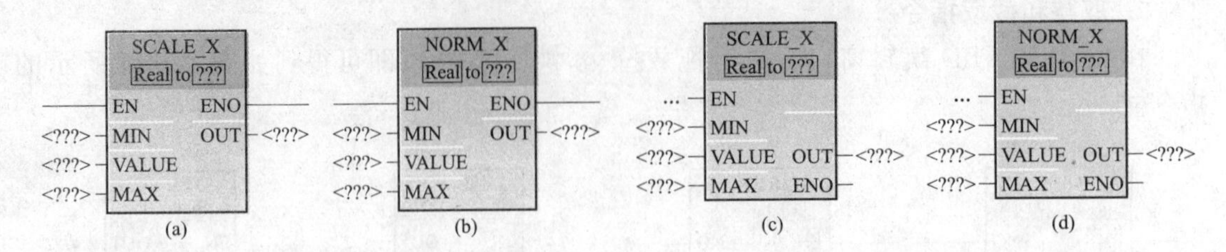

图 4-47　标定和标准化指令

(a) LAD：标定指令；(b) LAD：标准化指令；(c) FBD：标定指令；(d) FBD：标准化指令

(1) SCALE_X 用于按参数 MIN 和 MAX 所指定的数据类型和值范围对标准化的实参数 VALUE（其中 0.0≤VALUE≤1.0）进行标定：

OUT=VALUE(MAX−MIN)+MIN

对于 SCALE_X，参数 MIN、MAX 和 OUT 的数据类型必须相同。

(2) NORM_X 用于标准化，通过参数 MIN 和 MAX 指定的值范围内的参数 VALUE：

OUT=(VALUE−MIN)/(MAX−MIN)，(其中 0.0≤OUT≤1.0)

对于 NORM_X，参数 MIN、VALUE 和 MAX 的数据类型必须相同。

在功能框名称下方单击黑色??? 处，可从下拉菜单中选择表 4-31 所示的数据类型。

表 4-31　SCALE_X 和 NORM_X 指令各参数的说明

参数	数据类型	说明
MIN	SInt、Int、DInt、USInt、UInt、UDInt、Real	输入范围的最小值
VALUE	SCALE_X：Real； NORM_X：SInt、Int、DInt、USInt、UInt、UDInt、Real	要标定或标准化的输入值
MAX	SInt、Int、DInt、USInt、UInt、UDInt、Real	输入范围的最大值
OUT	SCALE_X：SInt、Int、DInt、USInt、UInt、UDInt、Real； NORM_X：Real	标定或标准化后的输出值

SCALE_X 的参数 VALUE 应限制为 0.0≤VALUE≤1.0。如果参数 VALUE 小于 0.0 或大于 1.0：①线性标定运算会生成一些小于参数 MIN 值或大于参数 MAX 值的 OUT 值，作为落在 OUT 数据类型值范围内的 OUT 值，此时 SCALE_X 执行会设置 ENO 为 1；②可能会生成不在 OUT 数据类型范围内的一些标定数，此时参数 OUT 的值会被设置为一个中间值，该中间值等于被标定实数在最终转换为 OUT 数据类型之前的最低有效部分，此时 SCALE_X 执行会设置 ENO 为 0。

NORM_X 的参数 VALUE 应限制为 MIN≤VALUE≤MAX。如果参数 VALUE 小于 MIN 或大于 MAX，线性标定运算会生成小于 0.0 或大于 1.0 的标准化 OUT 值。在这种情况下，NORM_X 执行会设置 ENO 为 1。

SCALE_X 和 NORM_X 指令执行后，ENO 状态为 1 表示“无错误”，结果（OUT）有效；ENO 状态为 0 表示满足以下条件之一：①结果超出 OUT 数据类型的有效范围；②参数 MAX≤MIN；③参数 VALUE=+/−INF 或+/−NaN，将参数 VALUE 写入 OUT 值。

4.6 程序控制指令与移位和循环指令

4.6.1 程序控制指令

在“指令”（Instructions）任务卡里展开 Program control 文件夹，即可见 -(JMP) “Jump if 1”、 -(JMPN) “Jump if 0”、 Label “Jump label”、 -(RET) “Return”等指令的入口图标。

1. 跳转和标签指令

在LAD和FBD程序编辑窗口先后拖放 -(JMP)、 -(JMPN)、 Label 即可得到如图4-48所示的指令框。

没有执行跳转指令和循环指令时，各个网络按从上到下的先后顺序执行，这种执行方式称为线性扫描。跳转指令中止程序的线性扫描，跳转到指令中的地址标签所在的目的地址。跳转时不执行跳转指令与标签之间的程序，跳到目的地址后，程序继续按线性扫描的方式顺序执行。跳转指令可以往前跳，也可以往后跳，但只能在同一个代码块内跳转，即跳转指令与对应的跳转目的地址应在同一个代码块内，在一个块内，同一个跳转目的地址只能出现一次。跳转和标签指令用于有条件地控制执行顺序。

（1）JMP：如果有能流通过JMP线圈（LAD），或者JMP功能框的输入为TRUE（FBD），则程序将从指定标签后的第一条指令继续执行。

（2）JMPN：如果没有能流通过JMPN线圈（LAD），或者JMPN功能框的输入为FALSE（FBD），则程序将从指定标签后的第一条指令继续执行。

（3）LABEL：JMP或JMPN跳转指令的目标标签。

参数Label_name是跳转指令及相应跳转目标程序标签的标识符，数据类型为标签标识符。

通过在LABEL指令中直接键入来创建标签名称，可以使用参数助手图标来选择JMP和JMPN标签名称域可用的标签名称，也可在JMP或JMPN指令中直接键入标签名称。标签的第一个字符必须是字母，其余可以是字母、数字和下画线。

2. RET返回指令

在LAD和FBD程序编辑窗口先后拖放 -(RET) 即可得到如图4-49所示的指令框。

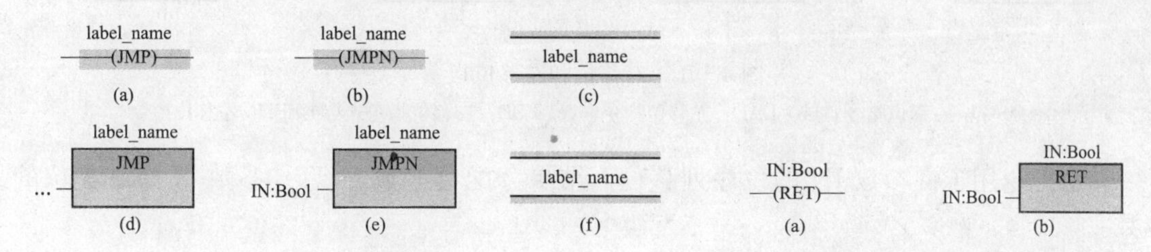

图4-48 跳转和标签指令

(a) LAD：JMP；(b) LAD：JMPN；(c) LAD：标签；(d) FBD：JMP；(e) FBD：JMPN；(f) FBD：标签

图4-49 RET返回指令

(a) LAD：返回指令；(b) FBD：返回指令

可选的RET（Return_Value）指令用于终止当前块的执行，当且仅当有能流通过RET线圈（LAD），或者当RET功能框的输入为TRUE（FBD）时，则当前块的程序执行将在该点终止，并且不执行RET指令以后的指令，返回调用它的块（调用例程）后，再执行调用指令之后的指令。RET指令的线圈断电（LAD）或功能框的输入为FALSE（FBD）时，继续执行它下面的指令。

RET线圈上面的“Return_value”参数是块的返回值，数据类型为Bool，被分配给调用块中块调用功能框的ENO输出。如果当前的块是OB，返回值“Return_Value”将被忽略；如果当前的块是FC或FB，则将参数“Return_Value”的值（返回值）作为FC或FB的ENO的值传送给调用它的块，或者说传回到调用例程。

一般情况并不需要在块结束时使用RET指令来结束块，操作系统将会自动地完成这一任务。RET指令用来有条件地结束块，一个块可以使用多条RET指令。以下是在FC代码块中使用RET指令的示例步骤。

（1）创建新项目并添加FC。

（2）编辑该FC：①从指令树添加指令；②添加一个RET指令，包括参数“Return_Value”为TRUE或FALSE，或用于指定所需返回值的存储位置；③添加更多的指令。

（3）从MAIN［OB1］调用FC。

MAIN代码块中FC功能框的EN输入必须为TRUE，才能开始执行FC。执行了有能流通过RET指令的FC后，该FC的RET指令所指定的值将出现在MAIN代码块中FC功能框的ENO输出上。

4.6.2 移位和循环指令

在“指令”（Instructions）任务卡里展开 Shift + Rotate 文件夹，即可见 SHR “Shift right”、SHL “Shift left”、ROR “Rotate right”、ROL “Rotate left”等指令的入口图标。

1. 移位指令

在LAD和FBD程序编辑窗口先后拖放 SHR 和 SHL 即可得到如图4-50所示的指令框。

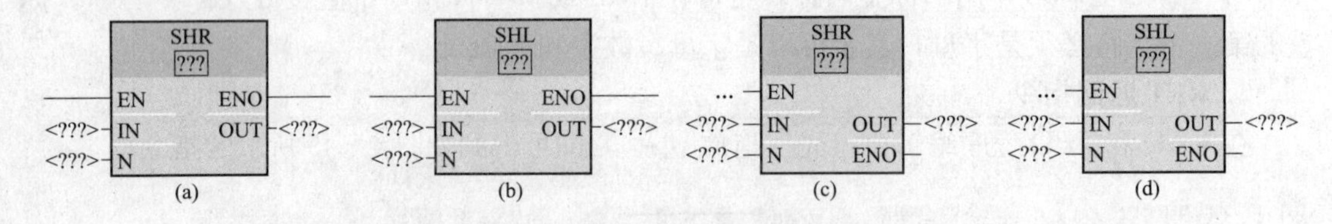

图4-50 右移位和左移位指令

(a) LAD：右移位指令；(b) LAD：左移位指令；(c) FBD：右移位指令；(d) FBD：左移位指令

移位指令用于将参数IN的位序列移位，结果分配给参数OUT。参数N指定移位的位数。

（1）SHR：右移位序列。

（2）SHL：左移位序列。

在功能框名称下方单击黑色???，可从下拉列表中选择数据类型。IN和OUT的数据类型有Byte、Word、DWord三种情形，N的数据类型为UInt。

当N=0时，不进行移位，可将IN值分配给OUT；移位操作后用0填充清空位的位置；如果要移位的位数（N）超过目标值中的位数（Byte 为 8 位、Word 为 16 位、DWord 为 32 位），则所有原始位值将被移出并用 0 代替（将 0 分配给 OUT）；对于移位操作，ENO 总是为 TRUE。

Word 大小数据的 SHL 示例：

IN	1010 1101 1110 0010	首次移位前的 OUT 值	1010 1101 1110 0010
		第 1 次左移后	0101 1011 1100 0100
		第 2 次左移后	1011 0111 1000 1000
		第 3 次左移后	0110 1111 0001 0000
		第 4 次左移后	1101 1110 0010 0000
		第 5 次左移后	1011 1100 0100 0000
		第 15 次左移后	0000 0000 0000 0000

2. 循环指令

在 LAD 和 FBD 程序编辑窗口下先后拖放 ROR 和 ROL 即可得到如图 4-51 所示的指令框。

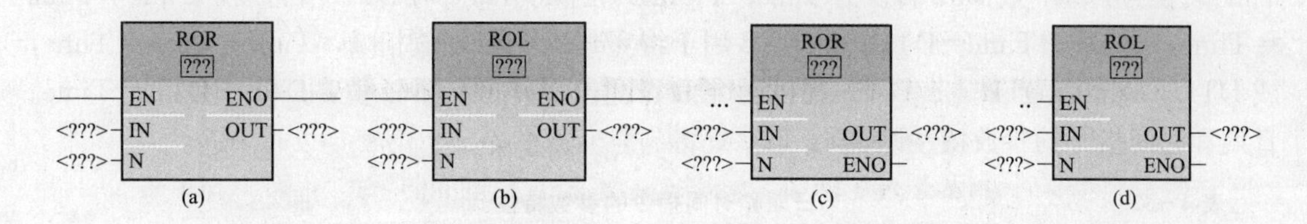

图 4-51　循环指令

(a) LAD：循环右移位；(b) LAD：循环左移位；(c) FBD：循环右移位；(d) FBD：循环左移位

循环指令用于将参数 IN 的位序列循环移位，结果分配给参数 OUT。参数 N 定义循环移位的位数。

(1) ROR：循环右移位序列。

(2) ROL：循环左移位序列。

在功能框名称下方单击??? 处，可从下拉菜单中选择与参数相一致的数据类型。IN 和 OUT 的数据类型有 Byte、Word、DWord 三种情形，N 的数据类型为 UInt。

当 N=0 时，不进行循环移位，可将 IN 值分配给 OUT；从目标值一侧循环移出的位数据将循环移位到目标值的另一侧，因此原始位值不会丢失，这是和移位指令区别所在；如果要循环移位的位数（N）超过目标值中的位数（Byte 为 8 位、Word 为 16 位、DWord 为 32 位），仍将执行循环移位，不会出现移位指令充零的情况；执行循环指令之后，ENO 始终为 TRUE。

Word 大小数据的 ROR 实例：（将各个位从右侧循环移出到左侧）

IN	0100 0001 0010 1001	循环移位前的 OUT 值	0100 0001 0010 1001
		第 1 次循环右移后	1010 0000 1001 0100
		第 2 次循环右移后	0101 0000 0100 1010
		第 3 次循环右移后	0010 1000 0010 0101

续表

IN	0100 0001 0010 1001	循环移位前的 OUT 值	0100 0001 0010 1001
		第 4 次循环右移后	1001 0100 0001 0010
		第 5 次循环右移后	0100 1010 0000 1001
		第 20 次循环右移后（同 4）	1001 0100 0001 0010

4.7 时钟和日历指令

在“扩展指令”（Extended instructions）任务卡里展开 Clock + Calendar 文件夹，即可见 T_CONV “Time conversion”、T_ADD “Add day，date and time data”、T_SUB “Subtract date，day and time data”、T_DIFF “Time difference”、WR_SYS_T “Write PLC system time”、RD_SYS_T “Read system time”、RD_LOC_T “Read local time” 等指令的入口图标。

4.7.1 日期和时间指令

日期和时间指令用于设计日历和时间计算。其中 T_CONV 用于转换时间值的数据类型，Time 转换为 DInt，或 DInt 转换为 Time；T_ADD 用于将 Time 与 DTL 值相加，Time＋Time＝Time，或 DT＋Time＝DTL；T_SUB 用于将 Time 与 DTL 值相减，Time－Time＝Time，或 DTL－Time＝DTL；T_DIFF 提供两个 DTL 值的差作为 Time 值，DTL－DTL＝Time。日期和时间指令的参数特性见表 4-32。

表 4-32　日期和时间指令的参数特性

数据类型	大小（bit）	有效范围
Time	32 存储形式	T#－24d_20h_31m_23s_648ms～T#＋24d_20h_31m_23s_647ms －2 147 483 648～＋2 147 483 647ms
		DTL 数据结构
年：UInt	16	1970～2554
月：USInt	8	1～12
日：USInt	8	1～31
工作日：USInt	8	1＝周日，2＝周一，3＝周二，4＝周三，5＝周四，6＝周五，7＝周六
小时：USInt	8	0～23
分钟：USInt	8	0～59
秒：USInt	8	0～59
纳秒：UDInt	32	0～999 999 999

1. 时间转换指令

T_CONV（时间转换）指令将 Time 数据类型转换为 DInt 数据类型，或将 DInt 数据类型转回 Time 数据类型。在 LAD 和 FBD 程序编辑窗口下先后拖放 T_CONV 即可得到如图 4-52 所示的指令框。

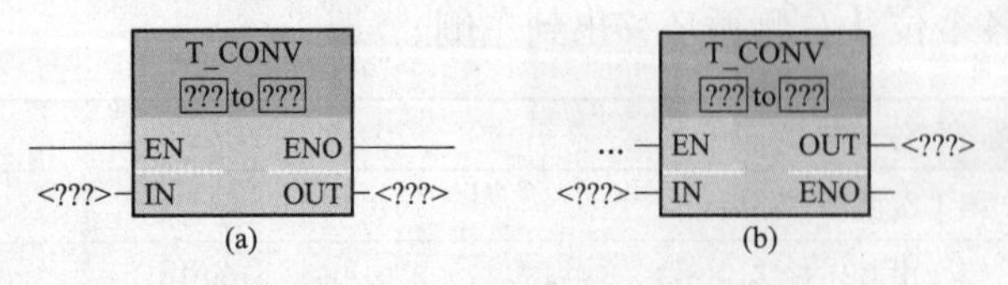

图 4-52　时间转换指令

(a) LAD：时间转换；(b) FBD：时间转换

从指令名称下方提供的下拉列表中选择 IN 和 OUT 的数据类型，时间转换指令的参数特性见表4-33。

表4-33　　时间转换指令的参数特性

参数	参数类型	数据类型	说明
IN	IN	DInt、Time	输入的Time值或DInt值
OUT	OUT	DInt、Time	转换后的DInt值或Time值

2. 时间相加指令

T_ADD（时间相加）指令将输入IN1的值（DTL或Time数据类型）与输入IN2的Time值相加，参数OUT提供DTL或Time值结果。允许以下两种数据类型的运算：①Time＋Time＝ Time；②DTL＋Time＝DTL。

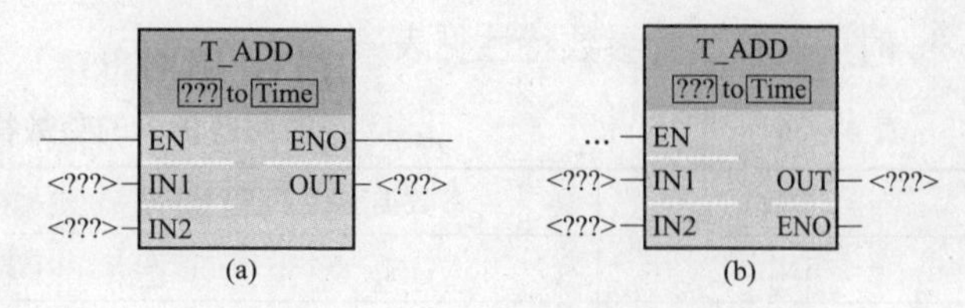

图4-53　时间相加指令

(a) LAD：时间相加；(b) FBD：时间相加

在LAD和FBD程序编辑窗口下先后拖放T_ADD即可得到如图4-53所示的指令框。

从指令名称下方提供的下拉列表中选择IN1的数据类型，所选的IN1数据类型同时也会设置参数OUT的数据类型，时间相加指令的参数特性见表4-34。

表4-34　　时间相加指令的参数特性

参数	参数类型	数据类型	说明
IN1	IN	DTL、Time	DTL或Time值
IN2	IN	Time	要加上的Time值
OUT	OUT	DTL、Time	DTL或Time和值

3. 时间相减指令

T_SUB（时间相减）指令从IN1（DTL或Time值）中减去IN2的Time值，参数OUT以DTL或Time数据类型提供差值。允许以下两种数据类型的运算：①Time－Time＝Time；②DTL－Time＝DTL。

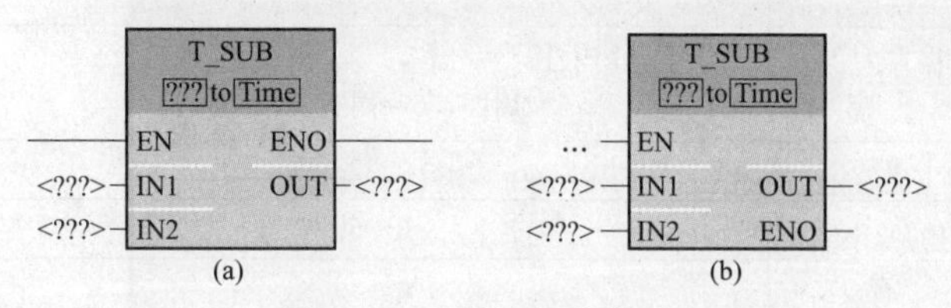

图4-54　时间相减指令

(a) LAD：时间相减；(b) FBD：时间相减

在LAD和FBD程序编辑窗口下先后拖放T_SUB即可得到如图4-54所示的指令框。

从指令名称下方提供的下拉列表中选择IN1的数据类型，所选的IN1数据类型同时也会设置参数OUT的数据类型，时间相减指令的参数特性见表4-35。

表4-35　　时间相减指令的参数特性

参数	参数类型	数据类型	说明
IN1	IN	DTL、Time	DTL或Time值
IN2	IN	Time	要减去的Time值
OUT	OUT	DTL、Time	DTL或Time差值

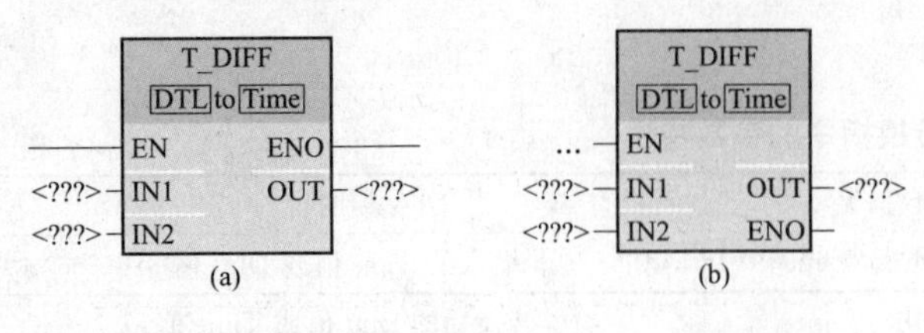

图 4-55　时间差指令

(a) LAD：时间差；(b) FBD：时间差

4. 时间差指令

T_DIFF（时间差）指令从 IN1 中的 DTL 值中减去 IN2 中的 DTL 值，参数 OUT 以 Time 数据类型提供差值，即 DTL－DTL＝Time。

在 LAD 和 FBD 程序编辑窗口下先后拖放 T_DIFF 即可得到如图 4-55 所示的指令框。

时间差指令的参数特性见表 4-36。

表 4-36　　时间差指令的参数特性

参数	参数类型	数据类型	说明
IN1	IN	DTL	DTL 值
IN2	IN	DTL	要减去的 DTL 值
OUT	OUT	Time	Time 差值

执行时间差指令后，条件代码 ENO 状态为 1 表示未发生错误；ENO 参数 OUT 状态为 0 表示出现以下错误：①DTL 值无效；②Time 值无效。

4.7.2　时钟指令

时钟指令用于设置和读取 PLC 系统时钟，使用数据类型 DTL 提供日期和时间值，时钟指令的参数特性见表 4-37。

表 4-37　　时钟指令的参数特性

DTL 结构	大小（bit）	有效范围
年：UInt	16	1970～2554
月：USInt	8	1～12
日：USInt	8	1～31
工作日：USInt	8	1＝周日，2＝周一，3＝周二，4＝周三，5＝周四，6＝周五，7＝周六
小时：USInt	8	0～23
分钟：USInt	8	0～59
秒：USInt	8	0～59
纳秒：UDInt	32	0～999 999 999

1. 写入系统时间指令

WR_SYS_T（写入系统时间）指令使用参数 IN 中的 DTL 值设置 PLC 日时钟，该时间值不包括本地时区或夏令时偏移量。

在 LAD 和 FBD 程序编辑窗口下先后拖放 WR_SYS_T 即可得到如图 4-56 所示的指令框。

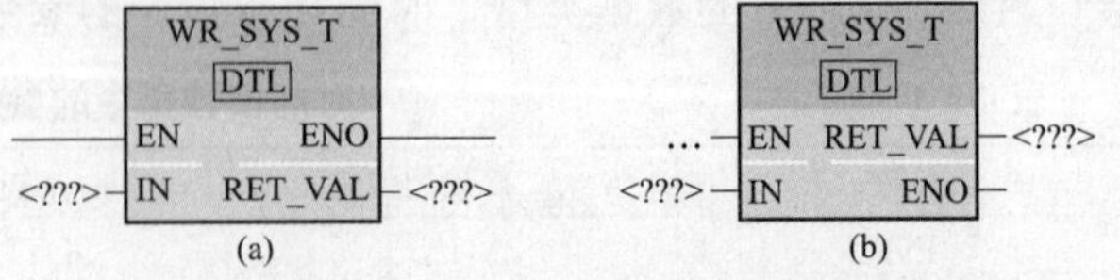

图 4-56　写入系统时间指令

(a) LAD：写入系统时间；(b) FBD：写入系统时间

写入系统时间指令的参数特性见表 4-38。

表 4-38 写入系统时间指令的参数特性

参数	参数类型	数据类型	说明
IN	IN	DTL	要在 PLC 系统时钟内设置的日时钟
RET_VAL	OUT	Int	执行条件代码

2. 读取系统时间指令

RD_SYS_T（读取系统时间）指令从 PLC 读取当前系统时间，该时间值不包括本地时区或夏令时偏移量。

在 LAD 和 FBD 程序编辑窗口下先后拖放 RD_SYS_T 即可得到如图 4-57 所示的指令框。

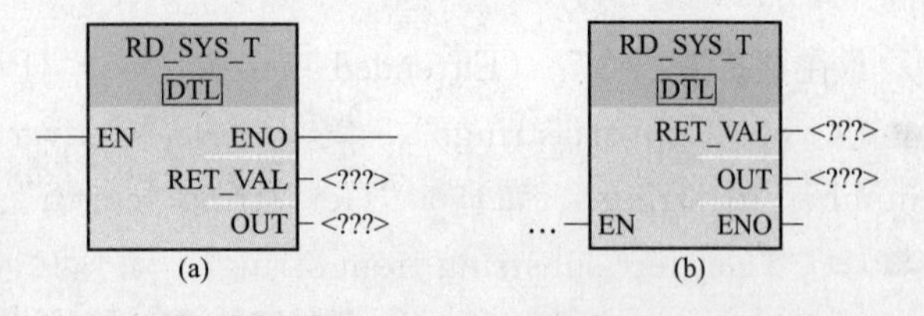

图 4-57 读取系统时间指令

(a) LAD：读取系统时间；(b) FBD：读取系统时间

读取系统时间指令的参数特性见表 4-39。

表 4-39 读取系统时间指令的参数特性

参数	参数类型	数据类型	说明
RET_VAL	OUT	Int	执行条件代码
OUT	OUT	DTL	当前 PLC 系统时间

3. 读取本地时间指令

RD_LOC_T（读取本地时间）指令以 DTL 数据类型提供 PLC 的当前本地时间。在 LAD 和 FBD 程序编辑窗口下先后拖放 RD_LOC_T 即可得到如图 4-58 所示的指令框。

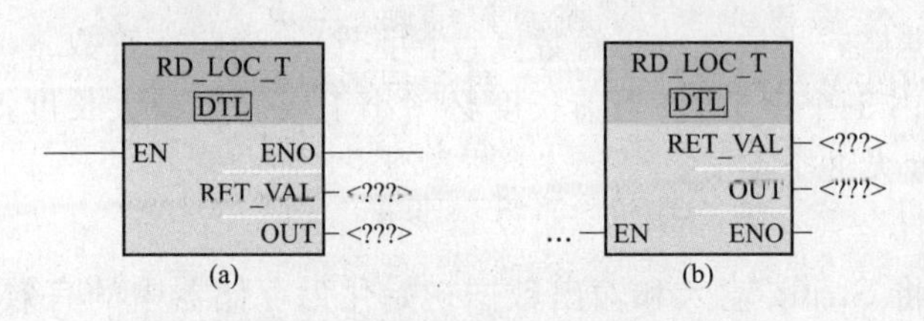

图 4-58 读取本地时间指令

(a) LAD：读取本地时间；(b) FBD：读取本地时间

读取本地时间指令的参数特性见表 4-40。

表 4-40 读取本地时间指令的参数特性

参数	参数类型	数据类型	说明
RET_VAL	OUT	Int	执行条件代码
OUT	OUT	DTL	当地时间

通过使用用户在 CPU 时钟设备配置中设置的时区和夏令时偏移量计算本地时间；时区组态是相对于协调世界时（Coordinated Universal Time，UTC）系统时间的偏移量；夏令时组态指定夏令时开始时的月份、星期、日期和小时；标准时间组态也会指定标准时间开始时的月份、星期、日期和小时；时区偏移量始终会应用到系统时间值，只有在夏令时有效时才会应用夏令时偏移量。

ENO状态为1表示未发生错误；ENO状态为0表示发生了执行错误，同时在RET_VAL（W#16#…）输出中提供条件代码，如8080表示本地时间不可用、8081表示非法年份值、8082表示非法月份值、8083表示非法日期值、8084表示非法小时值、8085表示非法分钟值、8086表示非法秒数值、8087表示非法纳秒值、80B0表示实时时钟发生了故障。

4.8 字符串转换和字符串指令

在“扩展指令”（Extended instructions）任务卡里展开 String + Char 文件夹，即可见 S_CONV “Convert strings”、STRG_VAL “Convert string to number”、VAL_STRG “Convert number to string”、LEN “Get string length”、CONCA “Join two strings into one”、LEFT “Get left substring from string”、RIGHT “Get right substring from string”、MID “Get middle characters from string”、DELETE “Delete characters from string”、INSERT “Insert characters in string”、REPLACE “Replace substring in string”、FIND “Find characters in string” 等指令的入口图标。

4.8.1 String数据概述

String不能在PLC变量编辑器和块接口编辑器中使用，只能在块接口编辑器中使用。

1. 字符串数据类型

CPU支持使用String数据类型存储一串单字节字符，String数据被存储成2个字节的标头后跟最多254个ASCII码字符组成的字符字节。String标头包含两个长度，第一个字节是初始化字符串时方括号中给出的最大长度，默认值为254，第二个标头字节是当前长度，或字符串中的有效字符数，即字符串数据格式为最大总字符数（1个字节）、当前字符数（1个字节）及最多254个字符（每个字符占1个字节）。当前长度必须小于或等于最大长度，String格式占用的存储字节数比最大长度大2个字节。

2. 初始化String数据

在执行任何字符串指令之前，必须将String输入和输出数据初始化为存储器中的有效字符串。

3. 有效String数据

有效字符串的最大长度必须大于0且小于255，当前长度必须小于等于最大长度，字符串无法分配给I或Q存储区。

可以对IN类型的指令参数使用带单引号的文字串（常量），如'CBA'是由三个字符组成的字符串，可用作S_CONV指令中IN参数的输入，还可通过在OB、FC、FB和DB的块接口编辑器中选择数据类型“字符串”来创建字符串变量。

4.8.2 字符串转换指令

可以使用以下指令将数字字符串转换为数值或将数值转换为数字字符串：①S_CONV指令用于将数字字符串转换成数值或将数值转换成数字字符串；②STRG_VAL指令使用格式选项将数字字符串转换成数值；③VAL_STRG指令使用格式选项将数值转换成数字字符串。

1. 字符串到值及值到字符串的转换

在LAD和FBD程序编辑窗口下先后拖放 S_CONV 即可得到如图4-59所示的指令框。

S_CONV（字符串转换）指令将字符串转换成相应的值，或将值转换成相应的字符串。S_CONV 指令没有输出格式选项，因此 S_CONV 指令比 STRG_VAL 指令和 VAL_STRG 指令更简单，但灵活性要差。

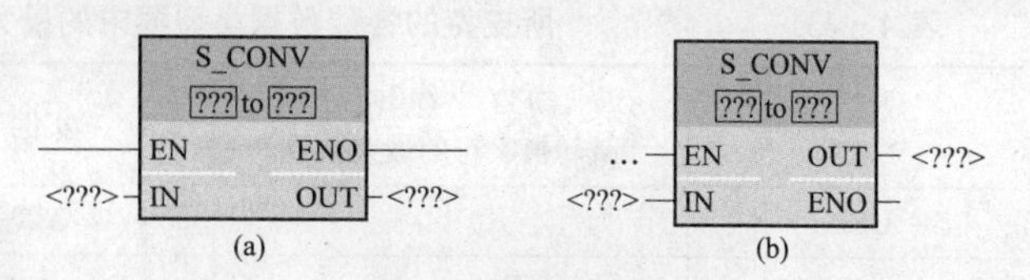

图 4－59　字符串转换指令

(a) LAD：字符串转换；(b) FBD：字符串转换

（1）S_CONV（字符串到值的转换）指令。

字符串到值的转换指令的参数特性见表 4－41，可单击指令框黑色??? 处，在下拉列表中选择参数的数据类型。

表 4－41　字符串到值的转换指令的参数特性

参数	参数类型	数据类型	说明
IN	IN	String	输入字符串
OUT	OUT	String、SInt、Int、DInt、USInt、UInt、UDInt、Real	输出数值

字符串参数 IN 的转换从首个字符开始，并一直进行到字符串的结尾，或者一直进行到遇到第一个不是“0”到“9”、“＋”、“－”或“.”的字符为止。结果值将在参数 OUT 中指定的位置提供。如果输出数值不在 OUT 数据类型的范围内，则参数 OUT 设置为 0，并且 ENO 设置为 FALSE；否则参数 OUT 将包含有效的结果，并且 ENO 设置为 TRUE。

此时输入 String 的格式规则为：①如果在 IN 字符串中使用小数点，则必须使用“.”字符；②允许使用逗点字符“,”作为小数点左侧的千位分隔符，并且逗点字符会被忽略；③忽略前导空格；④仅支持定点表示法。字符“e”和“E”不会被识别为指数表示法。

（2）S_CONV（值到字符串的转换）指令。

值到字符串的转换指令的参数特性见表 4－42，可单击指令框黑色??? 处，在下拉列表中选择参数的数据类型。

表 4－42　值到字符串的转换指令的参数特性

参数	参数类型	数据类型	说明
IN	IN	String、SInt、Int、DInt、USInt、UInt、UDInt、Real	输入数值
OUT	OUT	String	输出字符串

整数值、无符号整数值或浮点值 IN 在 OUT 中被转换为相应的字符串，在执行转换前，参数 OUT 必须引用有效字符串。有效字符串由第一个字节中的最大字符串长度、第二个字节中的当前字符串长度及后面字节中的当前字符串字符组成。转换后的字符串将从第一个字符开始替换 OUT 字符串中的字符，并调整 OUT 字符串的当前长度字节，OUT 字符串的最大长度字节不变。

被替换的字符数取决于参数 IN 的数据类型和数值，被替换的字符数必须在参数 OUT 的字符串长度范围内，OUT 字符串的最大字符串长度（第一个字节）应大于或等于被转换字符的最大预期数目。

表 4－43 列出了所支持的各种数据类型要求的最大可能字符串长度。

表 4-43　　所支持的各种数据类型要求的最大可能字符串长度

IN 数据类型	OUT 字符串中被转换字符的最大数目	实例	包括最大及当前长度字节在内的总字符串长度
USInt	3	255	5
SInt	4	−128	6
UInt	5	65 535	7
Int	6	−32 768	8
UDInt	10	4 294 967 295	12
DInt	11	2 147 483 648	13

此时输出 String 格式的规则是：①写入到参数 OUT 的值不使用前导“+”号；②使用定点表示法（不可使用指数表示法）；③参数 IN 为 Real 数据类型时，使用句点字符“.”表示小数点。

2. STRG_VAL 指令

在 LAD 和 FBD 程序编辑窗口下先后拖放 STRG_VAL 即可得到如图 4-60 所示的指令框。

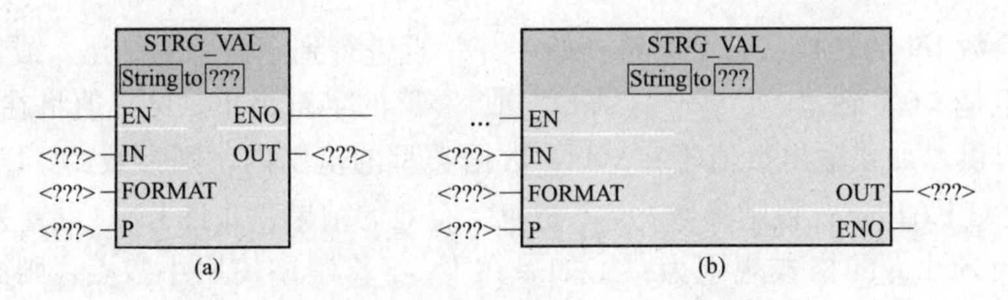

图 4-60　字符串到值的转换指令 STRG_VAL

(a) LAD：字符串到值；(b) FBD：字符串到值

STRG_VAL（字符串到值）指令将数字字符串转换为相应的整型或浮点型表示法。转换从字符串 IN 中的字符偏移量 P 位置开始，并一直进行到字符串的结尾，或者一直进行到遇到第一个不是“+”、“−”、“.”、“,”、“e”、“E”或“0”到“9”的字符为止。结果放置在参数 OUT 中指定的位置，同时还将返回参数 P 作为原始字符串中转换终止位置的偏移量计数。必须在执行前将 String 数据初始化为存储器中的有效字符串，STRG_VAL 指令的参数特性见表 4-44。

表 4-44　　STRG_VAL 指令的参数特性

参数	参数类型	数据类型	说明
IN	IN	String	要转换的 ASCII 字符串
FORMAT	IN	Word	输出格式选项
P	IN_OUT	UInt	IN：指向要转换的第一个字符的索引（第一个字符=1） OUT：转换过程结束后，指向下一个字符的索引
OUT	OUT	SInt、Int、DInt、USInt、UInt、UDInt、Real	转换后的数值

表4-45和表4-46定义了STRG_VAL指令的FORMAT参数，未使用的位必须置零。

表4-45　　定义STRG_VAL指令的FORMAT参数

位15	位14	位13	位12	位11	位10	位9	位8	位7	位6	位5	位4	位3	位2	位1	位0
0	0	0	0	0	0	0	0	0	0	0	0	0	0	f	r

注　f为表示法格式：1=指数表示法；0=定点表示法。r为小数点格式：1=“,”（逗点字符）；0=“.”（句点字符）。

表4-46　　STRG_VAL指令FORMAT参数的含义

FORMAT（Word）	表示法格式	小数点表示法
W#16#0000（默认）	定点	“.”
W#16#0001		“,”
W#16#0002	指数	“.”
W#16#0003		“,”
W#16#0004～W#16#FFFF	非法值	

STRG_VAL转换的规则如下。

(1) 如果使用句点字符“.”作为小数点，则小数点左侧的逗点“,”将被解释为千位分隔符字符，允许使用逗点字符并且会将其忽略。

(2) 如果使用逗点字符“,”作为小数点，则小数点左侧的句点“.”将被解释为千位分隔符字符，允许使用句点字符并且会将其忽略。

(3) 忽略前导空格。

3. VAL_STRG指令

在LAD和FBD程序编辑窗口下先后拖放 VAL_STRG 即可得到如图4-61所示的指令框。

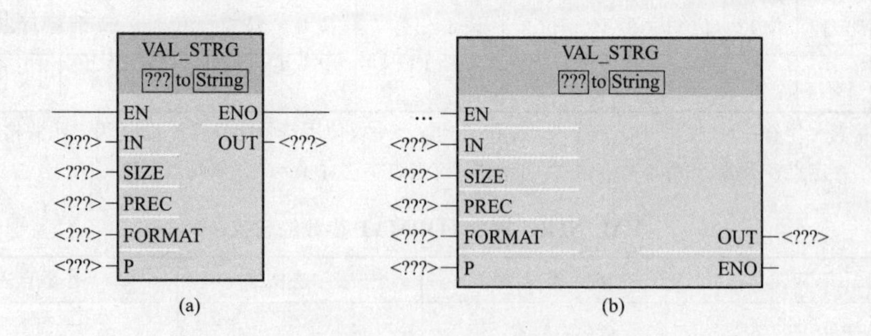

图4-61　值到字符串的转换指令VAL_STRG

(a) LAD：值到字符串；(b) FBD：值到字符串

VAL_STRG（值到字符串）指令将整数值、无符号整数值或浮点值转换为相应的字符串表示法，参数IN表示的值将被转换为参数OUT所引用的字符串。在执行转换前，参数OUT必须为有效字符串。

转换后的字符串将从字符偏移量计数P位置开始替换OUT字符串中的字符，一直到参数SIZE指定的字符数，SIZE中的字符数必须在OUT字符串长度范围内（从字符位置P开始计数）。该指令对于将数字字符嵌入到文本字符串中很有用，如可以将数字“115”放入字符串“Air tank pressure = 115 psi”中。

VAL_STRG 指令的参数特性见表 4-47。

表 4-47　　VAL_STRG 指令的参数特性

参数	参数类型	数据类型	说明
IN	IN	SInt、Int、DInt、USInt、UInt、UDInt、Real	要转换的值
SIZE	IN	USInt	要写入 OUT 字符串的字符数
PREC	IN	USInt	小数部分的精度或大小，不包括小数点。
FORMAT	IN	Word	输出格式选项
P	IN_OUT	UInt	IN：指向要替换的第一个 OUT 字符串字符的索引（第一个字符=1） OUT：指向替换后的下一个 OUT 字符串字符的索引
OUT	OUT	String	转换后的字符串

参数 PREC 用于指定字符串中小数部分的精度或位数，如果参数 IN 的值为整数，则 PREC 指定小数点的位置。例如，如果数据值为 321 而 PREC=1，则结果为“32.1”。对于 Real 数据类型支持的最大精度为 7 位。

如果参数 P 大于 OUT 字符串的当前大小，则会添加空格，一直到位置 P，并将该结果附加到字符串末尾。如果达到了最大 OUT 字符串长度，则转换结束。

表 4-48 和表 4-49 定义了 VAL_STRG 指令的 FORMAT 参数，未使用的位必须置零。

表 4-48　　定义 VAL_STRG 指令的 FORMAT 参数

位 15	位 14	位 13	位 12	位 11	位 10	位 9	位 8	位 7	位 6	位 5	位 4	位 3	位 2	位 1	位 0
0	0	0	0	0	0	0	0	0	0	0	0	0	s	f	r

注　s 为数字符号字符：1=使用符号字符“+”和“-”；0=仅使用符号字符“-”。f 为表示法格式：1=指数表示法；0=定点表示法。r 为小数点格式：1=“,”（逗点字符）；0=“.”（句点字符）。

表 4-49　　VAL_STRG 指令 FORMAT 参数的含义

FORMAT（Word）	数字符号字符	表示法格式	小数点表示法
W#16#0000	仅“-”	定点	“.”
W#16#0001			“,”
W#16#0002		指数	“.”
W#16#0003			“,”
W#16#0004	“+”和“-”	定点	“.”
W#16#0005			“,”
W#16#0006		指数	“.”
W#16#0007			“,”
W#16#0008～W#16#FFFF	非法值		

参数 OUT 字符串的格式规则如下。

(1) 如果转换后的字符串小于指定的大小，则会在字符串的最左侧添加前导空格字符。

(2) 如果 FORMAT 参数的符号位为 FALSE，则会将无符号和有符号整型值写入输出缓冲区，且不带前导“+”号，必要时会使用“-”号：<前导空格><无前导零的数字>'.'<PREC 数字>。

(3) 如果符号位为 TRUE，则会将无符号和有符号整型值写入输出缓冲区，且始终带有前导符号字符：<前导空格><符号><无前导零的数字>'.'<PREC 数字>。

(4) 如果 FORMAT 被设置为指数表示法，则会按以下方式将 Real 数据类型的值写入输出缓冲区：<前导空格><符号><数字>'.'<PREC 数字>'E'<符号><无前导零的数字>。

(5) 如果 FORMAT 被设置为定点表示法，则会按以下方式将整型、无符号整型和实型值写入输出缓冲区：<前导空格><符号><无前导零的数字>'.'<PREC 数字>。

(6) 小数点左侧的前导零会被隐藏，但与小数点相邻的数字除外。

(7) 小数点右侧的值被舍入为 PREC 参数所指定的小数点右侧的位数。

(8) 输出字符串的大小必须比小数点右侧的位数多至少 3 个字节。

(9) 输出字符串中的值为右对齐。

VAL_STRG 指令执行后，ENO 状态为 1 表示“无错误”；为 0 表示：①非法或无效参数，如访问一个不存在的 DB；②非法字符串，非法长度或当前长度大于最大长度 255；③转换后的数值对于指定的 OUT 数据类型而言过大；④OUT 参数的最大字符串大小必须足够大，以接受参数 SIZE 所指定的字符数（从字符位置参数 P 开始）；⑤非法 P 值，P=0 或 P 大于当前字符串长度；⑥参数 SIZE 必须大于参数 PREC。

4.8.3 字符串操作指令

控制程序可以使用以下字符串和字符指令为操作员显示和过程日志创建消息。对于 String 操作的常见错误，存在下述非法或无效 String 条件时，执行 String 操作指令将导致 ENO 状态为 0 和字符串输出为空（OUT 当前长度被置为 0）。

(1) IN1 的当前长度超出 IN1 的最大长度，或者 IN2 的当前长度超出 IN2 的最大长度（无效字符串）。

(2) IN1、IN2 或 OUT 的最大长度不在分配的存储范围内。

(3) IN1、IN2 或 OUT 的最大长度为 0 或 255（非法长度）。

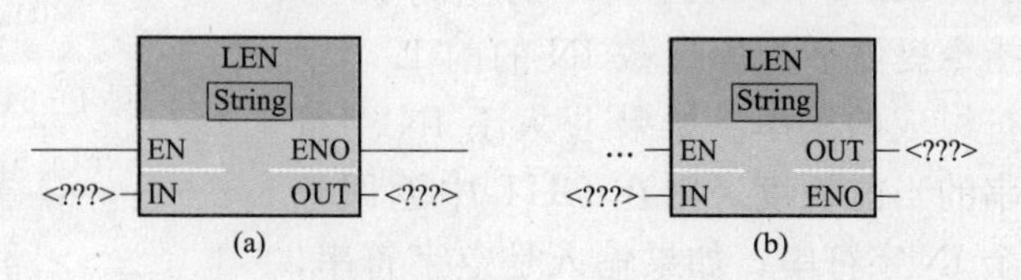

图 4-62 获取字符串长度指令 LEN

(a) LAD：获取字符串长度；(b) FBD：获取字符串长度

1. LEN 指令

在 LAD 和 FBD 编辑窗口下先后拖放 LEN 即可得到如图 4-62 所示的指令框。

LEN（获取字符串长度）指令在输出 OUT 端给出字符串 IN 的当前长度，空字符串的长度为零。LEN 指令的参数特性见表 4-50。

表 4-50　　LEN 指令的参数特性

参数	参数类型	数据类型	说明
IN	IN	String	输入字符串
OUT	OUT	UInt	IN 字符串的有效字符数

ENO 状态为 1 表示 IN 中“没有无效字符串”，OUT 中“字符串长度有效”。

2. CONCAT 指令

在 LAD 和 FBD 编辑窗口下拖放 CONCA 即可得到如图 4-63 所示的指令框。

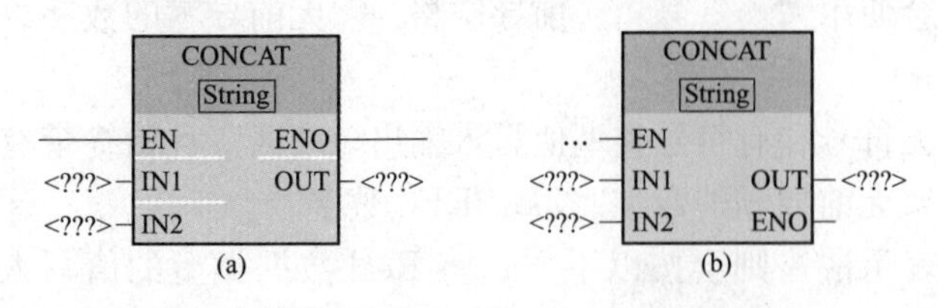

图 4-63　连接两个字符串指令 CONCAT

(a) LAD：连接两个字符串；(b) FBD：连接两个字符串

CONCAT（连接字符串）指令连接 String 参数 IN1 和 IN2 以形成一个在 OUT 端提供的字符串。连接后，字符串 IN1 是组合字符串的左侧部分而 IN2 是其右侧部分。CONCAT 指令的参数特性见表 4-51。

表 4-51　　CONCAT 指令的参数特性

参数	参数类型	数据类型	说明
IN1	IN	String	输入字符串 1
IN2	IN	String	输入字符串 2
OUT	OUT	String	组合字符串（字符串 1＋字符串 2）

ENO 状态若为 1 表示“未检测到错误”，OUT 里为“有效字符”；若为 0 表示“连接后的结果字符串比 OUT 字符串的最大长度长”，复制结果字符串字符直到达到 OUT 的最大长度为止。

3. LEFT 指令

在 LAD 和 FBD 编辑窗口下拖放 LEFT 即可得到如图 4-64 所示的指令框。

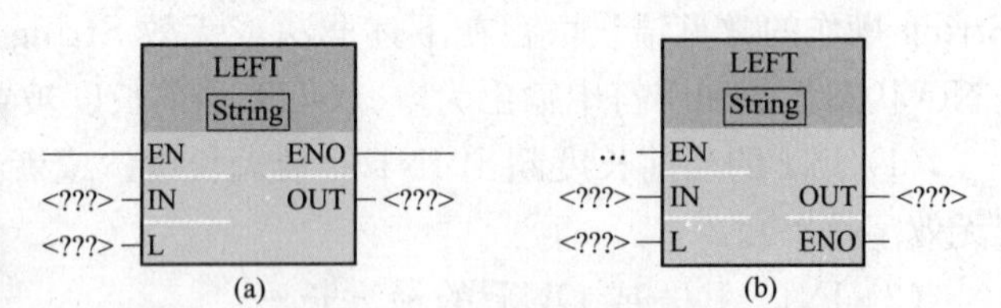

图 4-64　获取字符串的左侧子串指令 LEFT

(a) LAD：左侧子串；(b) FBD：左侧子串

LEFT（获取字符串的左侧子串）指令提供字符串参数 IN 的前 L 个字符组成的子串。如果 L 大于 IN 字符串的当前长度，则在 OUT 中返回整个 IN 字符串；如果输入是空字符串，则在 OUT 中返回空字符串。LEFT 指令的参数特性见表 4-52。

表 4-52　　LEFT 指令的参数特性

参数	参数类型	数据类型	说明
IN	IN	String	输入字符串
L	IN	Int	要使用 IN 字符串最左侧的 *L* 个字符创建的子串的长度
OUT	OUT	String	输出字符串

ENO状态为1表示“未检测到错误”，OUT里为“有效字符”；若为0表示：①“L小于或等于0”，OUT里“当前长度被置为0”；②“要复制的子串长度（L）比OUT字符串的最大长度长”，在OUT里“复制字符直到达到OUT的最大长度为止”。

4. RIGHT指令

在LAD和FBD编辑窗口下拖放 RIGHT 即可得到如图4－65所示的指令框。

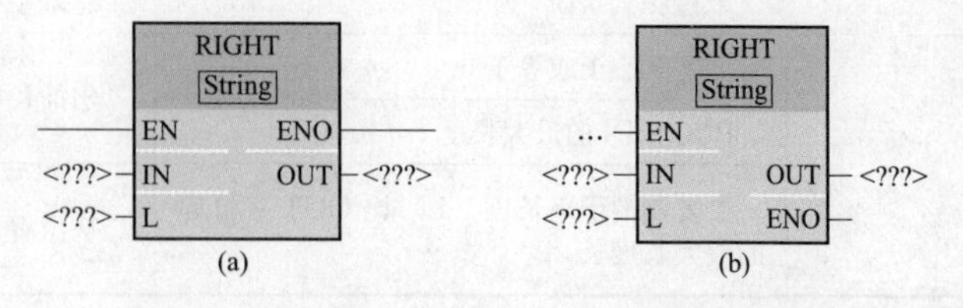

图4－65　获取字符串的右侧子串指令RIGHT

（a）LAD：右侧子串；（b）FBD：右侧子串

RIGHT（获取字符串的右侧子串）指令能提供字符串的最后*L*个字符。如果L大于IN字符串的当前长度，则在参数OUT中返回整个IN字符串；如果输入是空字符串，则在OUT中返回空字符串。RIGHT指令的参数特性见表4－53。

表4－53　RIGHT指令的参数特性

参数	参数类型	数据类型	说明
IN	IN	String	输入字符串
L	IN	Int	要使用IN字符串最右侧的*L*个字符创建的子串的长度
OUT	OUT	String	输出字符串

ENO状态若为1表示“未检测到错误”，OUT里为“有效字符”；若为0表示：①“L小于或等于0”，OUT里“当前长度被置为0”；②“要复制的子串长度（L）比OUT字符串的最大长度长”，OUT里“复制字符直到达到OUT的最大长度为止”。

5. MID指令

在LAD和FBD编辑窗口下拖放 MID 即可得到如图4－66所示的指令框。

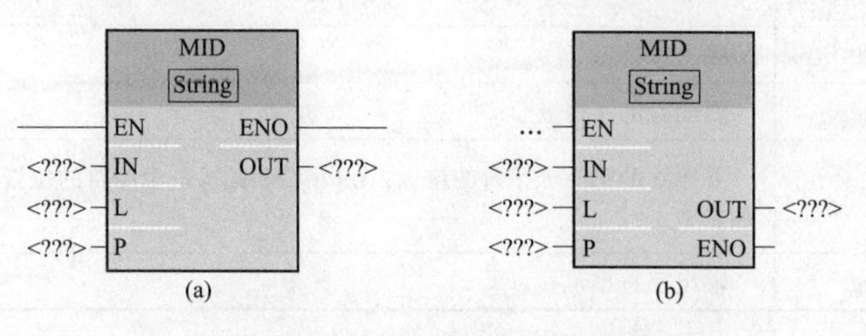

图4－66　获取字符串的中间子串指令MID

（a）LAD：中间子串；（b）FBD：中间子串

MID（获取字符串的中间子串）指令提供字符串的中间部分，中间子串为从字符位置P（包括该位置）开始的L个字符的长度。如果L和P的和超出String参数IN的当前长度，则返回从字符位置P开始并一直到IN字符串结尾的子串。MID指令的参数特性见表4－54。

表4－54　MID指令的参数特性

参数	参数类型	数据类型	说明
IN	IN	String	输入字符串
L	IN	Int	要使用IN字符串中从字符位置P开始的*L*个字符创建的子串的长度
P	IN	Int	要复制的第一个子串字符的位置：P=1表示IN字符串的初始字符位置
OUT	OUT	String	输出字符串

表 4－55 列出了 MID 指令的条件代码。

表 4－55　　MID 指令的条件代码

ENO	条件	OUT
1	未检测到错误	有效字符
0	L 或 P 小于或等于 0	当前长度被设置为 0
	P 大于 IN 的最大长度	
	要复制的子串长度（L）比 OUT 字符串的最大长度长	从位置 P 开始复制字符直到达到 OUT 的最大长度为止

6. DELETE 指令

在 LAD 和 FBD 编辑窗口下拖放 DELETE 即可得到如图 4－67 所示的指令框。

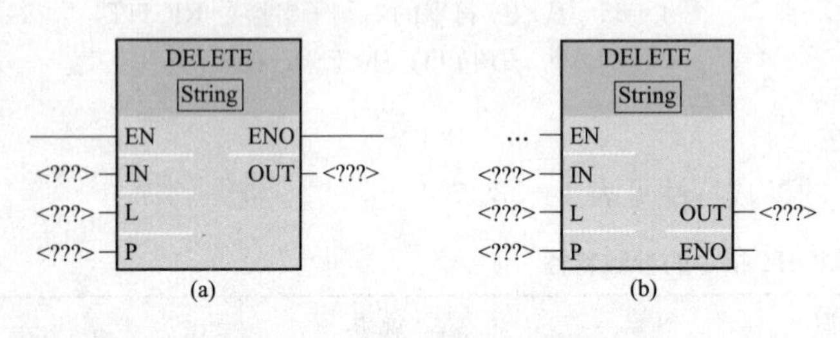

图 4－67　删除子串指令 DELETE
(a) LAD：删除子串；(b) FBD：删除子串

DELETE（从字符串中删除子串）指令从字符串 IN 删除 L 个字符，从字符位置 P（包括该位置）开始删除字符，并在参数 OUT 中提供剩余子串。如果 L 等于 0，则在 OUT 中返回输入字符串；如果 L 和 P 的和大于输入字符串的长度，则一直删除到该字符串的末尾。DELETE 指令的参数特性见表 4－56。

表 4－56　　DELETE 指令的参数特性

参数	参数类型	数据类型	说明
IN	IN	String	输入字符串
L	IN	Int	要删除的字符数
P	IN	Int	要删除的第一个字符的位置：IN 字符串的第一个字符的位置编号为 1
OUT	OUT	String	输出字符串

表 4－57 列出了 DELETE 指令的条件代码。

表 4－57　　DELETE 指令的条件代码

ENO	条件	OUT
1	未检测到错误	有效字符
0	P 大于 IN 的当前长度	将 IN 复制到 OUT 且不删除任何字符
	L 小于 0，或者 P 小于或等于 0	当前长度被置为 0
	删除字符后的结果字符串比 OUT 字符串的最大长度长	复制结果字符串字符直到达到 OUT 的最大长度为止

7. INSERT 指令

在 LAD 和 FBD 编辑窗口下拖放 INSERT 即可得到如图 4－68 所示的指令框。

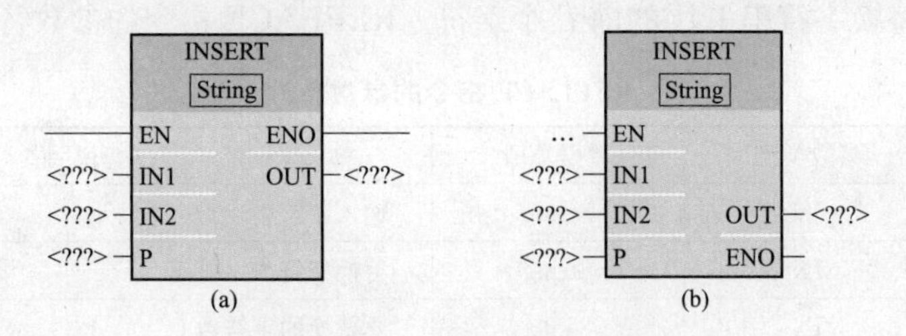

图 4-68 插入子串指令 INSERT

(a) LAD：插入子串；(b) FBD：插入子串

INSERT（在字符串中插入子串）指令将字符串 IN2 插入字符串 IN1 中，在位置 P 的字符后开始插入。INSERT 指令的参数特性见表 4-58。

表 4-58 INSERT 指令的参数特性

参数	参数类型	数据类型	说明
IN1	IN	String	输入字符串
IN2	IN	String	输入字符串
P	IN	Int	字符串 IN1 中字符串 IN2 插入点前的最后一个字符位置，字符串 IN1 的第一个字符的位置编号为 1
OUT	OUT	String	结果字符串

表 4-59 列出了 INSERT 指令的条件代码。

表 4-59 INSERT 指令的条件代码

ENO	条件	OUT
1	未检测到错误	有效字符
0	P 大于 IN1 的长度	IN2 紧接最后一个 IN1 字符，与 IN1 连接
	P 小于或等于 0	当前长度被设置为 0
	插入后的结果字符串比 OUT 字符串的最大长度长	复制结果字符串字符直到达到 OUT 的最大长度为止

8. REPLACE 指令

在 LAD 和 FBD 编辑窗口下拖放 REPLACE 即可得到如图 4-69 所示的指令框。

REPLACE（在字符串中替换子串）指令替换字符串参数 IN1 中的 *L* 个字符，使用字符串参数 IN2 中的替换字符，从字符串 IN1 的字符位置 P（包括该位置）开始替换。如果参数 L 等于 0，则在字符串 IN1 的位置 P 插入字符串 IN2 而不从字符串 IN1 删除任何字符；如果 P 等于 1，则使用

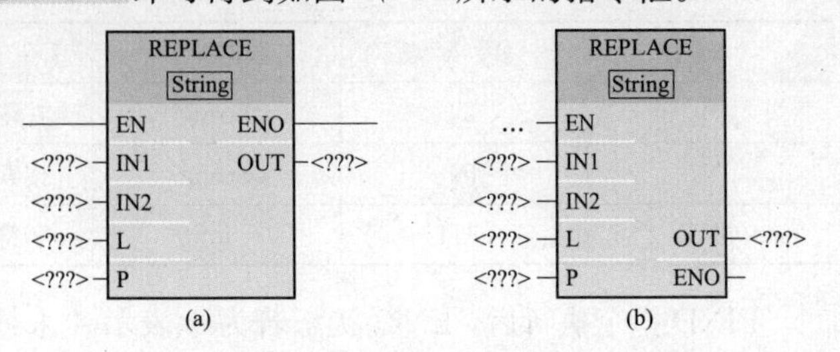

图 4-69 在字符串中替换子串指令 REPLACE

(a) LAD：替换子串；(b) FBD：替换子串

字符串 IN2 字符替换字符串 IN1 的前 L 个字符。REPLACE 指令的参数特性见表 4－60。

表 4－60　　REPLACE 指令的参数特性

参数	参数类型	数据类型	说明
IN1	IN	String	输入字符串
IN2	IN	String	替换字符的字符串
L	IN	Int	要替换的字符数
P	IN	Int	要替换的第一个字符的位置
OUT	OUT	String	结果字符串

表 4－61 列出了 REPLACE 指令的条件代码。

表 4－61　　REPLACE 指令的条件代码

ENO	条件	OUT
1	未检测到错误	有效字符
0	P 大于 IN1 的长度	IN2 紧接最后一个 IN1 字符，与 IN1 连接
	P 小于 IN1 的长度，但 IN1 中没有 L 个字符	IN2 从位置 P 开始替换 IN1 的后端字符
	L 小于 0，或者 P 小于或等于 0	当前长度被设置为 0
	替换后的结果字符串比 OUT 字符串的最大长度长	复制结果字符串字符直到达到 OUT 的最大长度为止

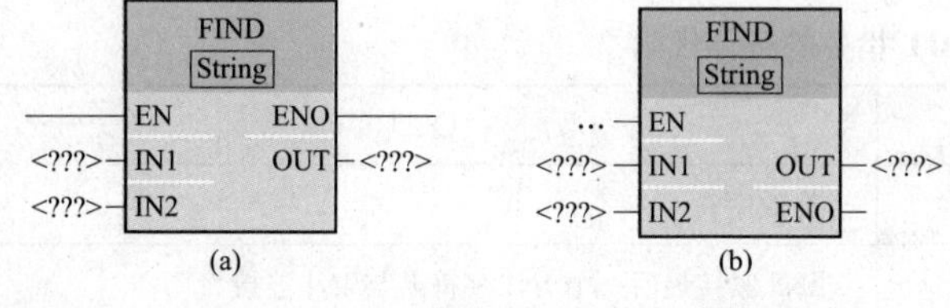

图 4－70　查找子串指令 FIND

(a) LAD：查找子串；(b) FBD：查找子串

9. FIND 指令

在 LAD 和 FBD 编辑窗口下拖放 FIND 即可得到如图 4－70 所示的指令框。

FIND（查找子串）指令提供通过 IN2 所指定子串或字符在字符串 IN1 中的字符位置，从左侧开始搜索，在 OUT 中返回 IN2 字符串第一次出现的字符位置。如果在字符串 IN1 中没有找到字符串 IN2，则返回 0。FIND 指令的参数特性见表 4－62。

表 4－62　　FIND 指令的参数特性

参数	参数类型	数据类型	说明
IN1	IN	String	在该字符串内搜索
IN2	IN	String	搜索该字符串
OUT	OUT	Int	字符串 IN1 中第一个搜索匹配项的字符位置

FIND 指令执行后，ENO 状态若为 1 表示“未检测到错误”，OUT 里为“有效字符位置”；若为 0 则表示“IN2 大于 IN1”，OUT 里“字符位置被设置为 0”。

4.9 扩展的程序控制指令和通信指令

4.9.1 扩展的程序控制指令

在“扩展指令”（Extended instructions）任务卡里展开 Program control 文件夹，即可见 RE_TRIGR “Restart CPU cycle monitoring”、STP “Put CPU in STOP mode”、GetError “Error handling within block with output of the entire error information”、GetErrorID “Error handling within block with output of the error ID”等指令的入口图标。

1. 重新触发扫描时间监视狗指令 RE_TRIGR

在 LAD 和 FBD 编辑窗口下拖放 RE_TRIGR 即可得到如图 4-71 所示的指令框。

RE_TRIGR（重新触发扫描时间监视狗）指令用于延长扫描循环监视狗定时器生成错误前允许的最大时间，RE_TRIGR 指令用于在单个扫描循环期间重新启动扫描循环定时器。结果是从最后一次执行 RE_TRIGR 功能开始，使允许的最大扫描周期延长一个最大循环时间段。

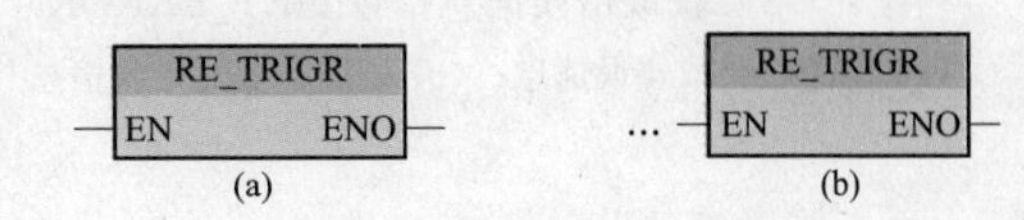

图 4-71 重新触发扫描时间监视狗指令 RE_TRIDR
(a) LAD：重新触发扫描时间监视狗；
(b) FBD：重新触发扫描时间监视狗

CPU 只允许将 RE_TRIGR 指令用于程序循环，如 OB1 和从该程序循环调用的功能。也就是说，如果从程序循环 OB 列表的任何 OB 调用 RE_TRIGR，都会复位监视狗定时器且 ENO=EN。如果从启动 OB、中断 OB 或错误 OB 执行 RE_TRIGR，则不会复位监视狗定时器且 ENO=FALSE。

(1) 设置 PLC 最大循环时间。利用设备配置中的 CPU 属性可以在 PLC 设备配置中为“循环时间”（Cycle time）设置（组态）最大扫描周期，该时间最小值为 1ms，最大值为 6000ms，默认值为 150ms。

(2) 监视狗超时。

如果最大扫描循环定时器在扫描循环完成前达到预置时间，则会生成错误。如果用户程序中包含错误处理代码块 OB80，则 PLC 将执行 OB80，用户可以在其中添加程序逻辑以创建具体响应。如果不包含 OB80，则忽略第一个超时条件。

如果在同一程序扫描中第二次发生最大扫描时间超时（2 倍的最大循环时间值），则触发错误导致 PLC 切换到 STOP 模式。在 STOP 模式下，用户程序停止执行而 PLC 系统通信和系统诊断仍继续执行。

2. 停止扫描循环指令 STP

在 LAD 和 FBD 编辑窗口下拖放 STP 即可得到如图 4-72 所示的指令框。

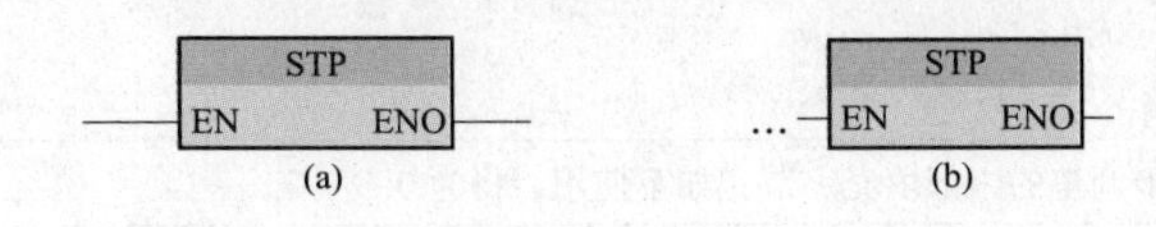

图 4-72 停止扫描指令 STP
(a) LAD：停止扫描循环；(b) FBD：停止扫描循环

STP（停止 PLC 扫描循环）指令将 PLC 置于 STOP 模式，CPU 从 RUN 切换到 STOP 后，CPU 将保留过程映像，并根据组态写入相应的数字和模拟输出值。PLC 处于 STOP 模式时，将停止程序执行及停止过程映像的物理更新。

如果 EN 为 TRUE，PLC 将进入 STOP 模式，程序执行停止并且 ENO 状态无意义，否则 EN＝ENO＝0。

3. 获取错误指令

获取错误指令提供有关程序块执行错误的信息，如果在代码块中添加了 GET_ERROR 或 GET_ERR_ID 指令，则可在程序块中处理程序错误。

(1) 获取错误信息指令 GET_ERROR。

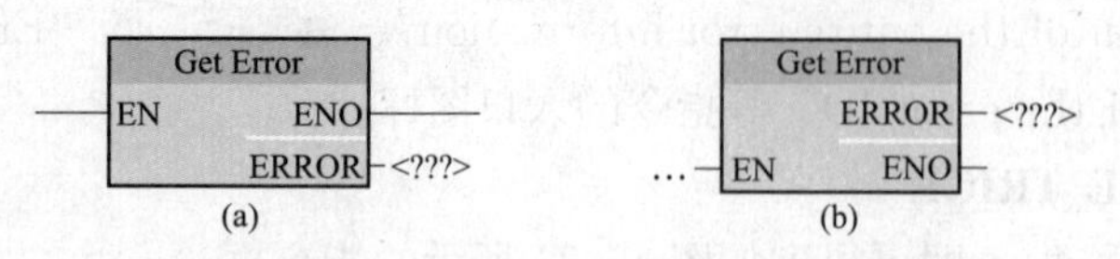

图 4－73 获取错误信息指令 GET_ERROR

(a) LAD：获取错误信息；(b) FBD：获取错误信息

在 LAD 和 FBD 编辑窗口下拖放 GetError 即可得到如图 4－73 所示的指令框。

GET_ERROR 指令提供有关程序块执行错误的信息，指示发生程序块执行错误并用详细错误信息填充预定义的错误数据结构。参数 ERROR 的数据类型是 ErrorStruct，可以重命名错误数据结构，但不能重命名结构中的成员。表 4－63 对 ErrorStruct 数据元素的特性进行了说明。

表 4－63 ErrorStruct 数据元素的特性

ErrorStruct 数据元素	数据类型	说明
ERROR_ID	Word	错误标识符
FLAGS	Byte	始终设置为 0
REACTION	Byte	对错误的响应：0＝忽略，不执行写入错误；1＝替换，0 用于输入值（读取错误）；2＝跳过该指令
BLOCK_TYPE	Byte	出错的块类型：1＝OB；2＝FC；3＝FB
PAD_0	Byte	用于调整的内部填充字节，将为 0
CODE_BLOCK_NUMBER	UInt	出错的块编号
ADDRESS	UDInt	出错指令的内部存储位置
MODE	Byte	如何解释剩余域以便 STEP 7 Basic 可以使用的内部映射
PAD_1	Byte	用于调整的内部填充字节；如不使用，将为 0
OPERAND_NUMBER	UInt	内部指令操作数编号
POINTER_NUMBER_LOCATION	UInt	(A) 内部指令指针位置
SLOT_NUMBER_SCOPE	UInt	(B) 内部存储器存储位置
AREA	Byte	(C) 出错时引用的存储区： L：16＃40－4E、86、87、8E、8F、C0－CE I：16＃81 Q：16＃82 M：16＃83 DB：16＃84、85、8A、8B
PAD_2	Byte	用于调整的内部填充字节；如不使用，将为 0
DB_NUMBER	UInt	(D) 发生数据块错误时引用的数据块，否则为 0
OFFSET	UDInt	(E) 出错时引用的位偏移量（如 12＝字节 1，位 4）

(2) 获取错误 ID 指令 GET_ERR_ID。

在 LAD 和 FBD 编辑窗口下拖放 GetErrorID 即可得如图 4-74 所示的指令框。

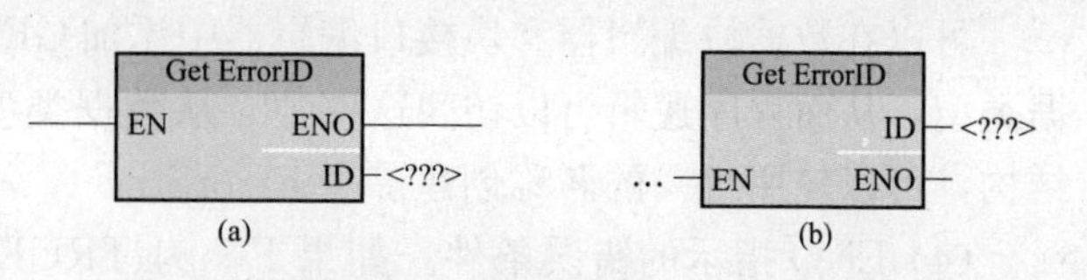

图 4-74 获取错误标识指令 GET_ERR_ID

(a) LAD：获取错误标识；(b) FBD：获取错误标识

GET_ERR_ID 指令提供有关程序块执行错误的信息，指示发生程序块执行错误并报告错误的 ID（标识符代码）。参数 ID 的数据类型是 Word，是 ErrorStruct 中 ERROR_ID 成员的错误标识符值。ERROR_ID 不同的值标识了程序块执行时出现了不同的错误，见表 4-64。

表 4-64 ERROR_ID 不同的值标识了程序块不同的错误

ERROR_ID 十六进制值	ERROR_ID 十进制值	程序块执行错误
2503	9475	未初始化指针错误
2522	9506	操作数超出范围读取错误
2523	9507	操作数超出范围写入错误
2524	9508	无效区域读取错误
2525	9509	无效区域写入错误
2528	9512	数据分配读取错误（位赋值不正确）
2529	9513	数据分配写入错误（位赋值不正确）
2530	9520	DB 受到写保护
253A	9530	全局 DB 不存在
253C	9532	版本错误或 FC 不存在
253D	9533	指令不存在
253E	9534	版本错误或 FB 不存在
253F	9535	指令不存在
2575	9589	程序嵌套深度错误
2576	9590	局部数据分配错误
2942	10562	物理输入点不存在
2943	10563	物理输出点不存在

(3) 操作。在默认情况下，CPU 通过将错误记录到诊断缓冲区并切换到 STOP 模式来响应块执行错误。但是，如果在代码块中放置一个或多个 GET_ERROR 或 GET_ERR_ID 指令，即将该块设置为在块内处理错误。在这种情况下，CPU 不会切换到 STOP 模式且不会在诊断缓冲区中记录错误。而是在 GET_ERROR 或 GET_ERR_ID 指令的输出中报告错误信息。可以使用 GET_ERROR 指令读取详细错误信息，或使用 GET_ERR_ID 指令只读取错误标识符。因为后续错误往往只是第一个错误的结果，所以第一个错误通常最重要。

在块内第一次执行 GET_ERROR 或 GET_ERR_ID 指令将返回块执行期间检测到的第一个错误。在块启动到执行 GET_ERROR 或 GET_ERR_ID 期间随时都可能发生该错误。随后执行 GET_ERROR 或 GET_ERR_ID 将返回上次执行 GET_ERROR 或 GET_ERR_ID 以来发生的第一个错误。不保存错误历史，执行任一指令都将使 PLC 系统重新捕捉下一个错误。

可以在数据块编辑器和块接口编辑器中添加 GET_ERROR 指令所使用的 ErrorStruct 数据类型，从而程序逻辑可以访问这些值。从数据类型下拉列表中选择 ErrorStruct 以添加该结构，可以使用唯一的名称创建多个 ErrorStruct，不能重命名 ErrorStruct 的成员。

(4) ENO 指示的错误条件。如果 EN 为 TRUE 且 GET_ERROR 或 GET_ERR_ID 执行，则：①ENO 为 TRUE 表示发生代码块执行错误并提供错误数据；②ENO 为 FALSE 表示未发生代码块执行错误。

可以将错误响应程序逻辑连接到在发生错误后激活的 ENO，如果存在错误，该输出参数会将错误数据存储在程序能够访问这些数据的位置。

GET_ERROR 和 GET_ERR_ID 可用来将错误信息从当前执行块（被调用块）发送到调用块。将该指令放置在被调用块程序的最后一个程序段中，可以报告被调用块的最终执行状态。

4.9.2 开放式以太网通信指令

在“Extended instructions”（扩展指令）任务卡里展开 Communications 文件夹，在“Open user communication”下面有 TSEND_C “Send data over ethernet”和 TRCV_C “Receive data over ethernet”指令的入口图标；再展开 Others 子文件夹，可见 TCON “Make an Ethernet connection”、TDISCON “Break an Ethernet connection”、TSEND “Send data over Ethernet（TCP)”、TRCV “Receive data over Ethernet（TCP)”等指令的入口图标。

1. 可自动连接/断开的开放式以太网通信（PROFINET 指令）

PROFINET 指令可自动连接/断开开放式以太网通信，由 TSEND_C 和 TRCV_C 组成。

处理 TSEND_C 和 TRCV_C 指令花费的时间量无法确定，要确保这些指令在每次扫描循环中都被处理，务必从主程序循环扫描中对其调用，如从程序循环 OB 中或从程序循环扫描中调用的代码块中对其调用。不要从硬件中断 OB、延时中断 OB、循环中断 OB、错误中断 OB 或启动 OB 调用这些指令。

PROFINET 指令（TSEND_C 和 TRCV_C）可用于传送可被中断的数据缓冲区，通过避免对程序循环 OB 和中断 OB 中的缓冲区进行任何读/写操作，可以确保数据缓冲区的数据一致性。

(1) TSEND_C 描述。在 LAD 和 FBD 编辑窗口下拖放 TSEND_C 即可得到如图 4-75 所示的指令框。TSEND_C 设置并建立连接后，CPU 会自动保持和监视该连接。TSEND_C 兼

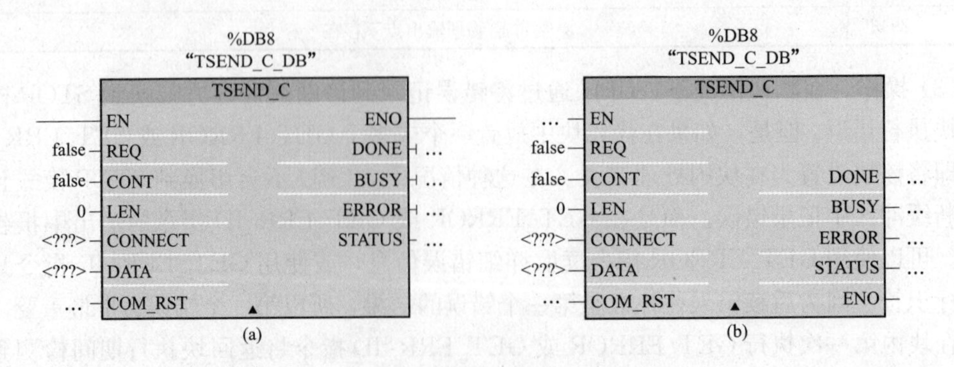

图 4-75 以太网发送数据指令 TSEND_C

(a) LAD：发送数据；(b) FBD：发送数据

具 TCON、TDISCON 和 TSEND 的功能。使用 TSEND_C 指令可以传送的最小数据单位是字节。

LEN 参数的默认设置（LEN＝0）使用 DATA 参数来确定要传送的数据的长度。确保 TSEND_C 指令传送的 DATA 的大小与 TRCV_C 指令的 DATA 参数的大小相同。

下列功能说明了 TSEND_C 指令的操作：①若要建立连接，应在 CONT＝1 时执行 TSEND_C；②成功建立连接后，TSEND_C 便会置位 DONE 参数一个周期；③若要终止通信连接，则在 CONT＝0 时执行 TSEND_C，随后连接将立即中止，这还会影响接收站，将在接收站关闭该连接，并且接收缓冲区内的数据可能会丢失；④若要通过建立的连接发送数据，则在 REQ 的上升沿执行 TSEND_C，发送操作成功执行后，TSEND_C 便会设置 DONE 参数一个周期；⑤若要建立连接并发送数据，应在 CONT=1 且 REQ=1 时执行 TSEND_C，发送操作成功执行后，TSEND_C 便会置位 DONE 参数一个周期。

（2）TRCV_C 描述。在 LAD 和 FBD 编辑窗口下拖放 TRCV_C 即可得到如图 4－76 所示的指令框。

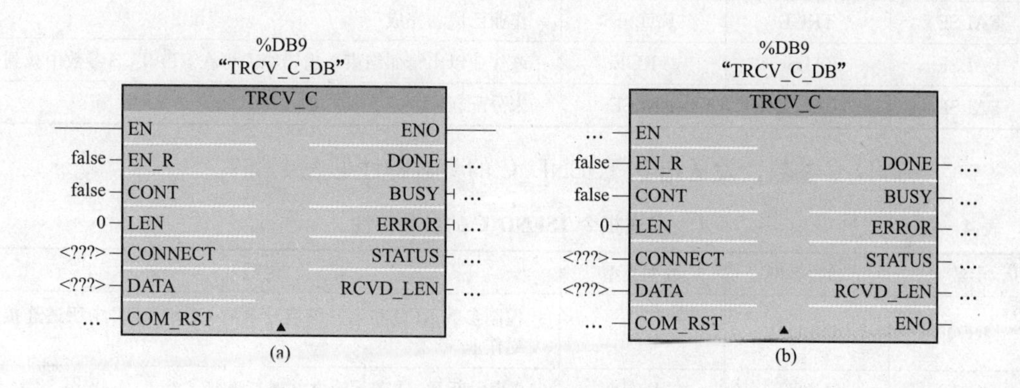

图 4－76　以太网接收数据指令 TRCV_C
(a) LAD：接收数据；(b) FBD：接收数据

TRCV_C 可与伙伴 CPU 建立 TCP 或 ISO-on-TCP 通信连接，接收数据并且可以终止该连接，设置并建立连接后，CPU 会自动保持和监视该连接。TRCV_C 指令兼具 TCON、TDISCON 和 TRCV 指令的功能，使用 TRCV_C 指令可以接收的最小数据单位是字节，TRCV_C 指令不支持传送布尔数据或布尔数组。

LEN 参数的默认设置（LEN＝0）使用 DATA 参数来确定要传送的数据的长度，确保 TSEND_C 指令传送的 DATA 的大小与 TRCV_C 指令的 DATA 参数的大小相同。

下列功能说明了 TRCV_C 指令的操作：①若要建立连接，应在参数 CONT＝1 时执行 TRCV_C；②若要接收数据，则在参数 EN_R＝1 时执行 TRCV_C，参数 EN_R＝1 且 CONT＝1 时 TRCV_C 连续接收数据；③若要终止连接，则在参数 CONT=0 时执行 TRCV_C，连接将立即中止且数据可能丢失。

（3）接收模式。TRCV_C 处理与 TRCV 指令相同的接收模式，表 4－65 列出了在接收区输入数据的方法。

表 4-65　　接收区输入数据的方法

协议选项	在接收区输入数据	参数"connection_type"
TCP	指定长度的数据接收	B#16#11
ISO-on-TCP	协议控制	B#16#12

由于 TSEND_C 采用异步处理，所以在 DONE 参数值或 ERROR 参数值为 TRUE 前，必须保持发送方区域中的数据一致。对于 TSEND_C，DONE 参数状态为 TRUE 表示数据成功发送，但并不表示连接伙伴 CPU 实际读取了接收缓冲区。

由于 TRCV_C 采用异步处理，因此仅当参数 DONE=1 时，接收器区域中的数据才一致。

表 4-66 列出了参数 BUSY、DONE 和 ERROR 之间的关系。

表 4-66　　参数 BUSY、DONE 和 ERROR 之间的关系

BUSY	DONE	ERROR	说明
TRUE	不相关	不相关	作业正在处理
FALSE	TRUE	FALSE	作业已成功完成
FALSE	FALSE	TRUE	该作业以出错而结束，出错原因可在 STATUS 参数中找到
FALSE	FALSE	FALSE	未分配新作业

（4）TSEND_C 参数。发送指令 TSEND_C 的参数特性见表 4-67。

表 4-67　　发送指令 TSEND_C 的参数特性

参数	参数类型	数据类型	说明
REQ	INPUT	Bool	控制参数 REQ 在上升沿启动具有 CONNECT 中所述连接的发送作业
CONT	INPUT	Bool	0 表示断开；1 表示建立并保持连接
LEN	INPUT	Int	要发送的最大字节数（默认值=0，这表示 DATA 参数决定要发送的数据的长度）
CONNECT	IN_OUT	TCON_Param	指向连接描述的指针
DATA	IN_OUT	Variant	发送区包含要发送数据的地址和长度
COM_RST	IN_OUT	Bool	1 表示完成功能块的重新启动，现有连接将终止
DONE	OUTPUT	Bool	0 表示作业尚未开始或仍在运行；1 表示无错执行作业
BUSY	OUTPUT	Bool	0 表示作业完成；1 表示作业尚未完成，无法触发新作业
ERROR	OUTPUT	Bool	1 表示处理时出错，STATUS 提供错误类型的详细信息
STATUS	OUTPUT	Word	错误信息

（5）TRCV_C 参数。接收指令 TRCV_C 的参数特性见表 4-68。

表 4-68　　接收指令 TRCV_C 的参数特性

参数	参数类型	数据类型	说明
EN_R	IN	Bool	启用接收的控制参数：EN_R=1 时，TRCV_C 准备接收，处理接收作业
CONT	IN	Bool	控制参数 CONT：0 为断开；1 为建立并保持连接

续表

参数	参数类型	数据类型	说明
LEN	IN	Int	接收区长度（字节；默认值=0，这表示 DATA 参数决定要发送的数据的长度）
CONNECT	IN_OUT	TCON_Param	指向连接描述的指针
DATA	IN_OUT	Variant	接收区包含接收数据的起始地址和最大长度
COM_RST	IN_OUT	Bool	1 表示完成功能块的重新启动，现有连接将终止
DONE	OUT	Bool	0 表示作业尚未开始或仍在运行；1 表示无错执行作业
BUSY	OUT	Bool	0 表示作业完成；1 表示作业尚未完成，无法触发新作业
ERROR	OUT	Bool	1 表示处理时出错，STATUS 提供错误类型的详细信息
STATUS	OUT	Word	错误信息
RCVD_LEN	OUT	Int	实际接收到的数据量（字节）

（6）参数 Error 和 Status。参数 Error 和 Status 的特性见表 4－69。

表 4－69　参数 Error 和 Status 的特性

ERROR	STATUS（W＃16＃…）	说明
0	0000	作业已无错执行
	7000	无激活的作业处理
	7001	启动作业处理，正在建立连接，正在等待连接伙伴
	7002	正在发送或接收数据
	7003	正终止连接
	7004	连接已建立并受到监视，无激活的作业处理
1	8085	LEN 参数的值比最大的允许值大
	8086	CONNECT 参数超出允许范围
	8087	已达到最大连接数；无法建立更多连接
	8088	LEN 参数大于 DATA 中指定的存储区；接收存储区过小
	8089	参数 CONNECT 未指向数据块
	8091	超出最大嵌套深度
	809A	CONNECT 参数指向的域与连接描述的长度不匹配
	809B	连接描述中的 local_device_id 与 CPU 的不匹配
	80A1	通信错误：①尚未建立指定的连接；②当前正在终止指定的连接，无法通过该连接传输；③正在重新初始化接口
	80A3	正在尝试终止不存在的连接
	80A4	远程伙伴连接的 IP 地址无效，如远程伙伴的 IP 地址与本地伙伴的 IP 地址相同
	80A7	通信错误：在 TCON 完成前调用了 TDISCON（TDISCON 必须先完全终止 ID 引用的连接）
	80B2	参数 CONNECT 指向使用关键字 UNLINKED 生成的数据块
	80B3	不一致的参数：①连接描述错误；②本地端口（参数 local_tsap_id）已在另一个连接描述中存在；③连接描述中的 ID 与作为参数指定的 ID 不同

续表

ERROR	STATUS（W#16#…）	说明
1	80B4	使用ISO-on-TCP（connection_type=B#16#12）建立被动连接时，条件代码80B4提示输入的TSAP不符合下列某一项地址要求：①若是本地TSAP长度为2个字节且首字节的TSAP ID值为E0或E1（十六进制），第二字节必须为00或01；②如果本地TSAP长度为3个或更多字节，且首字节的TSAP ID值为E0或E1（十六进制），则第二字节必须为00或01，且所有其他字节必须为有效的ASCII字符；③如果本地TSAP长度为3个或更多字节，且首字节的TSAP ID值既不为E0也不为E1（十六进制），则TSAP ID的所有字节都必须为有效的ASCII字符。有效ASCII字符的字节值为20到7E（十六进制）
	80C3	所有连接资源都在使用
	80C4	临时通信错误：①此时无法建立连接；②接口正在接收新参数；③TDISCON当前正在删除已组态连接
	8722	CONNECT参数：源区域无效，DB中不存在该区域
	873A	CONNECT参数：无法访问连接描述（如DB不可用）
	877F	CONNECT参数：内部错误，如无效ANY引用

2. 具有连接/断开控制的开放式以太网通信

处理TCON、TDISCON、TSEND和TRCV指令花费的时间量也无法确定，要确保这些指令在每次扫描循环中都被处理，务必从主程序循环扫描中对其调用，如从程序循环OB中或从程序循环扫描中调用的代码块中对其调用。不要从硬件中断OB、延时中断OB、循环中断OB、错误中断OB或启动OB调用这些指令。

(1) 使用TCP和ISO-on-TCP协议的以太网通信。使用TCP和ISO-on-TCP协议的以太网通信由以下这些程序指令控制通信过程：①TCON建立连接；②TSEND和TRCV发送和接收数据；③TDISCON断开连接。

使用TSEND和TRCV指令可以传送或接收的最小数据单位是字节，TRCV指令不支持传送布尔数据或布尔数组。

LEN参数的默认设置（LEN=0）使用DATA参数来确定要传送的数据的长度，确保TSEND指令传送的DATA的大小与TRCV指令的DATA参数的大小相同。

两个通信伙伴都执行TCON指令来设置和建立通信连接，用户使用参数指定主动和被动通信端点伙伴。设置并建立连接后，CPU会自动保持和监视该连接。如果连接由于断线或远程通信伙伴而终止，主动伙伴会尝试重新建立组态的连接，不必再次执行TCON。

执行TDISCON指令或CPU进入STOP模式后，会终止现有连接并删除所设置的连接。要设置和重新建立连接，必须再次执行TCON。

(2) 功能说明。TCON、TDISCON、TSEND和TRCV异步运行，即作业处理需要使用多个指令执行来完成。例如，在参数REQ=1时执行指令TCON来启动用于设置和建立连接的作业，然后再执行TCON来监视作业进度并使用参数DONE来测试作业是否已完成。

(3) TCON指令。在LAD和FBD编辑窗口下拖放■ TCON即可得到如图4-77所示的指令框。

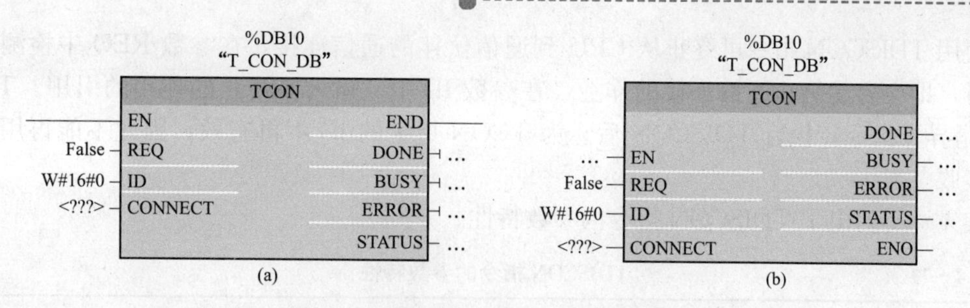

图 4－77 建立连接指令 TCON 函数块

(a) LAD：建立连接；(b) FBD：建立连接

使用 TCON 指令可设置并建立 TCP 和 ISO-on-TCP 的通信连接。设置并建立连接后，CPU 会自动保持和监视该连接。TCON 是异步指令，将使用为参数 CONNECT 和 ID 指定的连接数据来设置通信连接，要建立该链接，必须在参数 REQ 中检测到上升沿。如果成功建立连接，参数 DONE 将设置为“1”。

表 4－70 列出了 TCON 指令的参数特性。

表 4－70 TCON 指令的参数特性

参数	参数类型	数据类型	说明
REQ	IN	Bool	控制参数 REQUEST 启动用于建立连接的作业，该连接是通过 ID 指定的，在上升沿启动该作业
ID	IN	CONN_OUC (Word)	引用要建立的、连接到远程伙伴或在用户程序和操作系统通信层之间的连接，标识号必须与本地连接描述中的相关参数标识号相同，值范围：W＃16＃0001～W＃16＃0FFF
CONNECT	IN_OUT	TCON_Param	指向连接描述的指针
DONE	OUT	Bool	状态参数 DONE：0 表示作业尚未启动或仍在运行；1 表示作业已无错执行
BUSY	OUT	Bool	BUSY＝1 表示作业尚未完成；BUSY＝0 表示作业已完成
ERROR	OUT	Bool	状态参数 ERROR：1 表示作业处理期间出错
STATUS	OUT	Word	状态参数 STATUS 提供错误类型的详细信息

(4) TDISCON 指令。在 LAD 和 FBD 编辑窗口下拖放 TDISCON 即可得到如图 4－78 所示的指令框。

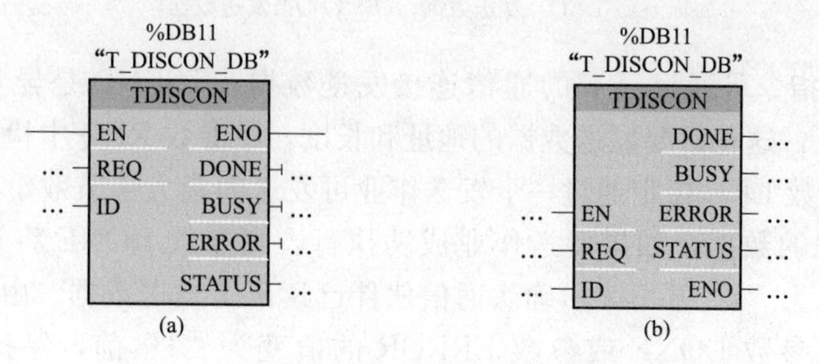

图 4－78 终止连接指令 TDISCON 函数块

(a) LAD：终止连接；(b) FBD：终止连接

使用 TDISCON 指令可终止从 CPU 到通信伙伴的通信连接，在参数 REQ 中检测到上升沿时，即会启动终止通信连接的作业，在参数 ID 中，输入要终止的连接的引用。TDISCON 是异步指令，执行 TDISCON 后，为 TCON 指定的 ID 不再有效，因此不能再用于发送或接收。

表 4-71 列出了 TDISCON 指令的参数特性。

表 4-71　　TDISCON 指令的参数特性

参数	参数类型	数据类型	说明
REQ	IN	Bool	控制参数 REQUEST 启动用于建立连接的作业，该连接是通过 ID 指定的，在上升沿启动该作业
ID	IN	CONN_OUC (Word)	引用要终止的、连接到远程伙伴或在用户程序和操作系统通信层之间的连接。标识号必须与本地连接描述中的相关参数标识号相同，值范围：W＃16＃0001～W＃16＃0FFF
DONE	OUT	Bool	状态参数 DONE：①0 表示作业尚未启动或仍在运行；②1 表示 作业已无错执行
BUSY	OUT	Bool	BUSY＝1 表示作业尚未完成；BUSY＝0 表示作业已完成
ERROR	OUT	Bool	ERROR＝1 表示处理时出错
STATUS	OUT	Word	错误代码

（5）TSEND 指令。在 LAD 和 FBD 编辑窗口下拖放 TSEND 即可得到如图 4-79 所示的指令框。

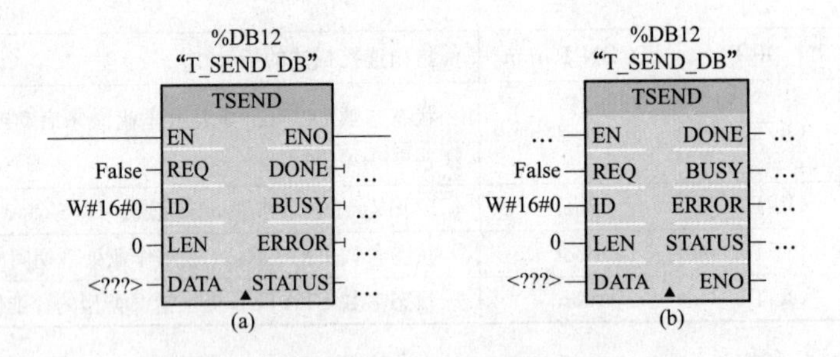

图 4-79　发送数据指令 TSEND 函数块

(a) LAD：发送数据；(b) FBD：发送数据

使用 TSEND 指令可通过已有的通信连接发送数据，TSEND 是异步指令，使用参数 DATA 指定发送区，这包括要发送数据的地址和长度，在参数 REQ 中检测到上升沿时执行发送作业。使用参数 LEN 指定通过一个发送作业可发送的最大字节数，在发送作业完成前不允许编辑要发送的数据，如果发送作业成功执行，则参数 DONE 将设置为"1"，参数 DONE 的信号状态为"1"并不表示确认通信伙伴已读出了发送数据。由于 TSEND 是异步指令，所以需要在参数 DONE 或参数 ERROR 的值变为"1"前，保持发送区中的数据一致。

表 4-72 列出了 TSEND 指令的参数特性。

表 4-72　　　　TSEND 指令的参数特性

参数	参数类型	数据类型	说明
REQ	IN	Bool	控制参数 REQUEST 在上升沿启动发送作业，传送通过 LEN 和 DATA 指定的区域中的数据
ID	IN	CONN_OUC (Word)	引用相关的连接，标识号必须与本地连接描述中的相关参数标识号相同，值范围：W＃16＃0001～W＃16＃0FFF
LEN	IN	Int	要通过作业发送的最大字节数
DATA	IN_OUT	Variant	指向要发送数据区的指针：发送方区域；包含地址和长度。地址将参考：①过程映像输入表；②过程映像输出表；③位存储器；④数据块
DONE	OUT	Bool	状态参数 DONE：0 表示作业尚未开始或仍在运行；1 表示无错执行作业。
BUSY	OUT	Bool	BUSY＝1 表示作业尚未完成，无法触发新作业；BUSY＝0 表示作业已完成
ERROR	OUT	Bool	状态参数 ERROR ＝1 表示处理时出错
STATUS	OUT	Word	状态参数 STATUS 提供有关错误类型的详细信息

（6）TRCV 指令。在 LAD 和 FBD 编辑窗口下拖放 TRCV 即可得到如图 4-80 所示的指令框。

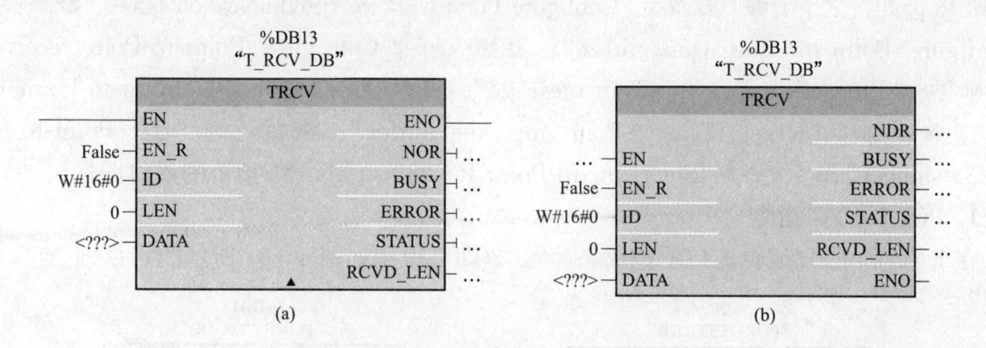

图 4-80　接收数据指令 TRCV 函数块

(a) LAD：接收数据；(b) FBD：接收数据

使用 TRCV 指令可通过已有的通信连接接收数据，当参数 EN_R 的值设置为“1”时，启用数据接收，接收到的数据将输入到接收区。根据所用的协议选项，通过参数 LEN 指定接收区长度（如果 LEN<>0），或者通过参数 DATA 的长度信息来指定（如果 LEN＝0）。成功接收数据后，参数 NDR 的值设置为“1”，可在参数 RCVD_LEN 中查询实际接收的数据量。由于 TRCV 是异步指令，因此仅当参数 NDR 的值设置为“1”时，接收区中的数据才一致。

表 4-73 列出了 TRCV 指令的参数特性。

表 4-73　　　　TRCV 指令的参数特性

参数	参数类型	数据类型	说明
EN_R	IN	Bool	启用接收的控制参数：EN_R＝1 时，TRCV 准备接收，正在处理接收作业

续表

参数	参数类型	数据类型	说明
ID	IN	CONN_OUC (Word)	引用相关的连接，标识号必须与本地连接描述中的相关参数标识号相同，值范围：W＃16＃0001～W＃16＃0FFF
LEN	IN	Int	接收区长度（字节）（默认值=0，这表示DATA参数决定要接收的数据的长度）
DATA	IN_OUT	Variant	指向接收数据的指针：包含地址和长度的接收区。地址将参考：①过程映像输入表；②过程映像输出表；③位存储器；④数据块
NDR	OUT	Bool	状态参数NDR：NDR=0表示作业尚未开始或仍在运行；NDR=1表示作业已成功完成
BUSY	OUT	Bool	BUSY=1表示作业尚未完成，无法触发新作业；BUSY=0表示作业已完成
ERROR	OUT	Bool	状态参数ERROR=1表示处理时出错
STATUS	OUT	Word	状态参数STATUS提供错误类型的详细信息
RCVD_LEN	OUT	Int	实际接收到的数据量（字节）

4.9.3 点对点通信指令

在“Extended instructions”（扩展指令）任务卡里展开 Communications 文件夹，可见“Point to point”之下有 PORT_CFG “Configure Point-to-Point communication port”、SEND_CFG “Configure Point-to-Point transmitter”、RCV_CFG “Configure Point-to-Poin receiver”、SEND_PTP “Transmit a Point-to-Poin message”、RCV_PTP “Receive a Point-to-Point message”、RCV_RST “Reset Point-to-Point message buffer”、SGN_GET “Get Point-to-Point RS-232 signls”、SGN_SET “Set Point-to-Point RS-232 signls”等指令的入口图标。

1. PORT_CFG 指令

在LAD和FBD编辑窗口下拖放 PORT_CFG 即可得到如图4-81所示的指令框。

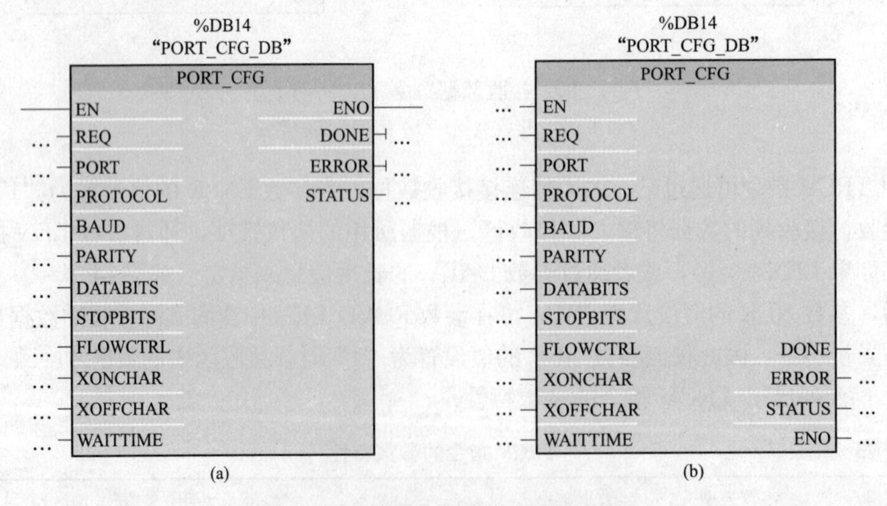

图4-81 端口组态指令PORT_CFG

(a) LAD：端口组态；(b) FBD：端口组态

使用PORT_CFG（端口组态）指令可以通过用户程序更改端口参数，如波特率等参数。可以在设备配置属性中设置端口的初始静态组态，或者仅使用默认值，可以在用户程序中执行PORT_CFG指令来更改该组态。PORT_CFG组态更改不会永久存储在CPU中，CPU从RUN模式切换到STOP模式和循环上电后将恢复设备配置中组态的参数。

PORT_CFG指令的参数特性见表4－74。

表4－74　PORT_CFG指令的参数特性

参数	参数类型	数据类型	说明
REQ	IN	Bool	在该输入的上升沿激活组态更改
PORT	IN	PORT	通信端口标识符：该逻辑地址是一个可在默认变量表的“常量”（Constants）选项卡内引用的常量
PROTOCOL	IN	UInt	0表示点对点通信协议；1～n表示用于在将来定义特定的协议
BAUD	IN	UInt	端口波特率：1—300Bd，2—600Bd，3—1200Bd，4—2400Bd，5—4800Bd，6—9600Bd，7—19 200Bd，8—38 400Bd，9—57 600Bd，10—76 800Bd，11—115 200Bd
PARITY	IN	UInt	端口奇偶校验：1—无奇偶校验，2—偶校验，3—奇校验，4—传号校验，5—空号校验
DATABITS	IN	UInt	每个字符的位数：1—8个数据位，2—7个数据位
STOPBITS	IN	UInt	停止位：1—1个停止位，2—2个停止位
FLOWCTRL	IN	UInt	流控制：1—无流控制，2—XON/XOFF，3—硬件RTS始终激活，4—硬件RTS切换
XONCHAR	IN	Char	指定用作XON字符的字符，这通常是DC1字符（11H）。只有启用流控制时，才会评估该参数
XOFFCHAR	IN	Char	指定用作XOFF字符的字符，这通常是DC3字符（13H）。只有启用流控制时，才会评估该参数
XWAITIME	IN	UInt	指定在接收XOFF字符后等待XON字符的时间，或者指定在启用RTC后等待CTS信号的时间（0～65 535ms）。只有启用流控制时，才会评估该参数
DONE	OUT	Bool	上一请求已完成且没有出错后，保持为TRUE一个扫描周期时间
ERROR	OUT	Bool	上一请求已完成但出现错误后，保持为TRUE一个扫描周期时间
STATUS	OUT	Word	执行条件代码

状态参数STATUS（W＃16＃…）的值为80A0时表示特定协议不存在；为80A1时表示特定波特率不存在；为80A2时表示特定奇偶校验选项不存在；为80A3时表示特定数据位数不存在；为80A4时表示特定停止位数不存在；为80A5时表示特定流控制类型不存在；为80A6时表示等待时间为0且流控制启用；为80A7时表示XON和XOFF是非法值。

2. SEND_CFG指令

在LAD和FBD编辑窗口下拖放 SEND_CFG 即可得到如图4－82所示的指令框。

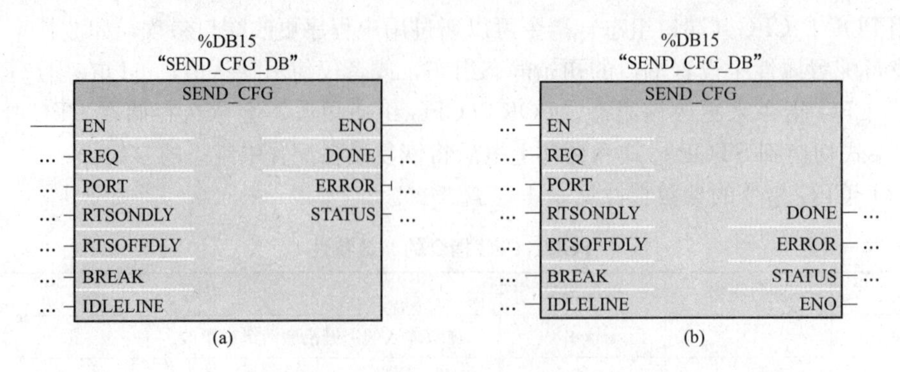

图 4-82　发送组态指令 SEND_CFG
(a) LAD：发送组态；(b) FBD：发送组态

SEND_CFG（发送组态）指令可用于动态组态点对点通信端口的串行传输参数，一旦执行 SEND_CFG 指令，便会放弃通信模块（CM）内所有排队的消息。

可以在设备配置属性中设置端口的初始静态组态，或者仅使用默认值，可以在用户程序中执行 SEND_CFG 指令来更改该组态。SEND_CFG 组态变化不会永久存储在 PLC 中，CPU 从 RUN 模式切换到 STOP 模式和循环上电后将恢复设备配置中组态的参数。

SEND_CFG 指令的参数特性见表 4-75。

表 4-75　SEND_CFG 指令的参数特性

参数	参数类型	数据类型	说明
REQ	IN	Bool	在该输入的上升沿激活组态更改
PORT	IN	PORT	通信端口标识符：该逻辑地址是一个可在默认变量表的“常量”（Constants）选项卡内引用的常量
RTSONDLY	IN	UInt	启用 RTS 后执行任何 Tx 数据传输前要等待的毫秒数：只有启用硬件流控制时，该参数才有效。0～65 535ms；0 将禁用该功能
RTSOFFDLY	IN	UInt	执行 Tx 数据传输后禁用 RTS 前要等待的毫秒数：只有启用硬件流控制时，该参数才有效。0～65 535ms；0 将禁用该功能
BREAK	IN	UInt	该参数指定在各消息开始时将发送指定位时间的中断。最大值是 65 535 个位的时间。0 将禁用该功能；最多 8s
IDLELINE	IN	UInt	该参数指定在各消息开始前线路将保持空闲指定的位时间。最大值是 65 535 个位的时间。0 将禁用该功能；最多 8s
DONE	OUT	Bool	上一请求已完成且没有出错后，保持为 TRUE 一个扫描周期时间
ERROR	OUT	Bool	上一请求已完成但出现错误后，保持为 TRUE 一个扫描周期时间
STATUS	OUT	Word	执行条件代码

状态参数 STATUS（W#16#…）的值为 80B0 时表示不允许传送中断组态；为 80B1 时表示中断时间大于允许值（2500 个位的时间）；为 80B2 时表示空闲时间大于允许值（2500 个位的时间）。

3. RCV_CFG 指令

在 LAD 和 FBD 编辑窗口下拖放 RCV_CFG 即可得到如图 4-83 所示的指令框。

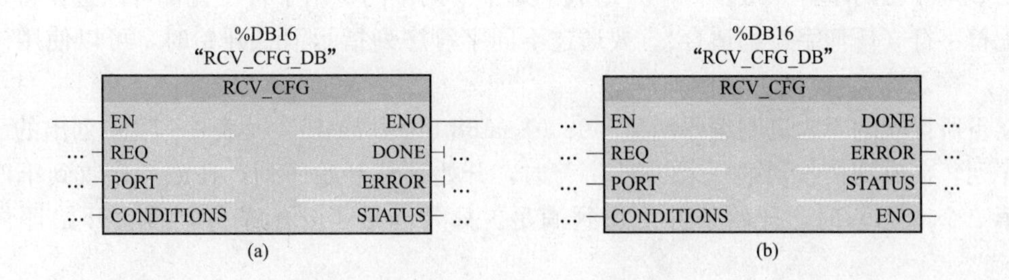

图 4-83 接收组态指令 RCV_CFG
(a) LAD：接收组态；(b) FBD：接收组态

RCV_CFG（接收组态）指令用于动态组态点对点通信端口的串行接收方参数，该指令可组态表示接收消息开始和结束的条件。执行 RCV_CFG 指令时，将放弃 CM 内所有排队的消息。

可以在设备配置属性中设置 CM 端口的初始静态组态，或者仅使用默认值，可以在用户程序中执行 RCV_CFG 指令来更改该组态。RCV_CFG 组态变化不会永久存储在 PLC 中，CPU 从 RUN 模式切换到 STOP 模式和循环上电后将恢复设备配置中组态的参数。

RCV_CFG 指令的参数特性见表 4-76。

表 4-76 **RCV_CFG 指令的参数特性**

参数	参数类型	数据类型	说明
REQ	IN	Bool	在该输入的上升沿激活组态更改
PORT	IN	PORT	通信端口标识符：该逻辑地址是一个可在默认变量表的“常量”(Constants) 选项卡内引用的常量
CONDITIONS	IN	CONDITIONS	条件数据结构指定消息开始和结束条件（后文介绍这些条件）
DONE	OUT	Bool	上一请求已完成且没有出错后，保持为 TRUE 一个扫描周期时间
ERROR	OUT	Bool	上一请求已完成但出现错误后，保持为 TRUE 一个扫描周期时间
STATUS	OUT	Word	执行条件代码

(1) 作为 RCV_PTP 指令的开始条件。RCV_PTP 指令使用 RCV_CFG 指令指定的组态来确定点对点通信消息的开始和结束，消息开始由开始条件确定，消息开始可以由一个开始条件或开始条件的组合来确定。如果指定多个开始条件，则只有满足所有条件后才能使消息开始，可能的开始条件有：

1)“开始字符”指定在成功接收到特定字符时开始消息传输，该字符将是消息中的第一个字符，在该特定字符前接到的任何字符都将被丢弃。

2)“任意字符”指定成功接收的任何字符都将导致消息开始，该字符将是消息中的第一个字符。

3)“线路中断”指定应在接收中断字符后开始消息接收操作。

4)“线路空闲”指定在接收线路空闲或平静了指定位时间后开始消息接收操作，一旦出现该条件，就会导致消息开始。

5)“可变序列”指定用户可以构造字符序列数（最多4个）可变的开始条件，这些字符序列由数量可变的字符（最多5个）组成。每个序列中的每个字符位置都可以选作特定字符或通配符字符（任何字符都适合）。要通过不同字符序列指示消息开始时，可以使用该开始条件。

以下所接收的十六进制编码消息“68 10 aa 68 bb 10 aa 16”及表4-77中列出的已组态开始序列，在成功接收到第一个68H字符时，开始评估开始序列。在成功接收到第四个字符（第二个68H）时，开始条件1得到满足。只要满足了开始条件，就会开始评估结束条件。

表4-77　已组态开始序列

开始条件	第一个字符	第一个字符+1	第一个字符+2	第一个字符+3	第一个字符+4
1	68H	xx	xx	68H	xx
2	10H	aaH	xx	xx	xx
3	dcH	aaH	xx	xx	xx
4	e5H	xx	xx	xx	xx

开始序列处理会因各种奇偶校验、成帧或字符间时间错误而终止，由于不再满足开始条件，因而这些错误将导致不会有接收消息。

(2) 作为RCV_PTP指令的结束条件。消息结束由指定的结束条件确定。消息结束由第一次出现的一个或多个已组态结束条件来确定。可能的消息结束条件有：

1)“响应超时”指定应在RCVTIME指定的时间内成功接收到的响应字符。只要传送成功完成且模块开始接收操作，定时器就会启动。如果在RCVTIME时段内没有接收到字符，将向相应的RCV_PTP指令返回错误。响应超时不定义具体结束条件，它仅指定应在指定时间内成功接收字符，必须使用明确的结束条件来定义响应消息的结束条件。

2)“消息超时”指定应在MSGTIME指定的时间内成功接收到消息，只要满足指定的开始条件，定时器就会启动。

3)“字符间隙”是指从一个字符结束（最后一个停止位）到下一个字符结束所测量的时间，如果任何两个字符间的时间超过所组态的位时间数，消息将被终止。

4)“最大长度”是指定的一个字符数，当接收的字符个数达到该数时，接收操作便自动停止，使用该条件可以防止消息缓冲区超负载运行错误。如果将该结束条件与超时结束条件结合使用，在出现超时条件时，即使未达到最大长度也会提供所有有效的已接收字符。仅当最大长度已知时，该条件才支持长度可变的协议。

5)“N+长度大小+长度M”的组合条件，该结束条件可用于处理包含长度域且大小可变的消息。N指定长度域开始的位置（消息中的字符数，从1开始）；“长度大小”指定长度域的大小，有效值为1、2或4个字节；“长度M”指定不包含在消息长度中的结束字符（跟在长度域后）数，该值可用于指定大小不包含在长度域中的校验和域的长度。

在表4-78中，假设消息由一个开始字符、一个地址字符、一个一字节长度域、消息数据、校验和字符及一个结束字符组成。用“Len”表示的条目与N参数相对应。N的值可以是3，表示长度字节在消息中的字节3中。“长度大小”的值可以是1，表示消息长度值包含在1个字节中。校验和与结束字符域与“长度M”参数相对应。“长度M”的值可以是3，用于指定校验和和字符域的字节数。

表4-78　　消息的组成

开始字符 (1)	地址 (2)	Len (N) (3)	消息 … (x)		校验和与结束字符 长度M x+1 x+2 x+3	
xx	xx	xx	xx	xx	xx	xx

6）“可变字符”，该结束条件可用于根据不同的字符序列结束接收操作，这些序列可以由数量可变的字符（最大为5个）组成。每个序列中的每个字符位置都可以选作特定字符或通配符字符（任何字符都满足条件）。被组态要忽略的任何前导字符都不要求是消息的一部分，任何被忽略的尾随字符都要求是消息的一部分。

执行RCV_PTP指令后，状态参数STATUS（W#16#…）的值为80C0时表示所选开始条件非法；为80C1时表示所选结束条件非法、未选择结束条件；为80C2时表示启用了接收中断，但不允许此操作；为80C3时表示启用了最大长度结束条件，但最大长度是0或大于1024；为80C4时表示启用了计算长度，但N≥1023；为80C5时表示启用了计算长度，但长度不是1、2或4；为80C6时表示启用了计算长度，但M值大于255；为80C7时表示启用了计算长度，但计算长度大于1024；为80C8时表示启用了响应超时，但响应超时为0；为80C9时表示启用了字符间隙超时，但该字符间隙超时为0或大于2500；为80CA时表示启用了线路空闲超时，但该线路空闲超时为0或大于2500；为80CB时表示启用了结束序列，但所有字符均“不相关”；为80CC时表示启用了开始序列（4个中的任何一个），但所有字符均“不相关”。

4. SEND_PTP指令

在LAD和FBD编辑窗口下拖放 SEND_PTP 即可得到如图4-84所示的指令框。

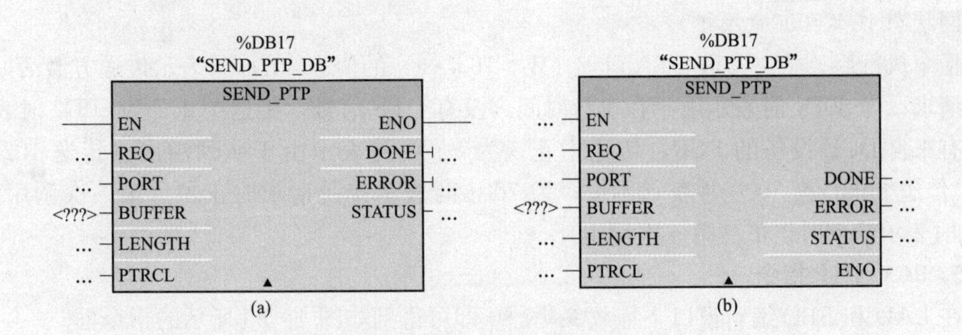

图4-84　发送点对点数据指令SEND_PTP

(a) LAD：发送点对点数据；(b) FBD：发送点对点数据

SEND_PTP（发送点对点数据）指令用于启动数据传送，SEND_PTP指令将指定的缓冲区数据传送到CM，在CM以指定波特率发送数据的同时，CPU程序会继续执行，仅一个发送操作可以在某一给定时间处于未决状态。如果在CM已经开始传送消息时执行第二个SEND_PTP指令，CM将返回错误。

SEND_PTP 指令可以传送的最小数据单位是字节，可以为基本数据类型、结构、数组、字符串的被传送 DATA 参数决定要发送的数据的大小，对于 DATA 参数，无法使用 Bool 和 Bool 数组。SEND_PTP 指令的参数特性见表 4-79。

表 4-79　　SEND_PTP 指令的参数特性

参数	参数类型	数据类型	说明
REQ	IN	Bool	在该传送使能输入的上升沿激活所请求的传送，这会启动将缓冲区数据传送到点对点通信模块（CM）
PORT	IN	PORT	通信端口标识符：该逻辑地址是一个可在默认变量表的"常量"（Constants）选项卡内引用的常量
BUFFER	IN	Variant	该参数指向传送缓冲区的起始位置，不支持布尔数据或布尔数组
LENGTH	IN	UInt	用字节表示的传输的消息帧长度，传输复杂结构时，始终使用长度 0
PTRCL	IN	Bool	该参数选择普通点对点协议或西门子提供的特定协议所在的缓冲区，这些协议在所连接的 CM 中实施。FALSE=用户程序控制的点对点操作（仅限有效选项）
DONE	OUT	Bool	上一请求已完成且没有出错后，保持为 TRUE 一个扫描周期时间
ERROR	OUT	Bool	上一请求已完成但出现错误后，保持为 TRUE 一个扫描周期时间
STATUS	OUT	Word	执行条件代码

传送操作进行期间，DONE 和 ERROR 输出均为 FALSE，传送操作完成后，DONE 或 ERROR 输出将被设置为 TRUE（持续一个扫描周期）以显示传送操作的状态。当 DONE 或 ERROR 为 TRUE 时，STATUS 输出有效。

如果通信模块（CM）接受所传送的数据，则该指令将返回状态 16#7001。如果 CM 仍在忙于传送，则后续的 SEND_PTP 指令执行将返回 16#7002。传送操作完成后，如果未出错，CM 将返回传送操作状态 16#0000。后续执行 REQ 为低电平的 SEND_PTP 指令时，将返回状态 16#7000（不忙）。

指令执行后，状态参数 STATUS（W#16#…）的值为 80D0 时表示传送方激活期间发出新请求；为 80D1 时表示由于在等待时间内没有 CTS 信号，传送中止；为 80D2 时表示由于没有来自 DCE 设备的 DSR，传送中止；为 80D3 时表示由于队列溢出（传送 1024B 以上），传送中止；为 7000 时表示不忙；为 7001 时表示接受请求时正忙（第一次调用）；为 7002 时表示轮询时正忙（第 n 次调用）。

5. RCV_PTP 指令

在 LAD 和 FBD 编辑窗口下拖放 RCV_PTP 即可得到如图 4-85 所示的指令框。

RCV_PTP（接收点对点）指令检查 CM 中已接收的消息，如果有消息，则会将其从 CM 传送到 CPU。如果发生错误，则会返回相应的 STATUS 值。

NDR 或 ERROR 为 TRUE 时，STATUS 值有效，STATUS 值提供 CM 中的接收操作终止的原因。它通常是正值，表示接收操作成功且接收过程正常终止；如果为负数（十六进制值的最高有效位置位），则表示接收操作因错误条件终止，如奇偶校验、组帧或超限错误。

每个点对点 CM 模块最多可以缓冲最大值 1KB，这可以是一个大消息或几个较小的消息。RCV_PTP 指令的参数特性见表 4-80。

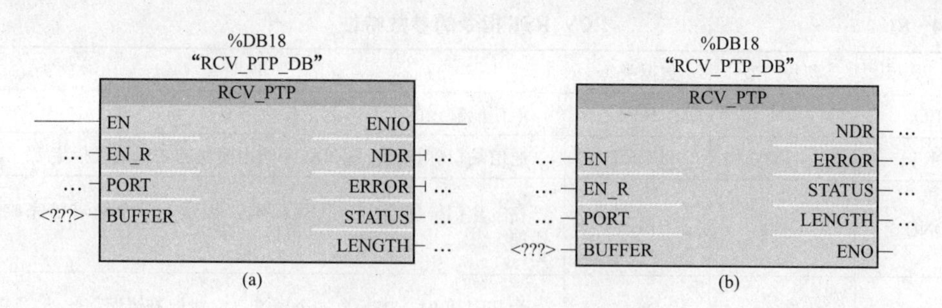

图 4-85 接收点对点指令 RCV_PTP

(a) LAD：接收点对点；(b) FBD：接收点对点

表 4-80 RCV_PTP 指令的参数特性

参数	参数类型	数据类型	说明
EN_R	IN	Bool	该输入为 TRUE 时，检查 CM 模块是否已接收消息。如果已成功接收消息，则会将其从模块传送到 CPU。EN_R 为 FALSE 时，将检查 CM 是否收到消息并设置 STATUS 输出，但不会将消息传送到 CPU
PORT	IN	PORT	通信端口标识符：该逻辑地址是一个可在默认变量表的"常量"(Constants) 选项卡内引用的常量
BUFFER	IN	Variant	该参数指向接收缓冲区的起始位置。该缓冲区应该足够大，可以接收最大长度消息。不支持布尔数据或布尔数组
NDR	OUT	Bool	新数据就绪且操作无错误地完成时，在一个扫描周期内为 TRUE
ERROR	OUT	Bool	操作已完成但出现错误，在一个扫描周期内为 TRUE
STATUS	OUT	Word	执行条件代码
LENGTH	OUT	UInt	返回消息的长度（字节）

RCV_PTP 指令执行后，状态参数 STATUS（W＃16＃…）的值为 0000 时表示没有提供缓冲区；为 80E0 时表示因接收缓冲区已满，消息被终止；为 80E1 时表示因出现奇偶校验错误，消息被终止；为 80E2 时表示因组帧错误，消息被终止；为 80E3 时表示因出现超限错误，消息被终止；为 80E4 时表示因计算长度超出缓冲区大小，消息被终止；为 0094 时表示因接收到最大字符长度，消息被终止；为 0095 时表示因消息超时，消息被终止；为 0096 时表示消息因字符间超时而终止；为 0097 时表示消息因响应超时而终止；为 0098 时表示因已满足"N+LEN+M"长度条件，消息被终止；为 0099 时表示因已满足结束序列，消息被终止。

6. RCV_RST 指令

在 LAD 和 FBD 编辑窗口下拖放 RCV_RST 即可得到如图 4-86 所示的指令框。

RCV_RST（接收方复位）指令可清空 CM 中的接收缓冲区，其参数特性见表 4-81。

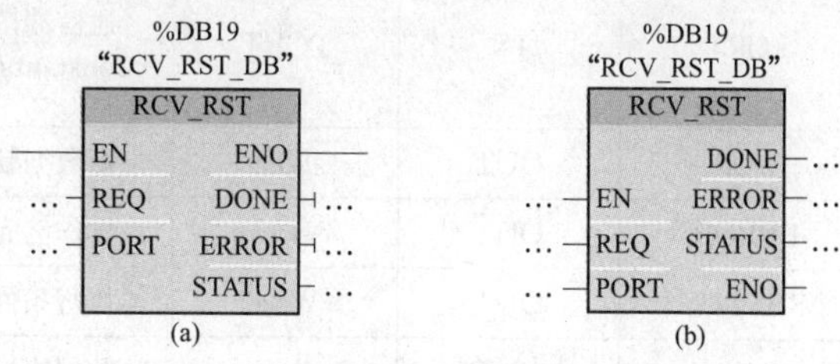

图 4-86 接收方复位指令 RCV_RST

(a) LAD：接收方复位；(b) FBD：接收方复位

表 4-81　　RCV_RST 指令的参数特性

参数	参数类型	数据类型	说明
REQ	IN	Bool	该使能输入的上升沿激活接收方复位
PORT	IN	PORT	通信端口标识符：端口必须使用模块的逻辑地址指定
DONE	OUT	Bool	在一个扫描周期内为 TRUE 时，表示上一个请求已完成且没有错误
ERROR	OUT	Bool	为 TRUE 时，表示上一个请求已完成但有错误。此外，该输出为 TRUE 时，STATUS 输出还会包含相关错误代码
STATUS	OUT	Word	错误代码

7. SGN_GET 指令

在 LAD 和 FBD 编辑窗口下拖放 SGN_GET 即可得到如图 4-87 所示的指令框。

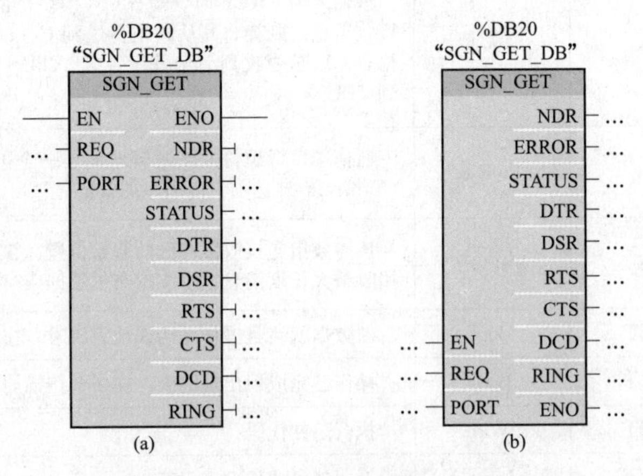

图 4-87　获取 RS232 信号指令 SGN_GET

(a) LAD：获取 RS232 信号；(b) FBD：获取 RS232 信号

SGN_GET（获取 RS232 信号）指令读取 RS232 通信信号的当前状态，该功能仅对 RS232 CM（通信模块）有效。SGN_GET 指令的参数特性见表 4-82。

表 4-82　　SGN_GET 指令的参数特性

参数	参数类型	数据类型	说明
REQ	IN	Bool	在该输入的上升沿获取 RS232 信号状态值
PORT	IN	PORT	通信端口标识符：该逻辑地址是一个可在默认变量表的“常量”(Constants) 选项卡内引用的常量
NDR	OUT	Bool	新数据就绪且操作无错误地完成时，在一个扫描周期内为 TRUE
ERROR	OUT	Bool	操作已完成但出现错误，在一个扫描周期内为 TRUE
STATUS	OUT	Word	执行条件代码
DTR	OUT	Bool	数据终端就绪，模块就绪（输出）
DSR	OUT	Bool	数据设备就绪，通信伙伴就绪（输入）

续表

参数	参数类型	数据类型	说明
RTS	OUT	Bool	请求发送，模块已做好发送准备（输出）
CTS	OUT	Bool	允许发送，通信伙伴可以接收数据（输入）
DCD	OUT	Bool	数据载波检测，接收信号电平（始终为FALSE，不支持）
RING	OUT	Bool	响铃指示器，来电指示（始终为FALSE，不支持）

执行SGN_GET指令后，状态参数STATUS（W#16#…）的值为80F0时表示CM是RS485模块且没有信号可用；为80F1时表示信号因硬件流控制而无法设置；为80F2时表示因模块是DTE而无法设置DSR；为80F3时表示因模块是DCE而无法设置DTR。

8. SGN_SET指令

在LAD和FBD编辑窗口下拖放 SGN_SET 即可得到如图4-88所示的指令框。

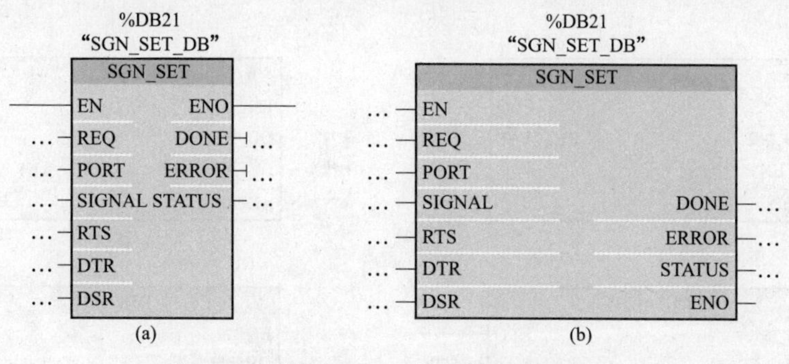

图4-88 设置RS232信号指令SGN_SET

(a) LAD：设置RS232信号；(b) FBD：设置RS232信号

SGN_SET（设置RS232信号）指令设置RS232通信信号的状态，该功能仅对RS232 CM（通信模块）有效。SGN_SET指令的参数特性见表4-83。

表4-83 SGN_SET指令的参数特性

参数	参数类型	数据类型	说明
REQ	IN	Bool	在该输入的上升沿启动设置RS232信号的操作
PORT	IN	PORT	通信端口标识符：该逻辑地址是一个可在默认变量表的"常量"(Constants)选项卡内引用的常量
SIGNAL	IN	Byte	选择要设置的信号（允许多个）：01H＝设置RTS；02H＝设置DTR；04H＝设置DSR
RTS	IN	Bool	请求发送，模块准备好将值发送到设备（TRUE或FALSE）
DTR	IN	Bool	数据终端就绪，模块准备好将值发送到设备（TRUE或FALSE）
DSR	IN	Bool	数据设备就绪（仅适用于DCE型接口）（不使用）
DONE	OUT	Bool	上一请求已完成且没有出错后，保持为TRUE一个扫描周期时间
ERROR	OUT	Bool	上一请求已完成但出现错误后，保持为TRUE一个扫描周期时间
STATUS	OUT	Word	执行条件代码

执行SGN_SET指令后，状态参数STATUS（W#16#…）的值为80F0时表示CM是RS485模块且没有可设置的信号；为80F1时表示信号因硬件流控制而无法设置；为80F2时表示因模块是DTE而无法设置DSR；为80F3时表示因模块是DCE而无法设置DTR。

4.10 中断、PID、脉冲、运动控制和全局库指令

4.10.1 中断指令

在“扩展指令”（Extended instructions）任务卡里展开 Interrupts 文件夹，可见 ATTACH “Attach an OB to an interrupt event”、DETACH “Detach an OB from an interrupt event”、SRT_DINT “Start time-delay interrupt”、CAN_DINT “Cancel a time-delay interrupt”、DIS_AIRT “Disable alarm interrupt”、EN_AIRT “Enable alarm interrupt” 等指令的入口图标。

1. 中断连接与分离指令

在LAD和FBD编辑窗口下拖放 ATTACH 和 DETACH 即可得到如图4-89所示的指令框。

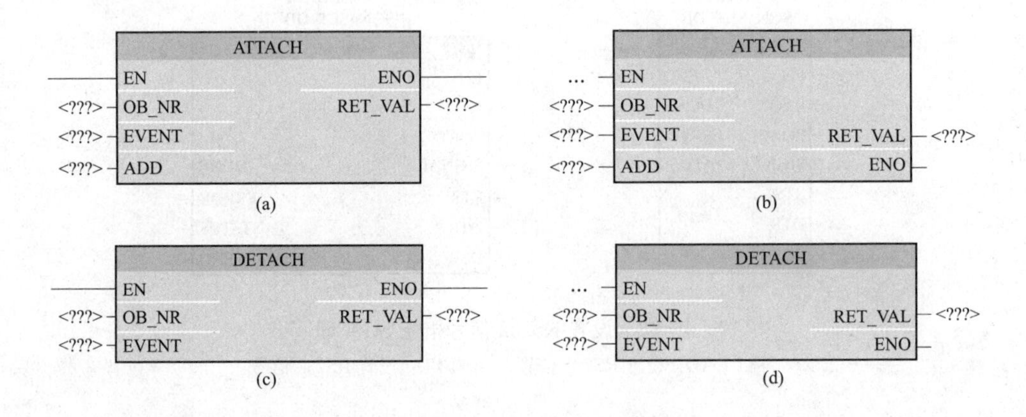

图4-89 中断连接指令ATTACH和中断分离指令DETACHA

(a) LAD：中断连接；(b) FBD：中断连接；(c) LAD：中断分离；(d) FBD：中断分离

使用ATTACH和DETACH指令可激活和禁用中断事件驱动的子程序。ATTACH指令启用响应硬件中断事件的中断OB子程序执行；DETACH指令禁用响应硬件中断事件的中断OB子程序执行。

ATTACH和DETACH指令的参数特性见表4-84。

表4-84 ATTACH和DETACH指令的参数特性

参数	参数类型	数据类型	说明
OB_NR	IN	Int	组织块标识符：从使用“添加新块”（Add new block）功能创建的可用硬件中断OB中进行选择。双击该参数域，然后单击助手图标可查看可用的OB
EVENT	IN	DWord	事件标识符：从在PLC设备配置中为数字输入或高速计数器启用的可用硬件中断事件中进行选择。双击该参数域，然后单击助手图标可查看这些可用事件

续表

参数	参数类型	数据类型	说明
ADD（仅对 ATTACH）	IN	Bool	ADD=0（默认）表示该事件将取代先前为此OB附加的所有事件；ADD=1表示该事件将添加到先前为此OB附加的事件中
RET_VAL	OUT	Int	执行条件代码

(1) 硬件中断事件。S7-1200 CPU支持以下硬件中断事件。

1) 上升沿事件（所有内置CPU数字量输入外加任何信号板数字量输入）。数字输入从OFF切换为ON时会出现上升沿，以响应连接到输入的现场设备的信号变化。

2) 下降沿事件（所有内置CPU数字量输入外加任何信号板输入）。数字输入从ON切换为OFF时会出现下降沿。

3) 高速计数器（HSC）当前值=参考值（CV=RV）事件（HSC 1～6）。当前计数值从相邻值变为与先前设置的参考值完全匹配时，会生成HSC的CV=RV中断。

4) HSC方向变化事件（HSC 1～6）。当检测到HSC从增大变为减小或从减小变为增大时，会发生方向变化事件。

5) HSC外部复位事件（HSC 1～6）。某些HSC模式允许分配一个数字输入作为外部复位端，用于将HSC的计数值重置为零。当该输入从OFF切换为ON时，会发生此类HSC的外部复位事件。

(2) 在设备配置期间启用硬件中断事件。必须在设备配置中启用硬件中断，如果要在配置或运行期间附加此事件，则必须在设备配置中为数字输入通道或HSC选中启用事件框。

PLC设备配置中的复选框选项：

1) 数字输入：①启用上升沿检测；②启用下降沿检测。

2) 高速计数器（HSC）：①启用此高速计数器；②生成计数器值等于参考计数值的中断；③生成外部复位事件的中断；④生成方向变化事件的中断。

(3) 向用户程序添加新硬件中断OB代码块。

在默认情况下，第一次启用事件时，没有任何OB附加到该事件，这会通过“HW interrupt”（HW中断），设备配置“＜not connected＞”（＜未连接＞）标签来指示。只有硬件中断OB能附加到硬件中断事件，所有现有的硬件中断OB都会出现在“HW interrupt”（HW中断）下拉列表中，如果未列出任何OB，则必须按下列步骤创建类型为“硬件中断”的OB，在项目树的“Program blocks”（程序块）分支下：

1) 双击“Add new block”（添加新块），选择“Organization block（OB）”（组织块（OB）），然后选择“Hardware interrupt”（硬件中断）。

2) 也可以重命名OB、选择编程语言（LAD或FBD），以及选择块编号（切换为手动并选择与建议块编号不同的块编号）。

3) 编辑该OB，添加事件发生时要执行的已编程响应，可以从此OB调用最多嵌套四层深的FC和FB。

(4) OB_NR参数。所有现有的硬件中断OB名称都会出现在设备配置“HW interrupt”（HW中断）下拉列表和ATTACH/DETACH参数OB_NR下拉列表中。

(5) EVENT参数。启用某个硬件中断事件时，将为该事件分配一个唯一的默认事件名称。可通过编辑“Event name”（事件名称）编辑框更改此事件名称，但必须是唯一的名称。这些事件名称将成为“常量”（Constants）变量表中的变量名称，并出现在 ATTACH 和 DETACH 指令框的 EVENT 参数下拉列表中，变量的值是用于标识事件的内部编号。

（6）常规操作。

每个硬件事件都可附加到一个硬件中断 OB 中，在发生该硬件中断事件时将排队执行该硬件中断 OB，在组态或运行期间可附加 OB 事件。

用户可以在组态时将 OB 附加到已启用的事件或使其与该事件分离，要在组态时将 OB 附加到事件，必须使用“HW interrupt”（HW 中断）下拉列表（单击右侧的向下箭头）并从可用硬件中断 OB 的列表中选择 OB。从该列表中选择相应的 OB 名称，或者选择“<not connected>”以删除该附加关系。

也可以在运行期间附加或分离已启用的硬件中断事件，在运行期间使用 ATTACH 或 DETACH 程序指令（如有必要可多次使用）将已启用的中断事件附加到相应的 OB 或与其分离。如果当前未附加到任何 OB（选择了设备配置中的“<未链接><not connected>”选项或由于执行了 DETACH 指令），则将忽略已启用的硬件中断事件。

（7）DETACH 操作。使用 DETACH 指令将特定事件或所有事件与特定 OB 分离，如果指定了 EVENT，则仅将该事件与指定的 OB_NR 分离；当前附加到此 OB_NR 的任何其他事件仍保持附加状态。如果未指定 EVENT，则分离当前连接到 OB_NR 的所有事件。

（8）中断连接和中断分离指令条件代码见表 4－85。

表 4－85　　ATTACH 和 DETACH 指令条件代码

RET_VAL（W＃16＃…）	ENO	状态说明
0000	1	无错误
0001	0	没有要分离的事件（仅 DETACH）
8090	0	OB 不存在
8091	0	OB 类型错误
8093	0	事件不存在

2. 启动和取消延时中断指令

在 LAD 和 FBD 编辑窗口下拖放 SRT_DINT 和 CAN_DINT 即可得到如图 4－90 所示的指令框。

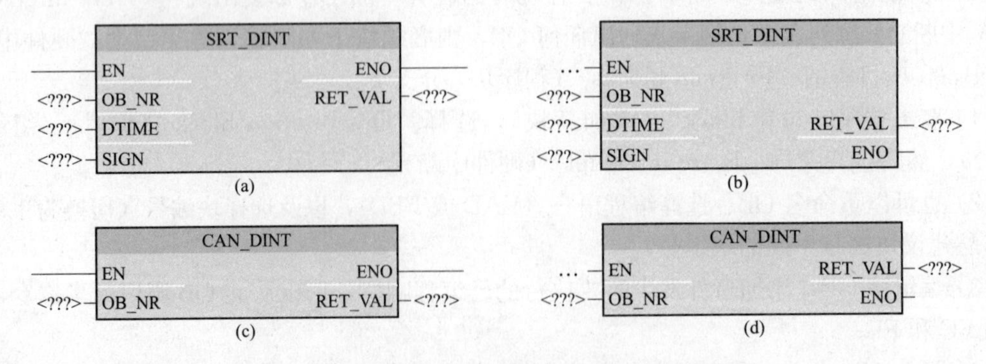

图 4－90　启动延时中断指令 SRT_DINT 和取消延时中断指令 CAN_DINT

(a) LAD：启动延时中断；(b) FBD：启动延时中断；(c) LAD：取消延时中断；(d) FBD：取消延时中断

通过 SRT_DINT 和 CAN_DINT 指令可以启动和取消延时中断处理过程，每个延时中断都是一个在指定的延迟时间过后发生的一次性事件。如果在延迟时间到期前取消延时事件，则不会发生程序中断。

参数 DTIME 指定的延迟时间过去后，SRT_DINT 会启动执行 OB（组织块）子程序的延时中断；CAN_DINT 可取消已启动的延时中断，在这种情况下，将不执行延时中断 OB。

（1）SRT_DINT 的参数。SRT_DINT 指令的参数特性见表 4－86。

表 4－86　SRT_DINT 指令的参数特性

参数	参数类型	数据类型	说明
OB_NR	IN	Int	将在延迟时间过后启动的组织块（OB）：从使用“Add new block”项目树功能创建的可用延时中断 OB 中进行选择。双击该参数域，然后单击助手图标可查看可用的 OB
DTIME	IN	Time	延迟时间值（1～60 000ms）可创建更长的延迟时间，如可以通过在延时中断 OB 内使用计数器来实现
SIGN	IN	Word	未被 S7－1200 使用；任何值都接受
RET_VAL	OUT	Int	执行条件代码

（2）CAN_DINT 的参数。CAN_DIN 指令的参数特性见表 4－87。

表 4－87　CAN_DIN 指令的参数特性

参数	参数类型	数据类型	说明
OB_NR	IN	Int	延时中断 OB 标识符，可使用 OB 编号或符号名称
RET_VAL	OUT	Int	执行条件代码

（3）操作。SRT_DINT 指令指定延迟时间、启动内部延迟时间定时器及将延时中断 OB 子程序与延时超时事件相关联，指定的延迟时间过去后，将生成可触发相关延时中断 OB 执行的程序中断，在指定的延时发生之前执行 CAN_DINT 指令可取消进行中的延时中断。激活延时和时间循环中断事件的总次数不得超过四次。

（4）在项目中添加延时中断 OB 子程序。只有延时中断 OB 可分配给 SRT_DINT 和 CAN_DINT 指令，新项目中不存在延时中断 OB，必须将延时中断 OB 添加到项目中，要创建延时中断 OB，请按以下步骤操作。

1）在项目树的“Program blocks”分支中双击“Add new block”，选择“Organization block（OB）”，然后选择“Time delay interrupt”。

2）可以重命名 OB、选择编程语言或选择块编号，如果要分配与自动分配的编号不同的块编号，请切换到手动编号模式。

3）编辑延时中断 OB 子程序，并创建要在发生延时超时事件时执行的已编程响应，可从延时中断 OB 调用其他最多嵌套四层深的 FC 和 FB 代码块。

4）编辑 SRT_DINT 和 CAN_DINT 指令的 OB_NR 参数时，将可以使用新分配的延时中断 OB 名称。

输出参数 RET_VAL（W＃16＃...）的值为 0000 时表示未出错；为 8090 时表示不正确的参数 OB_NR；为 8091 时表示不正确的参数 DTIME；为 80A0 时表示未启动延时中断。

3. 禁用和启用报警中断指令

在 LAD 和 FBD 编辑窗口下拖放 DIS_AIRT 和 EN_AIRT 即可得到如图 4－91 所示的指

令框。

使用DIS_AIRT和EN_AIRT指令可禁用和启用报警中断处理过程。DIS_AIRT指令可延迟新中断事件的处理，可在OB中多次执行DIS_AIRT，次数由操作系统进行计数。在特别通过EN_AIRT指令再次取消之前或者在已完成处理当前OB之前，这些执行中的每一个都保持有效。

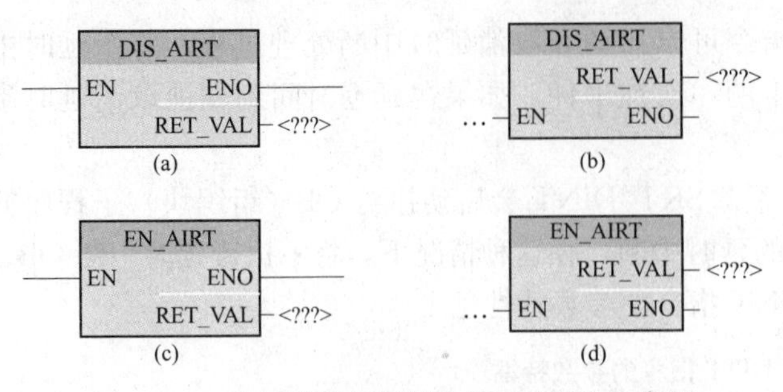

图4-91　禁用报警中断指令DIS_AIRT和启用报警中断指令EN_AIRT

(a) LAD：禁用报警中断；(b) FBD：禁用报警中断；(c) LAD：启用报警中断；(d) FBD：启用报警中断

再次启用这些执行后，将立即处理DIS_AIRT生效期间发生的中断，或者在完成执行当前OB后，立即处理中断。

对先前使用DIS_AIRT指令禁用的中断事件处理，可使用EN_AIRT指令来启用，每一次DIS_AIRT执行都必须通过一次EN_AIRT执行来取消。例如，如果通过五次DIS_AIRT执行禁用中断五次，则必须通过五次EN_AIRT执行来取消。

必须在同一个OB中或从同一个OB调用的任意FC或FB中完成EN_AIRT执行后，才能再次启用此OB的中断。

输出参数RET_VAL数据类型为Int，表示禁用中断处理的次数，即已排队的DIS_AIRT执行的个数（延迟次数=队列中的DIS_AIRT执行次数）。只有当参数RET_VAL=0时，才会再次启用中断处理。

4.10.2　PID控制和脉冲指令

1. PID控制指令

在“Extended instructions”（扩展指令）任务卡里展开 PID 文件夹，即可见 PID_Compact “PID controller”指令的入口图标，在LAD和FBD编辑窗口下拖放 PID_Compact 即可得到如图4-92所示的指令框。

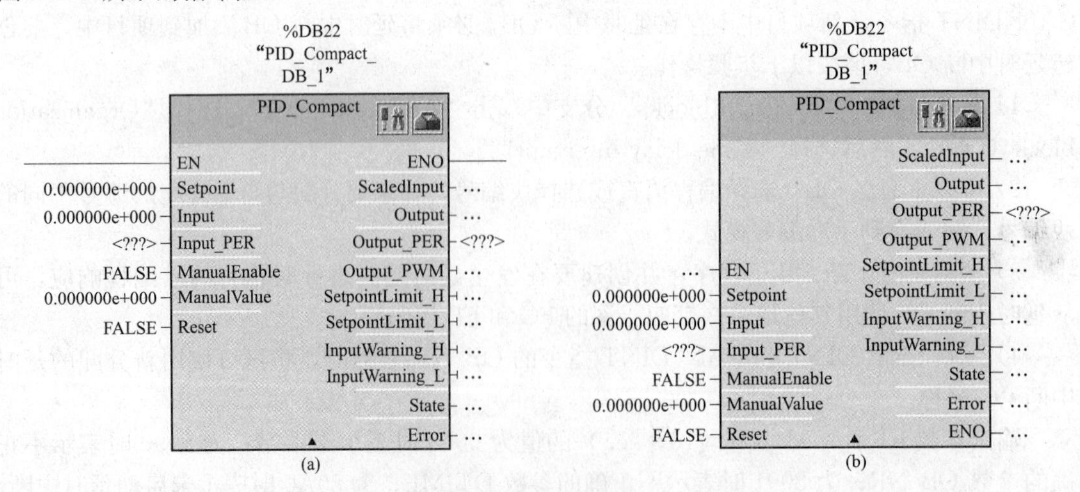

图4-92　PID控制指令

(a) LAD：PID控制指令；(b) FBD：PID控制指令

"PID_Compact"语句可用来提供可在自动和手动模式下自我优化调节的 PID 控制器，该指令在取样时间的固定时间间隔时被调用（最好是在一个循环中中断）。

（1）PID_Compact 指令的参数。PID_Compact 指令的参数特性见表 4－88。

表 4－88　　PID_Compact 指令的参数特性

<table>
<tr><th>参数</th><th>声明</th><th>数据类型</th><th>初始值</th><th colspan="2">描述</th></tr>
<tr><td rowspan="2">Setpoint</td><td rowspan="2">INPUT</td><td rowspan="2">Real</td><td rowspan="2">0.0</td><td colspan="2">在自动模式下的 PID 控制器的设定值</td></tr>
<tr><td colspan="2">在巡视窗口中的"PID_Compact"调用配置或"Input_PER"输入是否要使用</td></tr>
<tr><td>Input</td><td>INPUT</td><td>Real</td><td>0.0</td><td colspan="2">作为当前数值源泉的用户程序变量</td></tr>
<tr><td>Input_PER</td><td>INPUT</td><td>Word</td><td>W#16#0</td><td colspan="2">作为当前数值源泉的模拟输入</td></tr>
<tr><td>ManualEnable</td><td>INPUT</td><td>Bool</td><td>FALSE</td><td colspan="2">上升沿选择"手动模式"；下降沿选择最近激活的操作模式</td></tr>
<tr><td>ManualValue</td><td>INPUT</td><td>Real</td><td>0.0</td><td colspan="2">手动模式下的操纵变量</td></tr>
<tr><td>Reset</td><td>INPUT</td><td>Bool</td><td>FALSE</td><td colspan="2">重启控制器，下列规则应用于 Reset ＝ TRUE：非运行模式；操纵变量＝0；控制器的临时值将被重置（保留 PID 参数）</td></tr>
<tr><td>ScaledInput</td><td>OUTPUT</td><td>Real</td><td>0.0</td><td colspan="2">当前刻度值的输出
输出量"Output"、"Output_PER"和"Output_PWM"可同时使用</td></tr>
<tr><td>Output</td><td>OUTPUT</td><td>Real</td><td>0.0</td><td colspan="2">操纵变量输出的用户程序变量</td></tr>
<tr><td>Output_PER</td><td>OUTPUT</td><td>Word</td><td>W#16#0</td><td colspan="2">输出操纵变量的模拟量输出</td></tr>
<tr><td>Output_PWM</td><td>OUTPUT</td><td>Bool</td><td>FALSE</td><td colspan="2">使用脉宽调制的输出操纵变量的开关量输出</td></tr>
<tr><td>SetpointLimit_H</td><td>OUTPUT</td><td>Bool</td><td>FALSE</td><td>TRUE</td><td>绝对给定高限已达到或超过。对 CPU，给定仅限于已配置的当前值的绝对高限制</td></tr>
<tr><td>SetpointLimit_L</td><td>OUTPUT</td><td>Bool</td><td>FALSE</td><td>TRUE</td><td>绝对给定的低限已达到或过低。对 CPU，给定仅限于已配置的当前值的绝对低限制</td></tr>
<tr><td>InputWarning_H</td><td>OUTPUT</td><td>Bool</td><td>FALSE</td><td>TRUE</td><td>当前值达到或超出上限的警告</td></tr>
<tr><td>InputWarning_L</td><td>OUTPUT</td><td>Bool</td><td>FALSE</td><td>TRUE</td><td>当前值达到或低于下限的警告</td></tr>
<tr><td rowspan="6">State</td><td rowspan="6">OUTPUT</td><td rowspan="6">Int</td><td rowspan="6">0</td><td colspan="2">PID 控制器的当前操作模式</td></tr>
<tr><td>0</td><td>处于非活动状态（操纵变量设置为 0）</td></tr>
<tr><td>1</td><td>在初始启动过程中的自我调节</td></tr>
<tr><td>2</td><td>在工作点的自我调整</td></tr>
<tr><td>3</td><td>自动模式</td></tr>
<tr><td>4</td><td>手动模式</td></tr>
<tr><td rowspan="3">Error</td><td rowspan="3">OUTPUT</td><td rowspan="3">DWord</td><td rowspan="3">W#32#0</td><td colspan="2">错误消息</td></tr>
<tr><td>0000 0000</td><td>没有错误</td></tr>
<tr><td>>0000 0000</td><td>一个或多个错误未决，PID 控制器将进入"非活动"模式。请参阅"错误消息"来分析活动的错误</td></tr>
</table>

（2）采样时间的监测。PID_Compact 指令测量两次调用之间的时间间隔，并为监测采样时间评估结果。在每个模式转换和在初始启动过程中，会生成均值采样时间。此值用作为监测功能的参考，并且用来在块中计算。监视包括两个调用与定义的控制器采样时间均值的当前测量时间。

下列条件设置为 PID 控制器的“非活动”工作模式：①新均值≥1.5×老均值；②新均值≤0.5×老均值；③当前采样时间≥2×当前均值或 0 操作模式。

表 4-89 列出了 PID_Compact 指令操作模式的影响。

表 4-89　　PID_Compact 指令操作模式的影响

操作模式	描述
非活动的	当用户程序第一次下载到 CPU 后，已组态“PID_Compact”技术对象时，PID 控制器滞留在“非活动”操作模式。在此情况下在调试窗口中执行“在初始启动中自我调整”。当发生错误时，或当在调试窗口中单击“控制器停止”图标时，将操作 PID 控制器更改为“非活动”操作模式。选择另一种操作模式时，就会得到确认的活动错误
在初始启动中自校/在工作点中自校	当在调试窗口中调用该函数时，执行“在初始启动中自我调整”或者“在工作点自我调整”操作模式
自动模式	在自动模式中，“PID_Compact”技术对象修改控制回路，以与指定参数一致，如果满足以下条件，控制器将更改为自动模式：①在初始启动过程中自我校正已成功完成；②在工作点自我校正已成功完成；③如果在“PID 参数”组态窗口中选择了“使用手动 PID 参数”复选框，“sRet.i_Mode”变量设置为 3
手动模式	如果 PID 控制器被操作在手动模式下，可以手动设置操纵变量。手动模式可以按如下来选择：在调试窗口中选择“手动操纵变量”复选框，“ManualEnable”参数为 TRUE 值

（3）“Error”参数中的错误消息。表 4-90 列出了“Error”参数中的错误消息。

表 4-90　　“Error”参数中的错误消息

Error（W#32#...）	描述
0000 0000	没有错误
0000 0001	当前值位于组态的当前值范围以外
0000 0002	“Input_PER”参数为一个无效的值，检查模拟输入是否有错误
0000 0004	“工作点自校”期间的错误，当前值的摆动使不能持续
0000 0008	“在初始启动中自校”时的错误，当前值过于靠近给定值，导致在工作点中自校
0000 0010	给定值在自校期间发生了变化
0000 0020	“在初始启动中自校”是在自动模式下，不允许在“工作点中自校”
0000 0040	错误发生在“工作点中自校”期间，给定值过于靠近操纵变量的界限
0000 0080	操纵变量极限没有正确组态
0000 0100	错误发生在自校导致无效参数期间
0000 0200	“Input”参数值无效：①数值在数域之外（小于$-1e^{12}$或大于$1e^{12}$）；②数值为无效数据格式
0000 0400	“Output”参数值无效：①数值在数域之外（小于$-1e^{12}$或大于$1e^{12}$）；②数值为无效数据格式
0000 0800	采样时间错误：循环程序中调用 PID_Compact 指令或循环中断的设置被更改
0000 1000	“Setpoint”参数值无效：①数值在数域之外（小于$-1e^{12}$或大于$1e^{12}$）；②数值为无效数据格式

如果几个错误都未决，错误代码的值被显示为所谓二进制加法的方式。例如，错误代码0000 0007的显示，指示错误0000 0001、0000 0002和0000 0004未决。

2. 脉冲指令

在“扩展指令”（Extended instructions）任务卡里展开 Pulse 文件夹，即可见 CTRL_PWM “Pulse”指令的入口图标，在LAD和FBD编辑窗口下拖放 CTRL_PWM 即可得到如图4-93所示的指令框。

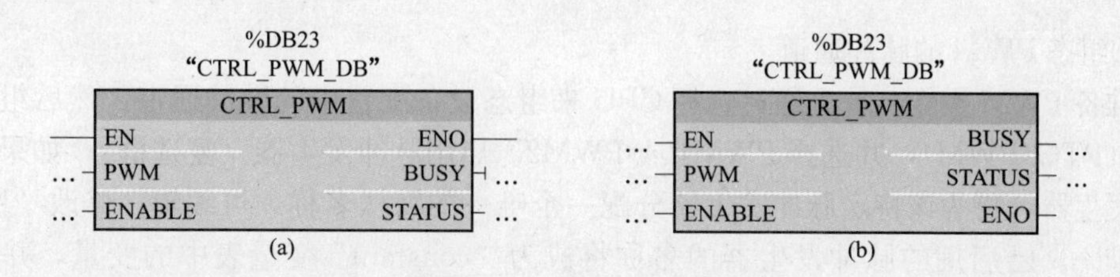

图4-93 脉冲宽度调制

(a) LAD：脉冲宽度调制；(b) FBD：脉冲宽度调制

CTRL_PWM脉冲宽度调制（PWM）指令可提供占空比可变的固定循环时间输出。PWM输出以指定频率（循环时间）启动之后将连续运行，脉冲宽度会根据需要进行变化以影响所需的控制。

脉冲宽度可表示为循环时间的百分数（0～100）、千分数（0～1000）、万分数（0～10 000）或S7模拟格式。脉冲宽度可从0（无脉冲、始终关闭）到满刻度（无脉冲、始终打开）变化。由于PWM输出可从0到满刻度变化，因此可提供在许多方面都与模拟输出相同的数字输出。例如，PWM输出可用于控制电动机的速度，速度范围可以是从停止到全速；也可用于控制阀的位置，位置范围可以是从闭合到完全打开。

有两种脉冲发生器可用于控制高速脉冲输出功能：PWM和脉冲串输出（PTO）。PTO由运动控制指令使用，可将每个脉冲发生器指定为PWM或PTO，但不能指定为既是PWM又是PTO。这两种脉冲发生器映射到特定的数字输出，见表4-91。可以使用板载CPU输出，也可以使用可选的信号板输出。表4-91列出了输出点编号（假定使用默认输出组态）。如果更改了输出点编号，则输出点编号将为用户指定的编号。无论是在CPU上还是在连接的信号板上，PTO1/PWM1都使用前两个数字输出，PTO2/PWM2使用接下来的两个数字输出。注意PWM仅需要一个输出，而PTO每个通道可选择使用两个输出。如果脉冲功能不需要输出，则相应的输出可用于其他用途。

表4-91 两种脉冲发生器的默认输出分配

参数	默认输出分配		
	输出方式	脉冲	方向
PTO1	板载CPU	CPU	Q0.0
	信号板	Q4.0	Q4.1
PWM1	板载CPU	Q0.0	—
	信号板	Q4.0	—

续表

参数	默认输出分配		
	输出方式	脉冲	方向
PTO2	板载 CPU	Q0.2	Q0.3
	信号板	Q4.2	Q4.3
PWM2	板载 CPU	Q0.2	—
	信号板	Q4.2	—

(1) 组态 PWM 的脉冲通道。

要准备 PWM 操作，首先通过选择 CPU 来组态设备配置中的脉冲通道，然后组态脉冲发生器（PTO/PWM），并选择 PWM1 或 PWM2。启用脉冲发生器（复选框），如果启用一个脉冲发生器，将为该特定脉冲发生器分配一个唯一的默认名称，可编辑、修改“Name”，但必须唯一。已启用的脉冲发生器的名称将成为“constant”变量表中的变量，并可用作 CTRL_PWM 指令的 PWM 参数。

注意脉冲输出发生器的最大脉冲频率对于 CPU 的数字量输出为 100kHz，而对于信号板的数字量输出为 20kHz。可是当组态了最大速度或频率超出此硬件限制的轴时，STEP 7 Basic 并不提醒用户，这可能导致应用出现问题，因此应始终确保不会超出硬件的最大脉冲频率。

按如下方式重命名脉冲发生器、添加注释及分配参数。

1) 脉冲发生器可用作：PWM 或 PTO（选择 PWM）。

2) 输出源：板载 CPU 或信号板。

3) 时间基数：毫秒或微秒。

4) 脉冲宽度格式：①百分数（0～100）；②千分数（0～1000）；③万分数（0～10 000）；④S7 模拟格式（0～27 648）。

5) 循环时间：输入循环时间值，该值只能在“Device configuration”（设备组态）中更改。

6) 初始脉冲宽度：输入初始脉冲宽度值，可在运行期间更改脉冲宽度值。

(2) 输出地址。

起始地址：输入要在其中查找脉冲宽度值的 Q 字地址，对于 PWM1，默认位置是 QW1000；而对于 PWM2，默认位置是 QW1002。该位置的值控制脉冲宽度，并且在每次 CPU 从 STOP 切换到 RUN 模式时都会初始化为上面指定的“Initial pulse width”（初始脉冲宽度）值。在运行期间更改该 Q 字值会引起脉冲宽度变化。

表 4-92 列出了 CTRL_PWM 指令的参数特性，可以查看 BUSY、STATUS 等输出参数。

表 4-92　　CTRL_PWM 指令的参数特性

参数	声明	数据类型	初始值	说明
PWM	IN	Word	0	PWM 标识符：已启用的脉冲发生器的名称将变为“常量”（constant）变量表中的变量，并可用作 PWM 参数
ENABLE	IN	Bool		1 表示启动脉冲发生器；0 表示停止脉冲发生器

续表

参数	声明	数据类型	初始值	说明
BUSY	OUT	Bool	0	功能忙
STATUS	OUT	Word	0	0 表示无错误；80A1 表示 PWM 标识符未寻址到有效的 PWM

（3）操作。CTRL_PWM 指令使用数据块（DB）来存储参数信息，在程序编辑器中放置 CTRL_PWM 指令时，将分配 DB。数据块参数不是由用户单独更改的，而是由 CTRL_PWM 指令进行控制的。

通过将其变量名称用于 PWM 参数，指定要使用的已启用脉冲发生器。EN 输入为 TRUE 时，PWM_CTRL 指令根据 ENABLE 输入的值启动或停止所标识的 PWM。脉冲宽度由相关 Q 字输出地址中的值指定。

由于 S7-1200 在 CTRL_PWM 指令执行后处理请求，所以在 S7-1200 CPU 型号上，参数 BUSY 总是报告 FALSE。如果检测到错误，则 ENO 设置为 FALSE 且参数 STATUS 包含条件代码。PLC 第一次进入 RUN 模式时，脉冲宽度将设置为在设备配置中组态的初始值。根据需要将值写入设备配置中指定的 Q 字位置（“输出地址”/“起始地址:”）以更改脉冲宽度。使用指令（如移动、转换、数学）或 PID 功能框将所需脉冲宽度写入相应的 Q 字，必须使用 Q 字值的有效范围（百分数、千分数、万分数或 S7 模拟格式）。

4.10.3 运动控制指令

运动控制指令使用相关工艺数据块和 CPU 的专用 PTO 来控制轴上的运动。在“扩展指令”（Extended instructions）任务卡里展开 Motion Control 文件夹，即可见 MC_Power “Enable/Disable axis”、MC_Reset “Acknowledge errors”、MC_Home “Homing/Setting of axis”、MC_Halt “Stop axis”、MC_MoveAbsolute “Absolute positioning of axis”、MC_MoveRelative “Relative positioning of axis”、MC_MoveVelocity “Move axis with preset speed”、MC_MoveJog “Move axis by operator” 等指令入口图标。

1. MC_Power 指令

MC_Power 指令可启用和禁用运动控制轴。在 LAD 和 FBD 编辑窗口下拖放 MC_Power 即可得到如图 4-94 所示的指令框。

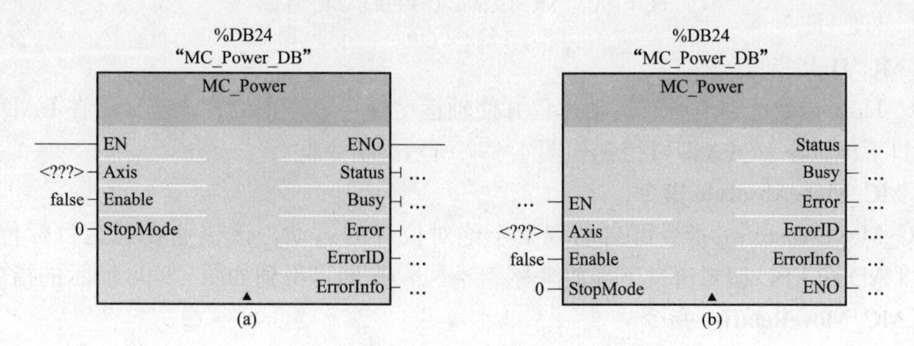

图 4-94 MC_Power 指令

（a）LAD：MC_Power；（b）FBD：MC_Power

2. MC_Reset 指令

MC_Reset 指令可复位所有运动控制错误，所有可确认的运动控制错误都会被确认。在 LAD 和 FBD 编辑窗口下拖放 MC_Reset 即可得到如图 4 - 95 所示的指令框。

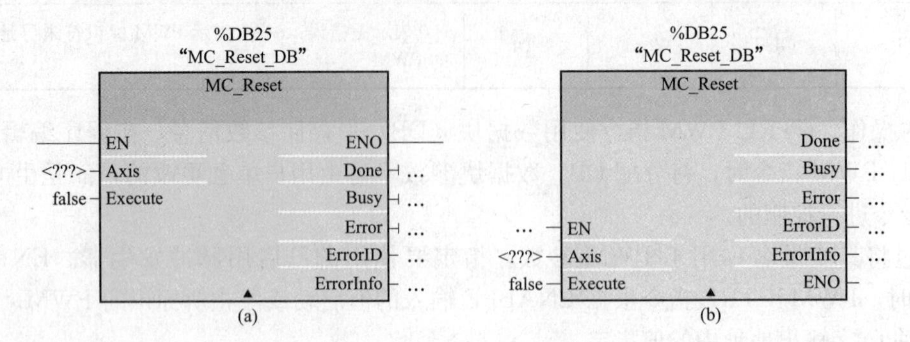

图 4 - 95　MC_Reset 指令

(a) LAD：MC_Reset；(b) FBD：MC_Reset

3. MC_Home 指令

MC_Home 指令可建立轴控制程序与轴机械定位系统之间的关系。在 LAD 和 FBD 编辑窗口下拖放 MC_Home 即可得到如图 4 - 96 所示的指令框。

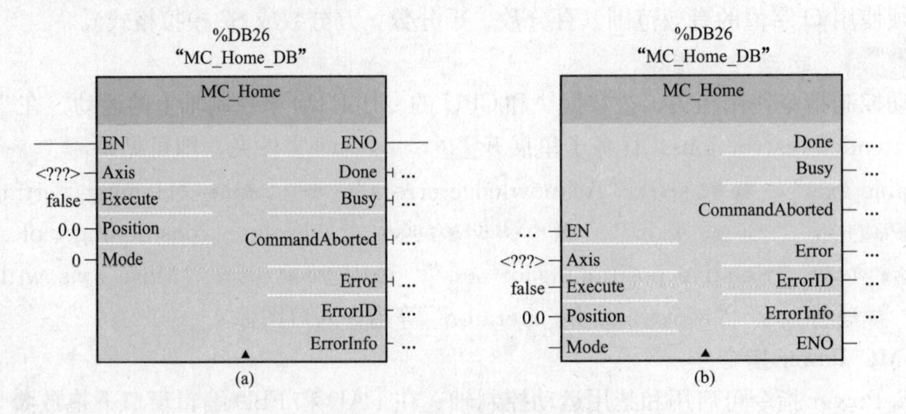

图 4 - 96　MC_Home 指令

(a) LAD：MC_Home；(b) FBD：MC_Home

4. MC_Halt 指令

MC_Halt 指令可取消所有运动过程并使轴运动停止，停止位置未定义。在 LAD 和 FBD 编辑窗口下拖放 MC_Halt 即可得到如图 4 - 97 所示的指令框。

5. MC_MoveAbsolute 指令

MC_MoveAbsolute 指令可启动到某个绝对位置的运动，该作业在到达目标位置时结束。在 LAD 和 FBD 编辑窗口下拖放 MC_MoveAbsolute 即可得到如图 4 - 98 所示的指令框。

6. MC_MoveRelative 指令

MC_MoveRelative 指令可启动相对于起始位置的定位运动。在 LAD 和 FBD 编辑窗口下拖放 MC_MoveRelative 即可得到如图 4 - 99 所示的指令框。

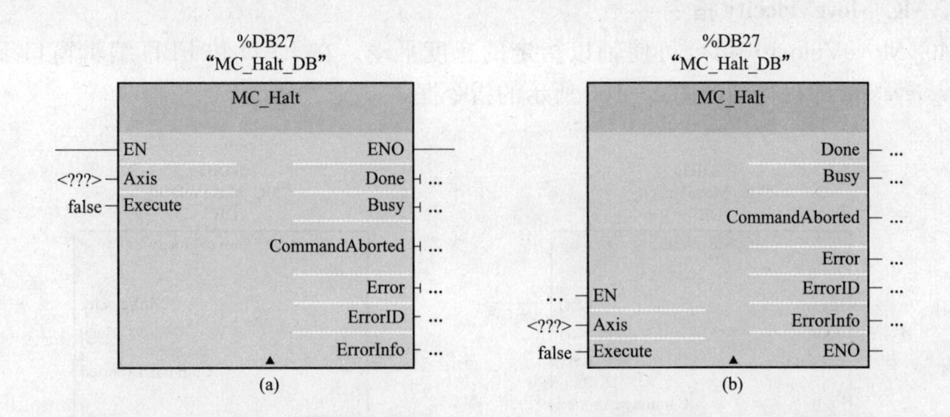

图 4-97 MC_Halt 指令

(a) LAD：MC_Halt；(b) FBD：MC_Halt

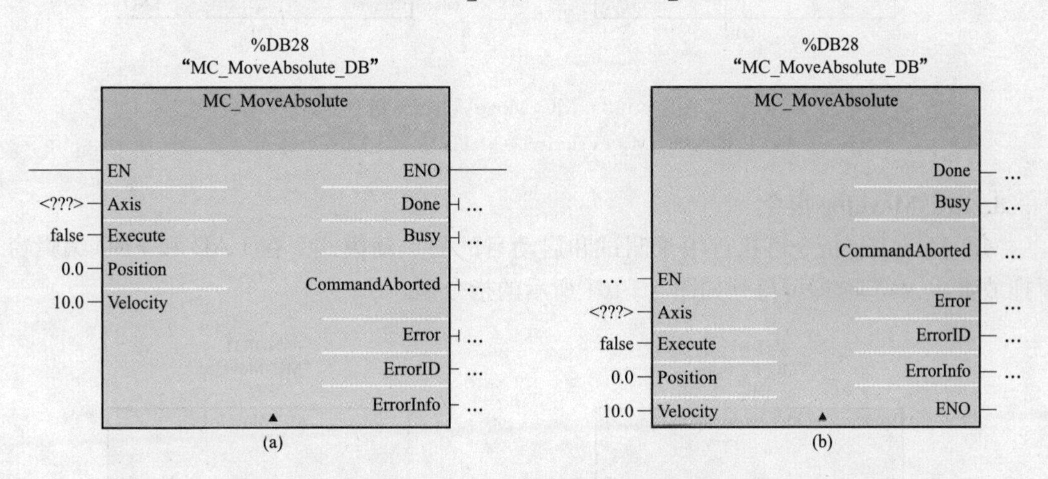

图 4-98 MC_MoveAbsolute 指令

(a) LAD：MC_MoveAbsolute；(b) FBD：MC_MoveAbsolute

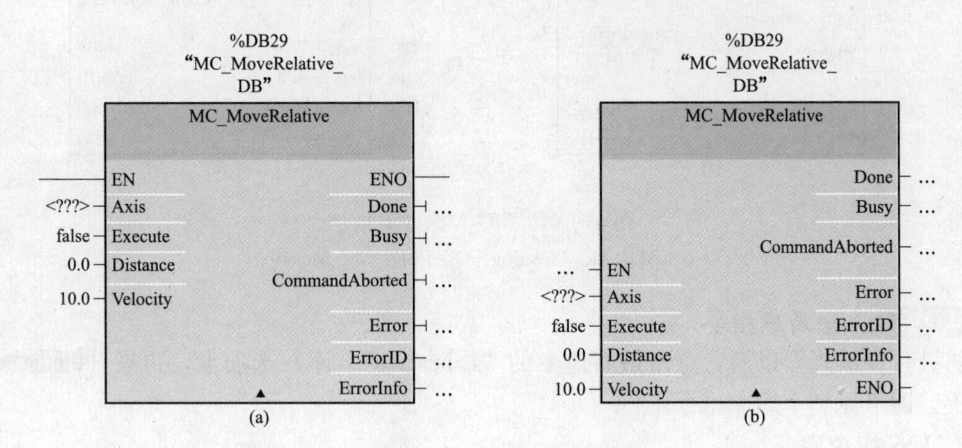

图 4-99 MC_MoveRelative 指令

(a) LAD：MC_MoveRelative；(b) FBD：MC_MoveRelative

7. MC_MoveVelocity 指令

MC_MoveVelocity 指令可使轴以指定的速度平动。在 LAD 和 FBD 编辑窗口下拖放 MC_MoveVelocity 即可得到如图 4-100 所示的指令框。

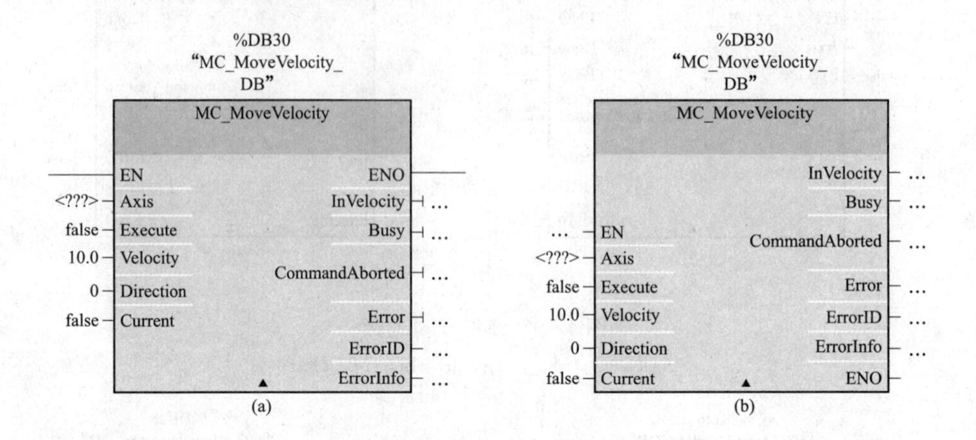

图 4-100　MC_MoveVelocity 指令

(a) LAD：MC_MoveVelocity；(b) FBD：MC_MoveVelocity

8. MC_MoveJog 指令

MC_MoveJog 指令可执行用于测试和启动目的的点动模式。在 LAD 和 FBD 编辑窗口下拖放 MC_MoveJog 即可得到如图 4-101 所示的指令框。

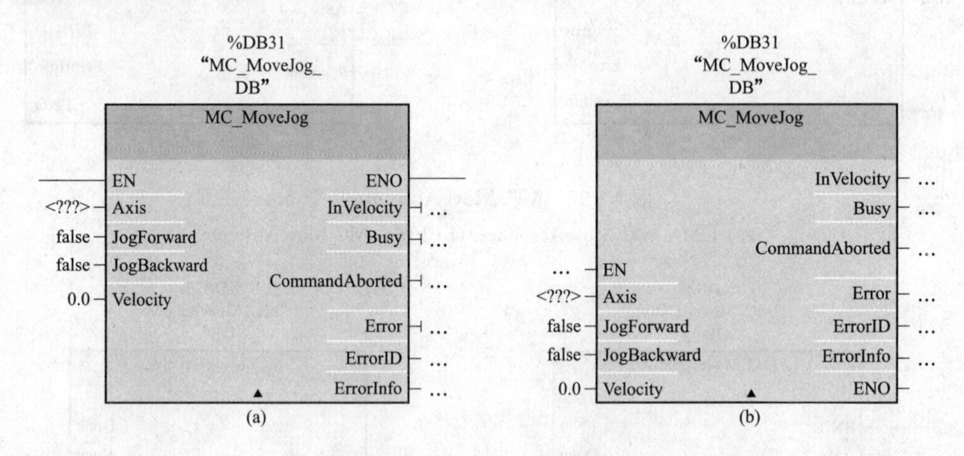

图 4-101　MC_MoveJog 指令

(a) LAD：MC_MoveJog；(b) FBD：MC_MoveJog

4.10.4　全局库指令

打开程序编辑器以后，点击最右边上的 "Libraries"（库）选项卡，再展开 Global libraries 文件夹，即可见到全局库指令。

1. USS 指令库

展开 "全局库"（Global libraries）下的 USS 子文件夹，见 USS_DRV [1.0]、USS_PORT [1.0]、USS_RPM [1.0]、USS_WPM [1.0] 等指令的入口图标。

USS 库支持 USS 协议，并提供了专门用于通过 CM 模块的 RS485 端口与驱动器进行通信的功能，可使用 USS 库控制物理驱动器和读/写驱动器参数，每个 RS485 CM 最多可支持 16 个驱动器。

(1) USS_DRV 指令。在 LAD 和 FBD 编辑窗口下拖放 USS_DRV [1.0] 即可得到如图 4 - 102 所示的指令框。

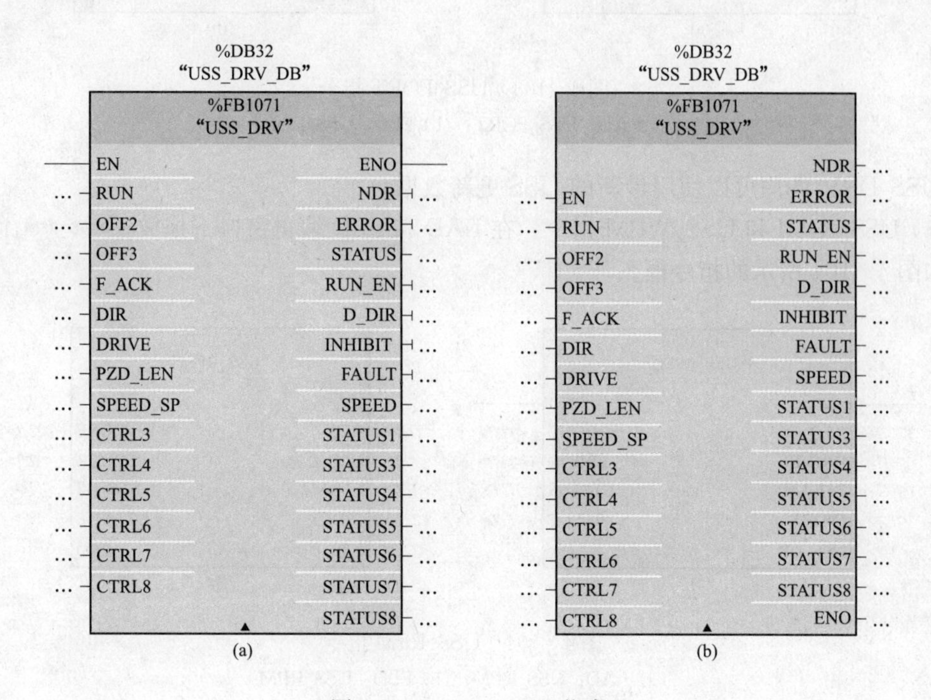

图 4 - 102　USS_DRV 指令

(a) LAD：USS_DRV；(b) FBD：USS_DRV

USS_DRV 指令用于访问 USS 网络中指定的驱动器，USS_DRV 指令的输入和输出参数代表驱动器的状态和控制。如果网络上有 16 个驱动器，则用户程序必须至少具有 16 个 USS_DRV 指令，每个驱动器一个指令。应确保 CPU 以控制驱动器功能所需的速率执行 USS_DRV 指令。USS_DRV 指令只能用于程序循环 OB，必须在放置第一个 USS_DRV 指令时创建该 DB 名称，然后可重复使用通过该初始指令使用而创建的这个 DB。

USS_DRV 指令通过创建请求消息和解释驱动器响应消息与驱动器交换数据，与某个 USS 网络和 CM 相关联的所有 USS 指令必须使用相同的背景数据块。每个驱动器使用一个单独的 USS_DRV 指令。

(2) USS_PORT 指令。在 LAD 和 FBD 编辑窗口下拖放 USS_PORT [1.0] 即可得到如图 4 - 103 所示的指令框。

USS_PORT 指令处理 CPU 和连接到同一个 CM 的所有驱动器之间的实际通信，请在应用程序中分别为每个 CM 插入一个不同的 USS_PORT 指令。应确保用户程序以足够快的速度执行 USS_PORT 指令，以防止与驱动器通信超时。USS_PORT 指令用于程序循环 OB 或任何中断 OB；用于处理 USS 网络上的通信，通常每个 CM 只使用一个 USS_PORT 指令；用于处理与单个驱动器之间的通信，在延时中断 OB 中执行 USS_PORT 以防止驱动器超时，

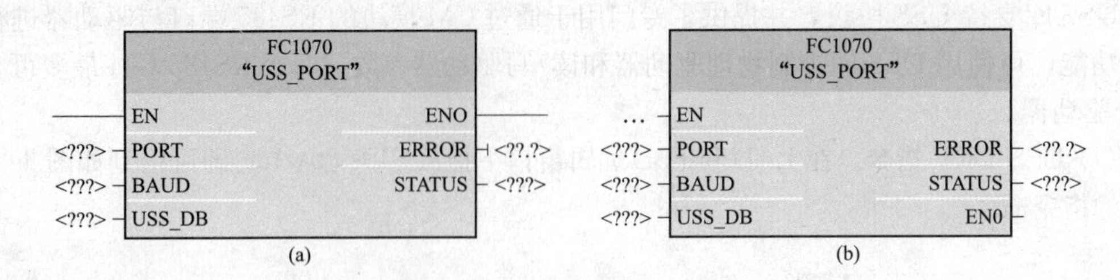

图 4-103　USS_PORT 指令

(a) LAD：USS_PORT；(b) FBD：USS_PORT

并使 USS_DRV 调用可以使用最新的 USS 更新数据。

(3) USS_RPM 和 USS_WPM 指令。在 LAD 和 FBD 编辑窗口下拖放 USS_RPM [1.0] 即可得到如图 4-104 所示的指令框。

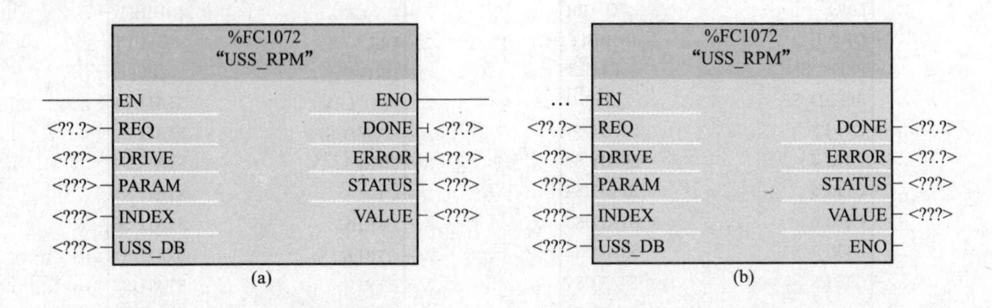

图 4-104　USS_RPM 指令

(a) LAD：USS_RPM；(b) FBD：USS_RPM

在 LAD 和 FBD 编辑窗口下拖放 USS_WPM [1.0] 即可得到如图 4-105 所示的指令框。

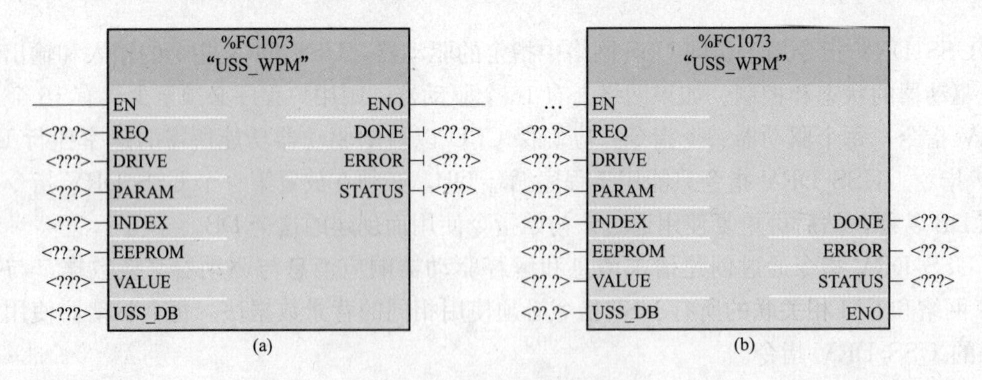

图 4-105　USS_WPM 指令

(a) LAD：USS_WPM；(b) FBD：USS_WPM

USS_RPM 和 USS_WPM 指令用于从远程驱动器读取和写入（修改）工作参数，这些参数控制驱动器的内部运行，关于这些参数的定义，可参见驱动器手册。用户程序可根据需要包含任意数量的此类指令，但在任何特定时刻，每个驱动器只能激活一个读取或写入（修改）请求，USS_RPM 和 USS_WPM 指令只能用于程序循环 OB。

对于与各个CM模块相连接的USS网络，背景数据块包含用于该网络中所有驱动器的临时存储区和缓冲区，驱动器的USS指令通过背景数据块来共享信息。参数“EEPROM”用于控制将数据写入到EEPROM中，要延长EEPROM的使用寿命，请使用参数“EEPROM”将EEPROM写操作的次数降到最低。

(4) 计算与驱动器通信所需的时间。与驱动器进行的通信与CPU扫描不同步，在完成一个驱动器通信事务之前，CPU通常完成了多次扫描。USS_PORT间隔是一个驱动器事务所需的时间，表4-93列出了各个比特率对应的最小USS_PORT间隔。比USS_PORT指令间隔更频繁地调用USS_PORT功能，并不会增加事务数。如果通信错误导致尝试3次才能完成事务，则驱动器超时间隔是处理该事务可能花费的时间。在默认情况下，USS协议库对每个事务最多自动进行2次重试。

表4-93　各个比特率对应的最小USS_PORT间隔

比特率 (bit/s)	计算的最小USS_PORT调用间隔 (ms)	比特率 (bit/s)	计算的最小USS_PORT调用间隔 (ms)
1200	790	19 200	68.2
2400	405	38 400	44.1
4800	212.5	57 600	36.1
9600	116.3	115 200	28.1

2. Modbus指令库

展开“全局库”(Global libraries)下的 MODBUS 子文件夹，见 MB_COMM_LOAD [1.0]、MB_MASTER [1.0]、MB_SLAVE [1.0] 等指令的入口图标。

(1) MB_COMM_LOAD指令。在LAD和FBD编辑窗口下拖放 MB_COMM_LOAD [1.0] 即可得到如图4-106所示的指令框。

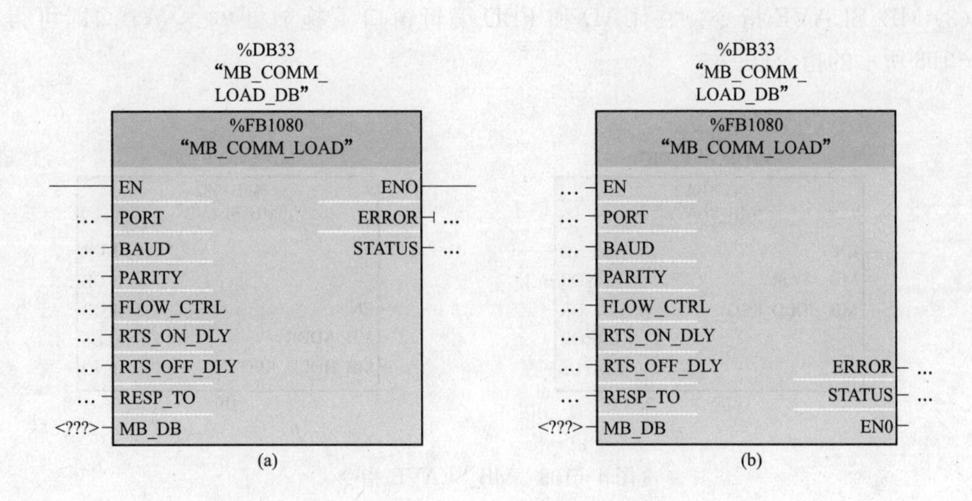

图4-106　MB_COMM_LOAD指令

(a) LAD：MB_COMM_LOAD；(b) FBD：MB_COMM_LOAD

MB_COMM_LOAD指令用于组态CM模块上的端口，以进行Modbus RTU协议通信。

可以使用 RS232 或 RS485 CM 模块。用户程序必须先执行 MB_COMM_LOAD 指令来组态端口，之后 MB_SLAVE 或 MB_MASTER 指令才能与该端口进行通信。

(2) MB_MASTER 指令。在 LAD 和 FBD 编辑窗口下拖放 MB_MASTER [1.0] 即可得到如图 4－107 所示的指令框。

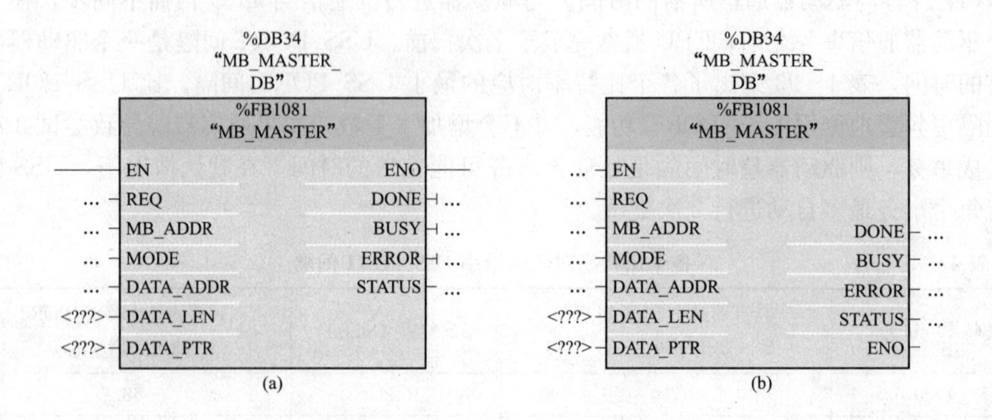

图 4－107 MB_MASTER 指令

(a) LAD：MB_MASTER；(b) FBD：MB_MASTER

MB_MASTER 指令允许用户程序作为 Modbus 主站使用点对点 CM 1241 RS485 或 CM 1241 RS232 模块上的端口进行通信，可访问一个或多个 Modbus 从站设备中的数据。插入 MB_MASTER 指令可创建背景数据块，使用此 DB 名称作为 MB_COMM_LOAD 指令中的 MB_DB 参数。从同一个 OB（或 OB 优先等级）执行指定端口的所有 MB_MASTER 指令。

用户在程序中放置 MB_MASTER 指令时将分配背景数据块，指定 MB_MASTER 指令中的 MB_DB 参数时会用到该 MB_SLAVE 背景数据块名称。

(3) MB_SLAVE 指令。在 LAD 和 FBD 编辑窗口下拖放 MB_SLAVE [1.0] 即可得到如图 4－108 所示的指令框。

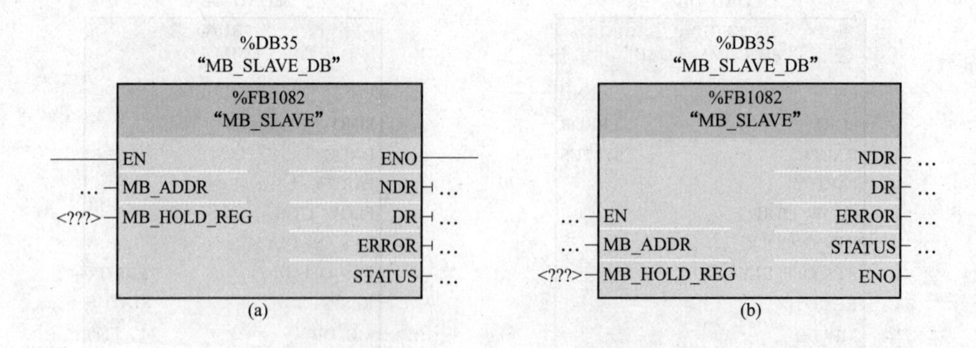

图 4－108 MB_SLAVE 指令

(a) LAD：MB_SLAVE；(b) FBD：MB_SLAVE

MB_SLAVE 指令允许用户程序作为 Modbus 从站使用点对点 CM 1241 RS485 或 CM 1241 RS232 模块上的端口进行通信，Modbus RTU 主站可以发出请求，然后程序通过执行

MB_SLAVE 指令来响应。插入 MB_SLAVE 指令可创建背景数据块，使用此 DB 名称作为 MB_COMM_LOAD 指令中的 MB_DB 参数。用户程序从循环中断 OB 执行所有的 MB_SLAVE 指令。

MB_SLAVE 指令支持来自任何 Modbus 主站的广播写入请求，只要该请求是用于访问有效位置的请求即可。不管请求是否有效，MB_SLAVE 指令都不对 Modbus 主站的广播请求作出任何响应。

Modbus 指令不使用通信中断事件来控制通信过程，用户程序必须轮询 MB_MASTER 或 MB_SLAVE 指令以了解传送和接收的完成情况。

如果某个端口作为从站响应 Modbus 主站，则 MB_MASTER 指令无法使用该端口。对于给定端口，只能使用一个 MB_SLAVE 指令执行实例。同样，如果要将某个端口用于初始化 Modbus 主站的请求，则 MB_SLAVE 指令将不能使用该端口。MB_MASTER 指令执行的一个或多个实例可使用该端口。如果用户程序操作 Modbus 从站，则对 MB_SLAVE 指令的轮询（周期性执行）速度有要求，即必须使该指令能及时响应来自 Modbus 主站的进入请求。如果用户程序操作 Modbus 主站并使用 MB_MASTER 指令向从站发送请求，则用户必须继续轮询（执行 MB_MASTER 指令）直到返回从站的响应。

第5章

S7-1200 PLC的编程语言与组态

5.1 国际标准与S7-1200的编程语言

5.1.1 工业自动化系统控制逻辑组态软件标准IEC 61131

得益于微电子、网络通信及控制技术的迅猛发展，归因于PLC编程软件的标准化，20世纪90年代PLC技术历经了一次发展高潮。

原有PLC系统存在着多种编程语言、字符集及不同的概念，差异导致了不同制造厂商PLC平台的不兼容，不同的PLC需要不同的控制编程软件。统一的编程规则成为技术人员的迫切需求。

市场需求促进PLC技术进步和发展，1993年12月由IEC组织制定了IEC 61131标准。其中第3部分提供了一套统一的应用于PLC的语法和语义，包括5种编程语言，即语句表语言、结构化文本、梯形图、功能块图和顺序功能图。IEC 61131-3规范了编程语言、PLC与编程系统的接口、字符集和工程管理，使得所有PLC使用相同的概念，平台程序可以互相移植，从而整体降低了自动化控制系统的费用。

出台这一标准对PLC制造厂、集成商和终端用户都有许多益处，技术人员不再为某一种PLC的特定语言花费大量的时间学习培训，也减少对语言本身的误解；对于相同的控制逻辑，不管控制设备如何，只需相同的程序代码，为一种PLC家族开发的软件，理论上可以运行在任何兼容IEC 61131的系统。用户可以集中精力于具体问题的解决，消除了对单一生产商的依赖，当系统硬件或软件功能需要升级时，用户不再担心以往的投资，可以选用对特定应用更好的工具。PLC厂商提供了符合IEC 61131-3标准的编程语言后，不再需要组织专门的语言培训，只需将注意力集中到PLC自身功能的增强上，也不用花费时间精力和财力考虑与其他PLC的编程兼容问题。

迄今为止，IEC 61131-3标准已经被大多数PLC自动化设备制造商所接受，并对PLC的体系结构产生了巨大影响；另外，越来越多的DCS制造商也开始考虑采用IEC 61131-3的编程标准对分散过程控制进行编程组态，IEC 61131-3已经成为自动控制领域的一种通用编程标准。

成立于1992年的PLCopen组织是一个独立于厂商及产品的国际组织，致力于IEC 61131标准的使用及推广，并着力改善及增进标准本身，如特定应用领域的行规、兼容级别等方面的研究。该组织有广泛的成员基础，欧洲及国际上许多知名的PLC制造商、软件公司和独立研究机构都是该组织的成员，如西门子、施耐德电气等。

PLCopen组织追求IEC 61131-3开放软件的开发标准，其目标是提供一套编程语言的标准集合，即IEC 61131所说的PSE编程支持环境，可以在多个PLC开发环境中实现，而并不是开发单一的使用各种 PLC 的开发环境。

控制算法组态是传统 PLC 的一大缺陷，但通过 IEC 61131 - 3 提供的梯形图逻辑及丰富的功能块，在 PLC 上组态复杂算法已经比较简单。控制功能的不断增强，使得 PLC 有能力向传统 DCS 占领的过程控制领域进军。传统 DCS 具有相对封闭的控制算法组态技术，虽然包括梯形图、助记符、功能块等，但多数不符合 IEC 61131 - 3。而 IEC 61131 - 3 编程标准，不仅适合于 PLC 系统，也同样适于 DCS，这又是 PLC 系统的一个优势。

基于 PC 的控制是自动化控制应用的一个趋势，它一般包括开放式结构的 PC 平台，如工业 PC 机，各种 PCI、CPCI 等总线数采卡，强实时操作系统，如 NT、QNX、DOS、Windows CE、VxWorks 和统一的控制逻辑编程标准 IEC 61131 - 3。

IEC 61131 标准提供给用户一种良好结构、自上而下或自下而上的程序开发方法，提供全套的配置集成，允许程序分解成功能块和软件元素，进行完全的程序控制，程序不同部分在不同时间，以不同周期或平行地运行。

IEC 61131 将特定应用的控制系统称为配置，包括硬件的分配、过程资源划分、输入输出通道分配、内存地址分配及系统的性能分析。一个配置中可定义一个或多个资源，资源可以理解为可执行的过程处理设备，像一个 CPU。一个资源中可以定义一个或多个任务，由任务控制一套程序或/和功能块的执行，可以周期或由事件驱动。程序可以使用 5 种语言的任何一种，典型程序由功能块、函数组成，包括数据结构和逻辑。与一个资源、一个任务、运行于一个闭环系统的传统 PLC 相比，IEC 61131 - 3 是开放和先进的。

5.1.2 西门子 PLC 的几种编程语言

不同厂家的 PLC 有不同的编程语言，但就某个厂家而言，PLC 的编程语言也就那么几种。IEC 61131 - 3 标准中提供了 4 种内部操作语言和一个结构化语言定义，下面介绍一下符合 IEC 61131 - 3 标准的西门子 PLC 的编程语言。

1. 顺序功能图（Sequential Fuction Chart，SFC）

一种其他编程语言之上的图形语言，用来编程顺序控制的程序。编写时，工艺过程被划分为若干个顺序出现的步，每步中包括控制输出的动作，从一步到另一步的转换由转换条件来控制，特别适合于生产制造过程。西门子 STEP 7 中的该编程语言是 S7 Graph。

2. 梯形图（LAdder Diagram，LAD）

一种应用最多的 PLC 编程语言，与继电器电路相似，直观易懂，易被熟悉继电器控制的电气人员掌握，特别适合于数字量逻辑控制，它由触点、线圈和指令框构成。触点代表逻辑输入条件，线圈代表逻辑运算结果，常用来控制指示灯、开关和内部的标志位等；指令框用来表示定时器、计数器或数学运算等附加指令。梯形图不适合编写大型控制程序。

3. 语句表（STatement List，STL）

一种类似于微机汇编语言的文本编程语言，由多条语句组成一个程序段。语句表适合于经验丰富的程序员使用，可以实现某些梯形图不能实现的功能。

4. 功能块图（Function Block Diagram，FBD）

功能块图用类似于布尔代数的图形符号，即用与门、或门来表示控制逻辑，复杂功能用指令框表示，适合懂数字电路的人员使用。方框左侧为逻辑运算的输入变量，右侧为输出变量，输入、输出端的小圆表示“非”运算，方框用“导线”连在一起，信号自左向右。

5. 结构化文本（Structured Text，ST）

结构化文本是IEC 61131-3标准创建的一种专用高级编程语言。与梯形图相比，能实现复杂的数学运算，编写的程序非常简洁和紧凑。STEP 7的S7 SCL结构化控制语言，编程结构和C语言、Pascal语言相似，特别适合惯于使用高级语言的编程人员使用。

IEC 61131-3的5种编程语言中，FBD最有生命力和发展前途。FB（功能块）是控制系统的基本构件，是一个包装好的控制程序，可以是任何IEC 61131-3编程语言编写的控制逻辑和策略包装成的软件元素，可以在相同程序的不同部分或/和分散的其他程序中使用。

功能块能够封装数据和逻辑，超过FORTRAN和C语言编写的子程序，有面向对象的含义，提高了系统可靠性，其组成及对编程软件的贡献相当于现代电子电路中的集成芯片。数据封装避免了许多错误源，用户不必关心具体实现细节，只需关心与外部的接口和如何使用；开发人员只需注重于实现，而不必关心使用。

功能块允许来自不同程序、项目、公司甚至国家的不同组件的结合。IEC 61131-3标准保证了功能块定义接口的使用，即定义的输入和输出参数。由不同程序员设计的功能块可借助输入和输出参数进行交互，当然输入和输出参数必须是标准中定义的数据类型。

功能块不仅利于结构化程序设计，长远地看还能加速应用开发，尤其对相近的应用开发有效。现代控制系统的一个目标是代码重用，相同的控制逻辑无论硬件是PLC、DCS或是PC，均有相同的程序源代码，这个目标只有通过功能块实现。

功能块的支持使得远程控制成为可能，1992年以后，远程控制应用需求增多，松下（Matsushita）公司开发相关产品，提供了一个扩展软件库（多个IEC 61131-3功能块），从而简化用户程序的集成。符合IEC 61131-3标准的DCS系统编程软件，必不可少地会使用功能块。DCS中所有控制单元的控制逻辑一般都以功能块的形式提供在编程环境中。DCS还需要提供一个现场总线通信系统中用于分散处理的功能块。开放式现场总线控制系统FCS通过组态软件生成的参数及算法，不仅可以在控制器中运行，还可以在远程I/O或智能设备上运行，这就需要定义好的功能块，可以在智能仪表及执行机构中进行运算，实现真正的分布式控制。

功能块的广泛使用促进了独立于制造商的工业软件开发（功能块库的开发）市场的浮现与繁荣，设计用于解决大范围不同工业应用的、可以运行在任何开发商产品上的功能块成了一个新兴的具有很强生命力的产业。

复杂分布式自动化控制任务需要一个扩展的通信和执行结构，频繁的数据交换发生于地理位置上相互远离的控制单元，将复杂程序分配给网络节点中的任务。这样可以达到分布式系统的目标：在多个控制单元间分布且并行地执行这些程序；保证网络中节点间的数据一致性，即规定相互交换数据的准确时间。分散工业过程测量和控制系统的新结构模型IEC 61499中的信息交换包括用户数据流和事件控制流，可弥补解决这类问题。

5.1.3 S7-1200的编程语言

S7-1200只有梯形图和功能图这两种编程语言，使用STEP 7 Basic工具编程，其风格基本与STEP 7 Professional一样，采用组织块（OB）、功能块（FB）、功能函数（FC）和数据块（DB）的编程形式（通过背景DB的支持可以实现功能块参数化调用），西门子公司统一了全线产品的编程风格。

1. 梯形图

梯形图（LAD）是用得最多的图形编程语言，基于电路图的表示法，直观易懂，易被熟悉继电器控制的电气人员掌握，特别适合于数字逻辑控制。与原有的继电器逻辑控制技术的不同点是：梯形图中的能流（Power Flow）不是实际意义的电流，内部的继电器也不是实际存在的继电器，因此应用时需与原有继电器逻辑控制技术的有关概念区别对待。

用梯形图的图形符号来描述程序，采用因果关系描述事件发生的条件和结果，每个梯级是一个因果关系。在梯级中，描述事件发生的条件表示在左面，描述事件发生的结果表示在右面。触点、线圈和指令框是构成梯形图的要素，触点代表逻辑输入条件（如外部开关、按钮和内部条件等），线圈通常代表逻辑运算的结果以用来控制外部的负载和内部的标志位等，指令框用来表示定时器、计数器或者数学运算等指令。使用编程软件可以直接生成和编辑梯形图，并将其下载到PLC。

触点、线圈和（或）指令框组成的独立电路称为网络（Network），编程软件STEP 7 Basic可自动为网络编号。可以在网络编号的右边加上网络的标题，在网络编号的下面为网络加上注释，如图5-1所示。单击工具栏上的“Network comments on/off”（左起第9个）按钮，可以显示或关闭网络的注释。

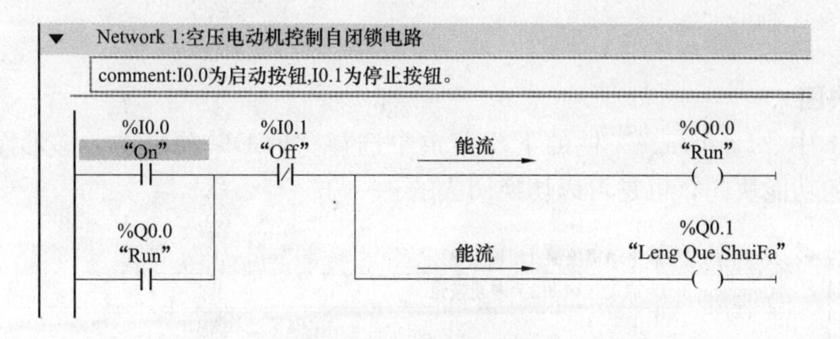

图5-1 梯形图的式样

网络内的逻辑运算按从左往右的方向执行，与能流的方向一致。如果没有跳转指令，网络之间按从上到下的顺序执行，执行完所有网络后，下一次扫描循环返回最上面的网络1，又重新执行。

要创建复杂运算逻辑，可插入分支以创建并行电路的逻辑。并行分支向下打开或直接连接到电源线，可向上终止分支。

LAD向多种功能（如数学、定时器、计数器和移动）提供“功能框”指令，创建LAD程序段时请注意以下规则：①每个LAD程序段都必须使用线圈或功能框指令来终止，不要使用比较指令或沿检测（上升沿或下降沿）指令终止程序段；②不能创建可能导致反向能流的分支，如图5-2所示；③不能创建可能导致短路的分支，如图5-3所示。

设置块的编程语言在巡视窗口中的“Properties”（属性）栏进行，如图5-4所示。

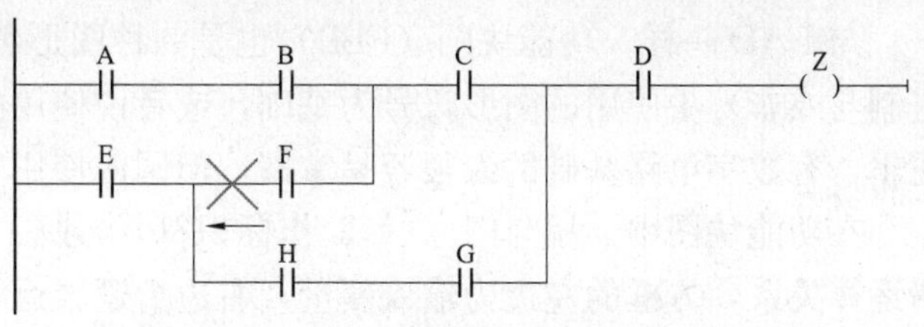

图5-2 不能创建反向能流的分支

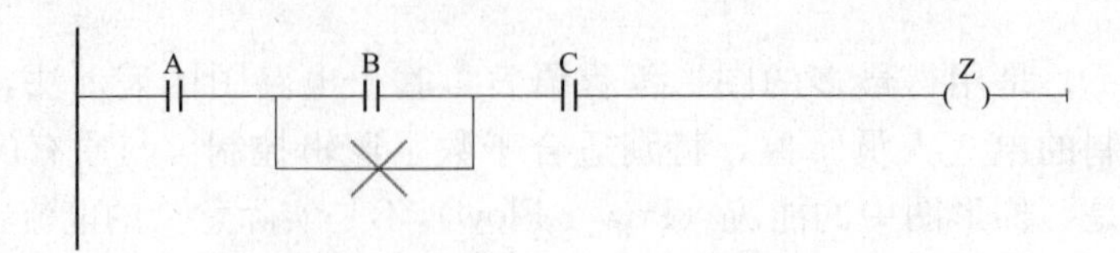

图 5-3　不能创建可能导致短路的分支

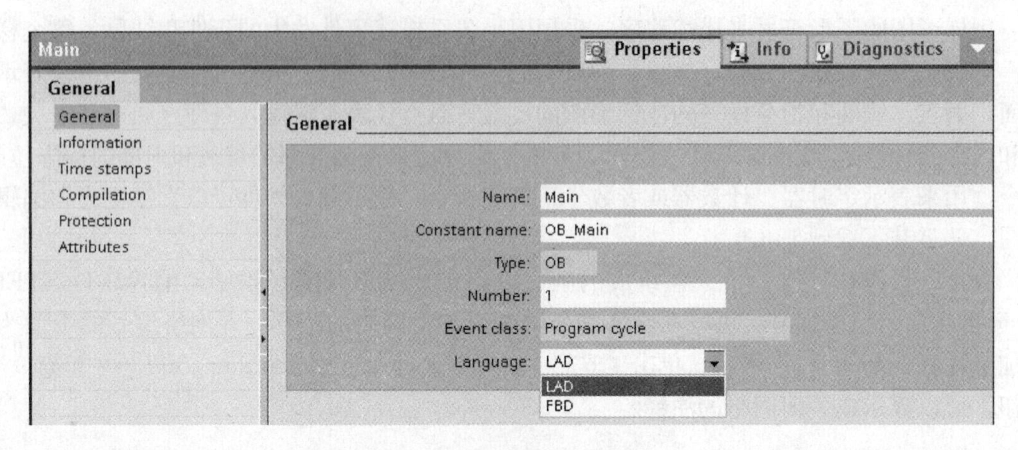

图 5-4　设置块的编程语言

2. 功能块图

在图 5-4 中“Language”栏的下拉菜单中选择“FBD”并单击，梯形图就会变成如图 5-5 所示的功能块图，也是可以切换回去的。

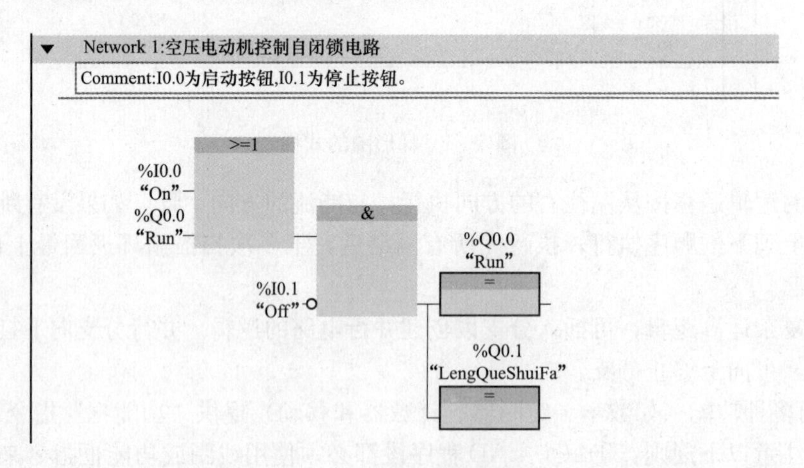

图 5-5　切换为功能块图

与 LAD 一样，功能块图（FBD）也是一种图形编程语言，逻辑表示法以布尔代数（二进制与或非）中使用的图形符号为基础，或者说使用类似于数字电路的图形符号来表示控制逻辑，有数字电路基础的人很容易掌握，但国内使用功能块图语言的人不多。

在功能块图中，用与门（“&”作标识符）、或门（“＞＝1”作标识符）的方框来表示逻辑运算关系，方框的左边为输入变量，右边为逻辑运算的输出变量，输入、输出端的小圆圈表示“非”运算，方框间用“导线”连在一起，信号自左向右流动。

数学运算功能和其他复杂功能可直接结合逻辑指令框表示，要创建复杂运算的逻辑，在功能框之间插入并行分支。

3. 理解“功能框”指令的 EN 和 ENO

LAD 和 FBD 都可以将“能流”（EN 和 ENO）用于某些“功能框”指令，特定指令（如数学和移动）显示 EN 和 ENO 的参数，这些参数与能流有关并确定在该扫描期间是否执行指令。

(1) EN（使能输入）是 LAD 和 FBD 中功能框的布尔输入，要执行功能框指令，能流(EN=1) 必须出现在此输入端，如果 LAD 功能框的 EN 输入直接连接到左侧电源线，则将始终执行该功能框。

(2) ENO（使能输出）是 LAD 和 FBD 中功能框的布尔输出，如果该功能框在 EN 输入端有能流且正确执行了其功能，则 ENO 输出会将能流（ENO=1）传递到下一个元素。如果执行功能框指令时检测到错误，则在产生该错误的功能框指令处终止该能流（ENO=0）。

输入/输出 EN、ENO 的操作数与数据类型见表 5-1。

表 5-1 EN、ENO 的操作数与数据类型

程序编辑器	输入/输出	操作数	数据类型
LAD	EN、ENO	能流	Bool
FBD	EN	I、I_:P、Q、M、DB、Temp、能流	Bool
	ENO	能流	Bool

5.2 存储区、寻址、数据类型和用户程序

5.2.1 S7-1200 的存储区与寻址

1. 物理存储器

S7-1200 CPU 提供了以下用于存储用户程序、数据和组态的存储区。

(1) 装载存储器：用于非易失性地存储用户程序、数据和组态。项目下载到 CPU 后，首先存储在装载存储区中，它位于存储卡（如存在/空间更大）或 CPU 中，能断电保持。

(2) 工作存储器：易失性存储器，执行用户程序时，CPU 将一些项目内容从装载存储器复制到工作存储器中，断电后丢失，恢复供电时由 CPU 恢复。

(3) 保持性存储器：断电时非易失性地存储限量的所选用户存储单元的工作存储器的值。发生掉电时，CPU 用足够的缓冲时间来保存限量的指定单元的值，这些值在上电时可以恢复。

SIMATIC 存储卡（可选）用作存储用户程序的替代存储器，或用于传送程序。使用它，CPU 将运行存储卡中的程序而不是自身存储器中的程序，CPU 仅支持预格式化的 SIMATIC 存储卡。要插入存储卡，需打开 CPU 顶盖，然后将存储卡插入到插槽中，推弹式连接器可以轻松地插入和取出，存储卡要求正确安装，检查以确定存储卡没有写保护，滑动保护开关，使其离开“Lock”位置。

存储卡用作程序卡或传送卡：①无须 STEP 7 Basic 而使用传送卡可将项目复制到多个 CPU 存储器，复制后取出传送卡；②程序卡可替代 CPU 存储器（所有 CPU 功能由程序卡进行控制），插入程序卡会擦除 CPU 内部装载存储器的所有内容（包括用户程序和任何强制

I/O)。CPU 执行程序卡中的用户程序，程序卡必须保留在 CPU 中，否则 CPU 切换到 STOP 模式。

2. 系统存储区和寻址

STEP 7 Basic 简化了符号编程，用户为数据地址创建符号名称或“变量”。作为与存储器地址和 I/O 点相关的 PLC 变量或在代码块中使用的局部变量，在用户程序中应用时，只需输入指令参数的变量名称。为了更好地理解 CPU 的存储区结构及其寻址方式，以下段落将对 PLC 变量所引用的“绝对”寻址进行说明。

为在执行用户程序期间存储数据，表 5-2 列出了对 CPU 存储区进行的划分。

(1) 全局存储器，CPU 提供了各种专用存储区，其中包括输入（I）、输出（Q）和位存储器（M），所有代码块可以无限制地访问该储存器。

(2) 数据块（DB），可在用户程序中加入 DB 以存储代码块的数据，从相关代码块开始执行一直到结束，存储的数据始终存在。“全局”DB 存储所有代码块均可使用的数据，而背景 DB 存储特定 FB 的数据并且由 FB 的参数进行构造。

(3) 临时存储器，只要调用代码块，CPU 的操作系统就会分配要在执行块期间使用的临时或本地存储器（L），代码块执行完成后，CPU 将重新分配本地存储器，以用于执行其他代码块。

表 5-2　CPU 存储区的划分

存储区	说明	强制	保持性
过程映像输入（I）	在扫描周期开始时从物理输入复制	否	否
物理输入（I_：P）	立即读取 CPU、SB 和 SM 上的物理输入点	是	否
过程映像输出（Q）	在扫描周期开始时复制到物理输出	否	否
物理输出（Q_：P）	立即写入 CPU、SB 和 SM 上的物理输出点	是	否
位存储器（M）	控制和数据存储器	否	是（可选）
临时存储器（L）	存储块的临时数据，这些数据仅在该块的本地范围内有效	否	否
数据块（DB）	数据存储器，同时也是 FB 的参数存储器	否	是（可选）

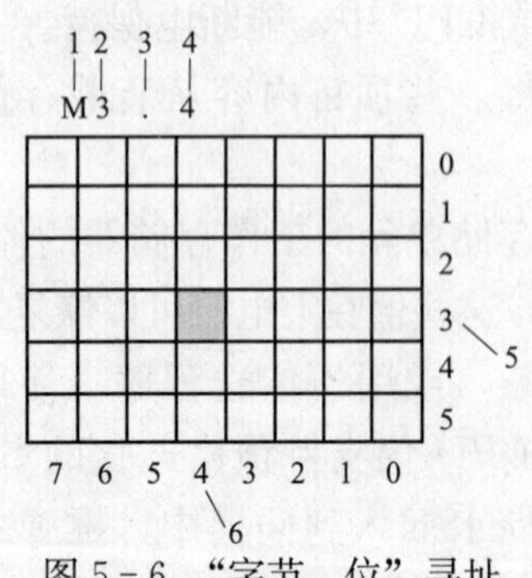

图 5-6　“字节．位”寻址
1—存储区标识符；2—字节地址（此处为 3）；3—字节与位之间的分隔符（“字节．位”）；4—位在字节中的位置编号（从右往左数，共 8 位）；5—存储区的字节；6—选定字节的位

每个存储单元都有唯一的地址，用户程序利用这些地址访问存储单元中的信息。对输入（I）或输出（Q）存储区（如 I0.3 或 Q1.7）的引用会访问过程映像。要立即访问物理输入或输出，就在引用后面添加“：P”（如 I0.3：P、Q1.7：P 或“Stop：P”）。要向输入（I）或输出（Q）强制写入值，也在 PLC 变量或地址后面添加“：P”。

每个存储单元都有唯一的地址，用户程序利用这些地址访问存储单元中的信息。图 5-6 说明了如何访问一个位，也称为“字节．位”寻址。该处存储区和字节地址（M 代表位存储区、3 代表字节 3）通过后面的句点（“.”）与位地址（位 4）分隔。

地址的访问包括以下格式：①位寻址，如 I0.1、M0.2、DB10.DBX0.1；②字节寻址，如 IB4、MB8、DB10.DBB4；

③字寻址，如 IW4、MW8、DB10.DBW4；④双字寻址，如 ID4、MD8、DB10.DBD4；⑤符号寻址，如“START”“STOP”（既可定义为布尔量，也可定义为字节量）。S7-1200的寻址方式更多的时候是直接寻址，下面说明 S7-1200 使用“通过索引变量从数组中读取数值”指令 FieldRead 和“通过索引变量向数组中写入数值”指令 FieldWrite 如何实现间接寻址。

在“Program blocks”容器中双击“Add new block”来生成一个名为“Data_block_2”的全局数据块，如图 5-7 所示，在数据块中生成名为“Array-x”的数组“Array [1..5] of Int”，其元素的数据类型为 Int，元素的编号为 1～5。

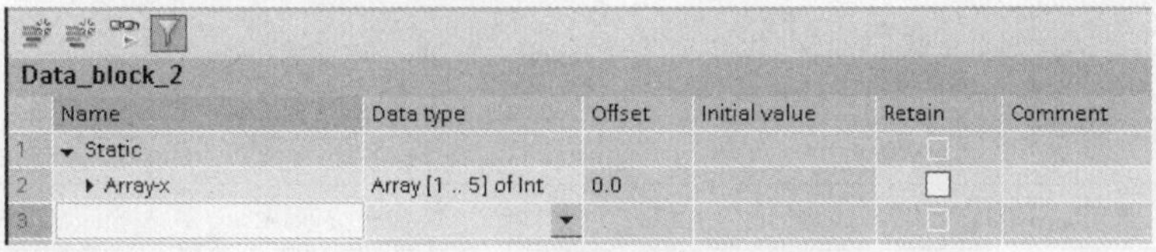

Data_block_2

	Name	Data type	Offset	Initial value	Retain	Comment
1	▾ Static					
2	▸ Array-x	Array [1 .. 5] of Int	0.0		☐	
3						

图 5-7 生成名为“Array-x”的数组

FieldRead 和 FieldWrite 这两条指令不在“指令列表”及“高级指令列表”中。打开程序编辑器，将收藏夹中的空逻辑框插入某段程序。单击其中红色的“??”，打开下拉式列表框，选中列表框底部的指令“FieldWrite”或“FieldRead”。

单击指令框中的“???”，用下拉式列表框设置要写入或读取的数据类型为 Int。两条指令的参数 MEMBER 的实参必须是数组的第一个元素“Data_block_2”.Array-x [1]（位于指令框右边）。指令的输入参数索引值“INDEX”是要读取的数组中的元素的序号，数据类型为 Dint（双整数）；参数“VALUE”是要写入或读取的数组中的对应元素的值（位于指令框左边）。

将程序下载到 CPU，将 CPU 切换到 RUN 模式。打开 OB1，启动程序状态监视功能。

右键单击指令 FieldWrite 的输入参数 INDEX 的实参 MD10，执行出现的快捷菜单中的命令“Modify→Modified Value”（修改→修改值），将 MD10 的值修改为 3。启用 Data_block_2 的监视功能，可以看到输入参数 VALUE 的值被写入数组元素“Data_block_2”.Array-x [3] 中。修改 INDEX 的值，VALUE 的值将被写入 INDEX 对应的数组元素。

用上述方法设置指令 FieldRead 的输入参数 INDEX 的值为 3，输出参数 VALUE 的实参 MW20 中是读取的数组元素“Data_block_2”.Array-x [3] 的值。

5.2.2 S7-1200 支持的数据类型

数据类型用来描述数据的长度（二进制的位数 1、8、16、32、64）和属性，即用于指定数据元素的大小及如何解释数据，每个指令参数至少支持一种数据类型，而有些参数支持多种数据类型。将光标停在指令的参数域上方，便可看到给定参数所支持的数据类型。

形参是指指令上标记有要使用数据位置的标识符（如 ADD 指令的 IN1 输入）；实参是指包含指令要使用数据的存储单元或常量（如%MD400“Number_of_Widgets”）。用户指定的实参的数据类型必须与指令指定的形参所支持的数据类型之一匹配。指定实参时，必须指定变量（符号）或者绝对存储器地址。变量将符号名（变量名）与数据类型、存储区、存储器偏移量和注释关联在一起，并且可以在 PLC 变量编辑器或块（OB、FC、FB 或 DB）的接口编辑器中进行创建。如果输入一个没有关联变量的绝对地址，使用的地址大小必须与所支持的数据类型相匹配，而默认变量将在输入时创建。还可以为许多输入参数输入常数。

1. 基本数据类型

表5-3列出了受S7-1200支持的基本数据类型，同时还包括常量输入实例。除String外，其他所有数据类型都可在PLC变量编辑器和块接口编辑器中使用。String只能在块接口编辑器中使用。

表5-3　S7-1200支持的基本数据类型

数据类型	大小（B）	范围	常量输入实例
Bool	1	0～1	TRUE，FALSE，0，1
Byte	8	16#00～16#FF	16#12，16#AB
Word	16	16#0000～16#FFFF	16#ABCD，16#0001
DWord	32	16#00000000～16#FFFFFFFF	16#02468ACE
Char	8	16#00～16#FF	'A','t','@'
SInt	8	－128～127	123，－123
Int	16	－32 768～32 767	123，－123
DInt	32	－2 147 483 648～2 147 483 647	123，－123
USInt	8	0～255	123
UInt	16	0～65 535	123
UDInt	32	0～4 294 967 295	123
Real	32	＋/－1.18×10^{-38}～＋/－3.40×10^{38}	123.456、－3.4、－1.2E＋12、3.4E-3
LReal	64	＋/－2.23×10^{-308}～＋/－1.79×10^{308}	12345.123456789、－1.2E＋40
Time	32	T#－24d_20h_31m_23s_648ms～T#24d_20h_31m_23s_647ms； 存储形式：－2 147 483 648～＋2 147 483 647ms	T#5m_30s 5#－2d T#1d_2h_15m_30x_45ms
String	变量	0～254B字符	'ABC'
DTL	12	最小值：DTL#1970-01-01-00：00：00.0 最大值：DTL#2554-12-31-23：59：59.999 999 999	DTL#2010-06-06 20：30：20.250

注　DTL数据类型是一种12B的结构，以预定义的结构保存日期和时间信息。可以在块的临时存储器中或者在DB中定义DTL。

表5-3中数据类型的符号有以下特点：①字节、字和双字均为十六进制数，字符又称为ASCII码；②包含Int但无U的为有符号整数，包含Int又有U的为无符号整数；③包含SInt的为8位整数，包含Int且无D和S的为16位整数，包含DInt的为32位双整数。

尽管表5-4中的BCD数字格式不能用作数据类型，但它们受转换指令支持。

表5-4　BCD数字格式受转换指令支持

格式	大小	数字范围	实例
BCD16	16b	－999～999	123，－123
BCD32	32b	－9 999 999～9 999 999	1 234 567，－1 234 567

S7－1200的新数据类型如USInt、LReal等有以下优点：①使用短整数数据类型，可以节约内存资源；②无符号数据类型可以扩大正数的数值范围；③64位双精度浮点数可用于高精度的数学函数运算。

2. 复杂数据类型

复杂数据类型是由基本数据类型组合而成的，有以下4种情况。

(1) DTL：表示日期和时间，包括年、月、日、星期、小时、分、秒和纳秒，长度12B，可在全局数据块或块的接口区中定义，数据结构见表5－5。

表5－5　数据结构DTL

数据	字节数	取值范围	数据	字节数	取值范围
年	2	1970～2554	小时	1	0～23
月	1	1～12	分钟	1	0～59
日	1	1～31	秒	1	0～59
星期	1	1～7（日～六）	纳秒	4	0～99 999 999

(2) String：最多由254个字符组成的字符串。

String（字符串）数据有2B的头部，后面是最多254B的ASCII字符代码。字符串的首字节是字符串的最大长度，第2个字节是当前长度，即当前实际使用的字符数。当前长度必须小于等于最大长度。字符串占用的字节数为最大长度加2。

字符串的默认最大长度为254个字符，定义字符串的最大长度可以减少它占用的存储空间。例如，定义了字符串“MyString [12]”之后，字符串MyString的最大长度就只有12个字符了。如果字符串的数据类型为String（没有方括号），每个字符串变量将占用256B。

执行字符串指令之前，首先应定义字符串，不能在变量中定义字符串，只能在代码块的接口区或全局数据块中定义它。

(3) Array：数组由相同数据类型的固定个数的多个元素组成，S7－1200只能生成一维数组，数组元素的数据类型可以是所有的基本数据类型。

单击项目树中某个PLC的“Program block”（程序块）文件夹中的“Add new block”（添加新块），添加一个新的块。在打开的对话框中单击“Data block”（数据块）按钮来生成一个数据块，如图5－8所示。

可以修改数据块的名称或采用默认名称，类型默认为“Global DB”（全局数据块），生成方式是默认的“Automatic”（自动），单击“OK”按钮后自动生成数据块。

如果生成方式选中“Manual”（手动），可修改块的编号（Number）。选中复选框“Symbolic access only”（仅能用符号访问），只能用符号地址访问生成的块中的变量，不能使用绝对地址，这种访问方式可以提高存储器的利用率。选中下面的复选框“Add new and open”（添加新对象并打开），生成新块之后，将会自动打开。单击“OK”出现如图5－9所示的对话框。

在数据块的第2行“Name”（名称）列可输入数组（Array）名称“Power”，单击“Data type”（数据类型）列中的按钮，选中下拉式列表中的数据类型“Array [lo.. hi] of type”，其中的“lo（low）”和“hi（high）”分别是数组元素编号（下标）的下限值和上限值，最大范围为 [－32 768，32 767]，下限值应小于等于上限值。

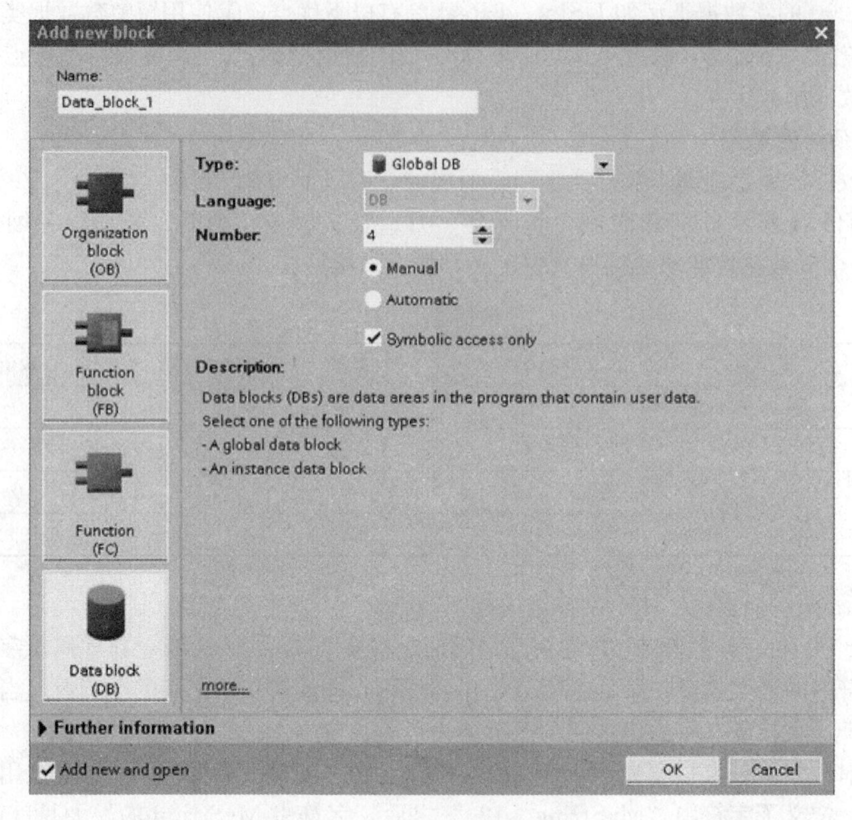

图 5-8　添加一个数据块

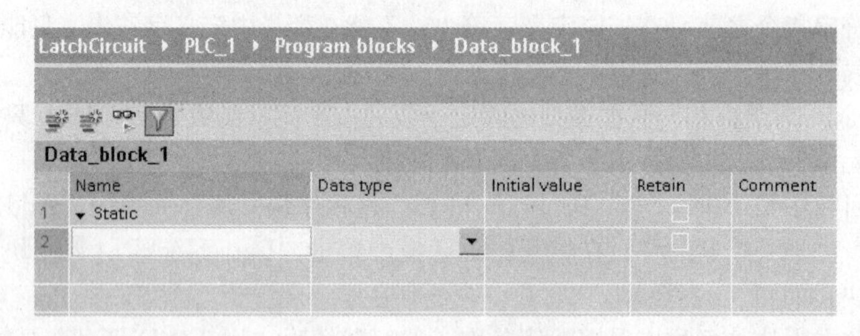

图 5-9　生成一个数据块

如图 5-10 所示，将“Array [lo.. hi] of type”改为“Array [0.. 99] of Int”，其元素的数据类型为 Int，元素编号为 0～99。

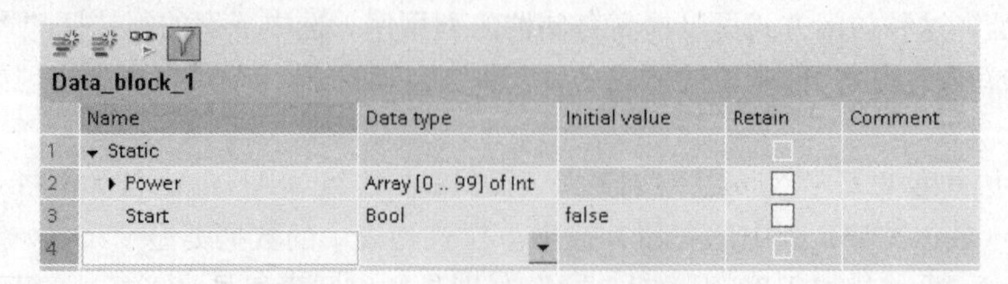

图 5-10　在数据块中设置数组

(4) Struct：由固定个数的元素组成的数组，其元素可以具有不同的数据类型。

在应用中，一组数据并不是都由相同性质的数据构成，而通常由一些不同类型的数据构成，结构体是一种比较复杂而又非常灵活的构造型的数据类型。一个结构体类型的数据可以由若干个称为元素（或域、成员）的成分组成，不同的结构体类型其元素不同。对于一个具体的结构体而言，其元素的数量是固定的，这一点与数组相同；但该结构体中各元素的数据类型可以不同，这是结构体与数组的重要区别。

在图 5-11 中的 Data_block_1 的第 4 行建立一个名为“Source”的结构，数据类型为 Struct，未输入结构的元素时，Struct 所在单元的背景色为表示出错的粉红色，输入一个结构的元素后，其背景色变为正常的白色。输入完结构 Source 的 4 个元素后，单击“Source”左边的▼按钮，它变成▶，同时结构的元素被隐藏起来。

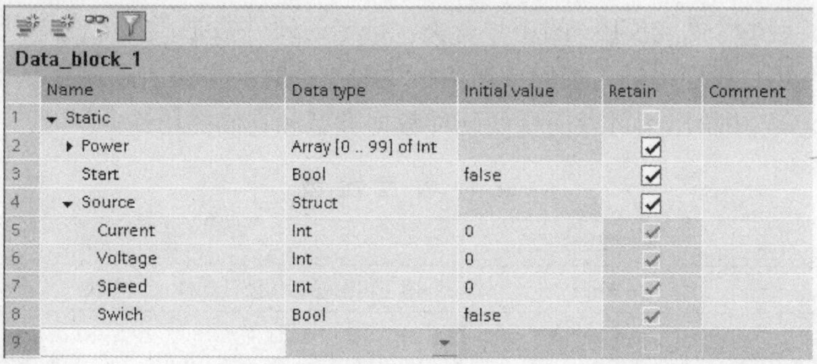

Data_block_1

	Name	Data type	Initial value	Retain	Comment
1	▼ Static			☐	
2	▶ Power	Array [0 .. 99] of Int		☑	
3	Start	Bool	false	☑	
4	▼ Source	Struct		☑	
5	Current	Int	0	☑	
6	Voltage	Int	0	☑	
7	Speed	Int	0	☑	
8	Swich	Bool	false	☑	
9					

图 5-11 建立一个名为“Source”的结构

PLC 变量表只能定义基本数据类型的变量，不能定义复杂数据类型的变量。可以在代码块的接口区或全局数据块中定义复杂数据类型的变量。

3. 参数类型

在 FB 和 FC 中定义代码之间传送数据的形式参数时，可以使用基本、复杂、系统和硬件四种数据类型，此外还可以使用 Variant 和 Void 两个参数类型。

Variant 数据类型的参数是指向可变的变量或参数类型的指针，Variant 可以识别结构并指向它们，还可以指向结构变量的单个元件，在存储区中 Variant 参数类型变量不占用任何空间。数据类型 Void 不保存数值，用于功能不需要返回值的情况。

4. 系统数据类型

系统数据类型由固定个数的元素组成，具有不能更改的不同的数据结构。它只能用于某些特定的指令，表 5-6 中给出了可以使用的系统数据类型和它们的用途。

表 5-6 系统数据类型

系统数据类型	字节数	描述
IEC_Timer	16	用于定时器指令的定时器结构
IEC_SCounter	3	用于数据类型为 SInt 的计数器指令的计数器结构
IEC_USCounter	3	用于数据类型为 USInt 的计数器指令的计数器结构
IEC_UCounter	6	用于数据类型为 UInt 的计数器指令的计数器结构
IEC_Counter	6	用于数据类型为 Int 的计数器指令的计数器结构

续表

系统数据类型	字节数	描　述
IEC_DCounter	12	用于数据类型为 DInt 的计数器指令的计数器结构
IEC_UDCounter	12	用于数据类型为 UDInt 的计数器指令的计数器结构
ErrorStruct	28	编程 I/O 访问错误的错误信息结构，用于 GET_ERROR 指令
CONDITIONS	52	定义启动和结束数据接收的条件，用于 RCV_GFG 指令
TCON_Param	64	用于指定存放 PROFINET 开放通信连接描述的数据块的结构
Void	—	该数据类型没有数值，用于输出不需要返回值的场合，如可以用于没有错误信息时的 STATUS 输出

5. 硬件数据类型

硬件数据类型的个数与 CPU 的型号有关，指定的硬件数据类型常数与硬件组态时模块的设置有关。在用户程序中插入控制或激活模块的指令时，将使用硬件数据类型参数来作指令的参数，表 5-7 中给出了可以使用的硬件数据类型和它们的用途。

表 5-7　　硬 件 数 据 类 型

数据类型	基本数据类型	描　述
HW_ANY	Word	用于识别任意的硬件部件，如模块
HW_IO	HW_ANY	用于识别 I/O 部件
HW_SUBMODULE	HW_IO	用于识别重要的硬件部件
HW_INTERFACE	HW_SUBMODULE	用于识别接口部件
HW_HSC	HW_SUBMODULE	用于识别高速计数器，如用于 CTRL_HSC 指令
HW_PWM	HW_SUBMODULE	用于识别脉冲宽度调制，如用于 CTRL_PWM 指令
HW_PTO	HW_SUBMODULE	用于在运动控制中识别脉冲传感器
AOM_IDENT	DWord	用于识别 AS 运动系统中的对象
EVENT_ANY	AOM_IDENT	用于识别任意的事件
EVENT_ATT	EVENT_ANY	用于识别可以动态地指定给一个 OB 的事件，如用于 ATTACH 和 DETACH 指令
EVENT_HWINT	EVENT_ATT	用于识别硬件中断事件
OB_ANY	Int	用于识别任意的 OB
OB_DELAY	OB_ANY	出现时间延迟中断时，用于识别 OB 调用，如用于 SRT_DINT 和 CAN_DINT 指令
OB_CYCLIC	OB_ANY	出现循环中断时，用于识别 OB 调用
OB_ATT	OB_ANY	用于识别可以动态地指定给事件的 OB，如用于 ATTACH 和 DETACH 指令
OB_PCYCLE	OB_ANY	用于识别可以指定给循环事件级别的事件的 OB
OB_HWINT	OB_ANY	出现硬件中断时，用于识别 OB 调用
OB_DIAG	OB_ANY	出现诊断错误中断时，用于识别 OB 调用
OB_TIMEERROR	OB_ANY	出现时间错误时，用于识别 OB 调用

续表

数据类型	基本数据类型	描 述
OB_STARTUP	OB_ANY	出现启动事件时，用于识别 OB 调用
PORT	UInt	用于识别通信接口，用于点对点通信
CONN_ANY	Word	用于识别任意的连接
CONN_OUC	CONN_ANY	用于识别 PROFINET 开放通信的连接

6. 数据一致性

CPU 为所有基本数据类型（如 Word 或 DWord）和所有系统定义的结构（如 IEC_TIMERS 或 DTL）保持数据一致性。值的读/写操作无法中断，如在读写 4B 的 DWord 之前，CPU 会防止对该 DWord 值进行访问。为确保程序循环 OB 和中断 OB 无法同时写入同一个存储单元，在程序循环 OB 中的读/写操作完成之前，CPU 不会执行中断 OB。

如果用户程序共享存储器中在程序循环 OB 和中断 OB 之间生成的多个值，用户程序还必须确保在修改或读取这些值时保持一致性。可以在程序循环 OB 中使用 DIS_AIRT 和 EN_AIRT 指令，以防止对共享值进行访问。

HMI 设备或另一个 CPU 发出的通信请求也能够中断程序循环 OB 的执行，通信请求也会导致与数据一致性相关的问题，CPU 确保基本数据类型始终由用户程序指令执行一致地读取和写入。由于通信会周期性地中断用户程序，因而不能保证 HMI 能够同时更新 CPU 中的多个值，如给定 HMI 画面上显示的值可能来自 CPU 的不同扫描周期。PtP（Point-to-Point，点对点）指令和 PROFINET 指令（如 TSEND_C 和 TRCV_C）可用于传送可被中断的数据缓冲区。通过避免对程序循环 OB 和中断 OB 中的缓冲区进行任何读/写操作，可以确保数据缓冲区的数据一致性。如果需要在中断 OB 中修改这些指令的缓冲区值，则使用 DIS_AIRT 指令延迟所有中断（中断 OB 或源自 HMI 或另一个 CPU 的通信中断），直到执行 EN_AIRT 指令。顺便指出，从事件发生到执行中断 OB 的时间叫做中断等待时间。

5.2.3 用户程序的设计与执行

S7-1200 CPU 使用以下类型的代码块可以创建有效的用户程序结构。

(1) 组织块（OB）是通常包含主程序逻辑的代码块，OB 对 CPU 中的特定事件作出响应，并可中断用户程序的执行。用于循环执行用户程序的默认组织块（OB1）为用户程序提供基本结构，是唯一一个用户必需的代码块。其他 OB 执行特定的功能，如处理启动任务、处理中断和错误或以特定的时间间隔执行特定程序代码。

(2) 功能块（FB）是从另一个代码块（OB、FB 或 FC）进行调用时执行的子例程。调用块将参数传递到 FB，并标识可存储特定调用数据或该 FB 实例的特定数据块（DB）。更改背景 DB 可实现使用一个通用 FB 控制一组设备的运行。例如，借助包含每个泵或阀门的特定运行参数的不同背景 DB，一个 FB 可控制多个泵或阀门。背景 DB 会保存该 FB 在不同调用或连续调用之间的值，以便能支持异步通信。

(3) 功能（FC）也是从另一个代码块（OB、FB 或 FC）进行调用时执行的子例程。FC 不具有相关的背景 DB，调用块将参数传递给 FC。如果用户程序的其他元素需要使用 FC 的输出值，则必须将这些值写入存储器地址或全局 DB 中。

用户程序、数据及组态的大小受 CPU 中可用装载存储器和工作存储器的限制，对所支持的块数量没有限制，唯一的限制是存储器大小。

1. 使用OB处理事件

CPU扫描的处理由事件来驱动，默认事件是启动程序循环OB执行的程序循环事件。用户不需要在程序中使用程序循环OB，但如果没有程序循环OB，将不会执行正常的I/O更新，因此就必须通过过程映像来对I/O进行读取和写入。可根据需要启用其他事件，如循环事件的某些事件是在组态时启用的，而延时事件的另一些事件是在运行时启用的。事件在启用后将连接到相关的OB，每个程序循环事件和启动事件都可以连接到多个OB。事件发生时，系统将执行该事件的服务例程，即所连接的OB及从该OB调用的所有功能。优先级、优先级组及队列用于确定事件服务例程的处理顺序。

单一来源的未决（排队的）事件数量通过各种事件类型的不同队列加以限制，达到给定事件类型的未决事件限制后，下一个事件将丢失。每个事件都有一个关联的优先级，而事件优先级分为若干个优先级组，见表5-8。

表5-8　事件的数量与优先级

<table>
<tr><th>事件（OB）</th><th>数量</th><th>OB编号</th><th>队列深度</th><th>优先级组</th><th>优先级</th></tr>
<tr><td>程序循环</td><td>1个程序循环事件允许多个OB</td><td>1（默认）
200或更大</td><td>1</td><td rowspan="2">1</td><td>1</td></tr>
<tr><td>启动</td><td>1个启动事件允许多个OB</td><td>100（默认）
200或更大</td><td>1</td><td>1</td></tr>
<tr><td>延时</td><td rowspan="2">最多4个时间事件，每个事件1个OB</td><td rowspan="2">200或更大</td><td rowspan="2">8</td><td rowspan="5">2</td><td>3</td></tr>
<tr><td>循环</td><td>4</td></tr>
<tr><td>沿</td><td>16个上升沿事件、16个下降沿事件，每个事件1个OB</td><td>200或更大</td><td>32</td><td>5</td></tr>
<tr><td>HSC</td><td>6个CV=PV事件、6个方向更改事件、6个外部复位事件，每个事件1个OB</td><td>200或更大</td><td>16</td><td>6</td></tr>
<tr><td>诊断错误</td><td>1个事件（仅限OB 82）</td><td>仅限82</td><td>8</td><td>9</td></tr>
<tr><td rowspan="2">时间错误</td><td rowspan="2">1个时间错误事件、1个MaxCycle时间事件（仅限OB80）、1个2xMaxCycle时间事件</td><td rowspan="2">仅限80</td><td rowspan="2">8</td><td rowspan="2">3</td><td>26</td></tr>
<tr><td>27</td></tr>
</table>

通常事件按优先级顺序进行处理（优先级最高的最先进行处理），优先级相同的事件按“先到先得”的原则进行处理。OB开始执行后，如果发生另一个相同或较低优先级组中的事件，则该OB的处理不会被中断。此类事件将排队等待稍后被处理，从而使CPU能够完成当前OB的执行。

优先级组中的OB不会中断属于同一优先级组的其他OB，但是较高优先级组中的OB会中断较低优先级组中OB的执行。例如，优先级组2中的事件将中断优先级组1中OB的执行，而优先级组3中的事件（如OB80）将中断优先级组1或2中任何OB的执行。

CPU会存储处理OB期间发生的任何事件，执行完该OB后，CPU随后根据该优先级组内的相对优先等级执行队列中的OB，并且先处理优先等级较高的事件。但是，CPU每次执行完该优先级组中的一个OB后，才会开始执行同一个优先级组中的下一个OB。处理完中断优先级组的所有事件后，CPU将返回到较低优先级组中被中断的OB，并从中断点继续执行该OB。

2. 线性结构与模块化结构

程序的线性结构与模块化结构如图5-12所示。线性程序按顺序逐条执行处理自动化任务的所有指令，线性结构是将所有程序指令都放入一个程序循环OB（OB1）中以循环执行该程序。模块化程序调用可执行特定任务的特定代码块，它将复杂的自动化任务划分为与过程所执行的功能任务相对应的更小的次级任务，每个代码块都为各个次级任务提供程序段，通过从另一个块中调用其中一个代码块来构建、执行程序。

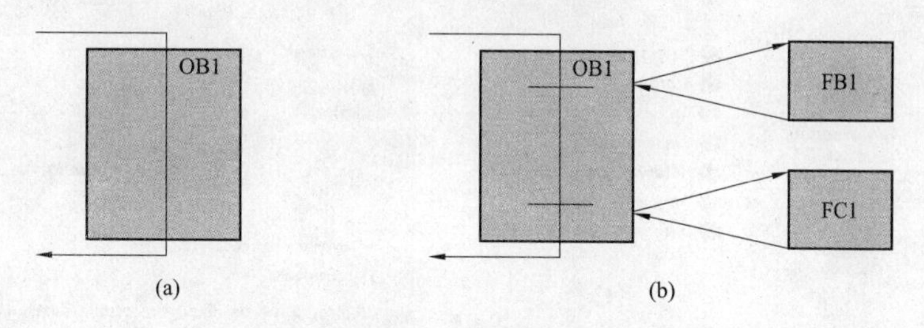

图5-12 程序的线性结构与模块化结构
(a) 线性结构；(b) 模块化结构

如图5-13所示，模块化结构是通过设计执行通用任务的FB和FC来构建模块化代码块，然后通过其他代码块调用这些可重复使用的模块来构建用户程序，由调用块将设备特定的参数传递给被调用块。当一个代码块调用另一个代码块时，CPU会执行被调用块中的程序代码。执行完被调用块后，CPU会继续执行调用块，并继续执行该块调用之后的指令。

如图5-14所示，更加模块化的结构是通过嵌套块调用来实现的。本例中嵌套深度为4，即程序循环OB加3层对代码块的调用。

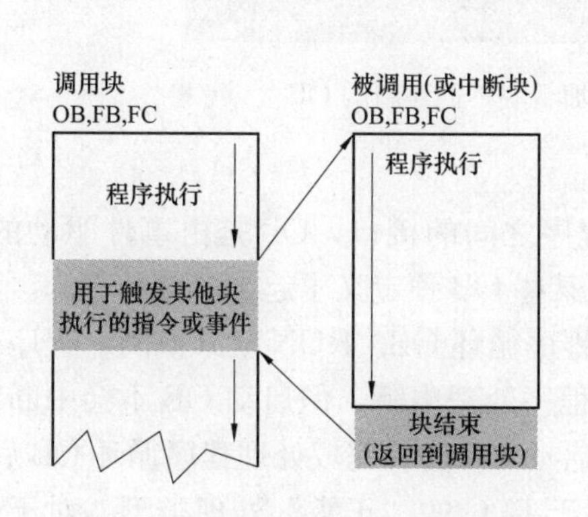

图5-13 模块化结构程序的执行

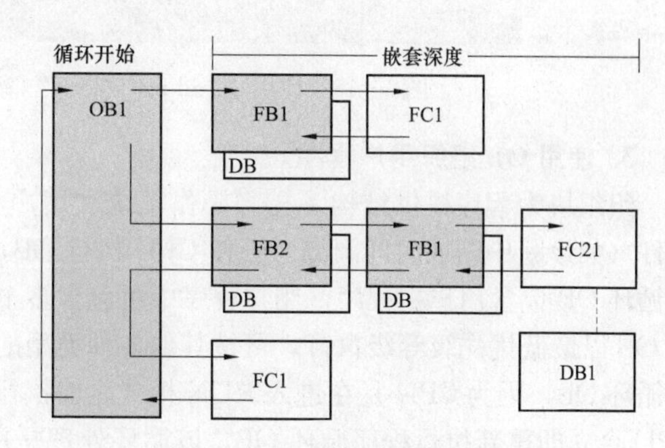

图5-14 代码块的嵌套调用

通过创建可在用户程序中重复使用的通用代码块，可简化用户程序的设计和实现。其一，可为标准任务创建能够重复使用的代码块，如用于控制泵或电动机。还可将这些通用代码块存储在可由不同的应用或解决方案使用的库中。其二，将用户程序构建到与功能任务相关的模块化组件中，可使程序的设计更易于理解和管理。模块化组件不仅有助于标准化程序设计，也有助于使更新或修改程序代码更加快速和容易。其三，创建模块化组件可简化程序的调试，通过将整个程序构建为一组模块化程序段，可在开发每个代码块时测试其功能。其四，利用与特定功能任务相关的模块化设计，可以减少对已完成的应用程序进行调试所需的时间。

如图5-15所示，使用项目树中“Program blocks”（程序块）下的“Add new block”（添加新块）对话框可创建OB、FB、FC和全局DB。创建代码块时，需要为块选择编程语言。但无须为DB选择语言，因为它仅用于存储数据。

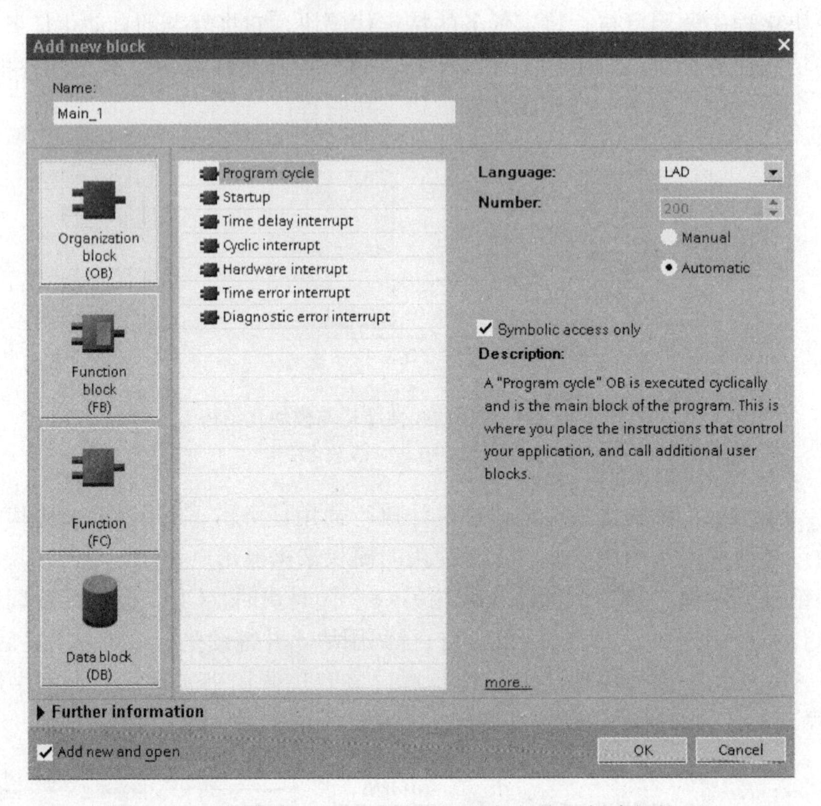

图5-15 使用“Add new block”（添加新块）创建新的OB

3. 使用OB组织用户程序

组织块为程序提供结构，充当操作系统和用户程序之间的接口，OB是由事件驱动的。事件（如诊断中断或时间间隔）会使CPU执行OB，某些OB预定义了起始事件和行为。程序循环OB包含用户主程序，用户程序中可包含多个程序循环OB。RUN模式期间，程序循环OB以最低优先级等级执行，可被其他各种类型的程序处理中断，但启动OB不会中断程序循环OB，因为CPU是在进入RUN模式之前执行启动OB的。完成处理程序循环OB后，CPU会立即重新执行程序循环OB，该循环处理是用于PLC的“正常”处理类型。对于许多应用，整个用户程序位于一个OB中，如默认的程序循环OB1。

可创建其他OB以执行特定的功能，如执行启动任务、处理中断和错误或以特定的时间间隔执行特定程序代码。如图5-15所示，在“Program blocks”容器中使用“Add new block”（添加新块）对话框可在用户程序中创建新的OB，CPU根据分配给每个OB的优先级来确定处理中断事件的顺序。

可在某等级的OB内创建附加OB，使用户程序含有多个OB，甚至可以为程序循环和启动 OB 等级创建。使用“Add new block”对话框创建 OB，输入 OB 的名称并提供 200 或更大的数作为 OB 编号。

如果为用户程序创建了多个程序循环 OB，则 CPU 会按数字顺序从主程序循环 OB（默认为 OB1）开始执行每个程序循环 OB。例如，当第一个程序循环 OB1 完成后，CPU 将执行第二个程序循环 OB200。

组态 OB 的运行是修改 OB 的运行参数，如可为延时 OB 或循环中断 OB 组态时间参数。

图 5 - 16 显示了三次调用同一个 FB 的 OB，方法是针对每次调用使用一个不同的数据块。该结构使一个通用 FB 可以控制多个相似的设备（如电动机），方法是在每次调用时为各设备分配不同的背景数据块。每个背景 DB 存储单个设备的数据（如速度、加速时间和总运行时间）。在此实例中，FB 22 控制三个独立的设备，其中 DB 201 用于存储第一个设备的运行数据，DB 202 用于存储第二个设备的运行数据，DB 203 用于存储第三个设备的运行数据。

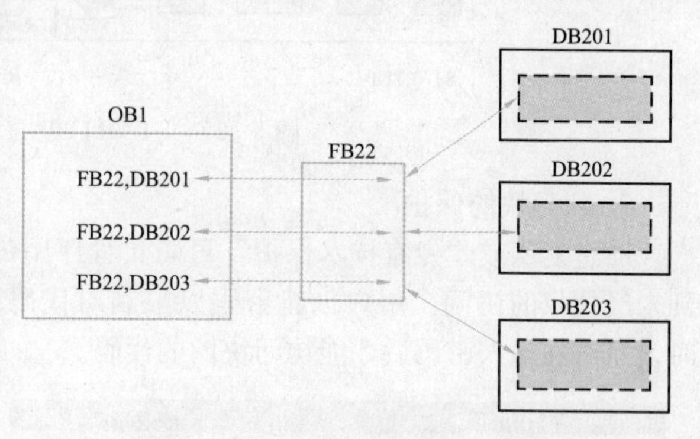

图 5 - 16　一个 FB 可带多个 DB

在用户程序中创建数据块（DB）以存储代码块的数据，所有的程序块都可访问全局 DB 中的数据，而背景 DB 仅存储特定功能块（FB）的数据。可将 DB 定义为当前只读，相关代码块执行完成后，DB 中存储的数据不会被删除。有两种类型的 DB：①全局 DB 存储程序中代码块的数据，任何 OB、FB 或 FC 都可访问全局 DB 中的数据；②背景 DB 存储特定 FB 的数据（任何代码块都可访问），其数据结构反映了 FB 的参数（Input、Output 和 InOut）和静态数据，FB 的临时存储器不存储在背景 DB 中。

用户程序无法调用由事件驱动的 OB，只有 CPU 接收到事件时，才开始执行 OB 进行响应。用户程序中的任何代码块（OB、FB 或 FC）可调用 CPU 中的 FB 或 FC：①打开将调用另一个块的代码块；②在项目树中，选择要被调用的代码块；③将被调用块拖到所选程序段中以创建一个 Call 指令。

4. 每个扫描周期均执行的任务

每个扫描周期都包括写入输出、读取输入、执行用户程序指令及执行系统维护或后台处理。在默认条件下，所有数字和模拟 I/O 点都通过内部存储区（即过程映像）与扫描周期进行同步更新。过程映像包含 CPU、信号板和信号模块上的物理输入和输出的快照。CPU 仅在用户程序执行前读取物理输入，并将输入值存储在过程映像输入区。这样可确保这些值在整个用户指令执行过程中保持一致。CPU 执行用户指令逻辑，并更新过程映像输出区中的输出值，而不是写入实际的物理输出。执行完用户程序后，CPU 将所生成的输出从过程映像输出区写入到物理输出。

图 5 - 17 表达的过程是：在启动时，A—清除输入（I）存储器；B—使用上一个值或替换值对输出执行初始化；C—执行启动 OB；D—将物理输入的状态复制到 I 存储器；E—将所有中断事件存储到在 RUN 模式下处理的队列中；F—启动将输出（Q）存储器的值写入

到物理输出。进入RUN模式后：①将Q存储器写入物理输出；②将物理输入的状态复制到I存储器；③执行程序循环OB；④执行自检诊断；⑤在扫描周期的任何阶段处理中断和通信。

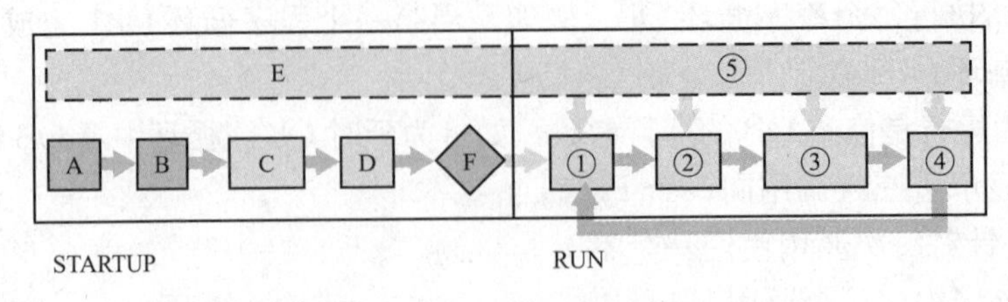

图5-17　STARTUP与RUN的全过程

5. 代码块的保护

通过复制或“专有技术保护”可防止程序中的一个或多个代码块（OB、FB或FC）受到未经授权的访问。用户创建密码以限制对代码块的访问。将块组态为“专有技术保护”时，只有在输入密码后才能访问块内的代码。

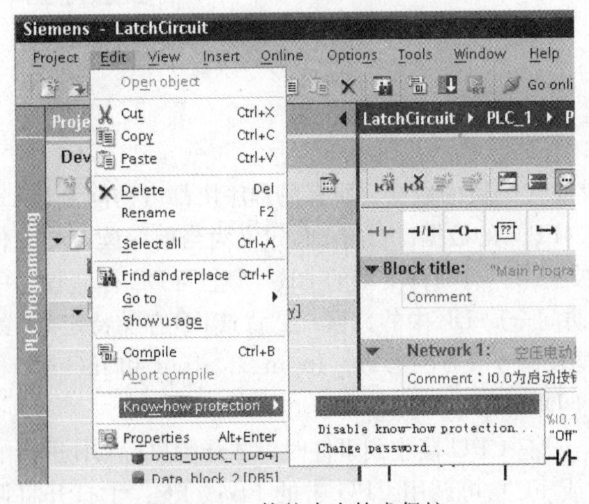

图5-18　使能专有技术保护

要对块实施复制保护，如图5-18所示，执行“Edit”→“Know-how protection”→“Enable Know-how protection”命令，然后输入允许访问该块的密码。

密码保护会防止对代码块进行未授权的读取或修改，如果没有密码，只能读取有关代码块的以下信息：①块标题、块注释和块属性；②传送参数（IN、OUT、IN_OUT、Return）；③程序的调用结构；④交叉引用中的全局变量（不带使用时的信息），但局部变量已隐藏。

5.3　S7-1200 PLC变量表

变量在TIA Portal中集中管理，在PLC变量表中创建PLC变量与在程序编辑器中创建PLC变量是一样的。如果在程序或HMI画面的多个位置使用某个变量，则对该变量所作的更改会立即在所有编辑器中生效。

变量的优点在于可以集中更改程序中使用的寻址方式，若没有变量提供的符号寻址功能，则每次PLC输入和输出的组态发生变化时，在用户程序中反复使用的寻址方式必须在程序中的多个位置进行更改。

5.3.1　添加并修改PLC变量表

在S7-1200 CPU编程理念中，特别强调符号寻址的运用。在开始编写程序之前，用户应当为输入/输出/中间变量定义在程序中使用的标签（tag）。用户需要为变量定义标签名称及数据类型。标签名称原则上以易于记忆、不易混淆为准。在默认情况下，用户程序中使用任意 PLC 地址都将被系统分配一个默认标签名称。但这些标签都以“Tag_n”的形式出现，如“Tag_1”“Tag_5”等，此格式是不利于记忆与识别的，所以建议用户修改系统默认标签格式。

1. 常规生成与修改变量

打开“Project tree”（项目树）的文件夹“PLC tags”（PLC 变量表），双击其中的“PLC tags”就打开了变量编辑器，添加 PLC 变量表如图 5－19 所示。

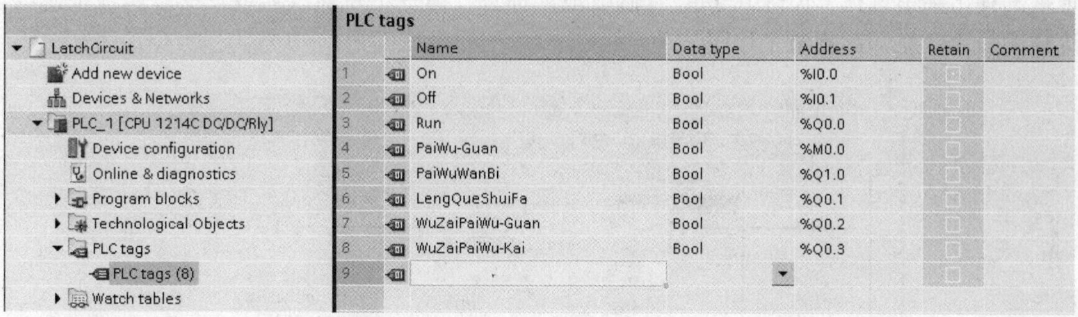

	Name	Data type	Address	Retain	Comment
1	On	Bool	%I0.0		
2	Off	Bool	%I0.1		
3	Run	Bool	%Q0.0		
4	PaiWu-Guan	Bool	%M0.0		
5	PaiWuWanBi	Bool	%Q1.0		
6	LengQueShuiFa	Bool	%Q0.1		
7	WuZaiPaiWu-Guan	Bool	%Q0.2		
8	WuZaiPaiWu-Kai	Bool	%Q0.3		
9					

图 5－19　添加 PLC 变量表

选项卡“PLC tags”用来定义 PLC 的变量，选项卡“Constants”（常数）中是系统自动生成的与 PLC 的硬件和中断事件有关的常数符号。PLC 变量由以下部分组成：①变量名称（如 PaiWu－Guan），变量名称只对一个 PLC 有效，并且在整个程序和此特定 PLC 中只能出现一次；②数据类型（如 Bool），数据类型定义值的表示形式和允许的值范围；③地址（如 Q0.3），变量地址是绝对地址，定义变量读值或写值的存储区。

在选项卡“PLC tags”最下面空白行的“Name”列输入变量名称（不能用汉字）；单击“Data type”（数据类型）列右侧隐藏的按钮，设置数据类型，使用 Bool、Byte、Char、DInt、DWord、Int、Real、SInt、Time、UDInt、UInt、USInt、Word 等；在“Address”列输入绝对地址。

符号地址使程序易于阅读和理解，可以首先用 PLC 变量表定义变量的符号地址。然后在用户程序中使用它们。在编辑的程序中输入绝对地址后，将会自动生成名为“tag_n”的符号地址。其实可以在 PLC 变量表中修改自动生成的符号地址的名称，双击（或单击＋F2）需要修改的某个变量的符号名称后，将默认或已存在名称改为指定名称即可，“Data type”和“Address”也可进行恰当修改。

在 STEP 7 V10.5 以后的 STEP 7 Basic 中，程序编辑器使用的实际点会参考 PLC 变量表中每行所列的信息，这里可以在一行里任意修改符号地址和绝对地址，程序块中使用的点会自动随着改变，因为它参考的是 PLC 变量表中的信息，这意味着在 STEP 7 Basic V10.5 中，不像 STEP 7 V5.x，不再需要定义地址的优先级。

CPU 中的 PLC 变量必须是唯一的并且所有的块都能够使用它，在变量表中不能对两个或两个以上的变量指定同一个名字，假如已经为一个变量定义了一个名字如“On”，却又为另一个变量定义相同的名字，那么系统会在名后自动生成数字后缀，如“On_1”或“On_2”（当“On_1”也已存在），这如同 CPU 中块的名字必须是唯一的。同时，PLC 变量与块也不能使用相同的名字，假如对一个FB指定了块名“Fan_Control”，而又将“Fan_Control”指定为一个变量的名字，则系统会将名字改为“Fan_Control_1”或“Fan_Control_2”（当“Fan_Control_1”也已存在）。

在PLC变量编辑表中先修改某个变量的符号地址，再修改其绝对地址，当用回车键确认或单击输入域外的部分确认，程序块编辑器中此变量的名字和地址也会随之而变，且程序中所有用到此点的地方都自动改变。

不仅可以在PLC变量表中修改地址，也可如图5-20所示，直接在程序编辑器中通过地址的弹出菜单选择“Rewire tag”（修改地址标签）命令进行修改，或在变量属性中修改，这样的修改会立即影响整个程序。

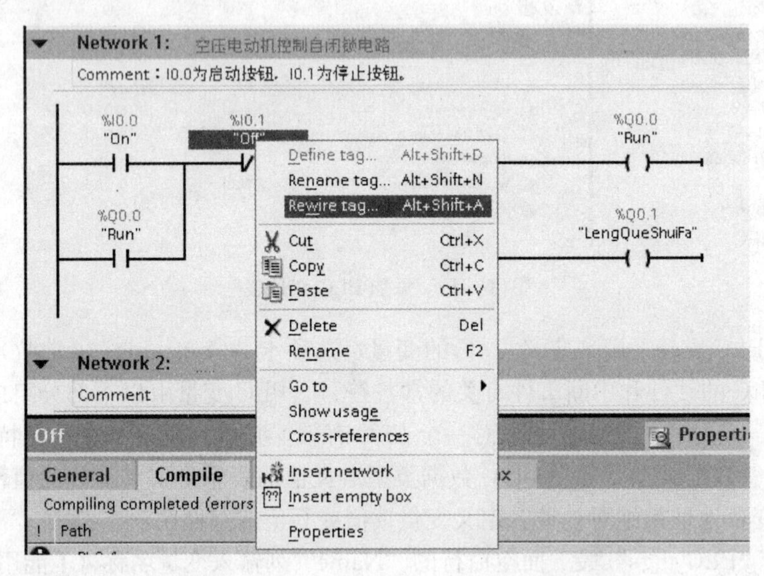

图5-20 直接在程序编辑器中修改PLC变量

2. 快速生成变量

选中变量“Run”后用鼠标右键单击，弹出如图5-21左所示的快捷菜单，执行命令“Insert row”，在该变量上方将出现一个如图5-21右所示的空白行。如果鼠标指向变量“Run”的标签的左侧数字，出现右向箭头时再单击鼠标右键，会弹出如图5-23所示的快捷菜单，它和图5-21左的区别只是把“Delete”和“Remame”的可操作性进行了对调。同样可以进行“Insert row”及其他操作（如重命名）。还可以在选中“Run”后，直接单击工具栏中最左侧的按钮，其功能是“Inserts a new row above the selected row”（在选定行上方插入新的一行）。

选中变量“Off”左边的标签，用鼠标指向蓝色框右下角的蓝色小正方形，会出现一个黑色十字架，按住鼠标不放、向下拖动，即可在空白行生成如图5-22所示的新变量Tag_1。

新变量继承了上一行变量Off的数据类型与地址，其名称是自动生成的，可以修改。如果选中最下面一行的变量标签向下拖动，可以生成多个同类型的变量。

3. 删除多余变量

如果要删除某个多余的变量，可以用鼠标指向该变量标签的左侧数字，出现右向箭头时右击鼠标，弹出如图5-23所示的快捷菜单，然后选择“Delete”（删除）即可。

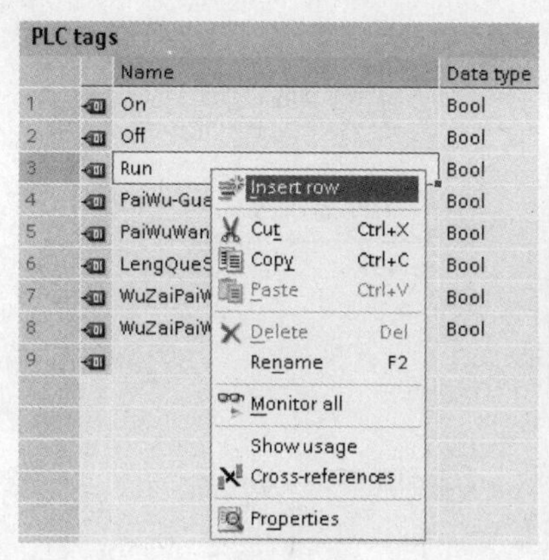

PLC tags

	Name	Data type	Address	Retain
1	On	Bool	%I0.0	
2	Off	Bool	%I0.1	
3				
4	Run	Bool	%Q0.0	
5	PaiWu-Guan	Bool	%M0.0	
6	PaiWuWanBi	Bool	%Q1.0	
7	LengQueShuiFa	Bool	%Q0.1	
8	WuZaiPaiWu-Guan	Bool	%Q0.2	
9	WuZaiPaiWu-Kai	Bool	%Q0.3	
10				

图 5-21　变量的插入

PLC tags

	Name	Data type	Address	Retain
1	On	Bool	%I0.0	
2	Off	Bool	%I0.1	
3	Tag_1	Bool	%I0.2	
4	Run	Bool	%Q0.0	
5	PaiWu-Guan	Bool	%M0.0	
6	PaiWuWanBi	Bool	%Q1.0	
7	LengQueShuiFa	Bool	%Q0.1	
8	WuZaiPaiWu-Guan	Bool	%Q0.2	
9	WuZaiPaiWu-Kai	Bool	%Q0.3	
10				

图 5-22　快速生成变量

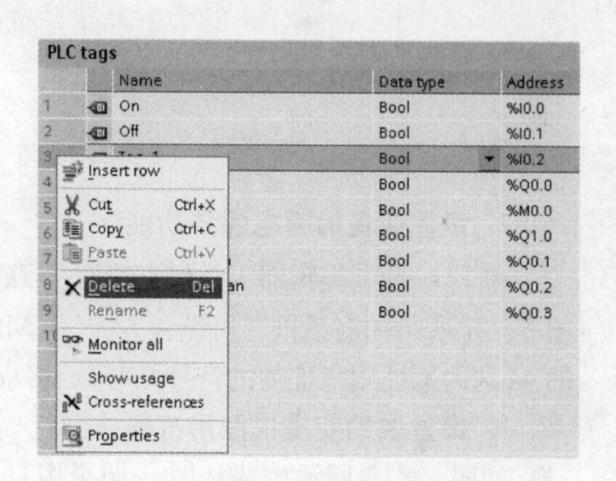

图 5-23　可对多余变量进行删除操作

5.3.2　设置 PLC 变量

1. 设置程序中地址的显示方法

到程序编辑器里单击工具栏上的按钮，可用下拉式菜单选择只显示如图 5-24 所示的绝对地址（Absolute）、只显示如图 5-25 所示的符号地址（Symbolic），或如图 5-26 所示同时显示两种地址（Symbolic and absolute）。当鼠标指向触点上面的地址时，触点下面出现的黄色小方框中是另一种格式的地址和变量的数据类型，指向两种地址时相当于符号地址的情况。

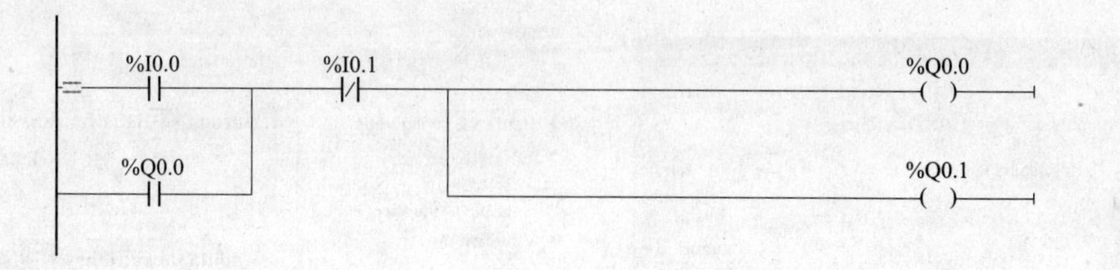

图 5-24　只显示绝对地址

在按钮的左侧有个按钮，单击它可以在绝对地址、符号地址、绝对和符号两种地址这 3 种显示方式之间进行切换。

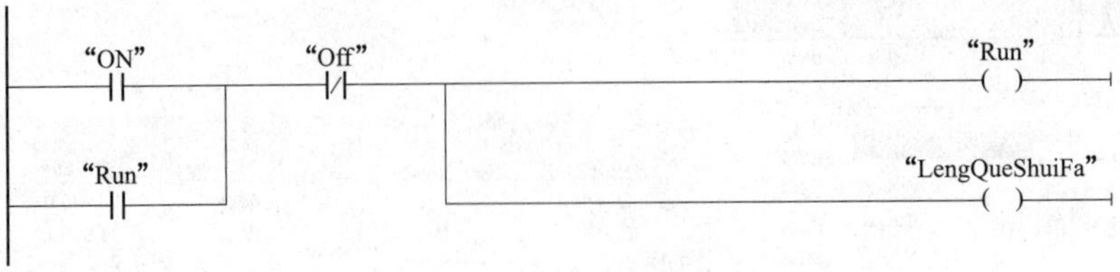

"ON" "Off" "Run"
"Run" "LengQueShuiFa"

图 5-25　只显示符号地址

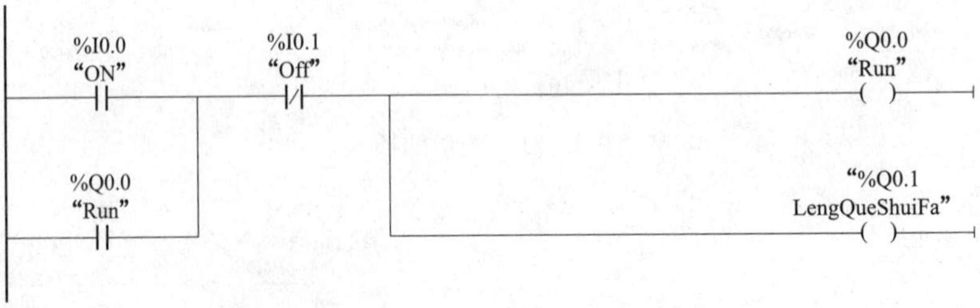

%I0.0 "ON" %I0.1 "Off" %Q0.0 "Run"
%Q0.0 "Run" "%Q0.1 LengQueShuiFa"

图 5-26　同时显示两种地址

2. 设置变量的断电保持功能

在 PLC 变量编辑器工具栏右侧有个按钮，其功能是"Retain"（保持），单击它弹出如图 5-27 所示的对话框，可设置 M 区从 MB0 开始的具有断电保持功能的字节数。有保持功能的 M 区的地址用地址列的符号表示，将程序下载到 CPU 后，M 区的保持功能起作用。

3. 设置块的变量仅能用符号访问

如图 5-15 所示生成块时，如果用复选框选中了"Symbolic access only"（仅能用符号访问），则在全局数据块、FB 和 FC 的接口区声明的变量只有符号名，在块内没有固定的地址。只能用符号地址的方式访问声明的变量，如用"Data".Start 访问数据块 Data 中的变量 Start。在编译时变量的绝对地址被动态地传送，并且不会在全局数据块内或在 FB、FC 的接口区显示出来。变量以优化的方式保存，可以提高存储区的利用率。

执行菜单命令"Options"→"Settings"（设置），在出现的"Settings"对话框左边窗口中，选中"PLC Programming"（PLC 编程），滑动右边窗口的滚动条，如图 5-28 所示，可以看见"Default settings for new blocks"（为新建块设置默认值），用复选框选中"Symbolic access only"，所有新建块的默认设置为其变量仅能用符号访问。

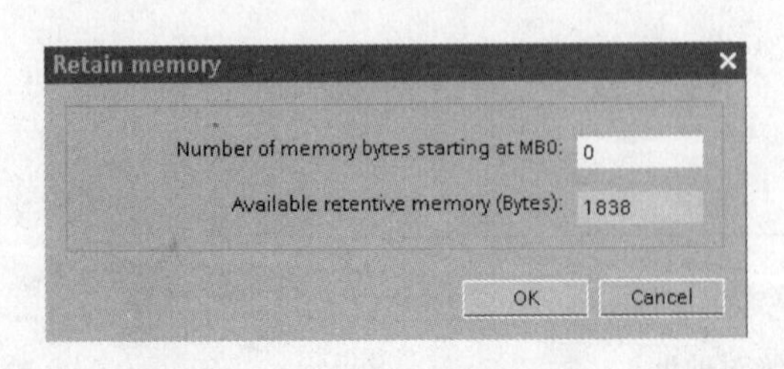

图 5-27　设置保持存储器

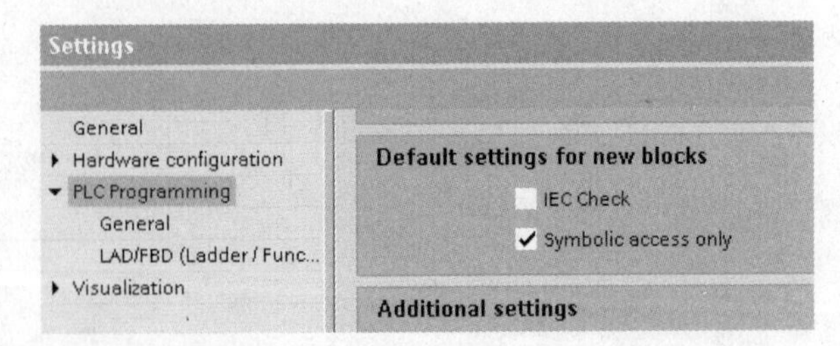

图 5-28　设置新建块的默认属性

注意，一旦创建了 DB 块，将不能更改该属性。在 DB 块上右键单击，选中"Properties"→然后选中"Attributes"，可以查看每一个 DB 块的属性，如图 5-29 所示。

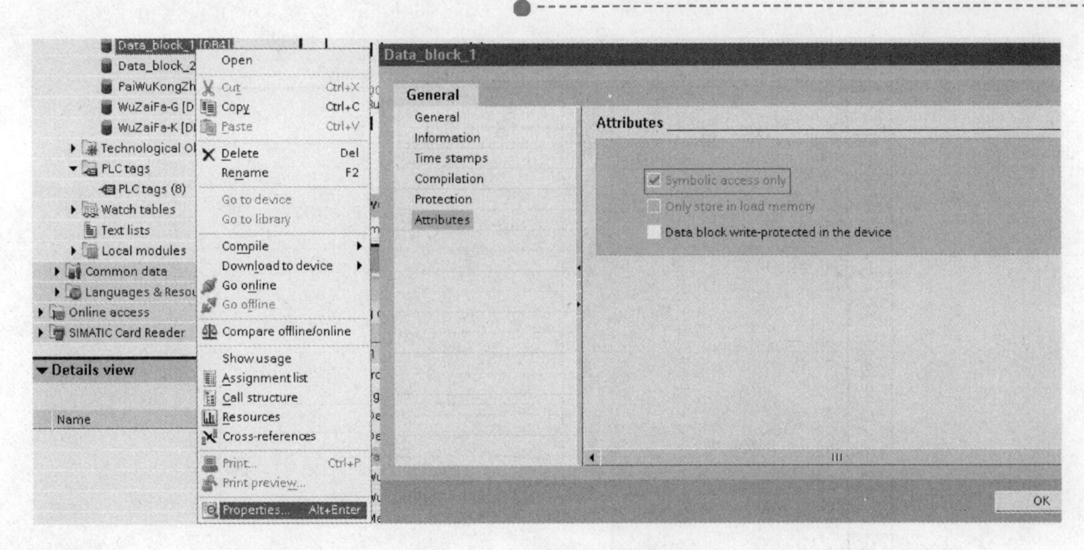

图 5-29 查看DB块的属性

“Symbolic access only”（仅能用符号访问）属性有下述影响：①寻址标签；②保持属性；③工作存储区。

(1) 寻址标签。没有使能“Symbolic access only”属性的DB多出“Offset”栏，可以通过绝对地址或符号寻址此类DB块中的变量，如对名为“DB_non_SAO”的DB块中的变量“DWord_1”可以通过如下方式访问：“DB_non_SAO”.DWord_1（符号）或%DB1.DBD10（绝对地址）。

使能“Symbolic access only”属性的DB只能通过符号名寻址此类DB块中的变量，如对名为“DB_SAO”的DB块中变量“DWord_1”只能按如下方式访问：“DB_SAO”.DWord_1。

注意数据类型“LReal”只在使能“Symbolic access only”属性的DB块中可用。

(2) 保持属性。没有使能“Symbolic access only”属性时，只能指定DB块变量“全部”或者“全不”保持属性。如果使能“Symbolic access only”，则可以对DB块中的每一个变量单独指定保持属性。

(3) 工作存储区。如果禁用“Symbolic access only”，工作存储区的分配取决于变量固定的绝对地址；如果使能“Symbolic access only”，变量自动分配地址，优化了可用的存储能力。

图5-30显示了两个具有相同顺序同样变量的DB块在禁用（左边）和使能（右边）“Symbolic access only”属性后工作存储区的差别。

对于左边Non“Symbolic access only”，变量按所列顺序排列，所有大于一个字节类型的数据总是由下一个偶数地址开始；对于右边“Symbolic access only”，变量在工作存储区内按照类型最大至最小放置，“Symbolic access only”DB块中变量需要的工作存储空间总是偶数。

谨记，使能“Symbolic access only”属性的DB块中，变量的这种排列仅是在工作存储区中，而且不能通过绝对地址访问。

编译后可以查看工作存储区空间：选中DB，右击鼠标，在快捷菜单中选择“Properties”命令，在弹出的对话框中选中“Compilation”，如图5-31所示。

Non “symbolic access only”

Byte	.7	.6	.5	.4	.3	.2	.1	.0
0								Bool_1
1	Byte_1							
2								Bool_2
3								
4								
5	Word_1							
6								Bool_3
7								
8								
9								
10								
11	DWord_1							
12	Byte_2							
13								
14								
15								
16								
17	DWord_2							
18								Bool_4

“symbolic access only”

Byte	.7	.6	.5	.4	.3	.2	.1	.0
0								
1								
2								
3	DWord_1							
4								
5								
6								
7	DWord_2							
8								
9	Word_1							
10	Byte_1							
11	Byte_2							
12					Bool_4	Bool_3	Bool_2	Bool_1
13								

图 5-30 禁用和使能“Symbolic access only”后的存储区对比

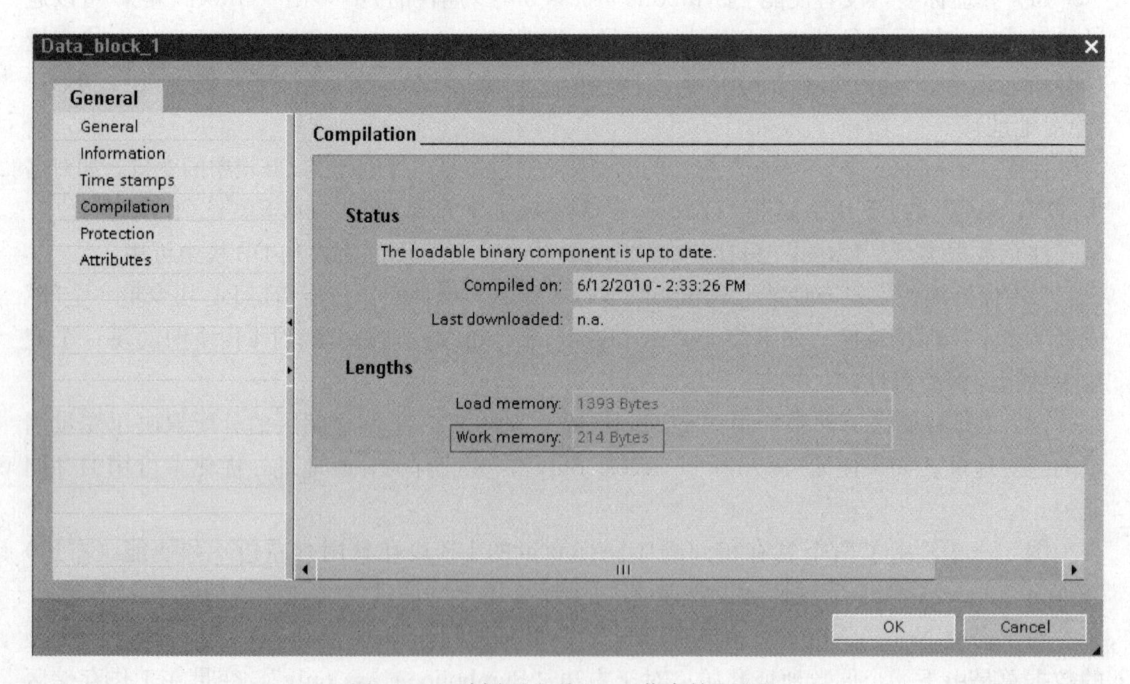

图 5-31 编译后查看 DB 工作存储区空间

此外，变量的顺序和保持属性保存在工作存储区中。

4. 设置变量表中的变量的排序

双击“PLC tags”打开变量表，单击表头中的“Name”，其右侧出现向上的三角形▲，各变量按名称的第一个字母（L、O、P、R 和 W）升序排列（从 A 到 Z）。再单击一次“Name”，其右侧出现向下的三角形▼，各变量按名称的第一个字母（W、R、P、O 和 L）

降序排列（从 Z 到 A）。最后单击一次“Name”，其右侧就没有了三角形，各变量按创建的先后顺序排列。

可以用同样的方法，根据变量的“Data type”和“Address”来排列变量。

5. 全局变量与局部变量

PLC 变量表（PLC tags）中的变量可用于整个 PLC 中所有的代码块，在所有的代码块中具有相同的意义和唯一的名称，可以在变量表中，为输入 I、输出 Q 和位存储器 M 的位、字节、字和双字定义全局变量。在程序中，全局变量被自动添加引号，如“Stop”。

局部变量（Local tags）只能在它被定义的块中使用，同一个变量的名称可以在不同的块中分别使用一次。可以在块的接口区定义块的输入/输出参数（Input、Output 和 InOut 参数）和临时数据（Temp），以及定义 FB 的静态数据（Static）。在程序中，局部变量被自动添加＃号，如＃Start。

顺便指出，密码保护会防止对代码块进行未授权的读取或修改，如果没有密码，只能读取有关代码块的交叉引用中的全局变量，且不带使用时的信息，而局部变量是隐藏的。

5.3.3 对 PLC 变量进行强制

S7－1200 只能强制外设 I/O，而不能强制过程映像区，必须使用 Watch table（监视表）进行变量强制，操作步骤如下：①建立 Watch table，如 Force Electrocircuit；②输入需要强制的外设 I/O，如％I0.0：P、％Q0.1：P；③由于监视表默认的工具栏是“Show all modify columns”（显示所有修改的列），单击“Show force columns”（显示强制列）；④单击“monitor all”（持续监视），进入在线状态；⑤单击“start forcing”（开始强制），系统弹出对话框；⑥单击“Yes”便可以对外设 I/O 进行强制了，强制成功的变量名左侧有图标显示。

注意，当 CPU 中有强制变量时是不能对 CPU 下载硬件的，系统会提示“Modifying test functions are active. Thus downloading the hardware configuration is denied?”。要了解哪些变量被强制，可以在 Watch table 里使用“Show all forced value from this CPU”（所有强制值）工具显示已强制的变量。

S7－1200 的变量强制功能其实很简单，但有几个技巧需要强调一下。

1. 显示强制变量列

在默认情况下 Watch table 是不显示强制变量列的，德国人认为一般用户是不用强制变量的，只有专家级用户才用到强制功能，所以把它默认隐藏了。如图 5－32 所示，Watch Table 工具栏中的第三个按钮（Show/hide force columns）就是显示强制变量列用的。

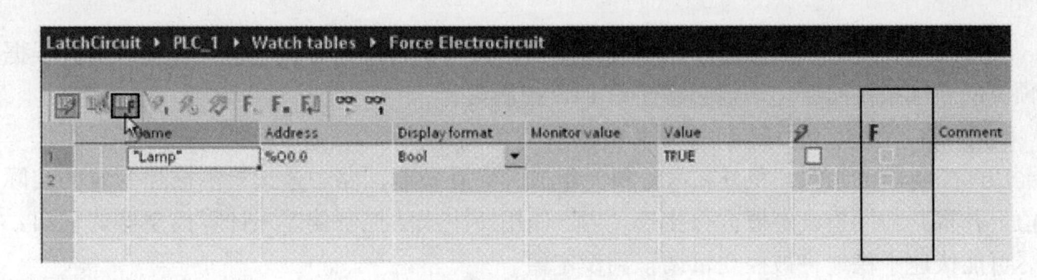

图 5－32 显示强制变量列

2. 给强制变量加"：P"

这个技巧不是一般用户能够轻易发现的，S7－1200只能对外设I/O进行强制而不能对过程映像和M区变量进行强制，据说对过程映像和M变量区强制的硬件成本很高，只有S7－400才能做到。所以要想强制变量就需要在Watch table里写外设I/O地址，而外设I/O地址的写法就是在过程映像地址后面加"：P"。

过程映像地址：Q0.0

外设I/O地址：Q0.0：P

加了"：P"之后，用户就可以发现强制变量列的Check－box可以勾选了（否则那里是灰色的），如图5－33所示。

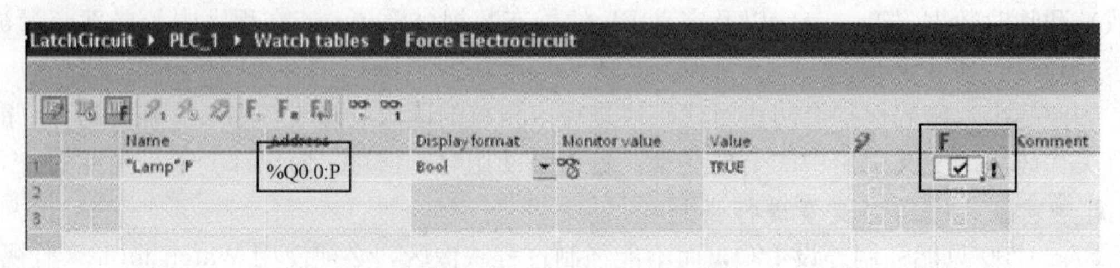

图5－33　给强制变量加"：P"

3. 先单击"Monitor all"再单击"Start or replace forcing"（启动或替代强迫）

先单击"Monitor all"，再单击"Start or replace forcing"，对话框中"Yes"确定后就如图5－34所示了。

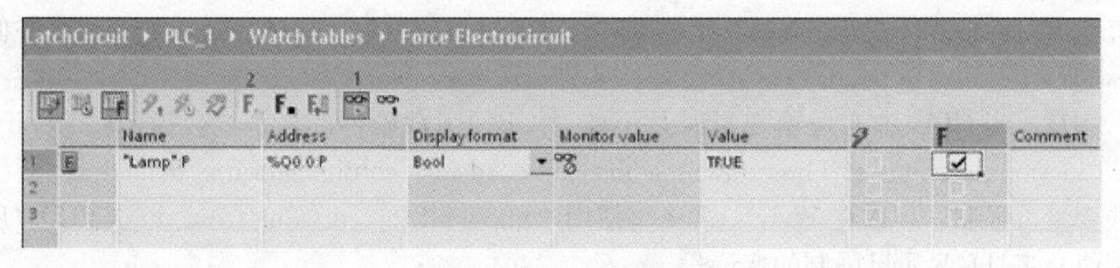

图5－34　进入强制

进入强制之后，是看不见"Monitor value"的，这很正常，因为外设I/O的值是不能监控的，只要变量名左侧可以看到红色F，这就表示强制成功了。

5.4　创建PID控制

如果某个物理值（如温度、压力或速度）在过程中必须具有特定值，并且该值会根据无法预见的外部条件而变化，则必须使用PID控制器。

5.4.1　定义PID控制器及其回路

PID控制器由比例、积分和微分单元组成，它在控制回路中连续检测被控变量的实际测量值，并将其与期望设定值进行比较。PID使用所生成的控制偏差来计算控制器的输出，以便尽可能快速平稳地将被控变量调整到设定值。

控制回路是由被控对象、控制器、测量元件（传感器）和控制元件组成的。在本示例中，使用具有PID控制功能的S7－1200作为控制器；测量元件是传感器，用于测量水轮发电机组的机端电压；控制元件是由 PLC 直接控制的晶闸管励磁整流桥的触发脉冲发生器。如图 5－35 所示的接线图是一个典型的控制回路。

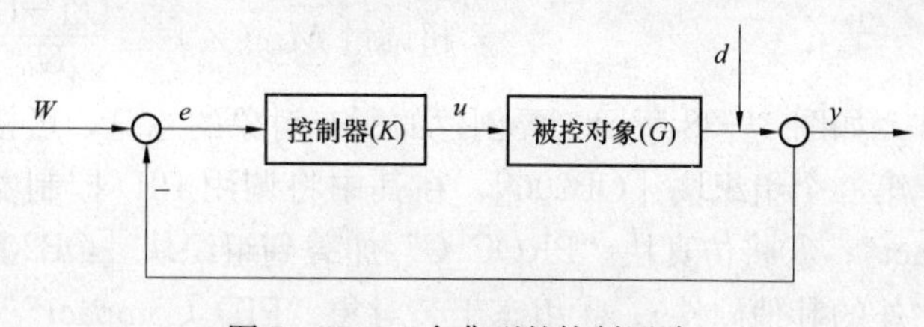

图 5－35 一个典型的控制回路

图中设定值（w）已预先定义，在本示例中，设定值是发电机机端电压额定值。通过设定值（w）和实际值（y）来计算控制偏差（e）。控制器（K）可将控制偏差转换为被控变量（u），被控变量通过被控对象（G）来更改实际值（y）。本示例中的被控对象（G）为发电机的晶闸管励磁整流桥，可以通过触发脉冲发生器的控制角调节进行控制。

除被控对象（G）外，也可以通过干扰变量（d）改变实际值（y），本示例中的干扰变量可能是电力系统无功功率的冲击。

电力系统负载的波动需要对励磁电流进行调节以维持机端或系统中某一点的电压在给定的水平，使用 PID 控制器尽可能快地把发电机机端或系统中某一点的电压保持设定值不变。发电机在空载额定工况下，突然改变电压给定值，使发电机电压初始值由 U_{01} 变为 U_{02}，初始阶跃量 $|U_{02}-U_{01}|=10\%$ 初始值，发电机端电压的最大值与稳态值之差再与阶跃量之比的百分数为超调量；从阶跃信号开始到发电机端电压与新的稳态值的差值对阶跃量之比不超过 2%时，所需时间为调节时间。如图 5－36 所示，一般超调量不大于 50%，调节时间不超过 10s，摆动次数不超过 3 次。其中，Δ 为偏差；t_a 为调节时间；t_p 为峰值时间；U_m 为峰值电压；U_0 为稳态电压。超调量为

$$超调量\ M_P(\%)=\frac{U_m-U_{02}}{U_{02}-U_{01}}\times100\%$$

发电机在额定转速下，突然投入励磁系统，使同步发电机端电压从零变为额定值时，发电机端电压的最大值与稳态值之差对稳态值之比的百分数为零起升压时的超调量，从给定信号到发电机端电压与稳态值之差值不超过稳态值的 2%所需时间为零起升压调节时间，如图 5－37 所示。其中，Δ 为偏差；t_s 为调节时间；t_p 为峰值时间；t_a 为延迟时间；U_m 为峰值电压；U_0 为稳态电压；t_r 为上升时间。超调量为

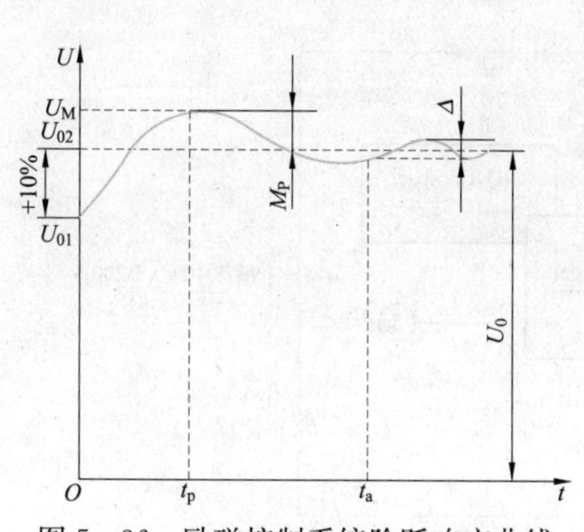

图 5－36 励磁控制系统阶跃响应曲线

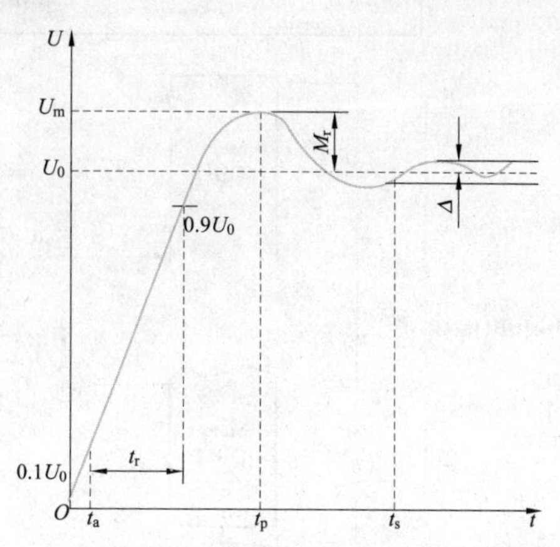

图 5－37 励磁控制系统零起升压时机端电压响应曲线

$$超调量 M_s（\%）=\frac{U_m-U_0}{U_0}\times 100\%$$

如图 5-38 所示，要创建的所有对象的总览，可按以下步骤操作以创建这些对象：①创建第二个组织块［OB200］，在其中将调用 PID 控制器的块；②创建工艺对象“PID_Compact”；③将仿真块“PROC_C”加载到组织块［OB200］（使用仿真块后，无须再使用 PLC 之外的其他硬件）；④组态工艺对象“PID_Compact”（选择控制器的类型、输入控制器的设定值变量、将工艺对象“PID_Compact”的实际值和被控变量与仿真块“PROC_C”互连）；⑤在工艺窗口的调试窗口中加载用户程序并执行控制器优化。

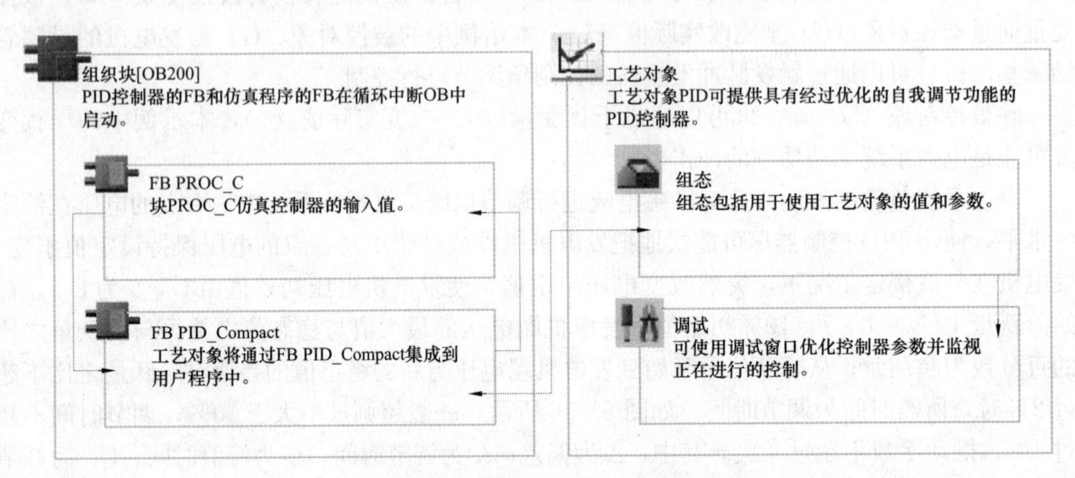

图 5-38　要创建的所有对象的总览

5.4.2　创建 PID 控制器的组织块

在新的组织块中创建 PID 控制器的块，当前所创建的循环中断组织块将用作新的组织块。循环中断组织块可用于以周期性时间间隔启动程序，而与循环程序执行情况无关。循环中断 OB 将中断循环程序的执行并将在中断结束后继续执行，如图 5-39 显示了带有循环中断 OB 的程序执行。

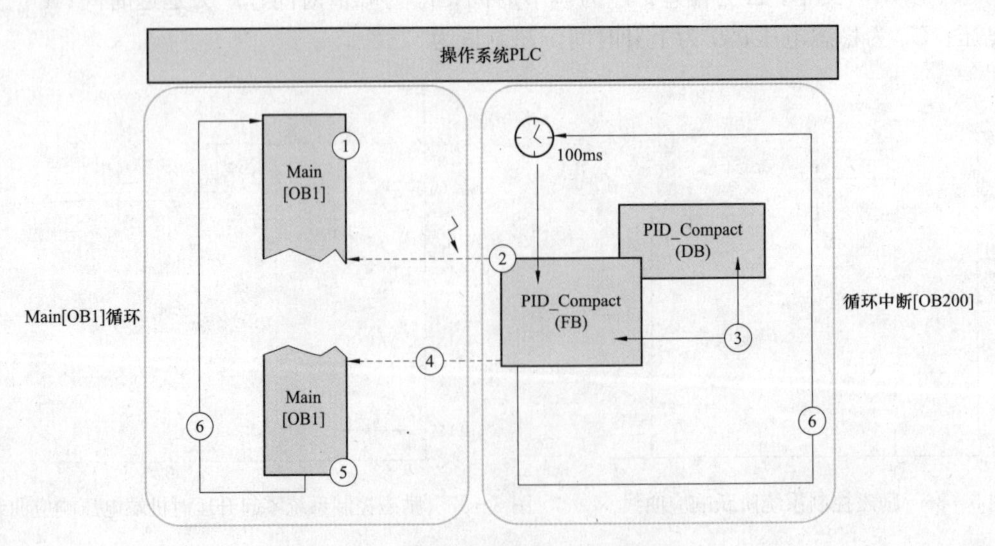

图 5-39　带有循环中断 OB 的程序执行

对图5-39作如下说明：①程序从Main［OB1］开始执行；②循环中断每100ms触发一次，它会在任何时间（如在执行Main［OB1］期间）中断程序并执行循环中断OB中的程序，本例程序包含功能块PID_Compact；③执行PID_Compact并将值写入数据块PID_Compact（DB）；④执行循环中断OB后，Main［OB1］将从中断点继续执行，相关值将保留不变；⑤Main［OB1］操作完成；⑥将重新开始该程序循环。

使用循环中断OB调用工艺对象“PID_Compact”，工艺对象“PID_Compact”是PID控制器在软件中的映像。可以使用该工艺对象组态PID控制器，然后激活该控制器并控制其执行状态。

要创建PID控制器的循环中断OB，如图5-40所示，可按以下步骤操作：①打开“Portal”（门户）视图；②向现有PLC中添加新块；③创建一个名为“PID”的循环中断OB，确保已选中“Add new and open”（添加新对象并打开）复选框。

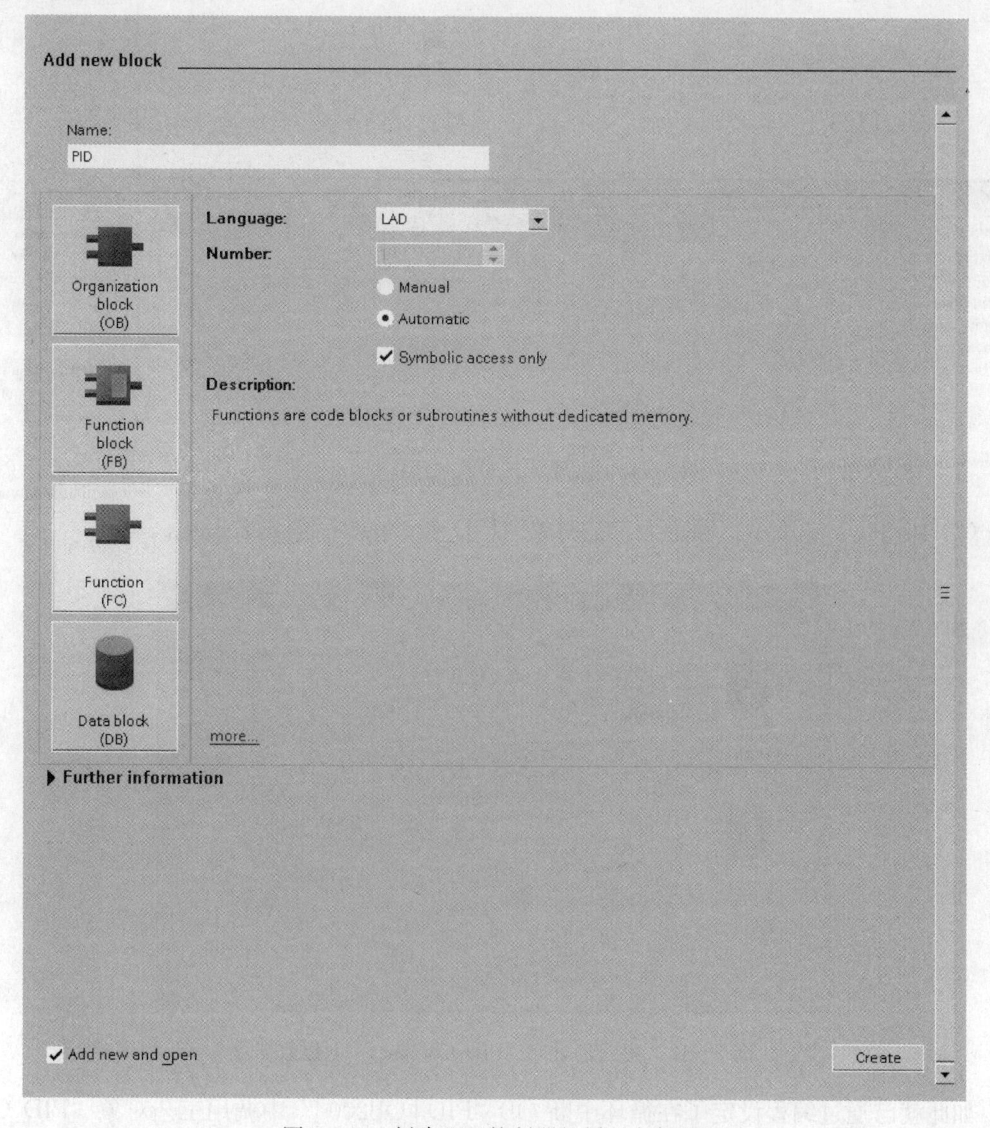

图5-40 创建PID控制器的循环中断OB

单击“Create”（创建）按钮在项目视图的程序编辑器中打开所创建的循环中断OB。

5.4.3 创建工艺对象PID控制器

下面介绍在循环中断OB“PID［OB200］”中调用工艺对象“PID_Compact”，要求：①已创建带有PLC S7-1200的项目；②已创建一个循环中断OB并在项目视图中将其打开。操作步骤如下。

(1) 如图5-41所示，在组织块“PID［OB200］”的第一个程序段中，创建工艺对象“PID_Compact”。

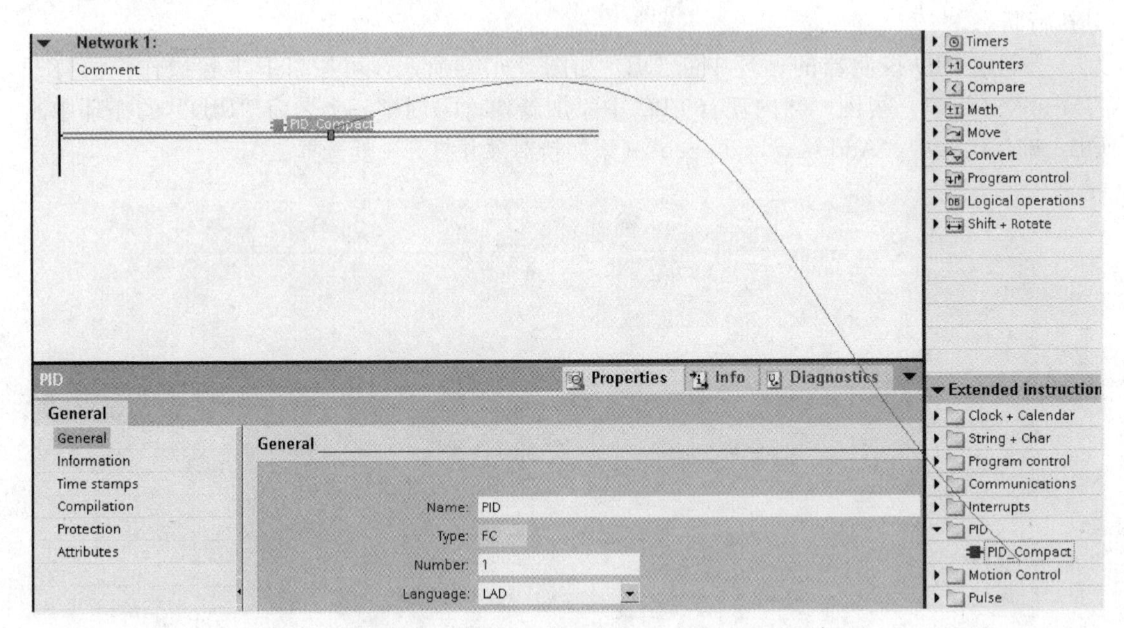

图5-41 创建工艺对象“PID_Compact”

(2) 如图5-42所示，确定为工艺对象“PID_Compact”创建数据块。

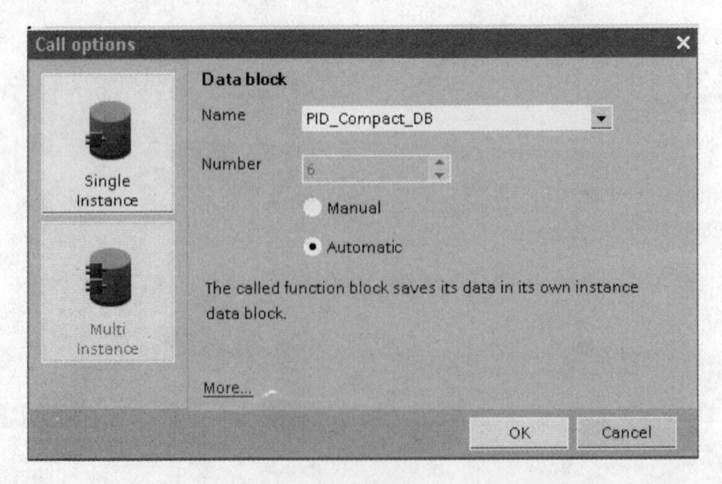

图5-42 为工艺对象“PID_Compact”创建数据块

如此就已通过编程设定了在循环中断OB“PID［OB200］”中调用工艺对象“PID_Compact”并且已创建数据块“PID_Compact_DB”。

组织块“PID［OB200］”已在项目视图中打开后，可加载全局库“Simulation”，实现在程序中加载仿真块“PROC_C”以便仿真PID控制器的输入和输出值。

5.4.4 组态PID控制器

下面介绍如何使用工艺对象“PID_Compact”组态PID控制器。

1. PID控制器组态的设置与要求

（1）控制器类型。可供选择的控制器类型（Controller type）计有：“General”（常规）、“Illuminance”（照明度）、“Density”（密度）、“Torque”（转矩）、“Speed”（速率）、“Pressure”（压力）、“Flow”（流量）、“Area”（面积）、“Frequency”（频率）、“Velocity”（速度）、“Brightness”（亮度）、“Force”（力量）、“Length”（长度）、“Power”（功率）、“Mass”（质量）、“Voltage”（电压）、“Current”（电流）、“Temperature”（温度）、“Viscosity”（黏性）、“Volume”（体积）、“Angle”（角度）、“Angular velocity”（角速度）等，用于预先选择需控制值的单位，如选用“Voltage”（电压）作为控制器类型是将控制值单位设为“伏特”。

（2）输入/输出参数。在该区域中，为设定值、实际值和工艺对象“PID_Compact”的被控变量提供输入和输出参数。要在没有其他硬件的情况下使用PID控制器，可将“PID_Compact”的输入和输出参数链接到与仿真块“PROC_C”互连的“output_value”和“Voltage”变量：实际值由“PROC_C”仿真并用作“PID_Compact”的输入；被控变量由工艺对象“PID_Compact”计算，是该块的输出参数，映射在“output_value”变量中并用作“PROC_C”的输入值。图5-43显示了工艺对象“PID_Compact”和仿真块“PROC_C”的互连方式。

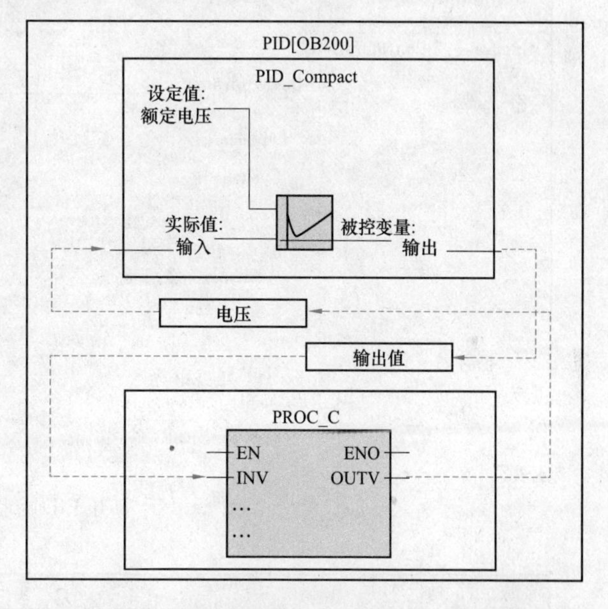

图5-43 工艺对象“PID_Compact”和仿真块“PROC_C”互连

（3）要求：①循环中断OB“PID［OB200］”处于打开状态；②已在组织块“PID［OB200］”中调用了“PID_Compact”块；③已在组织块“PID［OB200］”中调用了“PROC_C”仿真块。

2. 操作步骤

要组态工艺对象“PID_Compact”并将其与仿真块“PROC_C”互连，可以按以下步骤操作。

（1）如图5-44所示，在巡视窗口中打开PID控制器的组态。

（2）如图5-45所示，选择控制器的类型。

（3）如图5-46所示，输入控制器的设定值。

（4）如图5-47所示，分别为实际值和被控变量选择“输入”（input）和“输出”（output），从而指定将使用用户程序的某个变量中的值。

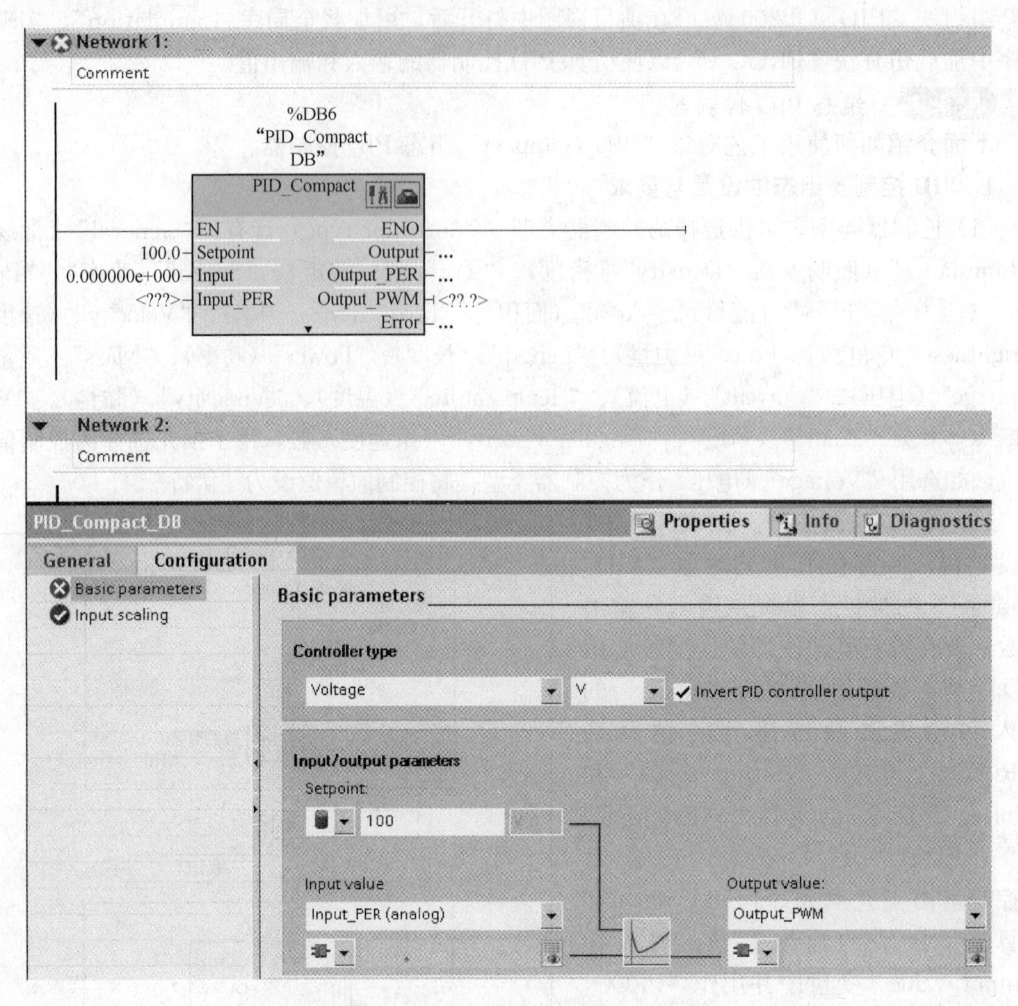

图 5-44　打开 PID 控制器的组态

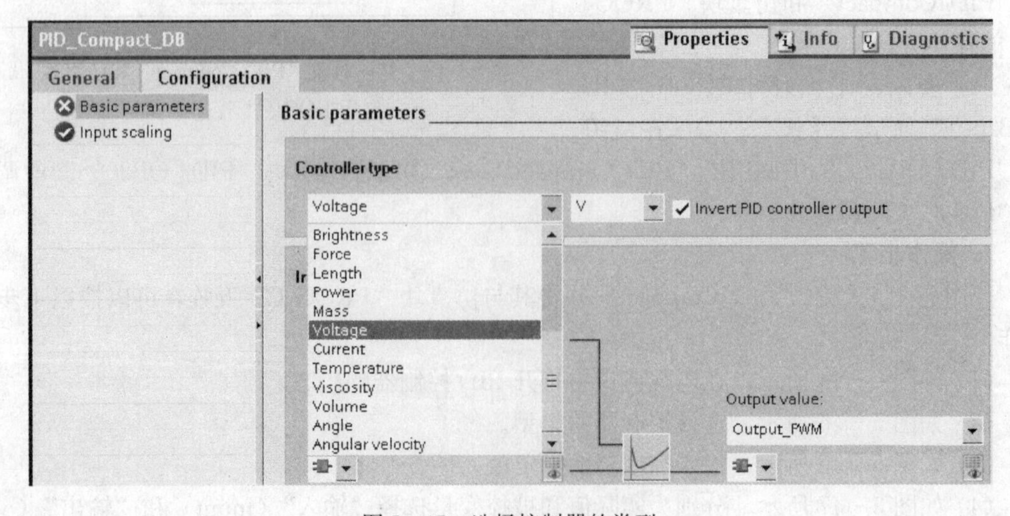

图 5-45　选择控制器的类型

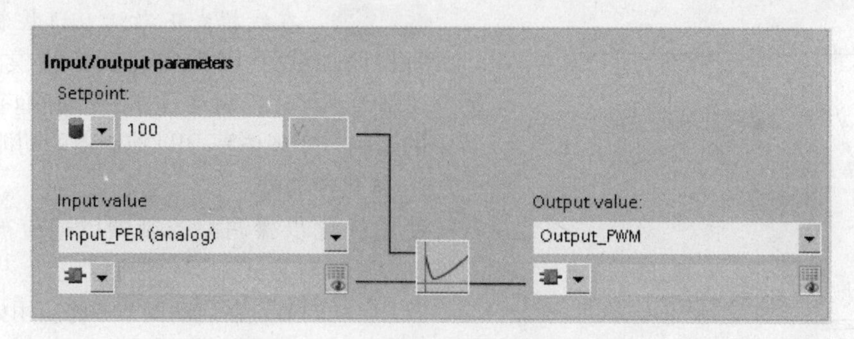

图 5-46 输入控制器的设定值

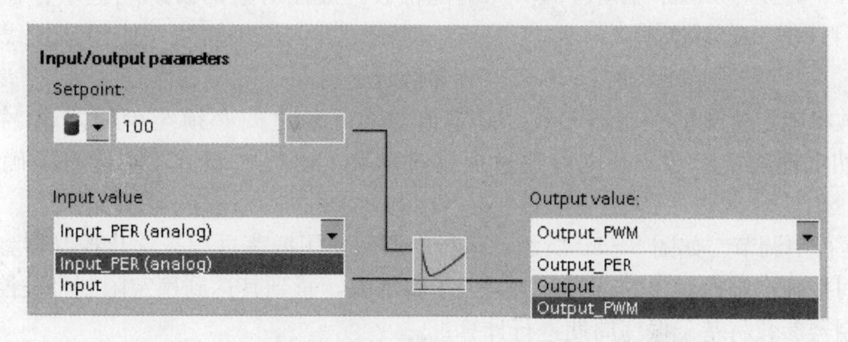

图 5-47 选择“输入”（input）和“输出”（output）

使用输入和输出为输入或输出参数提供用户程序的实际值。使用 Input_PER 和 Output_PER 可将模拟量输入用作实际值或将模拟量输出用作受控值输出；使用 Output_PWM 通过脉宽调制来控制数字开关输出，在这种情况下，被控变量由变量的开/关次数形成。

（5）如图 5-48 所示，将“Voltage ”变量与实际值互连，并将“output value”变量与被控变量互连。输入变量的前几个字母时，IntelliSense 将进行相应的过滤。

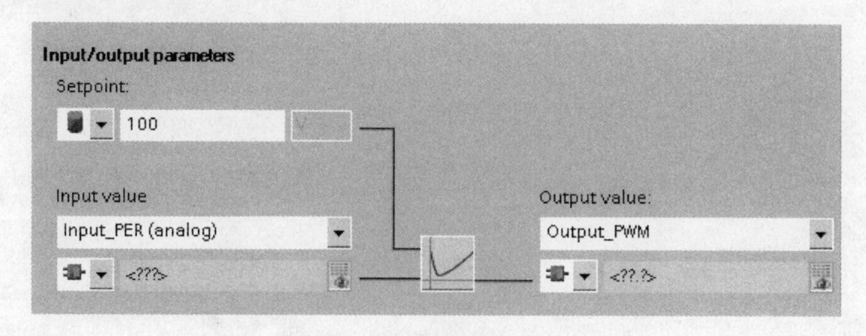

图 5-48 变量间的互连

将“PID_Compact”块与仿真块的参数直接互连。参数的寻址方式为：“块名称”．参数。如果实际值将是与功能块或 PID_Compact 指令的背景数据块的当前值互连的变量或参数，则可从实际值输入域左侧的下拉列表中选择。

已将 PID 控制器（PID_Compact）与仿真块“PROC_C”互连。启动仿真后，PID 控制器会在每次调用组织块“PID [OB200]”时收到新的实际值。

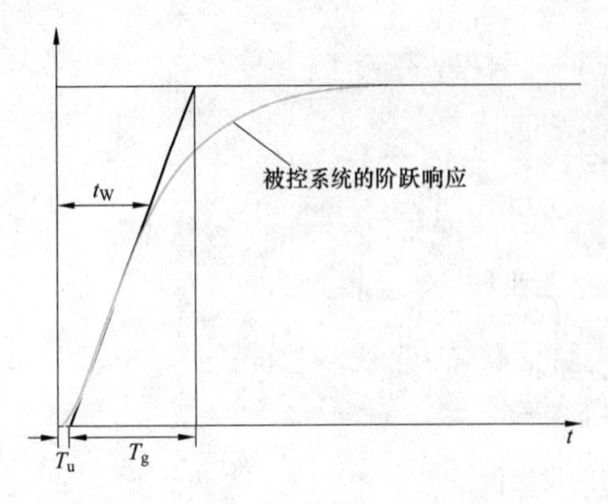

图 5-49 转折正切定理（启动调节）时被控对象的阶跃响应

5.4.5 在线模式下激活 PID 控制器

将程序加载到 PLC 中并在在线模式下激活 PID 控制器，优化控制器后可在趋势窗口中观察进行中的控制，实现仿真 PID 控制器的功能。

1. 优化控制器

使用优化步骤调整控制器以适应被控对象，可选择以下两种方式来优化控制器：

(1) 启动调节。在启动调节中将应用如图 5-49 所示的转折正切定理，该定理用于确定阶跃响应的时间常数。被控对象的阶跃响应中存在一个转折点，对该转折点应用切线；使用该切线可确定过程参数延迟时间（T_u）和恢复时间（T_g），根据这些过程参数将确定优化的控制器参数。设定值与实际值之间必须至少相差 30%，才能使用转折正切定理确定参数，否则将通过振荡过程和“运行中调节”功能自动确定控制器参数。

(2) 运行中调节。如图 5-50 所示，运行中调节使用振荡过程来优化控制器参数，通过该过程可间接确定被控对象的行为。增益因子将增大，直到其达到稳定限制且被控变量均匀振荡，控制器参数将基于振荡周期进行计算。

2. 操作步骤

激活 PID 控制器并启动仿真按以下步骤进行操作。

(1) 将程序加载到 PLC 中并激活在线连接。

(2) 如图 5-51 所示，从项目树中启动调试。

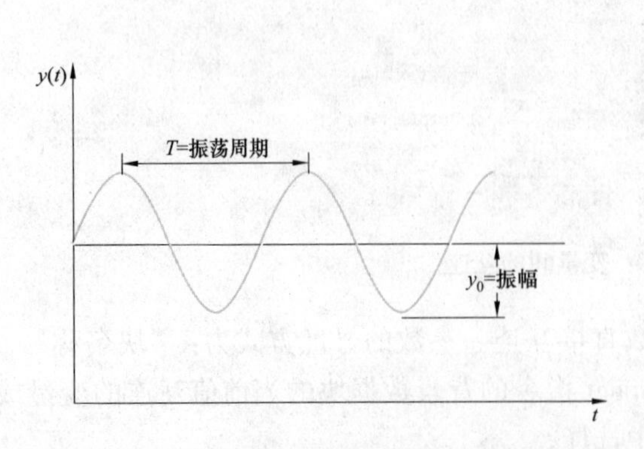

图 5-50 振荡过程（运行中调节）时被控对象的阶跃响应

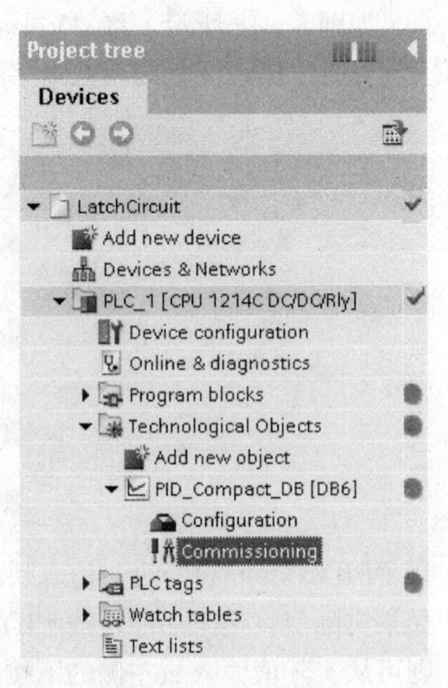

图 5-51 启动调试

（3）如图 5－52 所示，启用调试窗口的功能。

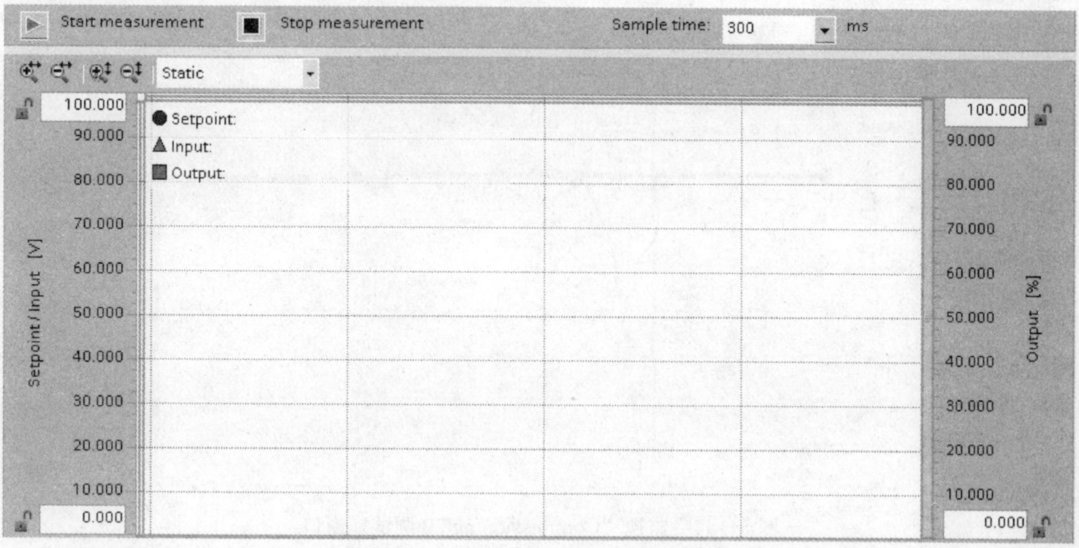

图 5－52　启用调试窗口的功能

（4）如图 5－53 所示，通过启动运行中调节，对控制器优化进行微调。

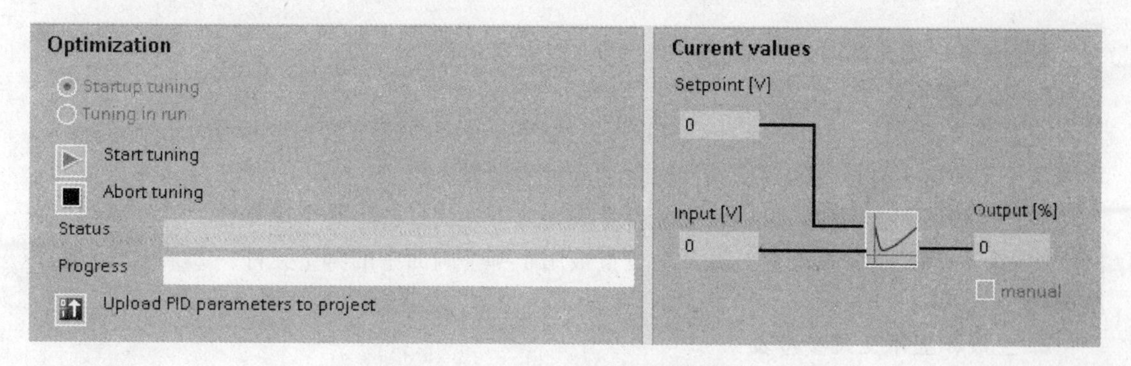

图 5－53　对控制器优化进行微调

启动自调节功能，可将当前工作步骤和发生的任何错误都将显示在“Status”（状态）域中，进度条将显示当前工作步骤的进度。优化控制器需要分多步执行，每个步骤的进度都从“0”开始。如果自调节完成且没有错误消息，则完成 PID 参数的优化。PID 控制器会切换到自动模式，并使用经过优化的参数。

（5）监视“Commissioning”（调试）窗口顶部的曲线形状。如图 5－54 所示，曲线的形状最终会越来越接近设定值，使用滚动条可监视曲线的完整形状。

控制器切换到自动模式后，控制器通过自动调整受控变量来响应由“PROC_C”块仿真的电压变化。

在线模式下激活 PID 控制器，CPU 通电和重新启动期间，将保留自动模式启动前优化的 PID 参数。如果在将项目数据再次加载到 CPU 时，希望重复使用已在 CPU 中优化过的 PID 参数，可以把 PID 参数保存在项目中。

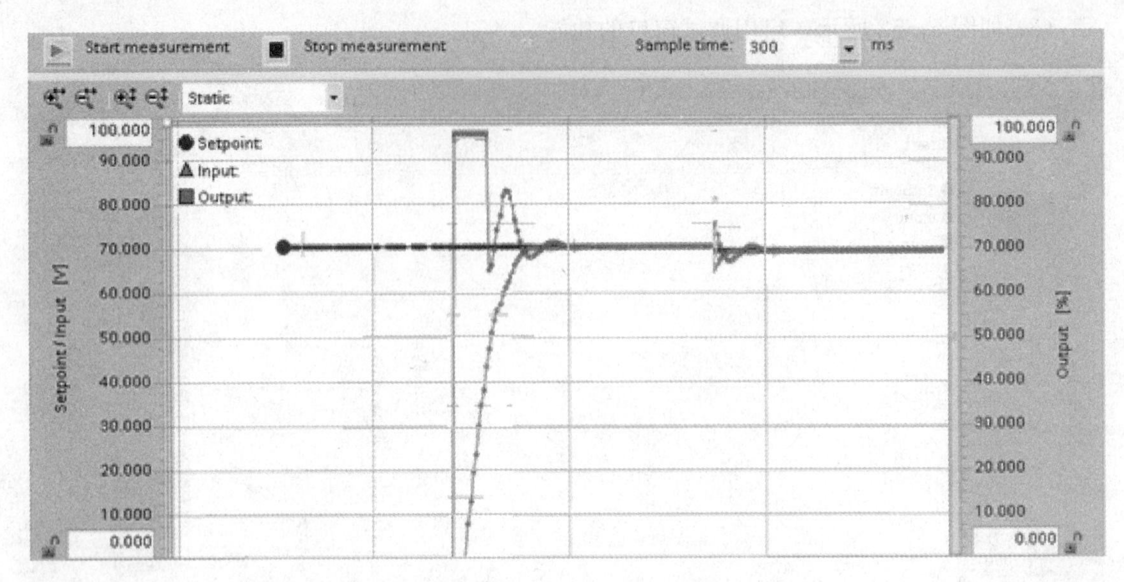

图 5-54 监视“Commissioning”（调试）窗口

5.5 交叉参考表与程序信息

5.5.1 交叉参考表

1. 交叉参考表

交叉参考表（Cross-references table）提供用户程序中操作数和变量使用情况的概览，可以从交叉参考表直接跳转到使用操作数和变量的地方。

在程序测试和查错时，可以从交叉参考表获取下列信息：①某个操作数在哪些块的哪个网络使用，用什么指令处理它？②某个变量被用于哪个画面中的哪个元件？③某个块被哪些块调用？

2. 生成和显示交叉参考表

在项目视图中，可以显示下列对象的交叉参考：PLC 文件夹、程序块（Program blocks）文件夹、单独的块、PLC 变量表（PLC tags）和单独的变量。

可以用下述的三种方法之一来生成和显示交叉参考表。

(1) 选中上述某个对象后，单击如图 5-55 所示的工具栏上的 按钮。

图 5-55 工具栏上交叉参考按钮的位置

(2) 右键单击项目树中的上述某个对象，执行如图 5-56 所示的快捷菜单中的“Cross-references”命令。

(3) 选中上述某个对象后，如图 5-57 所示，执行菜单命令“Tools”→“Cross-references”。

如图 5-58 所示，打开交叉参考表的“Used by”选项卡，可以看到对象在什么地方被使用；打开“Uses”选项卡，可以看到显示的对象的使用者。

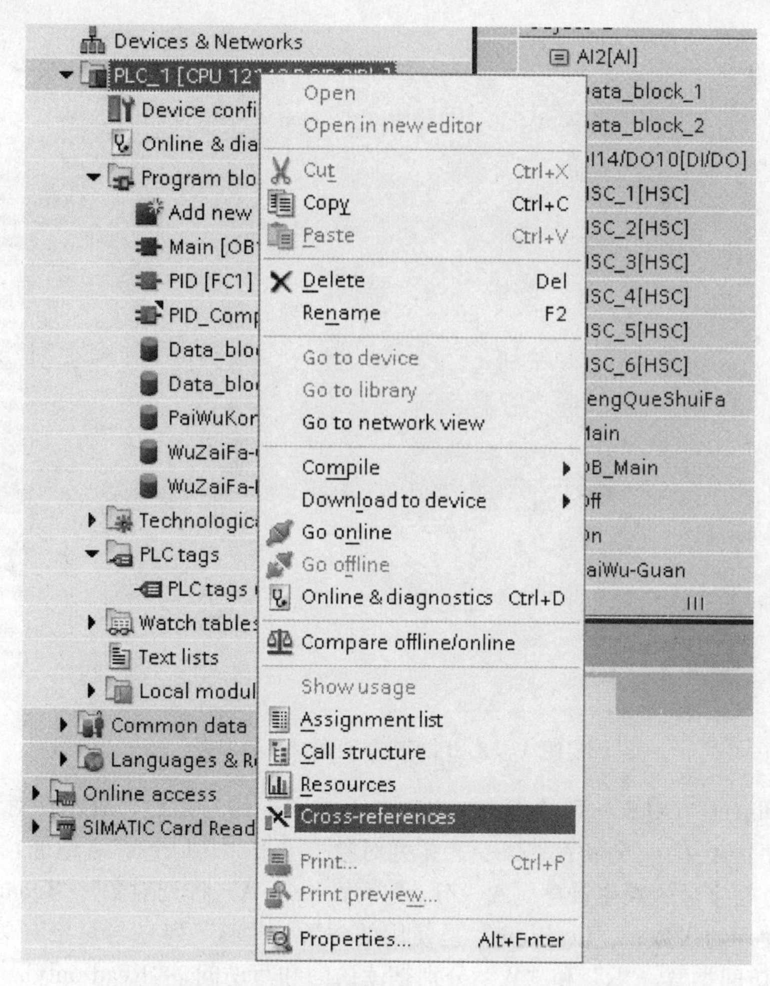

图 5 - 56 执行快捷菜单中的“Cross-references”命令

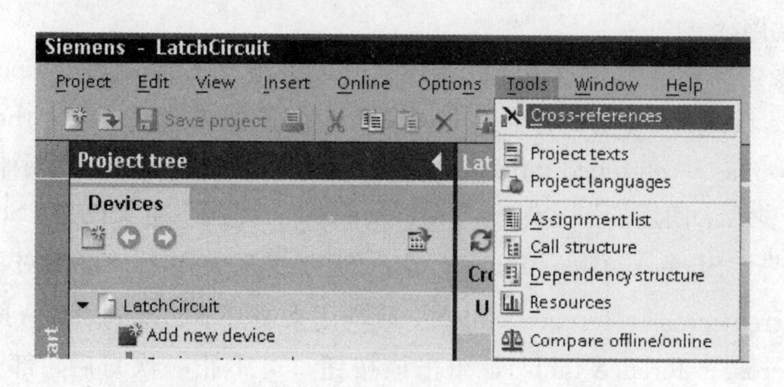

图 5 - 57 “Tools”菜单中的“Cross-references”

3. PLC 变量表的交叉参考表

选中项目 LatchCircuit 的项目树中的“PLC tags”，右键单击鼠标弹出命令菜单，选择“Cross-references”命令，生成 PLC 变量表的交叉参考表，图 5 - 58 显示的是选项卡“Used by”中的变量。

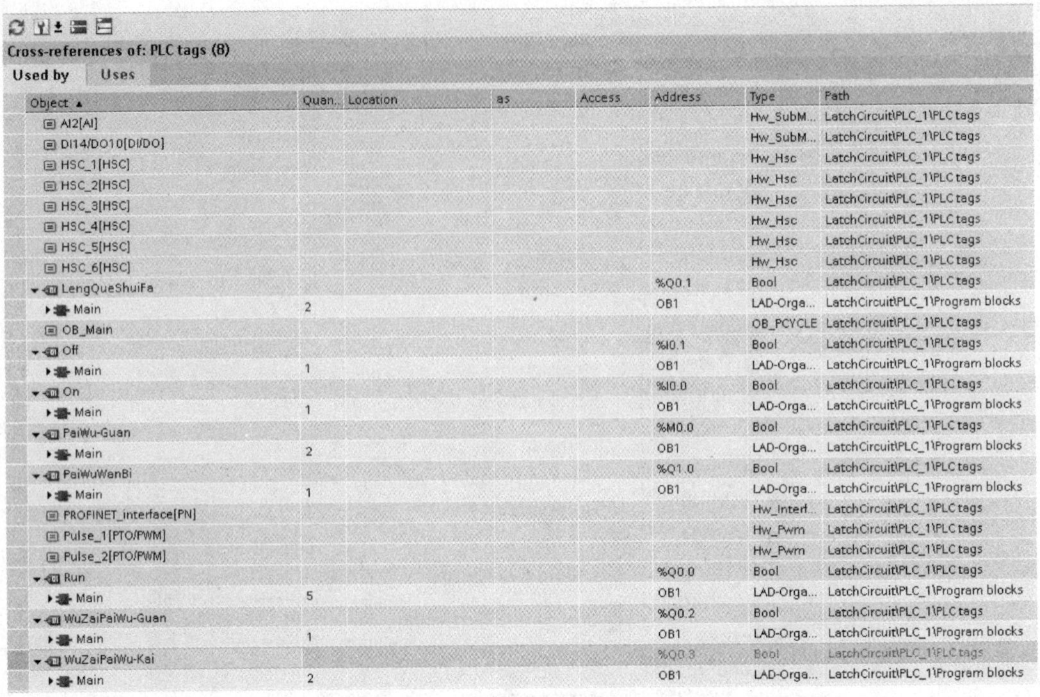

Cross-references of: PLC tags (8)

Used by　Uses

Object ▲	Quan..	Location	as	Access	Address	Type	Path
AI2[AI]						Hw_SubM...	LatchCircuit\PLC_1\PLC tags
DI14/DO10[DI/DO]						Hw_SubM...	LatchCircuit\PLC_1\PLC tags
HSC_1[HSC]						Hw_Hsc	LatchCircuit\PLC_1\PLC tags
HSC_2[HSC]						Hw_Hsc	LatchCircuit\PLC_1\PLC tags
HSC_3[HSC]						Hw_Hsc	LatchCircuit\PLC_1\PLC tags
HSC_4[HSC]						Hw_Hsc	LatchCircuit\PLC_1\PLC tags
HSC_5[HSC]						Hw_Hsc	LatchCircuit\PLC_1\PLC tags
HSC_6[HSC]						Hw_Hsc	LatchCircuit\PLC_1\PLC tags
LengQueShuiFa					%Q0.1	Bool	LatchCircuit\PLC_1\PLC tags
Main	2				OB1	LAD-Orga...	LatchCircuit\PLC_1\Program blocks
OB_Main						OB_PCYCLE	LatchCircuit\PLC_1\PLC tags
Off					%I0.1	Bool	LatchCircuit\PLC_1\PLC tags
Main	1				OB1	LAD-Orga...	LatchCircuit\PLC_1\Program blocks
On					%I0.0	Bool	LatchCircuit\PLC_1\PLC tags
Main	1				OB1	LAD-Orga...	LatchCircuit\PLC_1\Program blocks
PaiWu-Guan					%M0.0	Bool	LatchCircuit\PLC_1\PLC tags
Main	2				OB1	LAD-Orga...	LatchCircuit\PLC_1\Program blocks
PaiWuWanBi					%Q1.0	Bool	LatchCircuit\PLC_1\PLC tags
Main	1				OB1	LAD-Orga...	LatchCircuit\PLC_1\Program blocks
PROFINET_interface[PN]						Hw_Interf...	LatchCircuit\PLC_1\PLC tags
Pulse_1[PTO/PWM]						Hw_Pwm	LatchCircuit\PLC_1\PLC tags
Pulse_2[PTO/PWM]						Hw_Pwm	LatchCircuit\PLC_1\PLC tags
Run					%Q0.0	Bool	LatchCircuit\PLC_1\PLC tags
Main	5				OB1	LAD-Orga...	LatchCircuit\PLC_1\Program blocks
WuZaiPaiWu-Guan					%Q0.2	Bool	LatchCircuit\PLC_1\PLC tags
Main	1				OB1	LAD-Orga...	LatchCircuit\PLC_1\Program blocks
WuZaiPaiWu-Kai					%Q0.3	Bool	LatchCircuit\PLC_1\PLC tags
Main	2				OB1	LAD-Orga...	LatchCircuit\PLC_1\Program blocks

图 5-58　PLC 变量表的交叉参考表

单击“Object”（对象）列的表头，出现向上或向下的三角形，表示按对象名称首写字母的顺序升序（A～Z）或降序（Z～A）排列对象。单击“Address”（地址）列的表头，将按地址名称首写字母的顺序升序（A～Z）或降序（Z～A）排列对象。“Quantity”（数量）列是对象被使用的次数；“Location”是使用的位置；“as”列是与对象有关的附加信息；“Access”是访问类型，“R”和“W”分别是读访问和写访问，“Read-only”为只读；“Address”是操作数的地址；“Type”是生成对象时使用的数据类型和其他信息；“Path”是对象在项目树中的路径。

交叉参考表工具栏上有 4 个按钮：①用来更新交叉参考表（Updates the current cross-reference table）；②为当前交叉参考表设置常规选项（Sets the general options for the current cross-reference table），用复选框来多项选择是否“显示使用的”（Show referenced）、“显示未使用的”（Show Unreferenced）、“显示定义的”（Show existing）和“显示未定义的”（Show not existing）对象；③用来关闭下一层的对象（Collapses all items in the current cross-reference table）；④用来展开下一层的对象（Expands all items in the current cross-reference table），单击该按钮（可不止一次）后，部分交叉参考表如图 5-59 所示。

“Location”和“as”列中都可以存在蓝色和有下画线的字符，表示有链接，单击后自动打开所指示的网络（如 NW1 为网络 1，NW21 为网络 2）。

4. 在监视窗口显示单个变量的交叉参考信息

双击项目树中 Main［OB1］打开程序，选中变量 On，如图 5-60 所示，在下面的监视窗口的“Info”的“Cross-reference”选项卡中，也可看到选中变量的交叉参考信息。

Cross-references of: PLC tags (8)

Used by　Uses

Object	Quan..	Location	as	Access	Address	Type
Off					%I0.1	Bool
Main	1				OB1	LAD-O
		OB1 NW1 (空压电动...		Read-only		
On					%I0.0	Bool
Main	1				OB1	LAD-O
		OB1 NW1 (空压电动...		Read-only		
PaiWu-Guan					%M0.0	Bool
Main	2				OB1	LAD-O
		OB1 NW2		Read-only		
		OB1 NW3		Write		
PaiWuWanBi					%Q1.0	Bool
Main	1				OB1	LAD-O
		OB1 NW2		None		
PROFINET_interface[PN]						Hw_In

图 5-59　展开了下一层对象的交叉参考表

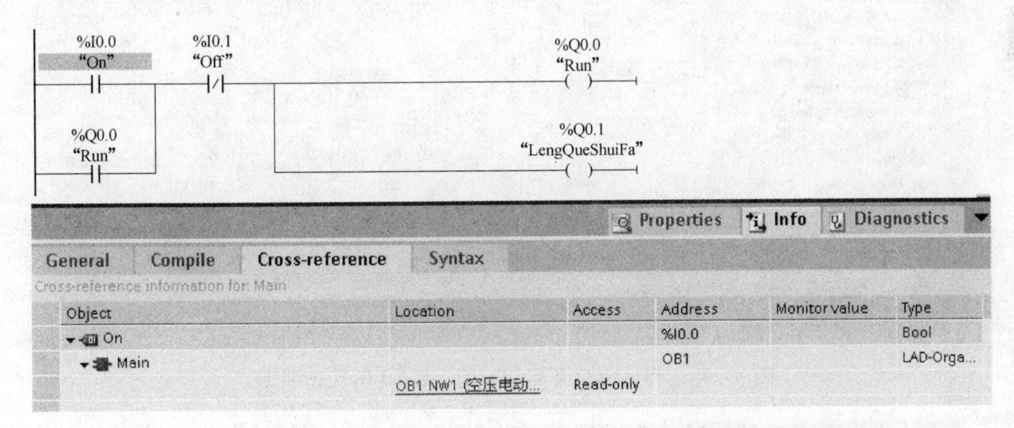

图 5-60　监视窗口中变量 On 的交叉参考信息

再选中变量 Run，它的交叉参考信息如图 5-61 所示。

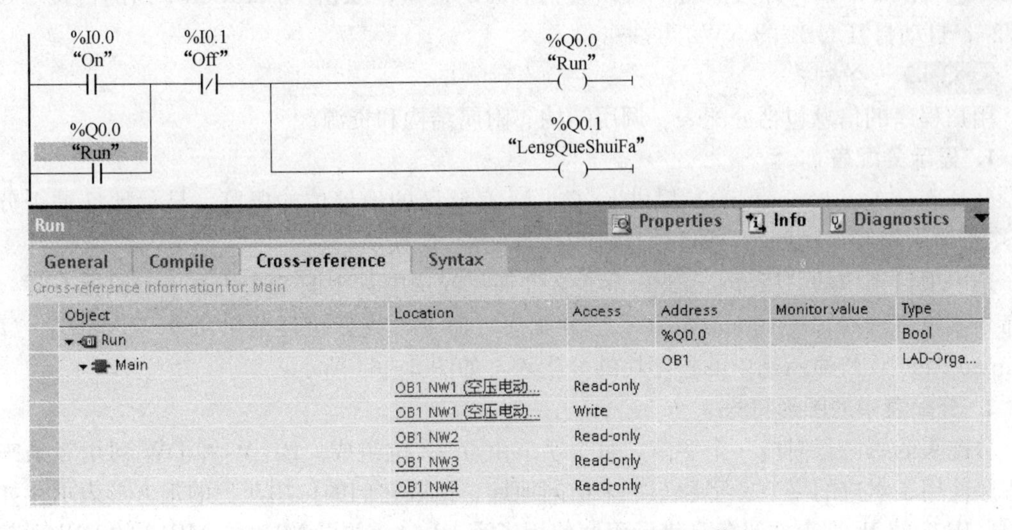

图 5-61　监视窗口中变量 Run 的交叉参考信息

5. 程序块的交叉参考信息

选中一个项目的项目树中的“Program blocks”（程序块），右击鼠标，弹出命令菜单，选择“Cross-references”命令，生成程序块的交叉参考表。选项卡“Used by”（被……使用）如图 5-62 所示。

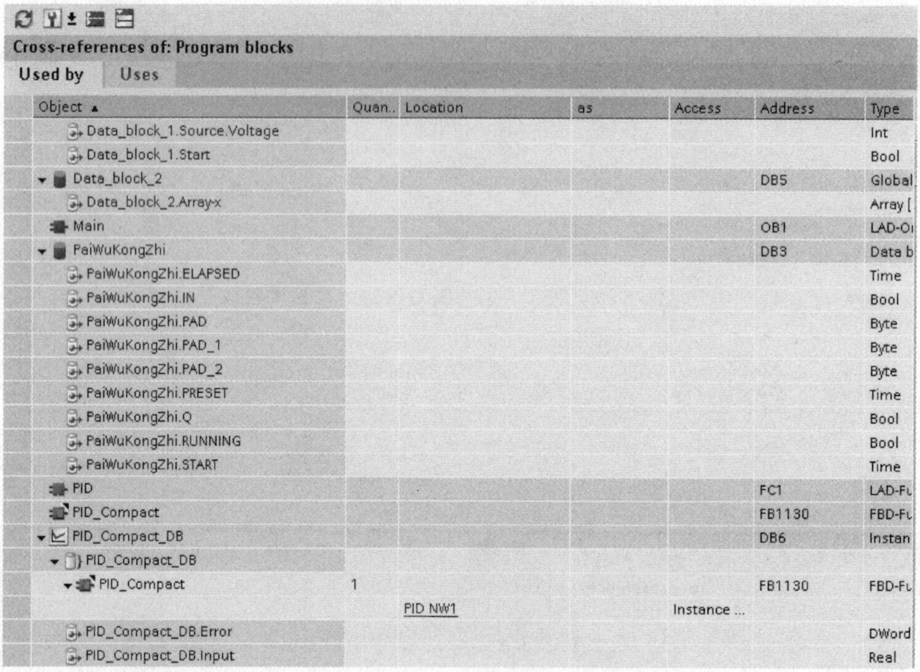

Cross-references of: Program blocks

Used by　Uses

Object ▲	Quan..	Location	as	Access	Address	Type
Data_block_1.Source.Voltage						Int
Data_block_1.Start						Bool
Data_block_2					DB5	Global
Data_block_2.Array-x						Array [
Main					OB1	LAD-O
PaiWuKongZhi					DB3	Data b
PaiWuKongZhi.ELAPSED						Time
PaiWuKongZhi.IN						Bool
PaiWuKongZhi.PAD						Byte
PaiWuKongZhi.PAD_1						Byte
PaiWuKongZhi.PAD_2						Byte
PaiWuKongZhi.PRESET						Time
PaiWuKongZhi.Q						Bool
PaiWuKongZhi.RUNNING						Bool
PaiWuKongZhi.START						Time
PID					FC1	LAD-Fu
PID_Compact					FB1130	FBD-Fu
PID_Compact_DB					DB6	Instan
PID_Compact_DB						
PID_Compact	1				FB1130	FBD-Fu
		PID NW1		Instance ...		
PID_Compact_DB.Error						DWord
PID_Compact_DB.Input						Real

图 5-62　程序块交叉参考表的“Used by”选项卡

程序块的交叉参考表的“Uses”（使用）选项卡如图 5-63 所示，可以看到各个代码的内部使用情况。例如，组织块 Main 的 NW1（网络 1）和 NW4（网络 4）中两次使用变量“LengQueShuiFa”；打开数据块，可以看到里面的变量；双击“Location”列的链接“OB1 NW2”，自动打开 OB1 的 NW2。

5.5.2 分配表

用户程序的信息包括分配表、调用结构、附属结构和资源。

1. 显示分配表

分配表（Assignment list）提供 I、Q、M 存储区的地址位的概览，显示地址是否分配给 S7 程序（被程序访问），或者地址是否被分配给 S7 模块。

选中项目树中的“Program blocks”文件夹，或选中其中的某个块，单击鼠标右键，弹出命令菜单，选择“Assignment list”（分配表）命令，或者执行菜单命令“Tools”→“Assignment list”，将显示选中的程序块的分配表，如图 5-64 所示。

2. 分配表中的图形符号

分配表的每一行对应一个字节，每个字节由 0～7 位组成。B、W 和 DW 列用竖条来表示程序使用了对应的字节、字和双字来访问地址，组成它们的位用灰色的正方形表示。如果 IB64～IB65 的 W 列存在竖条，表示程序使用了字 IW64；如果 MB10～MB13 的 DW 列都存在竖条，表示使用了双字 MD10。

Cross-references of: Program blocks

Used by | Uses

Object ▲	Quan..	Location	as	Access	Address	Type
Data_block_1.Source.Swich						Bool
Data_block_1.Source.Voltage						Int
Data_block_1.Start						Bool
▾ Data_block_2					DB5	Global
Data_block_2.Array-x						Array [
▾ Main					OB1	LAD-O
▾ LengQueShuiFa	2				%Q0.1	Bool
		OB1 NW1 (空压电动...		Write		
		OB1 NW4		Write		
▾ Off	1				%I0.1	Bool
		OB1 NW1 (空压电动...		Read-only		
▾ On	1				%I0.0	Bool
		OB1 NW1 (空压电动...		Read-only		
▾ PaiWu-Guan	2				%M0.0	Bool
		OB1 NW2		Read-only		
		OB1 NW3		Write		
▾ PaiWuWanBi	1				%Q1.0	Bool
		OB1 NW2		None		
▾ Run	5				%Q0.0	Bool
		OB1 NW1 (空压电动...		Read-only		
		OB1 NW1 (空压电动...		Write		
		OB1 NW2		Read-only		
		OB1 NW3		Read-only		
		OB1 NW4		Read-only		
▾ WuZaiPaiWu-Guan	1				%Q0.2	Bool
		OB1 NW2		Write		
▾ WuZaiPaiWu-Kai	2				%Q0.3	Bool
		OB1 NW3		Write		
		OB1 NW4		Write		
▸ PaiWuKongZhi					DB3	Data b
PID					FC1	LAD-Fu
▾ PID_Compact					FB1130	FBD-Fu
▸ PID_Compact_DB	1				DB6	Instan

图 5-63　程序块交叉参考表的“Uses”选项卡

Call structure | Dependency structure | Assignment list | Resources

<No filter>

Assignment list of PLC_1

Input, Output

Address	7	6	5	4	3	2	1	0	B	W	DW
IB0							◆	◆			
IB1											
IB64											
IB65											
IB66											
IB67											
QB0					◆	◆	◆	◆			
QB1								◆			

Memory

Address	7	6	5	4	3	2	1	0	B	W	DW
MB0								◆			

图 5-64　分配表

单击表格上面的按钮（Show explanation），将列表显示分配表中的图形符号并解释，如图 5-65 所示。图中的“Bit access”为位访问；“Byte，Word，DWord access”分别为字节、字、双字访问；“Pointer access”为指针访问；“Bit and pointer access to the same bit”为对同一位的访问和指针访问；“No hardware configured”为没有硬件组态；“Bit within byte，word，dword access”分别为字节、字、双字中的位。

3. 显示和设置 M 区的保持功能

单击分配表工具栏上的按钮（Retain），可以打开如图 5-66 所示的对话框，以设置 M 区从 MB0 开始的具有断电保持功能的字节数。

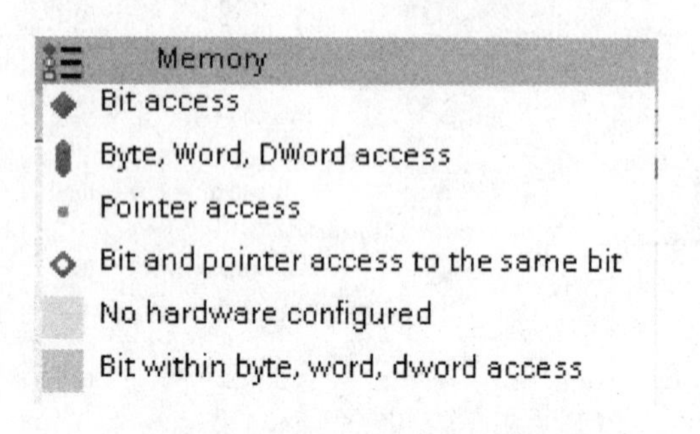

图 5-65　分配表中图形符号的列表与英文解释

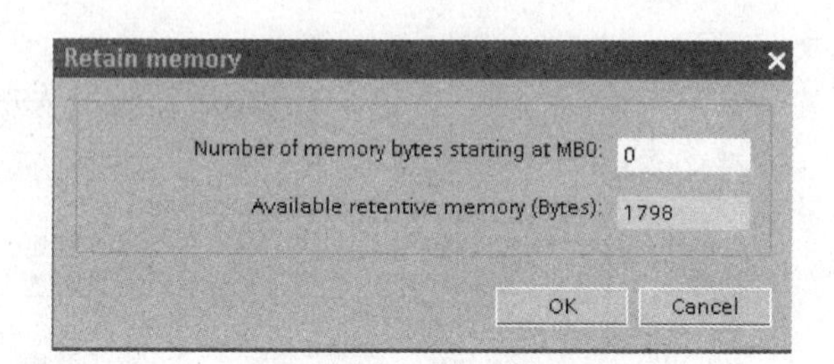

图 5-66　设置保持存储器

单击工具栏上的按钮（Hide/show retain area），可以激活或禁止显示 M 区地址的保持功能。有保持功能的 M 区的地址用地址列的符号表示，如图 5-67 所示。将程序块下载到 CPU 后，M 区的保持功能起作用。

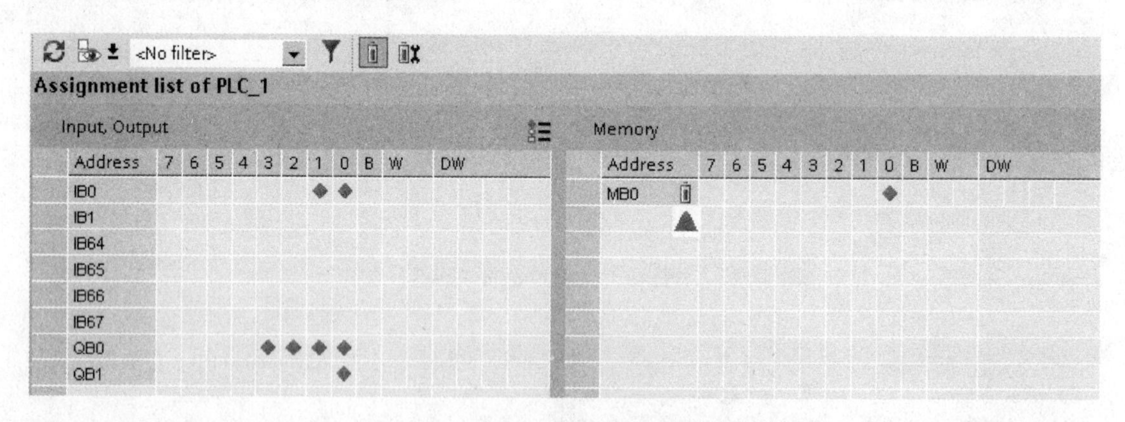

图 5-67　激活 M 区地址的保持功能

4. 分配表的附加功能

(1) 查看某个地址的交叉参考信息。选中分配表中的某个地址，如图 5-68 所示选中 I0.1，则在下方的监视窗口的“Info”的“Cross-reference”选项卡中显示出选中的地址的交叉参考表，可通过选择图 5-69 中的菜单命令“Show usage”（显示应用）实现。

(2) 编辑变量属性。如图 5-69 所示，用鼠标右键单击分配表中的某个地址（包括位地址），选择快捷菜单中的“Open editor”（打开编辑器）命令，将会打开 PLC tags（PLC 变量表），可以编辑该变量的属性。

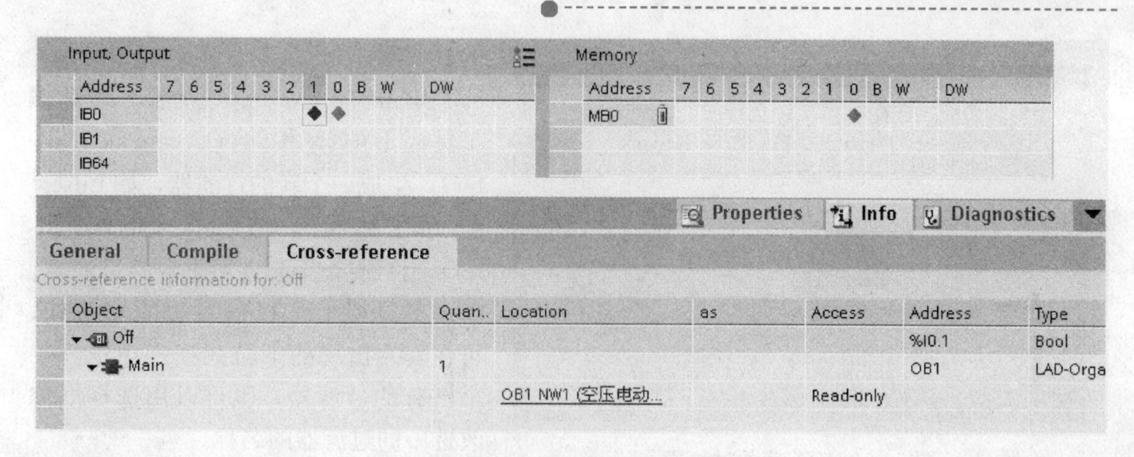

图 5-68　查看某个地址的交叉参考信息

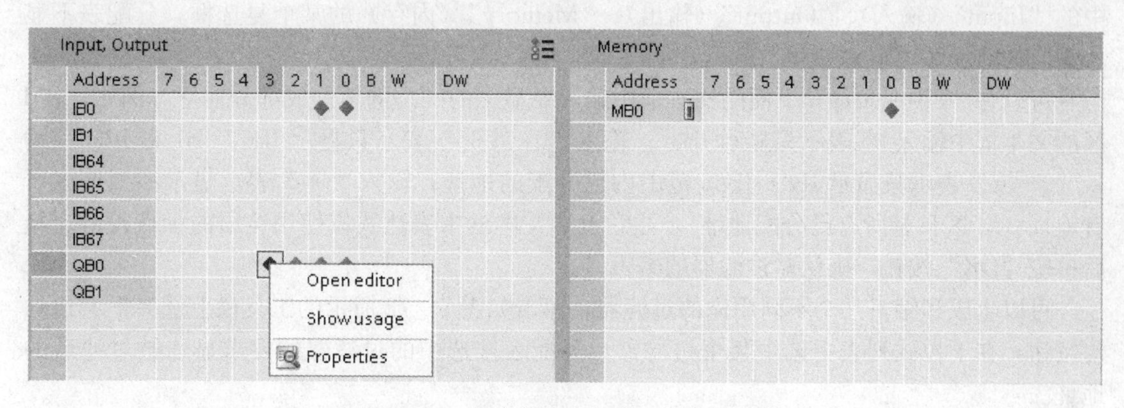

图 5-69　右击某个地址弹出的命令菜单

(3) 单击分配表工具栏上的按钮（View options），出现的下拉式列表中有两个复选框，如图 5-70 所示。

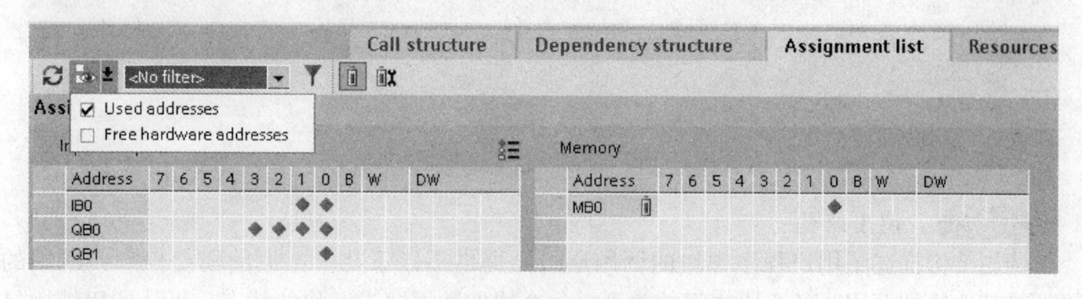

图 5-70　可禁止显示未使用的硬件地址

1) 复选框“Used addresses”用于激活或禁止已使用的地址。

2) 复选框“Free hardware addresses”用于激活或禁止显示未使用的硬件地址，图 5-70 是禁止此选项的情况。

5. 过滤器

可以使用预定义的过滤器（Filter）或生成自己的过滤器来“过滤”分配表显示的内容。单击工具栏上的按钮，打开如图 5-71 所示的“Filter”（过滤器）对话框，可以生成自己

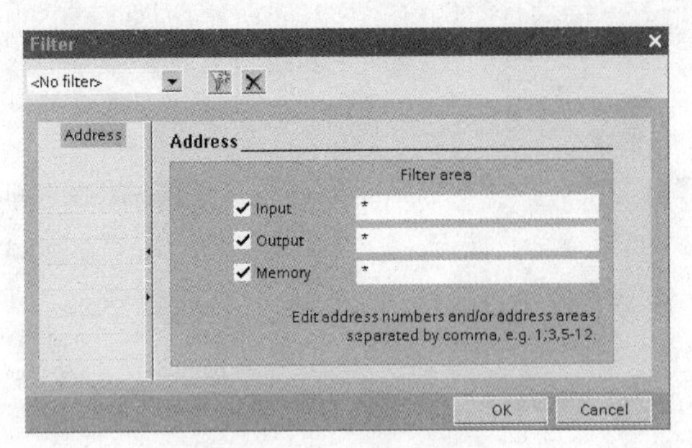

图 5-71　分配表的过滤器

的过滤器。

单击“Filter”（过滤器）对话框工具栏上的按钮（Create new filter），生成一个新的过滤器，如 Filter_n。单击按钮（Delete selected filter），将删除当前的或选中的过滤器。单击工具栏上选择框右边的按钮，可在其左出现的下拉式列表中选择一个已有的过滤器，也可以用选择框修改选中的过滤器的名称。

过滤器的功能：如果未选中图 5-71 中的“Input”（输入）、“Output”（输出）、“Memory”（内存）的某个复选框，分配表不显示对应的地址区。

可以在“Filter area”下面的文本框中输入要显示的唯一的地址或部分地址。例如，在 I 区的文本框中输入 67 表示只显示 IB67；输入“0；1；66”表示只显示 IB0、IB1 和 IB66；输入“0-65”表示只显示 IB0～IB65 范围内已分配的地址；输入“*”表示显示该地址区所有地址（M 区只是所有已分配地址）。注意上述文本框中表达式应使用英语的标点符号。最后单击“OK”按钮，确认对过滤器的编辑。

可以生成和编辑几个不同用途的过滤器，单击如图 5-72 所示的工具栏上选择框右边的按钮，在下拉式列表中选中某个过滤器，分配表按选中的过滤器的要求显示被过滤后的地址。

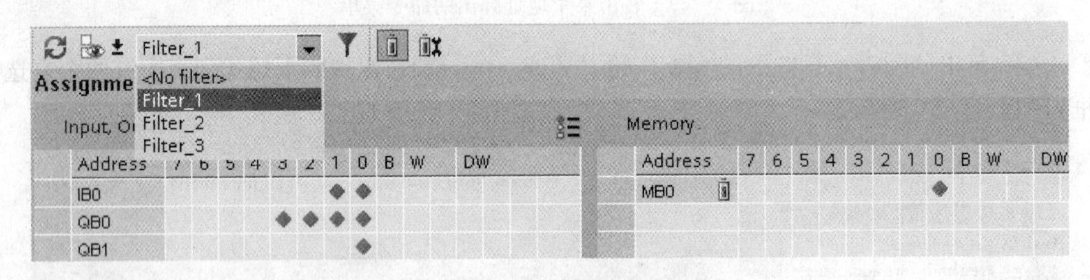

图 5-72　选择不同用途的过滤器

5.5.3　调用结构

调用结构描述了用户程序中块的调用层级，提供了以下几个方面的概要信息：所用的块、对其他块的调用、各个块之间的关系、每个块的数据要求及块的状态。可从调用结构打开程序编辑器并对块进行编辑。

1. 显示调用结构

调用结构（Call structure）显示用户程序中的块与块之间调用与被调用的关系的体系结构。

选中项目树中的程序块文件夹或选中其中某个块，右键单击选中的程序块，弹出如图 5-73 所示的菜单命令，选择“Call structure”命令，或者执行菜单命令“Tools”→“Call structure”，都可以显示选中程序的调用结构，如图 5-74 所示。

2. 调用结构的显示内容

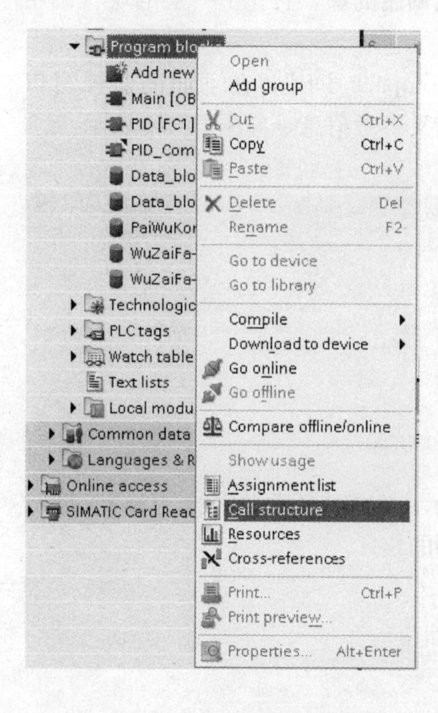

图 5-73 右击程序块后选择“Call structure”命令

显示调用结构时会显示用户程序中使用的块的列表，STEP 7 Basic 高亮显示调用结构的第一级，并显示未被程序中的其他任何块调用的所有块。调用结构的第一级显示 OB 及未被 OB 调用的所有 FC、FB 和 DB。如果某个代码块调用了其他块，则被调用块将以缩进方式显示在调用块的下方。调用结构仅显示被代码块调用的那些块。

Call structure of PLC_1

	Call structure	!	Address	Call freq...	Details
1	Main		OB1		
2	WuZaiFa-G		DB1	1	OB1 NW2 (0)
3	WuZaiFa-K		DB2	1	OB1 NW3 (0)
4	PaiWuKongZhi		DB3	1	OB1 NW3 (0)
5	Data_block_1 -- Global DB		DB4		
6	Data_block_2 -- Global DB		DB5		
7	PID_Compact_DB -- Instance DB - PID_Comp...		DB6		
8	PID		FC1		
9	PID_Compact, PID_Compact_DB		FB1130, DB6	1	FC1 NW1 (0)
10	PID_Compact		FB1130		

图 5-74 调用结构

如图 5-75 所示，在调用结构表中，标有“!”的列用于显示调用的类型；“Address”列显示块的绝对地址（块的编号），功能块还包含对应的背景数据块的绝对地址；“Call frequency”列是调用同一个块的次数；单击“Details”列中蓝色的有链接的块和网络的编号，可以打开程序编辑器，看到调用选中的块的详细情况。

Call structure of PLC_1

	Call structure	!	Address	Call freq...	Details	Local data (in path)	Local data (for blocks)
1	Main		OB1			0	0
2	WuZaiFa-G		DB1	1	OB1 NW2 (0)	0	0
3	WuZaiFa-K		DB2	1	OB1 NW3 (0)	0	0
4	PaiWuKongZhi		DB3	1	OB1 NW3 (0)	0	0
5	Data_block_1 -- Global DB		DB4			0	0
6	Data_block_2 -- Global DB		DB5			0	0
7	PID_Compact_DB -- Instance DB - PID_Comp...		DB6			0	0
8	PID		FC1			0	0
9	PID_Compact, PID_Compact_DB		FB1130, DB6	1	FC1 NW1 (0)	176	176
10	PID_Compact		FB1130			176	176

图 5-75 调用结构全图

只能用符号寻址的块需要较多的局部数据，因为符号寻址的信息保存在块里面。“Local data (in path)”列显示完整的路径需要的局部变量；“Local data (for blocks)”列显示块需要的局部数据。

调用结构的第一层是组织块，它们不会被程序中的其他块调用，其他块只是在没有被组织块直接或间接调用时才在第一层显示。

在调用结构（Call structure）列中，下一层的块是被调用的块，它比上一层的块（调用它的块）缩进若干个字符。

选中调用结构中的某个块“PID_Compact，PID_Compact_DB”，在下面的监视窗口“Info”的“Cross-reference”选项卡中可以看到该块的交叉参考信息，如图5-76所示。

Properties | Info | Diagnostics

General | Compile | Cross-reference

Cross-reference information for: PID_Compact, PID_Compact_DB

Object	Quan..	Location	as	Access	Address	Type	Path
PID_Compact					FB1130	FBD-Functi..	LatchCircuit\PLC_1\Program blocks
PID_Compact_DB					DB6	Instance ...	LatchCircuit\PLC_1\Technological Ol
PID_Compact	1				FB1130	FBD-Functi..	LatchCircuit\PLC_1\Program blocks
		PID NW1		Instance ...			

图5-76 查看某个块的交叉参考信息

用鼠标右键单击调用结构中的某个块，如图5-77所示，选择快捷菜单中的“Open editor”（打开编辑器）命令，将会打开程序编辑器，可以编辑选中的块。

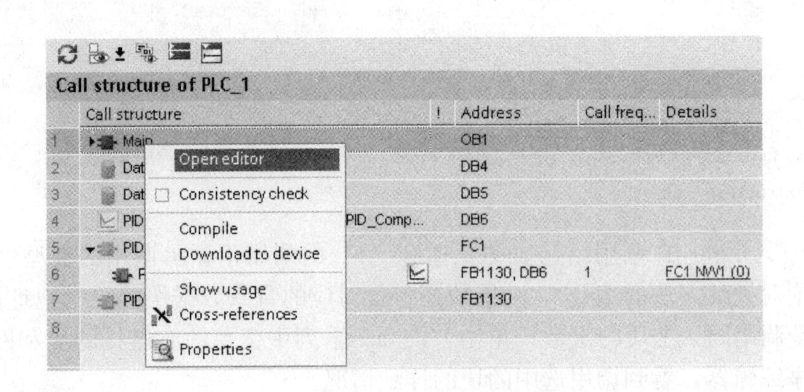

图5-77 对选中的块打开编辑器

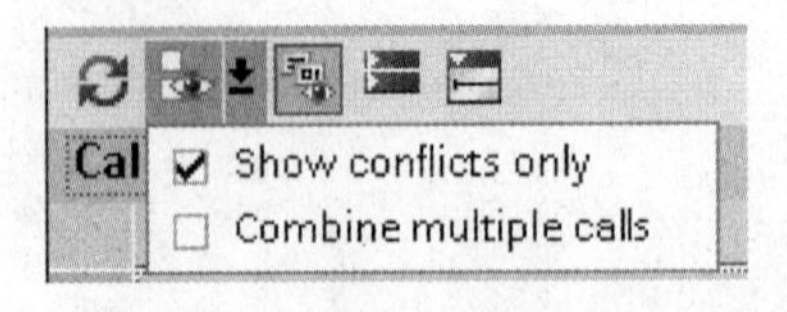

图5-78 仅显示导致冲突的块

可以通过按钮（View options）选择在调用结构中仅显示导致冲突的块（Show conflicts only），如图5-78所示。

下列情况会导致冲突：①块执行的任何调用具有更旧或更新代码时间戳；②块所调用块的接口已更改；③块所使用变量的地址和/或数据类型已更改；④块未被OB直接或间接调用；⑤块调用了不存在的块或缺失的块，可以将多个块调用和数据块分为一组，可使用下拉式列表来查看指向各个调用位置的链接。

还可通过按钮（Consistency check）执行一致性检查以显示时间戳冲突，若在生成程序期间或之后更改块的时间戳，将导致时间戳冲突，而这又会导致调用块和被调用块间出现不一致。

解决的措施包括：①通过重新编译代码块可纠正大多数时间戳和接口冲突；②如果通过编译无法解决不一致问题，可使用“Details”列中的链接转到程序编辑器中的问题源，然后可手动消除任何不一致情况；③必须重新编译所有以红色标记的块。

3. 工具栏上按钮的功能

工具栏上的按钮（Update view）用来更新调用结构的显示；按钮（Collapse all）用来关闭所有的调用结构显示；按钮（Expand all）用来打开所有的块的调用结构；而单击某个块左边的按钮，只显示这一个块所调用的块。

如图 5－78 所示，单击按钮（View options），出现的下拉式列表中有两个复选框：①如果激活了复选框“Show conflicts only”，仅显示调用中发生冲突的块，如调用了有时间标记冲突的块，使用修改了地址或数据类型的变量的块，调用被修改了接口的块，以及没有直接、间接被 OB 调用的块；②如果激活了复选框“Combine multiply calls”，几次块调用被组合到一行显示，块被调用的次数在“Call frequency”列显示，如果没有选中该复选框，将用不止一行来显示多次调用。

工具栏上的按钮（Consistency check）用于检查块的一致性，检查某被调用块后，上面层次的图标均用红色显示。

5.5.4 附属结构与资源

1. 显示附属结构

附属结构（Dependency structure）是块在用户程序中被使用的情况的列表，是对象的交叉参考表的扩展。块在第一级显示，调用或使用它的块在它的下面向右缩进若干个字符。与调用结构相比，背景数据被单独列出。

选中程序块文件夹或选中其中的某个块，如图 5－79所示执行菜单命令“Tools”→“Dependency structure”，将显示选中程序的附属结构，如图 5－80 所示。

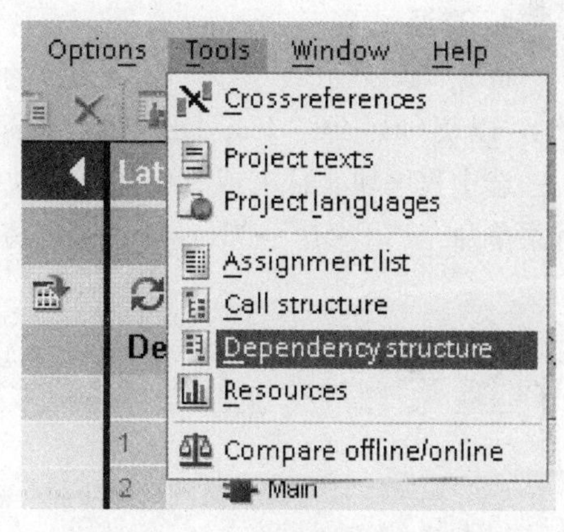

图 5－79 显示附属结构的菜单命令

Call structure | Dependency structure | Assignment list | Resources

Dependency structure of PLC_1

	Dependency structure	!	Address	Call freq...	Details
1	WuZaiFa-G -- Global DB		DB1		
2	Main		OB1	1	OB1 NW2 (0)
3	WuZaiFa-K -- Global DB		DB2		
4	Main		OB1	1	OB1 NW3 (0)
5	PaiWuKongZhi -- Global DB		DB3		
6	Main		OB1	1	OB1 NW3 (0)
7	Data_block_1 -- Global DB		DB4		
8	Data_block_2 -- Global DB		DB5		
9	PID_Compact_DB -- Instance DB - PID_Comp...		DB6		
10	PID		FC1	1	FC1 NW1 (0)
11	PID		FC1		
12	PID_Compact		FB1130		
13	PID_Compact_DB -- Instance DB - PID_Com...	a	DB6		
14	PID		FC1	1	FC1 NW1 (0)
15	Main		OB1		

图 5－80 附属结构

单击“Details”列中有蓝色下画线（表示有链接）的块和网络号，可以打开程序编辑器，看到调用块的详细情况。标有“!”的列用于显示调用的类型，如“Interface declaration”。

2. 附属结构工具栏上的按钮

工具栏上的按钮（Update view）用来更新附属结构的显示；按钮（Collapse all）用来关闭所有块的附属结构显示；按钮（Expand all）用来打开所有块的附属结构；单击某个块左边的按钮，将显示调用它的块。

工具栏上的按钮（View options）和按钮（Consistency check）的功能与调用结构中相同。

3. 附属结构的附加功能

用鼠标右键单击图 5 - 80 中某个块，选择快捷菜单中的“Show usage”（显示应用）命令，在下面的监视窗口中可以看到该块的交叉参考信息。

右键单击附属结构中的某个块，执行弹出的快捷菜单中的“Open editor”（打开编辑器）按钮，将打开选中的块。

4. 资源

资源（Resources）用于显示 CPU 的硬件资源，CPU 的存储区大小，组态 I/O 和已使用的 I/O，以及 OB、FC、FB、DB、PLC tags 和用户定义的数据结构占用的存储器的详细情况。

选中程序块文件夹或其中的某个块，右击鼠标弹出菜单，选择“Resources”命令或执行菜单命令“Tools”→“Resources”，将显示 CPU 各存储区的资源，如图 5 - 81 所示。

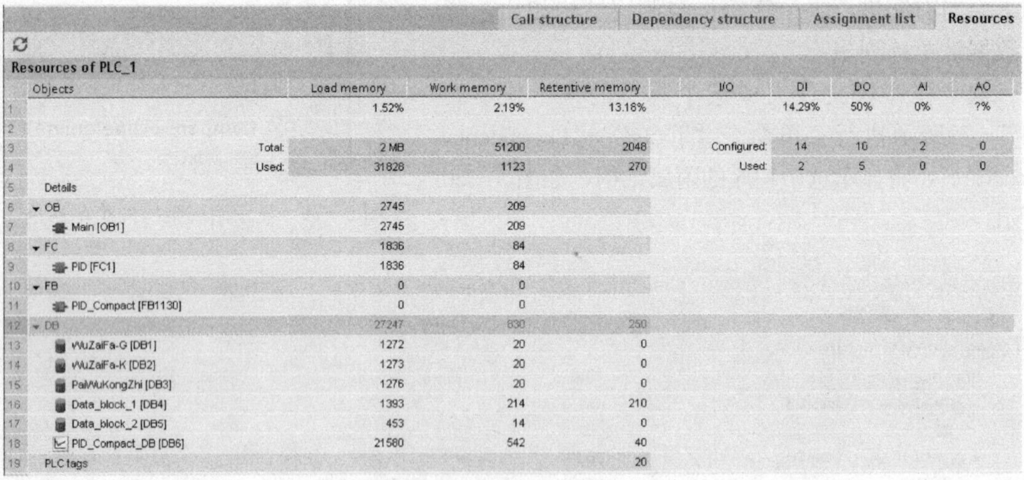

Call structure | Dependency structure | Assignment list | Resources

Resources of PLC_1

	Objects	Load memory	Work memory	Retentive memory	I/O	DI	DO	AI	AO
1		1.52%	2.19%	13.16%		14.29%	50%	0%	?%
2									
3	Total:	2 MB	51200	2048	Configured:	14	10	2	0
4	Used:	31828	1123	270	Used:	2	5	0	0
5	Details								
6	▾ OB	2745	209						
7	Main [OB1]	2745	209						
8	▾ FC	1836	84						
9	PID [FC1]	1836	84						
10	▾ FB	0	0						
11	PID_Compact [FB1130]	0	0						
12	▾ DB	27247	830	250					
13	WuZaiFa-G [DB1]	1272	20	0					
14	WuZaiFa-K [DB2]	1273	20	0					
15	PaiWuKongZhi [DB3]	1276	20	0					
16	Data_block_1 [DB4]	1393	214	210					
17	Data_block_2 [DB5]	453	14	0					
18	PID_Compact_DB [DB6]	21580	542	40					
19	PLC tags			20					

图 5 - 81　资源表

资源表中的“Load memory”是装载存储器，“Work memory”是工作存储器，“Retentive memory”是保持存储器；“Total”和“Used”分别是上述存储器的总字节数和已使用的字节数；“Configured”行和“Used”行分别是已组态和已使用的 I/O；资源表上还给出了使用的存储器和 I/O 区分别占总数的百分数。

图 5 - 81 第 5 行下面是“Details”区，给出了 OB、FC、FB 和 DB 使用的存储器字节数和 PLC 的变量个数，未编译的块的大小用问号显示。选中项目树中的程序块，单击工具栏上的按钮（Compile），或者右击未编译的块，在弹出的命令菜单中选择“Compile”命

令，程序块被成功编译后，再单击资源表工具栏上的 按钮，未编译块所在行的问号就被字节数代替。

单击“Total”行、“Load memory”列所在的单元，会出现下拉式列表，可选 1MB、2MB 和 24MB，用于设置装载存储器的字节数。

5.6 将 HMI Basic Panel 的时间与 S7-1200 PLC 同步

5.6.1 创建一个时间函数

组态 S7-1200 PLC 在项目中创建一个时间函数，使用这个时间函数即可通过变量来访问系统时间 UTC 及本地系统时间。

1. 项目准备

在菜单中执行“Project”→“New...”命令，在弹出的“Create a new project”（创建新项目）对话框的“Project name”文本框中输入项目名称“HMI_time_sync”。单击“Create”按钮完成项目创建，如图 5-82 所示。

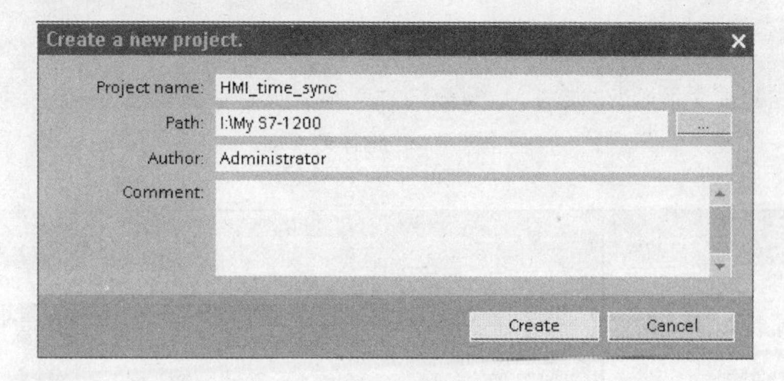

图 5-82 创建“HMI_time_sync”

在项目视图中的项目文件夹下双击“Add new device”（添加新设备），在“Add new device”对话框中，选择“SIMATIC PLC”按钮，在右侧的 PLC 型号列表中选择所使用的 PLC 对应的订货号，单击“OK”按钮确认，如图 5-83 所示。

2. 组态变量和时间函数

(1) 创建数据块。在项目视图下，选择项目树下的 PLC 文件夹下的“Program blocks”下的“Add new block”项，双击打开相应对话框。在“Add new block”对话框中，选择“Data block”，并在“Name”文本框中输入所创建的数据块的名称“DB_time_sync”。在“Type”下拉列表框中选择“GLOBAL DB”。单击“OK”按钮完成数据块的创建，如图 5-84 所示。

(2) 创建变量。在项目视图下，选择项目树下的 PLC 文件夹下的“Program blocks”（程序块），下的数据块“DB_time_sync [DB1]”，双击打开相应对话框。在打开的数据块对话框中的“Name”列的一个空行中输入符号名称“Time_local_READ”，在同一行的“Data type”列中选择数据类型为“DTL”，重复操作再创建两个相同数据类型的变量“Time_system_READ”和“Time_system_WRITE”，如图 5-85 所示。

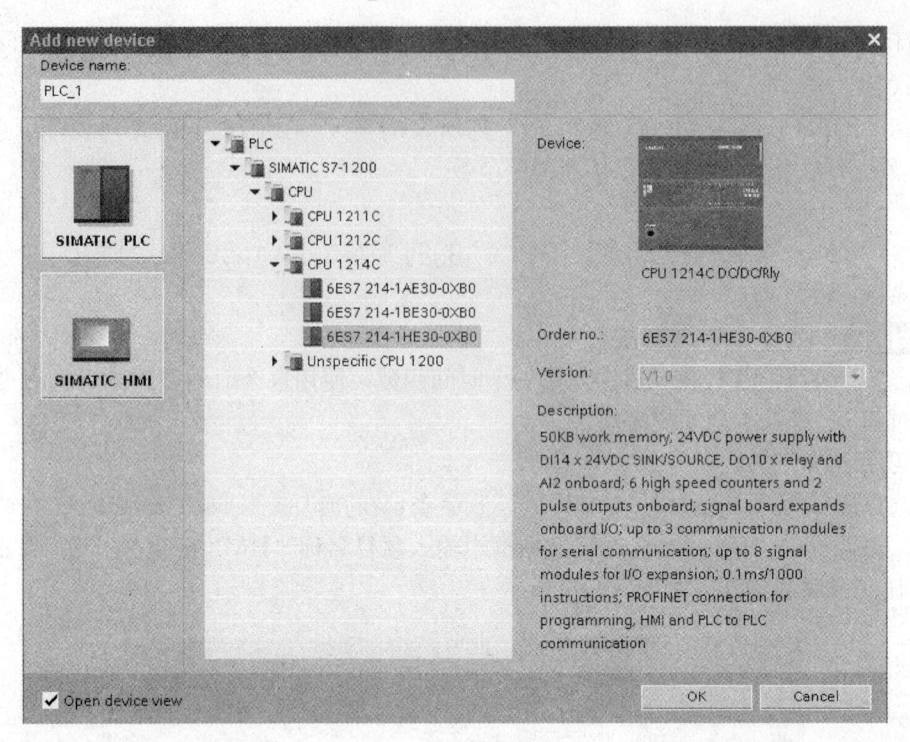

图 5-83　选择 PLC

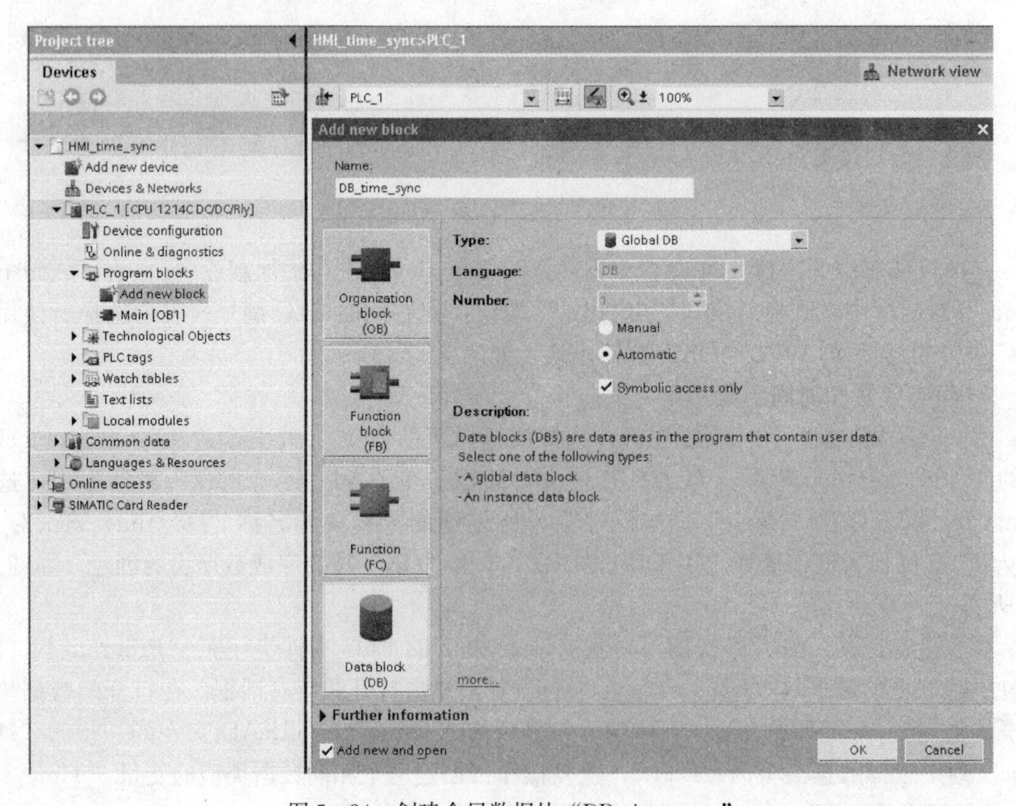

图 5-84　创建全局数据块“DB_time_sync”

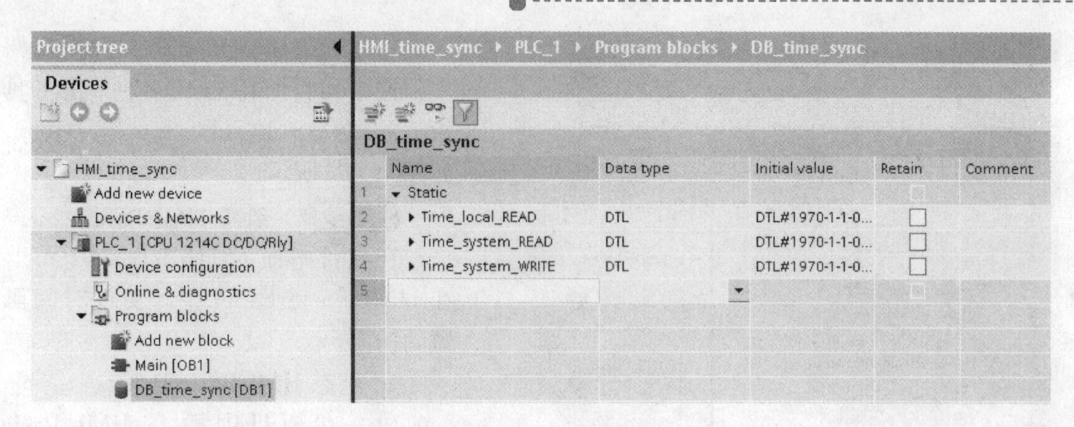

图 5-85 创建变量

(3) 在“Main [OB1]”中插入并赋值函数。

1) 在项目视图下，选择项目树下的 PLC 文件夹下的“Program blocks”下的组织块“Main (OB1)”，双击打开相应对话框。

2) 在编程窗口右侧任务卡中依次展开“Instructions”(指令)、“Extended instructions”(扩展指令)→“Clock+Calendar”(时钟和日历) 文件夹，将三个时间函数“WR_SYS_T”“RD_SYS_T”“RD_LOC_T”分别拖放到“Main (OB1)”的三个程序段中，将函数块的输入输出管脚与上面创建的变量连接，对不同函数块的输出管脚“RET_VAL”指定不同的字地址变量来指示指令的状态，如图 5-86 所示。

3) 将“Instructions”(指令) 任务卡里的“Bit logic”(位逻辑运算) 文件夹下的“扫描操作数的信号上升沿”脉冲块插入到“WR_SYS_T”块的输入引脚“EN”前，指定脉冲块的标志位地址，如图 5-86 所示。

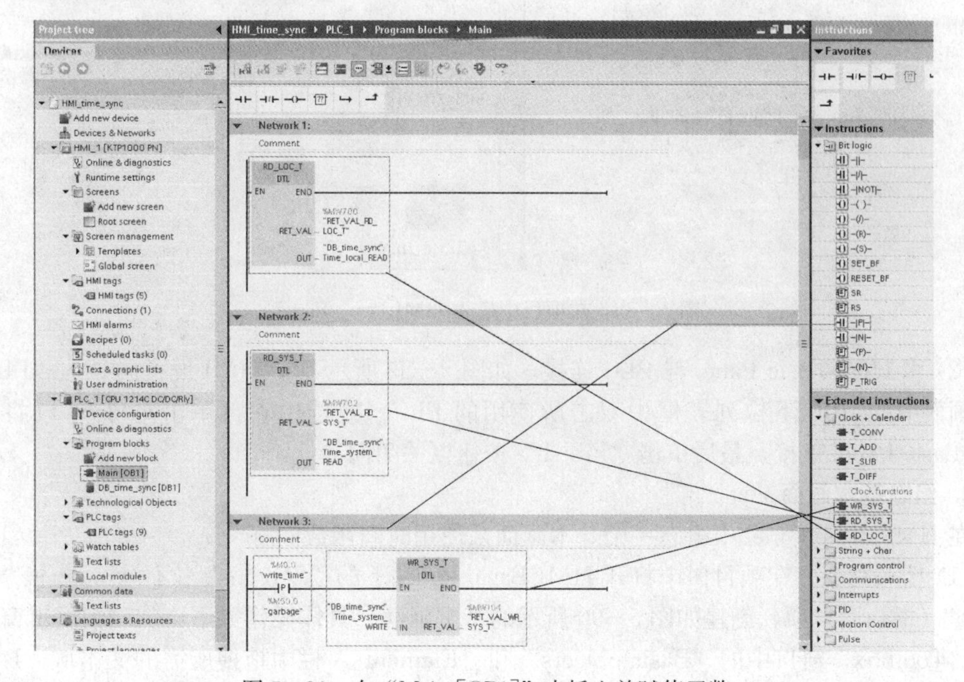

图 5-86 在“Main [OB1]”中插入并赋值函数

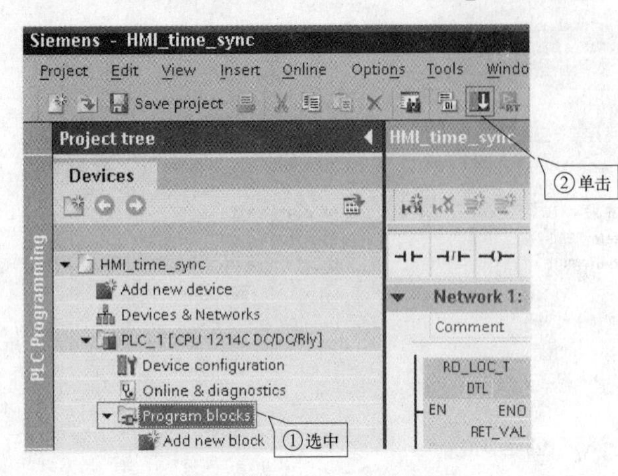

图 5-87　下载项目到 PLC

(4) 下载项目到 PLC。在项目树中，选中项目所用的 PLC，单击工具栏上的“Download”（下载）图标，如图 5-87 所示。

5.6.2　组态 HMI Basic Panel

在项目中插入 HMI Basic Panel，在 HMI Basic Panel 中，实现时间函数的访问。

1. 组态 HMI Basic Panel

(1) 在项目中插入 HMI Basic Panel。在项目视图中的项目文件夹下双击“Add new device”（添加新设备），在“Add new device”对话框中，选择“SIMATIC HMI”按钮，在右边的 HMI 型号列表中选择所使用的 HMI。如图 5-88 所示，单击“OK”按钮确认，HMI 设备向导 HMI 设备向导随之打开。

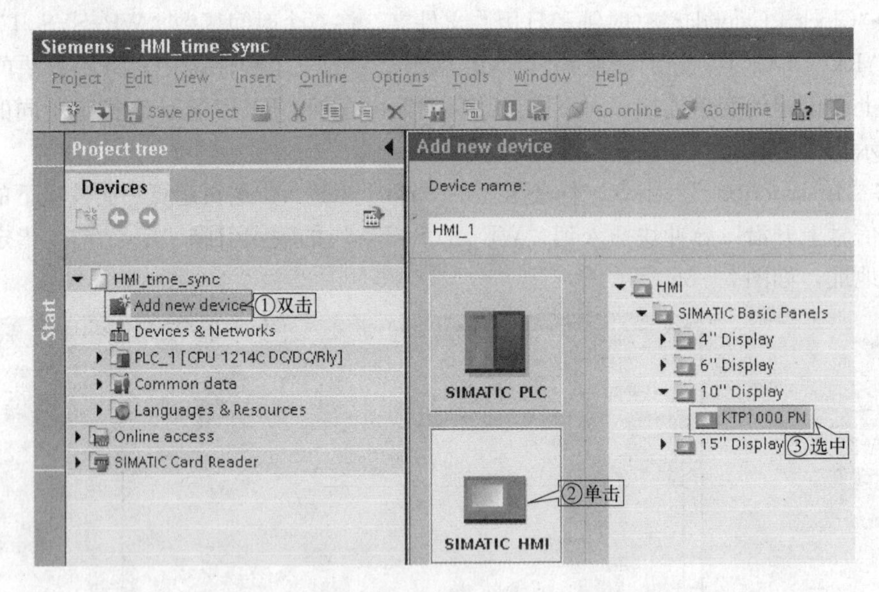

图 5-88　在项目中插入 HMI Basic Panel

(2) 将 HMI Basic Panel 与 PLC 连接。如图 5-89 所示，在 HMI 设备向导的“PLC 连接”画面中的 PLC 下拉列表框中双击所使用的 PLC（或选中它再单击对号），以将其与 HMI Basic Panel 连接，最后单击“Finish”按钮以关闭向导。

2. 组态基本画面

在 HMI Basic Panel 中组态一个基本画面来使用时间函数。

(1) 插入对象。在项目树中打开 HMI Basic Panel 下的“Screens”文件夹，单击“Root screen”（根画面）项，创建如图 5-90 所示的基本画面。具体操作如下：从画面编辑窗口右侧的“Toolbox”窗口中的“Basic objects”和“Elements”栏中拖拽所需的文本域、I/O 域和按钮到根画面中，如图 5-90 所示。

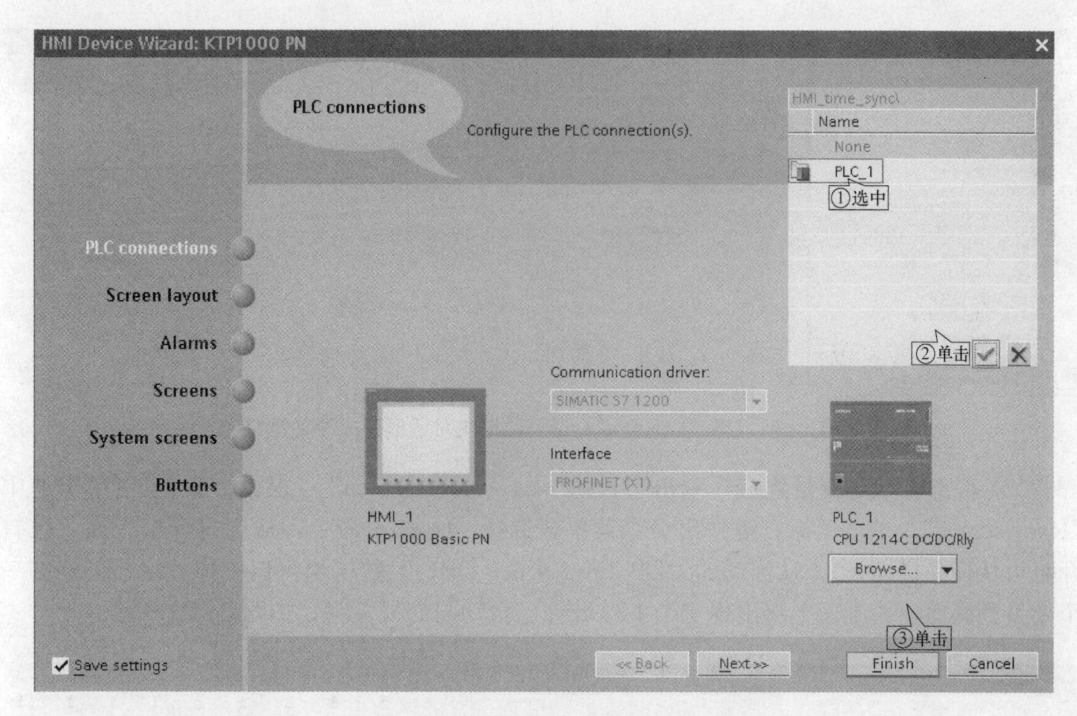

图 5-89　将 HMI Basic Panel 与 PLC 连接

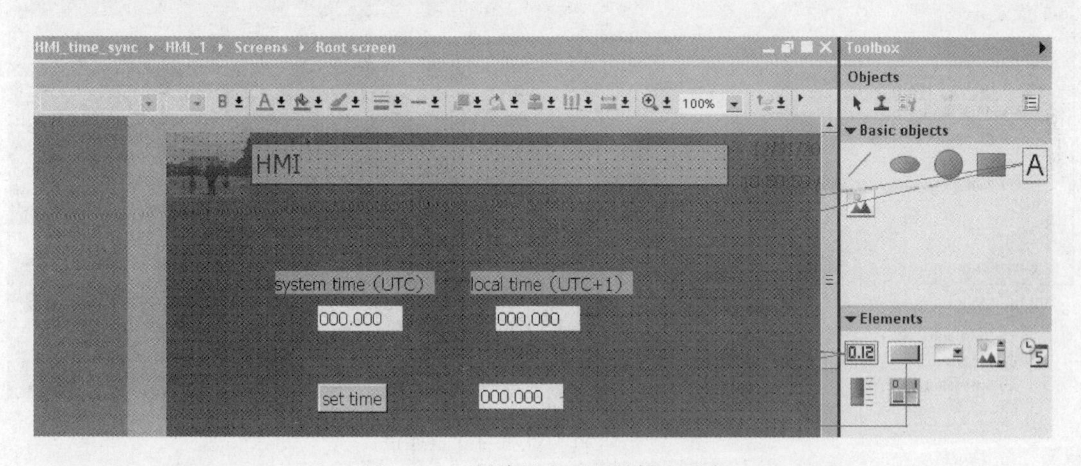

图 5-90　创建基本画面并插入对象

(2) 命名文本域。双击文本域对象，如图 5-90 所示，分别输入“system time（UTC）”“local time（UTC+1）”等内容（或者选中对象后在巡视窗口属性栏输入），最后用回车键确认。

(3) 命名按钮。双击按钮对象，并输入“Set time”作为按钮名称（或者选中对象后在巡视窗口属性栏输入），最后用回车键确认。

3. 变量赋值

(1) 将“DB_time_sync”数据块对话框变成浮动窗口。在项目树下，双击“DB_time_sync [DB1]”数据块，在打开的数据块窗口中，单击右上方的窗口浮动图标，如图 5-91 所示。

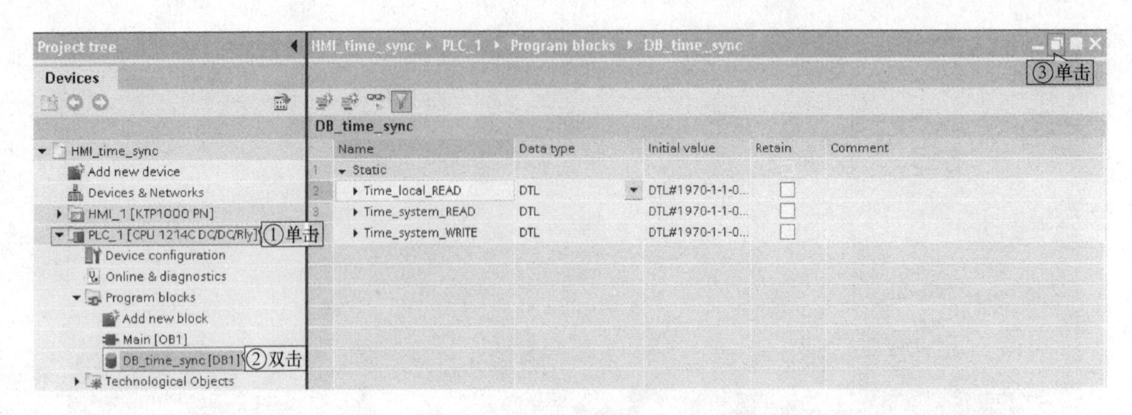

图 5-91　将“DB_time_sync”数据块对话框变成浮动窗口

(2) 将I/O域与变量连接。双击项目树中的“Root screen”（根画面），也可单击选中“Root screen”，单击鼠标右键弹出命令菜单，选择“Open”命令，从而打开根画面（已打开时可从任务栏切换）。从浮动的“DB_time_sync [DB1]”数据块窗口中拖拽之前创建的三个变量到画面中，画面上将出现三个I/O域并已自动与变量关联，如图5-92所示 。

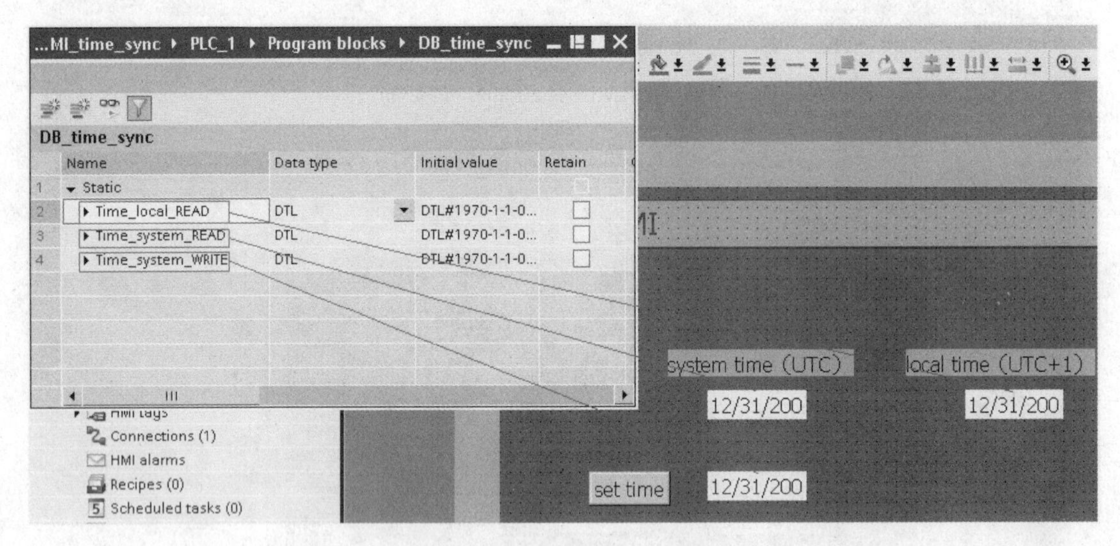

图 5-92　将I/O域与变量连接

4. 组态按钮

给按钮增加一个新的事件以增加一个功能。

(1) 增加“Click”事件。添加一个事件，为事件定义一个为变量赋值的函数。

1) 定义“Click”事件。在“Root screen”（根画面）中，单击“Set time”按钮。在按钮（此处为Button_1/按钮_1）的细节窗口中，选择“Properties”（属性）下的“General”（常规）选项卡下的“Events”（事件）中的“Click”（单击）项，如图5-93所示，如果在右侧表格中单击“Add function”（添加函数）行，就可以打开一个下拉列表框。

2) 设定“SetBit”函数。单击上述“Add function”（添加函数）行右侧▾按钮，便可在下拉列表框中展开“Edit bits”（编辑位）文件夹并选择“SetBit”项，如图5-94所示。

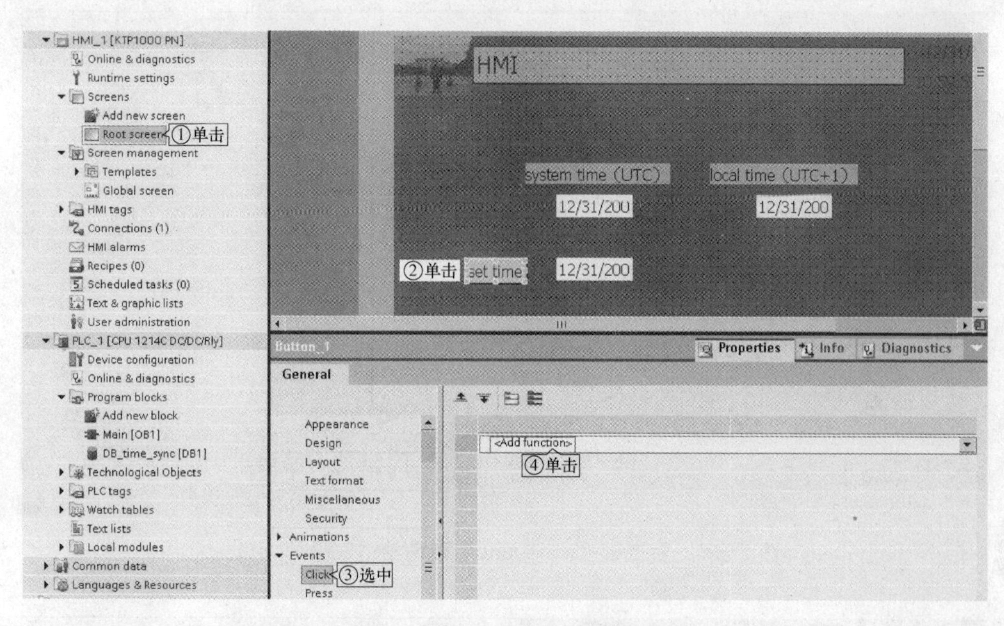

图 5-93　定义“Click”（单击）事件

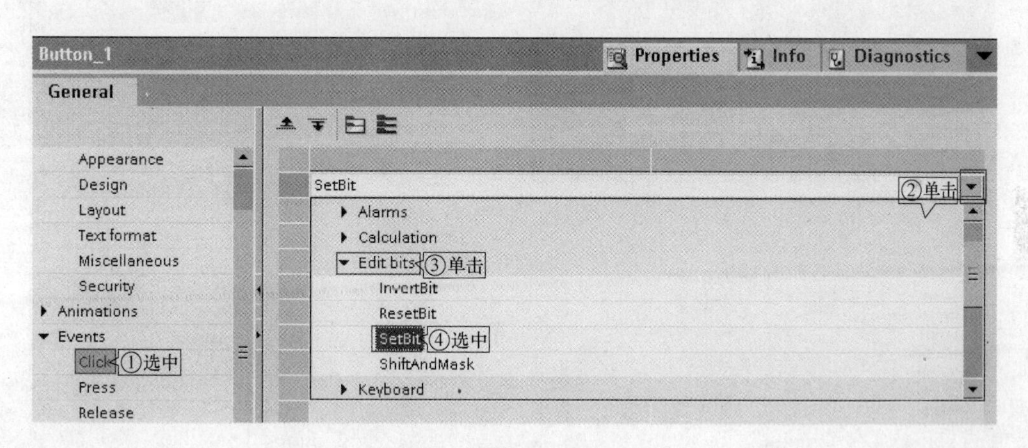

图 5-94　设定“SetBit”函数

3) 变量“write_time”赋值。如图 5-95 所示，在置位函数的“Tag (Iput/output)”[变量（输入/输出）] 行，单击粉色区域，再单击其右侧将出现的 … 图标，在打开的窗口中，打开 PLC 文件夹下的“PLC tags”（PLC 变量）文件夹，选择变量“write_time”，最后单击确认按钮。

(2) 添加“Release”（释放）事件。如同添加“Click”（单击）事件一样的操作来添加“Release”（释放）事件。

1) 定义“Release”（释放）事件。同定义“Click”（单击）事件一样定义“Release”（释放）事件。

2) 设定“ResetBit”函数。将“Release”（释放）事件设置为“ResetBit”函数。

3) 变量“write_time”赋值。将变量“write_time”赋值给“ResetBit”函数，如图 5-96 所示。

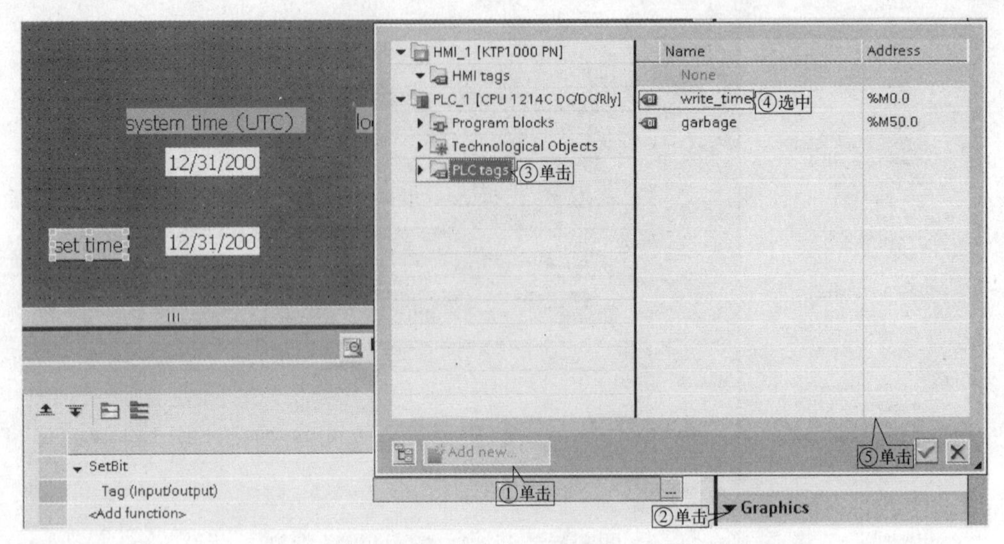

图 5-95　将变量“write_time”赋值给“SetBit”函数

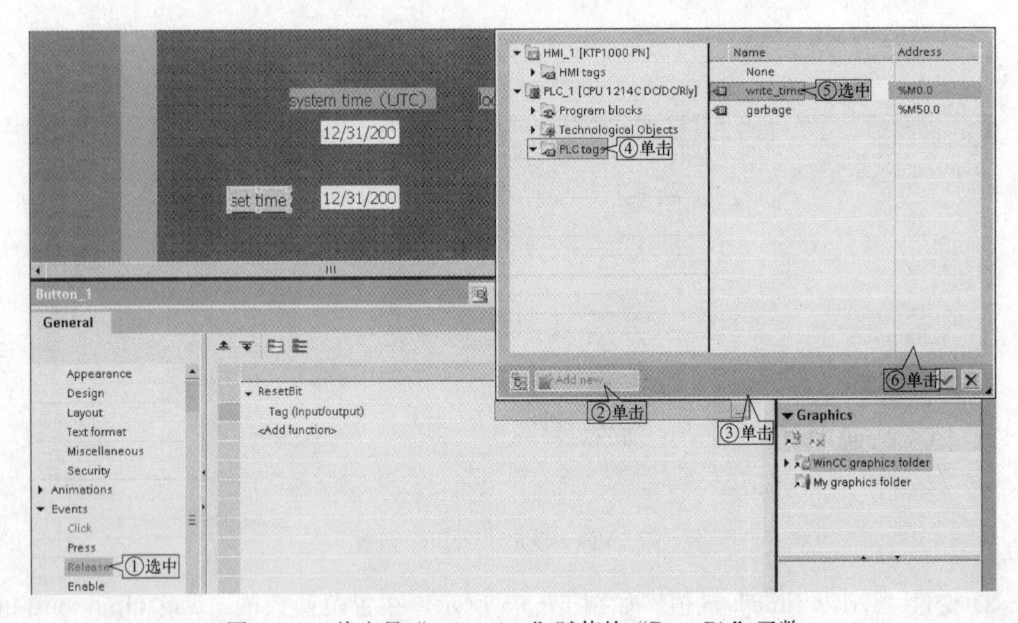

图 5-96　将变量“write_time”赋值给“ResetBit”函数

5. HMI Basic Panel 的时间/日期显示

将 HMI Basic Panel 的时间显示区域指针与变量“time_local_READ”链接。

在项目树中，打开 HMI Basic Panel 文件夹并双击“Connections (1)”［连接 (1)］项（或选中后右击，选择弹出菜单里的“Open”命令）。在连接对话框窗口中，选择“Area pointers”选项卡。在“Global area pointer of HMI device”（HMI 设备的全局区域指针）表格下“Date/time PLC”（日期/时间 PLC）所对应的“连接”列选择 PLC 与 HMI 的连接，在“PLC 变量”列选择变量“time_local_READ”，如图 5-97 所示。出于测试目的，设置“Acquisition Cycle”（采集周期）为 2s，对于常规操作，不需要使用最快的采集周期。

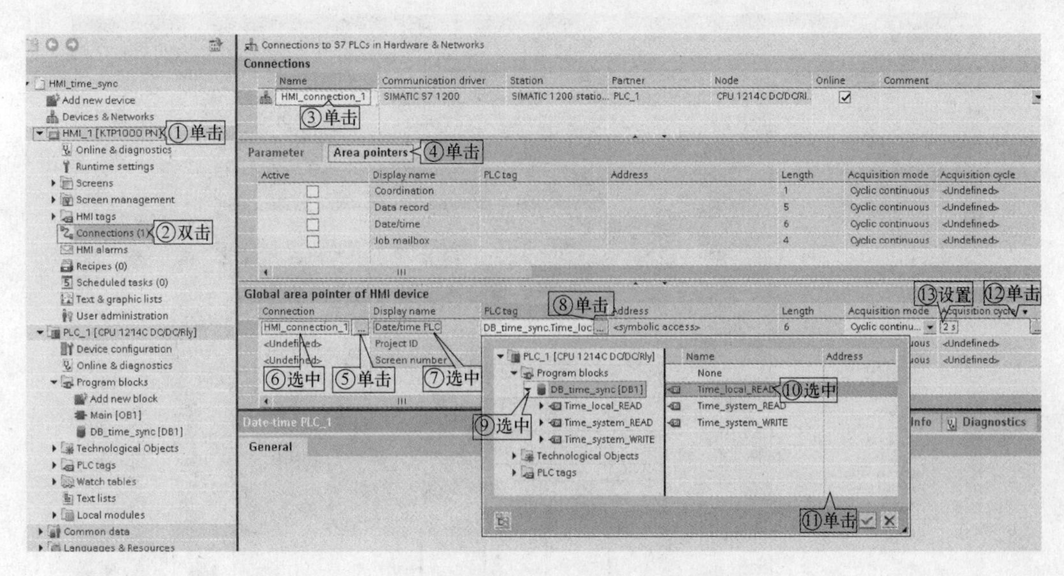

图5-97　创建时间/日期的区域指针

5.6.3　使用时间函数

系统时间UTC是S7-1200 PLC的基础时间，本地系统时间据此并考虑时区而计算得来，可以仅仅改变系统时间UTC和时区。

启动运行系统来检验已组态的功能，首先设置PG/PC接口以便使用运行模拟器，可以将运行模拟器当作一个真实的HMI Basic Panel使用。

1. 设置PG/PC接口

打开“Control Panel”（控制面板）窗口，双击“Set PG/PC Interface”（设置PG/PC接口）图标。在“Set PG/PC Interface”对话框中，打开“Access Path”（访问路径）选项卡，选择应用程序访问点“S7ONLINE”并指向与S7-1200 PLC连接的以太网卡，最后单击“OK”按钮来确定设置过程，如图5-98所示。

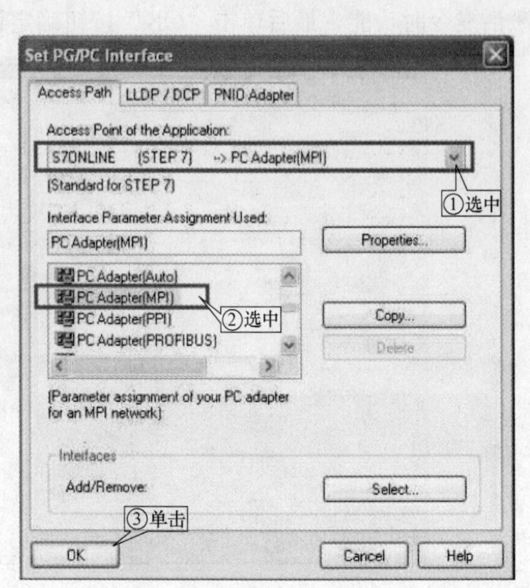

图5-98　设置PG/PC接口

2. 显示时间

单击工具栏上的“Start Runtime”（启动运行系统）图标。运行模拟器打开并显示了HMI Basic Panel已组态的画面。系统时间UTC和本地系统时间被显示在不同的I/O域。通过区域指针连接，HMI Basic Panel在屏幕右上角显示内部时间/日期，同时也显示S7-1200 PLC的本地时间设置，如图5-99所示。

3. 更改UTC系统时间

在HMI Basic Panel中，在“Set time”按钮旁边的以“＞dd. mm. yy hh：mm：ss＜”格式显示的I/O域中输入日期和时间，通过单击

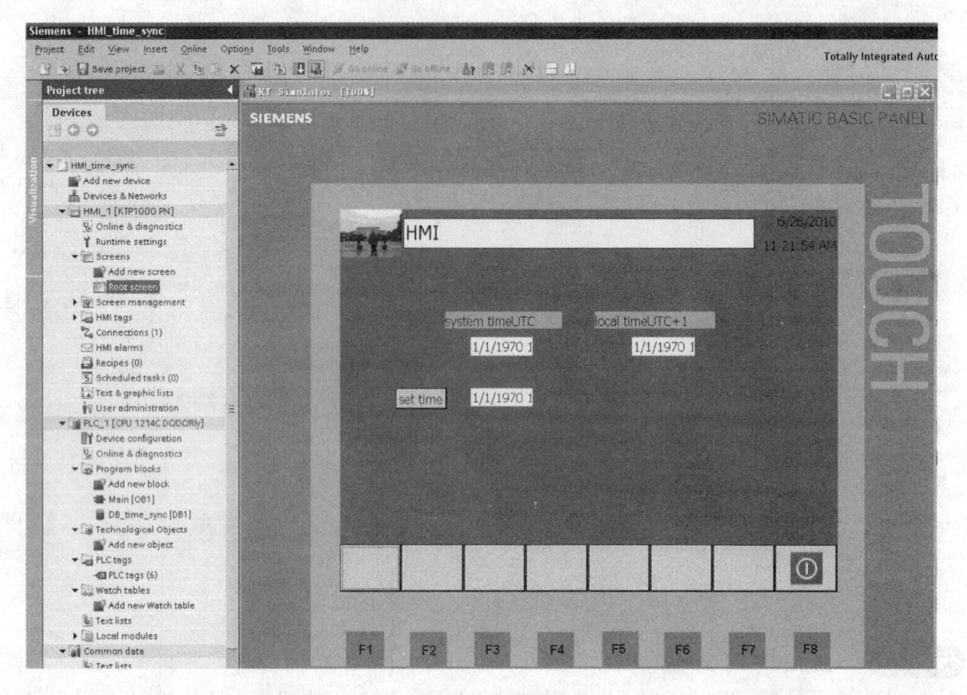

图 5－99　显示时间

“Set time”按钮将设定值传送到 PLC 中。

4. 更改本地时间

本地时间基于系统时间 UTC，同时因时区和夏令时设置而不同。选择 S7－1200 PLC 并单击鼠标右键，在弹出的菜单中选择“Properties”（属性）命令。在打开的对话框中选择“General”（常规）选项卡下的“Time of day”（日时间）项，在“Local time”（本地时间）下拉列表框中选择所在的时区（以“GMT＋xx”形式显示），通过相应的选择框可选择是否激活夏令时功能，最后单击“OK”按钮确定设置，如图 5－100 所示。

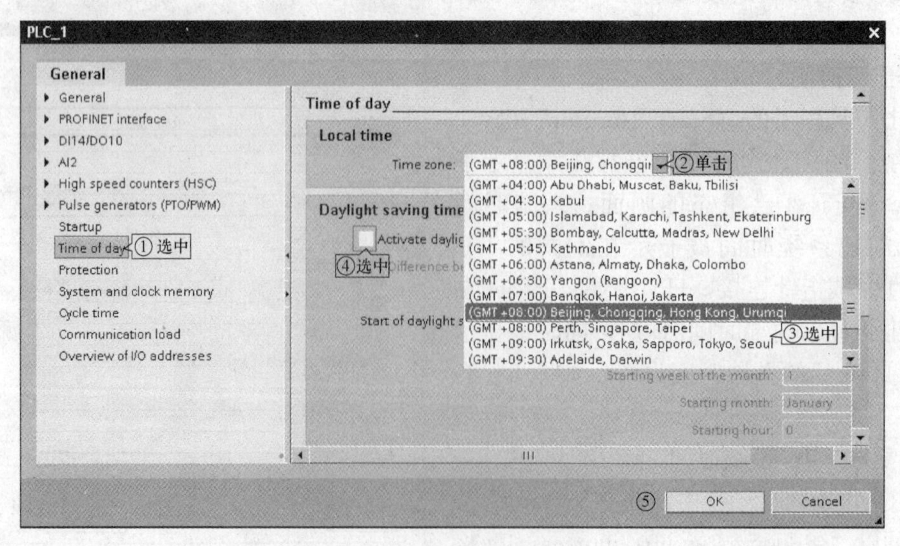

图 5－100　更改本地时间

5.7 S7-1200的模拟量处理

5.7.1 连接传感器到S7-1200的模拟量模块

1. 现场传感器的特性

现场传感器有如下特性：①精度，12位+符号位；②量程，+/−10V、+/−5V、+/−2.5V电压，或0～20mA电流信号。

2. 可连接的模拟量模块

可被连接的S7-1200模拟量模块包括：①SM 1231 AI4×13b；②SM 1231 AI8×13b；③SM 1234 AI4×13b/AQ2×14b。

测量类型要以两个通道为一组进行选择。

3. 连接方式

下面列出了与SM 1231 AI4×13b（channel 0）模块的各种连接方式。

（1）四线制连接如图5-101所示。

（2）三线制连接如图5-102所示。

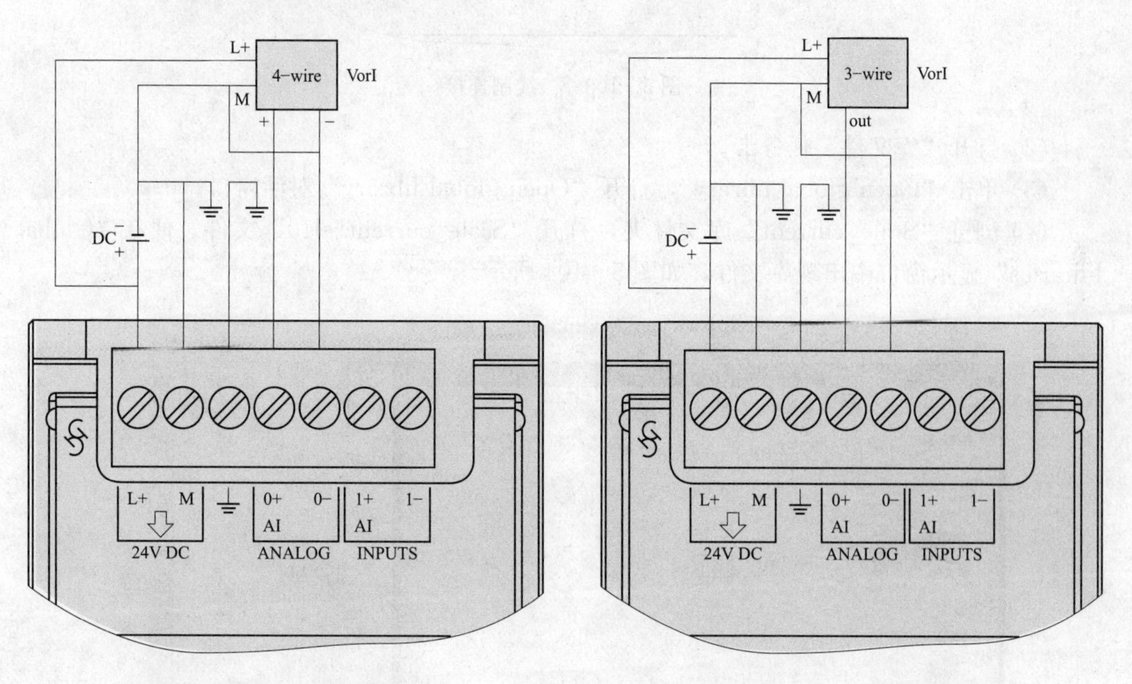

图5-101 四线制连接　　图5-102 三线制连接

（3）二线制连接如图5-103所示。当使用4～20mA传感器时，需要在CPU中转换量程。

5.7.2 使用模拟量0～20mA信号模块和信号板测量4～20mA信号

使用模拟量0～20mA信号模块和信号板测量4～20mA模拟量输入和输出信号，通过功能块“Scale_current_input”和“Scale_current_output”标定模拟量输入和输出信号。

1. 添加“Scale_current”全局库文件

（1）从西门子自动化网站下载库文件，解压缩到某个文件夹。

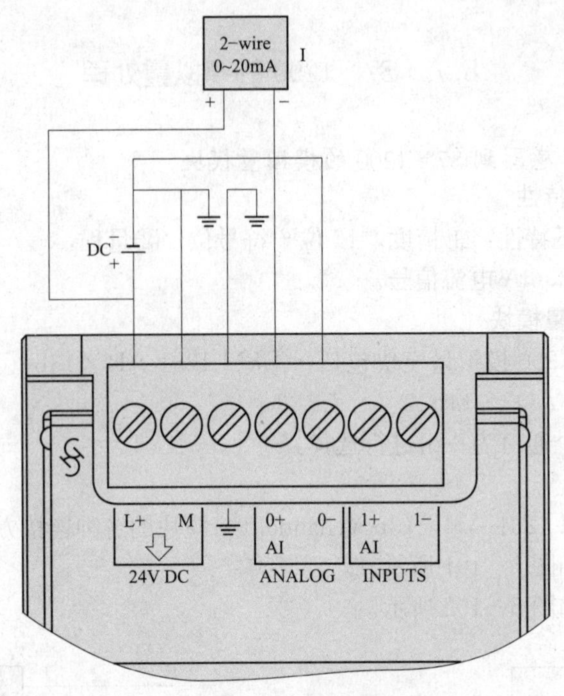

图 5-103　二线制连接

(2) 打开“库文件”任务卡。

(3) 单击“Open global library”，打开“Open global library”对话窗口。

(4) 浏览“Scale_current”库文件夹，打开“Scale_current. al10”文件，便在“Global libraries”显示窗口中出现库文件，如图 5-104 所示。

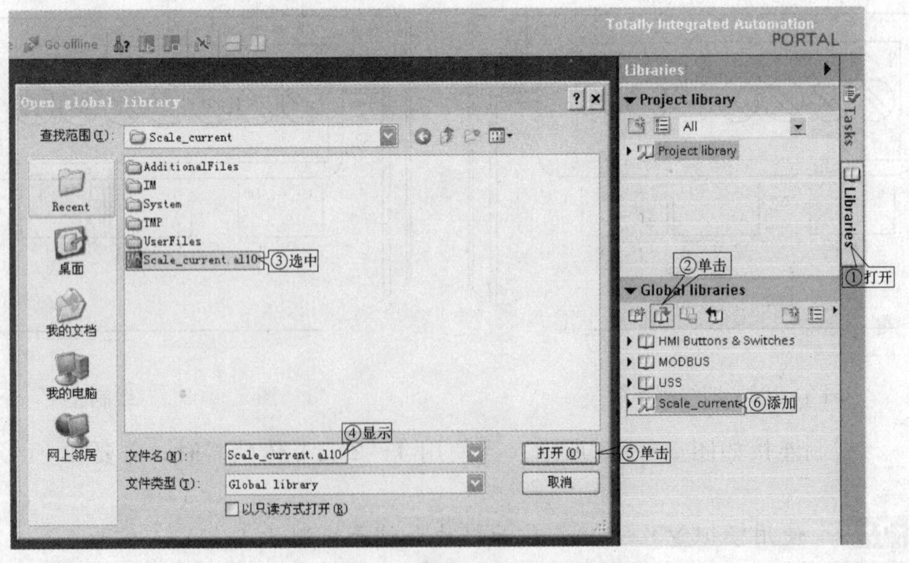

图 5-104　添加“Scale_current”全局库文件

2. 模拟量输入量程转换

未使用“Scale_current_input”指令的 0～20mA 范围对应的 PLC 内部信号数据是 0～

27 648。“Scale_current_input”适用范围 4～20mA 内部量程转换线性化，开始数据“0”对应 4mA，结束数据“27 648”对应 20mA，如图 5-105所示。通过设置，具有断线检测功能。

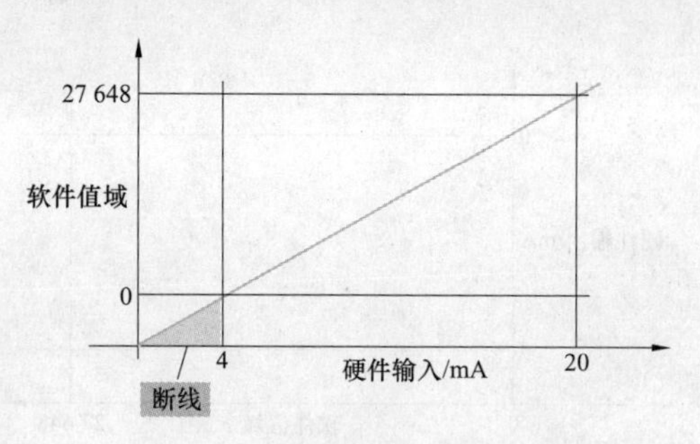

图 5-105 模拟量输入量程转换

(1) 插入“Scale_current_input”指令至程序网络内。浏览“Global libraries”库文件，找到功能块“Scale_current_input”，拖曳该功能块到 S7-1200 PLC 程序网络内，如图 5-106 所示。

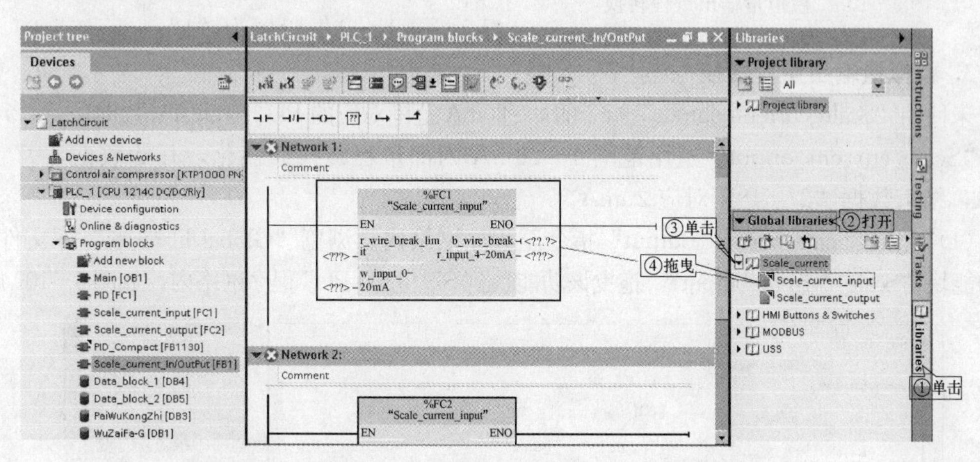

图 5-106 拖曳“Scale_current_input”指令至程序网络内

(2) 模拟量输入量程转换。如图 5-107 所示，在“w_input_0-20mA”填写模拟量硬件通道输入地址，通过“r_input_4-20mA”得到测量值。如果输入电流低于 4mA 信号，将默认数据为“0”，如果输入电流高于 20mA 信号，将默认数据为“27 648”，如图 5-108 所示。

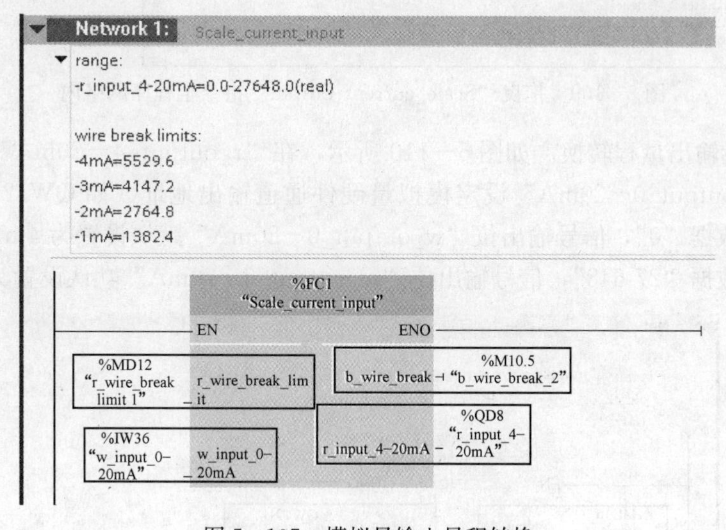

图 5-107 模拟量输入量程转换

(3) 断线检测。如图 5-107 所示，在“r_wire_break_limit”输入断线检测限制数据，如“1382.4”为输入数据，表示断线检测下限是 1mA，即如果输入电流低于 1mA，输出点

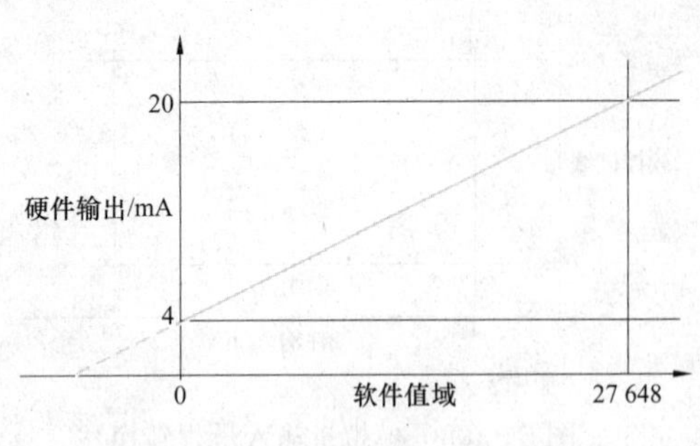

图 5-108　模拟量输出量程转换

"b_wire_break" 设置为 "1"；若 "2764.8" 为输入数据，表示断线检测下限是 2mA，即如果输入电流低于 2mA，输出点 "b_wire_break" 设置为 "1"；若 "4147.2" 为输入数据，表示断线检测下限是 3mA，即如果输入电流低于 3mA，输出点 "b_wire_break" 设置为 "1"；若 "5529.6" 为输入数据，表示断线检测下限是 4mA，即如果输入电流低于 4mA，输出点 "b_wire_break" 设置为 "1"。

3. 模拟量输出量程转换

未使用 "Scale_current_output" 指令的 0～20mA 范围对应的 PLC 内部信号数据是 0～27 648。"Scale_current_onput" 适用范围 4～20mA 内部量程转换线性化，开始数据 "0" 对应 4mA，结束数据 "27 648" 对应 20mA。

(1) 插入 "Scale_current_output" 指令至程序网络内。浏览 "Global libraries" 库文件，找到功能块 "Scale_current_output"，拖曳该功能块到 S7-1200 PLC 程序网络内，如图 5-109 所示。

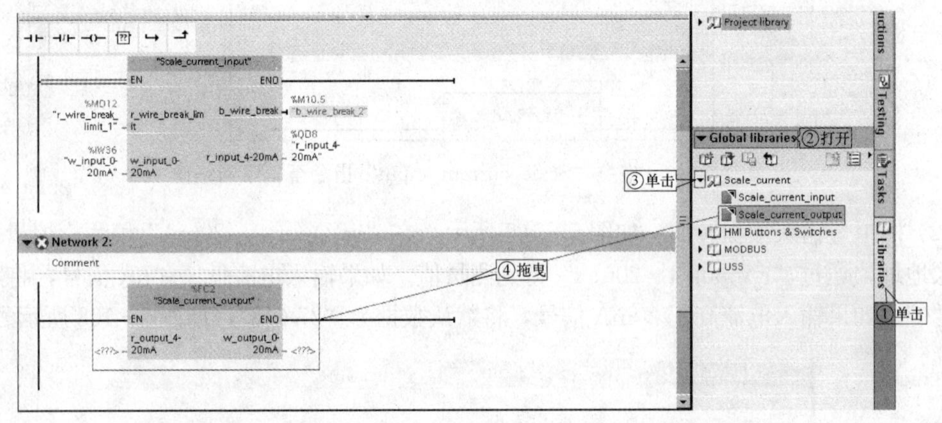

图 5-109　拖曳 "Scale_current_output" 指令至程序网络内

(2) 模拟量输出量程转换。如图 5-110 所示，在 "r_output_4－20mA" 输入软件变量值，通过 "w_output_0－20mA" 设定模拟量硬件通道输出地址（如 QW12）。如果输入软件变量值小于数据 "0"，信号输出位 "w_output_0-20mA" 默认设置为 4mA；如果输入软件变量值大于数据 "27 648"，信号输出位 "w_output_0-20mA" 默认设置为 20mA。

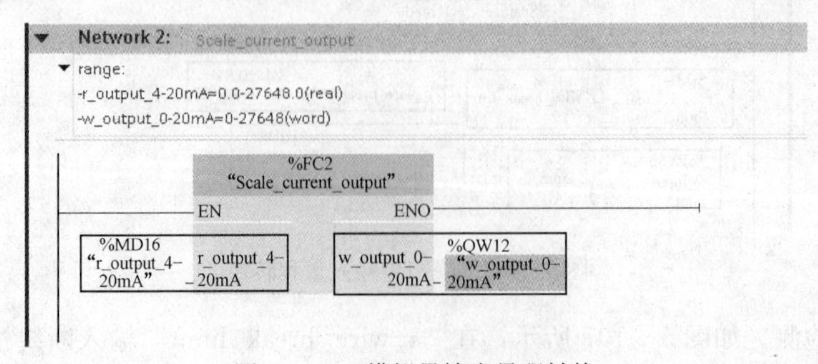

图 5-110　模拟量输出量程转换

第6章

构建PROFINET通信网络

6.1 通信网络的基础与国际标准

PROFINET 是一种真正的实时工业以太网，在一条网线上实现标准 TCP/IP 数据（TCP/IP 小于 100ms）、工厂实时数据（RT 小于 10ms）、运动控制等时同步实时数据 IRT 的同时传输。它从应用角度上分为 PROFINET I/O 和 PROFINET CBA，同时能集成现有的INTERBUS、PROFIBUS、DeviceNet 现场总线设备及其他如 Ethernet IP、Modbus TCP 工业以太网协议，实现工业通信控制系统一网到底的革命。工业以太网技术成为自动化系统中最为热门的技术，PROFINET 就是其中最有生命力的事实上的工业以太网标准之一。

6.1.1 OSI 开放系统互连模型的七层结构

1979 年国际标准化组织（International Organization for Standardization，ISO）推荐一个七层参考模型的网络系统结构，叫做开放系统互连模型（Open System Interconnection，OSI），如图 6－1 所示。由于这个标准模型的建立，使得各种计算机网络向它靠拢，实现了不同厂家生产的智能设备之间的通信，大大推动了网络通信的发展。

OSI 参考模型将整个网络通信的功能划分为七个层次，它们由低到高分别是物理层（PH）、数据链路层（DL）、网络层（N）、传输层（T）、会话层（S）、表示层（P）、应用层（A）。每层完成一定的功能，每层都直接为其上层提供服务，并且所有层次都互相支持。第四层到第七层主要负责互操作性，而一层到三层则用于创造两个网络设备间的物理连接。用户平时接触得最多的应该是物理层和数据链路层。

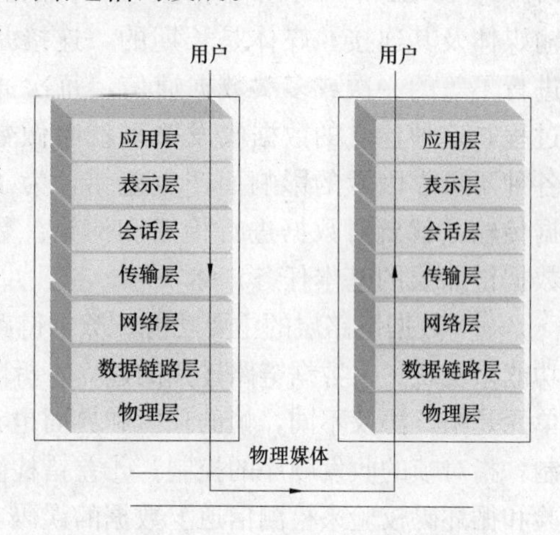

图 6－1　开放系统互连模型 OSI

1. 物理（Physical）层

物理层是 OSI 的第一层，虽然处于最底层，却是整个开放系统的基础。物理层为设备之间的数据通信提供传输媒体及互连设备，为数据传输提供可靠的环境。

（1）媒体和互连设备。物理层的媒体包括架空明线、平衡电缆、光纤、无线信道等。通信用的互连设备指 DTE 和 DCE 间的互连设备。DTE 即数据终端设备，又称物理设备，如计算机、终端等都包括在内。而 DCE 则是数据通信设备或电路连接设备，如调制解调器等。数据传输通常是经过 DTE—DCE，再经过 DCE—DTE 的路径。互连设备指将 DTE、DCE

连接起来的装置，如各种插头、插座。LAN 中的各种粗、细同轴电缆，T 形接、插头，接收器，发送器，中继器等都属物理层的媒体和连接器。

（2）物理层的主要功能。

1）为数据端设备提供传送数据的通路，可以是一个物理媒体，也可是多个物理媒体相连。一次完整的数据传输，包括激活物理连接、传送数据、终止物理连接。所谓激活，就是不管有多少物理媒体参与，都要在通信的两个数据终端设备间连接起来，形成一条通路。

2）传输数据，物理层形成适合数据传输需要的实体，为数据传送服务。一要保证数据的正确通过，二要提供足够的带宽（每秒钟内能通过的位数），以减少信道拥塞。传输数据的方式能满足点到点，一点到多点，串行或并行，半双工或全双工，同步或异步传输的需要。

（3）物理层的一些重要标准。物理层的标准和协议早在 OSI/TC97/C16 成立前就有制定并应用，OSI 也有制定。一些重要的标准如：①ISO 2110（25 芯 DTE/DCE 接口连接器和插针分配），它与美国电子工业协会（Electronic Industries Association，EIA）的“RS-232C”基本兼容；②ISO 2593（34 芯 DTE/DCE 接口连接器和插针分配），与 V. 35 宽带 MODEM 兼容；③ISO 4092（37 芯和 9 芯 DTE/DEC 接口连接器和插针分配），与 EIARS-449 兼容；④ISO 4903（15 芯 DTE/DEC 接口连接器和插针分配），与 X. 20、X. 21、X. 22 兼容。另外 CCITT V. 24（数据终端设备 DTE 和数据电路终端设备之间的接口电路定义表），其功能与 EIARS-232-C 及 RS-449 兼容于 100 序列线上。

2. 数据链路（Data Link）层

数据链路定义单个链路上如何传输数据，这些协议与被讨论的各种介质有关，如 ATM、FDDI 等，可以粗略地理解为数据通道。物理层要为终端设备间的数据通信提供传输媒体及其连接，媒体是长期的，连接是有生存期的。在连接生存期内，收发两端可以进行不等的一次或多次数据通信，每次通信都要经过建立通信联络和拆除通信联络两个过程，这种建立的数据收发关系就叫做数据链路。而在物理媒体上传输的数据难免受到各种不可靠因素的影响而产生差错，为了弥补物理层上的不足，为上层提供无差错的数据传输，就要对数据进行检错和纠错。数据链路的建立、拆除，对数据的检错、纠错是数据链路层的基本任务。

（1）数据链路层的主要功能。数据链路层为网络层提供数据传送服务，依靠本层具备的功能来实现：①数据链路连接的建立、拆除和分离；②帧定界和帧同步，链路层的数据传输单元是帧，协议不同，帧的长短和界面也有差别，但无论如何必须对帧进行定界；③顺序控制，指对帧的收发顺序的控制；④差错检测和恢复、链路标识、流量控制等，多用方阵码校验和循环码校验来检测信道上数据的误码，而帧丢失等用序号检测，各种错误的恢复则常靠反馈重发技术来完成。

（2）数据链路层的主要协议。数据链路层协议为收发双方对等实体间保持一致、顺利服务网络层而制定，主要有：①ISO 1745—1975 数据通信系统的基本型控制规程，一种面向字符的标准，利用 10 个控制字符完成链路的建立、拆除及数据交换，对帧的收发情况及差错恢复也是靠这些字符完成的，ISO 1155、ISO 1177、ISO 2626、ISO 2629 等标准的配合使用可形成多种链路控制和数据传输方式；②ISO 3309—1984（HDLC 帧结构）、ISO 4335—1984（HDLC 规程要素）、ISO 7809—1984（HDLC 规程类型汇编）三个标准都为面向位的数据传输控制而制定，可把这三个标准组合称为高级链路控制规程；③ISO 7776（DTE数据链路层规程），与CCITT X. 25LAB（平衡型链路访问规程）相兼容。

（3）数据链路层产品。常见的链路产品，如网卡、网桥。数据链路层将本质上不可靠的传输媒体变成可靠的传输通路提供给网络层，在IEEE 802.3情况下，数据链路层分成了两个子层，一是逻辑链路控制，二是媒体访问控制。

3. 网络（Network）层

网络层是OSI参考模型的第三层，提供发信站和目标站之间的信息传输服务。其主要为报文分组以最佳路径通过通信子网到达目的主机提供服务，而网络用户不必关心网络的拓扑构型与所使用的通信介质。这层对端到端的数据包传输进行了定义，即能够标识所有节点的逻辑地址、路由实现的方式和学习的方式。网络层还定义如何将一个数据包分解成更小的数据包的分段方法，以适应最大传输单元长度小于包长度的传输介质。简而言之，网络层为数据从源点到终点建立物理和逻辑的连接。

在联机系统和线路交换的环境中，网络层的功能没有太大意义。当数据终端增多时，它们之间有中继设备相连，此时会出现一台终端要求不只是与唯一的一台而是能和多台终端通信的情况，这就是产生了把任意两台数据终端设备的数据链接起来的问题，也就是路由或叫做寻径。另外，当一条物理信道建立之后，被一对用户使用，往往有许多空闲时间被浪费掉。人们自然会希望让多对用户共用一条链路，为解决这一问题就出现了逻辑信道技术和虚拟电路技术。

（1）网络层主要功能。网络层为建立网络连接和为上层提供服务，应具备以下主要功能：①路由选择和中继；②激活、终止网络连接；③多采取分时复用技术在一条数据链路上复用多条网络连接；④差错检测与恢复；⑤排序、流量控制；⑥服务选择；⑦网络管理。

网络层协议有IP（网际协议）、IPX（网际数据包交换）、AppleTalk的DDP（数据包投递协议）等。

（2）网络层标准简介。网络层的一些主要标准如下：①ISO. DIS 8208（DTE用的X. 25分组级协议）；②ISO. DIS 8348（面向连接的CO网络服务定义）；③ISO. DIS 8349（面向无连接的CL网络服务定义）；④ISO. DIS 8473（CL网络协议）；⑤ISO. DIS 8348（网络层寻址）。

这些标准都只是解决网络层的部分功能，需要在网络层中同时使用几个标准才能完成整个网络层的功能。由于面对的网络不同，网络层将会采用不同的标准组合。具有开放特性的网络中的数据终端设备，都配置网络层的功能，网络层硬件设备主要有网关和路由器。

4. 传输（Transport）层

传输层是计算机或控制器间经过网络进行数据通信时，第一个端到端的层次，具有缓冲作用。当网络层服务质量不能满足要求时，它将服务加以提高，以满足高层的要求；当网络层服务质量较好时，它只用很少的工作。传输层还可进行复用，即在一个网络连接上创建多个逻辑连接。传输层也称为运输层，只存在于端开放系统中，是介于低三层通信子网系统和高三层之间的一层，是源端到目的端对数据传送进行控制从低到高的最后一层，十分重要。

电话交换网、分组交换网、公用数据交换网、局域网等通信子网在性能上存在着很大差异，互连是没有问题的，但它们提供的吞吐量、传输速率、数据延迟、通信费用各不相同。

对于会话层来说，却要求有一性能恒定的界面，传输层就承担了这一功能，它采用分流/合流、复用/解复用技术来调节上述通信子网的差异，使会话层感受不到这些差异。

此外，传输层还要具备差错恢复、流量控制等功能，以此对会话层屏蔽通信子网在这些方面的细节与差异。传输层面对的数据对象已不是网络地址和主机地址，而是和会话层的界面端口。上述功能的最终目的是为会话提供可靠的、无误的数据传输。传输层的服务一般要经历传输连接建立、数据传送、传输连接释放三个阶段才算完成一个完整的服务过程，而在数据传送阶段又分为一般数据传送和加速数据传送两种类型。

总之，传输层的基本功能是把会话层接收到的数据包拆成若干数据块传到网络层，并保证这些数据正确地到达目的地。该层控制“源主机”到“目的主机”（端到端）数据的完整性，确保高质量的网络服务，起到网络层和会话层之间的接口作用，包括是选择差错恢复协议还是无差错恢复协议，以及在同一主机上对不同应用的数据流的输入进行复用，对收到的顺序不对的数据包重新排列。属于传输层的协议如TCP（传输控制协议）、UDP（用户数据包协议）、SPX（顺序分组交换协议）等。传输层的协议标准有ISO 8072（面向连接的传输服务定义和面向连接的传输协议规范）。

5. 会话（Session）层

用户之间的连接称为会话，为此用户必须向系统提供其希望连接的远程地址（会话地址）。会话层定义如何开始、控制和结束一个会话，包括对多个双向消息的控制和管理，以便在只完成连续消息的一部分时可以通知应用，从而使表示层看到的数据是连续的。会话双方需彼此确认，然后双方按照共同约定的方式（如半双工或全双工）开始数据传输。会话层不参与具体的数据传输，但它却对数据传输进行管理，它在两个相互通信的进程之间建立、组织和协调它们的交互。

会话层提供的服务可使应用建立和维持会话，并能使会话获得同步。会话层使用校验点可使通信会话在通信失效时从校验点继续恢复通信，这种能力对于传送大的文件极为重要。会话层、表示层、应用层构成开放系统的高三层，面对应用进程提供分布处理、对话管理、信息表示、检查和恢复传送差错等。

会话层的功能是对话管理、数据流同步和重新同步。要完成这些功能，需要由大量的服务单元功能组合，已经制定的功能单元有几十种。会话层的主要功能包括以下几个。

（1）为会话实体间建立连接。为给两个对等会话服务用户建立一个会话连接，应该做如下几项工作：①将会话地址映射为传输地址；②选择需要的传输服务质量参数（QoS）；③对会话参数进行协商；④识别各个会话连接；⑤传送有限的透明用户数据。

（2）数据传输阶段在两个会话用户之间实现有组织的、同步的数据传输。会话用户之间的数据传送过程是将用户数据单元（SSDU）转变成协议数据单元（SPDU）。

（3）连接释放——通过“有序释放”“废弃”“有限量透明用户数据传送”等功能单元来释放会话连接。会话层标准为了使会话连接建立阶段能进行功能协商，也为了便于其他国际标准参考和引用，定义了12种功能单元。各个系统可根据自身情况和需要，以核心功能服务单元为基础，选配其他功能单元组成合理的会话服务子集。

会话层协议有RPC（远程进程调用）、SQL（结构化查询语言）、NES、NetBIOS（网络基本输入/输出系统名）、ASP（AppleTalk会话协议）、DECnet SCP（数字设备公司网络会话控制协议）等；主要标准有DIS 8236（会话服务定义）和DIS 8237（会话协议规范）。

6. 表示（Presentation）层

不同计算机体系结构使用不同的数据表示法，如IBM主机用EBCDIC编码，而大部分PC机用ASCII码。表示层可为异种机之间的通信提供一种公共语言，以便进行互操作。

表示层可定义数据格式及加密，如FTP允许选择以二进制或ASCII格式传输。如果选择二进制，那么发送方和接收方不改变文件的内容；如果选择ASCII格式，发送方将把文本从发送方的字符集转换成标准的ASCII后发送数据，在接收方将标准的ASCII转换成接收方计算机的字符集。表示层解决信息的表示问题，只改变信息的表示形式而不改变信息的内容。

由前述可知，会话层以下五层完成了端到端的数据传送，并且是可靠、无差错的传送。但数据传送只是手段而不是目的，最终要实现对数据的使用。由于各种系统对数据的定义不完全相同，如键盘上的某些键的含义在许多系统中都有差异，这自然给利用其他系统的数据造成了障碍，表示层和应用层就担负了消除这种障碍的任务。

对于用户数据来说，可以从两个侧面来分析，一个是称作语义的数据含义，另一个是称作语法的数据表示形式。表示层设计了3类15种功能单位，其中上下文管理功能单位就是沟通用户间的数据编码规则，以便双方有一致的数据形式，能互相认识。属于表示层的协议有JPEG、ASCII、TIFF（带标记交换文件格式）、GIF（图形交换格式）、PICT、加密、MPEG（活动图像压缩标准）、MIDI（乐器数字接口）等。表示层为服务、协议、文本通信符制定了DP 8822、DP 8823、DIS 6937/2等一系列标准。

7. 应用（Application）层

应用层向应用程序提供通信服务，这些服务按其向应用程序提供的特性分成组，并称为服务元素。有些可为多种应用程序共同使用，有些则为较少的一类应用程序使用。应用层是开放系统的最高层，是直接为应用进程提供服务的，其作用是在实现多个系统应用进程相互通信的同时，完成一系列业务处理所需的服务。其服务元素分为公共应用服务元素CASE和特定应用服务元素SASE两类。CASE提供最基本的服务，成为应用层中任何用户和任何服务元素的用户，主要为应用进程通信、分布系统实现提供基本的控制机制；特定服务SASE则要满足一些特定服务，如文卷传送、访问管理、作业传送、银行事务、订单输入等。

这些将涉及虚拟终端、作业传送与操作、文卷传送及访问管理、远程数据库访问、图形核心系统、开放系统互连管理等。应用层协议有Telnet、HTTP（超文本传输协议）、DNS（域名系统）、FTP、WWW（万维网）、SMTP、SNMP（简单网络管理协议）等。应用层的标准有DP 8649（公共应用服务元素）、DP 8650（公共应用服务元素用协议）。

6.1.2 IEEE 802通信标准

IEEE 802通信标准是IEEE（电气和电子工程师协会）802分会从1981年至今颁布的一系列计算机局域网分层通信协议标准草案的总称。它把OSI参考模型的底部两层分解为逻辑链路控制子层（LLC）、介质访问控制子层（MAC）和物理层。前两层对应于OSI模型中的数据链路层，是一条链路（Link）两端的两台设备进行通信时所共同遵守的规则和约定。

IEEE 802的媒体访问控制子层对应于多种标准，其中最常用的为三种，即带冲突检测的载波侦听多路访问（CSMA/CD）协议、令牌总线（Token Bus）和令牌环（Token

Ring)。

1. 通信网络中的总线争用问题

在通信网络中，允许一个站发送、多个站接收，这种通信方式称为广播。计算机以方波的形式将数据发送到通信线上，如果两个站或多个站同时通信线发送数据，由于各个站发送的数据并不同步，通信线上出现的将会是乱七八糟的波形。因此数据通信的首要问题是要避免两个站或多个站同时发送数据。

如果通信网络中的站点比较少，对通信的快速性要求不是太高，可以采用主从通信方式。网络中设置一个主站（如计算机），其他站（如 PLC）均为从站。只有主站才有权主动发送请求报文（或称为请求帧），从站收到后返回响应报文。如果有多个从站，主站轮流向从站发出请求报文，这种通信方式称为轮询。

如果网络中的站点很多，轮询一遍需要的时间较长，某一从站遇到了需要紧急上传的事件，也要等到接收到主站的请求报文才能上传。

2. CSMA/CD 协议

CSMA/CD（Carrier Sense Multiple Access/Collision Detect）载波感知多路访问/冲突侦测方法是一种争用型的介质访问控制协议，起源于美国夏威夷大学开发的 ALOHA 网所采用的争用型协议，并进行了改进，使之具有比 ALOHA 协议更高的介质利用率。

CSMA/CD 协议的基础是 Xerox 公司研制的以太网（Ethernet），各站共享一条广播式的传输总线，每个站都是平等的，采用竞争方式发送信息到传输线上。CSMA/CD 是一种分布式介质访问控制协议，网中的各个站（节点）都能独立地决定数据帧的发送与接收。每个站在发送数据帧之前，首先要进行载波侦听，只有介质空闲时，才允许发送帧。这时，如果两个以上的站同时侦听到介质空闲并发送帧，则会产生冲突现象，这使发送的帧都成为无效帧，发送随即宣告失败。每个站必须有能力随时检测冲突是否发生，一旦发生冲突，则应停止发送，以免介质带宽因传送无效帧而被白白浪费，然后随机延时一段时间后，再重新争用介质、重发送帧。CSMA/CD 协议简单、可靠，其网络系统（如 Ethernet）被广泛使用。

发送站在发送报文之前，先侦听一下总线是否空闲，如果空闲，则发送报文到总线上，称之为“先听后讲”。但是这样做仍然有发生冲突的可能，因为从组织报文到报文在线上传需要一段时间，在这一段时间内，另一个站通过侦听也可能会认为总线空闲并发送报文到总线上，这样就会因两站同时发送而发生冲突。

为了防止冲突，可以采取两种措施。一种是发送报文开始的一段时间，仍然侦听总线，采用边发送边接收的办法，把接收到的信息和自己发送的信息相比较，若相同则继续发送，称之为“边听边讲”；若不相同则发生冲突，立即停止发送报文，并发送一段简短的冲突标志。通常把这种“先听后讲”和“边听边讲”相结合的方法称为 CSMA/CD，其控制策略是竞争发送、广播式传送、载体侦听、冲突检测、冲突后退和再试发送。另一种措施是准备发送报文的站先侦听一段时间，如果在这段时间内总线一直空闲，则开始做发送准备，准备完毕，真正要将报文发送到总线上之前，再对总线做一次短暂的检测，若仍为空闲，则正式开始发送；若不空闲，则延时一段时间后再重复上述的二次检测过程。

3. 令牌总线

令牌总线是 IEEE 802 标准中的工厂媒质访问技术，编号为 802.4，吸收通用汽车公司支持的制造自动化协议（Manufacturing Automation Protocol，MAP）系统的内容。

在令牌总线中，媒体访问控制是通过传递一种称为令牌的特殊标志来实现的，按照逻辑顺序，令牌从一个装置传递到另一个装置，传递到最后一个装置后，再传递给第一个装置，如此周而复始，形成一个逻辑环。令牌有“空”“忙”两个状态，令牌网开始运行时，由指定站产生一个空令牌沿逻辑环传送。任何一个要发送的信息的站都要等到令牌传给自己，判断为“空”令牌时才发送信息。发送站首先把令牌置成“忙”，并写入要传送的信息、发送站名和接收站名，然后将载有信息的令牌送入环网传输。令牌沿环网循环一周后返回发送站时，信息已被接收站复制，发送站将令牌置为“空”，送上环网继续发送，以供其他站使用。如果在传送过程中令牌丢失，由监控站向网中注入一个新的令牌。

令牌传递式总线能在很重的负载下提供实时同步操作，传送效率高，适于频繁、较短的数据传送，因此它最适合于需要进行实时通信的工业控制网络。

4. 令牌环

令牌环媒质访问方案是IBM开发的，在IEEE 802标准中的编号为802.5，类似于令牌总线。在令牌环上，最多只能有一个令牌绕环运动，不允许两个站同时发送数据。令牌环本质上是一种集中控制式的环，环上必须有一个中心控制站负责网的工作状态的检测和管理。

6.1.3 现场总线及其标准

1. 现场总线的定义

IEC对现场总线（Fieldbus）的定义是“安装在制造和过程区域的现场装置与控制室内的自动控制装置之间的数字式、串行、多点通信的数据总线”。现场总线是用于过程自动化和制造自动化最底层的现场设备或现场仪表互连的通信网络，是现场通信网络与控制系统的集成。

现场总线的节点是现场设备或现场仪表，如传感器、变送器、执行器和编程器等，但不是传统的单功能的现场仪表，而是具有综合功能的智能仪表。例如，温度变送器不仅具有温度信号变换和补偿功能，而且具有PID控制和运算功能；调节阀的基本功能是信号驱动和执行，另外还有输出特性补偿、自校验和自诊断功能。现场设备具有互换性和互操作性，采用总线供电，具有本质安全性。现场总线以开放的、独立的、全数字化的双向多变量通信代替4～20mA现场记录仪等模拟仪表，它不需要框架、机柜，可以直接安装在现场导轨槽上。现场总线I/O的接线极为简单，只需一根电缆，从主机开始，沿数据链从一个现场总线I/O连接到下一个现场总线I/O。

使用现场总线后，可以减少自控系统的配线、安装、调试等方面的费用，操作员可以在中央控制室实现远程监控，对现场设备进行参数调整，还可以通过现场设备的自诊断功能预测故障和寻找故障点。

2. IEC 61158

早于1985年IEC（国际电工委员会）筹备成立IEC/TC65/SC65C/WG6工作组，起草现场总线标准，由于各国意见不一致，进展缓慢。至1993年IEC 61158.2现场总线物理层规范成为国际标准；1998年2月IEC 61158.3和IEC 61158.4链路服务定义和协议规范经过5轮投票成为FDIS标准；1997年10月IEC 61158.5和IEC 61158.6应用层服务定义与协议规范成为FDIS标准。

1999年于休斯敦讨论产生了IEC 61158第一版现场总线标准；2000年于渥太华通过了IEC 61158第二版标准；2003年产生了IEC 61158第三版标准；2007年7月出版了IEC 61158第四版标准。

IEC 61158第四版标准是由多部分组成的、长达8100页的系列标准，它包括：①IEC/TR 61158-1（总论与导则）；②IEC 61158-2（物理层服务定义与协议规范）；③IEC 61158-300（数据链路层服务定义）；④IEC 61158-400（数据链路层协议规范）；⑤IEC 61158-500（应用层服务定义）；⑥IEC 61158-600（应用层协议规范）。

从整个标准的构成来看，该系列标准是经过长期技术争论而逐步走向合作的产物，标准采纳了经过市场考验的20种主要类型的现场总线、工业以太网和实时以太网，具体类型见表6-1。

表6-1　IEC 61158第四版现场总线类型

类型	技术名称	类型	技术名称
Type 1	TS 61158现场总线	Type 11	TCnet实时以太网
Type 2	CIP现场总线（罗克韦尔）	Type 12	EtherCAT实时以太网
Type 3	Profibus现场总线（西门子）	Type 13	Ethernet Powerlink实时以太网
Type 4	P-NET现场总线（Process Data）	Type 14	EPA实时以太网
Type 5	FF HSE高速以太网（罗斯蒙特）	Type 15	Modbus-RTPS实时以太网
Type 6	SwiftNet（波音，已被撤销）	Type 16	SERCOSⅠ、Ⅱ现场总线
Type 7	WorldFIP现场总线（阿尔斯通）	Type 17	VNET/IP实时以太网
Type 8	INTERBUS现场总线（菲尼克斯电气）	Type 18	CC_Link现场总线
Type 9	FF H1现场总线（罗斯蒙特）	Type 19	SERCOS Ⅲ实时以太网
Type 10	PROFINET实时以太网（西门子）	Type 20	HART现场总线

表6-1中的Type 1是原IEC 61158第一版技术规范的内容，由于该总线主要依据FF现场总线和部分吸收WorldFIP现场总线技术制定的，所以经常被理解为FF现场总线。Type 2 CIP（Common Industry Protocol）包括DeviceNet、ControlNet现场总线和Ethernet/IP实时以太网。Type 6 SwiftNet现场总线由于市场推广应用很不理想，在第四版标准中被撤销。Type 13是预留给Ethernet Powerlink（EPL）实时以太网的，提交的EPL规范不符合IEC 61158标准格式要求，在此之前还没有正式被接纳。

我国拥有自主知识产权的《用于工业测量与控制系统的EPA（Ethernet for Plant Automation）系统结构与通信规范》是由几家单位联合制定的用于工厂自动化的实时以太网通信标准，EPA标准在2005年2月经IEC/SC65C投票通过已作为公共可用规范（Public Available Specification）IEC/PAS 62409标准化文件正式发布，并作为公共行规（Common Profile Family 14，CPF14）列入以太网行规集国际标准IEC 61784-2，2005年12月正式进入IEC 61158第四版标准的Type14，成为IEC 61158-314/414/514/614规范。

EPA实时以太网标准定义了基于ISO/IEC 8802.3、RFC 791、RFC 768和RFC 793等协议的EPA系统结构、数据链路层协议、应用层服务定义与协议规范，以及基于XML的设备描述规范。该规范面向控制工程师的应用实际，在关键技术攻关的基础上，结合工程应用实践，形成了微网段化系列结构、确定性通信调度、总线供电、分级网络安全控制策略、冗余管理、三级式链路访问关系、基于XML的设备描述等方面的特色，并拥有完全的自主知识产权。目前，研制成功20多种常用仪表、2种基于EPA的控制系统，包括压力、温度、流量、物位等变送器，电动、气动等执行机构，气体分析仪及数据采集器等。

3. IEC 61158 第四版的基本概念、方法和模型

对于全球市场上的通信产品必须对其通信规范有一个统一全面的理解，IEC 61158 标准为工业网络通信提供了这种理解的公共基础，为此要求进入该标准的现场总线，对于每一层的描述都要尽可能地使用公共的观点、概念、定义和描述方法。

第一个概念是复杂的通信任务可以分解为基于 ISO/IEC 7489、ISO/OSI 基本参考模型的不同的层，分层描述的方法有助于提供结构化功能和接口，同时模块化的结构能适应各种不同的技术。OSI 和 IEC 61158 的分层见表 6-2。

表 6-2　　OSI 和 IEC 61158 分层

<table>
<tr><th>OSI 层</th><th>功　能</th><th>IEC 61158 层</th></tr>
<tr><td>7 应用层</td><td>将通信栈上的要求转换为低层能够理解的形式，反之亦然</td><td rowspan="6">应用层
IEC 61158-6-tt、IEC 61158-6-tt
↑*
↑*
↓*或↑*
↓*或↑*
数据链路层
IEC 61158-3-tt、IEC 61158-4-tt</td></tr>
<tr><td>6 表示层</td><td>转换数据成标准的网络格式</td></tr>
<tr><td>5 会话层</td><td>生成和管理低层对话</td></tr>
<tr><td>4 传输层</td><td>提供透明的可靠数据传送（网络上端到端传送，并可以包括多个链路）</td></tr>
<tr><td>3 网络层</td><td>完成报文路由</td></tr>
<tr><td>2 数据链路层</td><td>控制通信媒体的访问，实现差错检验（链路上点到点传送）</td></tr>
<tr><td>1 物理层</td><td>为通信媒体传送/接收相应的信号编码/解码，规定通信媒体特性</td><td>物理层
IEC 61158-2</td></tr>
</table>

* 表示该层功能可以包括箭头方向所指向的最接近的现场总线层中。

第二个概念是每种类型现场总线都由一个或多个层规范构成，大多数类型的现场总线都包括大量的服务和协议的选择，实际的工作系统需要这样相应的选择。对应于 IEC 61158 一种类型现场总线的服务的相应选择，在 IEC 61784-1 和 IEC 61784-2 中将作为标准化的通信行规予以规范，大多数通信行规都由工业自动化开放网络联合会或贸易会支持。

第三个概念是 IEC 61158 的物理层、数据链路层和应用层借助于所提供的服务和协议，以互补的方式进行描述，数据链路层和应用层的服务与协议不同观点之间的差异见表 6-3。

表 6-3　　对于不同服务和协议部分的 DL/AL 概念

面向层用户的观点	面向层实现者的观点
AL 服务； IEC 61158 第 5 部分； 模型和概念； 数据类型定义； 应用对象； 服务描述； 通信端点管理	AL 协议； IEC 61158 第 6 部分； 语法定义和编码； 应用关系规程； 协议机（状态机）
DL 服务； IEC 61158 第 3 部分； 模型和概念； 服务描述； 管理服务	AL 协议； IEC 61158 第 4 部分； 编码； 媒体访问； 协议机（状态机）

上述各种类型的协议经过工厂化以后都能支持信息处理、监视和控制系统，用于过程自动化工厂传感器、执行器和本地控制器之间底层通信，它们与 PLC 系统互联可广泛应用于各种工业领域。

4. IEC 61158 第四版的配套标准

IEC 61158 系列标准是概念性的技术规范，不涉及现场总线的具体实现。因此该标准中只有现场总线的类型编号，不允许出现具体现场总线的技术名或商业贸易用名称。为了使设计人员、实现者和用户能够方便地进行产品设计、应用选型比较及实际工程系统的选择，IEC/SC65C 制定了 IEC 61784 系列配套标准，由以下部分组成：①IEC 61784－1 用于连续和离散制造的工业控制系统现场总线行规集；②IEC 61784－2 基于 ISO/IEC 8802.3 实时应用的通信网络附加行规；③IEC 61784－3 工业网络中功能安全通信行规；④IEC 61784－4 工业网络中信息安全通信行规；⑤IEC 61784－5 工业控制系统中通信网络安装行规。

IEC 61784－1 和 IEC 61784－2 包括几个通信行规族（CPF），规定一个或多个通信行规（CP）。其中 IEC 61784－1 规定现场总线通信行规，见表 6－4；IEC 61784－2 提供实时以太网的通信行规，表 6－5 为 CPF、RTE 技术名与 IEC/PAS 的对应关系。

表 6－4　　IEC 61784－1 的 CPF

CPF 族	技术名
CPF1	Foundation Fieldbus
CPF2	CIP
CPF3	PROFIBUS
CPF4	P－NET
CPF5	WordFIP
CPF6	InterBus
CPF8	CC－Link
CPF9	HART
CPF16	SERCOS Ⅰ和Ⅱ

表 6－5　　CPF、RTE 技术名与 IEC/PAS 关系

CPF 族	RTE 技术名	IEC/PAS NP#
CPF2	Ethernet/IP	IEC/PAS 62413
CPF3	PROFINET	IEC/PAS 62411
CPF4	P－NET	IEC/PAS 62412
CPF6	InterBus	—
CPF10	VNET/IP	IEC/PAS 62405
CPF11	TCnet	IEC/PAS 62406
CPF12	EtherCAT	IEC/PAS 62407
CPF13	Erhernet Powerlink	IEC/PAS 62408
CPF14	EPA	IEC/PAS 62409
CPF15	MODBUS－RTPS	IEC/PAS 62030
CPF16	SERCOS－Ⅲ	IEC/PAS 62410

5. 冲突走向合作

目前，由现场总线构建的现场总线系统已得到越来越广泛的应用，其现场总线网络结构如图 6－2 所示。

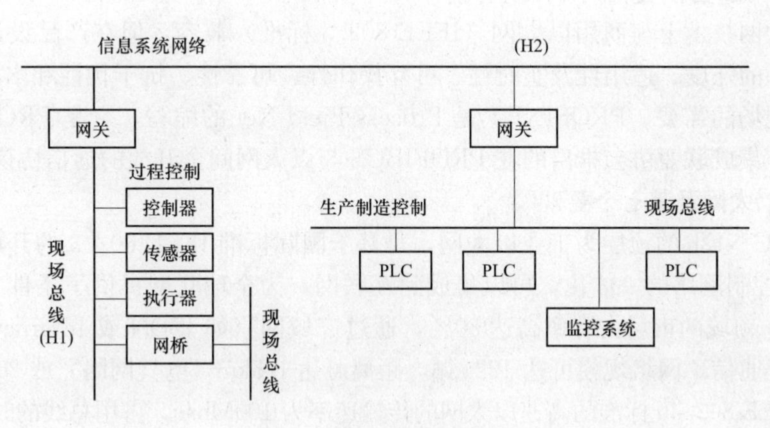

图 6－2 通用现场总线网络结构

从图 6－2 可知，用于过程自动化控制领域的现场总线与用于制造自动化控制的现场总线在结构和要求上是不同的。过程控制领域现场总线以 FF 基金会现场总线为代表，由于要解决向现场仪表两线制供电问题，技术要求相对较高；制造自动化领域现场总线以 PROFIBUS 和 PROFINET 为代表，该现场总线在世界上的安装节点数已接近 2000 万，应用较为广泛。通过长期争论，已逐步认识到不同领域的应用有着不同的要求，只有通过互补和合作，共同和谐发展，才能不断满足工业自动化行业的要求。

6. IEC 62026

2000 年 6 月通过的 IEC 62026 是供低压开关设备与控制设备使用的控制器电气接口标准，包括：①IEC 62026－1，第 1 部分 总则；②IEC 62026－2，第 2 部分 执行器-传感器接口 AS－i（Actuator Sensor Interface，西门子公司支持）；③IEC 62026－3，第 3 部分 设备网络 DN（Device Network，罗克韦尔公司支持）；④IEC 62026－4，第 4 部分 LonWorks（Local Operating Networks）总线的通信协议 LonTalk，已取消；⑤IEC 62026－5，第 5 部分 智能分布式系统 SDS（Smart Distributed System，霍尼韦尔公司支持）；⑥IEC 62026－6，第 6 部分 串行多路控制总线 SMCB（Serial Multiplexed Control Bus，霍尼韦尔公司支持）。

除第 6 部分尚处于 CD 文件阶段外，其余部分已成为 FDIS 文件，于 2000 年 6 月进行投票表决，各成员国只能表示同意或不同意，不能对文件的某一部分提出修改要求。

IEC 62026 标准草案曾有过第 4 部分（LonTalk）和第 7 部分（WorldFIP），因这两个协议不适宜作为设备层的通用协议目前暂被挪走。

6.2 西门子工业自动化通信网络与 S7－1200 的以太网通信

PLC 的通信包括 PLC 之间、PLC 与计算机之间、PLC 与其他智能设备之间的通信。PLC 与计算机可以直接同通信处理器、通信链接器相连构成网络，以实现信息的交换，可以构成“集中管理、分散控制”的分布式控制系统，满足工厂自动化系统发展的需要，各

PLC或远程I/O模块按功能各自放置在生产现场进行分散控制，然后用网络连接起来，构成集中管理的分布式网络系统。

6.2.1 工业以太网与PROFINET

工业以太网技术上与商用以太网（IEEE 802.3标准）兼容，但在产品设计时，在材质的选用、产品的强度、适用性及实时性、可互操作性、可靠性、抗干扰性和本质安全等方面能满足工业现场的需要。PROFINET是Process Field Net的缩写，它是PROFIBUS客户、生产商与系统集成联盟协会推出的在PROFIBUS与以太网间全开放的通信协议。

1. 工业以太网及其七个要素

SIMATIC NET的顶层为工业以太网，是基于国际标准IEEE 802.3的开放式网络，可以实现管理-控制网络的一体化，可以集成到互联网，为全球联网提供了条件。以太网在局域网（LAN）领域的市场占有率高达80%，通过广域网（如ISDN或Internet），可以实现全球性的远程通信。网络规模可达1024站，距离可达1.5km（电气网络）或200km（光纤网络）。符合IEEE 802.3u标准的高速以太网的传输速率为100Mb/s，占用总线的时间极短。

S7-1200 CPU集成一个PROFINET以太网接口，可与编程PC、人机界面和其他S7-PLC通信。

自动化技术总处于一种不断的动态变化进程中，降低成本、提高过程流和产品质量的期盼强烈，而且对柔性生产资源的要求也来自市场驱动的需求，因此设备、系统和成套装置必须飞速创新。更多来自市场和用户对信息技术的需求推动着IT技术在自动化领域的普及。

最重要的一个因素是成套装置较好的结构性，分布式自动化系统与日益复杂技术的开放性、一致性、易用性携手并进。互联网的连接性可使订单的发送及在装备上执行远程服务和维护措施成为可能，这基于一种统一的通信技术。

同时，为了能够比过去更快捷、更高效地转变为生产一种新产品就需要制造装备更具有灵活性，对自动化系统的体系结构和工程设计有巨大影响，自动化系统必须能集成和互连在自动化金字塔中现有的各个层和段。

目前可看清的一个趋势是自动化系统的结构，由于微处理器的功能日益强大及计算机的成本相当低廉，过去由集中点完成的功能正逐步由带有预处理功能（分散化智能）的现场设备、传感器和执行器所取代。

到目前为止，自动化解决方案已主要由分布式布局的带执行器、传感器或智能现场设备的一套集中处理单元（PLC、PC、IPC）组成，通过现场总线进行连接。在这种情况下，总线系统代替了传统的并行布线，并提供了传输附加参数化数据和诊断数据的能力；电子代替了机械，软件代替了硬件。

实现未来自动化解决方案的另一大进步是使用分布式自动化结构，即将集中处理能力分散到需要完成此项工作或需要满足此项技术要求的场所（驱动器、阀、控制台等）。结果产生可以根据应用而进行组合的各个具有独立控制能力的功能单元，具有以下几大优点：①通过具有独立控制能力的运行应用程序而具有较高的可用性（创建已定义的过程状态）；②用户软件的易于重复使用性（软件的构造与模块化）；③直接在原始设备制造商（OEM）进行模块的预测试（设置传感器、驱动器和调节器）；④通过并行启动显著地减少投运时间（并行I/O检查、功能测试、部分启动）；⑤装备/机器的标准化（客户定制的装备/机器的组态）。

对于这些要求交互作用的功能单元，具有开放和独立于制造商体系结构的模型是势在必行的，这种模型不仅定义了装备（用于创建应用）的工程设计，而且定义了功能单元和它们的设备（如PLC、驱动器、开关柜和现场设备）之间的通信。

另一个趋势源于读取订单和自动化层的生产数据并执行远程服务和维护措施，已在办公室领域的成熟IT技术用于自动化领域，低费用地从企业资源计划层（ERP）经由制造执行系统层（MES）直至现场层存取数据和交换信息。

过去，开放标准的使用已在所有领域和所有层确立，现场领域涉及使用PROFIBUS标准、以太网标准和TCP/IP。现今，面向应用的通信是使用OPC、COM/DCOM执行的，支持面向对象的方法的开放标准（如ActiveX和XML）用于结构和接口的描述，这和微软的Office应用程序在工业领域中的使用情况差不多。

工厂生产层使用的以太网具有七个要素，这里以PROFINET标准为例进行介绍。

(1) 网络布局。办公室的网络拓扑布局并不适用于工厂生产层，那里采用的是工厂/机器的以太网拓扑布局。办公室以太网的基础架构通常是由商业级的产品构建的，它们在恒温的环境和星形拓扑构建的交换网络中可以很好地发挥作用；而与此不同，工业以太网架构常常要面对多变的意外情况，因此需要具有一些额外的功能，如高速冗余等。工业以太网会采用多种不同的拓扑网络布局方式（星形、环形、树形、线形），并使用屏蔽电缆、金属接头，具有更高的耐热耐震性能。此外，工业以太网的交换机一般由相应的自控系统集成商负责配置和维护。

(2) 通信协议。对控制系统集成商来说，应认识到以太网只是一个网络架构，要使它能够在自控设备间实现通信，需要一个工业级的通信协议。IEEE 802.3以太网标准定义了接线方式、数据读写规则和以太网架构的结构。虽然使用这个网络标准的不同设备可以在同一网段里实现通信，但前提是它们必须采用相同的网络协议，或者说“通信语言”。

PROFINET是一个专为工业应用设计的通信协议，为分布式I/O、机器与机器间的连通性、机器的安全性及运动控制提供了相应的功能。

(3) 处理能力。这不是单纯地由网络速度的快慢决定的，而是如何快速精确地将数据传输到它该去的地方。网络的处理能力是个关键因素，其衡量标准是单位时间内的网络数据传输量，唯一能改进这一性能的方法是减少通信堆栈中循环周期的次数。PROFINET通信堆栈中的循环周期次数比一个标准的以太网TCP/UDP测试工具要少十几倍，这是由于PROFINET为一些对时间有苛刻要求的重要工作专门设置了一个以太网实时通道，而与此同时，它的配置、诊断、路由及“大容量数据传输”的通信都通过标准TCP/IP通道完成。

(4) 网络配置。网络的设置简单是一方面，但更重要的是，实现通信的编程工作绝对不能太复杂。PROFINET能够通过配置而不是编程，来实现设备间的通信。通过一种对象呼应的配置设备之间内部通信的方法，而不是传统的编程调试方法，系统集成商和最终用户能够节约至少25%的构建及调试试车的时间。

(5) 先期计划。仅考虑眼前的应用是不够的，当前的以太网必须能满足将来所有可能的应用需要。PROFINET使用户能按照自己的步调，只采用单一的以太网网络，就能实现一个高度集成的、适用于不同控制功能（如点对点通信、分布式I/O、机器安全性、运动控制及数据采集）的自控系统。它同样也为今后可能的扩展进行了准备。

(6) 旧系统改造。工业以太网的要素并不仅仅局限于以太网本身，如何与现有网络和不同供应商提供的机器集成并正常工作，是必须要考虑的问题之一。既然PROFINET使用的是标准以太网交换机，并采用 TCP/IP 的协议组件，那么基于 PROFINET 的系统应该能适用整个自控网络，而不需要另外增加高端交换机或者特殊的功能，如 IGMP snooping 和 VLAN。PROFINET 同时也提供了将不同供应商的产品接入同一网络的解决办法。通过 XML，它将每个机器作为一个部件来处理，相对独立于内部核心的控制系统，这就是以部件为控制单位的自动化概念。

(7) 费用。对工业以太网络来说，最重要的费用支出并不是构建网络的组件，而是设计、安装和维护的部分。PROFINET 和其他类似的工业以太网构架采用 IT 技术的成果，如用 OPC 和 SNMP 来监视和显示网络的状态。此外，其诊断功能能将网络状态直接在包括 PLC 和 SCADA 系统在内的自控系统上反映出来，组态设置和故障查找都可在中央控制室内完成，大大简化了操作。

2. PROFINET 概述

工业以太网在现场层面的应用已崭露头角，虽然这与起初对这一技术的乐观预期尚存距离。接下来，以太网用户自然希望在办公环境下的种种优势能在工业现场总线解决方案中同样实现，但不应影响以太网的开放性。

PROFINET 是源自 PROFIBUS 现场总线国际标准组织（PI）的开放的自动化总线标准；基于工业以太网标准；使用 TCP/IP 协议和 IT 标准；实现自动化技术与实时以太网技术的统一；能无缝集成其他现场总线系统。

PROFINET 可将所有工厂自动化功能甚至高性能驱动技术应用包括在内，开放式标准适用于工业自动化的所有相关要求：工业可兼容安装技术、简单网络管理和诊断、实时功能、通过工业以太网集成分布式现场设备及高效的与制造商无关的工程与组态等。

PROFINET 符合已有 IT 标准，并支持 TCP/IP，确保了公司范围内各部门间的通信交流，现有技术或现场总线系统与该一致性基础设施在管理层面和现场层面均可集成。这样，分布式现场设备可通过 PROFINET 与工业以太网直接相连，设备网络结构的一致性同时可确保整个生产厂的通信一致性。

通过 PROFINET，无须任何专业知识，即可根据“PROFINET 安装指南”实现工业可兼容布线网络。对于地址分配和设备网络诊断等问题，PROFINET 使用的 IT 标准，为 DCP（Discovery and Basic Configuration Protocol）、SNMP（Simple Network Management Protocol）、HTML 及 XML 等设备的集成，为用户试车和维修等提供了更高效、更经济的途径。

(1) 实时、运动控制、安全解决方案。

通过实现分布式现场设备与以太网的相互连接，可以提高整个系统的协同性，从公司管理层直到现场设备均是如此。这使得以太网可适用于严峻的工业环境（高温场和杂散发射/EMC）。此外，实时功能也是完成最新通信任务的当务之急，以太网从前并不使用这一功能。

PROFINET 支持两类实时通信，其一是工厂自动化的简单应用，其二是实时数据交换的反应时间取决于现代日常现场总线的性能。软件解决方案 RT（实时）可实现生产自动化系统所必需的 5～10ms 的时间周期。对于运动控制这一具有最大要求的领域，西门子采用了 IRT 同步实时的 ASIC 芯片解决方案。所谓同步实时（IRT），即极短的反应时间，特别适用于快速的时钟同步运动控制应用的要求。在 1ms 时间周期内，实现对 100 多个轴的控制，而抖动不足1ms时间。通过标准以太网连接的各元件之间的通信不会受到影响。

根据PROFIdrive通信行规，可实现运动控制系统和驱动间的通信功能，与生产商无关，而不受总线系统的影响，PROFINET或PROFIBUS均可实现。

随着以前PROFIsafe上市，在同一总线即PROFIBUS总线上同时实现标准应用和安全相关应用的技术已经确立，这些安全相关应用若干年内也将在PROFINET下成为现实。根据PROFIsafe安全行规，PROFINET可确保完美的安全性，可用于标准和故障安全应用。

(2) CBA——基于组件的自动化。

PROFINET将PROFIBUS和其他现场总线集成为一种通用的通信概念，并且通过基于组件的自动化技术（CBA），还可实现一种统一的面对未来的设计概念。这样，工厂各组件可作为独立模块预先组装测试，之后在整个系统中轻松组装，或在其他项目中重复使用。根据PROFINET标准设计的一款最新设计软件可实现一项关键功能，即通过图形组态替代以往自动化设备和智能现场设备之间必要的通信编程环节。西门子的SIMATIC IMAP（Internet Mail Access Protocol，交互式邮件存取协议）即可提供这样的软件。

基于组件的自动化是基于“组件”原理实现的，所谓“组件”就是实现基于开放标准的模块化、分布式应用的一种统一的软件结构。具体来说，就是将机械组件、电力电子器件和用户程序，也就是一个具有独立工作能力的工艺模块抽象成一个可以反复使用的“组件封装”。组件可以独立运行，并且可以方便地与其他组件交换数据。

自动化技术的发展也日益受到信息技术原理及其标准的重大影响，自动化领域中集成信息技术可以为企业内部自动化系统间的全局通信提供解决方案，基于工业以太网通信标准的PROFINET通信技术使这种集成成为可能。PROFINET是一种基于实时工业以太网的自动化解决方案，包括一整套完整高性能并可升级的解决方案；PROFINET标准的开放性保证了其长远的兼容性与扩展性，从而可以保护用户的投资与利益；PROFINET可以使工程与组态、试运行、操作和维护更为便捷，并且能够与PROFIBUS及其他现场总线网络实现无缝集成与连接。工程实践证明，在组建企业工控网络时采用PROFINET通信技术可以节省近15%的硬件投资。

3. PROFINET和PROFIBUS的比较

PROFINET和PROFIBUS都是PNO组织推出的现场总线，两者本身没有可比性，PROFINET基于工业以太网，而PROFIBUS基于RS485串行总线。两者在协议上由于介质不同而完全不同，没有任何关联；但两者因为都使用精简的堆栈结构而具有很好的实时性。

基于标准以太网的任何开发都可以直接应用在PROFINET网络中，基于以太网的解决方案的开发者远远多于PROFIBUS开发者，故有更多的可用资源去创新技术。PROFINET与PROFIBUS的性能比较见表6-6。

表6-6 PROFINET与PROFIBUS的性能比较

比较项目	PROFINET	PROFIBUS
数据传输带宽	100Mb/s（max）	12Mb/s（max）
数据传输的方式	全双工	半双工
一致性数据	254B（max）	32B（max）

续表

比较项目	PROFINET	PROFIBUS
报文头	44B	12B
最小用户数据	40B	1B
最大用户数据	1400B	244B
总线长度	设备之间的总线长度为100m	12Mb/s的最大总线长度为100m
引导轴	可以运行在任意SIMOTION中	必须在DP主站中运行
组态和诊断	可以使用标准的以太网网卡	需要专门的接口模板，如CP5512
PG接入	TR：可能产生极小的反应； IRT：接入不会引起任何问题	可能引起通信问题
网络诊断	使用IT相关的工具	需要特殊的工具
对响应时间的影响	任意数量的控制器可以在网络中运行，不会影响I/O的响应时间	总线上一般只有一个主站，多主站系统，会导致DP的循环周期过长
总线终端电阻	不需要终端电阻，总线故障少	总线上的主要故障来源于终端电阻不匹配或者较差的接地
通信介质	无线（WLAN）可用	铜和光纤
一个接口	所有数据类型可以并行使用，一个接口可以既做控制器又做I/O设备	一个接口只能做主站或从站
设备的网络位置	可以通过拓扑信息确定	不能确定

1.5Mb/s PROFIBUS、12Mb/s PROFIBUS及PROFINET的数据传输量与传输时间之间的关系如图6-3所示。

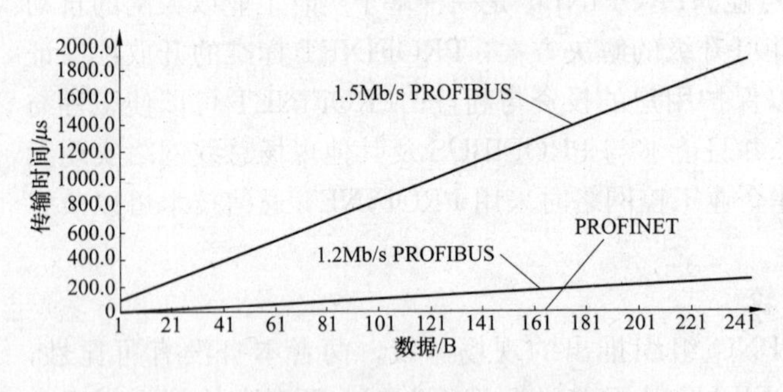

图6-3　数据传输量与传输时间之间的关系

4. 工业以太网通信标准PROFINET及其应用

（1）PROFINET通信标准。PROFINET可以提供办公室和自动化领域开放的、一致的连接，PROFINET方案覆盖了分散自动化系统的所有运行阶段，主要包括：①高度分散自动化系统的开放对象模型（结构模型）；②基于Ethernet的开放的、面向对象的运行期通信方案（功能单元间的通信关系）；③独立于制造商的工程设计方案（应用开发）。PROFINET方案可以用一条等式简单而明了地描述：

PROFINET＝PROFIBUS＋具有PROFIBUS和IT标准Ethernet的开放的、一致的通信

1）PROFINET设备的软件结构。

PROFINET设备的软件覆盖了现场设备的整个运行期通信，基于模块化设计的软件包含若干通信层，每层都与系统环境一致。PROFINET软件主要包括一个RPC（Remote Procedure Call）层、一个DCOM（Distributed Component Object Model）层和一个专门为PROFINET对象定义的层。PROFINET对象可以是ACCO（Active Connection Control

Object）设备、RT Auto（Runtime Automation）设备、物理设备或逻辑设备。软件中定义的实时数据通道提供 PROFINET 对象与以太网间的实时通信服务。PROFINET 通过系统接口连接到操作系统（如 WinCE），通过应用接口连接到控制器（如 PLC）。

PROFINET 的运行期软件位于一个目录固定的结构中，可以分为核心目录和系统应用目录。若通信开始而核心目录中的文件未改变，则系统应用目录中的部分文件必须重建。所有的系统应用都指向系统接口和应用接口，实现 PROFINET 设备的各项功能。PROFINET 设备的软件结构如图 6-4 所示。

PROFINET 设备的软件结构决定了 PROFINET 设备可以从企业管理层到现场层直接、透明地访问，并且提供对 TCP/IP 协议的绝对支持。PROFINET 技术使企业用户能够方便地对现有的系统进行扩展和集成，是一种优化的工业以太网通信标准。

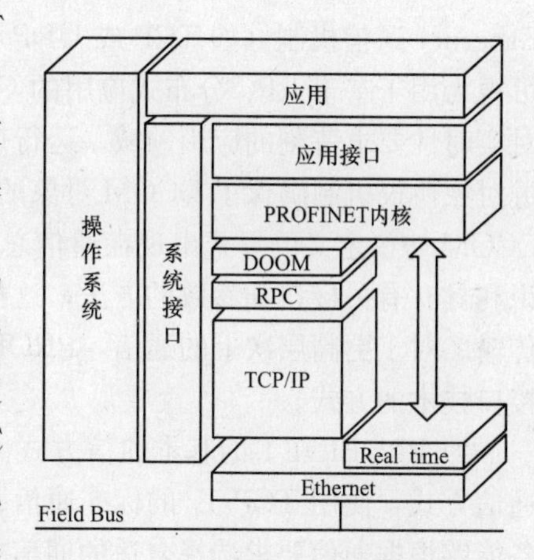

图 6-4 PROFINET 设备的软件结构

2）PROFINET 在现场设备上的移植。作为一种开放的资源，PROFINET 软件通过移植到设备上的 TCP/IP 协议栈来完成在其他设备制造商的产品中快速而简单的实现。具体过程为：首先将开放资源的 RPC 接口连接到 TCP/IP 协议栈和设备操作系统中的系统集成；然后再将 PROFINET 协议栈的 DCOM 机制集成到设备的操作系统中；最后实现物理设备和逻辑设备对象、运行期对象和活动控制连接对象的设备专用的 DCOM 应用。为单个部件组装 PROFINET 设备时还必须用 XML 创建相应的描述。一个 PROFINET 设备的 XML 文件中应包括下列数据：①PROFINET 设备的名称和 ID 号；②PROFINET设备的 IP 地址，诊断数据的访问方式和设备连接方式；③PROFINET 设备的硬件分配，设备接口及为各接口定义的变量、数据类型与格式；④PROFINET 设备在整个工程中的保存地址。

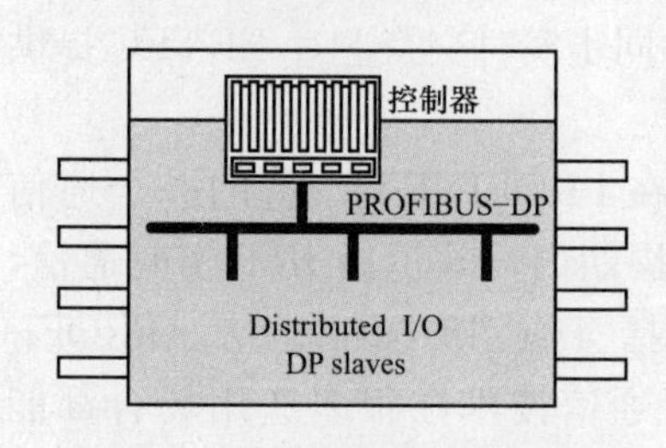

图 6-5 PROFINET 设备中封装一个 PROFIBUS-DP 控制网络

PROFINET 设备将它的所有功能封装到其软件中，并提供变量接口与其他的 PROFINET 设备相连。变量接口的每个变量都代表一个确定的子功能，包括运行、输入/输出使能、复位、结束、停机、启动和错误。一个 PROFINET 设备中封装的可以是一个控制器、一个执行器，甚至是一个控制网络，如图 6-5 所示的 PROFINET 设备中封装了一个 PROFIBUS-DP 控制网络。

PROFINET 设备之间通过 DCOM 模块进行通信，在 PROFINET 设备连接编辑器的图形界面中可以方便地实现各 PROFINET 设备间的连接，如图 6-6 所示，一个具有冲洗、灌装、封口和包装 4 个环节的饮料生产厂家的生产流程可以用 4 个 PROFINET 设备串联实现。

所有设备的接口都在 PROFINET 中做了一致的定义，因此都能够灵活地组合和重新使用，用户不必考虑各设备的内部运行机制。此外，PROFINET 还集成了故障安全通信标准行规 PROFIsafe，满足对人员、设备和环境的全面安全的需求，可用于故障安全应用。

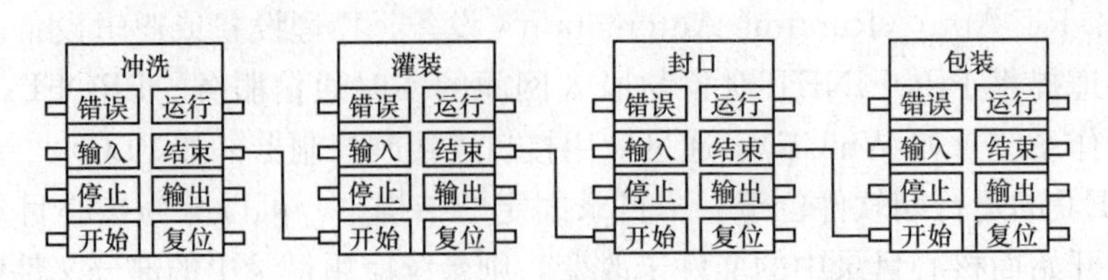

图 6-6 PROFINET 设备串联

(2) PROFINET 通信功能的实现。PROFINET 设备通信功能的实现是基于传统的 Ethernet 通信机制（如 TCP 或 UDP），同时又采用 RPC 和 DCOM 机制进行加强。DCOM 可视为用于基于 RPC 分布式应用的 COM 技术的扩展，可采用优化的实时通信机制应用于对实时性要求苛刻的应用领域。运行期间，PROFINET 设备以 DCOM 对象的形式映像，通过对象协议机制确保了 DCOM 对象的通信。COM 对象作为 PDU（Protocol Data Unit）以 DCOM 协议定义的形式出现在通信总线上，通过 DCOM 布线协议 DCOM 定义了对象的标识和具有有关接口和参数的方法，这样就可以在通信总线上进行标准化的 DCOM 信息包的传输。对于更高层次上的通信，PROFINET 可以采用集成 OPC（OLE for Process Control）接口技术的方式。

1) PROFINET 的基本通信方式。PROFINET 根据不同的应用场合定义了三种不同的通信方式：使用 TCP/IP 的标准通信、实时 RT 通信和同步实时 IRT 通信。PROFINET 设备能够根据通信要求选择合适的通信方式。

PROFINET 使用以太网和 TCP/IP 协议作为通信基础，在任何场合下都提供对 TCP/IP 通信的绝对支持。由于绝大多数工厂自动化应用场合对实时响应时间要求较高，为了能够满足自动化中的实时要求，PROFINET 中规定了基于以太网层 2 的优化实时通信通道，该方案极大地减少了通信栈上占用的时间，提高了自动化数据刷新方面的性能。PROFINET 不仅最小化了可编程控制器中的通信栈，而且对网络中的传输数据也进行了优化。采用 PROFINET 通信标准，系统对实时应用的响应时间可以缩短到 5～10ms。PROFINET 同时还支持高性能同步运动控制应用，在该应用场合 PROFINET 提供对 100 个节点响应时间低于 1ms 的同步实时（IRT）通信，该功能是由层 2 上内嵌的同步实时交换芯片 ERTEC 提供的。PROFINET 的通信循环如图 6-7 所示。

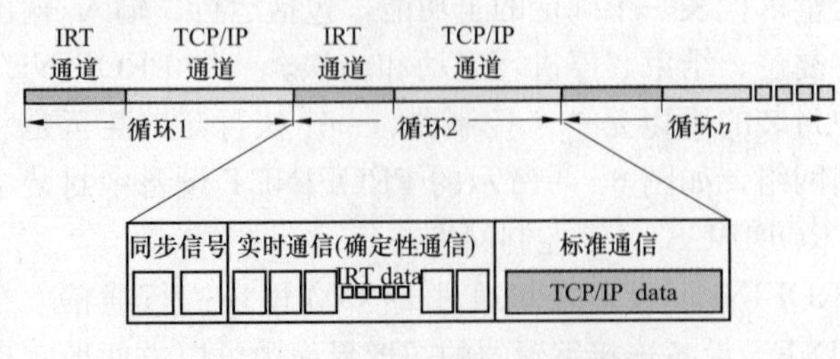

图 6-7 PROFINET 的通信循环

在 PROFINET 设备的一个通信循环周期内，既包括 IRT 实时通信，又包括 TCP/IP 标准通信。PROFINET 通信技术在很多应用场合都能体现出极大的优越性，工程实践表明，同步运动控制场合采用 PROFINET 提供的 IRT 通信，系统性能将比采用现场总线方案提升近百倍。

2) PROFINET 与 OPC 的集成。由于 PROFINET 与 OPC 均采用了 DCOM 通信机制，因此 PROFINET 通信技术可以很容易地与 OPC 接口技术集成，以实现数据在更高通信层次上的交换。OPC 接口设备在工控领域的应用十分广泛，OPC 接口技术定义了 OPC DA（Data Access）与 OPC DX（Data Exchange）两个通信标准，分别应用于传输实时数据和实现异类控制网络间数据的交换。在 PROFINET 中集成 OPC DX 接口可以实现一个开放的连接至其他系统，集成机制如下：①基于 PROFINET 的实时通信机制，每个 PROFINET 节点可以作为一个 OPC 服务器被寻址；②每个 OPC 服务器可以通过标准接口而作为一个 PROFINET 节点被操作，PROFINET 的功能性远比 OPC 优越，PROFINET 技术与 OPC 接口技术的集成不仅可以实现自动化领域对实时通信的要求，还可以实现系统之间在更高层次上的交互。

(3) PROFINET 在自动化领域的应用。PROFINET 是一种优越的通信技术，并已成功地应用于分布式智能控制。PROFINET 为分布式自动化系统结构的实现开辟了新的前景，可以实现全厂工程彻底模块化，包括机械部件、电气/电子部件和应用软件。PROFINET 支持各种形式的网络结构，使接线费用最小化，并保证高度的可用性。此外，特别设计的工业电缆和耐用的连接器满足 EMC 和温度要求并形成标准，保证了不同制造设备之间的兼容性。

PROFINET 不仅可以应用于分布式智能控制，而且还逐渐进入到过程自动化领域。在过程自动化领域，PROFINET 针对工业以太网总线供电及以太网本质在安全领域应用的问题正在形成标准或解决方案，如图 6-8 所示，采用 PROFINET 集成的 PROFIBUS 现场总线可以为过程自动化工业提供优越的解决方案。

采用 PROFINET 通信技术，不仅可以集成 PROFIBUS 现场设备，还可以通过代理服务器（Proxy）实现其他种类的现场总线网络的集成。采用这种统一的面对未来的设计概念，工厂内各部件都可以作为独立模块预先组装测试，然后在整个系统中轻松组装或在其他项目中重复使用。例如，对于一个汽车生产企业而言，PROFINET 支持的实时解决方案完全可以满足车体车间、喷漆车间和组装部门等对响应时间的要求，在机械工程及发动机和变速箱生产环节中的车床同步等方面则可使用 PROFINET 的同步实时功能。

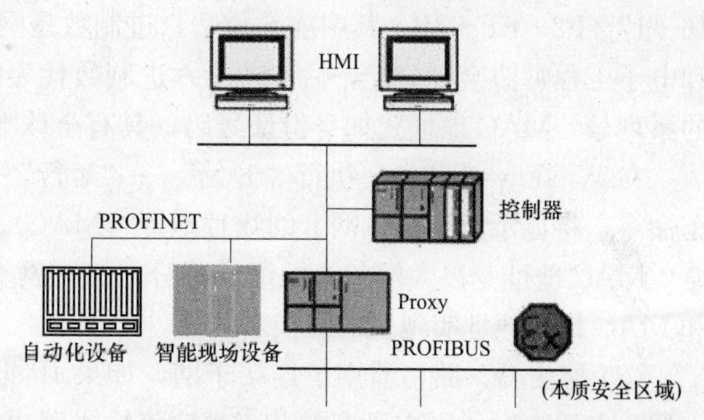

图 6-8 采用 PROFINET 集成的 PROFIBUS 现场总线

从表 6-7 的对比可以看出 PROFINET 通信功能的强大。

表 6-7 **PROFINET 通信功能**

功能	信息集成或过程自动化	工厂自动化	运动控制
通信技术	DCOM	PROFINET I/O	PROFINET IRT
通信周期	≥100ms	10ms	<10ms
OSI 层 3～4	TCP/IP	TCP/IP+RT Protocols	TCP/IP+IRT Protocols
OSI 层 1～2	标准以太网	标准以太网	专门 IC

PROFINET 可以保证对现有系统投资的高度保护，并使工厂拥有创新标准的通信技术的优越性。

6.2.2 S7-1200的以太网通信

S7-1200 CPU具有一个集成的以太网口，支持面向连接的以太网传输层通信协议，协议会在数据传输开始之前建立到通信伙伴的逻辑连接。数据传输完成后，这些协议会在必要时终止连接。面向连接的协议尤其适用于注重可靠性的数据传输，一条物理线路上可以存在多个逻辑连接（8个）。

开放式用户通信支持以下连接类型：①TCP；②ISO-on-TCP。对于不支持ISO-on-TCP连接的通信伙伴，应使用TCP连接。对于诸如第三方设备或PC这些类型的通信伙伴，在分配连接参数时，为伙伴端点输入“未指定”。

1. MAC地址、路由器、传输速率

(1) MAC地址。在OSI（开放系统互连）七层网络协议参考模型中，第二层（数据链路层）由介质访问控制子层（MAC）和逻辑链路控制子层（LLC）组成。

MAC地址也叫物理地址、硬件地址或链路地址，是识别LAN（局域网）节点的标识，即以太网接口设备的物理地址，通常由设备生产厂家写入EEPROM或闪存芯片，在传输数据时，用MAC地址标识发送和接收数据的主机的地址，在网络底层的物理传输过程中，通过MAC地址来识别主机。

MAC地址是48位二进制数，通常分6段（6字节），一般用十六进制数表示，如00-16-17-F2-EF-2B。其中前6位十六进制数是网络硬件制造商的编号，它由IEEE（电气和电子工程师协会）分配，后6位十六进制数代表该制造商制造的某个网络产品（如网卡）的系列号。MAC地址犹如身份证号码，具有全球唯一性。

在Windows XP中，执行“开始”→“运行”→“cmd”→回车→“ipconfig/all”→回车命令，将显示出计算机网卡的物理地址（MAC）、IP地址和子网掩码等。

MAC地址是以太网包头的组成部分，以太网交换机根据以太网包头中的MAC源地址和MAC目的地址实现包的交换和传递。

(2) 路由器。路由器用于连接子网，如果IP报文发送给别的子网，首先将它发送给路由器。在组态时子网内所有的节点都应该输入路由器的地址，路由器通过IP地址发送和接收数据包。路由器的子网地址与子网内的节点的子网地址相同，其区别仅在于子网内的节点地址不同。

(3) 传输速率。在串行通信中，传输速率的单位为b/s，即每秒传送的二进制数，西门子工业以太网默认的传输速率为10/100Mb/s。

2. 两种协议的特点

(1) 传输控制协议——TCP。

TCP是由RFC 793描述的一种标准协议，主要用途是在过程对之间提供可靠、安全的连接服务。该协议有以下特点：①由于它与硬件紧密相关，因此它是一种高效的通信协议；②它适用于中等大小或较大的数据量（最多8192B）；③它为应用带来了更多的便利，如错误恢复、流控制、可靠性，这些是由传输的报文头进行确定的；④它是一种面向连接的协议；⑤它可以非常灵活地用于只支持TCP的第三方系统；⑥有路由功能；⑦只能应用静态数据长度的传输；⑧发送的数据报文会被确认；⑨使用端口号对应用程序寻址；⑩大多数用户应用协议（如Tenet和FTP）都使用TCP；⑪由于使用SEND/RECEIVE编程接口的缘故，需要对数据管理进行编程。

（2）基于 TCP 的 ISO 传输服务协议——ISO-on-TCP（RFC 1006）。

ISO-on-TCP（RFC 1006）是一种能够将 ISO 应用移植到 TCP/IP 网络的机制，该协议具有以下特点：①它是与硬件关系紧密的高效通信协议；②它适用于中等大小或较大的数据量（最多 8192B）；③与 TCP 相比，它的消息提供了数据结束标识符并且它是面向消息的；④具有路由功能，可用于 WAN；⑤可用于实现动态数据长度的传输；⑥由于使用 SEND/RECEIVE 编程接口的缘故，需要对数据管理进行编程。

3. 传输数据长度与协议的应用

（1）对于 TCP 协议。如果要接收的数据的长度（指令 TRCV/TRCV_C 的参数 LEN）大于要发送的数据的长度（指令 TSEND/TSEND_C 的参数 LEN），如图 6-9 所示，仅当达到所分配的长度后，TRCV/TRCV_C 才会将接收的数据复制到指定的接收区（参数 DATA），达到所分配的长度时，已经接收了下一个作业的数据，因此，接收区包含的数据来自两个不同的发送作业。如果不知道第一条消息的确切长度，将无法识别的一条消息的结束及第二条消息的开始。

如果要接收的数据的长度（指令 TRCV/TRCV_C 的参数 LEN）小于要发送的数据的长度（指令 TSEND/TSEND_C 的参数 LEN），如图 6-10 所示，TRCV/TRCV_C 将 LEN 参数中指定字节的数据复制到接收数据区（参数 DATA），然后将 NDR 状态参数设置为 TRUE（作业成功完成）并将 LEN 的值分配给 RCVD_LEN（实际接收的数据量）。对于每次后续调用，都会接收已发送数据的另一个块。

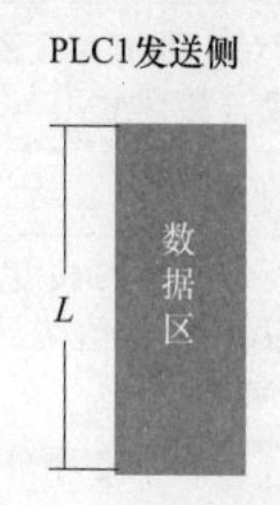

图 6-9 要接收的数据的长度大于要发送的数据的长度

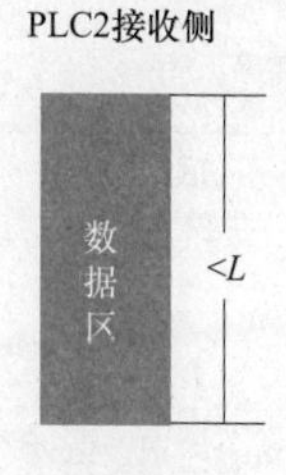

图 6-10 要接收的数据的长度小于要发送的数据的长度

（2）对于 ISO-on-TCP 协议。如果要接收的数据的长度（指令 TRCV/TRCV_C 的参数 LEN）大于要发送的数据的长度（指令 TSEND/TSEND_C 的参数 LEN），如图 6-9 所示，TRCV/TRCV_C 将所有发送数据复制到接收数据区（参数 DATA），然后将 NDR 状态参数设置为 TRUE（作业成功完成）并将所发送数据的长度分配给 RCVD_LEN（实际接收的数据量）。

如果要接收的数据的长度（指令 TRCV/TRCV_C 的参数 LEN）小于要发送的数据的长度（指令 TSEND/TSEND_C 的参数 LEN），如图 6-10 所示，TRCV/TRCV_C 并不会将任何数据复制到接收数据区（参数 DATA），而是提供以下错误信息：ERROR＝1，STATUS＝W＃16＃8088（目标缓冲区太小）。

事实上，用户可以根据传输数据的长度来选择使用的通信协议，见表 6-8。

表 6-8　　传输数据长度与支持协议关系

数据长度比较	支持协议
TSEND _ C 的 IEN 大于 TRCV _ C 的 LEN	TCP
TSEND _ C 的 IEN 小于 TRCV _ C 的 LEN	ISO - on - TCP
TSEND _ C 的 IEN 等于 TRCV _ C 的 LEN	TCP/ISO - on - TCP

4. 通信连接的参数

(1) 连接描述数据块。结构符合 TCON _ Param 的连接描述数据块用于分配 TCP 和 ISO - on - TCP 的通信连接参数，TCON _ Param 的固定数据结构包含了建立连接所需的全部参数（见表 6-9）。使用 TSEND _ C、TRCV _ C 或 TCON 指令时，将根据开放式用户通信的连接参数分配情况自动为新连接创建连接描述数据块，TSEND _ C、TRCV _ C 或 TCON 相应背景数据块中的 CONNECT 连接参数包含对所用数据块的引用。

表 6-9　　符合 TCON _ Param 的连接描述结构

字节	参数	数据类型	初始值	描　述
0～1	block _ length	UInt	64	长度：64B（固定）
2～3	ID	CONN _ OUC	1	对该连接的引用（取值范围：1～4095），对于 TSEND _ C、TRCV _ C 或 TCON 指令，在 ID 中指定该参数的值
4	connection _ type	USInt	17	连接类型：17 为 TCP；18 为 ISO - on - TCP
5	active _ est	Bool	TRUE	建立连接的方式所对应的 ID：TRUE 为主动连接建立；FALSE 为被动连接建立
6	local _ device _ id	USInt	2	本地 PN/IE 接口的 ID
7	local _ tsap _ id _ len	USInt	0	所用参数 local _ tasp _ id 的长度（B），可能值：0 或 2(连接类型为 17 时）主动端只允许使用值 0；2～6(连接类型为 18 时)
8	rem _ subnet _ id _ len	USInt	0	该参数未使用
9	rem _ staddr _ len	USInt	4	伙伴端点地址长度（B）：0 表示未指定，即参数 rem _ staddr 不相关；4 表示参数 rem _ staddr 中有效的 IP 地址
10	rem _ tsap _ id _ len	USInt	2	所用参数 rem _ tsap _ id 的长度（B），可能值：0 或 2［连接类型为 17(TCP）时］被动端只允许使用值 0；2～6［连接类型为 18（ISO - on - TCP）时］
11	next _ staddr _ len	USInt	0	该参数未使用
12～27	local _ tsap _ id	Byte 类型的 Array［1..16］	—	连接的本地地址部分。 17(TCP)：本地端口号（可能值为 1～49 151，建议值为 2000～5000），local _ tsap _ id[1]＝端口号的高位字节（十六进制表示）；local _ tsap _ id[2]＝端口号的低位字节（十六进制表示），local _ tsap _ id[3～16]＝不相关。 18(ISO - on - TCP)：本地 TSAP ID，local _ tsap _ id[1]＝B＃16＃E0，local _ tsap _ id[2]＝本地端点的机架和插槽（位 0～4 是插槽号，位 5～7 是机架号），local _ tsap _ id[3～16]＝TSAP 扩展（可选）。注意，请确保 local _ tsap _ id 的每一个值在 CPU 中都是唯一的

续表

字节	参数	数据类型	初始值	描　述
28～33	rem _ subnet _ id	USInt 类型的 Array[1..6]	—	该参数未使用
34～39	rem _ staddr	USInt 类型的 Array[1..6]	—	伙伴端点的 IP 地址，如 192.168.002.005：rem_staddr[1]＝192，rem _ staddr[2]＝168，rem _ staddr[3]＝002，rem _ staddr[4]＝003，rem _ staddr[5～6]＝不相关
40～55	rem _ tsap _ id	Byte 类型的 Array[1..16]	—	连接的伙伴地址部分。 17(TCP)：伙伴端口号（可能值为1～49 151，建议值为 2000～5000），rem _ tsap _ id[1]＝端口号的高位字节（十六进制表示）；rem _ tsap _ id[2]＝端口号的低位字节（十六进制表示），rem _ tsap _ id[3～16]＝不相关。 18(ISO－on－TCP)：伙伴 TSAP ID，rem_tsap_id[1]＝B♯16♯E0，rem _ tsap _ id[2]＝伙伴端点的机架和插槽（位 0～4 是插槽号，位 5～7 是机架号），rem _ tsap _ id[3～16]＝TSAP 扩展（可选）
56～61	next _ staddr	Byte 类型的 Array[1..6]	—	该参数未使用
62～63	spare	Word	W♯16♯000	保留

(2) IP 地址。如果具有通信功能的模块支持 TCP/CP 协议，则 IP 参数可见，通常对于所有以太网模块都是这样。IP 地址由 4 个 0～255 的十进制数字组成，各十进制相互之间用点隔开，如 192.168.1.2。

IP 地址包括：①（子）网的地址；②节点的地址（通常也称为主机或网络节点）。

子网掩码将这两个地址拆分，它确定 IP 地址的哪一部分用于网络定址，哪一部分用于节点定址。如子网掩码 255.255.0.0＝11111111.11111111.00000000.00000000。在针对上述 IP 地址给出的实例中，此处显示的子网掩码具有以下含义：IP 地址的前两个字节标识了子网，即 192.168；最后的两个字节标识节点，如 1.2。这样用 AND 连接 IP 地址和子网掩码就产生网络地址，用 AND NOT 连接 IP 地址和子网掩码就产生节点地址（小型局域网的子网掩码一般为 255.255.255.0；IP 地址和子网掩码取反值进行“与”逻辑运算，得到节点地址）。

在 IP 地址范围的分配和所谓的“默认子网掩码”方面，存在一个共识，IP 地址中的第一个十进制数字（从左边起）决定默认子网的结构，见表 6－10，它决定数值“1”（二进制）的个数。

表 6－10　IP 地址及默认子网掩码

IP 地址（十进制）	IP 地址（二进制）	地址类别	默认子网掩码
0～126	0×××××××.××××××××…	A	255.0.0.0
128～191	10××××××.××××××××…	B	255.255.0.0
192～223	110×××××.××××××××…	C	255.255.255.0

D 类地址用于在 IP 网络中的组播（multicasting，又称为多目广播）。D 类地址的前 4 位恒为 1110，预置前 3 位为 1 意味着 D 类地址开始于 128＋64＋32 为 224。第 4 位为 0 意味着

D类地址的最大值为 128＋64＋32＋8＋4＋2＋1 为 239，因此 D 类地址空间的范围从 224.0.0.0 到 239.255.255.254，但不对这些值进行地址检查。

E类地址保留作研究之用，因此互联网上没有可用的E类地址。E类地址的前4位恒为1，因此有效的地址范围从 240.0.0.0 至 255.255.255.255。

总的来说，IP地址分类由第一个八位组的值来确定。任何一个 0～127 之间的网络地址均是一个A类地址；任何一个 128～191 之间的网络地址是一个B类地址；任何一个 192～223 之间的网络地址是一个C类地址；任何一个第一个八位组在 224～239 的网络地址是一个组播地址，即D类地址；E类保留。IP地址的第一个十进制数字也可以是 224～255 的值，属地址类别D。

屏蔽其他子网可使用子网掩码添加更多结构并为被指定了地址类别A、B或C之一的子网形成"专用"子网，这通过将子网掩码的其他低位部分设置为"1"实现。每将一个位设置为"1"，"专用"网络的数目就会加倍，而它们包含的节点数将减半。在外部，该网络像以前那样，以单个网络的方式运行。

例如，有一个地址类别为B的子网（IP地址 129.80.×××.×××）将默认子网掩码为由 255.255.0.0 改为 255.255.128.0，则产生结果是地址在 129.80.001.×××和 129.80.127.×××之间的所有节点都位于一个子网上，地址在 129.80.128.×××和 129.80.255.×××之间的所有节点都位于另一个子网上。

(3) 端口号的分配。创建开放式用户通信时，系统会自动分配值 2000 作为端口号，端口号的允许值为 1～49 151，可以分配该范围的任何端口号。但是，由于某些端口已被使用（取决于系统），因而建议使用 2000～5000 范围内的端口号。系统对各个端口号的响应见表 6-11。

表 6-11　系统对各个端口号的响应

端口号	描　述	系统响应
2000～5000	建议范围	不出现警告或错误消息；允许使用并且接收端口号
1～1999，5001～49 151	可以使用，但不在建议范围内	会出现警告信息；允许使用并且接收端口号
20，21，25，80，102，135，161，34 962～34 964	在一定条件下可以使用，采用 TCP 连接类型时，这些端口由 TSEND_C 和 TRCV_C 使用	
53，80，102，135，161，162，443，520，9001，34 962～34 964	在一定条件下可以使用，这些端口是否封锁取决于所用 S7-1200 CPU 的功能范围，相应 CPU 的文档中提供了这些端口的分配信息	

(4) TSAP结构。对于 ISO-on-TCP 连接，必须同时为两个通信伙伴分配传输服务访问点（Transport Service Access Point，TSAP）。创建了 ISO-on-TCP 连接后，系统会自动分配 TSAP-ID。要确保 SAP ID 在设备中唯一，可以在连接参数分配中更改预分配的 TSAP。

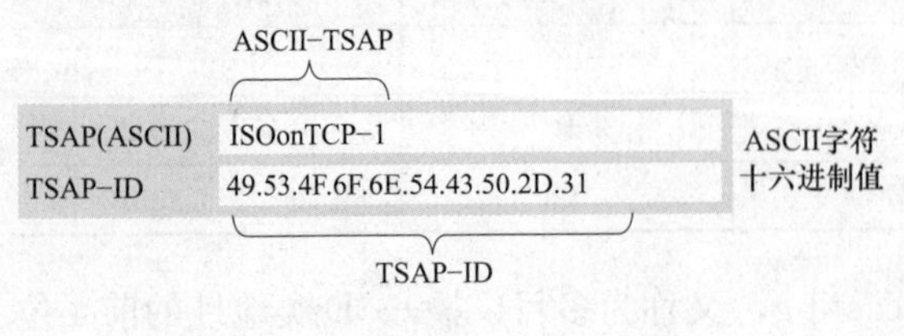

图 6-11　TSAP结构

图 6-11 为 TSAP 结构，分配 TSAP 时，必须遵守某些规则。TSAP 必须包含一定数量的字节，可以十六进制（TSAP-ID）或

ASCII字符（ASCII－TSAP）的形式显示和输入。

如果TSAP包含无效的ASCII字符，则TSAP将只显示为TSAP－ID，而不显示为ASCII－TSAP，如图6－12所示，创建连接后就是如此。前两个十六进制字符作为TSAP－ID，用来标识通信类型和机架/插槽。因为这些字符对于CPU是无效ASCII字符，所以在这种情况下不显示ASCII－TSAP。

除了遵守TSAP在长度和结构方面的规则外，还必须确保TSAP－ID是唯一的，所分配的TSAP不会自动具有唯一性。

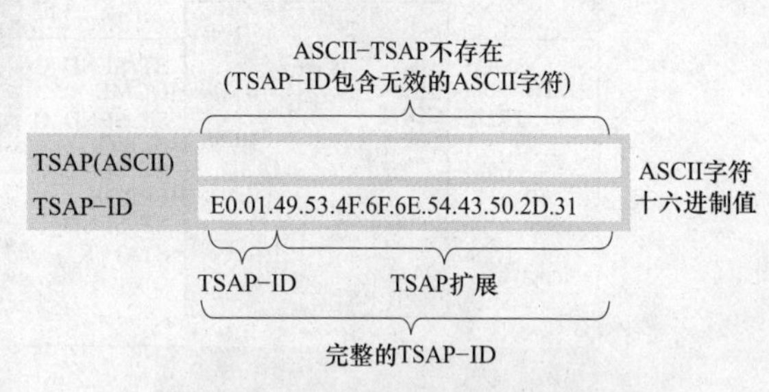

图6－12　含无效ASCII字符的TSAP结构

TSAP的长度和内容：

1）具有TSAP扩展的TSAP－ID，长度为2～16B。

x_tsap_id[0]＝0xE0（开放式用户通信）；x_tsap_id[1]（位0～4）为CPU的插槽号；x_tsap_id[1]（位5～7）为CPU的机架号；x_tsap_id[2...15]为任何字符（TSAP扩展，可选）。其中x为loc(本地）或者x为rem(伙伴）。

2）ASCII－TSAP形式的TSAP－ID，长度为3～16B。

x_tsap_id[0～2]为3个ASCII字符（0x20～0x7E）；x_tsap_id[3...15]为任何字符（可选）。其中x为loc(本地）或者x为rem(伙伴）。

TSAP－ID的示意性结构见表6－12。

表6－12　TSAP－ID的示意性结构

TSAP－ID	tsap_id_len	tsap_id[0]	tsap_id[1]	tsap_id[2...15]
...具有扩展	2～16B	0xE0	0x01(0x00)	扩展（可选）
...ASCII－TSAP形式	3～16B	0x20～0x7E	0x20～0x7E	0x20～0x7E

已识别的CPU通常插在机架0的插槽1中，因此十六进制值01对具有扩展TSAP－ID的第二个位置有效。如果连接伙伴是未指定的CPU（如第三方设备），则还允许对插槽地址使用十六进制值00。

对于未指定的通信伙伴，本地TSAP－ID和伙伴TSAP－ID的长度可以为0～16B，其中允许使用00到FF之间的所有十六进制值。在连接参数分配中输入ASCII－TSAP时，只允许使用20到7E之间的十六进制值。用于输入ASCII－TSAP的ASCII代码表见表6－13。

表6－13　用于输入ASCII－TSAP的ASCII代码表

代码	..0	..1	..2	..3	..4	..5	..6	..7	..8	..9	..A	..B	..C	..D	..E	..F
2..		!	″	#	$	%	&	′	(	)	*	+	,	-	.	/
3..	0	1	2	3	4	5	6	7	8	9	:	;	<	=	>	?
4..	@	A	B	C	D	E	F	G	H	I	J	K	L	M	N	O
5..	P	Q	R	S	T	U	V	W	X	Y	Z	[	\	]	^	_
6..	、	a	b	c	d	e	f	g	h	i	j	k	l	m	n	o
7..	p	q	r	s	t	u	v	w	x	y	z	{	|	}	～	

5. 回读连接描述参数功能

(1) 更改连接描述中的参数值。

连接参数的组态示意如图 6-13 所示。

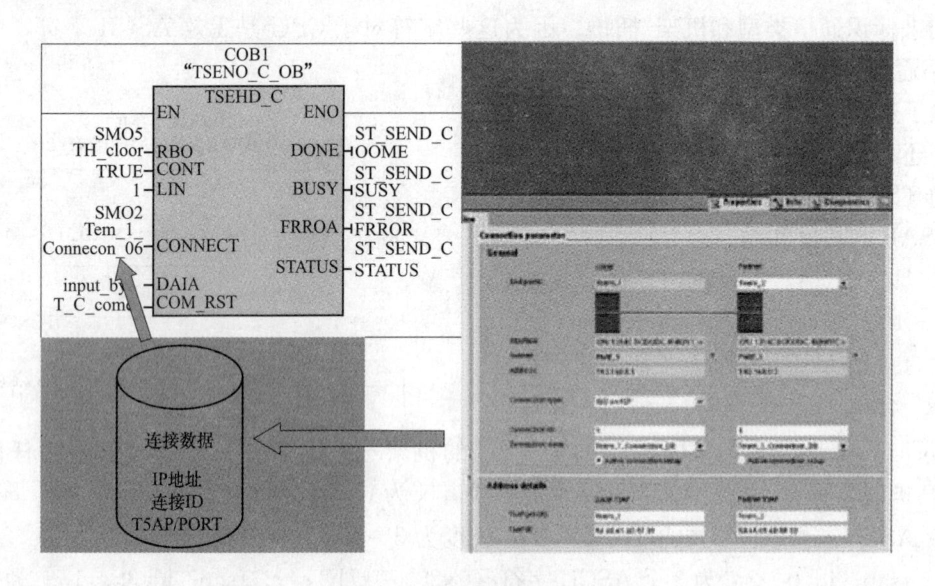

图 6-13　连接参数组态

与开放式用户通信的连接一一对应的连接描述通过连接参数分配输入到连接描述数据块中，可以不通过连接参数分配在用户程序中更改连接描述数据块的参数值，但不能更改连接描述的结构。随后可通过连接参数分配回读包含更改值的连接描述数据块，在"Properties"→"Configuration"→"Connection parameter"下，巡视窗口仅显示连接描述数据块中所存储的连接参数，其分配不支持（只能通过偏移引用来进行查找）数据块类型（如全局数据块）的连接描述的嵌套输入。

(2) 回读各个连接参数的功能。对于通信伙伴的"地址"(Address) 参数，所显示的 IP 地址来自连接描述的"rem_staddr"参数。以下值也可以从连接描述重新装载：①连接类型；②本地连接 ID；③连接建立（主动/被动）；④本地 TSAP（仅限 ISO-on-TCP）；⑤伙伴 TSAP（仅限 ISO-on-TCP）；⑥本地端口（仅限 TCP）；⑦伙伴端口（仅限 TCP）。

通信伙伴的连接 ID 参数值、连接数据及连接建立，都不包含在本地连接描述数据块的连接描述中，因此在重新打开连接参数分配时无法显示这些参数。伙伴的连接建立是由本地连接建立而产生的，所以也会显示出来，可随时在"伙伴"下拉列表框中选择新的通信伙伴，将项目中识别的 CPU 选定为指定的通信伙伴时，连接 ID 和连接数据相应的输入选项将再次显示。

6. 开放式用户通信的指令

在 4.9.2 节中介绍过开放式用户通信指令，这里仅作简单归纳。要创建连接，在打开程序编辑器后，可使用"Instructions"→"Communication"任务卡中提供的各种指令：①用于发送和接收数据并集成了连接建立/终止功能的简化指令——TSEND_C（连接建立/终止，发送）、TRCV_C（连接建立/终止，接收）；②单独用于发送或接收数据或者用于建立或终止连接的指令——TCON（连接建立）、TDISCON（连接终止）、TSEND（发送）、TRCV（接收）。

(1) 连接建立。

对于开放式用户通信，两个通信伙伴都必须具有用来建立和终止连接的指令。其中一个通信伙伴通过 TSEND 或 TSEND _ C 发送数据，而另一个通信伙伴通过 TRCV 或 TRCV _ C 接收数据。

其中一个通信伙伴作为主动方启动连接建立过程，另一个通信伙伴通过作为被动方启动连接建立过程来进行响应。如果两个通信伙伴都触发了连接建立过程，操作系统便完全能够建立通信连接。

(2) 连接参数分配。

可按如下方式使用具有 TCON _ Param 结构的连接描述 DB 来分配参数以建立连接：①手动创建、分配参数并直接写入指令；②使用属性窗口分配连接参数。

在检查窗口属性栏中配置连接参数如下：①连接伙伴；②连接类型；③连接 ID；④连接描述 DB；⑤与所选连接类型相应的地址详细信息。

连接参数分配不会检查连接 ID 和端口号（TCP）或 TSAP（ISO - on - TCP）是否唯一，因此组态开放式用户通信时，应确保参数设置在设备内是唯一的。表 6 - 14 对常规的连接参数进行了描述。

表 6 - 14　　常规的连接参数

参数	描　述
端点	显示本地端点和伙伴端点的名称。本地端点就是为其设置 TCON、TSEND _ C 或 TRCV _ C 的 CPU，因此本地端点始终是已知的。伙伴端点则需要从下拉式列表中选择，下拉式列表将显示所有可用的连接伙伴，包括那些项目中还未知其数据的设备对应的未指定的连接伙伴。只要未设置任何连接伙伴，就会禁用其他所有被屏蔽的参数
接口	显示本地端点的接口，只有指定伙伴端点后，才会显示伙伴接口
子网	显示本地端点的子网，只有选择伙伴端点后，才会显示伙伴子网。如果所选伙伴端点未通过子网连接到本地端点，则会自动将两个连接伙伴联网，为此必须指定伙伴端点。不同子网中的伙伴之间只能通过 IP 路由建立连接，可在相关的接口属性中编辑路由设置
地址	显示本地端点的 IP 地址，只有选择伙伴端点后，才会显示伙伴 IP 地址。如果选择了未指定的连接伙伴，输入框将为空并呈红色背景，在这种情况下，需要指定有效 IP 地址
连接类型	从“连接类型”（Connection type）下拉式列表中选择要使用的连接类型：TCP 或 ISO - on - TCP。所需连接数据的参数会因所选连接类型的不同而变化
连接 ID	在输入框中输入连接 ID。创建新连接时，会分配默认值 1，可以在输入框中更改连接 ID，也可以在 TCON 中直接输入连接 ID。请确保所分配的连接 ID 在设备内是唯一的
连接数据	下拉式列表中将显示其连接描述结构符合 TCON _ Param 的连接描述 DB 的名称。创建连接时，将为指定的每个连接伙伴生成一个数据块，并会用连接参数分配的值自动填充该数据块。对于本地连接伙伴，所选数据块的名称将自动输入所选 TSEND _ C、TRCV _ C 或 TCON 指令的块参数 CONNECT 中。对于另一个连接伙伴，也可以在 TSEND _ C、TRCV _ C 或 TCON 指令的 CONNECT 输入中直接使用第一个连接伙伴所生成的连接描述 DB，对于本步骤，可在选择第一个连接伙伴后使用现有的连接描述 DB，或创建新的结构与 TCON _ Param 的结构不符，则下拉式列表将不显示任何内容，且背景为红色
主连建立	启用“主动连接建立”（Active connection establishment）复选框，可指定开放式用户通信的主动方
端口：17	CP 连接的地址部分。创建新的 TCP 连接之后的默认值为 2000，可以更改端口号，端口号必须在设备中是唯一的（仅限 TCP）
TSAP：18	ISO - on - TCP 连接的地址部分。创建新的 ISO - on - TCP 连接后的默认值为 E0. 01. 49. 53. 4F. 6F. 6E. 54. 43. 50. 2D. 31。可输入具有扩展的 TSAP - ID 或者输入 ASCII TSAP。TSAP 必须在设备中是唯一的（仅限 ISO - on - TCP）

(3) 启动连接参数分配。只要在程序块中选择了用于通信的 TCON、TSEND _ C 或 TRCV _ C 指令，便会启用开放式用户通信的连接参数分配。具体步骤如下。

1) 打开任务卡、“Extended instructions”（扩展指令）窗格和“Communication”（通信）文件夹。

2) 将指令（TSEND _ C、TRCV _ C 和在“其他”子文件夹中的 TCON）之一拖到程序段中，将打开“调用选项”对话框。

3) 在“Call options”（调用选项）对话框中，编辑背景数据块的属性，可更改默认名称或选中手动复选框分配编号。

4) 单击 OK（确定）按钮后。

这样就创建了一个根据 TCON _ Param 构造的连接描述 DB，且它是所插入指令的背景数据块。选中 TSEND _ C、TRCV _ C 或 TCON 时，可在巡视窗口的“属性”下看到“组态”选项卡，之后用户可以在区域导航的“连接参数”组中进行连接参数分配。

(4) 创建和分配连接参数。

在开放式用户通信的连接参数分配中，可创建 TCP 或 ISO - on - TCP 类型的连接并设置参数，具体步骤如下。

1) 在程序编辑器中，选择开放式用户通信的 TCON、TSEND _ C 或 TRCV _ C 块。

2) 在巡视窗口中，打开“Properties→Configuration”（属性>组态）选项卡，如图 6 - 14 所示。

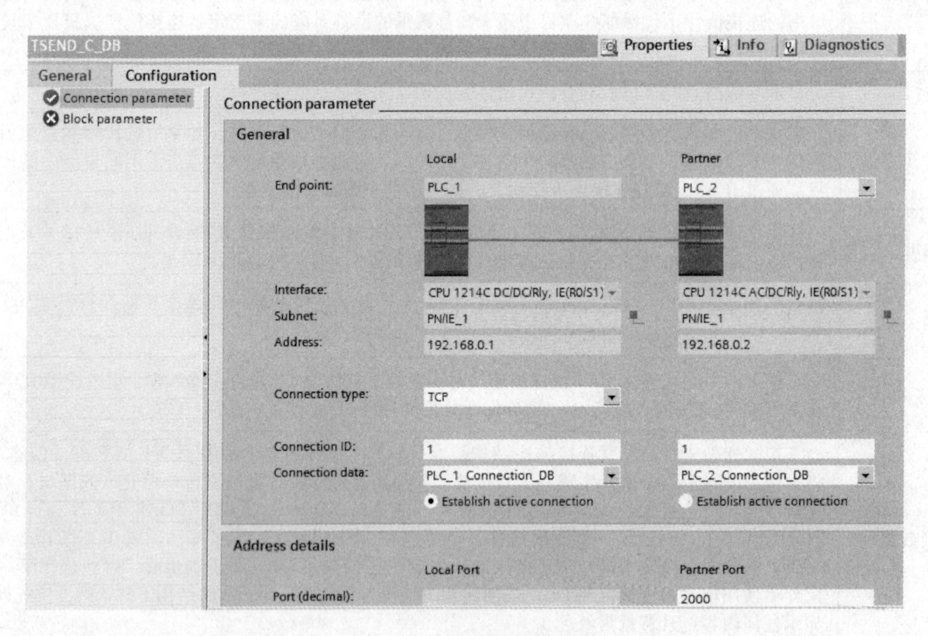

图 6 - 14　分配连接参数

3) 选择“Connection parameter”（连接参数）组。在选择连接伙伴之前，只启用了伙伴端点的空下拉式列表，其他所有输入选项均被禁用。同时显示一些已知的连接参数：本地端点的名称、本地端点的接口、本地端点的 IP 地址、连接 ID、包含连接数据的数据块的唯一名称和作为主动连接伙伴的本地端点。

4) 在伙伴端点的下拉列表框中选择连接伙伴。可以选择项目中未指定的设备或 CPU 作为通信伙伴。随后会自动输入一些特定的连接参数。现有伙伴将自动与本地端点组网，同时会为伙伴 CPU 创建一个数据块，该数据块是根据 TCON _ Param 为连接数据构造的。用户需要设置以下参数：伙伴端点的接口、本地子网和伙伴子网的名称、伙伴端点的 IP 地址、连接类型、连接 ID 和包含连接数据的数据块的唯一名称。

若是未指定的伙伴，请设置以下参数：TCP 连接类型和端口号 2000。

5）从相关下拉式列表中选择所需的“Connection type”（连接类型），TCP 或 ISO - on - TCP，地址详细信息将根据连接类型在端口号（TCP）和 TSAP（ISO - on - TCP）之间进行切换。

6）在连接伙伴的相应输入框中，输入“Connection ID”（连接 ID），不能为未指定的伙伴分配任何连接 ID。

7）可在相应的“Connection data”（连接数据）下拉式列表中选择其他连接描述 DB，也可以更改连接描述 DB 的名称以创建新的数据块。

8）使用“Establish active Connection”（建立主动连接）复选框设置连接建立行为，用户可以决定由哪个通信伙伴主动建立连接。

9）可以编辑地址详细信息中的输入框，根据所选的协议，可以编辑端口（TCP）或 TSAP（ISO - on - TCP）。

连接参数分配将立即检查更改后的值是否存在输入错误，然后将值输入连接描述数据块中。

可以在所选 TCON、TSEND _ C 或 TRCV _ C 指令的 CONNECT 输入参数互连中查看所选的数据块。如果已使用 TCON、TSEND _ C 或 TRCV _ C 指令的 CONNECT 参数为连接伙伴指定了连接描述 DB，则可生成一个新数据块用于该连接，新数据块使用更改的名称，但结构和内容不变。更改的数据块名称必须在通信伙伴环境中是唯一的。连接描述 DB 必须具有 TCON _ Param 结构，无法为未指定的伙伴选择数据块。

只有在将伙伴端点的程序段下载到硬件后，两个通信伙伴之间的开放式用户通信才能进行工作。要实现功能完整的通信，应确保在设备上不仅下载本地 CPU 的连接描述，而且还要下载伙伴 CPU 的连接描述。

（5）删除连接。通过删除包含连接描述的数据块（DB），便可删除连接，具体步骤如下。

1）在项目树中，选择开放式用户通信的通信伙伴。

2）打开所选通信伙伴下方的“Program blocks”（程序块）文件夹。

3）从包含连接参数分配的数据块的右键快捷菜单中选择“Delete”（删除）命令。

如果不确定要删除哪个块，请打开扩展指令 TCON、TSEND _ C 或 TRCV _ C，找到 CONNECT 输入参数使用的数据块名称，或者连接参数分配中“连接数据”参数对应的数据块名称。如果仅删除扩展指令 TCON、TSEND _ C 或 TRCV _ C 的背景数据块，并不能一同删除所分配的连接。

（6）其他。TSEND _ C（与伙伴站建立 TCP 或 ISO - on - TCP 通信连接）、TRCV _ C（与伙伴 CPU 建立 TCP 或 ISO - on - TCP 通信连接）、TCON（设置并建立 TCP 和 ISO - on - TCP 的通信连接）、TDISCON（终止从 CPU 到通信伙伴的通信连接）、TSEND（通过已有的通信连接发送数据）、TRCV（通过已有的通信连接接收数据）都是异步指令，其功能与用法详见 4.9.2 节。

S7-1200的以太网通信连接数共有15个，其中3个用于HMI、1个用于编程设备、8个用于用户程序中以太网通信指令、3个用于S7-1200与S7-200/300/400的S7通信。

6.3 编程设备、HMI到PLC及PLC之间的通信

6.3.1 与编程设备通信

CPU可以与网络上的STEP 7 Basic编程设备进行通信，在CPU和编程设备之间建立通信时应考虑：①组态/设置，需要进行硬件配置；②一对一通信不需要以太网交换机，网络中有两个以上的设备时才需要以太网交换机。

1. 建立硬件通信连接

PROFINET接口可在编程设备和CPU之间建立物理连接，由于CPU内置了自动跨接功能，所以对该接口既可以使用标准以太网电缆，又可以使用跨接以太网电缆。将编程设备直接连接到CPU时不需要以太网交换机，要在编程设备和CPU之间创建硬件连接，应按以下步骤操作：①安装CPU；②将以太网电缆插入PROFINET端口中；③将以太网电缆连接到编程设备上。可选配张力消除装置以加固PROFINET连接。

2. 配置设备

如果已经创建带有CPU的项目，则在TIA门户中打开该项目；如果没有，则创建项目并在机架中插入CPU。在项目TIA门户的“Device View”（设备视图）中显示了一个CPU。

3. 分配Internet协议（IP）地址

(1) 为编程设备和网络设备分配IP地址。如果编程设备使用板载适配器卡连接到工厂LAN（可能是万维网），则CPU与编程设备板载适配器卡的IP地址网络ID和子网掩码必须完全相同。网络ID是IP地址的第一部分，它决定用户所在的IP网络。子网掩码的值通常为255.255.255.0；然而由于计算机处于工厂LAN中，子网掩码可能有不同的值（如255.255.254.0）以设置唯一的子网。子网掩码通过与设备IP地址进行数学AND运算来确定IP子网的边界。

在万维网环境下，编程设备、网络设备和IP路由器可与全世界通信，但必须分配唯一的IP地址以避免与其他网络用户冲突，可联系IT部门熟悉工厂网络的人员分配IP地址。

如果编程设备使用连接到独立网络的以太网转USB适配器卡，则CPU与编程设备的以太网转USB适配器卡的IP地址网络ID和子网掩码必须完全相同，子网掩码的值通常为255.255.255.0。子网掩码通过与设备IP地址进行数学AND运算来确定IP子网的边界。

当不想将CPU连入LAN时，非常适合使用以太网转USB适配器，在首次测试或调试测试期间，这种安排尤其实用。

1) 使用桌面上的“网上邻居”分配或检查编程设备的IP地址。右键单击“网上邻居”，在弹出的快捷菜单中选择“属性”命令；在弹出的窗口中右键单击“本地连接”，在弹出的快捷菜单中选择“属性”命令，打开“本地连接属性”对话框。

在“本地连接属性”对话框中，在“此连接使用下列项目”区域向下滚动到“Internet协议（TCP/IP）”。单击“Internet协议（TCP/IP）”，然后单击“属性”按钮。选择“自动获得IP地址”或“使用下面的IP地址”（可输入静态IP地址）。

动态主机配置协议（Dynamic Host Configuration Protocol，DHCP）通过 DHCP 服务器在编程设备上电时自动为其分配 IP 地址。

2）使用“ipconfig”和“ipconfig/all”命令检查编程设备的 IP 地址。可以使用以下菜单选项检查编程设备和 IP 路由器（网关）的 IP 地址（如果适用）：“开始”→“运行”。

在“运行”对话框的“打开”区域中输入“cmd”，然后单击“确定”按钮。在显示的“C：\ WINDOWS \ system32 \ cmd. exe”对话框中，输入命令“ipconfig”。使用“ipconfig/all”命令可显示更多信息，如编程设备的适配器卡类型和以太网（MAC）地址。

（2）为 CPU 分配 IP 地址。

可用以下两种方法之一为 CPU 分配 IP 地址：①在线分配 IP 地址；②在项目中组态 IP 地址。

1）在线分配 IP 地址。可以在线为网络设备分配 IP 地址，这在进行初始设备配置时尤其有用，一般按照以下步骤在线分配 IP 地址。

① 在“Project tree”（项目树）中，使用以下菜单选项检查是否还没有给 CPU 分配任何 IP 地址：“Online access”（在线访问）→“Realtek PCIe GBE Family controller”（设备所在网络的适配器）→“Update accessible devices”（更新可访问的设备）。

② 在“Project tree”（项目树）中，选择以下菜单选项：“Online access”（在线访问）→“Realtek PCIe GBE Family controller”（设备所在网络的适配器）→“Update accessible devices”（更新可访问的设备）→“Device addresses”（设备地址）→“Online & diagnostics”（在线和诊断）。

③ 在“Online & diagnostics”（在线和诊断）对话框中，选择以下菜单项：“Functions”（功能）→“Assign IP address”（分配 IP 地址）。

④ 在“IP address”（IP 地址）域中，输入新的 IP 地址。

⑤ 在“Project tree”（项目树）中，使用以下菜单选项检查新的 IP 地址是否已分配给了 CPU：“Online access”（在线访问）→“Realtek PCIe GBE Family Controller”（设备所在网络的适配器）→“Update accessible devices”（更新可访问的设备）。

2）在项目中组态 IP 地址。首先，组态 PROFINET 接口。使用 CPU 配置机架之后，可组态 PROFINET 接口的参数。为此单击 CPU 上的绿色 PROFINET 框以选择 PROFINET 端口。巡视窗口中的“Properties”（属性）选项卡会显示 PROFINET 端口。

其次，组态 IP 地址。

以太网（MAC）地址：在 PROFINET 网络中，制造商会为每个设备都分配一个“介质访问控制”地址（MAC 地址）以进行标识。MAC 地址由六组数字组成，每组两个十六进制数，这些数字用连字符（-）或冒号（:）分隔并按传输顺序排列（如 00-16-17-F2-EF-2B 或 00：16：17：F2：EF：2B）。

IP 地址：每个设备也都必须具有一个 Internet 协议（IP）地址，使设备可以在更加复杂的路由网络中传送数据，4 段×8 位以点分十进制格式表示，第一部分用于表示网络 ID（位于什么网络中），第二部分表示主机 ID（对于网络中的每个设备都是唯一的）。IP 地址 192. 168. x. y 是一个标准名称，视为未在互联网上路由的专用网的一部分。

子网掩码：子网是已连接的网络设备的逻辑分组。在局域网中，子网中的节点往往彼此之间的物理位置相对接近。掩码（称为子网掩码或网络掩码）定义 IP 子网的边界，子网掩码

255.255.255.0通常适用于小型本地网络，这就意味着此网络中的所有IP地址的前3个八位位组应该是相同的，该网络中的各个设备由最后一个八位位组（8位域）来标识。例如，在小型本地网络中，为设备分配子网掩码255.255.255.0和IP地址192.168.2.0到192.168.2.255。不同子网间的唯一连接通过路由器实现。如果使用子网，则必须部署IP路由器。

IP路由器：路由器是LAN之间的链接，通过使用路由器，LAN中的计算机可向其他任何网络发送消息，这些网络可能还隐含着其他LAN。如果数据的目的地不在LAN内，路由器会将数据转发给可将数据传送到其目的地的另一个网络或网络组。路由器依靠IP地址来传送和接收数据包。

IP地址属性：在"Properties"（属性）窗口中，选择"Ethernet address"组态条目。TIA门户将显示以太网地址组态对话框，该对话框可将软件项目与接收该项目的CPU的IP地址相关联。

S7-1200 CPU不具有预组态的IP地址，必须手动分配IP地址。如果CPU连接到网络上的路由器，则也必须输入路由器的IP地址，完成组态后，下载项目到CPU中，下载项目时会组态所有IP地址。定义IP地址的参数见表6-15。

表6-15　定义IP地址的参数

参数		说　明
子网		连接到设备的子网的名称。单击"Add new subnet"（添加新子网）按钮以创建新的子网。默认设置为"Not connected"（未连接）。有两种连接类型可用：①在默认情况下"Not connected"提供本地连接；②网络具有两个或多个设备时，需要子网
IP协议	IP地址	为CPU分配的IP地址
	子网掩码	分配的子网掩码
	使用IP路由器	单击该复选框以指示IP路由器的使用
	路由器地址	为路由器分配的IP地址（如果适用）

4. 测试PROFINET网络

如果已在线分配IP地址，可采用在线或离线硬件配置方法更改在线分配的IP地址。如果已在离线硬件配置期间分配了IP地址，则只能采用离线硬件配置方法更改项目中分配的IP地址。使用"Online access"（在线访问）能显示所连接的CPU的IP地址。

可以使用"Extended download to device"（扩展的下载到设备）对话框测试所连接的网络设备。S7-1200 CPU"Download to device"（下载到设备）功能及其"Extended download to device"对话框可以显示所有可访问的网络设备，以及是否为所有设备都分配了唯一的IP地址。要显示全部可访问和可用的设备及为其分配的MAC和IP地址，应选中"Show all accessible devices"（显示所有可访问设备）复选框。

如果所需网络设备不在此列表中，则说明由于某种原因而中断了与该设备的通信，必须检查设备和网络是否有硬件和/或组态错误。

6.3.2　HMI到PLC通信

S7-1200 CPU支持通过PROFINET端口与HMI通信，设置CPU和HMI之间的通信时必须考虑以下要求。

组态/设置：①必须组态CPU的PROFINET端口与HMI连接；②必须已设置和组态

HMI；③HMI组态信息是CPU项目的一部分，可以在项目内部进行组态和下载；④一对一通信不需要以太网交换机，网络中有两个以上的设备时需要以太网交换机。

安装在机架上的CSM 1277四端口以太网交换机可用于连接CPU和HMI设备，CPU上的PROFINET端口不包含以太网交换设备。

支持的功能：①HMI可以对CPU读/写数据；②可基于从CPU重新获取的信息触发消息；③系统诊断。

组态HMI与CPU之间的通信按以下步骤操作。

(1) 建立硬件通信连接，通过PROFINET接口建立HMI和CPU之间的物理连接。由于CPU内置了自动跨接功能，所以对该接口既可以使用标准以太网电缆，又可以使用跨接以太网电缆。连接一个HMI和一个CPU不需要以太网交换机。

(2) 配置设备，与“与编程设备通信”一样。

(3) 组态HMI与CPU之间的逻辑网络连接。

(4) 使用相同的组态过程在项目中组态IP地址，但必须为HMI和CPU组态IP地址。

(5) 测试PROFINET网络，为每个CPU都下载相应的组态。

其中组态HMI与CPU之间的逻辑网络连接可如图6-15所示进行：使用CPU配置机架后，即准备好了组态网络连接。在“Devices and Networks”（设备和网络）门户中，使用

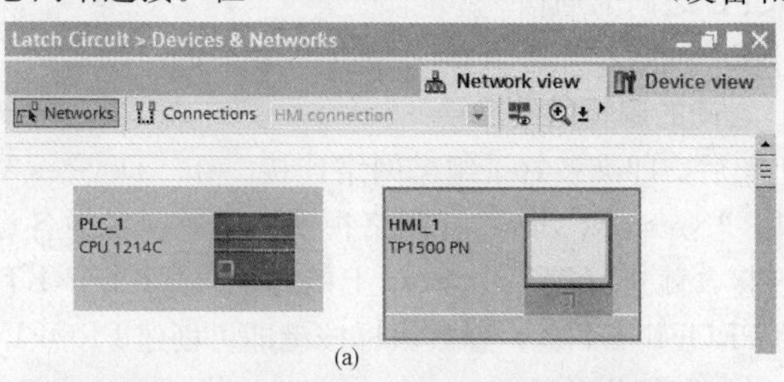

(a)

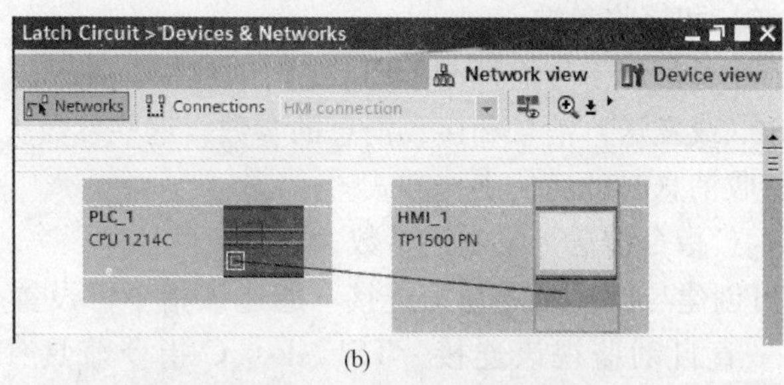

(b)

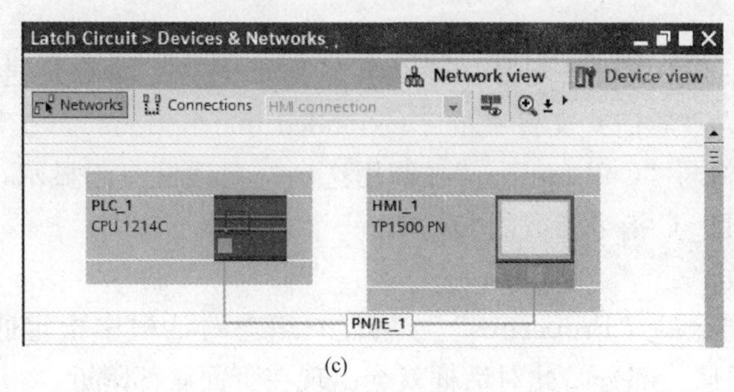

(c)

图6-15 组态HMI与CPU之间的逻辑网络连接

(a) 选择“网络视图”；(b) 选择设备端口并拖曳；(c) 释放鼠标，创建网络连接

“Network view”（网络视图）创建项目中各设备之间的网络连接［见图 6-15（a)］。要创建以太网连接，则选择 CPU 上的绿色（以太网）框，拖出一条线并连接到 HMI 设备上的以太网框［见图 6-15（b)］，释放鼠标按键，即可创建以太网连接［见图 6-15（c)］。

6.3.3 PLC 到 PLC 通信

通过使用 TSEND _ C 和 TRCV _ C 指令，一个 CPU 可与网络中的另一个 CPU 进行通信，设置两个 CPU 之间的通信时必须考虑以下事宜：①组态/设置，需要进行硬件配置；②支持的功能，向对等 CPU 读/写数据；③一对一通信不需要以太网交换机，网络中有两个以上的设备时需要以太网交换机。

组态两个 CPU 间的通信按以下步骤操作。

(1) 建立硬件通信连接。通过 PROFINET 接口建立两个 CPU 之间的物理连接，接口既可以使用标准以太网电缆，又可以使用跨接以太网电缆。

(2) 配置设备。必须组态两个项目，其中每个项目有一个 CPU。

(3) 组态两个 CPU 之间的逻辑网络连接。

(4) 使用相同的组态过程在项目中为两个 CPU 组态 IP 地址。

(5) 组态传送（发送）和接收参数必须在两个 CPU 中均组态 TSEND _ C 和 TRCV _ C 指令，才能实现两个 CPU 之间的通信。

(6) 测试 PROFINET 网络。为每个 CPU 都下载相应的组态。

1. 组态两个 CPU 之间的逻辑网络连接

使用 CPU 配置机架后，即准备好了组态网络连接。在“Devices and Networks”（设备和网络）门户中，使用“Network view”（网络视图）创建项目中各设备之间的网络连接。要创建 PROFINET 连接，就选择第一个 PLC 上的绿色（PROFINET）框，拖出一条线连接到第二个 PLC 上的 PROFINET 框，释放鼠标按键即可创建 PROFINET 连接。

2. 组态传送（发送）和接收参数

传输块（T-block）通信用于建立两个 CPU 之间的连接。在 CPU 可进行 PROFINET 通信前，必须组态传送（或发送）消息和接收消息的参数。这些参数决定了在向目标设备传送消息或从目标设备接收消息时的通信工作方式。

(1) 组态 TSEND _ C 指令传送（发送）参数。

TSEND _ C 指令可创建与伙伴站的通信连接，通过该指令可设置和建立连接，并会在通过指令断开连接前一直自动监视该连接。TSEND _ C 指令兼具 TCON、TDISCON 和 TSEND 指令的功能。

通过 STEP 7 Basic 中的设备配置，可以组态 TSEND _ C 指令传送数据的方式。首先，从“Communications”（通信）文件夹的“Extended instructions”（扩展指令）中将该指令插入程序中。该指令将与“Call options”（调用选项）对话框一起显示，在该对话框中可以分配用于存储 TSEND _ C 指令参数的 DB。

1）组态常规参数。

在 TSEND _ C 指令的“Properties”（属性）组态对话框中指定通信参数。只要选中 TSEND _ C 指令的任何一部分，此对话框就会出现在页面底部附近。

2）组态连接参数。

每个 CPU 都集成了一个支持标准 PROFINET 通信的 PROFINET 端口。在以下两种连接类型中描述了支持的以太网协议：①RFC 1006，即 ISO－on－TCP，用于消息的分割和重组；②TCP（传输控制协议），用于帧传输。

通过传输服务访问点（Transport Service Access Point，TSAP），TCP 协议允许有多个连接访问单个 IP 地址（最多 64K 个连接）。借助 RFC 1006，TSAP 可唯一标识连接到同一个 IP 地址的这些通信端点连接。

在“Connection Parameters”（连接参数）对话框的“Address Details”（地址详细信息）部分，定义要使用的 TSAP。在“Local TSAP”（本地 TSAP）域中输入 CPU 中连接的 TSAP。在“Partner TSAP”（伙伴 TSAP）域下输入为伙伴 CPU 中的连接分配的 TSAP。

（2）组态 TRCV _ C 指令接收参数。

TRCV _ C 指令可创建与伙伴站的通信连接。通过该指令可设置和建立连接，并会在通过指令断开连接前一直自动监视该连接。TRCV _ C 指令兼具 TCON、TDISCON 和 TRCV 指令的功能。

通过 STEP 7 Basic 中的 CPU 组态，可以组态 TRCV _ C 指令接收数据的方式。首先，从“Communications”（通信）文件夹的“Extended instructions”（扩展指令）中将该指令插入程序中。该指令将与“Call options”（调用选项）对话框一起显示，在该对话框中可以分配用于存储 TRCV _ C 指令参数的 DB。

1）组态常规参数。

在 TRCV _ C 指令的“Properties”（属性）组态对话框中指定通信参数。只要选中了 TRCV _ C 指令的任何一部分，此对话框就会出现在页面底部附近。

2）组态连接参数。

在“Connection Parameters”（连接参数）对话框的“Address Details”（地址详细信息）部分，定义要使用的 TSAP。在“Local TSAP”（本地 TSAP）域中输入 CPU 中连接的 TSAP。在“Partner TSAP”（伙伴 TSAP）域下输入为伙伴 CPU 中的连接分配的 TSAP。

6.3.4　多个通信设备的网络连接

多个通信设备的网络连接需要使用以太网交换机来实现，可以使用导轨安装的 CSM 1277 的四端口交换机连接其他 CPU 及 HMI 设备（见图 2－33）。CSM 1277 交换机是即插即用的，使用前不用做任何设置。

CSM 1277 具有用于连接器终端设备或其他网段的 4 个 RJ－45 插孔，如图 6－16 所示。RJ－45 插孔的引脚分配见表 6－16。

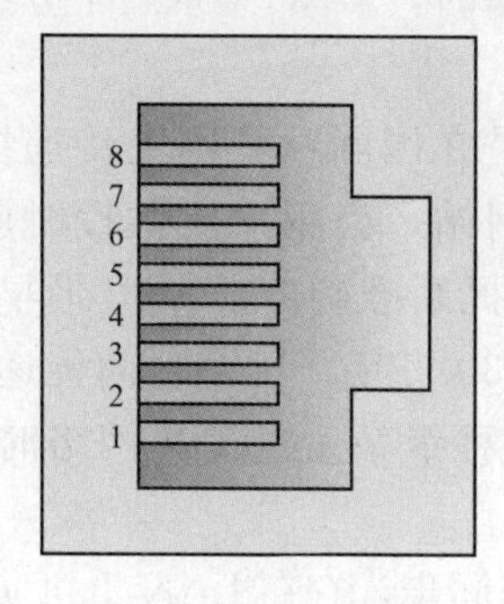

图 6－16　RJ－45 插孔

表 6－16　RJ－45 插孔的引脚分配

引脚编号	分配
8	n. c.
7	n. c.
6	TD－
5	n. c.
4	n. c.
3	TD＋
2	RD－
1	RD＋

网络交换技术允许使用大量节点建立扩展网络，从而简化网络扩展。使用紧凑型交换机模块 CSM 1277 可以实现如图 6-17 所示的线形（总线）拓扑和如图 6-18 所示的星形拓扑。

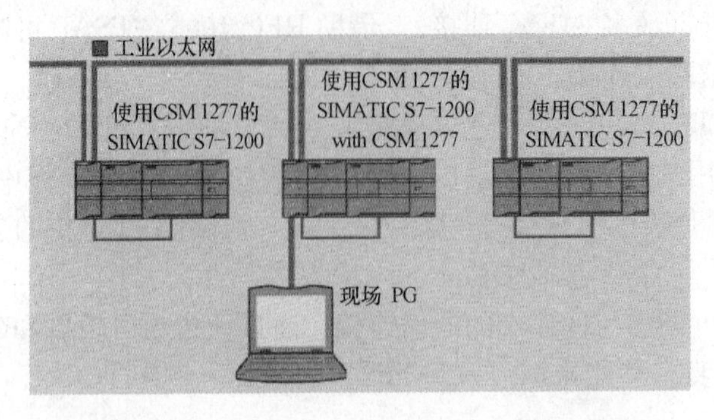

图 6-17　使用 CSM 1277 的线形（总线）拓扑

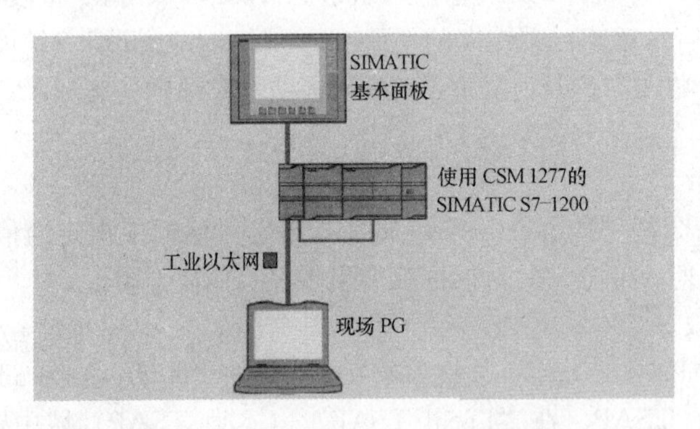

图 6-18　使用 CSM 1277 的星形拓扑

6.3.5 引用信息

1. 查找 CPU 上的以太网（MAC）地址

CPU 没有 IP 地址，只有工厂安装的 MAC 地址。PROFINET 通信要求为所有设备都分配唯一的 IP 地址，可以使用 CPU 的"Download to device"（下载到设备）功能及其"Extended download to device"（扩展的下载到设备）对话框，显示所有可访问的网络设备以确保已经为所有设备分配了唯一的 IP 地址。此对话框可显示所有可访问和可用的设备及所分配的 MAC 和 IP 地址，在识别缺少所需唯一 IP 地址的设备时，MAC 地址就十分重要。

2. 组态网络时间协议同步

网络时间协议（Network Time Protocol，NTP）的目的是在国际互联网上传递统一、标准的时间。具体的实现方案是在网络上指定若干时钟源网站，为用户提供授时服务、用光速调整时间分配，并且这些网站间应该能够相互比对，提高准确度。NTP 最早由美国特拉华大学的 Mills 教授设计实现，从 1982 年到现在已有 30 多年，网上时间传递格式包括 1992 年的 NTPv3、2001 年的 NTPv4，实际应用中还有秒级精度的简单网络时间协议 SNTP。

NTP 被广泛用于使计算机系统的时钟与互联网时间服务器同步，它在 LAN 上可实现的时间精度通常小于 1ms，而在 WAN 上通常可达几毫秒。典型的 NTP 组态采用多个冗余服务器和多种不同的网络路径，以获得高精度和可靠性。

NTP子网按层级方式构成，其中每一级都分配有一个称为层的编号。最底一级的层1（主）服务器直接与国家时间服务同步。下一个较高级的层2（辅）服务器与层1服务器同步，依此类推。

国家授时中心服务器的IP地址为210.72.145.44。

（1）协议结构。网络时间协议的结构见表6-17，SNTP信息具有与NTP相同的格式。

表6-17 网络时间协议的结构

单位：b

2	5	8	16	24	32
LI	VN	Mode	Stratum	Poll	Precision
Root Delay					
Root Dispersion					
Reference Identifier					
Reference timestamp（64）					
Originate Timestamp（64）					
Receive Timestamp（64）					
Transmit Timestamp（64）					
Key Identifier（optional）（32）					
Message digest（optional）（128）					

1）LI：跳跃指示器，警告在当月最后一天的最终时刻插入的迫近闰秒（闰秒）。

2）VN：版本号。

3）Mode：模式。该字段包括以下值：0、7代表预留；1代表对称行为；2代表被动对称；3代表客户机；4代表服务器；5代表广播；6代表NTP控制信息。

4）Stratum：对本地时钟级别的整体识别。

5）Poll：有符号整数表示连续信息间的最大间隔。

6）Precision：有符号整数表示本地时钟精确度。

7）Root Delay：有符号固定点序号表示主要参考源的总延迟，很短时间内的位15到16间的分段点。

8）Root Dispersion：无符号固定点序号表示相对于主要参考源的正常差错，很短时间内的位15到16间的分段点。

9）Reference Identifier：识别特殊参考源。

10）Originate Timestamp：向服务器请求分离客户机的时间，采用64位时标（Timestamp）格式。

11）Receive Timestamp：向服务器请求到达客户机的时间，采用64位时标（Timestamp）格式。

12）Transmit Timestamp：向客户机答复分离服务器的时间，采用64位时标（Timestamp）格式。

13）Authenticator（Optional）：包括Key Identifier和Message digest可选。当实现了

NTP 认证模式时，主要标识符和信息数字域就包括已定义的信息认证代码（MAC）信息。

（2）时间同步参数。在“Properties”（属性）窗口中，选择“Time synchronization”（时间同步）组态条目，TIA 门户将显示“Time synchronization”（时间同步）组态对话框，如图 6-19 所示。

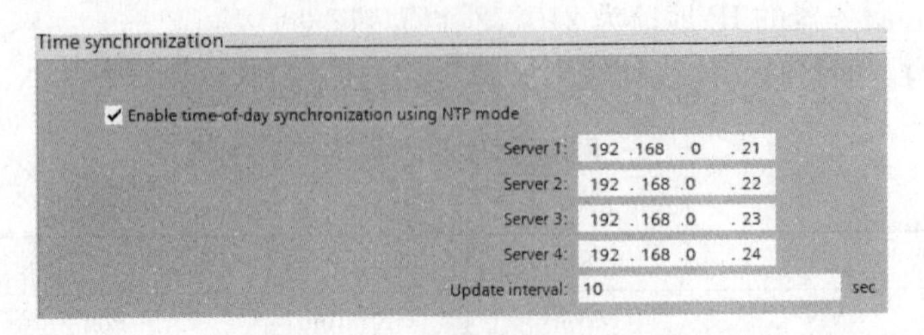

图 6-19　“Time synchronization”（时间同步）组态对话框

表 6-18 定义了时间同步的参数。

表 6-18　　时间同步的参数

参　数	定　义
启用使用网络时间协议（NTP）服务器的日时钟同步（Enable time-of-day synchronization using NTP mode）	单击该复选框可启用使用 NTP 服务器的日时钟同步
服务器 1（Server 1）	为网络时间服务器 1 分配的 IP 地址
服务器 2（Server 2）	为网络时间服务器 2 分配的 IP 地址
服务器 3（Server 3）	为网络时间服务器 3 分配的 IP 地址
服务器 4（Server 4）	为网络时间服务器 4 分配的 IP 地址
时间同步间隔（Update interval）	时间间隔值（s）

6.4　WinCC 通过 OPC 与 S7-1200 CPU 的以太网通信

6.4.1　OPC 简介

1. OPC 概念

在 OPC（OLE for Process Control）出现之前，需要费很多时间使用软件应用程序控制不同供应商的硬件，存在多种不同的系统和协议：用户必须为每一家供应商和每一种协议订购特殊的软件，才能存取具体的接口和驱动程序，因此用户程序取决于供应商、协议或系统。而 OPC 具有统一和非专有的软件接口，在自动化工程中具有强大的数据交换功能。

OPC 是嵌入式过程控制标准，规范以 OLE/DCOM 为技术基础，是基于服务器/客户机连接的统一而开放的接口标准和技术规范。OLE 是微软为 Windows 系统、应用程序间的数据交换而开发的技术，是 Object Linking and Embedding 的缩写。

OPC 将数据来源提供的数据以标准方式传输至任何客户机应用程序，可允许在自动化/PLC 应用、现场设备和基于 PC 的应用程序（如 HMI 或办公室应用程序）之间进行简单的标准化数据交换，定义工业环境中各种不同应用程序的信息交换，它工作于应用程序的下方。我们可以在 PC 机上监控、调用和处理可编程控制器的数据和事件。

2. 服务器和客户机的概念

OPC服务器和客户机的概念与超级市场相似，存放各种供应商的通道代表服务器，供选择的商品构成服务器读取和写入的所有进程数据位置。客户机就如同沿着通道移动并选择需要物品的购物车。OPC数据项是OPC服务器与数据来源的连接，所有与OPC数据项的读写存取均通过包含OPC项目的OPC群组目标进行，同一个OPC项目可包含在几个群组中，当某个变量被查询时，对应的数值会从最新进程数据中获取并被返回，这些数值可以是传感器、控制参数、状态信息或网络连接状态的数值，OPC结构由3类对象组成：服务器、组和数据项。

OPC服务器：提供数据的OPC元件，它向下对设备数据进行采集，向上与OPC客户应用程序通信完成数据交换。

OPC客户端：使用OPC服务器作为数据源的OPC元件。

3. OPC数据访问

OPC服务器支持两种类型的数据读取：同步读写（Synchronous read/write）和异步读写（Asynchronous read/write）。

同步读写：OPC的客户端向服务器发出一个读/写请求，然后不再继续执行，一直等待直到收到服务器发给客户机的返回值，OPC客户端才会继续执行下去。

异步读写：OPC的客户端向服务器发出一个读/写请求，在等待返回值的过程中，可以继续执行下面的程序，直到服务器数据准备好后，向客户机发出一个返回值，在回调函数中客户端处理返回数值，然后结束此次读/写过程。

同步读/写数据存取速度快、编程简单、无须回调，但需要等待返回结果。异步读写不需要等待返回值，可以同时处理多个请求。

6.4.2 SIMATIC NET中PC Station的组态步骤

SIMATIC NET是西门子在工业控制层面上提供的一个开放的、多元的通信系统，它意味着可以将工业现场的PLC、主机、工作站和个人计算机联网通信，为了适应自动化工程中的种类多样性，SIMATIC NET推出了多种不同的通信网络以因地制宜，这些通信网络符合德国或国际标准，它们包括：①工业以太网；②PROFIBUS；③AS-i；④MPI。

SIMATIC NET系统包括：①传输介质、网络配件和相应的传输设备及传输技术；②数据传输的协议和服务；③连接PLC和计算机到LAN网上的通信处理器（CP模块）。

高级PC Station组态是随SIMATIC NET V6.0以上提供的，Advanced PC Configure代表一个PC站的全新、简单、一致和经济的调试和诊断解决方案。一台PC可以和PLC一样，在SIMATIC S7中进行组态，并通过网络装入。PC Station包含了SIMATIC NET通信模块和软件应用，SIMATIC NET OPC Server就是允许和其他应用通信的一个典型应用软件。

下面介绍SIMATIC NET中PC Station的组态步骤。

1. 硬件需求和软件需求

（1）硬件：①S7-1200 CPU；②PC（带普通以太网卡）；③TP（双绞）线。

（2）软件：①STEP 7 Basic V10.5；② STEP 7 V5.4；③SIMATIC NET V7.1。

2. STEP 7中组态PC Station

（1）在STEP 7中新建项目，组态PC Station。如图6-20所示，打开STEP 7并新建一个项目“S7-1200_OPC”，执行“Insert”→“Station”→“SIMATIC PC Station”命令插入一个PC站，PC站的名字为“SIMATIC PC Station（1）”。注意STEP 7中的PC Station 的名字“SIMATIC PC Station（1）”要与 SIMATIC NET 中“Station Configguration Editor”的“Station Name”完全一致，才能保证下载成功。

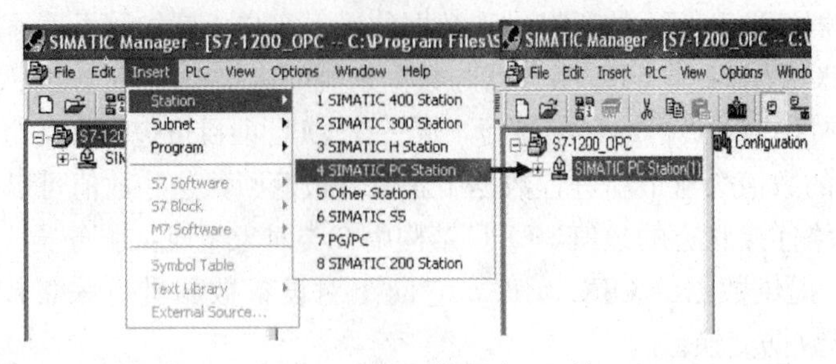

图 6-20　插入并组态 PC 站

（2）进入 PC Station 的硬件组态界面。双击“Configuration”即可进入 PC Station 的硬件组态界面。在第一个槽中，从“SIMATIC PC Station→User Application→OPC Server”下，选择版本“SW V6.2 SP1”添加一个 OPC Server 的应用。在第三个槽中，从“SIMATIC PC Station→CP Industrial Ethernet→IE General”下，选择版本“SW V6.2 SP1”添加一个 IE General（因为使用普通以太网卡，故要选择添加），并设置 IP 地址，如图 6-21 所示。

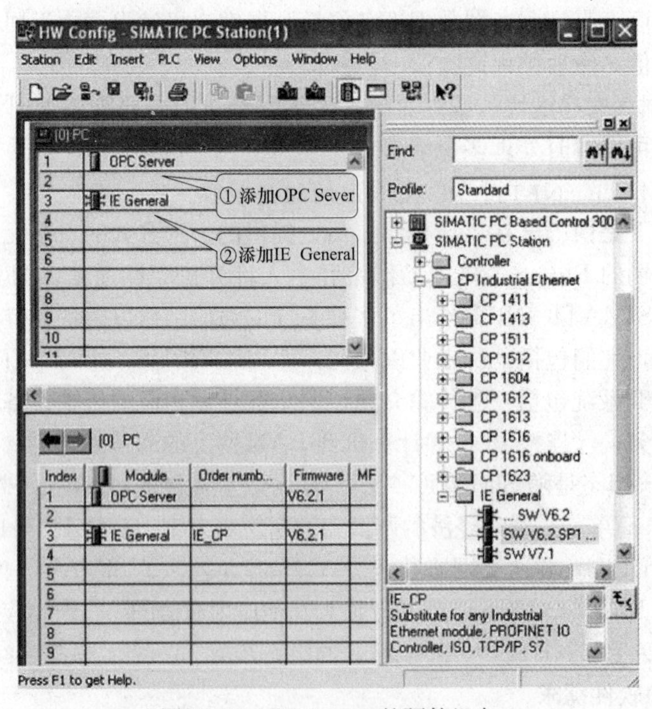

图 6-21　PC Station 的硬件组态

然后配置网卡地址（与 PC 网卡地址要一样）并新建一个以太网，如图 6-22 所示。

完成 PC 站硬件组件设置后，单击编译存盘按钮，确定且存储当前组态配置。

（3）配置网络连接。通过单击工具栏右上角网络配置的图标 中“Icon network”进入网络配置，然后在 NetPro 网络配置中，用鼠标选中“OPC Server”后，在连接表第一行鼠标右键插入一个新的连接或通过“Insert→New Connection”也可建立一个新连接然后定义连接属性，如图 6-23 和图 6-24 所示。

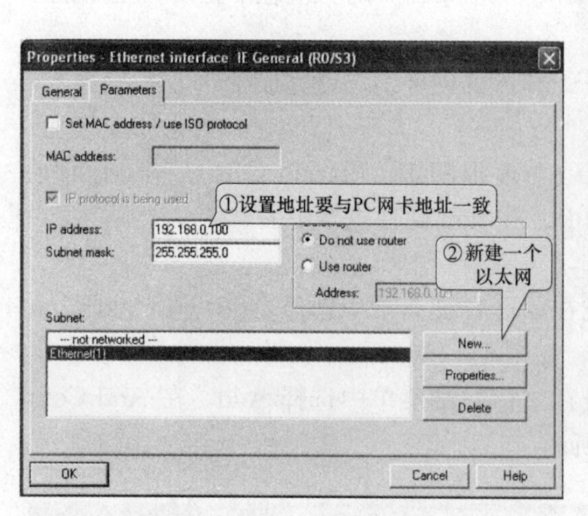

图 6-22 设置以太网地址

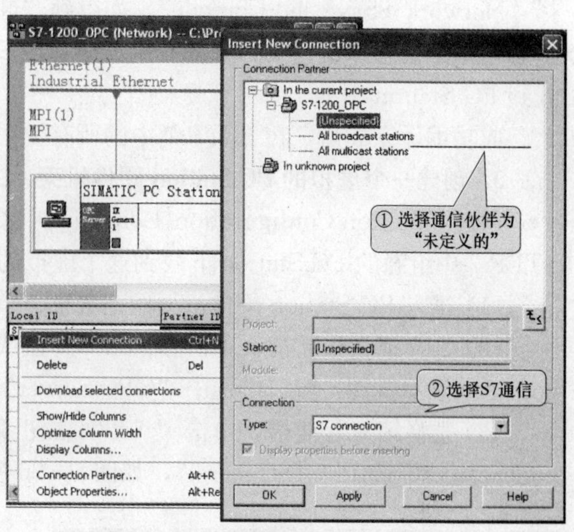

图 6-23 建立连接及定义连接属性

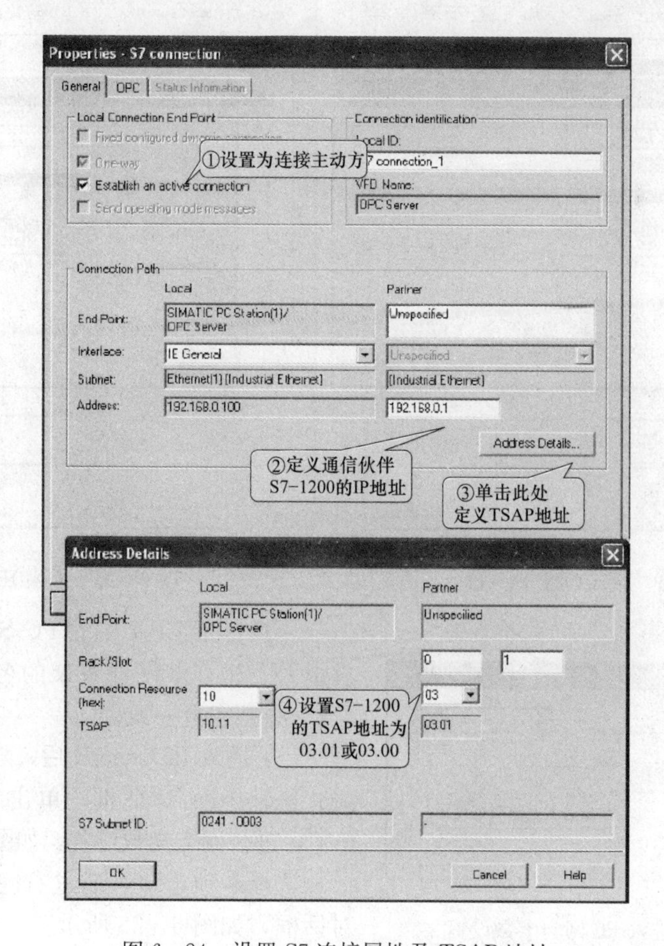

图 6-24 设置 S7 连接属性及 TSAP 地址

确认完成所有配置后，已建好的S7连接会显示在连接列表中，单击编译存盘按钮或选择“Network→Save and Compile”，如得到“No error”的编译结果，则正确组态完成。这里编译结果信息非常重要，如果有错误信息（Error Message），说明组态不正确，是不能下载到PC Station中的。

成功编译完成后，在SETP 7中的所有PC Station的硬件组态就完成了。

3. 创建一个虚拟的PC Station硬件机架

通过“Station Configuration Editor”创建一个虚拟的PC Station硬件机架，以便在STEP 7中组态的PC Station下载到这个虚拟的PC Station硬件机架中去。

（1）进入PC Station硬件机架组态界面。

（2）选择第一号插槽，单击“Add”按钮或在鼠标右键菜单中选择Add，在Add Component（添加组件）窗口中选中“OPC Server”，如图6-25所示。

（3）选择第三号插槽，单击“Add”按钮或在鼠标右键菜单中选择Add，在Add Componeat窗口中选中“IE General”，如图6-26所示。

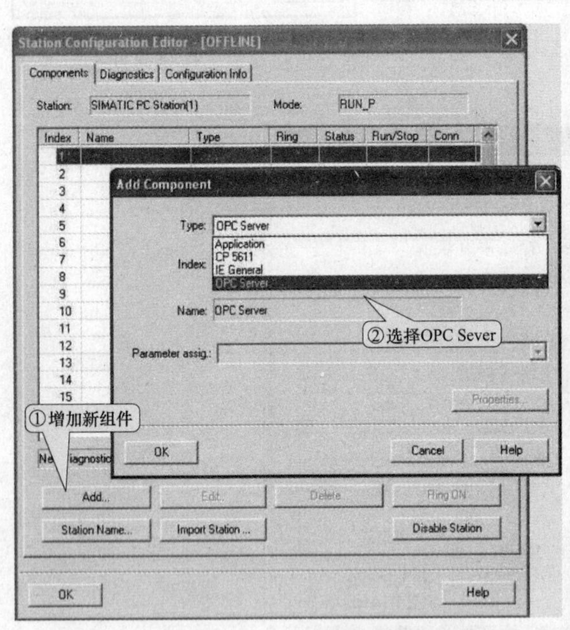

图6-25 插入OPC Server

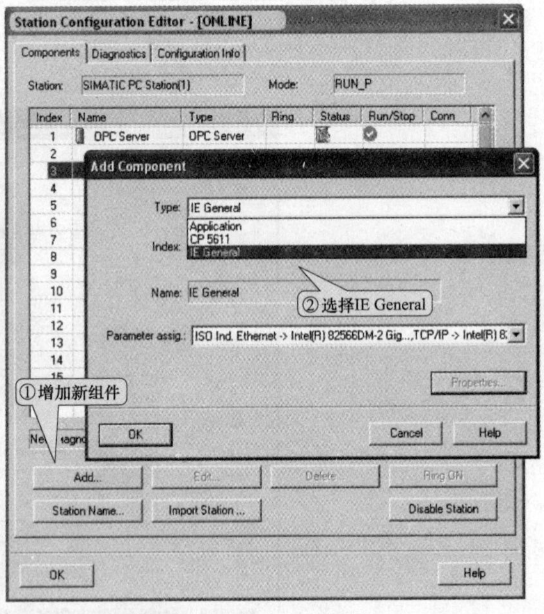

图6-26 插入IE General

注意，STEP 7中的PC Station硬件组态与虚拟PC Station硬件机架的名字、组件及“Index”必须完全一致。

（4）插入IE General后，随即会弹出Component Properties对话框，单击“Network Properties”，进行网卡参数设置，如图6-27所示。

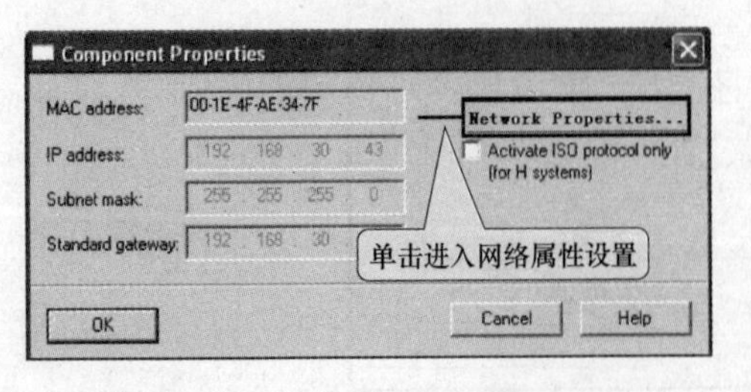

图6-27 进入PC网卡参数设置

选择本地连接，通过右键菜单进入“属性”对话框，如图6-28所示。

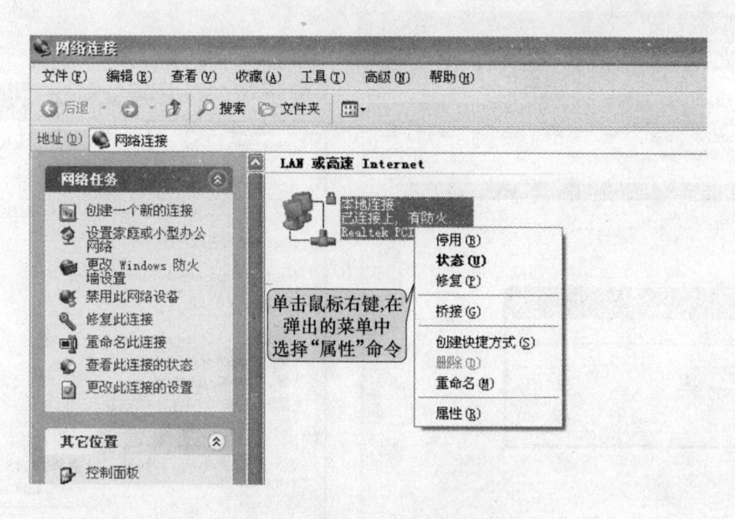

图 6－28 选择本地连接

在“属性”对话框中选中“TCP/IP”属性，如图 6－29 所示。

设置网卡地址，如图 6－30 所示。

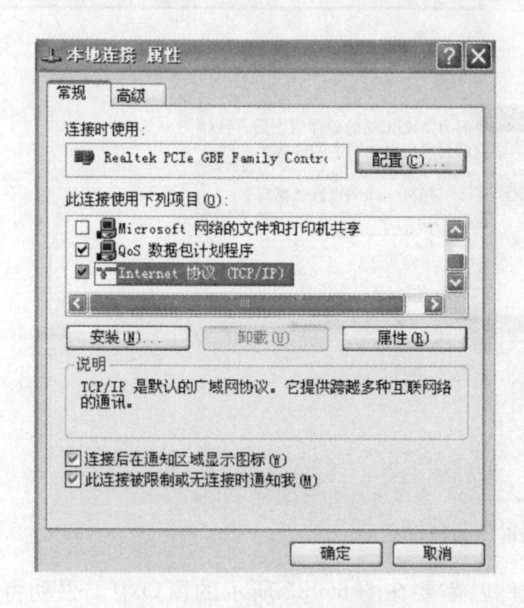

图 6－29 进入 TCP/IP 属性

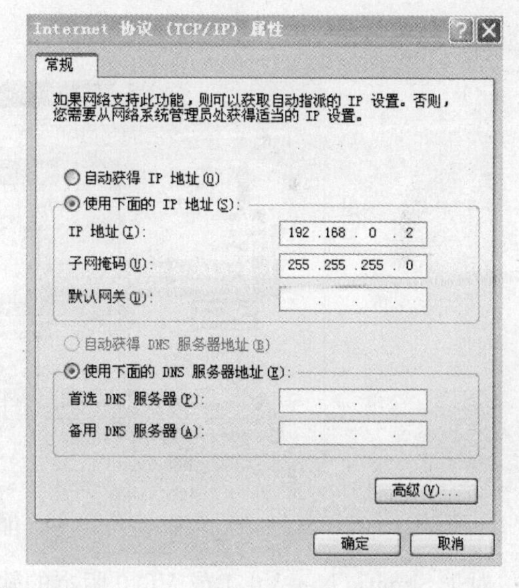

图 6－30 设置网卡地址

（5）命名 PC Station。这里的“PC Station”的名字一定要与 STEP 7 硬件组态中的“PC Station”的名字一致，如图 6－31 所示。

4. 下载 PC Station 硬件组态及网络连接

（1）首先设置 PG/PC 接口，在 STEP 7 软件中，通过“Options”→“Set PG/PC Interface”进入设置界面，如图 6－32 所示。

（2）检查配置控制台。通过“Start”→“Simatic”→“SIMATIC NET”→“Configuration Console”进入配置控制台检查，如图 6－33 所示。

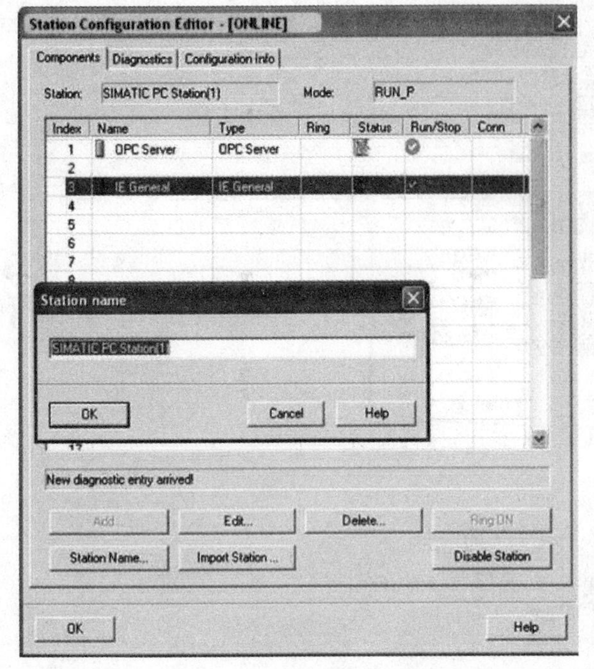

图 6-31　命名 PC Station

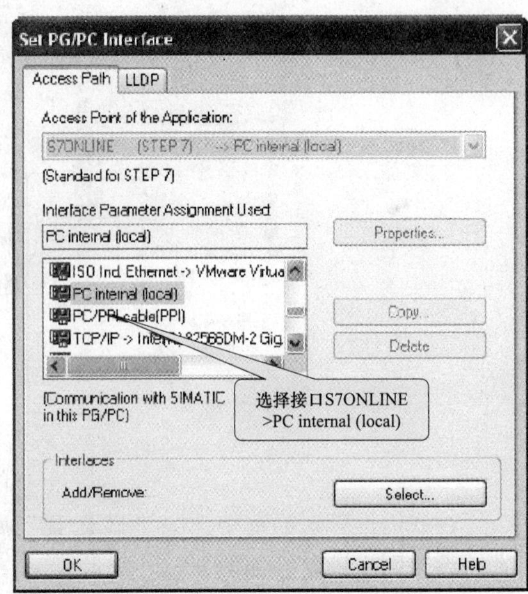

图 6-32　设置 PG/PC 接口

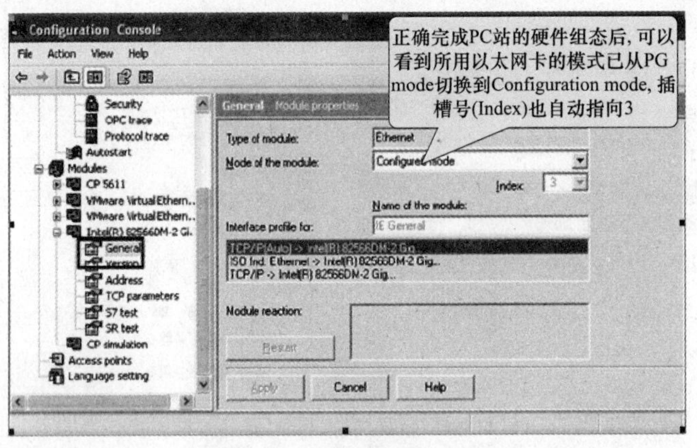

图 6-33　配置控制台检查

对于 Simatic Net V6.1 或 V6.0 版本的软件，需要在图 6-33 所示的窗口中，手动将模块模式（Mode of the module）从 PG 模式切换到组态模式（Configured mode），并设置 Index 号，然后再在“Station Configured Editor”中添加硬件。

（3）在 STEP 7 的硬件配置中下载 PC Station 组态。

（4）再在网络配置中将配置好的连接下载到 PC Station 中

下载完成后在“Station Configuration Editor”中的状态显示，如图 6-34 所示。在编辑过程中，可以根据这些状态显示判断组态是否正确。

5. 使用 OPC Scout 测试 S7 OPC Server

SIMATIC NET 自带 OPC Client 端软件 OPC Scout，可以使用这个软件测试所组态的 OPC Server。通过单击左下角的“Start”→“Simatic”→“SIMATIC NET”→“OPC

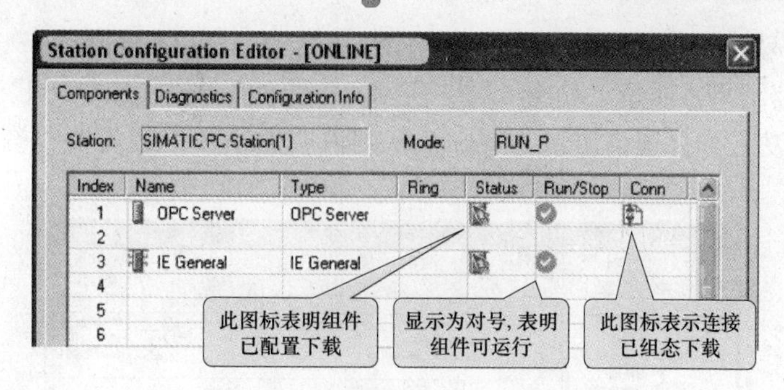

图 6-34　下载完成后的状态显示

Scout”启动进行测试。

(1) 双击“OPC. SimaticNET”，新建一个变量组并输入组名称，如“S71200”，如图 6-35 所示。

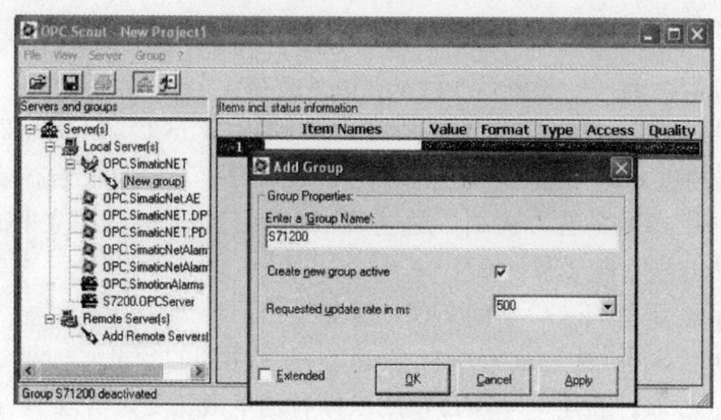

图 6-35　创建一个新的变量组

(2) 选择一个数据，单击“S7：→S7 connection_1”→“objects”→“M”→“New Definition”来添加一个变量，并为变量选择数据类型、起始地址、数据长度，并添加到右侧窗口中，如图 6-36 所示。

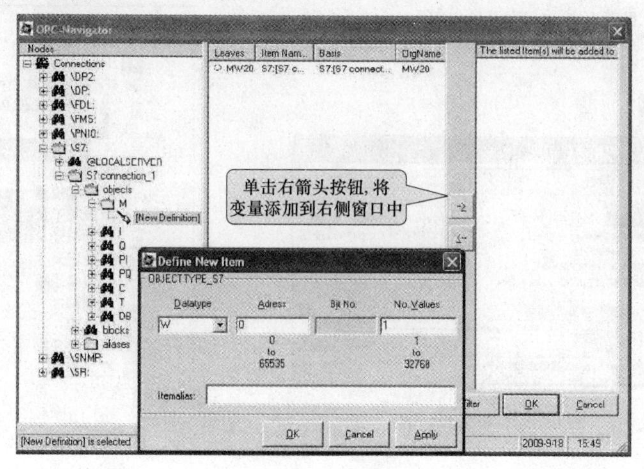

图 6-36　添加变量

如果使用 OPC 与 S7-1200 的 DB 块通信，则建立的 DB 块不能勾选“Symbolic access

only”（仅能用符号访问），因为 OPC 不能访问只支持符号寻址的 DB 块。

（3）检查通信结果及质量，如图 6-37 所示。如果通信质量为“good”说明所有组态正确，OPC 通信成功；如果通信质量为“bad”，则说明通信失败，需要检查软件组态及硬件连接是否正确。

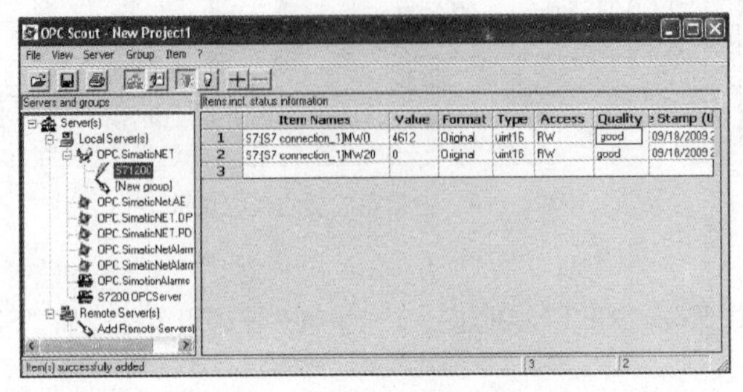

图 6-37　观察通信结果

6.4.3　WinCC 与 S7-1200 CPU 的 OPC 通信

WinCC 中没有与 S7-1200 CPU 通信的驱动，所以 WinCC 与 S7-1200 CPU 之间通过以太网通信，只能通过 OPC 的方式实现。S7-1200 作为 OPC 的服务器端，只需设置 IP 地址即可。计算机作为 OPC 的客户机端，通过 SIMATIC NET 软件建立 PC Station 来与 S7-1200 通信，实现步骤同 6.4.2 节。

建好 PC Station 后，WinCC 中的实现步骤如下。

（1）首先在 OPC Scout 中建立好所有 WinCC 中要用到的变量。

（2）打开 WinCC 软件新建一个项目，用鼠标右键单击“变量管理”，在弹出的快捷菜单中选择“添加新的驱动程序”命令，添加新的驱动“Opc. chn”，如图 6-38 所示。

（3）在 WinCC 中搜索及添加 OPC Scout 中定义的变量。

首先用鼠标右键单击“OPC Groups”，在弹出的快捷菜单中选择“系统参数”命令，如图 6-39 所示。

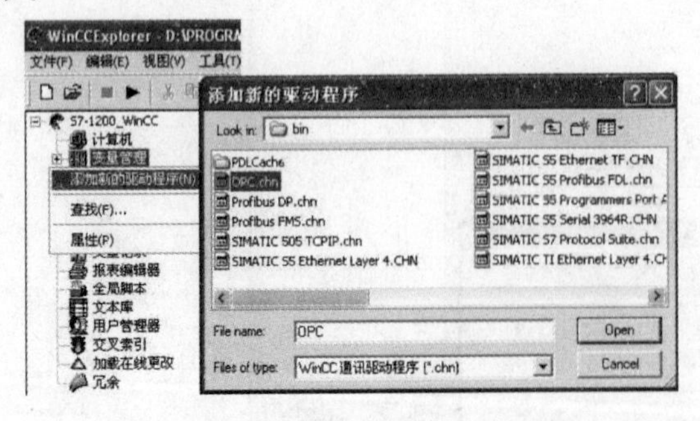

图 6-38　添加一个新的驱动

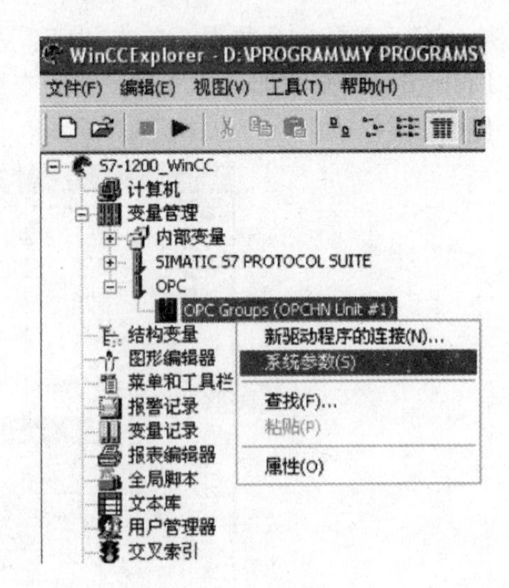

图 6-39　进入系统参数

然后选中“OPC. SimaticNET”，单击“浏览服务器”按钮进行搜索，如图 6-40 所示。

（4）添加变量并建立连接。

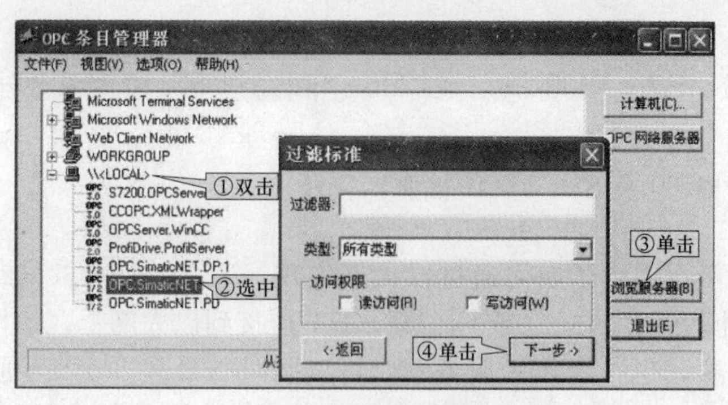

图 6-40　选择服务器浏览

在变量列表中选择所需要的变量，单击“添加条目”按钮添加所需变量，此时会自动要求建立一个新连接，并将变量添加到这个连接中，如图 6-41 所示。

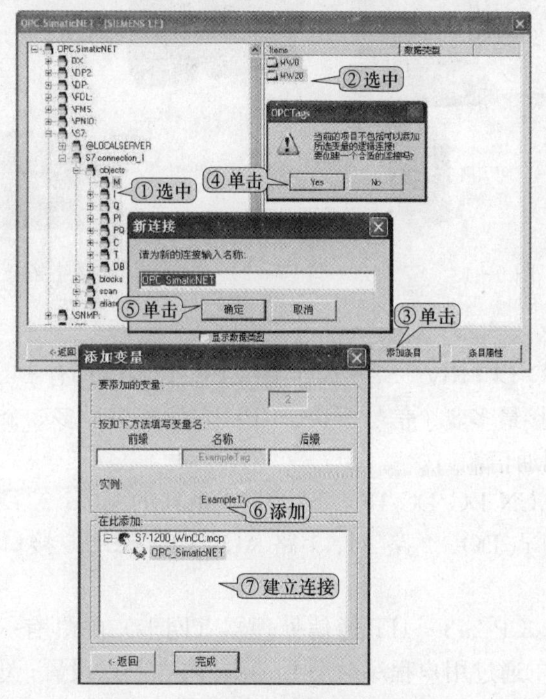

图 6-41　添加变量并建立连接

成功添加变量后，WinCC 中变量显示，如图 6-42 所示。完成以上所有配置，就可以在 WinCC 里监控这些变量了。

图 6-42　从 OPC Scout 中成功添加变量

6.5 S7-1200与S7-200之间通过S7协议实现通信

6.5.1 S7-1200与S7-200连接通信简介

1. 网络拓扑

如图6-43所示，描述了如何通过以太网实现S7-1200与S7-200间的连接通信。S7-200可以使用模块CP 243-1或CP 243-1IT连接到以太网上，该模块提供S7通信功能，既可作为客户机，也可以作为服务器，可以同时与最多8个S7通信伙伴进行通信；S7-1200集成以太网接口，提供S7通信功能，只能作为服务器，可以同时建立3个通信连接。

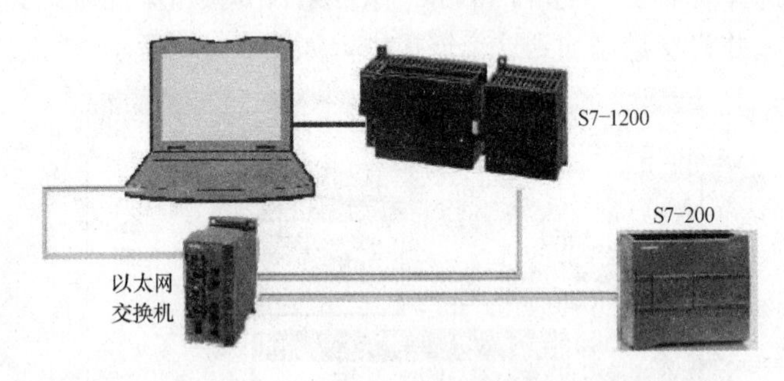

图6-43 S7-1200与S7-200实现通信的网络拓扑

2. 硬件需求

(1) S7-1214C AC/DC/Rly。S7-1200的CPU 1214C具有14点DI、10点DO、2路AI，可在CPU右侧连接最多8个信号模块、CPU左侧连接最多3个通信模块以进行PtP通信，更拥有1个以太网通信端口。

(2) CPU 224XP-CN DC/DC/DC。S7-200系列的CPU 224XP-CN DC/DC/DC型PLC具有14点DI、10点DO、2路AI、1路AO，2个RS485接口，能扩展最多7个I/O模块。

(3) CP 243-1IT。CP 243-1IT通信处理器（网卡）除具有一般以太网通信功能外，还具备以下IT功能：①通过用户程序触发Email，内容可以设置；②作为Web服务器，通过通用的页面工具生成动态页面，随板卡赠送Applet小程序，作为页面与S7数据的接口，通过此功能，用户可以在计算机上利用普通浏览器访问页面，实现部分人机界面功能；③实现远程维护，即在远程可以修改、诊断现场的PLC程序。

(4) SCALANCE X204-2。SCALANCE X204-2通用型工业以太网交换机适用于组态总线、星形和环形拓扑结构的10/100Mb/s工业以太网，实现网络的高可靠性及使用信号触点、PROFINET、SNMP和Web浏览器的方式的远程管理与诊断功能，其防护等级为IP30，可用于开关柜中。

(5) PG/PC（使用编程电缆）。PC接口是PLC对接计算机的接口；PG接口是西门子一种专用的图形编辑器接口。

3. 软件需求

(1) S7-1200编程软件STEP 7 Basic V10.5。

（2）S7－200 编程软件 STEP 7－MicroWIN V4.0 SP6。

4. 小结

S7－1200 与 S7－200 通过 S7 通信的基本原理如图 6－44 所示。

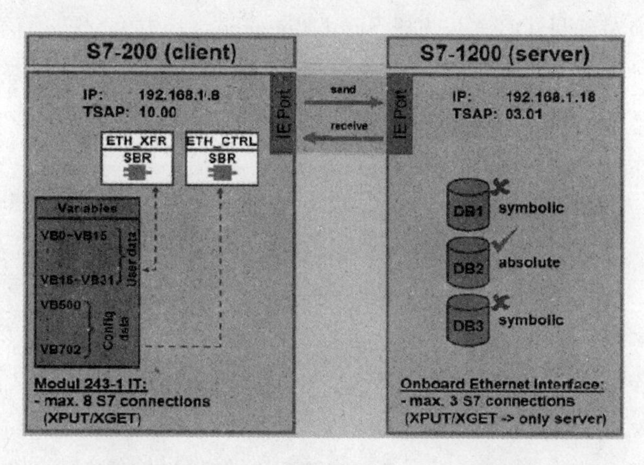

图 6－44 S7－1200 与 S7－200 通信原理

CP 243－1IT 支持不超过 8 个的远程通信伙伴的通信通道到客户机（最多 212B）或服务器，可根据客户机/服务器原理在每个通道运行，每个通道每次只能接收、处理或响应（主动响应或被动响应）一个请求。只有在发送响应后，CP 243－1IT 通信处理器才能接收其他请求。

6.5.2 S7－1200 与 S7－200 连接的组态

1. S7－1200 的配置

（1）使用 STEP 7 Basic 创建项目“lianjieS7－200”。如图 6－45 所示，在“Project name”栏输入“lianjieS7－200”，然后单击“Create”按钮。

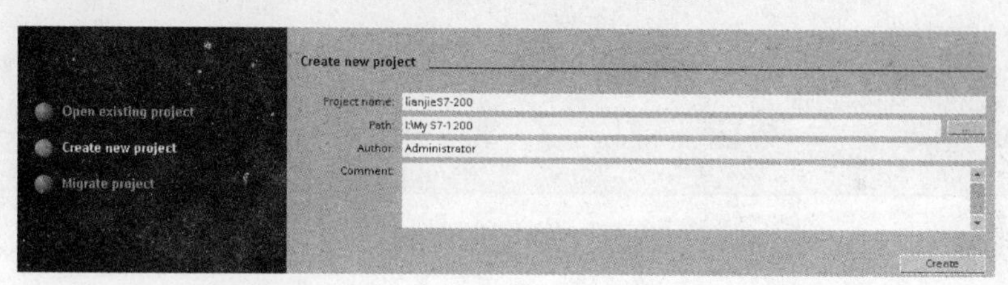

图 6－45 创建项目“lianjieS7－200”

（2）添加 PLC 设备。如图 6－46 所示，添加 S7－1200 设备 CPU 1214C，设置 IP 地址为 192.168.1.18。

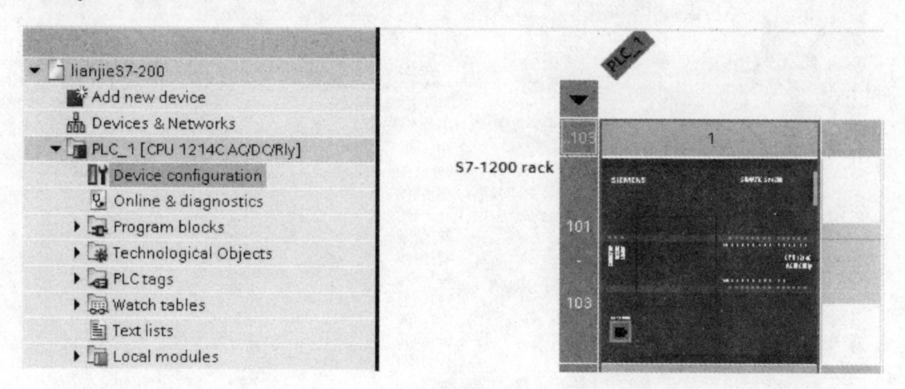

图 6－46 添加 PLC 设备

2. S7－1200 PLC 编程

（1）添加程序块 DB1、DB2、DB3。在 Program blocks 下，添加程序块 DB1、DB2、DB3，其中 DB1 和 DB3 为符号 DB（选择 Symbolic access only），而如图 6－47 所示 DB2 为

绝对地址 DB（不选择 Symbolic access only），S7 通信只支持绝对地址 DB 寻址通信。

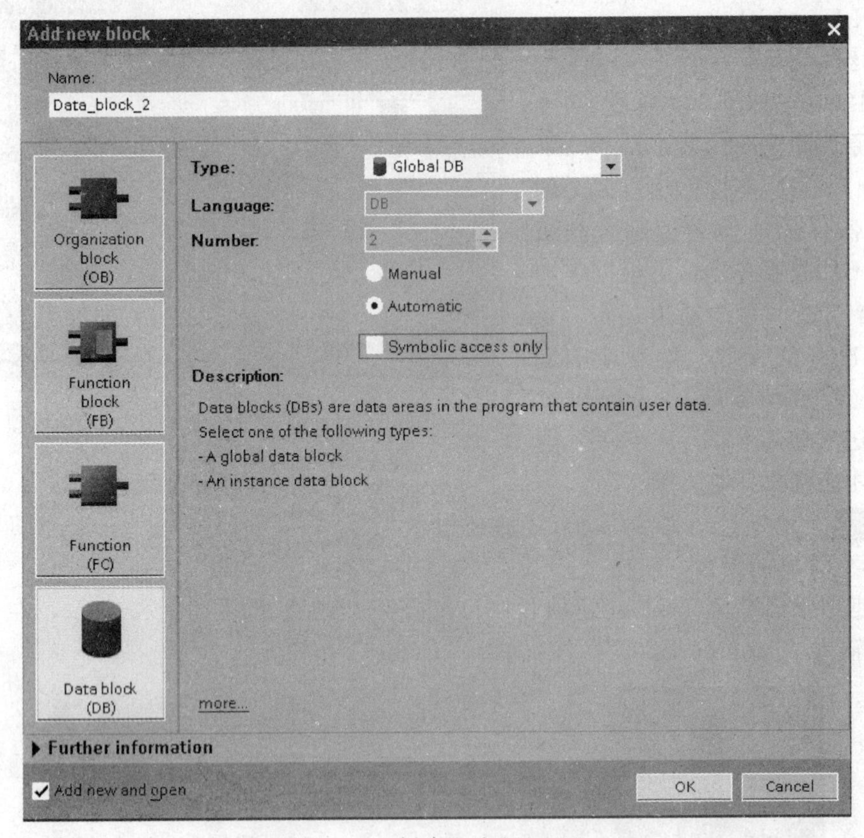

图 6－47　创建绝对地址 DB2

（2）在 DB2 中添加数据。打开全局 DB2，如图 6－48 所示输入 2 个数组类型数据，每个数组有 16 个元素。

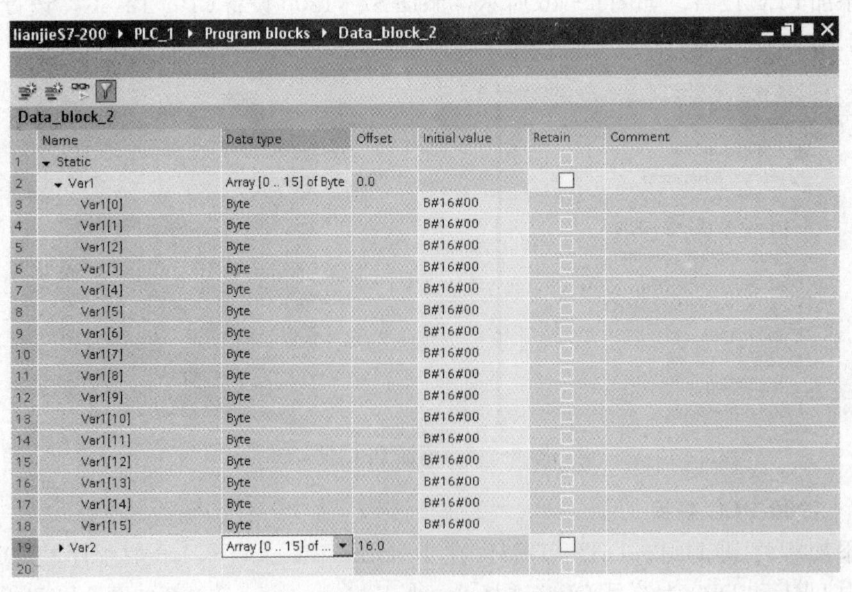

	Name	Data type	Offset	Initial value	Retain	Comment
1	▾ Static					
2	▾ Var1	Array [0 .. 15] of Byte	0.0		☐	
3	Var1[0]	Byte		B#16#00		
4	Var1[1]	Byte		B#16#00		
5	Var1[2]	Byte		B#16#00		
6	Var1[3]	Byte		B#16#00		
7	Var1[4]	Byte		B#16#00		
8	Var1[5]	Byte		B#16#00		
9	Var1[6]	Byte		B#16#00		
10	Var1[7]	Byte		B#16#00		
11	Var1[8]	Byte		B#16#00		
12	Var1[9]	Byte		B#16#00		
13	Var1[10]	Byte		B#16#00		
14	Var1[11]	Byte		B#16#00		
15	Var1[12]	Byte		B#16#00		
16	Var1[13]	Byte		B#16#00		
17	Var1[14]	Byte		B#16#00		
18	Var1[15]	Byte		B#16#00		
19	▸ Var2	Array [0 .. 15] of ...	16.0		☐	
20						

图 6－48　在 DB2 中添加数据

（3）创建两个 Watch table（Watch table _ 1、Watch table _ 2）用来观察 DB2 的实时状态。

（4）将程序下载到 PLC CPU 1214C 中。

3. S7－200 配置

使用 STEP 7－MicroWIN 中以太网向导将 CP 243－1IT 配置为 S7 客户端。

（1）打开以太网向导工具。如图 6－49 所示，通过菜单打开以太网向导工具。

（2）设置模块位置。设置模块位置，可以使用“读取模块”来自动识别，如图 6－50 所示。

（3）设置通信模块的 IP 地址。设置模块 CP 243－1IT 的 IP 地址为 192.168.1.18，设置子网掩码为 255.255.255.0，如图 6－51 所示。

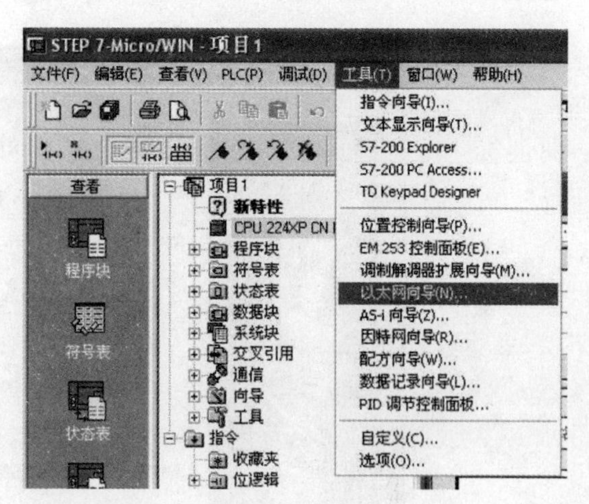

图 6－49　以太网向导

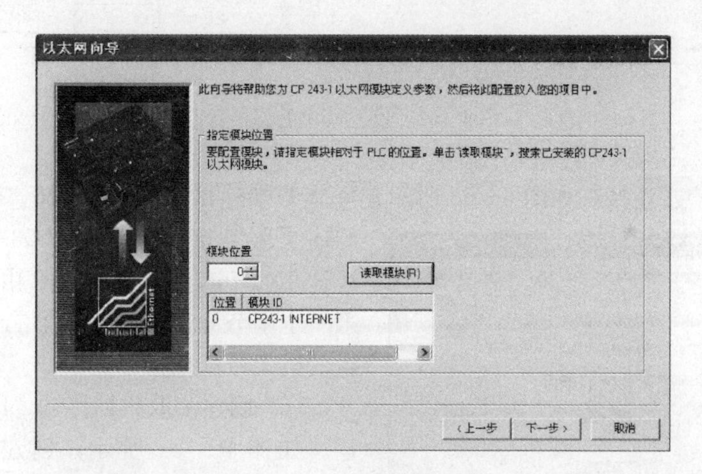

图 6－50　设置模块位置

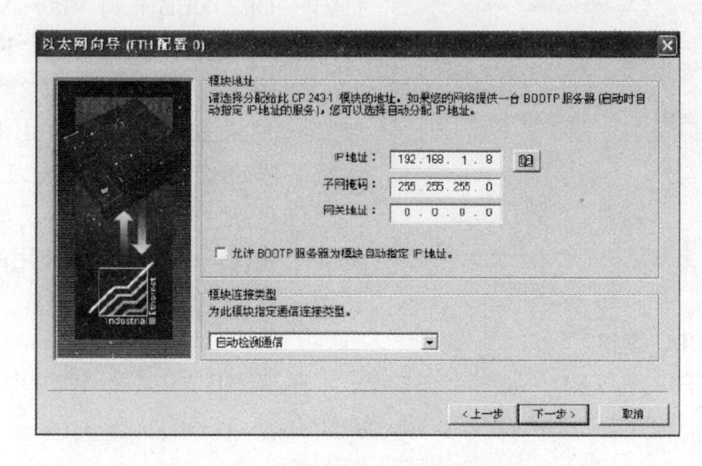

图 6－51　设置 CP 243－1IT 的 IP 地址

（4）设置模块的连接数。如图 6－52 所示，设置模块的连接数为 1，最多只能设置 8 个，也就是说 S7－200 可同时与最多 8 个 S7 通信伙伴进行通信。

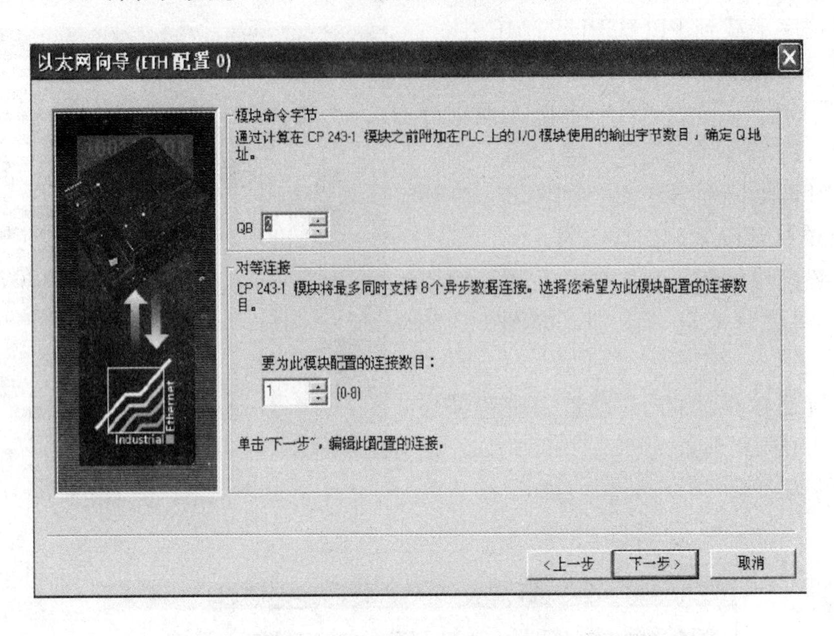

图 6－52　设置模块的连接数

（5）配置客户端连接。如图 6－53 所示建立客户端连接“Connection _ 1”，设置服务器传输层服务接入点 TSAP 03. 01 和服务器 IP 地址 192. 168. 1. 18，TSAP 由两个字节组成，第一个字节为连接资源，第二个字节为通信模板的机架号和插槽号。

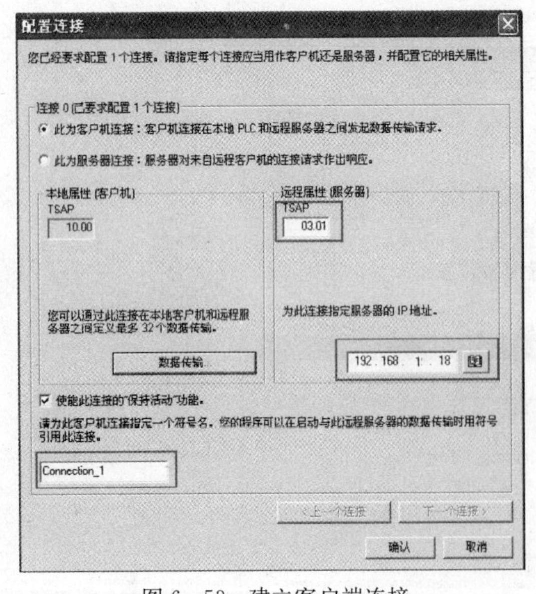

图 6－53　建立客户端连接

（6）创建读取数据传输“FriendMessage _ 1”。如图 6－54 所示，创建读取数据传输“FriendMessage _ 1”，读取服务器 16B DB2. DBB0～DB2. DBB15 到 VB0～VB15。

（7）创建读取数据传输“FriendMessage _ 2”。如图 6－55 所示，创建读取数据传输“FriendMessage _ 2”，将 16B VB16～VB31 写入服务器 DB2. DBB16～DB2. DBB31。

（8）为配置分配存储区。如图 6－56 所示，向导可建议一个合适且未使用的 V 存储区地址范围。

4. S7－200 PLC 编程

（1）调用 ETHO _ CTRL。如图 6－57 所示，在 STEP 7－MircoWIN 中的主程序中，调用子程序 ETH0 _ CTRL。其中 CP _ Ready 为 CP 243－1IT 的状态（0 表示未准备就绪，1

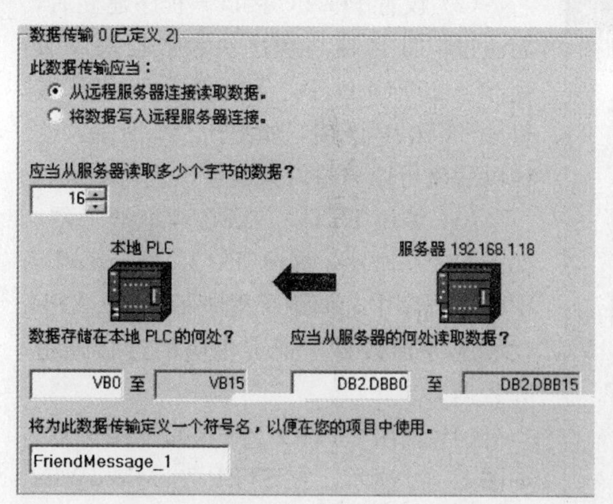

图 6-54 创建读取数据传输“FriendMessage _ 1”

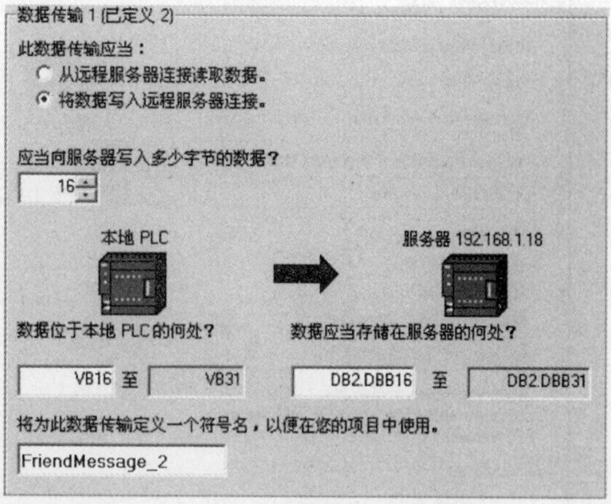

图 6-55 创建读取数据传输“FriendMessage _ 2”

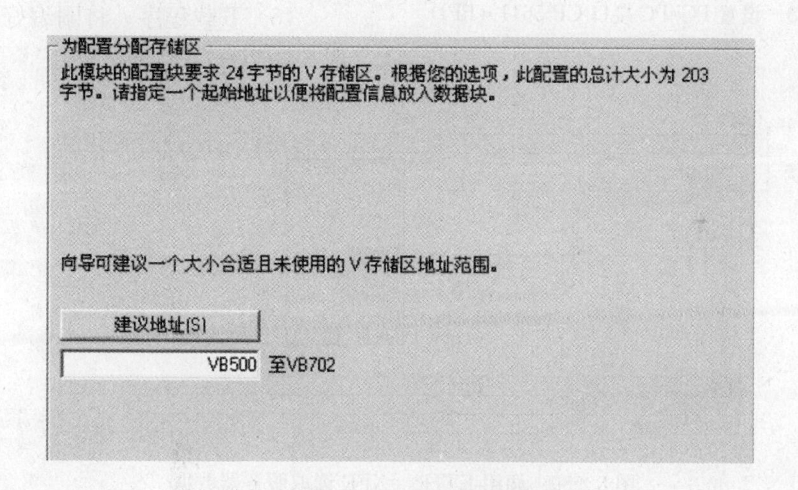

图 6-56 为配置分配存储区

表示已准备就绪），CH _ Ready 为每个通道或 IT 服务的状态（0 通道，值为 256），Error 为出错或报文代码。

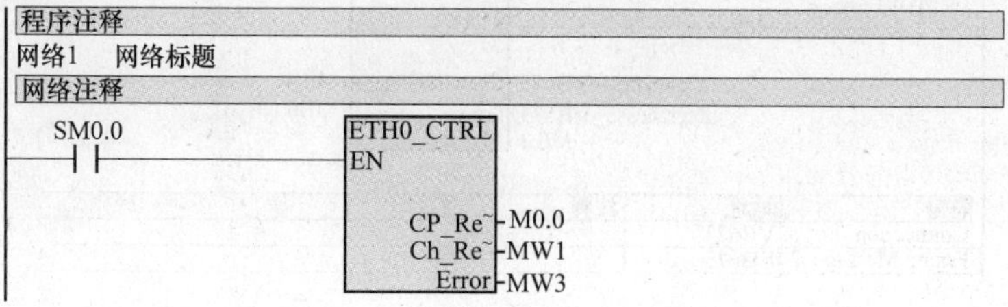

图 6-57 调用 ETH0 _ CTRL

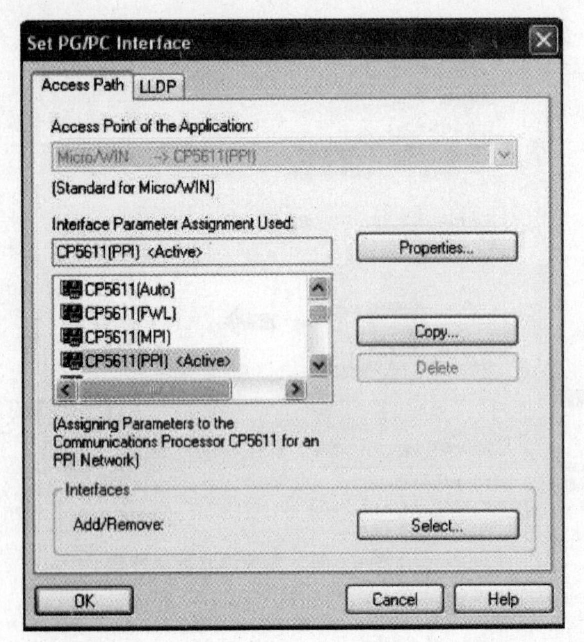

图 6－58　设置 PG/PC 接口 CP 5611（PPI）

（2）设置 PG/PC 接口。程序建立后，需通过 PPI 连接将程序块和数据块下载到 S7－200 CPU 中，为此设置 PG/PC 接口为 TCP/IP 连接，如图 6－58 所示，这样以后就可以通过以太网接口进行下载。

（3）调用 ETH0 _ XFR 读取服务器。如图 6－59 所示，在 STEP 7－MicroWIN 中的主程序中，调用子程序 ETH0 _ XFR 读取服务器数据，指定相应的连接通道和数据。

（4）调用 ETHO _ XFR 写入服务器。如图 6－60 所示，在 STEP 7－MicroWIN 中的主程序中，调用子程序 ETH0 _ XFR 写入服务器数据，指定相应的连接通道和数据。

（5）下载程序。将刚编好的程序下载到 S7－200 CPU 中。

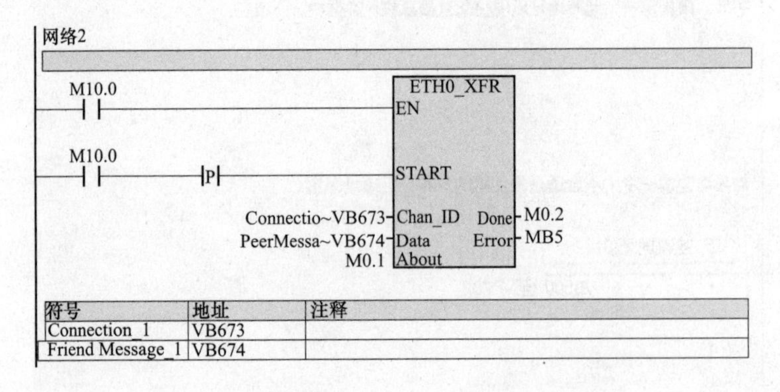

符号	地址	注释
Connection_1	VB673	
Friend Message_1	VB674	

图 6－59　调用 ETH0 _ XFR 读取服务器数据

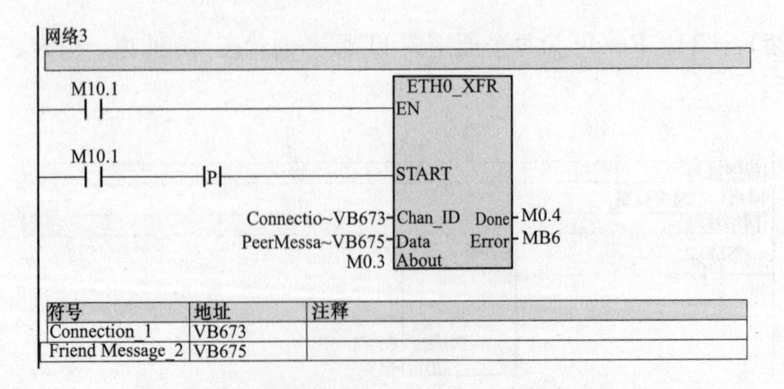

符号	地址	注释
Connection_1	VB673	
Friend Message_2	VB675	

图 6－60　调用 ETH0 _ XFR 写入服务器数据

6.5.3 检测 S7-1200 与 S7-200 的通信结果

（1）从 S7-1200 程序中可知，在 M10.0 从 0 变为 1 时，读取如图 6-61 所示的 S7-1200 的数据 DB2.DBB0～DB2.DBB15 到如图 6-62 所示的 S7-200 的 VB0～VB15 中。

lianjieS7-200 ▸ PLC_1 ▸ Watch tables ▸ Watch table_1

i	Name	Address	Display format	Monitor value	Modify value
1	"Data_block_2".v...	%DB2.DBB0	DEC_unsigned	1	1
2	"Data_block_2".v...	%DB2.DBB1	DEC_unsigned	2	2
3	"Data_block_2".v...	%DB2.DBB2	DEC_unsigned	3	3
4	"Data_block_2".v...	%DB2.DBB3	DEC_unsigned	4	4
5	"Data_block_2".v...	%DB2.DBB4	DEC_unsigned	5	5
6	"Data_block_2".v...	%DB2.DBB5	DEC_unsigned	6	6
7	"Data_block_2".v...	%DB2.DBB6	DEC_unsigned	7	7
8	"Data_block_2".v...	%DB2.DBB7	DEC_unsigned	8	8
9	"Data_block_2".v...	%DB2.DBB8	DEC_unsigned	9	9
10	"Data_block_2".v...	%DB2.DBB9	DEC_unsigned	10	10
11	"Data_block_2".v...	%DB2.DBB10	DEC_unsigned	11	11
12	"Data_block_2".v...	%DB2.DBB11	DEC_unsigned	12	12
13	"Data_block_2".v...	%DB2.DBB12	DEC_unsigned	13	13
14	"Data_block_2".v...	%DB2.DBB13	DEC_unsigned	14	14
15	"Data_block_2".v...	%DB2.DBB14	DEC_unsigned	15	15
16	"Data_block_2".v...	%DB2.DBB15	DEC_unsigned	16	16

图 6-61　S7-1200 的 DB2.DBB0～DB2.DBB15

	Address	Format	Current value
1	VB0	Unsigned	1
2	VB1	Unsigned	2
3	VB2	Unsigned	3
4	VB3	Unsigned	4
5	VB4	Unsigned	5
6	VB5	Unsigned	6
7	VB6	Unsigned	7
8	VB7	Unsigned	8
9	VB8	Unsigned	9
10	VB9	Unsigned	10
11	VB10	Unsigned	11
12	VB11	Unsigned	12
13	VB12	Unsigned	13
14	VB13	Unsigned	14
15	VB14	Unsigned	15
16	VB15	Unsigned	16

图 6-62　S7-200 的 VB0～VB15

（2）从 S7-200 程序中可知，在 M11.0 从 0 变为 1 时，将如图 6-63 所示的 S7-200 的数据 VB16～VB31 写入如图 6-64 所示的 S7-1200 的 DB2.DBB16～DB2.DBB31 中。

17	VB16	Unsigned	11
18	VB17	Unsigned	12
19	VB18	Unsigned	13
20	VB19	Unsigned	14
21	VB20	Unsigned	15
22	VB21	Unsigned	16
23	VB22	Unsigned	17
24	VB23	Unsigned	18
25	VB24	Unsigned	19
26	VB25	Unsigned	20
27	VB26	Unsigned	21
28	VB27	Unsigned	22
29	VB28	Unsigned	23
30	VB29	Unsigned	24
31	VB30	Unsigned	25
32	VB31	Unsigned	26

图 6-63　S7-200 的 VB16～VB31

lianjieS7-200 ▸ PLC_1 ▸ Watch tables ▸ Watch table_2

	Name	Address	Display format	Monitor value
1	"Data_block_2".v...	%DB2.DBB16	DEC_signed	11
2	"Data_block_2".v...	%DB2.DBB17	DEC_signed	12
3	"Data_block_2".v...	%DB2.DBB18	DEC_signed	13
4	"Data_block_2".v...	%DB2.DBB19	DEC_signed	14
5	"Data_block_2".v...	%DB2.DBB20	DEC_signed	15
6	"Data_block_2".v...	%DB2.DBB21	DEC_signed	16
7	"Data_block_2".v...	%DB2.DBB22	DEC_signed	17
8	"Data_block_2".v...	%DB2.DBB23	DEC_signed	18
9	"Data_block_2".v...	%DB2.DBB24	DEC_signed	19
10	"Data_block_2".v...	%DB2.DBB25	DEC_signed	20
11	"Data_block_2".v...	%DB2.DBB26	DEC_signed	21
12	"Data_block_2".v...	%DB2.DBB27	DEC_signed	22
13	"Data_block_2".v...	%DB2.DBB28	DEC_signed	23
14	"Data_block_2".v...	%DB2.DBB29	DEC_signed	24
15	"Data_block_2".v...	%DB2.DBB30	DEC_signed	25
16	"Data_block_2".v...	%DB2.DBB31	DEC_signed	26

图 6-64　S7-1200 的 DB2. DBB16～DB2. DBB31

6.6　S7 协议实现 S7-1200 与 S7-300 之间的通信

6.6.1　S7-1200 与 S7-300 连接通信简介

1. 网络拓扑结构

如图 6-65 所示描述了如何通过以太网实现 S7-1200 与 S7-300 间的连接通信。S7-300 可以使用带集成口 CPU 或通信处理器 CP 343-1 连接到工业以太网上，它们提供 S7 通信的功能，既可作为客户机，也可以作为服务器；S7-1200 集成以太网接口，提供 S7 通信的功能，只能作为服务器，可以同时建立 3 个通信连接。

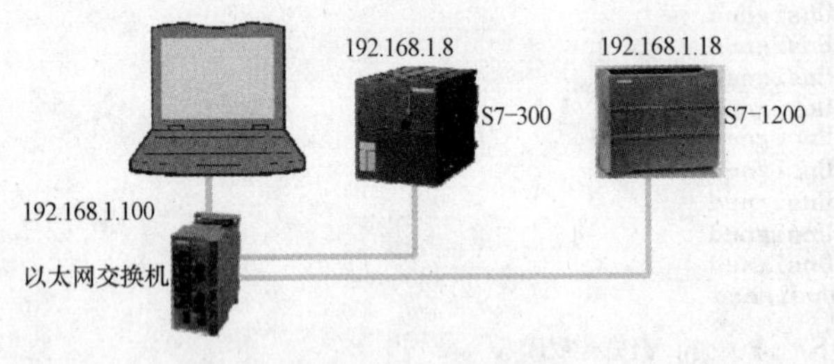

图 6-65　S7-1200 与 S7-300 连接通信的网络拓扑

2. 硬件需求

(1) S7-1214C AC/DC/Rly。S7-1200 的 CPU 1214C 具有 14 点 DI、10 点 DO、2 路 AI，可在 CPU 右侧连接最多 8 个信号模块、CPU 左侧连接最多 3 个通信模块以进行 PtP 通信，并拥有 1 个以太网通信端口。

(2) CPU 319-3 PN/DP。S7-300 CPU 319-3 PN/DP 具有智能技术/运动控制功能，是 S7-300 系列性能最高的 CPU，1. 4MB 工作内存，集成了 3 个通信接口：1 个 MPI/DP-12M 共用接口；1 个纯 DP 主从接口；1 个 PN 接口。除高性能，该 CPU 还提供了 PROFIBUS 接口的时钟同步、可连接 256 个 I/O 设备、扩展开放通信等新功能。

(3) SCALANCE X204-2。SCALANCE X204-2 通用型工业以太网交换机适用于组态总线、星形和环形拓扑结构的 10/100Mb/s 工业以太网，实现网络的高可靠性及使用信号触点、PROFINET、SNMP 和 Web 浏览器的方式的远程管理与诊断功能，其防护等级为

IP30，可用于开关柜中。

(4) PG/PC。组态软件实现组态信息和程序的下载，都需要设置计算机的PG/PC接口，定义组态软件与PLC通信的通道，保证编程器/计算机与PLC通信的接口选项和所采用的硬件一致。硬件接口有串口、USB、以太网接口、CP卡接口；接口运行方式有PPI、MPI、PROFIBUS和以太网（TCP/IP）。

3. 软件需求

S7-1200编程软件STEP 7 Basic V10.5和S7-300编程软件STEP 7 V5.4+SP4。

4. 通信原理

S7-1200与S7-300通过S7通信的基本原理如图6-66所示。

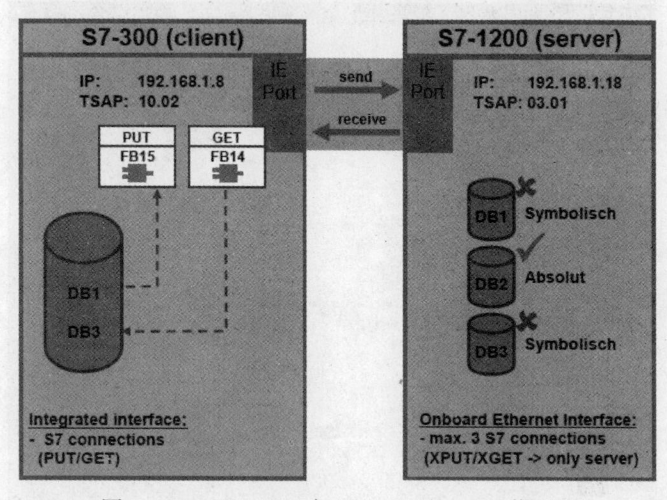

图6-66 S7-1200与S7-300的S7通信原理

6.6.2 S7-1200与S7-300连接的组态

1. S7-1200的配置

(1) 使用STEP 7 Basic创建项目“lianjieS7-300”。如图6-67所示，在“Project name”栏输入“lianjieS7-300”，然后单击“Create”按钮。

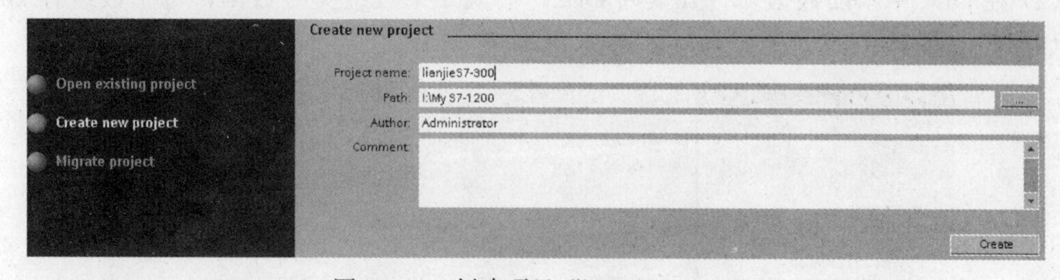

图6-67 创建项目“lianjieS7-300”

(2) 添加S7-1200。添加S7-1200设备CPU 1214C，设置IP地址为192.168.1.18，如图6-68所示。

2. S7-1200 PLC编程

(1) 添加程序块DB1、DB2、DB3。在Program blocks下，添加程序块DB1、DB2、DB3。其中DB1和DB3为符号DB（选择Symbolic access only）；DB2为绝对地址DB（不选择Symbolic access only），如图6-69所示，S7通信只支持绝对地址DB寻址通信。

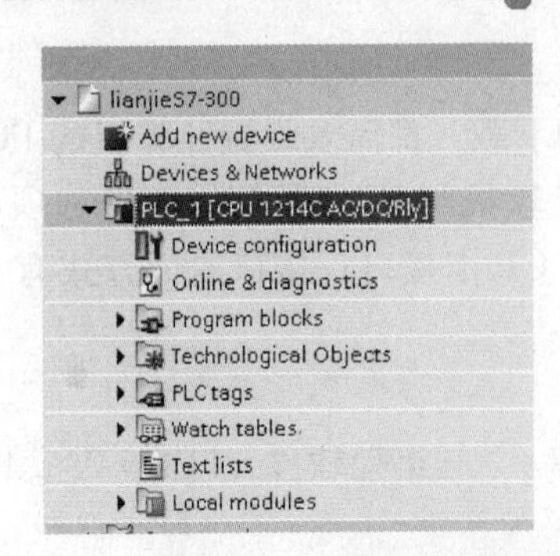

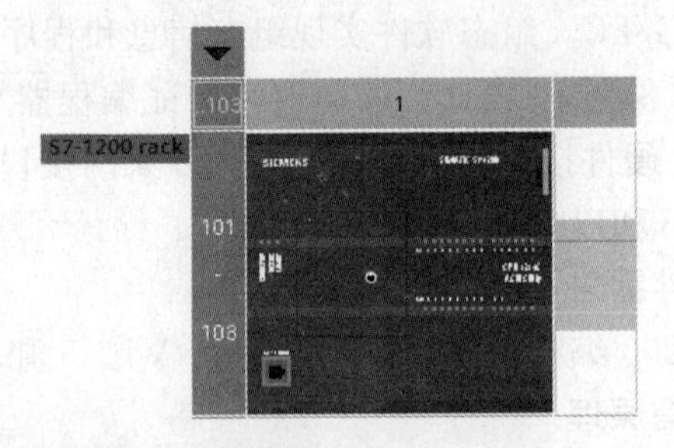

图 6-68　添加 S7-1200 设备

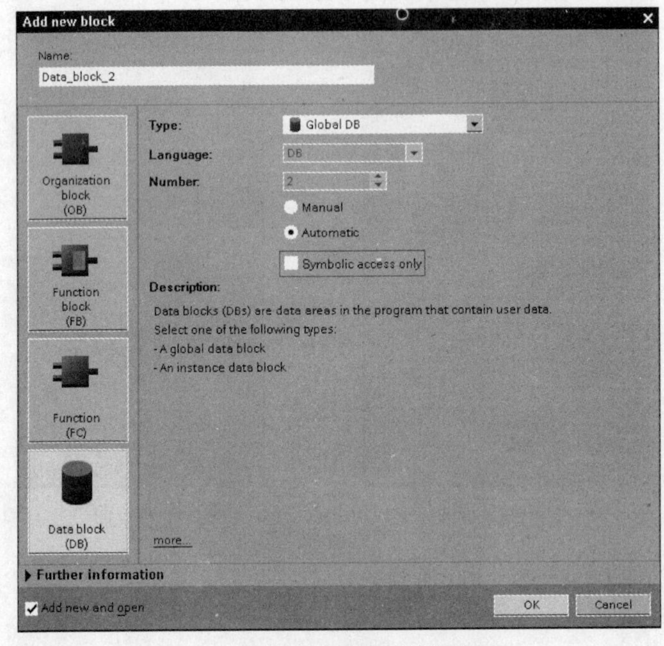

图 6-69　创建绝对地址数据块 DB2

（2）在 DB2 中添加数据。打开全局 DB2，输入 2 个数组类型数据，每个数组有 16 个元素，如图 6-70 所示。

Project tree　lianjieS7-300 ▸ PLC_1 ▸ Program blocks ▸ Data_block_2

Devices

lianjieS7-300
Add new device
Devices & Networks
PLC_1 [CPU 1214C AC/DC/Rly]
Device configuration
Online & diagnostics
Program blocks
Add new block
Main [OB1]
Data_block_1 [DB1]
Data_block_2 [DB2]
Data_block_3 [DB3]
Technological Objects
PLC tags
Watch tables
Text lists
Local modules
Common data
Languages & Resources
Online access

Data_block_2

	Name	Data type	Offset	Initial value	Retain	Comment
1	Static					
2	var1	Array [0..15] of byte	0.0			
3	var1[0]	Byte		B#16#00		
4	var1[1]	Byte		B#16#00		
5	var1[2]	Byte		B#16#00		
6	var1[3]	Byte		B#16#00		
7	var1[4]	Byte		B#16#00		
8	var1[5]	Byte		B#16#00		
9	var1[6]	Byte		B#16#00		
10	var1[7]	Byte		B#16#00		
11	var1[8]	Byte		B#16#00		
12	var1[9]	Byte		B#16#00		
13	var1[10]	Byte		B#16#00		
14	var1[11]	Byte		B#16#00		
15	var1[12]	Byte		B#16#00		
16	var1[13]	Byte		B#16#00		
17	var1[14]	Byte		B#16#00		
18	var1[15]	Byte		B#16#00		
19	var2	Array [0..15] of byte	16.0			

图 6-70　在 DB2 中添加数据

（3）创建两个 Watch table（Watch table _ 1、Watch table _ 2）用来观察 DB2 的实时状态。

（4）将程序下载到 PLC CPU 1214C 中。

3. S7－300 的配置

使用 STEP 7 创建 SIMATIC 300 Station。

（1）添加 CPU 319－3PN/DP。在硬件组态中添加 CPU 319－3 PN/DP，设置 IP 地址为 192.168.1.8，如图 6－71 所示。

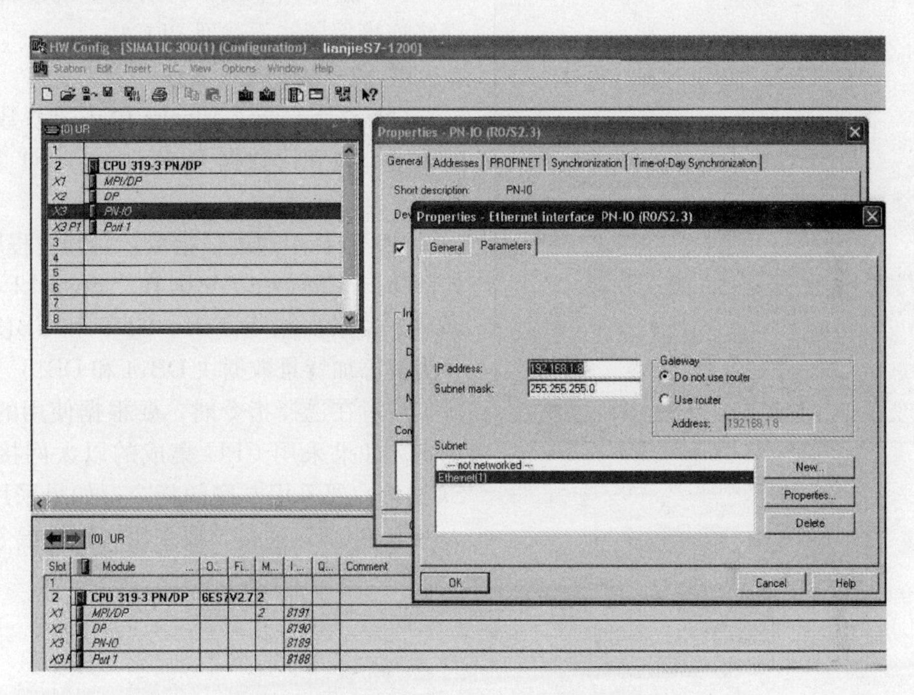

图 6－71　添加 CPU 319－3PN/DP

（2）选择相应的机架。在网络组态 NetPro 中创建 S7 连接，首先在打开的 NetPro 中单击 SIMATIC 300（1）机架的“CPU 319－3PN/DP”处，如图 6－72 所示。

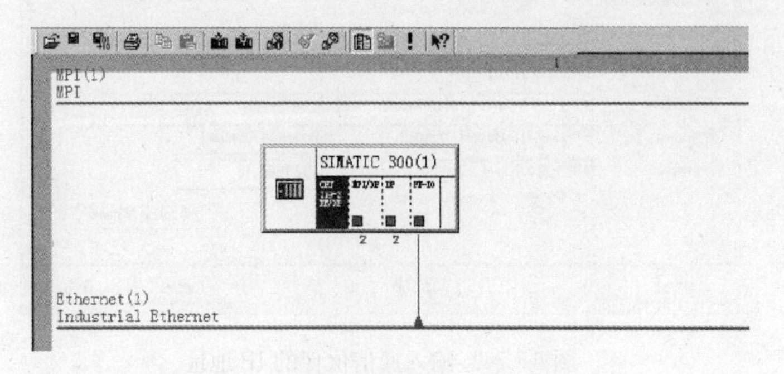

图 6－72　在 NetPro 中选择相应的机架

（3）添加 S7 连接。如图 6－73 所示，创建一个与“Unspecified”（未定义的）连接的 S7 连接，点击“OK”按钮。

（4）输入通信伙伴的 IP 地址。如图 6－74 所示，在相应的位置输入通信伙伴的 IP 地址

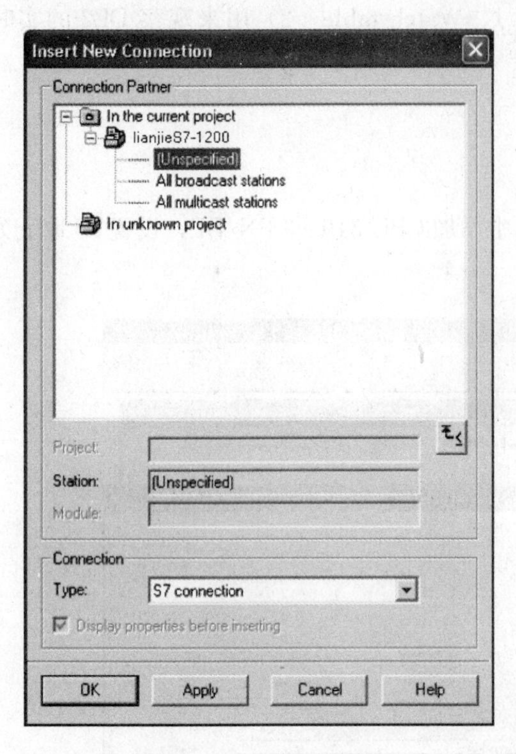

图 6-73　添加 S7 连接

192.168.1.18，然后单击“Address Details”按钮。

（5）设置通信伙伴机架和槽号。在如图 6-75 所示的“Address Details”对话框中，将通信伙伴的槽号改为 1，确认其 TSAP 为 03.01，单击“OK”按钮。

（6）编译并下载。将所建立的硬件组态与网络连接编译并下载到 PLC 中。

4. S7-300 PLC 编程

（1）在 STEP 7 Blocks 中创建写数据 DB1（put data）和读数据 DB3（get data）数据块，如图 6-76 所示。

（2）选择单边通信指令。打开主程序 OB1，如图 6-77 所示，分别在 Network1 和 Network2 中添加指令 FB14 GET 和 FB15 PUT，并为其添加背景数据块 DB14 和 DB15。

注意在选择指令时，要根据使用的产品来确定。如果采用 CPU 集成的以太网接口建立 S7 通信，要采用左侧的指令；如果采用 CP 以太网卡建立 S7 通信，要采用右侧的指令。

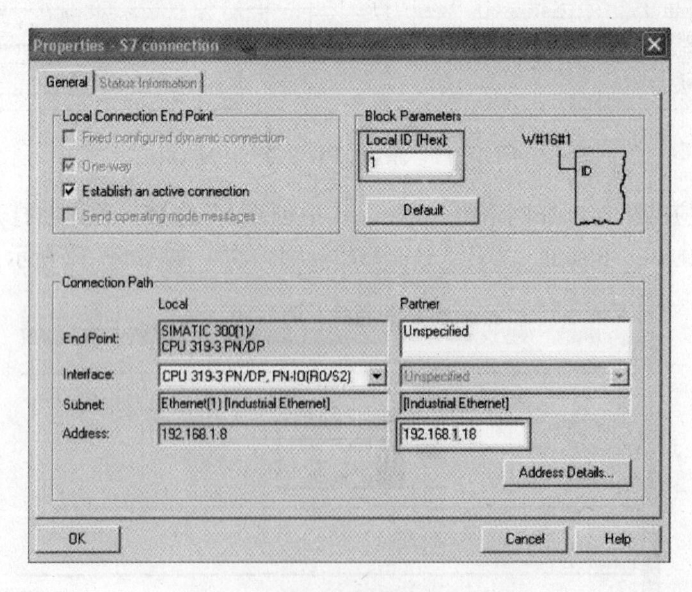

图 6-74　输入通信伙伴的 IP 地址

在 OB1 中调用 FB14 如图 6-78 所示。

在 OB1 中调用 FB15 如图 6-79 所示。

（3）创建变量表“VAT _ 1”。创建变量表“VAT _ 1”监视写数据操作（PUT），如图 6-80 所示。

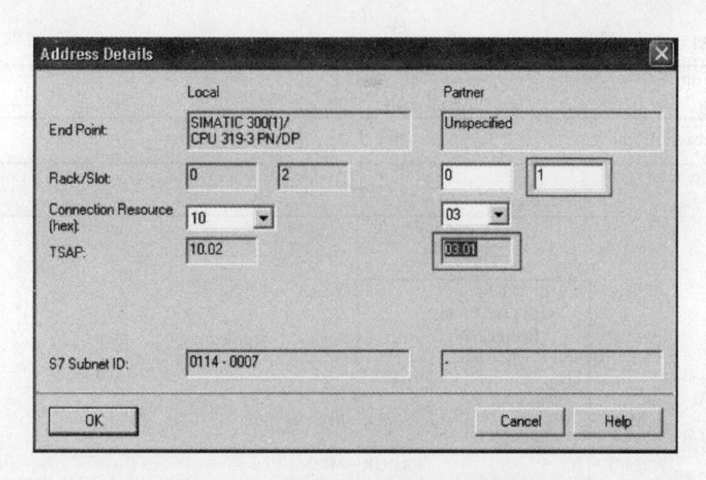

图 6－75　设置通信伙伴机架和槽号

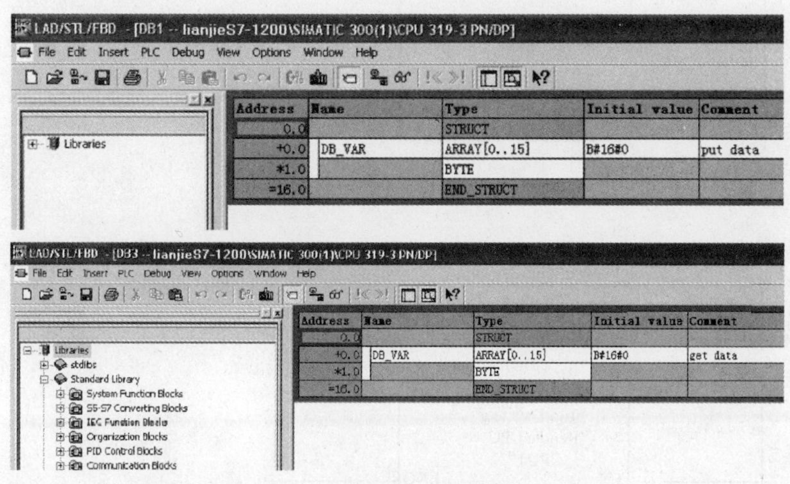

图 6－76　写数据 DB1 和读数据 DB3

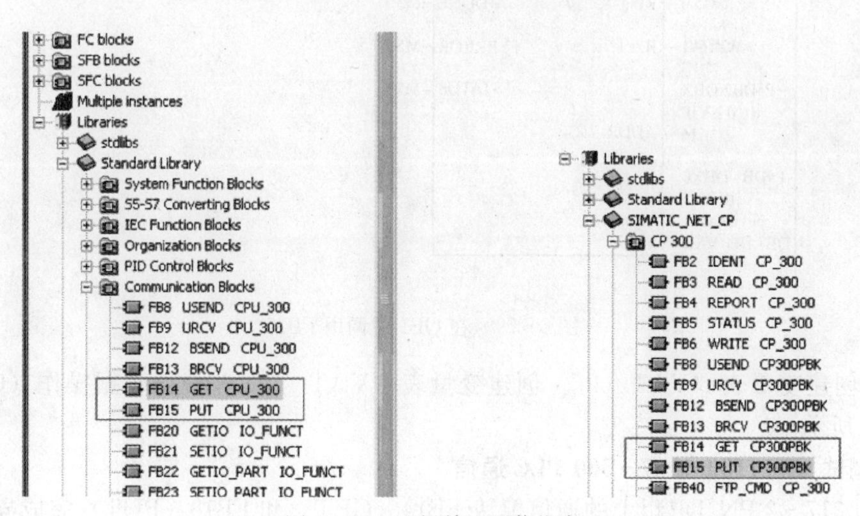

图 6－77　选择单边通信指令

OB1: “Main Progran Sweep (Cycle)”

Comnent:

Network 1:Title:

Comnent:

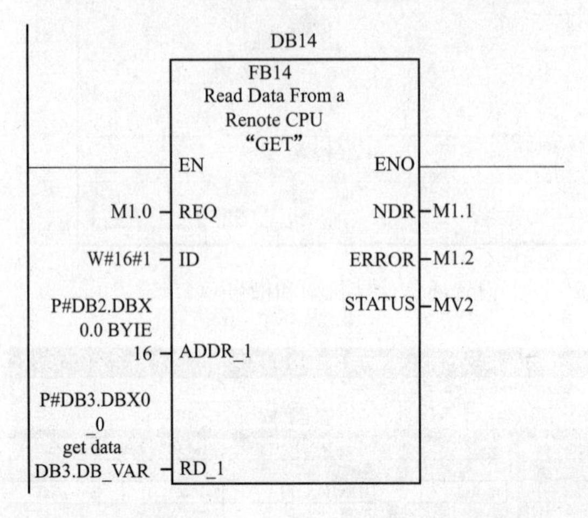

图 6-78　在 OB1 中调用 FB14

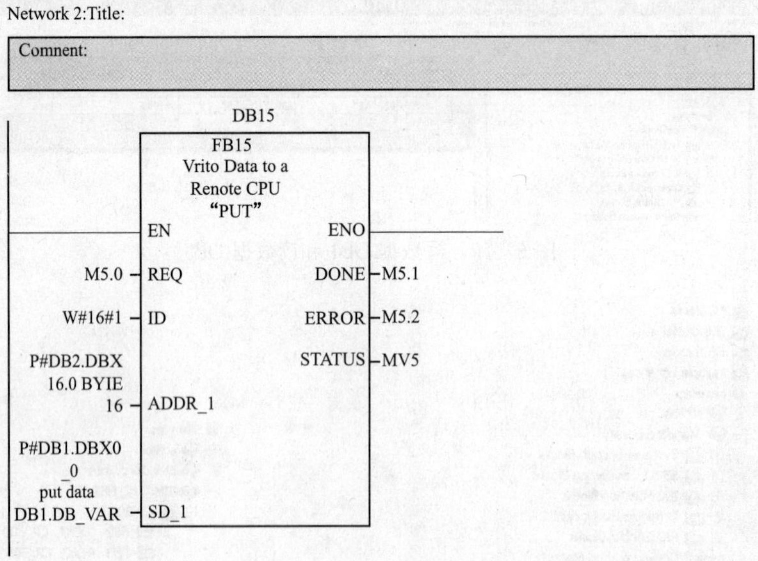

Network 2:Title:

Comnent:

DB15

FB15

Vrito Data to a

Renote CPU

“PUT”

EN　ENO

M5.0 — REQ　DONE — M5.1

W#16#1 — ID　ERROR — M5.2

STATUS — MV5

P#DB2.DBX 16.0 BYIE 16 — ADDR_1

P#DB1.DBX0 _0 put data DB1.DB_VAR — SD_1

图 6-79　在 OB1 中调用 FB15

（4）创建变量表“VAT _ 2”。创建变量表“VAT _ 2”监视读数据操作（GET），如图 6-81 所示。

5. 调试 S7-1200 与 S7-300 PLC 通信

CPU 317-2 PN/DP 以上的通信模块 FB14（GET）和 FB15（PUT）完成异步通信功能，它们的运行可能跨越多个 OB1 循环。通过输入参数 REQ 激活 FB14 或 FB15；DONE、

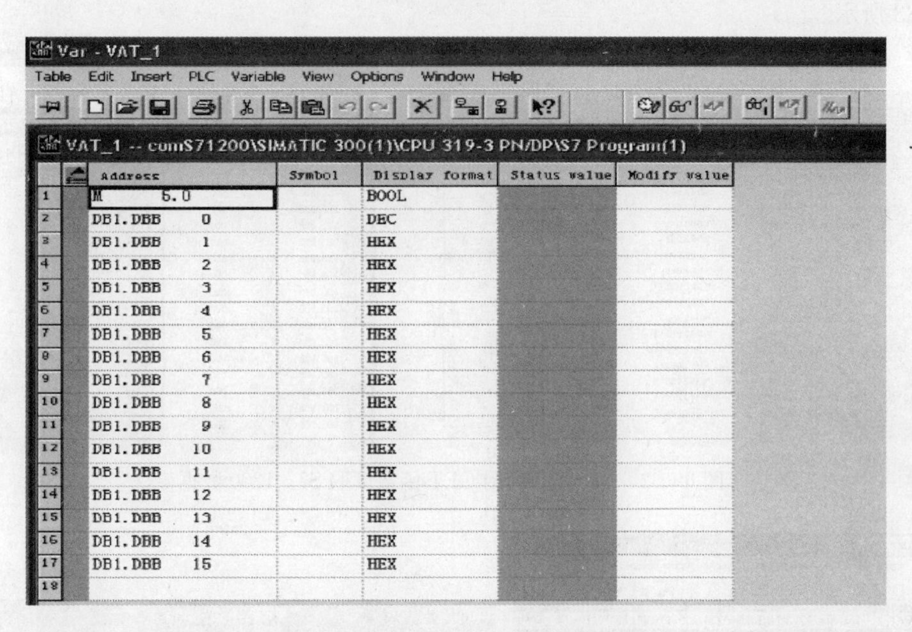

图 6-80　创建变量表“VAT_1”

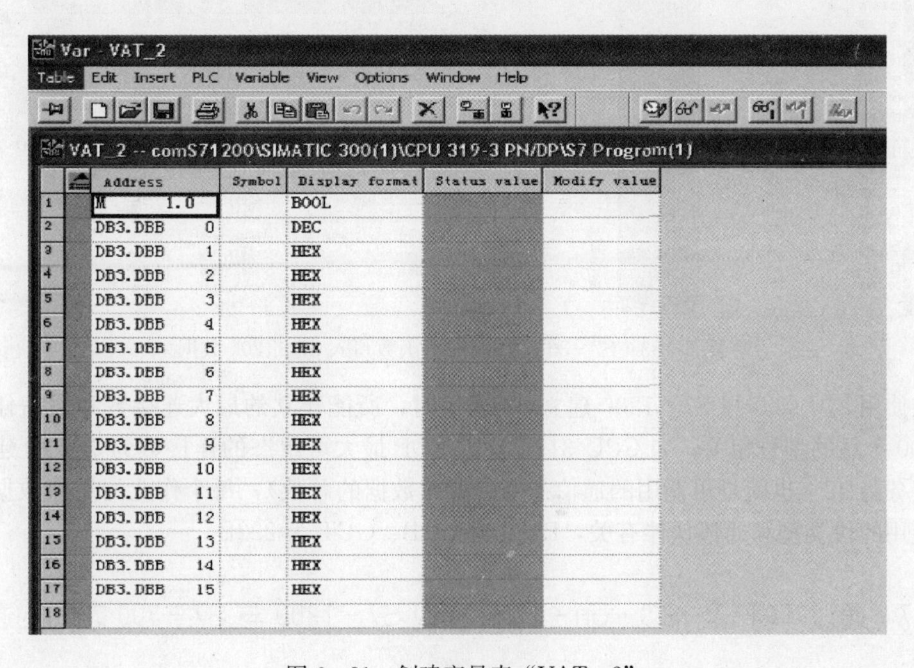

图 6-81　创建变量表“VAT_2”

NDR 或 ERROR 表明作业结束；PUT 和 GET 可以同时通过连接进行通信。

（1）读取 S7-1200 的数据。从 S7-300 程序中可知，在 M1.0 从 0 变为 1 时，读取 S7-1200 的数据 DB2.DBB0～DB2.DBB15 到 S7-300 的 DB3.DBB0～DB3.DBB15 中，如图 6-82 所示。

（2）向 S7-1200 写入数据。从 S7-300 程序中可知，在 M5.0 从 0 变为 1 时，将 S7-300 的数据 DB1.DBB0～DB1.DBB15 写入 S7-1200 的 DB2.DBB16～DB2.DBB31 中，如

图 6-83 所示。

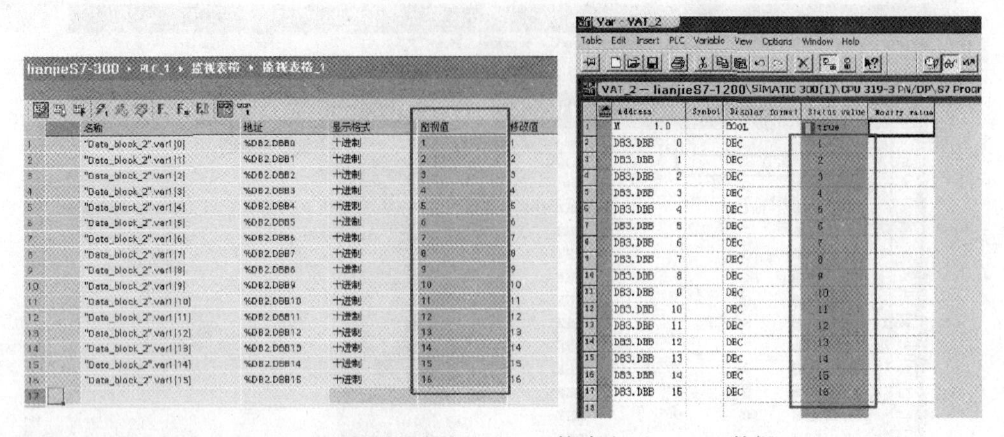

	名称	地址	显示格式	监视值	修改值
1	"Data_block_2".var1[0]	%DB2.DBB0	十进制	1	1
2	"Data_block_2".var1[1]	%DB2.DBB1	十进制	2	2
3	"Data_block_2".var1[2]	%DB2.DBB2	十进制	3	3
4	"Data_block_2".var1[3]	%DB2.DBB3	十进制	4	4
5	"Data_block_2".var1[4]	%DB2.DBB4	十进制	5	5
6	"Data_block_2".var1[5]	%DB2.DBB5	十进制	6	6
7	"Data_block_2".var1[6]	%DB2.DBB6	十进制	7	7
8	"Data_block_2".var1[7]	%DB2.DBB7	十进制	8	8
9	"Data_block_2".var1[8]	%DB2.DBB8	十进制	9	9
10	"Data_block_2".var1[9]	%DB2.DBB9	十进制	10	10
11	"Data_block_2".var1[10]	%DB2.DBB10	十进制	11	11
12	"Data_block_2".var1[11]	%DB2.DBB11	十进制	12	12
13	"Data_block_2".var1[12]	%DB2.DBB12	十进制	13	13
14	"Data_block_2".var1[13]	%DB2.DBB13	十进制	14	14
15	"Data_block_2".var1[14]	%DB2.DBB14	十进制	15	15
16	"Data_block_2".var1[15]	%DB2.DBB15	十进制	16	16

	Address	Symbol	Display format	Status value	Modify value
1	M 1.0		BOOL	true	
2	DB3.DBB 0		DEC	1	
3	DB3.DBB 1		DEC	2	
4	DB3.DBB 2		DEC	3	
5	DB3.DBB 3		DEC	4	
6	DB3.DBB 4		DEC	5	
7	DB3.DBB 5		DEC	6	
8	DB3.DBB 6		DEC	7	
9	DB3.DBB 7		DEC	8	
10	DB3.DBB 8		DEC	9	
11	DB3.DBB 9		DEC	10	
12	DB3.DBB 10		DEC	11	
13	DB3.DBB 11		DEC	12	
14	DB3.DBB 12		DEC	13	
15	DB3.DBB 13		DEC	14	
16	DB3.DBB 14		DEC	15	
17	DB3.DBB 15		DEC	16	

图 6-82　S7-300 调用 GET 函数读取 S7-1200 数据

Var - VAT_1

VAT_1 -- lianjieS7-1200\SIMATIC 300(1)\CPU 319-3 PN/DP\S7 Pr

	Address	Symbol	Display format	Status value	Modify value
1	M 5.0		BOOL	true	
2	DB1.DBB 0		DEC	11	11
3	DB1.DBB 1		DEC	22	22
4	DB1.DBB 2		DEC	33	33
5	DB1.DBB 3		DEC	44	44
6	DB1.DBB 4		DEC	55	55
7	DB1.DBB 5		DEC	66	66
8	DB1.DBB 6		DEC	77	77
9	DB1.DBB 7		DEC	88	88
10	DB1.DBB 8		DEC	99	99
11	DB1.DBB 9		DEC	10	10
12	DB1.DBB 10		DEC	11	11
13	DB1.DBB 11		DEC	12	12
14	DB1.DBB 12		DEC	13	13
15	DB1.DBB 13		DEC	14	14
16	DB1.DBB 14		DEC	15	15
17	DB1.DBB 15		DEC	16	16

lianjieS7-300 ▸ PLC_1 ▸ 监视表格 ▸ 监视表格_2

	名称	地址	显示格式	监视值
1	"Data_block_2".var2[0]	%DB2.DBB16	十进制	11
2	"Data_block_2".var2[1]	%DB2.DBB17	十进制	22
3	"Data_block_2".var2[2]	%DB2.DBB18	十进制	33
4	"Data_block_2".var2[3]	%DB2.DBB19	十进制	44
5	"Data_block_2".var2[4]	%DB2.DBB20	十进制	55
6	"Data_block_2".var2[5]	%DB2.DBB21	十进制	66
7	"Data_block_2".var2[6]	%DB2.DBB22	十进制	77
8	"Data_block_2".var2[7]	%DB2.DBB23	十进制	88
9	"Data_block_2".var2[8]	%DB2.DBB24	十进制	99
10	"Data_block_2".var2[9]	%DB2.DBB25	十进制	10
11	"Data_block_2".var2[10]	%DB2.DBB26	十进制	11
12	"Data_block_2".var2[11]	%DB2.DBB27	十进制	12
13	"Data_block_2".var2[12]	%DB2.DBB28	十进制	13
14	"Data_block_2".var2[13]	%DB2.DBB29	十进制	14
15	"Data_block_2".var2[14]	%DB2.DBB30	十进制	15
16	"Data_block_2".var2[15]	%DB2.DBB31	十进制	16

图 6-83　S7-300 调用 PUT 函数写入 S7-1200 数据

在使用 S7-300 与 S7-1200 建立 S7 通信时，所能建立的最大连接数和通信任务是与 S7-300 产品的型号相关，如 CPU 319-3 PN/DP 最大可组态的连接数为 16，可建立最大通信任务为 32（也就是可调用的通信指令的背景数据的总数），每个作业的用户数据最大值与所使用的块类型和通信伙伴有关，PUT 为 212B、GET 为 222B。

6.7　通过 TCP 及 ISO-on-TCP 实现 S7-1200 与 S7-300 之间的通信

6.7.1　一般情况简介

1. S7-1200 的 PROFINET 通信口

S7-1200 CPU 本体上集成的 PROFINET 通信口，支持以太网和基于 TCP/IP 的通信标准，使用它可以实现 S7-1200 CPU 与编程设备的通信，与 HMI 触摸屏的通信，以及与其他 CPU 之间的通信。这个 PROFINET 物理接口是支持 10/100Mb/s 的 RJ45 口，支持电缆交叉自适应，因此标准的或是交叉的以太网线都可以用于这个接口。

2. S7－1200 支持的协议和最大的连接资源

S7－1200 CPU 的 PROFINET 通信口支持 TCP、ISO－on－TCP（RCF 1006）及前面介绍过的 S7 通信（服务器端）。

S7－1200 CPU PROFINET 通信口所支持的最大通信连接数如下：①3 个连接用于 HNI（触摸屏）与 CPU 的通信；②1 个连接用于编程设备（PG）与 CPU 的通信；③8 个连接用于 Open IE（TCP、ISO－on－TCP）的编程通信，使用 T－block 指令来实现；④3 个连接用于 S7 通信的服务器端连接，可以实现与 S7－200、S7－300 及 S7－400 的以太网 S7 通信。S7－1200 CPU 可以同时支持以上 15 个通信连接，这些连接数是固定不变的，不能自定义。

3. 硬件需求和软件需求

硬件：①S7－1200 CPU；②S7－300 CPU＋CP 343－1（支持 S7 Client）；③PC（带以太网卡）；④TP 以太网电缆。

软件：①STEP 7 Basic V10.5；②STEP 7 V5.4。

6.7.2 ISO－on－TCP 通信

S7－1200 CPU 与 S7－300/400 之间通过 ISO－on－TCP 通信，需要在双方都建立连接，连接对象选择“Unspecified”，所完成的通信任务为：①S7－1200 将 DB3 里的 100B 发送到 S7－300 的 DB2 中；②S7－300 将输入数据 IB0 发送给 S7－1200 的输出数据区 QB0。

1. S7－1200 CPU 的组态编程

组态编程过程与 S7－1200 两个 CPU 间的通信是基本相似的，以下简单描述一下步骤。

(1) 使用 STEP 7 Basic V10.5 软件新建一个项目。在 STEP 7 Basic 的“Protal View”中选择“Create new project”创建一个新项目。

(2) 添加新设备。在“Project tree”下双击“Add new device”，在新打开的对话框中选择所使用的 S7－1200 CPU 添加到机架上，命名为 PLC_1。

(3) 为 PROFINET 通信口分配以太网地址。在“Device View”中单击 CPU 上代表 PROFINET 通信口的绿色小方块，在下方出现 PROFINET 接口的属性，在“Ethernet addresses”下分配 IP 地址为 192.168.1.1，子网掩码为 255.255.255.0。

(4) 在 S7－1200 CPU 中调用“TSEND_C”通信指令并配置连接参数和块参数。在主程序中调用发送通信指令，进入“Project tree”→“PLC_1”→“Program blocks”→“Main”主程序中，从程序编辑窗口右侧“Instructions”→“Extended Instructions→Communications”下调用 TSEND_C 指令，并选择“Single Instance”生成背景 DB 块。然后单击指令块下方的下箭头按钮，使指令展开显示所有接口参数。

然后，创建并定义发送数据区 DB 块。通过“Project tree”→“PLC_1”→“Program blocks”→“Add new block”，选择“Data block”创建 DB 块，选择绝对地址，单击“OK”按钮，定义发送数据区为 100B 的数组。根据所使用的参数创建符号表，如图 6－84 所示；配置连接参数，如图 6－85 所示；配置 TSEND_C 块接口参

PLC tags

	Name	Data type	Address	Retain	Comment
1	2Hz_clock	Bool	%M0.3		
2	Input_byte0	Byte	%IB0		
3	T_C_COMR	Bool	%M10.0		
4	TSENDC_DONE	Bool	%M10.1		
5	TSENDC_BUSY	Bool	%M10.2		
6	TSENDC_ERROR	Bool	%M10.3		
7	TSENDC_STATUS	Word	%MW12		
8	Output_byte0	Byte	%QB0		
9	TRCV_NDR	Bool	%M10.4		
10	TRCV_BUSY	Bool	%M10.5		
11	TRCV_ERROR	Bool	%M10.6		
12	TRCV_RCVD_LEN	UInt	%MW16		
13	TRCV_STATUS	Word	%MW14		

图 6－84 创建所使用参数的符号表 PLC tags

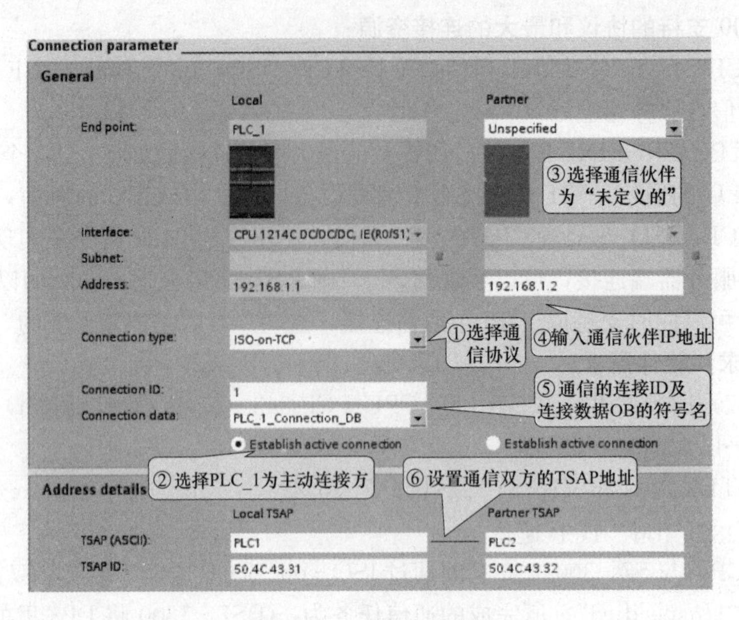

图 6-85　配置连接参数

数，如图 6-86 所示。

(5) 调用 TRCV 通信指令并配置块参数。因为与发送使用的是同一连接，所以使用的是不带连接的发送指令 TRCV，连接"ID"使用的也是 TSEND _ C 中的"Connection ID"号，如图 6-87 所示。

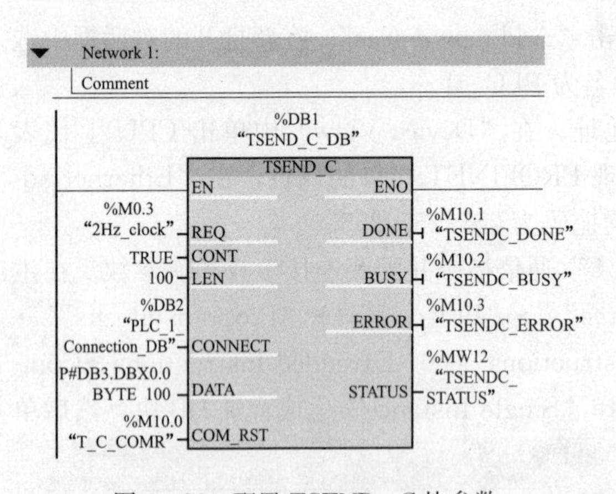

图 6-86　配置 TSEND _ C 块参数

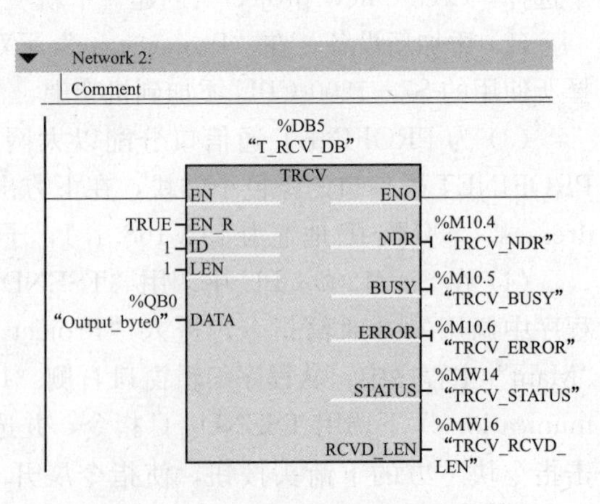

图 6-87　配置 T _ RCV 块参数

2. S7-300 CPU 的 ISO-on-TCP 通信的组态编程

(1) 使用 STEP 7 软件新建一个项目并进行硬件组态。

创建完新项目，在项目的窗口下，右击鼠标，在弹出的快捷菜单里选择"Insert New Object"→"SIMATIC 300 Station"命令，插入一个 S7-300 站。

为了编程方便，可以使用时钟脉冲激活通信任务，在 CPU 的"Properties"→"Cycle/Clock Memory"中设置，如图 6-88 所示。

每一个时钟都按照不同的周期/频率在 0 和 1 之间切换变化，见表 6-19。

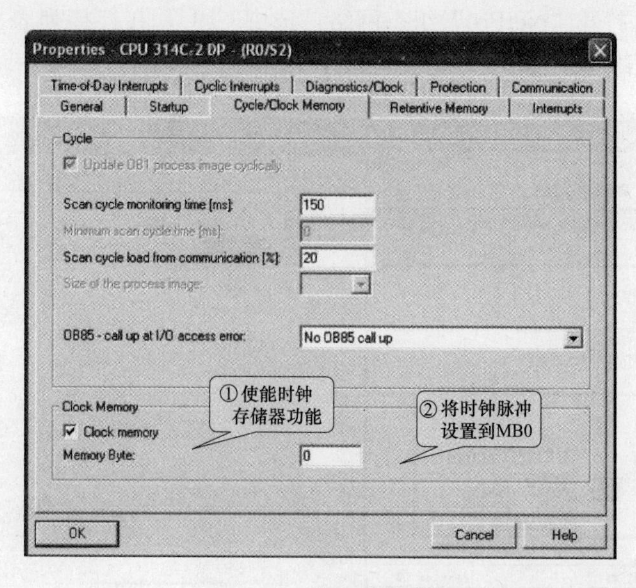

图 6-88 设置时钟脉冲

表 6-19 **时钟位频率**

位	7	6	5	4	3	2	1	0
周期（s）	2	1.6	1	0.8	0.5	0.4	0.2	0.1
频率（Hz）	0.5	0.625	1	1.25	2	2.5	5	10

（2）配置以太网模块。进入“HW Config”中，组态所使用的 CPU 及 CP 343-1 模板，并新建以太网“Ethernet（1）”，配置 CP 343-1 模板 IP 地址为 192.168.1.2，子网掩码为 255.255.255.0，如图 6-89 所示。配置完硬件组态及属性，编译存盘并下载所有硬件组态。

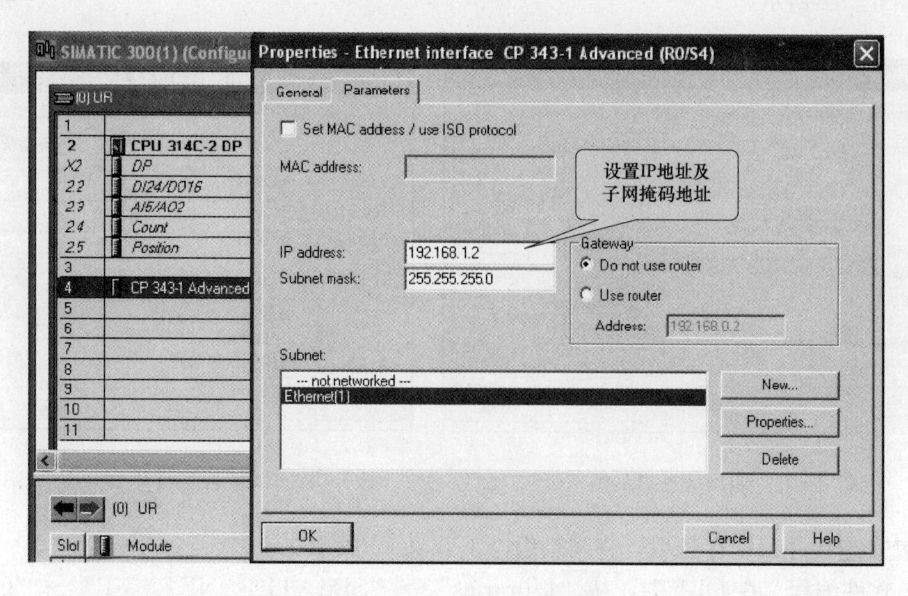

图 6-89 S7-300 硬件配置

（3）网络组态。打开“NetPro”组态网络，选中CPU，在连接列表里建立新的连接并选择连接对象和通信协议，如图6－90所示。

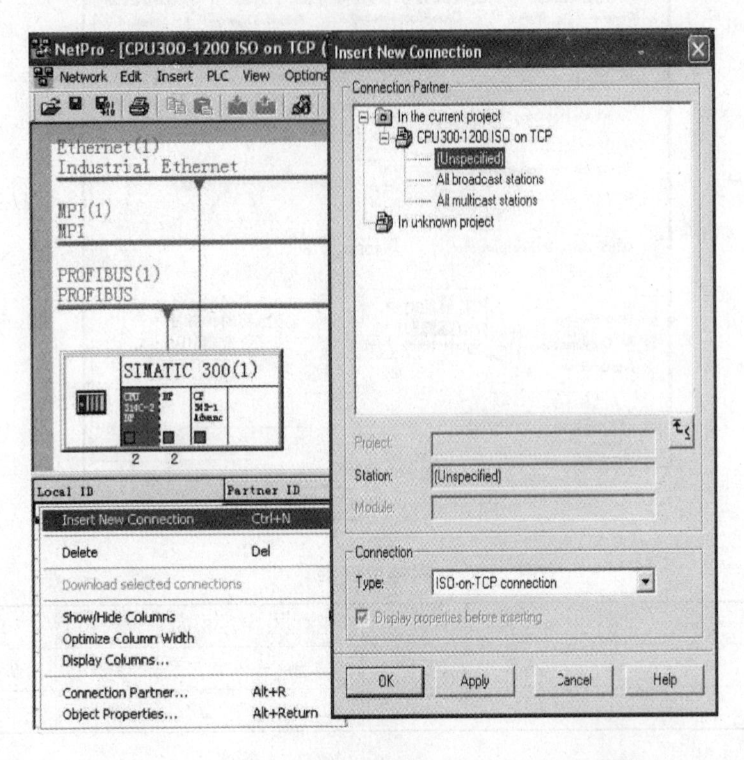

图6－90　创建新的连接并选择ISO－on－TCP协议

单击图6－90中的“OK”按钮，接着弹出通用信息对话框，如图6－91所示。

在通用信息对话框中单击“Addresses”选项卡，组态通信双方的IP地址及TSAP地址，如图6－92所示。

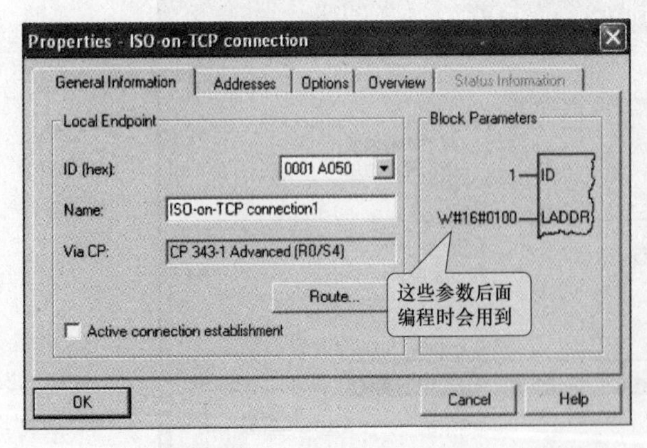

图6－91　通用信息对话框

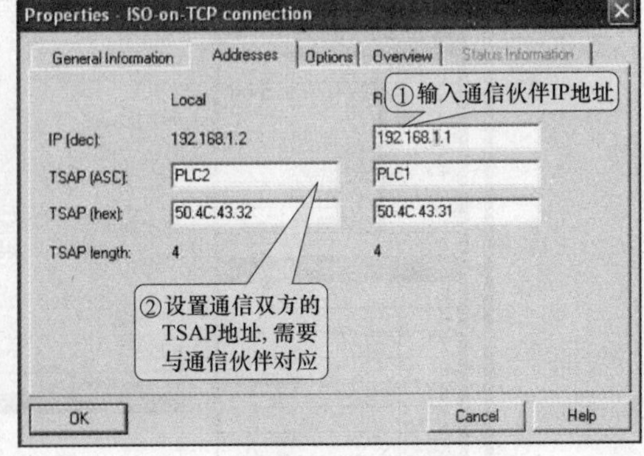

图6－92　组态通信的IP地址及TSAP地址

配置完连接并编译存盘后，将网络组态下载到CPU 300中。

（4）软件编程。在OB1中，从“Libraries”→“SIMATIC _ NET _ CP”→“CP 300”

下，调用FC 5（AG _ SEND)、FC 6（AG _ RECV）通信指令，创建接收数据区为DB2，定义成100B的数组。

```
CALL    "AG_RECV"                   //调用 FC 6
ID      :=1                         //连接号(与连接配置列表中一致,如图 6-91 所示)
LADDR   :=W#16#100                  //CP 的地址(与配置一致,如图 6-91 所示)
RECV    :=P#DB2.DBX0.0 BYTE 100     //接收数据区
NDR     :=M10.0                     //为 1 时,接收到新数据
ERROR   :=M10.1                     //为 1 时,有故障发生
STATUS  :=MW12                      //状态代码
LEN     :=MW14                      //接收到的实际数据长度

CALL    "AG_SEND"                   //调用 FC 5
ACT     :=M0.2                      //为 1 时,激活发送任务
ID      :=1                         //连接号(与连接配置一致)
LADDR   :=W#16#100                  //CP 的地址(与配置一致)
SEND    :=IB0                       //发送数据区
LEN     :=1                         //发送数的长度
DONE    :=M10.2                     //为 1 时,发送完成
ERROR   :=M10.3                     //为 1 时,有故障发生
STATUS  :=MW16                      //状态代码
```

3. 监控通信结果

下载S7－1200和S7－300中的所有组态及程序，监控通信结果，如图6－93和图6－94所示。

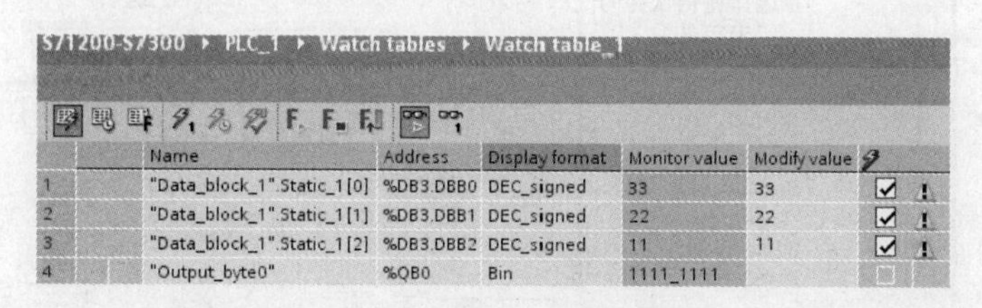

S71200-S7300 ▸ PLC_1 ▸ Watch tables ▸ Watch table_1

	Name	Address	Display format	Monitor value	Modify value
1	"Data_block_1".Static_1[0]	%DB3.DBB0	DEC_signed	33	33
2	"Data_block_1".Static_1[1]	%DB3.DBB1	DEC_signed	22	22
3	"Data_block_1".Static_1[2]	%DB3.DBB2	DEC_signed	11	11
4	"Output_byte0"	%QB0	Bin	1111_1111	

图6－93　S7－1200监控表

在S7－1200 CPU中向DB3中写入数据“33”“22”“11”，则在S7－300中的DB2块收到数据也为“33”“22”“11”。

在S7－300 CPU中，将“2＃1111 _ 1111”写入IB0，则在S7－1200 CPU中QB0中收到的数据也为“2＃1111 _ 1111”。

VAT_1 -- @CPU300-1200 ISO on TCP\SIMATIC 300(1)\CPU 314C-2 DP\S

	Address	Symbol	Display format	Status value	Modify value
1	DB2.DBB 0		DEC	33	
2	DB2.DBB 1		DEC	22	
3	DB2.DBB 2		DEC	11	
4	IB 0		BIN	2#1111_1111	2#1111_1111

图6－94　S7－300变量表

6.7.3　TCP通信

使用TCP协议通信，除了连接参数的定义不同，通信双方的其他组态及编程与前面所述的ISO－on－TCP协议完全相同。

S7－1200 CPU中，使用TCP协议与S7－300通信时，PLC _ 1的连接参数，如图6－95所

示；通信伙伴 S7－300 的连接参数，如图 6－96 所示。

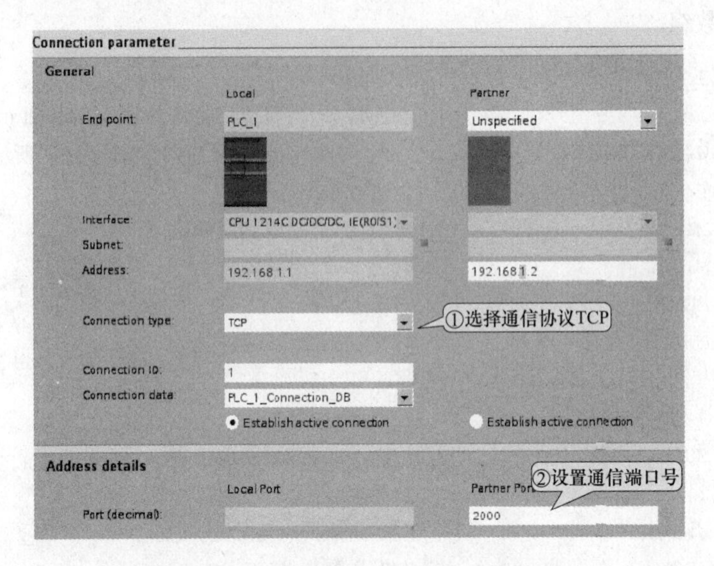

图 6－95　S7－1200 的 TCP 连接参数的组态

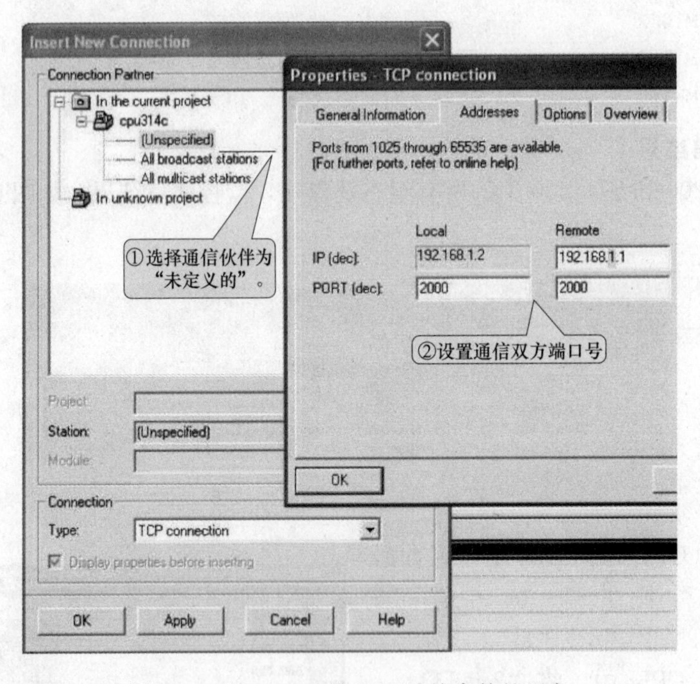

图 6－96　S7－300 的 TCP 连接参数的组态

6.8　S7－1200 与第三方设备实现自由口通信

S7－1200 性价比高，常被用作小型自动化控制设备的控制器，这使得它经常与第三方设备（扫描枪、打印机等）进行通信，这里以超级终端为例介绍自由口通信。

6.8.1 控制系统原理与软硬件需求

1. 控制系统原理

S7-1200 与第三方设备实现自由口通信的控制系统原理如图 6-97 所示。

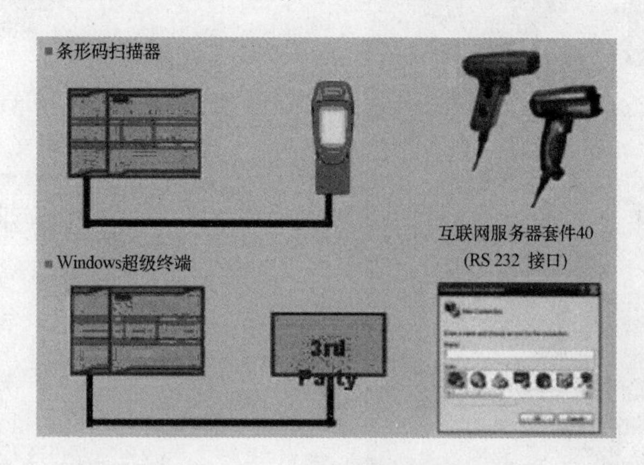

图 6-97 控制系统原理

2. 对硬件、软件的需求

(1) 硬件需求。S7-1200 有 1211C、1212C 和 1214C3 种类型的 CPU，都可以连接三个串口通信模板。本节使用的 PLC 硬件为：①PM 1207 电源；②S7 CPU 1214C；③CM 1241 RS232。

(2) 软件需求。编程软件 STEP 7 Basic V10.5。

6.8.2 组态 S7 CPU 1214C 和超级终端通信

以下通过实际操作来介绍在 STEP 7 Basic V10.5 中组态 S7 CPU 1214C 和超级终端通信。

1. 创建新项目

(1) 创建名为"ZiYouKouTongXin"的新项目。打开 TIA PORTAL 后，单击"Create new project"，然后在"Project name:"里输入"ZiYouKouTongXin"，如图 6-98 所示，再单击"Create"按钮就生成如图 6-99 所示的画面，这样就创建了一个文件名为"ZiYouKouTongXin"的新项目。

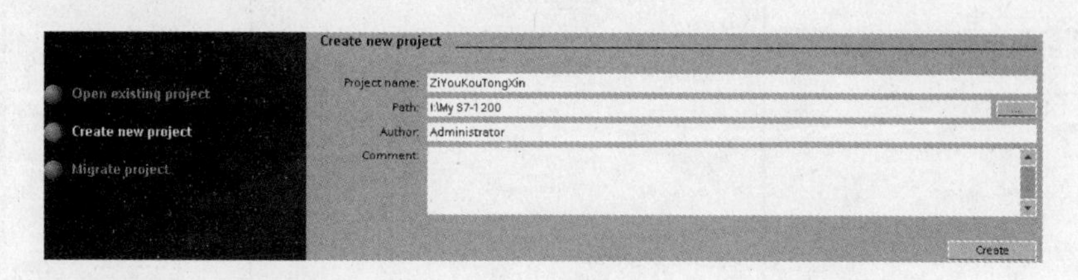

图 6-98 创建"ZiYouKouTongXin"新项目

(2) 切换到项目视图。单击图 6-99 左下角的"Project View"切换到项目视图，如图 6-100 所示。

2. 添加 PLC 并组态

(1) 添加 PLC。在"Devices"标签下，单击"Add new device"，在弹出的菜单中输入设备名"PLC_1"并在设备列表里选择 CPU 的类型 1214C，单击"OK"后如图 6-101 所示。

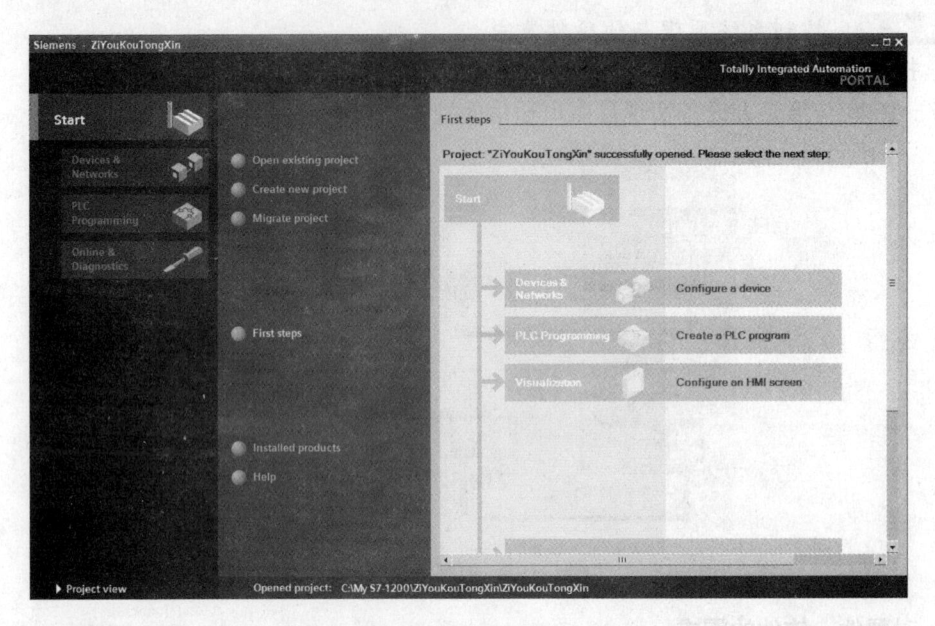

图 6 - 99　新建项目后

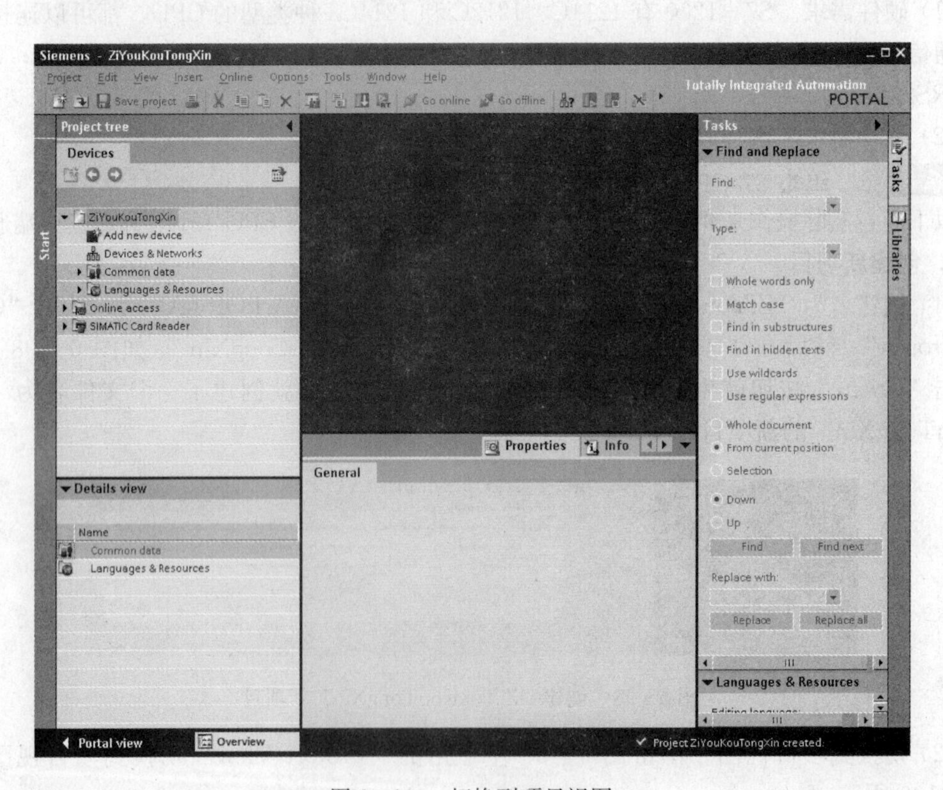

图 6 - 100　切换到项目视图

(2) 插入串口模块。插入 CPU 后，单击 CPU 右边的空槽，在右边的“Catalog”里找到“Communication module”下的 RS232 模块，拖曳或双击此模块，这样就把串口模块插入到硬件配置里，如图 6 - 102 所示。接着需要配置此 RS232 模块的硬件接口参数。

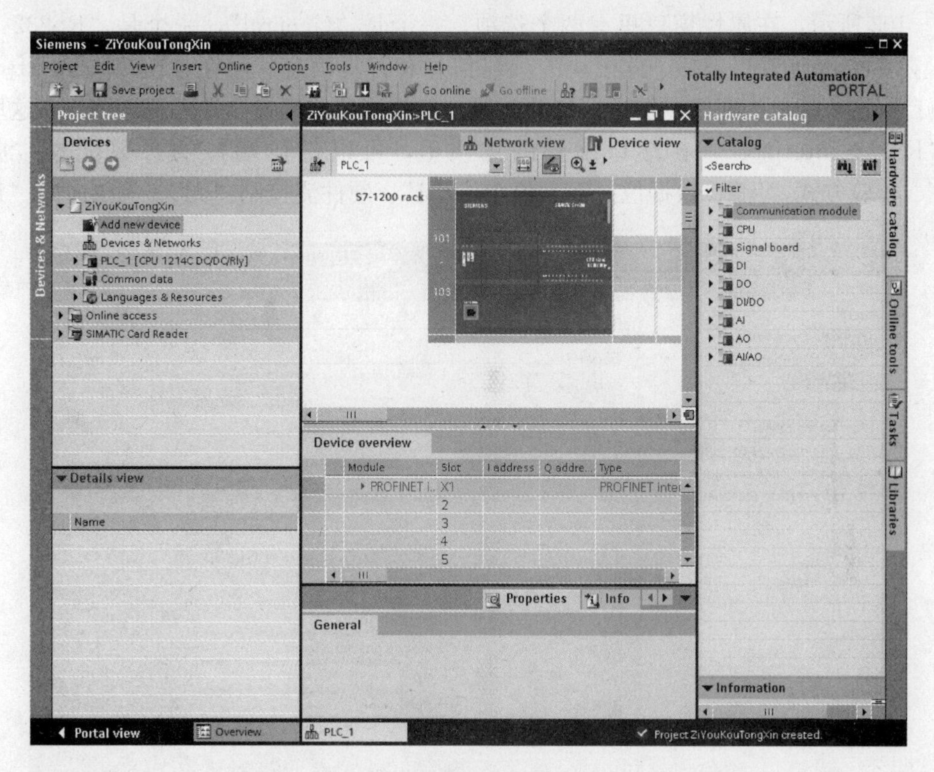

图 6 - 101　添加 PLC

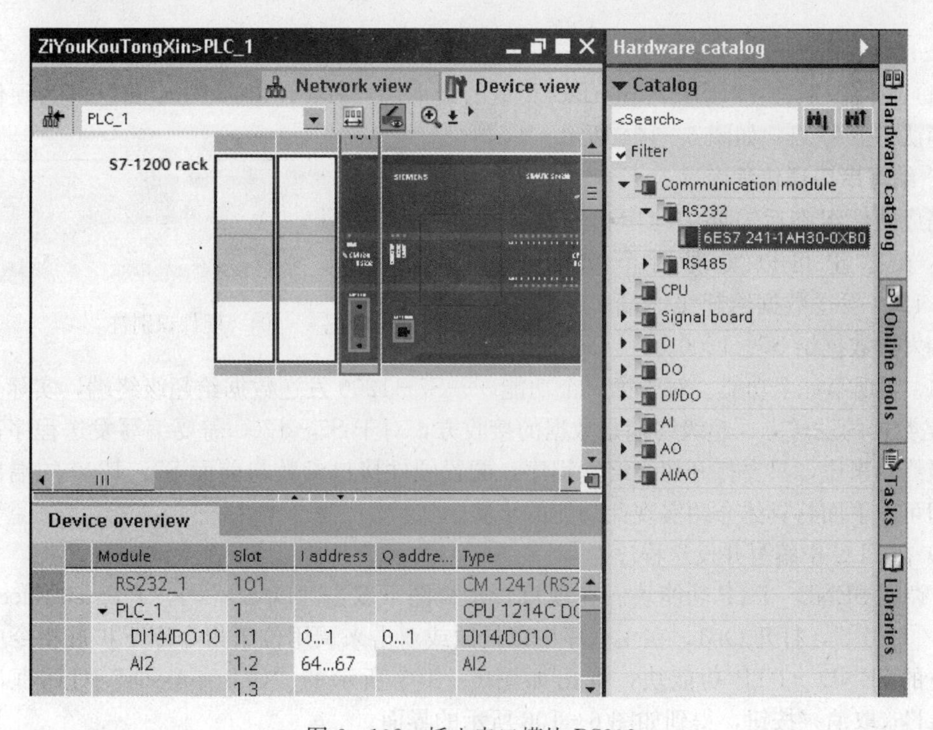

图 6 - 102　插入串口模块 RS232

(3) RS232 接口配置。选择 RS232 模块，在其下方会出现该模块的硬件属性配置窗口，如图 6-103 所示，在属性窗口里有两个选项，一个是“General”，一个是“RS232 interface”。在“General”里包括了此模块的项目信息和订货信息，而在“RS232 interface”里包括项目信息、端口的配置、发送信息的配置、接收信息的配置和硬件识别符。在这里我们选择“RS232 interface”，在端口配置的选项里，可以进行端口的参数配置：波特率“9600”、校验方式“无”、数据位“8”、停止位“1”、硬件流控制“无”、等待时间“1ms”。

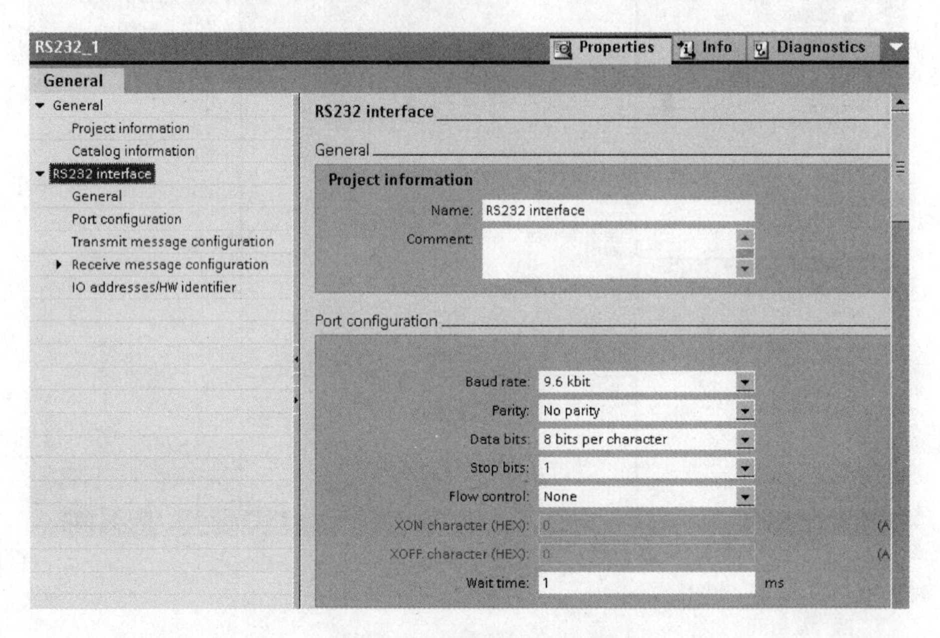

图 6-103　RS232 接口配置

(4) 硬件识别符。“RS232 interface”里的最下部“Hardware identifier”即为硬件识别符，确认一下为 11，如图 6-104 所示。

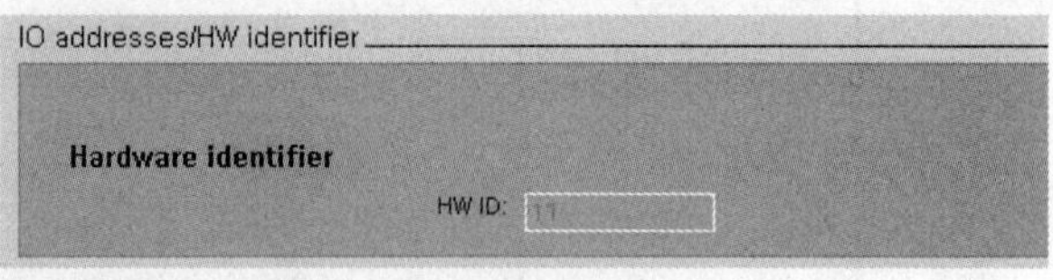

图 6-104　硬件识别符

3. 编写串口通信程序

完成硬件组态后需要编写串口通信程序，在这里可以实现两个功能：①S7-1200 发送数据给超级终端；②超级终端发送数据给 S7-1200。

(1) 实现第一个功能。对于第一个功能——S7-1200 发送数据给超级终端，实际上 S7-1200 是数据的发送方，超级终端是数据的接收方，对于 S7-1200 需要编写发送程序；而对于超级终端来说，只要打开超级终端程序，配置硬件接口参数与前面 S7-1200 的端口参数一致即可。下面将具体介绍实现此功能的步骤。

1) 在 PLC 中编写并发送程序。

● 调用 SEND_PTP 功能块。在项目管理视图下双击“Device”→“Program blocks”→“Main [OB1]”，打开 OB1，在主程序中以拖放或双击来调用位于指令库下扩展指令中通信指令下的 SEND_PTP 功能块，弹出如图 6-105 所示的“Call options”对话框，单击“Cancel”(取消) 按钮，得到如图 6-106 所示的界面。

要对 SEND_PTP 赋值参数，首先需要创建 SEND_PTP 的背景数据块和发送缓冲数据块。

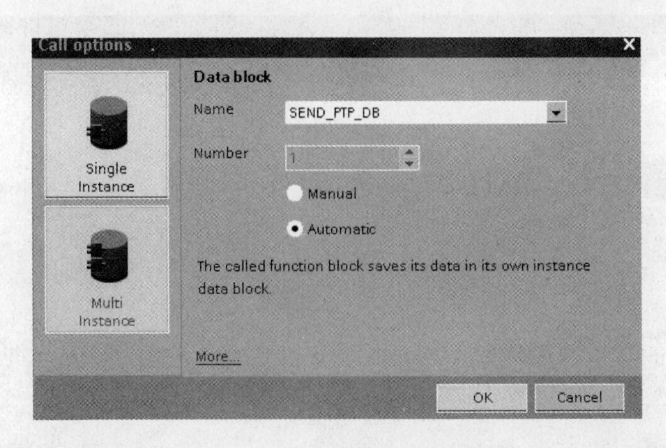

图 6-105　Call options 对话框

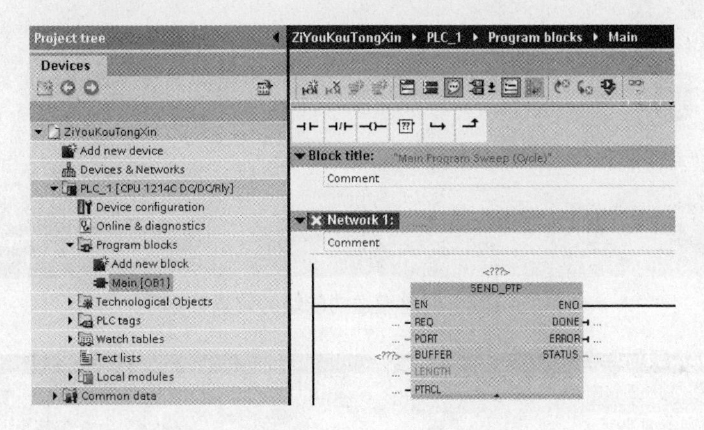

图 6-106　调用 SEND _ PTP 功能块

● 创建 SEND _ PTP 的背景数据块。双击“Devices”→“PLC _ 1”→“Program Block”→“Add new block”，在弹出的窗口中命名“DB _ Send _ PTP”，选择 DB 块，在“Type”中选择“SEND _ PTP［SFB 113］”，如图 6-107 所示，单击“OK”按钮完成。

● 创建 SEND _ PTP 的发送缓冲数据块。插入背景 DB 后，再插入发送缓冲 DB 块，重复上面的步骤，但选择 DB 类型为“Global DB”，并禁用“Symbolic access only”选项（这样可以对该 DB 块进行直接地址访问），并取名该 DB 块为“DB _ Send _ BUFF”，如图 6-108 所示，单击“OK”按钮完成。

● 定义要发送的数据。创建好背景数据块和发送缓冲数据块以后，打开 DB _ Send _ BUFF 以预先定义要发送的数据，如图 6-109 所示。

● 赋值 SEND _ PTP 的参数。定义完发送缓冲区后，接下来可以对 SEND _ PTP 的参数进行赋值，参数赋值后如图 6-110 所示。

在上面的编程块里需要注意的是，在指定发送缓冲区时，字符的开始地址是从第二个字节，而不是零字节开始，即是 P＃DB2. DBX2. 0 Byte 10 而不是 P＃DB2. DBX0. 0 Byte 10，原因是由 S7-1200 对字符串的存放的格式造成的，S7-1200 对字符串的前两个字节的定义中，第一字节是最大的字符长度，第二字节是实际的字符长度，接下来才是存放实际字符，如图 6-111 所示。

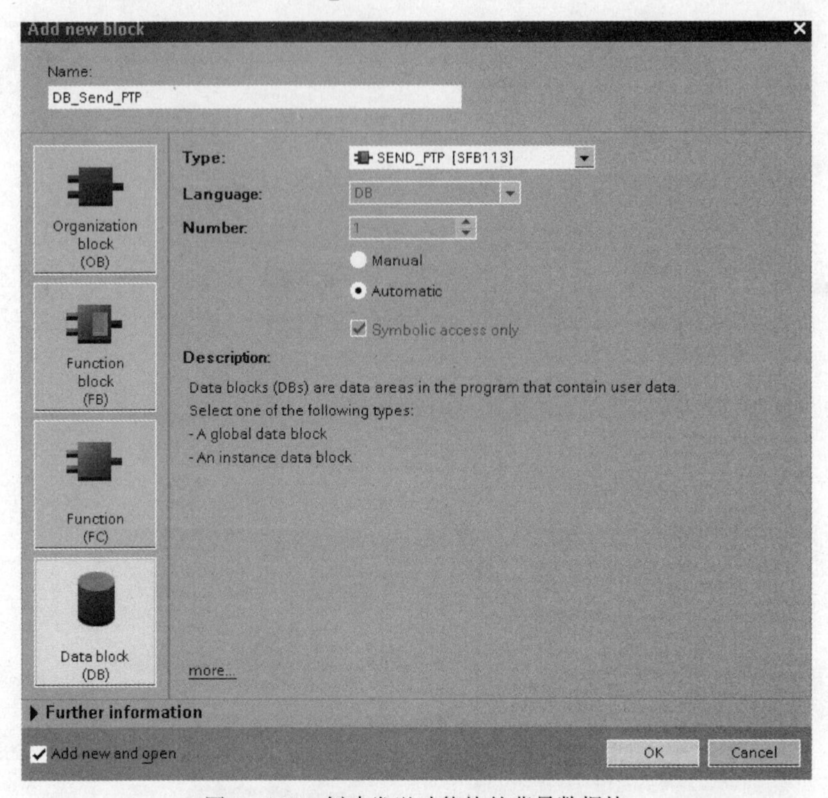

图 6-107　创建发送功能块的背景数据块

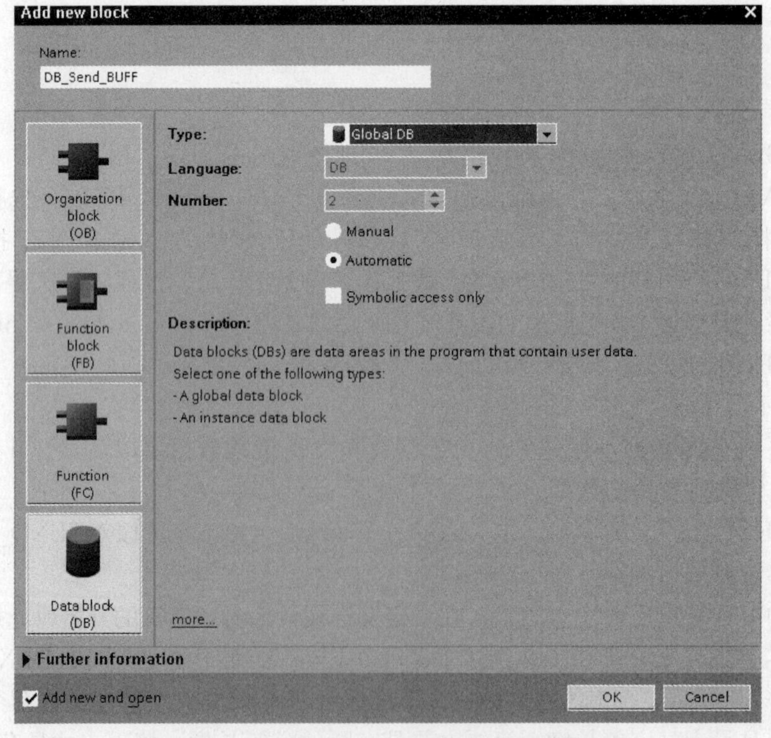

图 6-108　创建 SEND _ PTP 的发送缓冲数据块

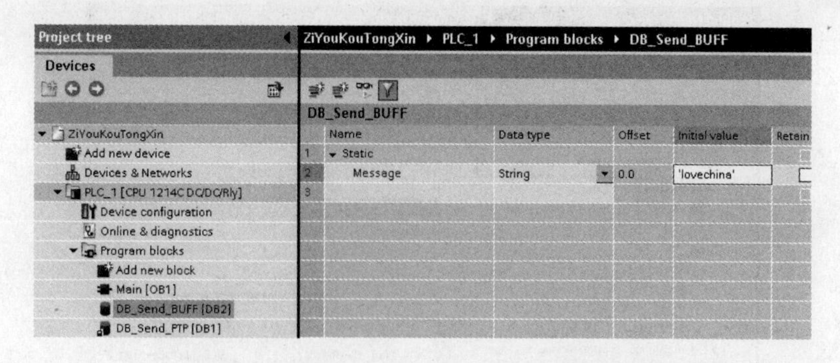

图 6-109 发送缓冲区中要发送的数据

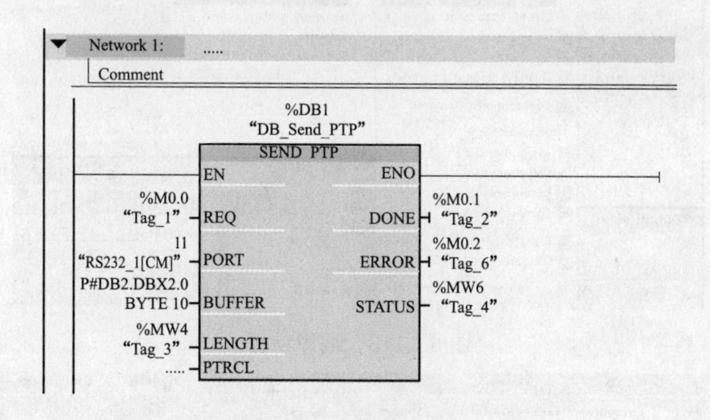

图 6-110 赋值参数

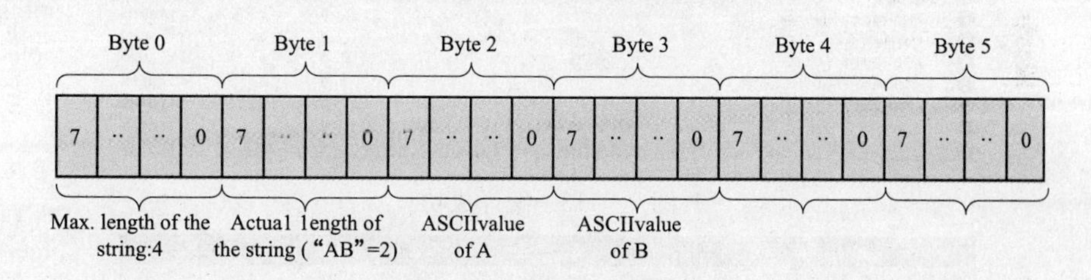

图 6-111 String 存储格式

● 编译并下载。完成发送程序编写后，应对项目进行编译：右击 PLC _ 1 项目，在弹出的菜单里选择"Complie"→"All"命令进行执行，如图 6-112 所示，这样就可对硬件与软件进行编译。

编译没有出现错误会显示"Block was successfully compiled"，如图 6-113 所示。

下载程序到 PLC 中，同样右击 PLC _ 1 项目，在弹出的如图 6-112 所示的菜单中选择"Download to device"命令即可。

2）设置超级终端的端口。用串口交叉线连接 S7-1200 的串口与计算机的串口，打开计算机的超级终端程序，并设置硬件端口参数如图 6-114 所示。

3）打开 OB1 功能块在线监控程序，在变量监控表里强制 M0.0 为 1，触发数据的发送，此时在超级终端就会接收到发送的数据，如图 6-115 所示。

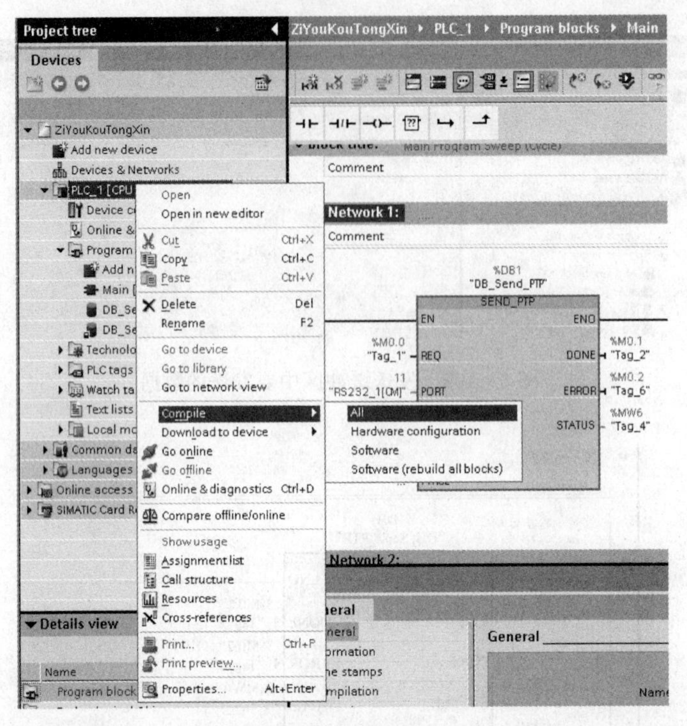

图 6-112　编译项目

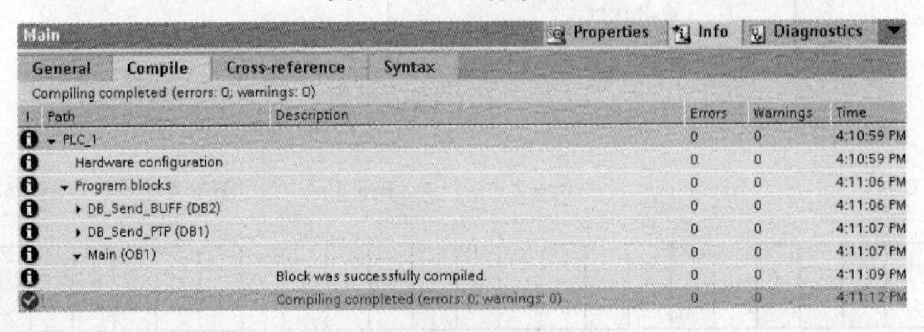
Main　Properties　Info　Diagnostics

General　Compile　Cross-reference　Syntax

Compiling completed (errors: 0; warnings: 0)

!	Path	Description	Errors	Warnings	Time
	▾ PLC_1		0	0	4:10:59 PM
	Hardware configuration		0	0	4:10:59 PM
	▾ Program blocks		0	0	4:11:06 PM
	▸ DB_Send_BUFF (DB2)		0	0	4:11:06 PM
	▸ DB_Send_PTP (DB1)		0	0	4:11:07 PM
	▾ Main (OB1)		0	0	4:11:07 PM
		Block was successfully compiled.	0	0	4:11:09 PM
		Compiling completed (errors: 0; warnings: 0)	0	0	4:11:12 PM

图 6-113　编译成功

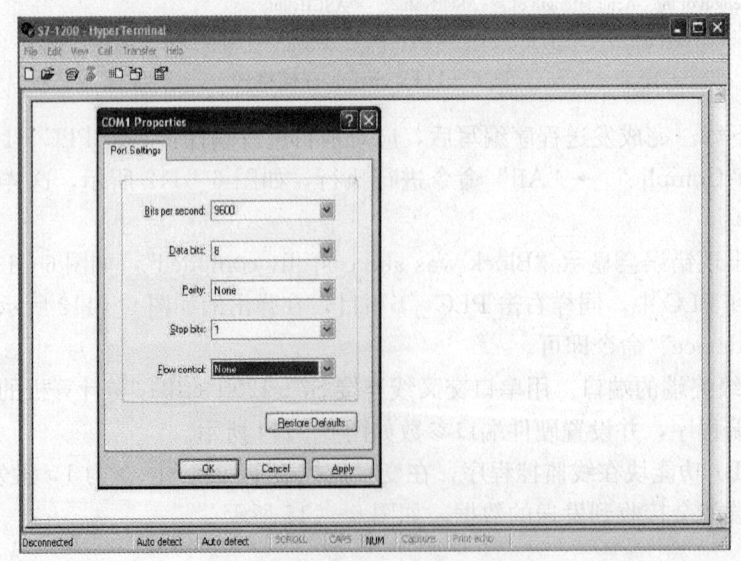

图 6-114　超级终端的端口设置

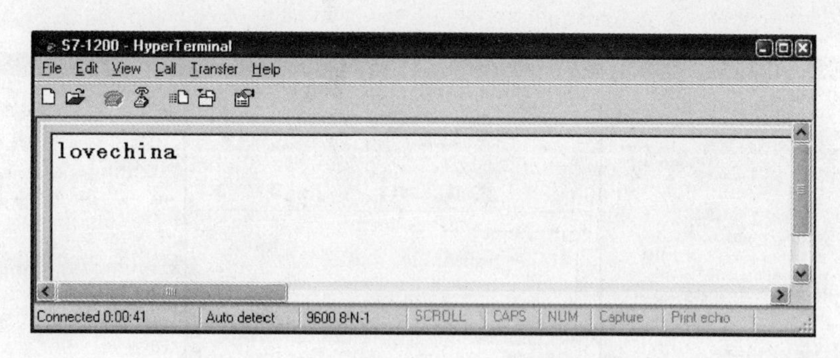

图 6-115 在超级终端监控发送来的数据

(2) 实现第二个功能。对于第二个功能——超级终端发送数据给 S7-1200，实际上 S7-1200 是数据的接收方，超级终端是数据的发送方，对于 S7-1200 需要编写接收程序；而对于超级终端来说，只要打开超级终端程序，配置硬件接口参数与前面 S7-1200 的端口参数一致，在界面上输入发送内容即可。下面具体介绍实现此功能的步骤。

1) 在 PLC 中编写并接收程序。

● 调用 RCV_PTP 功能块。在项目管理视图下双击 "Device" → "Program blocks" → "Main [OB1]"，打开 OB1，在主程序中以拖放或双击来调用位于指令库扩展指令中通信指令下的 RCV_PTP 功能块，弹出如图 6-116 所示的 "Call options" 对话框，单击 "Cancel"（取消）按钮，得到如图 6-117 所示的界面。

要对 RCV_PTP 赋值参数，首先需要创建 RCV_PTP 的背景数据块和接收缓冲数据块。

● 创建 RCV_PTP 的背景数据块。双击 "Devices" → "PLC_1" → "Program Blocks" → "Add new block"，在弹出的窗口中命名 "DB_RCV_PTP"，选择 DB 块，在 "Type" 中选择 "RCV_PTP [SFB 114]"，如图 6-118 所示，单击 "OK" 按钮完成。

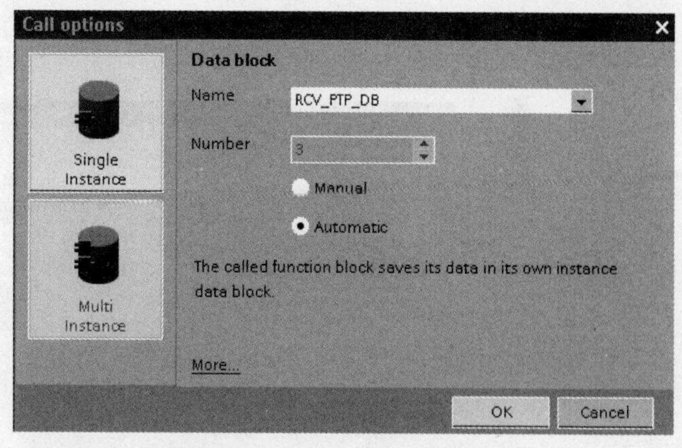

图 6-116 Call options 对话框

● 插入接收缓冲数据块。插入背景 DB 块后，重复上面步骤再插入接收缓冲 DB 块，只是在选择 DB 类型为 "Global DB"，并禁用 "Symbolic access only" 选项（这样可以对该 DB 块进行直接地址访问），取名为 "DB_RCV_BUFF"，如图 6-119 所示，单击 "OK" 按钮完成。

● 定义接收缓冲区。创建好背景数据块和接收缓冲数据块之后，打开 DB_RCV_BUFF 便可定义接收缓冲区数据的类型，如图 6-120 所示。

● 赋值 RCV_PTP 的参数。定义完接收缓冲区后，接下来就可以赋值 RCV_PTP 的参数，赋值参数后如图 6-121 所示。

● 编译并下载。完成接收程序编写后，应对项目进行编译：右击 PLC_1 项目，在弹出的菜单里选择 "Complie" → "All" 命令进行执行，如图 6-122 所示，这样就可对硬件与

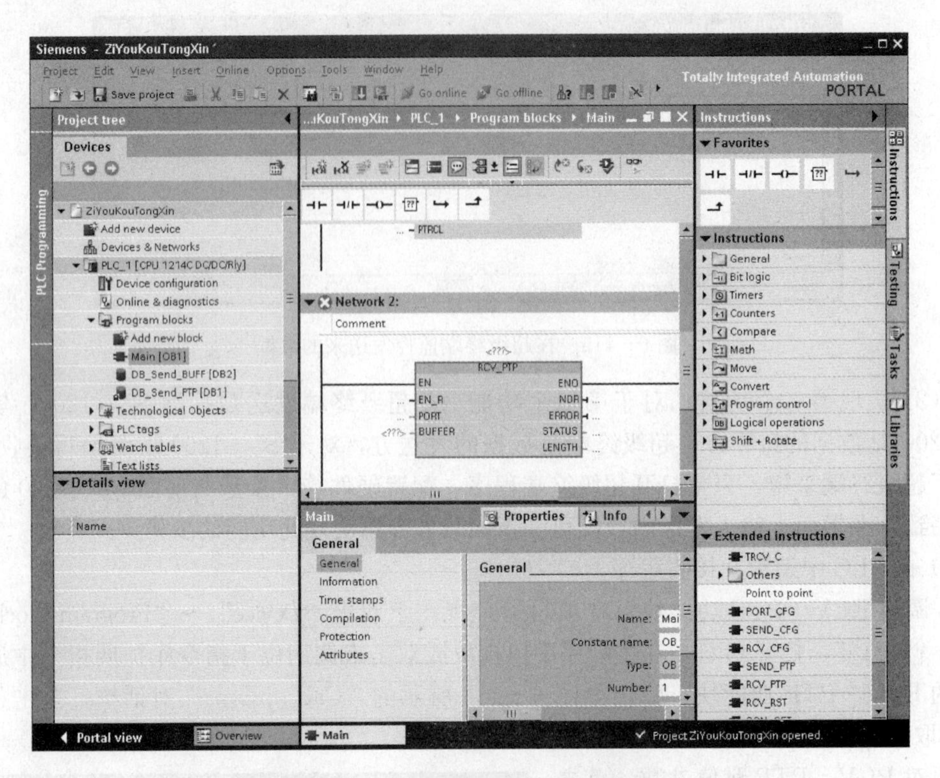

图 6－117　调用 RCV _ PTP 功能块

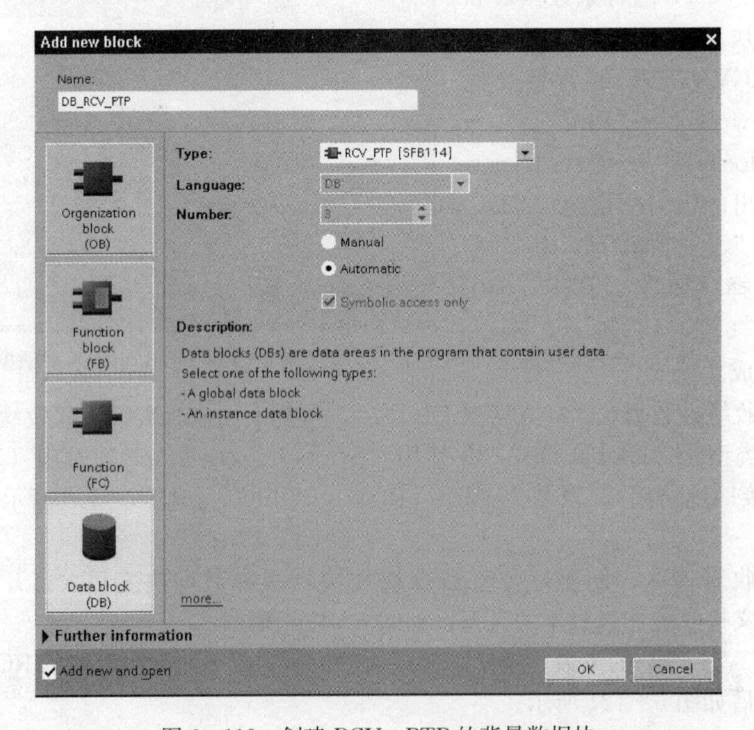

图 6－118　创建 RCV _ PTP 的背景数据块

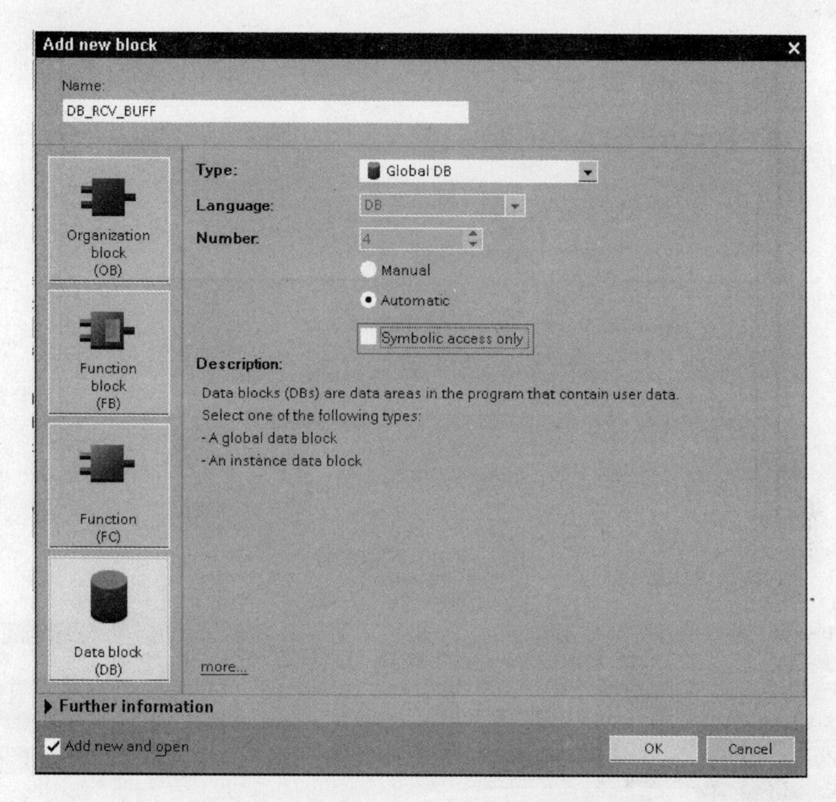

图 6-119　创建 RCV_PTP 的接收缓冲数据块

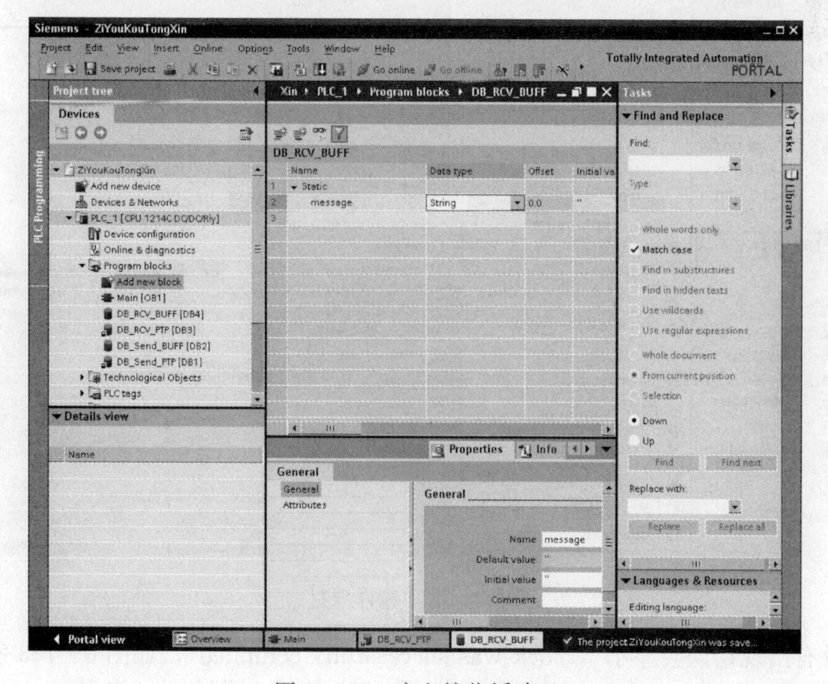

图 6-120　定义接收缓冲区

软件进行编译。

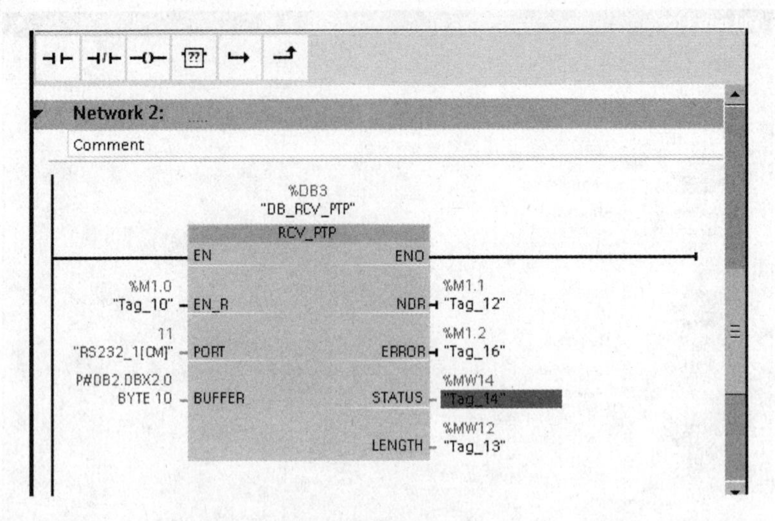

图 6－121　赋值参数

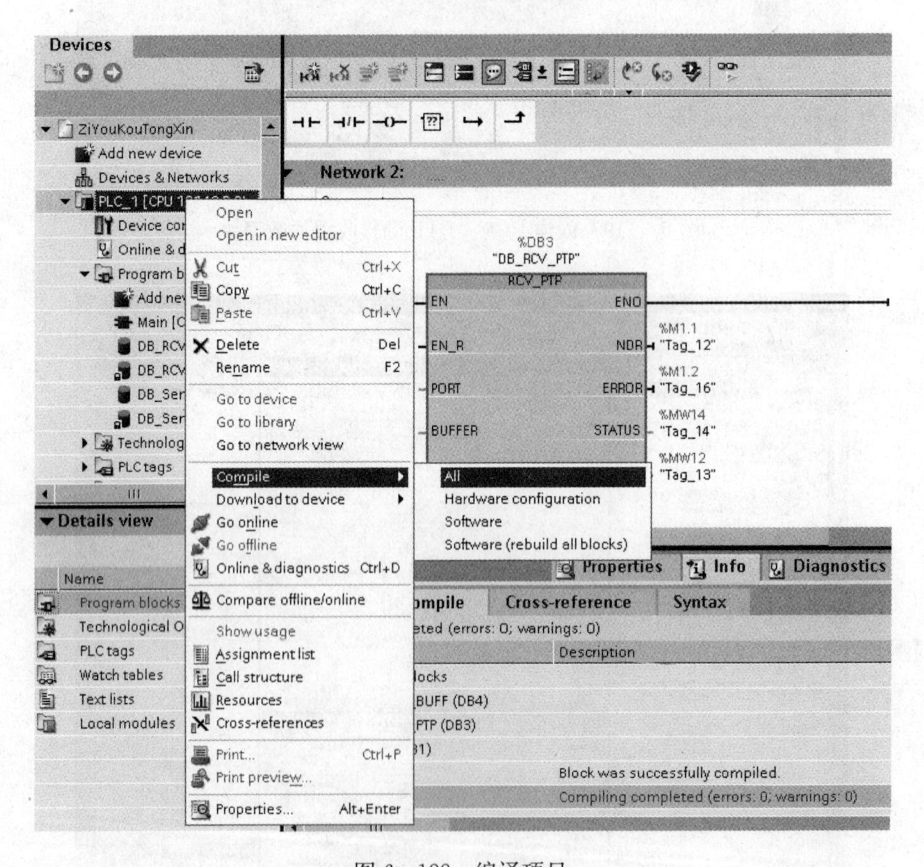

图 6－122　编译项目

编译没有出现错误会显示“Block was successfully compiled”，如图 6－123 所示。

下载程序到 PLC 中，同样右击 PLC _ 1 项目，在弹出的如图 6－122 所示的菜单中选择“Download to device”命令即可。

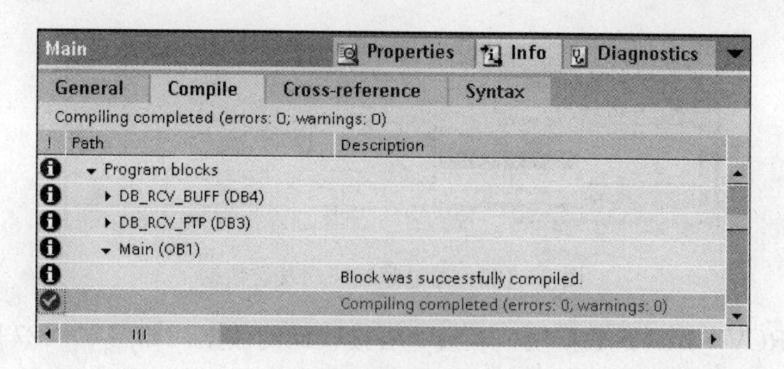

图 6-123　编译成功

2）设置超级终端的端口。用串口交叉线连接 S7-1200 的串口与计算机的串口，打开计算机的超级终端程序，并设置硬件端口参数如图 6-124 所示。

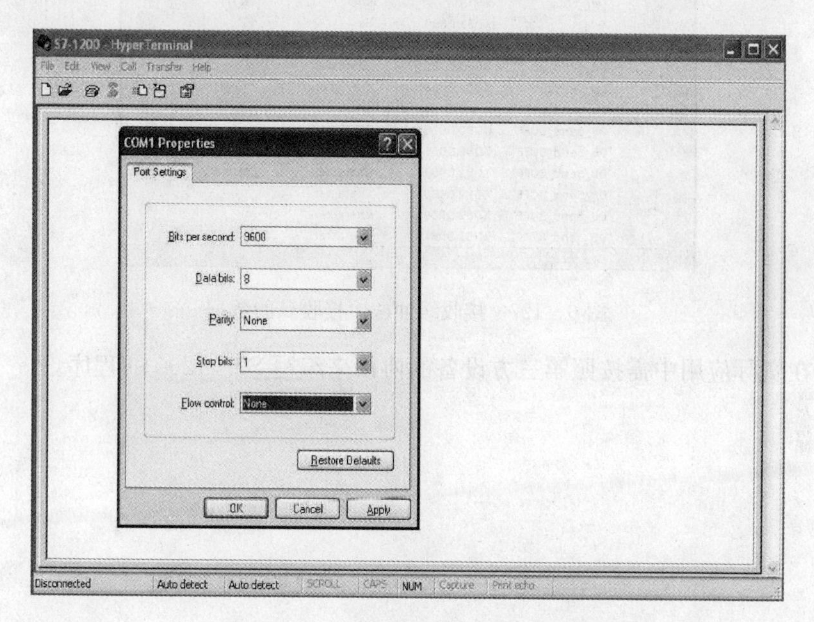

图 6-124　超级终端的端口设置

在桌面上新建文本文件，打开此文本文件并输入“lovechina”，如图 6-125 所示。

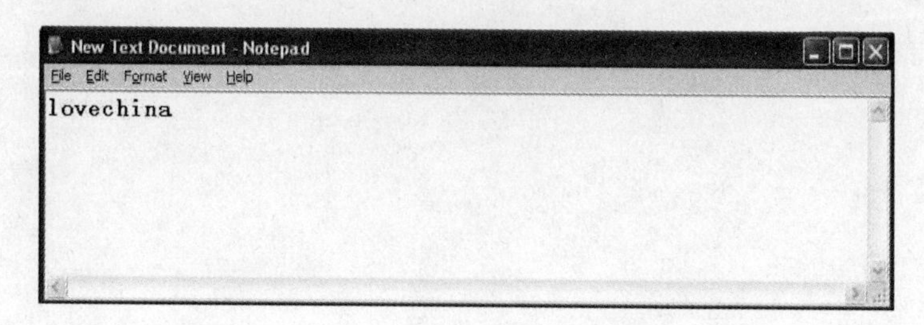

图 6-125　在文本文件下输入要发送的字符串

3）打开变量监控表，强制 M0.0，使能够接收，然后如图 6-126 所示，在超级终端里执行菜单命令“Transfer”→“Send Text File”，在打开的窗口里找到桌面上的文本文件。

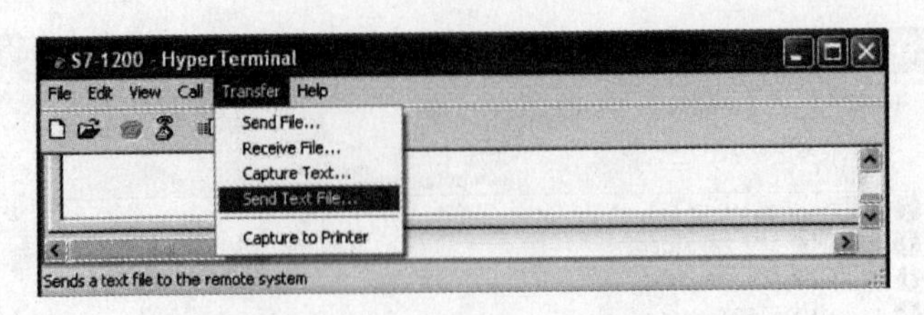

图 6 - 126　通过超级终端发送数据

打开 DB _ RCV _ BUFF 数据块，在线查看接收到的数据，如图 6 - 127 所示。

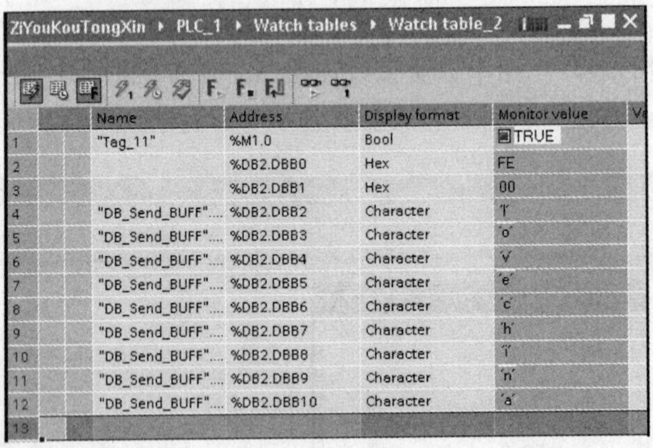

ZiYouKouTongXin ▸ PLC_1 ▸ Watch tables ▸ Watch table_2

	Name	Address	Display format	Monitor value
1	"Tag_11"	%M1.0	Bool	TRUE
2		%DB2.DBB0	Hex	FE
3		%DB2.DBB1	Hex	00
4	"DB_Send_BUFF"....	%DB2.DBB2	Character	'l'
5	"DB_Send_BUFF"....	%DB2.DBB3	Character	'o'
6	"DB_Send_BUFF"....	%DB2.DBB4	Character	'v'
7	"DB_Send_BUFF"....	%DB2.DBB5	Character	'e'
8	"DB_Send_BUFF"....	%DB2.DBB6	Character	'c'
9	"DB_Send_BUFF"....	%DB2.DBB7	Character	'h'
10	"DB_Send_BUFF"....	%DB2.DBB8	Character	'i'
11	"DB_Send_BUFF"....	%DB2.DBB9	Character	'n'
12	"DB_Send_BUFF"....	%DB2.DBB10	Character	'a'
13				

图 6 - 127　接收缓冲区中接收到的数据

注意，在实际应用中需按照第三方设备的协议来编写 S7 - 1200 的程序。

S7-1200 PLC应用控制设计

7.1 S7-1200控制水力发电站空气压缩系统的设计

水电站压缩空气系统由空压机、储气罐、输气管、测量控制元件等组成，根据用气设备气压的高低分为低压系统（向调相压水、制动风闸、蝶阀及检修密封围带、风动工具、拦污栅防冻吹冰等供气）和高压系统（向油压装置压力油箱补气、气动高压开关操作等供气）。以下介绍控制过程相对复杂的采用带“无载启动及排污电磁阀”的水冷式空气压缩机的低压空气压缩装置的S7-1200 PLC控制系统。

7.1.1 空气压缩装置自动控制系统的任务与要求

(1) 自动向压缩空气储气罐充气，维持储气罐压力在规定范围内，即当储气罐气压降到下限压力（如0.7MPa）时，启动工作空压机，当气压过低（如0.62MPa）时还要启动备用空压机；当储气罐压力回升到上限值（如0.8MPa）时，工作空压机和备用空压机都停机。

(2) 为确保安全，当储气罐的气压过高（0.82MPa）时，一方面使空压机停机，另一方面还发出报警信号。

(3) 不论工作空压机还是备用空压机在启动过程中，须自动开起冷却水，并自动延时54s关闭空压机的“无载启动及排污电磁阀”，在其停机过程中须自动停止供给冷却水并自动开启空压机的“无载启动及排污电磁阀”排除气水分离器中的凝结油水。

(4) 不论工作空压机还是备用空压机，如果其运行时间超过25min，自动打开“无载启动及排污电磁阀”排除冷凝油水，18s后又自动关闭。

7.1.2 S7-1200 PLC控制系统的程序与设计

选用CPU 1214C。

(1) 空压机电动机启动后自保持连续运行。

如图7-1所示，压下On按钮时Q0.0通电，松开On按钮时Q0.0还是保持通电；压

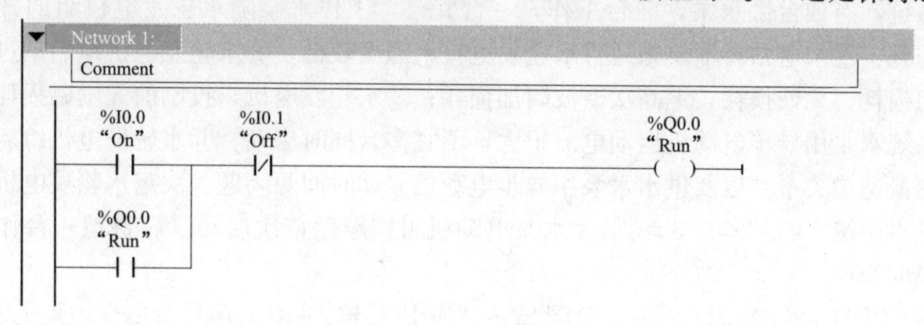

图7-1 自保持电路

下 Off 按钮时断电，松开 Off 按钮时 Q0.0 还是保持断电。这就是自保持电路，这里设两段同结构的程序用于分别控制工作空压机和备用空压机的驱动电动机。

(2) 接通延迟定时器。S7－1200 不会限制用户程序中定时器或计数器的数量，每个定时器的数据都存储在数据块中，因此用户程序的大小只受 CPU 装载存储器容量的限制（详细情形参见 3.3.2)。

(3) 延时 54s 关闭无载启动及排污电磁阀（详细内容参见 3.3.2)。

(4) 运行过程中的排污控制（详细内容参见 3.3.2)。

(5) 空压机组停运后的自动操作（详细内容参见 3.3.2)。

图 7－2 中显示的是以上设计所用到的变量，反映出变量名称、数据类型及存储地址等。

PLC tags

		Name	Data type	Address	Retain	Comment
1		On	Bool	%I0.0		
2		Off	Bool	%I0.1		
3		Run	Bool	%Q0.0		
4		WuZaiPaiWu-Guan	Bool	%Q0.2		
5		WuZaiPaiWu-Kai	Bool	%Q0.3		
6		PaiWu-Guan	Bool	%M60.0		
7		LengQueShuiFa	Bool	%Q0.1		
8						

图 7－2　压缩系统 S7－1200 控制程序的 PLC 变量表

(6) “On”、“Off” 也是可控的（详细内容参见 3.3.2)。

7.2　S7－1200 控制水力发电站技术供水系统的设计

水力发电站技术供水系统是水轮发电机组、水冷变压器等的辅助设备。它的主要任务是对运行设备进行冷却和润滑，供水对象如发电机冷却器或发电机内冷用水、推力轴承冷却器、上导或下导轴承冷却器、水导轴承冷却和润滑用水、水冷变压器、水冷空压机等，有时也用作如高水头水电站主阀的操作能源。技术供水系统也是保证水力发电站安全、经济运行不可缺少的组成部分，由水源、管道和控制器件等组成，根据用水设备的技术要求，应能保证一定水量、水压和水质。

某大型水力发电站采用水泵直接供水方式，设备配置方式为单元供水，每台机组都设一套供水系统，有四台供水泵，三台工作，一台冗余，工作水泵随水轮发电机组的开停而开停。考虑到：①水电站环境及未运行水轮发电机组温度较低；②水轮发电机组启动过程中无定子绕组损耗、无铁损耗、无高次谐波附加损耗；③水轮发电机未投励前无励磁损耗；④技术供水系统水泵用异步电动机启动电流很大，不宜多台同时启动；⑤水轮发电机组启动时间与产生热量递增关系，以及供水水泵用异步电动机启动时间等问题。决定水轮发电机组启动时技术供水系统 1＃、2＃、3＃、4＃水泵电动机组按顺序依次启动（轮番留一台作备用），时间间隔取 90s。

选用 CPU 1212C AC/DC/Rly，分配 S7－1200 PLC 输入/输出信号及内存地址见表 7－1，然后编写 S7－1200 控制程序如图 7－3 所示，利用循环右移位指令 ROR 实现工作泵与备用泵的轮换（轮岗）。

表 7-1　　　　技术供水 PLC 控制系统 I/O 及内存地址分配

序号	地址	说明	序号	地址	说明
01	I0.0	冷却水手动投入	11	MW46	冷却水管中的实际压力
02	I0.1	冷却水手动切除	12	MB48	储存水泵工作与备用的标识
03	Q0.0	冷却水管阀开	13	M40.0	冷却水要求投入标志位
04	Q0.5	冷却水管阀关	14	M40.1	备用水泵投入标志位
05	Q0.1	电动机 1M 投入	15	M50.2	机组启动继电器
06	Q0.2	电动机 2M 投入	16	M50.3	机组发电状态继电器
07	Q0.3	电动机 3M 投入	17	M50.4	机组调相启动继电器
08	Q0.4	电动机 4M 投入	18	M50.5	机组调相运行继电器
09	MW42	冷却水压力高限	19	M50.7	机组停机复归继电器
10	MW44	冷却水压力过低时投入备用泵			

对此程序作一简要说明。首次运行即设置 MB48＝01110111。手动（I0.0）或自动（M50.2、M50.3、M50.4、M50.5）使 Q0.0＝1，打开冷却供水总管阀门，同时冷却水投入标志位 M40.0 置位并自保持。若 M48.0＝1，则 Q0.1＝1，电动机 1M 启动，同时“IEC _ Timer _ 0”计时 90s；若 M48.0＝0，则 Q0.1＝0，使“IEC _ Timer _ 1”计时 4s。计时达到整定值后，IEC _ Timer _ 0. Q 或 IEC _ Timer _ 1. Q 均能在 M48.1＝1 时使 Q0.2＝1，电动机 2M 启动，同时“IEC _ Timer _ 2”计时 90s；若 M48.1＝0，则 Q0.2＝0，使“IEC _ Timer _ 3”计时 4s。计时达到整定值后，IEC _ Timer _ 2. Q 或 IEC _ Timer _ 3. Q 均能在

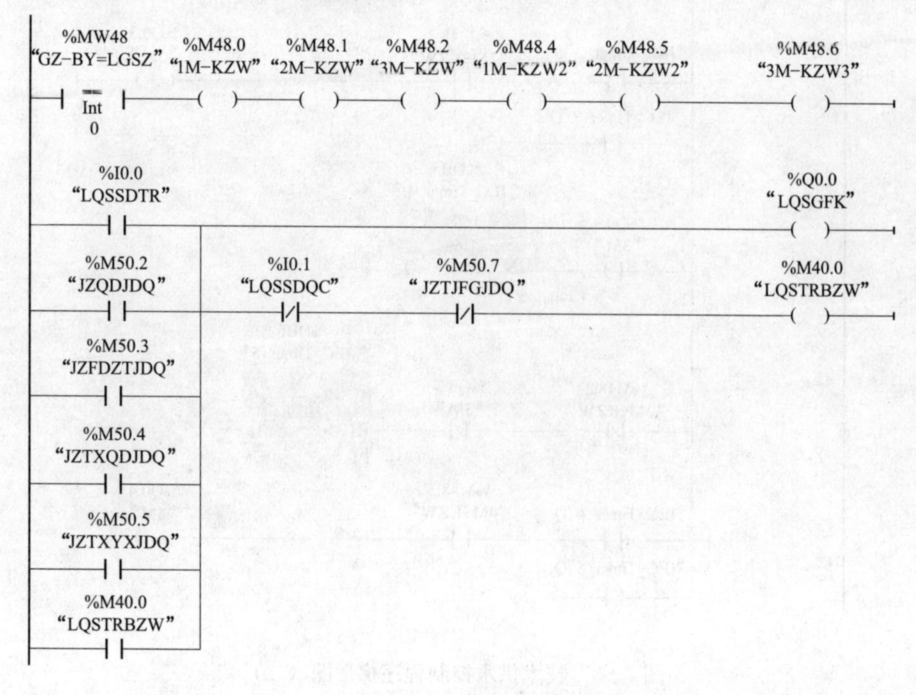

图 7-3　技术供水控制程序梯形图（一）

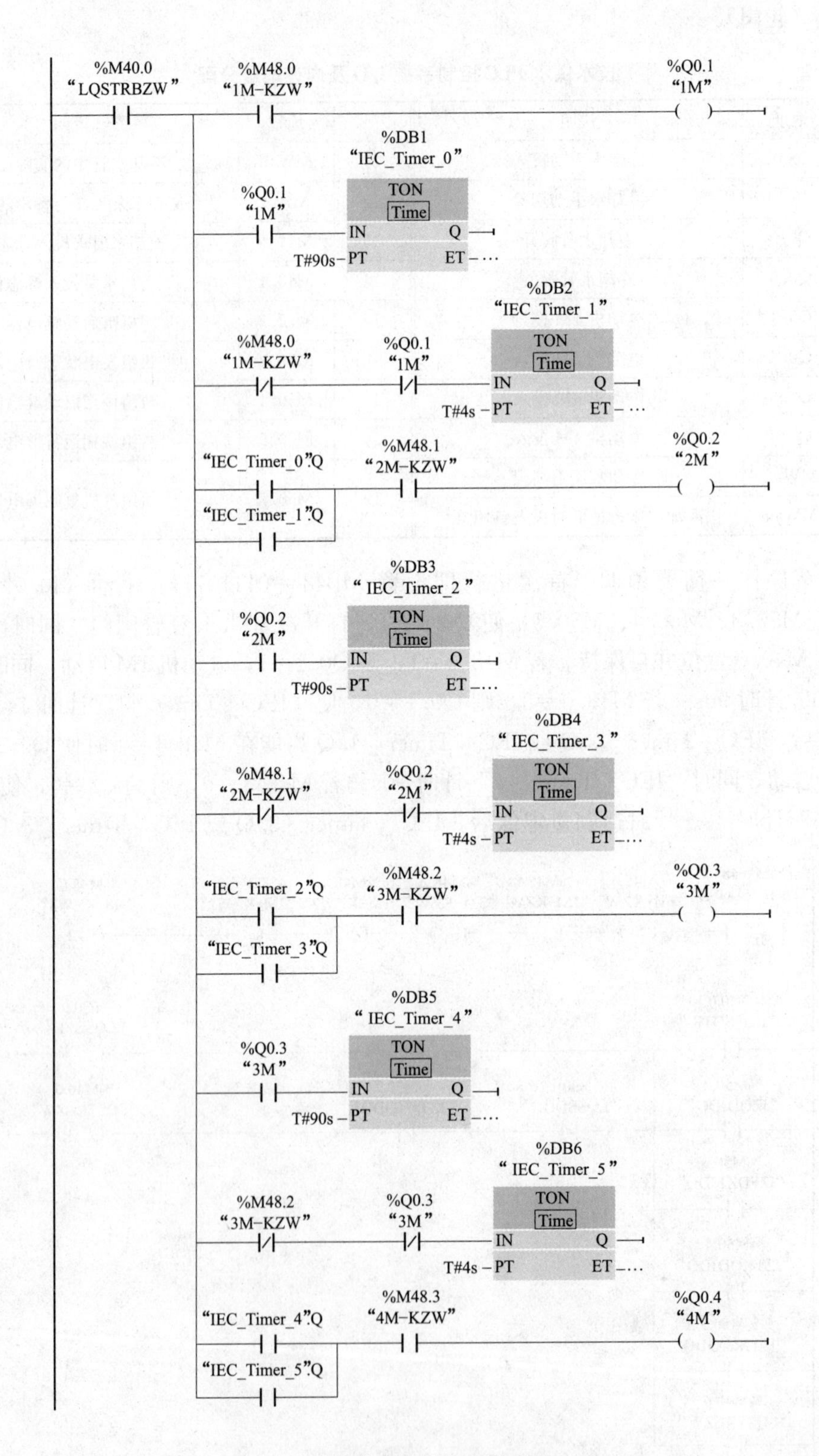

图 7-3　技术供水控制程序梯形图（二）

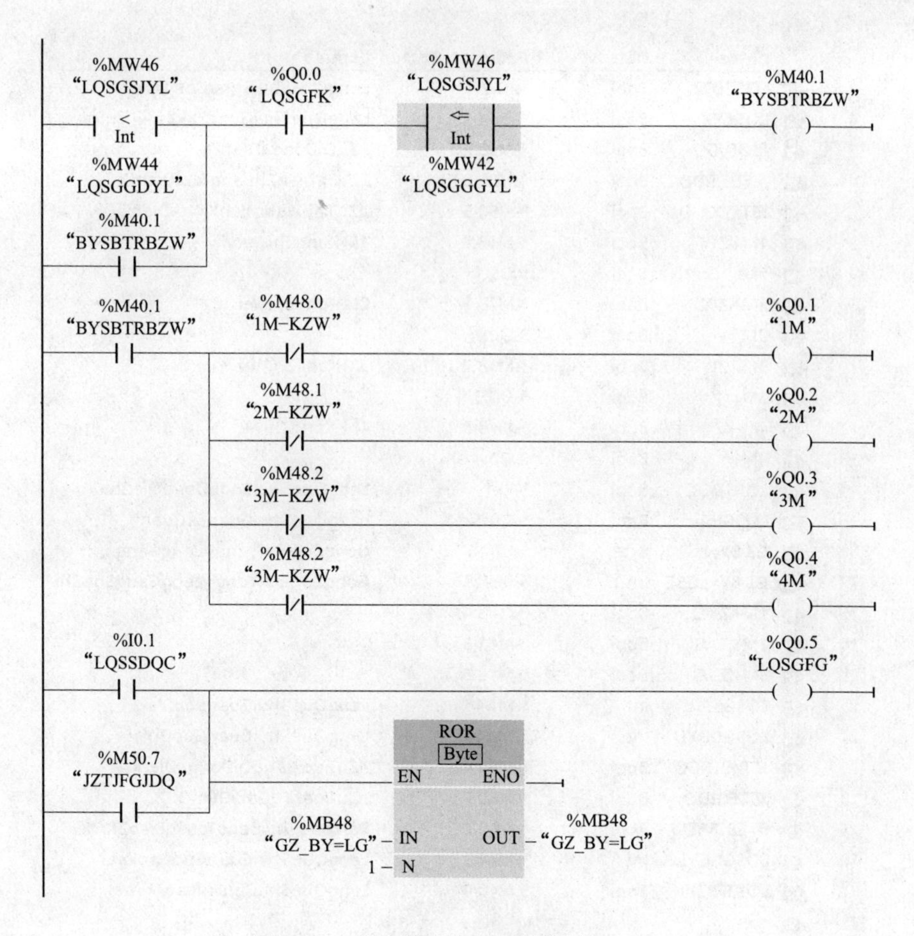

图 7-3　技术供水控制程序梯形图（三）

M48.2=1 时使 Q0.3-1，电动机 3M 启动，同时“IEC _ Timer _ 4”计时 90s；若 M48.2=0，则 Q0.3=0，使“IEC _ Timer _ 5”计时 4s。计时达到整定值后，IEC _ Timer _ 4.Q 或 IEC _ Timer _ 5.Q 均能在 M48.3=1 时使 Q0.4=1，电动机 4M 启动。显然，由于 MB48 的预置值，第一次 1M、2M、3M 启动工作，4M 留作备用，以后 ROR 使 MB48 循环，每次 3 台泵机工作，轮番 1 台作备用。

当冷却水管中实际压力低于预先设置的“冷却水管压力过低”值（MW46≤MW44）时，使备用水泵投入标志位 M40.1=1 并自保持，可启动预留的某台备用泵机；冷却水管中实际压力达到预先设置的“冷却水管压力过高”值（MW46>MW42）时，M40.1 自保持被解除，备用泵机自动切除。

当机组停机复归继电器动作后 M50.7=1，或者手动按钮关闭冷却水 I0.1=1 时，冷却水投入标志位 M40.0 解除自保持，各工作泵机运行，Q0.5 置位实现控制阀门关闭，同时 MB48 通过指令右循环 ROR 实现换位，以便下次备用泵机轮换（轮岗）。

图 7-4 显示的是技术供水系统 S7-1200 控制程序所用到的变量，反映出变量名称、数据类型及存储地址等。

PLC tags

	Name	Data type	Address	Retain	Comment
1	LQSSDTR	Bool	%I0.0		LengQueShuiShouDongTouRu
2	LQSGFK	Bool	%Q0.0		LengQueShuiGuanFaKai
3	JZQDJDQ	Bool	%M50.2		JiZuQiDongJiDianQi
4	JZFDZTJDQ	Bool	%M50.3		JiZuFaDianZhuangTaiJiDianQi
5	JZTXYXJDQ	Bool	%M50.5		JiZuTiaoXiangYunXingJiDianQi
6	1M-KZW	Bool	%M48.0		1M-KongZhiWei
7	1M	Bool	%Q0.1		
8	2M-KZW	Bool	%M48.1		2M-KongZhiWei
9	2M	Bool	%Q0.2		
10	3M-KZW	Bool	%M48.2		3M-KongZhiWei
11	3M	Bool	%Q0.3		
12	4M-KZW	Bool	%M48.3		4M-KongZhiWei
13	4M	Bool	%Q0.4		
14	LQSSDQC	Bool	%I0.1		LengQueShuiShouDongQieChu
15	LQSGFG	Bool	%Q0.5		LengQueShuiGuanFaGuan
16	GZ-BY=LG	Byte	%MB48		GongZuo-BeiYong=LengGang
17	GZ-BY=LGSZ	Int	%MW48		GongZuo-BeiYong=LengGangSheZhi
18	1M-KZW2	Bool	%M48.4		
19	2M-KZW2	Bool	%M48.5		
20	3M-KZW3	Bool	%M48.6		
21	LQSGSJYL	Int	%MW46		LengQueShuiGuanShiJiYaLi
22	LQSGGDYL	Int	%MW44		LengQueShuiGuanGuoDiYaLi
23	JZTXQDJDQ	Bool	%M50.4		JiZuTiaoXiangQiDongJiDianQi
24	JZTJFGJDQ	Bool	%M50.7		JiZuTingJiFuGuiJiDianQi
25	BYSBTRBZW	Bool	%M40.1		BeiYongShuiBengTouRuBiaoZhiWei
26	LQSGGGYL	Int	%MW42		LengQueShuiGuanGuoGaoYaLi
27	LQSTRBZW	Bool	%M40.0		LengQueShuiTouRuBiaoZhiWei
28					

图 7-4　技术供水系统 S7-1200 控制程序的 PLC 变量表

7.3　S7-1200 控制水电站油压装置的设计

油压装置是水电站重要的水力机械辅助设备，它产生并贮存高压油，是机组启动、停止、调节出力的能源；若水轮机蜗壳进口前设有蝴蝶阀，也是该阀的操作能源；压力油槽油压事故降低时水轮发电机组将危险地失控，应有防护措施。

7.3.1　油压装置自动化的必要性与控制要求

油压装置的特别重要性与现代化滚滚洪流决定了油压装置实现自动化与高新技术化的必要性。

油压装置自动化，应满足下列要求。

(1) 水轮机组在正常运行或在事故情况下，均应保证有足够的压力油量供机组及蝴蝶阀的接力器操作之用，应考虑在厂用电消失时有一定能源储备。此要求可通过选择足够的压油槽容积与适当的控制程序来解决。

(2) 不论水力机组处于运行还是停机状态，油压装置均应处于准备工作状态，即油压装置的自动控制是独立进行的，是由本身条件——压油槽中油压信号来实现自动化的。

(3) 在水力机组操作过程中，油压装置的投入是自动进行的，无须值班人员的参与。具体来说，当压油槽油压下限（如 3.75MPa）时，启动工作螺杆油泵补油，压力提升至油压额定值（如 4.00MPa）时停止工作油泵。

(4) 油压装置应设有备用的油泵电动机组，当工作螺杆油泵发生故障或者操作用油量急剧增长而造成压油槽油压过低（如 3.60MPa）时，启动备用螺杆油泵补油并发出相应报警信号，压力提升至油压额定值（如 4.00MPa）时停止备用油泵。

(5) 当油压装置发生各种罕见故障而造成压油槽油压下降至事故低油压（如 2.70MPa）时，应迫使水轮发电机组事故停机并发出报警信号（在主机控制程序中也应考虑）。注意这里启动主机事故停机之压油槽事故低油压值的整定应比可操作水轮机组的最小油压值大出一定量值，确保水轮机导叶在油压“崩溃”前能够全关，另外负曲率导叶的采用有利于这一问题的改善。

(6) 油压装置压油槽应选择合适的油气体积比 K，经验证明一般取 1∶2，这是因为 K 值大时，由于操作放出等体积的油量后会造成压油槽油压更大的下降。今设压油槽容积为 V，其中油占 $KV/(1+K)$，气体占 $V/(1+K)$，又设 P 与（$P-\Delta P$）是放出 ΔV 体积油量前后的压油槽油压，代入玻意耳定律得

$$PV/(1+K)=(P-\Delta P)[V/(1+K)+\Delta V]$$

从而

$$\Delta P=P\Delta V/[V/(1+K)+\Delta V]$$

显然 K 越大，ΔP 将越大。另一方面，K 太小，将没有足够的压力油量，此处可结合第一个要求考虑。在油压装置运行中，由于微量气体不断地“溶”于油中，较长时间后会造成 K 值增大，为此应引用高压空气自动实行缺失补气（为相对“干燥”故，可考虑多级压力供气）。具体地说，当压力油槽油位上升至 34%刻度并且油压下降至 3.95MPa 时，打开可控气阀向压油槽补气；当油压上升至 4.05MPa，或者压力油槽油位降至 31%刻度时关闭可控气阀停止补气。

(7) “补油”与“补气”两个进程互相连锁，即“补油”时不“补气”，“补气”时不“补油”。

(8) 为使得“工作油泵”“备用油泵”的总运行时间不致相差悬殊，引入“轮岗”思想，考虑工作油泵运行次数多于备用油泵运行次数达 88 次后轮换“工作油泵”与“备用油泵”的角色，可以巧妙利用 S7-1200 的 SWAP 指令实现。

7.3.2 油压装置 S7-1200 控制系统的硬件设计

经世界各国 40 多年的发展与完善，PLC 已成为最重要、最可靠、应用场合最广泛的工业控制微型计算机，于是可以用 PLC 控制水电站（厂）油压装置。

系统控制两台补油螺杆油泵电动机组（一台工作，一台备用）、一个补气电磁阀（其 ZT 电磁铁有开启和关闭两个线圈，可不带电工作）、一个油压过低报警指示灯、一个油压事故低报警指示灯。系统有 1 个压油槽油压测量输入点（模拟量输入）、1 个压油槽油位测量输入点（模拟量输入）、1 个启动按钮 SB1 的输入（数字量）、1 个停止按钮 SB2 的输入（数字量）；2 个补油油泵电动机组的输出（数字量）、1 个补气电磁阀开启线圈的输出（数字量）、1 个补气电磁阀关闭线圈的输出（数字量）、1 个油压过低报警指示灯的输出（数字量）、1 个油压事故低报警指示灯的输出（数字量）。合计整个系统需要数字量输入 2 点，数字量输

出6点，模拟量输入2点。这里选择1214C型CPU的控制器就可以满足控制系统的点数要求；如果还有其他输出点，如油压过高也进行报警，点数也是足够的。

在信号采集方面，选择国产AK-4型量程5MPa、输出信号4～20mA、输出接口为RS485的压力变送传感器2个（1个投入运行，1个作物理备用）及承压油位传感器1个（如MSL-A隔离式液位变送器采用进口高品质的隔离膜片的敏感组件加放大电路，输出4～20mA二线制标准信号，封装于不锈钢外壳中），与S7-1200 PLC共同组成硬件系统，传感器的电源应以不超载为原则作考虑。

分配输入输出点地址见表7-2。

表7-2　**S7 CPU 1212C PLC输入输出点地址分配**

序号	名称	数据类型	地址	注释
01	Start	Bool	I0.0	启动按钮SB1
02	Stop	Bool	I0.1	停止按钮SB2
03	KM1	Bool	Q0.0	1#油泵电动机组接触器KM1
04	KM2	Bool	Q0.1	2#油泵电动机组接触器KM2
05	QK	Bool	Q0.2	补气电磁阀开启线圈QK
06	QG	Bool	Q0.3	补气电磁阀关闭线圈QG
07	D1	Bool	Q0.4	油压过低报警指示灯D1
08	D2	Bool	Q0.5	油压事故低报警指示灯D2
09	YouYa	Word	IW2	压力油槽油压模拟量输入
10	YouWei	Word	IW4	压力油槽油位模拟量输入

7.3.3 油压装置S7-1200控制系统的程序设计

1. 压力油罐压力折算

当测得压力油罐压力达到量程顶值5MPa时，AK-4型压力变送器的电流为20mA，模拟量字型输入（油压）AIW（Y）的数值约为32767。每毫安对应的A/D值约为32767/20=1638，测得压力为0.1MPa时，AK-4型压力变送器的电流应为4mA，A/D值约为(32767/20)×4=6553.4。被测压力为0.1～5 MPa时，AIW(Y)的对应数值约为6553.4～32767，由此得出1kPa对应的A/D值大约为（32767－6553.4)/(5000－100)=5.35，由此得出AIW(Y)的数值转换为实际压力值IW2的值的计算公式为

IW2的值={[AIW(Y)的值－6553]/535}×100+100　(kPa)

2. 压力油罐油位折算

设计MSL-A隔离式液位变送器的电流为20mA时，压力油罐油位顶高程（100%）对应数值32767，每毫安对应的A/D值约为32767/20=1638，测得油位为10%时，MSL-A液位变送器的电流应为4mA，A/D值约为（32767/20)×4=6553.4。被测油位为10%～100%时，模拟量字型输入（油位）AIW（W）的对应数值约为6553.4～32767，可得出1%油位对应的A/D值大约为（32767－6553.4)/(100－10)=291.26，由此得出AIW(W)的数值转换为实际油位百分比IW4的值的计算公式为

IW4的值=[AIW(W)的值－6553]/291+10　(油位百分比)

3. 控制程序流程

控制程序流程如图7-5所示。

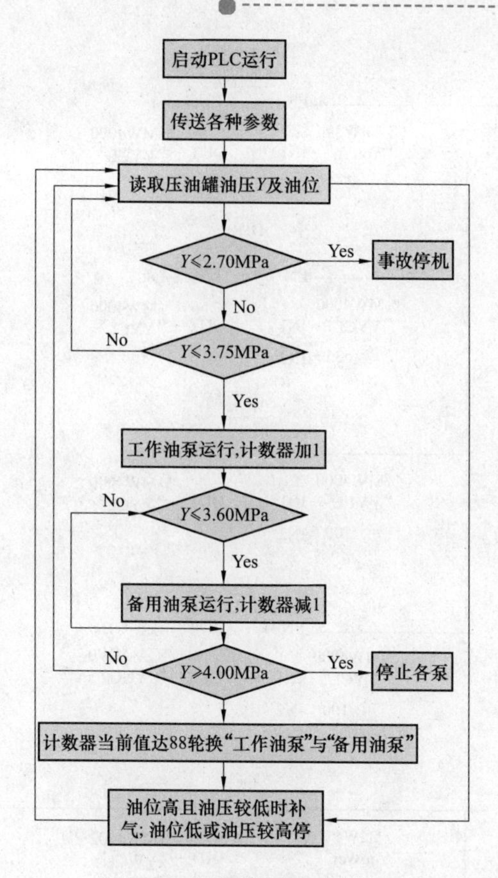

图 7-5　油压装置自动化流程

4. 控制程序

编写油压装置控制程序如图 7-6 所示（供参考）。

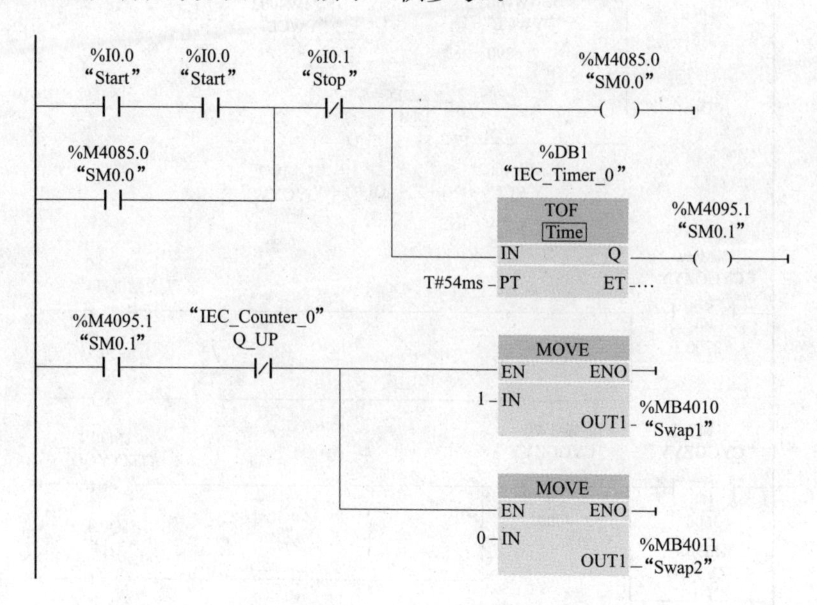

图 7-6　油压装置 S7-1200 控制系统程序（一）

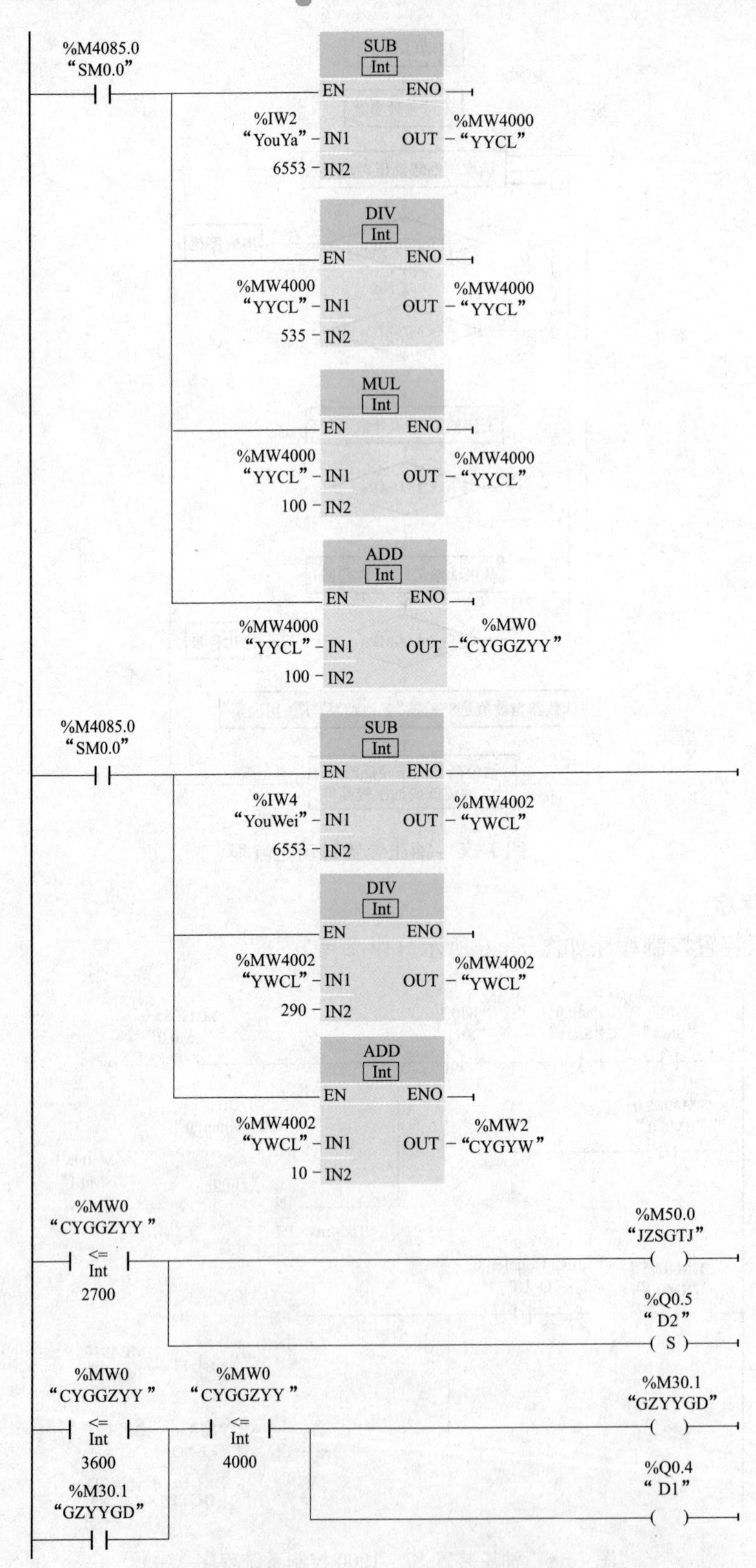

图 7-6　油压装置 S7-1200 控制系统程序（二）

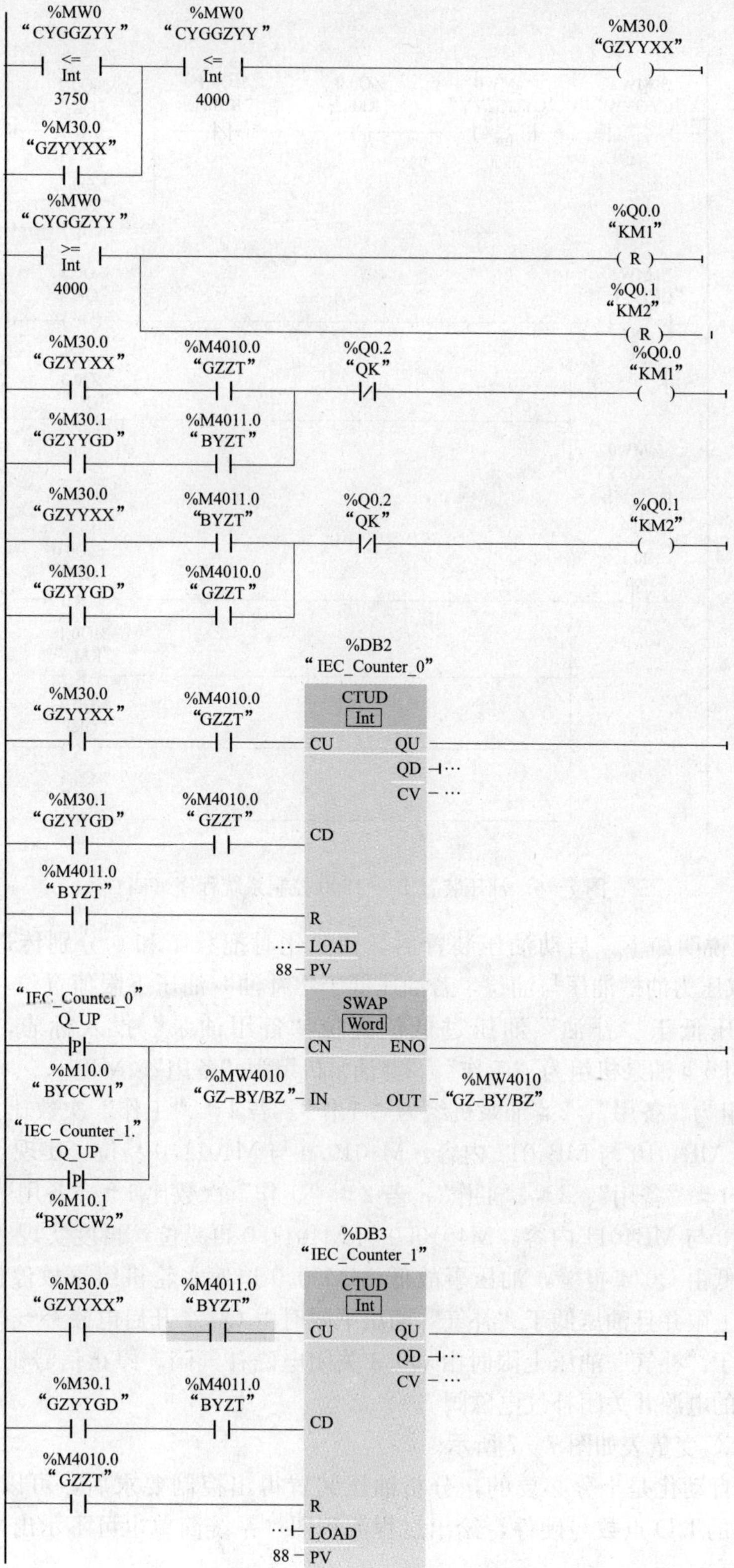

图 7-6 油压装置 S7-1200 控制系统程序（三）

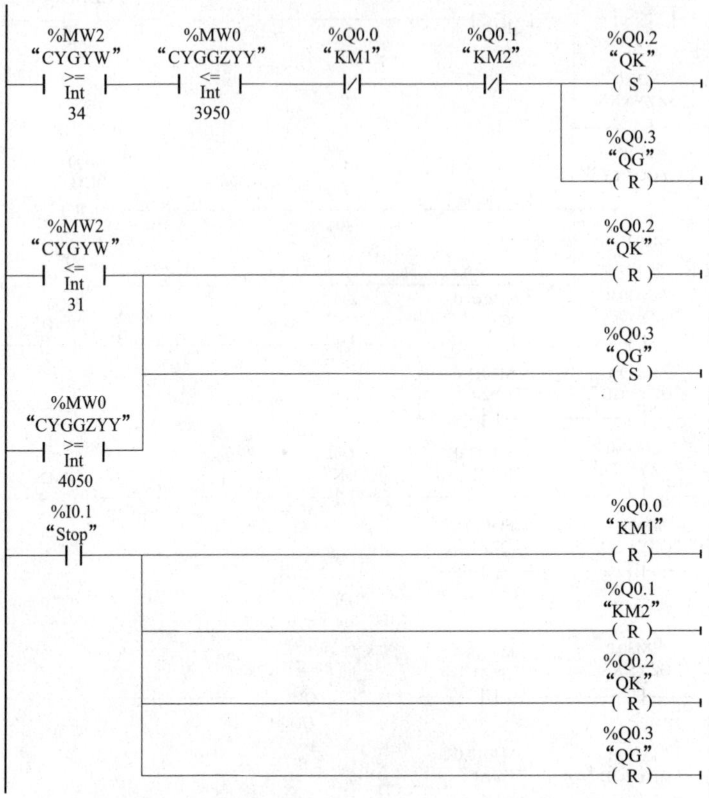

图 7-6 油压装置 S7-1200 控制系统程序（四）

程序简短说明如下。启动油压装置后，初始化时把数 1 和 0 分别传送给 MB4010 和 MB4011。读取压力油槽油压与油位，若油压低于“补油”油压下限值置位“工作油泵”投入标志，若油压低于“补油”油压过低值置位“备用油泵”投入标志，M4010.0＝1、M4011.0＝0 时 1＃油泵机组为“工作”、2＃油泵机组为“备用”；M4010.0＝0、M4011.0＝1 时 1＃油泵机组为“备用”、2＃油泵机组为“工作”。若 1＃“工作”次数比 2＃“备用”次数多 88，交换 MB4010 与 MB4011 内容，M4010.0 与 M4011.0 易位，实现“工作”“备用”轮岗，即转为 1＃“备用”、2＃“工作”；若 2＃“工作”次数比 1＃“备用”次数多 88，再度交换 MB4010 与 MB4011 内容，M4010.0 与 M4011.0 再易位，再度实现“工作”“备用”轮岗。油压过低由 Q0.4 报警，油压事故低由 M50.0 迫使水轮机组事故停机并由 Q0.5 报警。油位高于上限并且油压低于“补气”油压下限时由 Q0.2 开启电磁补气阀，油位低于下限或者油压高于“补气”油压上限时由 Q0.3 关闭电磁补气阀。停止信号则关断 1＃和 2＃油泵电动机组的电源并关闭补气电磁阀。

该程序 PLC 变量表如图 7-7 所示。

油压装置自动化是十分必要的，分析油压装置得出控制要求后，可以确定 S7-1200 PLC 控制系统的 I/O 点数与硬件，绘出过程流程图（系统简单也可不示出）并编制程序。

PLC tags

		Name	Data type	Address	Retain	Comment
1		Start	Bool	%I0.0		
2		Stop	Bool	%I0.1		
3		SM0.0	Bool	%M4085.0		
4		SM0.1	Bool	%M4095.1		
5		Swap1	Byte	%MB4010		
6		Swap2	Byte	%MB4011		
7		YouYa	Word	%IW2		
8		YYCL	Int	%MW4000		YouYaChuLi (□□)
9		CYGGZYY	Int	%MW0		ChuYouGuanGongZuoYouYa
10		YouWei	Int	%IW4		
11		YWCL	Int	%MW4002		YouWeiChuLi (□□)
12		CYGYW	Int	%MW2		ChuYouGuanYouWei
13		JZSGTJ	Bool	%M50.0		JiZuShiGuTingJi
14		D2	Bool	%Q0.5		Deng2
15		GZYYGD	Bool	%M30.1		GongZuoYouYaGuoDi
16		D1	Bool	%Q0.4		Deng1
17		GZYYXX	Bool	%M30.0		GongZuoYouYaXiaXian
18		KM1	Bool	%Q0.0		
19		KM2	Bool	%Q0.1		
20		GZZT	Bool	%M4010.0		GongZuoZhuangTai
21		QK	Bool	%Q0.2		
22		BYZT	Bool	%M4011.0		BeiYongZhuangTai
23		BYCCW1	Bool	%M10.0		BianYanCunChuWei1
24		BYCCW2	Bool	%M10.1		BianYanCunChuWei2
25		GZ-BY/BZ	Word	%MW4010		GongZuo-BeiYong/BiaoZhi
26		QG	Bool	%Q0.3		
27						

图 7-7 油压装置 S7-1200 控制程序的 PLC 变量表

7.4 S7-1200 控制水电站进水口快速事故闸门的设计

7.4.1 进水口快速闸门的液压系统与自动控制要求

1. 进水口快速闸门的重要性

萨彦岭下叶尼塞河的萨彦·舒申斯克水电站，是俄罗斯最大的水电站。2009 年 8 月 17 日是其灾难日，其 2 号机组 6：45 从 250MW 急速加负荷至 640MW，7：15 负荷直线降至 170MW，之后半个小时内又渐进加负荷至 250MW，7：45 又急速加负荷至 640MW，8：13 由于加急降低出力导致 7.5m 内径、450m 长的引水管发生直接水击，强大的引水管水击正波与尾水管水击正波在转轮室叠加，冲开水轮机顶盖并将机组转子、转轮、顶盖及上机架向上弹射 10 多米，全厂负荷从 4100MW 猝降至零，屋顶坍塌、水淹厂房、机毁人亡，成为世界水力发电史上最为严重的抬机事故，催生了两个新的电力名词——“甩负荷毁机”“甩负荷毁厂”。8：35～9：30 进水口快速闸门才在幸存工作人员手动操作下关闭，如果进水口快速闸门具有完善、可靠（如直流控制电源保留铅酸蓄电池）的控制系统，那么可以实现在 8：15截断水流。

2. 进水口快速闸门液压系统简介

油压式启闭机是常见的进水口快速闸门，一般由液压系统和液压缸组成，由液压系统控制液压缸内的活塞体沿内壁做轴向往复运动，从而带动活塞上的连杆和闸门做直线运动，以达到开启、关闭孔口的作用。油压式启闭机液压系统如图 7-8 所示。

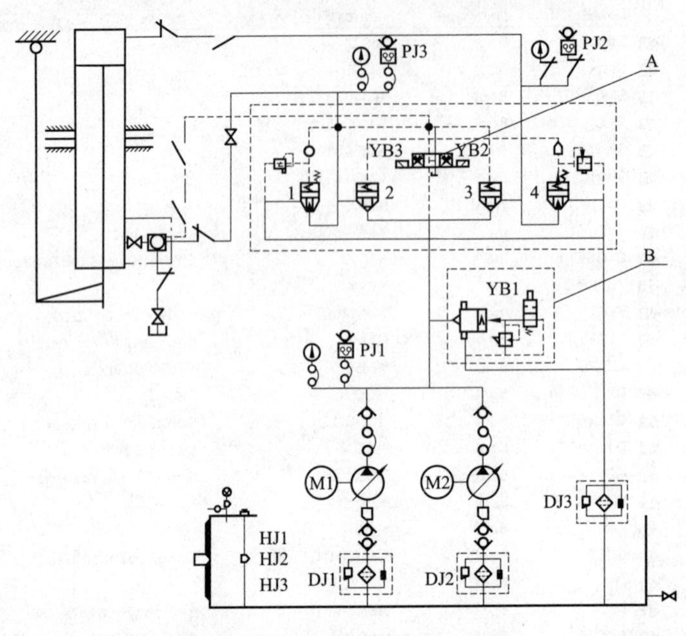

图 7-8　油压式启闭机液压系统

(1) 液压阀件。插装式液压阀通过先导控制阀和插装件在集成阀块上组合，得到方向、流量和压力等各种控制功能。

方向控制阀——先导三位四通换向阀（序号 A），失电时保持在中位，其 Y 型机能使各阀件的液控回路处于卸荷状态，避免停机后各阀件长期带压而降低其灵敏性，并保证油缸安全锁定。先导换向阀电磁铁 2DT 带电时闸门提升，即锥阀 2 与锥阀 4 液控油路卸荷，压力油通过锥阀 2 进入油缸有杆腔，同时油缸无杆腔油液经锥阀 4 排回油箱。锥阀 1 与锥阀 3 液控油路带压，其主油路关闭。同理，电磁铁 3DT 带电时闸门下降，锥阀 1 与锥阀 3 液控油路卸荷，两锥阀主油路接通，压力油通过锥阀 3 进入油缸无杆腔，同时油缸有杆腔油液经锥阀 1 排回油箱。同时锥阀 2 与锥阀 4 主油路关闭。

考虑水利工程启闭机使用次数少，且运行时间较短，其电磁换向阀采用常开式，即在非工作状态和油泵空载启动时均不带电，简化了电气回路，并保证即使误操作启动油泵运转，油液可直接排回到油箱，不对闸门产生任何影响。电磁换向阀仅在提门或闭门状态带电，带电时间短，安全可靠。

压力控制由电磁溢流阀（序号 B）实现，其作用为保证油泵空载启动，并控制泵出口最高压力，当油压超过预定值时，溢流阀卸荷，保证提门过程中油缸不超载运行。

(2) 泵站情况。泵站是驱动油缸运行的动力站，主要由电机-油泵组、控制阀组、液压附件（油箱、滤油器、管道等）组成。电机-油泵组将机械能转化成液压能，是液压启闭机的“心脏”，因此油泵性能直接关系到启闭机的整机质量。启闭机液压系统污染控制采用较先进的保护措施。对颗粒物的清除，设计采用高精度回油滤油器，油箱为全封闭型结构；油箱及管道均采用不锈钢材料。由于启闭机运行时油箱油位的上下波动，油箱内的空气需要排出或补进，为防止补气时空气中的水分进入油箱，泵站采用具有防潮功能的空气滤清器，基本原理为阀件与可重复使用的干燥剂相结合，使油箱既可方便空气的进出，又使进入油箱的水分降低，防潮性能可靠。

(3) 闸门开度测量。闸门开度测量的准确度，直接影响闸门的控制精度。液压启闭机由编码器和联轴器等组成的高度传感器采集闸门开度信号，还安装有数个主令开关，分别对应测量范围的控制点，行程开关的发信位置可方便地通过位置丝杆调整。主令开关作为备用的行程控制装置，在传感器失灵时，用以控制闸门的上、下极限位置，起保护作用。

增量型编码器，在旋转时输出与转角对应的电脉冲，停电时则无信号输出，故无记忆功能；绝对值型编码器旋转时除输出电脉冲信号外，同时输出与位置对应的数值信号，具有断电记忆功能。设计采用绝对值型编码器，保证在任何情况下，均可准确纪录闸门位置，提高了闸门的安全可靠性。

(4) 各种保护。针对闸门下沉复位、泵组故障（油压过低 PJ1 发信）、油泵启动上下腔过压（PJ2 或 PJ3 发信）、电动机过载（热继电器）、油箱液位（液位计三挡声光信号）滤油器堵塞（DJ1、DJ2 和 DJ3 发信）等，系统均有完善的故障自动保护和控制功能。

3. 进水口快速闸门的控制要求

进水口快速闸门的操作必须满足以下要求：①快速闸门的正常提升和关闭，提升时应满足充水开度的要求；②机组事故时，应在 2min 内自动紧急关闭闸门（萨彦惨案说明在厂用电消失的情况下也应能够动作）；③闸门全开后，若由于某种原因使闸门下降到一定位置，则应能自动将闸门重新提升到全开位置；④针对上下腔过压、油泵启动、电机过载、油箱液位异常、滤油器堵塞等，应有完善的故障自动保护和控制功能。

(1) 闸门正常提升。油压式启闭机用油泵供给压力油，电磁配压阀则用于将压力油注入闸门操作机构，以使闸门提升。提升闸门时，可操作按钮 SB1 或 SA 到“升”，使磁力启动器 Q1 励磁并自保持，1♯油泵电动机启动，同时使电磁铁 YB1 带电开启溢流阀排油，油泵电机空载运转，延时 50s 后电磁铁 YB1 失电而关闭溢流阀排油，此时电磁铁 YB2 带电使压力油进入油缸下腔而开启闸门。闸门开到充水开度时，YB1 带电、YB2 失电，闸门停止上升而保持在充水开度。引水管充满水后，监视引水管水压的压力传感器 YSY 动合触点闭合，YB1 失电、YB2 带电，继续提升闸门至全开位置。闸门全开后，位置触点使 Q1 失磁、M1 停转。与此同时 YB2 失电、油缸自锁，闸门处于开启状态，绿色信号灯（HG）亮（见图 7-9）。

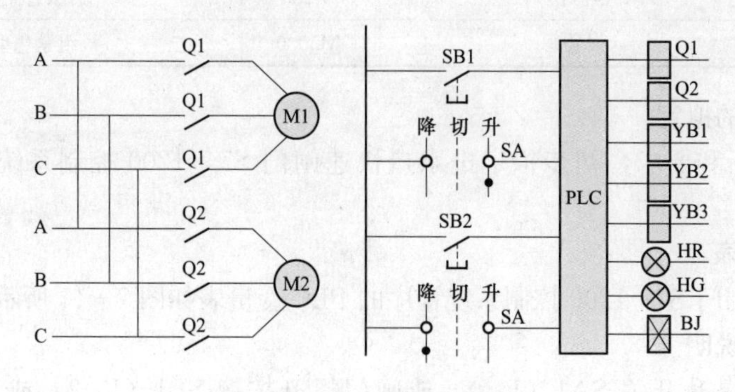

图 7-9 PLC 外部接线示意

(2) 闸门正常关闭。快速闸门的关闭可通过油缸下腔排油来实现。操作按钮 SB2 或 SA

到“降”，使电磁铁 YB3 带电，压力油通过锥阀 3 进入油缸无杆腔，而有杆腔排油，闸门失去油压后靠自重下降至全关位置。闸门全关后 YB3 失电、油缸不承压，此时闸门关闭使红色信号灯（HR）亮。快速闸门的开启、关闭，既可在坝顶闸门室进行，也可在机旁进行，两处均有闸门全开及全关信号灯。

（3）闸门紧急关闭。如果水轮机导叶或调速系统发生事故，则要求在 2min 内快速关闭闸门。此时由机组事故信号触点使电磁铁 YB3 带电而关闭闸门，全关后 YB3 失电，且使红色信号灯（HR）亮。

（4）闸门自降提升。闸门全开后，若由于某种原因下滑至 200mm 以下，则闸门位置触点闭合，Q1 励磁并自保持、M1 启动，YB1 带电并延时 50s 后失电，继之 YB2 带电将闸门重新提起至全开位置；如果闸门下滑超过 300mm，则 Q2 励磁、M2 启动。

油压过高、备用投入、邮箱油位异常均发出信号。

7.4.2 进水口快速闸门 S7－1200 控制系统的程序设计

初步选用 CPU 1214C。

1. 输入/输出地址分配

分配输入/输出地址见表 7－3。

表 7－3　快速闸门控制的 PLC 输入/输出地址分配

地址	说明	地址	说明
I0.0	闸门提升（开关 SA）	M0.0	闸门位置全关
I0.1	闸门下降（开关 SA）	M0.1	闸门位置充水
I0.2	闸门提升（按钮 SB1）	M0.2	闸门位置全开
I0.3	闸门下降（按钮 SB2）	M1.0	闸门位置下滑 200mm
Q0.0	磁力启动器 Q1（控制 M1）	M1.1	闸门位置下滑 300mm
Q0.1	磁力启动器 Q2（控制 M2）	M1.2	PJ1
Q0.2	YB1（溢流卸荷）	M1.3	PJ2
Q0.3	YB2（提升）	M1.4	PJ3
Q0.4	YB3（下降）	M1.5	HJ1
Q0.5	HG（绿灯）	M1.6	HJ2
Q0.6	HR（红灯）	M2.0	引水管充满压力
Q0.7	BJ（报警）	M50.0	机组紧急事故停机

2. 控制程序的拟定

根据以上分析和要求，初步拟定进水口快速闸门 S7－1200 控制系统程序如图 7－10 所示。

3. PLC 变量表

进水口快速闸门 S7－1200 控制系统程序的 PLC 变量表如图 7－11 所示。

4. 程序简短说明

当操作闸门提升开关 SA1（I0.0）或闸门提升按钮 SB1（I0.2）或者闸门位置下滑 200mm（M1.0）时，若闸门位置没有达到全开（M0.2），则 1＃电动机磁力启动器 Q1（Q0.0）置位并自保持、1M 启动，同时启动 50s 延时的 IEC _ Timer _ 0。若闸门下滑

300mm（M1.1）且没有恢复到全开时，则2#电动机磁力启动器Q2（Q0.1）置位并自保持、M2启动，同时启动50s延时的IEC _ Timer _ 1。

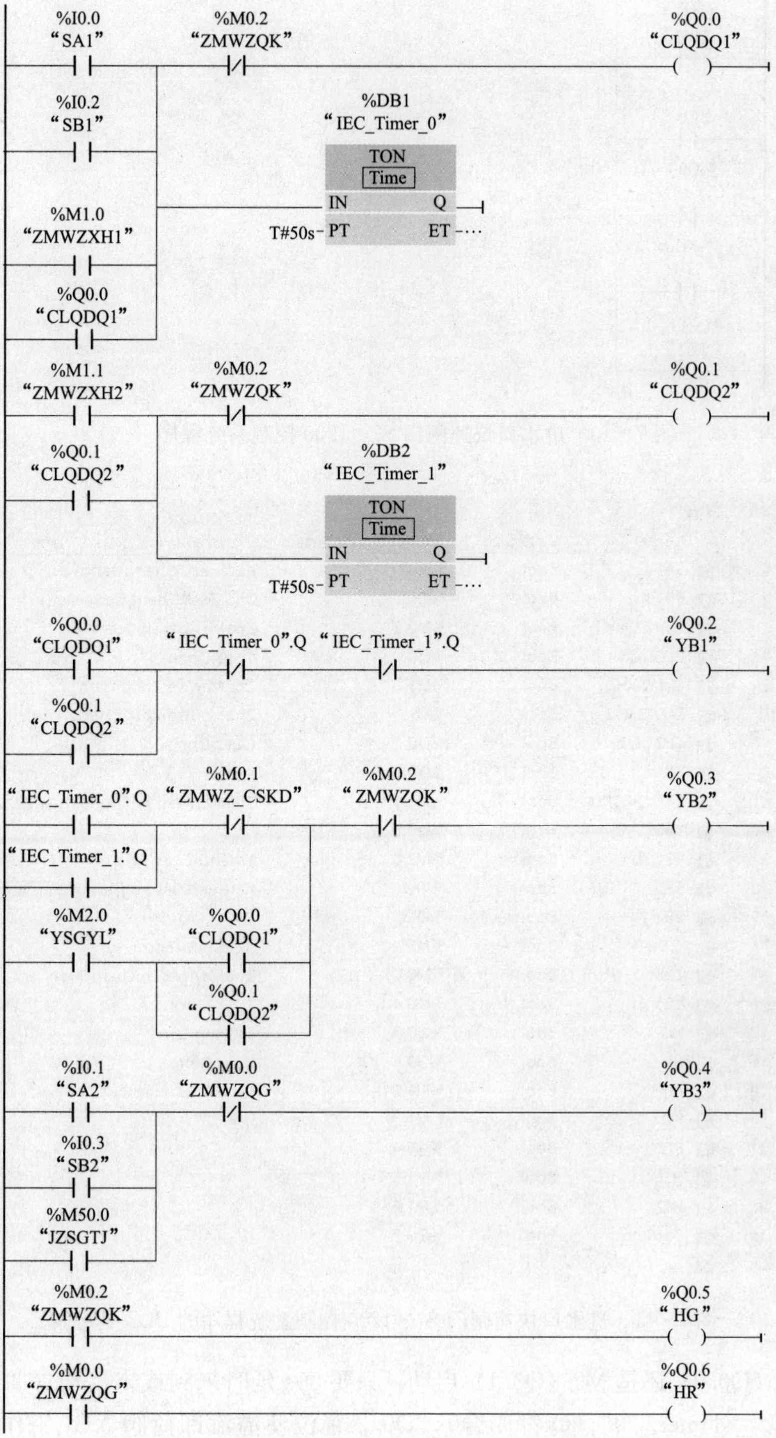

%I0.0 “SA1”
%M0.2 “ZMWZQK”
%Q0.0 “CLQDQ1”
%I0.2 “SB1”
%DB1 “IEC_Timer_0”
TON
Time
IN Q
T#50s- PT ET…
%M1.0 “ZMWZXH1”
%Q0.0 “CLQDQ1”
%M1.1 “ZMWZXH2”
%M0.2 “ZMWZQK”
%Q0.1 “CLQDQ2”
%Q0.1 “CLQDQ2”
%DB2 “IEC_Timer_1”
TON
Time
IN Q
T#50s- PT ET…
%Q0.0 “CLQDQ1”
“IEC_Timer_0”.Q “IEC_Timer_1”.Q
%Q0.2 “YB1”
%Q0.1 “CLQDQ2”
“IEC_Timer_0”.Q
%M0.1 “ZMWZ_CSKD”
%M0.2 “ZMWZQK”
%Q0.3 “YB2”
“IEC_Timer_1”.Q
%M2.0 “YSGYL”
%Q0.0 “CLQDQ1”
%Q0.1 “CLQDQ2”
%I0.1 “SA2”
%M0.0 “ZMWZQG”
%Q0.4 “YB3”
%I0.3 “SB2”
%M50.0 “JZSGTJ”
%M0.2 “ZMWZQK”
%Q0.5 “HG”
%M0.0 “ZMWZQG”
%Q0.6 “HR”

图7-10 进水口快速闸门S7-1200控制系统程序（一）

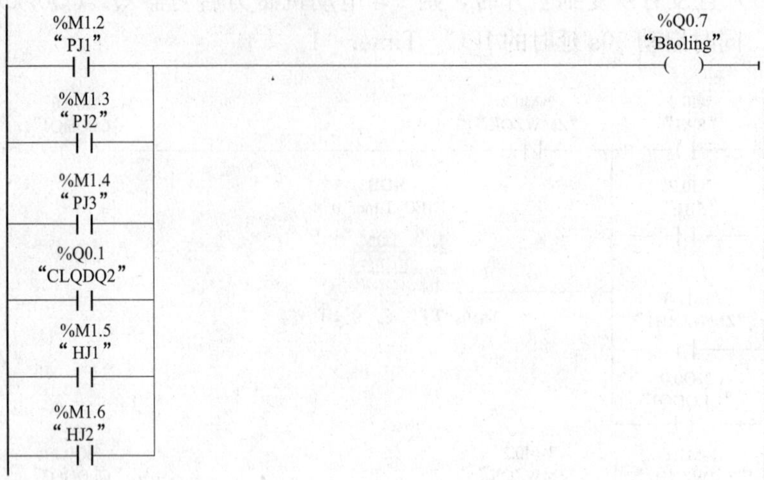

%M1.2 “PJ1”
%M1.3 “PJ2”
%M1.4 “PJ3”
%Q0.1 “CLQDQ2”
%M1.5 “HJ1”
%M1.6 “HJ2”
%Q0.7 “Baoling”

图 7－10　进水口快速闸门 S7－1200 控制系统程序（二）

PLC tags

	Name	Data type	Address	Retain	Comment
1	SA1	Bool	%I0.0		KaiGuanTiShengDangWei
2	SB1	Bool	%I0.2		ZhaMenTiShengDeAnNiu
3	ZMWZQK	Bool	%M0.2		ZhaMenWeiZhiQuanKai
4	CLQDQ1	Bool	%Q0.0		CiLiQiDongQi1
5	ZMWZXH1	Bool	%M1.0		ZhaMenWeiZhiXinHao1
6	ZMWZXH2	Bool	%M1.1		ZhaMenWeiZhiXinHao2
7	CLQDQ2	Bool	%Q0.1		CiLiQiDongQi2
8	YB1	Bool	%Q0.2		
9	ZMWZ-CSKD	Bool	%M0.1		ZhaMenWeiZhi-ChongShuiKaiDu
10	YB2	Bool	%Q0.3		
11	YSGYL	Bool	%M2.0		YinShuiGuanYaLi
12	SA2	Bool	%I0.1		KaiGuanXiaJiangDangWei
13	SB2	Bool	%I0.3		
14	JZSGTJ	Bool	%M50.0		JiZuShiGuTingJi
15	ZMWZQG	Bool	%M0.0		ZhaMenWeiZhiQuanGuan
16	YB3	Bool	%Q0.4		
17	HG	Bool	%Q0.5		LvDeng
18	HR	Bool	%Q0.6		HongDeng
19	PJ1	Bool	%M1.2		
20	PJ2	Bool	%M1.3		
21	PJ3	Bool	%M1.4		
22	HJ1	Bool	%M1.5		
23	HJ2	Bool	%M1.6		
24	BaoJing	Bool	%Q0.7		
25					

图 7－11　进水口快速闸门 S7－1200 控制系统程序的 PLC 变量表

不论 M1（Q0.0）还是 M2（Q0.1）启动，只要 50s 延时未到或未启动（“IEC _ Timer _ 0”.Q、“IEC _ Timer _ 0”.Q 都闭合），Q0.2 置位使溢流卸荷阀 YB1 工作。50s 延时到（T37 或 T38 断开）则 YB1 失电关闭，从而油压上升。

M1 或 M2 启动 50s 后 T37 或 T38 闭合，闸门位置未到充水开度前 M0.1 闭合，自然

M0.2 也闭合，Q0.3 置位使 YB2 动作而提升闸门。达到充水开度后 M0.1 断开，YB2（Q0.3）失电，闸门停止上升。当引水管充满水后，其压力监视 M2.0 闭合，不论是 M1（Q0.0）还是 M2（Q0.1）在工作，均通过 Q0.3 使 YB2 带电工作而提升闸门，闸门全开后 M0.2 断开，YB2 失电、闸门停止上升。

若操作闸门下降开关 SA2（I0.1）或闸门下降按钮 SB2（I0.3），或者机组紧急事故停机、M50.0 闭合，都能使 Q0.4 置位，YB3 工作而使闸门下降。闸门达到全关位置后 M0.0 断开，YB3 失电，闸门停止下降。

另外，闸门位置全开后 M0.2 闭合，Q0.5 置位点亮绿灯（HG）。闸门位置全关后 M0.0 闭合，Q0.6 置位点亮红灯（HR）。PJ1（M1.2）、PJ2（M1.3）、PJ3（M1.4）、HJ1（M1.5）、HJ2（M1.6）、备用油泵（Q0.1）动作后均予以报警。

7.5 S7-1200 控制润滑、冷却、制动及调相压水系统的设计

水轮发电机组的润滑、冷却、制动及调相压水系统是主机发电或调相运行时必不可少的部件，它们的自动化是水轮发电机组自动化的组成部分。

7.5.1 机组润滑和冷却系统的自动化

1. 机组润滑和冷却系统的概况与控制要求

水轮发电机组一般设有推力、上导、下导和水轮机导轴承。推力和上、下导轴承采用 30 号稀油润滑的巴氏合金轴瓦（锡锑轴承合金、铅锑轴承合金统称巴氏合金、钨金或白合金），1990 年以后也常采用弹性金属氟塑料瓦。水轮机导轴承有的采用稀油润滑的钨金瓦，有的则采用水润滑的橡胶轴瓦。机组运转时，巴氏合金轴瓦因摩擦产生的热量靠轴承内油冷却器的循环冷却水带走。采用橡胶轴瓦时，水不仅起润滑作用，同时也起冷却作用，由于结构上的不同，两种轴承对自动化也提出了不同的要求。

采用油润滑的巴氏合金轴瓦的轴承时，要求轴承内的油位保持一定高度，且轴瓦的温度不应超过规定的允许值，如不正常则应发出相应的故障信号或事故停机信号。冷却水中断时不要求立即停机，只需发故障信号，以通知运行人员进行处理。为了节约用水，冷却水在开机运转时才投入，其投入和切除由机组总冷却水电磁配压阀（带 ZT 电磁铁）控制，轴承冷却水不单独设操作阀。这部分的自动化比较简单。

采用水润滑的橡胶轴承时，即使润滑水短时间中断，也会引起轴瓦温度急剧升高，导致轴承的损坏，因此需要立即投入备用润滑水，并发出相应的信号。如果备用润滑水电磁配压阀（带 ZT 电磁铁）启动后仍无水流，则经过一定时间（如 3s）后应作用于事故停机。

对于低水头发电工厂来说，若节约用水不那么重要，为简化操作控制和提高可靠性，可以采用经常性供给润滑水的方式，即不切除电磁阀。

除了轴承需要冷却水以外，发电机也需要带走运行时内部铜损、铁损所产生热量的冷却系统。发电机冷却方式有三种：一是空气冷却方式，如丹江口 150MW 机组，采用密闭式自循环通风，借助循环于空气冷却器的冷风带出发电机内部所生热量，而空气冷却器则靠内管冷却水进行冷却；二是水内冷方式，如三峡 700MW 机组采用的半水内冷，经过处理的循环冷却水（电导率一般 2S/m、2.5S/m 时报警、5S/m 时事故停机）直接通入定子绕组的空心导线内部和铁心中的冷却水管，将运行时内部铜损、铁损所产生热量带走，控制系统应保证

冷却水的供应和水质合格；三是蒸发冷却，如李家峡400MW机组CFC－113，由于采用的冷却介质属于氟利昂类产品，所含Cl元素对大气的臭氧层有破坏作用，目前限制使用F11、F12、F13。为了提高冷却效果，并出于保护环境的考虑，新型无毒、无污染的冷却介质将在实际机组中使用。

采用空气冷却方式时，由机组总冷却水电磁阀供应冷却水，开机时打开、停机时关闭总冷却水电磁阀。用示流传感器进行监视，水流中断时发出故障信号，但可不作用于事故停机。这部分比较简单。

采用水内冷却方式时，由于冷却水的水质、水压、流量有严格要求，故需单独设置供水系统。短时间的冷却水中断可能导致发电机温度急剧上升，因而对供水可靠性的要求严格得多。一般有主、备水源，可互相切换，冷却水中断超过一定时限后要作用于事故停机。

2. 自动化元件配置

这里考虑机组推力与上导共槽、水导水润滑、发电机空冷情况下的需求。

(1) 信号元件（信号传感器）。冷却水总管监视器具（示流传感器）1个，如BAR系列抗震型靶式流量计公称口径15～3000mm、公称压力0.6MPa～42MPa、内置锂电池或外供24V DC、输出4～20mA、脉冲0～10V、RS232/RS485、GPRS无线远传，又如银亿通水流开关式传感器；水导润滑冷却水监视用示流传感器1个；监视上导推力、下导上限和下限油位用开关式传感器共4个；监视上导推力、下导温度过热（如55℃）和过高（如70℃）用开关式传感器共4个。共需PLC输入开关量点10个；另外水轮发电机组“机组开机继电器”“机组运行状态标识”“机组停机复归标识”等信号可由通信传送。

(2) 执行元件（执行器）。总冷却水管控制用电磁配压阀1个，其ZT电磁铁吸引线圈、脱扣线圈分别控制阀的开启与关闭，线圈仅在动铁心动作时短时通电，吸引线圈与脱扣线圈分别用PLC的2个输出点控制；上导推力槽油位上限信号器1个；上导推力槽油位下限信号器1个；下导槽油位上限信号器1个；下导槽油位下限信号器1个；上导推力轴承温度过热（如55℃）指示器1个；上导推力轴承温度过高（如70℃）指示器1个；下导轴承温度过热（如55℃）指示器1个；下导轴承温度过高（如70℃）指示器1个；主、备润滑水投入与切除用的电磁配压阀各1个（3阀共6点）；总冷却水管内冷却水中断报警输出1点；润滑水中断事故报警输出1点；水轮机组润滑和冷却系统各事故停机信号汇总输出1点。共需PLC输出开关量点16个。

显然选用S7－1200 PLC是满足控制需求的。这里油位与温度信号的采集及输出控制没有使用模拟量，当然也可采集油位与温度的模拟量数值，然后与各设定数值进行比较，比较结果作为控制的动作条件。

3. PLC输入/输出点及内存地址分配

分配I/O及内存地址见表7－4。

4. 拟定控制程序

通过分析水力机组润滑和冷却系统的状况与控制要求、合理选择PLC控制系统硬件，如CPU 1214C AC/DC/Rly，运用好编程指令就可编制以下控制程序，如图7－12所示。

表 7-4　润滑与冷却控制 I/O 及内存地址分配

序号	地址	说明	序号	地址	说明
01	I0.2	推力轴承油位上限	21	Q1.0	下导油位上限报警
02	I0.3	推力轴承油位下限	22	Q1.1	下导油位下限报警
03	I0.4	下导轴承油位上限	23	Q1.2	推力轴承温度过热报警（50℃）
04	I0.5	下导轴承油位下限	24	Q1.3	推力轴承温度过高报警（55℃）
05	I0.6	推力轴承温度过热（50℃）	25	Q1.4	下导轴承温度过热报警（65℃）
06	I0.7	推力轴承温度过高（55℃）	26	Q1.5	下导轴承温度过高报警（70℃）
07	I1.0	下导轴承温度过热（65℃）	27	Q1.6	水导轴承温度过热报警（60℃）
08	I1.1	下导轴承温度过高（70℃）	28	Q1.7	水导轴承温度过高报警（65℃）
09	I1.2	水导轴承温度过热（60℃）	29	Q2.1	主冷却水关闭
10	I1.3	水导轴承温度过高（65℃）	30	Q2.2	水导润滑水关闭
11	I1.4	备用冷却水关闭按钮	31	Q2.3	备用冷却水关闭
12	I1.5	备用润滑水关闭按钮	32	Q2.4	备用润滑水关闭
13	Q0.0	主冷却水开启	33	M50.0	机组事故停机继电器
14	Q0.1	备用冷却水开启	34	M50.2	机组启动继电器
15	Q0.2	备用冷却水投入信号	35	M50.3	机组发电状态继电器
16	Q0.3	水导润滑水开启	36	M50.4	机组调相启动继电器
17	Q0.4	水导备用润滑水开启	37	M50.5	机组调相运行继电器
18	Q0.5	备用润滑水投入信号	38	M50.7	机组停机复归继电器
19	Q0.6	推力油位上限报警	39	M70.0	冷却水中断
20	Q0.7	推力油位下限报警	40	M70.1	润滑水中断

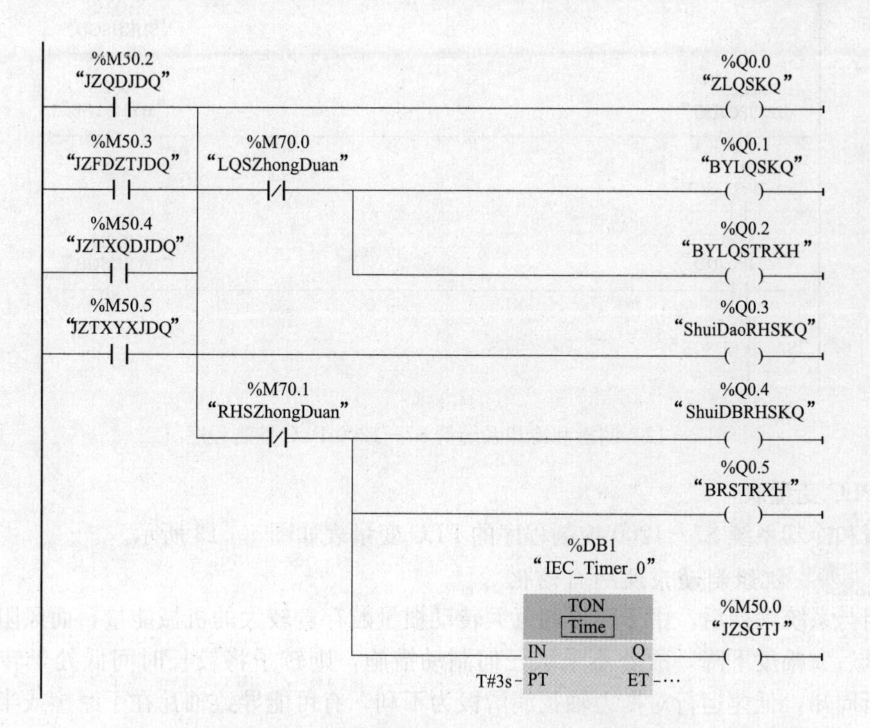

图 7-12　润滑和冷却系统的 S7-1200 PLC 控制程序（一）

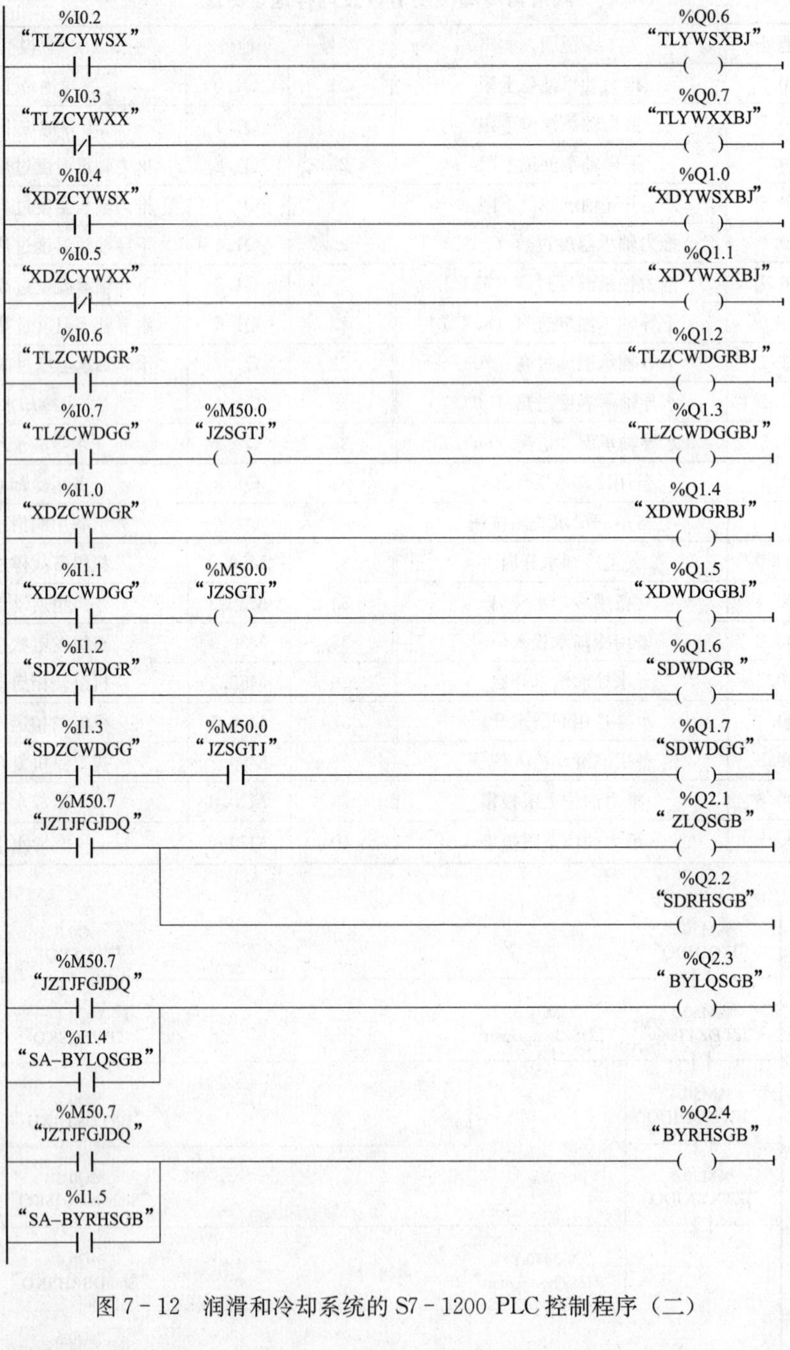

%I0.2 "TLZCYWSX" —— %Q0.6 "TLYWSXBJ"

%I0.3 "TLZCYWXX" —— %Q0.7 "TLYWXXBJ"

%I0.4 "XDZCYWSX" —— %Q1.0 "XDYWSXBJ"

%I0.5 "XDZCYWXX" —— %Q1.1 "XDYWXXBJ"

%I0.6 "TLZCWDGR" —— %Q1.2 "TLZCWDGRBJ"

%I0.7 "TLZCWDGG" —— %M50.0 "JZSGTJ" —— %Q1.3 "TLZCWDGGBJ"

%I1.0 "XDZCWDGR" —— %Q1.4 "XDWDGRBJ"

%I1.1 "XDZCWDGG" —— %M50.0 "JZSGTJ" —— %Q1.5 "XDWDGGBJ"

%I1.2 "SDZCWDGR" —— %Q1.6 "SDWDGR"

%I1.3 "SDZCWDGG" —— %M50.0 "JZSGTJ" —— %Q1.7 "SDWDGG"

%M50.7 "JZTJFGJDQ" —— %Q2.1 "ZLQSGB"; %Q2.2 "SDRHSGB"

%M50.7 "JZTJFGJDQ"; %I1.4 "SA-BYLQSGB" —— %Q2.3 "BYLQSGB"

%M50.7 "JZTJFGJDQ"; %I1.5 "SA-BYRHSGB" —— %Q2.4 "BYRHSGB"

图 7-12 润滑和冷却系统的 S7-1200 PLC 控制程序（二）

5. PLC 变量表

润滑和冷却系统 S7-1200 控制程序的 PLC 变量表如图 7-13 所示。

7.5.2 机组制动系统的自动化

机组与系统解列后，由于转子的巨大转动惯量贮存着较大的机械能量，而风阻、液阻在转速变低后大幅度下降，故若不采取任何制动措施，则转子将较长时间低处于转速运转状态。众所周知，低速运行对推力轴瓦润滑极为不利，有可能导致轴瓦在干摩擦或半干摩擦状

PLC tags

	Name	Data type	Address	Retain	Comment
1	JZQDJDQ	Bool	%M50.2		JiZuQiDongJiDianQi
2	JZFDZTJDQ	Bool	%M50.3		JiZuFaDianZhuangTaiJiDianQi
3	JZTXQDJDQ	Bool	%M50.4		JiZuTiaoXiangQiDongJiDianQi
4	JZTXYXJDQ	Bool	%M50.5		JiZuTiaoXiangYunXingJiDianQi
5	ZLQSKQ	Bool	%Q0.0		ZhuLengQueShuiKaiQi
6	BYLQSKQ	Bool	%Q0.1		BeiYongLengQueShuiKaiQi
7	BYLQSTRXH	Bool	%Q0.2		BeiYongLengQueShuiTouRuXinHao
8	LQSZhongDuan	Bool	%M70.0		LengQueShuiZhongDuan
9	ShuiDaoRHSKQ	Bool	%Q0.3		ShuiDaoRunHuaShuiKaiQi
10	ShuiDBRHSKQ	Bool	%Q0.4		ShuiDaoBeiYongRunHuaShuiKaiQi
11	RHSZhongDuan	Bool	%M70.1		RunHuaShuiZhongDuan
12	JZSGTJ	Bool	%M50.0		JiZuShiGuTingJi
13	BRSTRXH	Bool	%Q0.5		BeiYongRunHuaShuiTouRuXinHao
14	TLZCYWSX	Bool	%I0.2		TuiLiZhouChengYouWeiShangXian
15	TLYWSXBJ	Bool	%Q0.6		TuiLiYouWeiShangXianBaoJing
16	TLZCYWXX	Bool	%I0.3		TuiLiZhouChengYouWeiXiaXian
17	XDYWXXBJ	Bool	%Q1.1		XiaDaoYouWeiXiaXianBaoJing
18	TLYWXXBJ	Bool	%Q0.7		TuiLiYouWeiXiaXianBaoJing
19	XDZCYWSX	Bool	%I0.4		XiaDaoZhouChengYouWeiShangXian
20	XDYWSXBJ	Bool	%Q1.0		XiaDaoYouWeiShangXianBaoJing
21	XDZCYWXX	Bool	%I0.5		XiaDaoZhouChengYouWeiXiaXian
22	TLZCWDGR	Bool	%I0.6		TuiLiZhouChengWenDuGuoRe(50℃)
23	TLZCWDGRBJ	Bool	%Q1.2		TuiLiWenDuGuoReBaoJing(50℃)
24	TLZCWDGG	Bool	%I0.7		TuiLiZhouChengWenDuGuoGao(55℃)
25	TLZCWDGGBJ	Bool	%Q1.3		TuiLiWenDuGuoGaoBaoJing(55℃)
26	XDZCWDGR	Bool	%I1.0		XiaDaoZhouChengWenDuGuoRe(65℃)
27	XDWDGRBJ	Bool	%Q1.4		XiaDaoWenDuGuoReBaoJing(65℃)
28	XDZCWDGG	Bool	%I1.1		XiaDaoZhouChengWenDuGuoGao(70℃)
29	XDWDGGBJ	Bool	%Q1.5		XiaDaoWenDuGuoGaoBaoJing(70℃)
30	SDZCWDGR	Bool	%I1.2		ShuiDaoZhouChengWenDuGuoRe(60℃)
31	SDWDGR	Bool	%Q1.6		SShuiDaoZhouChengWenDuGuoRe(60℃)
32	SDZCWDGG	Bool	%I1.3		ShuiDaoZhouChengWenDuGuoGao(65℃)
33	SDWDGG	Bool	%Q1.7		ShuiDaoZhouChengWenDuGuoGao(65℃)
34	JZTJFGJDQ	Bool	%M50.7		JiZuTingJiFuGuiJiDianQi
35	ZLQSGB	Bool	%Q2.1		ZhuLengQueShuiGuanBi
36	SDRHSGB	Bool	%Q2.2		ShuiDaoRunHuaShuiGuanBi
37	SA-BYLQSGB	Bool	%I1.4		AnNiu-BeiYongLengQueShuiGuanBi
38	BYLQSGB	Bool	%Q2.3		BeiYongLengQueShuiGuanBi
39	SA-BYRHSGB	Bool	%I1.5		BeiYongRunHuaShuiGuanBi
40	BYRHSGB	Bool	%Q2.4		BeiYongRunHuaShuiGuanBi
41					

图 7－13　润滑和冷却系统 S7－1200 控制程序的 PLC 变量表

态下运转，因此有必要采取制动措施以缩短停机时间。

1. 制动措施与要求

通常的机械制动措施是：卸负荷并导叶全关后，当机组转速下降至 35%n_r（有液压减载装置的设置 10%n_r）左右时，用压缩空气顶起设于发电机转子下面的制动闸瓦，即对转子进行制动，之所以不在停机同时就加闸，是为了减少闸瓦的磨损；也可采用电气制动，即停机时通过专设的开关将与系统解列的发电机接入制动用的三相短路电阻，为了提高低转速时的电气制动效果，可将发电机励磁绕组由变低了的励磁机电压改为厂用电整流供给。另外冲击式水轮机一般采用水力制动，即设置专门的制动喷嘴，停机时打开它，将水流射到水斗的背面进行制动，这样可以在停机一开始就进行制动以缩短停机时间。

机组转动部分完全静止后，应撤除制动，以便下次启动。在停机过程中，如果导叶剪断销被剪断，个别导叶失去控制而处于全开位置，则为使机组不至于长时间低转速运转，就不应撤除制动。

2. PLC 输入/输出点及内存地址分配

分配 I/O 及内存地址见表 7－5。

表 7－5　　制动控制 I/O 及内存地址分配

序号	地址	说明	序号	地址	说明
01	I0.0	机组手动停机按钮	07	M0.5	机组转速信号器（35%n_r）
02	Q0.0	制动用电磁空气阀开启	08	M0.6	导叶剪断销剪断信号
03	Q0.1	制动用电磁空气阀关闭	09	M0.7	制动电空阀联动触点
04	M0.2	制动闸压力监视	10	M50.0	机组事故停机继电器
05	M0.3	断路器主触头位置信号	11	M50.2	机组启动继电器
06	M0.4	导水叶开度位置全关	12	M50.6	机组停机继电器

3. 拟定控制程序

根据以上要求拟定的制动系统自动化程序如图 7－14 所示。

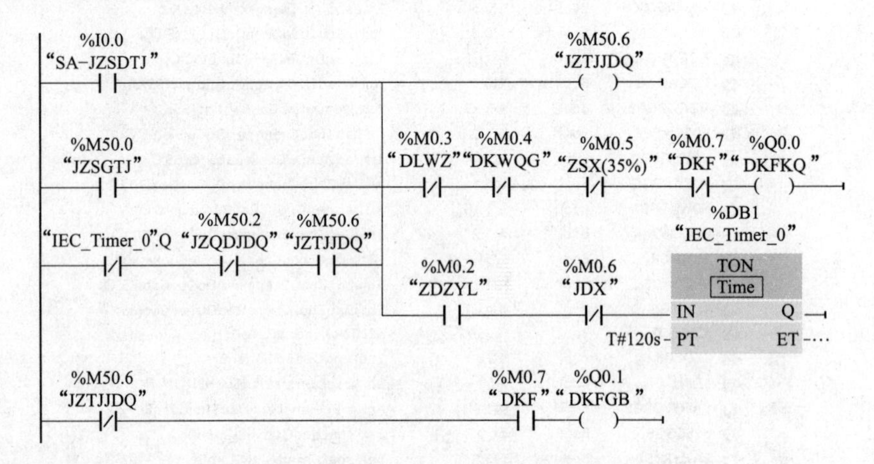

图 7－14　机组制动系统自动化程序

4. PLC 变量表

机组制动 S7－1200 控制程序对应的 PLC 变量表如图 7－15 所示。

PLC tags

	Name	Data type	Address	Retain	Comment
1	SA-JZSDTJ	Bool	%I0.0		JiZuShouDongTingJiAnNiu
2	JZSGTJ	Bool	%M50.0		JiZuShiGuTingJiJiDianQi
3	JZTJJDQ	Bool	%M50.6		JiZuTingJiJiDianQi
4	DLWZ	Bool	%M0.3		DuanLuQiWeiZhi
5	DKWQG	Bool	%M0.4		DaoYeKaiDuWeiZhiQuanGuan
6	ZSX(35%)	Bool	%M0.5		JiZuZhuanSuXinHao(35%)
7	DKF	Bool	%M0.7		DianKongFaLianDongChangBiChuDian
8	DKFKQ	Bool	%Q0.0		DianKongFaKaiQi
9	ZDZYL	Bool	%M0.2		ZhiDongZhaYaLi
10	JDX	Bool	%M0.6		JianDuanXiaoJianDuanXinHaoQi
11	JZQDJDQ	Bool	%M50.2		JiZuQiDongJiDianQi
12	DKFGB	Bool	%Q0.1		DongKongFaGuanBi
13					

图 7－15　机组制动自动控制程序的 PLC 变量表

5. 程序简短说明

手动操作机组停机按钮（I0.0 闭合）或者机组事故停机（M50.0 闭合）时，机组停机继电器 M50.6 动作并自保持。通过转速调整机构卸负荷至空载、跳开断路器，或直接跳开断路器，M0.3 动断触点接通；继之开度限制机构使导水叶全关，M0.4 接通；机组转速下降至额定转速的 35%（如有液压减载装置取 10%）时 M0.5 接通。M0.7 动断触点在制动用电磁空气阀关闭时是接通的，故 Q0.0 励磁，开启电空阀。压缩空气进入制动闸后，压力监视 M0.2 动合触点闭合，若导叶剪断销未剪断，M0.6 闭合，计时器 IEC _ Timer _ 0 开始计时，约 120s 后机组完全静止，计时器动作 IEC _ Timer _ 0.Q 断开，解除 M50.6 的自保持，其动断触点使 Q0.1 励磁，制动电空阀关闭，停机完成。若导叶剪断销已剪断，则计时器 IEC _ Timer _ 0 不会启动，M50.6 的自保持不能解除，Q0.1 不励磁，制动不撤除。

7.5.3 机组调相压水系统的自动化

电力系统缺乏无功功率时，可以利用水电站的闲置机组（包括系统无事故时的备用机组，枯水期不能发电的机组，负荷低谷时的调峰、调频机组）作调相运行机组，此时机组从系统吸收少量有功功率，而输出较多的无功功率。

1. 调相压水系统自动化的要求

水轮发电机组作调相运行时，导水叶是全关的，为了减少阻力和电能损耗，必须将水轮机转轮室水位压低，使转轮在空气中旋转。对机组调相压水系统自动化的要求包括以下几点。

（1）当机组转为调相运行时，打开主给气阀（可考虑与治理抬机用电动调节补气阀合二为一）将压缩空气送入转轮室将水位压下，下降至“封水效应”容许的下限水位时，关闭主给气阀。

（2）由于流道逸气、携气，转轮室水位逐渐上升至“风扇效应”容许的上限水位时，又自动开启主给气阀，将水位再次压低至下限水位。

（3）为避免主给气阀操作过于频繁，在主给气阀处并联一只由电磁配压阀控制的较小的辅助液压给气阀（进气流量略小于逸气流量＋携气流量），它在调相过程中一直开启。

2. PLC 输入/输出点及内存地址分配

分配 I/O 及内存地址见表 7-6。

表 7-6　调相控制 I/O 及内存地址分配

序号	地址	说明	序号	地址	说明
01	Q0.0	调相给气阀电源投入	06	M10.1	压水时转轮室上限水位
02	Q0.1	调相给气阀开启	07	M10.2	压水时转轮室下限水位
03	Q0.2	调相给气阀关闭	08	M10.3	调相给气阀联动触点
04	Q0.3	调相补气阀开启	09	M10.4	调相补气阀联动触点
05	Q0.4	调相补气阀关闭	10	M50.5	调相运行继电器

3. 调相压水系统控制程序

根据以上要求，拟定机组调相压水系统的自动控制程序如图 7-16 所示。

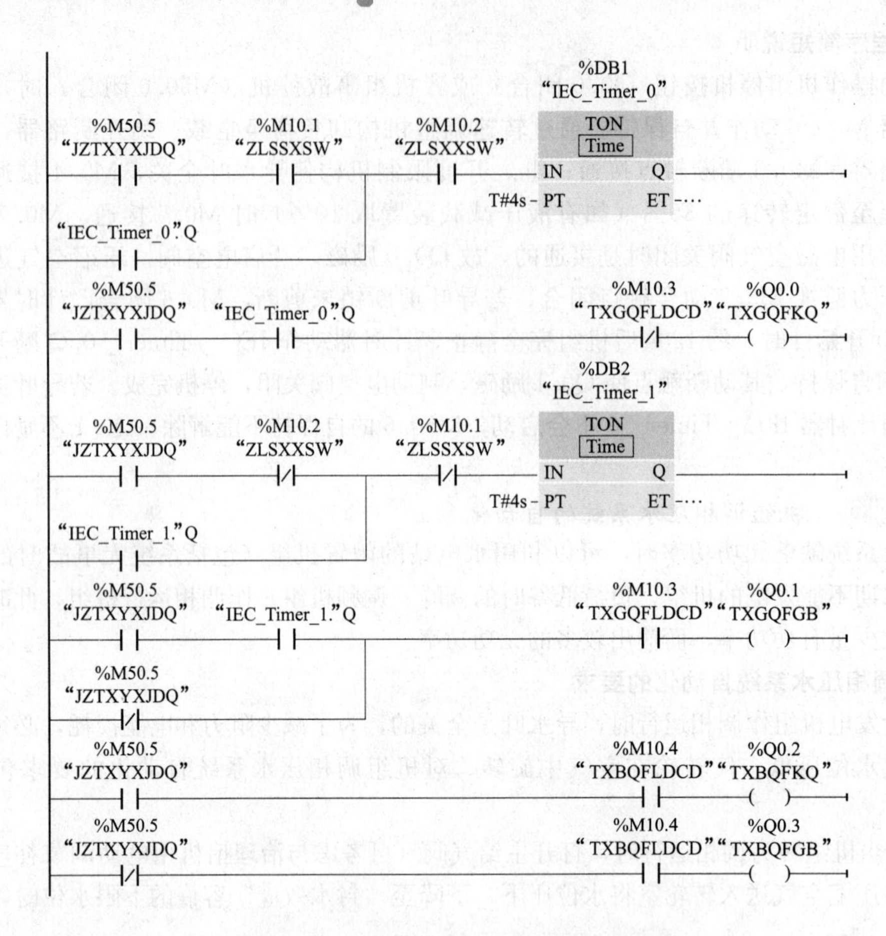

图 7-16　调相压水系统的自动控制程序

4. PLC 变量表

调相压水系统 S7-1200 控制程序的 PLC 变量表如图 7-17 所示。

PLC tags

	Name	Data type	Address	Retain	Comment
1	JZTXYXJDQ	Bool	%M50.5		JiZuTiaoXiangYunXingJiDianQi
2	ZLSSXSW	Bool	%M10.1		ZhuanLunShiShangXianShuiWei
3	ZLSXXSW	Bool	%M10.2		ZhuanLunShiXiaXianShuiWei
4	TXGQFKQ	Bool	%Q0.0		TiaoXiangGeiQiFaKaiQi
5	TXGQFLDCD	Bool	%M10.3		TiaoXiangGeiQiFaLianDongChuDian
6	TXGQFGB	Bool	%Q0.1		TiaoXiangGeiQiFaGuanBi
7	TXBQFLDCD	Bool	%M10.4		TiaoXiangBuQiFaLianDongChuDian
8	TXBQFKQ	Bool	%Q0.2		TiaoXiangBuQiFaKaiQi
9	TXBQFGB	Bool	%Q0.3		TiaoXiangBuQiFaGuanBi
10					

图 7-17　调相压水系统控制程序的 PLC 变量表

5. 程序简短说明

当机组转入调相工况运行时 M50.5 置位，初始时转轮室充满着水（由于反汽蚀需要采用负吸出高），水位高于转轮室上限值，M10.1置位并启动时间继电器IEC _ Timer _ 0，延时4s（确认不是瞬时情况）后IEC _ Timer _ 0.Q置位（并自保持到转轮室下限水位M10.2动合触点断开），加上调相给气阀联动动断触点M10.3闭合，使Q0.0置位，开启调相给气阀，向转轮室送入压缩空气，将水位压下。当水位降至下限水位以下时，M10.2动断触点闭合以启动时间继电器IEC _ Timer _ 1，延时4s（确认不是瞬间情况）后IEC _ Timer _ 1.Q置位，加上调相给气阀联动动合触点M10.3在阀开时已闭合，使Q0.1置位，关闭调相给气阀，停止给气。

同时机组转入调相运行后，M50.5置位加上调相补气阀联动动断触点M10.4闭合，使Q0.2置位而开启调相补气阀，只要机组处于调相工况运行，补气阀就一直打开。如果补气阀气量不够，经过相当长的一段时间后，转轮室水位又上升至上限水位，M10.1置位、IEC _ Timer _ 0.Q置位，使Q0.0置位又再次打开调相给气阀，将水位重新压下。

直到机组停止作调相运行，M50.5动断触点接通，Q0.3置位而关闭调相补气阀，此时Q0.1置位也关闭调相给气阀。

7.6 S7-1200 PLC治理抬机并与控制调相压水合二为一

水轮发电机组甩负荷抬机具有特别严重的危害性，必须予以彻底根治。应正确认识产生抬机的根本原因，把原国家水利电力部时代的重要经验“延时继电器启动补气”改进为“PLC不延时补气”，使转轮室—尾水管段不发生水击，同时也缓和引水管—转轮室段的水击，达到治理抬机的目的。

7.6.1 治理水轮机组甩负荷抬机的必要性与正确思路

1. 治理抬机的必要性

事实上抬机的存在，累积到一定程度就能破坏设备结构、发生重大事故。湖南省1965年8月水府庙水电站4#机、1985年10月安仁大石水电站2#机、1987年9月麻阳马颈坳水电站某台机组等都因抬机而砸断主轴卡环凹处，转子跌落于制动闸上；1988年3月怀化红岩水电站4#机抬机落下时把主轴卡环凹处砸断一边，发电机转子偏心旋转，四周冷却用的风扇叶擦刮掉发电机定子，定子线棒（绕组）绝缘层，强大的内部短路电流使发电机着火，十分危险。

今设抬机高度为h(m)，抬起落下后推力瓦碰撞镜板前的速度近似为$v=\sqrt{2gh}$，若$h=0.02$m（微抬），则$v\approx0.626$m/s，这个值不大，应注意推力瓦碰撞镜板时间Δt非常小，碰撞后v变成零；又设推力瓦碰撞镜板时的平均作用力与反作用力大小为F，机组转动部分的质量为M（东江532 000kg、葛洲坝小机1 266 000kg、葛洲坝大机1 494 000kg、三峡2 500 000kg），因有$F\Delta t=Mv$，所以$F=Mv/\Delta t$，从而可以发现F惊人得大，令$\alpha=\frac{F}{Mg}=\frac{v}{g\Delta t}$。冲击应力应变及材料疲劳问题使材料强度再大也难承受，特别是F传递到卡环凹处时就容易造成对主轴的破坏，材料强度大只不过承受碰撞的次数多些罢了。表7-7列出了水力发电机组微抬$h=0.02$m落下后推力瓦与平均作用力F和α的值。

表 7-7　水力发电机组微抬 $h=0.02m$ 落下后推力瓦与镜板间平均作用力 F 和 α 的值

水电站名	东江		葛洲坝小机	
K_z 值 kg/cm²	$K_z=4.03kg/cm^2$；不易抬机		$K_z=1.55kg/cm^2$；易抬机	
$\Delta t=0.01s$	$F=33\ 303\ 200N$	$\alpha=6.3888$	$F=79\ 251\ 600N$	$\alpha=6.3888$
$\Delta t=0.02s$	$F=16\ 651\ 600N$	$\alpha=3.1944$	$F=39\ 625\ 800N$	$\alpha=3.1944$
$\Delta t=0.03s$	$F=11\ 101\ 067N$	$\alpha=2.1296$	$F=26\ 417\ 200N$	$\alpha=2.1296$
$\Delta t=0.04s$	$F=8\ 325\ 800N$	$\alpha=1.5972$	$F=19\ 815\ 900N$	$\alpha=1.5972$
$\Delta t=0.05s$	$F=6\ 660\ 640N$	$\alpha=1.2777$	$F=15\ 850\ 320N$	$\alpha=1.2777$
$\Delta t=0.06s$	$F=5\ 550\ 533N$	$\alpha=1.0648$	$F=13\ 208\ 600N$	$\alpha=1.0648$
$\Delta t=0.07s$	$F=4\ 757\ 600N$	$\alpha=0.9127$	$F=11\ 321\ 657N$	$\alpha=0.9127$
$\Delta t=0.08s$	$F=4\ 162\ 900N$	$\alpha=0.7986$	$F=9\ 906\ 450N$	$\alpha=0.7986$
$\Delta t=0.09s$	$F=3\ 700\ 356N$	$\alpha=0.7099$	$F=8\ 805\ 733N$	$\alpha=0.7099$
$\Delta t=0.10s$	$F=3\ 330\ 320N$	$\alpha=0.6389$	$F=7\ 925\ 160N$	$\alpha=0.6389$
$\Delta t=0.11s$	$F=3\ 027\ 564N$	$\alpha=0.5808$	$F=7\ 204\ 691N$	$\alpha=0.5808$
$\Delta t=0.12s$	$F=2\ 775\ 267N$	$\alpha=0.5324$	$F=6\ 604\ 300N$	$\alpha=0.5324$
$\Delta t=0.13s$	$F=2\ 561\ 785N$	$\alpha=0.4914$	$F=6\ 096\ 277N$	$\alpha=0.4914$
$\Delta t=0.14s$	$F=2\ 378\ 800N$	$\alpha=0.4563$	$F=5\ 660\ 829N$	$\alpha=0.4563$
$\Delta t=0.15s$	$F=2\ 220\ 213N$	$\alpha=0.4259$	$F=5\ 283\ 440N$	$\alpha=0.4259$
水电站名	葛洲坝大机		三 峡	
K_z 值（kg/cm²）	$K_z=1.49kg/cm^2$；易抬机		$K_z=3.28kg/cm^2$；不易抬机	
$\Delta t=0.01s$	$F=93\ 524\ 400N$	$\alpha=6.3888$	$F=156\ 500\ 000N$	$\alpha=6.3888$
$\Delta t=0.02s$	$F=46\ 762\ 200N$	$\alpha=3.1944$	$F=78\ 250\ 000N$	$\alpha=3.1944$
$\Delta t=0.03s$	$F=31\ 174\ 800N$	$\alpha=2.1296$	$F=52\ 166\ 667N$	$\alpha=2.1296$
$\Delta t=0.04s$	$F=23\ 381\ 100N$	$\alpha=1.5972$	$F=39\ 125\ 000N$	$\alpha=1.5972$
$\Delta t=0.05s$	$F=18\ 704\ 880N$	$\alpha=1.2777$	$F=31\ 300\ 000N$	$\alpha=1.2777$
$\Delta t=0.06s$	$F=15\ 587\ 400N$	$\alpha=1.0648$	$F=26\ 083\ 333N$	$\alpha=1.0648$
$\Delta t=0.07s$	$F=13\ 360\ 629N$	$\alpha=0.9127$	$F=22\ 357\ 143N$	$\alpha=0.9127$
$\Delta t=0.08s$	$F=11\ 690\ 550N$	$\alpha=0.7986$	$F=19\ 562\ 500N$	$\alpha=0.7986$
$\Delta t=0.09s$	$F=10\ 391\ 600N$	$\alpha=0.7099$	$F=17\ 366\ 667N$	$\alpha=0.7099$
$\Delta t=0.10s$	$F=9\ 352\ 440N$	$\alpha=0.6389$	$F=15\ 650\ 000N$	$\alpha=0.6389$
$\Delta t=0.11s$	$F=8\ 502\ 218N$	$\alpha=0.5808$	$F=14\ 227\ 273N$	$\alpha=0.5808$
$\Delta t=0.12s$	$F=7\ 793\ 700N$	$\alpha=0.5324$	$F=13\ 041\ 667N$	$\alpha=0.5324$
$\Delta t=0.13s$	$F=7\ 194\ 185N$	$\alpha=0.4914$	$F=12\ 038\ 462N$	$\alpha=0.4914$
$\Delta t=0.14s$	$F=6\ 680\ 314N$	$\alpha=0.4563$	$F=11\ 178\ 571N$	$\alpha=0.4563$
$\Delta t=0.15s$	$F=6\ 234\ 960N$	$\alpha=0.4259$	$F=10\ 433\ 333N$	$\alpha=0.4259$

注意抬机发生后 $\alpha=\frac{1}{\Delta t}\sqrt{\frac{2h}{g}}$，与抬机高度 h、碰撞时间 Δt 有关，而与转动部分质量 M 无关，如图 7-18 所示。这说明无论机组大小，都必须重视治理甩负荷抬机。若能采用金属

弹性聚四氟乙烯塑料瓦（塑料王），抬机发生后的 Δt 将增大，α 值得到减小。

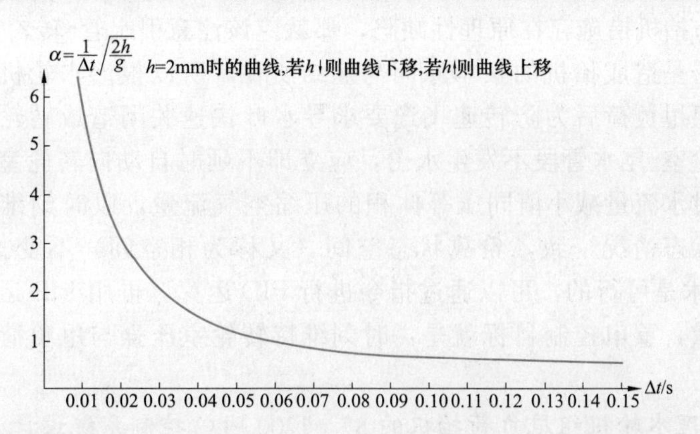

图 7-18　作用力 F 对 Mg 的倍数 α 与作用时间 Δt 的关系曲线

2. 治理抬机的正确思路

在水力发电生产实践中，水轮发电机组事故甩负荷或人为误操作甩负荷后，调速器为防转速飞逸而快速关闭导水叶，造成过机水流量急剧下降导致转轮室真空度急剧变大，引水管-转轮室段与转轮室管-尾水管段都产生水力冲击波（又称为水锤），对于匀质材料薄壁管的传播速度一般为 1000m/s 左右

$$C=\sqrt{\frac{1435}{1+KD/Ee}}$$

式中：K 为水的体积弹性模量，kN/m^2；D 为管道的直径，m；E 为管材纵向弹性模量，kN/m^2；e 为管壁壁厚，m。

当转轮室水击反冲力与反向水推力之和大于机组转动部分重量时发生抬机，即 $P_m-H_s\rho\geqslant K_z$ 时发生抬机。其中，P_m 为水击产生后顶盖下最大正压强，kg/cm^2；H_s 为水轮机的吸出高度值，cm，一般为负；ρ 为水的重度，kg/cm^3；$K=\dfrac{M}{\frac{\pi}{4}D_1^2}$ 为机组转动部分相对重量，kg/cm^2。

苏联专家及国内专家对压力引水钢管内的水击给予了足够重视，但对转轮室-尾水管段也产生水击关注不够。

抬机次数不多似乎不会造成对机组结构的破坏，人们也习惯于从提高材料强度和技术粗糙地减轻抬机程度等方面去应付抬机，如强迫式真空破坏阀由调速环下斜块速压而动作，阀之出气位置处顶盖下转轮室四周压力较高区，动作后向转轮室内进气量很小；自吸式真空破坏阀动作时已形成大真空度，加之水击波在 $t=(2\times25\sim2\times50)/1000=0.05\sim0.1$s 后返回，入气位置虽佳仍进气极少；两段关闭导水叶法只能略微减轻不能消除转轮室-尾水管段水击，对解决小 K_z 值的机组抬机几乎无效，如葛洲坝大江电厂 14＃机在 1987 年 7 月 4 日甩负荷抬机 25mm。当然这些措施在过去是很有积极意义的，特别是原国家水利电力部时代获得了一个宝贵的“补气”经验，可惜是“延时”的，这主要是因为只看到了以牛顿惯性学说解释的反向水推力及“水泵升力”，而没有看到转轮室-尾水管段也会产生水击波。

既然传统的防抬机措施存在原理性缺陷，那就应该注意引水管-转轮室段和转轮室-尾水管段都发生水击是造成抬机的根本原因与症结所在，所以根治水轮机组甩负荷抬机的正确思路是：机组甩负荷后为防转速飞逸要求导水叶快速关闭造成转轮室过水流量急剧下降时，为使转轮室-尾水管段不发生水击，应立即不延时自动向转轮室中心区域（压力较低区）补入与过水流量减小值同压等体积的压缩空气流量，以时刻维持转轮室压强与甩负荷前稳定流状态情况一致，希冀状态空间（又称为相空间）不变。实现这一目标，利用高新PLC技术是可行的，可以通过指令进行PID运算，再用PID运算输出控制电动调节阀调节进气量，重申控制目标就是：时刻维持转轮室压强与甩负荷前稳定流状态下压强一致。

7.6.2 治理水轮机组甩负荷抬机的S7－1200 PLC控制系统设计

1. 硬件系统

（1）为监测监控转轮室压强，在水轮机顶盖过流面直径为 $(D_1+D_z)/2$ 的分布圆周上（D_1 为转轮标称直径，D_z 为主轴直径）沿 $+X$、$+Y$、$-X$、$-Y$ 方向分别布置1号、2号、3号、4号四个压力传感器。

（2）为向转轮室补入适量气体，在压缩空气供气总管与水轮机顶盖近中心区域入气口之间的供气支管（支管又开四叉输气，它可与调相压水结合）上串联一个电动调节阀控制进气量。若设支管内最大输气速度为24m/s，则供气支管管径 $d\approx33\sqrt{Q_{sm}}$（mm，Q_{sm} 为水轮机最大过水流量 m^3/s）。

（3）设一台SIMATIC CPU 1214C AC/DC/Rly（6ES7 214－1BE30－OXBO）型PLC，并配置一个AI4×13bits/AO2×14bits信号模块。

（4）首先给出输入/输出信号内存变量地址分配，见表7－8。

表7－8　输入/输出信号内存变量地址分配表

序号	内存地址	说明	序号	内存地址	说明
01	Q0.0	电动调节阀电源投入	07	M50.0	机组事故综合信号
02	Q0.1	电动调节阀立即全开	08	AIW0	1号压力传感器信号量
03	M0.0	机组甩负荷标识	09	AIW2	2号压力传感器信号量
04	M0.3	DL辅助触点引出	10	AIW4	3号压力传感器信号量
05	M0.1	导叶开度位置空载以上	11	AIW6	4号压力传感器信号量
06	M50.6	机组停机指令信号	12	AQW0	电动调节阀PID调节

2. 控制程序

根据以上分析与要求编写控制程序如图7－19所示，主程序含有PID功能块。

3. PLC变量表

治理甩负荷抬机S7－1200控制系统程序的PLC变量表如图7－20所示。

7.6.3 治理甩负荷抬机与控制调相压水合成为一个神经元

1. 调相压水的自动化要求

水轮发电机组作调相运行时，导水叶是全关的，为了减少阻力和电能损耗，必须将水轮机转轮室水位压低，使转轮在空气中旋转。为此，应做到：①机组转为调相运行时，打开主

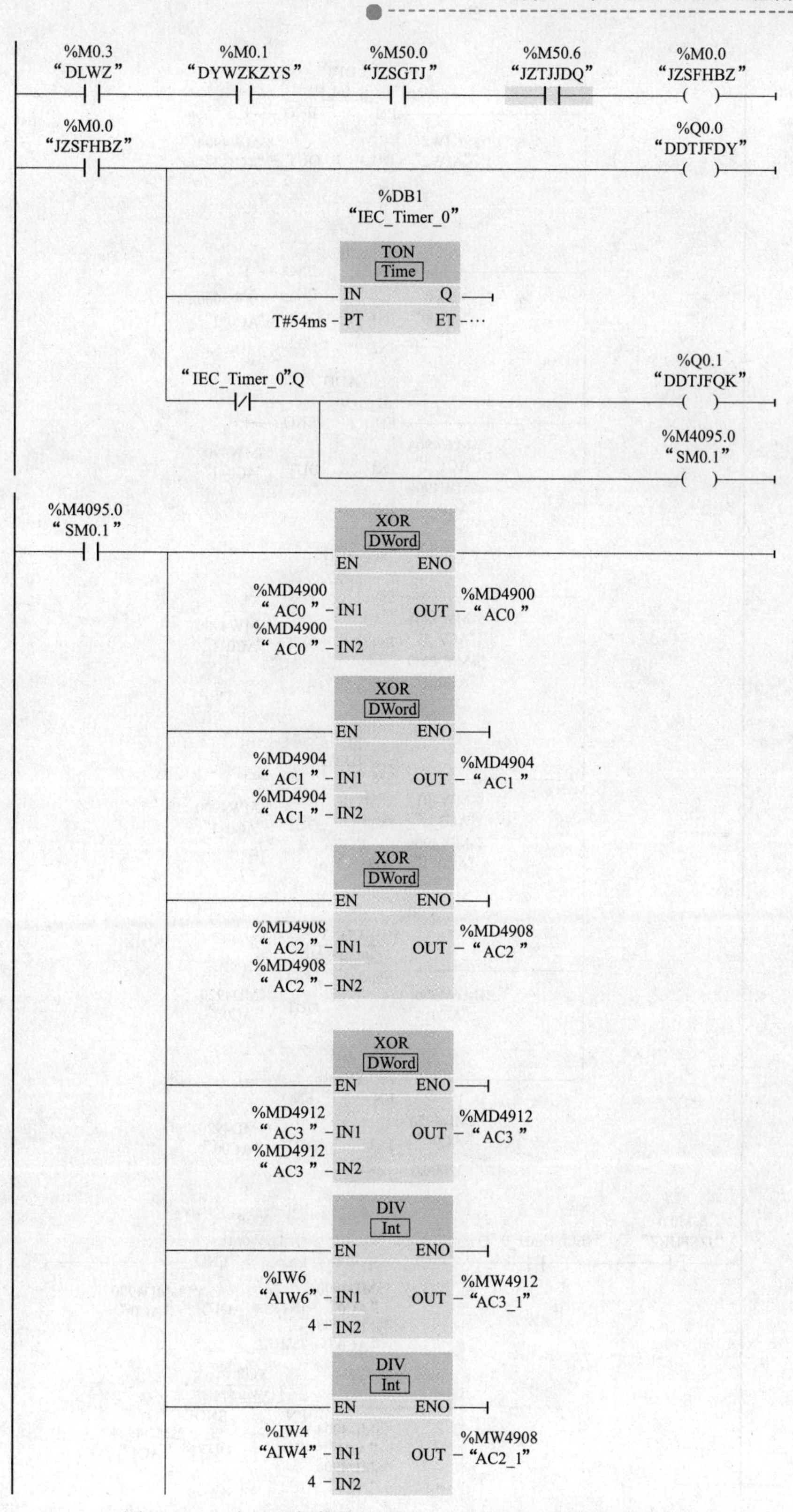

图 7-19 治理甩负荷抬机 S7-1200 控制程序设计（一）

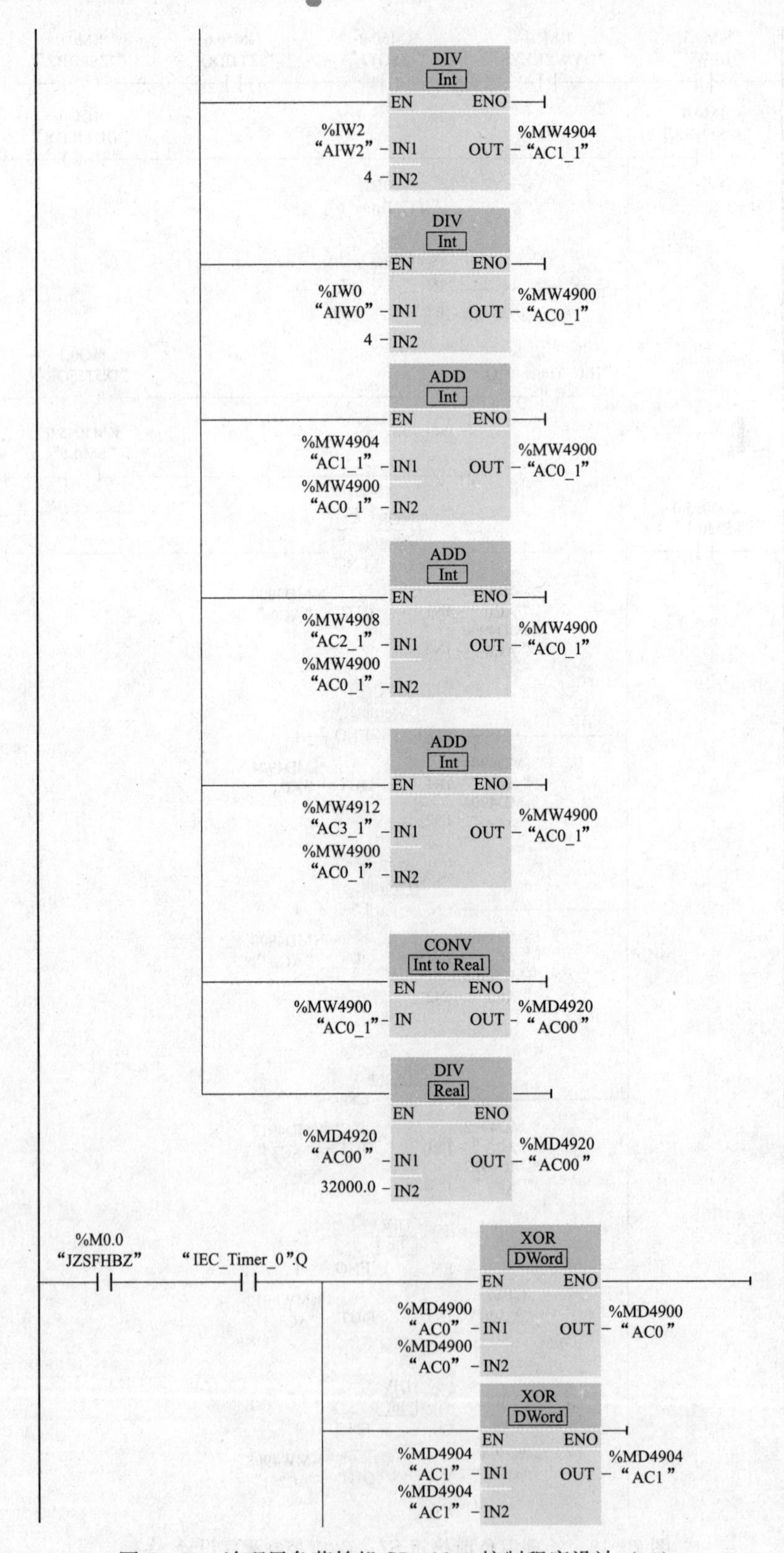

图 7-19　治理甩负荷抬机 S7-1200 控制程序设计（二）

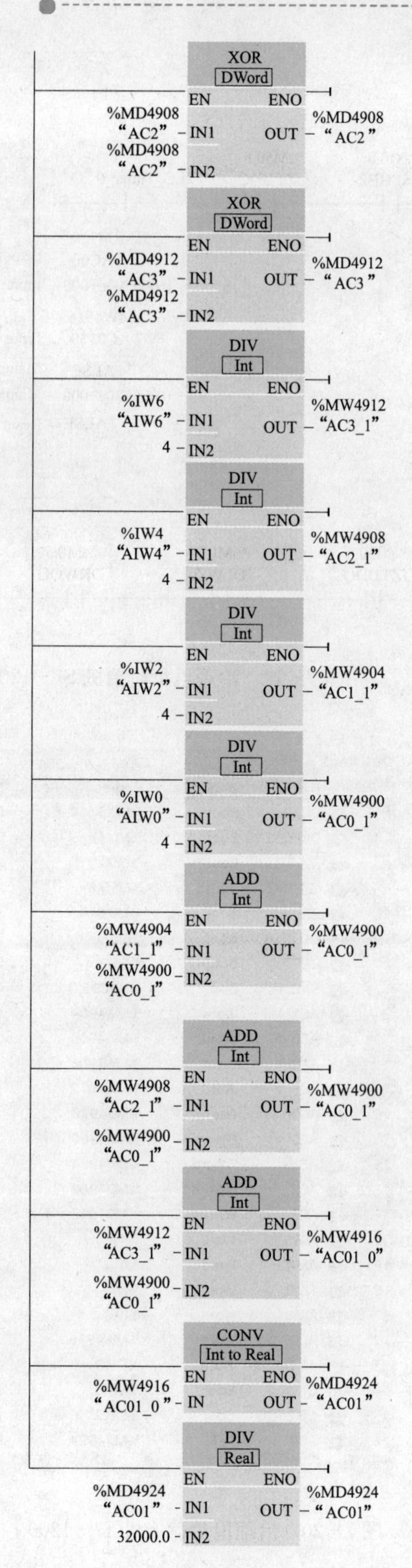

图 7-19 治理甩负荷抬机 S7-1200 控制程序设计（三）

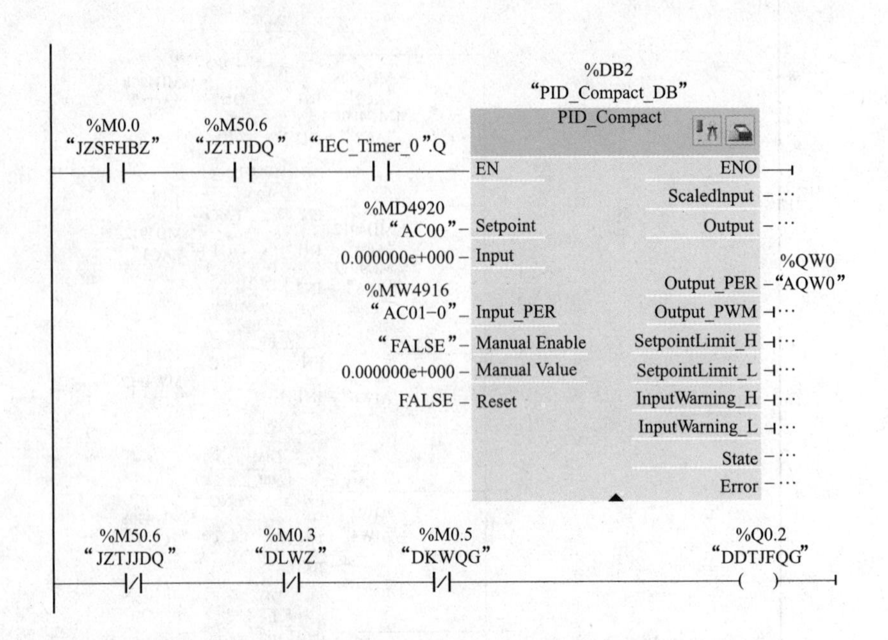

图 7-19　治理甩负荷抬机 S7-1200 控制程序设计（四）

PLC tags

	Name	Data type	Address	Retain	Comment
1	DLWZ	Bool	%M0.3		DuanLuQiWeiZhiChuDian
2	DYWZKZYS	Bool	%M0.1		DaoYeWeiZhiKongZaiYiShang
3	JZSGTJ	Bool	%M50.0		JiZuShiGuTingJiJiDianQi
4	JZTJJDQ	Bool	%M50.6		JiZuTingJiJiDianQi
5	JZSFHBZ	Bool	%M0.0		JiZuShuaiFuHeBiaoZhi
6	DDTJFDY	Bool	%Q0.0		DianDongTiaoJieFaDianYuan
7	DDTJFQK	Bool	%Q0.1		DianDongTiaoJieFaQuanKai
8	SM0.1	Bool	%M4095.0		ChuShiHuaShouCiSaoMiaoShiZhi1
9	AC1_1	Word	%MW4904		
10	AC0_1	Word	%MW4900		
11	AC2_1	Word	%MW4908		
12	AC3_1	Word	%MW4912		
13	AC00	Real	%MD4920		
14	AC0	DWord	%MD4900		
15	AC1	DWord	%MD4904		
16	AC2	DWord	%MD4908		
17	AC3	DWord	%MD4912		
18	AIW6	Word	%IW6		
19	AIW4	Word	%IW4		
20	AIW2	Word	%IW2		
21	AIW0	Word	%IW0		
22	AC01-0	Word	%MW4916		
23	AQW0	Word	%QW0		
24	DKWQG	Bool	%M0.5		DaoYeKaiDuWeiZhiQuanGuan
25	DDTJFQG	Bool	%Q0.2		DianDongTiaoJieFaQuanGuan
26	AC01	Real	%MD4924		
27					

图 7-20　治理甩负荷抬机 S7-1200 控制系统程序的 PLC 变量表

给气阀（考虑与治理甩负荷抬机用的电动调节补气阀合二为一）将压缩空气送入转轮室压下水位，下降至“封水效应”容许的下限水位时，关闭主给气阀；②由于流道逸气、携气，转轮室水位逐渐回升至“风扇效应”容许的上限水位时，又自动开启主给气阀，再次将水位压至下限；③为避免主给气阀操作过于频繁，在主给气阀处并联一个由电磁配压阀控制的较小的辅助液压补气阀（进气流量略小于逸气流量＋携气流量），它在调相过程中一直开启。

2. 生成并调用调相压水功能块

（1）功能块。功能块（FB）是用户编写的有自己存储区（背景数据块）的块，FB的典型应用是执行不能在一个扫描周期结束的操作。

（2）生成功能块。打开项目树中的文件夹“PLC_1”中的“Program block”，双击其中的“Add new block”，单击打开的对话框中的“Function block”（FB）按钮，默认编号为1、语言为LAD，设置功能块名称为“Modulate phase and Press water”，单击“OK”按钮，自动生成FB1。

（3）编写FB1的程序。编写功能块“Modulate phase and Press water”的控制程序如图7-21所示。

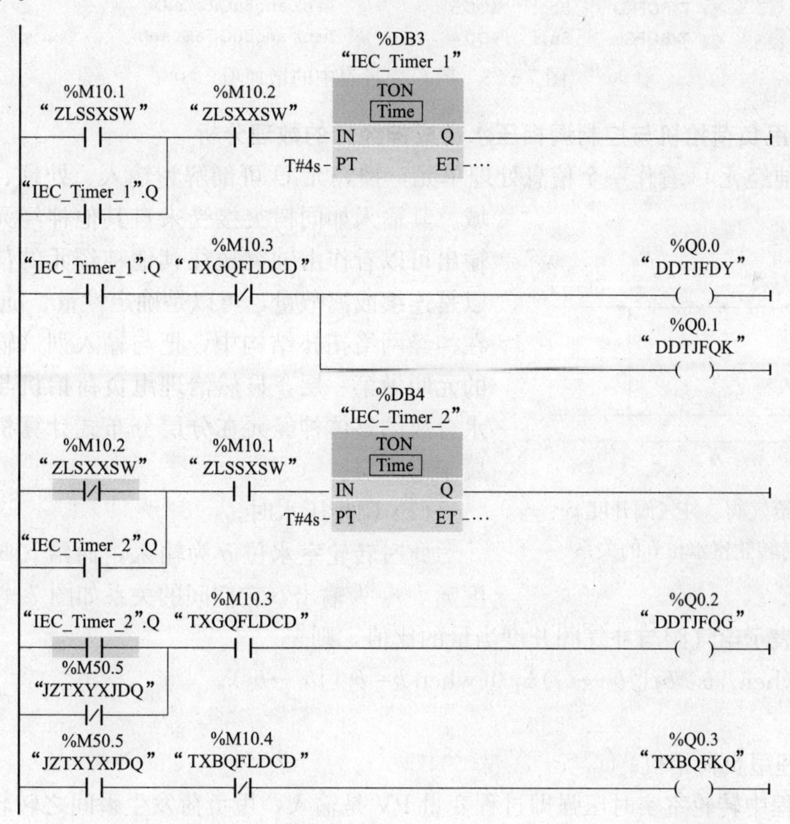

图7-21 功能块“Modulate phase and Press water”的控制程序

3. 调用功能块FB1

拖放FB1并完成控制程序如图7-22所示。

4. PLC变量表中的增加项

在PLC变量表中又增加了7项，如图7-23所示。

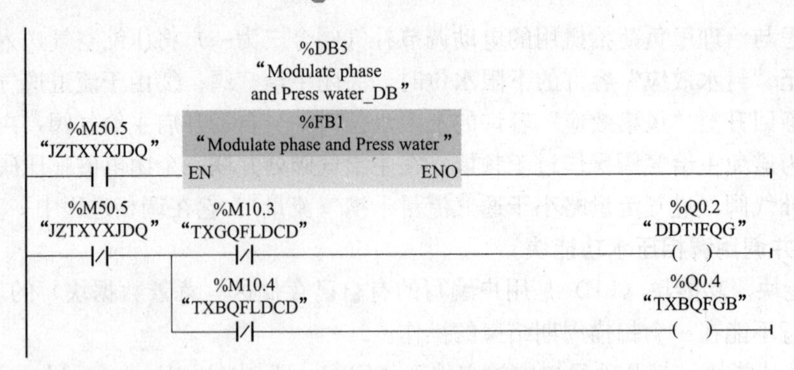

图 7-22 拖放 FB1 并完成控制程序

	名称	数据类型	地址		注释
27	ZLSSXSW	Bool	%M10.1		ZhuanLunShiShangXianShuiWei
28	ZLSXXSW	Bool	%M10.2		ZhuanLunShiXiaXianShuiWei
29	JZTXYXJDQ	Bool	%M50.5		JiZuTiaoXiangYunXingJiDianQi
30	TXGQFLDCD	Bool	%M10.3		TiaoXiangGeiQiFaLianDongChuDian
31	TXBQFLDCD	Bool	%M10.4		TiaoXiangBuQiFaLianDongChuDian
32	TXBQFKQ	Bool	%Q0.3		TiaoXiangBuQiFaKaiQi
33	TXBQFGB	Bool	%Q0.4		TiaoXiangBuQiFaGuanBi

图 7-23 PLC 变量表中的增加项

5. 治理甩负荷抬机与控制调相压水合成神经元的数理分析

可以把神经元 U 看作一个信息处理单元，神经元 U 可剖解为输入、处理、输出三块区域。其输入如同树突接受来自其他神经元的信号；其输出可以看作由轴突送往其他神经元的信号。信号可以是连续或离散量，可以是确定性量、随机或模糊量。在神经网络拓扑结构中，把与输入列（输入端）联接的元叫做第一层，显然治理甩负荷抬机与控制调相压水合成的整体神经元在分层分布式计算机监控系统中属于第一层。

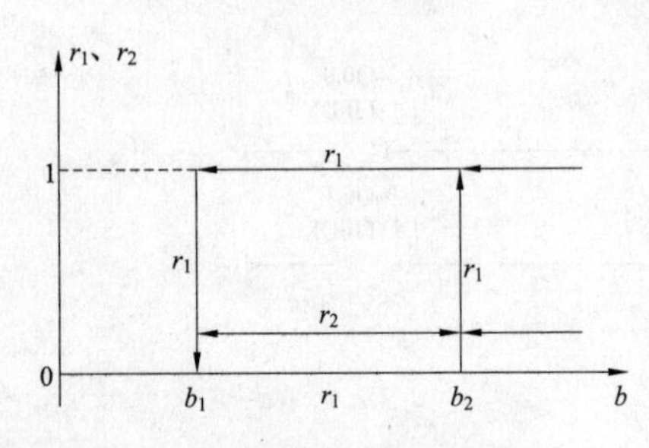

图 7-24 给气阀、补气阀开度 r_1、r_2 分别与转轮室水位 b 的关系

(1) 调相压水时。

此时转轮室水位 b 为输入，而给气阀、补气阀开度 r_1、r_2 为输出，它们间的关系如图 7-24 所示。

用 a 来表示给气阀与补气阀开度当量的比值，则

$r_1=1(\text{when}\quad b\geqslant b_2\cup b_2\rightarrow b_1)\ \&\ 0(\text{when}\ b=b_1\cup b_1\rightarrow b_2)$；

$r_2\equiv 1/a$。

(2) 治理甩负荷抬机。

此时进程中转轮室实时压强即过程变量 PV 是输入，甩负荷发生瞬间之转轮室压强作给定值 SP，偏差 $e=\text{SP}-\text{PV}$，PID 控制器管理输出数值，以便使 e 为零，PID 运算输出 $r(t)$ 是时间的函数，其当前活化值不仅与当前整合输入有关，而且与以前时刻活化态有关。

$$r(t)=K_{\mathrm{p}}e+K_{\mathrm{i}}\int_0^t e\mathrm{d}t+K_{\mathrm{d}}\frac{\mathrm{d}e}{\mathrm{d}t}+r_{\text{initial}}$$

式中：K_{p}、K_{i}、K_{d}分别为比例、积分、微分系数；r_{initial}为输出初始值，这里可设定为 1。

其离散化 PID 运算模式为

$$r_n = K_p e_n + K_i \sum e_l + K_d (e_n - e_{n-1}) + r_{initial}$$

式中：r_n为采样时刻n的PID运算输出值；e_n、e_{n-1}、e_l分别为采样时刻n、$n-1$、1的实际值与给定值的偏差。

比例项是当前采样的函数，积分项是从第一采样至当前采样的函数，微分项是当前采样及前一采样的函数，CPU处理时储存前一次偏差及前一次积分项，上式简化为

$$r_n = K_p e_n + (K_i e_n + rX) + K_d (e_n - e_{n-1})$$

即输出为比例项、积分项、微分项之和，K_p、K_i、K_d可自整定，rX为积分项前值。

7.7 S7-1200 PLC控制水轮发电机组

水轮发电机组控制系统的自动化，包括发电、调相、停机三态互换共6种流程操作的自动化，以及事故保护和故障信号的自动化。其任务是借助自动化元件（或传感器、执行器）和装置（或可编程控制器）组成一个不间断进行的操作程序，以取代水电生产过程中的各种手工（或传统自动化）操作，从而实现生产流程的新型自动化，是实现水力发电综合自动化、智能化的铺路石。

三态互换的控制装置最初是由电磁型继电器构成的，以后又出现了由弱点无触点晶体管元件构成的顺控装置（如1983年在丹江口水电站出现的弱电控制系统），它们的控制均属常规（传统）控制。

为保证现代水力发电工厂安全监控，对机组自动化提出了更高要求。可将微机或以微机为基础的可编程控制器（PLC）或工控机用于水力发电厂监控系统，以实现机组的顺序操作，实践证明这一举措技术先进、性能可靠、功能强大、实时性高。

7.7.1 水轮发电机组自动操作输入/输出配置

采用微机或PLC实现机组的顺序操作，是通过微机的外围设备中的开关量输入、模拟量输入和温度RTD输入模块采集所有与机组顺序操作相关的各种信息，由微机或PLC的CPU进行计算、分析和逻辑判断，将处理结果转换成继电器通断一样的开关量输出信号，再去控制机组及其辅助系统、调速系统、励磁系统、同期装置和保护系统等设备。

下面从历史经验沉淀出的机组自动化信号元件（传感器）配置给出较典型的立式混流式机组（如五强溪、江垭、沙田等水电站）单台顺序操作的触点统计表，见表7-9～表7-12，其发电机采用空气冷却方式，推力、上下导、水导采用稀油润滑，停机制动方式采用电气制动和机械制动互相配合，设事故配压阀作为调速器的失灵保护，考虑发电、调相和停机等三种运行状态。

（1）混流式机组顺序操作I/O触点配置的开关量输入信号见表7-9。

表7-9　混流式机组顺序操作I/O触点配置的开关量输入信号

序号	名称	点数		
		大型机组（≥50MW）	中型机组（5～50MW）	小型机组（≤5MW）
1	进水口闸门全开位置	1	1	1
2	接力器锁定拔出位置	1	1	1

续表

序号	名称	点数		
		大型机组（≥50MW）	中型机组（5～50MW）	小型机组（≤5MW）
3	接力器锁定投入位置	1	1	1
4	制动闸块撤除位置	1	1	1
5	制动闸块顶起位置	1	1	1
6	制动闸无压力	1	1	1
07	密封围带有压力	1	1	1
8	上导轴承冷却水中断	1	1	1
9	下导轴承冷却水中断	1	1	1
10	水导轴承冷却水中断	1	1	1
11	空气冷却器冷却水中断	1	1	1
12	上导轴承油位异常	1	1	1
13	下导轴承油位异常	1	0	0
14	水导轴承油位异常	1	1	1
15	机组电气事故（如差动保护）	1	1	1
16	机组调速器事故	1	1	1
17	推力轴承温度过高	2	2	2
18	上导轴承温度过高	1	1	1
19	下导轴承温度过高	4	2	2
20	空气冷却器轴承温度过高	1	1	1
21	导水叶全开位置	1	1	1
22	导水叶全关位置	1	1	1
23	导水叶空载位置	1	1	1
24	事故停机中剪断销被剪	1	1	1
25	出口断路器合闸位置	1	1	1
26	出口断路器跳闸位置	1	1	1
27	1号高压油泵运行	1	1	1
28	2号高压油泵运行	1	1	1
29	1号高压油泵故障	1	1	1
30	2号高压油泵故障	1	1	1
31	转速＜5％额定转速	1	1	1
32	转速＜15％额定转速	1	1	1
33	转速＜30％额定转速	1	1	1
34	转速＜60％额定转速	1	1	1
35	转速＞80％额定转速	1	1	1
36	转速＞95％额定转速	1	1	1
37	转速＞110％额定转速	1	1	1

续表

序号	名称	点数		
		大型机组（≥50MW）	中型机组（5～50MW）	小型机组（≤5MW）
38	转速＞140％额定转速	1	1	1
39	调相压水时上限水位	1	1	1
40	调相压水时下限水位	1	1	1
41	顶盖排水上限水位	1	1	1
42	顶盖排水下限水位	1	1	1
大、中、小型机组该类点数小计		46	43	43

（2）混流式机组顺序操作 I/O 触点配置的开关量输出信号见表 7－10。

表 7－10　混流式机组顺序操作 I/O 触点配置的开关量输出信号

序号	名称	点数		
		大型机组（≥50MW）	中型机组（5～50MW）	小型机组（≤5MW）
1	开机时调速器的投入	1	1	1
2	机组启动后同期装置投入	1	1	1
3	出口断路器合闸	1	1	1
4	出口断路器跳闸	1	1	1
5	制动电磁阀打开	1	1	1
6	制动电磁阀关闭	1	1	1
7	发电机励磁系统投励	1	1	1
8	冷却水总电磁阀开启	1	1	1
9	冷却水总电磁阀关闭	1	1	1
10	主用密封水电磁阀开启	1	1	1
11	主用密封水电磁阀关闭	1	1	1
12	围带充气电磁阀开启	1	1	1
13	围带充气电磁阀关闭	1	1	1
14	调速器之导水叶锁定投入	1	1	1
15	调速器之导水叶锁定拔出	1	1	1
16	1 号高压减载油泵投入	1	1	1
17	2 号高压减载油泵投入	1	1	1
18	1 号高压减载油泵切除	1	1	1
19	2 号高压减载油泵切除	1	1	1
20	紧急停机电磁阀开启	1	1	1
21	紧急停机电磁阀释放	1	1	1
22	调相压水给气阀开启	1	1	1
23	调相压水给气阀关闭	1	1	1

续表

序号	名称	点数		
		大型机组（≥50MW）	中型机组（5～50MW）	小型机组（≤5MW）
24	调相压水补气阀开启	1	1	1
25	调相压水补气阀关闭	1	1	1
26	机组进入发电状态	1	1	1
27	机组进入调相状态	1	1	1
28	机组处于停机状态	1	1	1
大、中、小型机组该类点数小计		28	28	28

（3）混流式机组顺序操作I/O触点配置的模拟量输入信号见表7-11。

表7-11　混流式机组顺序操作I/O触点配置的模拟量输入信号

序号	名称	点数		
		大型机组（≥50MW）	中型机组（5～50MW）	小型机组（≤5MW）
1	水力发电机组转速	1	1	1
2	发电机定子出口电压	1	1	1
3	水轮机导水叶开度位置	1	1	1
4	发电机输出有功功率	1	1	1
5	发电机输出无功功率	1	1	1
6	发电机定子电流	1	1	0
7	发电机转子电流	1	1	0
8	发电机转子电压	1	1	0
大、中、小型机组该类点数小计		8	8	5

（4）混流式机组顺序操作I/O触点配置的温度输入RTD信号见表7-12。

表7-12　混流式机组顺序操作I/O触点配置的温度输入RTD信号

序号	名称	点数		
		大型机组（≥50MW）	中型机组（5～50MW）	小型机组（≤5MW）
1	推力轴承之轴瓦温度	18	6	6
2	上导轴承之轴瓦温度	10	2	2
3	下导轴承之轴瓦温度	8	2	2
4	水导轴承之轴瓦温度	8	2	2
5	空气冷却器冷风温度	8	4	4
6	空气冷却器热风温度	16	2	2
7	上导轴承油槽温度	3	1	1
8	下导轴承油槽温度	3	1	1

续表

序号	名称	点数		
		大型机组（≥50MW）	中型机组（5～50MW）	小型机组（≤5MW）
9	水导轴承油槽温度	3	1	1
10	发电机定子温度	6	6	6
11	定子铁心温度	24	12	6
12	定子绕组温度	9	6	3
大、中、小型机组该类点数小计		116	45	36

可见对于大、中、小型机组的开关量输入（46、43、43）、开关量输出（28、28、28）、模拟量输入（8、8、5）等点数分别是非常接近的，这是因为小机组“麻雀虽小，肝胆俱全”，其控制系统与大机组非常类似，只是执行环节对容量的要求不一样罢了；至于温度输入RTD信号点数（116、45、36）差异较大，是因为尺寸大的机组要求有更多的温度测点。

7.7.2 水轮机组顺序操作程序设计的初步考虑

水轮机组自动控制系统的设计与机组及调速器的型式，机组润滑、冷却和制动系统，机组同期并列方式和运行方式（是否做调相运行），以及水力机械保护系统的要求等有关，可能有许多差别，但其控制程序大体上是相同的。设计前应了解它们对机组控制系统的要求，为保证水力发电机组操作的安全性和可用性，在机组顺序操作程序设计中作如下考虑。

(1) 在操作人员或微机发出机组操作命令后，可以自动、讯速、可靠地按预定流程完成三态互换等6项操作任务，也可以在操作人员干预下进行单步操作。

(2) 停机命令优先于发电和调相命令，并在开机过程中、发电状态和调相状态中均可执行停机命令，即一旦选中停机命令，其他一切控制均被禁止。

(3) 操作过程中的每一步操作，均设置启动条件或以上一步成功为条件，仅当启动条件具备后，才解除对下一步操作的闭锁，允许下一步操作；若操作条件未具备，根据操作要求中断操作过程使程序退出或发出故障信号后继续执行。

(4) 对每一操作命令，均检查其执行情况；当某一步操作失败使设备处于不允许的运行状态，程序设置相应的控制，使设备进入某一稳定的运行状态。

(5) 当机组或辅助设备（如调速器、油气水小系统、自动化传感器等）发生事故、故障或运行状态变化，应能迅速、准确诊断，不允许操作继续进行时，应自动中断操作过程使程序退出；同时将事故机组从电力系统解列停机，或用信号系统向运行人员指明故障的性质与部位，指导运行人员做正确处理。

(6) 检测到电力系统功率缺额时，根据系统频率降低程度，依次自动将运行机组带满全部负荷、将调相机组转为发电运行、将事故备用机组投入系统。

(7) 应能根据自动发电控制AGC的指令，改变并列运行机组间的负荷分配与经济运行；对于ZZ型机还应根据上游水位变化改变其协连关系，使机组高效率运行。

(8) 在实现上述基本原则的前提下，机组自动控制系统应力求简单、可靠，采用信号采集点尽可能少；一个操作结束后应能自动复归，为下次操作做准备；同时还应便于运行人员修正操作中的错误。

7.7.3 机组自动控制程序的拟定

水轮机调速器是水轮发电机组重要的调节与控制设备，通过它可对机组的启动、停机进行操作，并对机组的转速与出力进行调整。现代水轮机调速器种类繁多，但从机组自动控制设计的观点出发，可按开停机过程和调相运行要求的不同，将其归纳成3种：①以开度限制机构控制机组的启停和调相运行（如BDT)；②控制导水叶以实现机组的开停操作和调相运行（如JST－100)；③控制导水叶实现机组的开停操作和调相运行，并用开度限制机构防止机组过速（如T、ST)。

在机组自动控制程序的设计中，应视调速器的具体型式和技术要求而定。此外对机组是否需要遥控、集控或选控，机组是否调相，机组开、停及发电、停机、调相三种运行状态相互转换的程序，全厂操作电源的设置情况，也应作全面的了解。

1. 控制程序

如图7－25所示，以混流式机组、采用T－100型调速器，发电机为“三导”悬式结构并采用空气冷却器，推力轴承为刚性支柱式结构、水导轴承为稀油润滑，设有过速限制器，装有蝴蝶阀（或进水口快速闸门）、可动水关闭（防飞逸的保护）的情况来设计停机转发电、发电转停机的操作程序。这种典型的机组控制程序方案，考虑了以下因素。

(1) 扩大机组的控制功能，以利于水电站实现综合自动化。在控制程序中，用一个操作指令可自动完成$A_3^2=6$种常见运行操作中的任何一种，即停机→发电、发电→停机、发电→调相、调相→发电、停机→调相和调相→停机。这有利于实现与水电站远动装置、系统自动装置、控制机等的接口，有利于发挥机组自动控制作为水电站综合自动化基础的作用。

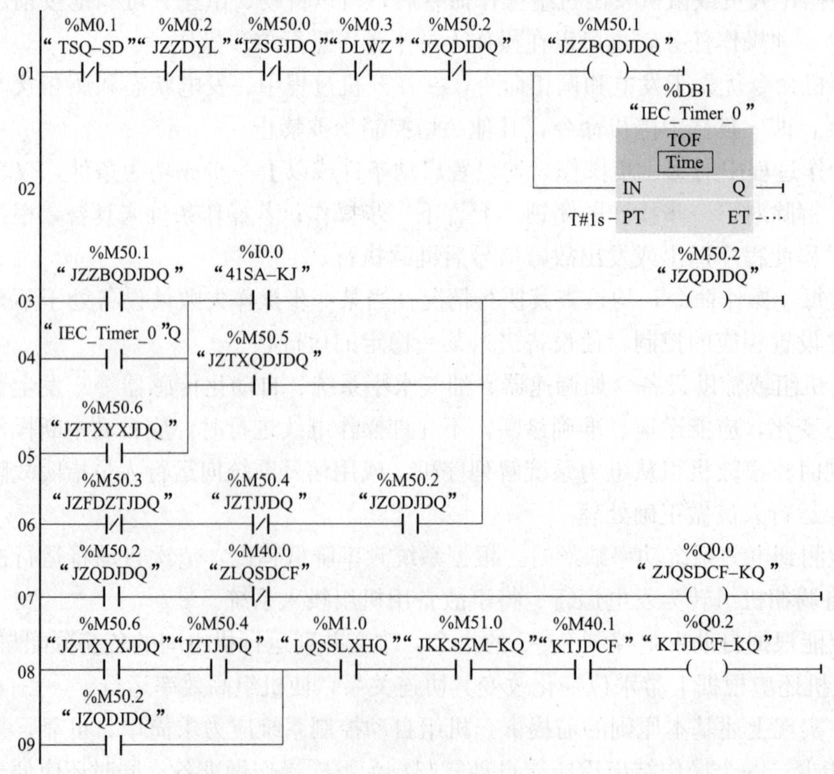

图7－25 水轮发电机组自动控制程序（一）

图 7-25 水轮发电机组自动控制程序（二）

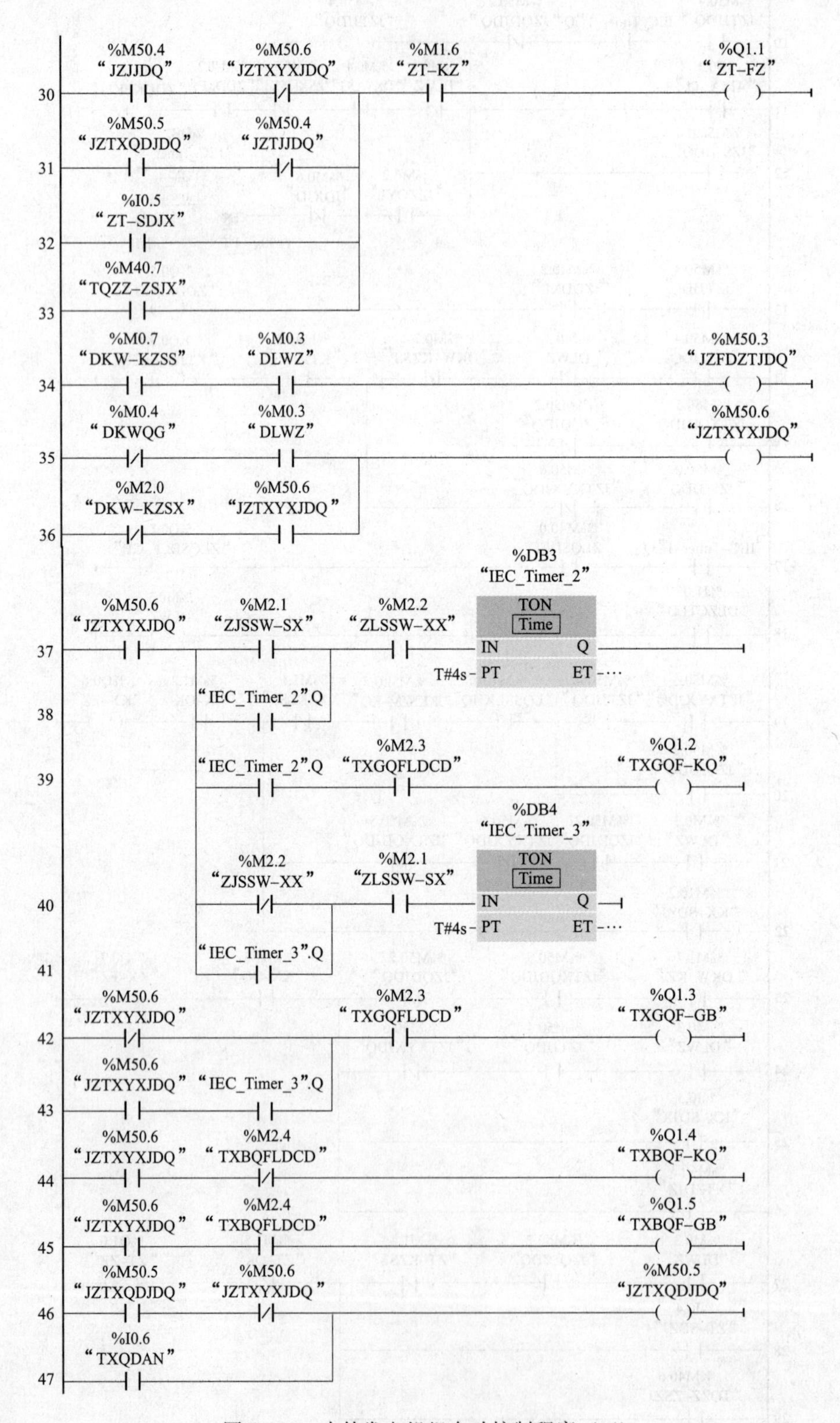

图 7-25　水轮发电机组自动控制程序（三）

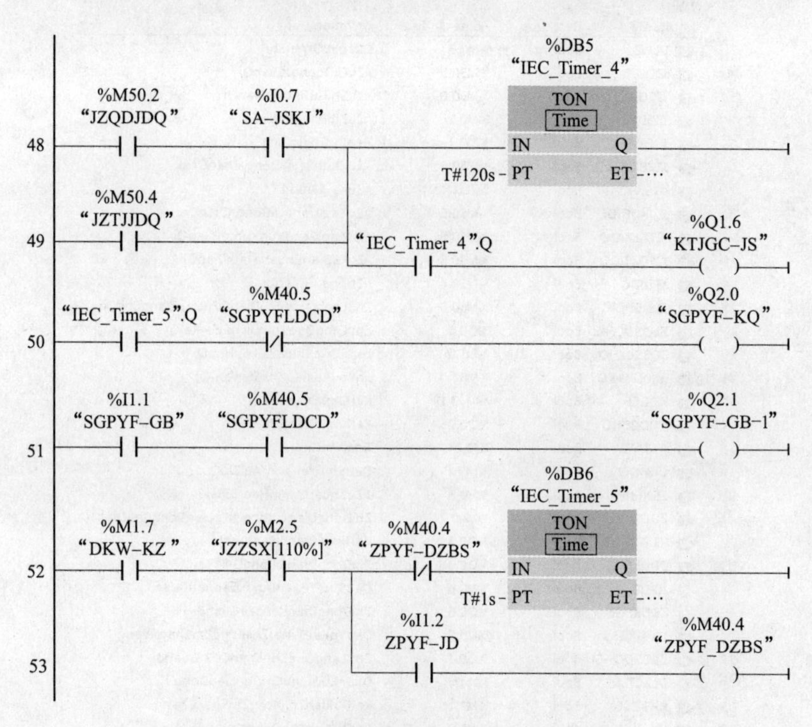

图 7-25 水轮发电机组自动控制程序（四）

(2) 完善控制程序，有利于运行及事故处理。

1) 在开机过程中，如发现启动机组出现异常现象，或在停机过程中电力系统出现事故(制动闸还未投入)，可由运行人员或自动装置进行相反的操作。

2) 开度限制机构中可以增设了远方手动控制开关（图 7-25 中未示出），电力系统出现振荡时，运行人员可及时操作此开关压负荷，以消除电力系统的振荡，但应研究水轮机的动力特性，以免出现萨彦·舒申斯克水电站 2009 年的事故恶果。

3) 在停机过程中，如导水叶剪断销被剪断，则制动闸不解除，以避免水轮机组蠕动而使推力轴承润滑条件恶化。

4) 若采用负曲率导叶、结构上可以实现无油自动关机，可以在事故低油压时只发信号，或将机组由发电运行改为调相运行。

5) 单回路连接电力系统的水电站，当机组调相运行又与电力系统解列时，可将调相机转为发电运行，以保自用电及近区负荷的连续供电。

(3) 尽可能在满足控制要求的前提下简化控制程序与操作。

2. PLC 变量表

水轮发电机组自动控制程序的 PLC 变量表如图 7-26 所示。

7.7.4 机组自动控制程序的解析

接下来说明各种操作的程序及各回路的动作。

1. 机组启动操作

机组处于启动准备状态时，应具备下列条件。

(1) 蝴蝶阀（或进水口快速闸门）全开，其位置状态存储位 M51.0（JKKSZM-KQ）

PLC tags

	Name	Data type	Address	Retain	Comment
1	DLWZ	Bool	%M0.3		DuanLuQiWeiZhi
2	JZQDJDQ	Bool	%M50.2		JiZuQiDonggJiDianQi
3	JZSGJDQ	Bool	%M50.0		JiZuShiGuTingJiJiDianQi
4	JZZDYL	Bool	%M0.2		JiZuZhiDongYaLi
5	TSQ-SD	Bool	%M0.1		TiaoSuQiSuoDing
6	JZZBQDJDQ	Bool	%M50.1		JiZuZhunBeiQiDongJiDianQi
7	41SA-KJ	Bool	%I0.0		JiZuKaiJiAnNiu
8	JZTXQDJDQ	Bool	%M50.5		JiZuTiaoXiangQiDongJiDianQi
9	JZTXYXJDQ	Bool	%M50.6		JiZuTiaoXiangYunXxingJiDianQi
10	JZFDZTJDQ	Bool	%M50.3		JiZuFaDianZhuangTaiJiDianQi
11	JZTJJDQ	Bool	%M50.4		JiZuTingJiJiDianQi
12	ZLQSDCF	Bool	%M40.0		ZhuLengQueShuiDianCiFaLianDongChuDia
13	ZLQSDCF-K(	Bool	%Q0.0		ZhuLengQueShuiDianCiFa-KaiQi
14	LQSSLXHQ	Bool	%M1.0		LengQueShuiSiLiuXinHaoQi
15	JKKSZM-KQ	Bool	%M51.0		JinKouKuaiSuZhaMen-KaiQi
16	KTJDCF	Bool	%M40.1		KaiTingJiDianCiFa
17	KTJDCF-KQ	Bool	%Q0.2		KaiTingJiDianCiFa-KaiQi
18	41SA-TJ	Bool	%I0.1		TingJiAnNiu
19	DKWQG	Bool	%M0.4		DaoShuiYeKaiDuWeiZhiQuanGuan
20	ZSX[35%]	Bool	%M0.5		JiZuZhuanSuXinHao[35%]
21	ZDDKF	Bool	%M40.2		ZhiDongDianCiKongQiFaLianDongChuDian
22	KTJDCF-GB	Bool	%Q0.3		KaiTingJiDianCiFa-GuanBi
23	ZDDKFKQ	Bool	%Q0.4		ZhiDongDianCiKongQiFaKaiQi
24	JDXJD	Bool	%M0.6		DaoShuiYeJianDuanXiaoJianDuan
25	ZDDKFGB	Bool	%Q0.5		ZhiDongDianKongFaGuanBi
26	DKW-KZSS	Bool	%M0.7		DaoYeKaiDuWeiZhi-KongZaiShaoShang
27	ZLQSDCF-GI	Bool	%Q0.1		ZhuLengQueShuiDianCiFa-GuanBi
28	DLZCTLD	Bool	%I1.0		DuanLuQiZhuChuTouLianDong
29	KX-KZSS	Bool	%M1.1		KaiDuXianZhi-KongZaiShaoShang
30	KX-QK	Bool	%M1.2		KaiDuXianZhi-QuanKai
31	KX-ZZ	Bool	%Q0.6		KaiDuXianZhi-ZhengZhuan
32	KX-SDZJ	Bool	%I0.2		KaiXian-ShouDongZengJia
33	TQZZ-ZSZJ	Bool	%M40.6		TongQiZhuangZhi-ZhuanSuZengJia
34	KX-QG	Bool	%M1.3		KaiDuXianZhi-QuanGuan
35	KX-FZ	Bool	%Q0.7		KaiDuXianZhi-FanZhuan
36	DKW-KZ	Bool	%M1.7		DaoYeKaiDuWeiZhi-KongZai
37	KX-SDJX	Bool	%I0.3		KaiDuXianZhi-ShouDongJianXiao
38	XTZDJZ	Bool	%M40.3		XiTongZhengDangJianZai
39	ZT-ZZ	Bool	%Q1.0		ZhuanSuTiaoZheng-ZhengZhuan
40	ZT-QK	Bool	%M1.5		ZhuanSuTiaoZheng-QuanKai
41	ZT-KZSS	Bool	%M1.4		ZhuanSuTiaoZheng-KongZaiShaoShang
42	ZT-SDZJ	Bool	%I0.4		ZhuanSuTiaoZheng-ShouDdongZengJia
43	ZT-FZ	Bool	%Q1.1		ZhuanSuTiaoZheng-FanZhuan
44	ZT-KZ	Bool	%M1.6		ZhuanSuTiaoZheng-KongZai
45	ZT-SDJX	Bool	%I0.5		ZhuanSuTiaoZheng-ShouDongJianXiao
46	TQZZ-ZSJX	Bool	%M40.7		TongQiZhuangZhi-ZhuanSuJianXiao
47	DKW-KZSX	Bool	%M2.0		DaoYeKaiDuWeiZhi-KongZaiShaoXia
48	ZLSSW-SX	Bool	%M2.1		ZhuanLunShiShuiWei-ShangXian
49	ZLSSW-XX	Bool	%M2.2		ZhuanLunShiShuiWei-XiaXian
50	TXGQFLDCD	Bool	%M2.3		TiaoXiangGeiQiFaLianDongChuDian
51	TXGQF-KQ	Bool	%Q1.2		TiaoXiangGeiQiFa-KaiQi
52	TXGQF-GB	Bool	%Q1.3		TiaoXiangGeiQiFa-GuanBi
53	TXBQFLDCD	Bool	%M2.4		TiaoXiangBuQiFaLianDongChuDian
54	TXBQF-KQ	Bool	%Q1.4		TiaoXiangBuQiFa-KaiQi
55	TXBQF-GB	Bool	%Q1.5		TiaoXiangBuQiFa-GuanBi
56	TXQDAN	Bool	%I0.6		TiaoXiangQiDongAnNiu
57	SA-JSKJ	Bool	%I0.7		SA-JianShiKaiJi
58	KTJGC-JS	Bool	%Q1.6		KaiTingJiGuoCheng-JianShi
59	ZPYF-DZBS	Bool	%M40.4		ZhuPeiYaFa-DongZuoBiaoShi
60	SGPYFLDCD	Bool	%M40.5		ShiGuPeiYaFaLianDongChuDian
61	SGPYF-KQ	Bool	%Q2.0		ShiGuPeiYaFa-KaiQi
62	SGPYF-GB	Bool	%I1.1		ShiGuPeiYaFa-GuanBi
63	SGPYF-GB_1	Bool	%Q2.1		ShiGuPeiYaFa-GuanBi
64	JZZSX[110%]	Bool	%M2.5		JiZuZhuanSuXinHao[110%]
65	ZPYF-JD	Bool	%I1.2		ZhuPeiYaFa-JieDian

图 7-26 水轮发电机组自动控制程序的PLC变量表

置位（回路08），动合触点闭合。

（2）导水叶操作接力器锁锭在拔出位置，其位置状态存储位M0.1（TSQ－SD）未置位（回路01），动断触点闭合。

（3）机组制动系统无压力，监视制动系统压力的传感器状态存储位M0.2（JZZDYL）未置位（回路01），动断触点闭合。

（4）机组无事故，其事故状态存储位M50.0（JZSGJDQ）未置位（回路01），动断触点闭合。

（5）发电机断路器在跳闸位置，其位置状态存储位M0.3（DLWZ）未置位（回路01），动断触点闭合。

上述条件具备时，机组启动准备状态存储位M50.1（IZZBQDJDQ）置位（回路01），接通中控室开机准备灯（KJZB－YL）。此时操作开、停机控制开关41SA－KJ发出开机命令（I0.0置位、回路03），机组启动状态存储位M50.2（JZQDJDQ）置位并自保持（回路06），同时作用于以下各处。

1）由Q0.0置位接通开启线圈（回路07），开启冷却水电磁配压阀，向各轴承冷却器和发电机空气冷却器供水。

2）投入发电机励磁系统。

3）接入准同期装置的调整回路，为投入自动准同期装置做好准备。

4）接通开度限制机构KX的开启回路（回路20），为机组同期并列后自动打开开度限制机构做好准备。

5）接通转速调整机构ZT的增速回路（27），为机组同期并列后带上预定负荷做好准备。

6）启动开停机过程监视计时器（回路48），当机组在整定时间内未完成开机过程时，发出开机未完成的故障信号。

冷却水投入后，示流信号器状态存储位M1.0置位，其动合触点闭合，将开度限制机构打开至起动开度位置（回路19）；同时通过Q0.2置位接通调速器KTJDCF开启线圈（回路09），机组随即按T型调速器启动装置的快-慢-快控制特性起动。

当机组转速达到90％额定转速时，自动投入同期装置，发电机以准同期方式并入系统。并列后，通过断路器位置状态存储位M0.3的动合触点作用以下各处。

1）开度限制机构KX自动转至全开（回路21），为机组带负荷运行创造条件。

2）转速调整机构ZT正转带上一定负荷（回路27），使机组并入系统后较快稳定下来。

3）发电运行状态存储位M50.3（JZFDZTJDQ）置位（回路34），使中控室发电运行指示灯亮。

由于M50.3（JZFDZTJDQ）的动断触点断开，使机组启动状态存储位M50.2（JZQD-JDQ）复位（回路06），为下次开机创造条件。M0.2（JZQDJDQ）复位后，其动合触点断开，使监视开、停机过程的计时器复位（回路48），机组启动过程至此结束。

有功功率的调节，可借助远方控制开关42SA（回路28和32）进行操作（I0.4或I0.5置位），也可利用有功功率自动调节器YGJT进行控制，以驱动转速调整机构ZT，使机组带上给定的负荷。

机组启动操作程序流程如图7－27所示。

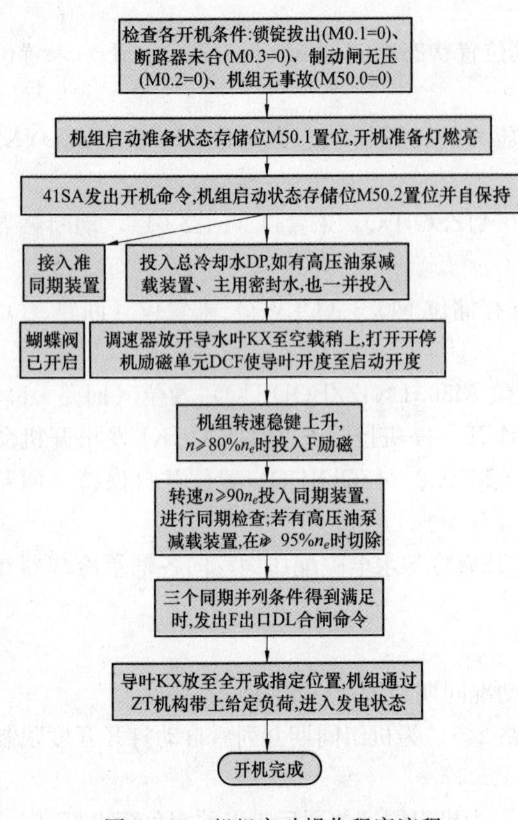

图 7-27　机组启动操作程序流程

2. 机组停机操作

机组停机包括正常停机和事故停机。

正常停机时，操作开、停机控制开关41SA-TJ（回路11）发出停机命令，机组停机状态存储位M50.4置位（回路10）且动合触点闭合而自保持（回路10），使M50.4的置位状态不会因41SA-TJ的复归而复位，然后按以下步骤完成全部停机操作。

(1) 启动开、停机过程监视计时器（回路49），监视停机过程。

(2) 使转速调整机构ZT反转（回路30），卸负荷至空载。

(3) 当导水叶关至空载位置时，由于M50.4的动合触点和导叶空载位置M1.7的动断触点都闭合，使发电机DL跳闸，机组与系统解列。

(4) 导水叶关至空载位置及机组与系统解列后，由于M50.4的动合触点、M0.3的动断触点和M0.7的动断触点都闭合（回路14），使调速器开停机DCF关闭线圈通过Q0.3接通而励磁，导水叶关至全关位置；同时由于M0.3（DLWZ）的动断触点和M50.4（JZTJJDQ）的动合触点都闭合（回路24），所以KX反转、导水叶自动全关。

(5) 机组转速下降至35%额定转速时，M0.5（JZZSX-35%）动断触点闭合，Q0.4置位使制动系统电磁空气阀开启线圈ZDDKF-KQ励磁（回路11），电空阀开启后压缩空气进入制动闸对机组进行制动；同时制动压力信号存储位M0.2（JZZDYL）的动合触点闭合，若无导叶剪断销被剪断，其存储位M0.6（JDXJD）动断触点也是闭合的，从而启动IEC_Time_1计时（回路12右侧），监视制动时间。

(6) 计时器预置值90s达到后，动断触点“IEC_Time_1”.Q断开（回路10），使M50.4（JZTJJDQ）的自保持解除而复归，制动电磁空气阀关闭线圈因Q0.5（ZDDKFGB）置位而励磁、关闭（回路13），压缩空气自风闸排出而解除制动，监视停机过程和制动时间的计时器IEC_Time_4（回路49）和IEC_Time_1（回路12）复位，机组停机过程结束。此时机组重新处于准备开机状态，启动准备状态存储位M50.1（QDZBJDQ）置位，中控室开机准备灯点亮，为下一次起动创造了必要条件。

在机组运行过程中，如果调速器系统和控制系统中的机械设备或电气元件发生事故，则机组事故状态存储位M50.0（JZSGJDQ）将置位，从而迫使机组事故停机。

事故停机与正常停机的不同之处在于，前者不仅使M50.4（JZTJJDQ）置位（回路12），而且通过Q0.3（KTJDCF-GB）置位（回路16），不等到卸负荷至空载并跳开断路器就立即使调速器开停机电磁阀关闭线圈励磁，从而大大缩短了停机时间，但应注意不能因导叶关闭过快而引起引水管和尾水管的联合水击，造成类似萨彦·舒申斯克水电站 2009 年的悲剧。

如果发电机内部短路使差动保护动作，其保护出口既使机组事故状态存储位 M50.0（JZSGJDQ）置位，又使发电机 DL 及 FMK 跳开，达到水轮机和发电机都得到保护及避免发生重大事故的目的。

机组正常停机操作程序流程如图 7-28 所示。

3. 发电转调相操作

操作按钮 41QA 使 I0.6（TXQDAN）置位发出调相命令，调相启动状态存储位 M50.5（TXQDJDQ）置位（回路 47）并自保持（回路 41），使 M50.5 不因 I0.6 复位而复位，通过其触点的切换，作用以下各处。

(1) 使转速调整机构 ZT 反转（回路 31），卸去全部负荷至空载（回路 30 之 M1.6 断开）。

(2) 当导水叶关至空载位置时，由于 M50.5 的动合触点（回路 15）和 M0.7 的动断触点（回路 14）均闭合，故开停机励磁单元 DCF 关闭线圈励磁（回路 14），全关导水叶；同时由于回路 23 中的 M1.7（DLWZ）的动断触点和 M50.5 的动合触点均闭合，所以开限机构 KX 反转，自动全关。

由于机组停机状态存储位 M50.4（JZTJJDQ）未置位，故机组仍然与电力系统并列，且冷却水照常供给，机组即做调相运行，从电力系统中吸收有功功率，而通过调节励磁的方法即可发出所需的无功功率。此时，调相运行状态存储位 M50.6（JZTXYXJDQ）置位（回路 35）并自保持（回路 36），同时复位调相启动状态存储位 M50.5（回路 46），另外点亮调相运行指示灯。

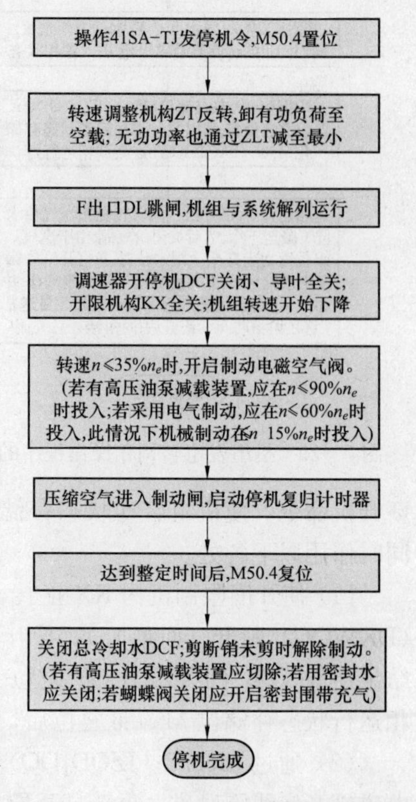

图 7-28　机组正常停机操作程序流程

在调相运行过程中，当转轮室水位在考虑“风扇效应”的上限值时，上限水位状态存储位 M2.1（ZLSSW-SX）置位，计时器 IEC_Timer_2 接入，若持续 4s（不是瞬时接通）则计时器动作并自保持（回路 38），经“IEC_Timer_2”.Q 使 Q1.2（TXGQF-KQ）励磁（回路 39）而开启调相给气阀，压缩空气进入转轮室，将水位压低；当转轮室水位下降至考虑“封水效应”的下限值时，下限水位状态存储位 M2.2（ZLSSW-XX）置位，计时器 IEC_Timer_3 接入，若持续 4s（不是瞬时）则计时器 IEC_Timer_3 动作，通过“IEC_Timer_3”.Q（回路 43）使 Q1.3（TXGQF-GB）励磁（回路 42）关闭调相给气阀，压缩空气即停止进入转轮室。此后由于压缩空气的漏损、“溶解”而逸出，使转轮室水位又回复到上限值，则又重复上述操作过程。

转轮室非密闭容器，为了避免调相给气阀频繁启动，与给气阀并联一个小补气阀，补气量接近但略小于漏失量。调相运行期间，Q1.4（TXBQF-KQ）使补气阀始终开启（回路 44），以弥补漏损、逸失；调相结束后，Q1.5（TXBQF-GB）使补气阀关闭（回路 45）。

机组由发电运行切换到调相运行的操作程序流程如图 7-29 所示。

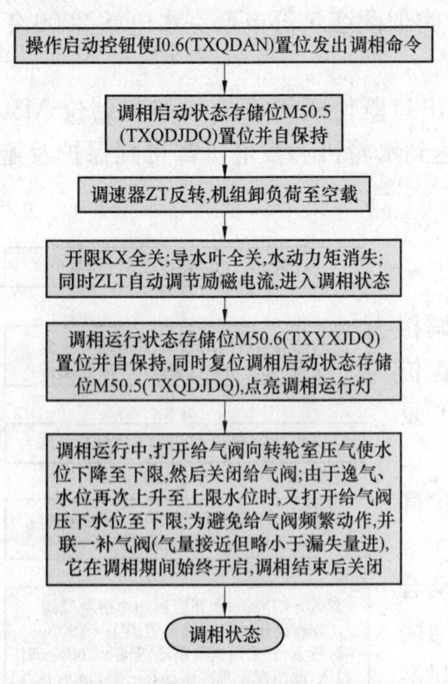

图 7-29　机组发电转调相操作程序的流程

4. 调相转发电操作

调相转发电操作分解为：①KX 机构开至空载稍上同时导水叶开至启动开度，是为“充水”过程，之后实质已进入发电状态；②关闭调相给气阀和补气阀并切除转轮室水位传感器及阀门电源；③调速器 KX 开至全开或指定开度，带上 AGC 分配的负荷。这三步过程用时应控制在 15s 左右，利用事故备用机组闲时作调相运行，可补充电力系统无功，系统事故时进行“热启动”（借用火力发电术语，代指水轮机组由调相转发电）相比“冷启动”（借用火力发电术语，代指水轮机组由停机转发电）能更快进入发电状态，对确保电力系统安全增加了保证，因为这里省掉了同期并网检测时间和断路器合闸时间。

由于机组已处于调相运行状态，调相运行状态存储位 M50.6（TXYXJDQ）已置位（回路 5），故此时可操作开、停机控制开关 41SA-KJ 发出重新开机命令，使机组启动状态存储位 M50.2（JZQDJDQ）置位并自保持（回路 03、06），同时作用以下各处。

（1）使开度限制机构 KX 正转，开至启动开度（回路 19）。之后导叶稍稍开启使 M0.4（DKWQG）断开（回路 35），导叶开度稍过空载 M2.0（DKW-KZSX）又断开（回路 36），结果使 M50.6（TXYXJDQ）复位（回路 35），开度限制机构 KX 自动全开（回路 21）。调相运行状态存储位 M50.6 复位后，还将使调相给气阀、补气阀关闭（回路 42、45）。

（2）通过 M50.2（JZQDJDQ）使 Q0.2（KTJDCF-KQ）置位（回路 09、08），开停机电磁阀开启线圈励磁，重新打开导水叶。

（3）通过 M0.3（DLWZ）、M50.2（JZQDJDQ）、M1.4（ZT-KZSS）使 Q1.0（ZT-ZZ）置位（回路 27），转速调整机构 ZT 正转至空载稍上，机组自动带上一定负荷。

这样，机组即转为发电方式运行，此时发电运行状态存储位 M50.3（FDZTJDQ）因 M0.7（DKW-KZSS）的动合触点闭合而置位（回路 34），其动断触点断开又使 M50.2（JZQDJDQ）自保持解除而复位（回路 06），另外还点亮中控室发电运行指示灯。

机组调相转发电操作程序的流程如图 7-30 所示。

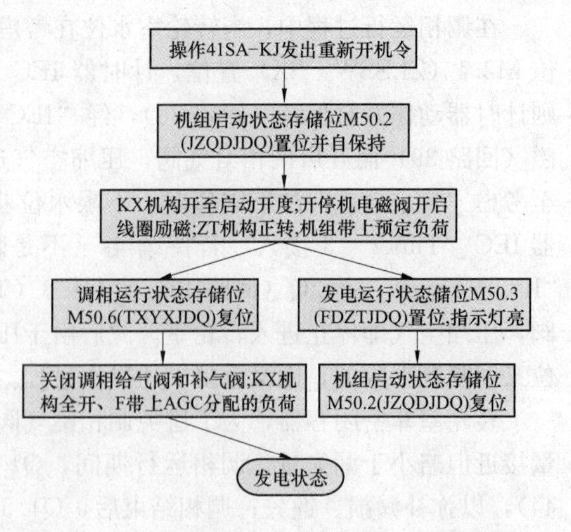

图 7-30　机组调相转发电操作程序的流程

5. 停机转调相操作

停机转调相操作是停机转发电和发电转调相的连续过程，即

$$(T_J \to T_X) = (T_J \to F_D) + (F_D \to T_X)$$

执行情况是首先打开导叶至空载、同期并网进入零负荷发电状态运行，旋即全关KX机构及导水叶进入压水调相状态，此过程用时一般在2min左右。

当机组处于开机准备状态时，操作按钮I0.6（TAQDAN）发出调相命令，调相启动状态存储位M50.5（JZTXQDJDQ）置位并自保持（回路46），同时置位开机状态存储位M50.2（JZQDJDQ）并自保持（回路04和06）。此后机组的启动和同期并列这一段自动操作过程与前述停机→发电自动操作过程相同，机组并列和开机状态存储位M50.2（JZQDJDQ）复位后，通过调相启动状态存储位M50.5（其复归时间较M50.2稍晚）的动合触点和开机状态存储位M50.2（JZQDJDQ）的动断触点，立即使开停机电磁阀关闭线圈励磁（回路15）并将开度限制机构KX全关（回路23），将导水叶重新关闭，使机组转入调相运行，调相运行状态存储位M50.6（JZTXYXJDQ）置位（回路35）并自保持（回路36），点亮中控室调相运行灯，并使调相启动状态存储位M50.5（回路46之M50.6断开）复位。

调相压水给气的自动控制过程与发电转调相的控制过程相同，在此不再赘述。

6. 调相转停机操作

调相转停机操作是调相转发电和发电转停机的连续过程，即

$$(T_X \to T_J) = (T_X \to F_D) + (F_D \to T_J)$$

执行情况是首先打开导叶至空载进入零负荷发电状态运行，旋即断路器分闸解列、KX机构驱使导叶至全关，按发电转停机方式实现停机，即所谓“先充水、后停机”，目的是加速调相机正常停机与事故停机过程，缩短低速惰转时间，减少推力瓦磨损。此过程用时一般在2min左右。

操作开、停机控制开关41SA－TJ发出停机命令，使机组停机状态存储位M50.4（JZTJJDQ）置位并自保持（回路11和10），接着将开度限制机构KX打开至启动开度（回路20），使机组转为发电运行。当导水叶开至空载开度时，调相运行状态存储位M50.6（JZTXYXJDQ）复位（回路36），发电机DL跳闸，开度限制机构KX立即全关（回路24），同时开停机电磁阀关闭线圈励磁（回路14），将导水叶全关，机组转速随即下降，以下过程与发电→停机过程相同。

7.7.5 机组事故保护及故障信号系统

机组的事故保护及故障信号系统一般包括水力机械事故保护、紧急事故保护、水力机械故障信号。

1. 水力机械事故保护

如图7－31所示，机组遇有下列情况之一时，即进行事故停机。

（1）推力-上导、下导和水导等轴承过热（回路54、55、56）。

（2）调相运行解列。机组作调相运行时，为了防止由于系统电源消失而造成调相机组长时间低转速旋转，使轴承损坏，故通常装设调相解列保护。机组调相运行时，如转速低于80%额定转速，则M2.6（JZZSX［80%］）的动断触点闭合（回路57），使机组事故状态存储位M50.0（JZSGJDQ）置位。

（3）油压装置油压事故下降。油压装置油压事故低时M3.5（YYSGD）的动断触点闭合（回路58），使机组事故状态存储位M50.0（JZSGJDQ）置位。

（4）过速限制器动作。M2.5、M2.7动合触点闭合（回路59），使机组事故状态存储位

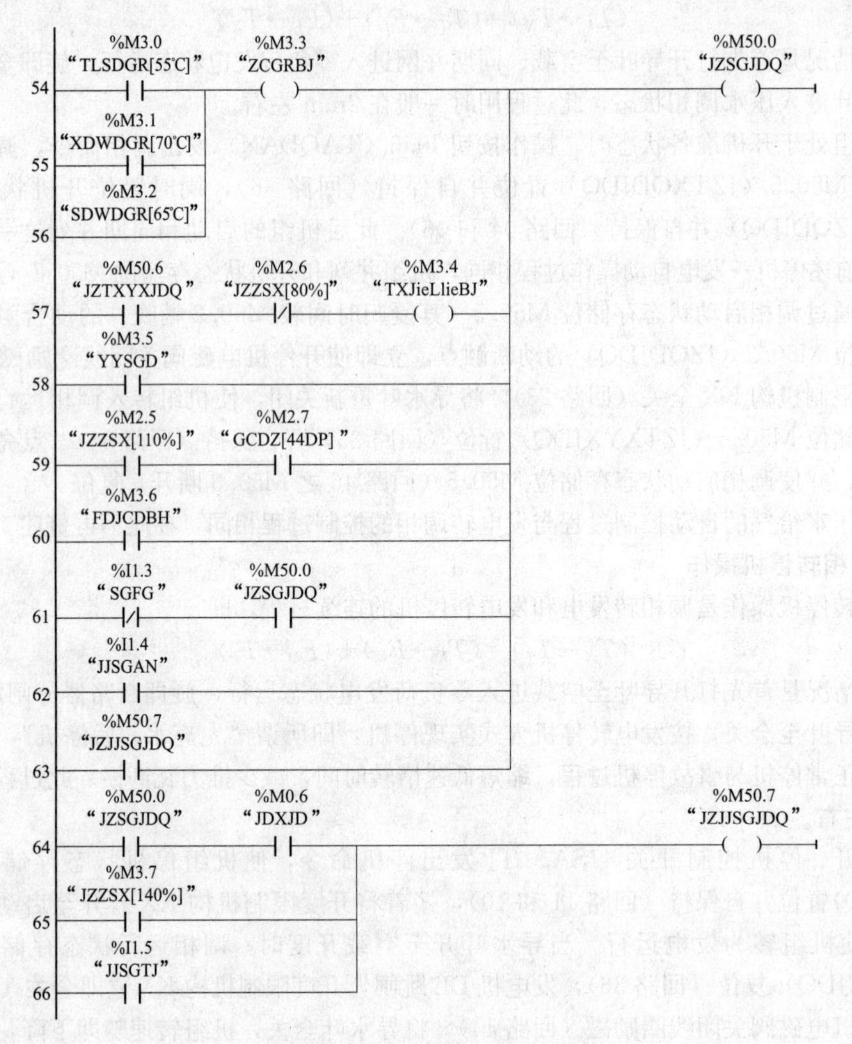

图 7-31 机组事故保护的控制程序

M50.0（JZSGJDQ）置位。

（5）电气事故。差动保护动作时，保护出口 M3.6（FDJCDBH）动合触点闭合（回路 60），使机组事故状态存储位 M50.0（JZSGJDQ）置位。

机组发电运行时，事故停机的引出，除直接作用于开停机 DCF（回路 16）加速停机外，还同时作用于正常停机回路，使机组停机状态存储位 M50.4（JZTJJDQ）置位（回路 12），进行正常停机操作。还可发出相应事故音响和灯光信号，以通知运行人员并指出事故性质。

机组作调相运行时出现事故停机命令，则按调相→停机操作过程进行，首先打开导水叶至空载使机组转为发电运行，使机组调相运行状态存储位 M50.6（JZTXYXJDQ）复位，然后再作用于开停机电磁阀和开度限制机构，按发电→停机操作方式停机。

2. 紧急事故保护

机组遇有下列情况之一时，即进行紧急事故停机。

（1）机组事故停机过程中剪断销剪断时，由 M50.0 与 M0.6 发出紧急事故停机信号（回路 64）。

(2) 机组过速达到 140%额定转速时，M3.7（JZZSX [140%]）动合触点闭合，发出过速紧急事故停机信号（回路 65）。

紧急事故停机在以上条件下动作，然后作用于关闭蝴蝶阀（或进水口快速闸门），并同时作用于一般事故状态存储位 M50.0（回路 63），按前述事故停机过程停机。此外，也可通过紧急停机按钮 I1.4（回路 62）进行手动紧急停机；还可通过紧急事故停机按钮 I1.5（回路 66）进行手动紧急事故停机。

在机组事故状态存储位 M50.0（JZSGJDQ）置位并自保持（回路 61）后，直到事故消除并通过复归按钮 I1.3（SGFG）手动解除自保持以前，不允许进行开机，即维持停机状态，以防止事故扩大。

这一部分对应的 PLC 变量表如图 7－32 所示。

66	TLSDGR[55℃]	Bool	%M3.0		TuiLiShangDaoZhouChengWenDuGuoRe[5..
67	XDWDGR[70℃]	Bool	%M3.1		XiaDaoWenDuGuoRe[70℃]
68	SDWDGR[65℃]	Bool	%M3.2		ShuiDaoWenDuGuoRe[65℃]
69	ZCGRBJ	Bool	%M3.3		ZhouChengWenDuGuoReBaoJing
70	JZZSX[80%]	Bool	%M2.6		JiZuZhuanSuXinHao[80%]
71	TXJieLlieBJ	Bool	%M3.4		TiaoXiangJieLlieBaoJing
72	YYSGD	Bool	%M3.5		YouYaZhuangZhiYouYaShiGuJiangDi
73	GCDZ[44DP]	Bool	%M2.7		GCDongZuo[44DP]
74	FDJCDBH	Bool	%M3.6		FaDianJiChaDongBaoHu
75	SGFG	Bool	%I1.3		ShiGuFuGui
76	JJSGAN	Bool	%I1.4		JinJiShiGuAnNiu
77	JZJJSGJDQ	Bool	%M50.7		JiZuJinJiShiGuJiDianQi
78	JZZSX[140%]	Bool	%M3.7		JiZuZhuanSuXin[140%]
79	JJSGTJ	Bool	%I1.5		JinJiShiGuTingJi
80					

图 7－32　机组事故保护控制程序部分的 PLC 变量表

3. 水力机械故障信号

机组在运行过程中遇有下列情况之一时，即发出故障音响及灯光信号，通知运行人员，指出故障性质：①上导、推力、下导、下导轴承及发电机热风温度过高；②上导、推力、下导、水导油槽油位过高或过低，回油箱油位过高或过低；③漏油箱油位过高；④上导、推力、下导、水导轴承冷却水中断；⑤导叶剪断销剪断；⑥开、停机未完成。故障消除后，手动解除故障信号。这部分控制程序非常简单，读者可自行拟出。

7.8　S7－1200 控制器应用于油田计量系统

油田管理者认为部分采油队之间集油流程交叉、单井计量困难、油区治安复杂，再加上取样化验人员的人为因素，造成井口产量与集输站库原油输差大，单井计量数据无法全面真实反映采油队的原油产量，影响管理层正确决策。因此，需要通过集输系统区域优化，实现采油队产量的准确计量。整个系统由数据采集、数据通信存储服务、综合信息管理系统等三部分构成，S7－1200 控制器主要应用于数据采集系统即数据采集终端，完成对现场仪表 RS485、模拟量、数字量和脉冲信号数据的读取和控制，并将模拟量信号转换成数字信号。

7.8.1　工艺流程

原油经各个采油井从地下采出，通过输油管送至各个转接站。转接站接收各个井口来液，将隶属一个采油队的来液集中汇入三相或两相分离器中，经油气水分离后外输。为准确计量各个采油队产量，如图 7－33 所示，在转接站内安装流量计、温度传感器、压力传感器、在线含水分析仪等设备对基础数据进行采集。

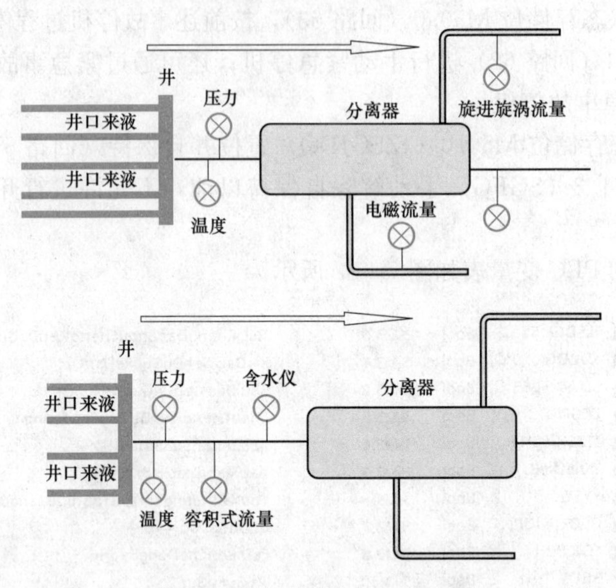

图 7－33　转接站生产工艺流程

7.8.2　控制方案与硬件配置

1. 控制方案

数据采集终端使用 PLC 为核心基础，通过配置不同数据采集模块来实现不同数据信号的采集。在油田计量系统中，主要采集 RS485、脉冲量和 4～20mA 电流等信号。各个站采集的点数：仪表 RS485 信号不超过 10 个，脉冲信号不超过 3 个，4～20mA 信号不超过 20 个。数据发布采用网络发布形式，通过比较，一款小型的具有网络接口的 S7－1200 控制器成为较好的选择。

2. 硬件配置

考虑现场安装有使用脉冲信号的容积式流量计，选用带有 6 通道高速计数器的控制器 CPU 1214C 可以直接采集现场脉冲信号，省去高速计数模块费用；对现场温度压力采集选用 SM 1231 AI4 通道模拟量采集模块；现场质量流量计、含水计等均采用 RS485 Modbus 通信协议，需采用 CM 1241 RS485 通信模块。

根据现场仪表通信方式不同，数据采集终端配置见表 7－13。

表 7－13　　数据采集终端配置

名称	型号
CPU 模块	CPU 1200 系列 AI－2，高速计数器 6
模拟量采集模块	SM 1231 四通道（AI）
RS485 数据采集模块	CM 1241 RS485
24V 电源	PM1207

7.8.3 软件的开发

软件开发使用 STEP 7 Basic V10.5，实现现场各类仪表信号进行采集，并进行相应的处理，最终将数据录入数据库中。

(1) 对于温度、压力的采集，现场仪表采用 4～20mA 信号，模拟量采集模块对电流信号的要求是 0～20mA，需自己编程实现 4～20mA 的整定。

(2) 容积式流量计采用脉冲信号，设备配置中对使用的高速计数器通道进行相关配置。需要注意硬件输入栏中的时钟输入标示了实际的硬件输入地址，第一个通道对应 I0.0，第二个通道对应 I0.2，依此类推。程序中调用 CTRL _ HSC 指令如图 7 - 34 所示。

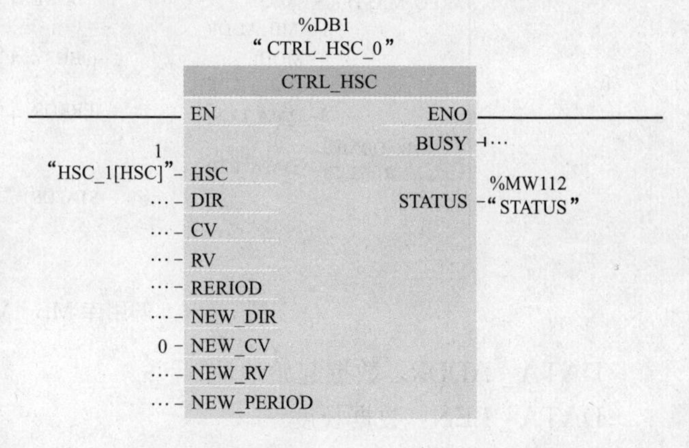

图 7 - 34 调用 CTRL _ HSC 指令

(3) 质量流量计、含水仪等 RS485 通信仪表。

设备配置中选中 485 通信模块，选择 485 接口/端口组态对模块端口进行相应组态（设置），如偶校验、数据位- 8 位/字符、停止位- 1。

程序中首次扫描调用 MB _ COMM _ LOAD 指令对端口进行初始化，如图 7 - 35 所示。

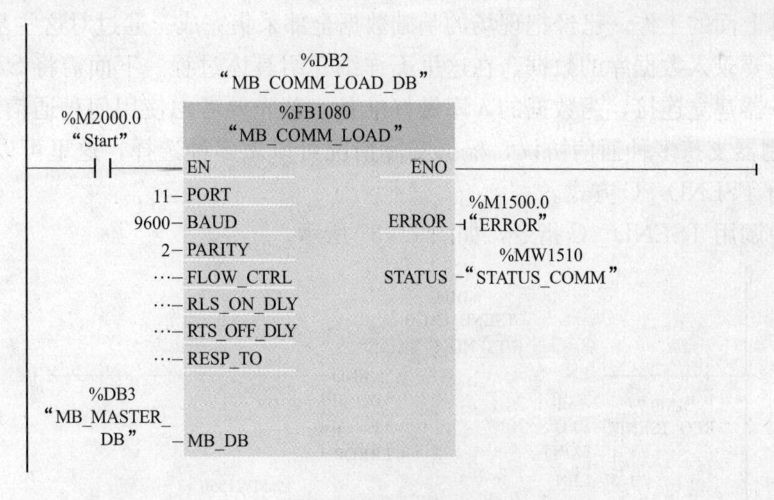

图 7 - 35 调用 MB _ COMM _ LOAD 指令

PORT：485 通信端口号。

BAUD：波特率。

PARITY：校验位 0 -无校验、1 -寄校验、2 -偶校验。

MB _ DB：MB _ MASTER。

调用库 MB _ MASTER，如图 7 - 36 所示。

MB _ ADDR：仪表的地址。

MODE：模式 0 -读取。

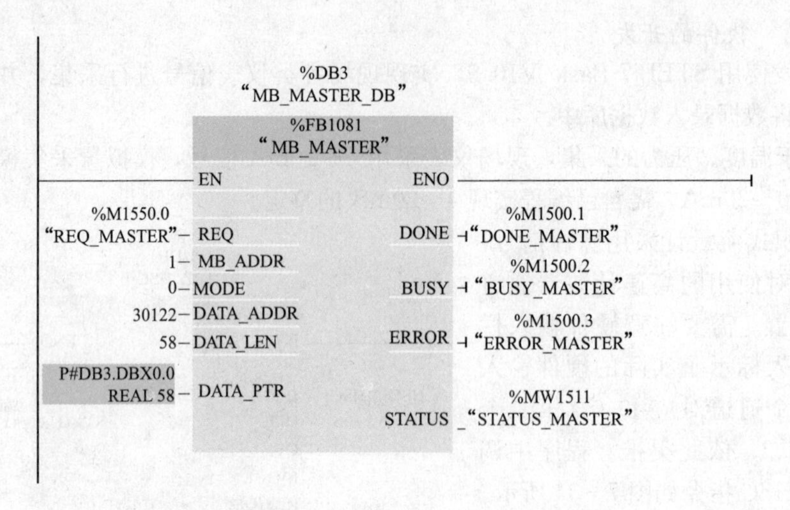

图 7 - 36　调用库 MB _ MASTER

DATA _ ADDR：数据起始地址。

DATA _ LEN：数据长度。

DATA _ PTR：数据存储位置。

这里要注意如果现场有多个 485 设备，而只使用了一块 485 通信模块，这就要求现场的仪表设备必须遵循标准的 Modbus 协议且通信参数要求一致，然后在程序中以轮询的方式来逐个读取。当然也可以通过自己编程的方式来实现与单个仪表的通信，那时可以不考虑上面的问题。经过上面的工作，已经把现场的基础数据全部采集完成。通过对这些基础数据的处理生成最终需要录入数据库的数据，在这里不详细介绍具体过程。下面需将 S7 - 1200 控制器与中心服务器建立连接，为数据的入库做好准备。首先要考虑使用何种通信方式来实现，S7 - 1200 控制器支持多种通信协议，根据实际情况可以做多种选择，这里可以使用开放式用户通信中的 TSEND _ C 方式。

在程序中调用 TSEND _ C 指令，如图 7 - 37 所示。

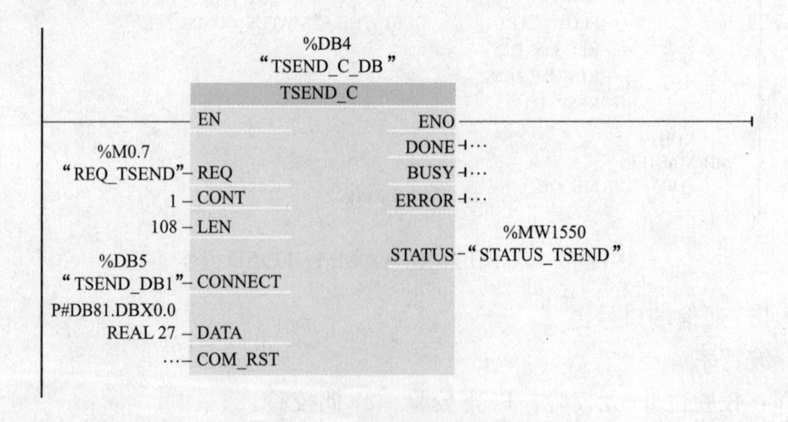

图 7 - 37　调用 TSEND _ C 指令

选中该块按 F1 键可查看相应帮助。同时也可以右键单击块选择属性对其进行设置，连接参数设置如图 7 - 38 所示。

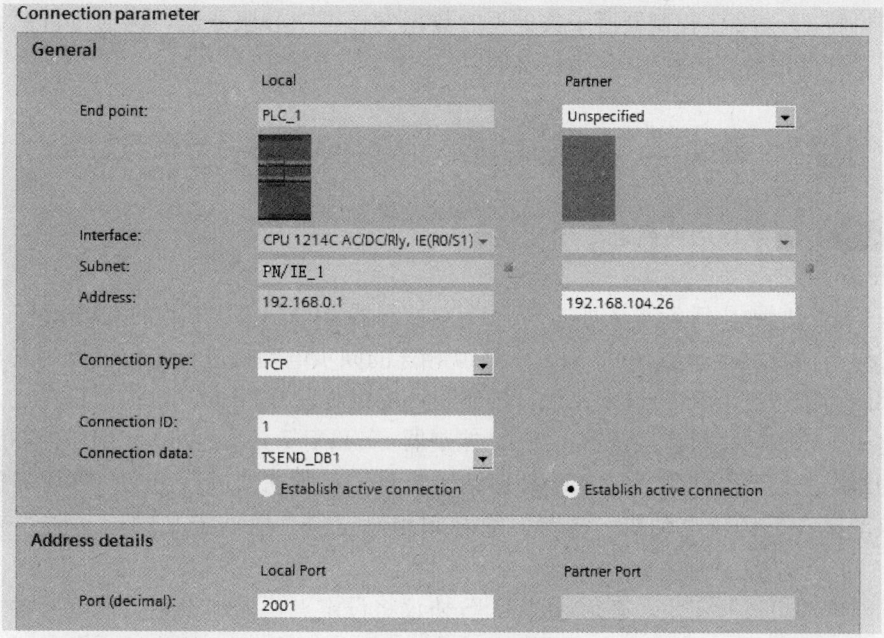

Connection parameter

General

	Local	Partner
End point:	PLC_1	Unspecified
Interface:	CPU 1214C AC/DC/Rly, IE(R0/S1)	
Subnet:	PN/IE_1	
Address:	192.168.0.1	192.168.104.26
Connection type:	TCP	
Connection ID:	1	
Connection data:	TSEND_DB1	
	Establish active connection	Establish active connection

Address details

	Local Port	Partner Port
Port (decimal):	2001	

图 7－38　连接参数设置

块参数设置如图 7－39 所示。

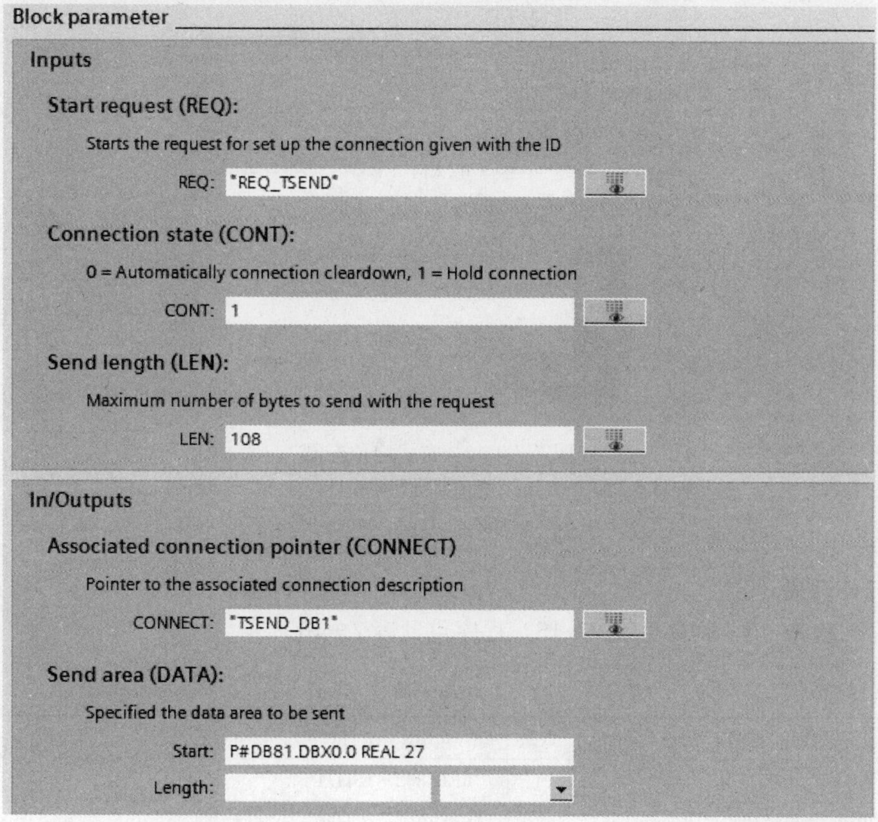

Block parameter

Inputs

Start request (REQ):

Starts the request for set up the connection given with the ID

REQ: "REQ_TSEND"

Connection state (CONT):

0 = Automatically connection cleardown, 1 = Hold connection

CONT: 1

Send length (LEN):

Maximum number of bytes to send with the request

LEN: 108

In/Outputs

Associated connection pointer (CONNECT)

Pointer to the associated connection description

CONNECT: "TSEND_DB1"

Send area (DATA):

Specified the data area to be sent

Start: P#DB81.DBX0.0 REAL 27

Length:

图 7－39　块参数设置

这样可将 S7-1200 控制器所采集处理的数据发送至中心服务器，再通过自己编写的数据接收转录软件把数据接收解析后转录到数据库中。

7.9 通过 USS 协议对 SINAMICS S110 进行分布式定位

7.9.1 任务与元件列表

1. 任务

如图 7-40 所示，任务需要通过 S7-1200 控制器（CPU 1214C）的 CM 1241（RS485）通信模块对与伺服驱动器型 SINAMICS S110 相连的同步电动机进行定位。控制器与伺服驱动器之间的通信通过 USS 协议来完成，操作和可视化通过 KTP 600 触摸面板完成，该触摸面板通过一个以太网接口连接至 S7-1200 控制器。STEP 7 Basic V10.5 用作控制程序和人机界面的组态工具，可使用 STARTER 启动工具对伺服驱动器进行组态。该任务包括以下情况：点动模式下运转电动机、参考、绝对和相对定位、根据定义的运动曲线来运转电动机。

为了对电动机进行定位，必须通过 USS 协议将设定点位置和设定点速度及各个命令位传输至 SINAMICS S110。随后，SINAMICS S110 将独立地控制电动机的定位或运转。SINAMICS S110 将向控制器提供关于各个状态位、实际位置和速度的反馈，并传输错误消息。

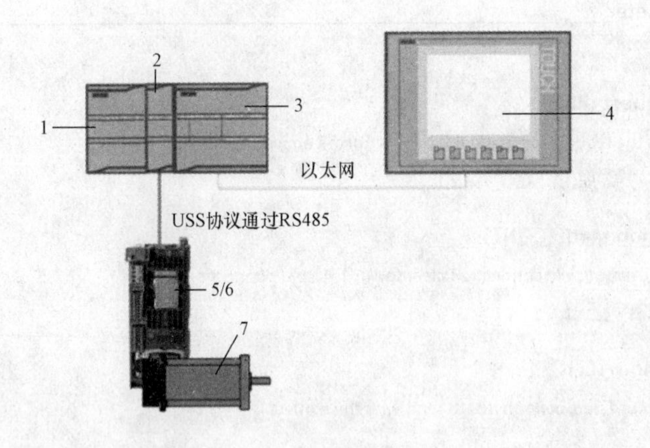

图 7-40 分布式定位控制

1—电源模块 PM 1207；2—通信模块 CM 1241；3—S7-1200 CPU；
4—基础面板 KTP 600；5，6—伺服驱动 SINAMICS S110；7—同步伺服电动机

2. 元件列表

产品见表 7-14，附件见表 7-15，程序包见表 7-16。

表 7-14 产品列表

序号	组件	数量	MLFB/订单号	说明
1	PM1207 电源	1	6EP1332-1SH71	—
2	RS485 通信模块 CM1241	1	6ES7241-1CH30-0XB0	—
3	S7-1200 CPU 1214C	1	6ES7214-1AE30-0XB0	DC/DC/DC

续表

序号	组件	数量	MLFB/订单号	说明
4	基本 KTP 600 面板（颜色，PN）	1	6AV6647-0AD11-3AX0	可选择的
5	功率模块 PM 340	1	6SL3210-1SB12-3AA0	230V
6	控制单元 CU305 DP	1	6SL3040-0JA00-0AA0	—
7	同步伺服电动机 1FK7	1	1FK7032-5AF21-1UA0	DRIVE-CLiQ
8	SINAMICS S110 MMC 包括固件 V4.3 和许可证	1	6SL3054-4ED00-0AA0	可选择的，如果 CU305 的版本为 V4.3 则该设备可以不选

表 7-15　附件列表

序号	组件	数量	MLFB/订单号	说明
1	电力电缆	1	6FX5002-5CG01-1AB0	
2	信号线 DRIVE-CLiQ	1	6FX5002-2DC00-1AB0	
3	总线电缆	1	6XV1830-0EH10	
4	PG 端口总线连接器	2	6ES7972-0BB12-0XA0	
5	换流电感	1	6SE6400-3CC00-4AB3	可选择的
6	KTP 600，S7-1200 CPU 和计算机之间的以太网连接电缆	1	6XV1870-3QH20	
7	串行零调制解调器电缆服役于 SINAMICS S110	1	专业经销商	RS232（引脚 2 和 3 轮流）
8	限位开关（使接触）	2	专业经销商	机械操作
9	参照端位置开关	1	专业经销商	感应的

表 7-16　程序包列表

序号	组件	数量	MLFB /订单号	说明
1	STEP 7 Basic V10.5	1	6ES7 822-0AA00-0YA0	
2	启动装置的 DVD 启动工具	1	6SL3072-0AA00-0AG0	固件版本 4.1.5 到 4.3

7.9.2 解决方案

S7-1200 控制器与驱动间的通信通过结合了 STEP 7 基本库的通信模块。

1. 与 USS _ PORT 通信

命令从控制发送到驱动，一个功能是必要的，即通过 PtP 通信模块控制 CPU 和驱动间的通信，这可使用 USS _ PORT 块来实现，如图 7-41 所示。

PORT 块参数指定通信模块，通过它连接驱动器，每个通信模块最多有 16 个驱动器可操作。如图 7-42 所示，由于 S7-1200 可获取最大 3 个通信模块的支持，所以它可以在 3 个不同的网络连接多达 48 个驱动器。

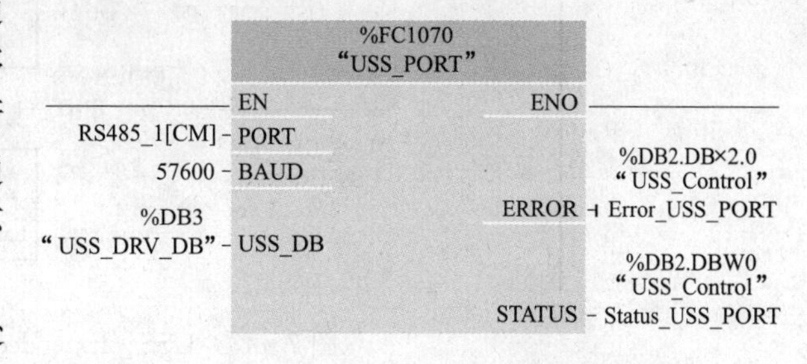

图 7-41　与 USS _ PORT 通信

在每个调用块，带驱动的通信被处理，也是异步的。这意味着 S7-1200

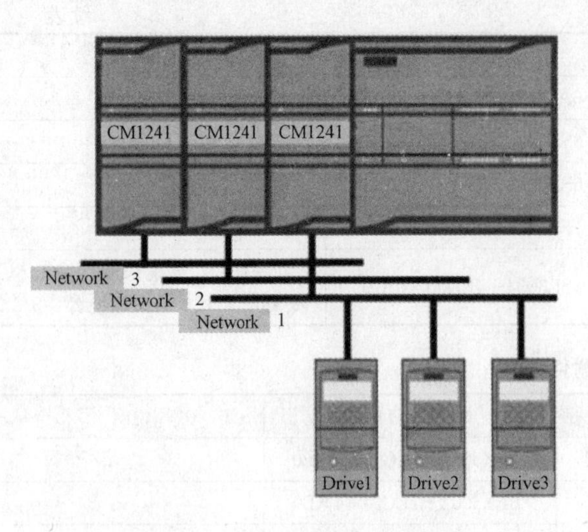

图 7－42　通信模块与驱动器连接

控制器与驱动的数据交换完成前经历了几个循环周期。

块也可以被称为循环；然而，这并没有提高处理数量。如果有一个呼叫而块仍然活跃，调用会被忽略。

2. 通信错误的评价

通信错误仅仅输出在 USS _ PORT 块而不是 USS _ DRV，它们的状态值为十六进制 8180、8184、8187 或 818B。在背景数据块中还有一个名称为“USS _ Extended _ Error”的变量，它能发现 USS _ PORT 给了错误消息。在此通信错误情况下，错误驱动的地址将被存储在该变量。由于状态消息永远只是等待在错误的情况下 USS _ PORT 输出的一个循环周期，当错误发生时必须单独存放，如图 7－43 所示。

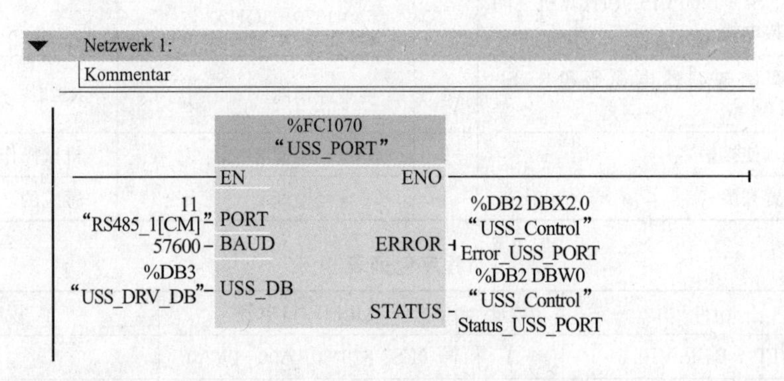

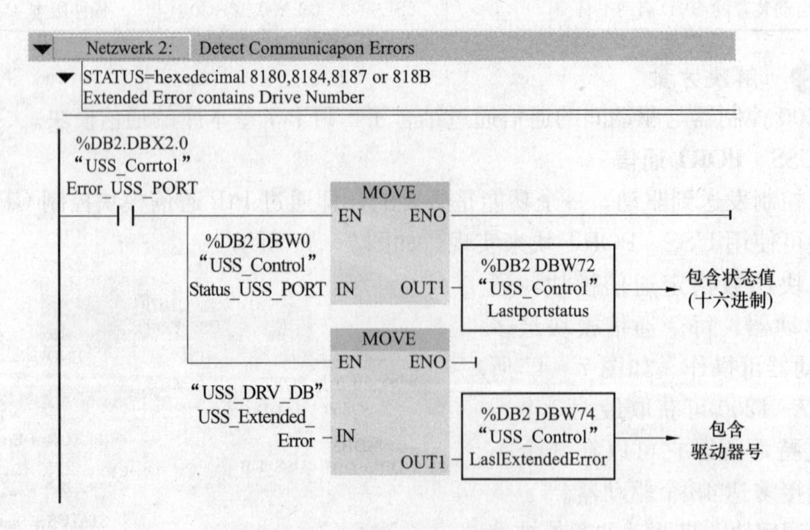

图 7－43　USS _ Extended _ Error

3. 所有可用控制和状态词的用法及组态

SINAMICS S110 提供了强大的“基本远程位置调节器”（定位器 EPOS）功能模块，用 EPOS 可能实现组态实例的所有要求。一台 S7－1200 能够控制 EPOS，众多的控制和状态信号被需要，它可以通过 USS 协议转移到驱动器或被驱动器接收。驱动器用某种方式配置，以致 EPOS 的功能可以用最少的过程数据来实现。由于过程数据配置有 8 字，对 USS _ DRV 块描述如下。

扩展的输入/输出要求字（16 位）数据类型的变量设定，然而，该值绝大多数被转化为由单个的位、双字或实数（32 位）组成。为此需要在数据块中插入单个位，在 USS _ DRV 块指定绝对寻址。请注意，低阶位 0～7 位于字的右侧部分，高阶位 8～15 在左侧。为了能够从数据块绝对地获取地址值，数据块必须申明“无符号”，如图 7－44 所示。

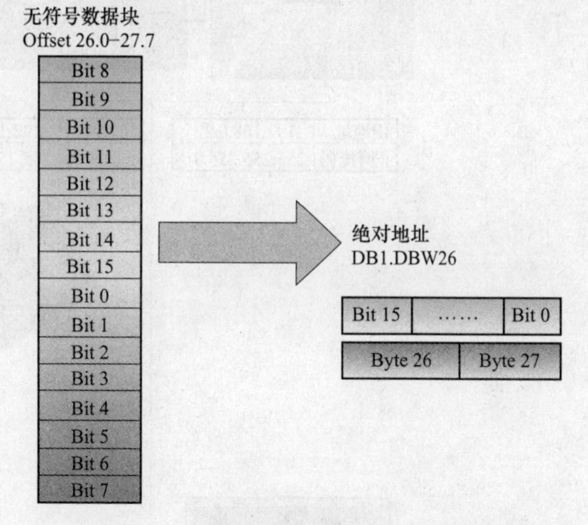

图 7－44　数据块申明“无符号”

双字或实数类型的 32 位值必须用一定方式处理，这可以分为两个连续的字同时视作低阶和高阶部分，这是唯一可以正确通过驱动的组态。

7.10　采用 PID _ 3Step 实现三路步进电动机控制

该例按需要的给定温度对混水龙头的阀门进行控制。

7.10.1　自动化任务描述

该例自动化设施使用了带阀门执行机构的三通混合阀门。如图 7－45 所示，阀门有两个进水口，一个用于热水（如 80℃），一个用于冷水（如 20℃）。通过阀门位置调节 80℃和 20℃水的供水量，出水口可以获得位于上述给定温度之间的任意出水温度，这一过程为三路步进电动机控制：①控制阀门以混入“更多热水”，数字量输出“温度上升”（Up）；②控制阀门以混入“更多冷水”，数字量输出“温度下降”（Down）；③对阀门不进行任何控制。

7.10.2　解决方案

1. 方案概述

STEP V11 开发环境为 V2.0 起的 S7－1200 提供有“PID _ 3Step”三路步进电动机控制块，该指令专门用于带积分特性的阀门或执行机构，采用该指令，可以简便、快速地完成三路步进电动机控制应用的组态和调试。如图 7－46 所示，给出了该解决方案最关键的组件。

在一个控制回路中（此处为混水龙头），工艺对象“PID _ 3Step”不断地查询所测得的过程值（此处为温度），并将其与设定值（通过 KTP 1000 Basic PN 提供）进行比较。

根据产生的控制偏差，PID _ 3Step 计算出某个输出值：借助该输出值，过程值可以尽可能快和稳地接近设定值，这个输出值被转换成阀门的数字控制信号“上升”（Up）或“下降”（Down）。PID 控制器的输出值包含以下 3 个动作：①P 动作，即比例动作，根据控制

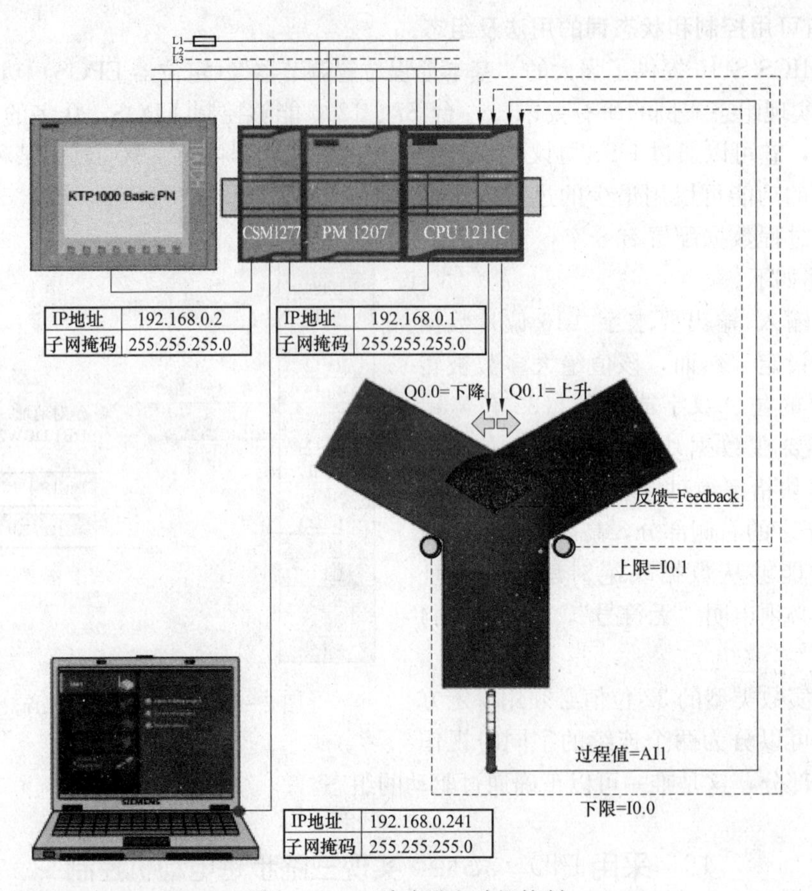

图 7-45　三路步进电动机控制

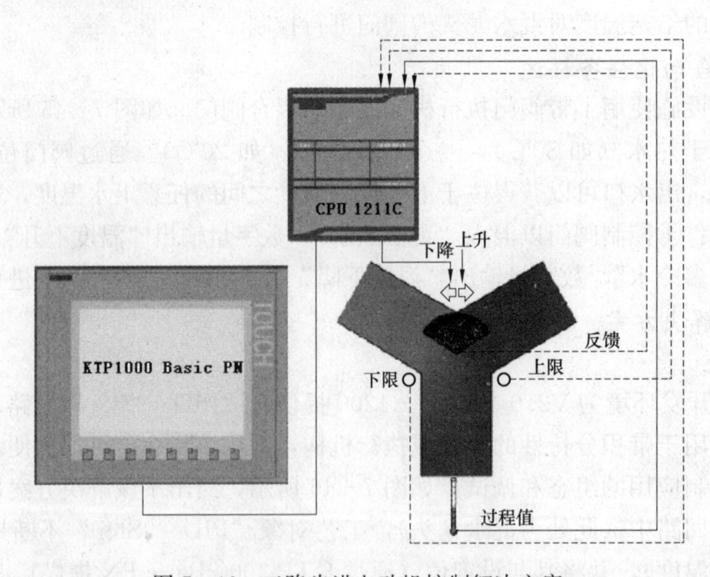

图 7-46　三路步进电动机控制解决方案

偏差成比例地增大输出值；②I 动作，即积分动作，增大输出值，直至控制偏差已经被抵消；③D 动作，即微分动作，根据控制偏差的变化率增大输出值，尽可能以最大速度将过程值校正至设定点，如果控制偏差的变化率下降，则微分动作将会再次下降。

PID _ 3Step 指令可以在预调整期间计算被控系统的比例、积分和微分参数，此外还可以使用精调进一步调整这些参数。

三路步进电动机控制有几种形式：①无终端位置反馈或阀门位置反馈；②仅带阀门终端位置反馈（上限和下限）；③仅带阀门位置反馈（反馈）；④带终端位置和阀门位置反馈。任何一种 S7 - 1200 控制都提供用于评估传感器的 2 路模拟量输入，其输出电压为 0～10V（如用于温度和阀门位置）。此外，还可以通过扩展模块连接热电偶或电阻温度计，以记录温度。

2. 核心功能说明

该应用的核心功能是通过 HMI 对“PID _ 3Step”三路步进电动机控制器进行操作控制。

(1) 用户界面概述与说明。如图 7 - 47 所示，该应用的运行由 6 个画面组成：①混水龙头；②趋势图；③整定；④监控；⑤组态；⑥仿真。

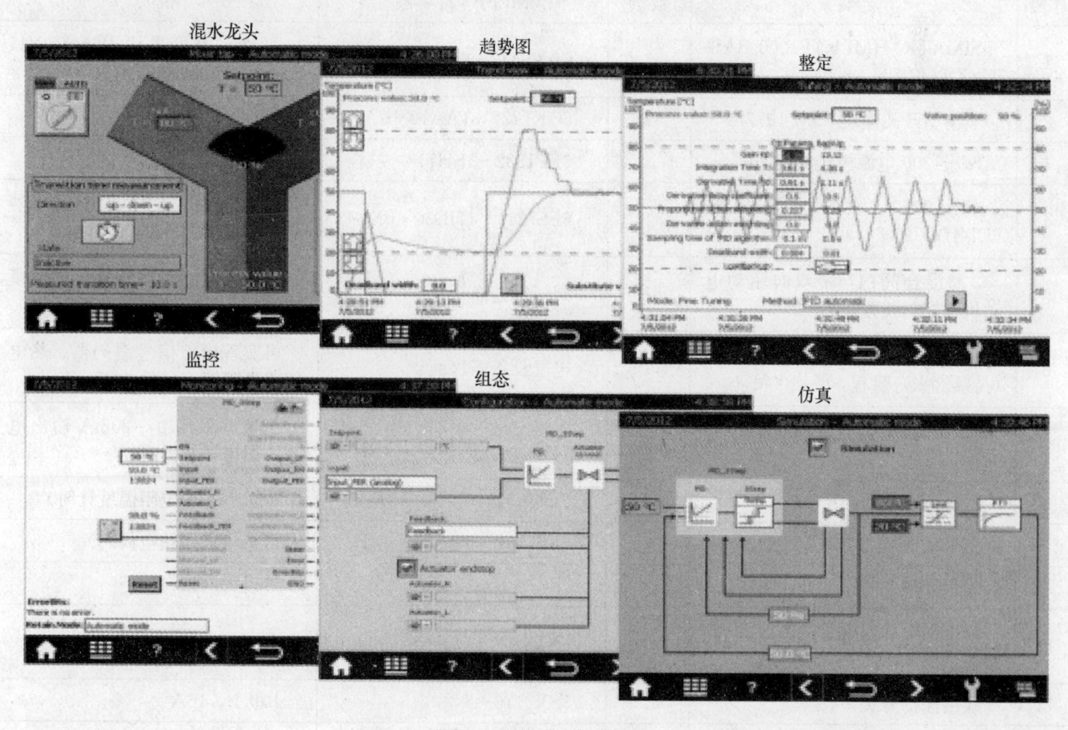

图 7 - 47 用户界面

(2) 方案优越性。该应用允许用户通过 KTP 1000 Basic 操作面板或集成在 WinCC V11 Basic 中的 HMI 仿真，使用任何一个组态选项和调试功能。方案优越性体现在：①自动、手动模式之间切换；②阀门的切换时间测量；③阀门位置可视化；④设定值、过程值和控制值的趋势曲线；⑤在实际被控系统和仿真系统之间切换；⑥在仿真模式下实现扰动控制；⑦指定出错时的操作动作和它们的仿真；⑧指定死区宽度，实现节能运行；⑨手动指定控制参数和自整定功能；⑩在线监控“PID _ 3Step”控制模块；⑪运行期间可以更改组态。

(3) 定界。该应用可以概览通过 S7 - 1200 对三路步进电动机控制进行控制的“PID _ 3Step”工艺对象，可通过 KTP 1000 Basic 方便地实现三路步进电动机控制，并使其适合自己的自动化任务。实际使用时，应根据所用阀门（带执行机构和温度传感器）不同进行一定修改，考虑以下问题：①双向数字控制还是模拟控制；②控制所需的电压和输出；③反馈阀门位置/限位开关检测时信号特性；④所用温度传感器的信号特性。

由于 PID_3Step 向导在背景数据块中定义的缺省值对断电重启有决定性作用，因此，应用不能代替 PID_3Step 向导的组态画面。除“PID_3Step”控制块之外，STEP V11 还提供可用于 S7-1200 的“PID_Compact”，这是一种适用于连续被控系统的通用型 PID 控制器，拥有自整定、自动和手动运行模式等优势。根据该应用实例的模板，也可以为“PID_Compact”设计 HMI 用户界面。

3. 硬件与软件组件

(1) 硬件组件（见表 7-17）。

表 7-17　　PID_3Step 硬件组件

序号	组件	数量	MLFB /订单号	说明
1	SIMATIC HMI KTP1000 BASIC COLOR PN	1	6AV6647-0AF11-3AX0	可选，也可采用 WinCC V11 Basic Runtime 进行仿真
2	紧凑型开关模块 CSM 1277	1	6GK7277-1AA10-0AA0	
3	S7-1200 电源模块 PM1207	1	6EP1332-1SH71	—
4	CPU 1211C、DC/DC/继电器、6DI/4DO/2AI	1	6ES7211-1HD30-0XB0	固件版本 V2.2：单个继电器最大输出电源 2A（阀门控制）
5	3 路混合阀门，带双向驱动电动机和控制装置	1	阀门制造商	可选择数字终端位置反馈或模拟阀门位置反馈（0～10V）
6	温度传感器，防水等级：IPX8（持续潜水）量程：0～100℃	1	电气设备零售商	可实现模拟信号编码器、热电偶或电阻温度计的功能
7	信号板 SB 1231，1AI（12 位分辨率）	1	6ES7231-4HA30-0XB0	可选（采用 0～20mA 输出电流的温度传感器时）
8	信号板 SB 1231 RTD	1	6ES7231-5PA30-0XB0	可选（采用电阻温度计时）
9	信号板 SB 1231 TC，1AI	1	6ES7231-5QA30-0XB0	可选（采用热电偶时）
10	编程设备	1		带以太网接口
11	以太网电缆双绞线，带 RJ45 连接器，长 2M	3	6XV1870-3QH20	—
12	线路保护开关	1	5SX2116-6	1 极 B，16A
13	标准安装导轨	1	6ES5710-8MA11	35mm

(2) 软件组件（见表 7-18）。

表 7-18　　PID_3Step 软件组件

序号	组件	数量	MLFB /订单号	说明
1	STEP 7 Basic V11	1	6ES7822-0AA01-0YA0	含 WinCC、SP2
2	STEP 7 Basic Upgrade V11	1	6ES7822-0AA01-0YE0	可选，用于升级 V10.5

7.10.3 三路步进电动机控制的功能机制

如图 7-48 所示，为该应用项目中控制部分的块调用时间顺序。

该项目的控制部分由以下工作块组成：①启动块［OB100］，用于初始化；②主块［OB1］，从此块中可调用 HMI 传输功能；③循环中断块［OB200］，它采用仿真块每 100ms 循环调用一次三路步进电动机控制器。功能之间的参数传递采用背景数据块 PID _ 3Step［DB1］、VALVE _ DB［DB2］、PROG _ C _ DB［DB3］，以及以下数据块：变量［DB4］（包括被控系统的仿真不需要的全部变量）和变量［DB4］（包括被控系统的仿真需要的全部变量）。

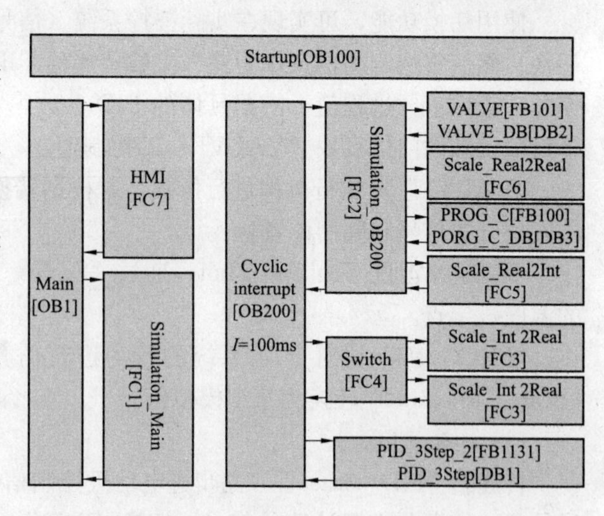

图 7 - 48　三路步进电动机控制的块调用时间顺序

1. 主块［OB1］

HMI 传输功能在“主”（Main）块中调用。HMI 传输功能在“主”（Main）块中调用。

(1) HMI［FC7］。HMI 功能定义 KTP1000 需要用于显示的变量，如可视变量、同步时间、值传递、可行性条件。

(2) Simulation _ Main［FC1］。Simulation _ Main 功能定义对被控系统进行仿真所需要的变量，如干扰值、引用、仿真变量的可见性。

2. 循环中断［OB200］

实际程序（PID_ 3Step 三路步进电动机控制器的调用）在循环中断 OB 中发生，因为为了优化控制器的工作特性，非连续的软件控制必须在设定的时间间隔（这里 OB200 为 100ms）内调用。如图 7 - 49 所示，整个被仿真控制回路的计算在循环中断 OB 中进行。

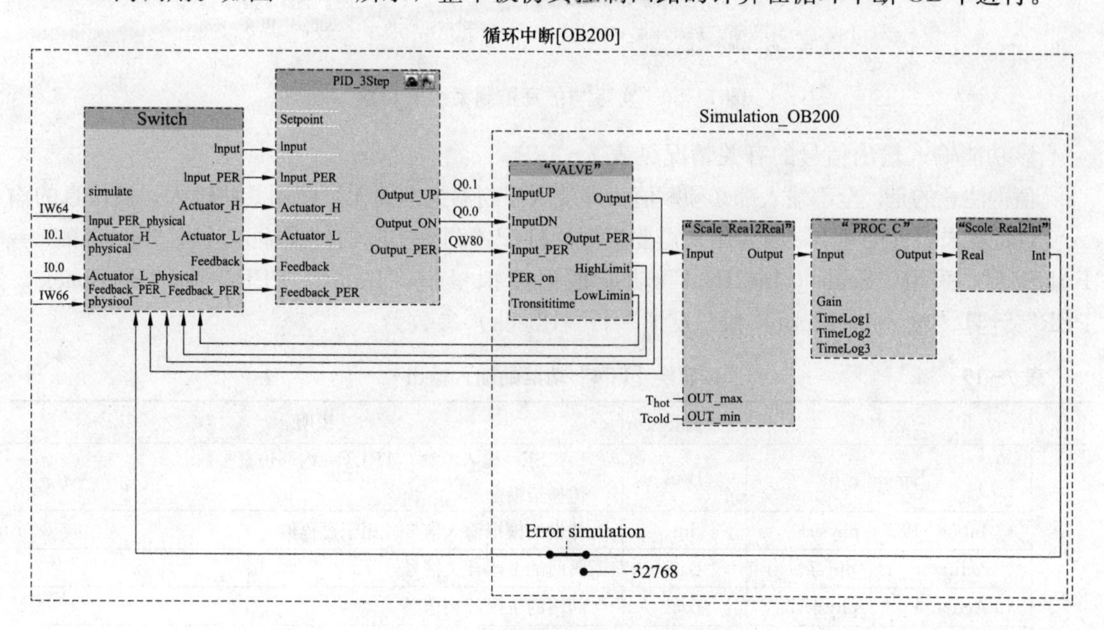

图 7 - 49　循环中断［OB200］

使用切换功能，可实现在实际被控系统（信号通过控制外设评估）和仿真被控系统之间切换。然后将选定的信息作为输入参数传递给 PID _ 3Step 三路步进电动机控制。根据控制偏差＝设定值－过程值，依据具体的 PID 参数，它计算以数字量或模拟量方式传递给 PLC 外设输出和阀门仿真块“VALVE”的控制值。

“VALVE”对执行机构进行仿真，并根据转换时间，计算内部反馈给“开关”（Switch）的限位开关信号和阀门位置。

根据进水温度 Tcold 和 Thot，通过“Scale _ Real2Real”功能，阀门位置被转换为系统的温度设定点。

“PROG _ C”块对 PT1 系统的行为进行仿真，并输出实际的温度值，该温度值通过“Scale _ Real2Int”转换为某个模拟值。

(1) 切换［FC4］。

传递给“PID _ 3Step”三路步进电动机控制信号可以是通过 PLC 外设评估的信号，也可以是通过仿真在内部计算的信号，切换（Switch）功能用于这两种信号的切换，如图 7－50 所示。

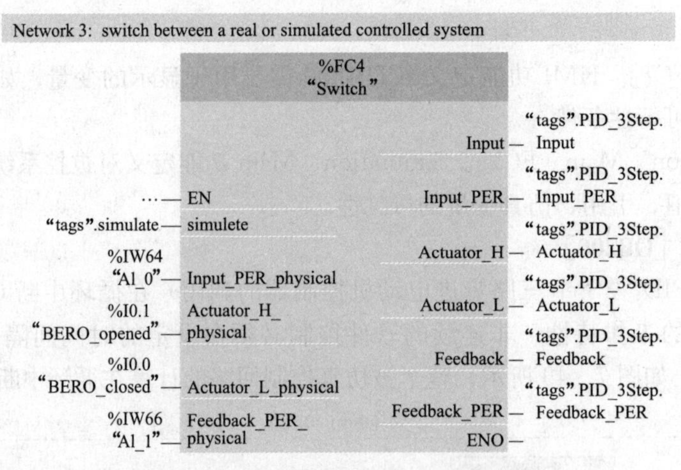

图 7－50　实际与仿真控制系统的切换

该功能输入输出信号的有关情况见表 7－19。

值得注意的是，全部输入都必须赋值，即使因控制器组态而无须使用某些输入。被仿真的输入变量特意未被直接输出，因为用户需要根据硬件配置调整实际的外设输入。当“Simulate”＝FALSE 时，采用“Scale _ Int2Real”功能根据模拟量值“Input _ PER”和“Feedback _ PER”计算“输入”（Input）和“反馈”（Feedback）参数。

表 7－19　　切换［FC4］功能的输入输出

	名称	数据类型	说明
输入	Simulate	Bool	FALSE＝输入参数；TRUE＝内部仿真参数。传递给输出
	Input _ PER _ physical	Int	外设的模拟输入信号，用于过程值
	Actuator _ H _ physical	Bool	阀门的上限开关信号
	Actuator _ L _ physical	Bool	阀门的下限开关信号
	Feedback _ PER _ physical	Int	外设的模拟输入信号，用于阀门位置反馈

续表

	名称	数据类型	说明
输出	Input	Real	传递给 PID _ 3Step 的过程值
	Input _ PER	Int	传递给 PID _ 3Step 的模拟量过程值
	Actuator _ H	Bool	向 PID _ 3Step 传递上限开关信号
	Actuator _ L	Bool	向 PID _ 3Step 传递下限开关信号
	Feedback	Real	向 PID _ 3Step 传递阀门位置反馈信号
	Feedback _ PER	Int	向 PID _ 3Step 传递阀门位置反馈模拟量信号

(2) Scale _ Int2Real [FC3]。

如图 7-51 所示，"Scale _ Int2Real"功能用于将模拟量值（整型）转换为预定范围的浮点数（实型）。

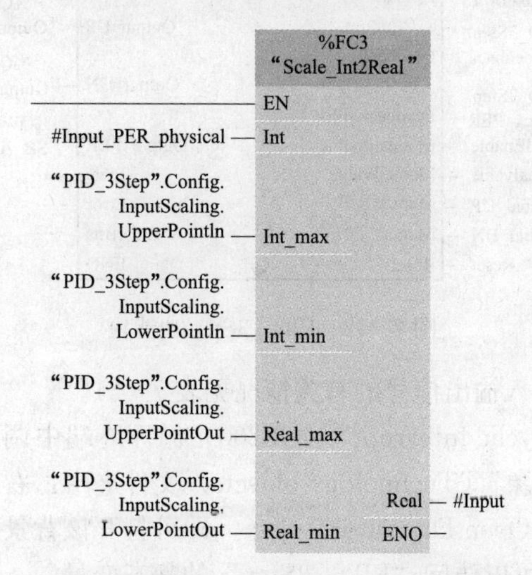

图 7-51 Scale _ Int2Real [FC3] 功能块

Scale _ Int2Real [FC3] 功能块输入输出信号的有关情况见表 7-20。

表 7-20 Scale _ Int2Real [FC3] 功能块的输入输出

	名称	数据类型	说 明
输入	Int	Int	需要转换的模拟量值
	Int _ max	Real	模拟量的上限值
	Int _ min	Real	模拟量的下限值
	Real _ max	Real	浮点输出值的上限值
	Real _ min	Real	浮点输出值的下限值
输出	Real	Real	浮点输出值

指定的输入限制"Int _ max"和"Int _ min"被特意定义为"实型"，以确保与在"PID _ 3Step"的背景数据块中定义的限值兼容。

(3) PID _ 3Step _ 2 [FB1131]。

STEP 7 V11 提供带有安装包的“PID _ 3Step”工艺对象，如图 7 - 52 所示，该功能块专门针对带积分特性的阀门或执行机构的控制而开发。

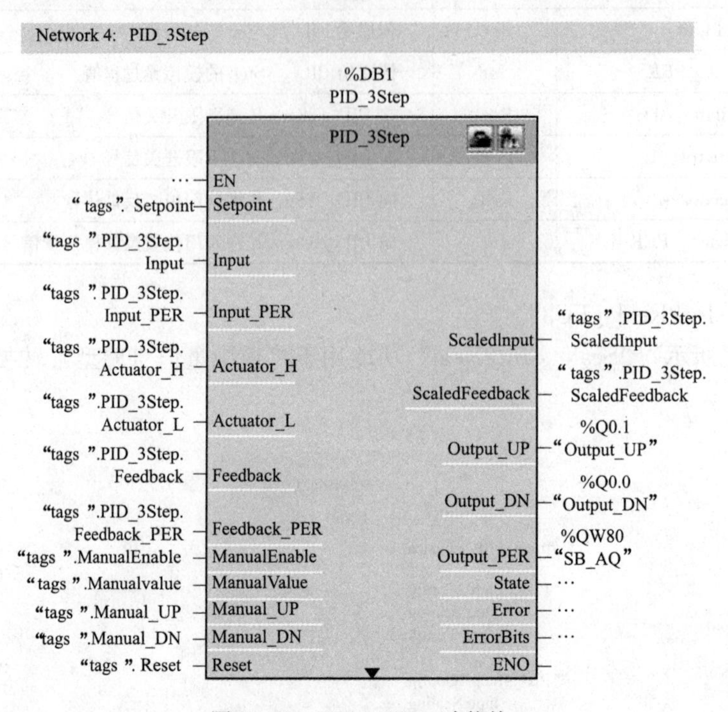

图 7 - 52　PID _ 3Step 功能块

PID _ 3Step 功能块输入输出信号的有关情况见表 7 - 21。

“PID _ 3Step” 在 “Cyclic interrupt”（OB200）循环终端中调用，“PID _ 3Step” 的背景数据块 DB1 在 “工艺对象”（Technology objects）文件夹中：右击鼠标，在弹出的菜单中选择 “打开 DB 编辑器”（Open DB editor）命令，即可打开该背景数据块，除了可以访问输入和输出之外，该应用还可以访问 “PID _ 3Step” 的静态变量。

表 7 - 21　　PID _ 3Step 功能块的输入输出

	名称	数据类型	说　明
输入	Setpoint	Real	用于 PID 控制的设定点
	Input	Real	来自过程的当前值
	Input _ PER	Word	来自外设输入的当前值
	Actuator _ H	Bool	阀门已处于上限位置
	Actuator _ L	Bool	阀门已处于下限位置
	Feedback	Real	阀门位置反馈
	Feedback _ PER	Word	至外设输入的阀门位置反馈
	ManualEnable	Bool	启动手动运行
	ManualValue	Real	手动设置值，仅适于模拟模式或带反馈信号
	Manual _ UP	Bool	手动打开阀门，下降沿触发
	Manual _ DN	Bool	手动关闭阀门，上升沿触发
	Reset	Bool	复位控制值

续表

	名称	数据类型	说 明
输出	ScaledInput	Real	定标后的当前值
	ScaledFeedback	Real	定标后的阀门位置
	Output _ UP	Bool	控制值，用于打开阀门
	Output _ DN	Bool	控制值，用于关闭阀门
	Output _ PER	Word	模拟量输出值
	State	Int	当前的运行模式
	Error	Bool	出错标志
	ErrorBits	DoubleWord	出错消息

（4）Simulation _ OB200［FC2］。

为了对被控对象进行仿真，以下全部功能都必须从功能块“Simulation _ OB200”中调用：VALVE［FB101］、Scale _ Real2Real［FC6］、PROC _ C［FB100］、Scale _ Real2Int［FC5］。

1）VALVE［FB101］功能块。

如图 7－53 所示的 VALVE［FB101］功能块对执行机构进行仿真，并根据具体的转换时间计算阀门位置、设置限位开关信号。

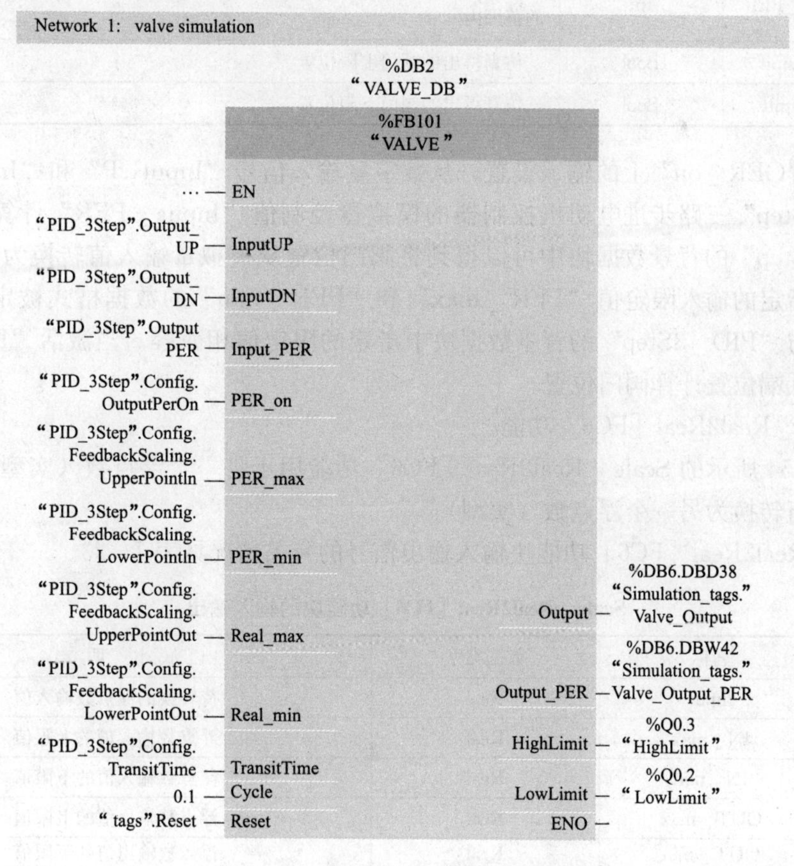

图 7－53 VALVE［FB101］功能块

VALVE［FB101］功能块输入输出信号的有关情况见表 7 - 22。

表 7 - 22　　VALVE［FB101］功能块的输入输出

	名称	数据类型	说　明
输入	InputUP	Bool	控制信号“打开阀门”（Open valve）
	InputDN	Bool	控制信号“关闭阀门”（Close valve）
	Input _ PER	Int	PID _ 3Step 的模拟量控制值
	PER _ on	Bool	选择开关，用来选择使用 InputUP/InputDN 还是 Input _ PER（用于TRUE）
	PER _ max	Real	阀门位置模拟量值的上限值
	PER _ min	Real	阀门位置模拟量值的下限值
	Real _ max	Real	用于阀门位置的已转换浮点值的上限值
	Real _ min	Real	用于阀门位置的已转换浮点值的下限值
	TransitTime	Real	阀在两个终端之间的转换时间
	Cycle	Real	循环终端的调用间隔时间
	Reset	Bool	用于复位的输入
输出	Output	Real	计算所得的阀门位置（位于限值 PER _ min 和 PER _ max 之间的范围内）
	Output _ PER	Int	计算得出的模拟量阀门位置值（位于限值 PER _ min 和 PER _ max 之间的范围内）
	HighLimit	Bool	仿真得出的阀门上限位置
	LowLimit	Bool	仿真得出的阀门下限位置

根据在“OER _ on”上的输入设置，从数字量输入信号“InputUP”和“InputDN”或者“PID _ 3Step”三路步进电动机控制器的模拟量控制值“Input _ PER”计算阀门位置。在“PID _ 3Step”的背景数据块中可以得到将阀门位置从模拟量输入值转换为浮点数时的限定值，所指定的输入限定值“PER _ max”和“PER _ min”的数据格式被定义为实型，是为了保证与“PID _ 3Step”的背景数据块中指定的限定值相兼容。当激活“Reset”输入时，开始从低端位置计算阀门位置。

2）Scale _ Real2Real［FC6］功能。

如图 7 - 54 所示的 Scale _ Real2Real［FC6］功能用于将一个浮点数（实型）按照事先给定的限定值转换为另一个浮点数（实型）。

Scale _ Real2Real［FC6］功能块输入输出信号的有关情况见表 7 - 23。

表 7 - 23　　Scale _ Real2Real［FC6］功能块的输入输出

	名称	数据类型	说　明
输入	Input	Real	待转换的浮点数输入值
	IN _ max	Real	浮点数输入值的上限值
	IN _ min	Real	浮点数输入值的下限值
	OUT _ max	Real	浮点数输出值的上限值
	OUT _ min	Real	浮点数输出值的下限值
输出	Output	Real	浮点数输出值

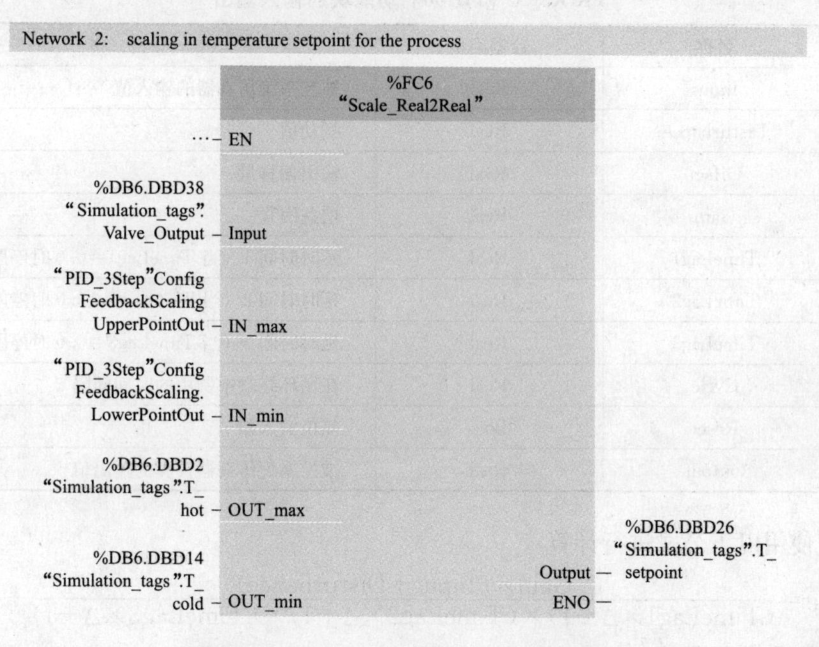

图 7-54 Scale_Real2Real［FC6］功能块

该功能用于转换温度设定点假定的阀门位置，并把它作为由 PT1 控制的系统仿真器的输入参数，该温度设定值必须被转换为混水龙头中的给水限定值。

3）PROC_C［FB100］功能块。如图 7-55 所示的 PROC_C［FB100］功能块模拟被控系统 PT3 的连续控制动作。

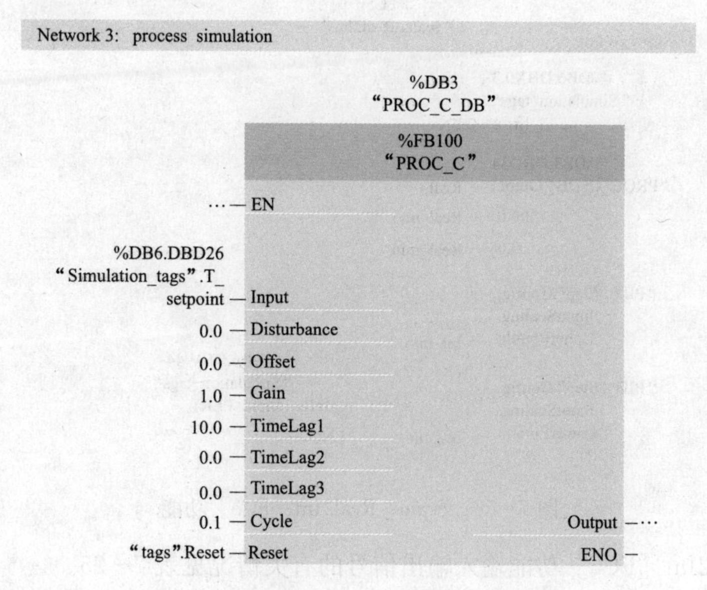

图 7-55 PROC_C［FB100］功能块

PROC_C［FB100］功能块输入输出信号的有关情况见表 7-24。

表 7-24　　PROC _ C［FB100］功能块的输入输出

	名称	数据类型	说　明
输入	Input	Real	被控系统仿真器的输入值
	Disturbance	Real	扰动值
	Offset	Real	输出偏移量
	Gain	Real	增益因素
	TimeLag1	Real	延时时间 1（当 TimeLag1=0.0 时停用）
	TimeLag2	Real	延时时间 2（当 TimeLag2=0.0 时停用）
	TimeLag3	Real	延时时间 3（当 TimeLag3=0.0 时停用）
	Cycle	Real	在循环终端中调用的时间间隔
	Reset	Bool	复位输入端
输出	Output	Real	被控系统仿真器计算的输出值

输出值使用以下公式进行计算

$$\text{Output}=\frac{\text{Gain}\times(\text{Input}+\text{Disturbance})}{(\text{TimeLag1}\times\Delta+1)\times(\text{TimeLag2}\times\Delta+1)\times(\text{TimeLag3}\times\Delta+1)}+\text{Offset}$$

式中：Δ 为拉普拉斯算子。

4）Scale _ Real2Int［FC5］功能。

如图 7-56 所示的 Scale _ Real2Int［FC5］功能用于将一个浮点数（实型）按照事先给定的限定值转换为一个模拟量数值（整型）。

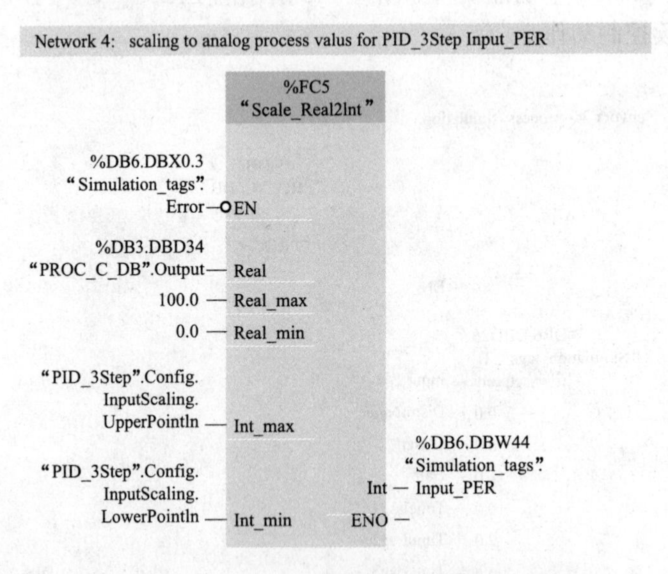

图 7-56　Scale _ Real2Int［FC5］功能

Scale _ Real2Int［FC5］功能输入输出信号的有关情况见表 7-25。

所指定的输出限定值"Int _ max"和"Int _ min"的数据格式被定义为实型，是为了保证与"PID _ 3Step"的背景数据块中指定的限定值相兼容。将被控系统的输出（实际温度值）转换为模拟量数值是十分必要的，它能够模拟故障时的动作。在实际被控系统中，当过程值传感器失灵时会产生故障（如断线）。在仿真时，这通过用一个位于测量范围以外的数值（－32768）覆盖模拟量过程值来实现。

表 7-25　Scale _ Real2Int［FC5］功能的输入输出

	名称	数据类型	说 明
输入	Real	Real	待转换的浮点数输入值
	Real _ max	Real	浮点数输入值的上限值
	Real _ min	Real	浮点数输入值的下限值
	Int _ max	Real	模拟量输入值的上限值
	Int _ min	Real	模拟量输入值的下限值
输出	Int	Int	模拟量输出值

7.10.4 配置、调试和操作

配置、调试和操作是应用系统不可缺少的工作内容。

根据设计过程中选择的阀门，S7-1200 的硬件配置可能需要调整。外设将控制值作为模拟量数值进行采集，“PID _ 3Step”在配置画面中提供了将模拟量数值转换为实际物理量的转换工具，“PID _ 3Step”通过两路数字量输出（两个方向）或者一路模拟量输出来控制数值。根据选择的数字量阀门控制器的功耗，可以选择晶体管型输出或者继电器型输出的 S7-1200 控制器。

（1）配置 PID 控制器。

“PID _ 3Step”工艺对象的配置详细说明了三路步进电动机控制器的功能原理。在调试编辑器中配置三路步进电动机控制器，以便启动和操作期间的自动设置。这些设定决定了冷启动或者热启动之后（如电源故障），PID 控制器启动时所使用的参数缺省值。

在三路步进电动机控制器“PID _ 3Step”的背景数据块中存储的 PID 参数具有掉电保持性，在热启动（电源恢复）的情况下，将保持最后的过程值，只有在冷启动（STOP 模式下传输项目）时，才会装载初始值。

（2）配置 HMI。如果使用 KTP1000 作为操作员面板，那么必须要设定项目指定的 IP 地址。为了能够将 HMI 项目部分装载到 KTP1000（传输程序），使用 CSM 1277 交换机或者直接将 PG/PC 和 HMI 连接在一起。

（3）调试。在调试编辑器中配置三路步进电动机控制器，以便于启动和操作期间的自动设置。这些设定决定了冷启动或者热启动之后（如电源故障），PID 控制器启动时所使用的参数缺省值。更为详细的内容请参阅 S7-1200 手册和 STEP 7 Basic V11 手册。

（4）操作画面。如图 7-57 所示的操作画面解释了页脚中每一个图标的任务。

在应用中，复位按钮将重新启动“PID _ 3Step”、“VALVE”和“PROC _ C”功能块，控制器的实际值会被复位。但是，PID 参数会被保持。随后，控制器会在自动模式下再次启动。

三路步进电动机控制器的操作模式可以通过 Retain. Mode 参数来改变，在这里输入端数值的改变是十分重要的。

可以通过使“ManualEnable”＝“True”来激活手动模式，这一模式下“Retain. Mode”无法改变，因为与“Retain. Mode”参数值的改变相比，“ManualEnable”＝“True”的状态有

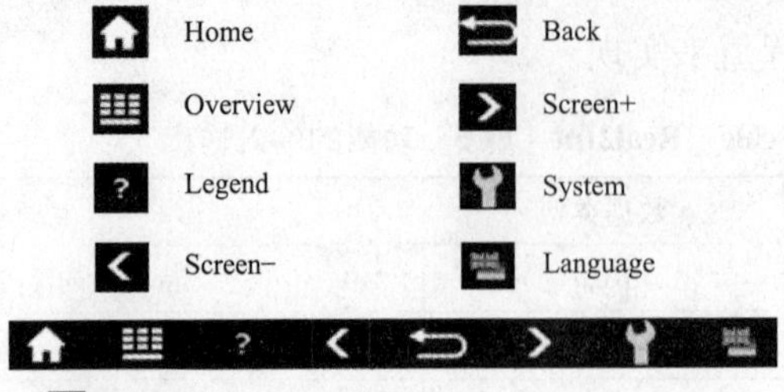

- 或F1进入首页画面(Error!Reference source not found)。
- 或F2进入总览画面(Error!Reference source not found)。
- 或F3进入操作画面(本画面)。
- 或F4进入列表中的上一画面:
  - 非特定应用画面(操作、系统功能和时间设置)
  - 特定应用画面(总览、混水龙头、趋势图、整定、监视、配置和仿真)。
- 或F5回到前一画面。
- 或F6进入列表中的下一画面:
  - 非特定应用画面
  - 特定应用画面
- 或F7进入系统功能画面(Error!Reference source not found)。
- 或F8可以在德文和英文之间进行选择。

图 7-57 操作画面

更高的优先级。

当错误发生时（“Error” =TRUE），“ErrorBits” 输出端给出错误代码和文字描述，发生的出错消息也会完整显示。

但是，错误致使控制器处于非激活状态，必须通过Acknowledge Error来应答。因此，“Retain. Mode” 参数与控制器状态参数 “State” 是同步的，它的数值改变会删除错误缓冲区的信息。

7.11 S7-1200/1500 支持的错误处理 OB

OB 按优先级大小执行，如果所发生事件的优先级高于当前执行的 OB，则中断此 OB 的执行。优先级相同的事件，将按发生的时间顺序进行处理。与 S7-300/400 比较，S7-1200/1500 的错误处理有了较大的变化，以下主要介绍 S7-1200/1500 所支持的错误处理组织块及 CPU 对这些错误的响应。

7.11.1 S7-1200/1500 的错误处理组织块

1. S7-1200 的错误处理组织块

添加 S7-1200 的错误处理组织块如图 7-58 所示，S7-1200 不再支持同步错误中断组织块 OB121、OB122。

2. S7-1500 的错误处理组织块

添加 S7-1500 的错误处理组织块如图 7-59 所示。

S7-1200/1500 支持的错误处理组织块块号与 S7-300/400 是保持一致的，不同的是 S7-1500 除时间错误中断组织块 OB80 的优先级 22 不能改变外，其他的错误处理组织块的优先级都可以修改，如图 7-60 所示，修改诊断中断 OB82 的优先级。

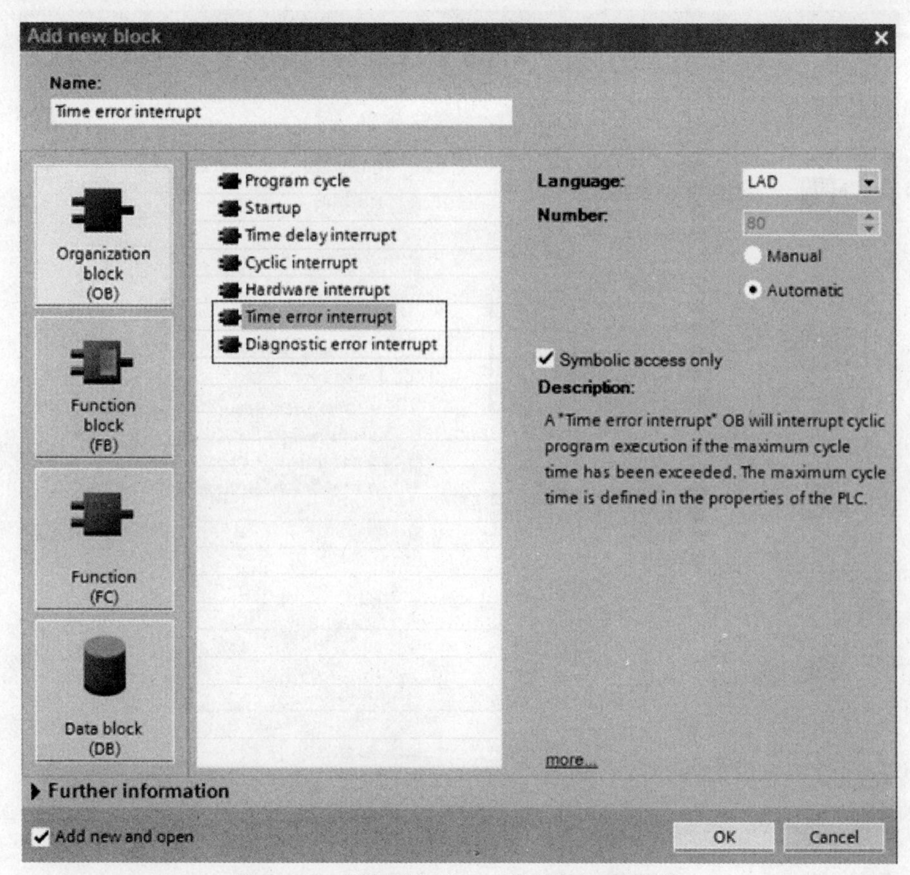

图 7 - 58　添加 S7 - 1200 的错误处理组织块

除了可以修改错误中断 OB 的优先级，S7 - 1500 的事件中断（如硬件中断）的优先级也可以修改，这样用户通过修改优先级可避免重要的中断请求被其他中断请求延迟或中断。

7.11.2　CPU 对会引起错误中断的响应

CPU 对错误处理组织块的响应见表 7 - 26。

表 7 - 26　　CPU 对错误处理组织块的响应

错误处理 OB		故障类别	“到达事件”触发	“离去事件”触发	OB 没有装载 CPU 停机		
					S7 - 1200	S7 - 1500	S7 - 300/400
OB80	超出最大循环时间*	异步	是	否	是	是	是
	时间错误**				否***	否***	是
OB82		异步	是	是	否***	否***	是
OB83		异步	是	是	不支持	否***	是
OB86		异步	是	是	不支持	否***	是
OB121		同步	是	否	不支持	是	是
OB122		同步	是	否	不支持	否***	是

*　超出最大循环时间请求 OB80 时而下载 OB80 并不会使 CPU 停机，但如果一个周期内超时两倍的循环监控时间 S7 - 1200/1500/300/400 都会停机。

**　由时间事件（如循环中断，延时中断，时间中断）触发的时间错误。

***　CPU 不会停机，但会在诊断缓冲区产生诊断记录。

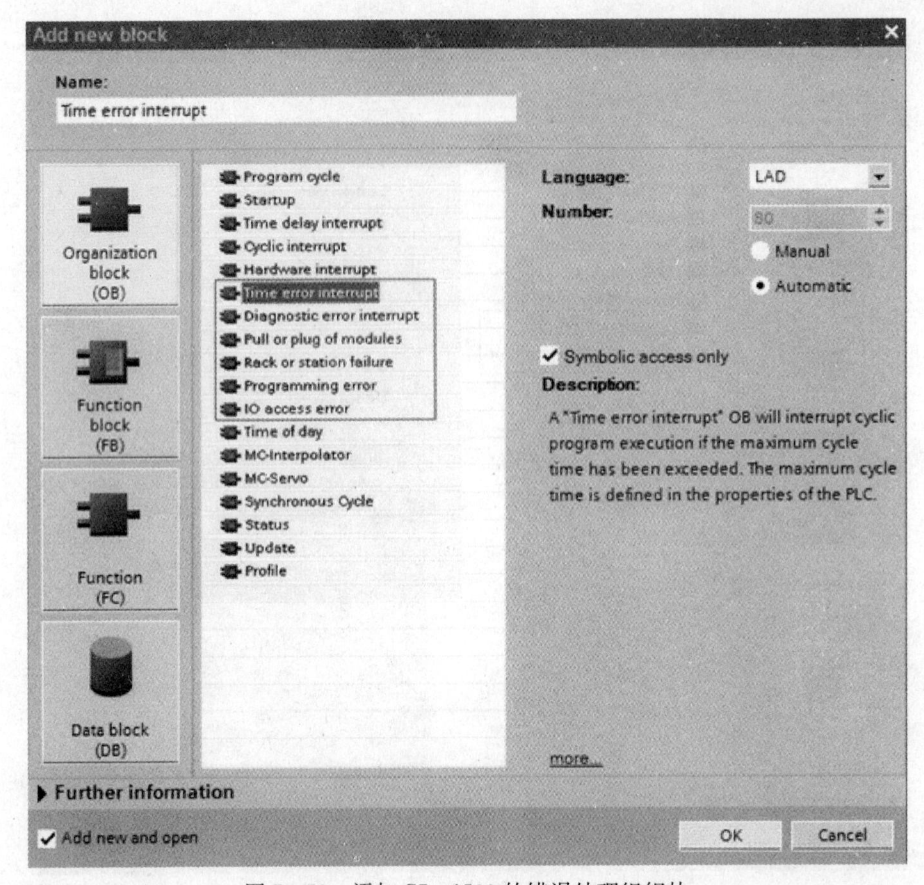

图 7-59　添加 S7-1500 的错误处理组织块

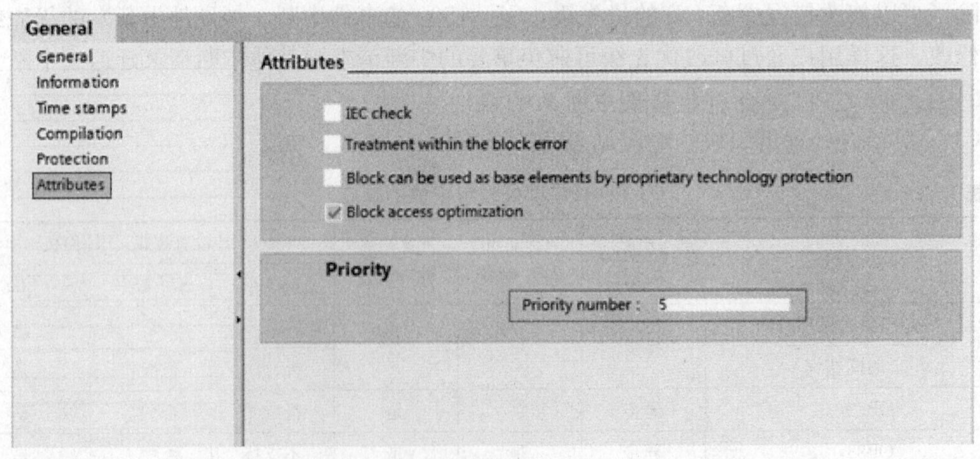

图 7-60　修改诊断中断 OB82 的优先级

7.11.3　GET_ ERROR、 GET_ ERR_ ID 对 PLC 错误处理的影响

如图 7-61 所示的 GET _ ERROR 和 GET _ ERR _ ID 是“获取本地错误信息”指令，S7-1200/1500 可通过编程来查询程序块内出现的错误，这种程序执行中发生的错误就是所说的“同步”错误。

“获取本地错误信息”指令支持块内进行本地错误处理。将“获取本地错误信息”插入块的程序代码中时，如果发生错误，则将忽略所有预定义的系统响应。GET _ ERROR 指令可以读到详细的错误信息，而 GET _ ERR _ ID 只读到其中的错误编号。用法可参考软件在线帮助或参考 STEP 7 Professional V12 的手册，因为 GET _ ERROR 和 GET _ ERR _ ID 对 PLC 的同步错误处理的影响相同，下面只对 GET _ ERROR 指令进行说明。

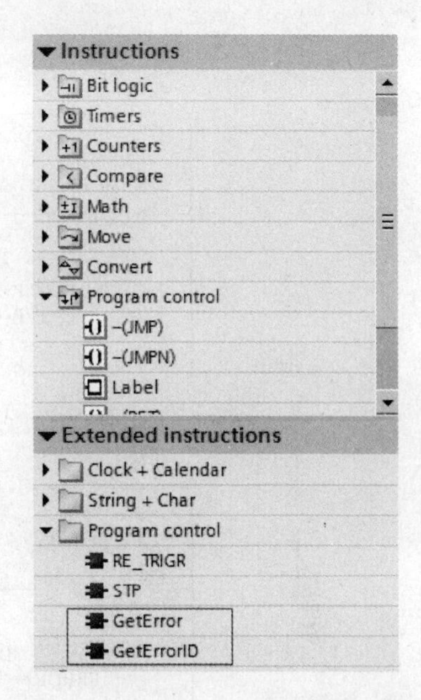

图 7 - 61 “获取本地错误信息”指令

1. GET _ ERROR 对 S7 - 1200 同步错误处理的影响

因为 S7 - 1200 不支持 OB121、OB122，在发生“同步”错误时，只在 CPU 的诊断缓冲区产生错误记录；同时 ERR LED 闪烁。

以 IO 访问错误为例，如图 7 - 62 所示，程序中访问了外设地址 ID1000：P，对 S7 - 1200 来说，ID1000 默认分配给高速计数通道 HSC1，但是在实际的组态中没有使能 HSC1，那么就不存在这个外设。

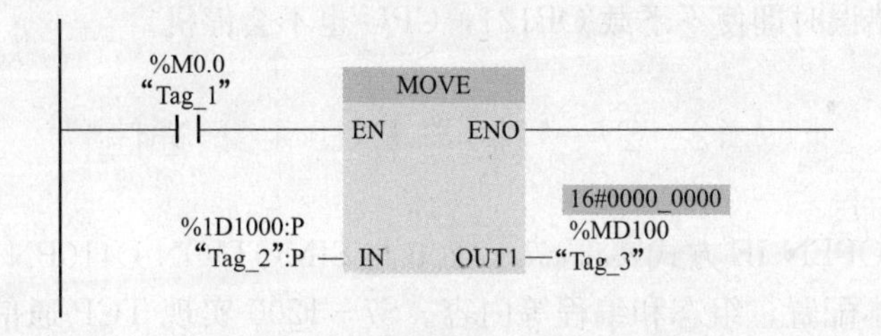

图 7 - 62 访问外设地址 ID1000：P

S7 - 1200 每执行一次这条指令，在诊断缓冲区产生一条错误记录，同时 ERR LED 闪烁，直到“Tag _ 1”复位。

如图 7 - 63 所示，在发生错误指令的下面执行 GET _ ERROR。

尽管错误仍然存在，但 CPU 不报错，诊断缓冲区也不会产生任何相关错误记录。

2. GET _ ERROR 对 S7 - 1500 同步错误处理的影响

与 S7 - 1200 比较，因为 S7 - 1500 支持两个同步错误处理组织块 OB121、OB122，GET _ ERROR 对 S7 - 1500 的同步错误处理的影响还要考虑对 OB121、OB122 的影响。

表 7 - 26 说明了 S7 - 1500 没有执行 GET _ ERROR 的情况下 CPU 的响应，下面对同步错误发生时执行 GET _ ERROR 后 CPU 的响应进行列举。

S7 - 1500 在发生两种同步错误时在有无下载对应错误处理组织块（程序错误：OB121；IO 访问错误：OB122）的响应是不同的，但在发生这两种错误的程序块中执行 GET _ ERROR 后，S7 - 1500 将忽略所有预定义的对这个程序块中出现的错误的系统响应，因此产生以下结果：CPU ERR LED 不会闪烁；诊断缓冲区不会产生错误记录；不再触发 OB121 和

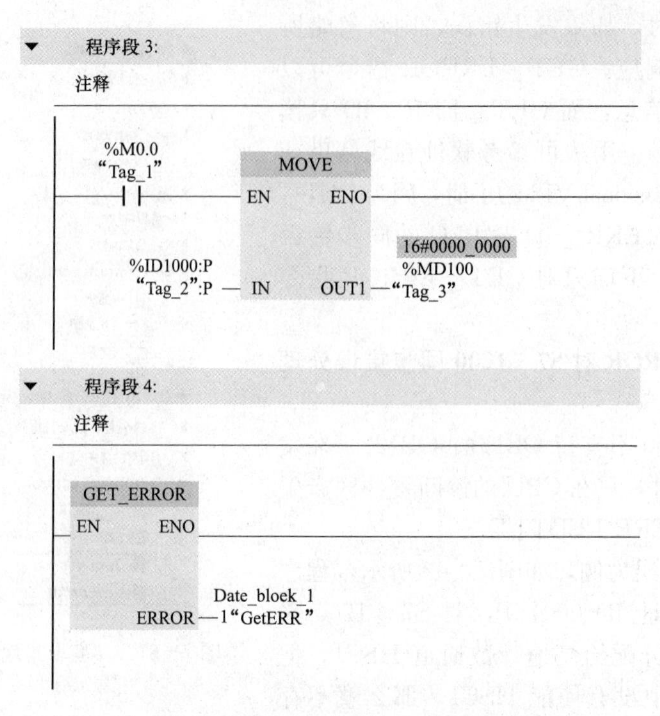

图 7-63 错误指令后执行 GET _ ERROR

OB122，发生程序错误时即使不下载 OB121，CPU 也不会停机。

7.12 S7-1200 与 D410 TCP 通信

本节介绍通过 OPEN IE 方式实现 S7-1200 与 SIMOTION D410PN 之间 TCP 通信的方法，包括通信的基本配置、组态和编程等内容。S7-1200 实现 TCP 通信的指令有两种，一是不带连接的指令（TCON、TDISCON、TSEND、TRCV），另一种是带连接的指令（TRCV _ C、TSEND _ C）；SIMOTON 包含的通信指令包括 TcpOpenClient、TcpOpenServer、TcpSend、TcpReceive、TcpCloseSever、TcpCloseConnection。以下选用 S7-1200 不带连接的指令 TCON、TDISCON、TSEND、TRCV，实现与 D410 PN 的通信。

7.12.1 S7-1200 与 D410PN 装置的连接

1. 硬件配置列表

测试所采用的硬件见表 7-27。

表 7-27 测试所用的硬件列表

设备	订货号	版本
CPU 1214C DC/DC/DC	6ES7214-1AE30-0XB0	V2.2
D410PN	6AU1410-0AB00-0AA0	Version B, FW V4.2
SCANLANCE X208	6GK5208-0BA10-2AA3	V3.1

2. 所用的软件

所使用的软件有 TIA Portal V11 SP2 和 SCOUT V4.2.1。

3. 通信参数设置

硬件连接配置如图 7－64 所示。

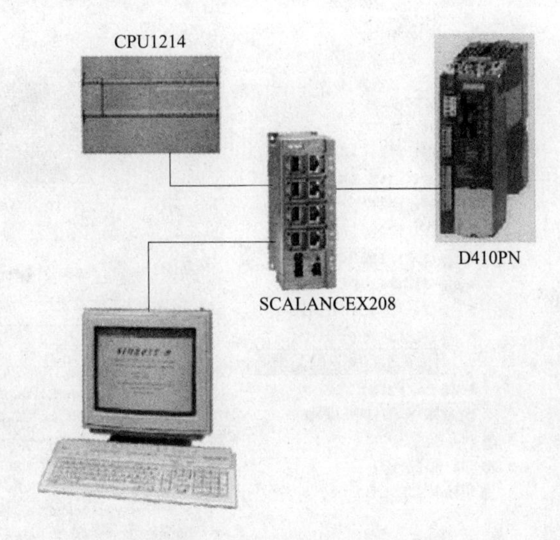

图 7－64　硬件连接示意

CPU 1214C 和 D410PN 本身都带有集成 PN 口，可以直接使用。IP 地址设置（子网掩码均为 255.255.255.0）见表 7－28。

表 7－28　　IP 地址设置

设备	IP 地址
CPU 1214C	192.168.0.4
D410DP	192.168.0.2
PC	192.168.0.10

7.12.2　项目配置

1. S7－1200 的配置

打开 TIA Portal 软件，新建一个项目，在“Add new device”（添加新设备）中选择所需的硬件及版本，如图 7－65 所示。

打开设备视图，设置设备“Properties”（属性）下的以太网地址为 192.168.0.4，子网掩码为 255.255.255.0，如图 7－66 所示。

在设备视图的属性窗口中设置时钟存储器，将时钟存储器的地址设置为 MB20，并使用其中的 M20.5 位，0 和 1 信号以 1Hz 频率切换，用来循环激活发送任务，如图 7－67 所示。

2. D410PN 的配置

打开 SCOUT 软件，新建一个项目，设置 PG/PC 接口为电脑的以太网卡，双击“Insert simotion devlce”后，选择相应版本的 D410PN 插入，并打开硬件组态画面，在其中设置 PN 口的以太网地址和子网掩码，如图 7－68 所示。

7.12.3　通信指令调用

1. S7－1200 侧的指令调用

TCON、TDISCON、TSEND、TRCV 等指令均可以在右侧指令中的“Communication”

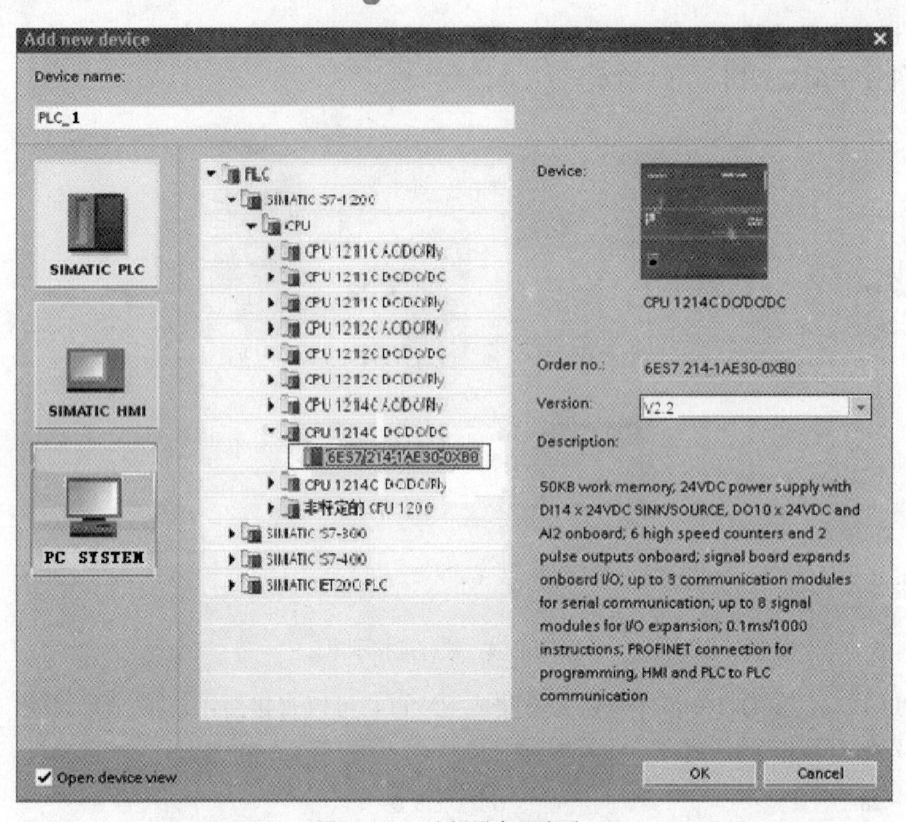

图 7－65　选择设备和版本

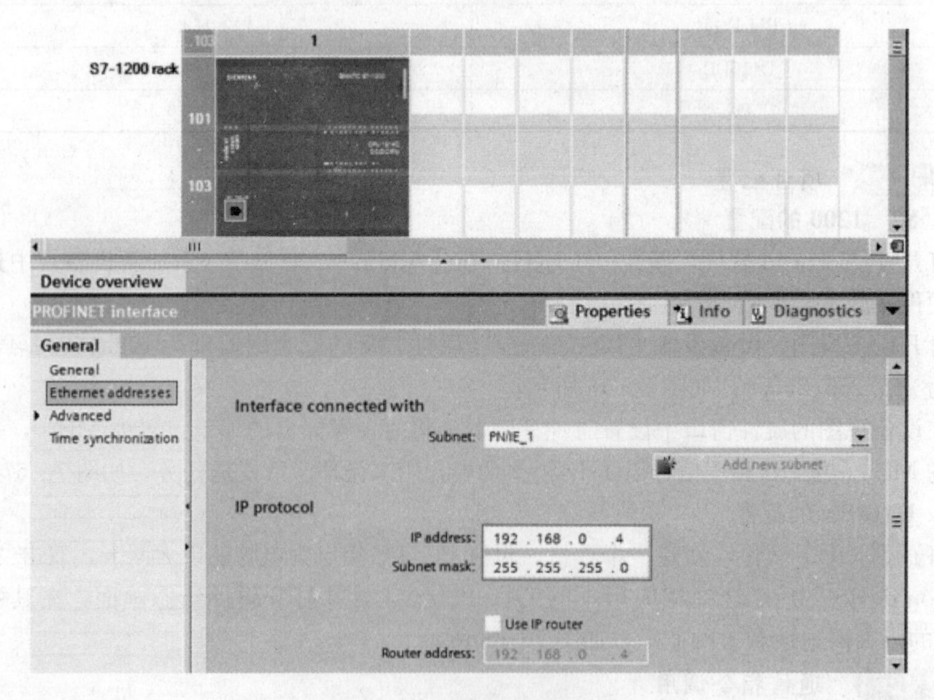

图 7－66　设置以太网地址

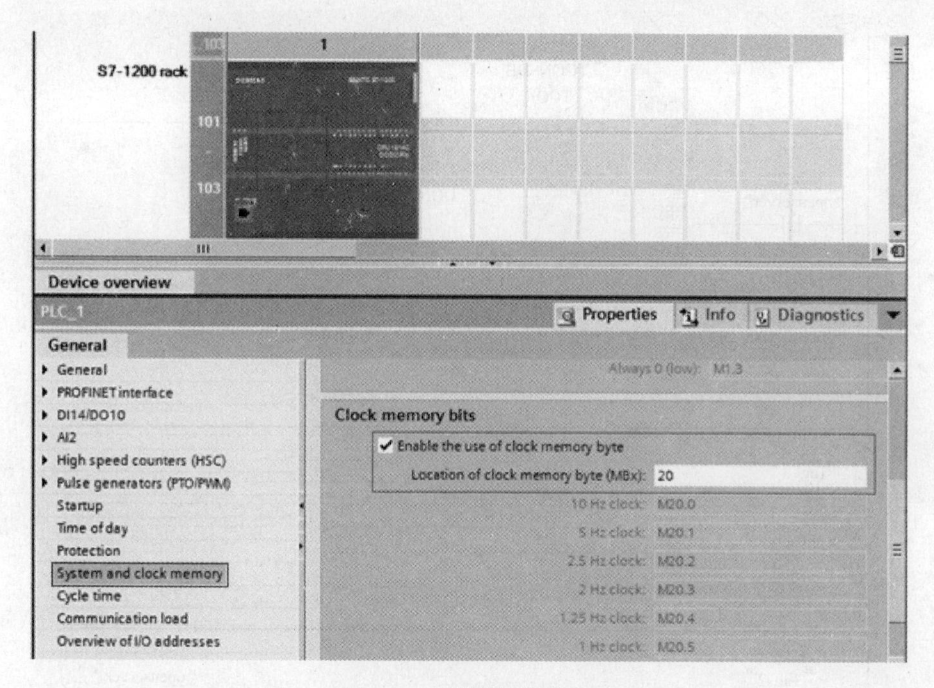

图 7-67　时钟存储器设置

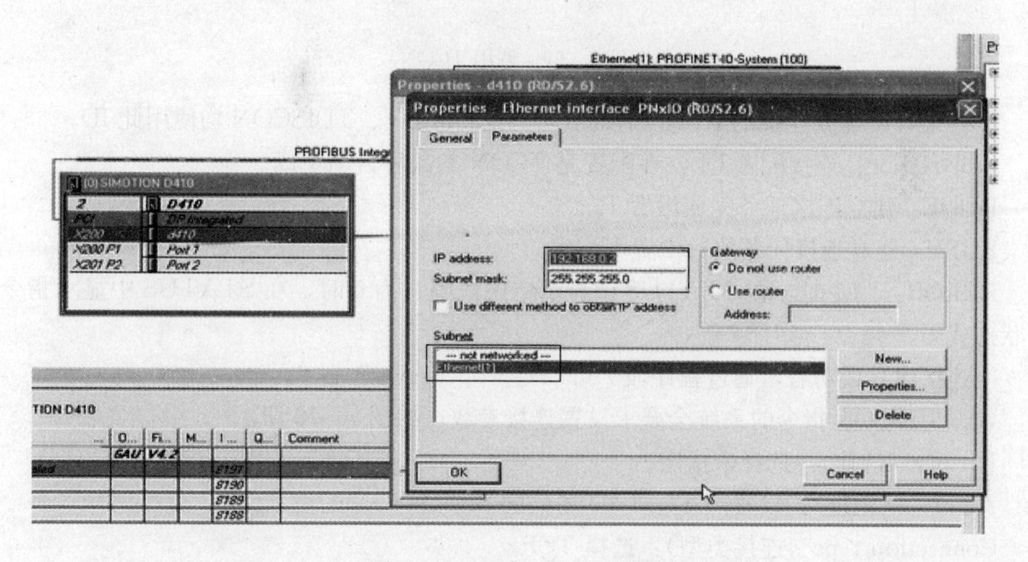

图 7-68　组态 D410PN 地址

(通信)→“Open User Communication”（开放式用户通信）找到，本节所有通信指令均在 background 中执行。

S7-1200 在本节中作为 Server，通信开始前先激活 TCON 指令来建立服务器端口，并等待 Client 的建立连接请求，一旦通信连接成功建立，此时“REQ”就不再起作用，若想重新建立连接需先调用 TDISCON 断开连接，再从新激活 TCON 重新建立连接（见图 7-69）。

REQ：激活 TCON 功能。

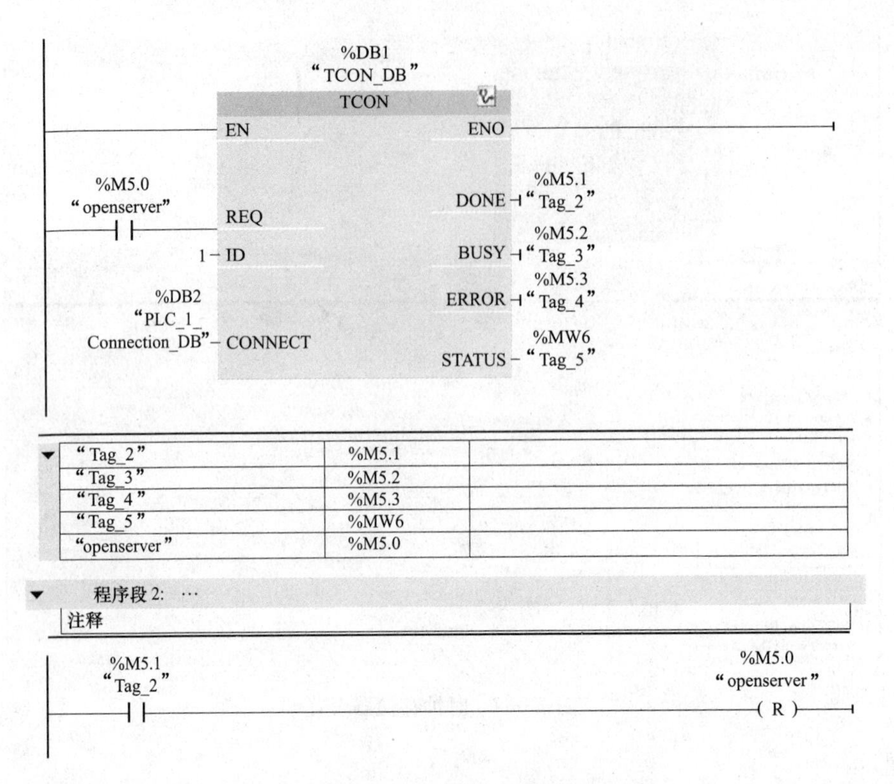

图 7-69　调用 TCON

ID：设置所建立连接的 ID，以后的 TSEND、TRCV、TDISCON 均使用此 ID。

CONNECT：连接配置 DB，在配置完 TCON 参数后自动生成。

DONE：建立连接任务完成后置 1。

BUSY：建立连接任务执行中置 1。

ERROR：为 1 时，在 STATUS 中显示错误代码；为 0 时，在 STATUS 中显示指令执行状态代码。

当连接建立成功后，通过程序段 2 可以将"opensever"置 0。

在调用 TCON 指令时系统会要求设置连接参数，如图 7-70 所示。

Partner（伙伴）：选择未指定。

Address（地址）：设置与 S7-1200 通信的 SIMOTION 的地址。

Connection type（连接类型）：选择 TCP。

Connection ID（连接 ID）：发送、接收和连接断开所使用的 ID。

Connection data（连接数据）：设置新建或使用已有的连接 DB。

Establish active Connection（主动建立连接）：选择主动建立连接的一方为客户端，另一方为服务器。

Port（端口）：设置本地和伙伴的端口号，在 SIMOTION 的指令中会用到这里。

设置 TCON 参数时要先选择"Connection data"（连接数据）中的"new build"（新建），建立一个新的 Connection DB，然后再填写各个参数。

在通信成功建立后，激活 TSEND、TRCV 指令（将发送指令的"REQ"端置 1，将接

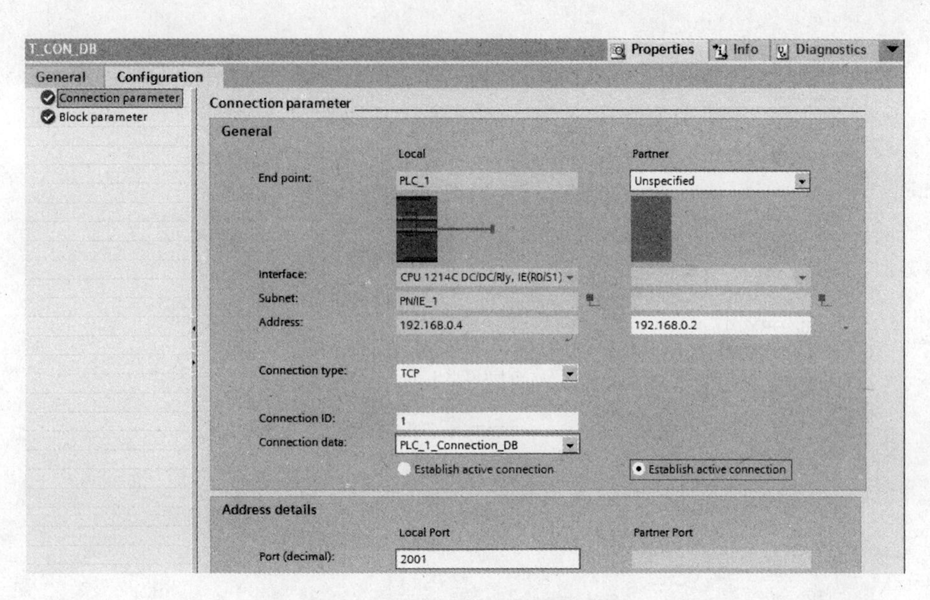

图 7-70 TCON 连接参数设置

收指令的“EN _ R”置 1)，用来发送和接收数据（见图 7-71 和图 7-72)。

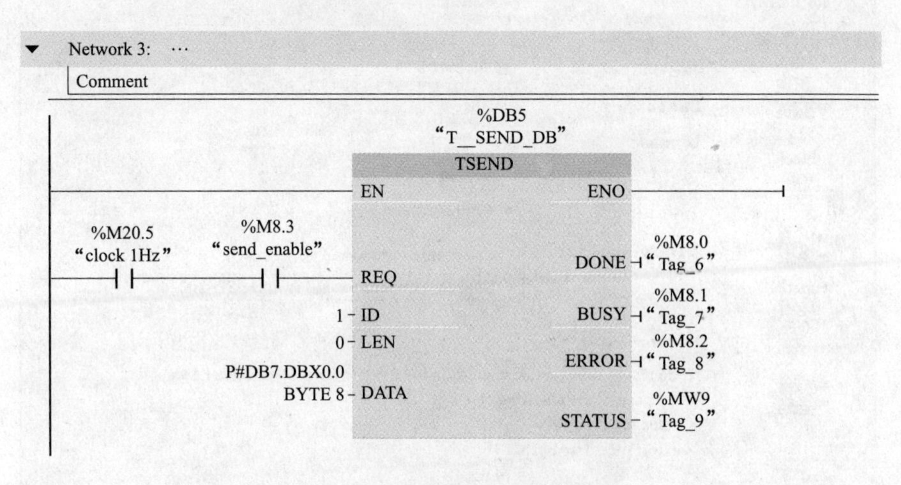

图 7-71 TSEND 连接参数设置

(1) 在建立“DATA”中要插入的发送数据和接收数据 DB 时，其块访问的方式必须是“Standard - Compatible with SF300/400”(标准-与 S7-300/400 兼容)，否则在激活该指令时会报错，如图 7-73 所示。

(2) TSEND 与 TRCV 的“ID”必须与 TCON 中设置的相同，而此“ID”与 SIMOTION 中的“ID”未必相同。

(3) TRCV 在接收数据成功后，“NDR”会自动置 1，且“RCVD _ LEN”会显示接收到的数据长度。

若要断开当前连接，则调用 TDISCON。成功断开连接后，根据程序段 6，“discon”位会被重新置 0（见图 7-74)。

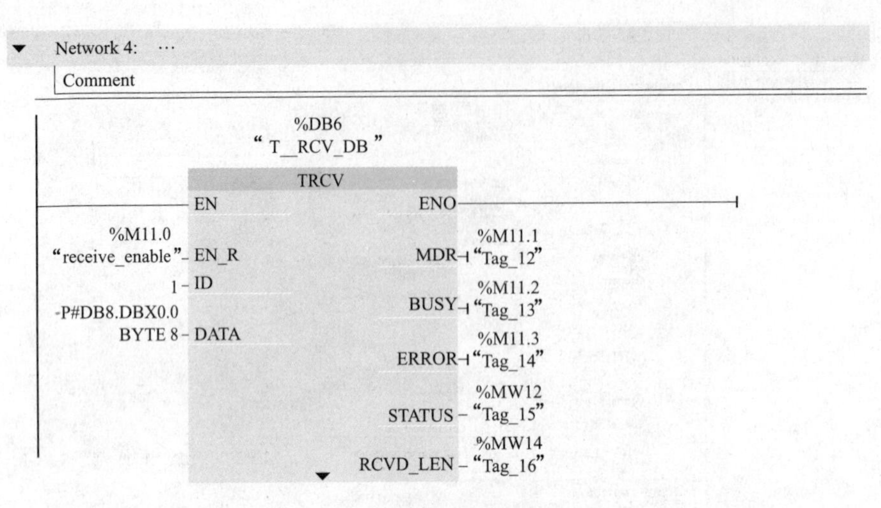

图 7－72 TRCV 连接参数设置

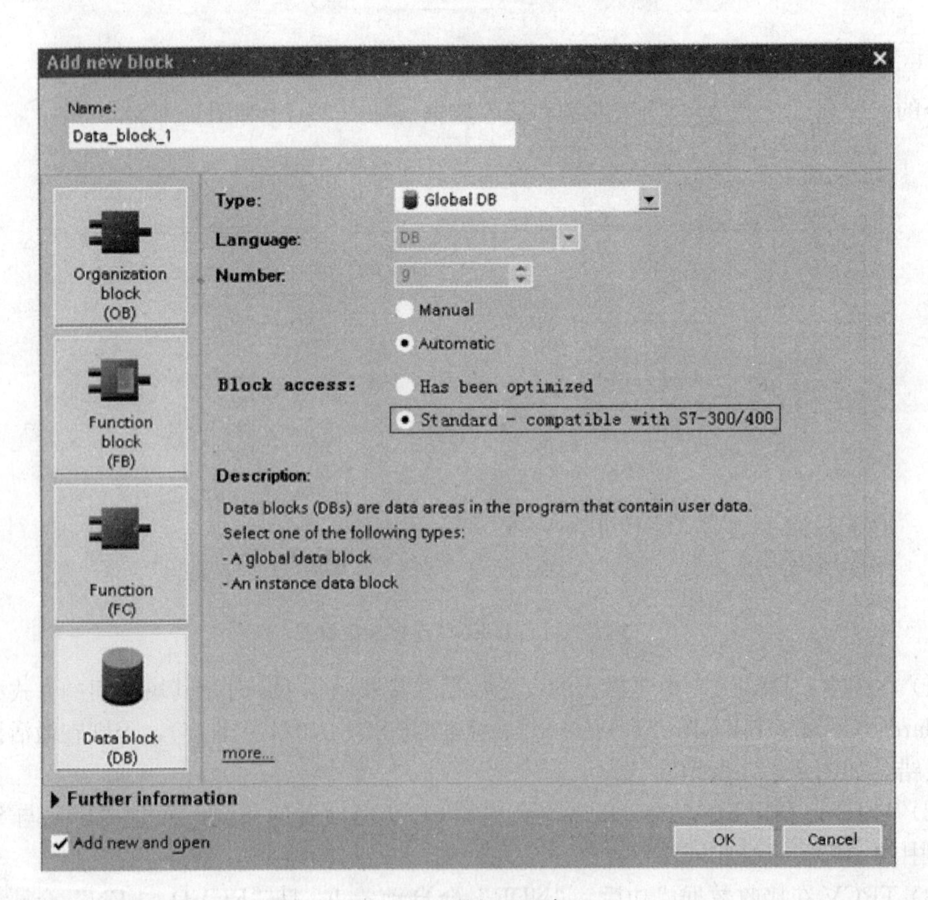

图 7－73 数据 DB 建立

2. SIMOTION 侧的指令调用

SIMOTION 的通信指令可以在 Command library 中的"Communication→Data transfer"目录下找到。通信程序块"TCP"放在 background 中运行。

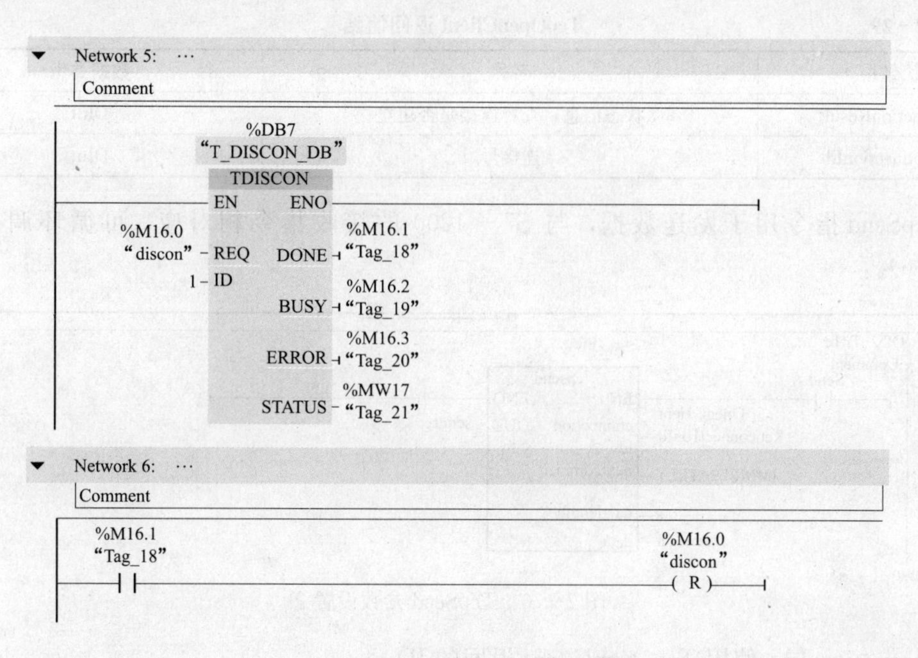

图 7-74 TDISCON 连接参数设置

TcpOpenClient 指令（见图 7-75）用来在 SIMOTION 侧激活客户端端口，并向服务器发送连接请求，若请求成功，则建立连接，并返回连接 ID。该指令需使用上跳沿单次触发，此函数只调用一次，得到连接 ID 后应停止调用。

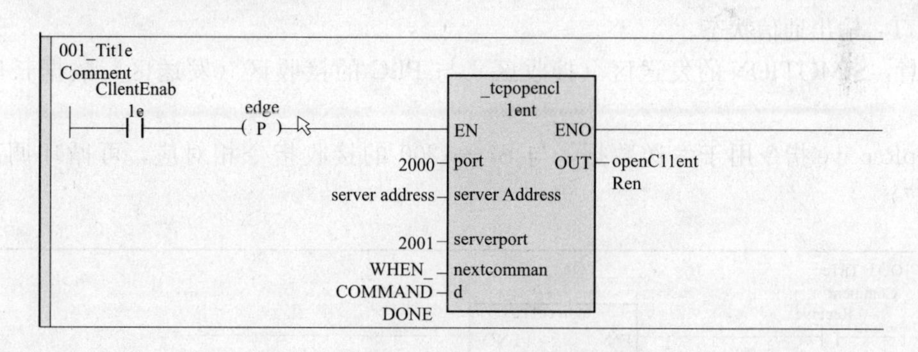

图 7-75 TcpOpenClient 指令参数设置

port：设置 SIMOTION 本地端口号。

severAddress：设置通信服务器（S7-1200）地址（192.168.0.4）。

serverport：设置服务器（S7-1200）端口号，必须与 S7-1200 组态中设置的相同。

nextCommand：①IMMEDIATELY，命令与后续所要执行的命令同步执行；②WHEN_COMMAND_DONE，命令执行或失败后执行后续的命令，异步执行。

将程序放在 SIMOTION 的 background 中执行，若使用 WHEN_COMMAND_DONE 模式，有可能在该命令执行时间过长情况下导致 background 执行超时，系统报错停机。

OUT：函数调用返回信息，包括执行状态和返回的连接 ID，后面的发送和接收指令均使用该 ID。数据类型为结构体（StructRetTcpOpenClient），见表 7-29。

表 7-29　**TcpOpenClient 返回值结**

结构	名称	数据类型
functionResult	状态信息，查看连接是否建立	DInt
connectionId	连接号	DInt

TcpSend 指令用于发送数据，与 S7－1200 的接收指令相对应，可循环调用（见图 7－76）。

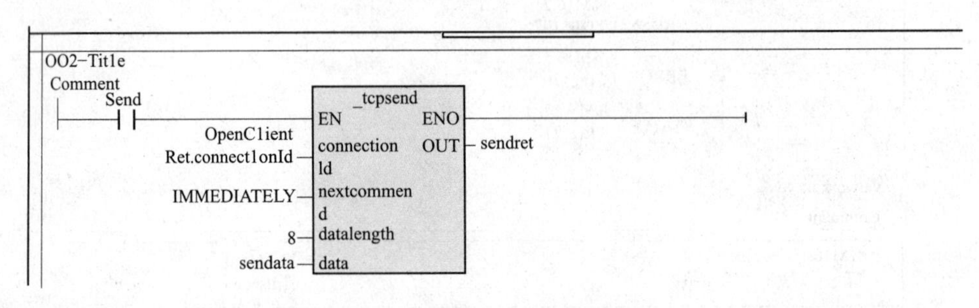

图 7－76　TcpSend 参数设置

Connection Id：使用 TcpOpenClient 返回的 ID。

nextCommand：①IMMEDIATELY，命令与后续所要执行的命令同步执行；②WHEN_COMMAND_DONE，命令执行或失败后执行后续的命令，异步执行。

DataLength：发送数据的字节长度，本例为 8，发送数据区的前 8 个字节。

Data：发送数据区，数据类型为数组，Array［0..4095］of Byte。

OUT：输出通信状态。

注意：SIMOTION 的发送区（接收区）与 PLC 的接收区（发送区）数据长度必须一致。

TcpReceive 指令用于发送数据，与 S7－1200 的接收指令相对应，可循环调用（见图 7－77）。

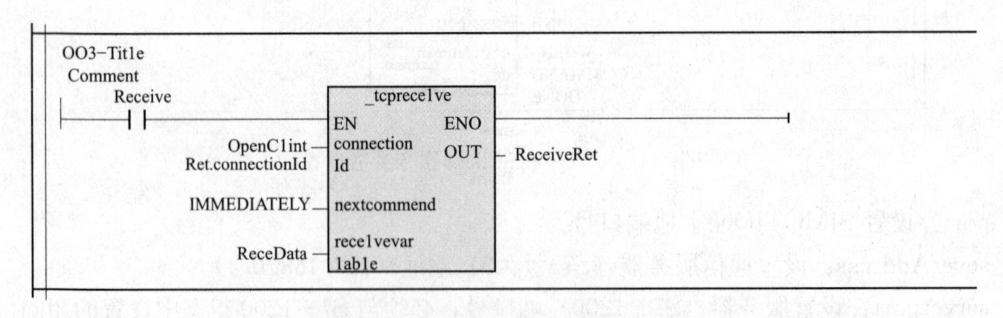

图 7－77　TcpReceive 参数设置

Connection Id：使用 TcpOpenClient 返回的 ID。

nextCommand：IMMEDIATELY 或者 WHEN_COMMAND_DONE。

receivevarible：接收数据区，数据类型为数组，Array［0..4095］of Byte。

OUT：调用函数返回信息，包括调用状态和接收的字节数量。数据类型为结构体（StructRetTcpReceive），见表 7－30。

表 7-30 **TcpReceive 返回值结构**

结构	名称	数据类型
functionResult	接收状态信息	DInt
dataLength	接收字节长度	UDInt

7.12.4 实验

首先在 S7-1200 侧激活建立连接的指令“TCON”，等待 SIMOTION 侧的连接请求，接着在 SIMOTION 侧激活打开客户端指令“TcpOpenClient”，发送建立连接的请求。请求成功后，“TcpOpenClient”的返回值结构中的 functionResult 会显示“0”，同时在 connectionId 中会返回 ID（此 ID 与 PLC 中设置的 ID 未必一致）。之后分别使能 PLC 侧和 SIMOTION 侧的发送接收指令，开始数据传送。

SIMOTION 侧 WATCH TABLE 监控结果如图 7-78 所示。

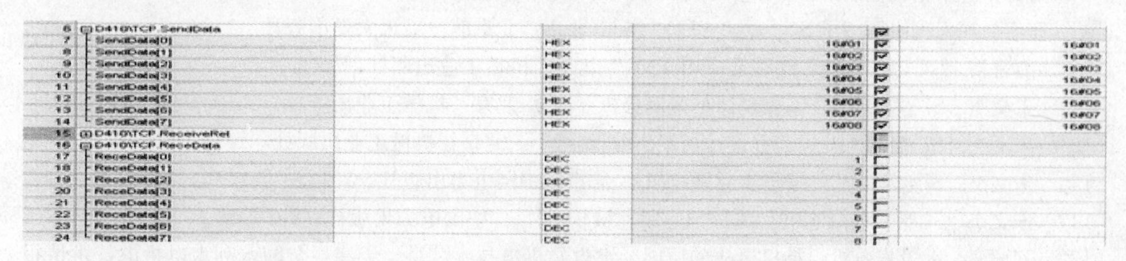

6	D410\TCP.SendData			
7	SendData[0]	HEX	16#01	16#01
8	SendData[1]	HEX	16#02	16#02
9	SendData[2]	HEX	16#03	16#03
10	SendData[3]	HEX	16#04	16#04
11	SendData[4]	HEX	16#05	16#05
12	SendData[5]	HEX	16#06	16#06
13	SendData[6]	HEX	16#07	16#07
14	SendData[7]	HEX	16#08	16#08
15	D410\TCP.ReceiveRet			
16	D410\TCP.ReceData			
17	ReceData[0]	DEC	1	
18	ReceData[1]	DEC	2	
19	ReceData[2]	DEC	3	
20	ReceData[3]	DEC	4	
21	ReceData[4]	DEC	5	
22	ReceData[5]	DEC	6	
23	ReceData[6]	DEC	7	
24	ReceData[7]	DEC	8	

图 7-78 SIMOTION 侧接收和发送的数据

PLC 侧监控表的监控结果如图 7-79 所示。

i	Name	Address	Display format	Monitoring value	Modified valu
1	"SendData".senddata[0]	%DB4.DBB0	Unsigned decima	1	1
2	"SendData".senddata[1]	%DB4.DBB1	Unsigned decima	2	2
3	"SendData".senddata[2]	%DB4.DBB2	Unsigned decima	3	3
4	"SendData".senddata[3]	%DB4.DBB3	Unsigned decima	4	4
5	"SendData".senddata[4]	%DB4.DBB4	Unsigned decima	5	5
6	"SendData".senddata[5]	%DB4.DBB5	Unsigned decima	6	6
7	"SendData".senddata[6]	%DB4.DBB6	Unsigned decima	7	7
8	"SendData".senddata[7]	%DB4.DBB7	Unsigned decima	8	8
9	"ReceiveData".receivedata[0]	%DB5.DBB0	Hexadecimal	16#01	
10	"ReceiveData".receivedata[1]	%DB5.DBB1	Hexadecimal	16#02	
11	"ReceiveData".receivedata[2]	%DB5.DBB2	Hexadecimal	16#03	
12	"ReceiveData".receivedata[3]	%DB5.DBB3	Hexadecimal	16#04	
13	"ReceiveData".receivedata[4]	%DB5.DBB4	Hexadecimal	16#05	
14	"ReceiveData".receivedata[5]	%DB5.DBB5	Hexadecimal	16#06	
15	"ReceiveData".receivedata[6]	%DB5.DBB6	Hexadecimal	16#07	
16	"ReceiveData".receivedata[7]	%DB5.DBB7	Hexadecimal	16#08	
17		Add to			

图 7-79 PLC 侧接收和发送的数据

参 考 文 献

[1] 武汉水利电力学院，华东水利学院编. 水力学 [M]. 北京：人民教育出版社，1980.

[2] 武汉水利电力学院，华北水利水电学院，华东水利学院合编. 水力机组辅助设备与自动化 [M]. 北京：水利电力出版社，1981.03.

[3] 王定一. 水电站自动化 [M]. 北京：电力工业出版社，1982.

[4] 机电设计手册编写组. 水电站机电设计手册，电气二次 [M]. 北京：水利电力出版社，1984.12.

[5] 刘忠源，徐睦书. 水电站自动化 [M]. 北京：水利电力出版社，1985.

[6] 楼永仁，黄声先，李植鑫. 水电站自动化 [M]. 北京：水利水电出版社，1995.

[7] 王定一，等. 水电厂计算机监视与控制 [M]. 中国电力出版社，2001.08.

[8] 魏守平. 水轮机控制工程 [M]. 武汉：华中科技大学出版社，2005.07.

[9] 张春. 深入浅出西门子 S7-1200 PLC [M]. 北京：北京航空航天大学出版社. 2009.

[10] 廖常初. S7-1200 PLC 编程及应用 [M]. 北京：机械工业出版社，2009.

[11] 朱文杰. S7-200 PLC 编程设计与案例分析 [M]. 北京：机械工业出版社，2010.01：P335～469.

[12] 朱文杰. S7-1200 PLC 编程设计与案例分析 [M]. 北京：机械工业出版社，2011.05.

[13] 朱文杰. S7-200 PLC 编程及应用 [M]. 北京：中国电力出版社，2012.09：P240～249.

[14] 朱文杰. 三菱 FX 系列 PLC 编程与应用 [M]. 北京：中国电力出版社，2013.07.

[15] 刘庚辛. 水轮发电机组抬机事故的原因. 水电站机电技术 [J]. 天津：全国水利水电机电技术情报网出版，1989 (02).

[16] 朱文杰. 水轮机防抬措施探讨. 水利水电技术 [J]. 北京：水利电力出版社，1994 (09).

[17] 朱文杰. S7-200PLC 移位寄存器指令用于水力机组技术供水系统 [J]. 中国水利水电市场，2005 (2/3)：P20～21.

[18] 朱文杰. S7-200PLC 控制水电厂压缩空气系统. 中国水利水电市场 [J]，2005 (06)：P26～27.

[19] 朱文杰. S7-200PLC 控制水力机组油压装置. 中国水利水电市场 [J]，2005 (08)：P30～33.

[20] 朱文杰. 用 PLC 根治水力机组甩负荷抬机. 中国水利水电市场 [J]，2005 (10)：P27～30.

[21] 朱文杰. S7-200PLC 控制水力机组润滑和冷却系统. 中国水利水电市场 [J]，2006 (05)：P62～65.

[22] 朱文杰. S7-PLC 控制调相压水系统并与治理甩负荷抬机合成一个神经元. 第一届水力发电技术国际会议论文集，第二卷 [M]. 北京：中国电力出版社，2006.10.

[23] 朱文杰. FX 控制润滑、冷却、制动及调相压水系统的设计. 中国水利水电市场 [J]，2013 (02).

[24] 朱文杰. FX 控制水电站进水口快速闸门的设计. 中国水利水电市场 [J]，2013 (03).

[25] 朱文杰. FX 控制水电站油压装置的设计. 中国水利水电市场 [J]，2013 (04).

[26] 朱文杰. FX-PLC 治理抬机并与调相合成一个神经元. 中国水利水电市场 [J]，2013 (05).

[27] 朱文杰. FX3U-PLC 控制水轮发电机组. 中国水利水电市场 [J]，2013 (06).

[28] 朱文杰. S7-1200 控制水电站空气压缩装置的设计. 中国水利水电市场 [J]. 2013 (12).

[29] 朱文杰. S7-1200 控制水电站技术供水系统的设计. 中国水利水电市场 [J]. 2014 (02).

[30] 朱文杰. S7-1200 控制水电站油压装置的设计. 中国水利水电市场 [J]. 2014 (03).

[31] 朱文杰. S7-1200 控制水电站进水口快速闸门的设计. 中国水利水电市场 [J]. 2014 (04).

[32] 朱文杰. S7-1200 治理甩负荷抬机并与控制调相压水合整. 中国水利水电市场 [J]. 2014 (05).

[33] 朱文杰. S7-1200 控制润滑、冷却、制动及调相压水系统的设计. 中国水利水电市场 [J]. 2014 (06).

[34] 朱文杰. S7-1200 型 PLC 控制水轮发电机组. 中国水利水电市场 [J]. 2014 (08，09).